国家科学技术学术著作出版基金资助出版

稀土在低合金及合金钢中的应用

王龙妹　著

北　京
冶　金　工　业　出　版　社
2016

内 容 简 介

本书系统阐述了稀土在低合金钢及稀土合金钢炼钢过程中的冶金物理化学基础，并结合稀土低合金钢及稀土合金钢研制、开发、生产及应用，详细介绍了稀土加入方法的优化，工艺技术，稀土对低合金钢及稀土合金钢组织和性能的影响，稀土在低合金钢及稀土合金钢中的主要作用和应用机理。

本书可供冶金、机械、金属材料行业的科研人员、生产技术人员与管理人员阅读，也可供高等及大专院校冶金及金属材料专业的师生参考。

图书在版编目(CIP)数据

稀土在低合金及合金钢中的应用/王龙妹著．—北京：冶金工业出版社，2016.5

国家科学技术学术著作出版基金

ISBN 978-7-5024-7062-3

Ⅰ.①稀…　Ⅱ.①王…　Ⅲ.①稀土金属—应用—低合金　②稀土金属—应用—低合金钢　Ⅳ.①TG13　②TG142.33

中国版本图书馆 CIP 数据核字(2016)第 048041 号

出 版 人　谭学余
地　　址　北京市东城区嵩祝院北巷 39 号　邮编　100009　电话　(010)64027926
网　　址　www.cnmip.com.cn　电子信箱　yjcbs@cnmip.com.cn
责任编辑　戈　兰　李培禄　美术编辑　彭子赫　版式设计　孙跃红
责任校对　石　静　责任印制　牛晓波
ISBN 978-7-5024-7062-3
冶金工业出版社出版发行；各地新华书店经销；固安华明印业有限公司印刷
2016 年 5 月第 1 版，2016 年 5 月第 1 次印刷
787mm×1092mm　1/16；33.5 印张；809 千字；521 页
128.00 元

冶金工业出版社　投稿电话　(010)64027932　投稿信箱　tougao@cnmip.com.cn
冶金工业出版社营销中心　电话　(010)64044283　传真　(010)64027893
冶金书店　地址　北京市东四西大街 46 号(100010)　电话　(010)65289081(兼传真)
冶金工业出版社天猫旗舰店　yjgycbs.tmall.com
(本书如有印装质量问题，本社营销中心负责退换)

序

微量稀土元素在钢中可以深度净化钢液，变质有害夹杂物，控制局域弱化，改善钢的组织，提高钢的各项性能，有着不可替代的独特微合金化作用。近几十年来，随着钢的洁净度越来越高，稀土在钢中合金化、微合金化和复合微合金化的作用也越来越凸显，且相继开发出了具有自主创新的稀土耐候钢、稀土重轨钢、稀土低合金钢、稀土合金钢等。

优质低合金钢、合金特殊钢属于高端产品，品种繁多，应用范围广，与高速铁路、城市轨道交通、海洋工程和海上石油开采、大型和特殊性能船舶和舰艇及清洁能源等领域的经济建设、国防工业发展甚至日常生活用品都密切相关，是国家钢铁“十二五”规划中的重点发展方向。稀土为优质低合金钢及特殊合金钢的应用打开了一个崭新的领域，对我国钢铁产品品质的提升具有四两拨千斤的奇特作用。

《稀土在低合金及合金钢中的应用》一书是王龙妹教授在长期从事稀土钢研究并取得丰富科研成果的基础上撰写而成的。本书系统阐述了稀土在低合金钢及稀土合金钢炼钢过程中的冶金物理化学基础，并结合稀土低合金钢及稀土合金钢研制、开发、生产及应用的丰富成果，系统介绍稀土加入方法的优化、工艺技术，稀土对低合金钢及稀土合金钢组织和性能的影响，稀土在低合金钢及稀土合金钢中的主要作用和应用机理。

王龙妹教授长期从事稀土钢开发和应用技术，负责承担了国家“十五”及“十一五”稀土钢课题，研究成果多次获得过国家及省部级奖励。王龙妹教授基础扎实，具有丰富的理论和实践工作经验，在本学科领域具有较深的造诣和较高的学术水平。本书是一部理论与实践、科研与生产、综合性与系统性、现实性和前瞻性相结合的专著。书中许多图表、数据不仅来自于实验室，而且来自于生产实践，具有重要的实际应用价值和出版价值。

相信本书的出版，将对推动利用我国优势资源发展具有自主知识产权的优质低合金钢及高端品质合金钢具有很好的指导作用，且为发展我国稀土低合金钢及稀土合金特殊钢研究及应用提供重要的学术参考。

中国工程院院士

2016年5月

前　言

稀土在钢中可以净化钢液、变质夹杂物、提高钢的性能。我国一直非常重视稀土在冶金领域的应用，冶金科技工作者更是孜孜追求，充分发挥微量稀土在钢中的特殊功效，以提高和改善钢的品质。20 世纪七八十年代，稀土在钢中应用主要集中在变质硫化物的作用，以提高钢的横向冲击性能。80 年代后，随着钢的洁净度越来越高，稀土在钢中合金化、微合金化和复合微合金化的作用也越来越凸显，稀土在提高合金钢热加工性，改善耐蚀、耐磨、耐高温氧化等性能方面已具有不可替代的独特作用，我国在这方面研究工作及研究成果保持了一定的领先水平，在“八五”至“十二五”期间相继开发出了具有自主创新的稀土耐候钢、稀土重轨钢、稀土低合金钢、稀土合金钢等。《稀土在低合金及合金钢中的应用》一书汇集了近三十多年来稀土在低合金钢和特殊合金钢中的应用发展以及稀土合金化及微合金化应用机理研究的最新成果，是作者在长期从事稀土钢研究并取得丰富科研成果的基础上撰写而成。

本书系统阐述了稀土在炼钢过程中的冶金物理化学基础，稀土在合金钢中的主要作用及规律，稀土对各种牌号的低合金及各种特殊用途高端合金钢的组织和性能的影响及稀土的作用机理等，兼系统性、科学性和实用性于一体。

本书邀请具有丰富稀土钢研究和科研实践经验的河北联合大学刘晓教授参加第 2 章、第 3 章的编写工作。本书第 3 章、第 5 章的内容包括了作者研究团队朱京希硕士及岳丽杰、陈雷、刘晓、杜晓建、徐飙等博士的大量研究成果。侯泽旺、谭清元等博士研究生参加了本书许多文字整理工作，在此一并感谢。

感谢原中国工程院副院长、中国稀土工业协会会长、中国稀土学会理事长干勇院士为本书撰写序言，感谢中国工程院殷瑞钰院士、中国工程院李振邦院士对本书的推荐。本书获得国家科学技术学术著作出版基金的资助出版，作者对国家科学技术学术著作出版基金委员会及评审专家表示由衷感谢。感谢冶金工业出版社社长谭学余对本书出版工作的指导和帮助。感谢中国钢研科技集团、连铸技术国家工程中心为作者提供完成本书写作的良好工作环境。感谢连铸技术国家工程中心领导对本书编写工作的大力支持。

希望本书能为发展我国稀土低合金钢及稀土合金特殊钢研究及应用实践提供重要的学术参考。

由于作者水平所限，书中不妥之处敬请读者和专家指正。

作 者

2016年5月

目　录

1 稀土在炼钢冶金过程中的物理化学

稀土在炼钢冶金过程中的物理化学 20 世纪 60 ~ 80 年代就已有了许多的研究成果，其中包括稀土元素在钢液中物理化学常数的测定，稀土元素在钢中脱氧、脱硫和脱硫氧的平衡研究，钢中夹杂物的鉴定和分离，钢中稀土相的分析，稀土在铁基体中的固溶度，稀土在钢中的分布与存在状态，含稀土熔渣的物理化学性质，稀土在钢中应用的有关相图等，这些基本数据对指导稀土在钢中的应用具有理论意义。

1.1 钢中常用稀土金属的物理化学性质

微量稀土元素加入钢中，尤其是加入低合金钢及合金钢中可以改善钢的多种性能，这与稀土元素原子的特殊电子层组态有关，它们决定了稀土金属的物理性质和其在钢中的物理化学行为。

表 1-1 ~ 表 1-12 给出了钢中常用稀土元素的原子序数、原子量、原子结构特点及各种物理性质，以作为了解和判断钢中常用稀土金属元素的物理化学行为的基础[1]。表 1-1 中的稀土原子量按 1987 年的最新标准和 1988 年正式公布的数据给出；温度按 1990 年国际温标（ITS—90）给出。

表 1-1　钢中常用稀土元素原子序数、原子量、原子结构特点[2,3]

稀土元素	原子序数	原子量	原子电子组态	RE^{2+}电子组态	RE^{3+}电子组态				光谱基态符号	RE^{4+}电子组态
					4*f*电子	S	L	J		
Ce	58	140.1150	$4f^2 6s^2$	$4f^2$	$4f^1$	1/2	3	5/2	$^2F_{5/2}$	$5s^2 5p^6$
La	57	138.9055	$5d^1 6s^2$	$5d^1$						
Y	39	88.90585	$4d^1 5s^2$							

表 1-2　钢中常用稀土金属的晶体结构、金属半径、原子体积和密度（24℃或以下）[4]

稀土金属	晶体结构	晶格参数/nm			金属的半径/nm（*CN*=12）	原子体积/$cm^3 \cdot mol^{-1}$	密度/$g \cdot cm^{-3}$
		a_0	b_0	c_0			
α-Ce	*fcc*	0.485			0.172	17.2	8.16
β-Ce	*dcph*	0.36810		1.1857	0.18321	20.947	6.689
γ-Ce	*fcc*	0.51610			0.18247	20.696	6.770
α-La	*dcph*	0.37740		1.2171	0.18791	22.602	6.146
α-Y	*cph*	0.36482		0.57318	0.18012	19.893	4.469

表 1-3 钢中常用稀土金属高温晶体结构、金属半径、原子体积和密度[4]

稀土金属	晶体结构	晶格参数 /nm	温度/℃	金属的半径/nm		原子体积 /$cm^3 \cdot mol^{-1}$	密度 /$g \cdot cm^{-3}$
				$CN=8$	$CN=12$		
δ-Ce	*bcc*	0.412	757	0.178	0.184	21.1	6.65
β-La	*fcc*	0.5303	325		0.1875	22.45	6.187
γ-La	*bcc*	0.426	887	0.184	0.190	23.3	5.97
β-Y	*bcc*	0.410	1478	0.178	0.183	20.8	4.28

表 1-4 钢中常用稀土金属高温转变温度和熔点[4]

稀土金属	转变Ⅰ（α→β）①		转变Ⅱ（β→γ）①		熔点/℃
	温度/℃	相	温度/℃	相	
Ce③	139	*dcph*→*fcc*（β→γ）	726	*fcc*→*bcc*（γ→δ）	798
La②	310	*dcph*→*fcc*	865	*fcc*→*bcc*	918
Y	1478	*cph*→*bcc*			1522

① 指对表中所列的所有转变，除非另有注明；

② 在冷却时，*fcc*→*dcph*（β→α），260℃；

③ 在冷却时，*fcc*→*dcph*（γ→β），16℃。

表 1-5 钢中常用稀土金属的热熔、标准熵、转变热和熔化热[4~6]

稀土金属	热熔（298K） /$J \cdot (mol \cdot K)^{-1}$	标准熵 $S^{\ominus}_{298K}$ /$J \cdot (mol \cdot K)^{-1}$	转变热/$kJ \cdot mol^{-1}$				熔化热 /$kJ \cdot mol^{-1}$
			转变Ⅰ	ΔH^1 转变	转变Ⅱ	ΔH^2 转变	
Ce	26.9	72.0	β↔γ	0.05	γ↔δ	2.99	5.46
La	27.1	56.9	α↔β	0.36	β↔γ	3.12	6.20
Y	26.5	44.4	α↔β	4.99			11.4

表 1-6 钢中常用稀土金属不同温度下的蒸汽压及其沸点和升华热[5~6]

稀土金属	钢中常用稀土金属不同温度下的蒸汽压/℃				沸点/℃	升华热（25℃） /$kJ \cdot mol^{-1}$
	0.001Pa （10^{-8}atm）	0.101Pa （10^{-6}atm）	10.1Pa （10^{-4}atm）	1013Pa （10^{-2}atm）		
Ce	1290	1554	1926	2487	3443	422.6
La	1301	1566	1938	2506	3464	431.0
Y	1222	1460	1812	2360	3345	424.7

表 1-7 钢中常用稀土金属的磁性[7~9]

稀土金属	$\chi_A \times 10^6$ （298K） /$emu \cdot mol^{-1}$	有效磁矩				瑞利轴	尼尔温度 T_N /K		居里温度 T_c/K	Q_p/K	
		顺磁的（~298K）		铁磁的（~0K）			六边形晶格	立方晶格		∥C	⊥C
		理论	观察	理论	观察						
γ-Ce	2270	2.54	2.52	2.14				14.4			

续表 1-7

稀土金属	$\chi_A\times10^6$ (298K) /emu·mol^{-1}	有效磁矩				瑞利轴	尼尔温度 T_N /K		居里温度 T_c/K	Q_p/K	
		顺磁的 (~298K)		铁磁的 (~0K)			六边形晶格	立方晶格		∥C	⊥C
		理论	观察	理论	观察						
β-Ce	2500	2.54	2.61	2.14			13.7	12.5			
α-La	95.9										
β-La	105										
α-Y	187.7										

表 1-8 钢中常用稀土金属室温热膨胀系数、热转导率、电阻率和霍尔系数[5,8]

稀土金属	热膨胀系数 ($\alpha_i\times10^6$) /℃$^{-1}$			热转导率 /W·(cm·K)$^{-1}$	电阻率/μΩ·cm			霍尔系数 ($R_i\times10^{12}$) /V·cm·(A·Oe)$^{-1}$①		
	α_a	α_c	$\alpha_{多晶}$		ρ_a	ρ_c	$\rho_{多晶}$	R_a	R_c	$R_{多晶}$
γ-Ce	6.3		6.3	0.113			74.4			+1.81
β-Ce							82.8			
α-La	4.5	27.2	12.1	0.134			61.5			-0.35
α-Y	6.0	19.7	10.6	0.172	72.5	35.5	59.6	-0.27	-1.6	

① 1Oe≈(1000/4π)A/m。

表 1-9 钢中常用稀土金属室温弹性模量和力学性质[10]

稀土金属	弹性模量/GPa				力学性质				再结晶温度 /℃
	杨氏（弹性）模量	剪切模量	体积模量	泊松比（横向变性系数）	屈服强度 /MPa	极限强度 /MPa	均匀拉伸 /%	断面拉伸 /%	
β-Ce					86	138		24.0	
γ-Ce	33.6	13.5	21.5	0.24	28	117	22.0	30.0	325
α-La	36.6	14.3	27.9	0.280	126①	130	7.9		300
Y	63.5	25.6	41.2	0.243	42	129	34.0		550

① 数值有误差。

表 1-10 钢中常用稀土金属接近熔点的液态金属性质[11~14]

稀土金属	密度 /g·cm^{-3}	表面张力 /N·m^{-1}	黏度 /10^{-2}P	热熔 /J·(mol·K)$^{-1}$	热转导系数 /W·(cm·K)$^{-1}$	磁化率 $\chi\times10^4$ /emu·mol^{-1}	电阻率 /μΩ·cm^{-1}	$\Delta V_{L\to S}$① /%	光谱辐射 (λ=645nm)	
									ε/%	温度范围 /℃
Ce	6.68	0.706	3.20	37.7	0.210	9.37	130	+1.1	32.2	877~1547

续表 1-10

稀土金属	密度 /g·cm^{-3}	表面张力 /N·m^{-1}	黏度 /10^{-2}P	热熔 /J·(mol·K)$^{-1}$	热转导系数 /W·(cm·K)$^{-1}$	磁化率 $\chi \times 10^4$ /emu·mol^{-1}	电阻率 /μΩ·cm^{-1}	$\Delta V_{L \to S}$① /%	光谱辐射(λ=645nm) ε/%	光谱辐射(λ=645nm) 温度范围/℃
La	5.96	0.718	2.65	34.3	0.238	1.20	133	−0.6	25.4	920 ~ 1287
Y	4.24	0.871		43.1					36.8	1522 ~ 1647

① 凝固时体积的变化。

表 1-11 钢中常用稀土金属电离势[15~17] (V)

稀土金属	Ⅰ(中性原子)	Ⅱ(第一离子化态)	Ⅲ(第二离子化态)	Ⅳ(第三离子化态)	Ⅴ(第四离子化态)
Ce	5.466	10.85	20.198	36.758	
La	5.5770	11.060	19.1774	49.95	
Y	6.38	12.24	20.52	61.8	77.0

表 1-12 钢中常用稀土金属有效离子半径[18] (nm)

稀土金属	RE^{2+}		RE^{3+}			RE^{4+}	
	$CN=6$	$CN=8$	$CN=6$	$CN=8$	$CN=12$	$CN=6$	$CN=8$
Ce			0.1010	0.114	0.1290	0.080	0.097
La			0.1045	0.118	0.1320		
Y			0.0900	0.1015	0.1220		

1.2 炼钢冶金过程中稀土元素的热力学性质

1.2.1 稀土化合物的标准生成自由能

1974 年威尔逊等[19]由热力学计算给出了稀土化合物的标准生成自由能与温度变化的关系（图 1-1）。说明在炼钢温度下稀土首先生成 RE_2O_3，然后是 RE_2O_2S、RE_xS_y、RES、$RE_x(As、Sn、Sb、Pb、Bi)_y$、REN、REC_2。北京钢铁研究总院杜挺研究组等[20~22]实验测定了炼钢温度下铁基溶液中铈、钇的一些化合物的标准生成自由能数据（图 1-2 和图 1-3 及表 1-13 和表 1-14）得出这些铈、钇的化合物生成先后次序分别为：Ce_2O_3 > Ce_2O_2S > Ce_2S_3 > CeS > CeSb > CeN > CeC_2，Y_2O_3 > Y_2O_2S > Y_2S_3 > YS > YSb > YN > YC_2，由此可掌握稀土元素的“选择反应”规律。威尔逊等的热力学估算（REC_2 的值除外）结果在趋势上基本是正确的，只是绝对值偏大。美国稀土信息中心 Gschneidner Jr[23]等给出了稀土碳化物 REC_2(La、Ce、Pr、Nd、Gd、Y）与一般金属碳化物 MC_x(Cr、Si、Mo、Ca 等）的标准生成自由能随温度的变化见图 1-4 和图 1-5，稀土氮化物 REN(La、Ce)与常见氮化物 MN(B、Ti、Zr、V、Si、、Al 等）的标准生成自由能随温度的变化见图 1-6。

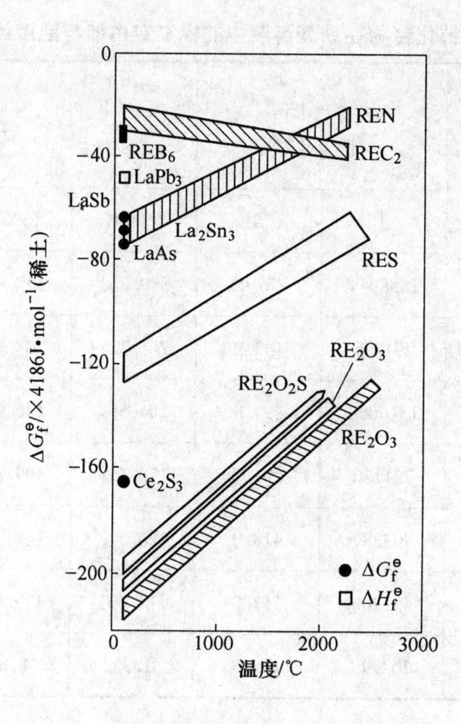

图 1-1　稀土化合物的标准生成自由能[19]

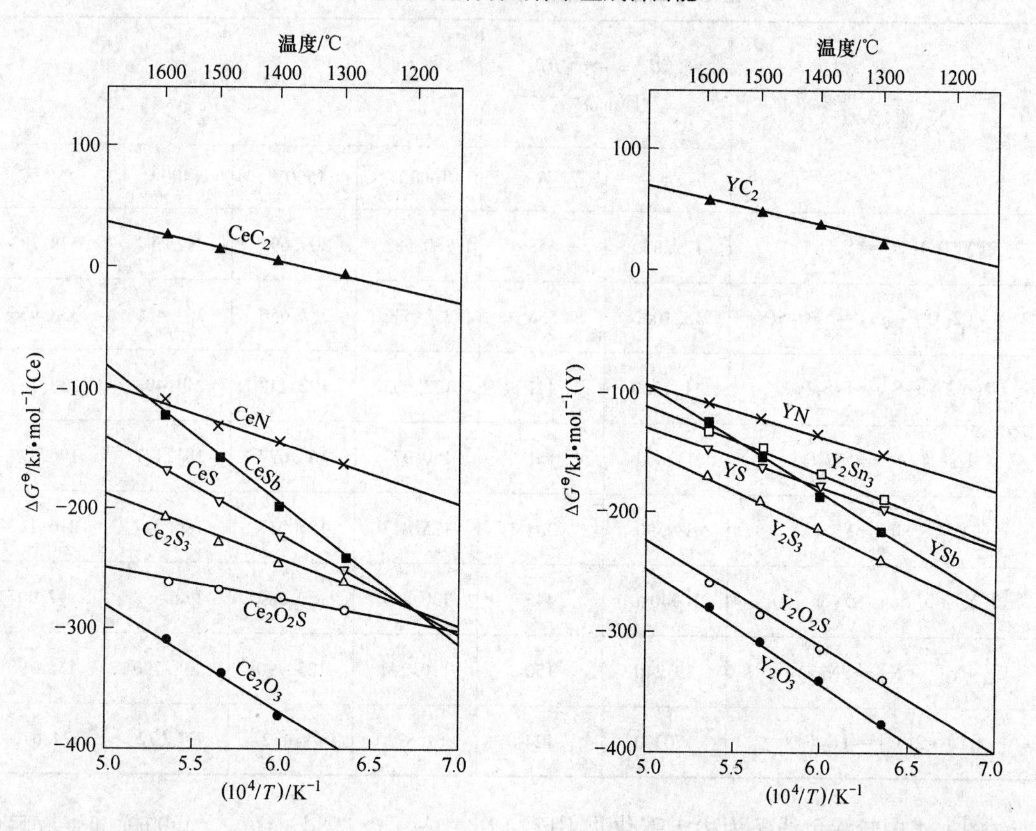

图 1-2　铁液中铈化合物的标准生成自由能[20~22]

图 1-3　铁液中钇化合物的标准生成自由能[20~22]

表 1-13　铈化合物在铁基溶液中的标准自由能与温度的关系[22]

反应类型	$\Delta G^{\ominus}=-A+BT$ /J·mol^{-1}		$-\Delta G^{\ominus}$/kJ·mol^{-1}			
	A	B	1600℃	1500℃	1400℃	1300℃
$2[Ce]+3[O]=Ce_2O_3(s)$	1888944	676.95	310.508	340.971	374.816	412.050
$2[Ce]+2[O]+[S]=Ce_2O_2S(s)$	791096	142.9	261.722	268.152	275.297	283.157
$2[Ce]+3[S]=Ce_2S_3(s)$	1340000	497.0	204.559	226.924	251.774	279.109
$[Ce]+[S]=CeS(s)$	721130	294.0	170.468	199.868	229.268	258.668
$[Ce]+[Sb]=CeSb(s)$	903287	418.0	120.373	162.173	203.973	245.773
$[Ce]+[N]=CeN(s)$	401200	153.0	114.631	129.931	145.231	160.531
$[Ce]+2[C]=CeC_2(s)$	202790	125.3	31.335	18.835	6.335	-6.165

表 1-14　钇化合物在铁基溶液中的标准自由能与温度的关系[22]

反应类型	$\Delta G^{\ominus}=-A+BT$ /J·mol^{-1}		$-\Delta G^{\ominus}$/kJ·mol^{-1}			
	A	B	1600℃	1500℃	1400℃	1300℃
$2[Y]+3[O]=Y_2O_3(s)$	1792600	658	280.583	309.693	342.593	378.783
$2[Y]+2[O]+[S]=Y_2O_2S(s)$	1521000	536	258.536	282.656	309.456	338.936
$2[Y]+3[S]=Y_2S_3(s)$	1171200	441	172.603	192.448	214.498	238.753
$[Y]+[S]=YS(s)$	433800	151	150.977	166.077	181.177	196.277
$[Y]+[Sb]=YSb(s)$	689590	301	125.817	155.917	186.017	216.117
$2[Y]+3[Sn]=Y_2Sn_3(s)$	1094000	445	130.257	150.282	172.532	197.007
$[Y]+[N]=YN(s)$	391240	150	110.290	123.790	138.790	153.790
$[Y]+2[C]=YC_2(s)$	170380	124	61.872	49.472	37.072	24.672

图 1-4 中较深色线条为稀土碳化物 REC_2（La、Ce、Pr、Nd、Gd、Y）的标准生成自由能随温度的变化。

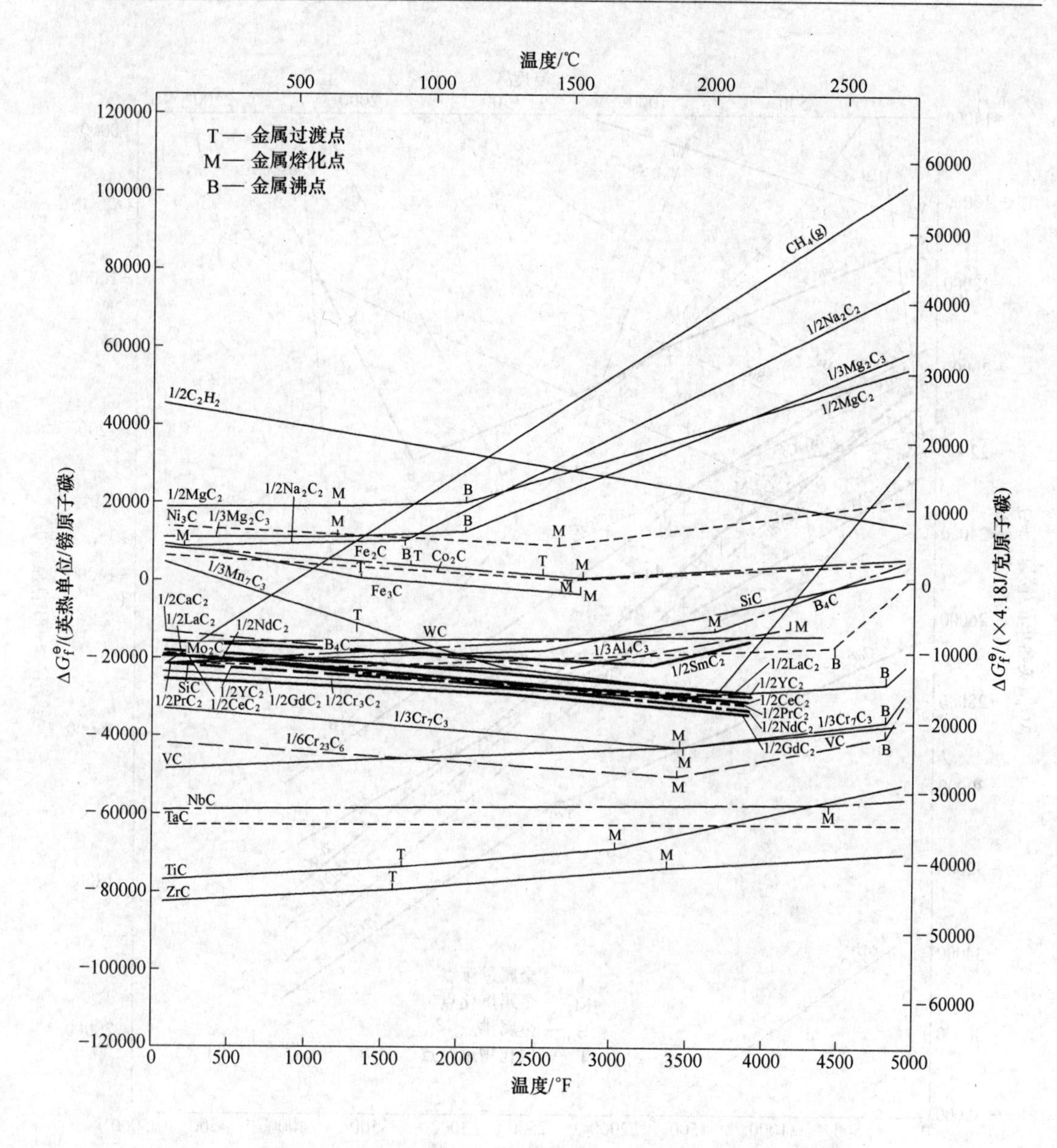

图 1-4 稀土碳化物 REC_2(La、Ce、Pr、Nd、Gd、Y)与一般金属碳化物 MC_x(Cr、Si、Mo、Ca 等)的标准生成自由能随温度的变化[23]

图 1-5 中较深色线条为稀土碳化物 REC_2(La、Ce、Pr、Nd、Gd、Y)的标准生成自由能随温度的变化。

图 1-6 中较深色线条为稀土氮化物 REN(La、Ce)的标准生成自由能随温度的变化。

1.2.2 稀土元素在铁基溶液中热力学性质

北京钢铁研究总院杜挺研究组等[20~22]在实验测定的基础上研究了炼钢温度下

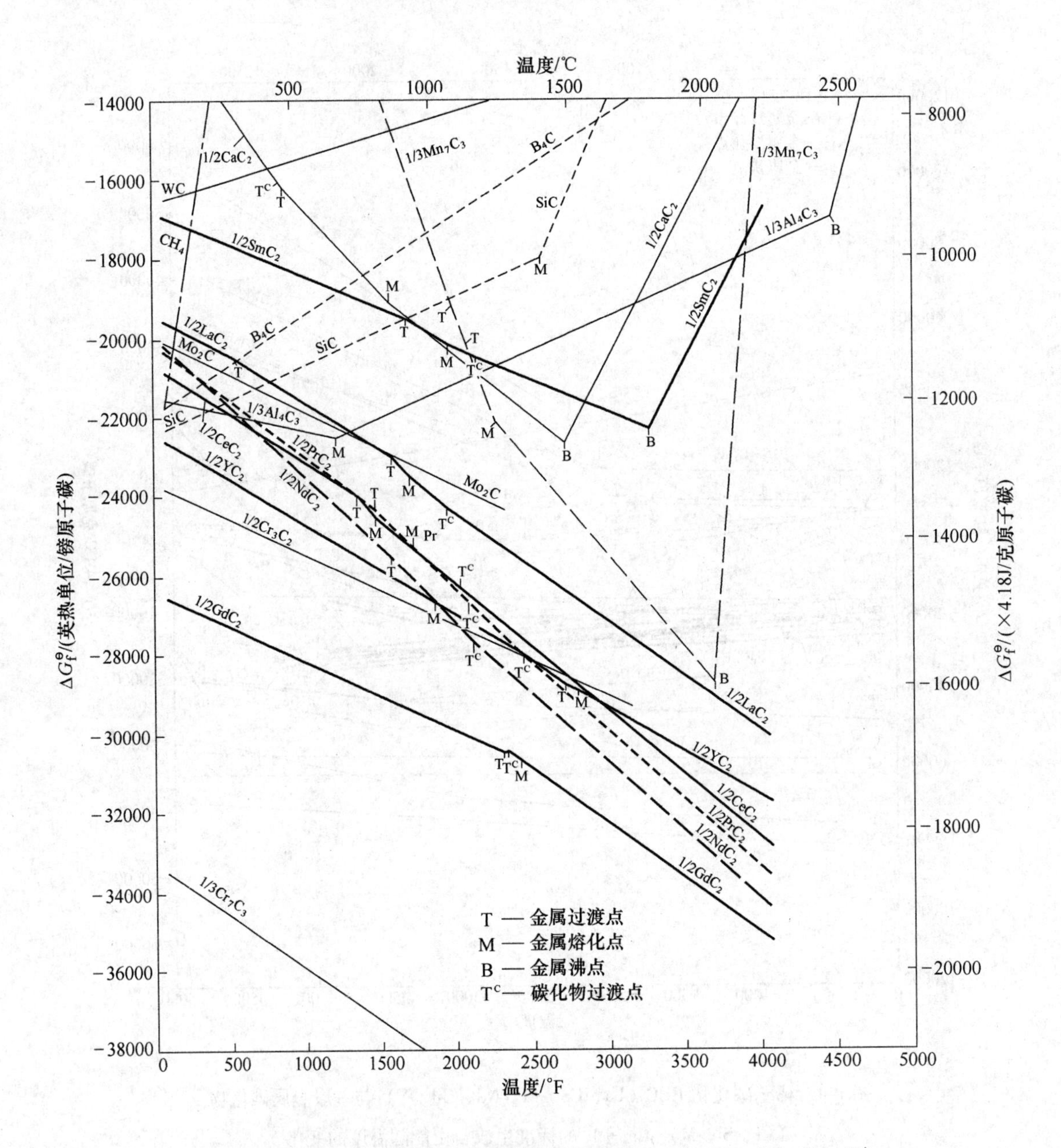

图 1-5 对图 1-4 部分放大后稀土碳化物 REC_2（La、Ce、Pr、Nd、Gd、Y）与一般金属碳化物 MC_x（Cr、Si、Mo、Ca 等）的标准生成自由能随温度的变化[23]

稀土元素在铁基溶液中热力学性质，表 1-15 为稀土元素在铁基溶液中热力学性质。

表 1-16 为稀土元素在铁液中溶解（质量分数 1%）的标准自由能变化 $\Delta G_{RE}^{\ominus}$ 值及 $\gamma_{RE}^{\ominus}$ 值，则 $\Delta G_{RE}^{\ominus}$ 值与 $\gamma_{RE}^{\ominus}$ 值的关系式有：$\Delta G_{RE}^{\ominus} = RT\ln\gamma_{RE}^{\ominus}$（$0.5585/M_{RE}$），0.5585 为铁的原子量。

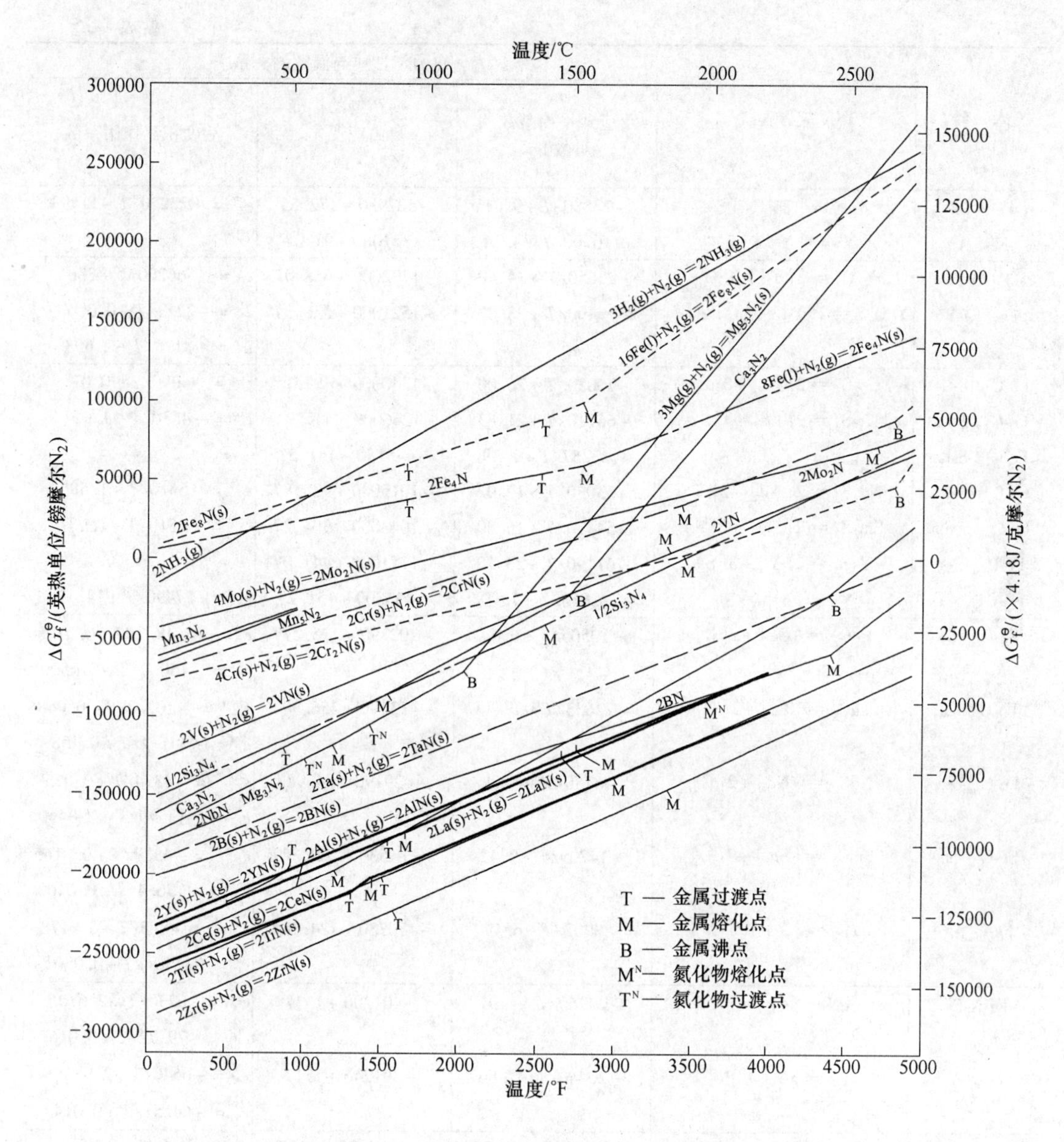

图 1-6　稀土氮化物 REN(La、Ce) 与常见氮化物 MN(B、Ti、Zr、V、Si、Al 等) 的标准生成自由能随温度的变化[23]

表 1-15　稀土元素在铁基溶液中热力学性质[20~22]

体　系	反应方程式	热力学性质与温度的关系		
		反应式平衡常数的对数 lg$K$	平衡产物的标准自由能变化 ΔG/J · mol^{-1}	活度相互作用系数
Fe-S-Ce	CeS(s)══[Ce]+[S]	$-37670/T+15.36$	$-721130+294.0T$	$e_S^{Ce}=-23330/T+11.60$
Fe-S-La	LaS══[La]+[S]	$-33330/T+11.86$	$-637900+227.0T$	$e_S^{La}=-24620/T+10.35$
Fe-S-Nd	NdS══[Nd]+[S]	$-47440/T+20.99$	$-908100+401.8T$	$e_S^{Nd}=-21260/T+10.59$

续表 1-15

体　系	反应方程式	热力学性质与温度的关系		
		反应式平衡常数的对数 lg$K$	平衡产物的标准自由能变化 ΔG/J · mol^{-1}	活度相互作用系数
Fe-S-Sm	SmS ═ [Sm] + [S]	$-27580/T+9.01$	$-527980+172.5T$	$e_S^{Sm}=-26820/T+11.93$
Fe-S-Y	YS ═ [Y] + [S]	$-16700/T+4.74$	$-321080+91.0T$	
Fe-O-Y	Y_2O_3 ═ 2[Y] + 3[O]	$-93650/T+34.40$	$-1792600+658.0T$	$e_O^{Y}=-566200/T+286$
Fe-S-O-Y	Y_2O_2S ═ 2[Y] + 2[O] + [S]	$-79490/T+28.03$	$-1521000+536.0T$	$e_Y^{Y}=-22.3/T+0.006$
				$\varepsilon_Y^{Y}=-8178/T-2.693$
Fe-C_{sat}-S-Ce	Ce_2S_3 ═ 2[Ce] + 3[S]	$-70030/T+26.00$	$-1340000+497.7T$	$e_S^{Ce}=-4090/T+0.07$
Fe-C_{sat}-S-La	La_2S_3 ═ 2[La] + 3[S]	$-66110/T+21.83$	$-1266000+417.9Y$	$e_S^{La}=-4830/T+1.021$
Fe-C_{sat}-S-La	LaS ═ [La] + [S]	$-23257/T+7.39$	$-445180+141.5T$	
Fe-C_{sat}-S-Nd	Nd_2S_3 ═ 2[Nd] + 3[S]	$-53030/T+17.02$	$-1015000+325.8T$	$e_S^{Nd}=-6610/T+1.586$
Fe-C_{sat}-S-Sm	Sm_2S_3 ═ 2[Sm] + 3[S]	$-54470/T+15.89$	$-1043000+304.2T$	$e_S^{Sm}=-6510/T+1.681$
Fe-C_{sat}-S-Y	Y_2S_3 ═ 2[Y] + 3[S]	$-61190/T+23.10$	$-1171000+441.0T$	
Fe-C_{sat}-S-Y	YS ═ [Y] + [S]	$-22663/T+7.90$	$-433800+151.2T$	$e_S^{Y}=-27490/T+14.12$
Fe-C_{sat}-Ce	CeC_2 ═ [Ce] + 2[C]	$-10505/T+6.54$	$-202790+125.27T$	$e_C^{Ce*}=-48.2/T+0.0178$
				$e_C^{Ce}=-150.0/T+0.0500$
Fe-C_{sat}-La	LaC_2 ═ [La] + 2[C]	$-22633/T+13.43$	$-433190+256.99T$	$e_C^{La*}=-102.7/T+0.0485$
				$e_C^{La}=-341.4/T+0.158$
Fe-C_{sat}-Nd	NdC_2 ═ [Nd] + 2[C]	$-6750/T+4.44$	$-129190+84.98T$	$e_C^{Nd*}=-43.4/T+0.0159$
				$e_C^{Nd}=-133.9/T+0.0440$
Fe-C_{sat}-Sm	SmC_2 ═ [Sm] + 2[C]	$-14709/T+9.42$	$-281530+180.34T$	$e_C^{Sm*}=-43.9/T+0.0165$
				$e_C^{Sm}=-136.4/T+0.0460$
Fe-C_{sat}-Y	YC_2 ═ [Y] + 2[C]	$-8902/T+6.49$	$-170380+124.18T$	$e_C^{Y*}=-48.5/T+0.0178$
				$e_C^{Y}=-151.4/T+0.0501$
Fe-N-Ce	CeN ═ [Ce] + [N]	$-20960/T+7.97$	$-401200+153T$	$e_N^{Ce}=-6230/T+2.670$
				$e_{Ce}^{Ce}=-79.72/T+0.0167$
Fe-N-Y	YN ═ [Y] + [N]	$-20440/T+7.86$	$-391246+151T$	$e_N^{Y}=-6640/T+2.986$
				$e_Y^{Y}=-64.51/T+0.014$
Fe-Sn-Y	Y_2Sn ═ 2[Y] + [Sn]	$-57150/T+23.77$	$-1094000+445T$	$e_{Sn}^{Y}=10400/T-9.95$
Fe-C_{sat}-Sn-Y				
Fe-C_{sat}-Sb-Ce	CeSb ═ [Ce] + [Sb]	$-46894/T+21.69$	$-903287+418T$	$e_{Sb}^{Ce}=-63217/T+33.18$
Fe-C_{sat}-Sb-Y	YSb ═ [Y] + [Sb]	$-36249/T+15.86$	$-689590+301T$	$e_{Sb}^{Y}=-29905/T+9.77$
Fe-C_{sat}-Pb-Ce				$e_{Pb}^{Ce}=-2.11$(1300℃)
				$e_{Ce}^{Pb}=-1.43$(1300℃)
Fe-Sn-Ce	Ce_2O_2S ═ 2[Ce] + 2[O] + [S]	$-29420/T+1.58$	$-563150+30.24T$	$e_{Sn}^{Ce}=-95889/T+48.50$
Fe-P-Ce	Ce_2O_2S ═ 2[Ce] + 2[O] + [S]	1600℃ −14.59	1600℃ -261570×2	$e_P^{Ce}=0.39$, $e_{Ce}^{P}=1.77$
Fe-Cu-Ce	Ce_2O_2S ═ 2[Ce] + 2[O] + [S]	−14.56	-261032×2	$e_{Cu}^{Ce}=-0.22$, $e_{Ce}^{Cu}=-0.49$
Fe-Ti-Ce	Ce_2O_2S ═ 2[Ce] + 2[O] + [S]	−14.43	-258700×2	$e_{Ti}^{Ce}=-1.23$, $e_{Ce}^{Ti}=-3.62$
Fe-Nb-Ce	Ce_2O_2S ═ 2[Ce] + 2[O] + [S]	−14.36	-257393×2	$e_{Nb}^{Ce}=-2.306$, $e_{Ce}^{Nb}=-3.481$
Fe-V-Ce	Ce_2O_2S ═ 2[Ce] + 2[O] + [S]	$-35000/T+4.65$	$-669960+89.01T$	$e_V^{Ce}=-2836/T+1.40$

注：活度相互作用系数中上角“＊”表示在碳饱和铁液中。

表 1-16 稀土元素在铁液中溶解（质量分数 1%）的标准自由能变化 $\Delta G_{\mathrm{RE}}^{\ominus}$ 值及 $\gamma_{\mathrm{RE}}^{\ominus}$ 值

RE	$\Delta G_{\mathrm{RE}}^{\ominus}$/J · mol^{-1}	$\lg\gamma_{\mathrm{RE}}^{\ominus}$	$\gamma_{\mathrm{RE}}^{\ominus}$ (1873K)	文 献
Ce	$-16700-46.44T$		0.19	[24]
			0.322	[25]
	$231532-197.7T$	$12098/T-7.93$	0.034	[21,26]
	$206093-165.27T$	$10769/T-6.24$	0.32	[21,26]
	-142923(1873K)		0.026	[27]
			0.03	[22]
	$-287106+76.11T$	$-15000/T+6.37$	0.023	[28]
			0.24	[29]
La	-117046(1873K)		0.136	[27]
	$-571953+250.3T$	$-29880/T+15.47$	0.33	[30]
Nd	$24910-94.74T$	$1301.6/T-2.54$	0.0143	[21,26]
Y	$-33970-31.09T$	$-1776/T+0.578$	0.427	[31]
			0.29	[32]

表 1-17 汇集了不同实验者所报道的 1600℃ 铁液中稀土元素对其他组元的相互作用系数值及稀土元素的自相互作用系数值。根据相互作用系数 e_i^j 的定义，实验测定时必须保证溶液为极稀溶液[22,65]。近年来各实验者[33~37]略去了一些较小的杂质元素活度系数项以后，近似地以 $\dfrac{\partial \lg K'}{\partial[\%j]}_{[\%j]\to 0}$ 代替 $\dfrac{\partial \lg f_i^j}{\partial[\%j]}_{[\%j]\to 0}$ 来确定 e_i^j。由于某些实验者以稀土总量代替铁液中平衡的溶解稀土量，因此，所得 K' 值（平衡值）欠准确；此外，由于难以保证溶液为极稀溶液，因此所测 e_i^j 值也欠准确。不过，最近我国研究人员采取措施，力争减小上述两个原因造成的误差，得到了较准确的 e_i^j 值。

表 1-17 铁液中稀土元素与其他元素相互作用系数及自相互作用系数（1600℃）

RE	$e_{\mathrm{O}}^{\mathrm{RE}}$	%RE	文献	$e_{\mathrm{S}}^{\mathrm{RE}}$	%RE	文献	e_i^{RE} [22,43]	e_{RE}^{i} [22,43]	$e_{\mathrm{RE}}^{\mathrm{RE}}$
La	-5*	≤0.1	[38]	-20.5	<0.1	[39]	$e_{\mathrm{C}}^{\mathrm{La}}=-0.024$		-0.0078[34]
	-7.55*	≤0.2	[39]	-1	0.2~0.6	[39]			-0.0065[22,43]
	-0.57**		[40]	-0.259	0.7~7.2	[39]			-0.0129[22,43]
	-0.20		[25]	-1.51		[47]			-0.0085[22,43]
	-8**	≤0.1	[41]	-4.8		[48]			
	-0.97		[42]	-19		[34]			
				-20		[22,43]			
				-2.79		[22,43]			
				-0.212		[22,43]			

续表 1-17

RE	e_O^{RE}	%RE	文献	e_S^{RE}	%RE	文献	e_i^{RE} [22,43]	e_{RE}^{i} [22,43]	e_{RE}^{RE}
Ce	-4.93	≥0.003	[39]	-19	<0.08	[39]	$e_C^{Ce}=-0.030$	$e_{Ce}^{Al}=-2.585, e_{Ce}^{Nb}=-3.481$	0.0032[50]
	-1.16*	~1	[42]	-9.5	<0.14	[39]	$e_C^{Ce}=-0.037$	$e_{Ce}^{N}=-6.612, e_{Ce}^{Sb}=-0.6545$	0.0066[33]
	-3*	≤0.2	[38,25]	-2	0.16~0.25	[39]	$e_{Al}^{Ce}=-0.52, e_{Nb}^{Ce}=-2.306$	$e_{Ce}^{C}=-0.315, e_{Ce}^{V}=-0.33$	0.014[33]
	-14	≤0.05	[44]	-1	0.30~0.45	[39]	$e_V^{Ce}=-0.114, e_{Sn}^{Ce}=-2.695$	$e_{Ce}^{Ti}=-3.62, e_{Ce}^{P}=1.77$	0.007[22,43]
	-8.5	<0.1	[44]	-0.24	0.5~2.5	[39]	$e_{Cu}^{Ce}=-0.22, e_N^{Ce}=-0.656$	$e_{Ce}^{Cu}=-0.49, e_{Ce}^{Sn}=-3.175$	-0.0077[22,43]
	-0.52**	~1	[45]	-0.327		[41]	$e_{Ti}^{Ce}=-1.23, e_P^{Ce}=0.39$		0.0048[22,43]
	-12.1		[46]	-9.1		[34]	$e_{Sb}^{Ce}=-0.5717$		-0.02597[22,43]
				-9.0		[22,43]			
				-2.36		[47]			
				-0.86		[22,43]			
				-1.91		[22,43]			
Nd	-10.5		[46]	-1.54		[35]	$e_C^{Nd}=-0.027$[22,43]	$e_{Nd}^{Al}=-2.122$	0.017[33]
				-1.26		[47]			0.0119[22,43]
				-1.54		[22,43]	$e_{Al}^{Nd}=-0.41$		
Sm				-2.39		[22,43]	$e_C^{Sm}=-0.026$		-0.0107[22,43]
Y	-6.3		[51]	-21.3		[54]	$e_C^{Y}=-0.030$	$e_Y^{N}=-3.589$	0.006[49,54]
	-16.7		[52]	-7.7		[37]	$e_{Sb}^{Y}=-6.1964$	$e_Y^{Sb}=-4.525$	0.0177[48]
	-9	<0.1	[41]	-11.4		[48]	$e_{Sn}^{Y}=-4.397$	$e_Y^{Sn}=-3.2909$	-0.0202[22,43]
	-1.75**	~1	[42]	-2.64		[47]	$e_N^{Y}=-0.559$		
	-8.5	<0.1	[39]	-1.8		[55]			
	-0.7	>0.15	[39]	-0.275		[53]			
	0.46	0.2~2.0	[53]	-0.56		[22,43]			
	-3.4		[22,43]						

注：表中上标 * 为 1680℃；* * 为理论计算值。

1.3　稀土元素在铁基溶液中的脱氧热力学

自 20 世纪 60 年代以来，国内外一些研究者实验测定或理论计算了稀土元素在铁液中的脱氧常数（1600℃）。表 1-18 为铁液中 $RE_2O_3(s)$══$2[RE]+3[O]$，（RE = La，Ce，Nd 和 Y）的平衡数据。表 1-18 中没有列入希乔恩等[56]和费希尔与伯特伦[57]关于 La 和 Ce 的与其他作者的结果相比过高的数据。即使这样，表中所列脱氧常数值仍有很大的差异。它们由 10^{-13} 至 10^{-20}，相差达 7 个数量级。其原因有三：（1）大多数实测稀土含量为稀土总量，实际包括铁液中溶解的稀土量和呈夹杂物存在的稀土量，从而导致所测的浓度积偏高，以致所求的平衡常数过高；（2）铁液中稀土与 Al_2O_3 坩埚反应生成稀土铝酸盐，并非稀土氧化物，以致所测之值难以确定为稀土脱氧常数；（3）热力学计算值低于实验测定值甚多，可能是由于稀土在铁液中的溶解自由能值估计欠准确造成的。国内冶金界的韩其勇研究组、杜挺研究组、王常珍研究组为了解决以上问题，采用低温有机溶液，电解分离平衡试样中的稀土夹杂结合 ICP 测定溶解态的稀土含量；同时配合用固体电解质探头直接定氧和采用 MgO 或 CaO 坩埚材料，获得了比较准确的实测结果。

表 1-18 La、Ce、Nd 和 Y 在铁液中的脱氧常数 $K(w(\mathrm{RE})^2_{溶}\ a^3_{\mathrm{O}})$(1600℃)

$\lg w(\mathrm{RE})^2_{溶}\ a^3_{\mathrm{O}}$	平衡产物	K(1600℃)	方法		文献
			测试方法	坩埚/气氛	
$\frac{-81000}{T}+20.20$	Ce_2O	7.96×10^{-24}	热力学计算		[35]
$\frac{-76000}{T}+21.00$	Ce_2O_3	2.65×10^{-20}	间接法,光谱分析	Al_2O_3/真空	[58]
$\frac{-68500}{T}+19.60$	Ce_2O_3	1.0×10^{-17}	$ThO_2(Y_2O_3)$定氧	Al_2O_3	[59]
	Ce_2O_3	4.05×10^{-15} (1650℃)	汽液平衡法	$CaO/H_2O\text{-}H_2$	[60]
	Ce_2O_3	1.18×10^{-17}	热力学计算		[61]
	Ce_2O_3	9.38×10^{-18}	$ThO_2(Y_2O_3)$定氧	Al_2O_3/Ar 气	[57]
$\frac{-74712}{T}+18.80$	Ce_2O_3	8.11×10^{-22}	热力学计算		[62]
	Ce_2O_3	1.0×10^{-14} ~ 3.2×10^{-13}	直接法	Al_2O_3/Ar 气	[50]
$\frac{-98611}{T}+35.34$	Ce_2O_3	4.9×10^{-18}	固液平衡,$ZrO_2(MgO)$定氧，放射性测量	MgO/Ar 气	[33]
	Ce_2O_3	2.7×10^{-19}	直接法	Al_2O_3/真空	[63]
	La_2O_3	4.0×10^{-20}	热力学计算		[64]
$\frac{-62050}{T}+14.10$	La_2O_3	9.3×10^{-20}	间接法	Al_2O_3/真空	[58]
	La_2O_3	1.0×10^{-18}	热力学计算		[56]
	La_2O_3	1.0×10^{-19}	间接法	SiO_2/Ar 气	[53]
$\frac{-75380}{T}+17.60$	La_2O_3	2.24×10^{-23}	热力学计算		[19]
	La_2O_3	4.19×10^{-17}	热力学计算		[58]
$\frac{-77300}{T}+20.79$	La_2O_3	3.3×10^{-21}	热力学计算		[35]
	La_2O_3	4.07×10^{-19} (1680℃)	ThO_2 (Y_2O_3) 定氧	Al_2O_3/Ar 气	[57]
$\frac{-76100}{T}+19.50$	Nd_2O_3	7.41×10^{-17}	热力学计算		[35]
$\frac{-81970}{T}+27.04$	Nd_2O_3	1.9×10^{-17}	固液平衡，ZrO_2 (MgO) 定氧，放射性测量	CaO, MgO/Ar	[33]
$\frac{-61000}{T}+13.43$	Nd_2O_3	7.3×10^{-20}	$Nd\text{-}Al_2O_3$，光谱分析	Al_2O_3/真空	[58]
	Y_2O_3	9.5×10^{-20}	$Y\text{-}SiO_2$	SiO_2	[53]
$\frac{-93653}{T}+34.4$	Y_2O_3	2.5×10^{-18}	固液平衡，ZrO_2 (Y_2O_3)	MgO/Ar	[52]
$\frac{-50748}{T}+11.39$	Y_2O_3	2.75×10^{-18}	固液平衡，ZrO_2 (Y_2O_3)	MgO/Ar	[67]

镧、铈、镨、钕、钇在1600℃铁液内的脱氧气能力大于铝和锆，因而，它们是很强的脱氧剂。各稀土元素脱氧能力的递增顺序为镧、钇、镨、钕、铈。不过，文献［58］作者认为，如果铈的脱氧产物为 CeO_2，则脱氧能力的递增顺序应为铈、镧、镨、钕。然而，Kay 等[68]和魏寿昆[66]估算，若要发生 $Ce_2O_3+[O]_{1wt\%}=2CeO_2$ 反应，在1900K下氧的亨利活度必须大于0.53，这比 Fe 与 FeO 平衡时氧的活度大得多。因此认为在炼钢时不会生成 CeO_2。

综上所述，对于纯铁液中 $RE_2O_3=2[RE]+3[O]$ 的平衡常数，以取 10^{-18}(RE = Ce)、10^{-17}(RE = Nd)和 10^{-16}(RE = Y)的数量级比较合理。

1.4　稀土元素在铁基溶液中的脱硫热力学

稀土元素与硫生成稀土硫化物，如 RES、RE_3S_4、RE_2S_3、RES_2 等。重稀土元素甚至能生成 RE_5S_7 型硫化物。稀土硫化物熔点在1500～2450℃范围内。它们的密度在3.3～6.4g/cm^3 范围内，比铁液低。有些纯稀土硫化物在其溶化温度时还有一定的蒸发率：LaS 60%，La_2S_3 10%，La_3S_4 8%，YS 50%，Y_5S_7 10%，SmS 50%，CeS 9%，Ce_3S_4 8%。稀土硫化物不但密度较低，且有部分蒸发，因此较易从铁液中排除。美国稀土信息中心格施奈德纳[23]等给出了稀土硫化物 RES(La、Ce、Pr、Gd) 与钢中常见元素硫化物 MS(Ca、Mg、Mn 等) 的标准生成自由能随温度的变化见图1-7。

一些研究者已经实验测定或根据热力学计算了稀土在铁液中的脱硫常数，表1-19汇集了这些结果。由表1-19中数据可见，稀土元素生成 RES 的脱硫常数为 $10^{-3}\sim10^{-6}$，这证明稀土元素具有强的脱硫能力。同样，由于大多数实验者所测定的试样中的稀土含量为稀土总量（包括稀土夹杂物），因此，所求得的值均偏高。而只有通过测定试样中的溶解态的稀土量和硫含量，而求得的稀土-硫平衡常数值才是较准确的[67,36]。此外，在一些稀土-硫平衡实验中，实验者采用了 Al_2O_3 坩埚，或因测定时的气氛是空气，故其反应产物是否是稀土硫化物以及因此所测定结果的准确性都值得商榷。由此可见，铁液中反应 $RES=[RE]+[S]$ 的平衡常数，其较准确的数量级在 10^{-6}（对 RE = Ce，Nd）和 $10^{-4}\sim10^{-5}$之间（对 RE = Y）。

表1-19　Ce、La、Nd 和 Y 在铁液中的脱硫常数 *K*（活度积）和 *K′*（浓度积）
（反应式：$RES=[RE]+[S]$）

$\lg K\sim1/T$	平衡产物	K'（浓度积）(1600℃)K(活度积)	研究浓度范围	方　法	文献
	CeS	1.5×10^{-3}		CeS,MgO/Ar	[70]
	CeS	1.0×10^{-3}		MgO/真空	[71]
	CeS	2.0×10^{-3}		热力学计算	[72]
	CeS	2.5×10^{-4}		MgO/真空	[73]
	CeS	1.0×10^{-3}		MgO/Ar	[74]
	CeS	1.9×10^{-4}		CaO/真空	[57]
	CeS	1.2×0^{-3}		ZrO_2,Al_2O_3/真空	[75]

续表 1-19

$\lg K \sim 1/T$	平衡产物	K'(浓度积) (1600℃)K(活度积)	研究浓度范围	方 法	文献
$\frac{-20600}{T}+6.39$	CeS	2.6×10^{-5}	$w(Ce)_{溶}=0.05\sim2.0$	CeS 衬的 Al_2O_3/Ar	[34]
	CeS	3.0×10^{-4}		MgO/Ar,真空	[76]
	CeS	1.7×10^{-4}		CaO/Ar,真空	[77]
	CeS	3.2×10^{-6}		热力学计算	[62]
	CeS	1.9×10^{-5}		Al_2O_3/Ar	[50]
	CeS	2.8×10^{-5}		MgO/Ar,放射性测定	[35]
	LaS	1.5×10^{-4}	$w(La)_{溶}+4.34w(S)_{溶}=0.07\sim0.60$	CaO/真空	[57]
$\frac{-20100}{T}+5.574$	LaS	7.6×10^{-6}		热力学计算	[19]
	LaS	$\sim1.2\times10^{-3}$	$w(La)_{溶}=0.1\sim7.2$	热力学计算	[53]
$\frac{-26000}{T}+8.98$	LaS	4.0×10^{-6}	$w(La)_{溶}+4.34w(S)_{溶}=0.02\sim0.37$	LaS 衬 Al_2O_3/Ar	[34]
	LaS	$(0.77\sim7.35)\times10^{-6}$ 7.4×10^{-7}	$w(La)_{溶}+4.34w(S)_{溶}$ $=0.048\sim0.655$	MgO/Ar,放射性测量	[35]
	NdS	2.6×10^{-6}		MgO/Ar,放射性测量	[35]
$\frac{-16773}{T}+4.74$	YS	6.1×10^{-5}		MgO/Ar,放射性测量	[36]
	YS	8.5×10^{-5}		MgO/Ar,放射性测量	[67]

图 1-7 中较深色线条为稀土硫化物 RES(La、Ce、Pr、Gd)的标准生成自由能随温度的变化。

表 1-20 汇集了发生反应 $RE_2S_3 = 2[RE]+3[S]$ 时稀土在铁液中的脱硫常数。由表 1-20 可见，热力学计算值与实验测定值的差异甚大，远超过发生反应 $RES = [RE]+[S]$ 时稀土在铁液中脱硫常数计算值与实测值的差异。

根据文献 [69]，各单一稀土金属溶于铁液时吸收率的顺序为 Y ≈ Dy ≈ Gd > Ce ≈ Sm ≈ Nd ≈ Pr > La；单位稀土原子浓度在铁液中的脱硫率的顺序为 La ≥ Sm ≥ Ce ≈ Pr ≈ Nd > Y ≈ Dy ≈ Gd。

表 1-20 La、Ce 和 Y 在铁液中的脱硫常数 K（1600℃）

（反应式：$RE_2S_3 = 2[RE]+3[S]$）

$\lg K \sim 1/T$	平衡产物	K（1600℃）	方 法	文 献
	La_2S_3	4×10^{-5}	热力学计算	[72]
	La_2S_3	6×10^{-10}	空气	[64]
	Ce_2S_3	5.0×10^{-11}	MgO/Ar	[47]
	Ce_2S_3	8.6×10^{-6}	热力学计算	[72]
$\frac{-56100}{T}+17.049$	Ce_2S_3	3.3×10^{-13}	热力学计算	[19]
$\frac{-44130}{T}+11.40$	Y_2S_3	6.8×10^{-3}	热力学计算	[78]
$\frac{-61185}{T}+23.05$	Y_2S_3	2.4×10^{-10}	MgO/Ar	[54]

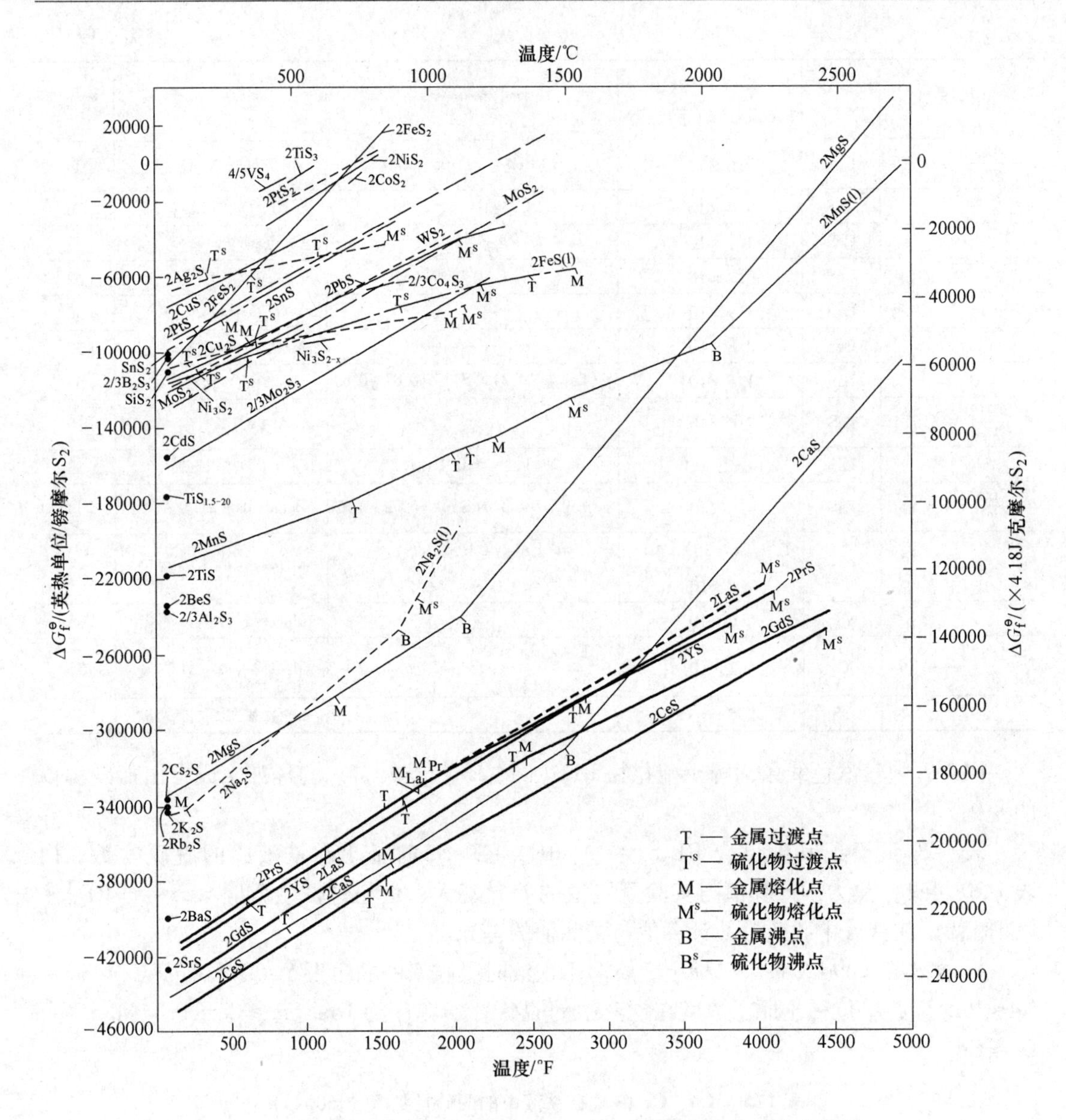

图 1-7　稀土硫化物 RES(La、Ce、Pr、Gd) 与钢中常见元素硫化物 MS(Ca、Mg、Mn 等) 的标准生成自由能随温度的变化[23]

1.5　稀土元素在铁基溶液中的脱硫氧平衡常数

在含有氧、硫的铁液中，一定条件下稀土元素能与氧、硫生成稀土硫氧化物 RE_2O_2S。这是稀土不同于其他脱氧、脱硫元素的一大特点。铈、镧和钇的硫氧化物熔点在 1900 ~ 2200℃，密度为 4.8 ~ 7.0g/cm^3。由一些 RE_2O_2S 的标准生成自由能数据[39] 及稀土、氧、硫在铁液中的标准溶解自由能数据，能计算出 RE_2O_2S 在铁液中的标准生成自由能。表 1-21 为不同作者研究得到的铈、镧、钕和钇在铁液中脱硫、氧的热力学数据。由表 1-21 可见，实测结果与计算值相差较大。

表1-21 La、Ce、Nd和Y在铁液中的脱硫、氧常数（1600℃）

（反应式：RE_2O_2S（s）$=2[RE]+2[O]+[S]$）

$K=f(T)$	平衡产物	K'(浓度积)	K(活度积)	方 法	文 献
	La_2O_2S		2.2×10^{-22}	热力学计算	[62]
	La_2O_2S		3.7×10^{-22}	热力学计算	[79]
$\frac{10217}{T}-12.79$	La_2O_2S		5.7×10^{-19}	MgO/Ar,放射性测量	[48]
	Ce_2O_2S	1.0×10^{-14}		热力学计算	[80]
	Ce_2O_2S		3.8×10^{-21}	热力学计算	[62]
	Ce_2O_2S		3.9×10^{-14}	Al_2O_3/Ar	[50]
$\frac{-41300}{T}+7.46$	Ce_2O_2S		2.6×10^{-15}	MgO/Ar,放射性测量	[47]
$\frac{-70930}{T}+23.91$	Nd_2O_2S		1.1×10^{-14}	同上	[47]
$\frac{-51524}{T}+13.14$	Y_2O_2S		4.3×10^{-15}	同上	[47]
	Y_2O_2S		1.0×10^{-21}	热力学计算	[78]
$\frac{-79487}{T}+28.03$	Y_2O_2S		4.1×10^{-15}	MgO/Ar	[54]

1.6 稀土元素脱氧脱硫产物生成规律热力学

稀土元素是很强的脱氧剂和脱硫剂，它们可以用作钢液的净化剂。但是稀土脱氧、脱硫产物的比重较大，在3.8~7.0g/cm^{3}之间，因此稀土脱氧、脱硫产物可能因为密度大不易浮出金属液，若聚集成大块残留在金属液中将影响钢的质量。因此，冶金工作者非常关注各种稀土夹杂物的生成规律。

格施奈德纳等[23,81~84]对稀土硫氧化物的标准生成热和生成自由能作了估算，并对各种稀土硫化物的稳定性进行了比较。按生成热ΔH_t（298K）来考虑Ce_2O_2S为-578.9kJ/mol($1/3O_2+1/6S_2$)，硫化铈CeS为-558.4kJ/mol($1/2S_2$(气))，另外两个铈的硫化物Ce_3S_4、Ce_2S_3的相应值为-505.7kJ/mol($1/2S_2$)和-483.6kJ/mol($1/2S_2$(气))。这几个硫化物按不稳定性增加的程度排列依次为Ce_2O_2S、CeS、Ce_3S_4、Ce_2S_3。为了了解在钢中加入一定量的铈时形成的哪一种化合物最稳定，需要以每1mol的铈为单位来比较，在这种情况下，CeS、Ce_3S_4、Ce_2S_3、Ce_2O_2S的$\Delta H_t^{\ominus}$(298K)值分别是-558.4kJ/mol、-674.4kJ/mol、-725.9kJ/mol、-868.6kJ/mol，因此，Ce_2O_2S是其中最稳定的，其稳定性降低的顺序为Ce_2O_2S、Ce_2S_3、Ce_3S_4、CeS。因此，在钢中有硫和氧同时存在时，铈在钢中首先倾向于形成硫氧化合物。但是，在炼钢温度（1600℃）下，稀土元素脱氧脱硫产物的实际生成情况比上述的情况要复杂得多。

国内研究者[67]根据前人的实验数据，提出了一个易于预测稀土脱氧、脱硫产物的脱氧、脱硫图。同样，由于缺乏准确的钢液中稀土元素的脱氧常数值、脱硫常数值以及稀土对氧、对硫的活度系数值，作者[67]近似地以重量百分数的浓度积代表平衡常数，认为在恒温、恒压条件下，在向含有氧和硫的钢液中添加稀土金属时，钢液中会有以下反应发生：

$$RE_2O_3 = 2[RE] + 3[O]$$

$$RE_2S_3 = 2[RE] + 3[S]$$

$$RE_2O_2S = 2[RE] + 2[O] + [S]$$

且作者进一步设定 $K\ RE_2O_3 = [\%RE]^2 + [\%O]^3 = 10^{-15}$，$K\ RE_2S_3 = [\%RE]^2 + [\%S]^3 = 10^{-10}$，由 $RE_2O_2S + [O] = RE_2O_3 + [S]$ 反应式计算出当 RE_2O_2S 与 RE_2O_3 共存时，则$[\%S] = 10[\%O]$；由 $RE_2S_3 + 2[O] = RE_2O_2S + 2[S]$ 反应式计算出 RE_2O_2S 与 RE_2S_3 共存时，则$[\%S] = 100[\%O]$。图 1-8 即是根据上述条件画出的三种稀土反应产物存在的范围，两直线的点分别为两种稀土反应产物处于平衡（两种反应物共存）。图 1-8 中的虚线是稀土含量为 $10^{-3}\%$ 等活度线，由于受当时所报道的实验数据的局限，设定的 $K_{RE_2O_3}$、$K_{RE_2S_3}$、$K_{RE_2O_2S}$诸值均偏大。此外，在通常钢液［O］、［S］含量的情况下，RE_2S_3 并不一定是稀土的脱硫产物。

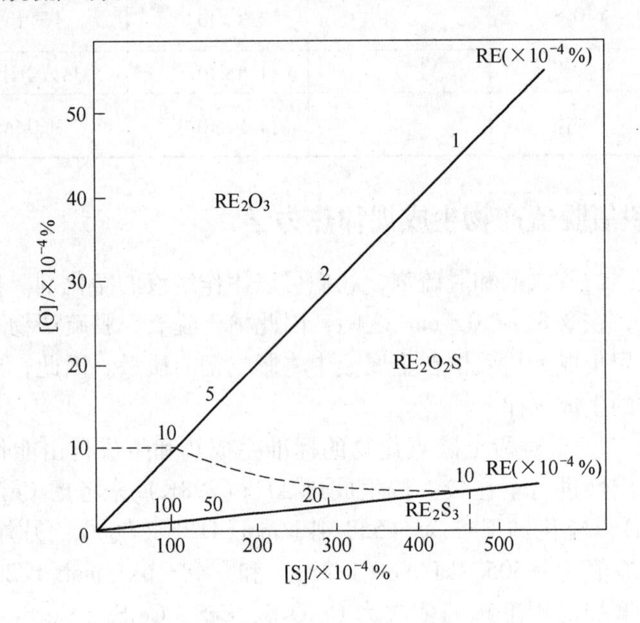

图 1-8　稀土氧化物、硫化物及硫氧化物稳定存在时所对应的 RE、O、S 含量（1600℃）[67]

1.6.1　稀土元素 Ce 脱氧脱硫产物生成规律热力学

威尔逊和瓦赫德等[19,62]以格施奈德纳等的结果为基础，计算了炼钢条件下 Ce、La 氧化物、硫化物和硫氧化物的标准生成自由能，结果列于表 1-22，并由此计算了这些化合物的亨利活度积，进而求出以亨利活度表示的铈与镧的脱氧常数和脱硫常数，以绘制 Ce-O-S 空间沉淀图，并借以预测钢液中稀土元素脱氧脱硫产物的生成顺序。图 1-9 是文献［62］计算出的 h_{Ce}-h_O-h_S 空间图，h_{Ce}、h_O 和 h_S 分别代表铁液中铈、氧、硫的亨利活度。

表 1-22 一些稀土化合物在炼钢温度下的标准生成自由能和 1900K、1950K 和 2000K 时的亨利活度积[19,62]

化合物	$\Delta G^{\ominus}$(4.186J/mol)	活度积（1900K）	活度积（1950K）	活度积（2000K）
CeO_2	$-204040+59.8T$	$h_{Ce}\times h_O^2=4.0\times10^{-11}$	1.6×10^{-10}	6.0×10^{-10}
Ce_2O_3	$-341810+86.0T$	$h_{Ce}^2\times h_O^3=3.0\times10^{-21}$	3.0×10^{-20}	2.8×10^{-19}
La_2O_3	$-344865+80.5T$	$h_{La}^2\times h_O^3=8.4\times10^{-23}$	9.2×10^{-22}	8.4×10^{-21}
CeS	$-100980+27.9T$	$h_{Ce}\times h_S=3.0\times10^{-6}$	6.0×10^{-6}	1.2×10^{-6}
Ce_3S_4	$-357180+105.1T$①	$h_{Ce}^3\times h_S^4=7.6\times10^{-19}$	8.6×10^{-18}	8.6×10^{-17}
Ce_2S_3	$-256660+78.0T$①	$h_{Ce}^2\times h_S^3=3.3\times10^{-13}$	1.9×10^{-12}	1.0×10^{-11}
LaS	$-91750+25.5T$			
Ce_2O_2S	$-323300+79.2T$	$h_{Ce}^2\times h_O^2\times h_S=1.3\times10^{-20}$	1.2×10^{-19}	9.8×10^{-19}
La_2O_2S	$-320340+71.9T$①	$h_{La}^2\times h_O^2\times h_S=7.3\times10^{-22}$	6.7×10^{-21}	5.3×10^{-20}

① 为估计值。

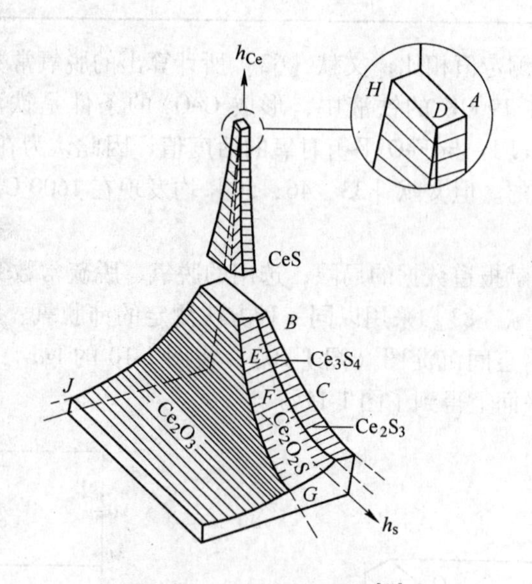

图 1-9 h_{Ce}-h_O-h_S 空间图[62]

在 1900K、1950K 和 2000K 三个温度下图 1-9 中各点的坐标示于表 1-23，根据向钢液中加入稀土金属时钢液中的 h_O 和 h_S 值，由图 1-9 已可预测稀土夹杂物的生成顺序。

表 1-23 在 1900K、1950K 和 2000K 下沉淀图（即图 1-9）各点的坐标

点	亨利活度	1900K	1950K	2000K
D	h_O	2.4×10^{-9}	5.3×10^{-9}	1.0×10^{-8}
	h_S	1.0×10^{-8}	2.1×10^{-8}	3.4×10^{-8}
	h_{Ce}	4.6×10^{2}	4.5×10^{2}	5.3×10^{2}
E	h_O	1.9×10^{-6}	3.6×10^{-6}	6.6×10^{-6}
	h_S	6.2×10^{-3}	9.1×10^{-3}	1.3×10^{-2}
	h_{Ce}	7.7×10^{-4}	1.0×10^{-3}	1.3×10^{-3}

续表 1-23

点	亨利活度	1900K	1950K	2000K
F	h_O	2.3×10^{-5}	4.6×10^{-5}	8.0×10^{-5}
	h_S	1.3×10^{-1}	2.0×10^{-1}	2.8×10^{-1}
	h_{Ce}	1.3×10^{-5}	1.7×10^{-5}	2.3×10^{-5}
B	h_O	—	—	—
	h_S	6.2×10^{-3}	9.1×10^{-3}	1.3×10^{-2}
	h_{Ce}	7.7×10^{-4}	1.0×10^{-3}	1.3×10^{-3}
C	h_O	—	—	—
	h_S	1.3×10^{-1}	2.0×10^{-1}	2.8×10^{-1}
	h_{Ce}	1.3×10^{-5}	1.7×10^{-5}	2.3×10^{-5}

如前所述，与实验测定值相比，文献［62］所计算出的脱氧常数已偏低；此外，根据文献［62］的计算，在 1900K 的铁液中，形成 CeO_2 的条件是铁液中的氧活度值 $a_O>0.53$，而此值是远远超过 Fe 与 FeO 平衡时氧的活度值，因此认为在炼钢温度下，CeO_2 是不稳定的，是不能存在的。但文献［33，46，50］均发现在 1600℃ Fe-Ce-O 平衡的脱氧产物中有 CeO_2。

同样是由于受到文献报道数据的局限，选用的脱氧、脱硫常数又欠准确，从而与实际情况有很大的偏离。文献［83］采用以同一种方法测定的铈脱氧、脱硫常数[33,35,46,47]，绘制了 $\lg a_{[Ce]}$-$\lg a_{[O]}$-$\lg a_{[S]}$ 空间沉淀图（图 1-10）。将图 1-10 的 $\lg a_{[Ce]}$-$\lg a_{[O]}$-$\lg a_{[S]}$ 空间沉淀图投影在 $\lg a_{[O]}$-$\lg a_{[S]}$ 平面上得到了图 1-11。

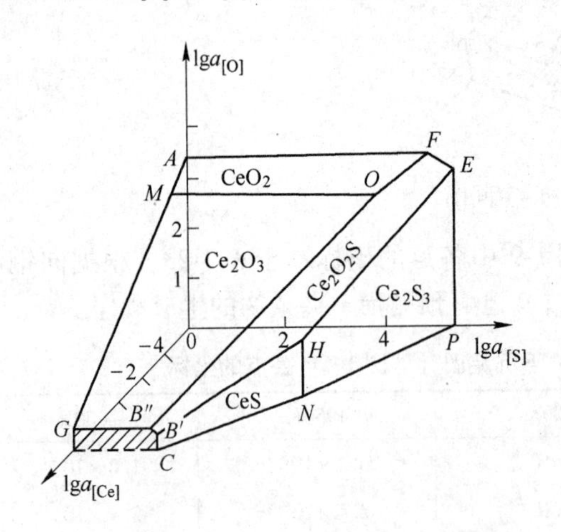

图 1-10 $\lg a_{[Ce]}$-$\lg a_{[O]}$-$\lg a_{[S]}$ 空间沉淀图[83]（1600℃）

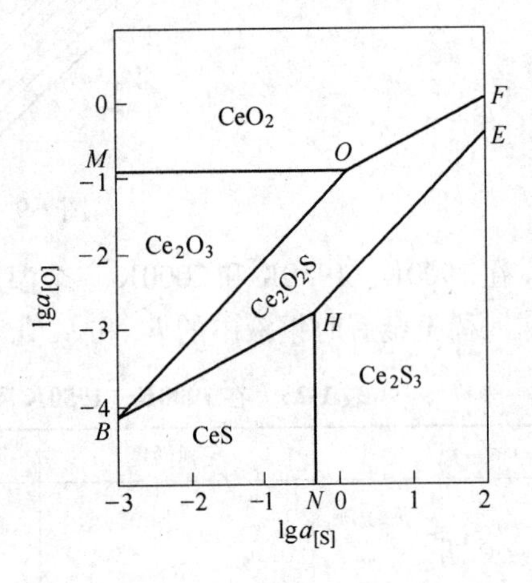

图 1-11 $\lg a_{[O]}$-$\lg a_{[S]}$ 平面的投影图[83]（1600℃）

图 1-10 中各点、线、面所表示的 $a_{[Ce]}$、$a_{[O]}$、$a_{[S]}$ 间的关系由表 1-24 说明。

表 1-24 图 1-10 的 $\lg a_{[Ce]}$-$\lg a_{[O]}$-$\lg a_{[S]}$ 空间沉淀图中活度关系

几何因素	活度关系式	几何因素	活度关系式
CeO_2 面	$\lg a_{[Ce]}+2\lg a_{[O]}=2.90$	$B'H$	$2\lg a_{[Ce]}+2\lg a_{[O]}+\lg a_{[S]}=3.79$
Ce_2O_3 面	$2\lg a_{[Ce]}+3\lg a_{[O]}=2.69$	HE 线	$2\lg a_{[O]}+3\lg a_{[S]}=8.63$
Ce_2O_2S 面	$2\lg a_{[Ce]}+2\lg a_{[O]}+\lg a_{[S]}=3.79$		$2\lg a_{[Ce]}+2\lg a_{[O]}+\lg a_{[S]}=3.79$
CeS 面	$\lg a_{[O]}+\lg a_{[S]}=2.46$	OF 线	$\lg a_{[Ce]}+2\lg a_{[O]}=2.90$
Ce_2S_3 面	$2\lg a_{[O]}+3\lg a_{[S]}=8.63$		$2\lg a_{[Ce]}+2\lg a_{[O]}+\lg a_{[S]}=3.79$
MO 线	$2\lg a_{[Ce]}+3\lg a_{[O]}=2.69$	OB''线	$2\lg a_{[Ce]}+3\lg a_{[O]}=2.69$
	$\lg a_{[Ce]}+2\lg a_{[O]}=2.90$		$2\lg a_{[Ce]}+2\lg a_{[O]}+\lg a_{[S]}=3.79$
HN 线	$\lg a_{[O]}+\lg a_{[S]}=2.46$	O 点	$\lg a_{[Ce]}=-3.32$, $\lg a_{[O]}=3.11$, $\lg a_{[S]}=4.21$
	$2\lg a_{[O]}+3\lg a_{[S]}=8.63$	H 点	$\lg a_{[Ce]}=-1.25$, $\lg a_{[O]}=1.29$, $\lg a_{[S]}=3.71$
$B'H$ 线	$\lg a_{[O]}+\lg a_{[S]}=2.46$		

从图 1-11 可较直观地得到 Ce-S-O 铁液中各类 Ce 的夹杂物对铁液中氧硫活度的依赖关系和它们共存转换时的活度关系，表 1-25 列出了图 1-11 各线上 Ce-S-O 铁液中各类稀土夹杂物共存或转换时 $a_{[O]}$ 与 $a_{[S]}$ 的定量计算结果。

表 1-25 Ce-S-O 铁液中各类稀土 Ce 夹杂物共存或转换时的 $a_{[O]}$ 与 $a_{[S]}$ 的关系

线	反应方程式	$a_{[O]}$ 与 $a_{[S]}$ 的关系
OM	$2CeO_2 = Ce_2O_3+[O]$	$\lg a_{[O]}=-0.89, a_{[O]}=0.13$
OB	$Ce_2O_3+[S] = Ce_2O_2S+[O]$	$\lg a_{[O]}-\lg a_{[S]}=-1.00, a_{[S]}/a_{[O]}=10$
OF	$2CeO_2+[S] = Ce_2O_2S+2[O]$	$2\lg a_{[O]}-\lg a_{[S]}=-1.99, a_{[S]}/a_{[O]}^2=100$
BH	$Ce_2O_2S+[S] = 2CeS+2[O]$	$2\lg a_{[O]}-\lg a_{[S]}=-5.13, a_{[S]}/a_{[O]}^2=13500$
EH	$Ce_2O_2S+2[S] = Ce_2S_3+2[O]$	$\lg a_{[O]}-\lg a_{[S]}=-2.42, a_{[S]}/a_{[O]}=263$
HN	$Ce_2S_3 = 2CeS+[S]$	$\lg a_{[S]}=-0.29, a_{[S]}=0.51$

由图 1-10 和图 1-11 及表 1-24 和表 1-25 相应的定量计算结果，根据 Ce-S-O 铁液中的 $a_{[O]}$ 和 $a_{[S]}$，即可判断所生成的稀土 Ce 夹杂物的类型和生成条件如下：

（1）生成稀土 Ce 氧化物的条件：当 $a_{[O]}>0.10$，$a_{[S]}/a_{[O]}^2<100$ 时，生成的夹杂物是 CeO_2，当 $a_{[O]}<0.10$，$a_{[S]}/a_{[O]}<10$ 时，生成的夹杂物是 Ce_2O_3。

（2）生成稀土 Ce 硫氧化物的条件：在满足 $a_{[O]}<0.10$，$10<a_{[S]}/a_{[O]}<263$ 或 $a_{[S]}<0.51$，$100<a_{[S]}/a_{[O]}^2<135000$ 的条件时，生成的夹杂物是稀土硫氧化物 Ce_2O_2S。

（3）生成稀土 Ce 硫化物的条件：当 $a_{[S]}<0.51$，$a_{[S]}/a_{[O]}^2>135000$ 时，生成的夹杂物是 CeS；当 $a_{[S]}>0.51$，$a_{[S]}/a_{[O]}>263$ 时，生成的夹杂物是 Ce_2O_3。

根据文献［33，35，47，48，51，67，69］所提供的实验数据，把初始氧硫活度比和所生成的夹杂物类型间的关系列于表 1-26。在表 1-26 中还对初始态（加 Ce 前铁液中的 $a_{[O]i}$ 与 $a_{[S]i}$）和平衡态（加 Ce 后反应达平衡时的 $a_{[O]e}$ 与 $a_{[S]e}$）的数据进行了比较。

表 1-26 Ce-S-O 铁液中初始态和平衡态的氧硫活度和生成的稀土夹杂物类型间的关系

实验结果								沉淀图预报	X 光所确定的夹杂
$a_{[O]i}$	$a_{[S]i}$	$a_{[S]i}/a_{[O]i}$	$a_{[S]i}/a^2_{[O]i}$	$a_{[O]e}$	$a_{[S]e}$	$a_{[S]e}/a_{[O]e}$	$a_{[S]e}/a^2_{[O]e}$		
~0.017	~0.006	0.35		$(1\sim3)\times10^{-3}$	~0.006	2~6		$a_{[O]i}<0.10$ $a_{[O]e}<0.10$	Ce_2O_3
~0.15	~0.006		0.27	$\sim10^{-2}$	~0.006		60	$a_{[O]i}>0.10$ $a_{[S]e}/a^2_{[O]e}<100$	CeO_2
~0.017	~0.18	10.5	622	$(1.5\sim2.0)\times10^{-3}$	0.040~0.077	15~124	20000~51300	$a_{[O]i}<0.10$ $a_{[O]e}<0.10$ $a_{[S]i}<0.51$ $a_{[S]e}<0.51$	Ce_2O_2S
$<10^{-3}$	0.2~0.5		$(2\sim5)\times10^5$	$<10^{-3}$	0.019~0.30		$(0.19\sim3.0)\times10^5$	$a_{[S]i}<0.51$ $a_{[S]e}<0.51$	CeS
$<10^{-3}$	1.0~1.2	1000~1200		$<10^{-3}$	0.53~0.67	530~670		$a_{[S]i}>0.51$ $a_{[S]e}>0.51$	Ce_2S_3

注：表中 $a_{[O]i}$、$a_{[S]i}$分别代表 Ce-S-O 铁液中初始态的氧、硫活度；$a_{[O]e}$、$a_{[S]e}$分别代表 Ce-S-O 铁液中平衡态的氧、硫活度。

由表 1-26 可知，实验所测定的硫氧活度比和夹杂物类型间的关系与上述理论计算结果以及所提出的[Ce]-[O]-[S]沉淀图符合得很好。由表 1-26 还可以看出，根据铁液初始态的氧活度和硫活度，由[Ce]-[O]-[S]沉淀图即可对生成夹杂物的类型作出判断，它比按平衡态的氧活度和硫活度判断夹杂和的类型更有实际意义。

1.6.2 稀土元素 Y 脱氧脱硫产物生成规律热力学

文献［54］作者在大量实验数据的基础上，根据铁液中 Y-S-O 平衡关系绘制了铁液中 $\lg a_{[Y]}$-$\lg a_{[O]}$-$\lg a_{[S]}$空间沉淀，如图 1-12 所示。

在一定热力学条件下，熔体可同时与氧化物、硫氧化物及硫化物相平衡；同样，在硫氧化物与硫化物之间也可存在相应的平衡。

表 1-27 为铁液中钇的脱氧、脱硫、脱硫氧反应的热力学参数，均为文献［20，36，37，52，54，78，79］实验数据。

表 1-27 铁液中钇的脱氧、脱硫、脱硫氧反应的热力学参数[54]

反应	$\Delta G^\ominus=-X+YT$(J/mol)		$\lg K=-A/T+B$		K (1600℃)
	X	Y	A	B	
$Y_2O_3(s)=2[Y]+3[O]$	1792600	658.0	93653	34.4	2.5×10^{-16}
$Y_2O_2S(s)=2[Y]+2[O]+[S]$	1521000	536.0	79487	28.03	4.1×10^{-15}
$Y_2S_3(s)=2[Y]+3[S]$	1171000	441.0	61185	23.05	2.4×10^{-10}
$YS(s)=[Y]+[S]$	321080	91.0	16773	4.74	6.1×10^{-5}

从图1-12中可看到几种可能的脱氧、脱硫、脱硫氧反应的途径。若反应的起点位于氧化物稳定区域 a 点时，$a_{S(原)}<16a_{O(原)}$，加入稀土Y后首先生成 Y_2O_3 相，随 Y_2O_3 不断析出后，当氧的活度降到 b 点之前硫的活度不变。在 b 点生成的 Y_2O_2S 相开始从熔体中析出，沿着 bc 方向移动，而 bc 线的斜率是由析出硫氧化物所需要的O/S化学计量比所决定的。然后熔体的成分沿着平衡线 ce 移动，同时沉淀出硫氧化物及硫化物。假定达到 b 点但析出的氧化物未从熔体中排出，则熔体与氧化物会生成硫氧化物，而熔体成分将沿瞬态线往 c' 点移动，直至全部氧化物耗尽，或者是氧化物被覆盖一层硫氧化物，有效地阻碍熔体与氧化物进一步作用。这时熔体成分将离开瞬态线 bc' 而以平行于 bc（即图1-12中的 $b'c''$ 线）的途径趋向最终平衡线 ce。假定加稀土Y时钢液中 $a_{S(原)}=245a_{O(原)}$（见图1-12中的 d 点），硫氧化物及硫化物都将析出，熔体的成分往 e 点移动。如原始成分处于 f 点，加入稀土Y时将析出硫氧化物，向 g 点移动。当氧活度降低到 g 点，硫化物与硫氧化物相都将析出，直至达到最后所希望的硫活度。加稀土Y前，熔体已进行过强脱氧的情况下，则稀土Y只作为脱硫剂，析出相是Y的硫化物，如图1-12中反应途径 kl 所示。

从图1-13看到，Y的氧化物、硫化物和硫氧化物的稳定区域的每条虚线采用的是不均匀刻度的Y活度标尺。这些虚线在氧化物区域是水平的，在硫化物区域是垂直的，而在硫氧化物区域内是斜线。图1-13中计算给出了 a_Y 为 10^{-4}、10^{-3} 的两条等Y活度线。由此图1-13可以使我们直接读出熔体与相应的一个或几个化合物相平衡时的O、S及Y的活度值。

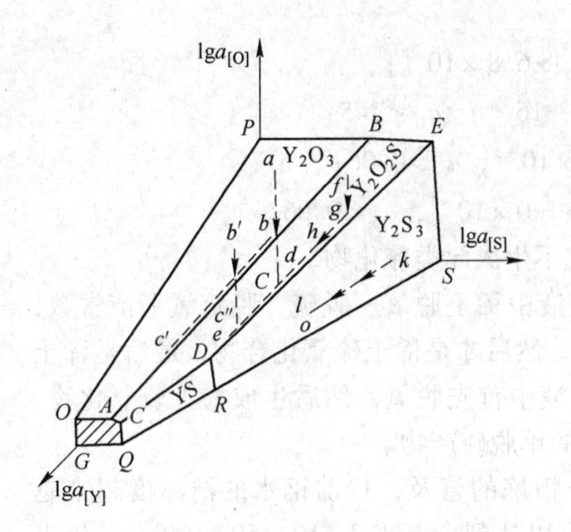

图1-12　1600℃铁液中 $\lg a_{[Y]}$-$\lg a_{[O]}$-$\lg a_{[S]}$ 空间沉淀图

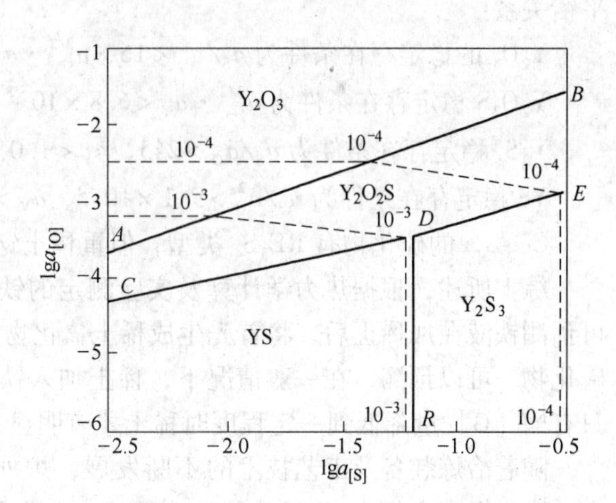

图1-13　1600℃ Y-S-O铁液中 $\lg a_{[O]}$-$\lg a_{[S]}$ 平面投影图（虚线表示等Y活度线）

表1-28为图1-12及图1-13中重要几何因素的方程及坐标。

表1-28　沉淀图1-12及平面投影图1-13中各主要因素的方程及坐标[54]

几何因素		方程及坐标	在 $\lg a_{[O]}$-$\lg a_{[S]}$ 平面上的投影
面	Y_2O_3	$\lg a_Y=-7.80-1.5\lg a_O$	
	Y_2O_2S	$\lg a_Y=-7.28-\lg a_O-0.5\lg a_S$	
	Y_2S_3	$\lg a_Y=-4.81-1.5\lg a_S$	

续表 1-28

几何因素		方程及坐标	在 $\lg a_{[O]}$-$\lg a_{[S]}$ 平面上的投影
面	YS	$\lg a_Y = -4.22 - \lg a_S$	
线	$\overline{AB}$	$\lg a_Y = -7.80 - 1.5\lg a_O$ $\lg a_Y = -7.28 - \lg a_O - 0.5\lg a_S$	$\lg a_O = -1.2 + \lg a_S$ $a_S/a_O = 16$
	$\overline{DE}$	$\lg a_Y = -7.28 - \lg a_O - 0.5\lg a_S$ $\lg a_Y = -4.81 - 1.5\lg a_S$	$\lg a_O = -2.39 + \lg a_S$ $a_S/a_O = 245$
	$\overline{CD}$	$\lg a_Y = -7.28 - \lg a_O - 0.5\lg a_S$ $\lg a_Y = -4.22 - \lg a_S$	$\lg a_O = -2.98 + 0.5\lg a_S$ $a_S/a_O^2 = 9.1\times10^{-5}$
	$\overline{DR}$	$\lg a_Y = -4.81 - 1.5\lg a_S$ $\lg a_Y = -4.22 - \lg a_S$	$\lg a_S = -1.22$ $a_S = 0.06$
点	D	$(\lg a_S, \lg a_O, \lg a_Y) = (-1.19, -3.57, -3.03)$	$(\lg a_S, \lg a_O) = (-1.19, -3.57)$
	A	$(\lg a_S, \lg a_O, \lg a_Y) = (-2.50, -3.70, -2.45)$	$(\lg a_S, \lg a_O) = (-2.50, -3.70)$
	B	$(\lg a_S, \lg a_O, \lg a_Y) = (-0.50, -1.70, -5.25)$	$(\lg a_S, \lg a_O) = (-0.50, -1.70)$
	C	$(\lg a_S, \lg a_O, \lg a_Y) = (-2.50, -4.23, -1.72)$	$(\lg a_S, \lg a_O) = (-2.50, -4.23)$
	E	$(\lg a_S, \lg a_O, \lg a_Y) = (-0.50, -2.89, -4.06)$	$(\lg a_S, \lg a_O) = (-0.50, -2.89)$

把图 1-12、图 1-13 及表 1-28 结合起来可更进一步清楚地看出铁液中[Y]-[S]-[O]的平衡关系：

Y_2O_3 的稳定存在条件为 $a_S/a_O < 16$，$a_O^{3/2} \cdot a_Y > 6.8\times10^{-8}$；

Y_2O_2S 稳定存在条件为 $a_O^{3/2} \cdot a_Y < 6.8\times10^{-8}$，$16 < a_S/a_O < 245$；

Y_2S_3 稳定存在条件为 $a_S/a_O > 245$，$a_Y < 1.0\times10^{-3}$，$a_S > 0.06$；

YS 稳定存在条件为 $a_S/a_O^2 > 9.1\times10^{-5}$，$a_Y > 1.0\times10^{-3}$，$a_S < 0.06$。

Ce、La 的硫化物有 RE_3S_4 类型，但重稀土钇不生成此类硫化物。

综上所述，根据热力学计算及实验测定的铁液中稀土脱氧、脱硫、脱硫氧平衡常数，可预测铁液在加稀土后，将首先生成稀土氧化物，然后才是稀土硫氧化合物，最后是稀土硫化物。可以预测，在一般情况下，稀土加入铁液中首先脱氧，然后生成稀土硫氧化物，只有当［O］量降低到一定程度时稀土才有明显的单脱硫产物。

随着冶炼装备及工艺技术的不断发展，炉外精炼的普及，目前钢水的洁净度越来越高，通常钢中全氧小于$(50\sim100)\times10^{-6}$，有些可以达到全氧小于$(10\sim50)\times10^{-6}$，硫也能控制在较低或很低的水平，这个时候加入稀土元素，往往能生成微米级或小于微米级的稀土硫氧化物，这些细小的稀土硫氧化物能起到非均质形核的第二相粒子作用，达到改善凝固组织的作用，强韧化钢的基体。

1.7 稀土元素与钢中有害低熔点金属的作用规律

1.7.1 Fe-C-Sb-RE(Ce、Y)系

关于 Fe-C-Sb-RE(Ce、Y) 系这两个体系的研究报道很少，文献［65］只有铁液中 1600℃的 Sb 与 Ce 的相互作用系数 $e_{Sb}^{Ce} = -9.1$ 的报道。文献［24，27，85］对这两个体系

采用金属液与平衡产物直接平衡法，同时另用外加 CeSb 或 YSb 化合物与铁液平衡法来验证。

实验在二硅化钼炉内高纯石墨坩埚中进行，炉内通净化的高纯 Ar 气保护。实验温度为1300℃、1400℃、1500℃，炉温控制准确度为±2℃。实验在［O］、［S］均很低的条件下进行，Fe、Ce、Y、Sb 均为高纯，平衡时间分别为 1h 和 1.5h。Ce、Y、Sb 用等离子光谱分析法，平衡产物用 X 射线衍射法分析。经 X 射线分析证明两体系中平衡产物分别为 CeSb、YSb。

(1) 相互作用系数、平衡常数与温度的关系。

Fe-C-Sb-Ce 系存在以下平衡：

$$CeSb(s) = [Ce] + [Sb]$$

CeSb(s)以纯物质为标准状态，$a_{CeSb}=1$，[Ce]、[Sb] 以重量1%溶液为标准状态。

反应平衡常数：

$$K = f_{Ce} f_{Sb} [\%Ce][\%Sb]$$

令 $K' = [\%Ce][\%Sb]$，则有

$$\begin{aligned} \lg K &= \lg K' + \lg f_{Ce} + \lg f_{Sb} \\ &= \lg K' + e_{Ce}^{Ce}[\%Ce] + e_{Ce}^{Sb}[\%Sb] + e_{Ce}^{C}[\%C] + e_{Sb}^{Sb}[\%Sb] + \\ &\quad e_{Sb}^{Ce}[\%Ce] + e_{Sb}^{C}[\%C] \end{aligned} \tag{1-1}$$

由于 $e_{Sb}^{Ce}=1.15e_{Sb}^{Ce}$，$e_{Ce}^{Ce}$、$e_{Sb}^{Sb}$值很小[21, 85]，可忽略 e_{Ce}^{Ce} [%Ce] 和 e_{Sb}^{Sb} [%Sb] 项，式 (1-1) 可转化为以下形式：

$$\lg K' + (e_{Ce}^{C} + e_{Sb}^{C})[\%C] = \lg K - e_{Sb}^{Ce}([\%Ce] + 1.15[\%Sb]) \tag{1-2}$$

与 Fe-C-Sb-Ce 溶液体系类似，Fe-C-Sb-Y 溶液体系也存在着化学平衡：

$$YSb(s) = [Y] + [Sb]$$

用同样方法可得到：

$$\lg K' + (e_{Y}^{C} + e_{Sb}^{C})[\%C] = \lg K - e_{Y}^{Sb}(1.37[\%Y] + [\%Sb]) \tag{1-3}$$

将两体系的实验数据分别按式 (1-2) 和式 (1-3) 整理，所采用数值，1300℃：$e_{Sb}^{C}=0.309$；1400℃：$e_{Sb}^{C}=0.292$；1500℃：$e_{Sb}^{C}=0.296$[85]，$e_{Ce}^{C}=-9158/T+4.578$[31]，$e_{Y}^{C}=-6164/T+2.963$[86]。结果绘于图 1-14 和图 1-15。取图中低浓度点作线性回归处理，所得结果列入表 1-29 和表 1-30 中。直线斜率的负值为相互作用系数，截距就是反应平衡常数的对数值，将它们分别与温度作回归处理得：

$$e_{Sb}^{Ce} = -63217/T + 33.18 \qquad e_{Y}^{Sb} = -21830/T + 7.13$$

$$\lg K_{CeSb} = -46894/T + 21.695 \qquad \lg K_{YSb} = -36248/T + 15.86$$

经转换式算出 e_{Ce}^{Sb}、e_{Sb}^{Y}与温度的关系为

$$e_{Ce}^{Sb} = -72756/T + 38.19 \qquad e_{Sb}^{Y} = -29905/T + 9.77$$

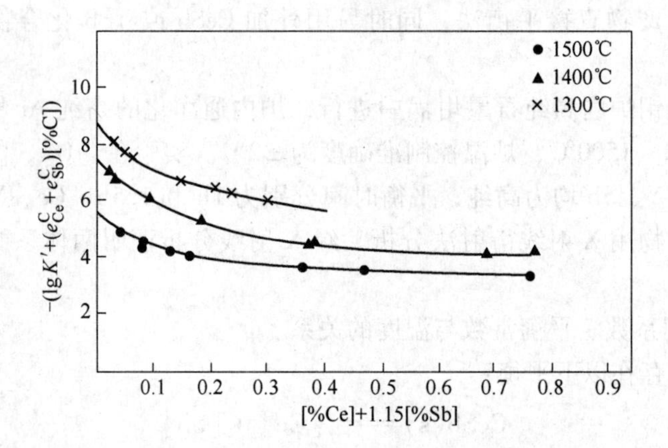

图 1-14　Fe-C-Sb-Ce 液中 $\lg K'$ 与浓度的依赖关系

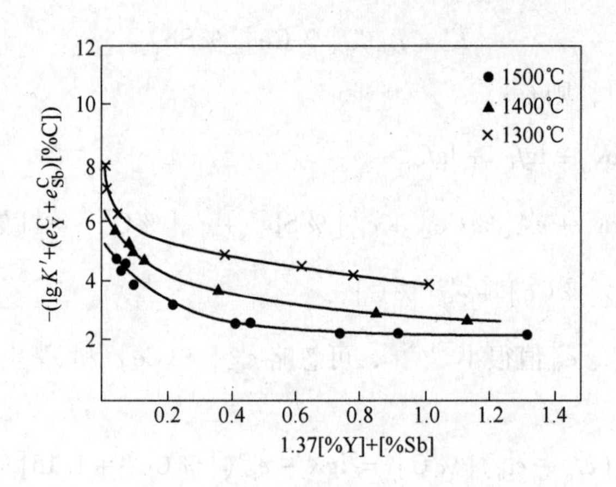

图 1-15　Fe-C-Sb-Y 液中 $\lg K'$ 与浓度的依赖关系

表 1-29　实验数据线性回归处理结果及 $\lg K$、e_{Sb}^{Ce}

t/℃	$\lg K' + (e_{Sb}^{C} + e_{Ce}^{C})[\%C] = \lg K - e_{Sb}^{Ce}([\%Ce] + 1.15[\%Sb])$	$\lg K$	e_{Sb}^{Ce}
1300	$\lg K' - 0.941[\%C] = -8.058 + 7.192([\%Ce] + 1.15[\%Sb])$	−8.058	−7.192
1400	$\lg K' - 0.604[\%C] = -6.524 + 4.211([\%Ce] + 1.15[\%Sb])$	−6.524	−4.211
1500	$\lg K' - 0.291[\%C] = -4.685 + 2.682([\%Ce] + 1.15[\%Sb])$	−4.685	−2.682

表 1-30　实验数据线性回归处理结果及 $\lg K$、e_{Y}^{Sb}

t/℃	$\lg K' + (e_{Y}^{C} + e_{Sb}^{C})[\%C] = \lg K - e_{Y}^{Sb}(1.37[\%Y] + [\%Sb])$	$\lg K$	e_{Y}^{Sb}
1300	$\lg K' - 0.647[\%C] = -7.240 + 6.805(1.37[\%Y] + [\%Sb])$	−7.240	−6.805
1400	$\lg K' - 0.429[\%C] = -5.678 + 5.803(1.37[\%Y] + [\%Sb])$	−5.678	−5.803
1500	$\lg K' - 0.218[\%C] = -4.648 + 5.246(1.37[\%Y] + [\%Sb])$	−4.648	−5.246

图 1-16 表示铁液中 e_{Sb}^{Ce}、e_{Sb}^{Y}、$\lg K_{CeSb}$ 和 $\lg K_{YSb}$ 与温度的关系。

（2）铁液中 CeSb、YSb 的标准自由能与温度关系。

由 $\Delta G^{\ominus} = 2.3RT\lg K$ 关系式，利用 $\lg K_{CeSb}$ 和 $\lg K_{YSb}$ 可求出 $\Delta G_{CeSb}^{\ominus}$ 与 $\Delta G_{YSb}^{\ominus}$ 为：

$$\Delta G^{\ominus}_{(CeSb)} = -903287 + 418T \quad (J/mol)$$

$$\Delta G^{\ominus}_{(YSb)} = -689590 + 301T \quad (J/mol)$$

CeSb、YSb 的标准自由能与温度的关系见图 1-17。

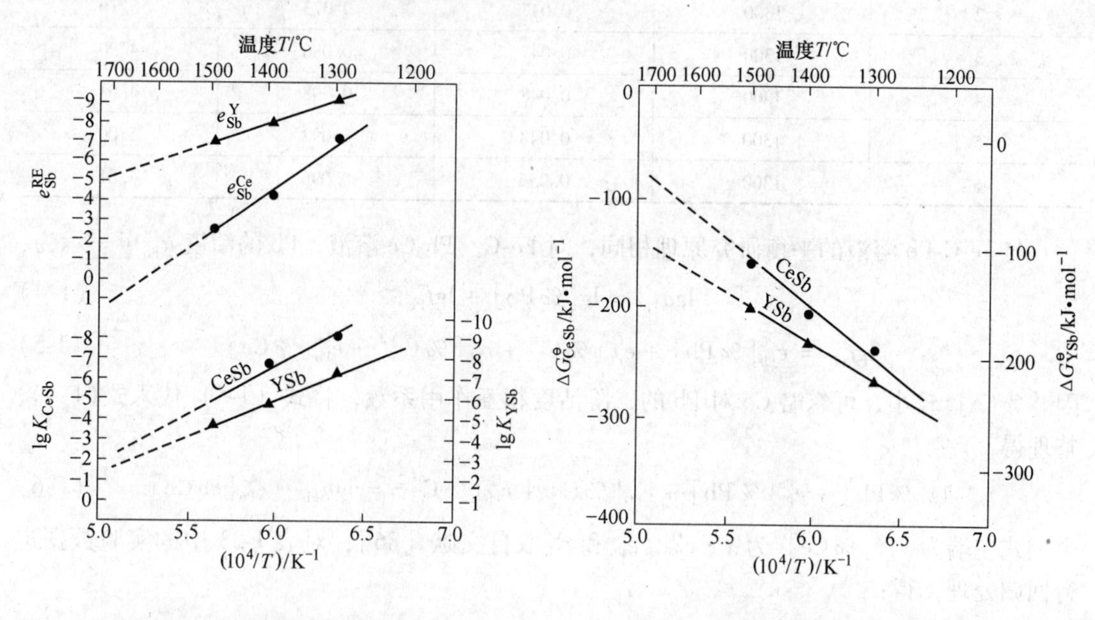

图 1-16 铁液中 e^{Ce}_{Sb}、e^{Y}_{Sb}、$\lg K_{CeSb}$ 和 $\lg K_{YSb}$ 与温度的关系

图 1-17 铁液中 CeSb、YSb 的标准自由能与温度的关系

引用文献［87］有关稀土碳化物生成的热力学条件，对本实验条件下的数据进行计算，表明都不满足 CeC_2、YC_2 的生成条件，实验也未发现稀土碳化物。

1.7.2 Fe-C-Pb-Ce 系[22,32,88]

实验采用气-液平衡法，由于稀土元素 Ce 对氧亲合力极强，对密封条件提出了更高的要求，经过一系列的探索实验，实验最后采用了石墨坩埚石英管真空密封法，密封实验装置示于图 1-18。

这套装置将一内径 12mm 的石墨坩埚置于内径 25mm 的石英管中，试样置于石墨坩埚中，然后抽真空密封而成。石墨坩埚为高纯石墨制成，并预先在真空热处理炉内加热至 1200℃脱水。石英管须经仔细清洗，加工过程要严格控制条件，避免试样受热氧化。密封真空度为 1.3×10^{-7}MPa。

配制不同 Ce 含量的试样，密封后加热至设定温度，恒温 1h 后取出淬冷，分析 C、Pb、Ce 含量，C 用红外光谱分析，Pb 用原子吸收光谱法，Ce 用等离子光谱法分析。

在 1300℃下进行了一组实验，结果见表 1-31。由表 1-31 中的实验数据可知，Pb 在 C 饱和铁液中的溶解度［%Pb］是随［%Ce］的增加而增大的。

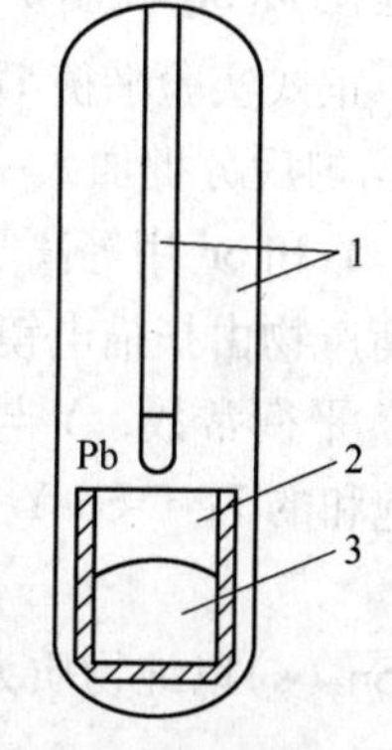

图 1-18 石墨坩埚石英管真空密封装置

1—石英管；2—石墨坩埚；3—合金

表 1-31　$Fe\text{-}C_{sat}\text{-}Pb\text{-}Ce$ 溶液的实验结果

编　号	温度/℃	[%Pb]	[%Ce]	[%C]
1	1300	0.030	0	4.74
2	1300	0.047	0.073	5.10
3	1300	0.047	0.086	4.90
4	1300	0.048	0.098	4.61
5	1300	0.048	0.092	5.00
6	1300	0.052	0.096	4.81

与 Fe-C-Pb 溶液的平衡研究原理相同，对 $Fe\text{-}C_{sat}\text{-}Pb\text{-}Ce$ 溶液，Pb 的活度 a_{Pb} 可表示为：

$$\lg a_{Pb} = \lg[\%Pb] + \lg f_{Pb} \tag{1-4}$$

$$\lg f_{Pb} = e_{Pb}^{Pb}[\%Pb] + e_{Pb}^{C}[\%C] + r_{Pb}^{C}[\%C]^2 + e_{Pb}^{Ce}[\%Ce] \tag{1-5}$$

因［%Ce］较小，可忽略 Ce 对 Pb 的二阶活度相互作用系数，将式（1-5）代入式(1-4)，整理得

$$\lg[\%Pb] + e_{Pb}^{Pb}[\%Pb] + e_{Pb}^{C}[\%C] + r_{Pb}^{C}[\%C]^2 = \lg a_{Pb} - e_{Pb}^{Ce}[\%Ce] \tag{1-6}$$

令上式左端为 y，［%Ce］为 $x \cdot e_{Pb}^{Pb}$，e_{Pb}^{C} 和 r_{Pb}^{C} 取自文献［86］，对表 1-33 中的实验数据进行回归处理，得：

$$y = 1.12 + 2.11x \qquad r = 0.95 \tag{1-7}$$

将式（1-7）与式（1-6）比较，可得 $e_{Pb}^{Ce} = -2.11$，由换算关系可得

$$e_{Ce}^{Pb} = -1.43 \qquad \varepsilon_{Pb}^{Ce} = -1220$$

关于 Ce 对 Pb 在铁基溶液中的溶解度的影响，文献报道极少。文献［32，88］研究结果得到 e_{Ce}^{Pb} 为负值，说明稀土元素 Ce 与 Pb 在铁液中有一定结合力，即 Ce 在一定程度上有希望改善或消除 Pb 在铁液中的有害影响。

1.7.3　Fe-C-Sn-Y 系[22,32,88]

实验在 $MoSi_2$ 高温炉中进行，用高纯石墨（99.99%）坩埚。预备实验表明 45min 可达平衡，正式实验平衡 1h。实验时将表面清干净的纯 Fe 置于石墨坩埚中，放入炉内，待 Fe 熔化均匀后分批加入一定量的 Y 和 Sn，平衡后取样分析 C、Y、Sn 含量，C 用红外光谱法分析，Y 和 Sn 用等离子光谱法分析。实验温度是 1300℃、1400℃、1500℃。

平衡产物由扫描电镜分析鉴定平衡产物是 Y_2Sn_3。

（1）平衡常数，Y 与 Sn 的相互作用系数。

C 饱和的 Fe-C-Sn-Y 系中平衡产物为 Y_2Sn_3 的反应式为：

$$Y_2Sn_3(s) = 2[Y] + 3[Sn]$$

产物 $Y_2Sn_3(s)$ 以纯物质为标态，因此活度为 1，平衡常数 K 可表示为

$$K = a_Y^2 \cdot a_{Sn}^3 = K' f_Y^2 \cdot f_{Sn}^3$$

$$\lg K = \lg K' + 2(e_Y^Y[\%Y] + e_Y^{Sn}[\%Sn] + e_Y^C[\%C]) + 3(e_{Sn}^{Sn}[\%Sn] + e_{Sn}^{Y}[\%Y] + e_{Sn}^{C}[\%C]) \tag{1-8}$$

式中，e_{Sn}^{Sn}、e_{Sn}^{C}、e_{Y}^{Y}、e_{Y}^{C} 分别取值为

$$e_{Sn}^{Sn} = 0.0017^{[89]}$$

$$e_{Sn}^{C} = -1808/T + 1.387^{[32]}$$

$$e_{Y}^{Y} = 22.34/T - 0.00574^{[36]}$$

$$e_{Y}^{C} = -6164/T + 2.963^{[86]}$$

式（1-8）可整理为

$$\lg K' + A + B = \lg K - e_{Sn}^{Y} D$$

其中

$$A = 2e_{Y}^{Y}[\%Y] + 3e_{Sn}^{Sn}[\%Sn]$$

$$B = (2e_{Y}^{C} + 3e_{Sn}^{C})[\%C]$$

$$D = 1.50[\%Sn] + 3[\%Y]$$

在实验浓度范围内，A 项的值小于 10^{-3}，可忽略，因此上式可简化为

$$\lg K' + B = \lg K - e_{Sn}^{Y} D \tag{1-9}$$

将实验数据按式（1-9）整理后绘于图 1-19，并取图中低含量的点作一元线性回归，得切线方程如表 1-32 所示。由式（1-9）可知，方程右边第一项为平衡常数的对数值，第二项的系数为相互作用系数的负值，这些值也列于表 1-32 中。

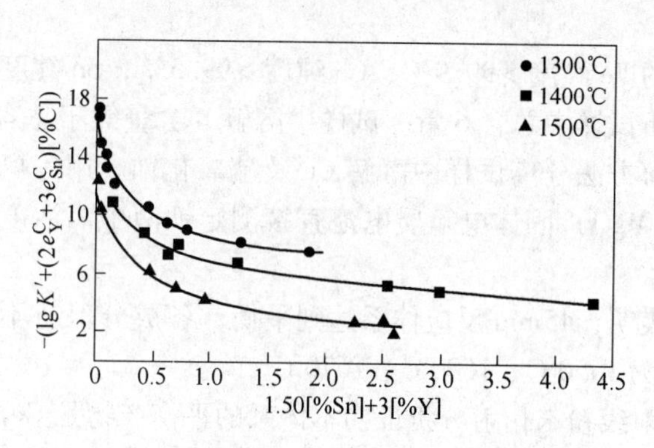

图 1-19 Fe-C-Sn-Y 溶液中 $\lg K'$ 与浓度的关系

表 1-32 实验数据回归方程及 $\lg K$、e_{Sn}^{Y}

t/℃	$\lg K' + B = \lg K - e_{Sn}^{Y} D$	$\lg K$	e_{Sn}^{Y}	r
1300	$\lg K' - 1.20[\%C] = -12.3 + 3.46(1.50[\%Sn] + 3[\%Y])$	-12.3	-3.46	0.94
1400	$\lg K' - 0.51[\%C] = -11.0 + 3.65(1.50[\%Sn] + 3[\%Y])$	-11.0	-3.65	0.96
1500	$\lg K' - 0.09[\%C] = -8.04 + 3.86(1.50[\%Sn] + 3[\%Y])$	-8.04	-3.86	0.99

由上述 $\lg K$ 和 e_{Sn}^{Y} 值可求出它们与温度（$1/T$）的关系分别为

$$\lg K = -\frac{59240}{T} + 25.02$$

$$e_{Sn}^{Y} = \frac{5499}{T} - 6.95$$

由变换关系得

$$e_{Y}^{Sn} = \frac{4119}{T} - 5.21$$

（2）Y_2Sn_3 的标准自由能与温度的关系。

根据标准自由能 $\Delta G^{\ominus}$ 与平衡常数的关系可求出 Y_2Sn_3 的 $\Delta G^{\ominus}$ 与温度的关系为

$$\Delta G^{\ominus} = -1134000 + 479T \quad (J/mol)$$

1.7.4 Fe-Sn-RE(Ce、Y) 系

1.7.4.1 Fe-Sn-Ce 系[22,32,88]

低熔点金属 Sn 在钢中一般起有害作用。由于镀锡食品罐头的大量消耗，废钢中往往存在锡。在钢液中脱 O、脱 S 后仍存在微量［O］、［S］的条件下，Ce 与 Sn 能否生成金属间化合物，相互作用怎样？为探讨稀土能否降低 Sn 在钢中的危害性，文献［27，90］作者进行了此体系的研究。

实验使用钼丝炉，用 DWT-702 精密温度控制仪控制炉温，精度 ±2℃。从高温炉上部插入双铂铑电偶，直接测定高纯电熔氧化镁坩埚内实验温度。炉管内通入经镁屑炉两次净化的高纯氩气。

实验用真空熔炼的 Fe 纯度 >99.9%，Ce 纯度 >99.5%，Sn 纯度 >99.99%。

用红外光谱法分析试样中总含 S 量。试样中溶解 S 含量等于总含 S 量减去夹杂物中 S 含量。用低温无水电解方法分离试样中溶解 Ce 及硫氧化铈。用等离子发射光谱法分析总量 Ce 和 Sn。用 ZrO_2(MgO) 固体电解质电池直接测定铁液中氧活度。对电解质电池高温电子导电性进行了修正。

1550℃条件实验表明，45min 反应体系达到平衡，各成分保持不变。正式实验的平衡时间为 1h。实验温度为 1550℃、1600℃、1670℃。

平衡产物：经 X 射线粉末衍射分析证明本体系的平衡产物是 Ce_2O_2S。

（1）平衡常数、Ce 与 Sn 的相互作用系数同温度的关系。

在 Fe-Sn-Ce 溶液中不可避免地含有微量 O、S 条件下，Ce 与 O、S 建立下列平衡：

$$Ce_2O_2S = 2[Ce] + 2[O] + [S] \tag{1-10}$$

$$K = a_{Ce}^2 \cdot a_O^2 \cdot a_S = a_O^2 \cdot a_S \cdot [\%Ce]^2 \cdot f_{Ce}^2 \tag{1-11}$$

式（1-11）两边取对数，并令 $K' = a_O^2 \cdot a_S \cdot [\%Ce]^2$，则

$$\lg K = \lg K' + 2\lg f_{Ce} \tag{1-12}$$

本实验条件下，Fe 液内含有 O、S、Ce、Sn，所以

$$\lg f_{Ce} = e_{Ce}^{Ce}[\%Ce] + e_{Ce}^{S}[\%S] + e_{Ce}^{O}[\%O] + e_{Ce}^{Sn}[\%Sn] \tag{1-13}$$

把式（1-13）代入式（1-12）整理得

$$\lg K' + 2e_{Ce}^{Ce}[\%Ce] + 2e_{Ce}^{S}[\%S] + 2e_{Ce}^{O}[\%O] = \lg K - 2e_{Ce}^{Sn}[\%Sn] \tag{1-14}$$

令式（1-14）左边为 y，则

$$y = \lg K - 2e_{Ce}^{Sn}[\%Sn] \tag{1-15}$$

y 的数据来源：a_O、［%Ce］、［%S］由实验求得。$e_{Ce}^{Ce} = -79.92/T + 0.0167$[21]，$e_{Ce}^{S} = -179.24/T + 0.337$[31]，$e_{Ce}^{O} = -105$[92]，$e_{S}^{S} = 233/T - 0.153$[25]，$e_{S}^{Sn} = -0.0044$[65]，$e_{S}^{O} = -0.27$[65]，$\lg f_S = e_S^S[\%S] + e_S^O[\%O] + e_S^{Ce}[\%Ce] + e_S^{Sn}[\%Sn]$，$[\%O] \approx a$。

将 y 对［%Sn］作图 1-20。从图中看出，在［%Sn］≤0.1 范围内，曲线斜率为一常数。在低浓度范围内，y 对［%Sn］一元线性回归方程见表 1-33。由方程式（1-15）知，其截距和斜率分别为 lg$K$ 与 $-2e_{Ce}^{Sn}$，也列于表 1-33 中。

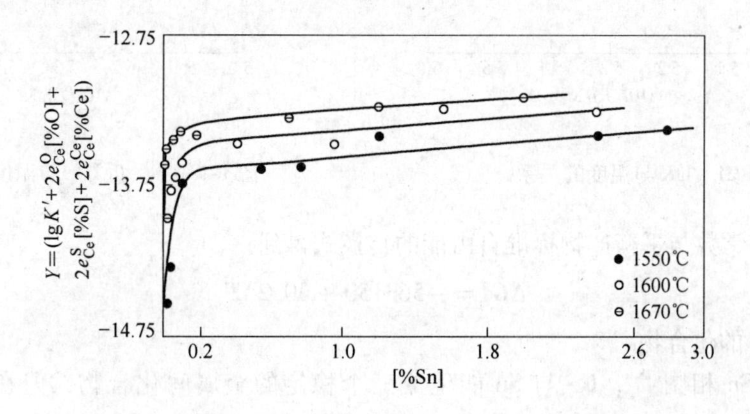

图 1-20 Fe-Sn-Ce 液中 y 与［%Sn］的关系

表 1-33 Fe-Sn-Ce 液中低浓度时 y 对［%Sn］的回归方程

t/℃	$y = \lg K - 2e_{Ce}^{Sn}[\%Sn]$	lg$K$	e_{Ce}^{Sn}
1550	$y = -14.57 + 9.80[\%Sn]$	−14.57	−4.90
1600	$y = -14.10 + 6.12[\%Sn]$	−14.10	−3.06
1670	$y = -13.57 + 2.10[\%Sn]$	−13.57	−1.05

将 lg$K$ 对 $1/T$ 作图 1-21 并由线性回归得

$$\lg K = -29420/T + 1.58 \qquad r = 0.999$$

将 e_{Ce}^{Sn} 对 $1/T$ 作图 1-22 并由线性回归得

$$e_{Ce}^{Sn} = -113176/T + 57.25 \qquad r = 0.999$$

求得 e_{Sn}^{Ce} 与 $1/T$ 的关系（见图 1-22）

$$e_{Sn}^{Ce} = -95889/T + 48.50$$

求得 ε_{Sn}^{Ce}（ε_{Ce}^{Sn}）与温度关系

$$\varepsilon_{Sn}^{Ce} = \varepsilon_{Ce}^{Sn} = -55323700/T + 27982$$

（2）Ce_2O_2S 的标准自由能与温度的关系。

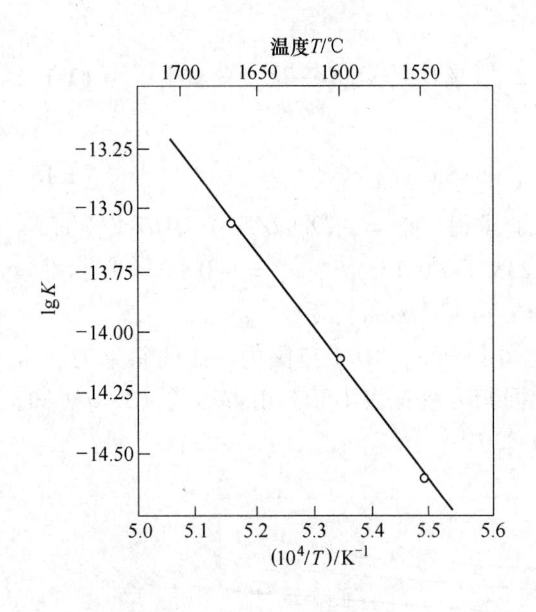

图 1-21　$\lg K$ 与温度的关系

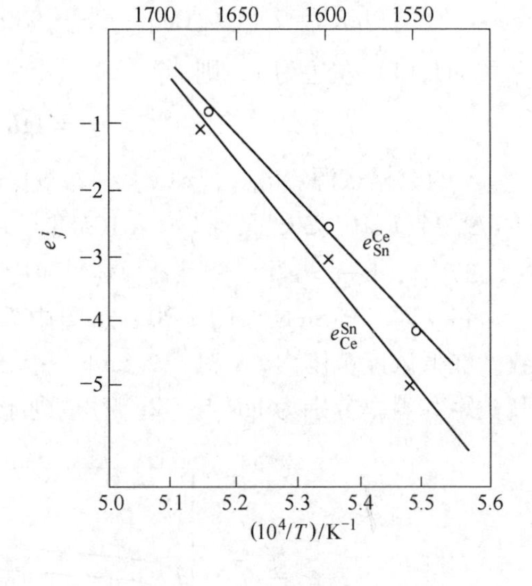

图 1-22　e_{Sn}^{Ce}（e_{Ce}^{Sn}）与温度的关系

由于平衡常数与平衡产物标准自由能的转换式得到：

$$\Delta G^{\ominus} = -563150 + 30.24T$$

关于 Ce 与 Sn 的化合物。

根据 Ce-Sn 相图[28]，Ce 与 Sn 能生成三个稳定的金属间化合物，但在 1400℃都已熔解。

对含 0.054% Sn，0.0024% Ce 和含 0.96% Sn，0.0045% Ce 两试样进行电子探针能谱（图 1-23）和波谱分析，表明产物不含有 Ce 与 Sn 的化合物。

1.7.4.2　Fe-Sn-Y 系[22,32,88]

Fe-Sn-Y 系溶液中热力学性质的研究未见文献报道，但从 Y-Sn 二元相图[93]中可知，Y 与 Sn 可生成几种不同原子比的高熔点金属间化合物。因此采用金属溶液与高熔点的金属间化合物直接平衡的方法对该体系进行了研究。

实验装置和步骤同 Fe-Sn-Ce 系，平衡时间为 1.5h，实验温度 1600℃。

由于 Y 与 Sn 之间可能生成的产物为金属间化合物，故不能采用鉴定稀土氧化物、硫化物通常采用的电解分离、X 射线衍射的方法。李代钟等人[94]曾对两种 Ce-Fe 金属间化合物在有机电解液中进行电解，发现金属间化合物比基体 α-Fe 更易电解。因此我们用扫描电镜对 Y-Sn 金属间化合物进行半定量鉴定。为了防止基体对测定的干扰，采用了浓度较高的样品进行能谱鉴定，结果见表 1-34。此外，还对产物和基体作为

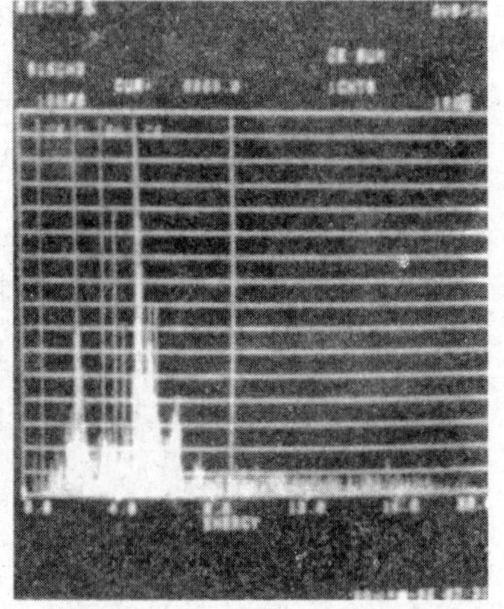

图 1-23　第二相能谱分析

氧的波谱扫描，结果一致，说明 Y 和 Sn 所形成的是不含氧的金属间化合物。

表 1-34 扫描电镜能谱测定结果

能谱编号	$w(Y)/\%$	$w(Sn)/\%$	$w(Fe)/\%$	n_{Sn}/n_Y
01	31.671	63.028	5.300	1.4907
02	31.170	63.074	5.755	1.5158
03	31.018	64.373	4.608	1.5545
04	30.129	62.982	6.887	1.5658
05	29.967	60.958	9.074	1.5237
06	31.682	61.855	6.462	1.4624
07	31.939	61.852	6.212	1.4508
08	33.136	59.920	6.942	1.3545
平均值	31.463	62.255	6.405	1.4898

由以上结果推定平衡产物为 Y_2Sn_3。

平衡常数及相互作用系数：根据对平衡产物的鉴定可写出反应式为

$$Y_2Sn_3(s) = 2[Y] + 3[Sn] \tag{1-16}$$

产物 $Y_2Sn_3(s)$ 以纯物质为标准状态，因此活度为 1，有

$$K = a_Y^2 \cdot a_{Sn}^3$$

$$\begin{aligned}\lg K &= \lg K' + \lg f_Y^2 + \lg f_{Sn}^3 \\ &= \lg([\%Y]^2 \cdot [\%Sn]^3) + 2(e_Y^{Sn}[\%Sn] + e_Y^Y[\%Y]) + \\ &\quad 3(e_{Sn}^{Sn}[\%Sn] + e_{Sn}^Y[\%Y])\end{aligned}$$

上式可整理为：

$$\lg K' + (2e_Y^Y[\%Y] + 3e_{Sn}^{Sn}[\%Sn]) = \lg K - e_{Sn}^Y(1.50[\%Sn] + 3[\%Y]) \tag{1-17}$$

1600℃时，$e_{Sn}^{Sn} = 0.0017$[89]，$e_Y^Y = 0.0082$[36]。因此式（1-17）左端括号一项远小于 $\lg K'$ 项，将其略去得

$$\lg K' = \lg K - e_{Sn}^Y(1.50[\%Sn] + 3[\%Y]) \tag{1-18}$$

将实验数据按式（1-18）整理后绘入图 1-24，将图中各点进行一元线性回归，得方程

$$\lg K' = -7.00 + 4.58(1.50[\%Sn] + 3[\%Y]) \tag{1-19}$$

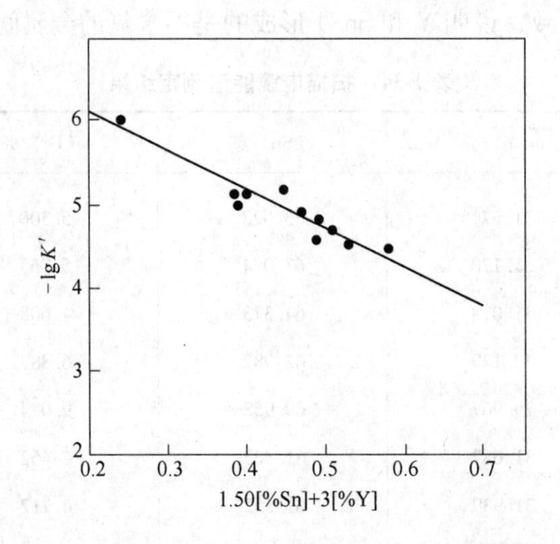

图 1-24 1600℃时 Fe-Sn-Y 溶液中 lgK'与溶质浓度的关系

将式（1-19）与式（1-18）比较，可得 lg$K$ 及 e_{Sn}^{Y}，并算出 $\Delta G^{\ominus}$（Y_2Sn_3）。

1600℃：lg$K$ = −7.00，e_{Sn}^{Y} = −4.58，$\Delta G^{\ominus}$ = −251000J/mol。

1.7.4.3 Fe-Sn-Y 系结合 Fe-C-Sn-Y 系

用 Fe-Sn-Y 系 1600℃的热力学数据，结合 Fe-C-Sn-Y 系的 1300～1500℃的数据，共获得 1300～1600℃范围内四个不同温度下的 lg$K$ 和 e_{Sn}^{Y}值，由此可求出 1300～1600℃范围内的有关热力学参数与温度的关系式[30]为

$$\lg K = -57150/T + 23.77$$

$$\Delta G^{\ominus}(Y_2Sn_3) = -1094000 + 445T \quad (J/mol)$$

$$e_{Sn}^{Y} = -10400/T - 9.95 \qquad e_{Y}^{Sn} = 7790/T - 7.45$$

1.8 钢中常见稀土夹杂物的特征

钢中常见稀土夹杂物的金相特征列于表 1-35。稀土夹杂物的金相特征和钢中非稀土夹杂物相比，它们具有如下特点：

（1）在明场下，除 RES 具有一定色彩外，其余稀土夹杂物皆呈浅灰色。其灰色的深浅程度按下列顺序增加：MnS（含稀土）、RE_2S_3、RE_2O_2S、RE_2O_3、$REAlO_3$。

（2）除含稀土的 MnS 外，其余稀土夹杂物的塑性都很差。RE_2O_3 · RE_2O_2S 和 RE_2S_3 都是不变形或很少变形的，稀土铝酸盐则属脆性夹杂物。

（3）在暗场下，稀土夹杂物大多具有鲜艳的色彩，而非稀土夹杂物，除 Cr_2O_3 呈绿色、铁锰硅酸盐呈不同程度的黑红色外，大多无鲜艳的色彩。由 RE_2S_3、RE_2O_2S、RE_2O_3 至稀土铝酸盐，在暗场下的透明度由黑为亮，颜色由红变为黄和黄绿色。

关于钢中稀土夹杂物的彩色图谱，可参阅文献［95］。

表 1-35 钢中常见稀土夹杂物的特征

序号	夹杂物类型	光学特征					显微硬度 HV/MPa	化学性质	晶体结构（X 射线分析）
		金相			岩相				
		明场	暗场	偏光	透射光	偏光			
1	RES	金红色小颗粒，往往成群分布，其颜色随 Ce/La 比值降低由偏黄向偏红变化	黑色不透明有亮边	各向同性	黑色细小颗粒	各向同性		溶于 2.5% 碘甲醇(37 ~ 40℃)	面心立方 $a=5.834Å$
2	β-RE_2S	浅灰色，圆球或椭球状，分散分布，有时呈短串状	黑红	弱异性	黑红色颗粒	弱异性	4410 左右	溶于 2.5% 碘甲醇(37 ~ 40℃)	正交晶系 $a=7.35Å$ $b=10.73Å$ $c=13.24Å$
3	γ-RE_2S_3	浅灰色，大多呈圆球状，分散分布	黑色不透明	各向异性	黑色不透明颗粒	各向异性		溶于 2.5% 碘甲醇(37 ~ 40℃)	体心立方 $a=8.632Å$
4	RE_2O_2S	中灰色，颗粒状或纺锤状易于成群分布	大多深黄、橙黄	各向异性	大多深黄、橙黄	各向异性	4900 左右	基本不溶于 2.5% 碘甲醇（37 ~ 40℃）	六方晶系 $a=4.028Å$ $c=6.868Å$
5	RE_2O_3	中灰色，稍变形的条状和块状，往往聚集成群	浅黄、黄红	各向异性	浅黄、黄红	各向异性		基本不溶于 2.5% 碘甲醇（37 ~ 40℃）	六方晶系 $a=3.891Å$ $c=6.064Å$
6	$REAlO_3$	深灰色，不规则颗粒，往往成串链状	灰黄、灰黄带绿	弱异性或同性	灰黄、灰黄带绿	弱异性或同性	通常在 10780 左右	基本不溶于 2.5% 碘甲醇（37 ~ 40℃）	立方晶系 $a=3.774Å$（有多型性转变，但衍射数据与立方系相近）
7	α-MnS	浅灰色，沿加工方向延伸的长条状	黄、黄绿（含微量稀土），不同程度红色（稀土含量稍高）	大多同性	黄、黄绿（含微量稀土），不同程度红色（稀土含量稍高）	大多同性	2900 ~ 4900，随稀土含量增加而提高	溶于 2.5% 碘甲醇(37 ~ 40℃)	与 α-MnS 相同，点阵常数增加不明显

参 考 文 献

[1] K A Gschneidner Jr. Bulletin of Alloy Phase Diagrams. Ames Laboratory, Rare-earth Information Center and Department of Materials Science and Engineering Iowa State University. 1990, 11(3):216.

[2] J R Delaeter J. Phys. Chem. Ref. Data, 1988, 17: 1791.

[3] Z B Goldschmidt. Handbook on the Physics and Chemistry of Rare Earths. In: K A Gschnerdner, Jr. and L Eyring, Ed. . North-Holland Physics Publishing, Amsterdam, 1978, 1: 1.

[4] K A Gschneidner, Jr. and F W Calderwood. Handbook on the Physics and Chemistry of Rare Earths. In: K A Gschnerdner, Jr. and L Eyring, Ed. . North-Holland Physics Publishing, Amsterdam, 1986, 8: 1.

[5] B J Beaudry and K A Gschnerdner, Jr. . Handbook on the Physics and Chemistry of Rare Earths, In: K A Gschnerdner, Jr. and L Eyring, Ed. . North-Holland Physics Publishing, Amsterdam, 1978, 1: 173.

[6] D C Koskenmaki and K A Gschnerdner, Jr. . Handbook on the Physics and Chemistry of Rare Earths. In: K A Gschnerdner, Jr. and L Eyring, Ed. . North-Holland Physics Publishing, Amsterdam, 1978, 1: 337.

[7] S Legold. Ferromagnetic Materials. In: E P Wohlfarth, Ed. . North-Holland Physics Publishing, Amsterdam, 1980, 1: 183.

[8] K A McEwen. Handbook on the Physics and Chemistry of Rare Earths. In: K A Gschnerdner, Jr. and L Eyring, Ed. . North-Holland Physics Publishing, Amsterdam, 1978, 1: 411.

[9] S J Collocott, R W Hill and A M Stewart, J. Phys. , 1988, F18, L223.

[10] T Scott. Handbook on the Physics and Chemistry of Rare Earths. In: K A Gschnerdner, Jr. and L Eyring, Ed. . North-Holland Physics Publishing, Amsterdam, 1978, 1: 591.

[11] J Van Zytveld. Handbook on the Physics and Chemistry of Rare Earths. In: K A Gschnerdner, Jr. and L Eyring, Ed. . North-Holland Physics Publishing, Amsterdam, 1989, 12: 357.

[12] L A Stretz and R G Bautista. Temperature, Its Measurement and Control in Science and Industry. In: Part 1, H. H. Plumb, Ed. . Instrument Society of America, Pittsburgh, 1972, 4: 489.

[13] T S King, D N Baria and R G Bautista. Met. Trans. . 1976, B7: 411.

[14] D N Baria, T S King and R G Bautista. Met. Trans. . 1976, B7: 577.

[15] W C Martin, L Hagen, J Reader and J Sugar, J. Phys. Chem. Ref. Data, 1975(3):771.

[16] C E Moore, Natl. Stand. Ref. Data Series, Natl. Bur. Stand. , 1970, (34).

[17] R D Shannon and C T Prewitt Acta Cryst. , 1969, 25: 925.

[18] R D Shannon and C T Prewitt Acta Cryst. , 1970.

[19] Wilson, W G, D A R. Kay, A Vahed. J of Metals, 1974, 26(5): 14.

[20] 杜挺. 杜挺科技论文集-冶金、材料及物理化学[M]. 北京：冶金工业出版社，1996.

[21] 乐可襄，杜挺，李继宗，等. Ce、Y在Fe液中与氮的相互作用[J]. 金属学报，1987，23(1)：A99.

[22] 杜挺，韩其勇 王常珍. 稀土碱土等元素的物理化学及在材料中的应用[M]. 北京：科学出版社，1995.

[23] Gschneidner Jr. K A. , Kippenhan. N, Verkade M E. Rare Earth Infor Mation Center, Iowa tate Univ. Report No IS-RIC5-7.

[24] 周谦莉，杜挺. Fe-C-Sb溶液中C与Sb的作用研究[J]. 金属学报，1988，24(6)：B449.

[25] Sigworth, G K, J F Elliott. Metal Science, 1974, 8(4): 298.

[26] 唱鹤鸣，杜挺，余景生. Fe-Sn-Ce溶液的热力学性质[J]. 中国稀土学报，1990，8(1):22~25.

[27] 周谦莉，杜挺. Fe-C-Sb-Ce、Fe-C-Sb-Y溶液中热力学性质的研究[J]. 中国稀土学报，1990，8(2)：114~116.

[28] M Hansen and K Anderko. Consititution of Binary Alloys 2nd ed.. New York McGBA-HILL Book Company, INC., 1958, 461.

[29] H Hanson. Consititution of Binary Alloys[M]. New York: McGBA-HILL Book Company, INC., 1958: 11, 20.

[30] 杜挺，孙运勇，吴夜明. 稀土元素在铁基溶液中的热力学[C]. 中国稀土学会第三届学术年会论文集，1994.

[31] Wu Yeming, Longmei Wang and Du Ting. Thermodynamics of Rare Earth Elements in Liquid Iron[J]. Less-Common Metals, 1985, 110(1): 187.

[32] 王正跃，杜挺，王龙妹. Fe-C-Sn 溶液中 C 与 Sn 的相互作用[J]. 金属学报，1988，24(3): B170.

[33] 韩其勇，刘士伟，牛红兵，等. 纯铁液中 Ce-O、Nb-O 平衡常数测定[J]. 金属学报，1982，20(3): 204.

[34] Ejima A, K Suznki, N Marade, K Sambongi. Trans, Iron Steel Insi. Jpn. 17, 1977. 349(3): 204.

[35] 韩其勇，董元篪，韦锡安，等. 铁液中稀土元素-硫平衡的研究[J]. 金属学报，1984，20(3): A204.

[36] 王龙妹，杜挺. 稀土金属在铁液和低合金高强度钢中脱硫热力学的研究[J]. 钢铁研究总院学报. 1985, 5(1): 29.

[37] 王龙妹，杜挺，李文采. Fe-Y-S、Ni-Y-S、Fe-$C_{饱}$-La、Fe-$C_{饱}$-Y、Fe-$C_{饱}$-La-S 和 Fe-$C_{饱}$-Y-S 熔体的平衡研究[J]. 钢铁研究总院学报，1984，4(4): 481.

[38] Fruchan R J. Metall. Trans., 1974(5): 345.

[39] Buzek Z. Hutnicke Listy, 10(1977)718.

[40] Worrell W L, J Chipman. Transaction TMS-AIME, 1964, 230: 1682.

[41] Lorenz, L. VDI-Z. B. 117(1975)977.

[42] Куликов И С. Раскисленння Металлов. Москва Изв. Металлургии. 1975:26.

[43] 杜挺. 第一届稀有金属生产和应用国际会议论文集，1982.

[44] Buzek Z, A Hutla. Sbornik Vedeckych Praci, VSB Ostrava, 1965, 11(3): 389.

[45] Buzek Z, V Schindlerova. CVTS VUHZ. Praha, 1974.

[46] 丰锡安. 北京钢铁学院冶金物化专业硕士生论文，1982，54.

[47] 韩其勇，项长祥，董元篪，等. 铁液中稀土元素-硫平衡的研究[J]. 钢铁，1984，19(7): 9~17.

[48] 陈冬，韩其勇，王涛，等. Fe-La-O-S 系平衡的研究[J]. 金属学报，1986，22(2).

[49] Longmei Wang, Du Ting. A Study of Equilibrium of Y-S in Molten Ni[J]. Acta Metallurgica Sinica, 1984, 20(4): A286~295.

[50] 王常珍，王福珍，杜英敏，等. 溶铁中 Ce-S-O 平衡的研究[J]. 金属学报，1980，16(1): 83.

[51] 余宗森. 稀土在钢铁中的应用[M]. 北京：冶金工业出版社，1987.

[52] 王龙妹，杜挺. 铁液中[Y]-[O]平衡研究[J]. 稀土，1984(4): 39.

[53] Buzek Z. Chemical Metallurgy of Iron and Steel. International Symposium on Metallurgical Chemistry, University of Sheffield England, 1971(7):173.

[54] 王龙妹. 稀土元素在铁基、镍基、铝基溶液中的热力学性质及相平衡研究[D]. 博士论文，导师杜挺，冶金部钢铁研究总院，1988.

[55] Buzek Z. Hutnicke Listy 1979, 34(10): 699.

[56] Hitchon J W F, A Chsillou, M Olette. Report IRSID (1966) Cerium and Lanthanum as Deoxidizers and Desulfurizers in Liquid Iron.

[57] Fischer W A, H Bertram, Arch. Eisenbuttenwes., 1973, 44(2): 97.

[58] Кинне Г, А Ф Вищиарев., В И Явойский, Изв. ВУЗ, Чёрная Металлургия, 1963(5):65.

[59] Jacquemot A, C gatelier. Report IRSID. PCM. 1973:63.

[60] 石川辽平，井上博文，三本木贡治．东北大学造铁制炼研究所学报，1973，29：193.
[61] Куликов Н С.，Раскисленне Металлов，1975：182.
[62] Vahed A.，D A R Kay. Metall. Trans.，1976，7B：375.
[63] Turkdogan，E T. Ladle Peoxidation，Desulphurization and Inclusion in Steel-Fundamentals and Observations in Practice 1981.
[64] Richerd J，Mem，Sci. Rev. Metallurg，1962，59：527，597.
[65] J F Elliott. Electr Furnace Conf. Proc. 1974，32：62.
[66] 魏寿昆．稀土钢冶炼的物理化学问题，稀土钢冶炼工艺及加工方法会议，柳州，1978.
[67] 项长祥，杨斯馥，韩其勇．纯铁液中 Y-O、Y-S 平衡[J]. 北京钢铁学院学报，1987，9(2)：78.
[68] Kay D A R，W K Lu，A McLean. Sulfide Inclusions in Steel，ASM 1975：23.
[69] Han Qiyong，Dong Yuanchi，Feng Xian，Xiang Changxiang and Yang Sifu. Metall. Trans. B，1958，16B：785～792.
[70] Langenberg F C，Chipman J. Trans，Metall. Soc. AIME. 1955，212：290.
[71] Singleton R H. Trans. Metall. Soc. AIME. 1959，215：675.
[72] 成田贵一，宫本醇，高桥荣治．鉄と鋼，1964，50：2011.
[73] 草川隆次，大谷利勝．鉄と鋼，1965，51：1987.
[74] Buzek Z，V Schinderova. Sbornik Vedeckych Praci，VSB. Ostrav，1965(3)：149.
[75] Turkdogan E T. Sulfide Inclusions in Steel，Proc Int，Symp. 7～8，Nov. 1974，1.
[76] 丁美芝，等．稀土与铌，1975(1).
[77] Scurmann E，J Brauchwann，H J Voss，Arch Eisenhuttenwes，1976，47：1.
[78] 王龙妹，杜挺．纯铁液中[Y]-[S]-[O]平衡的研究[J]. 钢铁研究总院学报，1983，3(1)：29.
[79] 王龙妹，杜挺．铁液中[La]-[S]-[O]平衡的研究 [J]. 稀土，1986(2)：25.
[80] McLean A.，S K Lu. Metals and Materials，1974，8(10)：452.
[81] Gschneidner Jr. K A. Sulfide Inclusion in Steel. ASM 1975：159.
[82] Gschneidner Jr. K A，Kippenhan N.. Rare Earth Infornation Center，Iowa State Univ. Report No. IS RIC 5.
[83] 董元篪，韩其勇．铁液中[Ce]-[O]-[S]沉淀图及其应用[J]. 金属学报，1986，22(2)：A149.
[84] 王纪鑫．[Ce]-[O]-[S]空间及其在预测钢中稀土夹杂类型上的应用 [J]. 稀土，1982(2)：20.
[85] 周谦莉．Fe-C-Sb，Fe-C-Sb-Ce，Fe-C-Sb-Y，Fe-Nb-Ce 溶液的热力学和稀土、镁与锑在球墨铸铁中行为研究 [D]. 硕士论文．钢铁研究总院，1987.
[86] 吴夜明，杜挺．稀土元素在铁液中热力学参数的研究[J]. 钢铁研究总院学报，1985，5(1)：37.
[87] 杜挺，乐可襄．稀土元素在铁液中与碳相互作用的研究[J]. 金属学报，1987，23(4)：B203.
[88] Wang Zhengyue，Du Ting and Wang Longmei. Interaction between Pb and C、Pb and Ce in Fe-C-Pb，Fe-C-Pb-Ce liquid iron solution[J]. Acta Metallurgica Sinica，1988，1(2)：B193.
[89] 山本正道，森晓，加腾荣一．铁钢，1981，67(11)：86.
[90] 唱鹤鸣，杜挺，余景生．铈、锡在铁液中的热力学性质及在 15MnV 钢中的作用机理研究[J]. 钢铁研究总院学报，1988，8(增刊)：93.
[91] 杜挺．稀土元素在铁基、镍基溶液中的热力学性质、相平衡及其作用机理的研究[J]. 物理，1990 (1)：27.
[92] 韩其勇．稀土在钢铁冶炼中的物理化学 [J]. 北京钢铁学院学报，1986，3：115.
[93] F. A. Schimdt and O. D. Mcmasters，J. Less-Common Met.，1968，15(1)：1.
[94] 李代钟，高淑琴，张烈夫．钢中铈-铁金属间化合物的性质 [J]. 中国稀土学报，1985，3(2)：71.
[95] 沈阳金属研究所，钢中稀土夹杂物彩色图谱．1977.

2 稀土在低合金及合金钢中的主要作用

2.1 稀土元素对钢凝固过程的影响及机理

大量的研究工作表明，稀土元素能影响钢的凝固过程和改变凝固组织，可以扩大等轴晶区域，细化等轴晶晶粒，缩小柱状晶区域，细化柱状晶晶粒[1~8]；同时，在凝固过程中，可以减轻合金元素的枝晶偏析。许多研究者还从稀土作为表面活性元素的物理化学性质及稀土夹杂与 Fe 晶格错配度小，在一定的条件下能作为液相金属凝固过程的非均匀形核核心，及稀土元素能使合金元素分配系数 K 增大等角度，深入揭示了稀土对钢凝固过程的影响机理。

2.1.1 稀土元素对凝固组织的影响及机理

在 430 铁素体不锈钢中，研究表明稀土元素扩大等轴晶区、缩小柱状晶区并使等轴晶粒尺寸变小，见图 2-1 及表 2-1[1]。

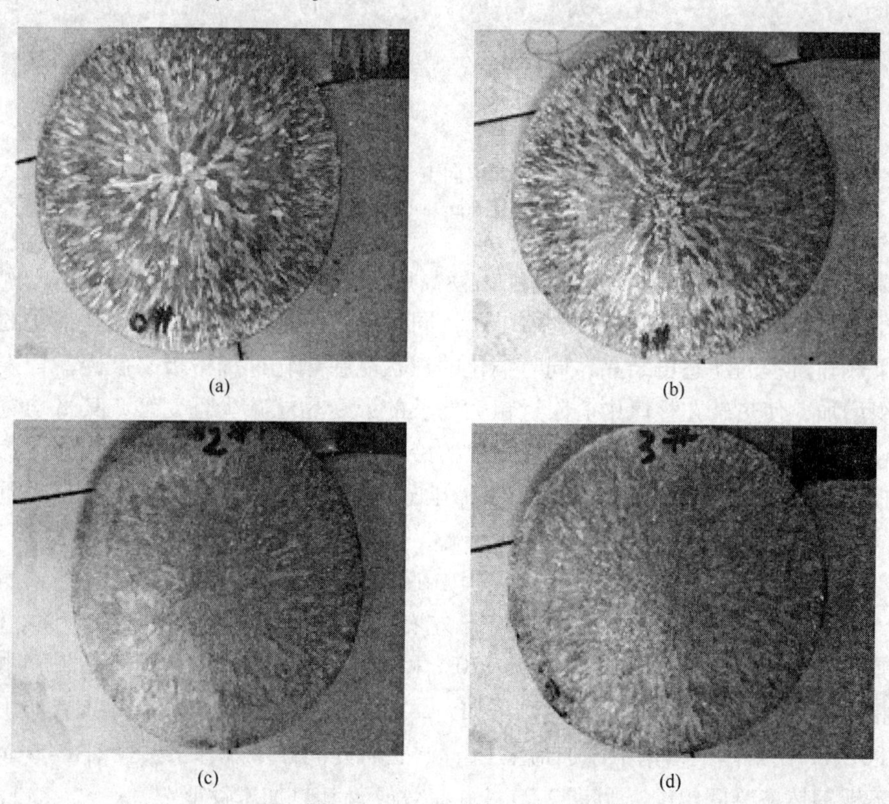

(a) (b) (c) (d)

图 2-1 稀土对 430 铁素体不锈钢凝固组织的影响

(a) $w(\mathrm{RE})=0$；(b) $w(\mathrm{RE})=0.056\%$；(c) $w(\mathrm{RE})=0.073\%$；(d) $w(\mathrm{RE})=0.125\%$

表 2-1　稀土改善 430 铁素体不锈钢凝固组织特征参数

试验钢编号	稀土含量/%	激冷层细等轴晶区域宽度/mm	柱状晶区域宽度/mm	中心等轴晶区域宽度/mm
0	0	5	78	3
1	0.056	3	63	15
2	0.073	3	50	33
3	0.125	4	53	25

光红兵等[2]报道了微量稀土对高牌号无取向电工钢凝固组织的影响，见图 2-2 和图 2-3。试验在太钢第二炼钢厂 2 号弧形连铸机上进行，用自动喂丝装置通过金属耳管向结晶器内喂稀土丝，得到 220mm × 1226mm 规格的含稀土连铸坯。

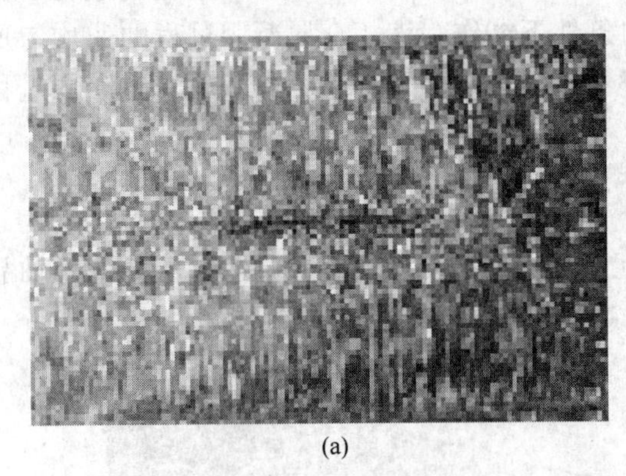
(a)

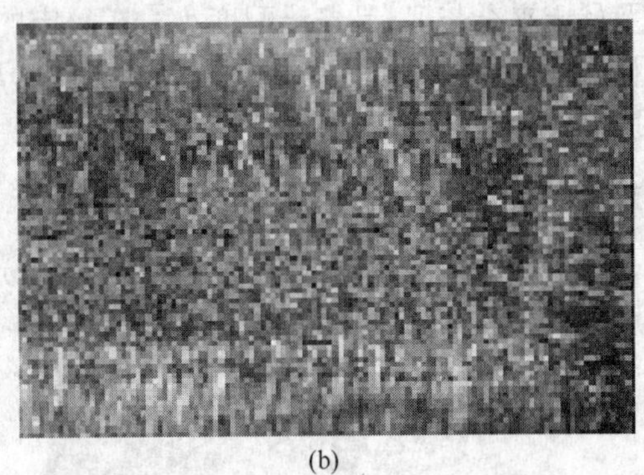
(b)

图 2-2　稀土对高牌号无取向电工钢铸坯凝固组织的影响
(a) $w(RE)=0$；(b) $w(RE)=0.0028\%$

图 2-2 和图 2-3 结果表明，稀土的加入使高牌号无取向电工钢铸坯等轴晶比例增加了 10% ~20%，相应地使柱状晶区域也缩小了，同时也使原粗壮的晶粒细化。细化的等轴晶粒促进了热轧过程的动态再结晶，同时细化的柱状晶在热轧过程中极易破碎，板表面的再结晶组织增加，使热轧在板厚中心附近粗大伸长的形变晶粒减少且变细，其平均宽度约为 0.08mm，最大宽度也小于 0.2mm。在后续的冷轧和退火中，它们再结晶阻力大大减小，促使了板内晶粒的均匀再结晶，结果证明稀土显著地改善了高牌号电工钢的表面纵条纹缺陷。

00Cr25Ni7Mo4N 双相不锈钢在凝固过程中随着钢中 Ce 含量的增加铸坯等轴晶比例明显增加，不含 Ce 的试样等轴晶比例为 50% 左右；Ce 含量为 0.030%、0.047%、0.062% 的试样其等轴晶比例分别提高到了 60%、70%和77%，见图 2-4。此研究结果表明，Ce 使超级双相不锈钢凝固组织的等轴晶比例增加，Ce 对细化凝固组织的改善有重要作用[3]。

在 00Cr17 铁素体不锈钢中添加稀土 Ce，试验研究同样发现稀土明显细化 00Cr17 高纯铁素体不锈钢铸态凝固组织（见图 2-5），并有效改善其热加工性能[4]。

加金属 Ce 或混合稀土（53% Ce，23% La）后，Fe-36Ni 低膨胀合金的凝固组织发生显著细化，随着 Ce 含量与混合稀土含量的增加，等轴晶比例增加，等轴晶粒尺寸减小

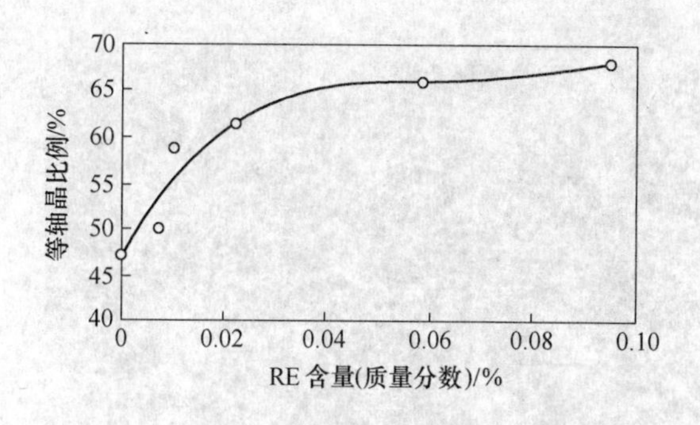

图2-3　稀土对高牌号无取向电工钢铸坯凝固组织等轴晶比例的影响

图2-4　稀土Ce对00Cr25Ni7Mo4N双相不锈钢等轴晶比率的影响

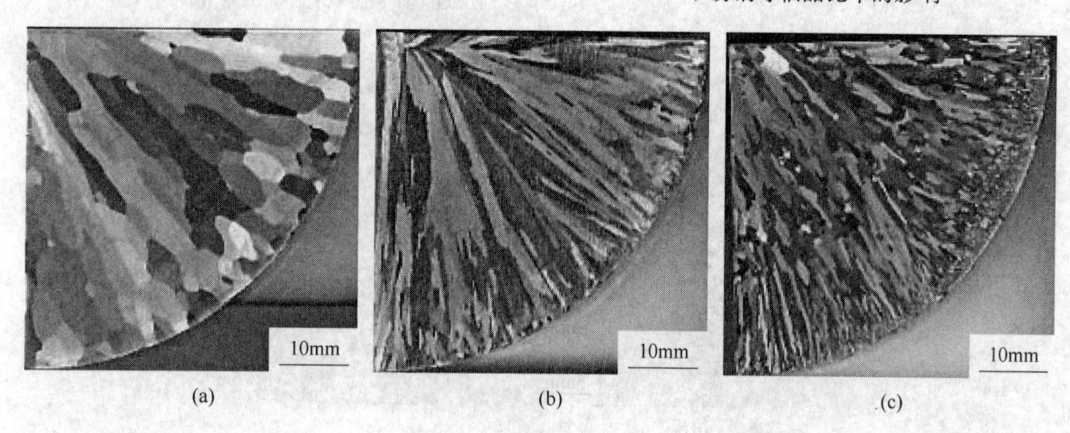

图2-5　稀土Ce对00Cr17铁素体不锈钢铸态凝固组织的影响

(a) RE-F(w(Ce)=0)；(b) RE-L(w(Ce)=0.02%)；(c) RE-L(w(Ce)=0.08%)

(见图2-6及表2-2)[5]。文献[5]指出，5炉实验合金的化学成分基本相同，只是Ce、La含量有所差别。浇铸温度相同时，未加稀土的合金凝固组织基本由细长的柱状晶组成，只在中心部位有少量粗大的等轴晶；添加Ce后，凝固组织的柱状晶明显变细变短，而且随着Ce含量的增加，等轴晶的比例明显增加，等轴晶尺寸减小，合金的凝固组织发生了显著细化。添加混合稀土与添加Ce相比，尽管混合稀土的添加量很少，但对凝固组织的细化效果更好。

表2-2　稀土对Fe-36Ni低膨胀合金凝固组织特征参数的影响

合金试样编号	Ce含量(质量分数)/%	La含量/%	等轴晶比例/%	等轴晶尺寸/mm
a	—	—	8	3.212
b	0.16	—	33	1.623
c	0.22	—	56	1.135
d	0.021	0.007	58	1.345
e	0.042	0.014	69	0.996

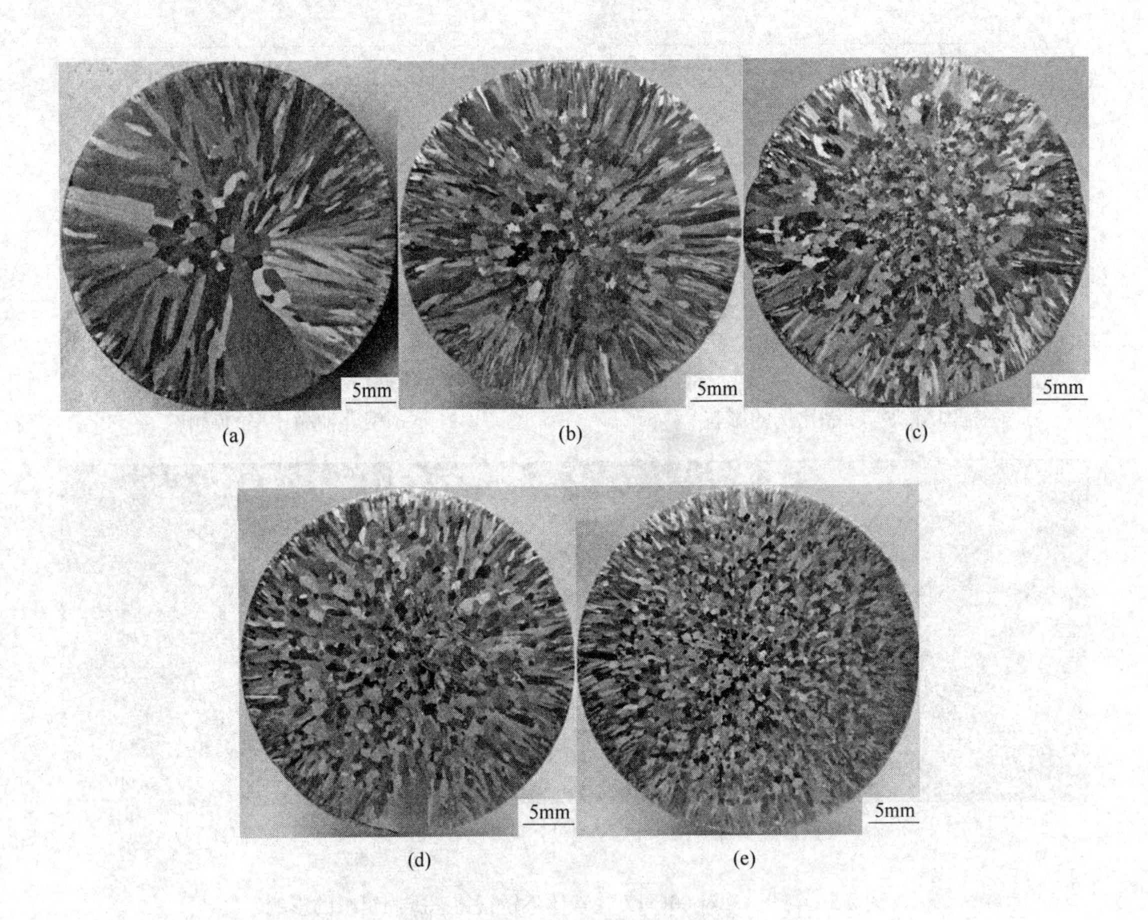

(a) (b) (c) (d) (e)

图 2-6 稀土对 Fe-36Ni 低膨胀合金凝固组织的影响
(a) $w(Ce)=0$；(b) $w(Ce)=0.16\%$；(c) $w(Ce)=0.22\%$；(d) $w(Ce)=0.021\%$，$w(La)=0.007\%$；(e) $w(Ce)=0.042\%$，$w(La)=0.014\%$

文献［6］作者研究得到，钢锭中不加稀土时，等轴晶区一般占 32% ~33%，加稀土后增加到 44% ~55%；在连铸坯中加入 $w(RE)>0.015\%$ 后，使等轴晶区由 20% 增加到 50% 以上。在排除稀土夹杂物的条件下，对 16Mn 钢采用自下而上没有搅拌作用的定向结晶实验表明，0.51% Ce 可使高硫（0.022% S）的试样中柱状晶区长度缩短 4%，使低硫（0.003% S）的试样中柱状晶区长度缩短 11%，两者的等轴晶晶粒细化率分别为 14% 和 33%[7]。在不排除稀土夹杂物的定向凝固实验中，0.14% Ce 可使高硫（0.05% S）的碳钢晶粒细化率达 46.7%，而 0.23% Ce 使低硫（0.003% S）碳钢中的值达 16.4%[8]。对无相变的高合金铁素体钢和奥氏体钢，例如 ZGMn13、ZGCr25Ni20Si、ZGCr28 等钢铸造晶粒组织粗大，添加稀土可以细化其晶粒[9]。武汉钢铁（集团）公司 1994 年在冶金工业部稀土处理钢发展规划技术交流和推广会议上报告了稀土改善连铸坯凝固组织的实验结果，见表 2-3。

胡汉起及高瑞珍等[7,16]研究了 16Mn 钢定向结晶柱状晶二次枝晶间距与铈含量的关系，如图 2-7 所示。可以看出稀土有减小 16Mn 钢二次枝晶臂间距的作用。

表 2-3　稀土对 08Al、16Mn 连铸坯凝固组织的影响[10]

炉　号	钢　种	铸坯断面 /mm×mm	RE/S	等轴晶		等轴晶率增加值/%
				宽度/mm	百分率/%	
304525	08Al	210×1300	0 2.3	10 30	4.8 14.3	9.5
304570	08Al	210×1300	0 1.9	30 50	14.3 23.8	9.5
311083	08Al	210×1050	0 1.6	0 30	0 14.3	14.3
311084	08Al	210×1050	0 2.2	0 35	0 16.7	16.7
105074	16Mn	210×1300	0 2.4	35 55	16.7 26.2	9.5
221280	16Mn	210×1300	0 2.3	20 40	9.5 19.0	9.5

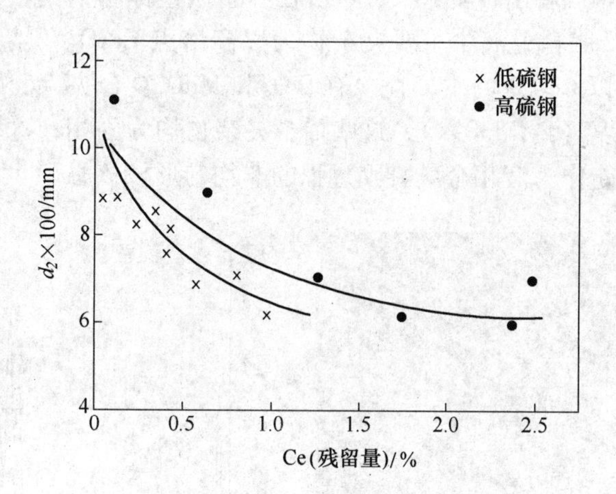

图 2-7　稀土 Ce 对 16Mn 钢定向结晶柱状晶二次枝晶间距的影响

稀土元素对钢凝固组织的影响机理有如下研究。

2.1.1.1　稀土夹杂与 Fe 晶格错配度

稀土夹杂与 Fe 晶格错配度小，在一定的条件下能作为液相金属凝固过程的非均匀形核核心。Turnbull 和 Vonnegut[11] 曾提出匹配度理论，用以判断夹杂是否可以成为新结晶时的非自发晶核，他提出了一个两相晶格之间错配度概念，即

$$\delta = \frac{a_C - a_N}{a_N}$$

式中　a_C——夹杂的点阵间距；

a_N——新结晶相的点阵间距。

δ 值越小，两相匹配越好，夹杂越易成为非自发晶核。Bramfitt 等人[12,13] 按照上述概

念对稀土氧化物及硫化物在纯铁及钢凝固时的行为研究发现：CeS 与 δ-Fe 晶格错配度最小，其形核过冷度也最小；其次是 RE_2O_3，其过冷度远比 Al_2O_3、SiO_2 及 MnO 小。从冶金物化及凝固理论还可以知道，两相匹配度越好，晶格错配度越小，说明两相的界面能越小，夹杂越易成为良好的形核剂。

钢凝固过程中的等轴晶形成是非均匀形核，因此金属结晶的时候常常依附在液体金属中的固体质点表面上形核。形核剂能否促进液态金属形核一般需要具备以下两个条件：一是需具有高于液相熔点的高熔点固相质点，能够在液态金属凝固过程中提供非均质形核的界面；二是高熔点相与基体金属在某些低指数面具有很低的错配度，错配度越低，转变所需的界面能越小，结晶的形核功越小，也即过冷度越小，愈易形核，故金属结晶后的晶粒也越细化。王龙妹、王晓峰及于彦冲等[1,3,5]运用 Turnbull 及 Bramfit 等人[11~13]匹配度理论分析研究了混合稀土和 Ce 在 430 铁素体不锈钢、00Cr25Ni7Mo4N 双相不锈钢及 Fe-36Ni 低膨胀合金液凝固过程中，Ce 和混合稀土夹杂作为非自发形核的晶核，细化铸态组织的作用机理。RE、Ce 的化学性质活泼，与氧、硫的亲和力较强，430 铁素体不锈钢、00Cr25Ni7Mo4N 双相不锈钢及 Fe-36Ni 低膨胀合金液中加入 RE、Ce 后，能生成稀土氧化物、稀土硫化物以及稀土氧硫化物。在文献［1，3，5］给出的实验条件下，由扫描电镜照片和能谱分析结果可以看出，加 RE、Ce 后在 430 铁素体不锈钢，00Cr25Ni7Mo4N 双相不锈钢及 Fe-36Ni 低膨胀合金液中主要夹杂物为以高熔点 Ce_2O_3（熔点 2210℃），Ce_2O_2S-La_2O_2S（1950℃）及以 Ce_2O_3 为主，且含有 SiO_2 和 MnO 复合夹杂，如图 2-8 ~ 图 2-10 所示。在合金的冶炼温度（约 1530℃），这些稀土夹杂物均为固相，这些高熔点的第二相颗粒在一定的条件下可能作为液相金属凝固过程的非均匀形核核心。

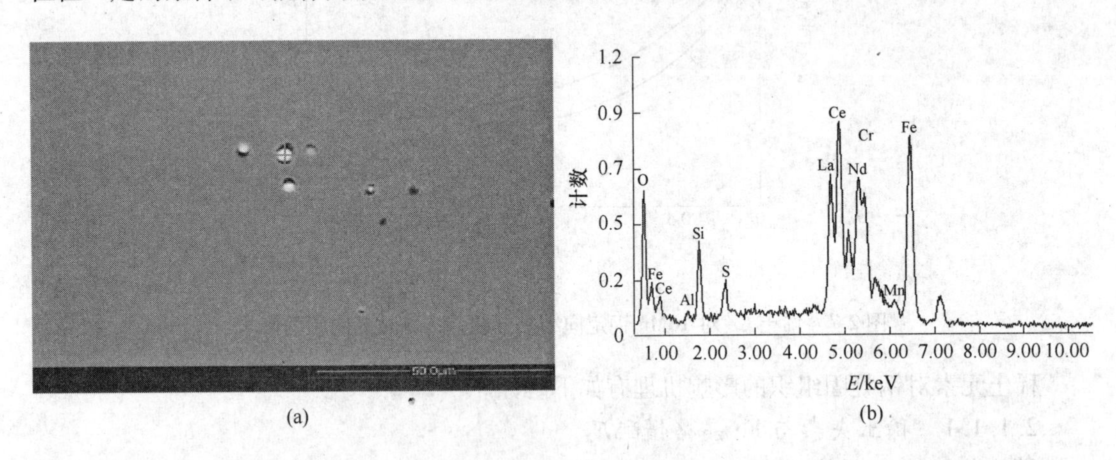

图 2-8　430 铁素体不锈钢中稀土氧硫化物夹杂扫描电镜照片（a）及对应成分能谱（b）

00Cr25Ni7Mo4N 双相不锈钢的两相由 δ-Fe 相和 α-Fe 相组成，根据较广泛使用的加氮后含 68% Fe 的 Fe-Cr-Ni 相图可知，00Cr25Ni7Mo4N 双相不锈钢在凝固过程中首先析出 δ-Fe 相，而 Ce 的氧化物与 δ-Fe 相具有较低的错配度，Turnbull 及 Bramfit 等[11~13]按照错配度理论研究多种化合物在纯铁及钢中凝固的行为，发现 Ce_2O_3与 δ-Fe 相具有很低的错配度，仅为 5.0%，而一般认为当两相错配度小于 12% 时，高熔点化合物能作为非自发形核核心。由此可见，加 Ce 后，00Cr25Ni7Mo4N 双相不锈钢钢中生成 Ce_2O_3 为主的夹杂，其

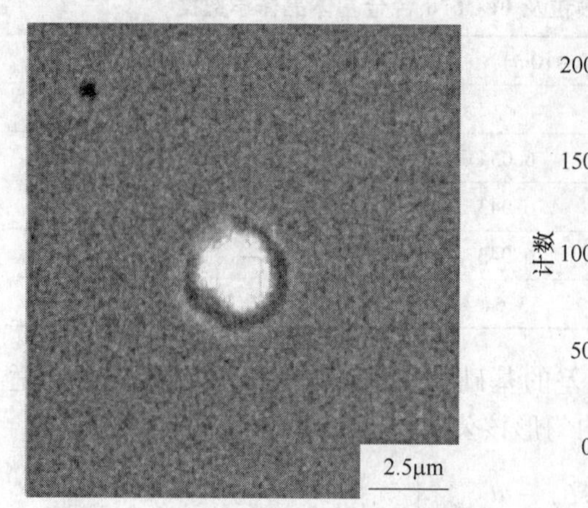

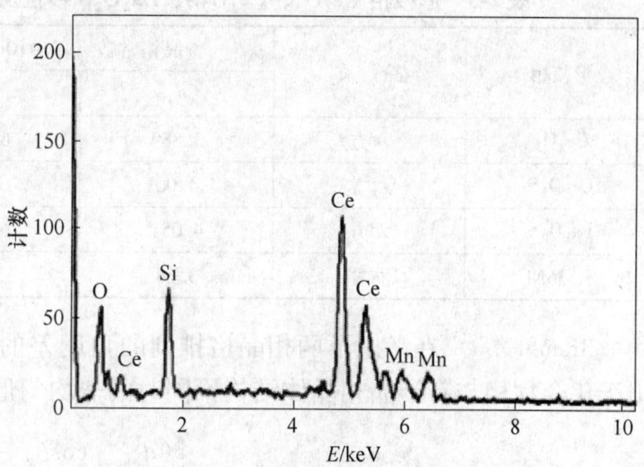

图 2-9 00Cr25Ni7Mo4N 双相不锈钢中 Ce 的氧化物扫描电镜及能谱分析结果

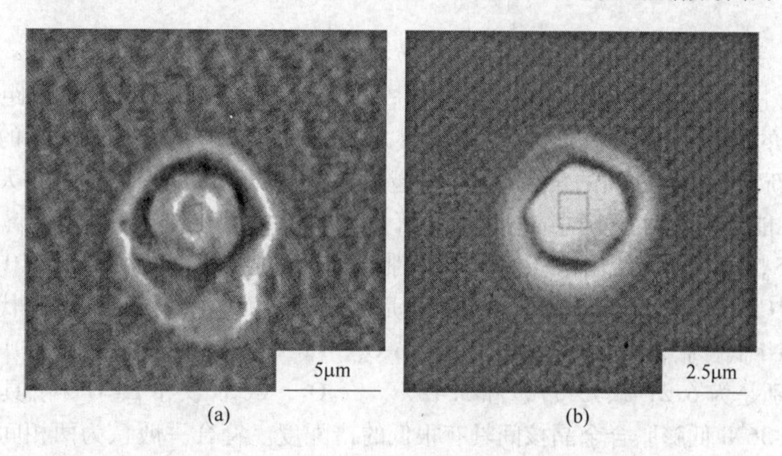

图 2-10 Fe-36Ni 低膨胀合金凝固等轴晶组织中第二相颗粒形貌

(a) Ce_2O_3；(b) Ce_2O_2S-La_2O_2S

作为非均质形核核心，促进形核，使等轴晶比例增加，00Cr25Ni7Mo4N 双相不锈钢铸态组织得到了细化（见图 2-4）。

表 2-4 为图 2-10 中 Fe-36Ni 低膨胀合金凝固等轴晶组织中内 Ce_2O_3 及 Ce_2O_2S-La_2O_2S 颗粒能谱分析结果。文献［5］给出了 Ce_2O_3、Ce_2O_2S、La_2O_2S 与 Fe-36Ni 合金基体在室温及合金熔点的晶格常数，如表 2-5 所示。

表 2-4 图 2-10 中 Fe-36Ni 低膨胀合金凝固等轴晶组织中内 Ce_2O_3 及 Ce_2O_2S-La_2O_2S 颗粒能谱分析结果 （%）

第二相颗粒	O	S	Ce	La	Fe	Ni
Ce_2O_3	13.42	—	80.34	—	4.78	1.37
Ce_2O_2S-La_2O_2S	7.86	8.83	49.43	18.18	11.37	4.34

表 2-5 形核相 Ce_2O_3、Ce_2O_2S、La_2O_2S 颗粒及 Fe-36Ni 合金基体晶体学数据[5]

形核相	晶　系	晶格常数（10 ~ 10m）		晶格常数(10 ~ 10m)(1430℃)	
		a_0	c_0	a_{01}	c_{01}
Ce_2O_3	六方	3.889	6.054	3.394	—
Ce_2O_2S	六方	4.00	6.943	—	—
La_2O_2S	六方	4.051	6.943	—	—
Fe-36Ni	立方	3.64	3.64	3.681	3.681

Bramfit 等[13]在考虑了两相晶格排列的角度差的基础上，提出了错配度的修正式，适用于化合物相与新结晶相晶体结构不同时的非均匀形核公式：

$$\delta_{(hkl)n}^{(hkl)s} = \sum_{i=1}^{3} \frac{\left| \dfrac{(d_{[uvw]s}^{i}\cos\theta) - d_{[uvw]n}^{i}}{d_{[uvw]n}^{i}} \right| \times 100}{3} \tag{2-1}$$

式中，$(hkl)s$ 为化合物相的低指数面；$(hkl)n$ 为新结晶相的低指数面；$[uvw]s$ 为 $(hkl)s$ 的低指数方向；$[uvw]n$ 为 $(hkl)n$ 的低指数方向；$d_{[uvw]n}$ 为沿 $[uvw]n$ 方向的面间距；$d_{[uvw]s}$ 为沿 $[uvw]s$ 方向的面间距；θ 为 $[uvw]n$ 与 $[uvw]s$ 之间的夹角。式（2-1）中 θ 角的不同，代表了化合物和新结晶相界面间的角度差异，θ 越大，两相界面间的错配度也越大。因此，通过式（2-1）能够确定两种不同结构相的界面上晶体学位向关系。

文献［5］作者计算给出：Fe-36Ni 低膨胀合金的低指数有（100）、（110）和（111）面，Ce_2O_3、Ce_2O_2S 和 La_2O_2S 的低指数面均是（0001）面，将表 2-5 的数据代入式（2-1）可得，Fe-36Ni 低膨胀合金的（100）面在 Ce_2O_3、Ce_2O_2S 和 La_2O_2S 的（0001）面上凝固时错配度分别是为 6.21%、5.77% 和 5.42%。Ce_2O_3、Ce_2O_2S 和 La_2O_2S 既具有很高的熔点，又与 Fe-36Ni 低膨胀合金晶核间具有很低的错配度。符合一般认为两相间的错配度小于 12% 时，高熔点的化合物可以作为非自发形核的核心，而且错配度越小，效果越明显[13]。因此，Ce_2O_3 以及 Ce_2O_2S-La_2O_2S 复合第二相颗粒能够强烈地促进形核，提高形核率，细化了 Fe-36Ni 低膨胀合金铸锭的凝固组织（见图 2-6）。

于彦冲和陈伟庆等[5]又进一步地分析讨论了稀土 Ce 或混合稀土使 Fe-36Ni 低膨胀合金凝固组织晶粒细化及等轴晶比例增加的机理。

加入稀土 Ce 或混合稀土处理后，凝固组织的等轴晶比例增加，等轴晶尺寸减小，凝固组织得到显著改善。根据柱状晶前沿开始出现等轴晶的条件为[14]：

$$G < 0.617N_0\left[1 - \left(\frac{\Delta T_N}{\Delta T_C}\right)^3\right]\Delta T_C \tag{2-2}$$

式中，G 为柱状晶生长前沿枝晶尖端温度梯度，℃/mm；N_0 为单位体积中可供非均匀形核的衬底粒子数，m^{-3}；ΔT_N 为非均匀形核的过冷度，℃；ΔT_C 为柱状晶前沿液相的过冷度，℃。可以看出，增加 ΔT_N 可以使式（2-2）的左边减小，右边降低，促进柱状晶向等轴晶的转变。加 Ce 或者混合稀土处理后，熔体中分别形成了大量高熔点的 Ce_2O_3 颗粒和 Ce_2O_2S-La_2O_2S 复合第二相颗粒，错配度计算表明，它们可以作为有效的非均匀形核核心。即加 Ce 或者混合稀土处理后，增加了单位体积中可供非均匀形核的衬底粒子数 N_0，使式

(2-2) 的右边增大，有利于等轴晶的形成，等轴晶的大量形成与生长，限制和中断了柱状晶的发展，扩大了等轴晶的面积。而且随着 Ce 或者混合稀土含量的增加，非均匀形核核心数量增加，N_0 的数量增加，所以等轴晶的比例也相应的增加。

根据 B. Yao 等[15]提出了计算晶粒尺寸的公式：

$$d = \sqrt[4]{\frac{v}{I}} \tag{2-3}$$

式中，I 为非均质形核速率，m^{-3}/s；v 为晶粒生长速度，m/s；d 为晶粒尺寸，m。从式 (2-3) 可以看出，在晶粒生长速度 v 一定的情况下，增加非均质形核速率 I 能够减小晶粒的尺寸。在浇注温度和钢模温度都是一定的实验条件下，合金液的冷却速度是相同的，即晶粒的生长速度 v 是相同的。由以上分析可得，加 Ce 或者混合稀土处理后，增加了单位体积中可供非均匀形核的衬底粒子数，而且随着 Ce 或者混合稀土含量的增加，单位体积中非均质形核核心的数量也在增加，导致非均质形核速率 I 增加，所以随着 Ce 或者混合稀土含量的增加，合金凝固组织的晶粒尺寸不断减小。

文献 [5] 指出在给出的实验条件下，添加混合稀土比单独添加 Ce 改善凝固组织的效果要好。实验结果发现：加 Ce 处理时，生成高熔点的 Ce_2O_3 颗粒，尺寸约为 4μm，加混合稀土处理时，生成高熔点的 Ce_2O_2S-La_2O_2S 复合第二相颗粒，尺寸约为 2. 5μm，后者与 Fe-36Ni 合金基体的错配度与前者相比要低，错配度越低，越易形核，凝固组织越细化；另外 Ce_2O_3 颗粒和 Ce_2O_2S-La_2O_2S 在合金凝固前已经生成，当稀土加入量较大时，高熔点的第二相颗粒容易结合，聚集成团，所以 Ce_2O_3 颗粒尺寸较大。形核核心的尺寸变大，形成每个核心所需要的稀土化合物的量增加，可能导致单位体积内形核核心数量的减小。稀土是微量添加元素，含量很少就可以显著改善凝固组织、夹杂物类型和形态，加 Ce 处理时，合金中 Ce 含量远比加混合稀土处理时 Ce 和 La 含量总和要高得多，因此作者指出，细化合金的凝固组织需要的稀土含量不是越高越好，必须注意控制合适的稀土含量。

2. 1. 1. 2　稀土为表面活性元素

稀土加入钢液后，使钢液的界面张力下降，润湿角 θ 减小，非均质形核功变小，易于形核。同时表面活性的稀土元素，在晶体表面形成吸附薄膜，提高了核的稳定性，阻止母液原子扩散，因而使晶粒细化。

当晶核不是完全在液体自身内部产生，而是借助于外来物质的帮助，依附在已存在于液相中的固态界面上，或容器表面上优先产生时，成为非均质形核。假如某一尺寸的晶坯 C，附在液体 L 中的一个现成的固体杂质 S 的表面上，晶坯的形状为球冠状，球半径为 r。如果晶坯周围能够稳定，或可以长大，那么就成为一个晶核，它必须满足这样一个关系式：

$$\sigma_{SL} - \sigma_{SC} \geqslant \sigma_{LC}\cos\theta \tag{2-4}$$

式中，σ_{SL}、σ_{SC}和 σ_{LC}分别为杂质与液相，杂质与晶坯以及液相与晶坯的界面张力（或界面能）；θ 为晶坯与杂质的接触角（或称润湿角）。这个角度很重要，它是判断杂质或其他界面是否促进以及促进程度如何的一个参量。当晶坯的尺寸 r 一定时，θ 越小，越有利于晶核的形成。

接触角 θ 的大小取决于液相、晶坯和杂质三者之间表面张力的相对大小。现在可以利用上述形核功理论及稀土元素的物理化学特性来分析稀土 Ce 和混合稀土对 430 铁素体不锈钢、00Cr17 铁素体不锈钢、00Cr25Ni7Mo4N 双相不锈钢和 Fe-36Ni 合金铸态组织的影响，在文献［1，3～5］给出的实验条件下，稀土夹杂物杂质与晶坯都已确定，即 σ_{SL}、σ_{SC}确定，要想获得较小的接触角 θ，只能使 σ_{LC}降低。当钢中加入 Ce 或 RE 后，钢液界面张力下降，即 σ_{LC}降低，$(\sigma_{SL}-\sigma_{SC})/\sigma_{LC}$增大，即 $\cos\theta$ 值愈大，因此，接触角 θ 降低。同时由金属凝固理论可知，均质形核和非均质形核的形核功差别为：$1/4(2-3\cos\theta+\cos^3\theta)$，非均质形核的有效性决定于接触角 θ，接触角 θ 的大小直接影响着非均质形核的难易，当 430 铁素体不锈钢液、00Cr17 铁素体不锈钢液、00Cr25Ni7Mo4N 双相不锈钢液和 Fe-36Ni 合金液中加入稀土元素 RE 或 Ce 后，接触角 θ 降低，接触角 θ 越小，形核功就越小，形核率越高，就越容易形核，大量晶核的生成使等轴晶比例增加。因此 430 铁素体不锈钢、00Cr17 铁素体不锈钢、00Cr25Ni7Mo4N 双相不锈钢和 Fe-36Ni 合金铸态组织得到细化。

另外，根据成分过冷理论，当液体温度高于形核温度时不可能形成任何晶核，柱状晶继续生长。随着结晶的进行，温度梯度越来越趋于平缓，成分过冷区逐渐扩大，剩余母液大部分处于过冷状态。在离固液交界面某一距离上，该点的温度相当于形核温度时，就有可能生成新的核心。当温度继续降低，大量晶核生成，抑制和中断了柱状晶的发展而形成等轴晶。非均质形核功在稀土作用下减小，可以提高 430 铁素体不锈钢、00Cr17 铁素体不锈钢、00Cr25Ni7Mo4N 双相不锈钢和 Fe-36Ni 合金铸态组织中心等轴晶晶核形成的数量，因此，更早地限制和中断了柱状晶的发展，从而扩大等轴晶区域。

高瑞珍、胡汉起等[16,17,19,21]研究了稀土对 35CrNiMoV 和 20CrMoV 低合金钢形核过冷度的影响，发现稀土使钢的初生相形核过冷度减小，甚至消失（见表 2-6）。稀土加入钢中后所形成的细小稀土硫化物、稀土氧化物和稀土硫氧化物夹杂均可成为钢的非自发晶核，其形核过冷度小，因而使等轴晶区增大，并使等轴晶细化，同时限制柱状晶的发展，使柱状晶区缩短。

表 2-6　35CrNiMoV 和 20CrMoV 低合金钢中稀土含量对形核过冷度的影响[17]

钢　种	$w(\mathrm{Ce})/\%$	$\Delta T/$ ℃
35CrNiMoV	0	2～3
	0.026	0
	0.016	0
20CrMoV	0	6～8
	0.048	1～2
	0.317	0
低硫碳钢	0	0.5
	0.01	0
	0.08	0

高瑞珍、胡汉起等[17]研究 35CrNiMoV 钢等轴晶二次枝晶间距与铈量的关系，如图 2-11 所示，可以看出，稀土有减小 35CrNiMoV 钢等轴晶二次枝晶间距的作用。

杜晓建等[18]实验测量了 253MA（Cr21Ni11）耐热钢浇注圆锭凝固组织二次枝晶臂间距见表 2-7。

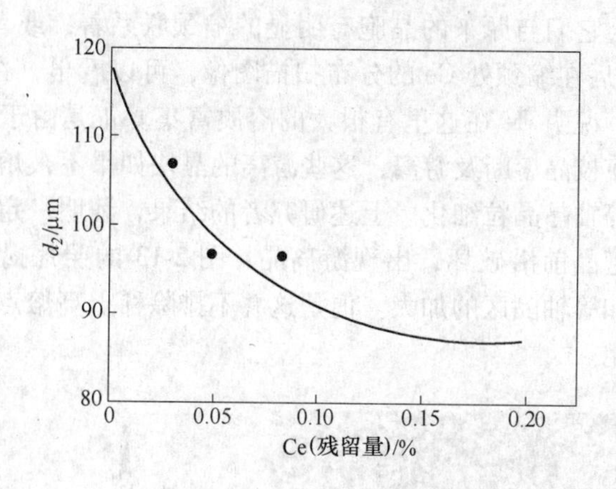

图 2-11 稀土 Ce 对 35CrNiMoV 钢等轴晶二次枝晶间距的影响

表 2-7 253MA 耐热钢凝固组织二次枝晶臂间距的测量值

试样号	w(RE)或 w(Y)/%	测量二次枝晶间距 d_2 测量平均值/μm
177	0	66.4
189	0.056 (RE)	60.7
190	0.048 (Y)	50.3

2.1.1.3 稀土元素的平衡分配系数

稀土元素的平衡分配系数 K 值很小，它在液相中完全可以溶解，在固相中溶解度很小，一旦凝固，稀土富集在正在生长的结晶前沿液相中，阻止晶体发育长大，使柱状晶区缩短，等轴晶区加大。

稀土在固液界面上的富集促使枝晶熔断、游离，等轴晶粒细化[17,19,21]。高瑞珍、胡汉起等[17,19,21]认为实验用低硫高锰钢在排除夹杂物影响的定向凝固装置进行，控制凝固工艺参数使之获得胞晶组织，当稀土达到一定量时，发现胞晶前沿失稳，产生了缩颈、枝晶熔断及游离的晶块（见图 2-12），从照片上可以看出，这些游离晶块不是由稀土夹杂作为非

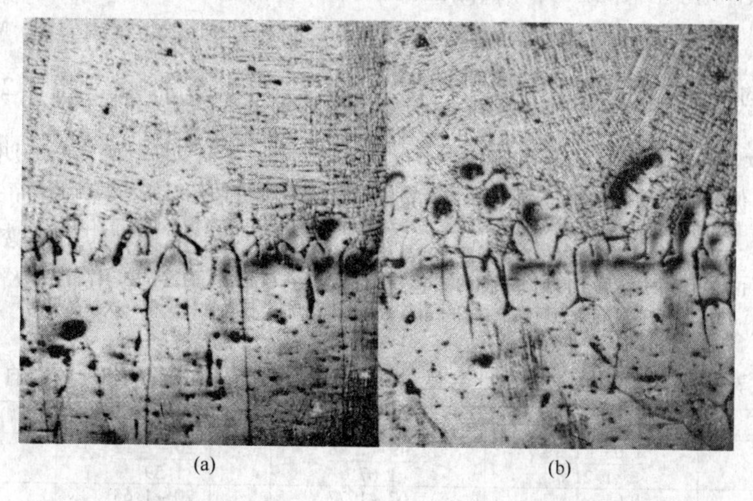

图 2-12 低硫高锰钢加 Ce 后胞晶前沿形成的游离晶块

(a) w(Ce) = 0.2%；(b) w(Ce) = 0.38%

自发晶核引起的，因为它们与原来的晶胞有明显的缩颈联系着，或者存在着熔断的痕迹。图2-13为图2-12放大后在缩颈处Ce的分布扫描图像，可以看出，在缩颈处Ce的线扫描出现了很明显的峰值，说明Ce在这里有很大的溶质富集。正是由于这种富集导致了该处熔点温度的降低，促使枝晶熔断及游离，这些游离的晶块如果不被熔化掉，势必会增加等轴晶区的宽度，并使等轴晶晶粒细化。上述研究者的结果，证明一定的稀土含量，可使钢液凝固过程中稳定的胞晶前沿破坏，出现游离晶，图2-13的照片揭示了枝晶的游离势必造成柱状晶区的缩短和等轴晶区的加大。但是这并不排除稀土高熔点夹杂物的非均质形核对等轴晶区的扩大作用。

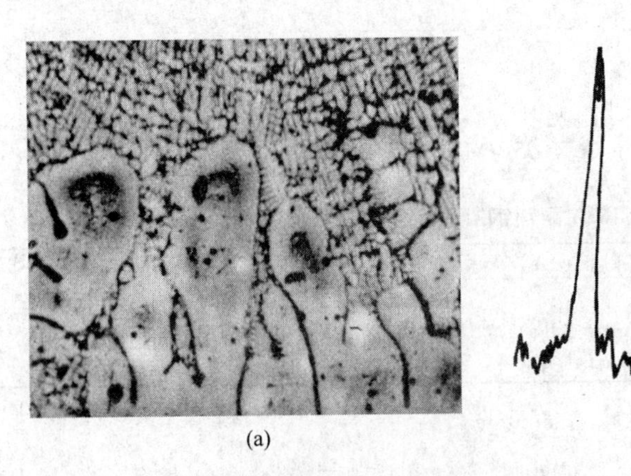

图2-13　低硫高锰钢胞晶前沿缩颈处的Ce分布

（a）胞晶前沿缩颈；（b）Ce的分布扫描图像

2.1.2　稀土元素对枝晶偏析的影响及机理

稀土元素可减小一些溶质元素的枝晶偏析。涂嘉夫等认为连铸钢坯中添加稀土后减小了C、P、Mn、Si在柱状晶区及等轴晶区的偏析[20]。高瑞珍、涂嘉夫、刘树模及胡汉起等[16,17,19,21,22,24]研究者指出，稀土显著降低了Ni4V钢和CrMn2Mo钢中Cr、Mn、Mo、Ni、V、P等元素的偏析指数$\left(I_S = \dfrac{\text{枝晶间溶质的最大浓度 } C_{max}}{\text{枝晶干溶质的最小浓度 } C_{min}}\right)$。表2-8列出了20CrMoV钢中稀土含量对Cr、Mo、V、Mn枝晶偏析比的影响。显然，随着钢中铈含量的增加，一些合金元素的枝晶偏析减少了。稀土元素对枝晶偏析的影响机制可以从三个方面来分析：（1）溶质分配系数K；（2）二次枝晶臂间距d_2；（3）固相中合金元素的扩散系数D影响元素的枝晶偏析。而三者中溶质分配系数K值则起着决定性作用。通常用$|1-K|$值表示偏析系数，该值越大，偏析越严重。

表2-8　20CrMoV钢中稀土含量对Cr、Mo、V和Mn枝晶偏析比的影响

$w(\text{Ce})/\%$	I_{SCr}	I_{SMo}	I_{SV}	I_{SMn}
0	$\dfrac{1.08\sim1.19}{1.21}$	$\dfrac{1.49\sim1.78}{1.67}$	$\dfrac{1.20\sim2.17}{1.59}$	$\dfrac{1.21\sim1.29}{1.24}$
0.048	$\dfrac{1.05\sim1.17}{1.10}$	$\dfrac{1.07\sim1.77}{1.49}$	$\dfrac{1.20\sim1.65}{1.48}$	$\dfrac{1.02\sim1.16}{1.07}$
0.347	$\dfrac{1.04\sim1.08}{1.07}$	$\dfrac{1.21\sim1.59}{1.45}$	$\dfrac{1.32\sim1.46}{1.37}$	$\dfrac{1.05\sim1.07}{1.06}$

高瑞珍、胡汉起及钟雪友等[16,17,21,22,24]采用定向结晶获得平面晶加入Ce后20min淬火，用电子针测出了淬火固-液界面的溶质溶度分布，通过回归处理得到溶质界面分配系数K^*，在平面晶生长速度较慢的情况下，通常可将界面分配系数近似等于溶质平衡分配系数K，即：$K^*=K$，表2-9为所测16Mn及高锰钢中一些元素K值随铈含量的变化。从表2-9的结果表明，铈提高C、Mn的K值，而降低Si的K值。这同高锰钢中锰的偏析比与铈含量的变化趋势是一致的，见图2-14。此外，由于稀土能减小二次枝晶臂间距（见图2-7、图2-11及表2-7）和推迟δ-Fe向γ-Fe的转变，而合金元素，如Cr在1480℃δ-Fe中的扩散系数为0.3×10^{-6}cm/s，大于在γ-Fe中的值0.8×10^{-8}cm/s，两者相差很大[23]。稀土推迟δ-Fe向γ-Fe转变温度，意味着将使其他溶质元素在固相中总的扩散系数增大，这就有利于在凝固期间减少这些元素的偏析。同时，稀土元素促使二次枝晶臂间距减少，因此也使枝晶偏析减少。

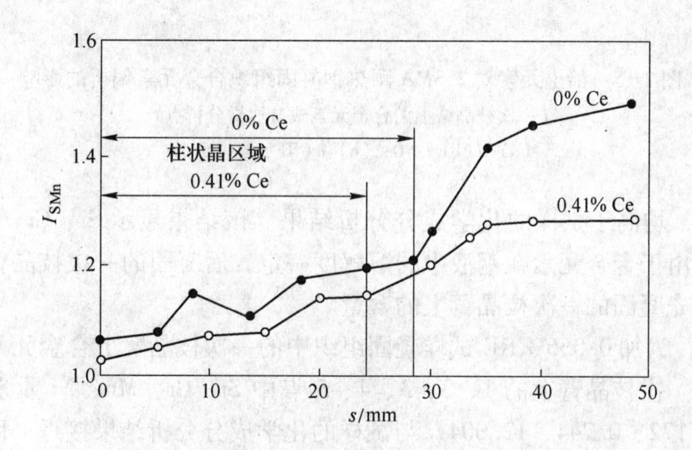

图2-14　铈含量对高锰钢中不同位置锰的偏析比的影响

表2-9　稀土Ce对钢中溶质元素界面平衡分配系数K的影响

钢　种	元　素	w(Ce)/%					
		0	0.03	0.25	0.28	0.42	0.79
高锰钢	Si	0.945		0.929		0.886	0.775
	Mn	0.726		0.732	0.743	0.840	0.916
16Mn	C	0.58	0.72				
	Si	0.95	0.89				
	Mn	0.82	0.92				

杜晓建等[18]研究了稀土元素对253MA耐热钢凝固组织合金元素偏析的影响，见图2-15。

图2-15（a）为没加稀土试样一次枝晶臂上的合金元素成分取样分析点，对Si、Cr、Mn、Ni元素进行分析可知，一次枝晶臂上的1、2、3、4点中Si、Cr、Mn、Ni元素的平均含量分别为1.1525、18.6、0.59、10.8575，均低于试样的化学成分分析结果；而在枝晶臂末端上的5、6、7、8点中Si、Cr、Mn、Ni元素的平均含量分别为1.5925、21.2075、

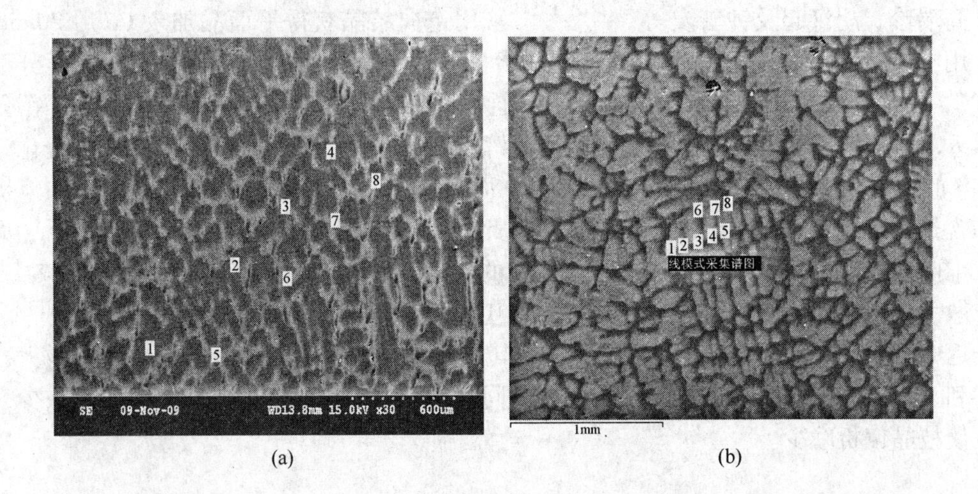

(a)　　(b)

图 2-15　稀土元素对 253MA 耐热钢凝固组织合金元素偏析的影响
（一次枝晶臂上的合金元素成分取样分析点）
（a）w(RE)=0；（b）w(RE)=0.056%

0.815、11.9325，均高于试样的化学成分分析结果。该结果显示 Si、Cr、Mn、Ni 合金元素的偏析现象，由于合金元素在钢液中的溶解度一定，后凝固的一次枝晶臂末端上的合金成分含量高于最先凝固的一次枝晶臂上的含量。

图 2-15（b）为加 0.056% RE 试样凝固组织中的一次枝晶臂上合金元素成分取样分析点，结果表明，一次枝晶臂上的 1、2、3、4、5 点中 Si、Cr、Mn、Ni 元素的平均含量分别为 1.728、20.172、0.744、12.004，与试样的化学成分分析结果接近；而在枝晶臂末端上的 6、7、8 点中 Si、Cr、Mn、Ni 元素的平均含量分别为 1.8533、20.4267、0.8067、12.0267，也与试样的化学成分分析结果接近。该结果显示在含稀土 0.056% 的试样一次枝晶臂上合金元素的偏析不明显。元素偏析的倾向可由该元素在凝固金属中的浓度与液相中浓度比值 K 来确定。K 值越小，则先结晶与后结晶的固相成分差别越大，通常偏析严重性与偏析系数 $|1-K|$ 成正比。高瑞珍、胡汉起和钟雪友等[16,17,19,21,22,24]的结果显示稀土元素能使 C、Mn 溶质分配系数 K 增大，使偏析系数 $|1-K|$ 减小；因而稀土能使合金元素的偏析程度降低。

郭宏海和宋波等[25]研究者应用金属原位统计分布分析技术（OPA）研究了稀土元素对耐候钢铸锭中 C、P、S、Cu 的宏观偏析的影响，研究结果表明：当存在 30% ~40% 等轴晶率，20℃过热度下，不加稀土元素时 C、S、P 和 Cu 能产生严重的宏观偏析，且 C、S 呈中心正偏析，P、Cu 呈中心负偏析，并伴随有反偏析；当加入质量分数 0.38% ~ 0.55% 的稀土元素，不仅可以细化枝晶，提高等轴晶率，还可以有效改善 C、S、P 和 Cu 的宏观偏析。

图 2-16 为耐候钢铸锭中 C 元素的三维分布，图 2-17 为分析区域内稀土元素对 C 元素的统计偏析度的影响，表 2-10 为分析区域内 C 元素的最大偏析点位置、95% 置信区间以及最大偏析度。1 号试样中没有添加 RE 元素有明显的正偏析带，伴随有中心疏松和裂纹，其最大偏析度偏离平均值较大，同时 95% 置信区间含量范围跨度较大，造成该分析区域内

C 元素的统计偏析度较大，达到了 0.7066，表明 C 元素的局部富集较为严重；2 号试样添加了 0.006% 的 RE 元素，但还是有明显的正偏析带，伴随有中心疏松和裂纹，统计偏析度比 1 号试样有所降低，但还是达到了 0.6347，中心偏析较为严重；3 号试样中添加了 0.550% 的 RE 元素，看不到明显的正偏析带，分布也均匀了很多，有局部缩孔，其统计偏析度降低到了 0.1055；4 号试样中添加 0.380% 的 RE 元素，看不到明显的偏析带，分布均匀，实验结果表明，耐候钢中加入 RE 后，C 元素的中心偏析得到了明显的改善，分布也较为均匀。

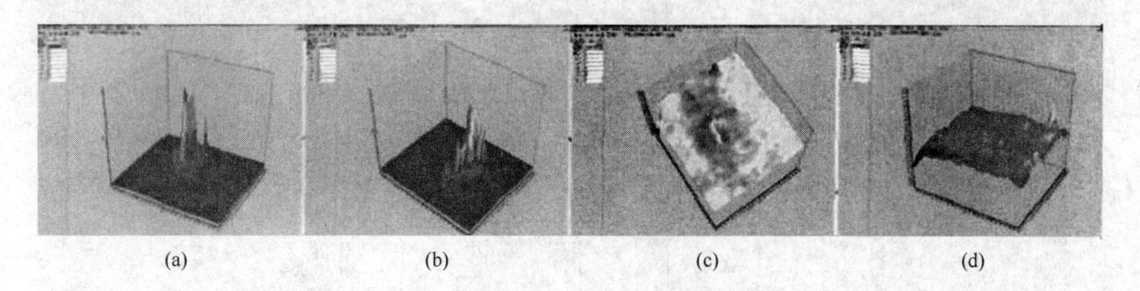

图 2-16 耐候钢铸锭中 C 元素的三维分布
(a) ~ (d)—1 号 ~4 号试样

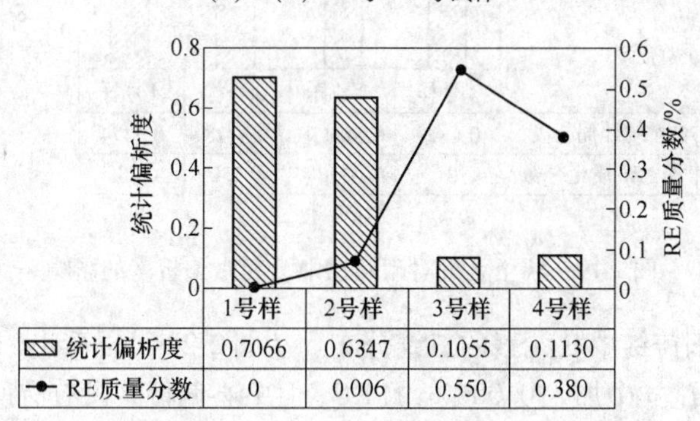

图 2-17 稀土元素对耐候钢中 C 元素偏析度的影响

表 2-10 稀土对耐候钢中 C 元素的最大偏析度的影响

试样号	w(RE)/%	w(C)/%	最大偏析点位置 (x, y)	95%置信区间	最大偏析度
1	0	0.189	22.67, 24.00	0.147, 0.383	22.121
2	0.006	0.190	17.87, 20.00	0.141, 0.351	26.706
3	0.550	0.167	3.47, 28.00	0.155, 0.190	2.358
4	0.380	0.180	34.67, 38.00	0.160, 0.201	2.497

图 2-18 为耐候钢铸锭中 P 元素的三维分布。从中可看出，试样中 P 元素呈中心负偏析，在试样边缘还出现反偏析，并且在分布区域内分布极不均匀。图 2-19 为稀土元素对耐候钢 P 元素偏析的影响，从图 2-19 中可见，1 号试样（w(RE) =0）磷的统计偏析度达到了 0.4619；2 号试样中加入了 0.006% RE，但效果改善不是很明显，磷的统计偏析度降低为 0.4513；3 号

和 4 号试样分别加入了 0. 550%、0. 380% RE，其统计偏析度下降到了 0. 3723 和 0. 3474，耐候钢中加入 RE 可以细化晶粒，减小富集 P 元素的液相流动，改善偏析。

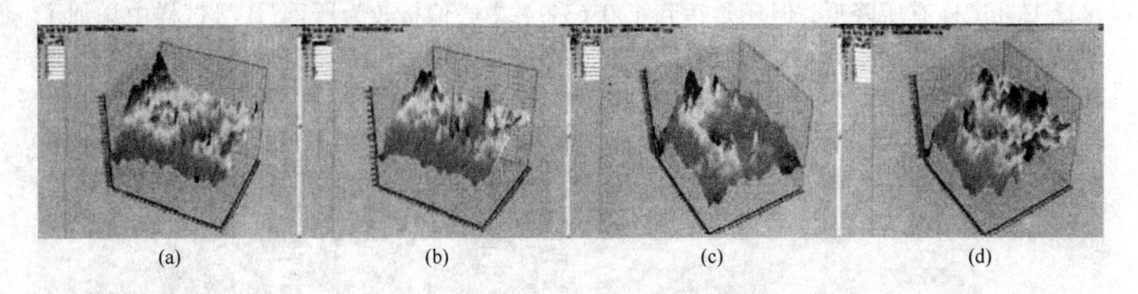

图 2-18　耐候钢铸锭中 P 元素的三维分布
(a) ~ (d)—1 号 ~4 号试样

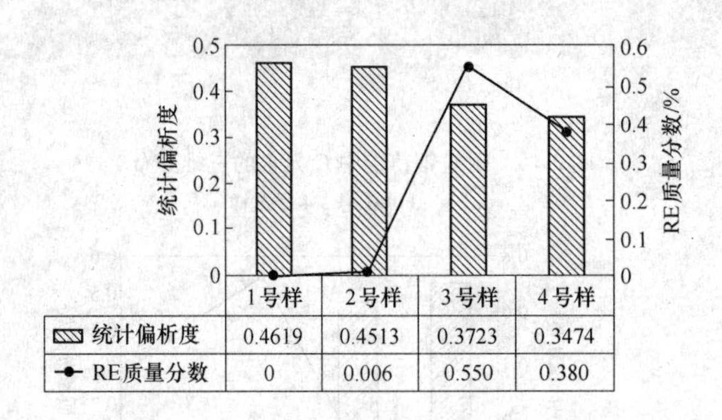

图 2-19　稀土元素对耐候钢中 P 元素偏析度的影响

图 2-20 为耐候钢铸锭中 S 元素的三维分布。从图 2-20 可以看出，S 元素呈明显的中心正偏析，虽然在 2 号试样中加入 0. 006% 的 RE，但中心偏析并没有有所改善；3 号试样和 4 号试样中加入了较高含量的 RE 元素，使试样晶粒得到了细化，长程的液相流动减少，有效地抑制了其在液相的富集，中心偏析基本消除，统计偏析度也有所降低，3 号试样中 S 质量分数为 0. 004%，低于 4 号试样的 0. 008%，其统计偏析度也降低到 0. 0453（图 2-21）。

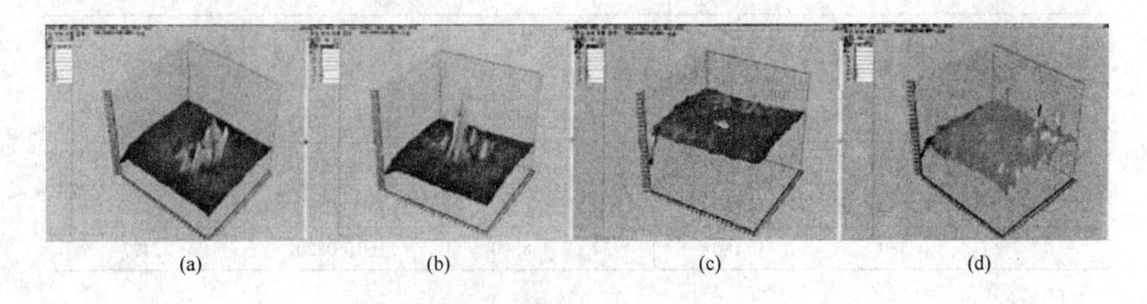

图 2-20　耐候钢铸锭中 S 元素的三维分布
(a) ~ (d)—1 号 ~4 号试样

由图 2-22 和图 2-23 可以看出，耐候钢中 Cu 元素有着明显的偏析倾向，其偏析规律和

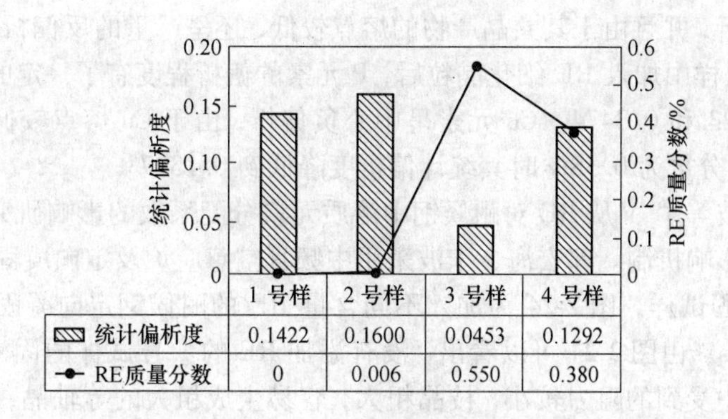

	1 号样	2 号样	3 号样	4 号样
统计偏析度	0.1422	0.1600	0.0453	0.1292
RE质量分数	0	0.006	0.550	0.380

图 2-21 稀土元素对耐候钢中 S 元素偏析度的影响

P 元素偏析规律类似，呈中心负偏析，并伴随有反偏析，其边缘部分含量较高，1 号试样的统计偏析度为 0. 1882；2 号试样中加入 0. 006% 的 RE 元素，但其偏析程度没有改善，3 号试样和 4 号试样加入了较高的 RE 元素，除 3 号试样中心部分的缩孔外；4 号试样偏析度降低到 0. 1327。由于铜的终凝温度较低，其反偏析依然存在，边缘部分 Cu 含量要高于其平均含量。

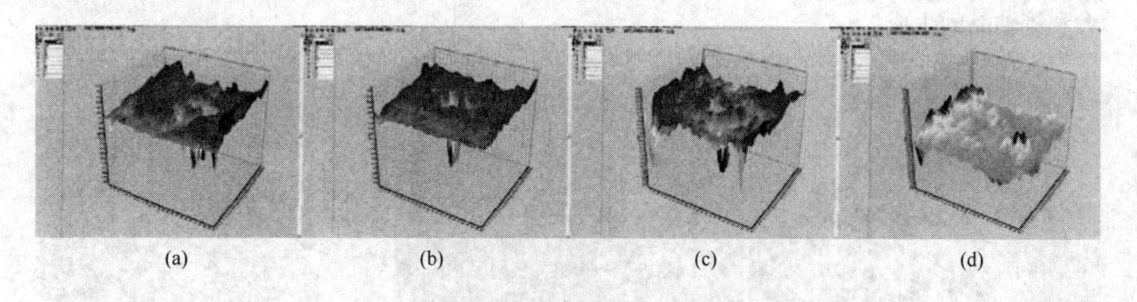

(a) (b) (c) (d)

图 2-22 耐候钢铸锭中 Cu 元素的三维分布
(a)~(d)—1 号~4 号试样

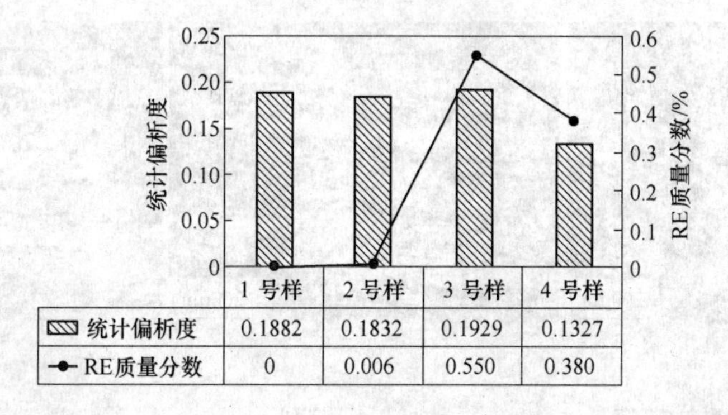

	1 号样	2 号样	3 号样	4 号样
统计偏析度	0.1882	0.1832	0.1929	0.1327
RE质量分数	0	0.006	0.550	0.380

图 2-23 稀土元素对耐候钢中 Cu 元素偏析度的影响

从郭宏海、宋波等[25]的上述研究结果中可见，在耐候钢凝固过程中 C、S 主要呈中心正偏析，并且偏析比较严重，在加入 0. 38% ~0. 55% RE 元素后其中心偏析得到了明显的改善，同时将钢中 S 质量分数降低到 0. 004%，可以基本消除 S 元素的中心偏析。P 元素呈最大中心负偏析，并且由于其共晶产物的熔点较低，还呈严重的反偏析，分布极不均匀。3 号试样和 4 号试样中加入 RE 细化晶粒后，P 元素的偏析程度有了一定的改善，其统计偏析度降低到 0.3723 和 0.3474。Cu 元素呈中心负偏析，由于 Cu 熔点较低，也伴随有反偏析，加入 RE 质量分数为 0.38% 时其统计偏析度降低到 0.1327。

郭宏海、宋波等[26]又从 RE 对耐候钢中溶质元素分配系数的影响研究了 RE 对耐候钢中各元素偏析的影响机制。郭宏海、宋波采用中频真空感应炉及定向凝固炉制备了不同稀土含量的定向凝固试样，图 2-24 为加入不同含量 RE 的耐候钢定向凝固试样糊状区的照片，冷速为 15m/s。由图 2-24 可以看出，没有添加 RE 的 1 号试样的固液界面比较平齐，枝晶在生长过程中受到的阻力较小，枝晶粗大，容易生成粗大的等轴晶，易于偏析元素的析出并富集。2 号试样在加入了 0.025% 的 RE 后，虽然枝晶仍然较为粗大，但枝晶前端形貌较细较尖，说明枝晶生长所受阻力较大，在凝固过程中不易于柱状枝晶的生长。3 号试样添加了 0.06% 的 RE 后，由于 RE 的微合金化作用，枝晶得到了明显细化，4 号试样中加入了 0.120% 的 RE，枝晶生长前端变得非常的尖锐，说明枝晶生长受到的阻力变得更大，5 号试样中加入了 0.380% 的 RE，枝晶生长前端形貌依然尖锐，并且变得更长，而且有很多二次枝晶的生成，有利于等轴晶的生成。6 号试样中加入了 0.550% 的 RE，枝晶变得更细。所以，在钢中加入 RE 元素，可以细化枝晶，抑制柱状晶的生长，有利于二次枝晶的长大和等轴晶的生成。

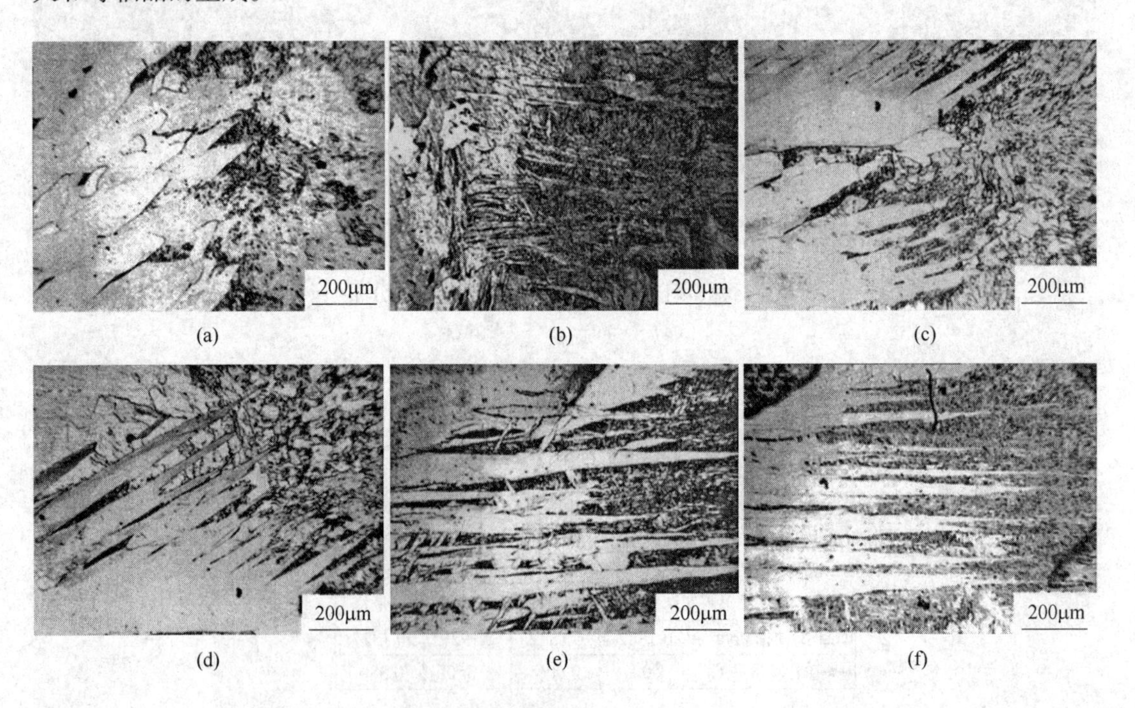

(a)　(b)　(c)　(d)　(e)　(f)

图 2-24　RE 含量对耐候钢糊状区（固液界面）的影响

（a）1 号试样，$w(\mathrm{RE})=0$；（b）2 号试样，$w(\mathrm{RE})=0.025\%$；（c）3 号试样，$w(\mathrm{RE})=0.060\%$；（d）4 号试样，$w(\mathrm{RE})=0.120\%$；（e）5 号试样，$w(\mathrm{RE})=0.380\%$；（f）6 号试样，$w(\mathrm{RE})=0.550\%$

用电子探针对上述图 2-24 中（a）和（e）两耐候钢定向凝固试样所示的糊状区（固液界面两边）进行 P、S、Cu、Si、Mn 元素的溶质分布的测试，结果显示，在凝固过程中

P、S、Cu、Si、Mn元素的溶质分配系数均小于1，溶质元素在凝固界面处的液相中富集，但富集程度也不一样，P和S的非平衡分配系数较小，富集程度较高，固液相的浓度差较大，偏析倾向大；Si和Mn的平衡分配系数较大，液相溶质富集程度低，固液相浓度差较小，偏析倾向较小。添加RE元素后，可明显降低各溶质元素在糊状区的浓度，尤其是S和Cu。RE原子半径比Fe大，并且在钢中的固溶度比较低，只有$10^{-5}\sim10^{-4}$，在耐候钢凝固过程中，RE原子会被固液界面推移，并富集到晶界和枝晶间，在凝固界面的糊状区富集了大量的RE原子，可以抑制并减少其他易偏析元素的析出，降低溶质元素在凝固界面液相区的含量，减少液相流动造成的宏观偏析。

图2-25是稀土对耐候钢中P、S、Cu、Si、Mn元素溶质非平衡分配系数的影响。文献[26]作者认为钢中加入0.025%~0.060%的RE元素，可以明显提高P、S、Cu、Si、Mn元素溶质非平衡分配系数。过高的稀土含量虽然可以进一步提高这些溶质元素非平衡分配系数，但是RE含量过高形成不易上浮的稀土夹杂，可破坏钢的性能。

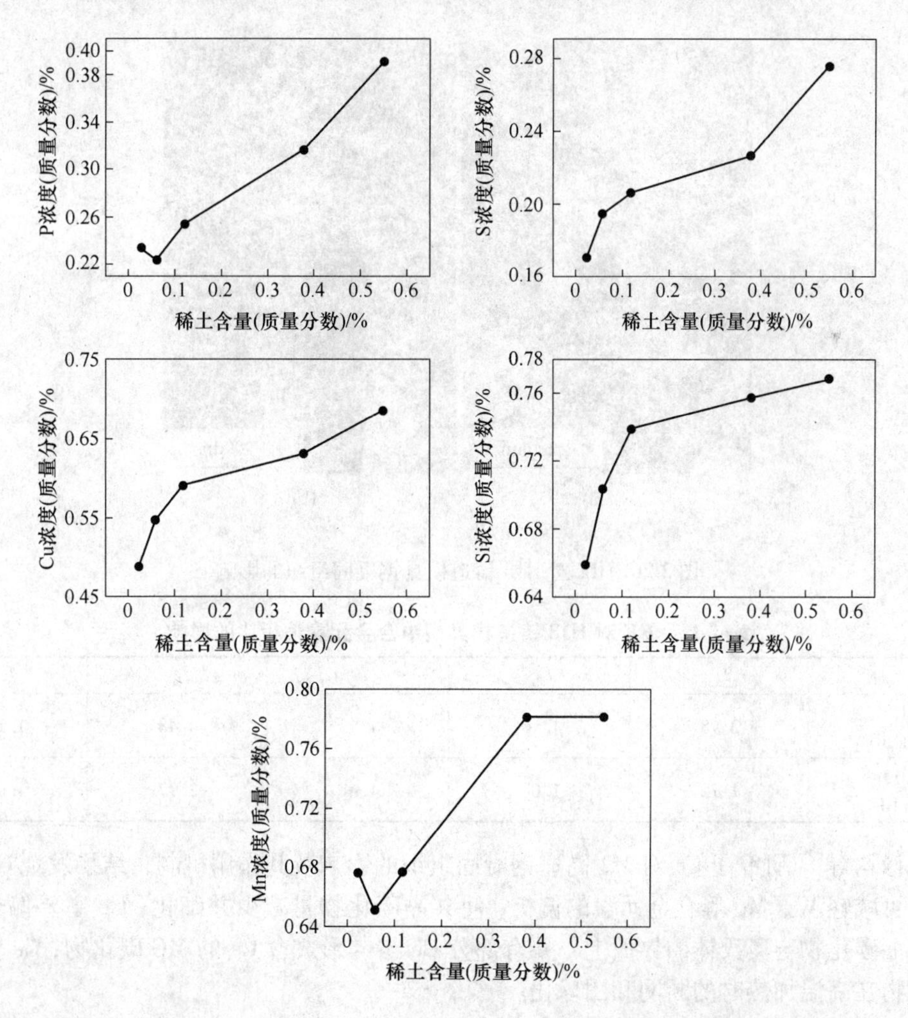

图2-25 RE元素对耐候钢中溶质元素非平衡分配系数的影响

兰杰等[27]研究了RE对H13铸造模具钢凝固组织及合金元素偏析的影响，H13钢的铸态组织为贝氏体（黑色区域）、马氏体和少量残余奥氏体（白亮区域）（见图 2-26），黑色区域为先结晶组织，碳及合金元素较低，白亮区域为最后凝固部分，含较高的碳及合金元素。未加 RE 的 H13 钢铸态枝晶组织粗大，偏析现象严重，白亮区域连成一片，呈粗大网状或带状分布（图 2-26（a））。而加 RE 的 H13 钢偏析情况明显减弱，网状或带状白亮区完全消失，仅有极少量白亮区呈孤岛状分布（图 2-26（b））。利用电子探针对加 RE 和未加 RE 试样的枝晶间、枝晶干进行元素扫描分析，结果表明：未加 RE 的 H13 钢中，主要合金元素 Cr、Mo、V 均在晶界形成偏析，Cr、Mo 元素的偏析带长而呈带状分布，V 元素则在晶界富集析出形成含钒碳化物；而加 RE 的 H13 钢中只有 Cr、Mo 元素在晶界偏析，V 元素则几乎不产生偏析，Cr、Mo 元素的偏析区较小，呈孤岛状分布。对加 RE 和未加 RE 试样的枝干及枝晶间各取 20 点进行定量成分分析，并计算各合金元素的偏析比，计算结果见表 2-11。从表 2-11 的分析结果可见，加 RE 的 H13 钢的偏析比明显小于未加 RE 的 H13 钢。

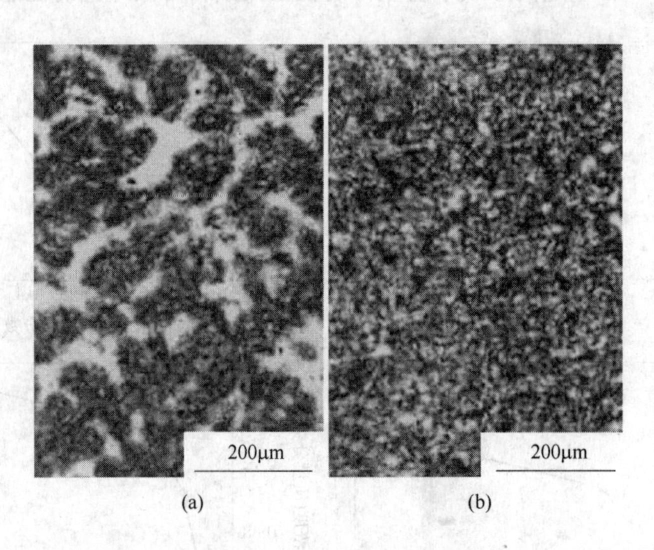

(a)　(b)

图 2-26　RE 对 H13 铸造模具钢凝固组织的影响

表 2-11　RE 对 H13 铸造模具钢中合金元素偏析比的影响

钢　种	I_{Si}	I_{Mn}	I_{Cr}	I_{Mo}	I_{Si}
H13 未加 RE	2.15	1.10	1.63	4.48	1.58
H13 加 RE	1.12	1.08	1.38	2.97	1.08

李彦均等[28]研究了 Ce 对 M2 高速钢凝固组织的影响及其作用机制，结果发现 Ce 在高速钢中可减轻 W、Mo 等合金元素的偏析，使共晶碳化物量减少并细化；Ce 主要偏聚在晶界，共晶碳化物与奥氏体的界面上，并有部分 Ce 参与形成含 Ce 的 MC 碳化物；Ce 促进共晶碳化物在高温加热时的断网和团球化。

2.2　稀土对钢液的深度净化作用

在钢中加入稀土后，由于稀土元素极强的化学活性，稀土可以夺取钢中可能生成硫化锰、氧化铝和硅铝酸盐夹杂物中的氧与硫，形成稀土或稀土复合夹杂物。在控制好反应及夹杂物上浮的冶金条件下，这些夹杂物可以大部分从钢液中上浮进入渣中，从而使钢液中的夹杂物减少，钢液得到净化。随着冶金工艺技术越来越进步，钢的洁净度越来越提高，稀土在洁净钢中可起到深度净化钢液的作用。深度净化钢液的作用将从两方面来介绍：(1) 在洁净钢中微量稀土进一步地深度脱氧硫、脱磷，减少 S、P 在晶界的偏聚，改善晶界；(2) 稀土与砷、锑、铋、铅、锡等低熔点有害元素作用，形成较高熔点的化合物，抑制这些低熔点元素在晶界的偏析。

2.2.1 微量稀土深度脱氧硫、脱磷，减少硫、磷在晶界的偏聚

王龙妹等[29]指出，当洁净耐候钢中全氧在 0.001%，加入微量稀土后硫含量从 0.008% 迅速降到 0.002%。张峰等[30]结合工业化生产的高效硅钢，在 RH 精炼时加微量稀土，分析观察了稀土对高效硅钢深度脱氧硫及对夹杂物形貌和尺寸分布的影响。研究结果表明合适的稀土加入量为 0.6 ~ 0.9kg/t（即 0.06% ~ 0.09%），可以有效抑制尺寸相对较小的、不规则的 AlN、MnS 复合夹杂生成，促进钢中的微细夹杂物聚合、并上浮，钢的洁净度得到明显提高，钢中全氧含量最低可达 0.0008%，深度脱硫效率最佳可达 50%，见图 2-27。

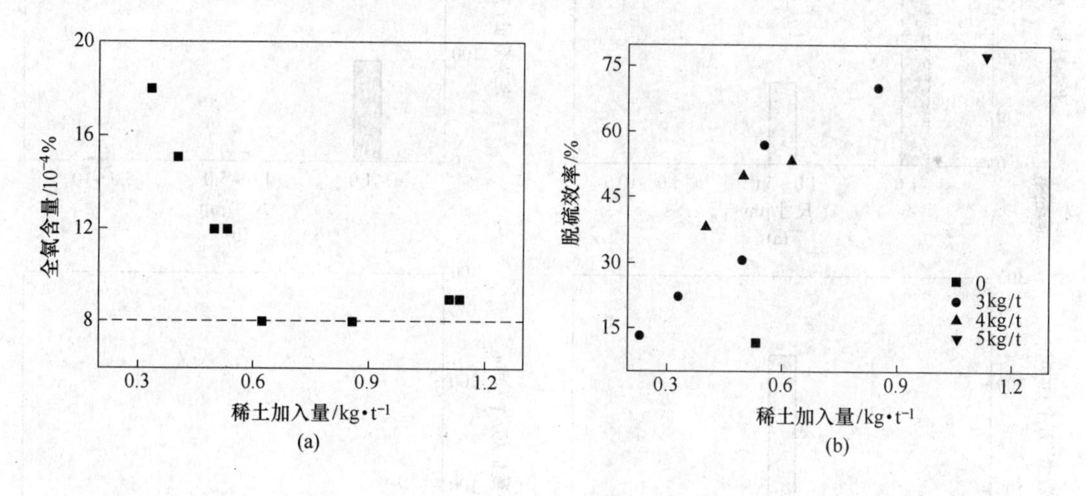

图 2-27 微量稀土与高效硅钢中全氧含量（a）、脱硫效率（b）的关系

张峰等[30]观察了不同稀土含量的高效硅钢成品试样的夹杂物形貌、尺寸、种类及数量，见图 2-28。图 2-28 的结果表明，没有加稀土的成品试样，无论显微夹杂、还是微细夹杂数量均很多，夹杂物形状不规则；而加稀土后的成品试样，无论显微夹杂、还是微细夹杂数量均明显减少，夹杂物形状近似球形或椭球形。并将每个试样在扫描电镜下连续观察 10 个视场，观察倍率分别为 1000、5000，借助图像分析软件统计夹杂物的尺寸、种类、数量、分布，测算试样的夹杂物总量，单位为万个/mm^3，结果如图 2-29 所示。

从图 2-28 和图 2-29 的结果发现，高效硅钢洁净度随稀土元素含量的增加而增加，稀土元素含量达 0.0039% 时，在 1000 倍率下，高效硅钢成品试样仅可观察到少量 1.0μm 及以上的较大颗粒夹杂物，在 5000 倍率下几乎观察不到 1.0μm 以下的微细夹杂物，钢质变得很洁净。

w[RE]	0	$10\times10^{-4}\%$	$20\times10^{-4}\%$	$39\times10^{-4}\%$
1000倍率				
5000倍率				

图 2-28　不同稀土含量的高效硅钢成品试样的夹杂物形貌

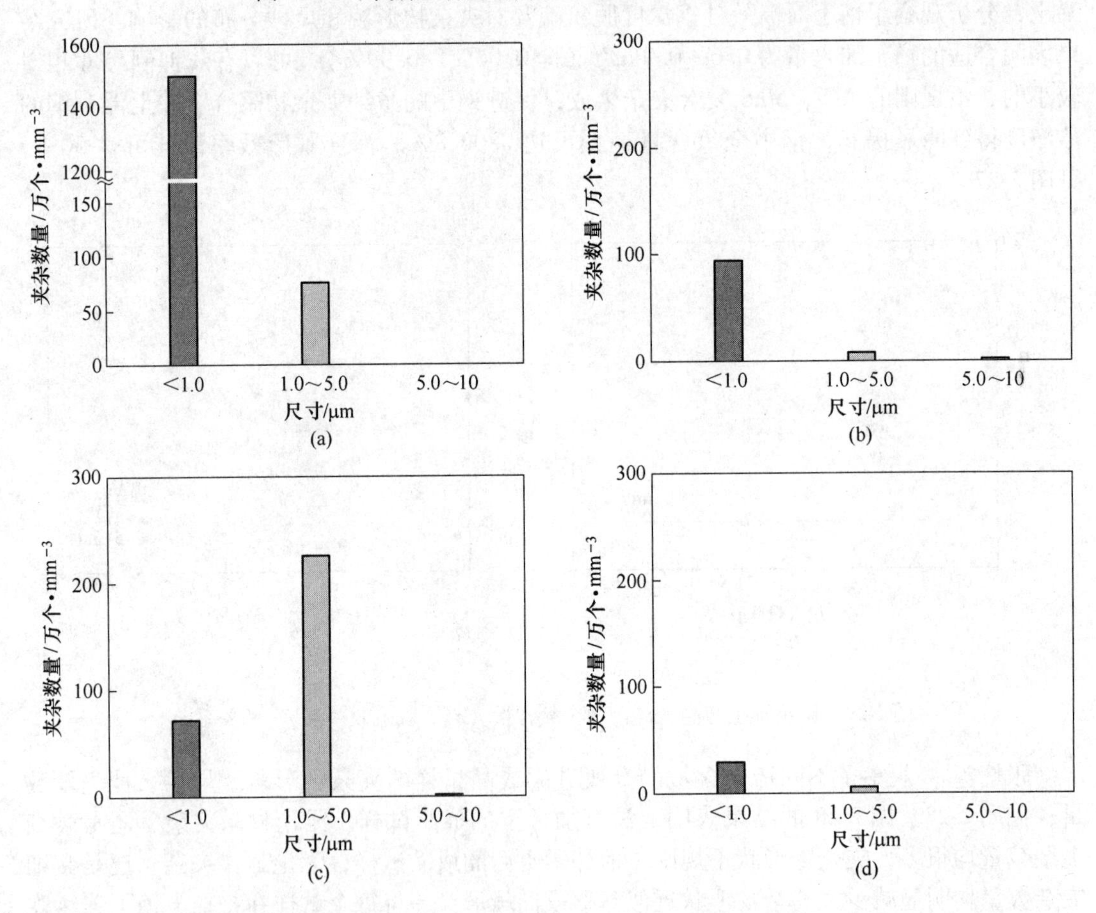

图 2-29　稀土含量与高效硅钢试样中夹杂物尺寸和数量分布

(a) w(RE)=0；(b) w(RE)=0.001%；(c) w(RE)=0.002%；(d) w(RE)=0.0039%

从图 2-29 进一步分析可知，加入微量稀土后的无取向硅钢试样中夹杂物数量明显减少，钢质变得洁净，钢中稀土含量分别为0.001%、0.002%、0.0039%时，1.0μm 以下的为微细夹杂数量分别约为 1500 万个/mm³、94 万个/mm³、71 万个/mm³、29 万个/mm³；

1.0μm 及以上的显微夹杂物数量分别约为 80 万个/mm^3、8.0 万个/mm^3、225 万个/mm^3、2.0 万个/mm^3。加微量稀土后的无取向硅钢成品试样，1.0μm 以下的微细夹杂物数量，随稀土元素含量的增加不断减少，有利于成品磁性的改善和提高。需要指出的是，当钢中稀土含量为 0.002% 时，1.0μm 及以上的显微夹杂物数量增加到了 225 万个/mm^3，作者没有很好地分析试验中 RH 精炼时稀土的加入方法、加入稀土前后钢液的全氧含量的变化以及其他因素（包括 RH 耐火材料与稀土是否发生反应）等的影响，并也没有深入讨论加稀土前钢液的全氧及硫含量与稀土回收率的关系等等，这是应该引起关注的重要问题，这也是目前大生产实践中如何正确掌握稀土加入方法，充分发挥稀土在钢中作用的关键。

郭锋[31]指出在洁净钢中（0.0012% O，0.0011% S，0.0034% P），稀土仍可有效减少或消除硫和磷在晶界的偏聚，见表 2-12，起到深度净化钢液的作用。从表 2-12 可见，未加 La 的试样，晶界上检测到的 P、S 含量是基体材料平均含量的 17~18 倍，说明杂质含量低的洁净钢中，S、P 仍严重趋于晶界偏析；含镧（0.0049% La）试样，晶界上 La 含量比基体材料中 La 平均含量高 3 个数量级，然而 S、P 在晶界的偏析明显消失了，其含量小于能谱分析灵敏度。

表 2-12　加 La 与未加 La 洁净钢试样晶界能谱分析结果　（%）

试　样	基体 S	基体 P	铁素体/珠光体晶界			铁素体/铁素体晶界		
			La	P	S	La	P	S
w(RE)=0	0.0017	0.0034	—	0.06	0.02	—	0.12	0.05
w(La)=0.0049	0.0011	0.0034	1.59	—	—	1.69	—	—

林勤等[32]利用高分辨率的 TEM、SEM 和 XRD 研究了 Ce 在碳锰洁净钢中对杂质元素 S、P 在晶界偏聚的影响，结果表明在杂质很低（0.0012%~0.0014% O，0.0003%~0.0011% S，0.0032%~0.0034% P）的碳锰洁净钢中，合适的稀土含量可有效减少或消除硫和磷在晶界的偏聚，未加 Ce 的碳锰洁净钢试样，晶界上检测到的 P、S 含量是基体材料平均含量的几十倍，说明杂质含量很低的碳锰洁净钢中 S、P 仍严重趋于晶界偏析；当稀土 w(Ce)=0.0054%，晶界上的 Ce 含量比基体材料中平均 Ce 含量高很多，然而 S、P 在晶界的偏析明显消失了，其含量小于能谱分析灵敏度（见表 2-13）。

表 2-13　加 Ce 与未加 Ce 碳锰纯净钢试样晶界能谱分析结果　（%）

试　样	基体 S	基体 P	铁素体/珠光体晶界			铁素体/铁素体晶界		
			La	P	S	La	P	S
w(RE)=0	0.0017	0.0034	—	0.06	0.02	—	0.12	0.05
w(Ce)=0.0054	0.0005	0.0035	0.20	—	—	2.38	—	—

高文海等[33]认为在 5CrMnMo 中碳低合金热作模具钢中加入稀土可进一步地降低钢中硫、磷的含量，见表 2-14。

表 2-14　加入稀土后 5CrMnMo 中碳低合金热作模具钢 S、P 含量降低　（%）

试　样	S	P	钢中残存量 RE
1	0.014	0.015	0
2	0.013	0.014	0.013
3	0.011	0.012	0.033
4	0.012	0.013	0.052

罗迪等[34]用俄歇能谱和离子探针研究了硫和稀土元素在W14Cr4VMn高速钢晶界上的偏聚，研究结果表明，由于溶解在铁中稀土元素铈、镧等原子半径远大于铁，产生较大的点阵畸变能，促使固溶在钢中的铈、镧等稀土元素偏聚在晶界上，因而能够使硫在晶界偏聚减弱以至消除，有效地改善了高速钢在使用过程中高温下沿晶断裂的现象，从图2-30的结果发现，当W14Cr4VMn高速钢中S含量仅有0.002%，但S在晶界上的偏聚仍明显，见图2-30（a），加稀土后晶界上硫随之减少，当Ce含量约为0.035%时，W14Cr4VMn高速钢奥氏体晶界上的硫消失了，见图2-30（b）。

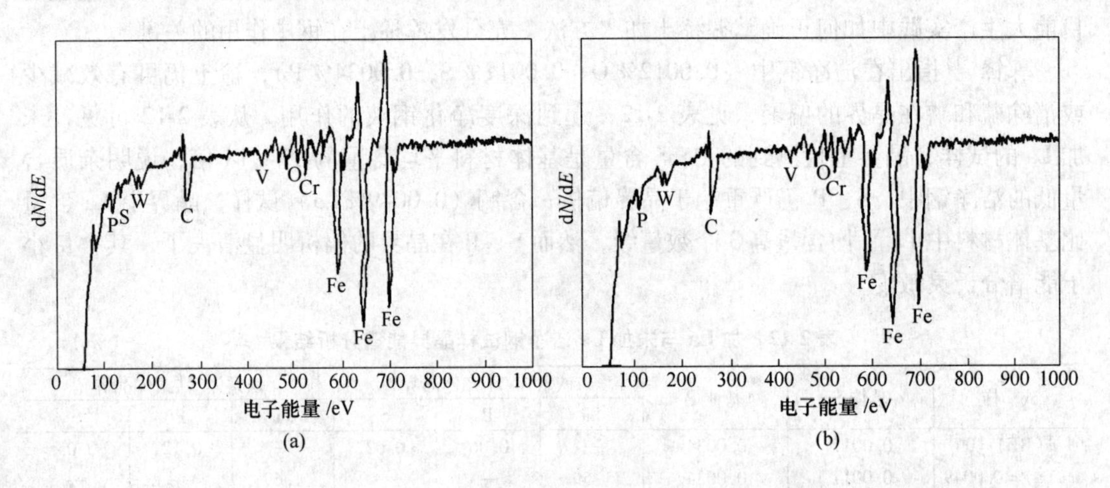

图2-30 稀土对硫元素在W14Cr4VMn高速钢奥氏体晶界上偏聚的影响[34]
（a）$w(\mathrm{RE})=0$；（b）$w(\mathrm{RE})=0.035\%$

进一步分析可看到，W14Cr4VMn高速钢铸态晶界上的S（俄歇峰高比值$I_{\mathrm{Si52}}/I_{\mathrm{Fe598}}$）随稀土Ce含量的增加而减少，当稀土Ce加入量约为0.08%时，铸态晶界上的S消失了；当稀土Ce含量在0.03%～0.05%时W14Cr4VMn高速钢奥氏体晶界上的S消失了，见图2-31及图2-32。

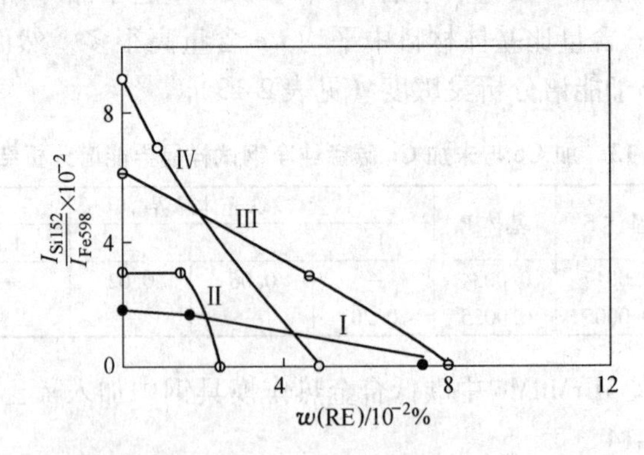

图2-31 W14Cr4VMn高速钢试样中俄歇峰高比值$I_{\mathrm{Si52}}/I_{\mathrm{Fe598}}$与钢中RE含量的关系
Ⅰ—0.002%～0.005%S，晶内断裂，铸态；Ⅱ—0.002%～0.005%S，奥氏体晶界断裂；
Ⅲ—0.01%～0.013%S，晶内断裂，铸态；Ⅳ—0.01%～0.013%S，奥氏体晶界断裂

加RE后奥氏体晶界上的S消失了，奥氏体晶界上的P明显减少，加混合稀土RE发现奥氏体晶界上的S消失，且晶界上P的含量$I_{\mathrm{P120}}/I_{\mathrm{Fe598}}$比未加RE的Ⅰ钢样明显减少，见图2-32。

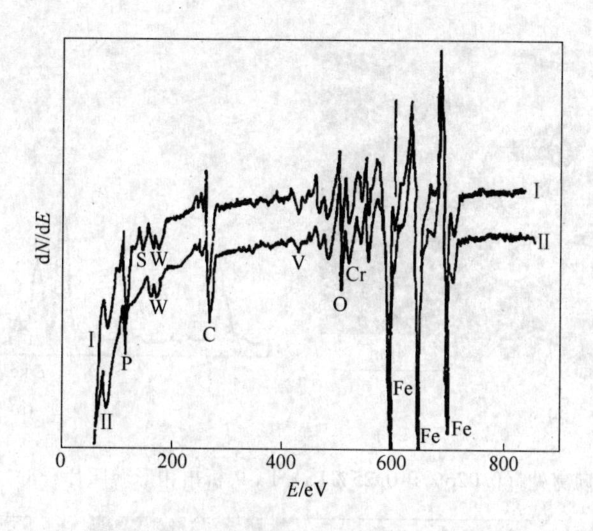

图 2-32 稀土对 S、P 在 W14Cr4VMn 高速钢奥氏体晶界上偏聚的影响[34]
Ⅰ—w(RE) =0（试样基体 S 0.006%，P 0.11%）；
Ⅱ—w(RE) =0.11%（试样基体 S 0.11%，P 0.11%）

罗迪等[34]分析了稀土元素能净化晶界 S、P 等杂质元素的主要原因是：（1）由于稀土元素的原子半径更大（La 为 0.187nm，Ce 为 0.182nm），它们溶解在 Fe 内将造成很大的弹性畸变，从而使它们利于富集在晶界上适合大原子占据的位置，以降低畸变能，它们将和 S、P 等杂质元素产生强烈的位置竞争；（2）由于稀土元素和硫的电负性相差极大，能形成较稳定的稀土化合物析出，因而添加稀土也会大大降低硫在晶内的溶解度。这两方面的因素结合起来，就使得钢中添加稀土后，偏聚在晶界的硫浓度大大降低，以至消失，由此可以理解，稀土元素和硫两种有强烈相互结合倾向的元素在晶界上偏聚，不是相互加强，反而是一个将另一个排斥掉。

沙爱学等[35]研究了镧与钢中磷的相互作用，研究表明在低 O(0.0025%)、低 S(0.003%)的洁净钢中，在塑性试样的韧窝处发现 La 和 P（0.026%）反应生成 La-P 相，见图 2-33 和图 2-34。La 和 P 化合后能降低晶界上 P 的浓度，从而可能改善高 P 钢回火脆性。

从图 2-35 可以清楚地看到，在洁净的含 Nb 重轨钢中稀土有抑制三元磷共晶组织（即 $Fe_3P + Fe_3C + \alpha\text{-}Fe$）及 Fe-P 共晶相的作用，微量 RE 能显著降低和几乎消除含 Nb 洁净重轨钢中这种含 P 共晶组织[36]。

袁泽锡、吴承建等[37]将 30Mn2 及 30Mn2Ce 两种锰钢的试样按标准在俄歇谱仪高真空中打断，发现低温断口全部为沿晶断口，从试验所得的俄歇谱仪图上测得电子能量为 703eV 的 Fe 峰高 I_{Fe}和电子能量为 120eV 的 P 峰高 I_P，求出 I_P/I_{Fe}的比值，用来评估 P 元素在晶界的偏聚，每个试样的表面测定 6 个点，取 I_P/I_{Fe}平均值。30Mn2 钢断口晶界表面的 I_P/I_{Fe}平均值为 0.436，而加稀土 Ce 的 30Mn2Ce 钢断口晶界表面的 I_P/I_{Fe}平均值为 0.326，表明了铈降低磷在晶界的偏聚。30Mn2 与 30Mn2Ce 在 500℃脆化 10h 后，磷在晶界表面到晶内溶度的纵向分布结果，见图 2-36（a）。可清楚地看到加 Ce 后 30Mn2Ce 钢中磷在晶界表

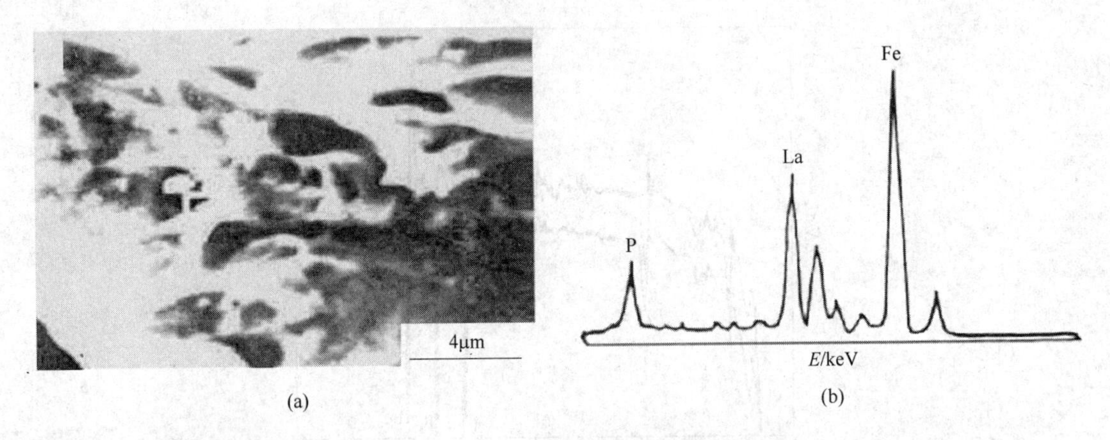

图 2-33　试样韧窝处（0.026% P-0.25% La）La-P 析出相形貌照片（a）和能谱（b）[35]

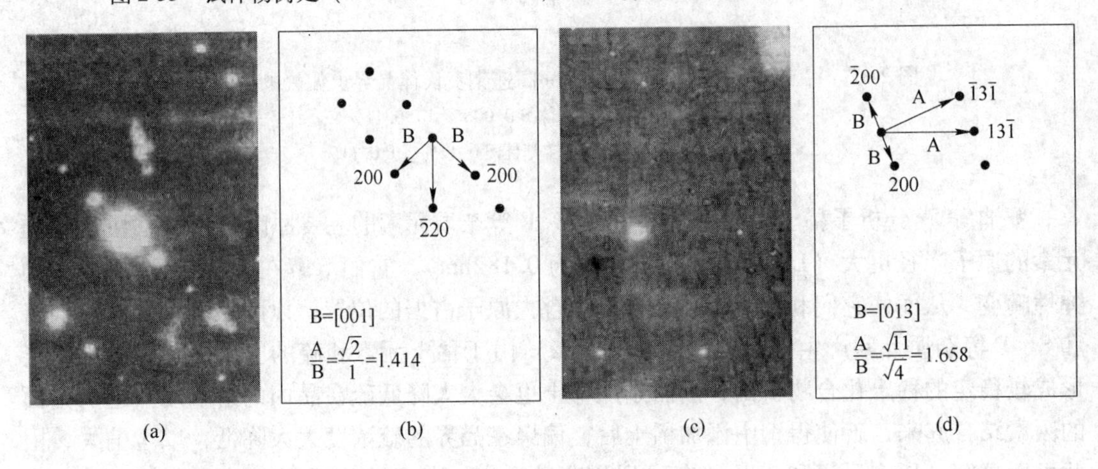

图 2-34　La-P 相的两套衍射斑花样

（图中较弱的斑点属于 La-P）

（a），（c）核心 La-P 相的衍射斑；（b），（d）La-P 相的标定

图 2-35　洁净重轨钢中微量稀土抑制 Fe-P 共晶相

（a）没加 RE；（b）加 RE

面到晶内溶度的纵向分布值均比未加 Ce 的 30Mn2 钢低，铈降低磷在晶界的偏聚，加稀土 Ce 减低了 30Mn2 钢脆化速率。文献［37］还认为在加稀土的 30Mn2Ce 的钢中，长时间回火后铈在晶界的偏聚增加，见图 2-36（b），500℃脆化 10h、100h、500h 后，随时间的增加，铈在晶界断口深度方向上的浓度分布值增加，铈抑制磷在晶界偏聚越来越显著。

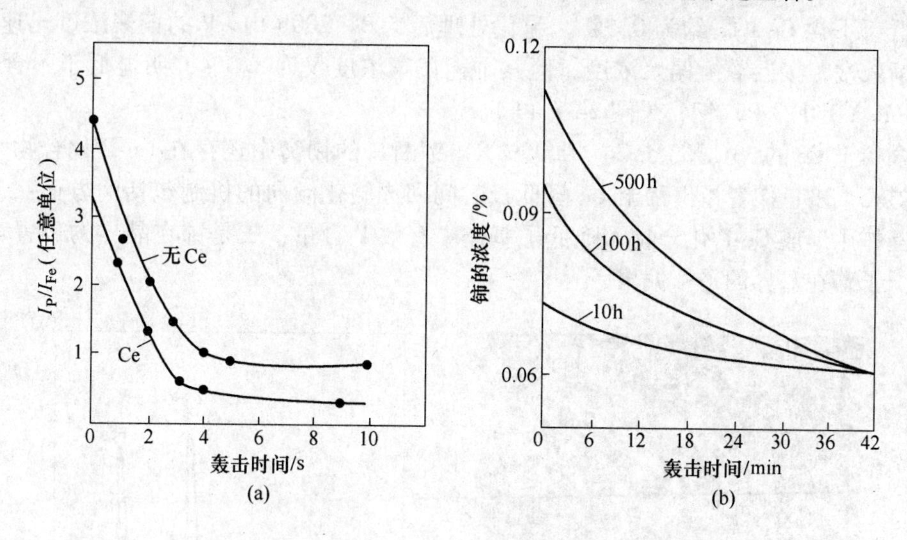

图 2-36 500℃脆化不同时间后，磷、铈分别在晶界断口深度方向上的浓度分布

（a）30Mn2 与 30Mn2Ce 在 500℃脆化 10h 后，磷在晶界表面到晶内溶度的纵向分布；

（b）30Mn2Ce 在 500℃脆化不同时间后，铈在晶界断口深度方向上的浓度分布

吴承建、汤晓丽[38]采用 TEM + EDAX 分析手段研究了稀土 Ce 对中碳 CrNi3Mo 汽轮机转子钢 500℃长时间回火过程中晶界磷偏聚的影响。图 2-37 为 33CrNi3Mo（0.06% P），

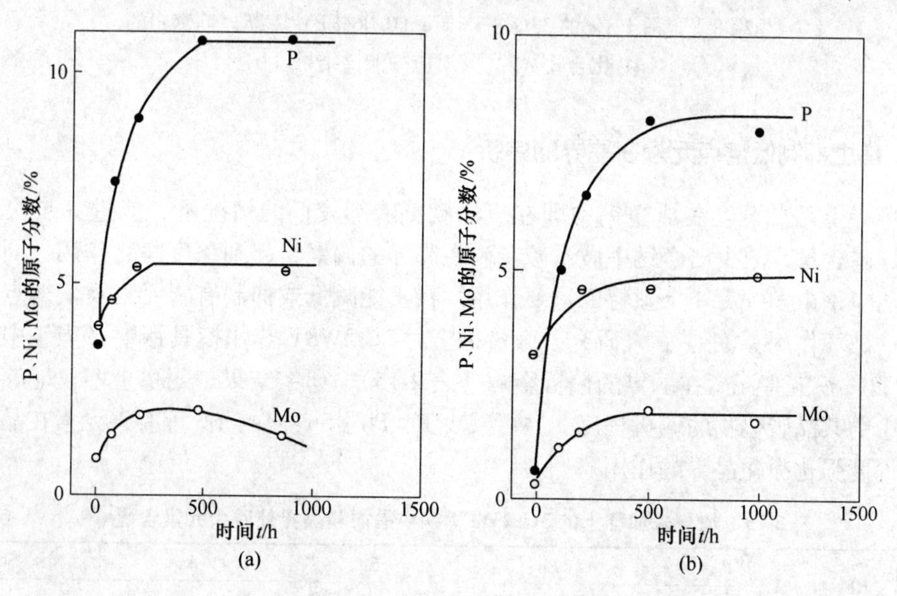

图 2-37 33CrNi3Mo（0.06% P），500℃回火过程中稀土对晶界 P、Ni、Mo 偏聚溶度随时间变化的影响

（a）$w(Ce)=0$；（b）$w(Ce)=0.10\%$

500℃回火过程中稀土对晶界P、Ni、Mo偏聚溶度随时间变化的影响，不含稀土Ce的33CrNi3Mo（0.06%P）钢在500℃等温脆化前，晶界P的偏聚溶度为3.4%，脆化初期P的偏聚浓度增加很快，后逐渐减慢，500h后达到P的平衡偏聚浓度，约为10.8%，见图2-37（a）；含稀土Ce的33CrNi3MoCe（0.06%P）钢在500℃等温脆化前，晶界P的偏聚溶度远低于不含Ce的，约为0.5%，脆化处理后的0～200h内，P的偏聚浓度迅速增加，以后逐渐减慢，接近平衡偏聚浓度，但其平衡偏聚浓度仅为8.5%，明显低于不含Ce的33CrNi3Mo（0.06%P）钢，见图2-37（b）。

在含稀土Ce的33CrNi3MoCe（0.06%P）钢断口的韧窝中还存在Ce-P化合物，见图2-38，文献［38］作者指出稀土Ce降低长时间回火脆化倾向的机制包括两方面：一是铈与磷相互作用形成Ce-P化合物，降低了基体中有效P含量；二是铈在晶界的位置竞争作用，降低了磷在晶界的平衡偏聚。

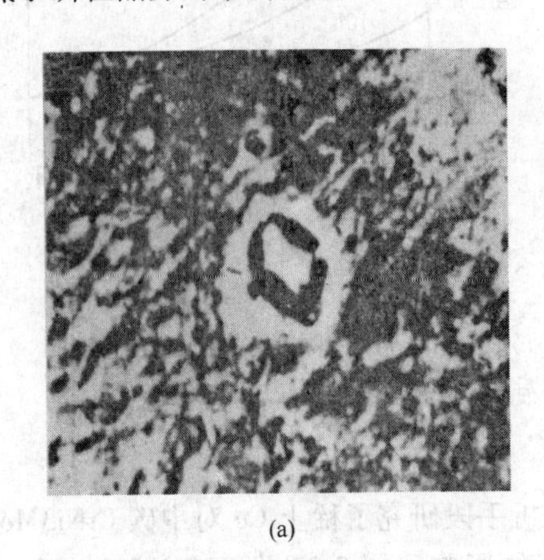
(a)

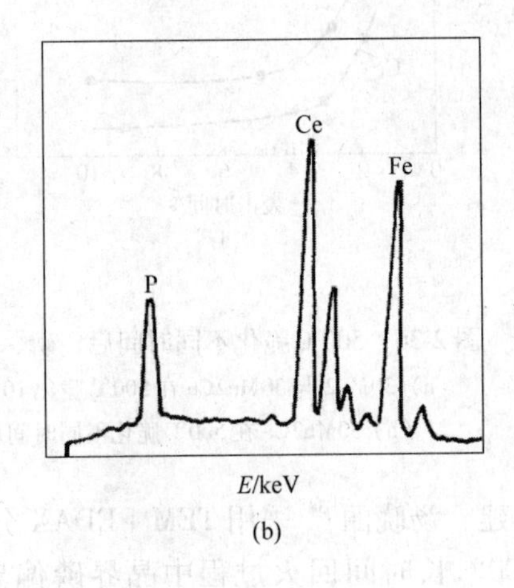

(b)

图2-38　含稀土Ce的33CrNi3MoCe（0.06%P）钢断口韧窝中的Ce-P化合物（a）其对应的能谱结果（b）

2.2.2　稀土抑制低熔点元素在晶界的偏析

微量稀土元素不仅在洁净钢中即在氧、硫、磷都较低的情况下，能进一步快速降低氧、硫、磷含量，减少洁净钢中微量硫、磷在晶界的偏聚，起到深度净化作用。同时稀土还能在洁净钢中发挥另一个独特的重要作用。稀土能减低或抑制有害元素及低熔点元素对钢性能的破坏作用。陈列等[39]研究了微量稀土对3Cr2W8V热作模具钢中（当钢中氧含量为0.0029%）五害元素在晶界的偏析影响（表2-15），研究结果表明稀土不仅能够有效地改善钢中的共晶碳化物的偏析程度，并可减少P、Pb、Sn、As、Sb等有害元素在晶界的偏析，有深度强化净化晶界的作用。

表2-15　加与未加稀土的3Cr2WSV钢中晶内和晶界处残余元素含量[39]　（%）

炉号	RE	P		Pb		Sn		As		Sb	
		晶内	晶界	晶内	晶界	晶内	晶界	晶内	晶界	晶内	晶界
87977	未RE	0.263	0.281	0.169	0.256	0.100	0.173	0.021	0.069	0.136	0.278
87957	加RE	0.276	0.257	0.241	0.147	0.100	0.072	0.011	0.000	0.200	0.006

在洁净钢液中，微量稀土能与砷、锑、铋、铅、锡等低熔点有害元素作用，形成较高熔点的化合物，例如：La_4Sb_3（1690℃），LaSb（1540℃）；La_4Bi_3（1670℃），LaBi（1615℃）；Y_5Pb_3（1760℃），Y_5Sn（1940℃）；另一方面稀土可以与这些残余杂质元素交互作用，抑制这些杂质低熔点元素在晶界的偏析。图2-39为La-P、As相的背散射电子像及能谱分析[40]，稀土镧与磷、砷、锑等低熔点元素结合，减少这些元素在晶界的偏聚。在低碳钢中，当([RE]+[A])/([O]+[S])≥6.7时，出现稀土的脱砷产物[41]。李代钟等[42]早期研究时就已发现，大约RE/(S+O)≥4.2时钢中就出现RE-P-As化合物，这种夹杂在新磨制的金相试片上呈浅灰色，不透明，各向同性，外形为方块状，见图2-40。

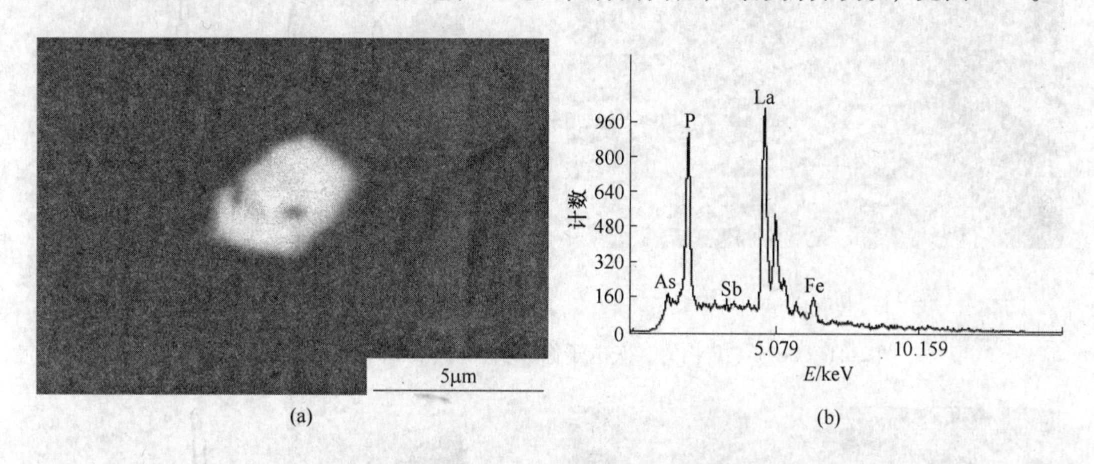

图2-39 La-P、As相的背散射电子像（a）及能谱分析（b）[40]

图2-40 钢中RE/(S+O)≥4.2时RE-P-As夹杂[42]

在低氧硫纯铁中加入少量的稀土足以与锑起反应并促使晶界上的锑转移到晶内[43]，减少锑在α-Fe晶界上的偏聚[44]。稀土也可抑制锡在α-Fe晶界上的偏聚[45]。在锑含量在0.093%的试样中，铈和锑作用生成了大量的化合物，Ce-Sb化合物的形状不规则，尺寸在1~2μm左右，还常伴有P峰出现，表明铈容易与锑和磷共同生成复合相，见图2-41。图2-41为稀土元素铈与锑、磷低熔点残余元素结合相的二次电子像形貌照片及EDS能谱分析结果。王福明等[46]指出，稀土铈与铁基中低熔点残余元素的反应能力顺序为：CeSb→CeP→Ce_2Sn→CeAs。图2-42为塑性断口韧窝处的La-Sn、P的析出相形貌及对应的EDS能谱图，含锡量高时（$w(Sn)=0.2\%$）稀土镧和锡能作用生成大量的镧锡金属间化合物，均匀分布在韧窝内，析出相外形不很规则，尺寸均在 1 ~2μm。图 2-43 为 $w(Sn) = 0.045\%$ 的样品中仍有镧锡化合物析出，此时析出相尺寸在 1μm 左右，形状趋于球形，且和磷共生。镧和锡结合成化合物后，能大大降低锡在晶界偏聚浓度，因而有可能改善由锡弱化晶界引起的连铸坯热裂问题。

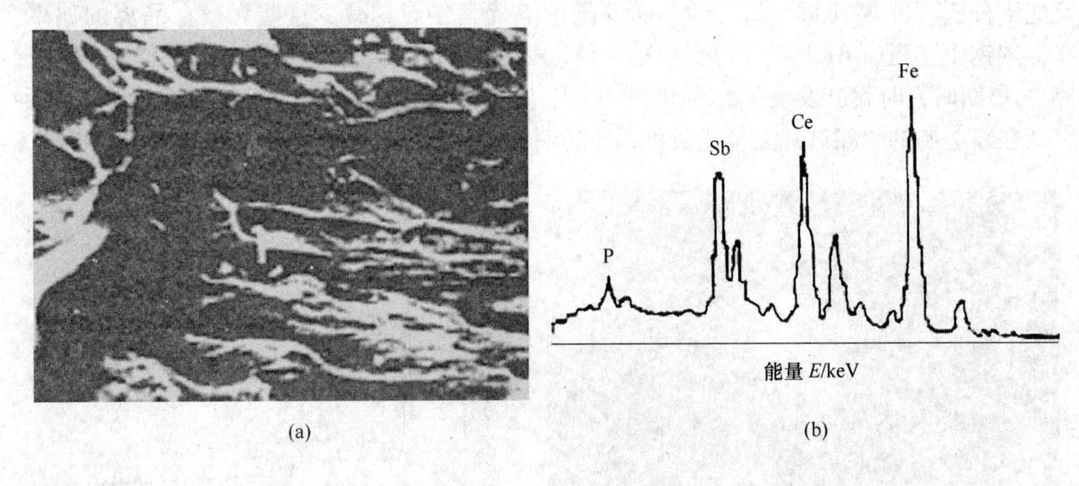

图 2-41　Ce Sb、P 相的二次电子像形貌（a）及 EDS 能谱图（b）[46]

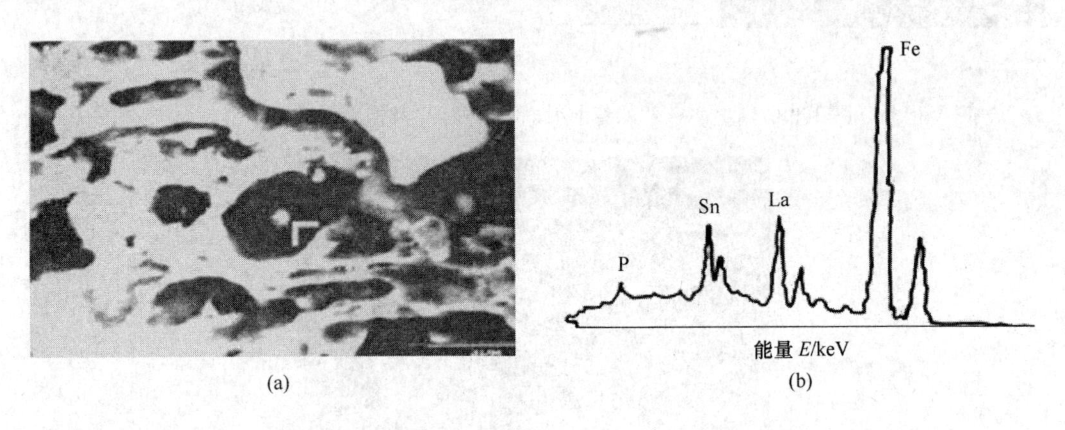

图 2-42　塑性断口韧窝处 La-Sn、P 析出相（a）及 EDS 能谱图（b）[35]

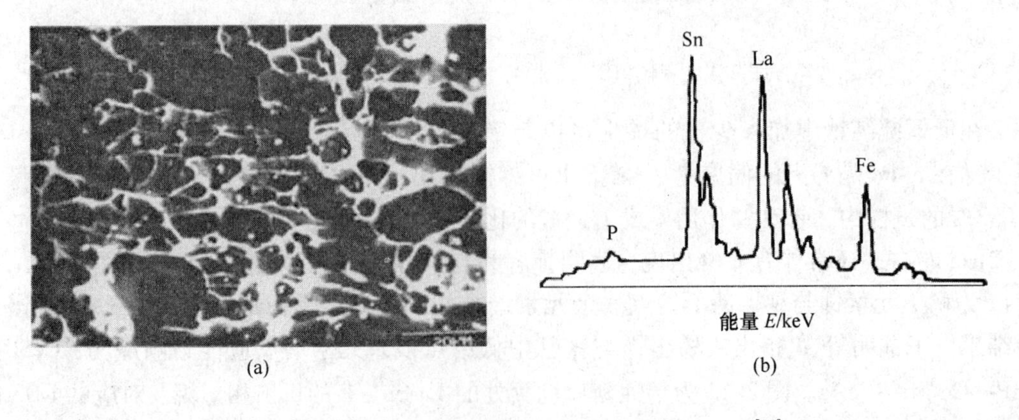

图 2-43　La-Sn、P 析出相（a）及 EDS 能谱图（b）[35]

严春莲、魏利娟等[47,48]研究结果表明，在34CrNi3Mo钢中镧能与含量较低的锑作用生成化合物，尺寸比较均匀（图2-44和图2-45）。锡、锑共存时，稀土优先和锑作用生成化合物然后与锡反应，与热力学计算一致。

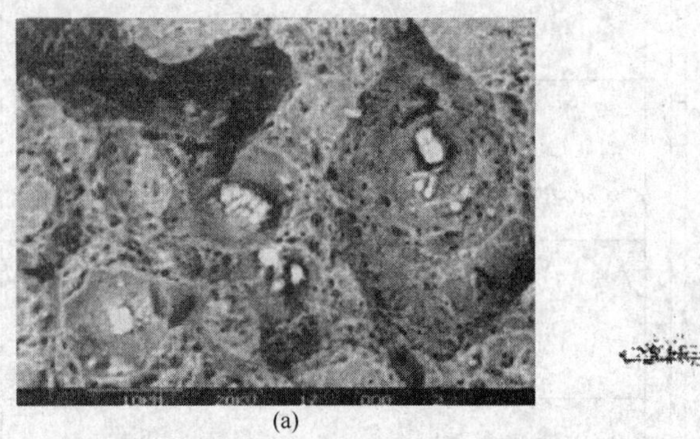

(a)

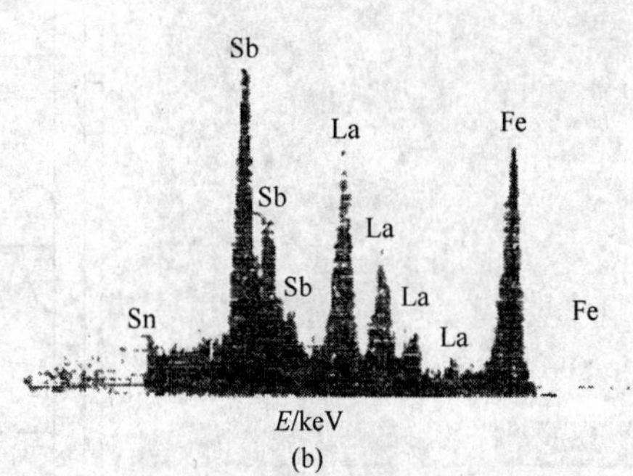

(b)

图2-44 34CrNi3Mo钢试样La 0.046%冲击断口上析出相形貌（a）及相应的能谱曲线（b）[47]

(a)

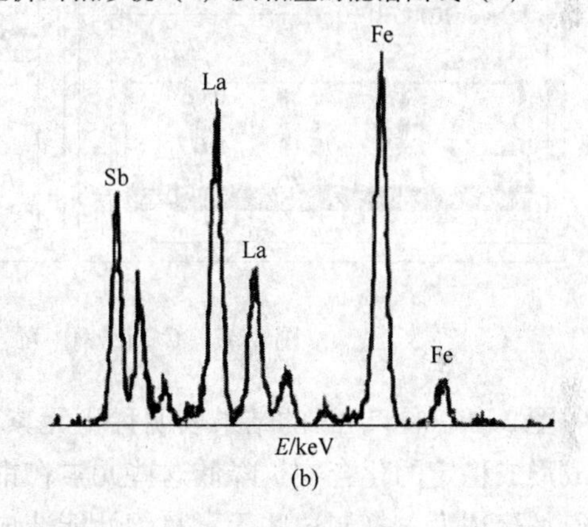

(b)

图2-45 34CrNi3Mo钢中La-Sb析出相的散射电子图像（a）及EDS能谱图（b）[48]

赵亚斌、王福明等[49]认为洁净的GCr15钢中，在1450～1600℃，当稀土镧含量约为0.056%，能与钢中的锑反应，生成稀土氧、硫、锑复合化合物，有效去除钢中残余元素Sb，见图2-46和图2-47。

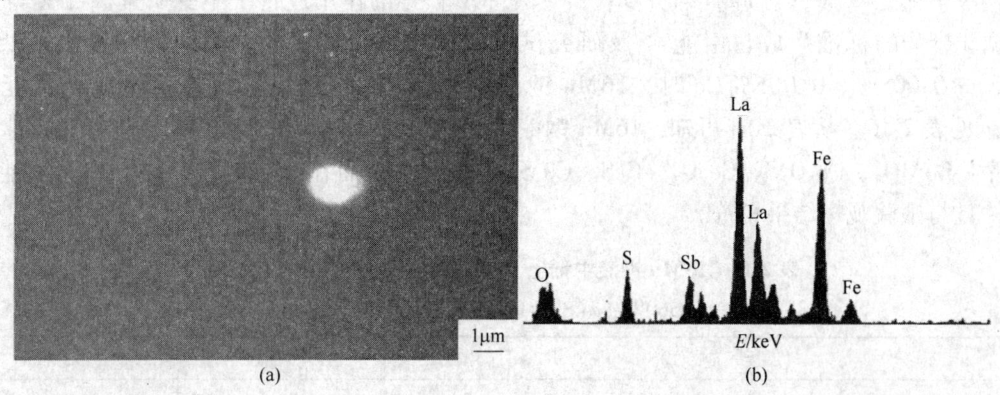

(a) (b)

图2-46 GCr15钢中稀土La-Sb-O-复合化合物扫描电镜形貌及对应的能谱结果

（a）La-Sb-O-S夹杂物形貌；（b）夹杂物能谱

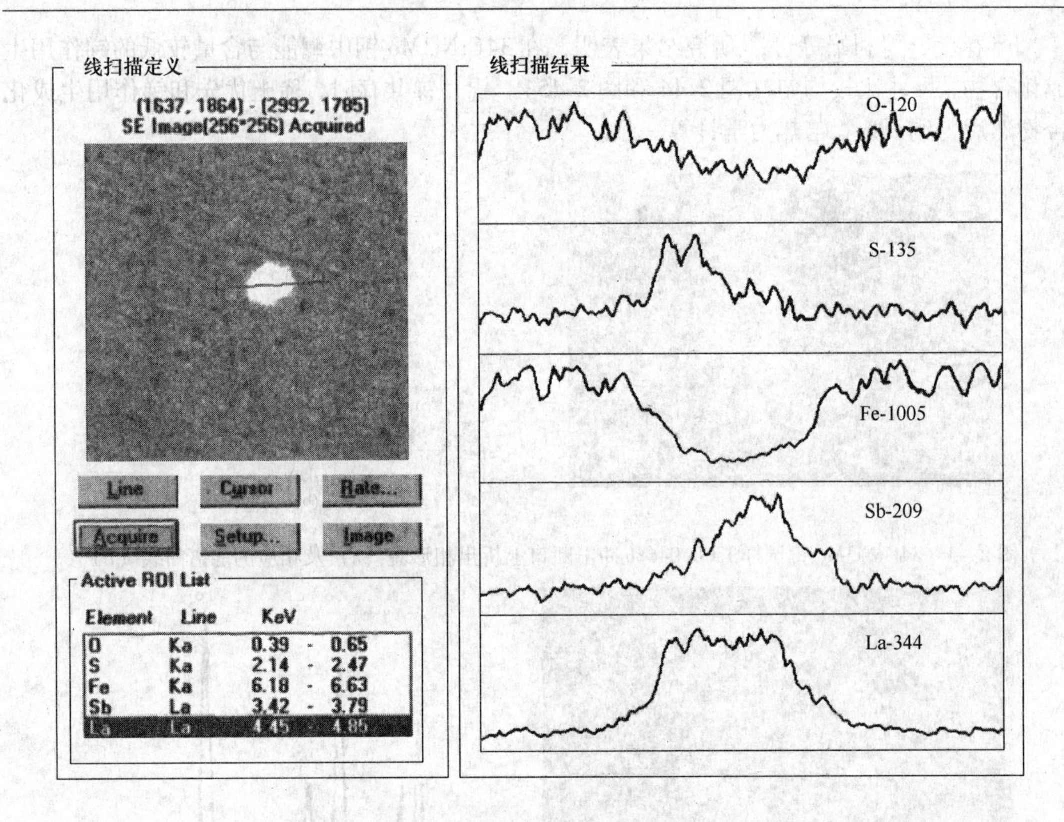

图 2-47 GCr15 钢中稀土镧锑复合化合物线扫描结果

图 2-39 ~ 图 2-47 的结果表明稀土元素可以与这些砷、锑、锡、磷等有害元素相互作用或形成稳定的化合物，降低这些元素在钢中的活度，有利于降低这些有害元素在晶界的平衡偏聚浓度，抑制这些元素对钢性能造成危害[40~49]。

2.3 稀土对夹杂物的形态控制和变质作用

稀土与钢中的氧、硫有很强的作用，为了研究清楚稀土在钢中的作用，许多研究人员对钢液中稀土［Ce］、［La］与［O］、［S］、［Al］等的作用进行了不少研究。叶文等[50]根据化合物的标准生成自由能[51]及研究试验钢的低氧低硫化学成分，计算给出了低硫 $w(S)<0.005\%$、0.005% Ce 时，16Mn 钢液中稀土 Ce 的各种化合物的生成自由能数据，见表 2-16。从表 2-16 可知，16Mn 钢液中稀土 Ce 的各种化合物的生成规律，即生成次序：$CeAlO_3$、Ce_2O_2S、Ce_2O_3、CeS、Ce_3S_4、Ce_2S_3，然而在给定的条件下，CeN 不能生成，且与试验观察结果相符。

表 2-16 16Mn 钢液中稀土 Ce 的各种化合物的生成自由能

（1560℃，$w(S)<0.005\%$，0.005% Ce）

反 应 式	ΔF/J · mol^{-1}	ΔF_{1853K}/kJ · mol^{-1}
$[Ce]+3[O]+[Al]=CeAlO_3(s)$	$-1367800+650.5T$	−162.4
$[Ce]+[O]+\frac{1}{2}[S]=\frac{1}{2}Ce_2O_2S(s)$	$-676340+305.5T$	−110.3

续表 2-16

反应式	ΔF/J · mol^{-1}	ΔF_{1853K}/kJ · mol^{-1}
$[Ce]+\frac{3}{2}[O]=\frac{1}{2}Ce_2O_3(s)$	$-715070+330.2T$	-103.2
$[Ce]+2[O]=CeO_2(s)$	$-853540+434.5T$	-48.4
$[Ce]+[S]=CeS(s)$	$-422500+220T$	-29.7
$[Ce]+\frac{4}{3}[S]=\frac{1}{3}Ce_3S_4(s)$	$-498150+257.4T$	-21.2
$[Ce]+\frac{3}{2}[S]=\frac{1}{2}Ce_2S_3(s)$	$-536930+282.8T$	-12.9
$[Ce]+[N]=CeN(s)$	$-173050+239.7T$	$+271.1$

杨晓红、成国光等[52]试验及理论计算了洁净滚珠轴承钢中 Ce 的各种化合物的生成自由能数据，见表 2-17。从表 2-17 可知，在 1560℃，即使在 [O]、[S] 很低的情况，稀土 Ce 的各种化合物的生成规律，即生成次序：$CeAlO_3$、Ce_2O_2S、Ce_2O_3、Ce_3S_4，然后是稀土 Ce 变质钢中的 Al_2O_3 夹杂物即 $[Ce]+Al_2O_3(s)=CeAlO_3+[Al]$，而在给定的条件下 Ce_2C_3 不能生成，计算结果与试验观察结果相符。

表 2-17 洁净滚珠轴承钢中稀土 Ce 的各种化合物的生成自由能

（1560℃，O 0.0014% ~0.0017%，S 0.0060% ~0.0072%）

反应式	$\Delta G^{\ominus}$/J · mol^{-1}	ΔG/kJ
$[Ce]+\frac{3}{2}[C]=\frac{1}{2}Ce_2C_3(s)$	$-112000+102.9T$	$+136.3$
$[Ce]+\frac{3}{2}[O]=\frac{1}{2}Ce_2O_3(s)$	$-714380+179.74T$	-103.0
$[Ce]+[O]+\frac{1}{2}[S]=\frac{1}{2}Ce_2O_2S(s)$	$-675700+165.5T$	-126.4
$[Ce]+\frac{4}{3}[S]=\frac{1}{3}Ce_3S_4(s)$	$-497670+146.3T$	-67.4
$[Ce]+[Al]+3[O]=CeAlO_3(s)$	$-1366460+364.3T$	-142.2
$[Ce]+Al_2O_3(s)=CeAlO_3(s)+[Al]$	$423900-247.3T$	-22.1

林勤等[53]根据现场生产的 20MnVB 钢，计算得到的 1600℃时稀土 Ce 的各种化合物的生成规律，即生成次序：$CeAlO_3$、Ce_2O_2S、Ce_2O_3、Ce_3S_4、CeS，计算结果（表 2-18）与试验观察结果基本相符。

表 2-18 20MnVB 钢中稀土 Ce 各种化合物的生成自由能（1600℃）

反应式	$\Delta G^{\ominus}$/kJ · mol^{-1}	ΔG/kJ · mol^{-1}
$[Ce]+[O]+\frac{1}{2}[S]=\frac{1}{2}Ce_2O_2S(s)$	-295.9	-85.3
$[Ce]+\frac{3}{2}[S]=\frac{1}{2}Ce_2S_3(s)$	-203.8	-31.1
$[Ce]+\frac{4}{3}[S]=\frac{1}{3}Ce_3S_4(s)$	-192.9	-32.7
$[Ce]+[S]=CeS(s)$	-164.9	-25.4
$[Mn]+[S]=Mn(l)$	18.1	82.2
$Ca(g)+[S]=CaS(s)$	-254.7	-187.6
$[Ce]+[Al]+3[O]=CeAlO_3(s)$	-515.8	-174.1
$[Ce]+\frac{3}{2}[O]=\frac{1}{2}Ce_2O_3(s)$	-309.9	-71.5
$[Al]+\frac{3}{2}[O]=\frac{1}{2}Al_2O_3(s)$	-238.2	-23.2

表2-19是刘晓等[54]根据试验高合金马氏体2Cr13不锈钢的成分计算了1600℃时，稀土Ce化合物的生成自由能ΔG，并采用金相、扫描电镜和能谱等分析手段观察，研究结果表明：稀土元素Ce能有效地变质钢中的Al_2O_3和MnS夹杂物，其变质产物主要为球形的Ce_2O_2S和CeS，与理论计算的结果基本一致。

表2-19　2Cr13高合金马氏体型不锈钢中稀土Ce化合物的生成自由能ΔG（1600℃）

(J/mol)

反应式	w(RE)/%	
	0.015	0.044
$[Ce]+\frac{3}{2}[O]=\frac{1}{2}Ce_2O_3(s)$	-132596.97	-137488.54
$[Ce]+[O]+\frac{1}{2}[S]=\frac{1}{2}Ce_2O_2S(s)$	-136436.34	-147444.45
$[Ce]+\frac{3}{2}[S]=\frac{1}{2}Ce_2S_3(s)$	-31923.76	-38415.91
$[Ce]+[S]=CeS(s)$	-37010.71	-49909.08

陈冬火、林勤等[55]研究了16Mn钢中添加高镧稀土（99.9% La）及纯镧稀土金属（98.9% RE，其中90.2% La,）对钢中夹杂物变质及其性能影响，根据16Mn钢的实际化学成分，计算了1600℃时钢中各种稀土镧夹杂物的生成自由能ΔG，见表2-20。实验观察结果发现在La/S比值分别为0.07、0.45的2号高镧、3号纯镧试样中也能变质长条及链状的MnS，2号高镧试样中长条状夹杂物长宽比得到很大改善，使它转变成纺锤状的含稀土夹杂物，3号纯镧试样中出现点状含稀土镧的夹杂和纺锤状的夹杂；但在La/S比值分别为2.52、4.67较高的4号纯镧、5号高镧试样中发现较多形状规则的球形夹杂且夹杂物总量明显减少，长条状MnS夹杂及棱角状的Al_2O_3完全消失，变质为La_2O_2S，同时发现La/S比值为2.52，综合力学性能表现最佳。实验观察和理论计算结果基本趋势一致。

表2-20　16Mn钢中各种稀土镧夹杂物的生成自由能（1600℃）

炉　号	w(S)/%	w(La)/%	La/S	各种稀土镧夹杂物的生成自由能ΔG/kJ · mol^{-1}				
				La_2O_3	La_2O_2S	La_2S_3	LaS	$LaAlO_3$
2号高镧（La 99.9%）	0.0140	0.0010	0.07	-356.5	-347.4	-107.1	-59.2	-314.8
3号纯镧（La 90.2%，RE 98.9%）	0.010	0.0050	0.45	-271.8	-258.3	-9.2	-11.7	-274.9
4号纯镧（La 90.2%，RE 98.9%）	0.0019	0.0048	2.25	-367.2	-327.0	-24.5	-33.5	-320.1
5号高镧（La 99.9%）	0.0060	0.0280	4.67	-386.3	-385.4	-101.2	-63.6	-325.0

李文超等[56]对电渣重熔35CrNi3MoVRE（0.015% RE）钢通过热力学计算分析了稀土夹杂物的生成条件，见表2-21，并结合实验观察，证实了热力学计算的结果的可靠性。

表2-21　35CrNi3MoVRE各种稀土夹杂物的生成自由能

反应式	Δ$G^{\ominus}$/J · mol^{-1}	ΔG/J · mol^{-1}	ΔG_{1873K}/kJ
$[Ce]+[N]=CeN(s)$	$-172890+81.09T$	$-172890+147.9T$	+104.130
$[Ce]+2[O]=CeO_2(s)$	$-852720+249.96T$	$-852720+462.07T$	+12.740

续表 2-21

反应式	$\Delta G^{\ominus}$/J·mol^{-1}	ΔG/J·mol^{-1}	ΔG_{1873K}/kJ
$[Ce]+\frac{3}{2}[O]=\frac{1}{2}Ce_2O_3(s)$	$-714380+179.74T$	$-714380+351.89T$	-55.290
$[Ce]+[O]+\frac{1}{2}[S]=\frac{1}{2}Ce_2O_2S(s)$	$-675700+165.5T$	$-675700+318.15T$	-79.810
$[Ce]+[Al]+3[O]=CeAlO_3(s)$	$-1366460+364.3T$	$-13366460+511.11T$	-409.151
$[Ce]+[S]=CeS(s)$	$-422100+120.38T$	$-422100+213.59T$	-22.046
$[Ce]+\frac{3}{2}[S]=\frac{1}{2}Ce_2S_3(s)$	$-536420+163.86T$	$-536420+277.55T$	-16.569
$[Ce]+\frac{4}{3}[S]=\frac{1}{3}Ce_3S_4(s)$	$-497670+146.3T$	$-497670+253.14T$	-23.539
$3[Ca]+2[Al]+6[O]=3CaO\cdot Al_2O_3(s)$	$-3082190+741.82T$	$-3082190+1386.01T$	-486.191
$[Al]+\frac{3}{2}[O]=\frac{1}{2}Al_2O_3(s)$	$-612370+195.0T$	$-612370+296.9T$	-56.275

结合第1章中稀土在炼钢过程中物理化学基础知识及上述不同研究者计算所得的不同实际钢种中稀土各种化合物生成自由能数据和试验观察结果，可以知道，由于稀土有很强化学活性，在炼钢温度下，实际冶炼过程中添加稀土后钢中稀土各种化合物生成规律，即一般的生成顺序：$REAlO_3$、RE_2O_2S、RE_2O_3、RES、RE_3S_4、RE_2S_3，通常情况下，因为一般钢中的碳、氮含量不足以生成 CeC、CeN。只有当钢中稀土含量和相应的其他元素含量局部足够高时，才会形成 Pb（或 P、Sn、As、Sb 等）的化合物。

鉴于此，本章节将主要集中三方面来介绍稀土对夹杂物的形态控制和变质作用，即：稀土对钢中 MnS 夹杂的形态控制和变质作用；稀土对钢中脆性氧化物夹杂的变质作用；稀土对钢中碳化物形态控制及分布影响。

2.3.1 稀土对钢中 MnS 夹杂的形态控制和变质作用

对夹杂物的形态控制和变质作用是稀土在钢中的主要作用之一。在这节中将主要集中介绍稀土对钢的性能造成危害最大的Ⅱ类 MnS 硫化物的形态、形貌控制和化学组成的变质作用。

在含有少量锰、并用铝脱氧的钢中，硫化物通常以 MnS（或 MnS-FeS 的固溶体）的形式存在。按其铸态特征分为三类：第Ⅰ类 MnS 铸态下呈球状分散分布，热加工时塑性较低，它形成于钢中氧含量较高(全氧 $>0.02\%$) 的条件下；第Ⅱ类 MnS 形成于钢脱氧比较完全（全氧 $<0.01\%$）之时，铸态时沿晶界呈共晶分布，在枝晶间以非常细的棒状形式排列成扇状或链状，热加工时则沿加工方向延伸；第Ⅲ类 MnS 形成于过量铝脱氧时，铸态下呈多角形分散分布，沉淀在枝状晶之间，混乱分布，热加工时塑性较好。三种硫化锰的塑性顺序按Ⅰ、Ⅱ、Ⅲ依次增加。在一般的镇静钢中，常以第Ⅱ类 MnS 夹杂存在，它对钢的性能危害最大，这是因为：

（1）它沿晶界分布，降低了铸态钢材的韧、塑性。

（2）它在热加工时沿加工方向延伸，明显地降低热轧钢材在横向和厚度方向的强度、韧性和塑性。MnS 沿加工方向延伸愈长，影响愈严重。这将引起钢在冷弯、冲压成型时的开裂和横向冲击韧性的严重下降，并造成事故和脆性断裂。钢材强度愈高，MnS 的影响愈严重。

（3）MnS 在钢板偏析区中呈条带状集中分布，引起层状撕裂的发生。

（4）高温时溶解的 MnS 在冷却时沿晶界析出，导致“过热”的发生，这在硫含量较低的钢材中更为严重。

（5）MnS 导致焊缝热影响区、平行于熔合线的裂纹产生，引起焊接件冲击韧性的下降。

（6）氢在 MnS 等夹杂物与基体的界面上聚集，导致氢致开裂。

钢中添加稀土，通过对第Ⅱ类 MnS 的变质作用，可显著减轻 MnS 的上述危害。

为了消除硫化锰的不利影响，解决钢的冲击韧性的各向异性问题，研究人员在钢中加入锆、钛、钙和稀土金属等“硫化物形态控制剂”。大量实践经验证明稀土金属是较好的硫化物形态控制剂，一般情况下，钢中 RE/S≥4 时，硫化锰可完全消失[57]，硫化锰可被稀土硫化物 RE_xS_y 或稀土硫氧化物 RE_2O_2S 所取代。

20 世纪 70 年代陈佩芳[58]曾指出用铝脱氧的第一代高强度低合金钢，虽具有强度高，价格低的优点，但是由于Ⅱ型硫化锰的存在及其随轧制方向延伸，在轧制方向（*L*）、横向（*C*）和板厚方向（*Z*）延性和韧性产生各向异性，通常按 *L*、*C*、*Z* 方向性能依次恶化。MnS 夹杂对钢的横向塑性和韧性的危害，特别是在热连轧钢板中的危害，十分突出。未加稀土前，钢中夹杂物主要是长条状的 MnS 和少量成串的 Al_2O_3 和铝酸盐；加入稀土后，随 RE/S 比值的增加，在钢中生成轧制时不易变形的稀土硫化物 RE_xS_y 或稀土硫氧化物 RE_2O_2S，使各向异性显著改善。图 2-48 为稀土对热连轧 16Mn 汽车钢板室温、低温（-10℃）冲击值及断面收缩率的影响。

如图 2-48 所示，在当时炼钢洁净度水平下，随钢中 RE/S 比值的增加，16Mn 热连轧

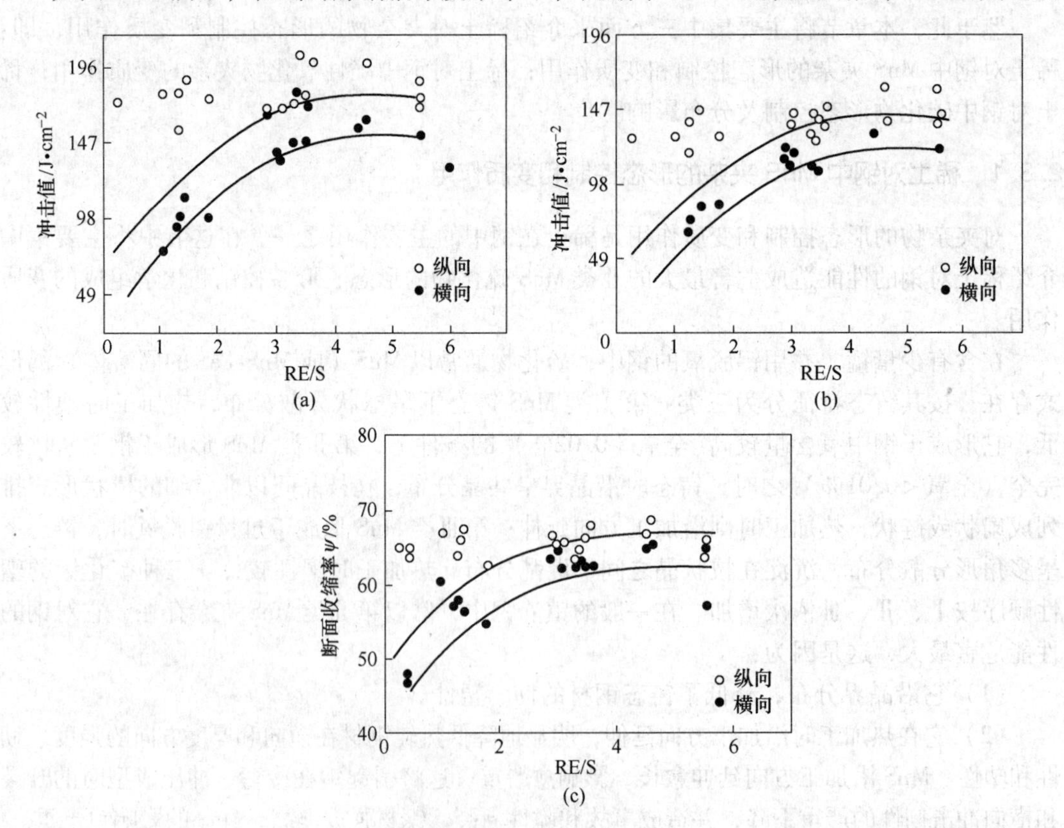

图 2-48　16Mn 热连轧汽车钢板中 RE/S 对室温(a)和 -10℃(b)冲击值及断面收缩率(c)的影响[58]
（试样为板厚 6mm 的 U 型缺口试样）

汽车钢板的室温、低温（－10℃）的横向冲击值及横向断面收缩率都急剧提高，当钢中RE/S值达到3时，16Mn连轧汽车钢板的横向冲击值、横向断面收缩率接近纵向冲击值、纵向断面收缩率的水平，达到最佳状态，各向异性基本消除。

20世纪80年代叶文、林勤和李文超[50]研究了低硫[S]<0.005%条件下不同稀土Ce含量及Ce/S比值对16Mn钢硫化物的变质行为及冲击韧性的影响，见图2-49。文献［50］的作者通过金相显微镜观察及电子探针分析结果表明：未加Ce时试样中出现长条状MnS夹杂，加Ce后随Ce/S比值的增加，MnS夹杂减少，当Ce/S＝1.34时，多为MnS-(Ce、Mn)S夹杂，至Ce/S＝1.90时，MnS-(Ce、Mn)S完全被Ce夹杂取代。且在低硫16Mn钢中稀土对MnS的变质作用以生成硫氧化铈为主。

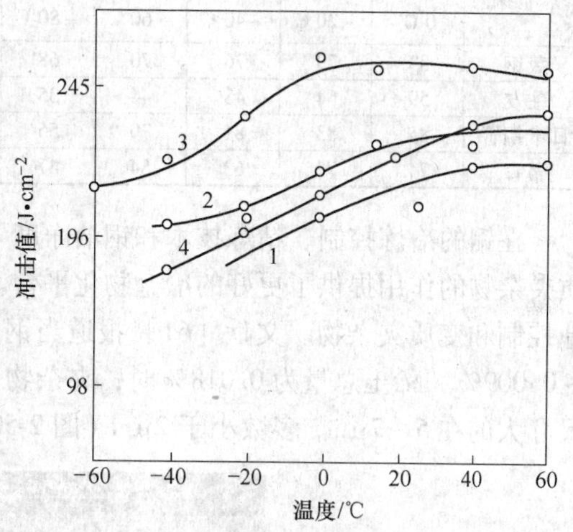

图2-49　稀土Ce及Ce/S比值对低硫16Mn钢冲击值的影响

1—w(Ce)＝0；2—w(Ce)＝0.0031%、Ce/S＝1.34；3—w(Ce)＝0.0038%、Ce/S＝1.90；4—w(Ce)＝0.0057%、Ce/S＝2.72

随着钢的洁净度水平的不断提高以及稀土在钢中应用研究的深入发展，研究人员认识到钢中的最佳RE/S值不仅与钢中氧含量密切相关，而且与钢中的合金元素有关。1992年林勤等[53]对不同洁净度的钢种，在不断深入稀土在钢中应用研究的基础上，得到16Mn、20MnVB、09CuPTi钢种的最佳RE/S值分别为2.2、2.0、1.2。例如，20MnVB钢的－40℃低温横向冲击值，在RE/S值为2.0由24.0J/cm^{2}提高到46.3J/cm^2，提高近一倍。当钢中[S]/[O]值较高时，变质硫化物以RE_2S_3为主；当[S]/[O]值较低时，稀土夹杂物则以$REAlO_3$和RE_2O_2S为主，显然，此时将使硫化物变质的最佳RE/S值升高。当钢中存在有强的硫化物形成元素，如Ti、Ca等时，它们将会固定部分硫或降低硫的活度，因此降低了钢中变质MnS的最佳RE/S值。例如，在25MnTiBRE钢中，由于部分硫已形成了较稳定的TiS，RE/S的最佳值被降至1～2[59]。又如，在用Si-Ca和稀土复合变质处理时，对于硫含量较高时（0.017%～0.030%S），在加入钙0.015%的条件下，RE/S值不低于1.5时，钢中长条状硫化物夹杂基本消失，形成了细小的圆形或椭圆形稀土硫化物（RES）、稀土硫氧化合物（RE_2O_2S）及含钙的硫化物[57]。为了消除硫化物的危害，采用20世纪70年代发展起来的许多行之有效的脱硫工艺可生产出含硫量低于0.01%的钢。但是在低硫钢中，特别是用喷吹Si-Ca处理的低硫钢中，硫化物形态控制不够彻底。例如，在喷吹Si-Ca后的低硫16Mn钢中，Ca/S＝0.81时，钢中仍有约占夹杂物总数10%的长条状MnS（相当于约0.001%S）。喷吹Si-Ca后再加入少量（0.03%～0.1%）稀土，可以保证在钢板各部位完全消除MnS，从而进一步提高钢的横向冲击韧性和降低韧-脆转变温度。例如，经喷吹Si-Ca后硫含量仅0.007%的16Mn钢，横向冲击平台能为83J/cm^2，横向试样脆性转变温度为－42℃，而经喷吹Si-Ca，又添加稀土（0.03%RE）的钢（硫含量0.0055%），横向冲击平台能提高到102J/cm^2，脆性转变温度降至－48℃。可见，在低硫洁净钢中添加稀土能充分而合理地发挥稀土对硫化物形态控制及变质作用。在低硫钢中添加稀土，稀土的作用能表现更突出，低硫含量为稀土对夹杂变质作用的发挥提供了更好的冶金物化条件。含硫0.005%～0.008%的管线钢经稀土处理与国外经钙处理的超低硫（0.0005%～0.003%）管线钢比较，强度相当，延伸率、低温冲击韧性和抗 H_2S 裂纹敏感率等优于国外的，见表2-22[60]。

表2-22　武钢稀土处理和国外厂家钙处理效果比较（X65）

厂　家	横向冲击性能 A_K/J						$\sigma_{0.5}$ /MPa	σ_b /MPa	δ/%	抗 H_2S 裂纹敏感率 CSR/%
	0℃	-20℃	-40℃	-60℃	-80℃	-100℃				
武钢	83	79	76	70	68	55	495	575	37	0.02
住友	59	54	48	44	35	19	485	575	21	0.49
日本钢管	85	83	81	79	55	50	475	560	31	0.11
蒂森	74	70	63	54	47	51	455	560	31	0.24

在钢的冶炼控制、精炼技术和钢洁净度不断提高的条件下，给发挥稀土元素控制和变质夹杂物的作用提供了更好的冶金物化平台。在洁净钢中微量的稀土元素就能很好及有效地控制和变质夹杂物。文献［61］报道当钢中全氧含量约为0.0001%。硫含量为0.006%～0.009%，稀土总量为0.018%时，夹杂物分布较均匀，大部分夹杂都成椭圆形或圆形，尺寸大的在5～7μm，多数小于2μm（图2-50（a）），未观察到条状MnS夹杂，说明在该

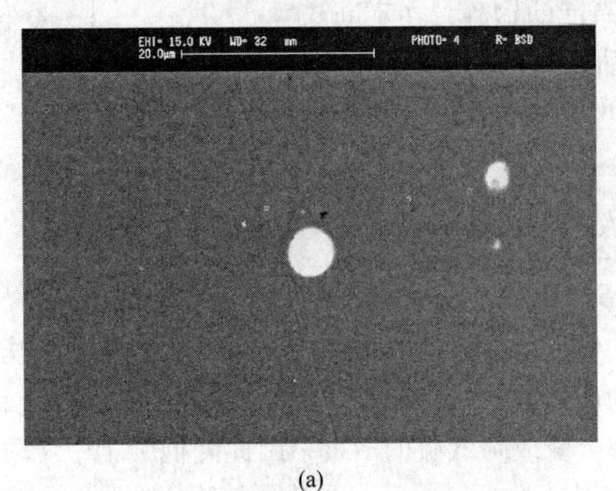

(a)

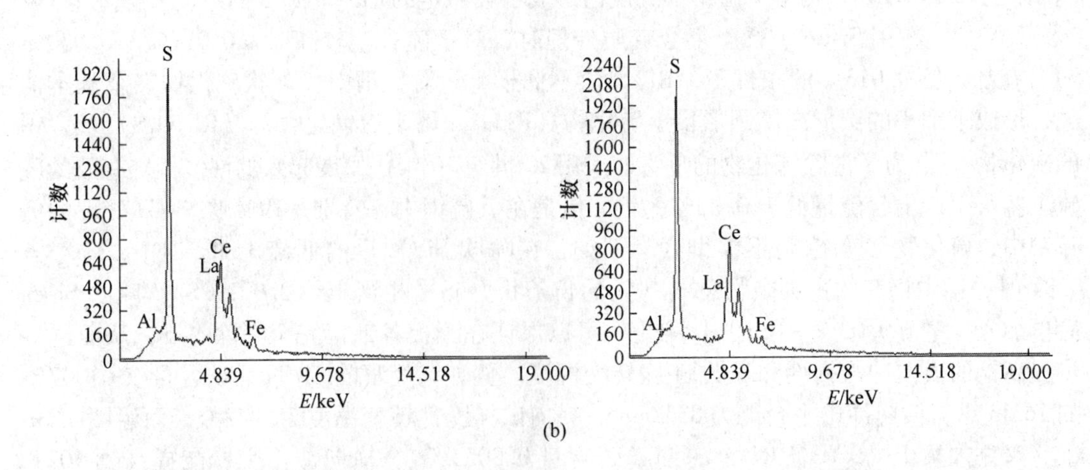

(b)

图2-50　球状稀土硫化物夹杂形貌（RE/S＝2.0）及对应的能谱图

稀土含量下（RE/S = 2.0），硫化锰夹杂已变质为稀土硫化物夹杂（表 2-23）。

表 2-23　稀土硫化物夹杂能谱分析结果

元　素	k 比	ZAF 修正值	质量分数/%	原子分数/%
Al-(Ka)	0.00040	0.6030	0.0584	0.1649
S-(Ka)	0.24263	0.9433	22.8311	54.2884
Fe-(Ka)	0.04135	0.8679	4.2290	5.7734
La-(La1)	0.24163	0.8719	24.5980	13.5010
Ce-(La1)	0.47399	0.8714	48.2836	26.2723

从表 2-23 得出 RE 与 S 原子比约 0.74，同 RE_3S_4 的 RE 与 S 原子比 0.75 十分接近，因此可判定该类型夹杂为 RE_3S_4（图 2-50（a））。在稀土硫化物夹杂能谱分析中（图 2-50（b）），还有 RE 与 S 原子比接近 0.67 的 RE_2S_3 类型稀土硫化物夹杂。

岳丽杰等[62]研究了中等洁净度（0.007% ~0.0085% S，0.022% ~0.007% O）耐候钢中稀土（0.005% ~0.025% RE）对夹杂物的变质作用，研究结果发现：当未加稀土时，硫化锰夹杂以长条状存在于钢中，见图 2-51（a）；随着稀土含量和稀土硫比值的增加，钢中长条硫化锰夹杂的数量和形态逐渐发生变化，当 w(RE)0.005%，RE/S = 0.625，钢中的长条硫化锰依然存在，但逐渐断开，见图 2-51（b）；当 w(RE)0.0095%，RE/S = 1.36 时，出现粗化的纺锤形硫化物夹杂，细长条夹杂渐减少，见图 2-51（c）；当稀土含量增加

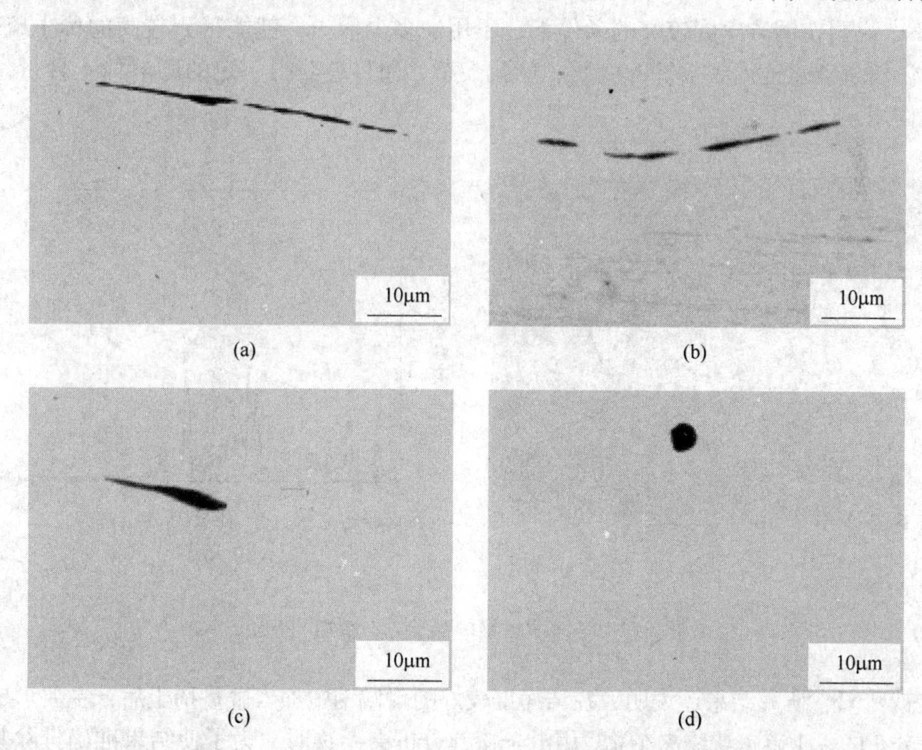

(a)　(b)　(c)　(d)

图 2-51　中等洁净度耐候钢中稀土对夹杂物的变质过程

（a）长条硫化锰夹杂，w(RE) = 0，w(S) = 0.008%，w(O) = 0.0036%；

（b）断开的硫化物夹杂，w(RE) = 0.005%，w(S) = 0.008%，w(O) = 0.005%，RE/S = 0.625；

（c）粗化纺锤形硫化物夹杂，w(RE) = 0.0095%，w(S) = 0.007%，w(O) = 0.0022%，RE/S = 1.36；

（d）变性后的球状夹杂，w(RE) > 0.012%，w(S) = 0.007% ~0.0085%，w(O) = 0.0022% ~0.007%，RE/S > 1.7

到0.012%以上，RE/S >1.7时，经金相全视场观察，出现大量的球状夹杂和纺锤形夹杂，见图2-51（d），细长条硫化锰夹杂基本消失。对图2-51（d）的球状夹杂进行电子探针分析，成分见表2-24。结果显示经过稀土变质性的球状夹杂为稀土硫氧化物。此中等洁净度稀土耐候钢，当 $w(RE)>0.012\%$，即 $RE/S>1.7$，$(Al\cdot O)/(RE\cdot S)<0.1$，$RE/(S+O)>0.8$ 时，钢中夹杂物基本上都是球状的稀土硫氧化物，不出现细长条硫化锰夹杂。稀土基本完成了对硫化物变质改性的冶金功能。并且通过非水电解分离夹杂 + ICP 方法分析试样钢中固溶了0.0005% ~0.0016%的稀土。

表2-24　图2-51(d)的球状稀土夹杂的成分　（%）

元　素	Al	Si	S	Ca	Mn	Fe	La	Ce	Nd	O
含　量	0.04	0.04	6.73	0.08	0.00	0.31	27.39	35.92	1.34	25.54

文献［62］还研究了洁净度较好的低氧硫稀土耐候钢一组试样（共7个），O 0.0022% ~0.0034%，S 0.003% ~0.0045%，RE 0.0065% ~0.016%，RE/S = 1.4 ~4。金相观察发现在金相全视场中已无长条硫化锰夹杂，且在金相全视场中多见球状或纺锤状的变质后的稀土夹杂物，见图2-52。图2-52为变质后稀土夹杂物扫描电镜照片及能谱图。能谱分析表明它含有S、La、Ce、Fe元素，表明这是变质的稀土硫化物。同时非水电解分离夹杂 + ICP 方法分析，洁净度较好的低氧硫稀土耐候试样钢中固溶稀土含量约为0.002%，说明在钢洁净度较好的条件下，不用加多少稀土，就能得到较高的稀土硫比值，不仅能使长条硫化锰得到很好的变质、球化夹杂，而且还获得一定的固溶稀土含量，起到合金化作用。

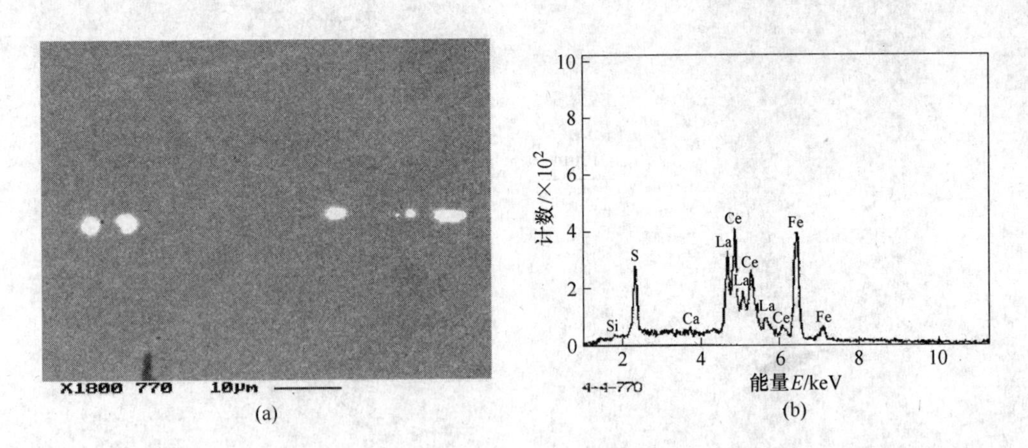

图2-52　洁净耐候钢中稀土对夹杂物的变质

文献［62］研究结果还表明，在洁净度较好的耐候钢中加入微量稀土后，主要形成了细小弥散分布的稀土硫氧化物夹杂物，用电子探针分析夹杂物时，为了使结果准确排除基体铁的干扰，图2-53和图2-54中特意选择一个尺寸较大的夹杂物，其他夹杂物的类型与此一致，但尺寸要小得多，全视场观察统计分析表明不大于2μm的夹杂物总数占85%以上。

表2-25中数据是用电子探针在图2-53所示夹杂上随机取两点所测成分，结果表明夹杂为稀土硫氧化物。

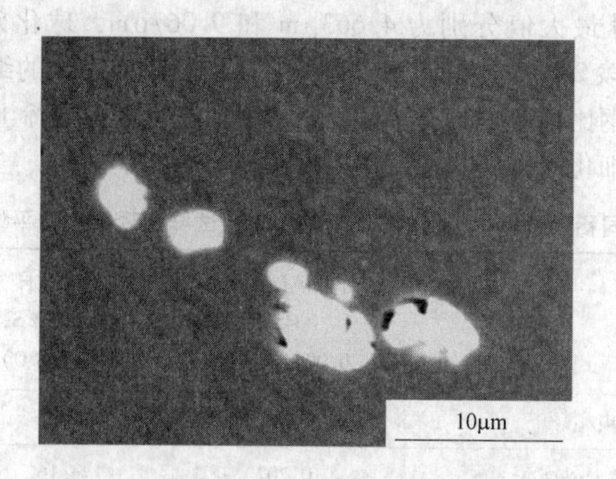

图2-53 球状稀土硫氧化物夹杂形貌
(0.0065%RE，0.0026%O，0.0045%S，RE/S=1.44)

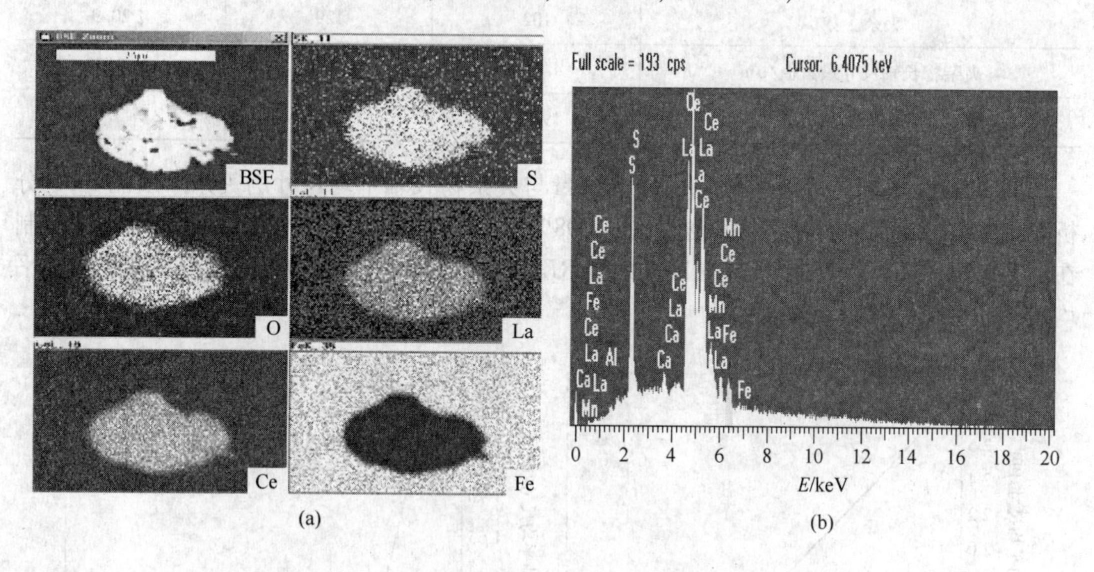

(a) (b)

图2-54 球状稀土硫氧化物夹杂面扫描及对应的成分能谱
(a) 元素面扫描图；(b) 成分能谱图

表2-25 图2-53中球状稀土硫氧化物夹杂的能谱分析结果 (%)

元素	Al	Si	S	Ca	Mn	Fe	La	Ce	Nd	O
含量	0.04	0.05	6.32	0.07	0.00	15.45	26.81	36.24	0.06	14.72
	0.01	0.06	6.61	0.08	0.00	11.73	27.94	37.07	0.05	15.29

利用LUZEX-F图像分析仪对不同洁净度的试验耐候钢中夹杂物的尺寸分布进行统计测量，每个试样取40个视场，调整显微镜一个合适的灰度来统计视场内的夹杂物颗粒。结果表明：低硫氧组各项夹杂物平均值指标普遍比中硫氧组好。例如含有相同稀土含量(0.012%)低硫试样0.0045%S，0.0024%O与中硫试样0.007%S，0.0035%O夹杂物平均面积分别为1.8μm^2和2.103μm^2，夹杂物面积尺寸最大值分别为10.202μm^2和44.162μm^2，夹杂物所占面积百分比分别为0.034%和0.05%，夹杂个数分别为102和

129，夹杂物长轴尺寸最大值分别为 4.663μm 和 9.067μm，球化效果好的夹杂分别为 19.61% 和 6.2%，见表 2-26。这说明稀土对低氧硫的钢中夹杂物的细化和球化效果要比对中氧硫的钢更好，在钢比较洁净的条件下，加入相同或者更少的稀土量，就可以很好地净化钢液、变质夹杂、细化球化分散夹杂物。

表 2-26　相同稀土含量（0.012%）下低、中硫试样各项夹杂物平均值指标比较

项　目	低硫试样（0.0045%S，0.0024%O）	中硫试样（0.007%S，0.0035%O）	低硫比中硫效果改善/%
夹杂物平均面积/μm^2	1.8	2.103	↓14.4
夹杂物面积尺寸最大值/μm^2	10.202	44.162	↓76.89
夹杂物所占面积百分比/%	0.034	0.05	↓32
夹杂个数	102	129	↓20.9
夹杂物长轴尺寸最大值/μm	4.663	9.067	↓48.57
球化率/%	19.61	6.2	↑216

图 2-55 为不同洁净度耐候钢中稀土含量与夹杂物长轴平均尺寸的关系。从图 2-55 分析看到，在低硫氧试样中当 RE 含量在 0.008% ~0.012% 钢中夹杂物长轴平均尺寸可控制在约 1.6μm 以下，而在中低硫氧试样中当 RE 含量在 0.012% ~0.023% 钢中夹杂物长轴平均尺寸才可控制在 1.6μm 以下。

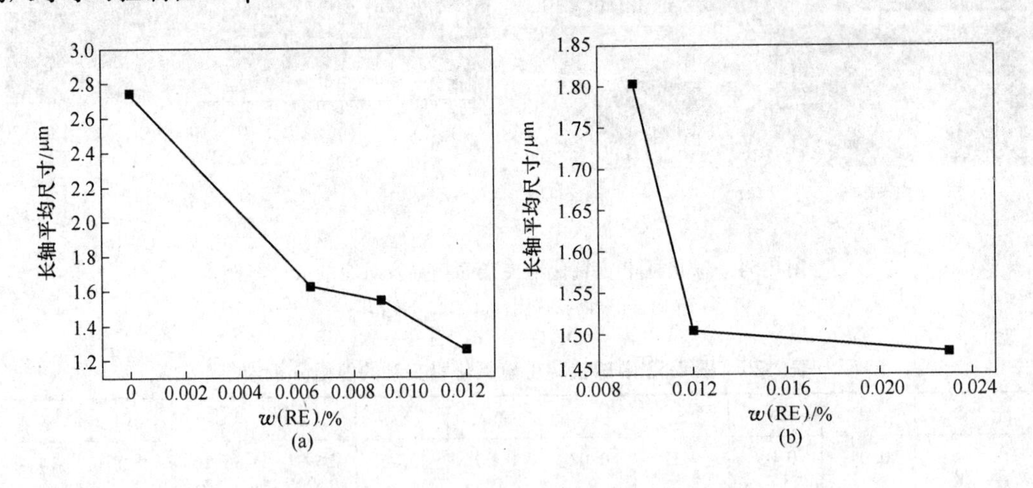

图 2-55　不同洁净度下的耐候钢中稀土含量与夹杂物长轴平均尺寸的关系
（a）低硫氧组试样；（b）中等硫氧组试样

从上述研究结果表明，在洁净的耐候钢中加入微量稀土后主要形成了细小弥散分布的硫氧化物夹杂物，不大于 2μm 的夹杂物总数占 85% 以上。稀土夹杂物在热加工时变形，仍保持细小的球形或纺锤形，较均匀地分布在钢材中，消除了原先存在的沿钢材轧制方向分布的呈长条状 MnS 等夹杂，明显地改善了横向韧性、高温塑性、焊接性能、疲劳性能、耐大气腐蚀性能等。稀土夹杂物的热膨胀系数和钢的接近，可以避免钢材热加工冷却时在夹杂物周围产生大的附加应力，有利于提高钢的疲劳强度。稀土变质的夹杂物，能增加夹杂物与晶界抵抗裂纹形成与扩展的能力。经微量稀土变质的细小弥散分布的硫氧化物夹杂物，同时还是消除硫杂质对耐候钢腐蚀性能的破坏作用，是稀土提高耐候钢腐蚀性能的重要机理之一。

杨晓红、成国光等[52]研究了不同稀土含量 Ce 对洁净滚珠轴承夹杂物的影响，研究发现在洁净度较高的 Al 脱氧特殊钢中稀土除了能够使氧化铝变质形成硬度较低的铝酸稀土夹杂物，还能使硫化锰夹杂变质，研究结果表明：在试验钢洁净度条件为：全氧 0.0014% ~0.0017%、S 0.0060% ~0.0072%，当 $0.0015\% \leqslant w(Ce) \leqslant 0.014\%$ 时，能够生成稀土铝氧化物 $REAlO_3$ 和稀土硫氧化物 RE_2S_2O 夹杂物（见图 2-56）；当 $w(Ce) > 0.014\%$ 时，夹杂物进一步转变为稀土铝氧化物 $REAlO_3$ 和稀土硫氧化物的复合夹杂物，并有部分稀土氧硫化物和稀土硫化物，夹杂物的尺寸也随着增大。

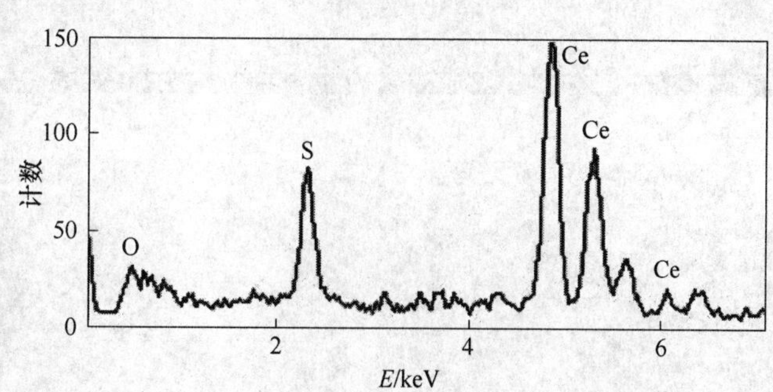

图 2-56 洁净的滚珠轴承钢中当 $w(Ce) \geqslant 0.014\%$ 时生成的稀土硫氧化物 RE_2O_2S (0.0016% O，0.007% S)

张峰等[63]结合工业化生产的高效硅钢，在 RH 精炼时加微量稀土，利用 HITACHIS4200 扫描电镜及能谱仪观察不同稀土含量的高效硅钢成品试样的夹杂物形貌、尺寸、种类及数量等，表 2-27 为不同稀土含量的高效硅钢成品试样的夹杂物的类型、尺寸分布。

表 2-27 不同稀土含量的高效硅钢成品试样的夹杂物的类型、尺寸分布

w[RE]	0 ~1.0	1.0 ~5.0	5.0 ~10	10 ~50
0	AlN、MnS、Cu_2S 复合	AlN、MnS 复合，MnS、Cu_2S 复合	AlN、MnS 复合，CaO、Al_2O_3、SiO_2 复合	FeO、SiO_2 复合
$10\times10^{-4}\%$	AlN、Cu_2S，AlN、MnS 复合	AlN、CaS，Al_2O_3、CeS、LaS、MnS 复合	AlN、CaS、CaO	0
$20\times10^{-4}\%$	MnS、AlN，AlN、Cu_2S 复合	AlN、CaS，CeS、LaS、Cu_2S 复合	CaS，CeS、LaS、Cu_2S 复合	CaS
$39\times10^{-4}\%$	AlN、Ce(O、S)、MnS 复合	AlN、CaS，AlN、(Ce、La)(O、S)复合	AlN，AlN、(Ce、La)S 复合	0

从表 2-27 的数据可看到，未经稀土变质的试样中，微细夹杂以 AlN、MnS、Cu_2S 复合夹杂为主，数量很多；经稀土变质的试样中，则以 AlN、Cu_2S 和 AlN、MnS、复合夹杂为

主，数量明显减少。

稀土含量分别为0.001%、0.0039%时，典型变质夹杂物的SEM形貌和EDS能谱如图2-57所示。稀土含量为0.001%时，典型夹杂物是以AlN、MnS为主的复合夹杂，它们单独析出或者以少量的CeS、(Ce、La)S夹杂为核心析出，尺寸很小，形状很不规则；稀土含量为0.0039%时典型夹杂物主要是以单独的AlN、CeS、(Ce、La)S夹杂，以及少量以CeS、(Ce、La)S夹杂为核心析出的AlN夹杂，尺寸很小，形状比较规则，近似球形或椭圆形。

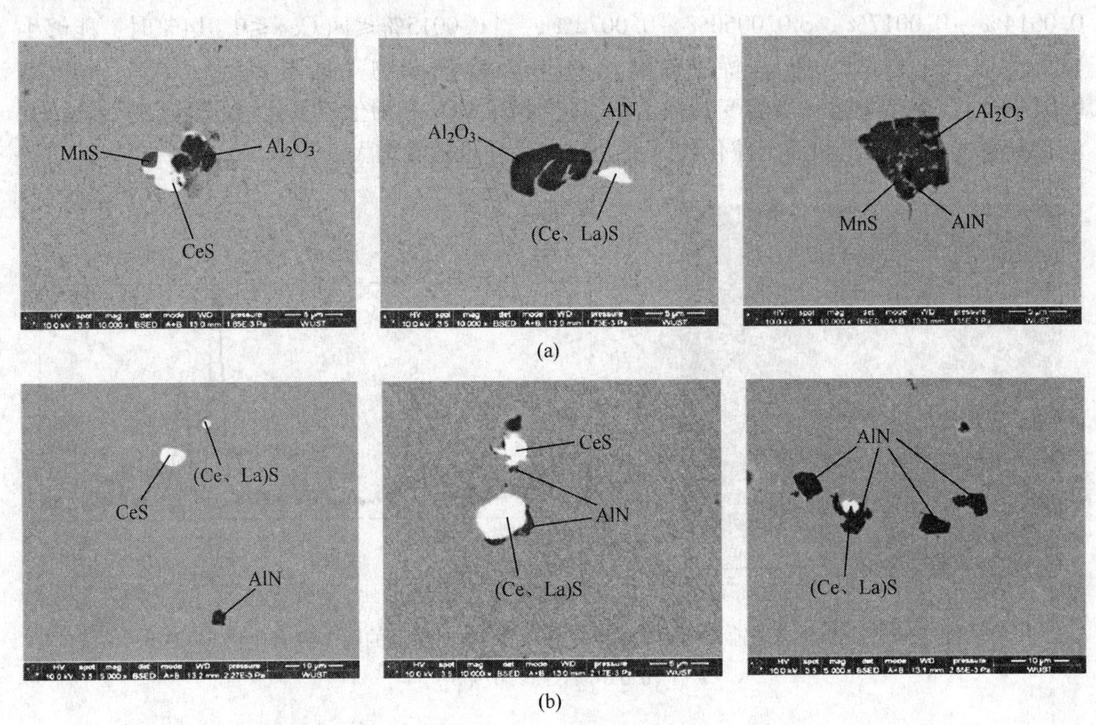

图2-57 变质夹杂物的SEM形貌和EDS能谱

(a) w(RE)=0.001%；(b) w(RE)=0.0039%

刘承军等[64]研究了稀土对洁净重轨钢（全氧0.0003%～0.0015%、S 0.006%～0.007%）硫化物夹杂的影响，发现随着稀土加入量的增加，重轨钢中的硫化物夹杂物形态逐渐由细长条状、纺锤形向球形转变，如图2-58所示。在本实验条件下，当稀土加入量大于0.04%时，硫化物夹杂以球形、椭球形和纺锤形等3种形态存在于重轨钢中，而细长条状硫化物夹杂则基本消失。

2.3.2 稀土对钢中脆性氧化物夹杂的形态控制和变质作用

铝镇静钢中，硬脆性的Al_2O_3的夹杂物，被认为是最有害的夹杂物，在一些疲劳寿命要求很高的特殊钢中，这种夹杂物严重影响了钢的使用性能。如抗滚动疲劳Al镇静特殊钢中，滚珠轴承钢不允许有点状硬脆夹杂，也不能进行钙处理，稀土能变质Al_2O_3生成硬度较低的$REAlO_3$，从而减少Al_2O_3的危害性。2010年杨晓红、成国光等[52]研究了不同稀

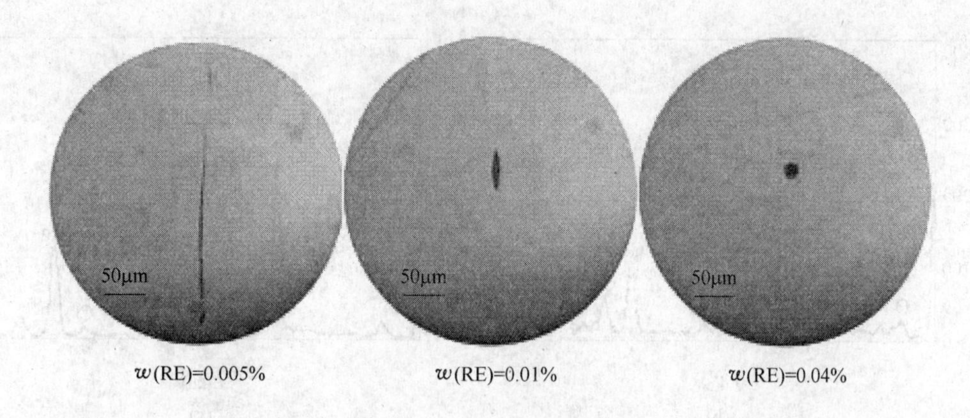

图 2-58 稀土含量对重轨钢中的硫化物夹杂物形态的影响

土 Ce 含量对洁净滚珠轴承钢硬脆性 Al_2O_3 夹杂物的影响。他们的研究发现在洁净度较高的 Al 脱氧特殊钢中，稀土能够使氧化铝、硫化锰夹杂变质并能形成硬度较低的铝酸稀土夹杂物和稀土氧硫化物。研究结果表明：在作者[52]给出的试验钢洁净度条件下，全氧 0.0014% ~0.0017%、S 0.0060% ~0.0072%，当稀土含量 $w(Ce)<0.0015\%$ 时，钢中没有稀土夹杂物生成；当 $0.0015\% \leqslant w(Ce) \leqslant 0.014\%$ 时，能够生成稀土铝氧化物 $REAlO_3$ 和稀土硫氧化物夹杂物；当 $w(Ce)>0.014\%$ 时，夹杂物进一步转变为稀土铝氧化物 $REAlO_3$ 和稀土硫氧化物的复合夹杂物，并有部分稀土氧硫化物和稀土硫化物，夹杂物的尺寸也随着增大。

没加稀土的 0 号试样中发现氧化铝夹杂物、硫化物和复合氧化夹杂物。当稀土含量很低时，如 1 号试样（0.0015% Ce），观察时几乎也没有发现含 Ce 的夹杂物，夹杂物的形貌与 0 号相似。当 2 号试样稀土含量提高到 0.0099% 时，观察可发现 Al-O-S-Mn 复合夹杂物成分发生了转变，转变过程中夹杂物形貌以及已转变的 Ce-O-Al-S 复合型夹杂能谱结果，见图 2-59（a）、(b)；但这时稀土含量不足导致 MnS 很好变质，未变质保留下来的 MnS 夹杂物及其能谱图，见图 2-59（a）、(c)。

随着稀土含量从 0.0099% 增加到 3 号试样的 0.014%，观察中发现了 Al_2O_3 夹杂

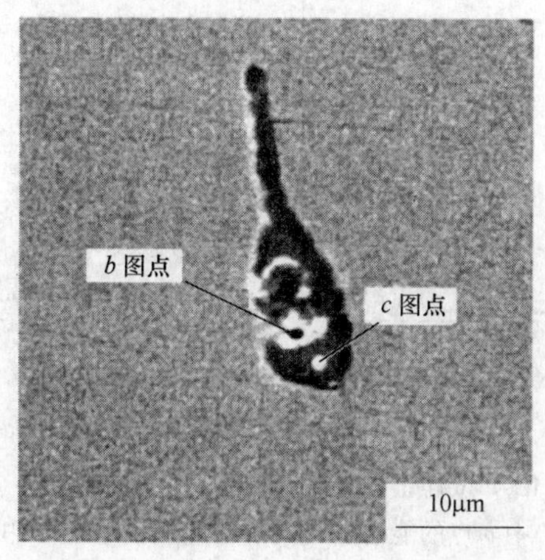

(a)

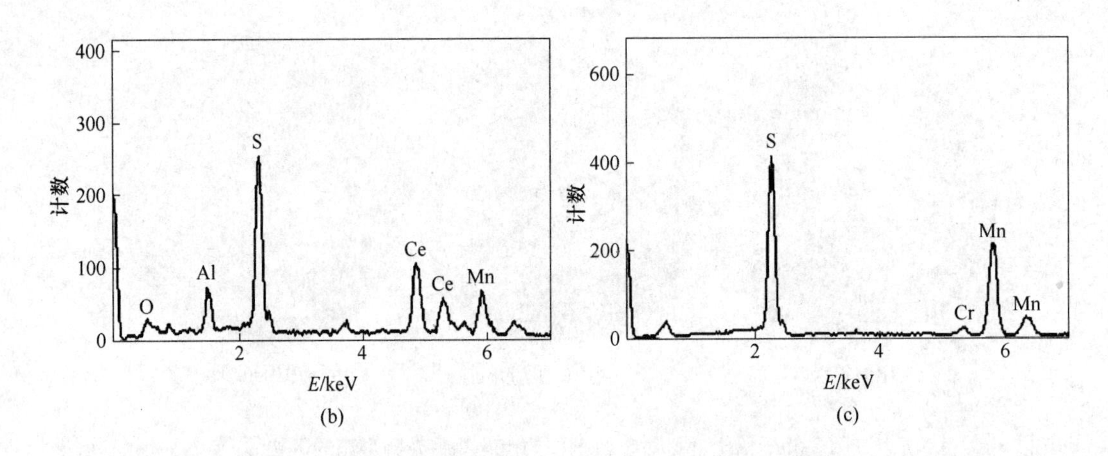

图 2-59　2 号（0.0099% RE）试样中的 Ce-O-Al-S 复合夹杂形貌（a）对应形貌图（a）中 *b* 点的能谱图（b），对应形貌图（a）中 *c* 点的能谱图（c）

物向 $CeAlO_3$ 夹杂物的转变，其典型的过程见图 2-60。图 2-60（a）为 Al_2O_3 夹杂物正在向 $CeAlO_3$ 夹杂物转变过程中的形貌，大约为 3μm 左右。图 2-60（a）中 *b* 点深

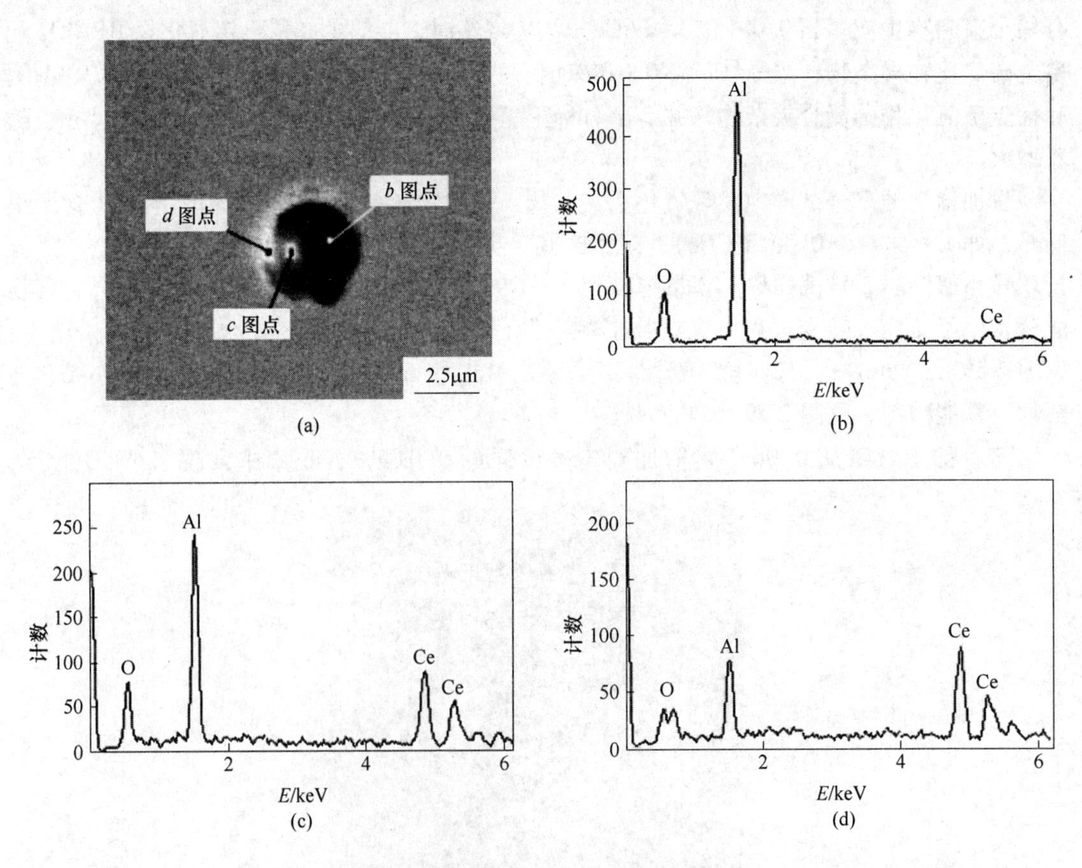

图 2-60　3 号（0.014% RE）试样正在转变过程中的复合铝酸铈夹杂物形貌（a）对应形貌图（a）中 *b* 点的能谱图（b），对应形貌图（a）中 *c* 点的能谱图（c），对应形貌图（a）中 *d* 点的能谱图（d）

色部分从能谱结果可知为纯Al_2O_3，在整个夹杂物中占较大比例；图2-60（a）中d点发亮部分，能谱结果表明其成分已接近$CeAlO_3$夹杂物；而在图2-60（a）中c点则是正在变质过程中变化部分，能谱结果证实这部分中Ce含量比图2-60（a）中b点明显升高。

当稀土含量进一步从0.014%增加到0.02%（4号试样）时，钢中稀土铝氧化物逐步转变为稀土铝氧化物和稀土硫氧化物的复合夹杂物，见图2-61。随着Ce含量的增加，在其外围逐步形成稀土硫氧化物，能谱成分如图2-61（c）、(d）所示，形成了以氧化物为核心外面包裹着稀土硫化物或稀土硫氧化物的复合夹杂物，其尺寸相对于纯稀土氧化物有所增大，正如图2-61（a)、(b）所示。

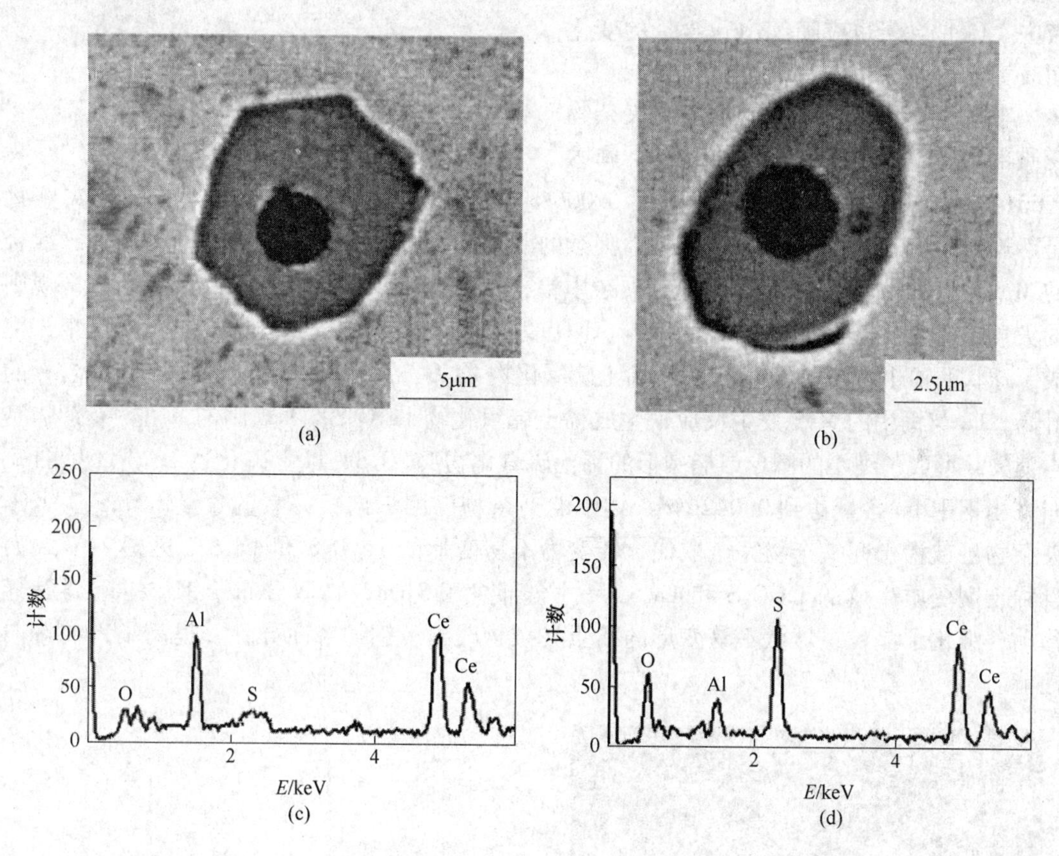

图2-61 4号试样（0.020% RE）中的稀土铝氧化物和稀土硫氧化物的复合夹杂物形貌（a，b）及对应的能谱（c，d）

杨晓红、成国光等[52]通过上述试验研究并结合洁净轴承钢中各种稀土夹杂物的生成自由能热力学计算进一步指出，在1560℃，即使在［O］、［S］很低的情况，稀土也能与［O］、［S］反应，［Ce］、［Al］和［O］结合生成$CeAlO_3$的生成自由能最负；其次是［Ce］、［S］和［O］结合生成Ce_2O_2S生成自由能；［Ce］和［S］结合生成的Ce_2S_3的生成自由能较前两个反应的要大；而Ce变质钢液的Al_2O_3夹杂生成$CeAlO_3$的生成自由能最大，反应最难。因此钢液中若已存在微细的Al_2O_3夹杂时，首先要尽可能地降低钢液中［O］、［S］含量，且可通过反应式$[Ce] + Al_2O_3(s) = CeAlO_3(s) + [Al]$，来计算变质生成铝酸稀土的条件，热力学分析计算表明：在［O］、［S］含量较低的前提下，Ce 变质 Al_2O_3 夹杂所需的条件是：$a_{Ce} \cdot a_O^{-1} = 0.145$，当 $w(Al)_{溶} = 0.01 \sim 0.03$ 时，对应溶解的稀土含量 $w(Ce) = 0.0022\% \sim 0.0067\%$。图 2-62 为钢液中［Ce］、［Al］含量对稀土变质 Al_2O_3 的影响，从图 2-62 看出，要变质钢液中已存在的 Al_2O_3 夹杂，需要钢液中有较高的溶解［Ce］，同时钢液中［Ce］含量也应随［Al］含量的变化而改变。

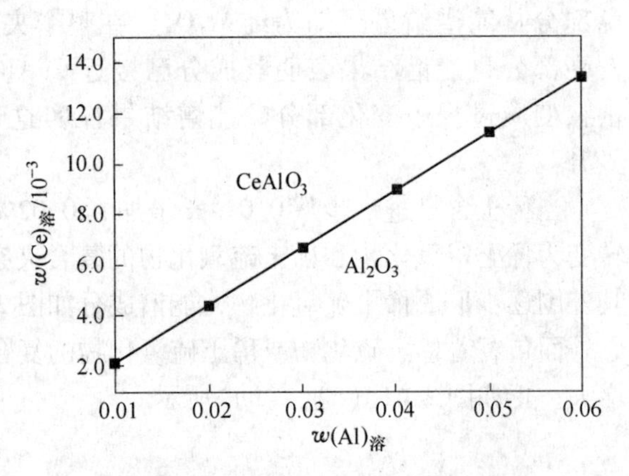

图 2-62　钢液中［Ce］、［Al］含量对稀土变质 Al_2O_3 的影响

李峰等[65]研究了稀土镧含量对夹杂物变质的影响，研究结果表明，在全氧为 0.0011% ~0.0022%，硫为 0.003% ~0.006% 洁净条件下，未加 La 时，钢中主要夹杂物是不规则形状的 MnS、Al_2O_3 及铝酸盐夹杂的混合物；随着钢中稀土 La 含量的增加，混合的 MnS、Al_2O_3 夹杂物出现了分离，夹杂中铝含量显著减少，且夹杂物的形状也由不规则的尖角状变为规则的球形，稀土 La 与 Al_2O_3 发生反应，把夹杂物的铝逐步置换出来，生成了球状的稀土镧铝酸盐 $LaAlO_3$ 和稀土硫氧化物 La_2O_2S，见图 2-63。随着钢中 La 含量的升高，La 与钢中的 MnS 发生反应，生成稀土硫氧化物 La_2O_2S，不规则的 Al_2O_3 夹杂物基本消失，形成了细小的圆形或椭圆形的稀土硫氧化物 La_2O_2S、稀土硫化物 La_xS_y，见图 2-64。当钢中 La 含量达到 0.0426%，钢中的夹杂物已测不出铝元素的含量，MnS、Al_2O_3 夹杂物已被稀土镧夹杂物完全取代，转变为不易变形的 La_2O_2S 和 La_xS_y，见图 2-65，而且稀土镧变质生成的 La_2O_2S 和 La_xS_y 尺寸全部少于 3μm，弥散分布于钢中，阻碍晶界移动，细化了晶粒，球状不易变形的稀土夹杂物改善了钢的各向异性，提高了钢的等向性能。

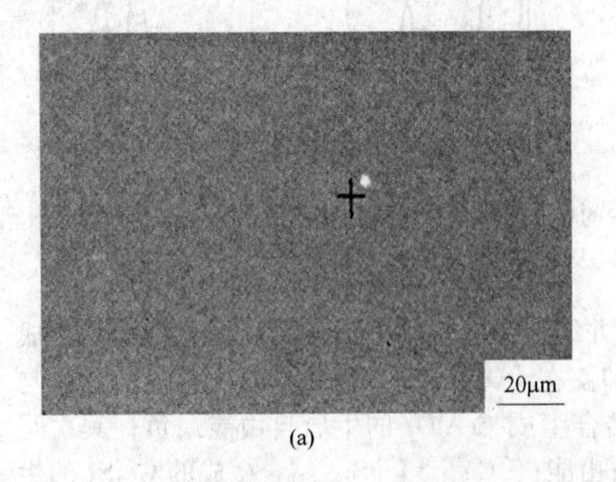

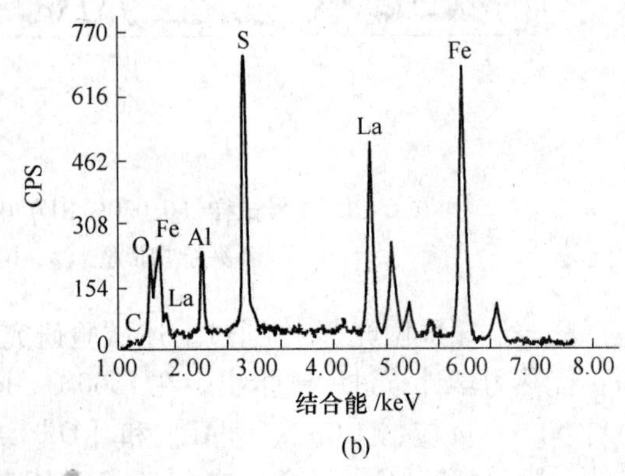

图 2-63　含 La 0.008% 洁净钢试样中的 $LaAlO_3$ 和稀土硫氧化物 La_2O_2S 夹杂物形貌及能谱

（a）SEM 形貌；（b）EDS 谱

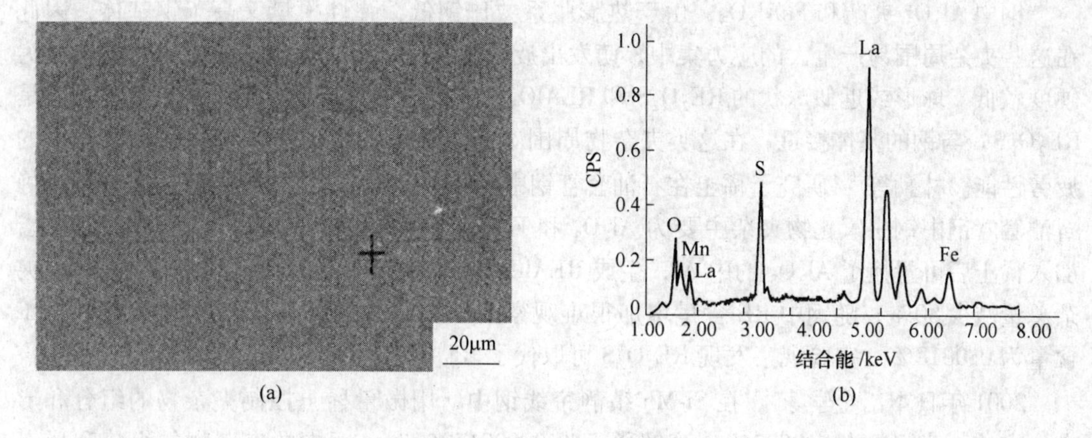

图 2-64　含 La 0.029% 洁净钢试样中的 La_2O_2S 和 La_xS_y 夹杂物形貌及能谱

（a）SEM 形貌；（b）EDS 谱

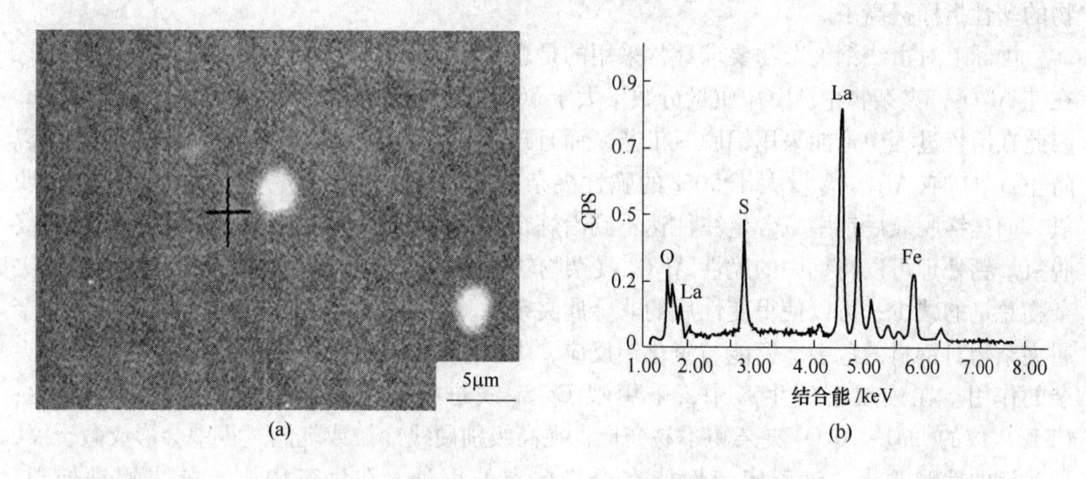

图 2-65　含 La 0.0426% 洁净钢试样中的 La_2O_2S 和 La_xS_y 夹杂物形貌及能谱

（a）SEM 形貌；（b）EDS 谱

上述李峰等[65]的研究结果表明，在纯净钢中，加入稀土镧后生成镧夹杂物的顺序为 $LaAlO_3$、La_2O_2S，这与叶文等[50]早期研究的稀土铈在低硫低氧 16Mn 钢中铈夹杂物的生成顺序是一致的。文献［50］的金相显微镜观察及电子探针分析结果表明在试验低氧低硫 $w(S)<0.005\%$ 条件下，稀土 Ce 生成的复合夹杂物中观察到，有些中心部位是 $CeAlO_3$，外包一层硫化铈。说明先生成 $CeAlO_3$，然后随稀土含量的不断增加，逐渐生成稀土硫氧化铈 Ce_2O_2S 或硫化铈 Ce_xS_y。

郭锋等[66]对稀土在碳锰洁净钢中变质夹杂物的行为进行了研究，研究结果表明：稀土元素能有效地变质 Al_2O_3 夹杂，在 $w(O)=0.0013\% \sim 0.0016\%$、$w(S)=0.0006\% \sim 0.0016\%$ 洁净条件下，Al_2O_3 完全变质的稀土含量为：1600℃ 时，$w(La)>0.009\%$，$w(Ce)>0.01\%$；1518℃时，$w(La)>0.012\%$，$w(Ce)>0.013\%$，稀土变质 Al_2O_3 的产物主要为 RE_2O_2S。当 La 含量大于 0.028%，Ce 含量大于 0.027% 后，体系中将会有 RES 产生，但夹杂物仍然以 RE_2O_2S 为主。

钢中 Al_2O_3 夹杂和 $FeAl_2O_3$，由于热膨胀系数比钢低，弹性模量又高于钢基体，因此在这些夹杂周围易产生大的应力集中，萌发出疲劳裂纹。加稀土后能使钢中这些夹杂变为硬度较低、球形或近似球状的 RE_2O_2S 和 $REAlO_3$，它们的热膨胀系数和弹性模量（尤其是 RE_2O_2S）与钢的基体接近，在这类夹杂物周围不易产生大的应力集中，有利于改善钢的疲劳性能。林勤等[67]研究了稀土在石油套管钢中对 Al_2O_3 变质，通过金相观察发现铝镇静石油套管钢中钢中氧化物夹杂主要为 Al_2O_3 和 $FeAl_2O_3$ 约占稳定夹杂物总量的 60% 以上，加入稀土后可置换了 Al_2O_3 的中 Al，生成 $REAlO_3$，当钢中 RE 含量为 0.0014%，Al_2O_3 夹杂总量减少 80%；随钢中 RE 含量增加很难观察到未变质的单一 Al_2O_3 夹杂；当钢中 RE 含量为 0.0018%，实验观察发现 RE_2O_2S 可取代了 $REAlO_3$ 夹杂。

2001 年日本冶金学家[68]在 Si-Mn 镇静帘线钢中，用微量稀土控制夹杂物的组分和形态，在控制溶解铝为 0.0002%，溶解稀土为 0.000159% 时，钢中的夹杂物的组分和形态得到了改善，当 SiO_2-MnO-Al_2O_3 夹杂物组分中 RE 氧化物含量在 10% 时，热轧过程中夹杂物的塑性指标提高了。

国际上对帘线钢夹杂物要求最常采用的是意大利的 PIRELLI 标准，要求钢中不允许存在纯 Al_2O_3，夹杂物中 Al_2O_3 质量分数不大于 50%，脆性夹杂物的最大尺寸要小于 15μm。因此在冶炼过程中不能采用铝脱氧工艺，而且还必须控制耐火材料中 Al_2O_3 质量分数，以防止 Al_2O_3 或 Al_2O_3 含量大于 50% 的脆性夹杂物的产生，对于帘线钢主要采用硅、锰脱氧，而硅锰脱氧后钢中氧含量往往达不到冶炼帘线钢的要求，还需要一些强脱氧剂进行终脱氧。钙处理可以将钢中的脆性 Al_2O_3 夹杂物转变为低熔点复合氧化物，这有利于脆性夹杂物总量的减少；可以使得变性后的非金属夹杂物几乎为圆形弥散分布在钢中，减轻非金属夹杂物对钢材的危害。钙能与氧化铝反应，生成塑性或半塑性夹杂，起到变性氧化铝夹杂的作用。在硬线钢的生产中，采用喂 Ca-Si 线进行钙处理。钙处理存在以下问题：（1）生成的 CaO · Al_2O_3 夹杂物不易变形，在高级别硬线冷拉或轧制过程中会形成微裂纹，导致钢的性能恶化。对于疲劳性能有严格要求的钢种，在生产中则不能采用钙处理；（2）钙的沸点低于钢液温度，钙在钢液中的溶解度很小，因此钙处理工艺需要较高费用的钢包耐火材料、昂贵的钢包烟气收集系统、新的覆盖渣系等。李长荣[69]关于稀土元素对硬线钢液进行深度净化及变性夹杂的研究结果：稀土元素脱氧能力要强于铝，稀土与钢中氧、硫元素有很强的结合能力，$T=1600℃$，钢中加入稀土可以使棱角状高硬度的 Al_2O_3 夹杂转变成软质颗粒稀土铝酸盐夹杂 $CeAlO_3$；在更高稀土含量下的条件下，稀土铝酸盐夹杂 $CeAlO_3$ 可以进一步转变为球状 Ce_2O_2S，塑性的 $CeAlO_3$ 及球状的 Ce_2O_2S 夹杂，改变了硬线钢中非金属夹杂物的性质、形态和分布，能够满足硬线钢对夹杂物塑性化的生产要求。

林勤等[53]从热力学计算指出稀土与氧结合能力大于铝与氧的结合能力，当钢中有［Al］存在时，RE 首先与［Al］生成 $REAlO_3$，且在炼钢温度下 RE 也能与钢中已生成的棱角状高硬度 Al_2O_3 夹杂，按照 $[RE] + Al_2O_3(s) = REAlO_3(s) + [Al]$ 进行反应，计算可得的炼钢温度下，$\Delta G^{\ominus}(1600℃) = -39.29\text{kJ/mol}$，由此反应式，可知这种转变取决于钢中 RE 和 Al 的活度比值，a_{RE}/a_{Al} 值的提高有利于 RE 对 Al_2O_3 的变质反应，理论计算表明当 $a_{RE}/a_{Al} > 8 \times 10^{-2}$，钢中 Al_2O_3 夹杂将转变为 $REAlO_3$，表 2-28 为 20MnVB 钢中 RE、Al、S、O 活度比值。实验结果发现表 2-28 的 04、05、06 号 20MnVB 试样中却是没有观察到 Al_2O_3

夹杂，与表2-28理论计算的结果相符。另外从表2-28的 a_{RE}/a_{Al} 和RE/S的关系，可看到钢中MnS未完全变质前（20MnVB，RE/S < 1.7），Al_2O_3 就已经完全消失，被 $REAlO_3$ 取代。因此可知在一般铝镇静钢中稀土对氧化物的变质作用可以在较低的RE/S下实现。尤其在铝含量较低的情况下，如现场发现55SiMnVB和GCr17SiMn钢中总铝量为0.01% ~ 0.02%，则RE/S > 1.0，Al_2O_3 夹杂就已经消失。

表2-28　20MnVB钢中RE、Al、S、O活度比值及RE/S

活度比或RE/S	样品号				
	03	04	4	05	06
a_{RE}/a_{Al}	7.8×10^{-2}	8.0×10^{-2}	9.2×10^{-2}	10×10^{-2}	13×10^{-2}
$a_{RE}\cdot a_S/a_{Al}\cdot a_O$	1.0	1.04	1.25	1.4	0.83
RE/S	0.91	1.2	1.7	2.5	4.0

刘晓等[54]研究了稀土Ce对洁净的高合金马氏体2Cr13不锈钢夹杂物的变质，研究观察结果表明：稀土元素Ce能有效地变质钢中的 Al_2O_3，其变质产物主要为球形的 Ce_2O_2S（见图2-66和图2-67），且与理论计算的结果较一致。

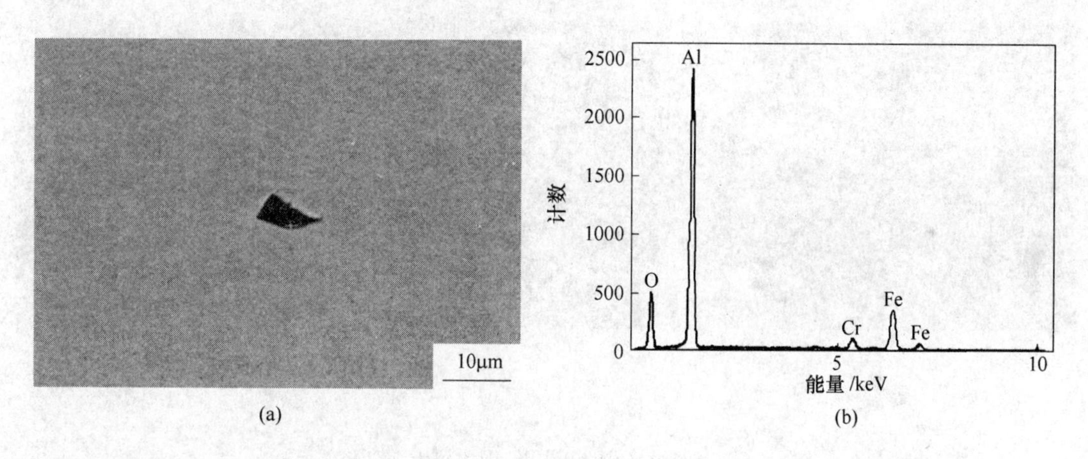

图2-66　未加稀土2Cr13不锈钢中观察到的棱角状的 Al_2O_3 夹杂形貌（a）及能谱（b）

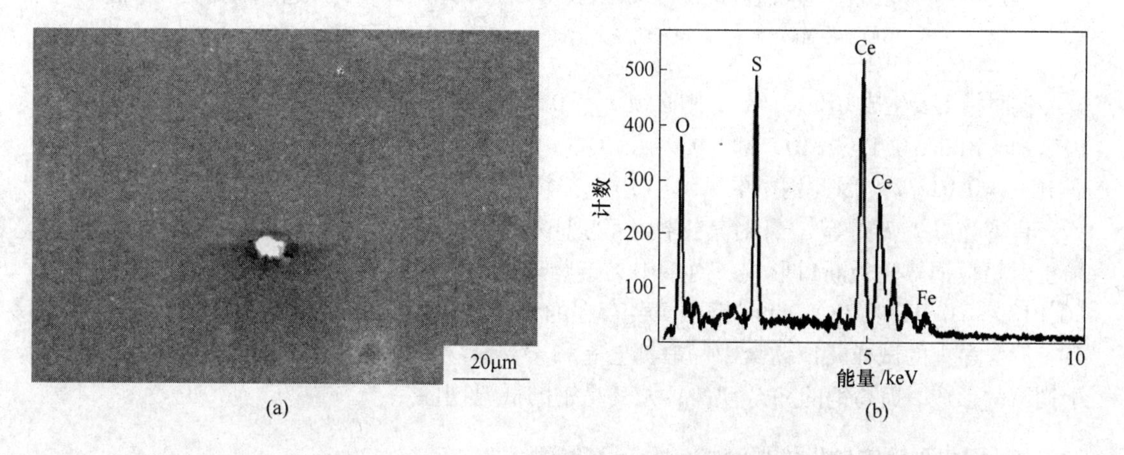

图2-67　含Ce 0.044%的2Cr13不锈钢中稀土变质夹杂物形貌（a）及能谱（b）
（$w(S)=0.005\%$，Ce/S = 8.8）

李文超等[70]研究了35CrNi3MoVRE（0.015% RE）钢稀土夹杂物的生成条件并结合实验观察发现，在电渣重熔后的35CrNi3MoVRE洁净度为：0.0036% O、0.0071% S、0.018% P；且钢中含0.015% RE、0.37% Al、0.003% Ca的条件下，试验钢样中，没有出现REN、REO_2、RE_2O_3、RES、RE_2S_3等稀土夹杂，只有$Ca_3(AlPO_3)_2$、RE_2O_2S、RE_3S_4、$REAlO_3$（见图2-68）等四种稀土夹杂，原始钢中高硬度棱角状的Al_2O_3和不规则块状的$FeO \cdot Al_2O_3$、$FeO \cdot Cr_2O_3$消失了，当RE/S > 2.2，夹杂物全部球化。

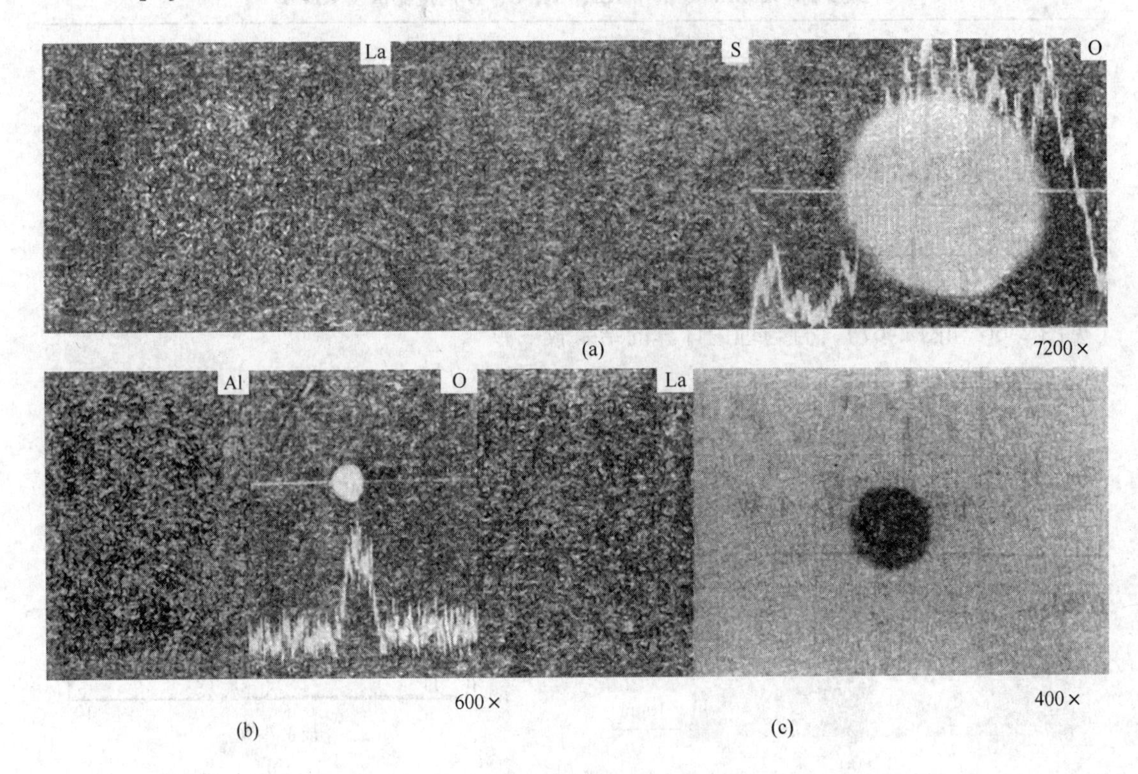

图2-68　35CrNi3MoVRE钢中稀土夹杂物

（a）RE_2O_2S明场浅灰，暗场透明橘红，偏光暗红各向同性；（b）$REAlO_3$明场灰色，暗场半透明黄绿色，偏光各向同性；（c）RES明场红色橘黄，暗场透明红色，偏光各向同性

同时指出要生成$REAlO_3(s)$，则必须$a_{Ce} > 0.508 \times 10^{-5} a_{Al}$，当$a_{Al} = 0.384$时，$a_{Ce} > 0.195 \times 10^{-5}$，$w[RE] > 0.159 \times 10^{-4}$即生成$REAlO_3(s)$夹杂，电渣重熔后的35CrNi3MoVRE钢中$w[RE] = 0.015\%$，因此钢中的$Al_2O_3(s)$全部转化为$REAlO_3(s)$型夹杂。

肖寄光、王福明等[71]针对某钢铁公司现场生产的含稀土B级船板钢试验观察研究了稀土对船板钢热轧板断口形貌及对钢中夹杂物形成的影响。研究发现，加入适量的稀土后（0.018% ~0.027% RE），此时钢中主要存在的稀土夹杂相是RE-O-S-Ca和RE-S-Ca，见图2-69。含稀土的试样断口韧窝中一般都会有稀土夹杂物，这些球化、颗粒小的夹杂物有利于韧窝的形成，提高钢的冲击韧性，尤其是钢的低温韧性。

2.3.3　稀土对钢中碳化物形态控制及分布影响

大量研究表明稀土能改变了钢中碳化物形态、大小及分布，在一定的稀土固溶量下，

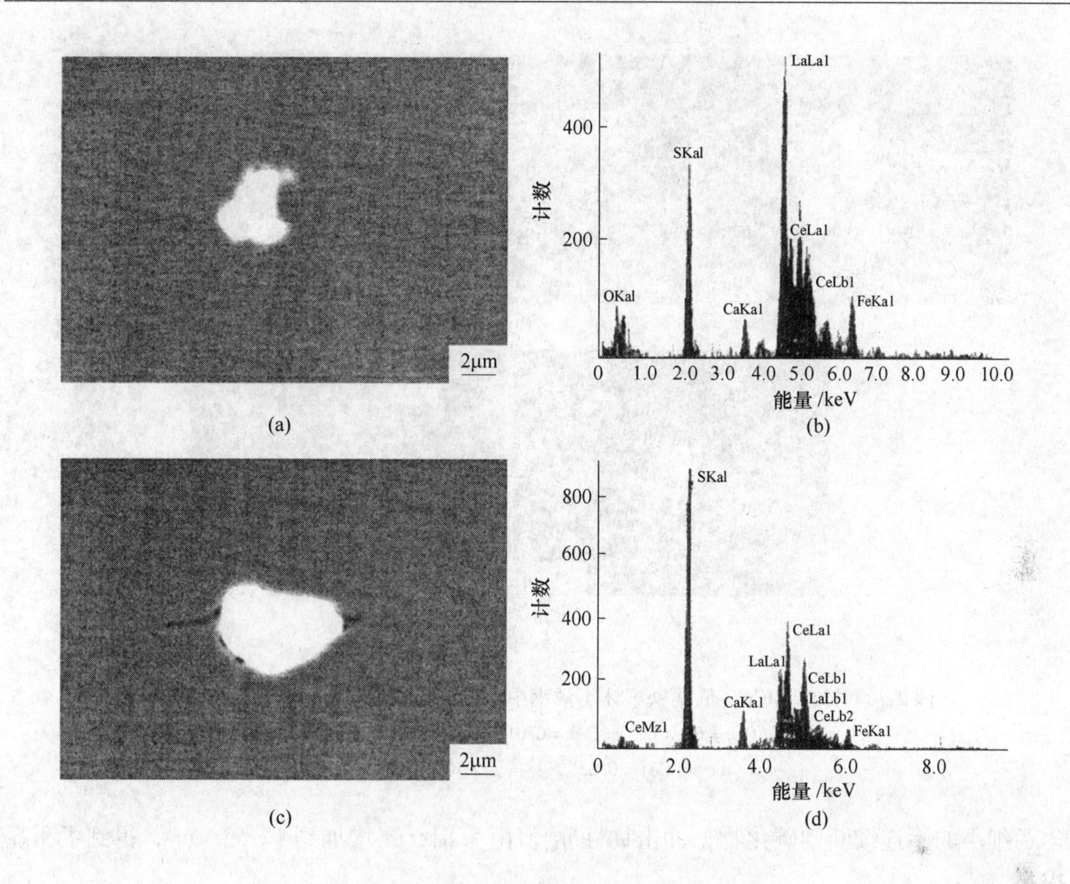

图 2-69 稀土船板钢中的变质夹杂物

（a），（b）RE-O-S-Ca；（c），（d）RE-S-Ca

稀土进入渗碳体中，改变了渗碳体的组成和结构。稀土使共晶碳化物断网，明显提高钢的性能。

李亚波、王福明等[72]研究了稀土铈对00Cr12低铬铁素体不锈钢中碳化物的影响，研究结果表明添加铈后不锈钢中碳化物更细小、弥散，见图2-70。

李亚波等[72]分析了稀土铈对00Cr12低铬铁素体不锈钢中碳化物形貌的影响机理，首先利用Thermo-Cal软件计算得到在室温条件下，00Cr12低铬铁素体不锈钢材料存在的相是$\alpha + M_{23}C_6$型碳化物，碳化物的析出温度大约在1100K。碳化物容易在晶界处形核，添加铈后，铈在晶界附近偏聚并细化晶粒。铈元素原子半径较大，原子的固溶引起晶界附近点阵扩张，晶界能量升高，更易于碳化物的形核；而且晶粒细化后（晶粒平均尺寸由50μm降低到19μm），使得晶界增加。这样，析出的碳化物就更加细小、弥散。

刘坤鹏等[73]采用自制的稀土-低熔点合金对一种含碳量为1.9%的超高碳钢进行了变质处理，研究结果表明：超高碳钢经稀土-低熔点合金变质处理后，共晶碳化物断网，获得了不连续的块状碳化物，见图2-71，初生奥氏体晶粒明显细化；由于Ce_2O_2S的吉布斯自由能负值较大，其稳定性较高，因此，稀土元素与O、S在钢中最易形成的稀土氧硫化合物Ce_2O_2S；同时稀土与低熔点合金元素是强烈促进珠光体形成元素，具有稳定珠光体的作用，提高了奥氏体化温度；经淬火与低温回火后，获得了马氏体基体上分布着弥散均

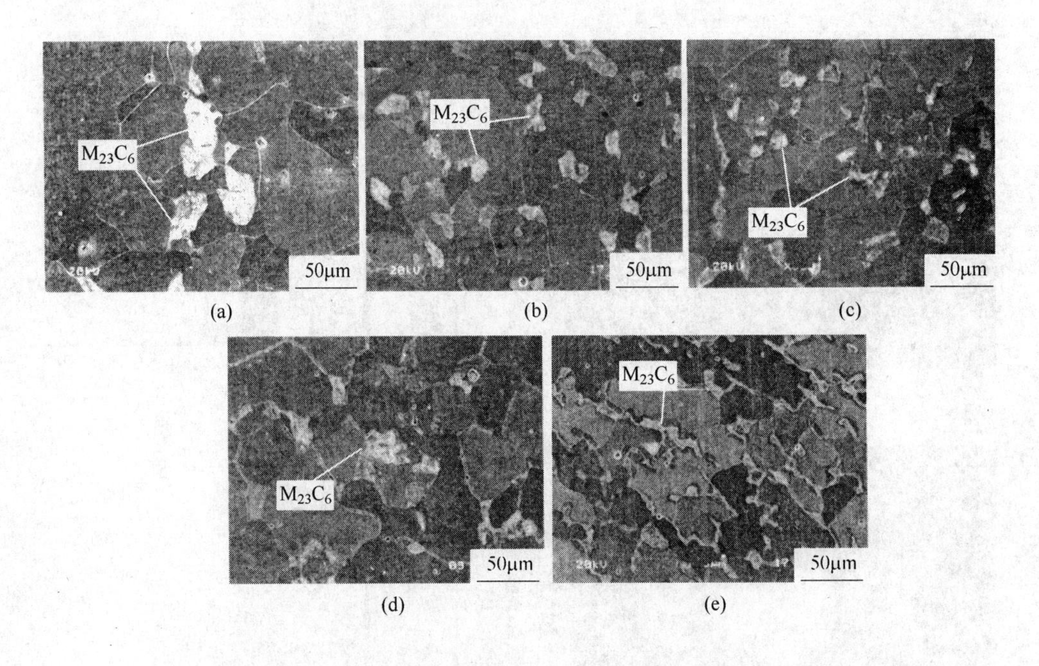

图 2-70　铈对 00Cr12 低铬铁素体不锈钢中碳化物形貌的影响（1073K，30min）
（a）w(Ce)=0；（b）w(Ce)=0.018%；（c）w(Ce)=0.028%；
（d）w(Ce)=0.036%；（e）w(Ce)=0.056%

匀、细小的不连续断网碳化物，冲击韧性 a_k 值由 5.8J/cm^{2}增加到 12.5J/cm^2，得到了明显提高。

在未经稀土-低熔点合金变质处理的超高碳钢样品中，粗大的共晶碳化物呈连续网状分布于晶界上，晶粒比较粗大，见图 2-71（a）、（b）。经稀土-低熔点合金变质处理后的样品，共晶产物变得不连续而呈块状均匀分布，且晶粒明显细化，如图 2-71（c）、（d）所示；同时碳化物形态由粗大板条状向细小板条状孤立岛状转变，碳化物尺寸变得明显细小。

文献［73］作者将超高碳钢样品经 1050℃ ×3h +650℃ ×15min 等温退火后，再经 800℃ ×1h 淬火，观察结果表明，基体组织主要是马氏体，同时在基体上分布着渗碳体和网状碳化物。但未变质处理的碳化物较粗大，呈连续网状分布，如图 2-72（a）所示；经过变质处理的碳化物基本断网，其尺寸较细小，分布较均匀，如图 2-72（b）所示。可见，经稀土-低熔点合金变质处理后的超高碳钢，由于稀土-低熔点合金易富集在晶界降了晶界能，使碳化物难以在晶界上形核从而阻止降低了碳化物沿晶界析出和长大，因此淬火后得到了基体上分布着弥散均匀、细小的不连续断网碳化物。

王仲珏等[74]研究了适量稀土对高锰的变质处理，研究结果表明稀土作为表面活性元素易富集在新生碳化物的表面，使碳化物的择优长大速度受到阻碍，碳化物难于连接成封闭圈而变成断网状。明显改变了脆相碳化物的网状分布形态，控制了其析出总量。同时稀土作为合金元素也强化了奥氏体基体，增强了磨损抗力，提高了加工硬化速率，减薄了加工硬化的亚表层厚度，并为后续的热处理过程提供了一个有利于碳化物溶解、团聚、粒化及均匀分布，防止显微裂纹延拓的动态热力学条件，从而使零件有效地提高了使用寿命。

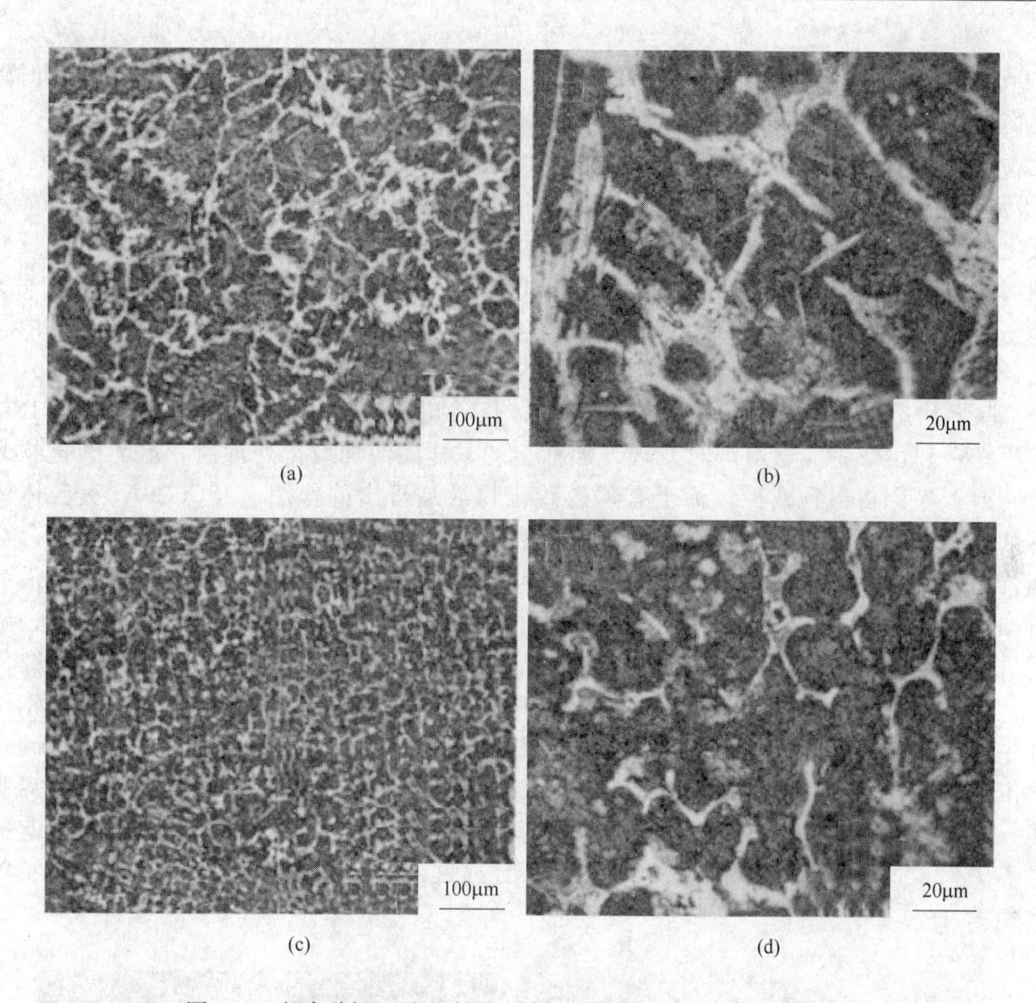

(a) (b)

(c) (d)

图 2-71 超高碳钢经稀土-低熔点合金变质或未经变质的铸态组织
(a)，(b) 未变质；(c)，(d) 变质后

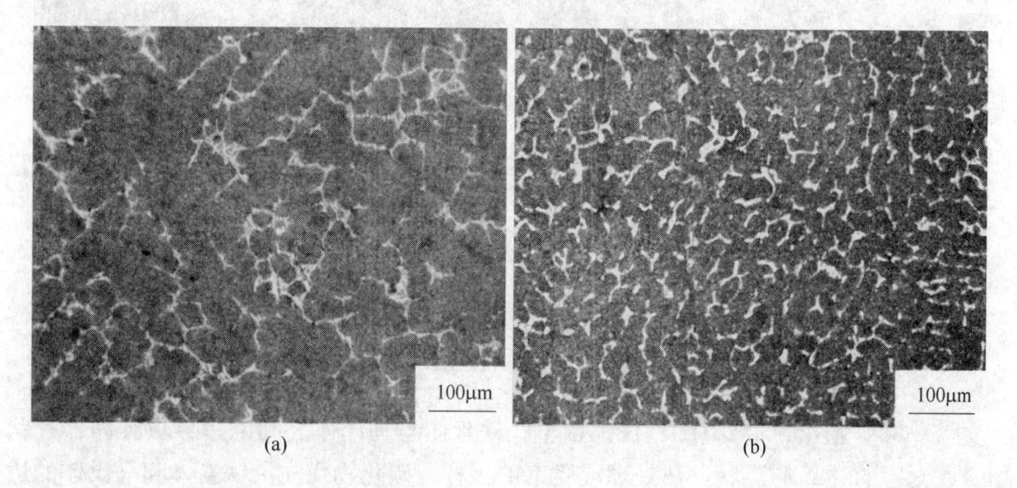

(a) (b)

图 2-72 超高碳钢经稀土-低熔点合金变质或未经变质的试样等温退火后 800℃ ×1h 淬火后微观组织
(a) 未变质；(b) 变质后

梁建平等[75]研究了稀土复合变质剂（0.051% ~0.072% RE，0.1% ~0.29% V，0.06% ~0.15% Ti）对超高锰钢组织的影响，结果表明超高锰钢在铸态下未加变质剂时碳化物主要以条块分布在晶界，晶内碳化物的量较少；在稀土复合变质剂加入0.5%时，碳化物以小块状分布在晶界，在晶内以粒状均匀分散分布；当稀土复合变质剂加入0.7%、0.9%时，碳化物在晶内以小块状有方向性均匀分布。水韧处理后，晶界碳化物减少，晶内碳化物以粒状和团块状分布；变质剂加入0.5%时，碳化物在晶内主要以粒状分布，变质剂加入0.7%时，晶内碳化物即有粒状又有团块状。这说明稀土复合变质剂的加入改变了超高锰钢铸态及热处理态下碳化物的形态和分布。热处理后，由于碳化物主要在晶内析出，因此基体硬度随稀土复合变质剂加入量的增加而提高。

晶界状态能够影响碳化物的析出过程，长谷川正义等[76]早先用金相法观察18-8等不锈钢和耐热钢显微组织时发现，加稀土的试样固溶加敏化处理后，晶界碳化物为粒状或者晶界析出物减少，稀土有阻碍碳化物沿晶析出的作用。25Cr-20Ni奥氏体铸钢加入混合稀土，稀土能够阻止片状碳化物沿晶析出，使碳化物碎化[77]。作者[78]对加稀土的00X18H10奥氏体钢的研究结果表明，稀土减缓了碳化物析出过程，使沿晶析出的碳化物变成串球状。Cr18Ni18Si2奥氏体不锈钢[79]，1100℃保温2h水淬，随后进行800℃4h时效处理。低温冲击断口和金相试样碳萃取复型的透射电镜研究发现，未加稀土的试样晶界有片状$Cr_{23}C_6$碳化物析出，见图2-73。加0.15% RE的钢试样中的观察未发现晶界上有$Cr_{23}C_6$碳化物析出，见图2-74。由于稀土阻碍$Cr_{23}C_6$碳化物沿晶析出，因而减弱了Cr18Ni18Si2由$Cr_{23}C_6$碳化物沿晶呈片状析出引起的晶界脆化。加稀土的是典型的塑坑型穿晶断口，表明稀土能消除由碳化物沿晶界析出引起的晶界脆化，这可能与稀土延缓碳化物的析出过程，降低析出量，改变形状和分布等有关。

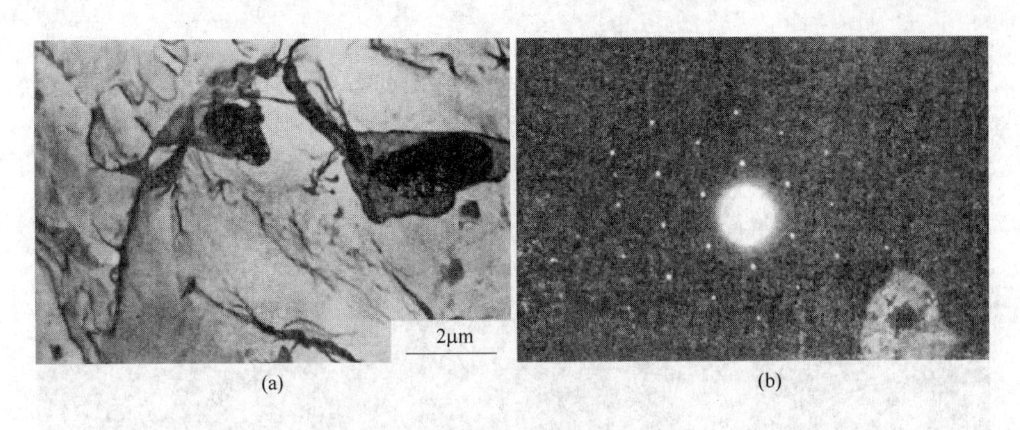

图2-73　未加稀土的Cr18Ni18Si2晶界$Cr_{23}C_6$照片及电子衍射图
（a）晶间断口透射电镜照片；（b）金相试样晶界上$Cr_{23}C_6$的（$\bar{1}11$）倒易面衍射图

文献［80］指出，1X17H2钢添加稀土，铁素体与马氏体之间的边界更纯净，片状碳化物变成无害的“岛屿”状。热处理成脆态的试样，碳化物优先沿铁素体和马氏体的边界分布；而热处理成韧性态的试样，大部分碳化物分布在铁素体的周围。钢中含0.059% RE时没有回火脆性倾向，碳化物完全分布在铁素体内，而且铁素体的相对量大大高于未加稀

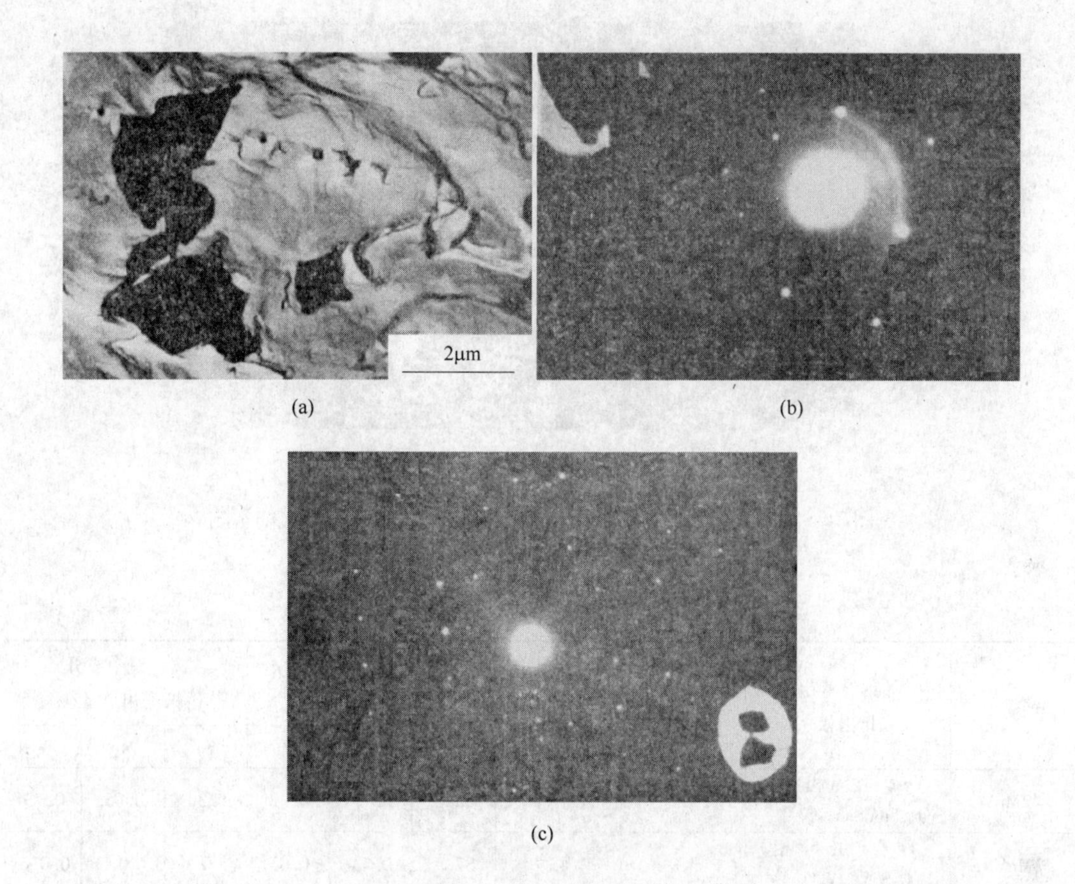

(a)　(b)

(c)

图 2-74　加稀土的 Cr18Ni18Si2 穿晶断口透射电镜照片及 Ce_2O_2S，Ce_2S_3 的电子衍射图
（a）加稀土穿晶断口透射电镜照片；（b）图（a）中 Ce_2O_2S 的 *hcp*（332）倒易面衍射图；
（c）穿晶断口上 Ce_2S_3 的电子衍射图 *bcc*（023）

土的钢。用侵蚀法显示的碳化物经电子衍射分析，确定是溶有 Cr 的渗碳体型碳化物。试验结果还表明稀土能够延缓低合金结构钢回火过程中 Fe_3C 型碳化物的析出过程，阻止碳化物从过饱和 α 固溶体析出及聚集长大。

张杰等[81]研究了稀土对 2Cr3Mo2NiVSi 中碳合金结构钢碳化物析出的影响，碳化物的相分析和电镜观察结果表明稀土使碳化物析出更细小，分布更均匀，见图 2-75。

刘宗昌等[82,83]研究混合稀土金属 RE 对正火处理的 42MnV 钢中碳化物的影响，结果表明，钢中加入稀土后，碳化物总量明显减少，碳化物类型也有区别。未加 RE 的 42MnV 钢中合金渗碳体约占析出总量的75%，碳化钒约占 1.5%，加 RE 的 42MnVRE 钢中合金渗碳体约占析出总量的 42%，析出总量大幅度减少，详见表 2-29。表 2-29 的结果说明稀土对碳化物析出的影响是明显的，稀土提高了过冷奥氏体的稳定性，正火冷却速度与 CCT 曲线的开始相交时，温度已下降到 500℃以下，这时 V、Mn 等原子已难以扩散，不能形成碳化钒。但是在上贝氏体区仍能形成渗碳体，其量减少。不加 RE 的 42MnV 钢，在正火时于 500℃以上发生 F-P 反应，碳化钒沉淀析出，而且 V、Mn 还能溶入渗碳体中，Mn 也能扩散进入碳化钒中。

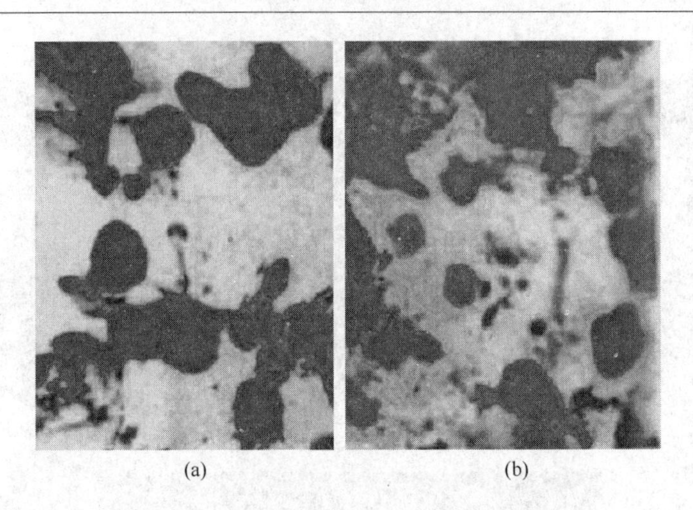

(a) (b)

图 2-75 稀土对 2Cr3Mo2NiVSi 中碳合金结构钢碳化物析出的影响
(a) w(RE) = 0；(b) w(RE) = 0.055%

表 2-29 42MnV、42MnVRE 钢中析出相分析结果 (%)

钢 种	X 射线鉴定析出相	析出相总量占钢中/%	合金渗碳体约占析出相总量/%	合金渗碳体中成分占析出相总量/%			碳化钒中成分占析出相总量/%		
				Fe	Mn	V	Fe	Mn	V
42MnV	Fe_3C(主量相)，VC，SiO_2，$FeAlSiO_3$ 等	5.1	75	65.6	3.13	0.32	0.36	0.05	0.73
42MnVRE	Fe_3C（主量相），RE_2O_2S，VC，V_2O_5 等	3.9	42	37.5	0.53	0.07	0	0	0.076

韩永令、杜奇圣[84]研究稀土元素在低硫 18Cr2Ni4WA 钢中作用时发现，未加稀土的钢中碳化物分布在晶界和晶内，碳化物颗粒和马氏体亚结构板条都较粗大，而对比之下加稀土的 18Cr2Ni4WA 钢中碳化物颗粒和马氏体板条要细得多，而且碳化物主要分布在晶粒内部，如图 2-76 所示。

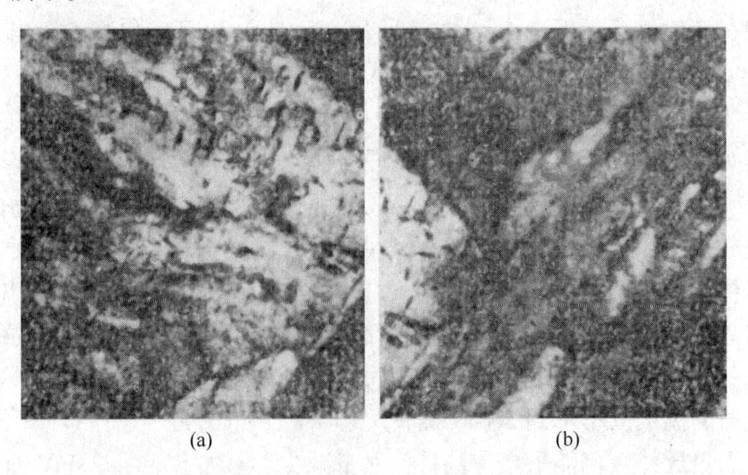

(a) (b)

图 2-76 稀土元素对低硫 18Cr2Ni4WA 碳化物及组织的影响
(a) w(RE) = 0；(b) w(RE) = 0.018%

林勤等[85]研究结果表明高碳钢中加入稀土后经淬火 + 长时间高温回火时碳化物的形态和分布会发生变化，碳化物在晶界的聚集减少，趋于在晶内均匀分布，且碳化物球化和细化，见图 2-77。

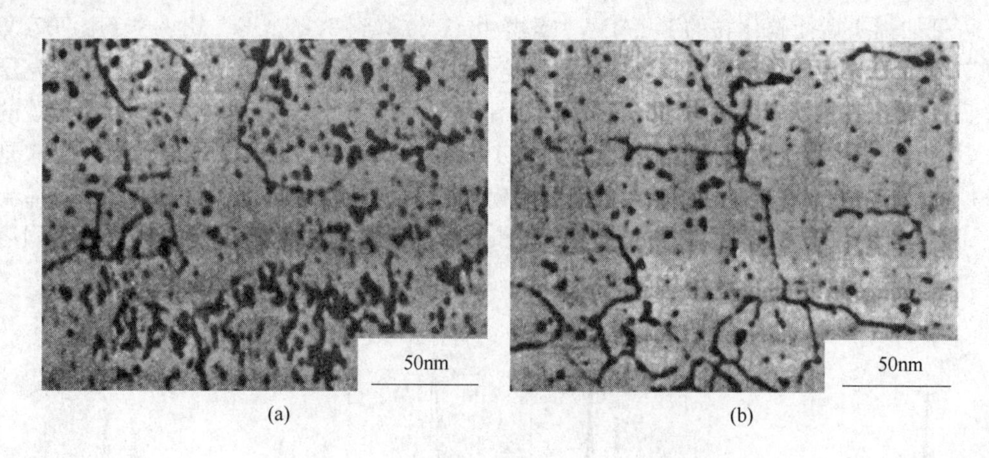

图 2-77 稀土对 T8 高碳钢碳化物析出的影响
（790℃淬火 +680℃回火，30h）
（a）$w(\mathrm{RE})=0$；（b）$w(\mathrm{RE})=0.022\%$（固溶 RE 为 0.0023%）

高碳钢中溶解有一定量的稀土，固溶稀土不仅在晶界偏聚，也存在于晶内。它存在于铁素体中，但是更多地存在于渗碳体中，稀土使碳化物球化，细化并均匀分布，稀土还使珠光体形貌退化，俄歇能谱分析表明，固溶于渗碳体中的稀土，改变了渗碳体的组成和结构，在较高稀土和碳含量下，能生成稀土碳化物。

固溶稀土对 Fe_3C 面间距的影响比对 α-Fe 的影响大。铁素体和渗碳体的俄歇分析结果表明，在铁素体基体上没有出现 La 和 Ce 的俄歇峰（图 2-78（a））；而在碳化物中却出现了 La 和 Ce 的俄歇峰（图 2-78（b））。说明稀土在碳化物中的浓度高于铁素体。固溶稀土更多地存在于渗碳体中，使 Fe_3C 晶格发生畸变，导致显微硬度有更大的增加。

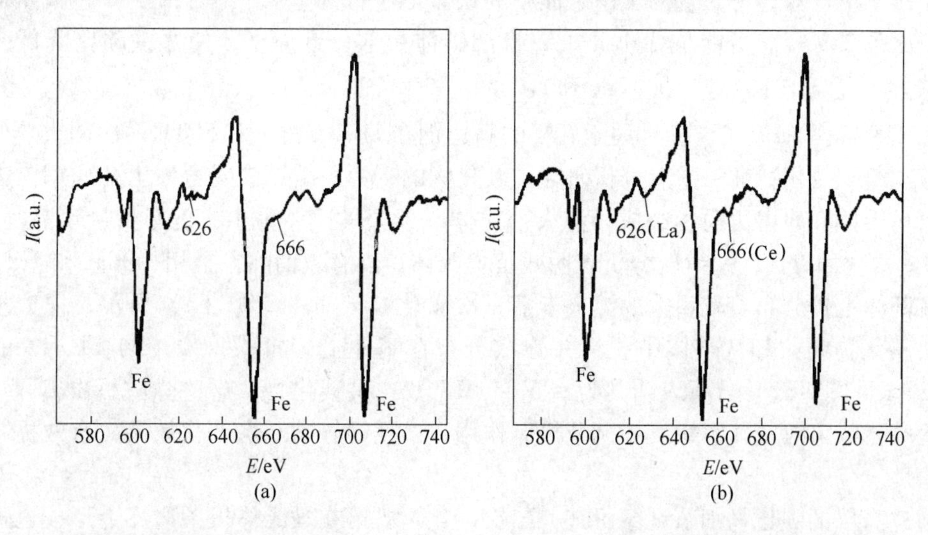

图 2-78 T8 高碳稀土钢中铁素体（a）和碳化物（b）的俄歇电子能谱

稀土不仅改变了碳化物形态、大小及分布，在一定的稀土固溶量下，稀土进入渗碳体中，改变了渗碳体的组成和结构。图 2-79（a）和（b）分别是不加稀土和加稀土（0.0023%）T8 钢，经 790℃淬火，680℃回火 30h 后，钢中碳化物的俄歇能谱图。比较两图，可见加稀土后使碳化物的 Fe(MVV)峰由 48eV 位移到 52eV；Fe(MNN)峰由 707eV 位移到 710eV，分别增大了 4eV 和 3eV。看来这是由于铁原子的电荷转移，引起了内壳层能级移动，使得铁的俄歇峰发生位移。但加稀土后未引起碳峰的位移，表明未改变碳的价态。其次，稀土使碳化物中铁的副峰（MVV）峰-峰间幅值增大，峰宽增加。可能这是由于铁原子价电子带密度发生改变，引起与价电子带有关的俄歇峰形状的变化[86]。稀土加入后，碳化物的俄歇能谱出现峰的化学位移和峰形的变化即化学效应，表明了稀土固溶于渗碳体中，引起渗碳体结构的变化。

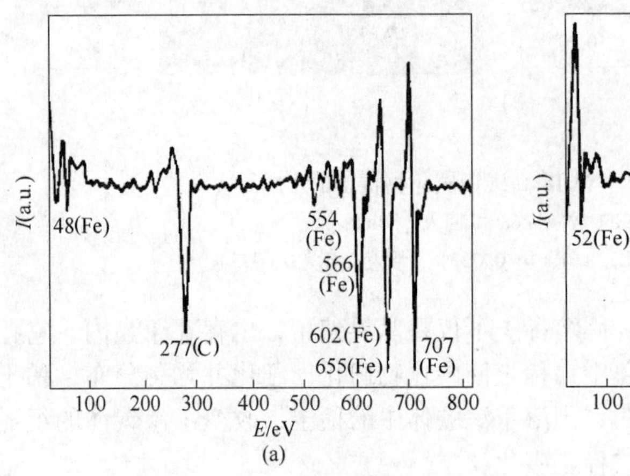

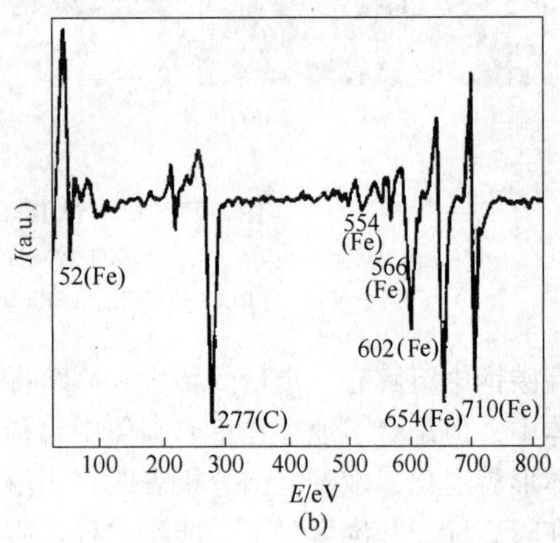

图 2-79　不加稀土（a）和加稀土（b）的 T8 高碳钢中碳化物俄歇电子能谱

根据测得的俄歇峰强度，应用相对灵敏度系数法[86]，对溶有稀土的渗碳体中的铁碳原子比作定量计算，得出含稀土渗碳体中的铁碳原子比为 2.2，不含稀土的渗碳体中的铁碳原子比是 2.9[87]，可能是稀土原子置换渗碳体中部分铁原子，使之铁碳比降低，形成铁-稀土的“合金渗碳体”，即$(Fe,RE)_3C$。

王明家等[88]研究了含稀土用于轧辊的高速钢在 1100℃淬火和 550℃两次回火热处理过程的微观组织变化特征，重点分析研究了碳化物的行为，结果表明含稀土高速钢淬火后的基体由马氏体和残留奥氏体组成，淬火马氏体以板条马氏体为主，也有少量孪晶马氏体；经 550℃两次回火后，X 衍射分析表明残留奥氏体得以有效消除，金相、SEM 和 TEM 分析表明在基体上仍分布着较粗大的淬火未溶一次碳化物，如图 2-80（a）所示，但大量细小的二次碳化物颗粒却从基体中脱溶并弥散分布在基体上，如图 2-80（b）所示，能损谱（EELS）（见图 2-81）分析表明其为富 V 的 MC 型二次碳化物，这些弥散析出富 V 的 MC 型二次碳化物可对基体组织发挥调节机制作用，产生很好的二次硬化效果，有效提高轧辊的耐磨性。

通过高倍的碳化物细节观察可知，二次碳化物既可在马氏体板条边界上形成也可在板条内形成，且多呈球形或椭球形，如图 2-81（a）所示。在二次碳化物的 EELS 谱线上存有

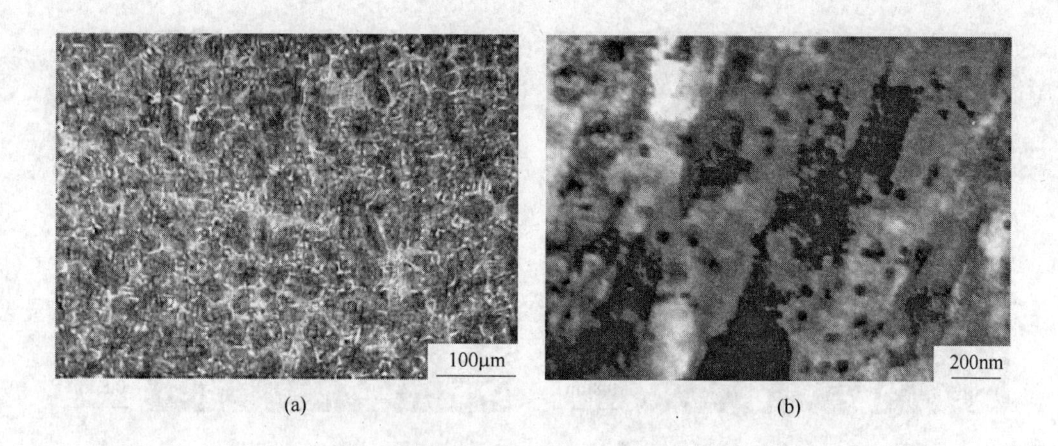

图 2-80 含稀土轧辊用高速钢 550℃两次回火后组织形貌

（a）光学组织；（b）TEM

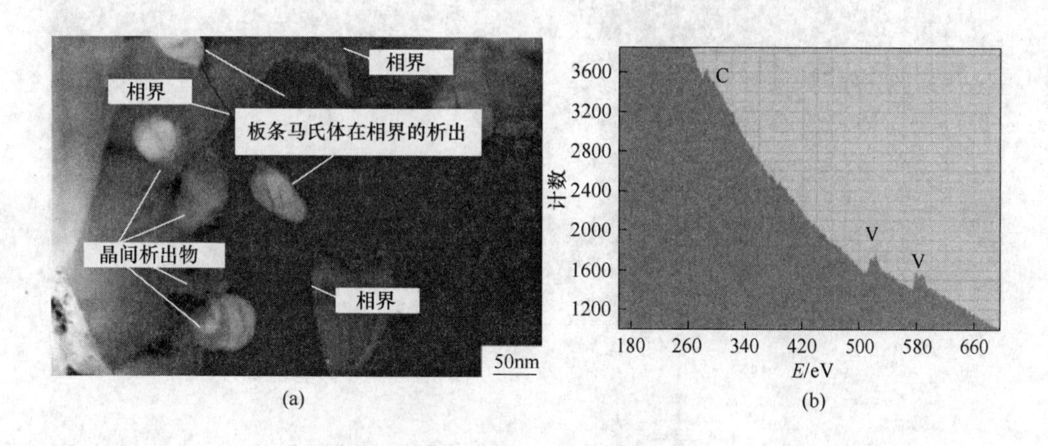

图 2-81 二次碳化物析出形貌及其组分

（a）二次碳化物形貌 TEM；（b）能损谱谱线

C 和 V 元素的峰，这表明经两次回火后析出的二次碳化物主要是富 V 的 MC 型碳化物，如图 2-81（b）所示。含稀土用于轧辊的高速钢中这些弥散分布的二次碳化物是轧辊用高速钢产生二次硬化的直接原因，因此可利用二次碳化物对基体组织的调节机制，充分发挥它们提高耐磨性的作用，使得轧辊用高速钢获得良好的综合性能。

杨庆祥等[89]通过对 60CrMnMo 热轧辊用钢热疲劳试验前后碳化物粒子形态进行观察，研究发现稀土元素能够细化 60CrMnMo 钢回火过程中碳化物颗粒，并抑制热循环过程中碳化物颗粒的聚集和长大（见图 2-82）提高了 60CrMnMo 钢的热疲劳寿命。

梁工英等[90]在研究稀土对低铬白口铸铁中碳化物形貌及冲击疲劳的影响中发现稀土元素对低铬白口铸铁中 M_3C 型碳化物有很强的变质作用，可使板状碳化物转变成板条状和杆状，见图 2-83。图 2-83 是不含稀土和含稀土（0.13% RE 为定向凝固后试样测得数据）共晶成分区域熔化定向凝固低铬白口铸铁试样的横截面金相照片（4% 硝酸酒精腐蚀）。

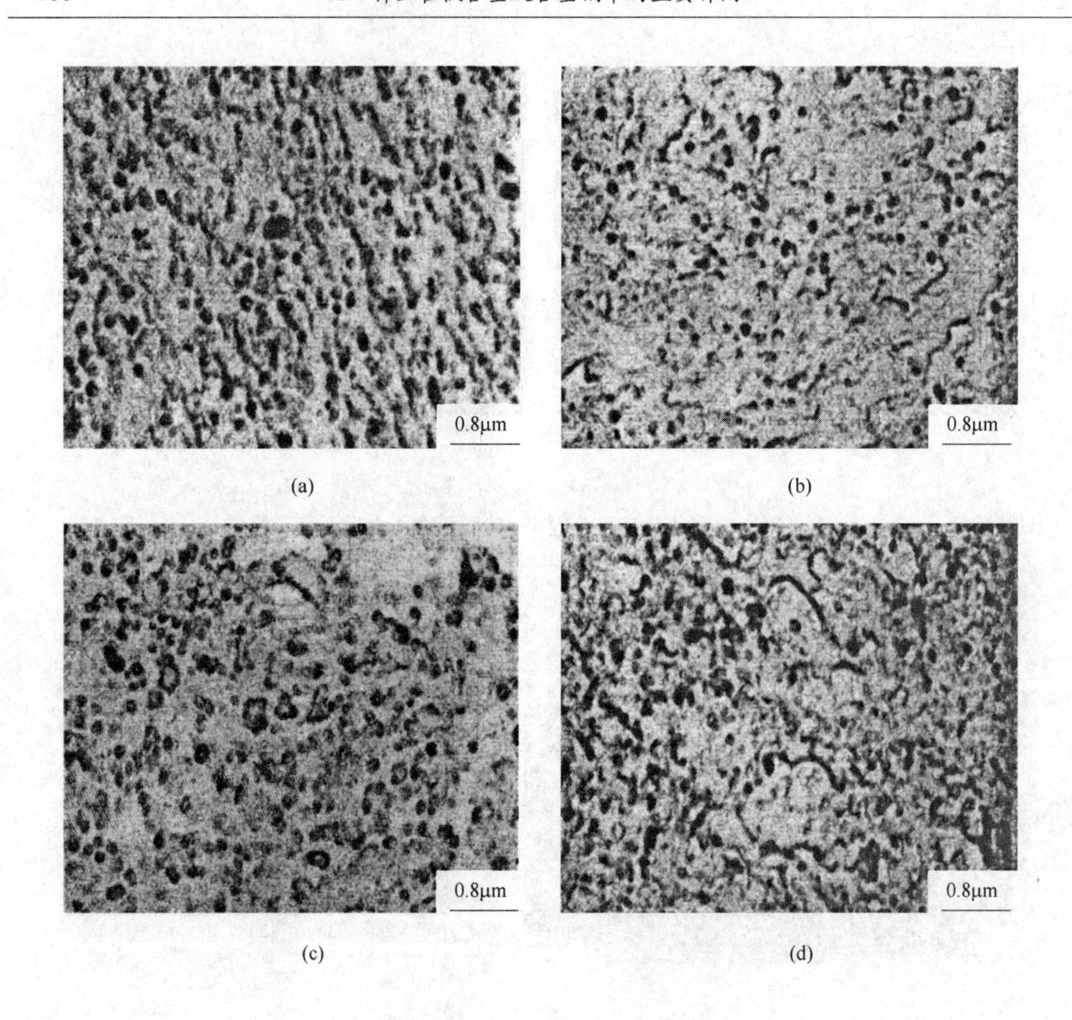

图 2-82　稀土抑制热疲劳过程中碳化物的聚集和长大

热疲劳前：(a) w(RE) = 0，(b) w(RE) = 0.01%；

经室温 ~ 650℃ 循环 180 次：(c) w(RE) = 0，(d) w(RE) = 0.01%

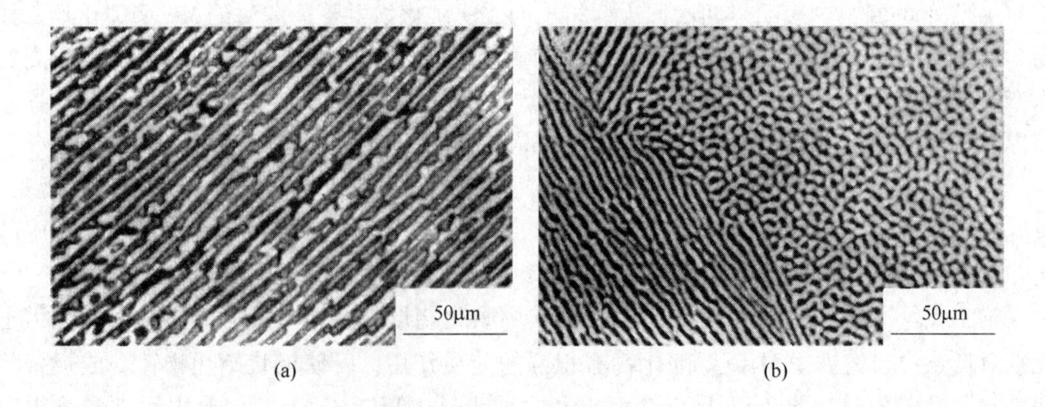

图 2-83　稀土对白口铸铁中碳化物形貌的影响

(a) w(RE) = 0；(b) w(RE) = 0.13%

从图 2-83（a）中可以看到，典型的 M_3C 型碳化物层状共晶生长形式，碳化物基本上呈宽片状。从图 2-83（b）中可以看到，随着稀土元素的加入，碳化物的宽度变窄，许多碳化物宽边被割裂成许多小段，变成板条状和杆状。图 2-84 是 A3 试样中碳化物纤维与磨面斜交时，深腐蚀后的扫描电镜照片，从图中可以清楚地看到这种板条状和杆状碳化物的立体形貌。对每个试样 20 个视场内网格法统计表明，在稀土含量（质量分数）分别为 0、0.063%、0.13%、0.272% 和 0.305% 的试样中，板条状和杆状碳化物占碳化物总量分别为 < 20%、45%、54%、80% 和 90%。可以看出，稀土含量与板条状和杆状碳化物占碳化物总量百分数基本上呈线性关系。从金相观察中发现，随着稀土含量增加，碳化物片间距变小，表明碳化物已被细化。

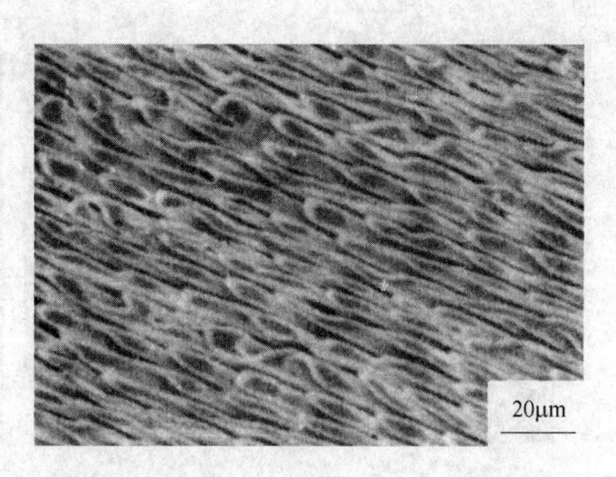

图 2-84 图 2-83（b）中试样（$w(\mathrm{RE})=0.13\%$）的碳化物纤维与磨面斜交时，深腐蚀后的扫面电镜照片

图 2-85 是不含稀土和含稀土低铬白口铸铁砂型铸造试样的横截扫面电镜照片。B 组试样均为砂型铸造，通过对试样的观察，可以发现在未稀土变质处理的 B1 试样中，碳化物基本上呈大块莱氏体形状，而在稀土变质处理的 B2、B3 和 B4 试样中，碳化物则转变成小块分散的莱氏体和板条状形态。

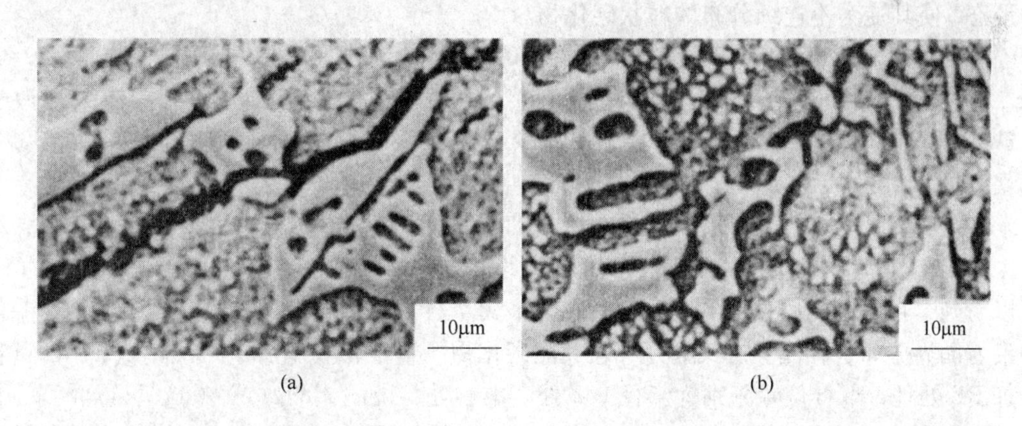

图 2-85 砂型铸造试样裂纹扩展（a）和裂纹萌生处（b）的扫面电镜照片
（a）$w(\mathrm{RE})=0$；（b）$w(\mathrm{RE})=0.125\%$

稀土含量在 0 ~ 0.14% 范围，稀土元素含量愈高，转变量愈多，稀土变质处理可有效地提高低铬白口铸铁的冲击疲劳抗力，降低裂纹扩展速率，推迟裂纹产生的时间。

宋延沛等[91]研究了稀土复合变质剂对离心铸造的高碳高速钢轧辊组织和力学性能的影响，研究结果表明：稀土复合变质剂能细化高碳高速钢轧辊组织，改善碳化物的形态和分布（见图 2-86），高碳高速钢轧辊在硬度不变的情况下，冲击韧性提高了 73.6%。

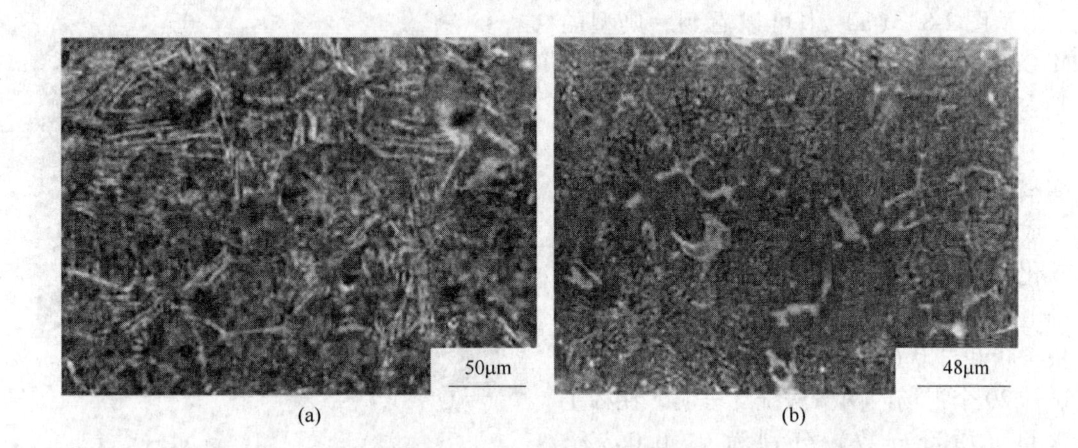

图 2-86　稀土复合变质对高碳高速钢中碳化物的形态和分布
（a）未经稀土复合变质；（b）稀土复合变质后

由图 2-86 可见，稀土复合变质前碳化物以针片状和连续网状分布于晶界；稀土复合变质处理后，碳化物形态由针片状和连续网状变为不连续网状和颗粒状。经能谱分析，这些碳化物均为含 W、Mo、Cr 和 V 元素的复合碳化物。稀土之所以能改变碳化物的形态，一方面是因为凝固过程中，稀土能富集在这些高熔点复合碳化物的周围，阻止碳化物沿晶界长大，使碳化物细化；另一方面，在热处理过程中由于稀土在晶界处富集，降低了晶界能，使碳化物难以在晶界上形核从而阻止了碳化物沿晶界析出和长大，因此改善了碳化物的形态，使其变为不连续分布的粒状碳化物。

陈列等[39]在 3CrW8V 模具钢控制钢中氧 0.0029%，加入 0.048% RE 合金(21%～24% RE，44% Si，3% Mn，5% Ca，3% Ti，余 Fe)，结果表明经过稀土处理能够有效地改善 3CrW8V 模具钢共晶碳化物偏析，并显著减少 P、Pb、Sn、As、Sb 的等有害元素在境界的偏聚，见图 2-87。

图 2-87（a）、(b）的试样为未加 RE 处理，取样位置分别为半径 1/2 处、中心处，可见未加稀土处理基体组织中都有大量块状的共晶碳化物镶嵌在基体之中。从图 2-87（b）可以看到，在钢材的心部，共晶碳化物颗粒最大、数量最多，大颗粒的共晶碳化物在基体中沿着晶界分布，在晶界交叉处还存在共晶碳化物严重堆积 。图 2-87（c）、(d）的试样为加 RE 处理，取样位置分别为半径 1/2 处、中心处，由图 2-87（c）、(d）可以看到，在经稀土合金化处理后的同规格锻材上的共晶碳化物堆积现象完全消失，仅有极少量共晶碳化物呈孤岛状分布。

符寒光等[92]用中重稀土 Y-K-Na 复合变质剂对 M2 高速钢进行处理，结果表明，未变质的高速钢共晶碳化物呈层片状和网状分布，见图 2-88（a)，变质处理后，共晶碳化物变成球状，分布均匀见图 2-88（b）。M2 铸造高速钢经 Y-K-Na 复合变质处理后，组织明显细化，共晶碳化物由网状分布变为块状和团球状，冲击韧性提高 70.7%，挠度提高 35%，耐磨性也明显提高，各项力学性能接近锻造 M2 高速钢的水平，可以实现以铸代锻。

崔亦国等[93]用 RE-Al-N 对 M2 铸造高速钢进行变质处理，研究结果表明 RE-Al-N 复合

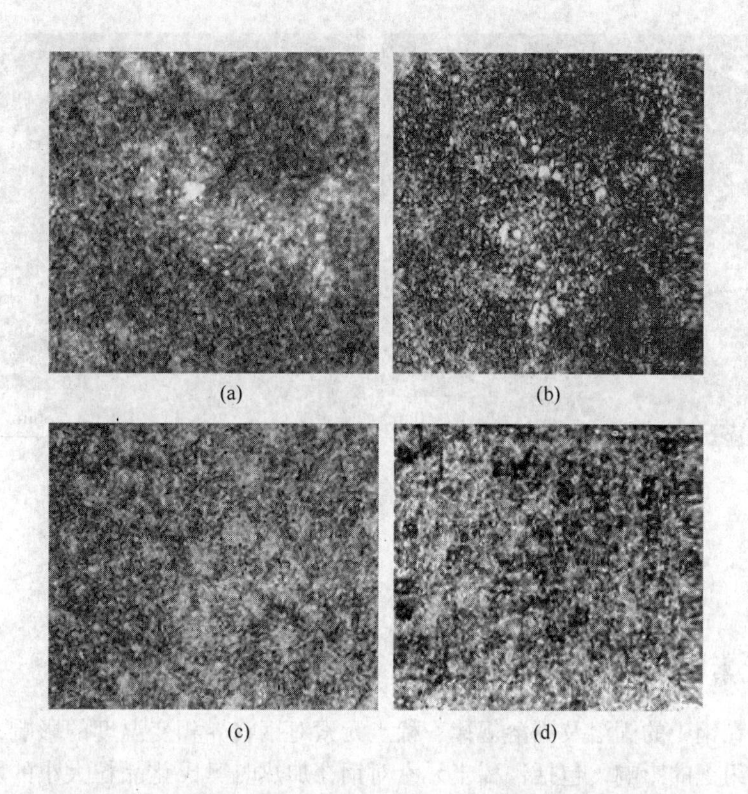

(a) (b)

(c) (d)

图 2-87 稀土对 3CrW8V 模具钢共晶碳化物偏析的影响

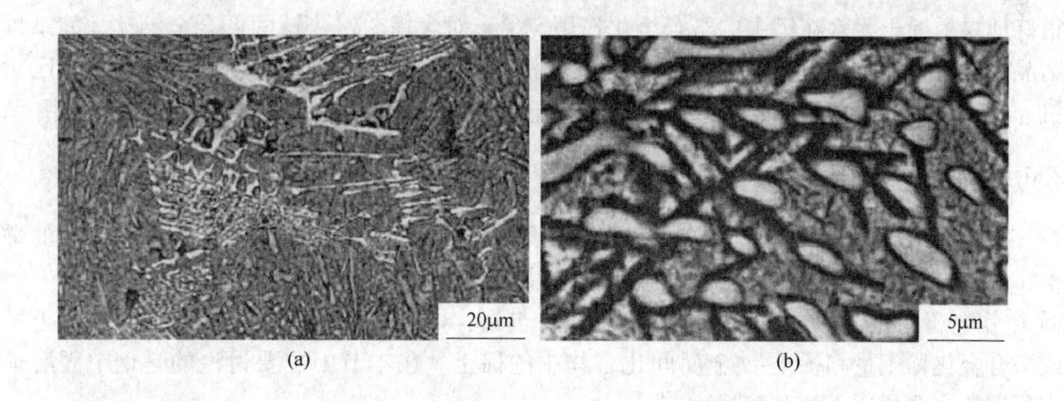

(a) (b)

图 2-88 中重稀土 Y-K-Na 复合变质对 M2 高速钢共晶碳化物的影响
（a）未变质；（b）变质后

变质后 M2 高速钢组织明显细化，共晶碳化物由网状变为断网状和颗粒状，消除了钢中网状共晶碳化物（见图 2-89），并还可减轻 W、Mo 元素偏析，在不降低 M2 高速钢硬度的情况下，韧性大幅度提高，经 1180 ~ 1200℃ 淬火，560℃ 三次回火后，硬度保持 65 ~ 66HRC，冲击韧度由 10.6J/cm^2 提高到 21.3J/cm^2。抗热疲劳性能和高温耐磨性也明显改善。

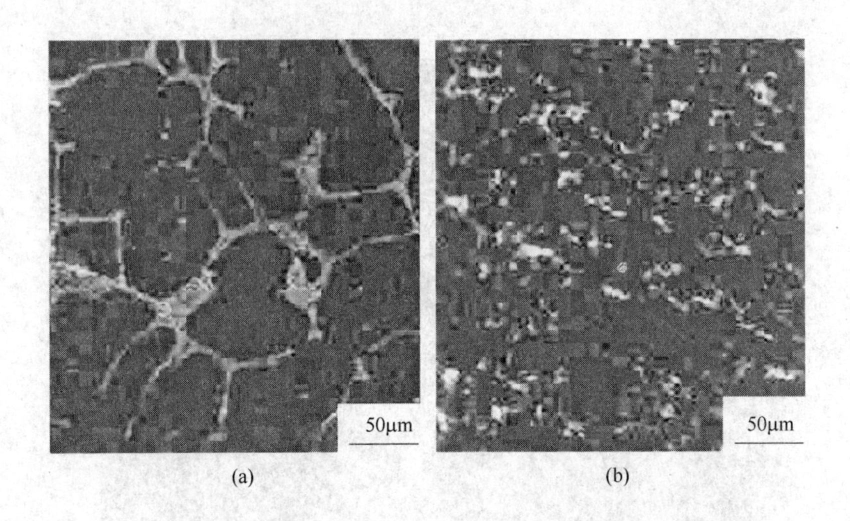

(a)　(b)

图 2-89　RE-Al-N 合变质对 M2 高速钢共晶碳化物的影响
(a) 未变质；(b) 变质后

2.4　稀土元素在钢中的微合金化作用

稀土元素在钢中的固溶及固溶规律，稀土元素对钢临界相变温度的影响，稀土元素对钢固态相变及组织的影响，包括：稀土元素对钢在加热时奥氏化晶粒大小的影响；稀土元素对过冷奥氏化转变的影响；稀土元素对奥氏体的先共析铁素体转变的影响；稀土元素对珠光体转变的影响；稀土元素对贝氏体转变的影响及稀土对马氏体型相变的影响等，可以很好地揭示稀土元素在钢中的微合金化作用。稀土对含铌、钒、钛的低合金钢动、静态再结晶的影响及稀土在奥氏体中对钒、铌和钛沉淀相溶解析出的影响及稀土在铁素体区对钒、铌和钛沉淀相的影响，可以很好说明稀土与铌、钒、和钛在钢中复合微合金化作用。

2.4.1　稀土元素在钢中的固溶及固溶规律

化学分析得到的钢中稀土总量，一般包括稀土夹杂物中的稀土含量和固溶在钢中的稀土，本文把固溶稀土量也称为微合金化稀土量，除非稀土加入量很高时，钢中会生成一些稀土-铁金属间化合物，这时钢中稀土总量将包括：稀土夹杂物中的稀土量，固溶稀土量或微合金化稀土量和稀土-铁金属间化合物中的稀土。在本节中主要讨论的是钢中固溶稀土量即微合金化稀土量及其规律。

林勤等[94~96]应用低温无水电解、快速分离滤出稀土夹杂物、挥发去除电解液中有机物质及通过强酸型阳离子交换树脂等手段可获供等离子光谱仪分析的纯净固溶稀土新技术，系统研究测定了低合金高强钢中稀土的固溶规律及分布，发现钢中稀土固溶量在 MnS 夹杂完全变质后，有一个上升的转折点，见图 2-90。

图 2-90（a）和（b）是 09CuPTi 和 16Mn 钢中固溶稀土量和 RE/S 的比值关系，表明在 RE/S = 1.5 和 2.0 附近有个转折点（转折点对应于 MnS 夹杂完全变质的 RE/S 比值附近）。在 MnS 夹杂完全变质后，钢中固溶稀土量随 RE/S 比值的增加，明显增大。在 X60、15MnHp、20MnVB、25MnTiB、09SiV 等钢中都证实有转折点。不同钢种转折点对应的钢

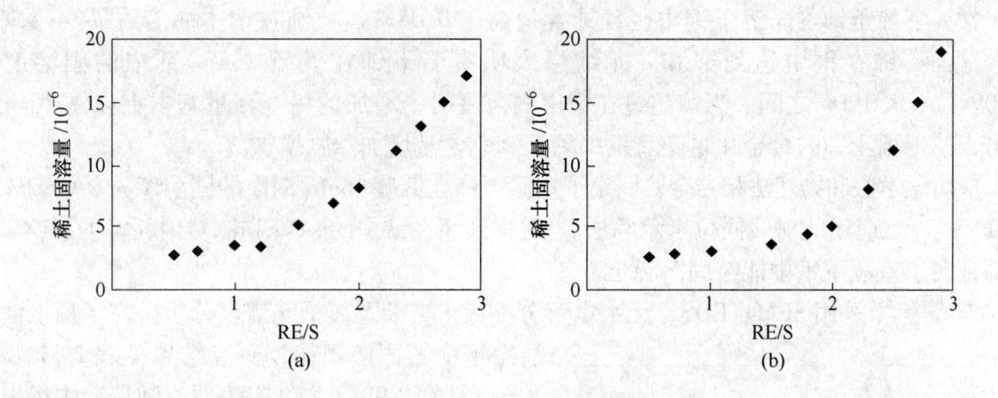

图 2-90　09CuPTi（a）和 16Mn（b）钢中固溶稀土量和 RE/S 比值关系

中稀土含量或 RE/S 的比值不同。要获得高含量且稳定的稀土固溶量，先决条件是钢中氧硫等杂质要低。如[S]为 0.0018%～0.0026%，[O]为 0.0015%～0.0025% 的铌钛微合金钢中，固溶稀土含量达到 0.0076%，占钢中总稀土量的 50%。洁净钢的生产技术为稀土作为合金元素的应用奠定了基础。其他合金元素对钢中固溶稀土含量有明显影响。图 2-91 表明钢中 Nb、Ti、酸溶铝均有利于提高钢中稀土固溶量。

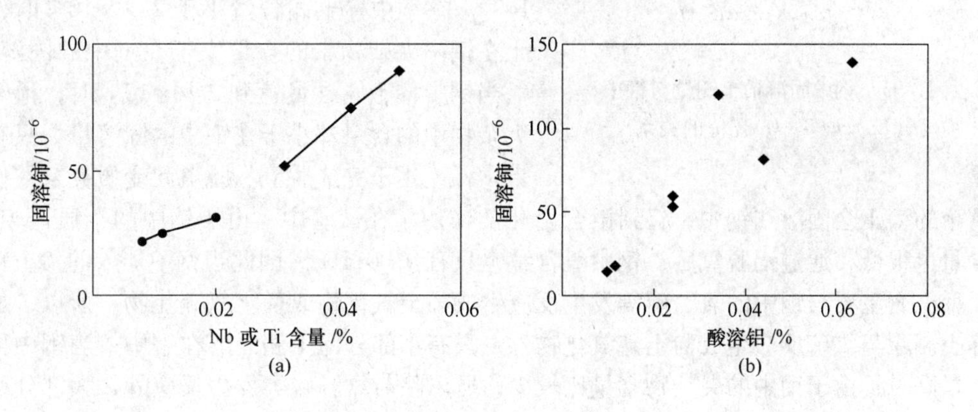

图 2-91　钢中合金元素 Nb、Ti（a）酸溶 Al（b）对固溶稀土量的影响

首先需指明图 2-92 的纵坐标稀土铈合金化量是包括固溶稀土量及铁-稀土相中的 RE 两部分。

由图 2-92 可看到，在稀土总含量为 0.05% 处，有一个转折点。扫描电镜分析表明，含稀土 0.05% 的样品（合金化稀土量为 0.011%）中，有少量铁-稀土相沿晶界析出。随稀土含量的增加，铁-稀土相量不断增加。而含稀土 0.045%（固溶稀土 0.0092%）的钢中，没有铁-稀土相，沈裕和等[97]测定相同的样品内耗峰的变化发

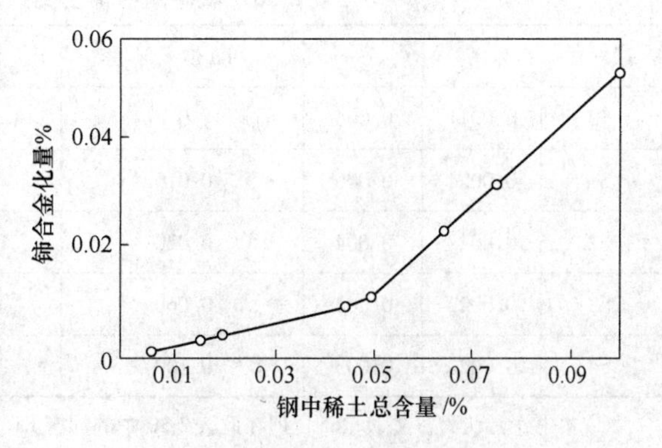

图 2-92　钢中稀土合金化量和钢中稀土总量的关系[96]

现，常温下稀土铈可固溶于钢中，且铈含量高于0.05%后，铈在钢中的溶质晶界峰高不变，这证实铈在钢中达到饱和。此结果表明室温下铈在低硫16Mn钢中的固溶度在0.0092%~0.011%之间。当铈超过在钢中固溶度时，增加的稀土铈量基本上以铁-稀土相析出，使得稀土铈的合金化量随着钢中稀土铈总含量增加急剧增加。

应用化学法和物理法相结合，测定了室温下铈在低硫16Mn钢中的固溶度为0.0092%~0.011%[95]。应用放射线同位素示踪法[98]观察到镧在铁中的ss峰和镧对内耗峰的影响[99]，也都证实了室温下钢中能够固溶稀土。

李峰等[65]采用SEM、EDS、无水电解分离稀土夹杂及离子光谱仪分析研究了稀土镧在洁净钢中的固溶规律，研究结果见表2-31及图2-93。从图2-93研究结果表明，随着钢中稀土镧含量的增加，当钢中 $w(La)/w(S+O)<2$ 时，钢中镧的固溶量由0.0015%增加到0.0028%，固溶量增加不明显；而当 $w(La)/w(S+O)>2$ 后，稀土镧的固溶量开始显著增大。表2-30数据表明在S1试样中，稀土镧的固溶量为 15×10^{-6}，而在S4试样中稀土镧的固溶量达到 226×10^{-6}。在钢中稀土镧含量小于 2.9×10^{-4} 时，稀土在钢中夹杂物中的含量大于在钢中的固溶量；而当钢中稀土镧含量达到 2.9×10^{-4} 时，稀土在夹杂物中的含量却小于在钢中的固溶量。只有当钢中稀土用于完成脱氧、脱硫和变质夹杂的作用后富余的稀土会固溶在钢中，起到微合金化的作用。在试验中，由于钢中的杂质比较少，硫含量也很低，通过铝脱氧后，钢中氧含量也只有0.0011%。因此当钢中加入的稀土较少时，稀土镧主要与钢中的氧、硫等发生反应生成稀土氧化物或稀土氧硫化物。所以，加入的稀土镧除与氧硫反应生成稀土硫氧化物外，只有小部分稀土镧固溶在钢中；当钢中稀土加入量高时，由于钢中的夹杂物含量比较少，所以除与氧、硫等发生反应外，大部分稀土镧固溶在钢中，这部分稀土将起到固溶微合金化的作用。

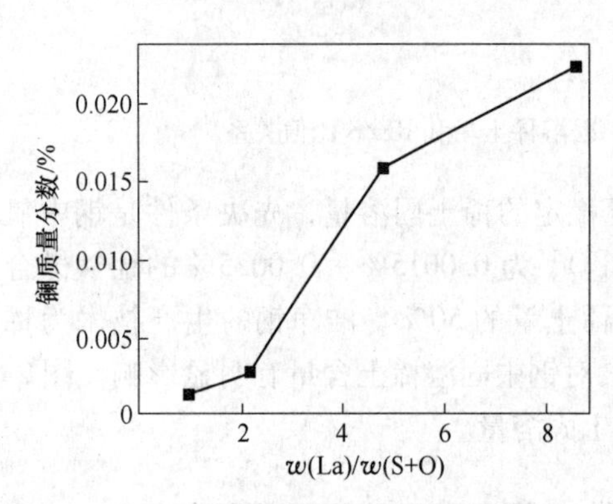

图2-93　钢中固溶稀土镧量与钢中 $w(La)/w(S+O)$ 比值的关系

表2-30　试验钢中稀土镧的加入量和镧固溶量[65]　　(%)

试　样	O	S	La加入量	钢中La含量	稀土夹杂物La	固溶La
S0	0.0011	0.006	0	0	0	0
S1	0.0024	0.006	0.010	0.0080	0.0065	0.0015
S2	0.0022	0.004	0.020	0.0130	0.0102	0.0028
S3	0.0022	0.004	0.060	0.0290	0.0130	0.0160
S4	0.0020	0.003	0.100	0.0426	0.0200	0.0226①

① 本书作者认为，文献［65］列在此表2-30中的固溶La为0.0226%，应包括固溶稀土镧和镧-铁金属间化合物的稀土镧含量两部分。

同时本书作者指出凡是固溶稀土量超出0.0092%~0.011%范围，应该审慎对待，不是没有将稀土-铁金属间化合物中的稀土扣除，就是在高温下急冷下来的试样，表示的是高温状态稀土固溶量。

林勤等[100]在超低硫微合金钢实验测定结果表明，超低硫微合金钢中稀土固溶量可达$10^{-5}\sim10^{-4}$数量级（表2-31），是含硫量0.007%～0.015%钢的6～10倍[95]。Nb、Ti有利于提高钢中稀土固溶量，稀土固溶量达1.32×10^{-4}，钢中未观察到铁-铈相析出。沿晶断口离子探针分析（表2-31）表明，稀土富集在晶界，但晶内也有稀土固溶。未加稀土的钢，虽然硫含量很低，但硫磷仍明显偏聚在晶界，其离子相对强度比是晶内的2～3倍，磷比硫在晶界偏聚更为严重。加稀土后，由于稀土在晶界的偏聚，明显改善了硫和磷在晶界的偏聚，并随着稀土固溶量的增加，偏聚逐渐减小。晶界上硫的偏聚要比磷偏聚更容易消除。钢中稀土固溶量达到76×10^{-6}时，S和P晶界偏聚基本消除。稀土和S、P相互作用，降低它们在钢中的活度，有利于降低晶界硫、磷的平衡偏聚浓度。其次稀土和S、P之间电负性差大于S、P和Fe之间电负性差，稀土和S、P之间强的相互作用，减弱了硫、磷与基体Fe原子之间的相互作用，减少了硫磷有害的脆化作用。稀土净化晶界，强化晶界是超低硫钢改善高、低温性能的重要原因。

表2-31 稀土固溶量和P、S、Ce在晶界及晶内的离子探针质谱分析结果[101]

c_{RE}/%	固溶稀土/μg·g^{-1}	晶界			晶内		
		I_S^+/I_O^+	I_P^+/I_O^+	I_{Ce}^+/I_{Fe}^+	I_S^+/I_O^+	I_P^+/I_O^+	I_{Ce}^+/I_{Fe}^+
0	0	0.25	0.38	0	0.10	0.12	0
0.011	35	0.13	0.26	0.61	0.090	0.14	0.20
0.014	76	0.073	0.20	0.81	0.074	0.15	0.40
0.023	132	0.065	0.16	0.92	0.068	0.15	0.66

超低氧硫微合金钢中稀土固溶量可达到$10^{-5}\sim10^{-4}$。随温度升高，钢中稀土固溶量显著增加，如在900℃时高温中10MnV钢中稀土固溶量可达到0.0257%，见表2-32。

表2-32 09SiVL、10MnV低合金钢中稀土固溶量[101] （10^{-6}）

钢号	RE	RE/S	固溶RE	固溶La	固溶Ce	固溶(RE/RE)/%	固溶RE①
09SiVL	150	1.5	6	2	3	0.04	—
	220	2.8	27	6	18	0.12	61
10MnVL	610	4.7	80	21	49	0.13	—
	810	8.1	114	26	64	0.14	257

① 900℃保温2h，淬火。

金泽洪[102]采用非水电解液低温电解及等离子光谱或分光光谱法测定了20MnVB、55SiMnVB、25MnTiB、H13、SN2025试验钢中的固溶稀土含量，见图2-94。从图2-94的实验结果，发现20MnVB、55SiMnVB钢，当RE/S＜2.0，25MnTiB钢RE/S＜1.5时，固溶稀土量均小于5×10^{-6}，并且增加缓慢；当RE/S值分别＞2.0或＞1.5时，钢中固溶稀土量随RE/S值才明显增加。从图2-94还可以进一步发现，对于低硫的SN2025、H13钢，固溶稀土含量变化较显著，随钢中RE/S值的增加，固溶稀土含量变化明显增加，且增加的幅度相对硫含量较高的20MnVB、55SiMnVB、25MnTiB钢要大得多。通过离子探针质谱

分析含 19×10^{-6}固溶稀土含量的 20MnVB 钢沿晶断口发现晶界的固溶稀土量显著高于晶内，而且越向晶内固溶稀土越低，并结合合金相发现珠光体内的稀土的固溶量多余铁素体内。

金泽洪[102]研究还发现钢中的钙含量大于 0.001% 时对稀土固溶量有明显的影响，从图 2-95 结果还可看到，在相近 RE/S 值（0.5 ~ 0.7）下，钢中稀土固溶量随钙含量的增大而增大。实验中还发现当 RE/S = 0.5、w[Ca] = 0.002% 的 20MnVB 钢稀土固溶量是 RE/S = 1.0、w[Ca] < 0.001% 的两倍，说明钢中钙含量对钢中稀土固溶量的影响大于 RE/S 的影响。因此合金钢中在加稀土前钙处理将有利于提高钢中的固溶稀土量，能促进稀土在钢中的微合金化作用更充分有效的发挥。文献［102］指出通过进一步分析可发现，钙能结合一部分钢中的硫，因此钙处理后实际钢中的 RE/S 增大。

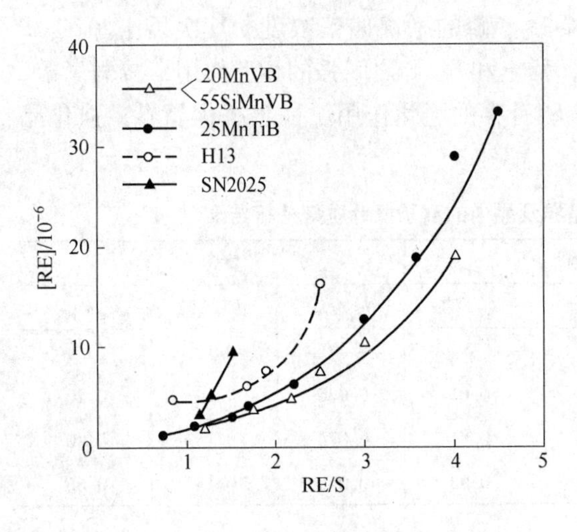

图 2-94　合金钢中稀土固溶量与 RE/S 的关系[102]

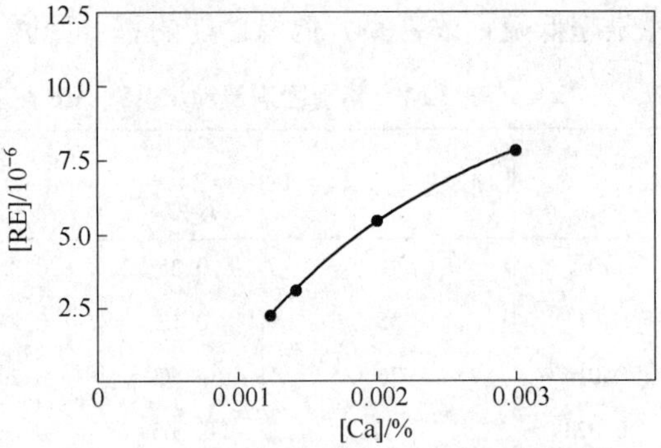

图 2-95　20MnVB 钢中 Ca 含量与固溶稀土量的关系[102]

由图 2-94 的数据进一步处理得到：

H13 钢中固溶稀土量(10^{-6}) = 4.52(RE/S)$^{1.05}$，相关系数 r = 0.88；

SN2025 钢中固溶稀土量(10^{-6}) = 2.27(RE/S)$^{3.29}$，相关系数 r = 1；

20MnVB 钢中固溶稀土量(10^{-6}) = 1.36(RE/S)$^{1.82}$，相关系数 r = 0.99；

55SiMnVB 钢中固溶稀土量(10^{-6}) = 1.98(RE/S)$^{1.49}$，相关系数 r = 1.0；

25MnTiB 钢中固溶稀土量(10^{-6}) = 1.54(RE/S)$^{1.98}$，相关系数 r = 0.98。

以上这些关系式的显著性验证均在 0.01。

周兰聚等[103]研究了轧态 14MnNb 稀土含量和固溶稀土含量，见表 2-33。

表 2-33　轧态 14MnNb 稀土含量和固溶稀土含量[103]

稀土含量/%	0	0.014	0.027	0.068	0.12
固溶稀土含量/$\times10^{-6}$	0	125	174①	565①	655①

① 包括固溶及稀土-铁金属间化合物的 RE。

林勤等[104]研究了铸态 X60 钢中稀土含量和固溶稀土含量，见表2-34。

表2-34 铸态 X60 钢中稀土含量和固溶稀土含量[104]

稀土含量/%	0	0.006	0.011	0.014	0.023
固溶稀土含量/$\times 10^{-6}$	0	10	35	76	132

从上述研究的结果可知，室温下稀土在钢中固溶量是很小的，根据晶界偏聚理论和稀土元素的物理化学特征，稀土原子半径比铁原子半径大约40%，稀土原子溶解在晶内造成的畸变能远大于其溶解在晶界区造成的畸变能。另外用最大固溶度预测晶界吸附的趋势，在一般相图中，溶质的最大溶解度越小，则在基体中产生晶界偏聚的倾向越大。因此，在钢中固溶度很小的稀土元素应当易偏聚在晶界。

用离子探针和俄歇能谱分析均表明固溶稀土富集在晶界，但晶内也有稀土固溶，不锈钢自射线照相也表明有同样的结果[94]。应用 TEM + EDX 方法测定 950 ~ 1150℃ 含有 0.15% Ce 的样品，Ce 在晶界偏聚高达2.5%以上[105]。沿晶断口离子探针分析表明稀土富集晶界，其离子强度是晶内的2 ~3 倍，见表2-35。

表2-35 晶界和晶内离子探针质谱分析（离子相对强度 I^+_{Ce}/I^+_{Fe}）

w(RE)/%	固溶量/$\times 10^{-4}$%	晶界 I^+_{Ce}/I^+_{Fe}	晶内 I^+_{Ce}/I^+_{Fe}
0	0	0	0
0.011	35	0.61	0.20
0.014	76	0.81	0.40
0.023	132	0.92	0.66

在低硫 16Mn 钢中铁素体显微硬度随钢中稀土固溶量增加呈线性增大。Hv = 116.8 + 6.97(固溶 Ce 量)，相关系数0.99，而珠光体显微硬度随钢中稀土固溶量增加更快[94]。

林勤等[85]在高碳钢晶内和晶界，铁素体和渗碳体中俄歇能谱分析表明，稀土在晶界多于晶内，渗碳体中多于铁素体，在铁素体上观察不到 La 和 Ce 的俄歇峰，而在碳化物中却出现了 La 和 Ce 的俄歇峰。X 射线衍射分析结果表明（表2-36），由于固溶稀土的存在，分别引起 α-Fe 和 Fe_3C 晶格面间距的增大，其增加幅度随稀土固溶量的增加而增大。说明固溶稀土不仅存在于晶界，也存在于晶内；固溶稀土既存在于 α-Fe 中，也存在于 Fe_3C 中。比较表2-36 中 α-Fe 和 Fe_3C 的 Δd 值，可见固溶稀土对 Fe_3C 晶格面间距的影响比对 α-Fe 的影响大，也说明固溶稀土更多地存在于渗碳体中，使 Fe_3C 晶格发生较大的畸变。实验证实珠光体的显微硬度随钢中固溶稀土量的增加高于铁素体的。

表2-36 固溶稀土对 T8 钢中 α-Fe 和 Fe_3C 晶格面间距的影响[85]

固溶稀土/10^{-6}		α-Fe					Fe_3C			
	hkl	110	200	211	220	310	200	210	022	130
0	*d*	0.2025	0.1435	0.0170	0.1013	0.0907	0.2242	0.2025	0.2069	0.1586
11	Δd	0.0005	0.0003	0.0001	0.0001	0.000	0.0005	0.0017	0.0005	0.0005
23	Δd	0.0017	0.0007	0.0004	0.0002	0.0001	0.0021	0.0020	0.0017	0.008

林勤等[106]研究指出在碳锰纯净钢中（O + P + S + N 的总量小于0.0095%，O 为0.0012% ~0.0015%，S 为0.0003% ~0.0012%）固溶稀土的重要存在形式之一是稀土在渗碳体中能够固溶形成合金渗碳体。在结构钢中，碳起固溶强化铁素体的作用，并与铁形成渗碳体，成为钢的主要组成相。La 与碳的相互作用及其对组织的影响是研究稀土微合金化作用的重要内容。图2-96 为含 w(La) =0.0049% 试样中珠光体的透射电镜衬度像以及对碳化物所做的微区成分分析。分析表明，在碳化物中存在 La，La 进入渗碳体取代部分铁原子，从而减小了渗碳体中铁碳的比例（表2-37）。

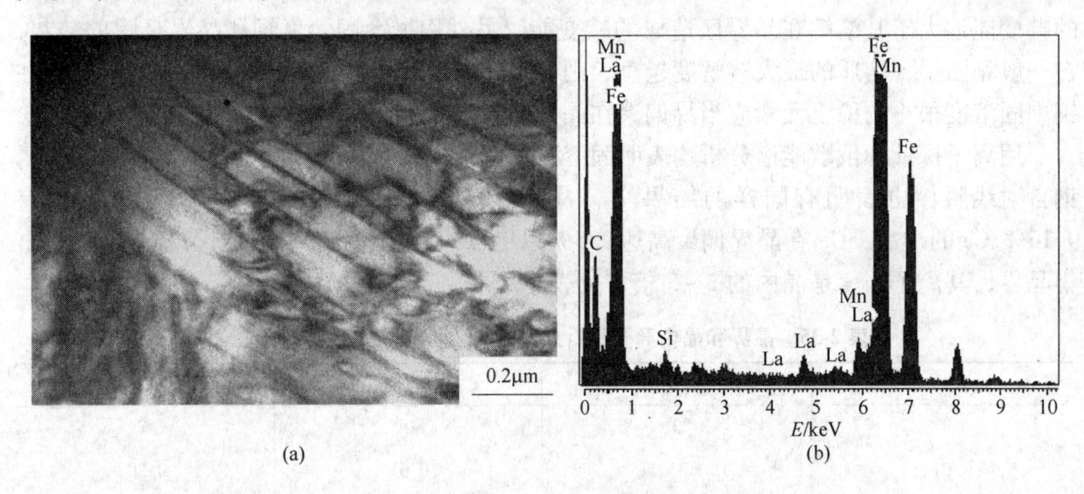

图2-96　珠光体的 TEM 像及渗碳体成分分析[106]
（w(La) =0.0049%）

表2-37　La 对渗碳体中元素分析（原子分数）[106]　（%）

试样(质量分数)/%	Fe	C	La	Fe/C
La 0	71.9	26.6	0	2.70
La 0.0049	71.6	26.9	0.15	2.66
La 0.0393	70.8	26.7	0.43	2.65

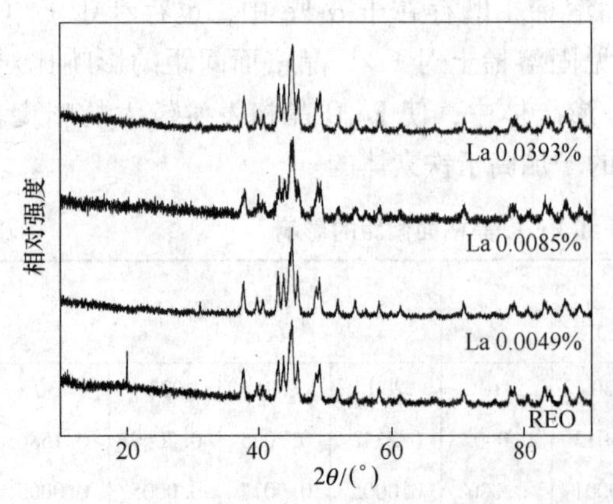

图2-97　渗碳体的 X 射线谱图[106]

根据电子选区衍射和电解分离出碳化物的 X 射线衍射分析（图2-97）结果表明，稀土元素 La 并没有改变 Fe_3C 的结构，La 只是以固溶的形式存在于渗碳体中，导致渗碳体的晶格常数发生变化，晶胞体积 V 增大（表2-38）。La 在渗碳体中能够固溶形成合金渗碳体，说明洁净钢中稀土和碳之间有强的作用，稀土在渗碳体中的固溶将提高渗碳体的强度和稳定性。

林勤等[32]研究了碳锰洁净钢中镧和铈的存在形式，分布、在晶界的行为及稀土镧、铈的固溶规律。研究结果表明，镧和铈在洁净钢中存在有固溶态，稀土夹杂物和稀土第二相。固溶稀土偏析在晶界，适量稀土能将减少S和P在晶界的偏析，净化晶界提高钢的冲击韧性。过量稀土，即超过室温下稀土的固溶度，那么这些超过固溶度的稀土将在晶界产生有害的稀土第二相，导致性能显著降低。

表 2-38 Fe_3C 的晶格常数和晶胞体积[106]

试样/%	a/nm	b/nm	c/nm	V/nm^3
La 0	0.50777	0.67261	0.45324	0.1548
La 0.0049	0.50876	0.67416	0.45268	0.15526
La 0.0085	0.50918	0.67481	0.45217	0.15537
La 0.0393	0.50967	0.67935	0.45118	0.15622

表2-39为试验钢的稀土、氧、硫、氮、磷和稀土合金化量分析结果，洁净钢中O+P+S+N的总量小于0.0095%。表2-39的试验分析数据揭示了碳锰洁净钢中稀土含量、稀土合金化量（包括固溶稀土量和稀土-铁金属间化合物中的稀土含量）与钢的洁净度的关系，镧和铈在洁净钢中有一定量的固溶，在0.0049% La和0.0054% Ce试验钢中，固溶La和Ce分别为0.0021%和0.0017%，分别占总稀土含量的43%和31%，洁净钢中固溶稀土量所占的比例远大于非洁净钢[95]，且镧的固溶量大于铈的。

表 2-39 试验钢中稀土、氧、硫、氮和稀土固溶量（质量分数） （%）

试 样	稀土	O	S	N	P	RE固溶量
La 0.0049	0.0049	0.0012	0.0011	0.0009	0.0034	0.0021
La 0.0085	0.0085	0.0012	0.0004	0.0010	0.0032	0.0034
La 0.0393	0.0393	0.0013	0.0003	0.0010	0.0033	0.0148
Ce 0.0054	0.0054	0.0014	0.0005	<0.0010	0.0035	0.0017
Ce 0.0084	0.0084	0.0012	0.0004	0.0010	0.0034	0.0024
Ce 0.0366	0.0366	0.0014	0.0004	0.0010	0.0034	0.0128

表2-40是晶界处高分辨率微区成分分析结果。表2-40半定量分析结果表明，未加稀土的样品，晶界上能够检测到的S、P元素，它们的量是材料平均含量的几十倍，说明在洁净钢中，S、P元素仍然严重趋向于晶界偏析。对稀土含量少的0.0049% La和0.0054% Ce试样中，在晶界上稀土量比材料中的平均含量高得多，稀土存在明显晶界偏析。但在晶界位置，均未显示S、P元素的存在，其量小于能谱的分析灵敏度，表明稀土有效降低了S、P在晶界的偏析。对稀土含量高的0.0393% La和0.0366% Ce的试样，在晶界处同样能检测到稀土在晶界的偏析。但与低稀土试样分析结果有所不同，在珠光体/铁素体晶界上也检测出了S、P，表明抑制S、P元素晶界偏析作用的稀土有一个合适的含量范围。

表 2-40 碳锰洁净钢中稀土含量/稀土固溶量在晶界分布及对晶界杂质量的影响（晶界能谱分析结果） （%）

钢中稀土含量/稀土固溶量	基 体		铁素体/珠光体晶界			铁素体/铁素体晶界		
	S	P	La或Ce	P	S	La或Ce	P	S
0	0.0017	0.0034	—	0.06	0.02	—	0.12	0.05

续表 2-40

钢中稀土含量/稀土固溶量	基体		铁素体/珠光体晶界			铁素体/铁素体晶界		
	S	P	La 或 Ce	P	S	La 或 Ce	P	S
La 0.0049/0.0021	0.0011	0.0034	1.59	—	—	1.69	—	—
La 0.0393/0.0148	0.0003	0.0033	0.39	0.03	0.04	1.34	0.03	
Ce 0.0054/0.0017	0.0005	0.0035	0.20	—	—	2.38	—	—
Ce 0.0366/0.0128	0.0004	0.0034	0.26	0.02	0.05	0.28		

当超过这个合适稀土含量范围，发现在高镧（0.0393% La）试样中，观察到镧、磷原子比较接近 1 的 LaP 化合物[35]，多数是含不同铁量的 La-Fe-P 相（图 2-98）。这些相中，有的含有微量的低熔点元素 As、Sb 等，有利于减少其在晶界的偏聚。除此，还有 La-Fe 有害的共晶相（图 2-99）。同样在含高铈的样品（0.0366% Ce）中能观察到 Ce-Fe 相和 Ce-Fe-P 相（图 2-100 和图 2-101），但在低铈样品（0.0054% Ce 和 0.0084% Ce）中均未观察到 Ce-Fe-P 相和 Ce-Fe 相，仅有稀土夹杂相。

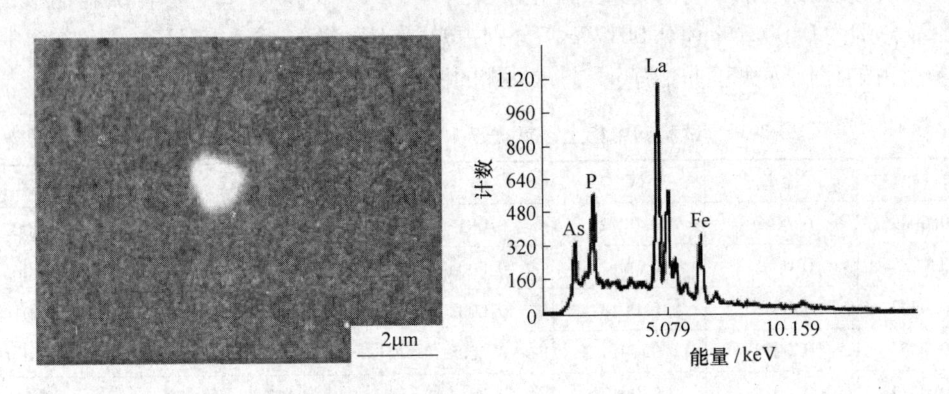

图 2-98 La-Fe-P 相的背散射电子像及能谱分析

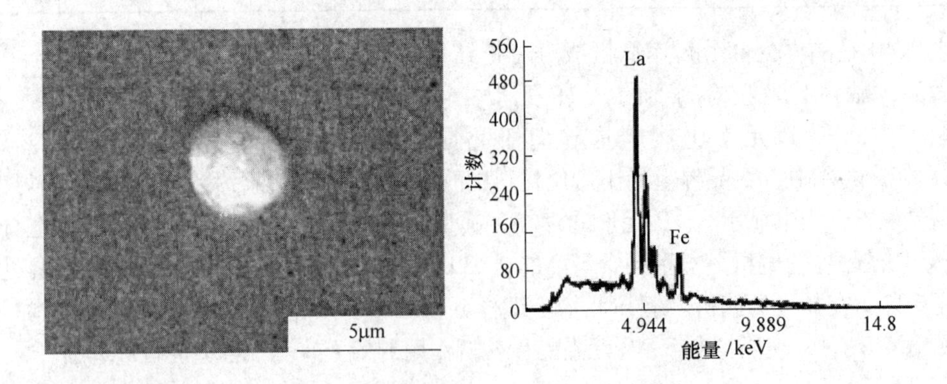

图 2-99 La-Fe 共晶相的二次电子像及能谱分析（0.0393% La）

在合适的稀土范围，如 0.0085% La 试样中，仅有少量的 La-Fe-P 相和 La-P 相，未观察到 La-Fe 共晶相。在 0.0049% La 试样中，仅有稀土夹杂相，未观察到含稀土、Fe 的第二相。在低稀土的 0.0049% La 和 0.0054% Ce 试样中没有观察到上述稀土第二相的存在，

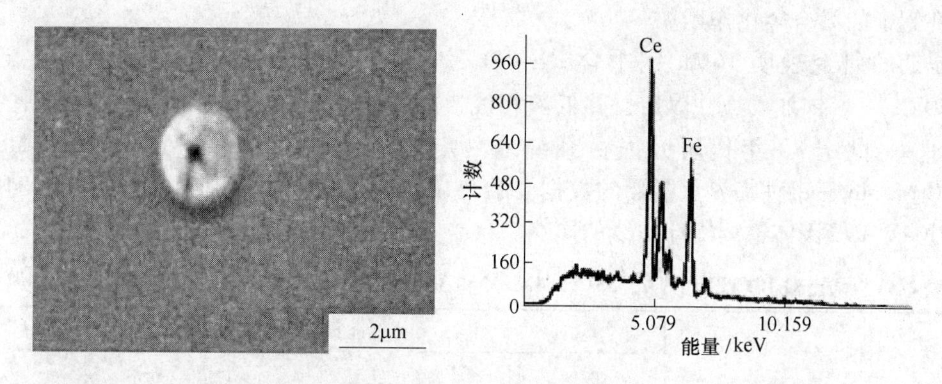

图 2-100 Ce-Fe 相的二次电子像及能谱分析（0.0366% Ce）

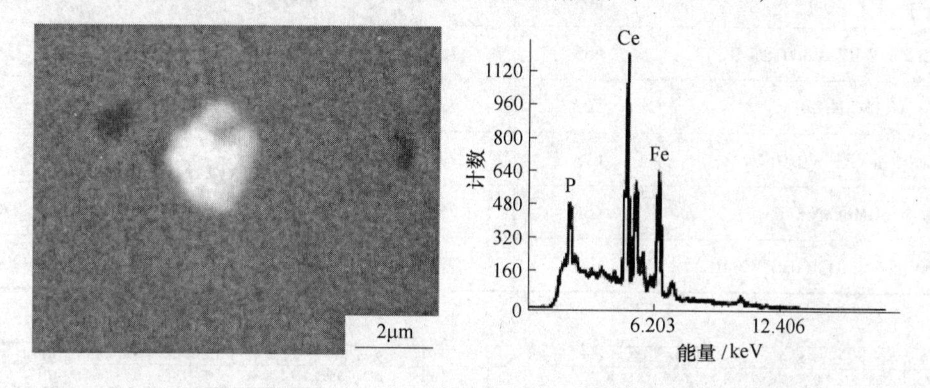

图 2-101 Ce-Fe-P 相的背散射电子像及能谱分析

稀土仅以固溶和少量夹杂物的形式出现。说明只有控制钢中合适的稀土含量，就可以发挥稀土净化晶界的作用，并控制沿晶的稀土第二相（La-Fe 相、La-Fe-P 相、共晶相和 Ce-Fe 相及 Ce-Fe-P 相）的生成。

同时，以上林勤等[32]的研究结果还揭示了一个很重要的现象，即在高度洁净钢条件下（$\Sigma w(O+S+P+N)<0.01\%$）钢中稀土镧的含量在 0.0085%，固溶稀土镧在 0.0034% 及钢中稀土铈的含量在 0.0084%，固溶稀土铈在 0.0024% 没有观察到 La-Fe、Ce-Fe 金属间化合物。而当洁净钢中稀土镧的含量在 0.0393%，合金化稀土镧在 0.0145% 及钢中稀土铈的含量在 0.0362%，合金化稀土铈量在 0.0128% 就能观察到 La-Fe、Ce-Fe 金属间化合物。由此可知稀土 La、Ce 在高洁净度钢中室温下的固溶度：$w(La)<0.0145\%$，$w(Ce)<0.0128\%$，此结果与早期文献［95，97］指出的室温下稀土在低硫 16Mn 钢中的固溶度为 0.0092% ~0.011% 比较接近。因此可以根据室温下稀土在钢中的固溶度，在严格控制好钢的洁净度的条件下设计合理的稀土加入量。从以上的研究结果得知，在钢中应用稀土必须要很好地掌握稀土在钢中的物理化学知识及稀土的固溶规律等，避免加入过量稀土而生成稀土-铁金属间化合物。

2.4.2 稀土元素对钢临界相变温度的影响

钢的临界相变温度即临界点是制定钢铁材料热处理和热加工规范的重要依据，与钢组织转变、性能密切相关，本章节主要从稀土元素对钢的临界相变温度影响来分析讨论稀土元素在钢中的微合金化作用。

早期的研究表明 16Mn 钢中含 RE < 0.1% 时，Ac_3 点升高 35 ~ 40℃，Ac_1 点降低 26 ~ 50℃[107]。铈加入纯铁以后，降低液相线、固相线和 δ→γ 转变温度[108]。韩永令[109]给出了 20 世纪 80 年代研究人员系统地测定加稀土对 18Cr2Ni4WA、35CrNi4MoV 和 30MnCrNi3Mo 三钢种临界点影响的数据。图 2-102 和图 2-103 分别为稀土对 35CrNi4MoV、18Cr2Ni4WA 奥氏体连续冷却曲线的影响。

表 2-41　稀土对 18Cr2Ni4WA、35CrNi4MoV 和 30MnCrNi3Mo 试验钢临界点的影响数据[109]

钢　种	钢的临界点/℃				
	Ac_1	Ac_3	B_s	B_f	M_s
18Cr2Ni4WA	663	781	430	310	250
18Cr2Ni4WRE（0.018% RE）	655	755	370	270	180
35CrNi4MoV	700	780	390	280	295
35CrNi4MoVRE（0.017% RE）	695	790	335	240	270
30MnCrNi3Mo	658	755	—	—	270
30MnCrNi3MoRE（0.037% RE）	640	770	—	—	200

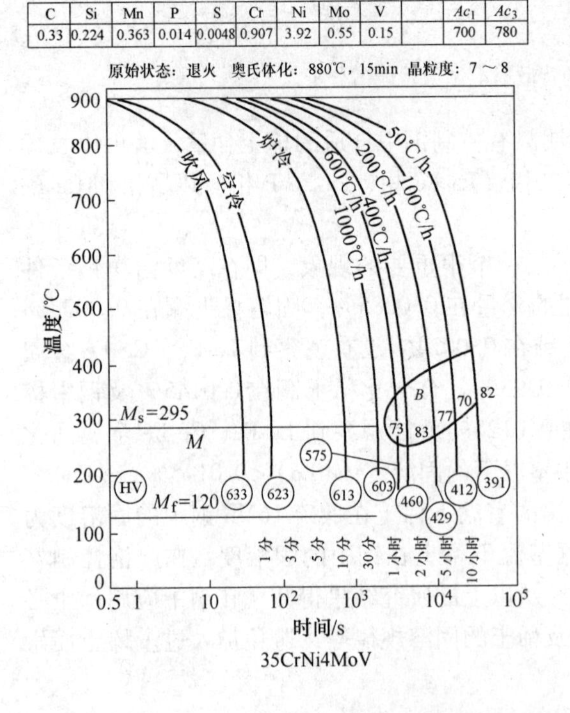

C	Si	Mn	P	S	Cr	Ni	Mo	V		Ac_1	Ac_3
0.33	0.224	0.363	0.014	0.0048	0.907	3.92	0.55	0.15		700	780

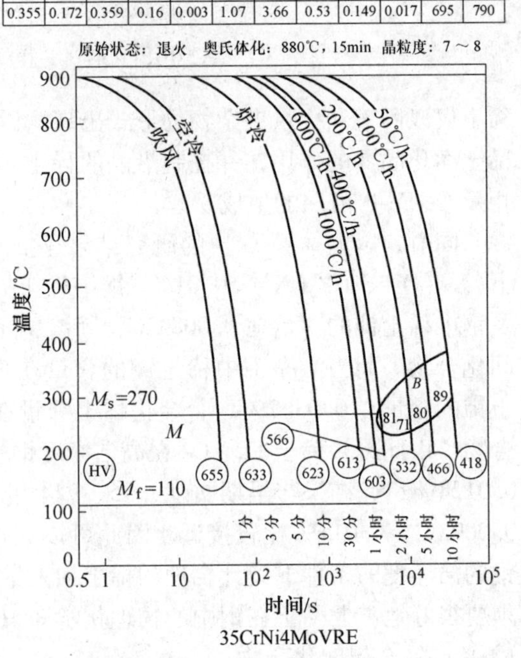

C	Si	Mn	P	S	Cr	Ni	Mo	V	RE	Ac_1	Ac_3
0.355	0.172	0.359	0.16	0.003	1.07	3.66	0.53	0.149	0.017	695	790

图 2-102　稀土对 35CrNi4MoV 奥氏体连续冷却曲线的影响

从表 2-41 数据不难看出，稀土元素使 Ac_1、B_s、B_f 和 M_s 点降低。稀土元素使 35CrNi4MoV 和 30MnCrNi3Mo 两钢种的 Ac_3 点分别上升 10℃、15℃，缩小奥氏体 γ 相区；

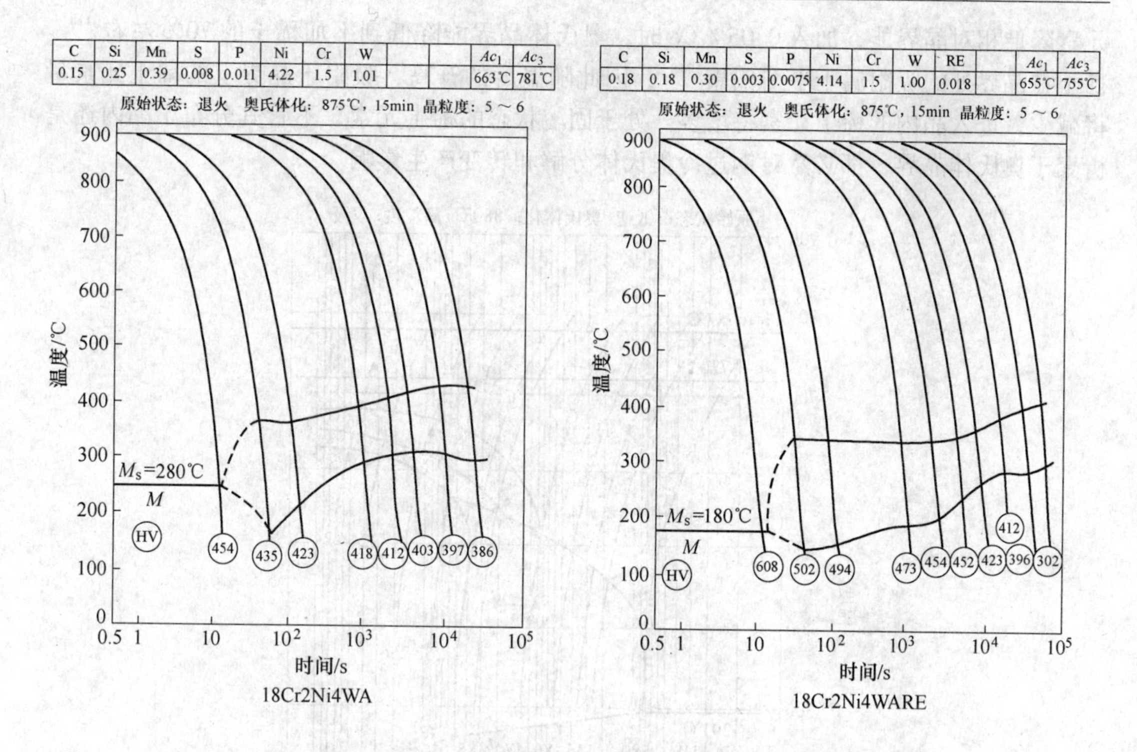

图 2-103 稀土对 18Cr2Ni4WA 奥氏体连续冷却曲线的影响

但稀土元素使 18Cr2Ni4WA 钢的 Ac_3 点降低 26℃，扩大奥氏体 γ 相区。因此从上述结果可以看到稀土元素对不同钢种的 Ac_3 点影响不同，规律不一致。但有一点可以肯定，即稀土元素影响这些钢的临界点，表明它们有微合金化作用。

从表 2-41 的数据还可以看出，稀土元素使三种钢的 M_s 点分别下降了 70℃、25℃ 和 70℃。除钢中碳含量对其有一些影响外，主要是稀土元素的作用。众所周知，开始形成马氏体的温度（即 M_s 点）主要随奥氏体的成分（尤其是碳）变化[110]，而母相强度是影响 M_s 的一个最敏感的因素[111]。稀土元素固溶于奥氏体中，使奥氏体的成分、母相的晶粒尺寸和强度发生了变化，因而使奥氏体向马氏体转变的温度降低。

刘宗昌、李承基等[82,83,112～117]采用 Formastor Digital 全自动相变测量记录装置，以 200℃/h 的加热和冷却速度测定了试验钢的膨胀曲线，配合光学显微镜和电镜复型观测组织，研究了稀土 Ce 和混合稀土金属对 10SiMn、10SiMnNb 及 42MnV 钢临界点的影响。试验所用钢是经铝强脱氧的低硫（0.003% ~ 0.006% S）洁净钢，表 2-42 和表 2-43 中 10SiMnCe（0.117% Ce，固溶 Ce 为 0.09%），10SiMnNbRE（0.065% RE，0.029% Nb，固溶 Ce 为 0.035%）及 42MnVRE（0.056% RE，固溶 RE 为 0.027%），测得 42MnVRE 的 CCT 曲线见图 2-104。刘宗昌、李承基等[82,83,112～117]测量结果表明稀土促使 Ac_1、Ar_1、Ac_3、Ar_3、M_s、M_f、B_s点温度都有所降低。进一步分析可知，稀土元素在这些钢中都有一定的固溶量，虽然它们的原子半径比铁原子大 43%，远不符合形成置换固溶体的条件，稀土元素的固溶方式主要在晶体缺陷处析聚，形成内吸附现象。Ce 在 500℃ 析聚于 α-Fe 晶界处的浓度达到 5.2%（原子分数），相当于基体浓度 0.06%（原子分数）的 86 倍[118]。稀土元素降低相对晶界能，加入 0.05% Ce 时，奥氏体晶界能降低到不加稀土的 70% 左右[118]。稀土在晶界处的吸附属于平衡偏聚[118]，因此随温度的升高，吸附于晶界上的稀土元素量将减少，进入晶内的稀土元素将增多。处于固溶状态的稀土元素，不管其分布于晶内还是析聚于奥氏体晶界，都必然对钢过冷奥氏体分解和转变产生影响。

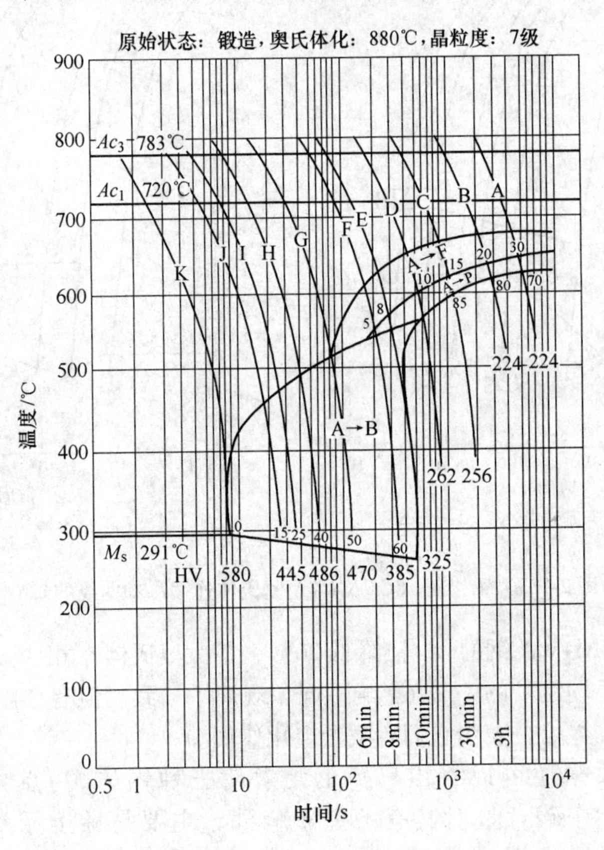

图 2-104　42MnVRE 钢 CCT 曲线

表 2-42　含不同稀土试验钢的临界点[82,83,112~117]

钢　种	Ac_1^-	Ar_1^-	Ac_3^-	Ar_3	M_s	M_f	B_s
10SiMn	751	746	1030	891	461	368	625
10SiMnCe	734	720	968	867	437	357	595
10SiMnNbRE	745	740	970	889	448	353	610
42MnV	725	650	—	700	310	—	540
42MnVRE	720	635	788	672	291	—	520

表 2-43　添加稀土后试验钢临界点的变化[82,83,112~117]

比较条件	临界点变化						
	ΔAc_1^-	ΔAr_1^-	ΔAc_3	ΔAr_3^-	ΔM_s	ΔM_f	ΔB_s
10SiMn 钢中加入 Ce 后	−17	−26	−62	−24	−24	−11	−30
10SiMn 钢中加 Nb、RE 后	−6	−6	−60	−2	−13	−15	−15
42MnV 钢中加 RE 后	−5	−15	—	−28	−19	—	−20

李文学、刘宗昌等[113]用 FTM-4 Formastor-Digital 膨胀仪测定了不同冷却速度下高锰钢 60Mn2、60Mn2Ce（固溶 0.045% Ce）膨胀曲线，研究发现固溶铈不改变 CCT 曲线的形状，但使其向右下方移动。当冷却速度大于 1.1℃/s，在“鼻子”处，铈稍使 CCT 曲线左移。铈使 60Mn2Ce 钢的 Ar_3、Ar_1、M_s、M_f 点下降。加入铈后使马氏体、珠光体组织细化，硬度增加。以 200℃/s 的冷却速度测定铈对高锰钢 60Mn2、60Mn2Ce 临界点 Ac_3、Ac_1、Ar_3、Ar_1 的影响，以 20℃/s 的冷却速度测定 M_s、M_f 点，结果见表 2-44。过冷奥氏体连续转变曲线见图 2-105。

表 2-44 铈对高锰钢 60Mn2、60Mn2Ce 临界点的影响

钢 种	Ac_1	Ac_3	Ar_1	Ar_3	M_s	M_f
60Mn2	686	730	615	630	209	198
60Mn2Ce	697	717	607	624	199	180
Ce 的影响	+11	-13	-8	-6	-10	-18

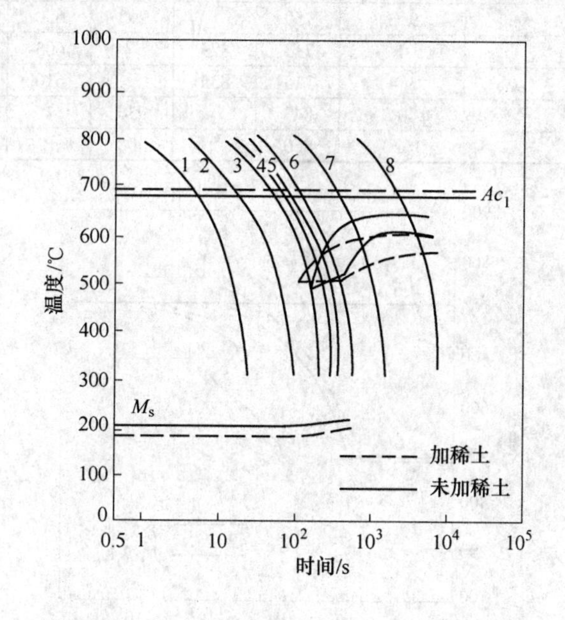

图 2-105 铈对高锰钢 60Mn2 的 CCT 曲线的影响

1—冷却速度 20℃/s；2—冷却速度 5℃/s；3—冷却速度 2℃/s；4—冷却速度 1.6℃/s；5—冷却速度 1.1℃/s；6—冷却速度 1.0℃/s；7—冷却速度 0.3℃/s；8—冷却速度 200℃/s

从表 2-44 可见，铈除了仅使 Ac_1 有所升高外，均使临界点降低，铈或混合稀土元素降低钢的临界点也已被作者前期反复实验结果验证[82,83,112~117]，低、中碳结构钢降低上述各临界点值较多些。Ar_3、Ar_1 点的降低是由于铈偏聚在奥氏体晶界处，降低其晶界能，推迟了先共析体素体的形核及珠光体的形核过程，因而在连续冷却情况下 Ar_3、Ar_1 降低。M_s 点的降低是由于固溶铈增加了马氏体相的切变阻力的缘故[119]。从图 2-105 可见，虚线（60Mn2Ce）表示的 CCT 曲线在实线（60Mn2）的右下方，但在“鼻子”处，60Mn2Ce 钢的 CCT 曲线稍向左移，且重复多次试验再现性很好。铈使 CCT 曲线向右下方移动是由于偏聚在奥氏体晶界处的铈降低其晶界能，阻碍了新相形核，增加了孕育期的缘故。

金泽洪[102]利用膨胀仪测定了 GCr17SiMn、H13 和 20MnVB 钢的相变点，及用 Formastor-Digital 全自动相变仪测定了过冷奥氏体等温转变曲线，测定的结果见表 2-45 及图 2-106。表 2-45 和图 2-106 测定结果表明，固溶稀土使 20MnVB、GCr17SiMn、H13 钢的相变点均有不同程度的升高，且随着钢中固溶稀土量的增加，相变点逐渐上升，上升幅度视不同钢种而异。从图 2-106 可看到，含固溶稀土 3.4×10^{-6} 的 20MnVBRE 与不含稀土的 20MnVB 相比，钢的过冷奥氏体等温转变曲线形状相同，但固溶稀土使拐点处的孕育期延长，减少了临界冷却速度，并促使 C-曲线位置向右移动，增加了过冷奥氏体的稳定性。同时还可看出，固溶稀土的存在提高了钢的 M_s 点，使 20MnVB 得 M_s 点由 380℃ 提高到 390℃，H13 钢的 M_s 点由 264℃ 提高到 305℃。

表 2-45　固溶稀土对 GCr17SiMn、H13 和 20MnVB 钢的相变点的影响[102]

钢　种	固溶稀土量 $/10^{-6}$	钢相变点/℃						
		Ac_1	Ac_3	Ac_m	Ar_1	Ar_3	Ar_m	M_s
GCr17SiMn	0	742		789	653		705	
GCr17SiMnRE	9.2	759		793	650		709	
20MnVB	0	713	829		603	728		380
20MnVB RE	3.4	715	835		610	730		390
H13	0	843		930				264
H13RE	16.0	860		908				305

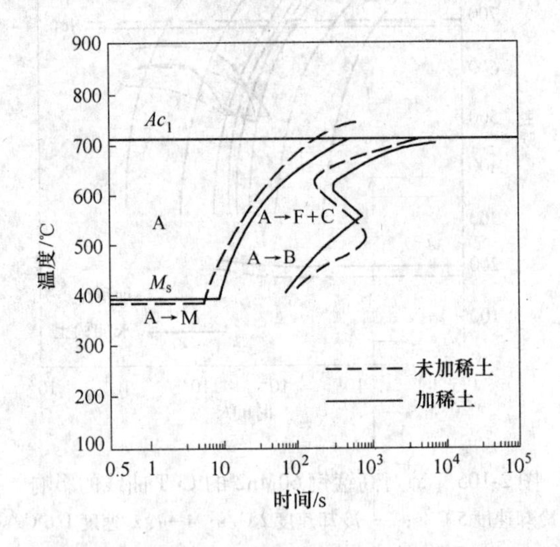

图 2-106　稀土对 20MnVB 钢 C-曲线的影响[102]

刘和、徐祖耀等[120]在 LK-02 快速冷却膨胀仪上测定了 20Mn 钢的临界点和 CCT 图，结果见表 2-46 和图 2-107。图 2-107 分别为不同稀土含量的 20Mn 钢连续冷却相变曲线，随着 20Mn 钢中稀土含量的增加，相变曲线逐渐左移和上移，铁素体和贝氏体转变区域扩大，而珠光体转变区域缩小。

表 2-46　稀土对 20Mn 钢的临界点的影响

试 样 号	临界点温度/℃			
	Ac_1	Ac_3	Ar_3	Ar_1
1 号，$w(\mathrm{RE})=0$	725	840	785	655
2 号，$w(\mathrm{RE})=0.089\%$	727	845	805	655
3 号，$w(\mathrm{RE})=0.24\%$	730	863	815	655

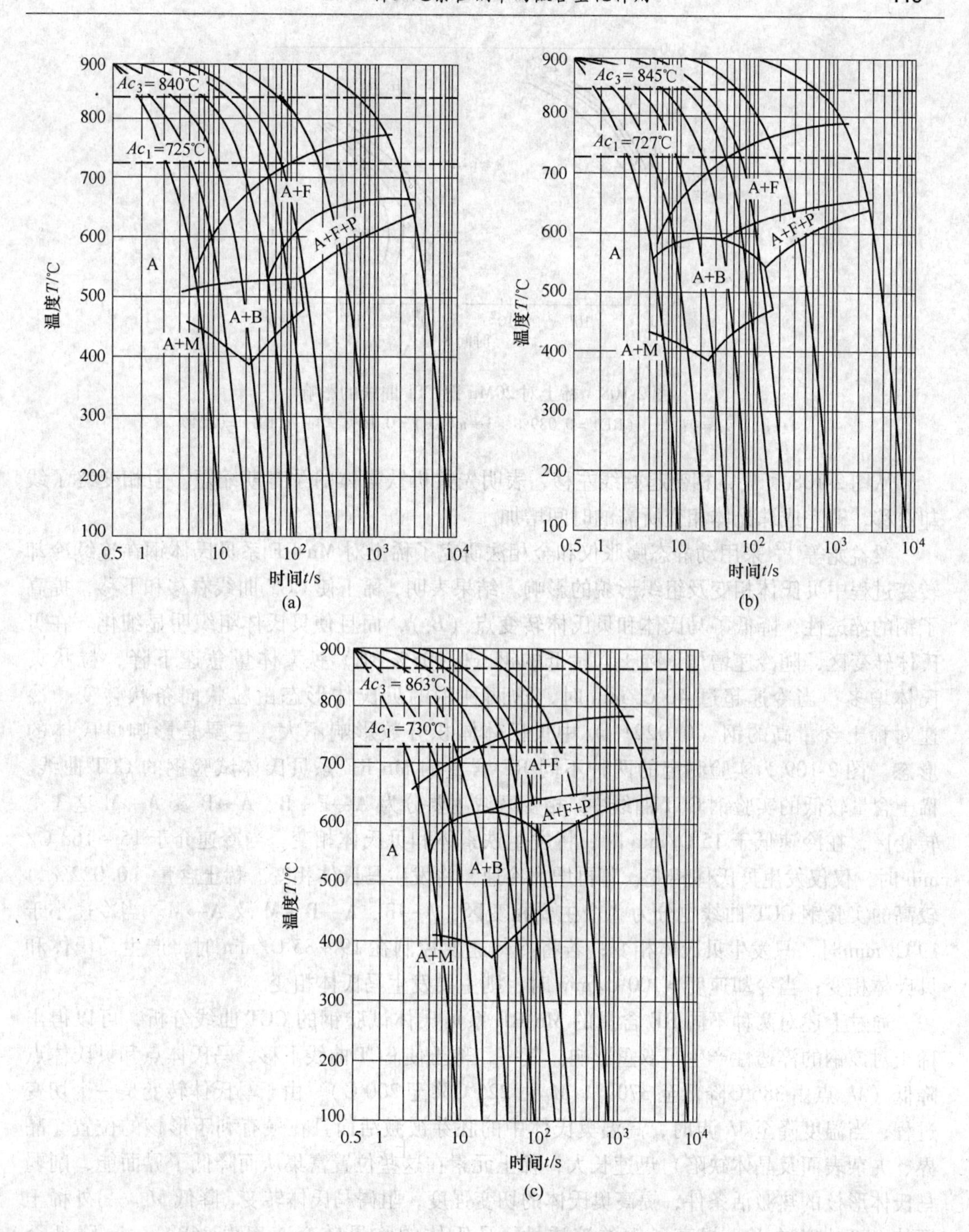

图 2-107 稀土对 20Mn 钢连续冷却相变曲线的影响

(a) 1 号试样，w(RE) = 0；(b) 2 号试样，w(RE) = 0.089%；(c) 3 号试样，w(RE) = 0.24%

刘和、徐祖耀等[121]指出连续冷却实验所得结果可能受冷却速度不均匀的影响，因此采用等温相变方法，在 LK-02 快速冷却膨胀仪上测定了 20Mn 钢的 TTT 图，点阵常数采用 Dmax-ⅢAX 衍射仪测定，研究了稀土对 20Mn 钢 TTT 曲线的影响，结果见图 2-108。

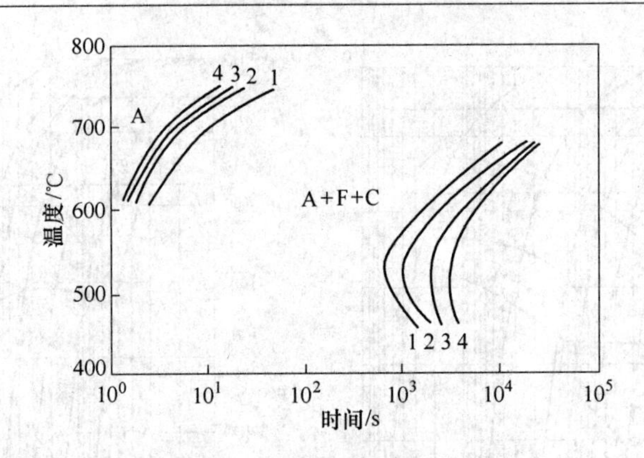

图 2-108　稀土对 20Mn 钢 TTT 曲线的影响

1—w(RE)=0；2—w(RE)=0.089%；3—w(RE)=0.16%；4—w(RE)=0.24%

从图 2-108 可见，相变起始线左移，表明先共析铁素体的孕育期缩短。但相变终了线却右移，即完成珠光体相变所需的时间增加。

梁益龙等[122]采用动静态膨胀仪和金相法研究了稀土对 Mn-RE 系贝氏体钢在连续冷却转变过程中贝氏体相变及组织形貌的影响。结果表明，稀土使 CCT 曲线右移和下移，提高了钢的淬透性，降低了马氏体和贝氏体转变点（B_s），而且使贝氏体组织明显细化。在贝氏体转变区，随冷速增加，稀土含量低的钢（0.008% RE）铁素体量急速下降，粒状贝氏体增多；当冷速超过 40℃/min 时，这两种钢的贝氏体形态由粒状向条状转变。冷速对稀土含量高的钢（0.022%）中贝氏体体积分数影响不大，主要是影响贝氏体的形态。图 2-109 为实验测定的两种不同 RE 含量的 Mn-RE 系贝氏体试验钢的 CCT 曲线。稀土含量较低的实验钢 CCT 曲线中，相变区域主要分为 A→F+B、A→B 及 A→M 这 3 个转变区，在冷速低于 15℃/min 时，将发生铁素体和贝氏体相变；当冷速介于 15～168℃/min 时，仅仅发生贝氏体相变，若再增大冷速，将发生马氏体相变。稀土含量（0.022%）较高的实验钢 CCT 曲线也分为 3 个主要相变区：A→B、A→B+M 及 A→M。当冷速小于 19℃/min 时，只发生贝氏体相变；若将冷却速度控制在 19～85℃/min 时，产生马氏体和贝氏体相变；当冷却速度 >100℃/min 时，则主要发生马氏体相变。

通过上述对两种不同 RE 含量的 Mn-RE 系贝氏体试验钢的 CCT 曲线分析，可以得出稀土对该钢的淬透性产生了双重影响。其一，稀土使 CCT 曲线下移，马氏体点和贝氏体点降低（M_s 点由 386℃降低至 370℃，M_f 由 225℃降至 200℃）。由于马氏体转变是一个切变过程，当温度降至 M_s 点时，高温奥氏体中的胚芽被激活而且在最有利于形核的位置（晶界、夹杂表面及晶体缺陷）迅速长大，稀土元素在这些位置富集从而降低了界面能，削弱马氏体形核的热激活条件，提高奥氏体的切变强度，阻碍马氏体转变，降低 M_s。另外稀土还使 CCT 曲线右移，提高了钢的淬透性，马氏体的临界转变速率由 168℃/min 降低至 85℃/min，即使在很小的冷速下也未发生铁素体转变，这是影响钢淬透性的主导因素。因此稀土使 CCT 曲线右移和下移将导致 Mn-RE 系贝氏体钢的淬透性提高。

梁益龙等[123]在不同稀土含量的 GDL-1 钢中，采用不同温度下中断空冷淬火的方法研究稀土对低碳合金贝氏体钢中贝氏体相变的影响，研究结果表明随稀土含量增加，B_s 点由 380℃降为 350℃，见表 2-47。

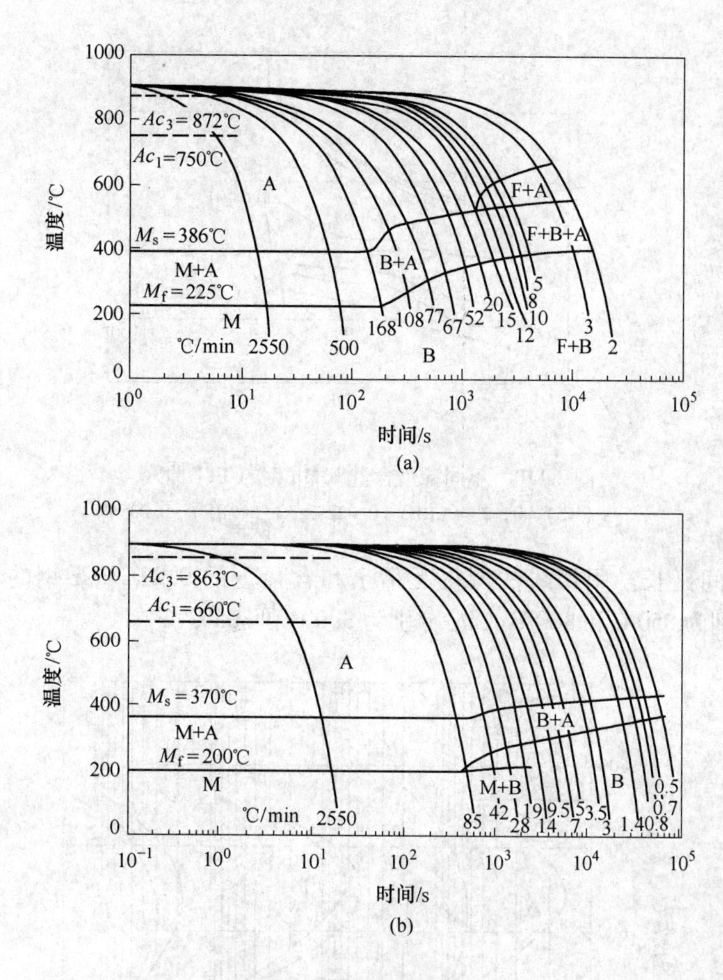

图 2-109 不同 RE 含量的 Mn-RE 系贝氏体试验钢的 CCT 曲线

(a) w(RE) = 0.008%；(b) w(RE) = 0.022%

表 2-47 稀土对低碳低合金 GDL-1 钢 B_s、B_f 点的影响（空条件下，平均冷却速度 108℃/min）

试 样 号	温度/℃	
	B_s	B_f
1 号，w(RE) = 0.008%	380	220
2 号，w(RE) = 0.022%	350	199

张振忠等[124]采用国标规定金相观察与硬度测量相结合的方法测定了不同稀土含量 16Mn 钢的 TTT 曲线，见图 2-110。由图 2-110 可见，在所实验的 753 ~ 953K 的温度范围内，随钢中稀土含量的增加，相变起始线左移，即产生先共析铁素体的孕育期缩短。但相变终了线却右移，即完成珠光体相变所需的时间增加。

吕伟、徐祖耀等[125]通过测量不同温度下的 0.27C-1Cr 钢的等温转变曲线，建立了 TTT 图，见图 2-111。图 2-111 结果表明，加入富镧稀土后奥氏体晶粒细化，晶粒长大速率变慢，Ac_1 不变，Ac_3 速率升高，先共析铁素体和贝氏体相变的孕育期缩短，珠光体和贝氏

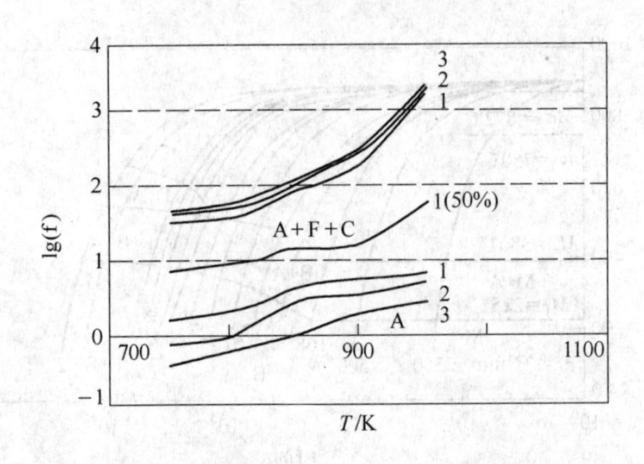

图 2-110 不同稀土含量 16Mn 钢的 TTT 曲线

1—w(RE)=0；2—w(RE)=0.022%；3—w(RE)=0.035%

体相变完成时间延长。用切线法测得无稀土和含稀土的 0.27C-1Cr 钢的相变点 Ac_1 为 760℃，Ac_3 分别为 850℃和 860℃，M_c 分别为 390℃和 365℃。

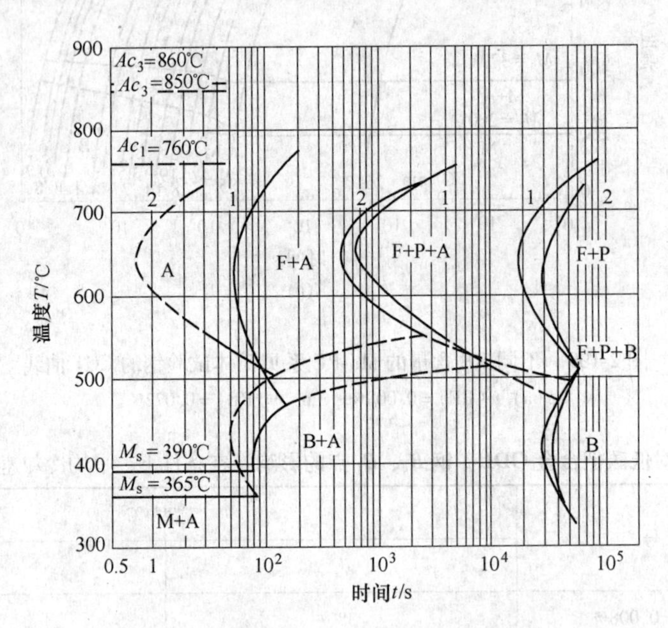

图 2-111 0.27C-1Cr 和 0.27C-1CrRE（w(RE)=0.17%）钢的 TTT 图

郭锋等[126]通过显微组织观察和对临界转变温度的测定，研究了稀土元素 La 对碳锰洁净钢（O、S、P、N 总量为 0.0095%）组织和冷却转变过程的影响。

表 2-48 为连续冷却转变临界温度测定的数据，其结果表明稀土镧明显降低了碳锰纯净钢在冷却时的上临点温度 Ar_3 和下临点温度 Ar_1。在碳锰洁净钢的冷却转变过程中，随 La 含量的增加，先共析铁素体开始析出温度降低，析出速度加快，共析转变开始温度降低。郭锋等[126]指出镧在晶界的偏聚是造成碳锰洁净钢组织和相变过程变化的主要原因，同时与洁净钢的成分和过冷奥氏体的冷却速度有关。

表 2-48　镧对碳锰洁净钢临界点的影响

La 含量/%	固溶 La 含量/%	Ar_3/℃	Ar_1/℃	Ar_3-Ar_1/℃
0	0	737	601	135
0.005	0.002	708	585	123
0.039	0.015	671	564	107

吴承建等[127]测定了稀土铈对锰钒钢过冷奥氏体中先共析铁素体恒温转变动力学曲线，在铈对锰钒钢过冷奥氏体转变的影响研究中发现，稀土 Ce（Ce 加入量为 0.3%，钢中 Ce 含量为 0.12%）降低先共析铁素体转变的形核率，增长孕育期，使先共析铁素体恒温转变曲线向右移，Ce 增加贝氏体转变孕育期（见图 2-112），并使贝氏体恒温转变曲线右移，Ce 增加先共析铁素体孕育期的作用明显大于对贝氏体的作用。

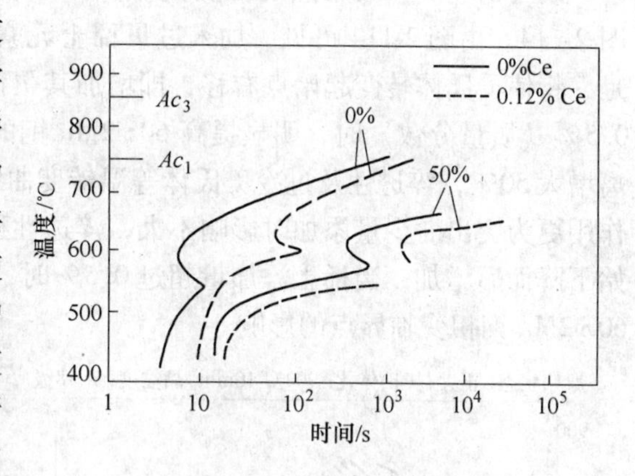

图 2-112　稀土 Ce 对锰钒钢过冷奥氏体恒温转变动力学曲线的影响
（Ce 使锰钒钢贝氏体恒温转变曲线右移）

朱兴元等[128]采用 THERMECMASTOR-Z 热模拟机对过冷奥氏体连续冷却转变曲线进行了测定，试验结果表明，低硫铌钛钢（S 0.003% ~0.005%，Nb 0.036% ~0.040%，Ti 0.011% ~0.013%）中稀土铈能提高钢的临界点 Ar_3 和 Ar_1，并且使（Ar_3-Ar_1）温度区间增大；并使钢的 CCT 曲线右移和上移，降低了钢的淬透性，见图 2-113 和表 2-49。

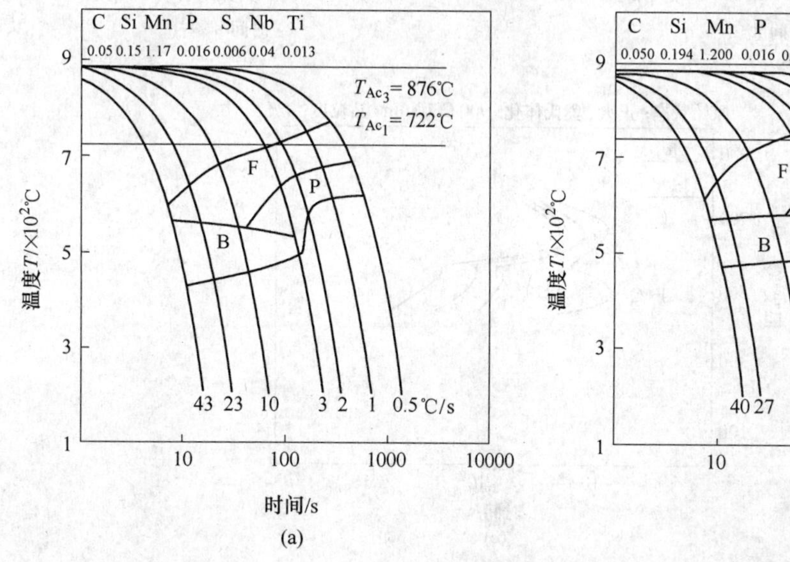

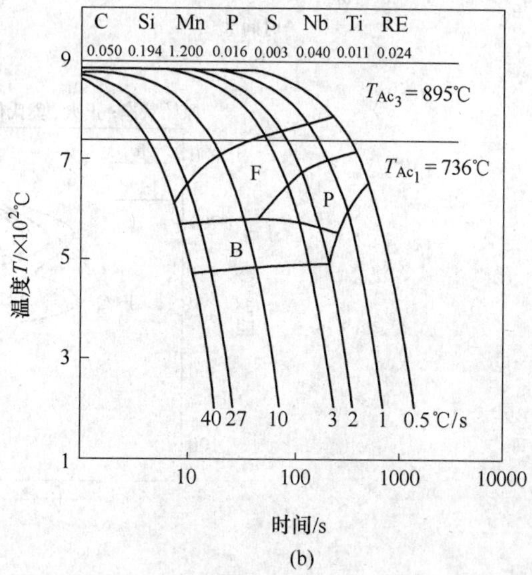

图 2-113　稀土元素铈对低硫铌钛钢 CCT 曲线影响[128]
（a）$w(Ce)=0$；（b）$w(Ce)=0.024\%$（固溶 Ce 为 0.005%）

表 2-49 稀土元素铈对低硫铌钛钢临界点 Ar_3 和 Ar_1 的影响

试样编号	Ce 含量/%	固溶 Ce 含量/%	Ar_1/℃	Ar_3/℃	Ar_3-Ar_1/℃
1	0	0	595	737	142
2	0.024	0.015	602	844	242

姚守志等[129]采用热磁仪测定了 60Si2Mn 钢的过冷奥氏体等温转变曲线，结果见图 2-114。由图 2-114 可见，加入过量稀土元素对试验钢的珠光体转变没有明显影响，但是，将使贝氏体转变起始点右移，即增加其孕育期。钕的作用较为显著。稀土加入量大于 0.5%（质量分数）时，明显提高 60Si2Mn 钢的 Ac_3 点，并使该钢的半马氏体区离顶端距离增大 50%，淬透性及过冷奥氏体等温转变曲线的贝氏体区均有明显影响，其中尤以钕的作用更为突出。少量添加时影响不大，淬透性稍有下降。稀土添加量增加，钢的淬透性开始下降而后增加，当稀土添加量超过 0.5% 时，淬透性的变化趋于平缓。表 2-50 为稀土对 60Si2Mn 钢相变临界点的影响。

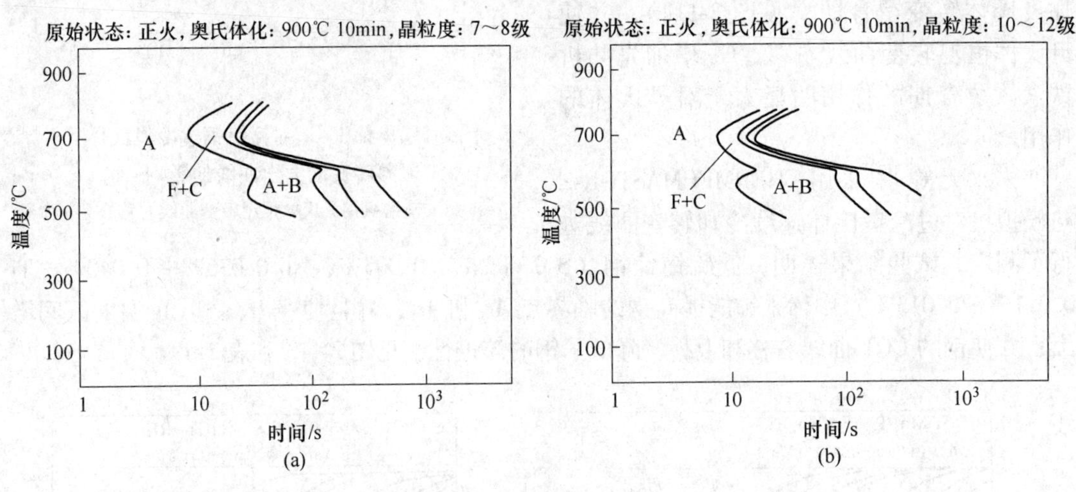

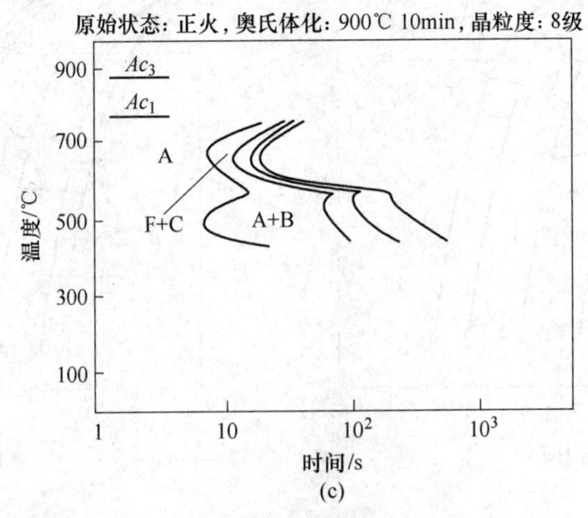

图 2-114 稀土对 60Si2Mn 钢 CCT 曲线的影响

(a) w(RE) = 0.134%；(b) w(Nd) = 0.33%；(c) w(RE) = 0

表 2-50 稀土对 60Si2Mn 钢相变临界点的影响 (℃)

方 法	稀土加入量/钢中稀土含量/%	Ac_1	Ac_3	Ar_1	Ar_3
差热分析法①	1.0/0.33 (Nd)	766	882	719	808
	0.15/0.064 (RE)	786	867	714	
	0.3/0.10 (RE)	768	847	716	800
膨胀法②	0.5/0.134 (RE)	769	850	715	745
	1.0/0.35 (RE)	767	848	702	744
	0	767	830	712	744

① 升温、降温速度为 2℃/min;
② 升温、降温速度为 200℃/h。

郭艳等[130]测定了 09CuPRE 钢的相变温度，并据此得到连续冷却转变曲线。连续冷却转变曲线即 CCT 曲线如图 2-115 所示。

从不同冷却速度下钢中珠光体百分数及金相组织的试验结果看出，随着冷却速度的增大，铁素体晶粒度变细，当冷却速度由 20℃/s 增加到 35℃/s 时，铁素体晶粒变细的趋势就不明显了。同时，当冷却速度大于 10℃/s 以后，钢中开始出现贝氏体组织，随着冷却速度的增大，贝氏体量也增多。采用以 20℃/s 左右的冷却速度冷却至 600℃以上，然后缓冷可得到具有良好塑性、韧性的珠光体和铁素体组织。

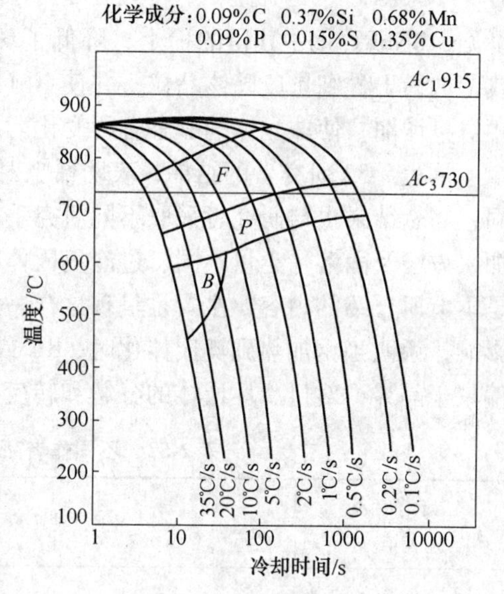

图 2-115 09CuPRE 钢的 CCT 曲线

杨丽颖等[131]研究了稀土对 BNbRE 钢临界点的影响，结果表明 BNbRE 钢中稀土元素使其临界相变点 Ar_1 温度降低，M_s 温度升高；细化了珠光体组织。如表 2-51、图 2-116 和图 2-117 所示。

表 2-51 稀土对 BNbRE 钢临界点的影响 (℃)

临 界 点	稀土残留量(质量分数)/%				
	0	0.0005	0.0128	0.0222	0.0271
Ar_1	654	657	653	647	640
M_s	167	193	193	195	192

利用 Formastor-Digital 全自动相变测量仪测得的试验钢的临界点如表 2-51 所示。图 2-116 为钢中稀土量与 Ar_1 转变关系曲线。由图 2-116 可知，随着稀土量增加，奥氏体向珠光体转变的临界点 Ar_1 下降。这说明 RE 元素残留在钢中，增大了奥氏体向珠光体转变的过冷度，从而降低了珠光体转变温度，细化珠光体组织。图 2-117 为钢中稀土残留量与 M_s 点转变的关系曲线。由图 2-117 可以看出，稀土残留在钢中，当残留量较少时，M_s 点转变温度提高了约 30℃。但随着稀土残留量增加 M_s 点转变温度没有太大的改变。由此

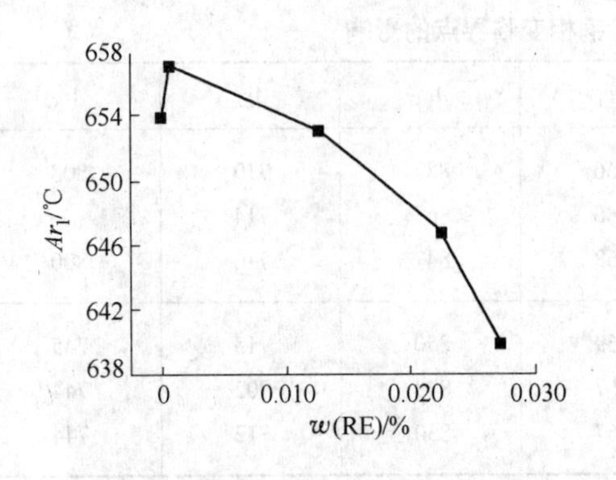

图 2-116　稀土对 BNbRE 钢临界点 Ar_1 的影响

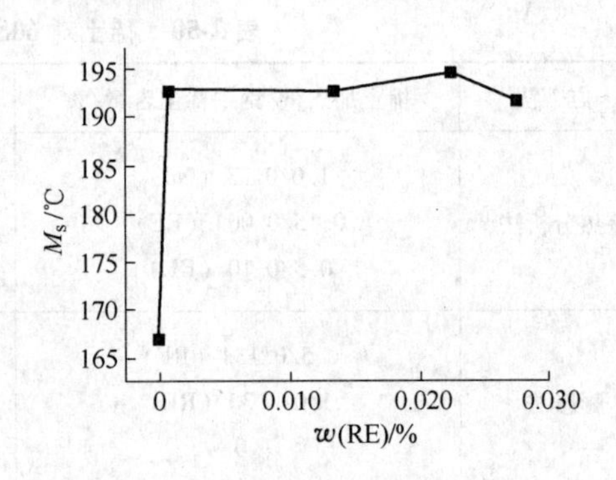

图 2-117　稀土对 BNbRE 钢临界点 M_s 的影响

可见，BNbRE 钢中残留的稀土，降低了珠光体转变温度，提高了马氏体转变温度；钢中残留的稀土，细化奥氏体晶粒，并使 Nb(C、N)的析出增多；钢中残留的稀土，使珠光体相对量增加，使珠光体的形态有所变化。

从表 2-52 研究者的结果，表明稀土对钢的临界相变点 Ac_3 的影响是随钢种的不同而不同，当然结果也与研究者采取不同研究手段（包括实验材料的洁净度、稀土加入量、稀土加入方法及固溶稀土量不同、过冷奥氏体的冷却速度等）及实验技术及实验精度有关。但是本节所介绍的内容，主要是呈现这样一个结论，即稀土对钢的临界点、相变温度确实有影响，说明当钢加热到奥氏体化时，RE 或 Ce、La 将进入奥氏体（即固溶的稀土），大多偏聚于晶界，对过冷奥氏体的分解和转变产生了影响。

表 2-52　不同作者所得稀土对临界点 Ac 研究数据

文献作者及发表年份	钢　种	钢的临界点/℃		稀土对过冷奥氏化分解动力学曲线影响
		Ac_3	ΔAc_3	
张振忠、黄一新等[124]，2001	16Mn 钢（753～953K 等温相变）CCT 图			左移（淬透性↓）先共析铁素体的孕育期缩短
刘和、徐祖耀等[120]，1993	20Mn	840	+5～+23	左上移（淬透性↓）先共析铁素体的孕育期缩短
	20Mn（0.089%RE）	845		
	20Mn（0.24%RE）建立 TTT 图	863		
吕伟、徐祖耀等[125]，1993	0.27C-1Cr	850	+10	左移（淬透性↓）先共析铁素体的孕育期缩短
	0.27C-1CrRE（0.17%RE）钢的等温转变曲线，TTT 图	860		
朱兴元等[128]，2004	低硫铌钛钢			右上移（淬透性↓）
韩永令[109]，1987	15Cr3Mo1VCe			提高了奥氏体稳定性（淬透性↑）

续表 2-52

文献作者及发表年份	钢 种	钢的临界点/℃		稀土对过冷奥氏化分解动力学曲线影响
		Ac_3	ΔAc_3	
韩永令[109]，1987	18Cr2Ni4WA	781	−26	减缓贝氏体转变
	18Cr2Ni4WRE（0.018% ER）	755		
	35CrNi4MoV	780	+10	右移（淬透性↑）
	35CrNi4MoVRE（0.017% RE）	790		
	30MnCrNi3Mo	755	+15	
	30MnCrNi3MoRE（0.037% RE）	770		
刘宗昌、李承基、李文学等[82,83,112~117]，1986~1990	10SiMn	1030	−62	右下移，淬透性↑
	10SiMnRE（0.117% Ce，固溶 Ce 为 0.09%）	968		
	10SiMnNb	1010	−40	右下移，淬透性↑
	10SiMnNbRE（0.0657% Ce，固溶 Ce 为 0.035%）	970		
	60Mn2	730	−13	
	60Mn2Ce（固溶 Ce 为 0.045%）	717		
	45MnV（0.056% RE，固溶 RE 为 0.027%）			右移（淬透性↑）
	42MnVRE（固溶 RE 为 0.029%）			右下移，淬透性↑
贾常志[107]，1982	16Mn（<0.1% RE）		+35~40	
金泽洪[102]，1997	20MnVB	829	+6	
	20MnVB RE（固溶 Ce 为 0.00034%）	835		
吴承基等[127]，1992	锰钒钢			右移（淬透性↑）
梅 田	40CrNiRE		−10~20	
梁益龙等[122]，2009	GDL-1			右移（淬透性↑）

2.4.3 稀土元素对钢固态相变及组织的影响

许多研究结果表明稀土元素影响钢在加热时奥氏化晶粒大小、影响奥氏体的先共析铁素体转变、影响珠光体转变、贝氏体转变及马氏体型相变，本节将作一一介绍。

2.4.3.1 稀土元素对钢在加热时奥氏化晶粒大小的影响

除一部分高合金钢外，大部分合金钢在室温时的基体组织是铁素体加碳化物的复相组织。这些钢在生产过程中至少要经受一次奥氏体化。在钢奥氏化的过程中，奥氏体的晶粒大小也要发生相应的变化。合金元素对奥氏体晶粒大小的影响，包括：合金元素能否使起始晶粒细化；合金元素能否阻止晶粒的长大。

研究者[47,96,120,125,132~134] 比较一致地认为稀土（作为微合金化作用的固溶稀土）对奥氏体晶粒的长大有明显的抑制作用，这是因为稀土作为表面活性物质，易在晶界偏聚，降低奥氏体晶界能和表面张力，使晶粒长大的驱动力减小，晶粒细化。

林勤等[96]对未加稀土和加稀土的16Mn钢试样真空热浸蚀组织的高温金相观察表明，含0.0037% RE(固溶稀土0.0009%)使16Mn钢奥氏体晶粒长大的第一阶段由950℃显著地延续到了1100℃，见图2-118。采用离子探针对含稀土16Mn钢沿晶断口的稀土离子深度分析及晶内、晶界俄歇能谱分析表明，固溶稀土偏聚在晶界，其对晶界的拖拽作用能阻止晶界迁移，抑制晶粒长大。

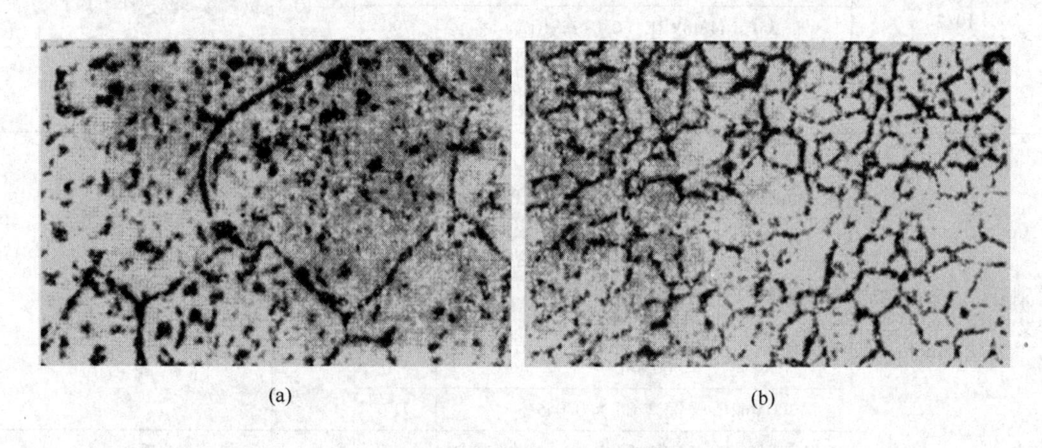

(a)　　(b)

图2-118　稀土对奥氏体晶粒度的影响（200×）

(a) 未加RE，950℃；(b) w(RE)=0.0037%（固溶稀土0.0009%），1100℃

叶文等[132]在低硫16Mn钢中稀土固溶量的研究中指出，低合金钢中加入稀土量不会超出形成金属间化合物的范围。因而钢中加入稀土后，极低的稀土含量下就有固溶稀土，在加热过程中，高温金相观察发现，加稀土的16Mn钢试样奥氏体晶粒长大速度明显减慢，晶粒开始长大的温度明显升高，见图2-119。图2-119（a）为室温25℃未加稀土的试样；图2-119（b）为未加稀土的试样，当加热到950℃时晶粒的大小，发现晶粒已急剧长大；图2-119（c）、（d）分别为加Ce、La的试样，当加热到1100℃时晶粒大小，可以清楚看到它们比未加稀土的试样加热到950℃时的晶粒（图2-119(b)）明显小，与室温25℃未加稀土的试样（图2-119(a)）接近。因此可得出，加稀土后至少推迟低硫16Mn钢奥氏体晶粒长大的温度达150℃。

李文超等[133]研究稀土在35CrNi3MoV钢中的作用机理发现，稀土抑制35CrNi3MoV钢奥氏体晶粒长大，高温金相显微镜观察表明，不加稀土的试样在940℃晶粒明显长大，而含0.015RE%试样在940℃晶粒无明显变化，见图2-120。晶粒长大的驱动力，主要是晶界长大前后界面能差（$\sigma_{前}-\sigma_{后}$），加入稀土后，由于稀土本身是表面活性物质，且易在晶界偏聚，因而降低了合金钢的界面张力，使晶粒长大的驱动力减少，从而抑制了高温下35CrNi3MoV钢奥氏体晶粒的长大。

刘和等[120]在稀土对20Mn钢连续冷却相变及显微组织的影响研究中发现，由于稀土作为表面活性物质可以显著降低晶界能，因此细化了20Mn钢的奥氏体晶粒，其研究结果表明含稀土的20Mn钢奥氏体晶粒尺寸比不含稀土的20Mn钢奥氏体晶粒小一倍左右。

金泽洪等[134]在稀土对20MnVB钢组织性能的影响研究中发现稀土可以细化20MnVB钢的奥氏体晶粒，抑制高温晶粒长大，从图2-121可知，加稀土的晶粒度比未加稀土的晶

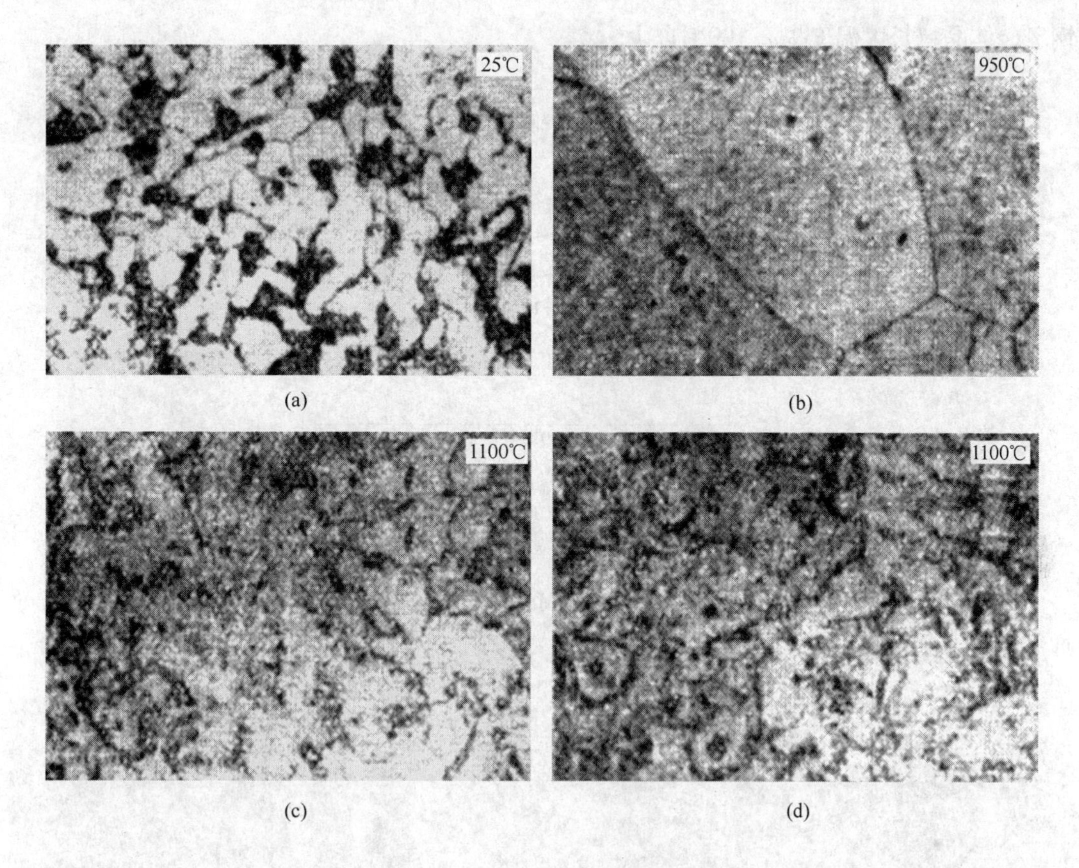

图 2-119　稀土 Ce、La 对低硫 16Mn 钢奥氏体晶粒度的影响

（a），（b）未加稀土；（c）加 Ce；（d）加 La

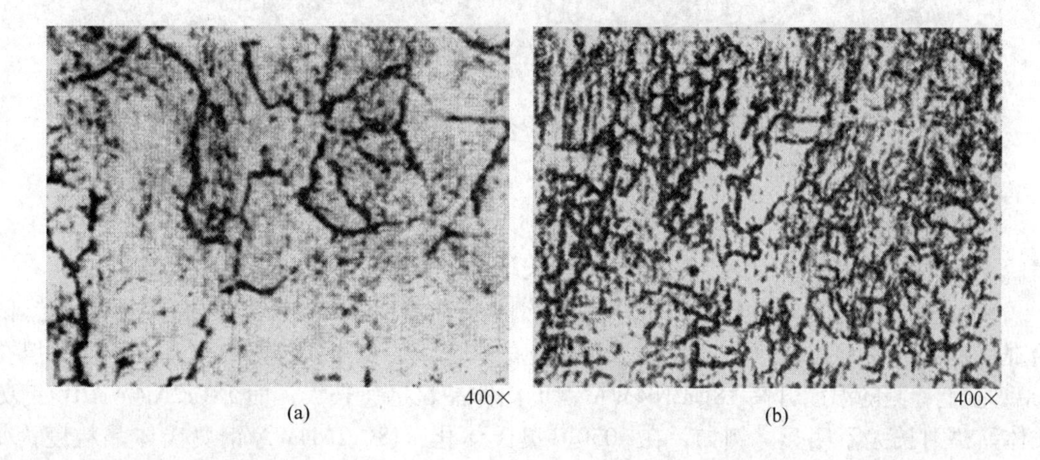

图 2-120　稀土对 35CrNi3MoV 钢奥氏体晶粒度的影响（940℃）

（a）未加 RE；（b）加稀土，$w(\mathrm{RE})=0.015\%$

粒平均细化 1.0 级。高温金相分析表明，未加稀土的 20MnVB 钢的奥氏体晶粒 940℃ 开始长大，到 980℃ 晶粒显著长大，而加稀土的晶粒开始长大的温度提高到了 1040℃，到 1150℃ 晶粒才显著长大，而且晶界的相对稳定性较好。研究结果说明，加稀土使 20MnVB

钢奥氏体晶粒长大温度提高100℃以上。

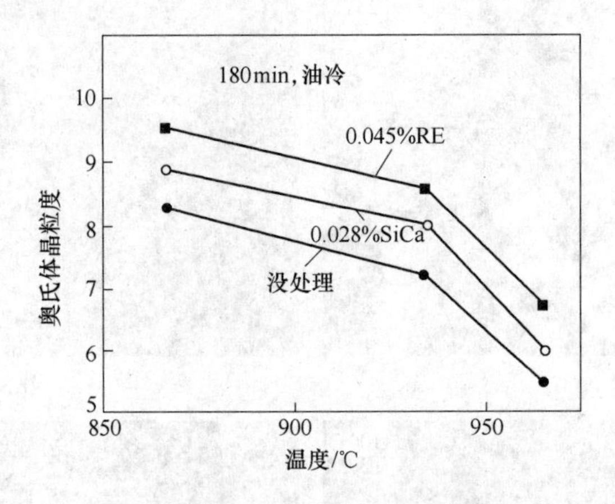

图2-121 稀土对20MnVB钢奥氏体晶粒度的影响

严春莲、王福明等[47]在稀土对35CrNi3Mo钢冲击韧性的研究中也发现，稀土能有效抑制奥氏体晶粒的长大，见图2-122。

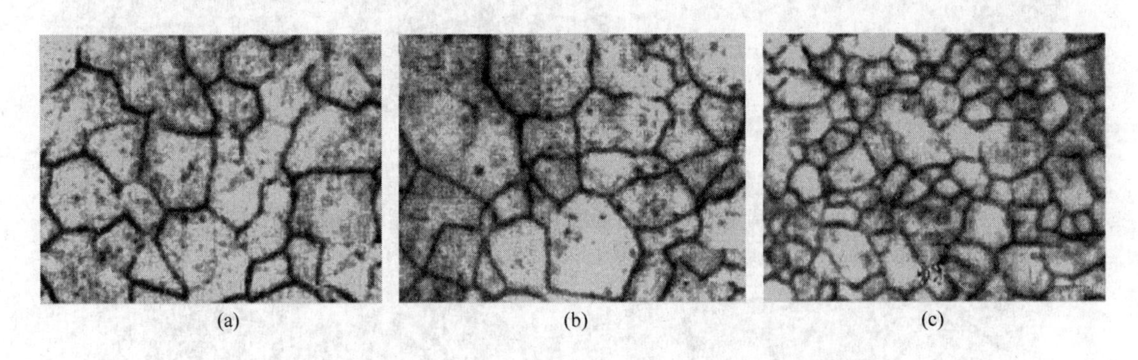

图2-122 稀土对35CrNi3Mo钢奥氏体晶粒度的影响（940℃）
(a)，(b) 未加稀土；(c) $w(\mathrm{La})=0.046\%$

吕伟、徐祖耀等[125]在稀土对0.27C-1Cr钢TTT的影响研究中也发现加入混合稀土金属后，0.17%混合稀土使0.27C-1Cr钢原奥氏体晶粒细化，晶粒长大速率变慢。

韩永令[84]研究发现稀土对18Cr2Ni4WA钢本质晶粒度的高温长大倾向有强烈影响，试验观察表明在900℃以下加热，加与未加稀土的试验钢原始奥氏体晶粒度基本相同。但在900℃以上，则随温度升高18Cr2Ni4WA钢奥氏体晶粒迅速长大，而18Cr2Ni4WARE钢奥氏体晶粒则长大不明显。例如，在1050℃奥氏体化，18Cr2Ni4WA钢奥氏体晶粒度为1级，而18Cr2Ni4WARE钢奥氏体晶粒度则为4级，相差很明显。稀土的这种作用，对本质晶粒度高温长大倾向较强烈的洁净钢是相当重要的。

王笑天等[135]研究发现稀土元素可以细化低、中碳试验钢的奥氏体晶粒度。图2-123为不同加热温度下测得的几种中碳试验钢奥氏体晶粒度，可见，稀土元素均不同程度地细化了中碳试验钢的奥氏体晶粒。

王福明等[136]在不同稀土铈含量对重轨钢珠光体相变及形态的影响研究中发现，稀土

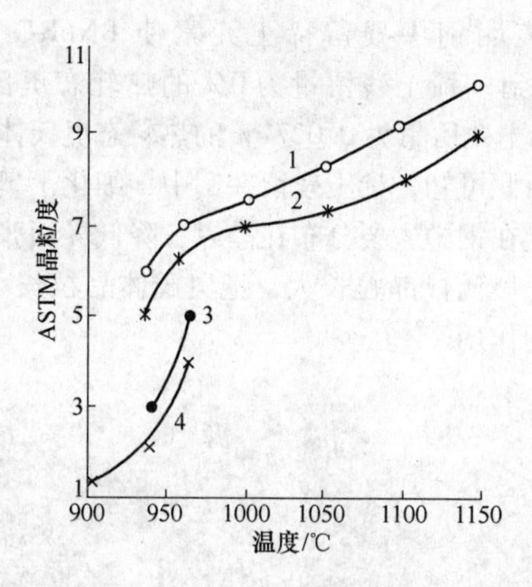

图 2-123 试验钢在不同加热温度下测得的奥氏体晶粒度

1—20SiMn2V；2—20SiMn2VRE（w(RE)＝0.108%）；

3—40SiMn2V；4—40SiMn2VRE（w(RE)＝0.108%）

铈有明显抑制奥氏体晶粒长大的作用，且随着铈固溶量的增加，这种抑制作用增强。王福明等认为铈的这种作用主要是由于铈降低了奥氏体晶界能，从而降低其晶粒长大的驱动力所致。由截线法测得试样在不同奥氏体化温度下的奥氏体晶粒尺寸结果见表 2-53。

表 2-53 稀土铈对奥氏体晶粒大小的影响 （μm）

铈的固溶量/%	不同温度下晶粒尺寸			
	1073K	1123K	1173K	1223K
0	11.1	12.7	12.9	20.3
0.0097	8.6	9.5	10.8	12.5
0.0399	7.5	7.7	8.1	9.5
0.0977	6.2	6.4	6.5	6.7

李春龙等[137]将含稀土 Nb 重轨钢试样置于高温炉中在不同温度下保温 30min，水冷后测定奥氏体晶粒度，研究结果见表 2-54。可见，稀土可以细化奥氏体晶粒。在本实验条件下，与未加稀土的试样 HS0 相比，稀土加入量为 0.015% 的试样 HS1 的奥氏体晶粒度变化不大，而稀土加入量为 0.02% 的试样 HS2 奥氏体晶粒则有所细化。另外，随着保温温度的提高，奥氏体晶粒逐渐增大。

表 2-54 稀土 RE 对 BNb 重轨钢奥氏体晶粒度级别的影响（级别）

试样	稀土加入量/%	稀土总量/%	固溶稀土量/%	热轧态	保温温度/℃				
					900	950	1000	1050	1100
HS0	0	—	—	7.5～8.0	7.5	6.0～6.5	6.5～7.0	6.0～6.5	5.5～6.0
HS1	0.015	0.0144	0.0012	7.5～8.0	7.5	6.5～7.0	7.0	6.0～6.5	5.5～6.0
HS2	0.020	0.0197	0.0011	8.0～7.5	7.5～8.0	7.0～7.5	7.0	6.5～7.0	6.0～6.5

杨丽颖等[131]的研究表明钢中残留稀土元素使 BNbRE 钢奥氏体晶粒细化（见图 2-124）。由图 2-124 看到，稀土残留量为 0% 的热轧态奥氏体晶粒大小不均匀，其直径约为 50 ~ 90μm，而稀土残留量为 0.0271% 的热轧态奥氏体晶粒直径约为 15 ~ 60μm，并且晶粒大小比较均匀。由此可知，稀土残留在钢中，细化了奥氏体晶粒。因为稀土元素为表面活性物质，固溶稀土在钢中主要分布在晶界，降低界面张力和界面能，使晶粒长大的驱动力减少，从而抑制了奥氏体晶粒长大，把奥氏体晶粒长大推移到更高的温度范围，因而具有细化奥氏体晶粒的作用[138]。

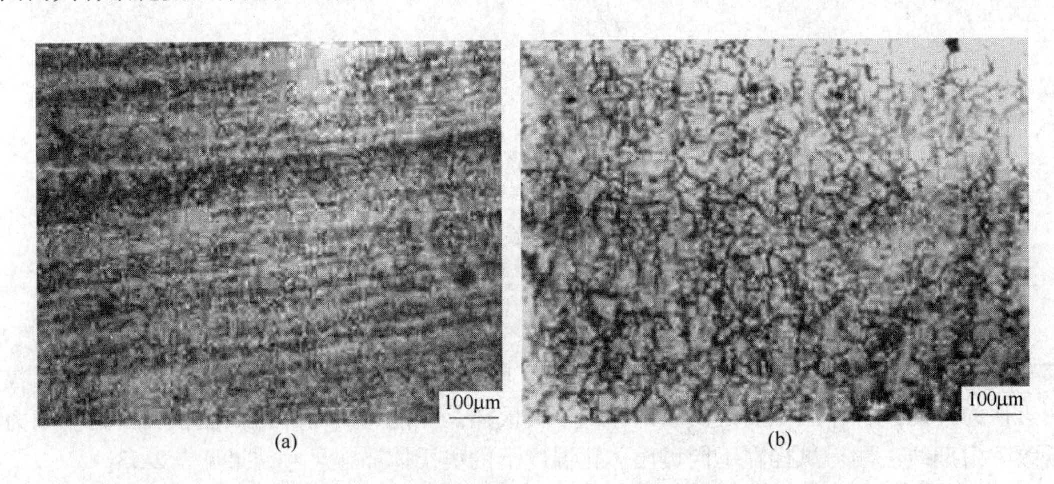

图 2-124　稀土对热轧态奥氏体晶粒大小的影响

（a）w(RE) = 0；（b）w(RE) = 0.0271%

刘承军等[64]研究得到了稀土在重轨钢中具有细化热轧态奥氏体晶粒的作用，结果如图 2-125 所示。表 2-55 为试验钢的稀土加入量及对应的固溶稀土量。

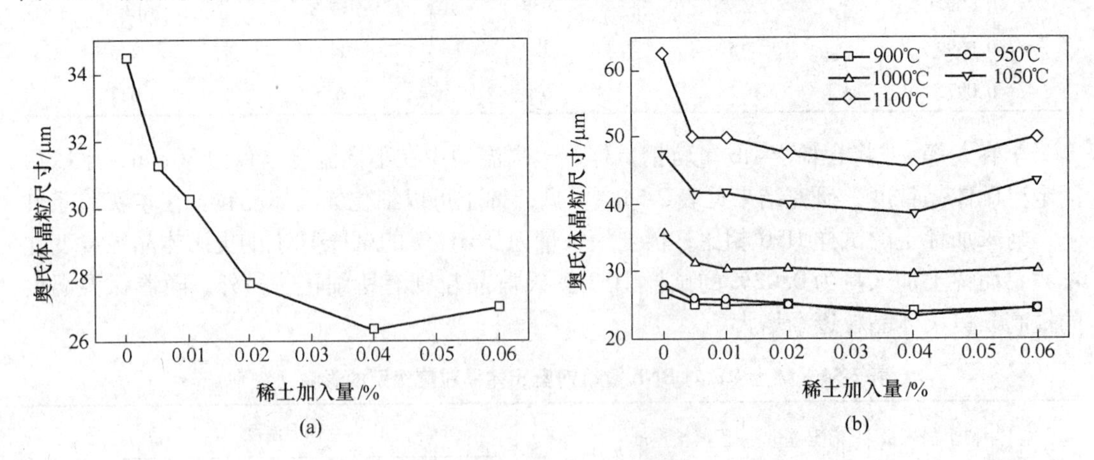

图 2-125　重轨钢奥氏体晶粒尺寸与稀土加入量的关系

（a）热轧态；（b）900 ~ 1100℃

由图 2-125（a）可知，稀土在重轨钢中具有细化热轧态奥氏体晶粒的作用，细化晶粒的关键是钢中的固溶稀土含量。在稀土加入量小于 0.01% 的条件下，随着稀土加入量

（固溶稀土含量）的增加，重轨钢的热轧态奥氏体晶粒尺寸迅速减小，由34.40μm减小到30.30μm，稀土对热轧态奥氏体晶粒的细化作用非常显著，此时钢中固溶稀土含量小于0.0004%。之后继续增加稀土加入量，热轧态奥氏体晶粒尺寸仍逐渐减小，但稀土对热轧态奥氏体晶粒钢的细化作用已不明显。由图2-125（b）可知，不同稀土含量的重轨钢的奥氏体晶粒均随着加热温度的升高而逐渐长大。在所给的实验条件下，较低的稀土加入量（0.01%）和较低的固溶稀土含量（0.0004%）即可实现对重轨钢奥氏体晶粒的细化作用。

表2-55　试验钢的稀土加入量及对应的固溶稀土量　（%）

稀土加入量	0	0.005	0.01	0.02	0.04	0.06
钢中稀土总量	0	0.0017	0.0021	0.0128	0.0271	0.0222
夹杂中稀土量	0	0.0013	0.0018	0.0078	0.0120	0.0103
固溶稀土量	0	0.0004	0.0003	0.0050	0.0151	0.0119

陈祥等[139]研究了稀土、钒、钛变质剂对等温淬火高硅铸钢晶粒细化的影响。结果表明，经稀土、钒、钛变质处理后，高硅铸钢中形成大量的高熔点化合物，可以强烈地促进非均质形核，细化高硅铸钢的奥氏体晶粒；同时，变质剂的加入可以明显提高钢液的过冷度，促进形核、细化奥氏体晶粒，见图2-126和表2-56。

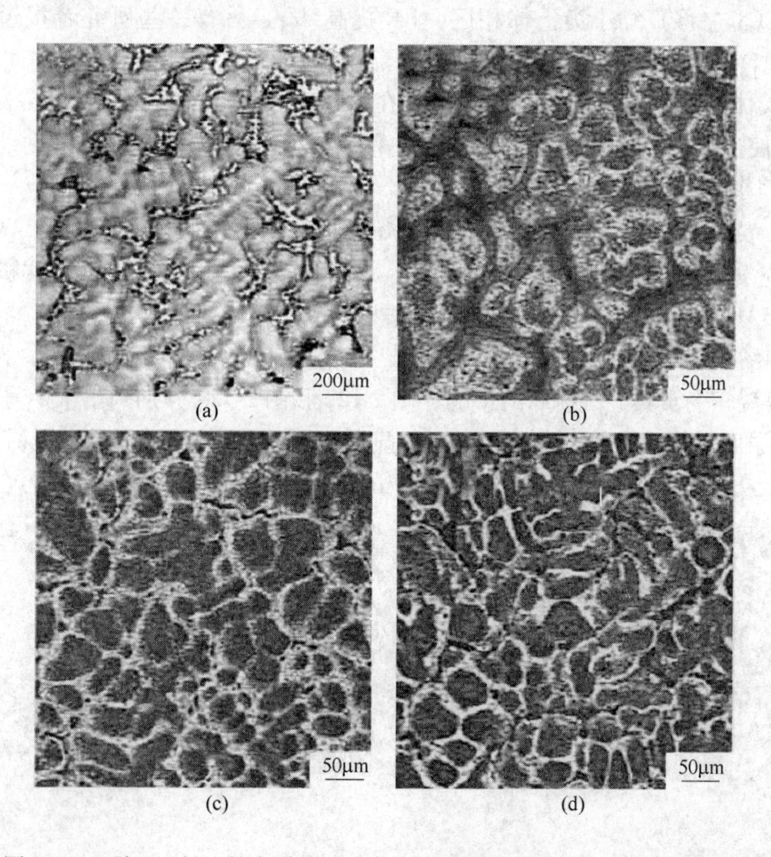

(a)　(b)　(c)　(d)

图2-126　稀土、钒、钛变质处理对高硅铸钢的原始奥氏体晶粒组织的影响

（a）w(RE)=0.0182%；（b）w(RE)=0.013%，w(Ti)=0.035%；（c）w(RE)=0.016%，w(V)=0.045%；（d）w(RE)=0.03%，w(Ti)=0.023%，w(V)=0.039%

表 2-56　稀土、钒、钛变质高硅铸钢的原始奥氏体晶粒尺寸的影响　（μm）

处　理	A	B	C	D
变质剂	未加	加 Ti 和 RE	加 V 和 RE	加 V、Ti 和 RE
原始奥氏体晶粒尺寸	800	65	50	40

从图 2-126 中可以看出，未加复合变质剂的高硅铸钢原始奥氏体晶粒粗大，并且可以看到很发达的树枝晶存在；而加入稀土、钒、钛变质处理后的高硅铸钢原始奥氏体晶粒细小，绝大多数为等轴晶，少量的树枝晶的尺寸也明显减小，其晶粒尺寸大为减小，有利于提高其强度和韧性。由表 2-56 的数据可看到，未加复合变质剂的高硅铸钢原始奥氏体晶粒尺寸为 800μm，加入稀土、钒或稀土、钛变质处理后的高硅铸钢原始奥氏体晶粒尺寸降为 50～60μm，而加入稀土、钒、钛变质处理后的高硅铸钢原始奥氏体晶粒最细小尺寸为 40μm。由此可知稀土、钒、钛复合变质具有最好的细化晶粒效果。

2.4.3.2　稀土元素对过冷奥氏化转变的影响

稀土元素对过冷奥氏化转变的影响集中反应在对过冷奥氏化分解动力学曲线位置的影响上，即稀土元素使过冷奥氏化分解动力学曲线右移或左移。

A　稀土元素对先共析铁素体转变的影响

一些研究者认为稀土使过冷奥氏化分解动力学曲线左移，使先共析铁素体的孕育期缩短（TTT 或 CCT 左移）缩小奥氏体相区，RE 提高 Ac_3。另有一些研究者报道了不同的结果，稀土使过冷奥氏化分解动力学曲线右移，延长先共析铁素体的孕育期（TTT 或 CCT 右移）扩大奥氏体相区，RE 降低 Ac_3。下面将在 a、b 小节中分别加以介绍。

a　稀土使过冷奥氏化分解动力学曲线左移，使先共析铁素体的孕育期缩短（TTT 或 CCT 左移）缩小奥氏体相区，RE 提高 Ac_3

张振忠、黄一新等[124]测定了稀土对 16Mn 钢等温相变的影响，在 753～953K 实验温度范围，研究发现，随钢中稀土含量的增加，相变起始线左移，即产生先共析铁素体的孕育期缩短。953K 等温时稀土 Ce 对 16Mn 钢先共析铁素体转变量及其晶粒直径大小的影响，见图 2-127 和图 2-128。但相变终了线却右移，即相变完成所需的时间增加。为进一步说明稀土含量对等温相变及其显微组织的影响，图 2-127 和图 2-128 分别列出了 1 号、2 号、3 号试样在 953K 温度下等温处理 7s 和 1800s 后的显微组织。由图 2-127 可见，无稀土 16Mn 钢在 7s 左右才开始从晶界处析出铁素体，而含稀土的 2、3 号试样由于晶粒较细，在等温处理 7s

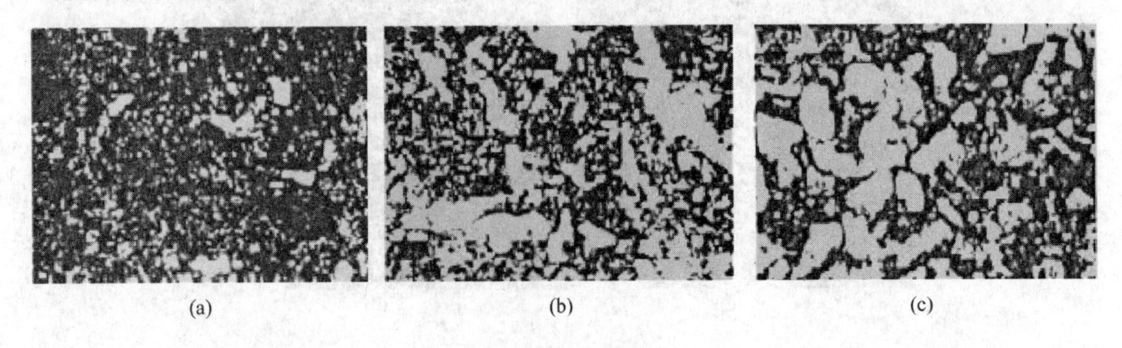

(a)　(b)　(c)

图 2-127　稀土 Ce 对 16Mn 钢先共析铁素体转变量的影响

（953K，等温 7s）

（a）$w(RE)=0$；（b）$w(RE)=0.022\%$；（c）$w(RE)=0.035\%$

后已析出较大体积分数的先共析铁素体，该结果一方面反映了稀土对先共析铁素体孕育期的缩短作用，同时也反映了含稀土钢由于晶粒较细，一开始就有较大的相变速率。而等温处理1800s（图2-128）后，无稀土的1号试样珠光体相变已完全结束，但含稀土的2号、3号试样仍残存有一定体积分数的奥氏体（在图2-128中为板条状马氏体组织）。进一步对图2-128的结果分析后还可以发现，组织中先共析铁素体的体积分数及其晶粒直径还存在随稀土含量提高而减小的变化规律，这与前人的研究结果是完全一致的[120,121,124,125]。

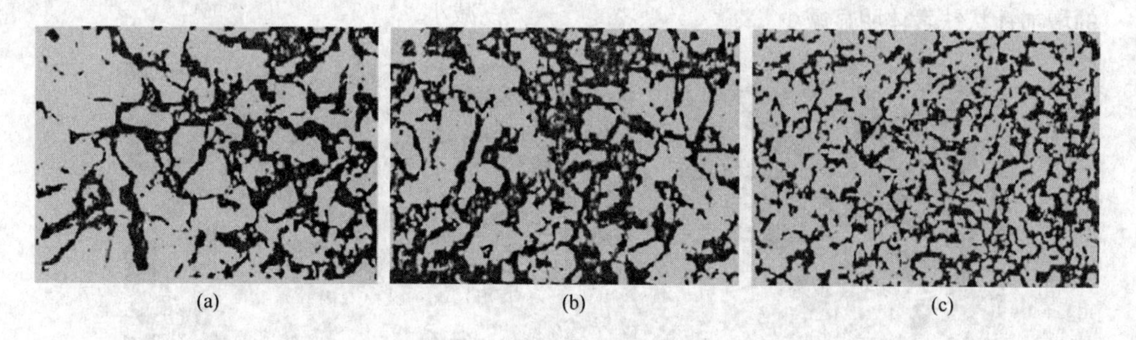

图2-128　稀土Ce对16Mn钢先共析铁素体晶粒度的影响
（953K，等温1800s）
（a）$w(\mathrm{RE})=0$；（b）$w(\mathrm{RE})=0.022\%$；（c）$w(\mathrm{RE})=0.035\%$

刘和、徐祖耀等[121]采用等温相变方法，研究了稀土对20Mn钢TTT曲线的影响，研究结果表明随着20Mn钢中稀土含量的增加，相变曲线逐渐左移和上移，稀土使20Mn先共析铁素体的孕育期缩短，铁素体和贝氏体转变区域扩大，但相变终了线却右移，即完成珠光体相变所需的时间增加，珠光体转变区域缩小。图2-129为670℃等温相变的动力学曲线，由于加稀土钢的晶粒较细，一开始就有较大的相变速率，在10s左右时间已完成

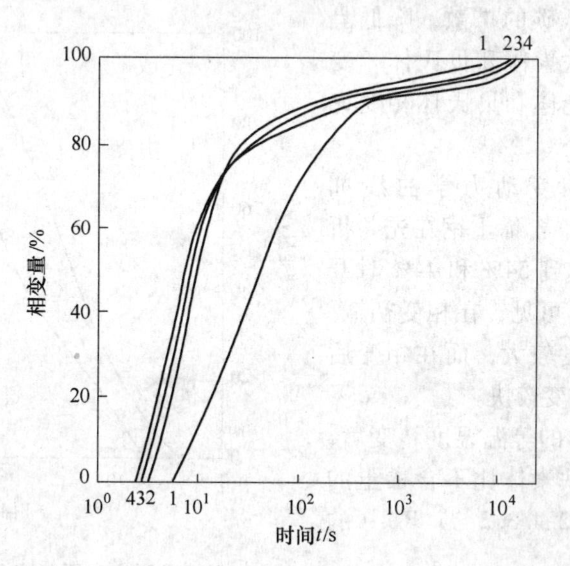

图2-129　670℃等温相变，稀土对20Mn钢相变动力学的影响
1—$w(\mathrm{RE})=0$；2—$w(\mathrm{RE})=0.089\%$；3—$w(\mathrm{RE})=0.12\%$；4—$w(\mathrm{RE})=0.24\%$

60%的相变量。金相观察表明含稀试样在相变初期出现的新相全部为晶界铁素体，经过一段时间后才出现珠光体组织。

刘和等[120]分析指出稀土减少晶界能和相界面能亦对先共析铁素体的形态产生影响。通常在一定过冷度下低碳钢中先共析铁素体极易形成针状或魏氏体组织，以减小相界面能。但是当钢中含有稀土后减小了相界面能，先共析铁素体可通过非共格界面的迁移来长大，最后形成块状（等轴状）的组织形态，见图 2-130。从图 2-130 可看到，随稀土含量的增加针状铁素体明显减少。

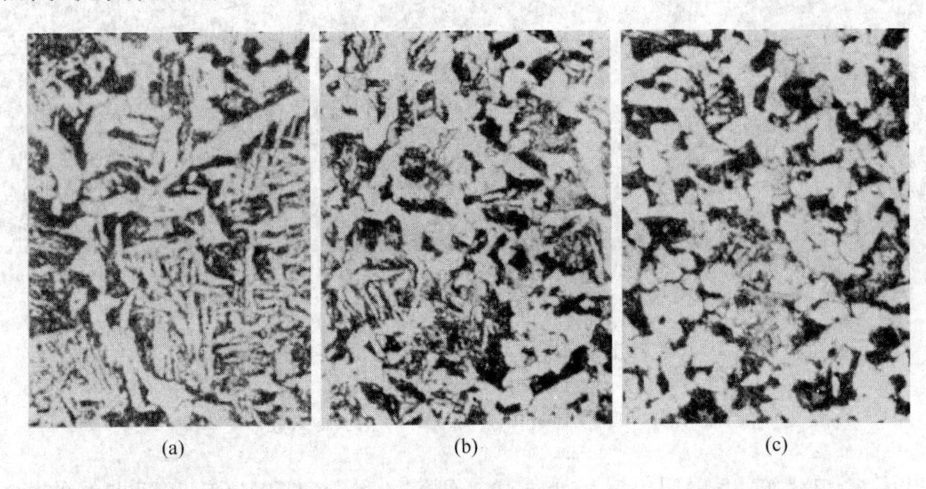

图 2-130　稀土对 20Mn 先共析铁素体形态的影响

（连续冷却 3℃ /s，400 ×）

（a）w(RE) = 0；（b）w(RE) = 0.089%；（c）w(RE) = 0.24%

吕伟、徐祖耀等[125,140]的研究结果表明，加入富镧混合稀土后奥氏体晶粒细化，晶粒长大速率变慢，降低碳的扩散，降低晶界能等，使先共析铁素体和贝氏体相变的孕育期缩短，珠光体和贝氏体相变完成时间延长。

600℃ 等温的相变动力学曲线如图 2-131，含稀土和不含稀土钢在先共析铁素体转变量分别达到 54% 和 44% 时开始出现珠光体转变。可见，在相变初期，含稀土试样相变速度较大，而在相变后期，不含稀土试样相变较快。

同时发现在同样的等温温度转变后，含稀土钢中先共析铁素体比不含稀土的较为细小（详见 2.4.3.2 节 B 中的图 2-150和图 2-151）。

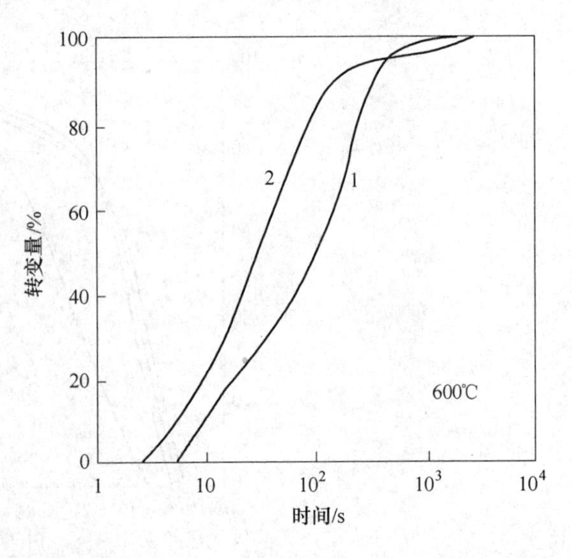

图 2-131　含稀土和不含稀土 0.27C-1Cr 钢先共析铁素体和珠光体相变动力学曲线（600℃等温）

1—不含稀土；2—含稀土

由图 2-131 含稀土和不含稀土 0.27C-1Cr 钢先共析铁素体和珠光体相变动力学

曲线可知，当形成30%先共析铁素体时，含稀土和不含稀土钢先共析铁素体相变速率分别为60和15%/s。因为钢中加入稀土，增加了先共析铁素体的相变速度，并且使相变孕育期变短。由不同温度的动力学曲线计算可得到，含稀土和不含稀土钢中的先共析铁素体的形成激活能分别为46kJ/mol和29kJ/mol，如图2-132所示。稀土略微增加了先共析铁素体相变的激活能，应该稍微阻碍了过程的进行。但实验中测得含稀土钢中先共析铁素体相变速度较快，这是由于先共析铁素体的形核率比不含稀土钢的要大得多的缘故。

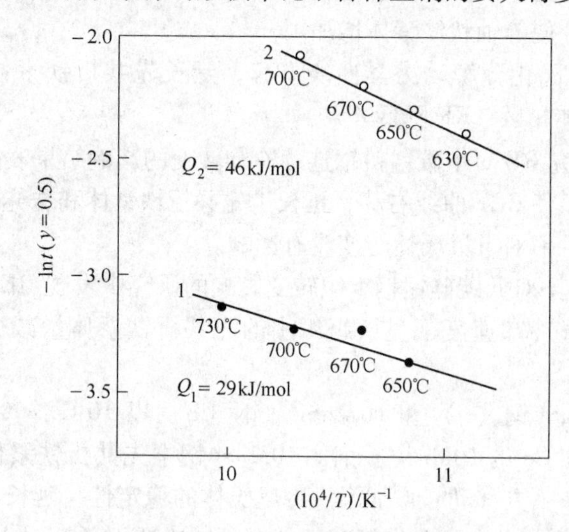

图2-132 稀土对0.27C-1Cr钢先共析铁素体相变的影响
1—不含稀土；2—含稀土

郭锋等[126]研究了稀土元素La对碳锰洁净钢（O、S、P、N总量为0.0095%）组织和冷却转变过程的影响。结果表明，由于稀土镧明显降低了碳锰纯净钢在冷却时的上临点温度Ar_3和下临点温度Ar_1随着La含量的提高，先共析铁素体的析出开始温度降低，析出速度加快，共析转变的开始温度降低，La含量为0.005%的试样，铁素体为等轴晶。

朱兴元等[128]研究铈在低硫铌钛钢中微合金化作用时，发现在冷却速度为0.5℃/s时，低硫铌钛钢中除形成铁素体和珠光体外，还存在少量的魏氏组织由图2-133可见。钢中加

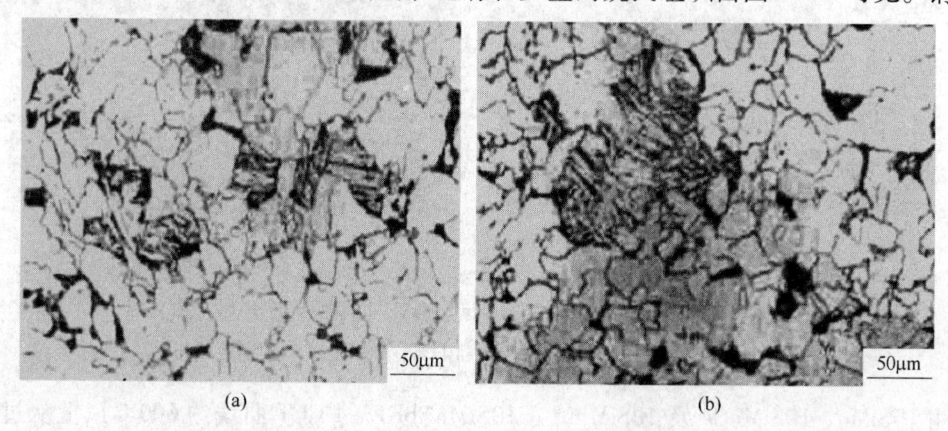

图2-133 以0.5℃/s速度冷却时低硫铌钛钢钢的金相组织
(a) w(Ce)=0；(b) w(Ce)=0.024%

入稀土后，稀土对钢中魏氏组织的形成有一定的抑制作用，这与稀土能细化晶粒有关，Ce为0.024%试样比未加稀土钢的奥氏体平均晶粒度提高一级，与文献提出的稀土在14MnNb钢中的观察结果相似[141]。由图2-133还可以看到，稀土的加入可以使钢中铁素体数量增多，同时，稀土还能细化铁素体晶粒，并使等轴状铁素体增加。

铈使低硫铌钛钢钢的CCT曲线右移和上移，降低了钢的淬透性。在冷却速度较低时，钢的组织为铁素体和珠光体及少量的魏氏组织，稀土使钢中铁素体数量增多，同时稀土还能细化铁素体晶粒，并使等轴状铁素体增加。

b　稀土使过冷奥氏化分解动力学曲线右移，延长先共析铁素体的孕育期（TTT或CCT右移）扩大奥氏体相区，RE降低 Ac_3

刘宗昌等[83]在研究RE对中碳锰钒钢连续冷却转变的影响结果表明，稀土元素增加了过冷奥氏体的稳定性，使CCT曲线右移，延长了先共析铁素体和珠光体分解的孕育期，也推迟了上贝氏体转变，但对下贝氏体转变没有影响。

刘宗昌等[116]在稀土对低碳硅锰钢组织转变影响的研究中发现RE和Ce增加了过冷奥氏体的稳定性，在同样冷却速度下显微组织中的先共析铁素体量减少，珠光体量增加且细化。

图2-134是10MnSi钢（a）和10MnSiCe钢（b）以10℃/s冷却得到的组织，从图2-134中可看到，加Ce的10MnSiCe钢比10MnSi钢中先共析铁素体含量减少。这是由于Ce使CCT曲线向右下方移动，增加了过冷奥氏体的稳定性，延长了先共析铁素体孕育期的结果。表2-57为金相及电子显微镜观察的在不同冷速下稀土对10SiMn钢相变组成影响结果，结果显示在不同冷却速度下稀土元素Ce不同程度减少了先共析铁素体含量。由于RE和Ce析聚于晶界降低了晶界能，必然阻碍新相的形核成过程，使先共析铁素体孕育期增长，提高过冷奥氏体的稳定性[83,114,116,142]。

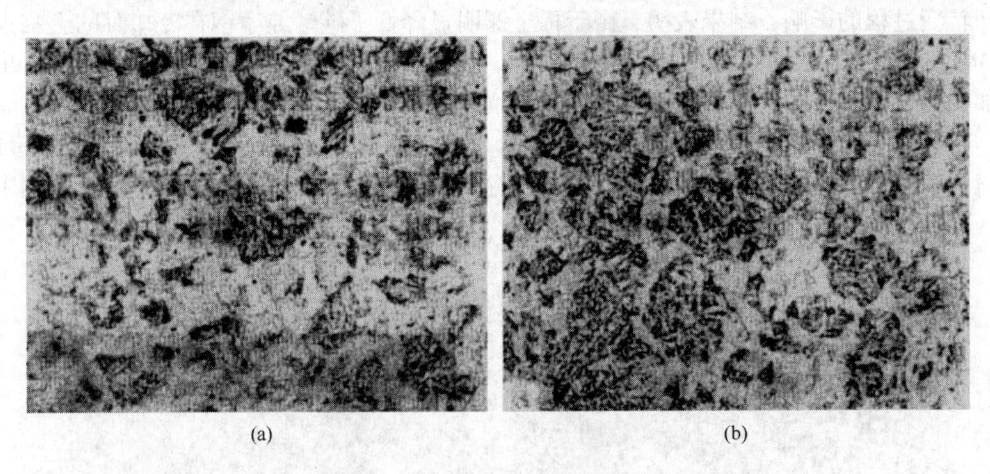

(a)　(b)

图2-134　稀土对低碳10MnSi钢先共析铁素体转变量的影响（200×）

(a) $w(Ce)=0$；(b) $w(Ce)=0.117\%$（固溶Ce为0.09%）

由10SiMn、10SiMnCe及10SiMnNb、10SiMnNbRE的CCT曲线约600℃以上从过冷奥氏体中析出先共析铁素体，并发生珠光体分解，四种钢的CCT曲线形状相同，但是混合稀土RE和稀土Ce使CCT曲线向右下方移动，既推迟了先共析铁素体的析出，阻碍了珠光体的分解，也推迟了贝氏体的转变[82,83,112～117]。

表 2-57 在不同冷速下稀土对 10SiMn 钢相变组成影响的结果[114,142]

钢 种	冷却速度				
	200℃/h	100℃/h	3℃/s	10℃/s	40℃/s
10SiMn	90% 铁素体 + 10%珠光体	80% 铁素体 + 20%珠光体	70% 铁素体 + 30%珠光体	50% 铁素体 + 50%粒状贝氏体	15% 铁素体 + 55%粒状贝氏体 + 少量马氏体
10SiMnCe	88% 铁素体 + 12%珠光体	70% 铁素体 + 25%珠光体 + 5%粒状贝氏体	70% 铁素体 + 15%珠光体 + 15%粒状贝氏体	45% 铁素体 + 40%粒状贝氏体 + 少量马氏体	5%铁素体 + 20%粒状贝氏体 + 大量马氏体

从表 2-58 结果可知，混合稀土 RE 和稀土 Ce 使 10SiMn 钢、10SiMnNb 钢先共析铁素体析出的上临界冷却速度 v_F 分别由 55℃/s、73℃/s 下降到 32℃/s、57℃/s。表 2-58 结果还表明，混合稀土 RE 和稀土 Ce 使 10SiMn 钢、10SiMnNb 钢的珠光体开始分解的临界冷却速度 v_p 降低，贝氏体转变临界速度 v_B 及下临界冷却速度 v_L 降低。

表 2-58 稀土对 10SiMn 钢、10SiMnNb 钢上临界冷却速度的影响

钢 种	v_F/℃·s^{-1}	v_p/℃·s^{-1}	v_B/℃·s^{-1}	v_L/℃·s^{-1}
10SiMn	55	9	157	3.6
10SiMnCe	32	6.7	86	1.2
10SiMnNb	73	15	128	3.2
10SiMnNbRE	57	7.7	102	4

吴承建等[127]在铈对锰钒钢过冷奥氏体转变的影响研究中发现稀土 Ce（Ce 加入量为 0.3%，钢中 Ce 含量为 0.12%）降低先共析铁素体转变的形核率，增长孕育期，使先共析铁素体等温转变曲线向右移（参见 2.4.2 节中图 2-112，Ce 使锰钒钢贝氏体恒温转变曲线右移）。750℃不含 Ce 和含 Ce 锰钒钢先共析铁素体转变的孕育期分别为 1200s、1800s；650℃不含 Ce 和含 Ce 锰钒钢先共析铁素体转变的孕育期分别为 10s、240s；600℃是分别为 5s、120s。由此看到 Ce 的加入大大增加了先共析铁素体转变的孕育期，在转变最快的温度范围内含 Ce 钢的先共析铁素体转变的孕育期增长了一个数量级，650℃、625℃和 600℃时先共析铁素体转变动力学曲线见图 2-135。加 Ce 后锰钒钢先共析铁素体转变的孕育期增长，转变速度减小。含 Ce 和不含 Ce 锰钒钢在 650℃分别保温 2h 和 4h 均未发现珠光体转变。

先共析铁素体在奥氏体晶界形核，无铈钢中先共析铁素体沿奥氏体晶界长大，呈仿晶型铁素体，形核率较高，其形貌见图 2-136（b），最终形成断续的铁素体网。含铈钢的先共析铁素体不呈仿晶型，而是在奥氏体晶界呈孤立的块状分布，最终不形成铁素体网，见图 2-136（a）。铈对先共析铁素体形核率的影响见表 2-59。在 1000℃奥氏体化后，铈使

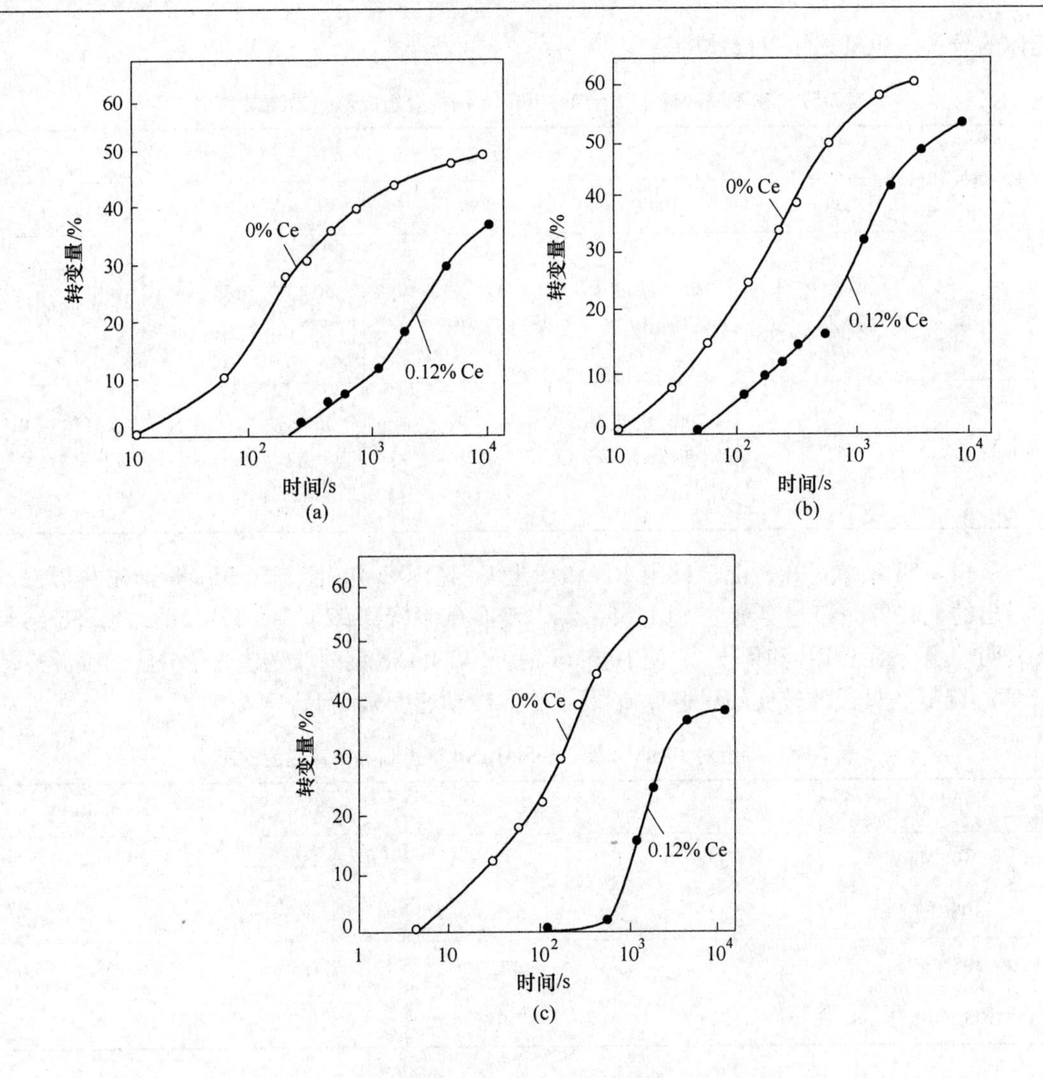

图 2-135　稀土 Ce 对锰钒钢等温先共析铁素体转变的影响

（a）650℃；（b）625℃；（c）600℃

700℃等温转变的铁素体形核率降低 4.7 倍，而在 1100℃奥氏体化后，铈使 700℃等温转变的铁素体形核率降低 48 倍[127]。

表 2-59　在奥氏体化及等温下先共析铁素体晶核的增加数 n　（s^{-1}/cm^2）

奥氏体温度/℃	1100			1000
等温温度/℃	670	700	730	700
0% Ce	163	63	17.7	736
0.12% Ce	2.8	1.3	0.5	158
n_0/n_{Ce}①	58.5	48.6	35.4	4.7

① n_0 为无铈钢的 n 值，n_{Ce} 为含铈钢的 n 值。

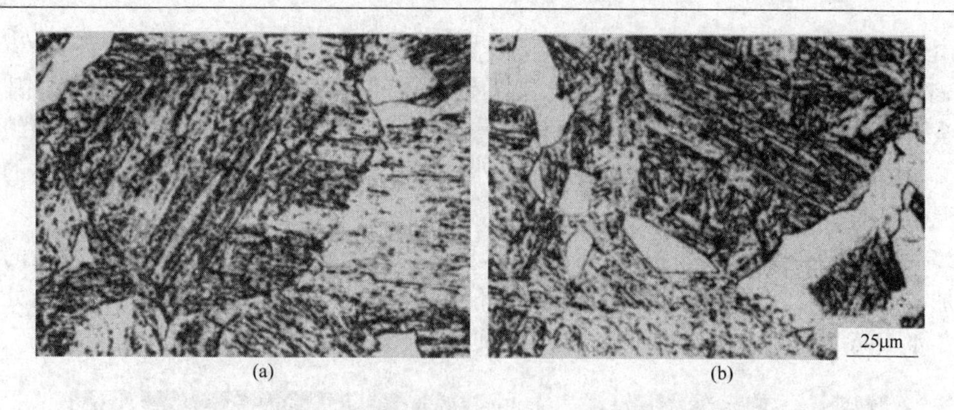

(a) (b)

图 2-136 Ce 对钢 670℃等温后先共析铁素体分布的影响

(a) w(Ce) = 0.012%，670℃，等温 2000s；(b) w(Ce) = 0，670℃，等温 250s

梁益龙等[123]采用动静态膨胀仪和金相法研究了稀土对 Mn-RE 系贝氏体钢在连续冷却转过程中贝氏体相变及组织形貌的影响。结果表明，稀土使 CCT 曲线右移和下移，提高了钢的淬透性。

刘亦农等[143]在铈元素对亚共析钢固态转变点和转变产物的影响研究中发现，铈使钢的 Ar_3 下降多、Ar_1 下降少而导致先共析-共析温度间隔减小。其下降规律在残留铈含量低于 0.15% 时接近线性。在试验铸态条件下通过对全部 21 枚铸态试样用光学显微镜检查金相组织，发现稀土 Ce 抑制了先共析铁素体生成，破坏铁素体网，由断续、颗粒化直至消除，有效地消除了魏氏组织，并促进贝氏体转变，图 2-137 为部分金相组织照片。

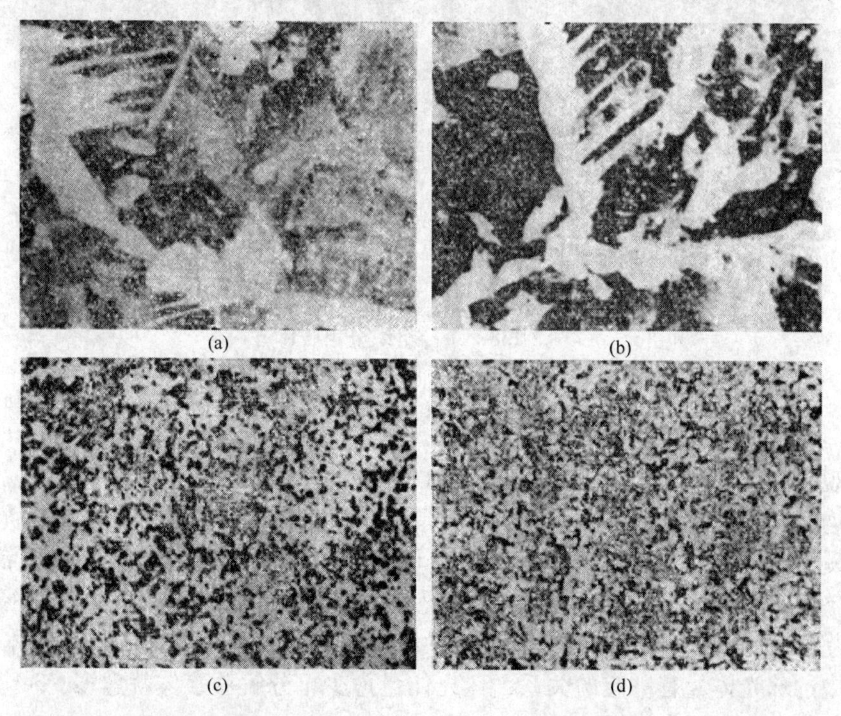

(a) (b) (c) (d)

图 2-137 稀土对亚共析钢转变产物的影响

(a) 2-1 号，w(RE) = 0，100×；(b) 2-6 号，w(RE) < 0.002%，100×；

(c) 2-2 号，w(RE) = 0.016%，100×；(d) 2-3 号，w(RE) = 0.019%，100×

由图2-137可以看出，不加稀土的2-1号和虽加稀土处理，但残留量很低（RE < 0.002%）的2-6号组织完全相同。粗大晶界铁素体网，伴随着严重的魏氏组织，其基体几乎全为珠光体球团。而其他加稀土试样的铸态组织中没有晶界铁素体网。魏氏组织完全消除，晶内除偶然发现有等轴孤立铁素体块外，主要组织为先共析铁素体与珠光体的弥散机械混合组织和贝氏体。

3-*x*系列缓冷组织金相如图2-138所示。从这些组织照片可以看到一个很明显的事实就是加入稀土元素后共析珠光体量的减少，不加稀土的3-1珠光体量最多；经稀土处理的3-2、3-4、3-5试样的珠光体量都少于3-1，其中3-2最少。

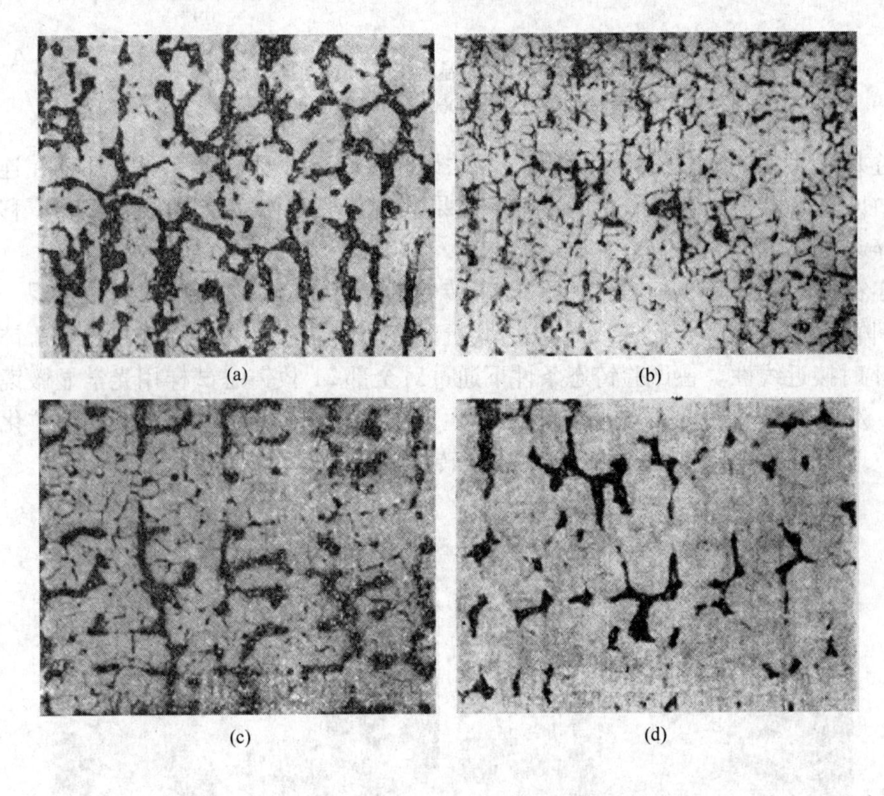

图2-138　缓冷组织金相照片

(a) 3-1号，$w(\mathrm{RE})=0$，100×；(b) 3-2号，$w(\mathrm{RE})=0.052\%$，100×；
(c) 3-4号，$w(\mathrm{RE})=0.093\%$，100×；(d) 3-5号，$w(\mathrm{RE})=0.158\%$，100×

仔细观察图2-138各组织照片可以看到在所有珠光体较少的含稀土试样中，铁素体晶粒颜色不均，高倍下观察那些深色的铁素体晶粒可以清晰地辨认出细小弥散的质点。即铁素体晶粒发生了沉淀分解。铁素体内的沉淀相分析在PHILIPS SEM505扫描电镜上进行，观察发现有析出物的晶粒平面明显高出，呈浮雕状，晶粒内弥散斑点，直径约1μm，图2-139为3-5号试样分解铁素体晶粒的背散射电子图像照片。这种深色铁素体晶粒的多少与组织中的珠光体量有一定的关系：珠光体量愈少，分解铁素体就愈多。3-1号试样内铁素体无分解发生。

用WDX-2A波谱仪对有析出物和无析出物晶粒进行碳元素波谱分析得数据如表2-60所示。

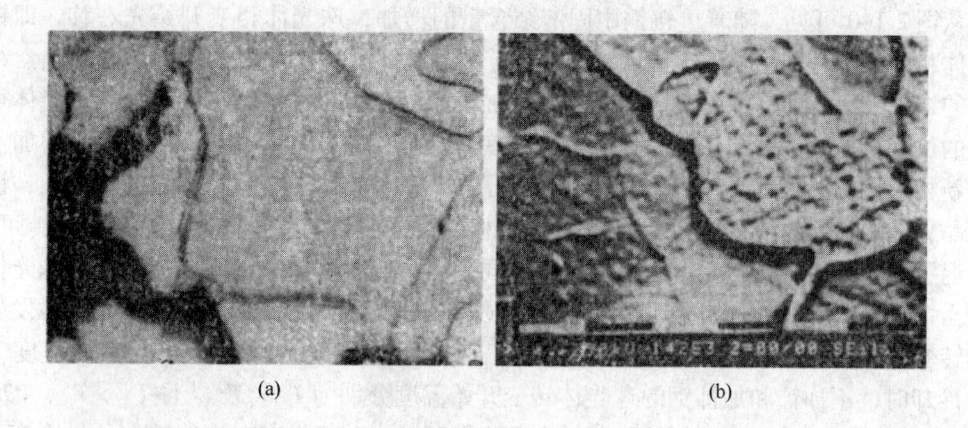

(a)　　　　(b)

图2-139　铁素体晶粒内的析出物（a）分解铁素体电镜形貌（b）

表2-60　有析出物和无析出物晶粒中碳元素波谱分析数据

	无析出物晶粒						有析出物晶粒												
	1	2	3	4	5	平均	1	2	3	4	5	6	7	8	9	10	11	12	平均
P	2.2	2.8	3.2	2.9	2.0	2.6	6.3	3.9	5.0	6.1	7.0	4.2	6.3	5.6	8.2	6.4	5.8	4.7	5.8
B	0.4	0.4	0.3	0.3	0.6	0.4	0.4	0.9	0.1	0.4	0.2	0.2	0.3	0.5	0.4	0.3	0.7	0.6	0.4
P/B	5.5	7.0	9.2	9.6	3.3	6.5	15.7	4.3	50.0	15.2	28.2	17.0	21.0	10.2	18.3	21.3	8.2	7.0	14.5

表2-60的数据分析表明，析出物晶粒内有明显的碳元素富集，可确定为弥散的碳化物颗粒。即有析出物晶粒内有明显的碳元素集中。因此确定析出物为弥散的碳化物颗粒。

从上述本节介绍的稀土元素对奥氏体的先共析铁素体转变的影响，发现有两种不同的结果：（1）一部分研究结果表明稀土使过冷奥氏化分解动力学曲线左移，使先共析铁素体的孕育期缩短；（2）另一部分研究结果表明稀土使过冷奥氏化分解动力学曲线右移，延长先共析铁素体的孕育期。究其原因还是与不同研究者们关于稀土对钢的临界相变点 Ac_3 的影响结果上产生的分析造成的。正如在2.4.2节稀土对临界相变温度等的影响中指出的，各研究者采取不同研究手段、不同的试验装备（包括实验钢材料的洁净度、稀土加入量、稀土加入方法、固溶稀土量的检测及分析方法、过冷奥氏体的冷却速度等）都影响实验的准确和精度，由于稀土元素化学活性极大，对上述实验技术、实验方法要求就更高。本节所呈现的内容主要是如实反映这样一个研究现状和研究结果，但是有一点是肯定的，即稀土对钢的临界点、相变温度确实有影响，因此必然导致对奥氏体的先共析铁素体转变的影响。本书作者认为，若在研究的试验钢的洁净度比较一致，且钢中固溶稀土量（前提是固溶稀土量的检测及分析方法准确可靠）比较接近的前提下，再来分析讨论稀土对先共析铁素体转变的影响，可能稀土的影响结果就会比较统一。

B　稀土元素对珠光体转变的影响

王福明等[136]研究了不同稀土铈含量对重轨钢珠光体相变及形态的影响，结果显示随钢中固溶铈含量增加，等温珠光体相变的孕育期延长，珠光体片间距减小，形态从片状向粒状发展，对珠光相变速率影响不大。

从图 2-140 可见，随着重轨钢中固溶铈含量的增加，珠光体相变开始先右移，即铈使珠光体相变的孕育期延长。王福明等[136] 认为：铈对等温相变开始线影响是两个因素综合作用的结果，一方面铈细化奥氏体晶粒，增加了晶界总面积，也就相对增加了珠光体可能形核的位置；另一方面铈在晶界处的偏聚改变了晶界状态（包括能量和结构），增加了珠光体新相形核功。文献［136］试验结果表明，铈增大了重轨钢等温相变的孕育期，说明铈在晶界处的偏聚改变了晶界状态从而影响相变这一因素起主要作用。由图 2-141 可见，铈推迟了珠光体相变转变，由此可以解释在同一冷却速度下加铈钢比不加铈钢的珠光体片细。当重轨钢以 I_1 速度（炉冷）冷却时，不加铈的钢过冷奥氏体冷却到温度 T_A 时发生珠光体转变；而加入铈的则在较 T_A 低的温度 T_B 才开始发生珠光体转变；当以 I_2 速度（空冷）冷却时，不加铈和加铈钢的珠光体转变开始温度分别为 $T_{A'}$、$T_{B'}$。且 $T_{A'} > T_{B'}$，$(T_{A'} - T_{B'}) > (T_A - T_B)$，因此，铈使珠光体转变孕育期延长，并可提高珠光体转变的过冷度，且冷却速度越快过冷度提高得越多，从而细化珠光体组织。

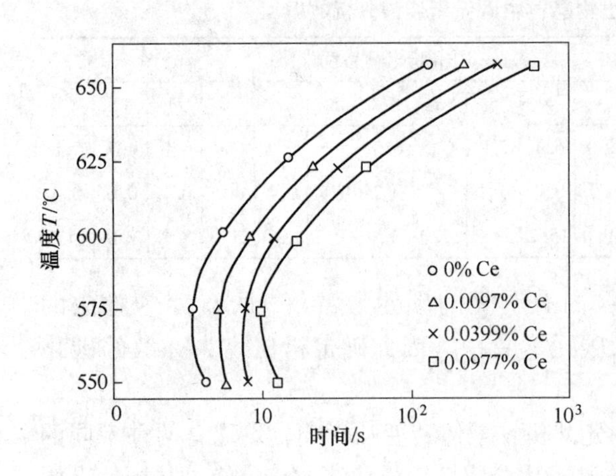

图 2-140　稀土 Ce 对重轨钢珠光体转变的影响

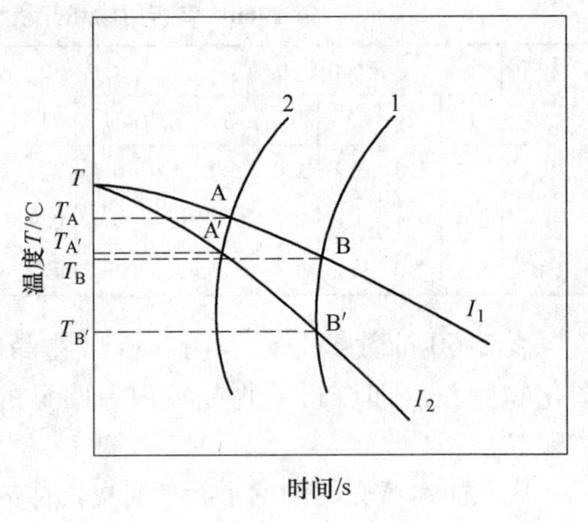

图 2-141　稀土元素 Ce 对重轨钢珠光体转变的影响
1—加 Ce；2—不加 Ce

表 2-61 为不同冷却方式下的珠光体片间距测试结果。表 2-61 的数据表明，随着固溶稀土铈含量增加，空冷和炉冷得到的珠光体片间距减小，但后者不明显。铈对珠光体组织形态有影响，它使局部片状渗碳体退化成颗粒状，如图 2-142 所示。

表 2-61　稀土铈对不同冷却方式下的珠光体片间距的影响

试样号	铈固溶量（质量分数）/%	珠光体片间距/μm	
		空　冷	炉　冷
1	0	0.28	0.37
2	0.0097	0.22	0.28
3	0.0399	0.19	0.28
4	0.0977	0.18	0.27

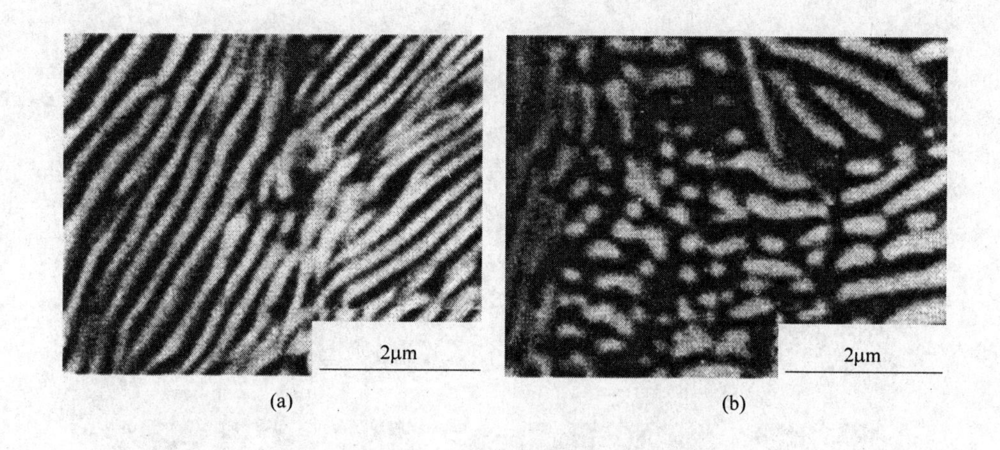

图 2-142　稀土铈对珠光体形态的影响
(a) $w(\mathrm{Ce})=0$；(b) 固溶 Ce 为 0.0097%

刘和、徐祖耀等[121]研究测得的 20Mn 钢的 TTT 曲线，结果表明随着 20Mn 钢中稀土含量的增加，相变曲线逐渐左移和上移，稀土使 20Mn 先共析铁素体的孕育期缩短，铁素体和贝氏体转变区域扩大，但相变终了线却右移，即完成珠光体相变所需的时间增加，珠光体转变区域缩小（见 2.4.2 小节的图 2-108）。金相观察表明，含稀土的试样在相变初期出现的新相全部为晶界铁素体，经过一段时间后才会出现珠光体组织。因而在以普通时间为横坐标的相变曲线上有比较明显的铁素体与珠光体相变区域，和无稀土的试样不同，如图 2-143 所示。

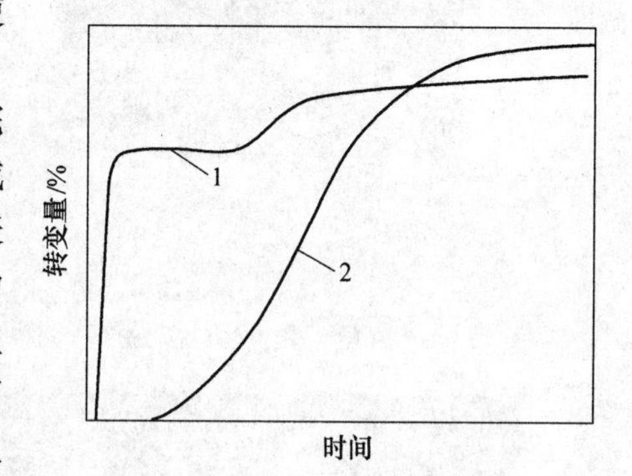

图 2-143　稀土对 20Mn 钢等温相变过程的影响
1—含稀土；2—不含稀土

图 2-144 为稀土对 670℃ 等温相变组织的影响，可见随钢中稀土铈含量的增多，珠光体含量减少，铁素体量增加；晶界和晶内的针状铁素体减少，直至完全呈等轴形态。对比加稀土的试样，不含稀土的试样珠光体长且片间距大，见图 2-145。

刘和等[121]在分析讨论中认为：当钢中含碳量一定时，由于稀土使珠光体片间距变小，就相应减少了其在显微组织中所占的体积分数，这也解释了钢中含有稀土后显微组织中珠光体相对量变少的原因。当稀土原子偏聚在相界面上，碳原子的扩散就会受到阻碍，使珠光体生长速度减慢。

林勤等[96]认为，离子探针半定量分析表明珠光体中铈含量或高于铁素体。固溶稀土使钢中珠光体量减少，铁素体量增加，带状组织得到改善（图 2-146）。定量金相分析表明固溶 9×10^{-6} 铈使珠光体量减少 50% 以上。这与固溶稀土原子对钢中碳原子吸引作用及使基体晶格畸变，从而减慢碳的扩散有关。

林勤等[106]在稀土对碳锰纯净钢组织中珠光体形貌、分布和片层间距的影响研究中发

现，不含稀土的组织中珠光体基本呈块状分布在晶界，而 La 为 0.0049% 的试样中，珠光

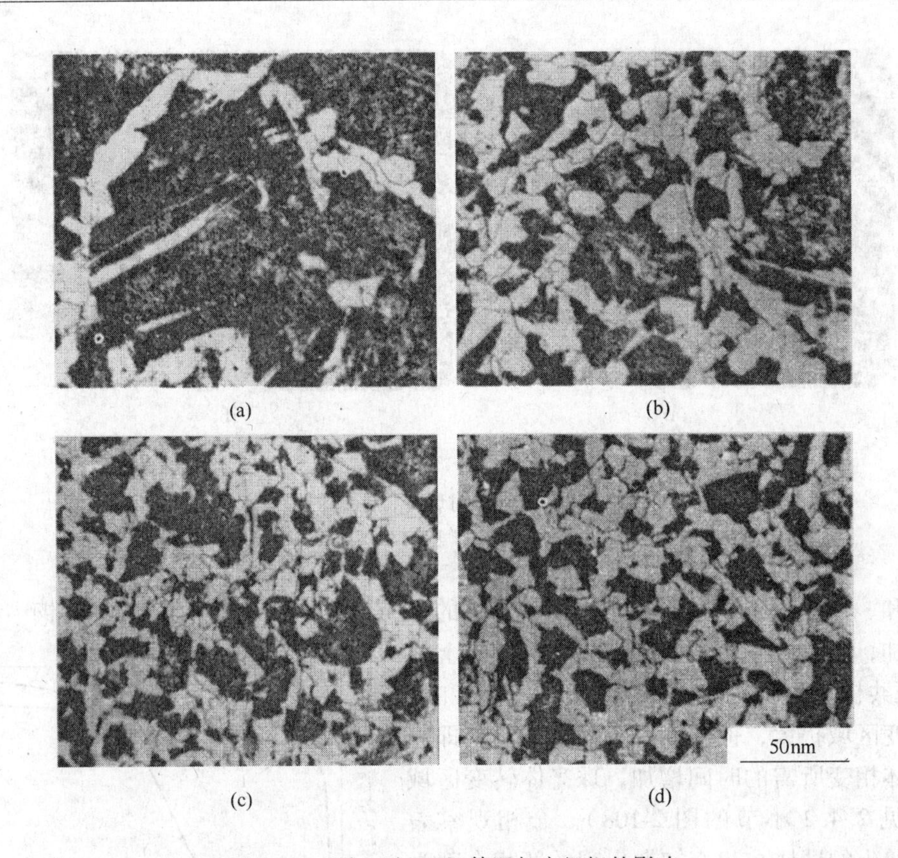

(a)　(b)　(c)　(d)

图 2-144　稀土对 670℃ 等温相变组织的影响

(a) w(RE) = 0；(b) w(RE) = 0.089%；(c) w(RE) = 0.16%；(d) w(RE) = 0.24%

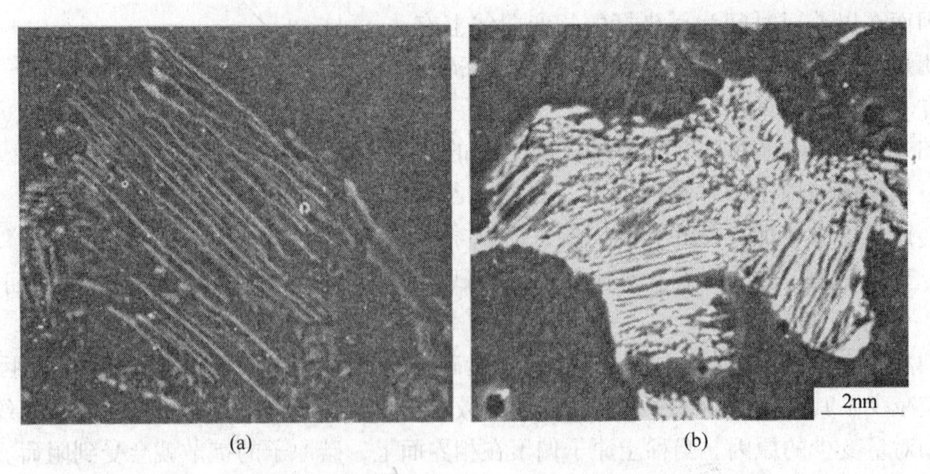

(a)　(b)

图 2-145　稀土对珠光体片间距及形貌的影响

(a) w(RE) = 0；(b) w(RE) = 0.16%

体呈现出粒化的特点，不但分布在晶界，而且还分布在铁素体晶内。但当稀土的含量更高时，珠光体粒状形貌特点减退大多以块状出现在晶界。对于亚共析钢过冷奥氏体中，先共

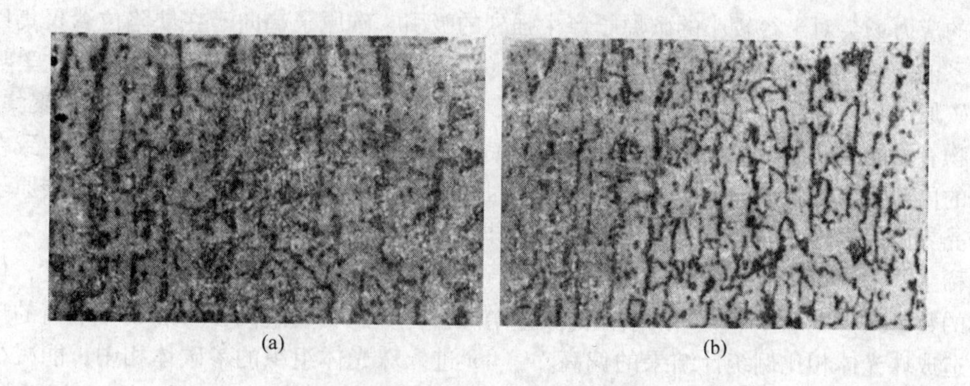

图 2-146 固溶稀土对钢的显微组织的影响（200×）

（a）$w(RE)=0$；（b）$w(RE)=0.0037\%$

析铁素体转变的同时，碳原子通过扩散进入奥氏体中，当温度和碳浓度达到奥氏体的共析转变条件时，由于晶界上有利于能量、成分和结构起伏，珠光体将在奥氏体与铁素体的界面上形核，随后渗碳体和铁素体伴随生长，完成共析转变过程。图 2-147 为不同 La 含量碳锰纯净钢的锻态金相组织，可见稀土镧对珠光体形貌及分布的影响[106]。

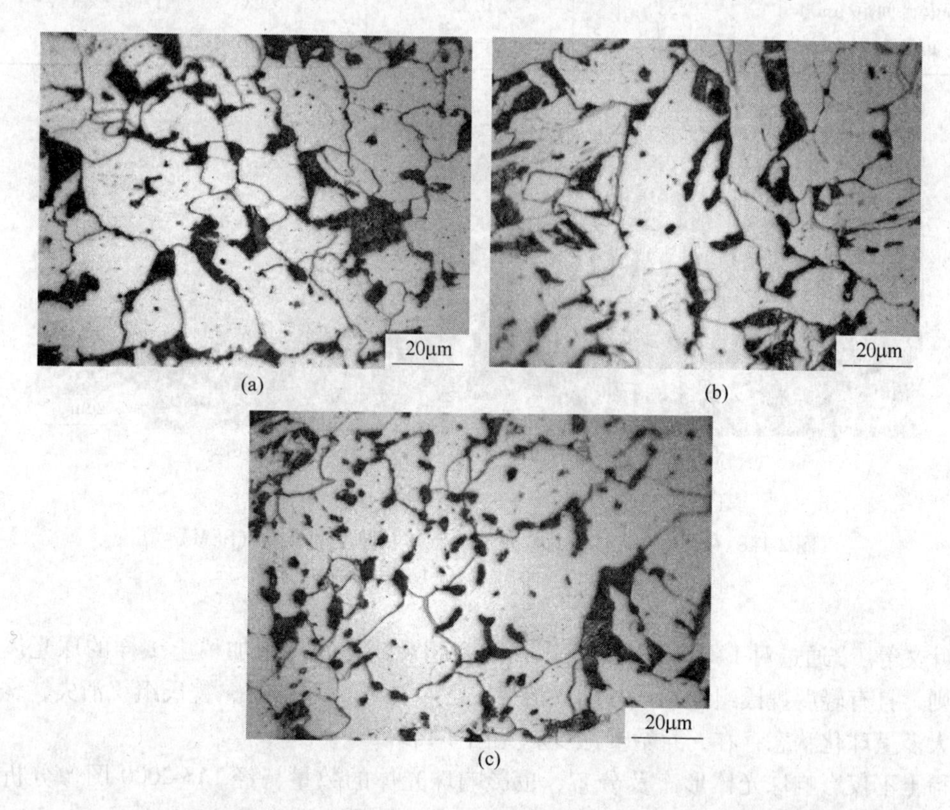

图 2-147 镧对珠光体形貌及分布的影响[106]

（a）$w(La)=0$；（b）$w(La)=0.0393\%$；（c）$w(La)=0.0049\%$

但在有稀土固溶的情况下，奥氏体晶粒内部存在稀土固溶产生的晶格畸变区域，畸变产生的应力场会对半径较小的碳原子产生强烈的吸引，碳原子趋向于在缺陷位置聚集以降低体系的能量。加之稀土原子与碳原子之间的电负性相差较大，两者有很强的化学吸引力，碳原子将向稀土原子的周围聚集。因此，在固溶稀土原子的周围将形成碳的聚集区，碳化物有可能在此区域形核和生长，减少对晶界或伴随铁素体生长的依赖，最终导致在奥氏体的内部形成粒状珠光体。但如果稀土含量较高，稀土在晶界的偏析量增加，碳原子趋向于晶界偏析，将在晶界位置形成块状珠光体。

稀土的加入将降低碳的活度和扩散系数，增加碳在铁素体和奥氏体中的溶解度，使珠光体的数量减少（表2-62），铁素体的数量增加。但稀土含量过高，将形成非平衡的珠光体，造成珠光体相比例统计结果的偏高[98]。La进入珠光体组织的渗碳体相中，能减少珠光体中的Fe_3C/α相界面能，从而有利于减小珠光体片间距[101]。La不仅减小了珠光体的片间距，而且还减小了珠光体中渗碳体片的厚度（图2-148），均有利于提高材料的强度[144]。

表2-62　镧对珠光体数量和珠光体片间距的影响[106]

试　样	$w(La)=0$	$w(La)=0.0049\%$	$w(La)=0.0085\%$	$w(La)=0.0393\%$
珠光体比例/%	19.2	18.5	17.6	22.7
珠光体片间距/μm	0.38	0.32	0.28	0.23
Fe_3C/α 相界面能/$J\cdot m^{-2}$	0.530	0.438	0.410	0.301

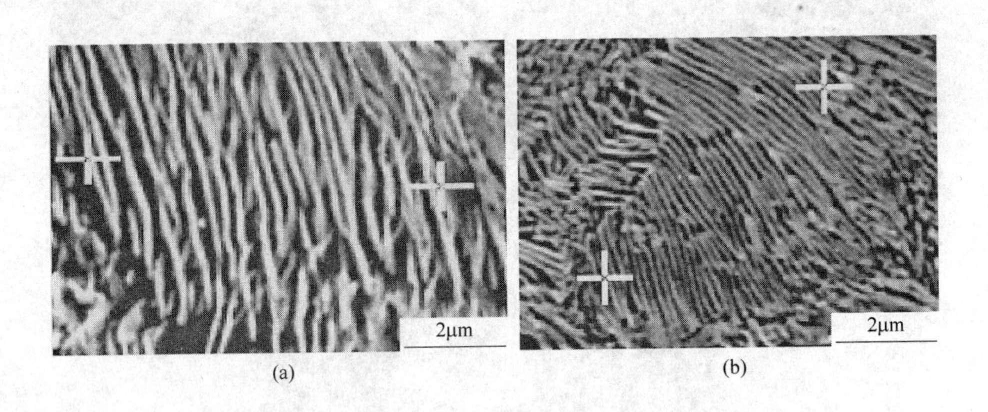

图2-148　La对珠光体的片间距和渗碳体片厚度的影响（SEM）[106]
（a）$w(La)=0$；（b）$w(La)=0.039\%$

叶文等[145]通过对14MnNb钢铸态试样的金相观察，发现未加稀土试样的珠光体形态不规则，且有轻度魏氏组织形成；当固溶稀土含量为0.0174%时，魏氏组织消失，珠光体组织大多呈球化状态存在，且数量减少，见图2-149。

稀土不仅影响珠光体形态及分布，也影响珠光体的数量，经IAS-2000图像分析仪测定退火样品中平均珠光体面积百分数（表2-63），结果表明，稀土使10号钢、20号钢、16Mn、X60和20MnVB钢珠光体数量减少，铁素体量增加。J55钢中固溶0.0015%的稀土，使铁素体量平均增加10%。随着钢中固溶稀土量的增加，珠光体量减少。稀土对珠光体数量的影响，主要是固溶稀土微合金化的作用结果，稀土在晶界的富集，使界面能降

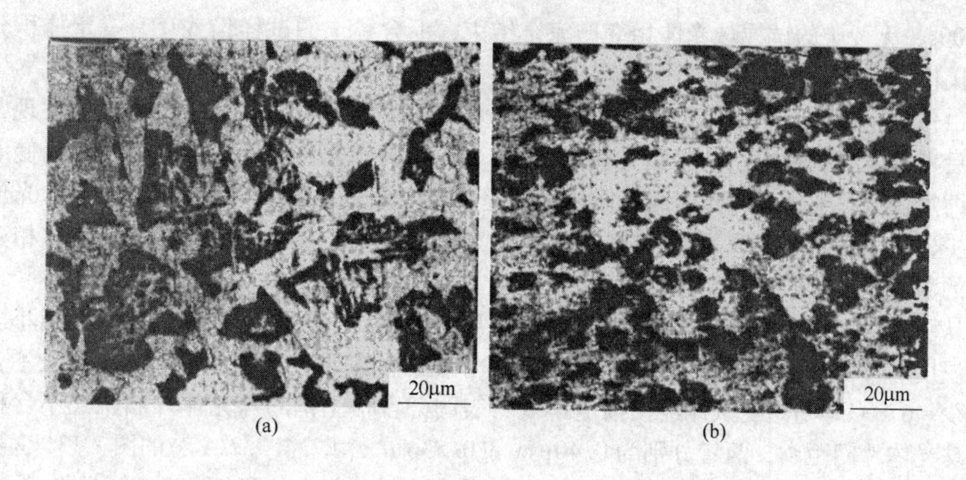

(a) (b)

图 2-149 稀土对珠光体形态的影响
(a) $w(RE)=0$；(b) $w(RE)=0.0174\%$

低，消弱了晶界形核的优势。固溶稀土对碳具有很强的交互作用，使碳的富集和扩散减弱，导致钢中珠光体数量的减少且细化[145]。

表 2-63 稀土对钢中珠光体数量的影响[146]

钢 号	10 号钢		20 号钢		16Mn				X60			20MnVB		
固溶稀土/$\times10^{-4}$%	0	4	0	8	0	3	35	92	0	5	11	2.2	3.0	3.8
珠光体/%	11	9	25	19	33	31	27	20	12	10	8	24	23	22

低硫 MnNbTi 低合金钢中[138]，珠光体面积 A（μm^2）和固溶铈量占总铈量的百分数有下列关系：$A=44.8-0.96[Ce_{固溶}/Ce_{总铈量}]$；珠光体平均直径 R（μm）也有下列关系：$R=8.61-0.13[Ce_{固溶}/Ce_{总铈量}]$。

表明随钢中稀土固溶量的增加，珠光体数量和尺寸都减小，细化了珠光体组织，但总铈量超过 0.05%，析出铁-铈相后，又使珠光体数量和平均直径增大。固溶稀土为 0.0092% 的退火 16Mn 钢，SEM 分析表明，稀土使珠光体片间距减小 15% ~25%，渗碳体厚度减小 15% ~23%，细化了珠光体组织。同样过量稀土，又使珠光体片层间距和渗碳体厚度增大。14MnNb 钢正火组织，也表明一定量的固溶稀土，可使大片不规则珠光体细化和球化，数量减少并消除魏氏组织。稀土抑制奥氏体晶粒长大和细化晶粒，均有利于消除魏氏组织。同样在高碳钢中稀土使珠光体中渗碳体由长片状变为短片状，随着固溶稀土量的增加，局部珠光体转变为粒状，发生珠光体形貌退化[147]。

根据电子结构理论计算表明，“稀土-空位-间隙碳”模型有利于降低体系的能量。稀土和碳相互作用，降低碳的活度，增大铁素体的溶碳能力，导致珠光体数量减少和依赖晶界形核的状况，也有利于珠光体弥散的分布。其次，稀土在奥氏体晶界的偏聚，改变了晶界状态，增加珠光体新相形核功，使形核率降低。珠光体中固溶稀土更多存在于渗碳体中，使 Fe_3C 晶格发生较大的畸变，使铁素体和珠光体两相相互促进的生长方式破坏，从而导致珠光体形貌退化[85]。

张振忠等[124]在稀土对 16Mn 钢等温相变及显微组织的影响研究中发现，953K 等温处理1800s，无稀土的试样珠光体相变已完全结束，但含稀土的试样仍残存有一定体积分数的奥氏体（参见2.4.3.2 A节中的图2-128）。

吕伟、徐祖耀等[125,140]在稀土对0.27C-1Cr钢TTT及组织转变的影响研究中发现，加稀土后奥氏体晶粒细化，晶粒长大速率变慢，Ac_3升高；先共析铁素体和贝氏体相变的孕育期缩短，组织细化。珠光体和贝氏体相变完成时间延长。稀土使0.27C-1Cr钢珠光体含量变少，片间距减小，Fe_3C/α相界面能降低。稀土提高了先共析铁素体和珠光体相变过程中的激活能，减低了相变过程速率。

从图2-150和图2-151可见随等温相变温度的降低，珠光体量增多，片间距减小。在相同温度下含稀土钢中先共析铁素体比不含稀土的较为细小，含稀土钢珠光体量较不含稀土的少。670℃等温相变试样经扫描电镜观察表明，含稀土钢的珠光体片间距比不含稀土钢的珠光体片间距小，两者分别为0.40μm和0.53μm。由2.4.3.2 A节的图2-131含稀土和不含稀土0.27C-1Cr钢先共析铁素体和珠光体相变动力学曲线可知600℃等温转变量达

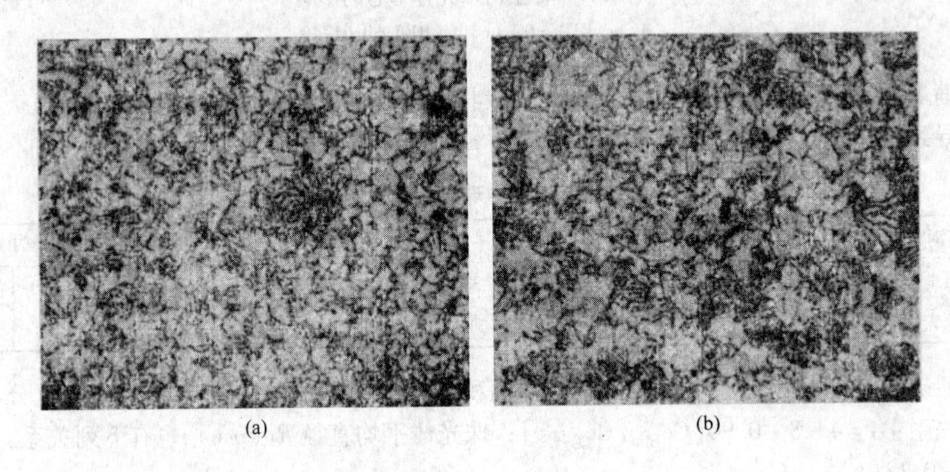

图2-150　730℃等温相变时稀土对0.27C-1Cr钢珠光体含量的影响（500×）
（a）含稀土；（b）不含稀土

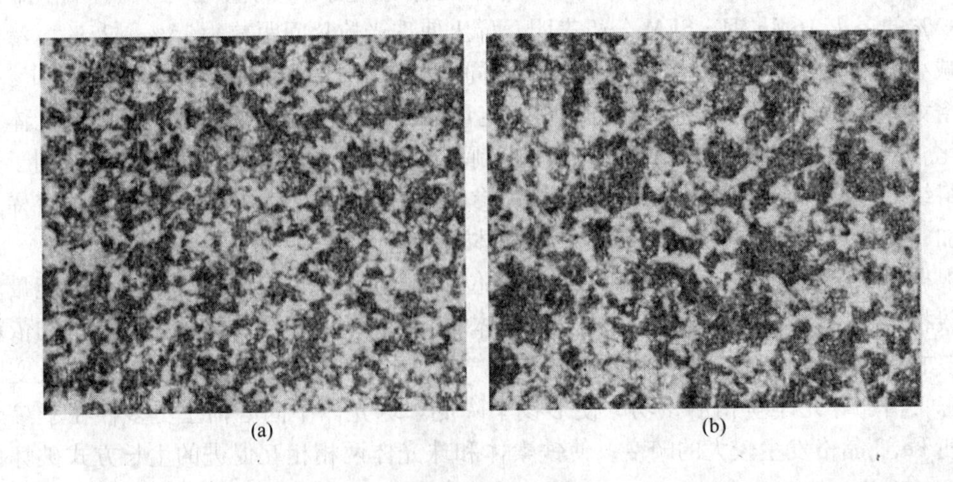

图2-151　600℃等温相变时稀土对0.27C-1Cr钢珠光体含量的影响（500×）
（a）含稀土；（b）不含稀土

80%时，含稀土和不含稀土 0.27C-1Cr 钢珠光体相变速度分别为 9%/s、12%/s。稀土减缓了钢中珠光体的转变速度，珠光体相变完成时间延长。由不同温度的动力学曲线计算可得到，含稀土和不含稀土钢中的珠光体形成激活能分别为 183kJ/mol 和 125kJ/mol，如图 2-152 所示。珠光体和先共析铁素体相变由碳在奥氏体中的扩散速度所控制。碳在钢中奥氏体的扩散激活能为 134kJ/mol[148]。无稀土钢中珠光体相变的激活能与其相近，为 125kJ/mol，而稀土元素减缓了碳在奥氏体中的扩散速度，增加了相变激活能到 183kJ/mol，减慢了珠光体相变的进行，使相变完成时间延长。另一方面，先共析铁素体的形成激活能较碳在奥氏体中的扩散激活能小得多，这是因为先共析铁素体大多在晶界形核，而碳在晶界的扩散速度较晶内快得多，激活能也就较小。

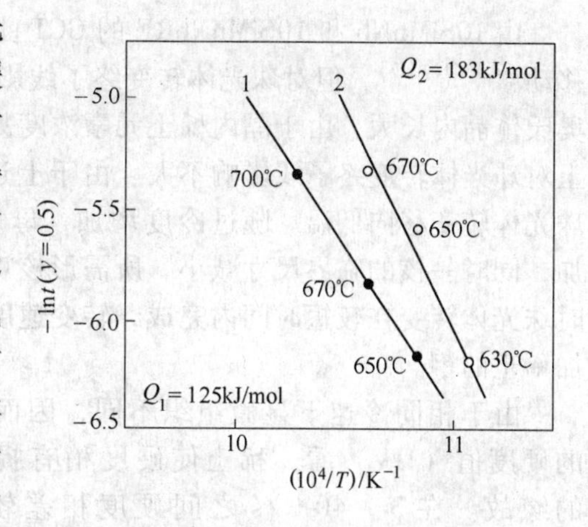

图 2-152 稀土元素对 0.27C-1Cr 钢珠光体相变的影响

1—不含稀土；2—含稀土

刘宗昌等[116]在稀土对低碳硅锰钢组织转变影响的研究中发现混合稀土 RE 和 Ce 使 CCT 曲线向右下方移动，降低了冷却速度，提高了淬透性，增加了过冷奥氏体的稳定性，在同样冷却速度下显微组织中的先共析铁素体量减少，珠光体量增加且细化。同时将 Ac_1、Ar_1、Ac_3、Ar_3、M_s、M_f 等临界点降低 5 ~ 62℃。在同样冷却速度下，先共析铁素体量减少，珠光体量增加且细化，粒状贝氏体量增加，转变产物的硬度升高。这表明固溶稀土增加了过冷奥氏体的稳定性和钢的淬透性。

图 2-153 是 10SiMnNb 和 10SiMnNbRE 钢以 45℃/min 的冷却速度得到的显微组织。可见 10SiMnNb 钢为较粗大的珠光体和先共析铁素体，含稀土 10SiMnNbRE 钢组织为较细的先共析体素体和细小的珠光体，且珠光体量相对较多，珠光体团更细小分散。这主要是由于稀土元素使 Ar_1 点降低，珠光体形核率增加的缘故。

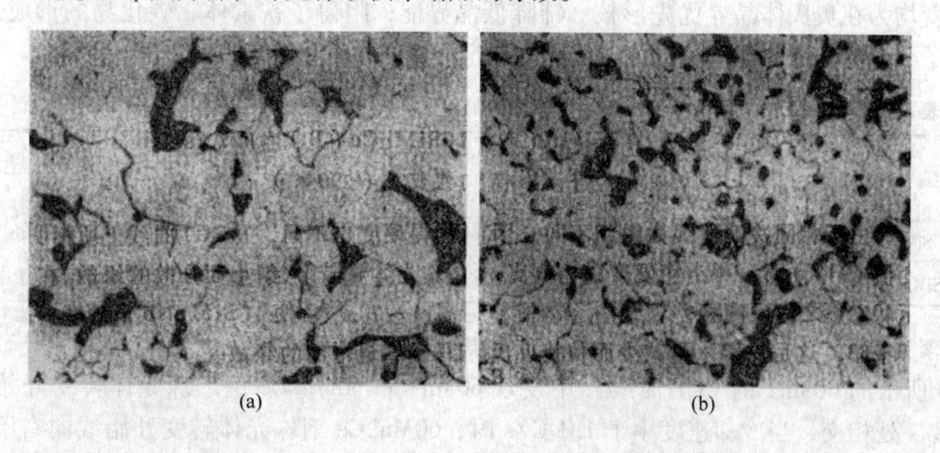

(a) (b)

图 2-153 10SiMnNb（a）和 10SiMnNbRE（b）在 45℃/s 冷速下得到的 F + P 组织（400 ×）

（a）w(RE) = 0；（b）w(RE) = 0.065%（RE 固溶量为 0.035%）

由 10SiMnNb 和 10SiMnNbRE 的 CCT 曲线上看到稀土使珠光体转变开始线向右下方移动[82,83,112~117]，但对珠光体转变终了线影响不太大，因为当新相核心一旦形成后，向奥氏体晶内长大，由于晶内稀土元素浓度甚低，稀土对新相长大就没多大影响，因此稀土对珠光体转变终了线影响不大。由于上述原因，造成在同样冷速下，10SiMnNbRE 钢珠光体转变移向低温。随过冷度增加，母相与新相的自由能差增大，形核的驱动力增加，同时晶核的临界尺寸减小，所需形核功减小，使形核率增加，珠光体组织细化，同时珠光体转变在较短时间内完成，转变速度增大。珠光体的相对量稍多于同样冷速下不加稀土的钢。

由于相同冷速下显微组织不同，因而所测的硬度也不同。从 CCT 曲线上所标明的硬度值（HV）看，稀土使硬度稍有提高[114]，这是珠光体量较多、细小而分散的缘故。在 3 ~ 40℃/s 之间硬度相差较大些，Ce 使 HV 值升高 11 ~ 70，RE 使 10SiMnNb 钢 HV 硬度值升高 20 ~ 53，这是铁素体量减少而粒状贝氏体和马氏体量增加的缘故。

铈使 10SiMn 钢的 CCT 曲线右移[82,83,112~117]，在 700℃时，珠光体转变孕育期，10SiMn 钢约为 90s，而 10SiMnCe 钢则约为 700s，显然珠光体分解开始时间被推迟了几倍。

表 2-64 的数据表明，在同样冷却速度下，加稀土和不加稀土钢的组织其组成物有所不同，在同一冷却速度若获得珠光体加铁素体组织，则加稀土钢的珠光体相对量有所增加，先共析铁素体的相对量减少；获得铁素体加贝氏体组织，则加稀土的 10SiMnCe 粒状贝氏体组织多于 10SiMn 钢。说明铈能提高过冷奥氏体的稳定性。应当指出，起到这种作用的稀土元素必须是固溶态稀土。稀土若增加夹杂物对过冷奥氏体稳定性将起不利影响。近年来许多研究表明，稀土能微量地固溶于钢中[149,150]。铈主要存在于晶界，也能存在于晶内，500℃时铈偏聚于 α-Fe 晶界处的平衡浓度可达 5.2%（原子分数），相当于晶内浓度 0.06%（原子分数）的 86 倍[118]。文献［116］的试验钢含氧、硫甚微，经物理化学相分析表明，除形成硫氧化物夹杂外，尚有相当的 Ce 存在与金属基体中。一般认为，稀土元素是内吸附元素，固溶稀土多偏聚于晶界。稀土降低奥氏体相对晶界能，加入 0.5% Ce 可使奥氏体晶界能降低到不加 Ce 时的 70% 左右[151]。先共析铁素体、珠光体、粒状贝氏体转变均为在奥氏体晶界优先形核。铈降低晶界能，阻碍了铁素体、碳化物的形成过程，延长了孕育期，因而提高了过冷奥氏体的稳定性，使 C 曲线右移[114]。

表 2-64　10SiMn 和 10SiMnCe（Ce 为 0.117%，固溶 Ce 为 0.09%）**钢不同冷速时的组织**[142]

钢　种	冷却速度			
	200℃/h	100℃/h	3℃/s	10℃/s
10SiMn	90% F + 10% P	80% F + 20% P	70% F + 30% P	50% F + 50% B
10SiMnCe	88% F + 12% P	70% F + 25% P + 5% B	70% F + 15% P + 15% B	45% F + 55% B + $M_{少}$

李文学等[113]在研究铈对 60Mn2 钢过冷奥氏体连续冷却转变的影响（见 2.4.2 节中图 2-105 所示的 60Mn2 的 CCT 曲线）中发现 60Mn2 和 60Mn2Ce 钢的珠光体转变开始线在 1.1℃/s 处相交，当冷却速度小于 1.1℃/s 时，60Mn2Ce 钢珠光体转变开始线向右下方移动，铈推迟了珠光体转变。例如以 200℃/h 冷却速度时，60Mn2 钢和 60Mn2Ce 钢均得到珠光体组织，但加铈钢的珠光体转变发生在 573 ~ 598℃，比 60Mn2 钢的转变温度相应低

19～24℃；转变完成的时间加铈钢为6min，未加稀土的钢为9min。稀土Ce加入，偏聚于奥氏体晶界，使新相形核的驱动力减小，阻碍了形核。同时由于晶内和晶界的化学自由能差变小，这将使碳的扩散速度降低，影响了晶核的长大速度。因此，铈固溶于奥氏体中推迟了珠光体转变。

当冷却速度大于1.1℃/s时，加铈钢的珠光体转变开始线向左移，即在500～550℃之间，加铈钢的珠光体转变先开始，孕育期缩短。上已叙及，此现象再现性很好。对于60Mn2钢来说，500～550℃正好是CCT曲线的“鼻子尖”，加铈后使“鼻子尖”向左突出了数十秒。表明在此温度范围，铈加速了珠光体的形核，并增加了珠光体的相对量。例如在1.6℃/s冷速冷却时，60Mn2钢中含有3%的珠光体，而60Mn2Ce中含有85%珠光体，如图2-154所示，当以2℃/s冷速冷却时，60Mn2钢已为临界冷却速度得到100%马氏体组织，而60Mn2Ce钢尚有25%珠光体，其余为马氏体组织。表2-65为60Mn2和60Mn2Ce（Ce为0.15%，固溶Ce为0.45%）钢不同冷速时的组织。

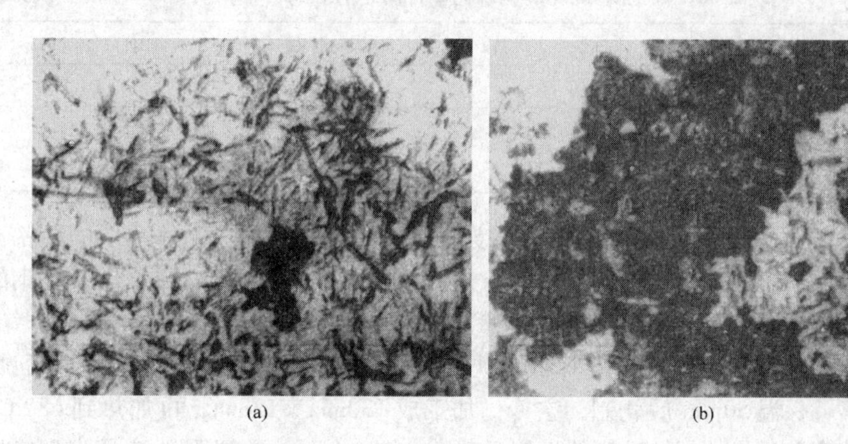

(a)　(b)

图2-154　稀土对60Mn2钢珠光体转变量的影响

（冷却速度1.6℃/s，500×）

（a）w(Ce)＝0；（b）w(Ce)＝0.15%（固溶Ce为0.45%）

表2-65　60Mn2和60Mn2Ce（Ce为0.15%，固溶Ce为0.45%）**钢不同冷速时的组织**

钢　种	冷却速度		
	2℃/s	1℃/s	200℃/h
60Mn2	100%M	3%P＋97%M	100%P
60Mn2Ce	25%P＋75%M	85%P＋15%M	100%P

铈对珠光体形态有一定影响，见图2-154和图2-155。在电镜下观察，普遍发现珠光体形貌有退化现象，即珠光体中的渗碳体形状不规则，片层相间排列不整齐，有时渗碳体呈球状，或似“小岛”状分布在铁素体上。铈对珠光体片层间距也有影响。在连续冷却，高温形成的珠光体片间距应大些，温度低时珠光体片细些。因此对大量电镜照片进行了测定，取片层间距的平均值列于表2-66，可见加铈后珠光体片层间距变小，细化了10nm多，而且珠光体片层间距随冷却速度增大而减小。

图 2-155　稀土对 60Mn2 钢珠光体形貌退化的影响（冷却速度 0.3℃/s，复型照片）

表 2-66　稀土对 60Mn2 钢珠光体片间距的影响（平均值）　（nm）

钢　种	冷却速度		
	200℃/h	0.3℃/s	1.8℃/s
60Mn2	17.45	14.98	—
60Mn2Ce	16.29	13.11	9.89

从表 2-66 结果可以看出，随着冷却速度的增加，两种钢的珠光体片层间距都减小，但在每一种冷速下，加稀土 60Mn2Ce 钢的珠光体片层间距都小于不加稀土 60Mn2 钢的。

杨丽颖等[131]研究了 BNbRE 钢中残留稀土元素对退火后珠光体组织的影响。结果表明，钢中残留稀土元素使 Ar_1 点温度降低，铁素体量减少，珠光体量增多。将锻后试验钢加热到 1150℃，保温 50min 后轧制，空冷，加工成 130mm × 13mm，再加热到 680℃ 保温 1h 退火，制成金相试样，侵蚀珠光体组织后观察。图 2-156（a）为稀土含量为 0% 的珠光体组织，图 2-156（b）为稀土含量为 0.0271% 的珠光体组织。由图 2-156（a）看到，组织不全为珠光体还存在铁素体，珠光体的片层形态不是很规则，珠光体内的渗碳体并不平直，在一些区域内较短。由图 2-156（b）可看到，几乎全部为珠光体组织。珠光体片层形态较规则，而且渗碳体相对平直。可见，钢中的稀土不但对珠光体的转变温度有影响而且

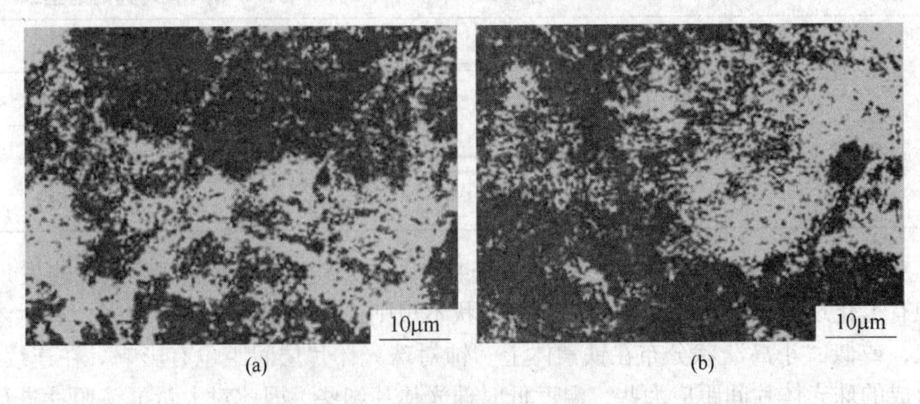

图 2-156　稀土对 BNbRE 钢退火后珠光体组织形态的影响

（a）$w(RE)=0$；（b）$w(RE)=0.0271\%$

影响珠光体的形态。

李春龙等[137]及刘承军等[152]研究了稀土对BNbRE重轨钢珠光体片层结构的影响，将BNbRE重轨钢试样置于高温炉中在840℃温度条件下加热保温30min，经空冷后测定其在正火条件下的珠光体球团直径、珠光体片层间距及渗碳体片层厚度。将BNbRE重轨钢试样置于高温炉中进行退火，退火温度为680℃，保温1h，测定其在退火条件下的珠光体片层结构参数，将退火测定结果和正火测定结果进行对比，如图2-157所示。

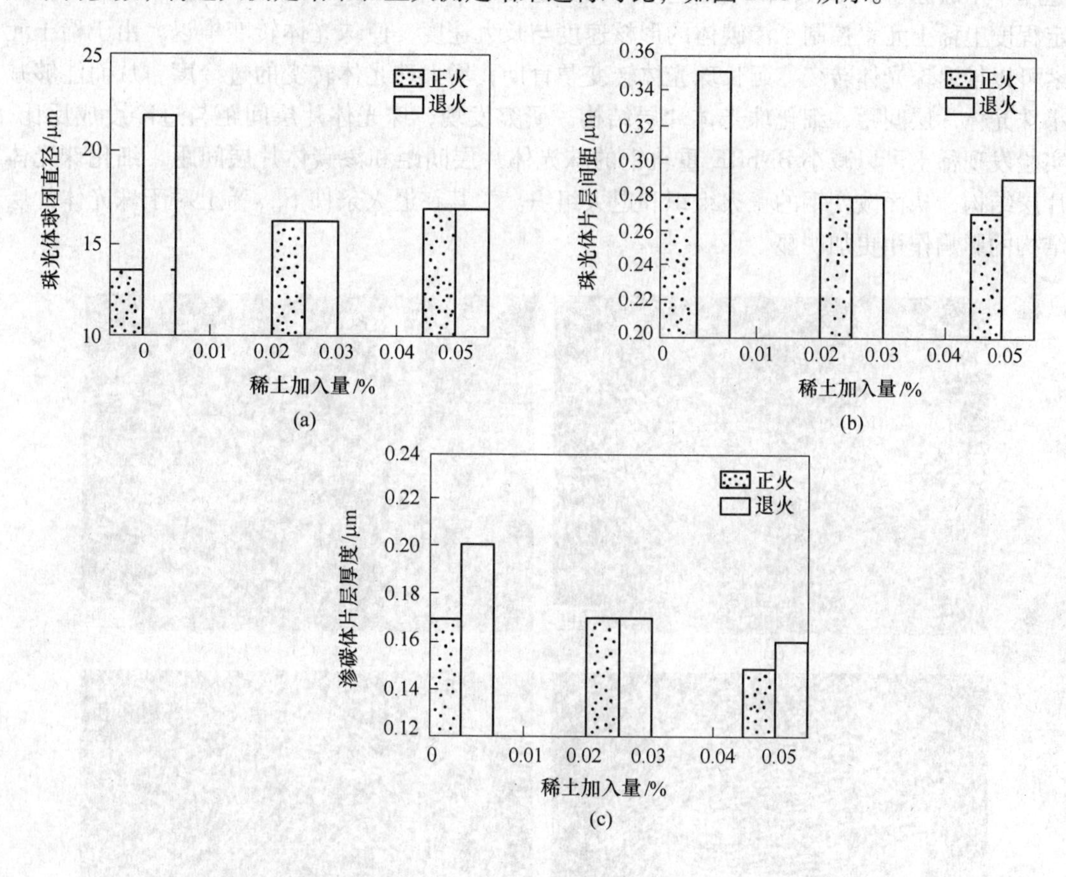

图2-157 正火和退火条件下BNbRE重轨钢珠光体片层结构
(a) 珠光体球团直径；(b) 珠光体片层间距；(c) 渗碳体片层厚度

在正火条件下稀土可以减小BNbRE重轨钢的珠光体片层厚度和渗碳体片层厚度。由于BNbRE重轨钢中固溶稀土含量很少，稀土对珠光体片层厚度和渗碳体片层厚度的影响作用有限。未经稀土处理时，BNb重轨钢的珠光体球团直径、珠光体片层间距和渗碳体片层厚度在退火过程中均明显长大，分别由13.50m、0.28m、0.17m增大至21.83m、0.35m、0.20m。经过稀土处理后，BNbRE重轨钢的珠光体球团直径、珠光体片层间距和渗碳体片层厚度在退火过程中均无明显变化。通过分析比较可知，稀土可以抑制碳在珠光体组织中的扩散，在正火条件下，稀土可以改变BNbRE重轨钢的珠光体组织，珠光体片层结构细化，渗碳体片层变短变细，局部形成球化碳化物，如图2-158（a）、（c）所示。这表明稀土可以抑制碳在奥氏体组织中的扩散。但是，由于BNbRE重轨钢的固溶稀土含量很少，稀土对于正火条件下珠光体组织的影响作用有限且不稳定。在退火条件下，稀土同样可以改变 BNbRE 重轨钢的珠光体组织，显著细化，珠光体的片层结构，如图 2-158（b）、（d）所示。这表明稀土可以抑制碳在珠光体组织中的扩散。尽管 BNbRE 重轨钢的固溶稀土含量很少，但是稀土对于退火条件下珠光体组织的影响作用仍然非常显著，BNbRE 重轨钢属于共析钢，在常温下的平衡组织为珠光体。对于重轨钢而言，经过稀土处理之后，在发生珠光体转变过程中，稀土原子在渗碳体和铁素体之间重新分配，由于稀土原子的扩散速度小于碳原子，渗碳体的形核速度与长大速度取决于稀土原子的扩散与富集，因而在一定程度上稀土元素控制了渗碳体的形核速度与长大速度，使珠光体转变推迟。由于稀土元素可以推迟珠光体转变，延长珠光体转变孕育期，增大珠光体转变的过冷度，从而能够减小珠光体片层间距，细化珠光体片层结构。研究发现，珠光体片层间距与过冷度成反比。实验发现稀土可以减小 BNbRE 重轨钢的珠光体片层间距和渗碳体片层间距，细化珠光体片层结构，从而改变钢的正火组织和退火组织。尤其在退火条件下，稀土对于珠光体片层结构的影响作用更加明显。

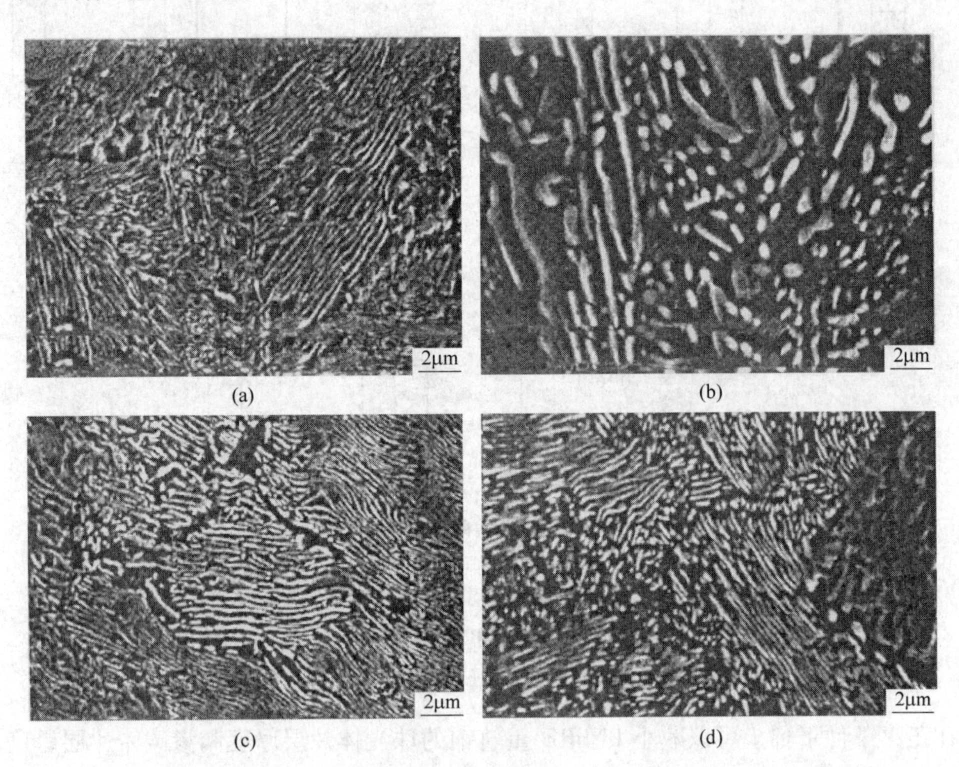

图 2-158　稀土对正火和退火条件下 BNbRE 重轨钢珠光体片层结构的影响

（a）正火组织（未加稀土）；（b）退火组织（未加稀土）；（c）正火组织（稀土加入量 0.5%）；（d）退火组织（稀土加入量 0.5%）

于宁等[36]对比研究了 U71Mn 钢和 BNbRE 钢连铸坯的金相组织，发现两种连铸坯试样均为珠光体，但是含稀土的 BNbRE 钢铸坯试样的珠光体比 U71Mn 钢的细，还有变短和变成粒状的倾向，见图 2-159。

荆鑫等[153]以包头钢铁集团公司生产的重轨钢（0.75% C、0.62% Si、0.94% Mn、0.05% V）为原料，添加 La-Ce 混合稀土丝（其中 La 占 35%，Ce 占 65%）。

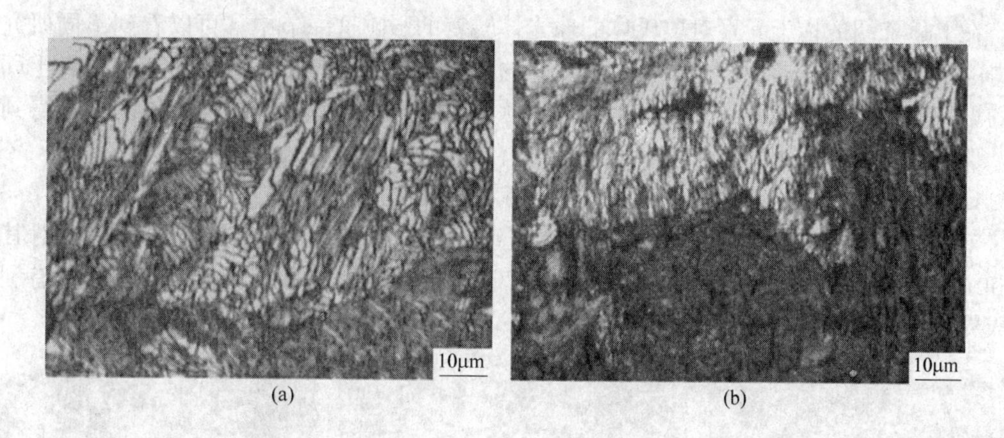

(a)　　(b)

图 2-159　U71Mn 钢和 BNbRE 钢连铸坯组织

(a) U71Mn 钢；(b) BNbRE 钢

图 2-160（a）是 $w(RE)=0$ 重轨钢的在 5000 倍下的微观组织照片，图 2-160（b）是 $w(RE)=0.03\%$ 重轨钢在 5000 倍下的微观组织照片。从图 2-160 中可以看出，添加稀土和不添加稀土的重轨钢组织均为珠光体组织，但含 $w(RE)=0.03\%$ 稀土重轨钢的珠光体明显变细变小。荆鑫等[153]认为，稀土在重轨钢中有一定的固溶度，对于含稀土重轨钢而言，稀土原子无法以碳化物形态稳定存在，只能通过置换渗碳体中的铁原子形成合金渗碳体；又由于稀土原子半径较大，溶解于铁素体内产生的畸变能较高，易向铁素体和渗碳体之间的界面处偏聚。因此，稀土原子在珠光体内主要分布于合金渗碳体内和界面处。在珠光体转变过程中，稀土原子的扩散速度小于碳原子，渗碳体的形核速度与长大速度取决于稀土原子的扩散与富集。所以，稀土元素在一定程度上可以控制渗碳体的形核速度与长大速度，延长珠光体转变孕育期，增大珠光体转变的过冷度，从而细化珠光体片层结构。随着过冷度的增加，母相与新相的自由能差增大，形核驱动力增加，晶核的临界尺寸减小，所需形核功减小，使形核率增加，细化珠光体组织，珠光体片层间距减小。

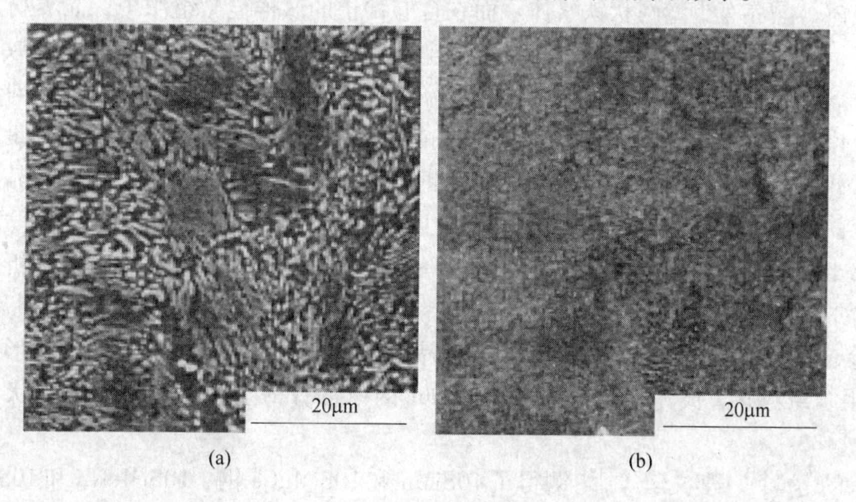

(a)　　(b)

图 2-160　RE 细化重轨钢珠光体组织

(a) $w(RE)=0$；(b) $w(RE)=0.03\%$

在上述介绍的稀土元素对奥氏体的珠光体转变的影响这一节中，可以看到不同研究者所得的稀土对珠光体形貌、分布和片层间距的影响结果基本趋于一致：即随钢中稀土固溶量的增加，珠光体的形貌得到改善，局部片状渗碳体退化成颗粒状，珠光体的尺寸得到细化，珠光体片间距减小。

C　稀土元素对贝氏体转变的影响

刘和、徐祖耀等[120]在测定了20Mn钢连续冷却相变曲线（CCT）和研究稀土对其相变和组织的影响中发现稀土扩大了20Mn钢CCT图上的铁素体和贝氏体转变区域，有利于形成粒状贝氏体和块状铁素体，见图2-161。

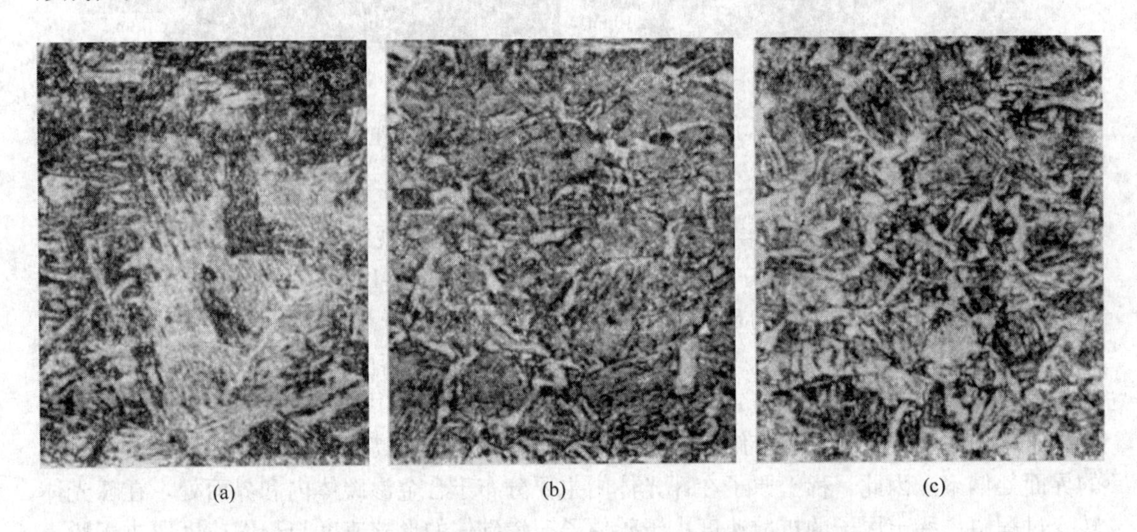

(a)　(b)　(c)

图2-161　稀土对20Mn钢连续冷却（40℃/s）显微组织的影响（480×）

(a) $w(\mathrm{RE})=0$；(b) $w(\mathrm{RE})=0.089\%$；(c) $w(\mathrm{RE})=0.24\%$

试样经奥氏体化以40℃/s冷至室温时，不含稀土试样的显微组织为马氏体和羽毛状的上贝氏体，晶界有少量网状铁素体。而在含有稀土的试样显微组织中，晶界析出铁素体明显增多，且为等轴状，具有羽毛状特征的上贝氏体则大大减少，代之出现类似于粒状贝氏体的小岛状组织，如图2-161所示，表明稀土有抑制产生上贝氏体组织的倾向。稀土的原子半径比铁原子大40%。从降低晶格畸变能的角度分析，稀土原子在晶内的最可能位置是晶界区和位错线上，而这些区域往往是碳扩散的最佳路径。稀土原子偏聚到晶界和位错线上后，就将对碳的扩散或碳化物的析出产生影响。从已发表的研究结果[81,85,93,94]可知钢中含有稀土后能抑制碳化物的生成或析出。一般，奥氏体在冷却过程中碳化物析出的方式决定了所形成微观组织的形态。如在贝氏体铁素体生长过程中，当相界面处不断析出碳化物，就形成羽毛状的上贝氏体；如碳化物不易析出，富碳区域在冷却过程中就形成小岛状的M-A组织或粒状贝氏体。这可能就是20Mn钢中含有稀土后更容易形成粒状贝氏体的原因。

刘宗昌等[116]、李文学等[154]测得了10SiMn和10SiMnCe钢、10SiMnNb和10SiMnNbRE钢的CCT曲线，可见约在500~600℃之间发生粒状贝氏体，四种钢的CCT曲线形状相同，但混合稀土RE和稀土Ce均使CCT曲线向右下方移动，推迟了贝氏体转变。

在稀土对低碳10SiMn、10SiMnNb钢组织转变影响的研究中发现，在10℃/s冷却速度下，10SiMnn、10SiMnNb钢中先共析铁素体量较多，而加Ce增加了过冷奥氏体的稳定性，稀土使铁素体量减少，粒状贝氏体大量增加，见图2-162～图2-164，这是稀土使CCT曲线向右下方移动的结果。

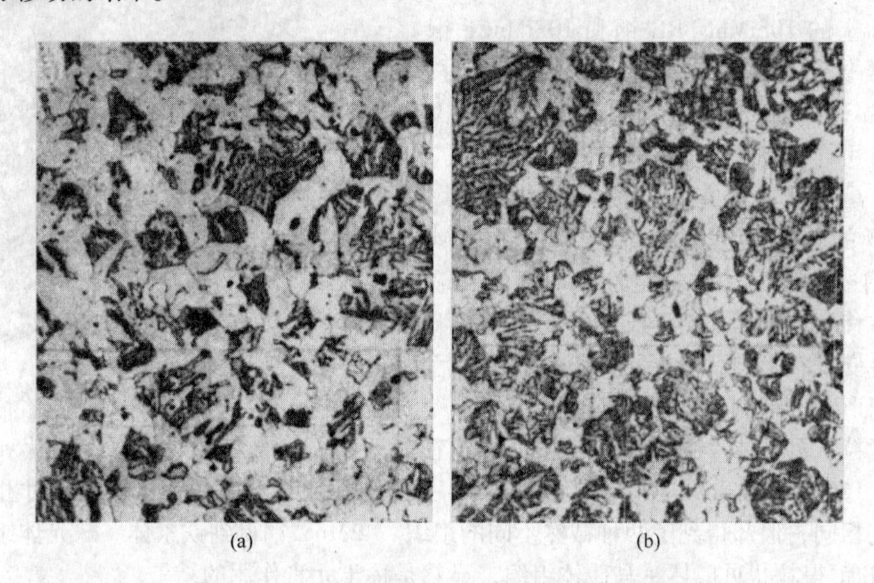

(a)　　(b)

图2-162　稀土对低碳10SiMn钢组织转变影响

（冷却速度10℃/s，200×）

（a）10SiMn；（b）10SiMnCe（固溶Ce为0.09%）

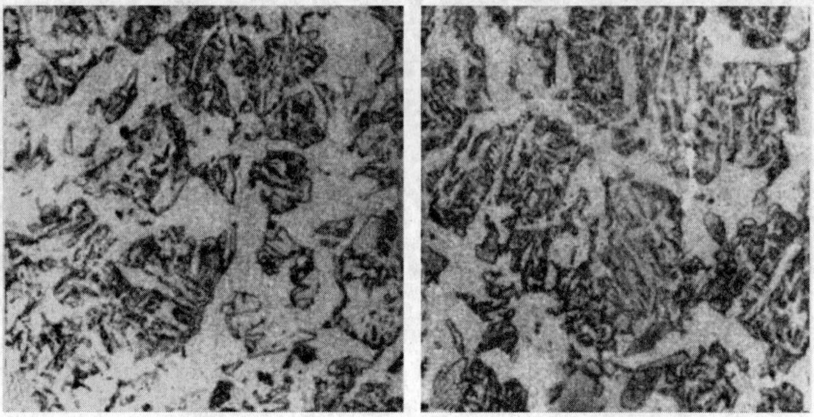

(a)　　(b)

图2-163　稀土对10SiMnNb粒状贝氏体和铁素体组织的影响

（冷却速度10℃/s，400×）

（a）10SiMnNb；（b）10SiMnNbRE（固溶RE为0.035%）

从10SiMnNb和10SiMnNbRE钢过冷奥氏体连续冷却曲线可见，稀土对贝氏体转变孕育期影响较小，稀土使贝氏体转变温度（B_s）有所降低，说明稀土有推迟贝氏体转变的作用，它可通过阻碍贝氏体铁素体形核，而降低贝氏体转变速度。但由于稀土阻碍了先共析铁素体的析出，而且稀土使马氏体开始转变温度（M_s）下降，使贝氏体转变温度区间变大，所以加入稀土的 10SiMnNbRE 钢和 10SiMnCe 钢粒状贝氏体量稍多。冷却速度为 60℃/s 时，10SiMnNb 和 10SiMnNbRE 钢组织的板条马氏体形态（可详见见 2.4.3.3 节的图 2-192）。

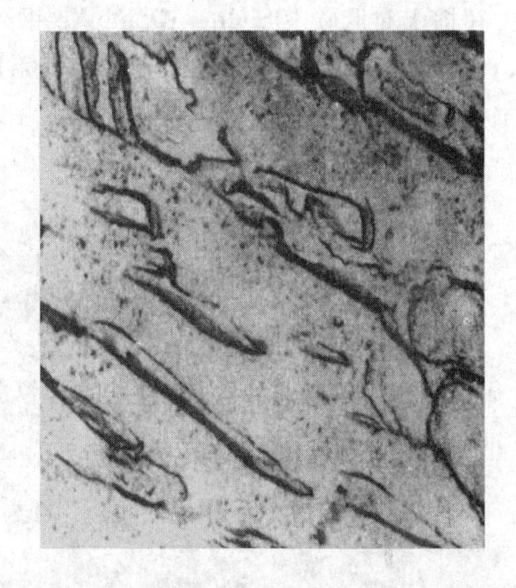

图 2-164　10SiMnCe 钢粒状贝氏体（复型照片）

刘宗昌等[83]在研究 RE 对中碳锰钒钢连续冷却转变的影响中发现，稀土增加了中碳 42MnV 钢过冷奥氏体的稳定性，从而使 CCT 曲线向右移，也推迟了上贝氏体转变，但对下贝氏体转变没有影响。稀土元素影响了正火后钢的组织形态，抑制了铁素体-珠光体的反应，而出现了粒状贝氏体。图 2-165 为 42MnV 钢正火后的光学金相照片，复型照片和薄膜照片。图 2-166 则为加入稀土元素的 42MnVRE 钢的同类照片。两种钢试样的尺寸相同，热处理工艺相同，但却得到了两种截然不同的组织。42MnV 钢得到铁素体 + 珠光体组织；而 42MnVRE 钢得粒状贝氏体 + 马氏体组织，显然是稀土元素作用的结果。

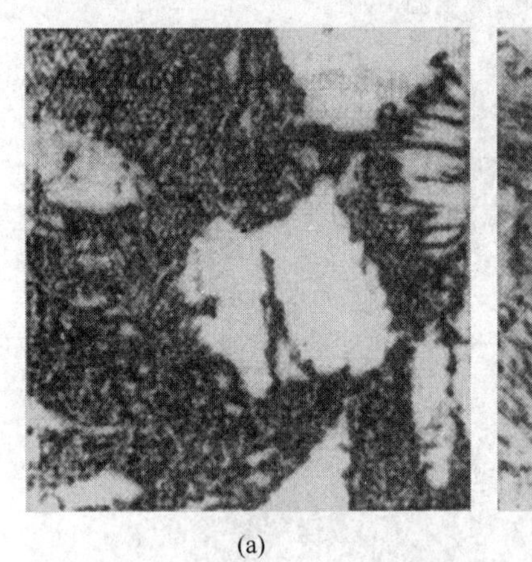

(a)

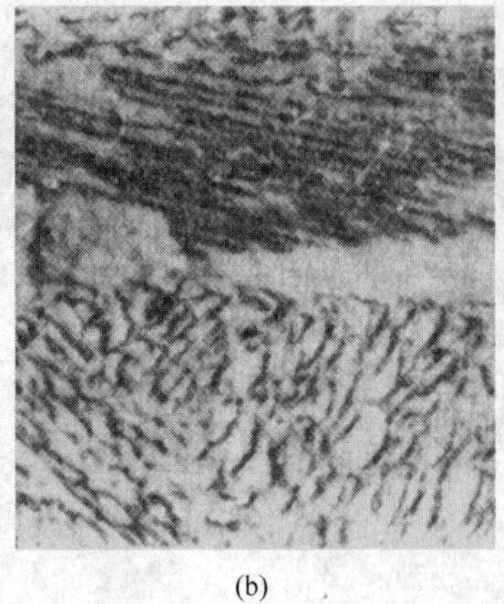

(b)

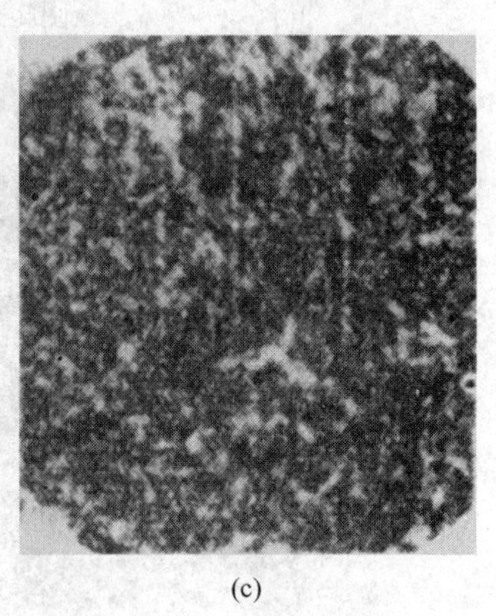

(c)

图 2-165　42MnV 钢的 950℃ 正火后的组织

（a）光镜照片，460 ×；（b）复型照片，5800 ×；（c）薄膜照片，1000 ×

这些差异可参见 42MnVRE 钢 CCT 曲线（见 2.4.2 节中图 2-104 所示的 42MnVRE 钢 CCT 曲线）得到解释。试样加热空冷，相当于以 5 ~ 17℃/s 的速度冷却下来，显然对于 42MnVRE 钢来说并不发生铁素体-珠光体反应，而是直接冷到贝氏体区发生了贝氏体转变，在连续冷却到室温时还得到了少量下贝氏体及马氏体组织，如图 2-167 所示。

由此可见，稀土元素提高了 42MnV 钢的过冷奥氏体的稳定性，空冷时，稀土元素抑制了铁素体-珠光体反应的发生。

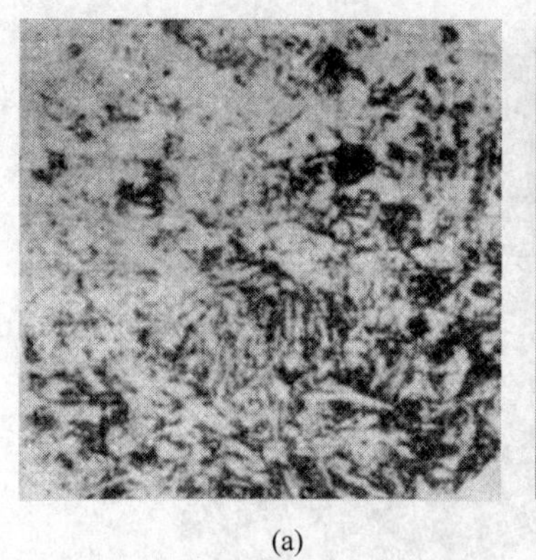
(a)

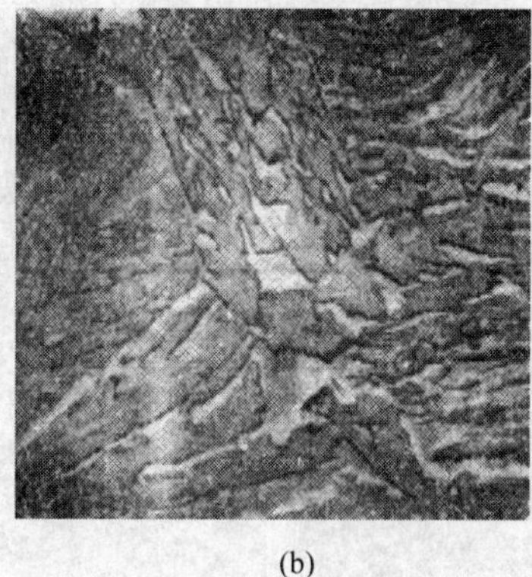
(b)

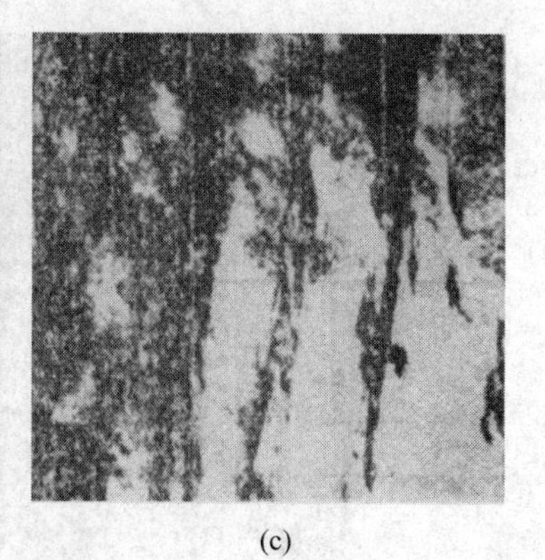
(c)

图 2-166 42MnVRE 钢的 950℃ 正火后的组织
(a) 光镜照片，460×；(b) 复型照片，4700×；(c) 薄膜照片，15000×

梁益龙等[123] 在不同稀土含量的 GDL-1 钢中，采用不同温度下中断空冷淬火的方法研究稀土对低碳合金贝氏体钢中贝氏体相变的影响，发现随稀土含量增加，B_s 点由 380℃ 降为 350℃，残留奥氏体量的增多，贝氏体铁素体的体积分数减小，显微硬度值略微升高。稀土对贝氏体激发形核和台阶生长之间的竞争也产生了重要的影响，增加稀土含量，贝氏体亚结构的细化程度更加明显，细小的亚片条、亚单元之间被稳定的残留奥氏体薄膜所分割，最终形成贝氏体多层次精细结构。

图 2-167 42MnVRE 钢的 950℃ 正火后的电镜薄膜照片

在相同冷速下 1 号和 2 号钢在 275℃ 时中断空冷淬火后所得的显微组织形貌（图 2-168）和 BF（bainitic ferrite）积分数各不相同。稀土含量为 0.008% 的 1 号钢主要是束状 BF + 岛状 BF + 少量 F，而当稀土量增至 0.022%（2 号钢）时，则获得束状 BF + 少量板条 M。通过截线法计算，1 号钢的 BF 体积分数为 72%，是 2 号钢（56%）的 1.3 倍。在其他温度中断空冷淬火的 BF 体积分数参见图 2-169，大致趋势是 2 号钢在同一冷速下冷却至相同温度所得到的 BF 的量较 1 号钢略少。图 2-169 是不同稀土含量的 GDL-1 钢中 BF 体积分数与转变时间的关系，曲线的斜率表示在此时刻的转变速率 。

由图 2-170 可知，相变初期 a 区和相变后期 c 区。BF 的相变速率几乎相等：在 b 区，1 号钢的相变速率要高于 2 号钢。在整个连续冷却的过程中，稀土偏聚在铁素体/小岛界面上钉扎两相界面以及减慢碳的扩散速率所产生的拖曳作用减慢了贝氏体的相变速率，延长了相变的完成时间[155]，所以 BF 体积分数随稀土量的增加反而减小。此外，稀土降低了 B_s 和 B_f 点（表 2-67），增加贝氏体转变的孕育期，提高了 GDL-1 钢的淬透性。

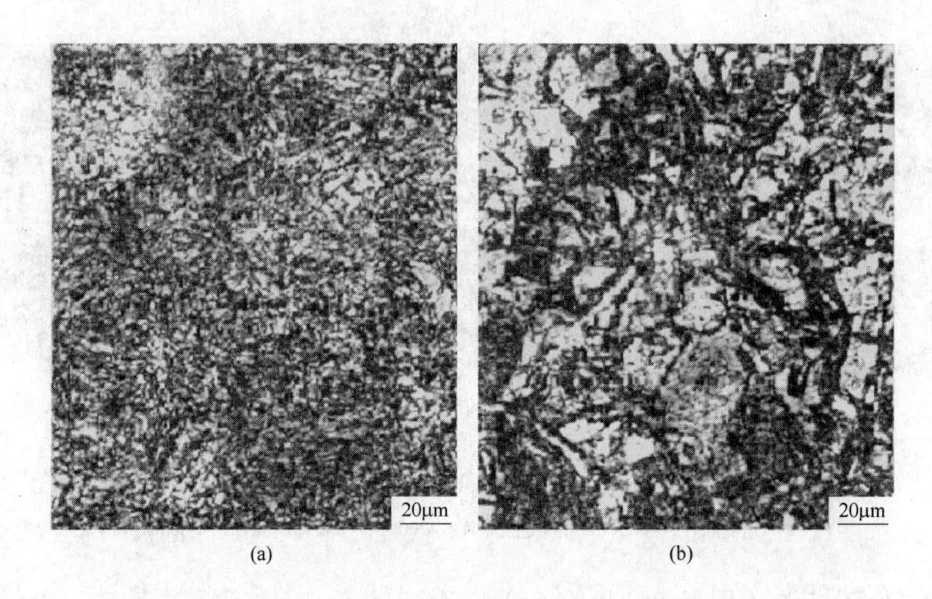

图 2-168　稀土对 GDL-1 钢在 275℃时中断空冷淬火后所得的显微组织形貌

(a) w(RE) = 0.008%；(b) w(RE) = 0.022%

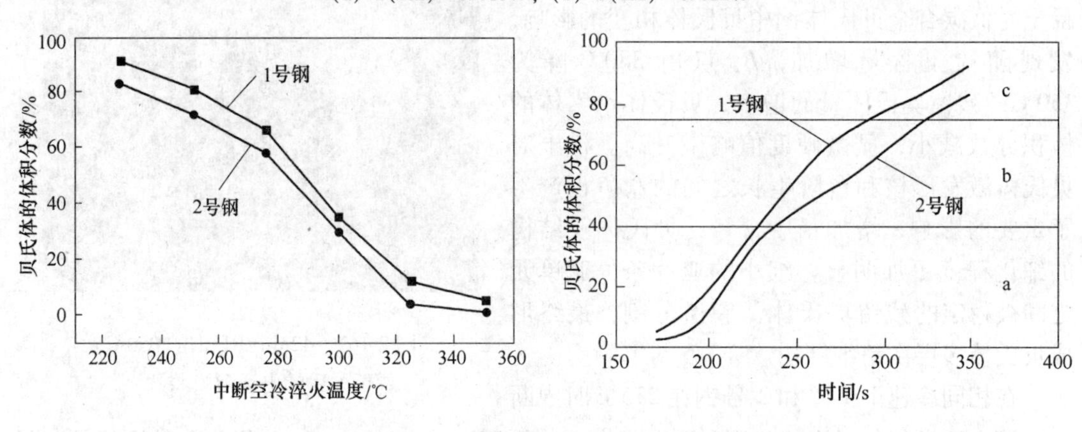

图 2-169　稀土对 GDL-1 钢贝氏体体积分数的影响与中断空冷淬火温度的关系

图 2-170　1 号和 2 号钢变温（空冷）相变动力学曲线

为了便于计算这两种不同稀土含量的 GDL-1 钢的相变激活能，利用 JAM 方程：$f = 1 - \exp(-kt^n)$，进行不同温度下的等温相变动力学模拟，其中 f 为新相转变体积分数，k 为温度系数，n 为 Avrami 指数，t 是时间。通过实验数据可以计算出 1 号和 2 号钢的相变激活能 Q，由表 2-67 可知，$Q_2 > Q_1$。因而，稀土增加了 GDL-1 钢中相变激活能，使相变阻力增大。

表 2-67　1 号、2 号钢空冷条件下（108℃/min）所对应的 B_s、B_f 及 Q 值

试样编号	温度/K		Q/MJ · mol^{-1}
	B_s	B_f	
1	653	493	0.312
2	623	473	0.438

GDL-1 钢中稀土含量的变化也造成残留奥氏体量（图 2-171）显微硬度（图 2-172）的变化，2 号钢的显微硬度略高于 1 号钢，这是由于稀土提高了 GDL-1 钢的淬透性，获得窄条束状的 BF + 少量 M（martenite）组织，硬度显然高于 1 号钢的束状 BF + 岛状 BF 组织；此外，增加稀土的量，片状残留奥氏体量增加，可使 GDL-1 钢中贝氏体铁素体的亚结构更加细化，亚片条、亚单元数量增加这一理论已被证实[156]，这与连续冷却（空冷）至 275℃时中断淬火后所得到的贝氏体精细结构（图 2-173）是一致的。

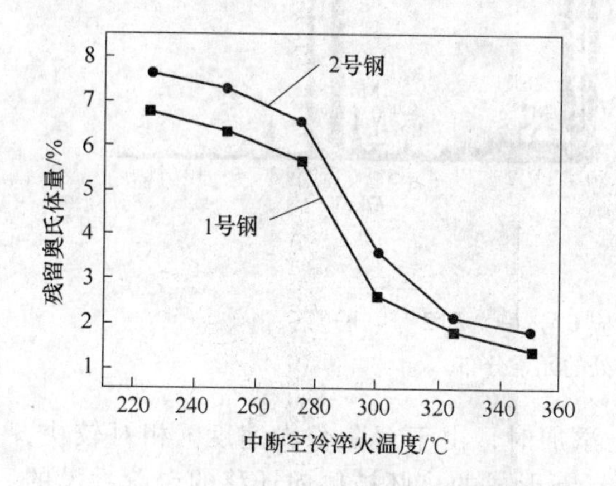

图 2-171 稀土含量的变化对中断空冷淬火 GDL-1 钢中残留奥氏体量的影响

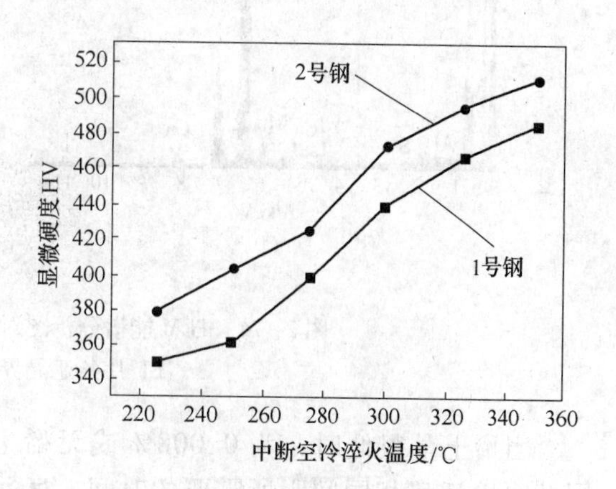

图 2-172 稀土含量的变化对中断空冷淬火 GDL-1 钢显微硬度的影响

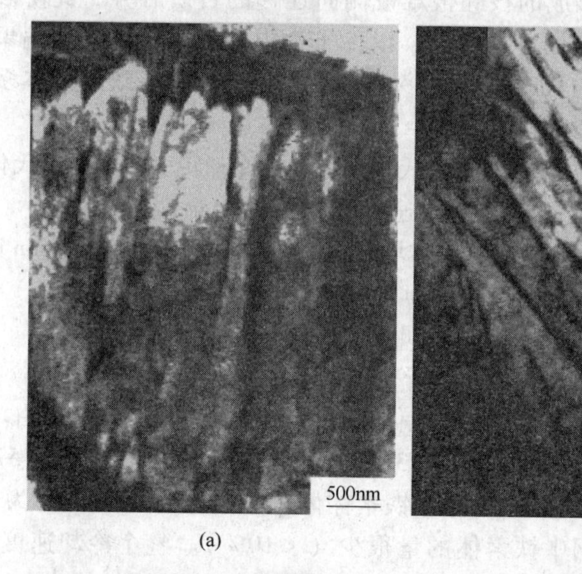

(a) (b)

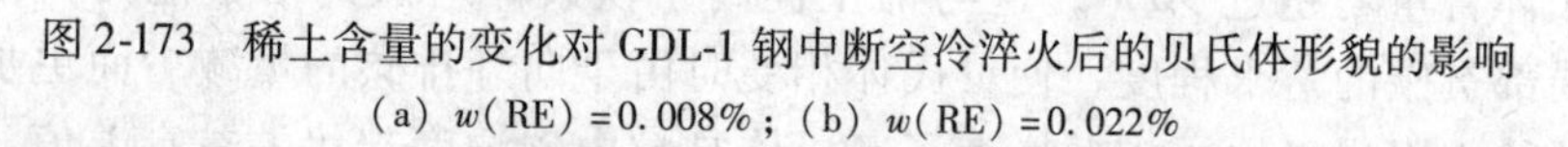

图 2-173 稀土含量的变化对 GDL-1 钢中断空冷淬火后的贝氏体形貌的影响

(a) $w(\mathrm{RE}) = 0.008\%$；(b) $w(\mathrm{RE}) = 0.022\%$

梁益龙等[123]指出在贝氏体长大过程中存在较大的应力应变场[157]，为了降低系统能量，这会使得稀土元素将沿贝氏体台阶阶面富集，稀土元素同 Si、N、V 等元素的交互作用将会阻碍贝氏体台阶的生长；同样，由于稀土容易在 BF 片条亚晶界处偏聚（图 2-174），2 号钢 BF 片条亚晶界处稀土的浓度明显高于 1 号钢，这就使得 2 号钢中贝氏体台阶阶面长大受到 RE 偏聚单元与碳的偏聚区的阻碍或相界面前沿碳的堆积程度大于 1 号钢，因而台阶长大速度 v 相对于 1 号钢将减小。

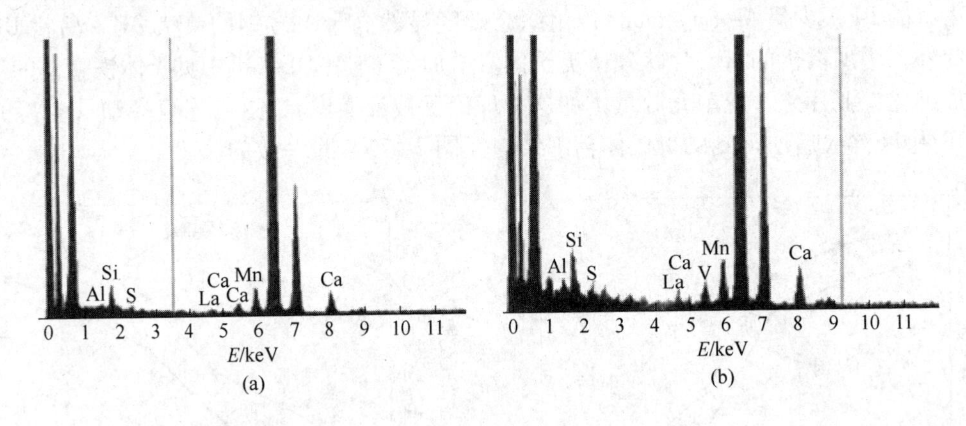

图 2-174　TEM 能谱分析图对应 1 号（a）和 2 号（b）钢 BF 片条亚晶界处的元素分布

当稀土量很低时，为 0.008% 或无稀土添加时，由于台阶长大速度 v 相对较快，因此台阶迁移相同间距所需要的时间 t 缩短，新形成的核胚被侧向迁移的台阶吞没的概率也相对较大，此阶段主要是以台阶的迁移长大为主，当稀土量增至 0.022% 时，台阶长大速度 v 明显减慢，形成的核胚很难被侧向迁移的台阶吞并，此阶段主要以激发形核长大，由于稀土原子的固溶量增加，以稀土为中心的偏聚单元和偏聚区的数量就会越多，使台阶长大方式生长时产生更多、更小的分枝从而导致贝氏体多层次精细结构的形成[156]。

梁益龙等[158]研究了稀土对 Mn-RE 系贝氏体钢在连续冷却转变过程中贝氏体相变及组织形貌的影响，在贝氏体转变区，随冷却速度增加，稀土含量低的 1 号（w(RE) = 0.008%）钢铁素体量急速下降，粒状贝氏体增多；当冷却速度超过 40℃/min 时，这两种钢的贝氏体形态由粒状向条状转变。冷却速度对稀土含量高的 2 号（w(RE) = 0.022%）钢中贝氏体体积分数影响不大，主要是影响贝氏体的形态。

在贝氏体相变区，由于稀土含量不同所获得的贝氏体体积分数也不同，表 2-68 反映了稀土对不同冷却速度下所获得的组织及体积分数的影响。当冷却速度由 1℃/min 增至 15℃/min，1 号钢的贝氏体体积分数由 13.5% 增至 90.6%，增量达到 571%，而 2 号钢中贝氏体的量基本不变；此外，1 号钢铁素体体积分数也由 86.5% 降为 9.4%，通过金相法和硬度法测得 2 号钢中铁素体的量很少（$<10\%$）。整个冷却速度范围内，2 号钢的贝氏体含量均超过 90%，这与稀土提高了铁素体对碳的溶解能力，减弱了转变对奥氏体局部贫碳的苛求程度，使贝氏体相变时由于向外排碳的量减少而更加容易进行有关，另外稀土阻碍碳原子扩散增大了奥氏体晶粒内碳浓度起伏的贫富差值，为贝氏体在贫碳区及早期形核提供了有利条件，促进了贝氏体转变。当冷却速度在 15 ~ 80℃/min 这个区间时，两种试验钢的最终组织几乎全为贝氏体，其中 1 号钢中存在少量的铁素体，由于稀土提高了 Mn-RE 系贝氏体钢的淬透性，所以 2 号钢还能得到少量的马氏体组织。

表 2-68 Mn-RE 系贝氏体钢在不同冷却速度下的贝氏体体积分数

钢号	稀土含量（质量分数）/%	组织含量（质量分数）/%	冷却速度/℃ · min⁻¹								
			1	2	5	8	10	15	19	40	80
1	0.008	B	13.5	37.0	48.5	61.8	79.0	90.6	92.0	94.3	
		F	86.5	63.0	51.5	38.2	21.0	9.4	8.0	5.7	0
2	0.022	B	91.6	93.7	95.0	96.5	97.0	96.0	95.7	95.0	94.6
		F	8.4	6.3	5.0	3.5	3.0	4.0	—	—	—
		M	—	—	—	—	—	—	4.3	5.0	5.4

从两种稀土含量不同的 Mn-RE 系贝氏体钢的显微硬度变化上分析（图 2-175）：随冷却速度的增加，两种材料的硬度都不同程度地增加，但 2 号钢的硬度始终高于 1 号钢。当冷却速度为 1 ~ 80℃/min 时，1 号钢的显微硬度增幅（63%）较大，几乎为 2 号钢增幅（36.3%）的两倍；当冷速大于 80min 时，两种钢的硬度值差随冷却速度的增加而减小，最终趋于一致。

通过不同冷速下所获得的贝氏体体积分数数据（图 2-176）分析，可以将曲线分为两个阶段：在Ⅰ区（$v_{冷}$ = 1 ~ 15℃/min），1 号钢的曲线很陡，相对而言，2 号钢的曲线平缓得多，说明冷却速度对 1 号钢中贝氏体体积分数的影响相当大，随冷却速度的增加，最终获得的贝氏体体积分数增幅远远大于 2 号钢，因此在Ⅰ区的硬度差异主要是由同一冷却速度下获得不同的贝氏体体积分数所造成的；在Ⅱ区（$v_{冷}$ = 15 ~ 80℃/min），两条曲线都很平缓，而且随冷却速度的增加两种不同稀土含量的 Mn-RE 系贝氏体钢最终得到的贝氏体体积分数几乎趋于一致，但以粒状贝氏体为主的 1 号钢的显微硬度显然小于以束状贝氏体为主的 2 号钢。当冷却速度超过 80℃/min 时，两种钢的最终组织形貌差异不大，因而显微硬度趋于一致。

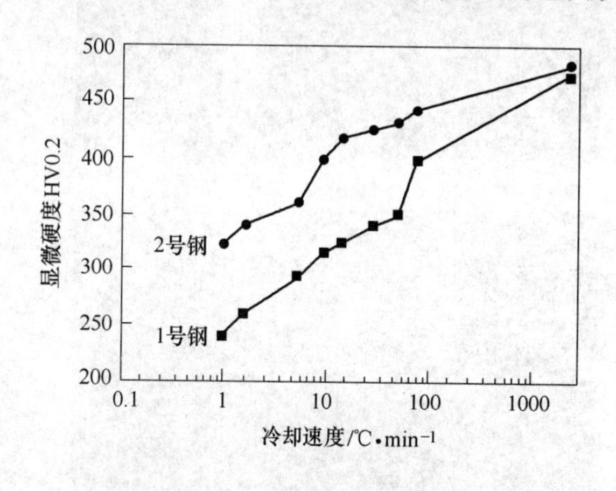

图 2-175 Mn-RE 系贝氏体钢维氏硬度与冷却速度的关系

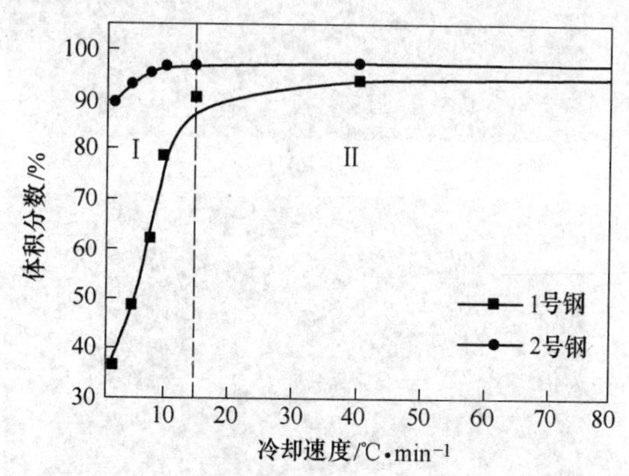

图 2-176 Mn-RE 系贝氏体钢贝氏体体积分数与冷却速度的关系

在其他成分基本相同的情况下，添加不同量的混合稀土考察不同冷却速度的显微组织形态的变化见图 2-177。通过金相分析：当冷却速度在 1 ~ 15℃/min 时，1 号钢得到大量多边形铁素体和少量的粒状贝氏体（图 2-177（a））；而 2 号钢获得以粒状贝氏体为主加上少量的岛状组织的混合组织（图2-177（b）），由于此时冷却速度较慢，铁素体晶核在过冷奥氏体贫碳区中以块状转变方式形成并无方向性长大，导致M-A岛无序分布在铁素体基体上，这就使得1号钢中不规则岛状物分散而粗大，多呈等轴状，随冷却速度的增加，铁素体体积分数急剧下降，粒状贝氏体显著增多；2号钢中稀土量约为1号钢的3倍，稀土元素偏聚在小岛界面以及同Mn、Si的交互作用阻碍了小岛的长大[156]，因此这些不规则的岛状物均匀弥散地分布在块状铁素体内，随冷却速度的增加，粒状组织的体积分数逐渐增加，而岛状组织的数量减少。当冷却速度控制在15～40℃/min范围内时，1号钢组织形貌对冷却速度尤为敏感，岛状物逐渐消失，粒状贝氏体增多（图2-177（c）），2号钢则获得条状过渡形态贝氏体和粒状贝氏体加少量马氏体的混合组织（图2-177（d））；随着冷

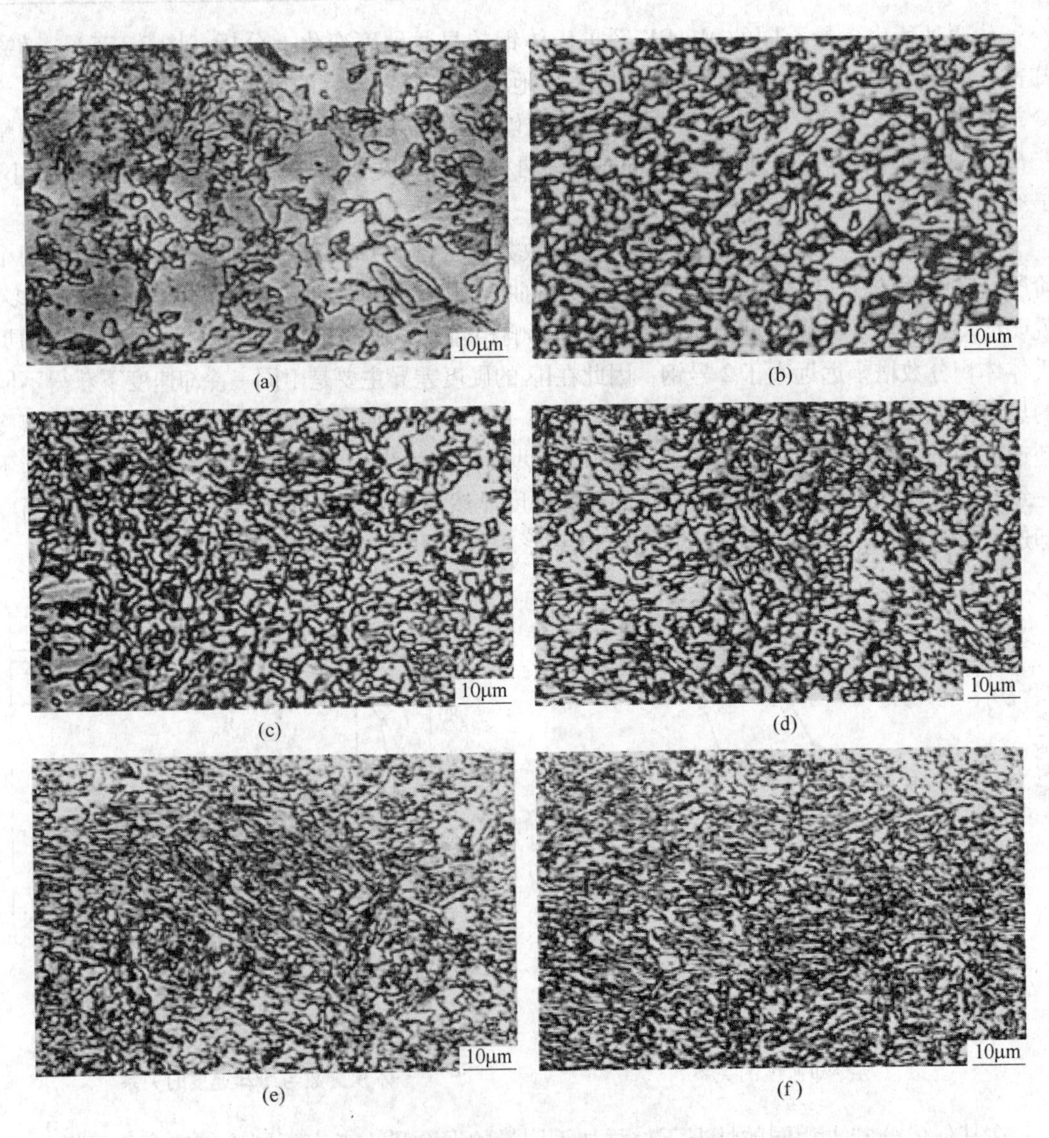

图2-177 RE对Mn-RE系贝氏体钢不同冷却速度下的显微组织的影响
(a)，(c)，(e) 1号钢（RE 0.008%），冷却速度分别为5℃/min、40℃/min、80℃/min；
(b)，(d)，(f) 2号钢（RE 0.022%），冷却速度分别为5℃/min、40℃/min、80℃/min

却速度的进一步增加，贝氏体形貌发生了变化，冷却速度大于40℃/min时，1号钢获得的条状过渡形态贝氏体量逐渐增加，粒状贝氏体组织量减少（图2-177（e）），而2号钢中几乎观察不到粒状贝氏体，主要是以条束状的贝氏体存在（图2-177（f）），而且板条马氏体量增加。这是由于条束状贝氏体形成在较低温度区，此时冷却速度较快，在过冷奥氏体贫碳区中形成片状铁素体晶核并以贝氏体铁素体方式长大，M-A岛有序分布于板条铁素体间，岛的尺寸较小，多呈长条状分布。束状贝氏体是以平行的贝氏体板条形态出现的，在板条中被残留奥氏体分割形成亚单元，残留奥氏体是以薄膜形态分布，随着冷却速度的增加，等轴岛状逐渐变为平行的长条形态，直至形成马氏体。通过对比，稀土含量较高的2号钢在同一冷却速度下获得的贝氏体条束尺寸明显较1号钢细小且均匀。

通过两种不同稀土含量的Mn-RE系贝氏体钢空冷（$v=80$℃/min）条件下的TEM观察，发现在相同冷却速度下的亚结构形态有显著差别。见图2-178（a），1号钢亚结构明显较为粗大，其亚片条宽约1~2μm，亚单元宽度尺寸在200~500nm之间；图2-178（b）为2号钢中贝氏体亚结构的形貌，其亚片条宽度尺寸在300~800nm，亚单元厚度尺寸在30~200nm之间，而且亚单元被稳定的薄膜状残留奥氏体分割，导致出现了更多的超亚单元结构。

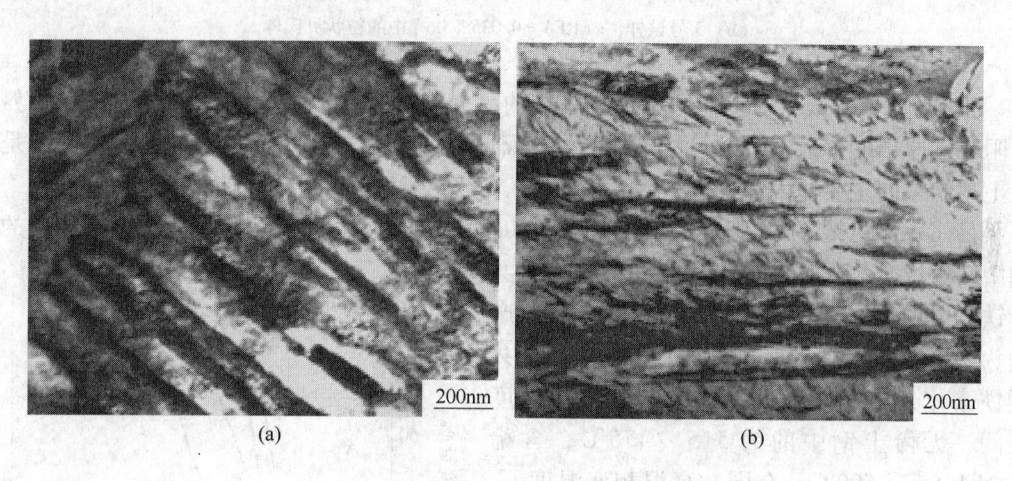

(a)　(b)

图2-178　Mn-RE系贝氏体钢中贝氏体结构形貌
（空冷，80℃/min）
（a）w(RE)=0.008%；（b）w(RE)=0.022%

通过实验数据表明：在Mn含量（2.1%）大致不变的前提下，将Mn-RE系贝氏体钢RE/Mn的值由3.8×10^{-3}%（1号钢）提升至10.4×10^{-3}%（2号钢）时，空冷状态（$v=80$℃/min）时的疲劳强度由250MPa提高至286MPa，在硬度为450HV0.2下也可获得160J的冲击功，约为1号钢的1.5倍。

张振忠等[124]在稀土对16Mn钢等温相变及显微组织的影响研究中发现，随稀土含量增加，等温转变贝氏体逐渐由羽毛状向粒状贝氏体转化。

图2-179为稀土对16Mn钢显微组织中碳化物分布及贝氏体形态的影响，从图2-179中含稀土的2号、3号试样在753K等温处理36s后形成的贝氏体组织的金相分析结果表明，含稀土的2号、3号试样中的贝氏体由无稀土试样中典型的羽毛状贝氏体，部分转变为粒状贝氏

体，而呈现出羽毛状贝氏体+粒状贝氏体的混合贝氏体组织形态，并且稀土含量越高粒状贝氏体越多。这进一步表明，稀土含量的提高有助于粒状贝氏体的形成。

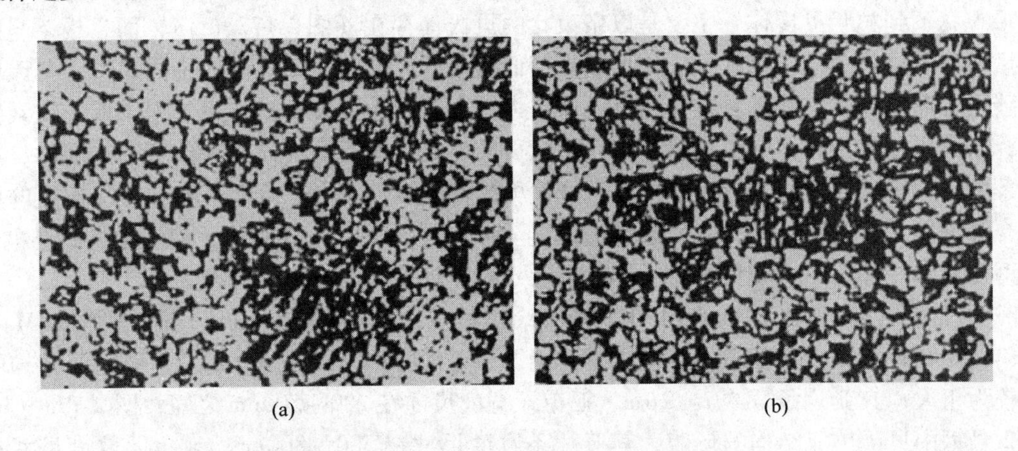

图 2-179　稀土对 16Mn 钢显微组织中碳化物分布及贝氏体形态的影响

（a）2 号试样，w(RE) = 0.022% 试样中出现碳化物偏聚；

（b）3 号试样，w(RE) = 0.035% 试样中的粒状贝氏体

张振忠等[124]认为稀土降低奥氏体晶粒的晶界能和相界面能，稀土原子偏聚在相界面上阻碍碳原子的扩散，以及可能形成高熔点稀土碳化物而减少奥氏体中碳的固溶量，是产生上述结果的主要原因。

吕伟、徐祖耀等[125,140,160]在研究稀土对 0.27C-1Cr 钢先共析铁素体及珠光体相变的影响中，通过金相观察发现高温相变产物为先共析铁素体和珠光体的混合组织，中温相变产物为粒状贝氏体，在它们之间，有一个先共析铁素体，珠光体和贝氏体共同存在的温度区间，无稀土钢中的为 515～475℃，含稀土钢为 550～500℃，在同一高温相变温度下，含稀土钢的珠光体含量比无稀土钢的少，稀土使先共析铁素体和贝氏体相变的孕育期缩短，前期相变速率较快，但使后期相变速率变慢，相变完成时间变长，如图 2-180 所示。

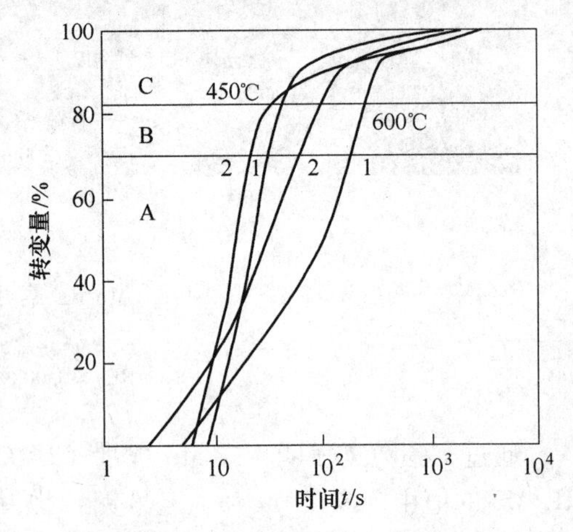

图 2-180　稀土对 0.27C-1Cr 钢在 450℃和 600℃等温相变动力学曲线的影响

1—不含稀土；2—含稀土（w(RE) = 0.17%）

中温相变后的组织为粒状贝氏体。钢中加入稀土后，使贝氏体相变的孕育期缩短。初期相变速率加快，但后期相变速率变慢，相变完成时间变长，450℃等温相变的动力学曲线如图 2-180 所示。对 450℃相变完全的试样进行扫描电镜能谱分析表明，稀土主要分布在铁素体/小岛的相界处（表 2-69）。根据不同温度中温相变的动力学计算可得两个钢的相变激活能分别为 Q_1 = 25kJ/mol 和 Q_2 = 49kJ/mol，如图 2-181 所示，可见，稀土增加了相变激活能。

表 2-69 含 0.17%RE 的 2 号钢经 450℃等温相变后粒状贝氏体组织中稀土的分布（质量分数/原子分数） （%）

位置		岛内	岛界	铁素体晶界	铁素体内
1	La	0.17/0.17	0.18/0.06	0.07/0.03	0.00/0.00
	Ce	0.24/0.09	0.10/0.04	0.00/0.00	0.01/0.00
2	La	0.00/0.00	0.19/0.08	0.00/0.00	0.00/0.09
	Ce	0.00/0.00	0.26/0.10	0.00/0.00	0.00/0.00
3	La	0.00/0.00	0.50/0.20	0.02/0.01	0.02/0.01
	Ce	0.00/0.00	0.46/0.17	0.05/0.02	0.00/0.00

稀土在钢中除形成夹杂物外，还以固溶形式存在，虽然稀土原子的半径比铁原子大40%，固溶度很低[161]，但它却对相变过程产生很大的影响。为了降低畸变能，稀土往往偏聚于奥氏体晶界处，降低了晶界能[162]。从而降低了晶粒长大的驱动力，在实验中发现，经900℃保温10min奥氏体化后，不含稀土和含稀土钢的晶粒度分别为9级和10.5级。另外，在贝氏体相变中，稀土还偏聚在铁素体小岛的界面，而且稀土是强碳化物形成元素，降低碳的扩散系数，对贝氏体相界面的推进起拖曳作用。0.27C-1Cr钢中加入稀土后对贝氏体相变总的效应是使相变激活能从 Q_1 = 25kJ/mol 增加到 Q_2 = 49kJ/mol。相变速率是由形核速率和长大速率所决定的，图2-180所示的450℃等温相变动力学曲线可分成3个阶段，不同阶段的形核速率和长大速率的作用大小是不同的，它们直接影响了相变的动力学，在A区，含稀土钢的孕育期比不含稀土钢的短，这是因为相变初期，贝氏体铁素体主要在晶界形核，钢中加入稀土使相变前奥氏体晶粒细化，增加了奥氏体晶界面积，提高了相变形核率，起决定性作用，因而增加了相变速率，缩短孕育期，降低了钢的淬透性。在这阶段，含稀土钢的形核率（N_2）比不含稀土稀土钢的形核率（N_1）大得多。它掩盖了稀土对相变过程的阻碍作用，在文献［163］中，相变前奥氏体晶粒度是相等的，因而稀土提高了钢的淬透性[125]。在B区，可认为 N_2 仅略大于 N_1，此时长大速率占主导作用，含稀土钢的相变速率变慢。在相变后期C区（$f>82\%$）。稀土在相变过程中产生的拖曳作用更加明显，稀土主要通过偏聚在铁素体/小岛界面上钉扎运动的相界和降低碳的扩散速率来延缓相变进行的速率。能谱分析揭示，稀土主要偏聚在铁素体/小岛相界面处，对界面产生拖曳作用，当相变量增加，小岛相界面的总面积减少；单位相界面上偏聚的稀土量增加，因而产生越来越大的拖曳效应，减慢后期贝氏体相变的速率，延长相变完成时间。吕伟、徐祖耀等[125,140,160]上述研究结果表明0.27C-1Cr钢中加入稀土，细化奥氏体晶粒，提高了初期贝氏体的形核速率和相变速率，稀土偏聚在铁素

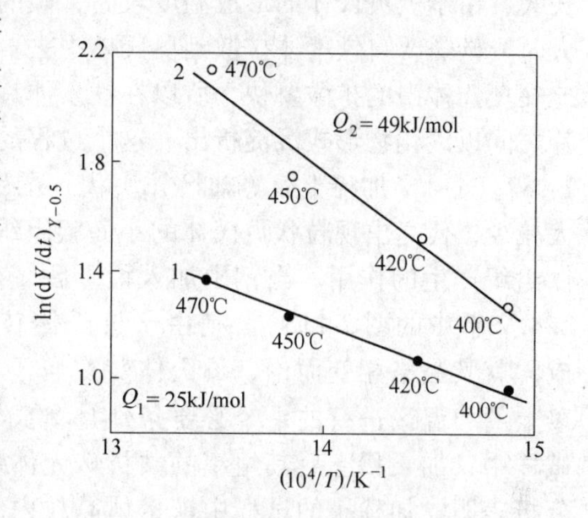

图 2-181 稀土对 0.27C-1Cr 钢贝氏体相变动力学的影响

体/小岛相界面以及稀土减慢碳的扩散所产生的拖曳作用是减慢后期贝氏体相变速率，延长相变完成时间的原因。

朱兴元等[128]研究了稀土对低硫铌钛钢（S 0.003%～0.005%，Nb 0.036%～0.040%，Ti 0.011%～0.013%）过冷奥氏体连续冷却转变组织的影响，试验结果表明，稀土铈能提高钢的临界点Ar_3和Ar_1，并且使（Ar_3-Ar_1）温度区间增大；并使钢的CCT曲线右移和上移，降低了钢的淬透性。铈会使贝氏体转变点升高，同时加大了贝氏体转变间隔。

随着冷却速度的增加，在10℃/s速度冷却条件下，钢中主要以贝氏体形式存在，这种贝氏体的形成多半是在奥氏体晶界上成核，然后由晶界向晶内沿某些惯析面成排地长大，由于上贝氏体的形成温度较高，碳的扩散速度较快，因而当贝氏体按共格关系长大时，碳需要自铁素体扩散到奥氏体中去。但由于铁素体片较密集，并且碳在铁素体中比在奥氏体中的扩散要快，所以在铁素体片之间的碳浓度可以达到很高，因而在铁素体片之间以碳化物形式沉淀析出。这个过程的重复进行，就形成羽毛状的上贝氏体（见图2-182（a））。加稀土后等轴状（块状）的铁素体增加，具有羽毛状特征的上贝氏体大大减少，代之出现粒状贝氏体的小岛状组织（图2-182（b）），表明稀土有抑制上贝氏体组织产生的作用。当钢中加入稀土后，在贝氏体转变中，其贝氏体转变点升高（见2.4.2节中的图2-113）。则由于贝氏体转变由铁原子的晶格切变和碳原子的扩散组成，就其晶格相变而论，贝氏体转变属于马氏体型相变，马氏体型相变可以在M_s点以上的中温区进行的一个必要条件是奥氏体基体的局部贫碳[164]；在冷却速度较低的试样中，加入稀土后其组织的共析珠光体量明显减少，研究对这种组织中碳元素波谱分析表明，加稀土的试样中铁素体晶粒内的碳含量明显升高，这都说明稀土提高了铁素体对碳的溶解能力，而溶解能力的提高实际上减弱了转变对奥氏体局部贫碳的苛求程度，使发生贝氏体$\gamma\rightarrow\alpha$转变排出碳含量少而容易进行，从而提高贝氏体转变温度。此外，稀土阻碍碳原子扩散[143]也增大了奥氏体晶粒内碳浓度起伏的贫富差值，为贝氏体在贫碳区及早形核提供了条件，这也使得B_s升高，一旦贝氏体在奥氏体内贫碳区首先形核，这一机制即告结束，所以转变的结束温度B_f因得不到与B_s等量的提高而加大了贝氏体转变间隔。

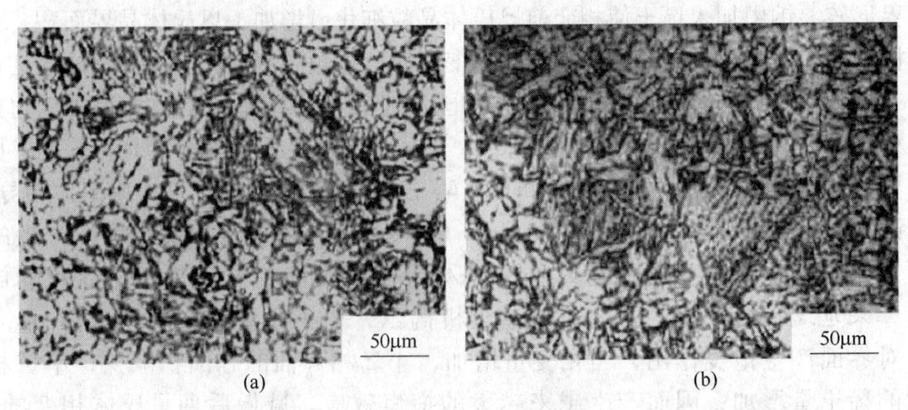

图2-182　稀土对10℃/s速度冷却时低硫铌钛钢的金相组织的影响

(a) $w(\mathrm{RE})=0$；(b) $w(\mathrm{RE})=0.024\%$

吴承建等[165]通过测定稀土铈对锰钒钢过冷奥氏体中先共析铁素体恒温转变动力学曲线（参见 2.4.2 节中的图 2-112），发现在 550～400℃之间是锰钒钢的贝氏体转变温度范围，铈使贝氏体转变孕育期增长，500℃无铈钢的孕育期为 5s，含铈钢为 10s，450℃也有相似的结果，0.12%Ce 使贝氏体转变孕育期增加一倍，500℃贝氏体转变动力学曲线见图 2-183。等温转变所得到的都是粒状贝氏体组织，在 470～550℃温度范围的有限等温时间内，无铈钢已转变完毕，而含铈钢尚有未转变的奥氏体，即转变未能进行到底。

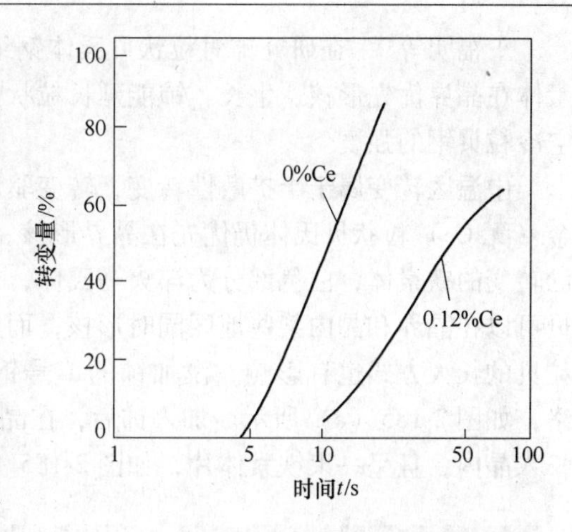

图 2-183　Ce 对 500℃等温贝氏体转变的影响

综合铈对先共析铁素体和贝氏体转变动力学的影响，绘制成过冷奥氏体恒温转变曲线，如图 2-183 所示。铈有强烈增长先共析铁素体孕育期的作用，对贝氏体转变孕育期的作用相对弱一些，含铈钢先共析铁素体开始转变曲线强烈的向右推移，而贝氏体转变开始曲线向右推移少，从而使贝氏体转变曲线相对地突出来，使锰钒钢空冷容易获得粒状贝氏体组织。铈增加贝氏体转变孕育期，并使贝氏体恒温转变曲线右移。铈增加了先共析铁素体孕育期的作用明显大于对贝氏体转变的作用。

王贵等[166]利用透射电子显微镜详细观察了在 35CrMo 钢加入不同含量稀土后对淬火组织的影响，结果表明，稀土提高了铸态过冷奥氏体在贝氏体区的稳定性，但对淬火组织贝氏体形态变化影响不明显。

880℃淬火与 1200℃淬火有同样的规律性，未加入稀土与加入稀土的铸态样的贝氏体组织形态，如图 2-184 所示。加入稀土元素与未加入稀土元素相比，B_s 点提高了 90%，B_f 点提高了 60% 左右，这样就大大提高了钢中过冷奥氏体在贝氏体区的稳定性。

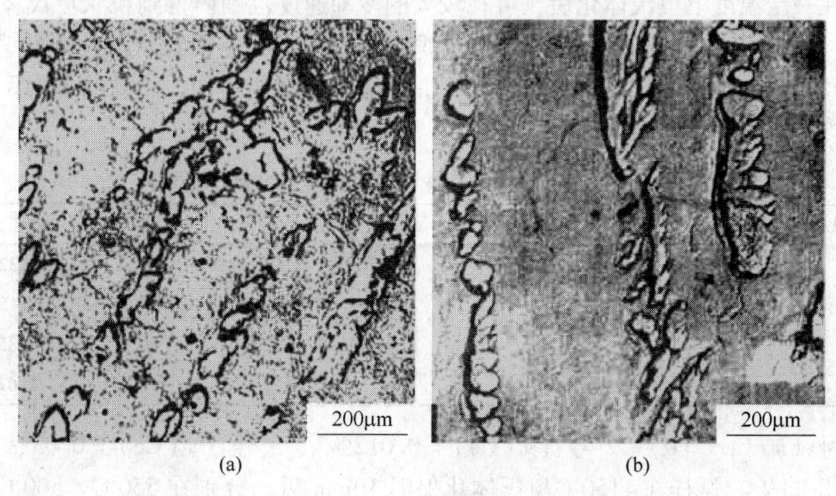

图 2-184　稀土对 35CrMo 钢铸态贝氏体形态的影响

（a）$w(RE)=0$；（b）$w(RE)=0.4\%$

王福明等[167]在研究铈对粒状贝氏体钢组织与性能的影响发现铈能抑制粒状贝氏体铁素体在晶界优先形核、生长。铈能延长粒状贝氏体转变的孕育期、增加钢的淬透性，提高空冷粒贝钢的强度。

中温区转变属于半扩散性转变，转变驱动力较大。在400~560℃范围内等温，1号合金（无Ce）粒状贝氏体仍优先在晶界形核，如图2-185（a）所示。图中可见灰色部分为已转变的铁素体，白色部分为淬火马氏体，加入铈后，发现晶界优先形核的特点消失。粒贝可以在晶界和晶内某些地区同时形核，而且核心成团或簇，如图2-185（b）所示。铈对粒贝的长大方式也有影响。没加铈的1号钢，从晶界形核后，往往沿着晶界长成晶界网络，如图2-185（a）所示。加入铈后，在晶界处形核的铁素体不易沿晶界生长，而是直接长入晶内，且呈一束铁素体片，如图2-185（c）所示。

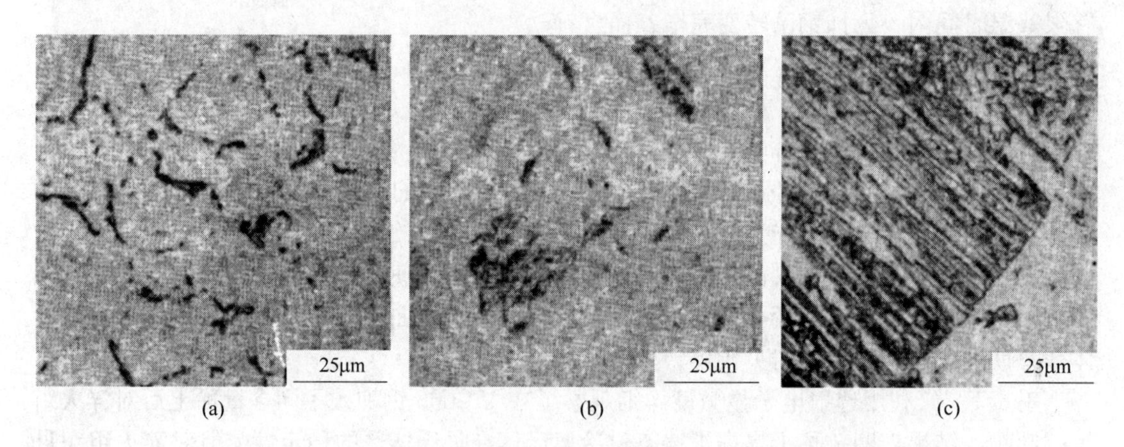

(a)　(b)　(c)

图2-185　稀土铈对钢的粒状贝氏体形核及长大的影响

（奥氏体化温度为1150℃）

（a）1号合金，w(Ce)=0，500℃等温7s；（b）4号合金，w(Ce)=0.11%，550℃等温30s；

（c）4号合金，w(Ce)=0.11%，500℃等温12s

试样在一定温度下奥氏体化后，可在较大的冷却速度范围内得到粒状贝氏体组织。图2-186是1号、2号、3号和4号钢的空冷组织。表2-70列出空冷粒状贝氏体组织中小岛的平均尺寸及总量。由图2-186及表2-70可见，随着铈含量的增加，小岛的平均尺寸、体积分数及平均自由程都逐渐减小。

表2-70　稀土对试验钢空冷粒状贝氏体组织参数的影响

试样号	小岛尺寸/μm	小岛体积分数/%	小岛平均自由程/μm
1	1.600	21.0	3.32
2	1.200	20.0	3.15
3	0.723	16.2	2.85
4	0.562	15.4	2.67

将1号（w(Ce)=0）、2号（w(Ce)=0.012%）、3号（w(Ce)=0.03%）和4号（w(Ce)=0.11%）试样在1150℃奥氏体化保温10min后，分别在550℃、500℃、450℃、400℃等温不同时间，以测出其粒状贝氏体转变动力曲线，结果如图2-187所示。由图2-187可见，随着铈量增大，孕育期及50%转变线均推迟。

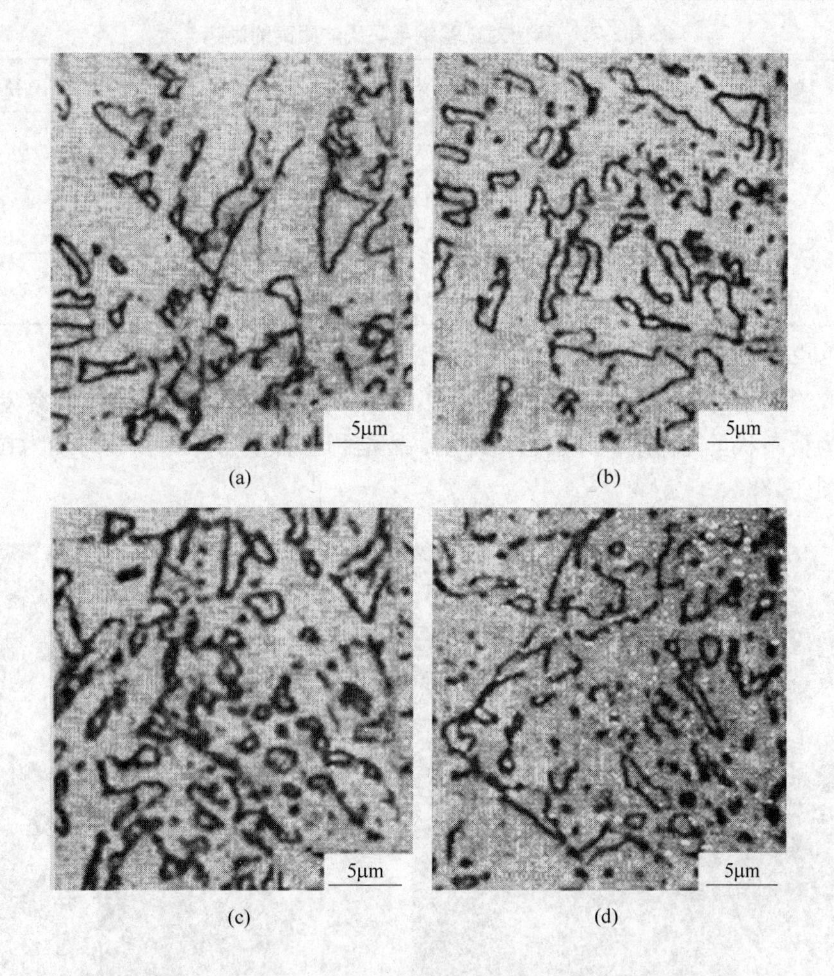

(a) (b) (c) (d)

图 2-186 稀土铈 950℃奥氏体化后的空冷贝氏体组织的影响
(a) 1 号合金，w(Ce)=0；(b) 2 号合金，w(Ce)=0.012%；
(c) 3 号合金，w(Ce)=0.03%；(d) 4 号合金，w(Ce)=0.11%

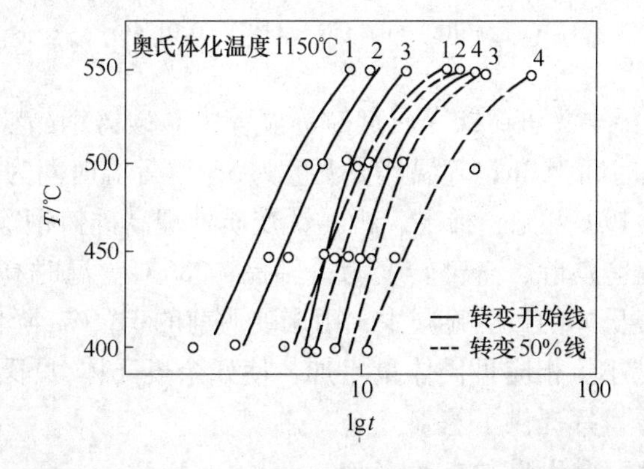

图 2-187 稀土对粒状贝氏体钢温度和转变时间的关系影响

用定量金相法，直接从端淬试样上定出半马氏体线离顶端距离，结果见表 2-71。可见铈增加了钢的淬透性。

表 2-71　稀土对试验钢半马氏体距离的影响①　(mm)

试 样 号	半马氏体距离	理想临界直径
1	8.5	43
2	9.0	48
3	10.0	54
4	15.0	70

① 组织类型均为马氏体 + 粒贝。

叶文等[145]取连续冷却条件下，轧制态 14MnNb 钢试样进行扫面电镜观察发现未加稀土的试样为板条状贝氏体组织；加适量稀土，固溶稀土含量为 0.0174% 时变为粒状贝氏体组织，见图 2-188。

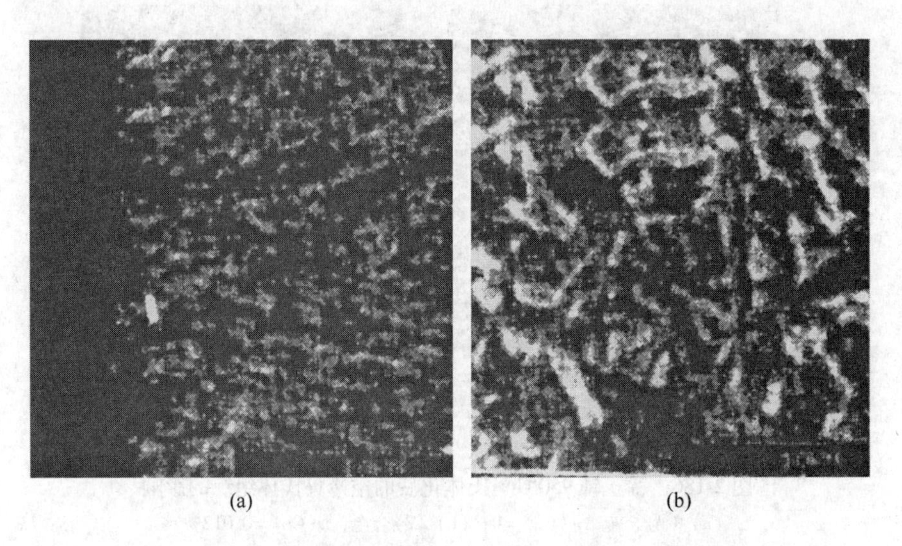

图 2-188　稀土对轧制态 14MnNb 钢贝氏体形貌的影响
(a) $w(RE)=0$；(b) $w(RE)=0.0174\%$

陈祥等[139]研究了稀土、钒、钛变质剂对等温淬火高硅铸钢晶粒细化的影响。奥氏体化温度为 930℃，保温时间为 2h；等温淬火温度为 360℃ 等温时间为 60min。

由图 2-189 和图 2-190 可见，稀土、钒、钛变质处理高硅铸钢等温淬火组织中一次结晶形成的树枝晶已经完全消除，全部转变为等轴晶；385℃ 等温时高硅铸钢淬火组织中的块状稳定很差的残余奥氏体的量明显减少，由未变质前的 31.9% 降低到 5.5%，块状残余奥氏体的尺寸也明显减小。相应贝氏体量增加，使残余奥氏体/贝氏体复相组织的高硅铸钢的高韧性能得以充分发挥提供了基础。

2.4.3.3　稀土对马氏体型相变的影响

刘和、徐祖耀等[120]在测定了 20Mn 钢连续冷却相变曲线（CCT）和研究稀土对其相变和组织的影响中发现，不含稀土的 20Mn 钢中马氏体条束比较粗大，马氏体条也比较宽。随稀土含量的增加，马氏体条束变细小，板条变窄，如图 2-191 所示。

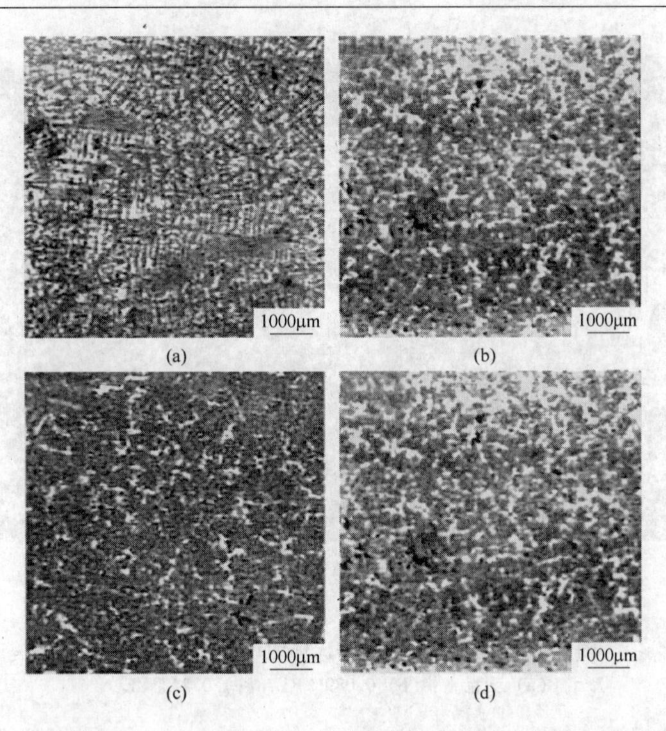

图 2-189　稀土、钒、钛变质处理对高硅铸钢等温淬火低倍组织的影响
(a) w(RE) = 0.0182%；(b) w(RE) = 0.013%，w(Ti) = 0.035%；(c) w(RE) = 0.016%，w(V) = 0.045%；(d) w(RE) = 0.03%，w(Ti) = 0.023%，w(V) = 0.039%

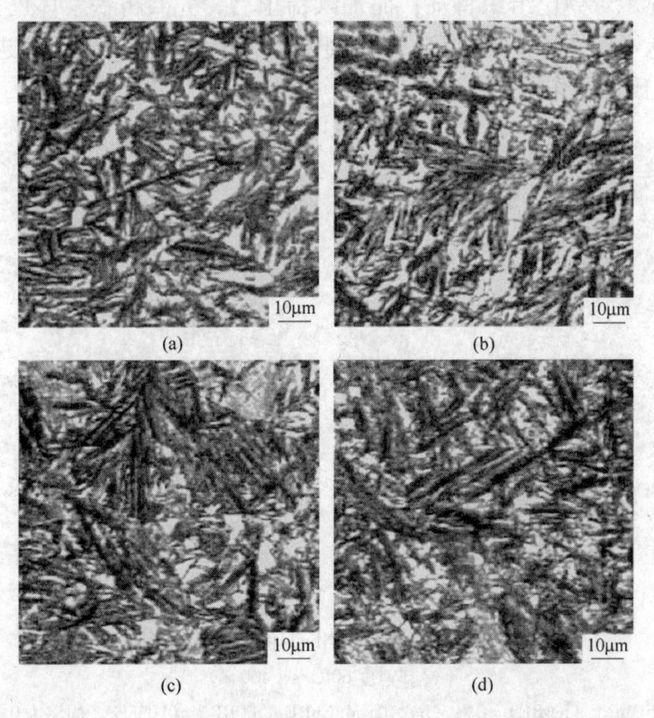

图 2-190　稀土、钒、钛变质处理对高硅铸钢等温淬火高倍组织的影响
(a) w(RE) = 0.0182%；(b) w(RE) = 0.013%，w(Ti) = 0.035%；(c) w(RE) = 0.016%，w(V) = 0.045%；(d) w(RE) = 0.03%，w(Ti) = 0.023%，w(V) = 0.039%

图 2-191　稀土对 20Mn 马氏体组织的影响（800×）
（a）无稀土；（b）0.089% RE；（c）0.24% RE

李文学、刘宗昌等[116,154]在稀土对低碳硅锰钢组织转变影响的研究中发现，当以 60℃/s 冷却速度，10SiMnNb 钢得到的铁素体 + 粒状贝氏体 + 马氏体组织，且具有网状的先共析铁素体，显示着魏氏组织特征；而加入稀土后，先共析铁素体已几乎全部被抑制，得到主要是板条状马氏体 + 少量粒状贝氏体组织，如图 2-192 所示，这进一步说明了稀土稳定 10SiMnNb 奥氏体的作用。

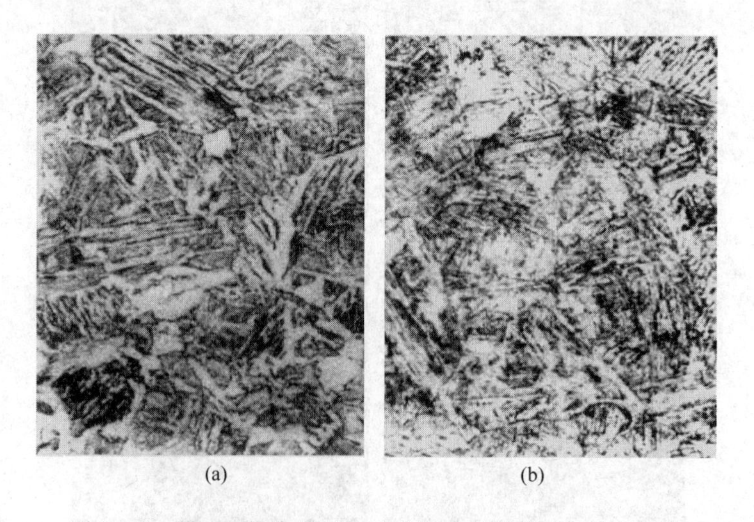

图 2-192　稀土对低碳 10SiMnNb 钢板条马氏体组织转变影响
（冷却速度 60℃/s，400×）
（a）10SiMnNb（w(RE)=0）；（b）10SiMnNbRE（w(RE)=0.065%，固溶为 0.035%）

在 3～40℃/s 之间硬度相差较大些，Ce 使 HV 值升高 11～70，RE 使 10SiMnNb 钢硬度 HV 值升高 20～53，这是铁素体量减少而粒状贝氏体和马氏体量增加的缘故。稀土元素也影响到马氏体形貌，它使马氏体板条尺寸减小，细化了马氏体板条群。

钢中加入的稀土元素富集在奥氏体晶界上，降低了界面能，使奥氏体晶粒长大的驱动力减小。虽然钢中总的稀土含量很少，但由于稀土的偏聚，对局部的影响还是比较大的。还可以认为，吸附在奥氏体晶粒表面的稀土元素形成一个薄膜，当奥氏体晶粒长大需要碳原子的扩散时，薄膜阻碍碳原子扩散。所以钢中加入稀土，可以细化奥氏体晶粒。而奥氏体晶粒的大小要影响马氏体板条群的大小，马氏体板条群的大小随奥氏体晶粒的增大而增大[114]。也有试验[168]表明，稀土降低钢材的奥氏体层错能，使钢易得板条马氏体组织，而且板条马氏体的单位变窄。还有一些试验也证明，稀土元素细化了马氏体板条宽度。从文献［116，154］的试验也看出，10SiMnNbRE 钢马氏体板条群比 10SiMnNb 钢的细少。

李文学等[113,142]在研究铈对 60Mn2 钢过冷奥氏体连续冷却转变的影响中发现，当冷却速度为 20℃/s 时，加稀土 Ce 后 60Mn2 钢淬火马氏体组织显著细化，如图 2-193 所示。

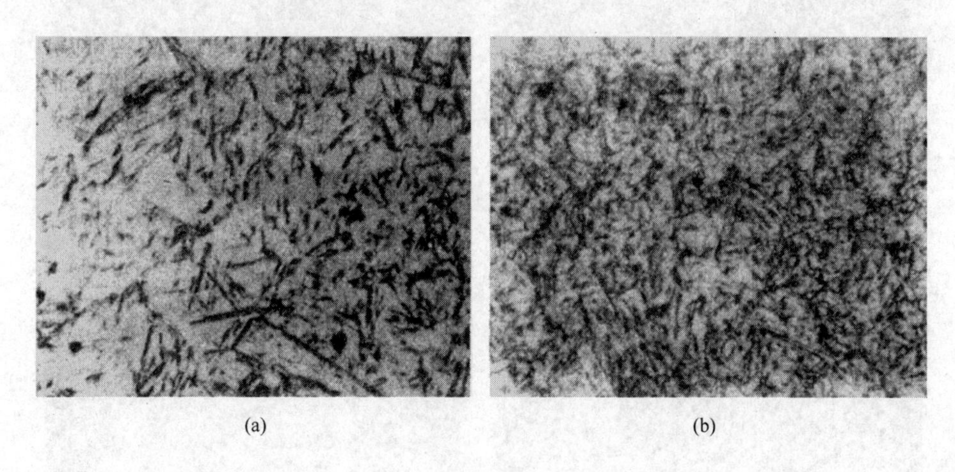

(a) (b)

图 2-193 稀土 Ce 对 60Mn2 钢淬火马氏体金相组织的影响（500×）
（a）60Mn2；（b）60Mn2Ce

进一步将 60Mn2 钢和 60Mn2Ce 钢直接淬火后的试样制成薄膜，在电子显微镜下观察，清楚显示着两种钢的组织均为板条马氏体加片状马氏体，但 60Mn2Ce 钢中马氏体板条和马氏体片较为明显的细化，如图 2-194 所示。

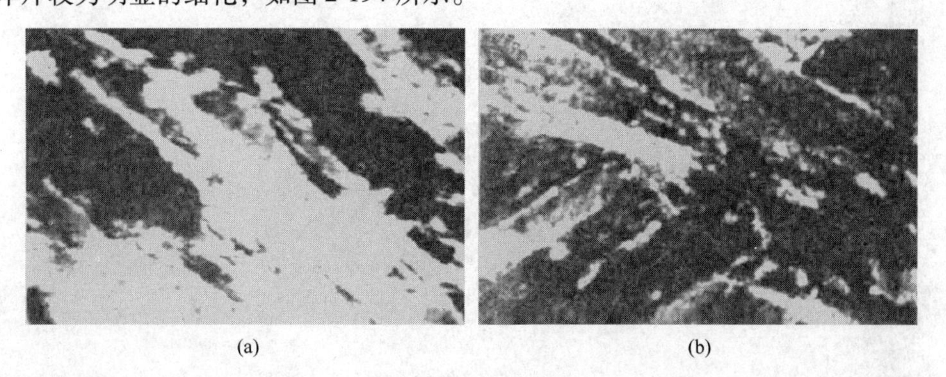

(a) (b)

图 2-194 稀土 Ce 对 60Mn2 钢淬火马氏体组织的影响[114]
（扫描电镜照片，30000×）
（a）60Mn2；（b）60Mn2Ce

文献［113，142］中指出，加铈钢淬火马氏体组织细化主要是铈细化了奥氏体晶粒的缘故，同样在800℃，奥氏体化10min，则含铈钢得到细小的奥氏体晶粒，经测定，60Mn2钢奥氏体晶粒度为9级，60Mn2Ce钢奥氏体晶粒度为11～12级，晶粒度提高了2～3级，这是含铈钢在转变为较细的珠光体及细化马氏体组织的原因。组织细化使钢的硬度也相应提高，测定实验数据表明60Mn2马氏体组织HV值为716，而60Mn2Ce马氏体组织HV值为796。

刘亦农等[143]在铈元素对亚共析钢固态转变点和转变产物的影响研究中发现，稀土元素有抑制孪晶马氏体，促进板条马氏体，细化板条晶的作用。铈使试验亚共析钢马氏体M_s、M_f点下降。加稀土能使试样内板条马氏体量增加，板条细化。在1153K淬火，不同稀土含量试样的二次复型马氏体组织，如图2-195所示。

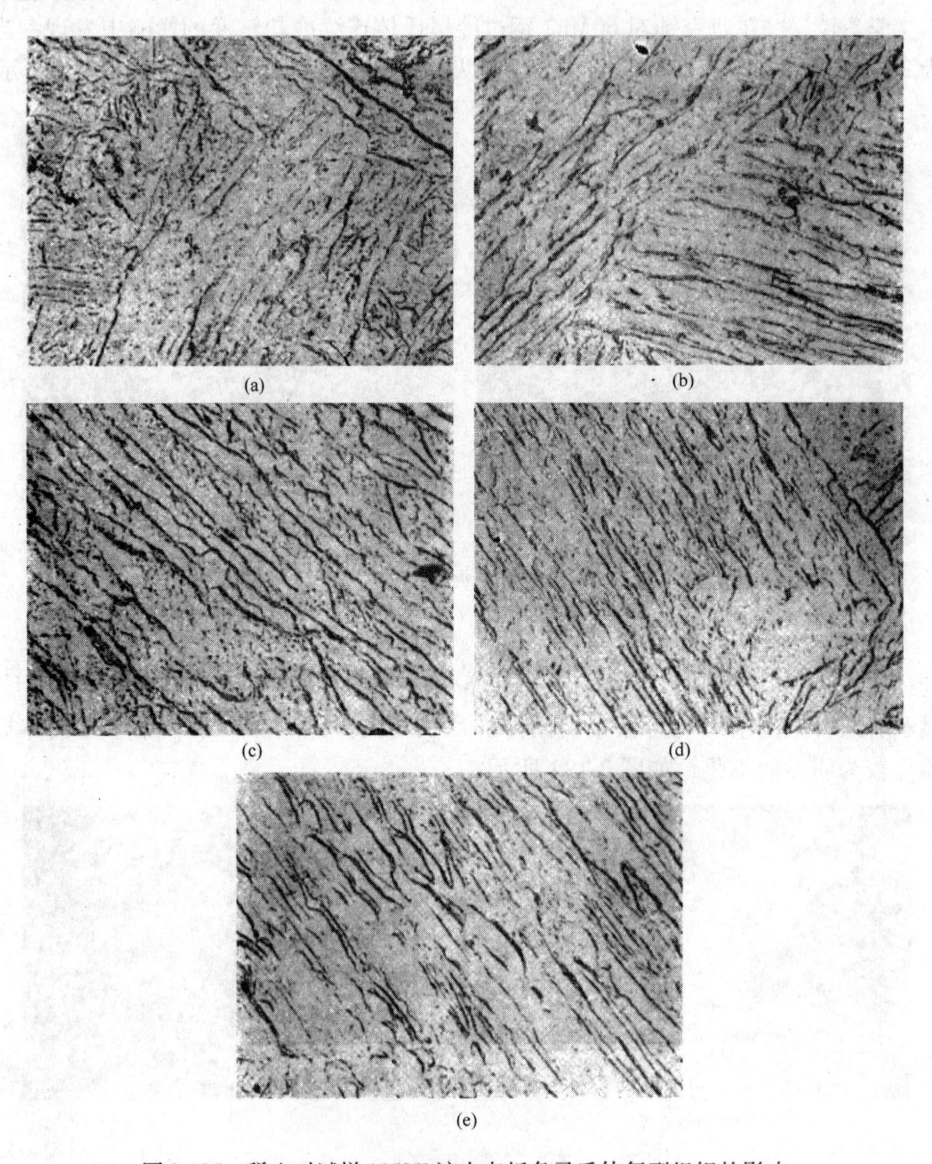

图2-195　稀土对试样1153K淬火态板条马氏体复型组织的影响

(a) w(RE)=0；(b) w(RE)=0.052%；(c) w(RE)=0.08%；

(d) w(RE)=0.098；(e) w(RE)=0.158%

不同稀土含量试样经1473K和1153K不同温度保温水淬后在JEM-200cx高压电镜上进行二次复型及薄膜透射观察发现有如下规律：加稀土处理后试样内板条马氏体量增多，板条晶细化。图2-195是在1153K淬火试样中拍下的二次复型马氏体组织。

在复型组织照片图2-195上沿马氏体板条横断方向在不小于200mm的总宽度 w 上数取马氏体板条数 n，计算单位长度上马氏体板条平均条数：$\bar{n} = \dfrac{n}{w}$(条/mm)。照片放大1万倍，由此计算马氏体板条平均宽度 $\bar{w} = 1000/10000\bar{n}$(μm)。测算数据见表2-72。

表2-72　马氏体板条晶宽度测量结果　(μm)

样　号	3-1		3-2		3-3		3-4		3-5	
	$\bar{n}$	$\bar{w}$	$\bar{n}$	$\bar{w}$	$\bar{n}$	$\bar{w}$	$\bar{n}$	$\bar{w}$	$\bar{n}$	$\bar{w}$
残留RE含量/%	0		0.052		0.080		0.098		0.158	
1473K淬火态	0.31	0.32	0.38	0.26	0.45	0.22	0.51	0.20	0.36	0.28
1153K淬火态	0.36	0.28	0.39	0.26	0.43	0.23	0.49	0.20	0.45	0.22

稀土含量小于0.1%时，马氏体板条晶宽度随稀土含量增加而减小。稀土含量过高时，此宽度有增大的趋势。薄膜样品电镜观察发现不加稀土的试样两种淬火态组织中都有孪晶样条纹，电子衍射确定它们是孪晶马氏体。其余试样均无此种组织出现。图2-196为在未加稀土试样中拍下的孪晶组织的薄膜透射相和电子衍射相及其点阵标定。低倍观察发现稀土元素有促进马氏体板条化的作用。含稀土试样的基体由大量的规整细致的板条马氏体束组成，未加稀土试样的基体组织则粗糙得多，由板条马氏体、下贝氏体针和残余奥氏体组成，且马氏体纹路紊乱，粗细不均。比较图2-195～图2-197中各组织照片也可看出这一点。

铈元素在晶界富集，降低了界面能，削弱马氏体形核的热激活条件，阻碍转变，降低 M_s 点。马氏体转变是一个切变过程，奥氏体切变强度提高势必抑制切变进行，降低 M_s 点。铈元素于位错线附近的偏聚，对位错的钉扎作用，稀土夹杂物的弥散分布都提高了奥氏体切变强度，这是铈影响 M_s 的又一途径。

奥氏体层错能的降低对马氏体位错结构有着直接的促进作用。而稀土元素正有着降低奥氏体层错能的作用。如在304不锈钢中加入稀土使奥氏体层错能由 $1.7\times10^{-6}J/cm^2$ 降到 $7\times10^{-7}J/cm^2$。稀土元素除了直接降低层错能促使马氏体板条化外，还增加了Mn、Cr、Mo元素在奥氏体中的固溶，而这三种元素都有降低奥氏体层错能的作用[169]。

朱兴元等[128]在研究稀土对低硫铌钛钢组织的影响中发现，当冷却速度较高时，由图2-198可以看出，奥氏体通过无扩散型相变而转变成亚稳定相，即马氏体。试验结果表明，钢中加入稀土后，其马氏体由粗条状变为细条状，同时其CCT曲线（见2.4.2节中的图2-113）也表明，稀土使钢的淬透性降低，从而也引起了马氏体点 M_s 下降。

根据Olsen等[170]的观点，马氏体转变以前其胚芽就已存在于高温奥氏体中，到达 M_s 点时被激活而迅速长大，有利于形核的位置为晶界、夹杂表面及晶体缺陷，铈元素在这些位置的富集降低了界面能，削弱马氏体形核的热激活条件，阻碍转变，降低 M_s 点。马氏

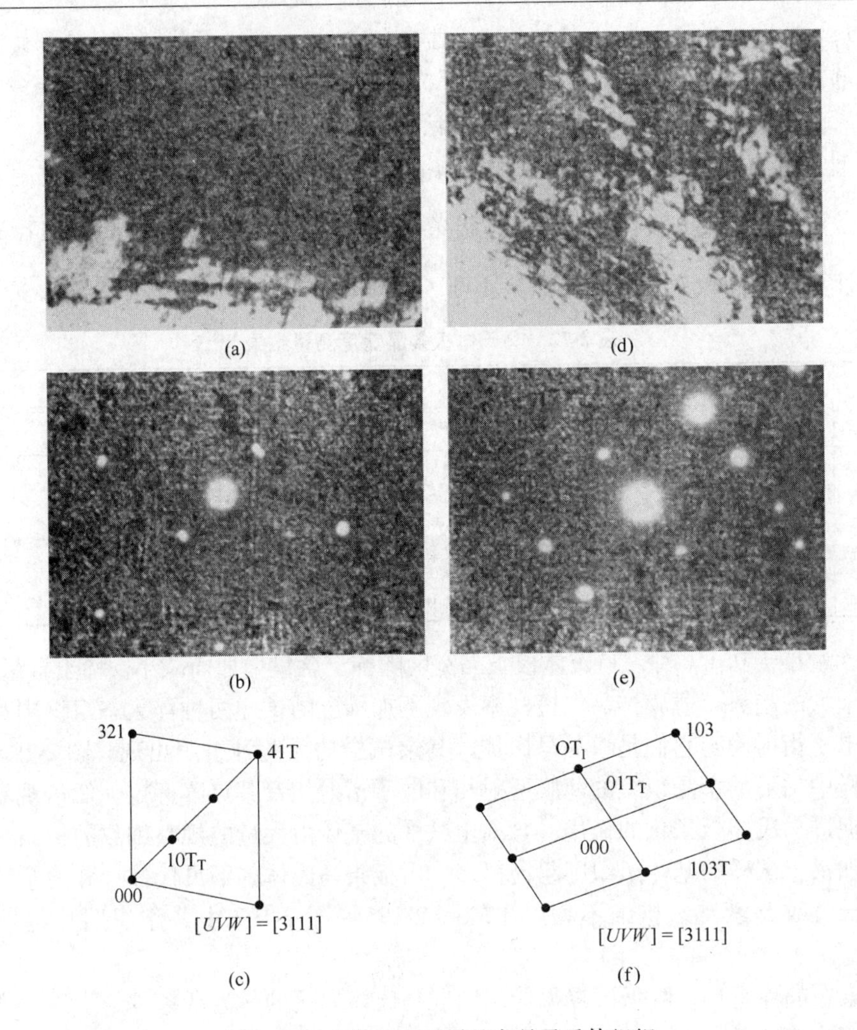

图 2-196　未加稀土试样的孪晶马氏体组织

（a）孪晶条纹组织 1473K 水淬，30000×；（b）图（a）组织电子衍射谱，82000×；（c）图（b）衍射点阵指数标定；（d）孪晶条纹组织 1153K 水淬，30000×；（e）图（d）组织电子衍射谱，82000×；（f）图（e）衍射点阵指数标定

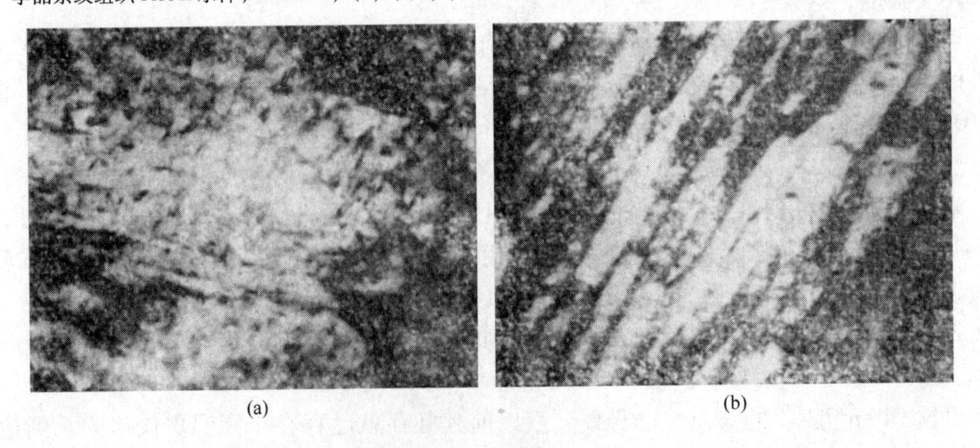

图 2-197　薄膜样品马氏体板条组织投射相（30000×）

（a）w(RE) = 0；（b）w(RE) = 0.052%

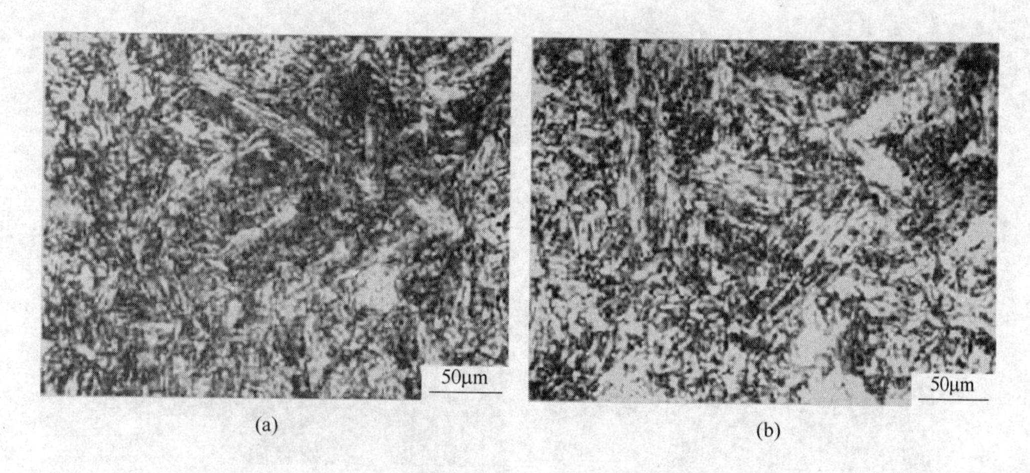

图 2-198 稀土对低硫铌钛钢的马氏体组织的影响
(a) w(RE)=0，冷却速度43℃/s；(b) w(RE)=0.024%，冷却速度40℃/s

体转变是一个切变过程，奥氏体切变强度提高势必抑制切变进行，降低 M_s 点，铈元素于位错线附近的偏聚，对位错的钉扎作用，稀土夹杂物的弥散分布都提高了奥氏体切变强度，此外，在稀土元素影响下马氏体结构增强了板条化趋势，抑制了片状晶生成，在外界条件相同的情况下，奥氏体堆垛层错能的降低对马氏体位错结构有着直接的促进作用，而稀土元素正有着降低奥氏体层错能的作用。

王贵等[166]利用透射电子显微镜详细观察了在35CrMo钢加入不同含量稀土后对淬火组织马氏体亚结构的影响。结果表明，加入稀土后使马氏体板条细化，阻碍了孪晶马氏体的形成，孪晶马氏体量减少，特别是稀土加入量为0.1%时，钢中马氏体板条细化明显。未加入稀土35CrMo钢经1200℃淬火后，从其复型和薄膜样的观察中可知：马氏体板条比较宽，而且板条不明显，比较乱，如图2-199（a）所示，从薄膜样的观察中发现其有孪晶存在。并进行了衍射谱的标定，如图2-199（b）、(c）所示。

当加入0.1%的稀土时，马氏体板条明显细化，并且板条很长，马氏体亚结构增多，如图2-200（a）所示。对薄膜的观察表明：板条同样变细，孪晶基本消失，经电子显微镜倾斜台的转动也没有发现孪晶，如图2-200（b）所示。

当稀土加入量超过0.1%即加入0.2%、0.3%和0.4%时，马氏体板条变化无规可循，从薄膜上可以观察到加入0.4%的稀土时也同样没有发现孪晶（见图2-201）。

由以上实验结果可以看出：在钢中加入适量的稀土，可以细化马氏体板条，容易生成位错亚结构，孪晶明显减少。王贵等[166]从以下几方面探讨稀土的影响机理：

（1）一般情况下，钢中加入适量的稀土可以降低层错能[168]，这里所指的层错能就是在 M_s 点附近的层错能，当层错能减少时易转变成板条状马氏体[171]，因为马氏体相变取决于滑移时临界切应力 τ_s^M 和切变时临界切应力 τ_T^M，当马氏体相变时均匀切变后紧接着在晶内产生不均匀切变。当钢中加入稀土后 τ_s^M 减少，在 $\tau_s^M < \tau_T^M$ 时不均匀切变是滑移，其结果生成位错亚结构[171]。当 M_s 和 M_f 温度一定时，加入稀土能降低层错能，有利于滑移，板条增多细化。这与加入0.1%稀土的35CrMo钢淬火组织板条马氏体明显增多细化的试验结果是相符的。

（2）钢中加入稀土能明显提高马氏体 M_s、M_f 点[172]，从上述几组所测的35CrMo钢的

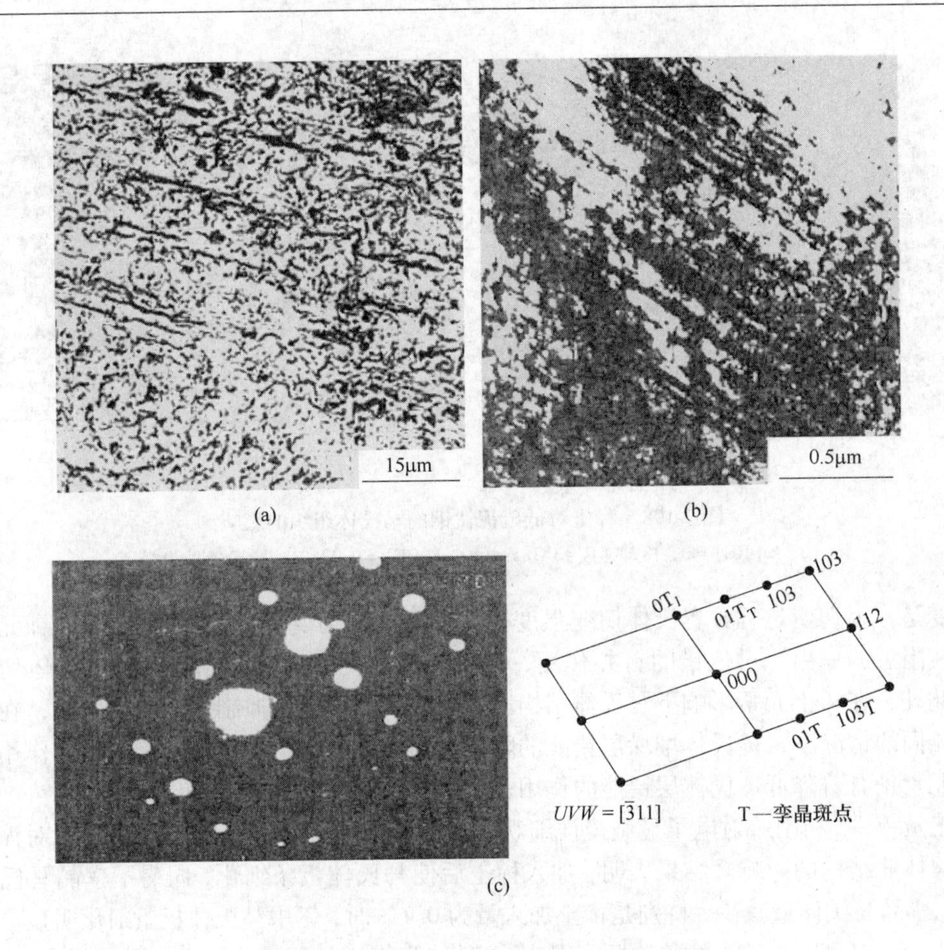

图 2-199　未加稀土的 35CrMo 钢马氏体组织

（a）二次复型；（b）孪晶马氏体薄膜样；（c）孪晶斑点衍射谱

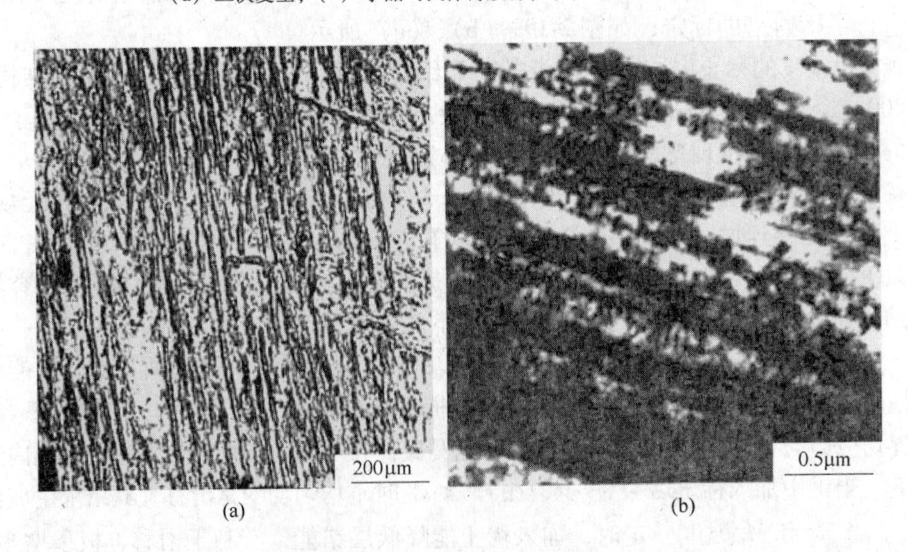

图 2-200　加入 0.1% 稀土 35CrMo 钢板条马氏体组织

（a）二次复型；（b）薄膜样

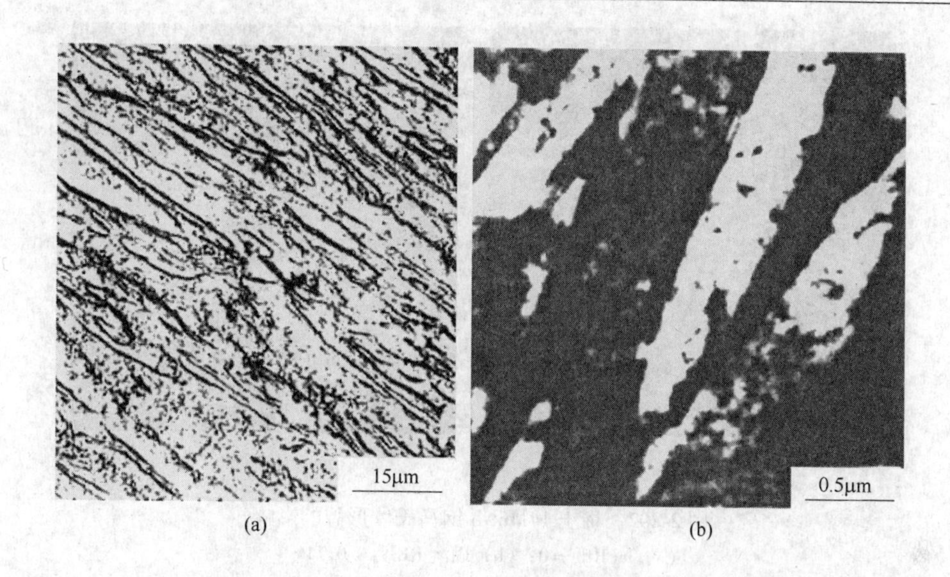

(a) (b)

图 2-201 加入 0.4% 稀土 35CrMo 钢板条马氏体组织

(a) 二次复型；(b) 薄膜样

结果来看，加入稀土比不加入的 M_s 和 M_f 点普遍提高 20℃左右，M_s 和 M_f 点的提高有利于滑移位错的形成和马氏体板条的增多细化。

(3) 加入适量的稀土元素还可以细化碳化物[173]，碳化物的弥散分布易于相变时形核。所以加稀土的马氏体板条要比不加稀土的马氏体板条细化而且增多，从而大大地提高了材料的强度和韧性[168]。

(4) 当钢中加入过量的稀土时，大量的稀土很有可能固溶于钢中，由于稀土元素原子半径较大，这些稀土元素很有可能存在于晶界、位错等晶体缺陷处，从而会对晶界和晶内的扩散产生影响，降低了奥氏体与新相界面的迁移速度。

稀土使 35CrMo 钢的淬火组织马氏体亚结构和板条马氏体细化区域增多，不利于孪晶（片状马氏体）的形成。

叶文等[145]在 1100℃将 14MnNb 钢试样奥氏体化 2h 后，急冷后经扫描电镜观察发现未加稀土的试样为板条状马氏体组织；加适量稀土，固溶稀土含量为 0.0174% 使板条状马氏体组织细化，见图 2-202。

张华锋、由淼[174]研究了稀土、钒、铌、钛对 T11 碳素工具钢淬火亚结构的影响。

1 号未加稀土、钒、铌、钛试样 820℃淬火组织几乎全部为孪晶马氏体及未溶碳化物（图 2-203），孪晶马氏体的形态表现为许多密集而平行的条痕。1 号试样加入 RE 后，发现孪晶减少，产生一定量的位错马氏体（图 2-204），并且细化了孪晶亚结构和第二相质点。值得注意的是，RE 与 V、Nb 和 Ti 中任一种元素同时复合加入时，位错马氏体的数量都较单一加入 RE 时增加了，而且第二相质点也更加细小，分布更为弥散（图 2-205）。通过选区电子衍射对第二相质点标定结果为 M_3C。在同一晶粒内平行排列的位错马氏体束与孪晶马氏体共存（图 2-206）及典型位错马氏体（图 2-207）的情况。

铁碳系合金淬火马氏体亚结构的形态与含碳量有关，当钢的含碳量低于 0.2% 时，淬火形成位错型马氏体；含碳量高于 1.0% 时，形成孪晶型马氏体，含碳量介于上述两者之

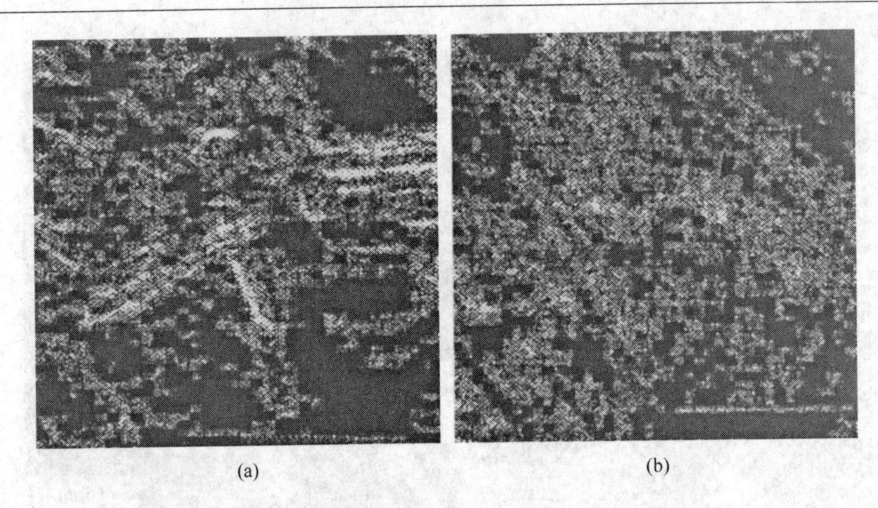

(a)　(b)

图 2-202　稀土 14MnNb 钢马氏体形貌的影响

(a) w(RE)=0；(b) 固溶 RE 为 0.0174%

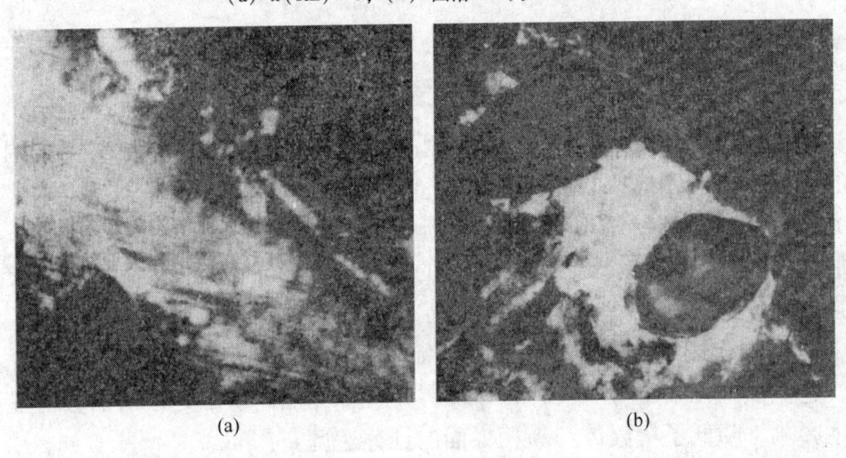

(a)　(b)

图 2-203　1 号不含稀土、钒、铌、钛试样的淬火组织（15000 ×）

(a) 李晶马氏体；(b) 大颗粒碳化物

位错马氏体

图 2-204　2 号含 0.069% RE 试样的淬火组织（15000 ×）

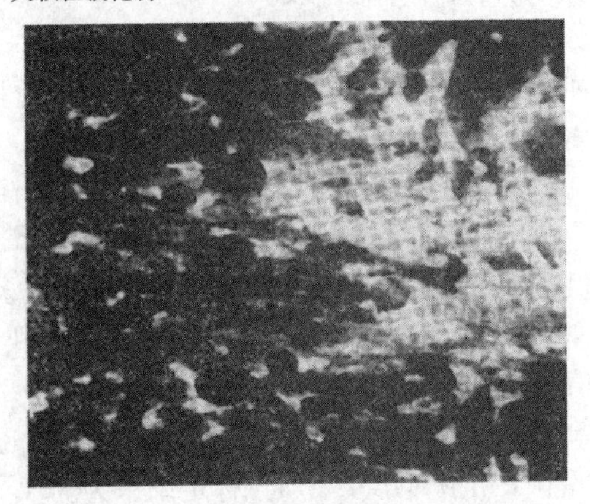

弥散细小的碳化物

图 2-205　3 号含 0.048% RE、0.074% V 试样的淬火组织（15000 ×）

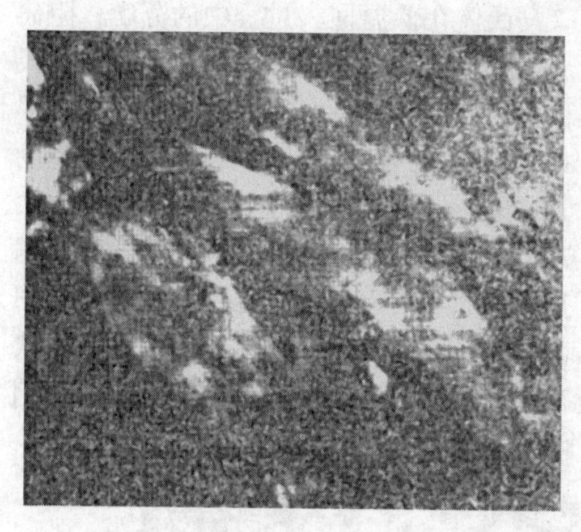

位错马氏体和孪晶马氏体

图 2-206　4 号含 0.043% RE、0.0449% Nb 试样的淬火组织（15000 ×）

典型的位错马氏体

图 2-207　5 号含 0.052% RE、0.064% Ti 试样的淬火组织（37000 ×）

间时，位错和孪晶马氏体混合共存。试验采用的 T11 钢含碳量为 1.0450%，其淬火马氏体亚结构基本上都是孪晶型的，而且由同一方位的微孪晶构成的马氏体片尺寸粗大（见图 2-203（a））。在同一高碳钢中加入 0.069% RE（2 号样）时，其淬火马氏体却出现了一定数量的位错型亚结构（图 2-204），同时使淬火马氏体亚结构单元变得细小（将图 2-203（a）和图 2-204 加以对照）。这一实验结果说明，微量 RE 加入 T11 高碳钢中，可以引起两种作用：第一，减少淬火孪晶马氏体、促成一定数量的位错马氏体；第二，细化淬火马氏体亚结构。张华锋、由淼[174]认为，上述的第一种作用是由于钢中加入微量 RE 降低了奥氏体层错能并促进孪晶马氏体向位错马氏体过渡；而第二种作用可以认为 RE 元素作为表面活性介质降低钢的奥氏体晶界界面能、减小了晶粒长大的驱动力所致。

将图 2-205 ~ 图 2-207 与图 2-203 加以对照，发现 RE 与 V、RE 与 Nb 或 RE 与 Ti 复合添加时，都可以大幅度地细化 T11 高碳钢的碳化物颗粒。RE 加入后可降低 T11 钢的淬火前奥氏体层错能，因而促成部分位错马氏体；V、Nb、Ti 都是强碳化物形成元素，在奥氏体区形成微小碳化物质点可以阻碍奥氏体晶粒长大，与 RE 同时作用更加强了奥氏体晶粒细化作用，因而使淬火马氏体亚结构细化。V、Nb、Ti 既是强碳化物形成元素，它们存在于钢中，与不含这些元素的 1 号样或只含 RE 的 2 号样相比，必将因与碳结合而形成较多的碳化物形核点，因而导致碳化物颗粒细小，分布均匀。同时，由于 V、Nb、Ti 与碳结合生成碳化物，较多地夺取了奥氏体基体中的碳分相当于降低了奥氏体中的含碳量，由此也有利于淬火时孪晶马氏体减少，位错马氏体增加。总之，RE 与 V、Nb 或 Ti 复合加入 T11 高碳钢中，既有利于形成淬火位错马氏体，同时又可细化钢中的碳化物。

王笑天等[135]对含稀土和不含稀土的 4 种低、中碳 Si-Mn-V 钢（20SiMn2V）、（20SiMn2VRE）、（40SiMn2V）和（40SiMn2VRE）进行了淬火、回火过程中组织结构转变的对比试验，结果表明稀土元素可细化低、中碳钢的奥氏体晶粒度（见 2.4.3.1 节中的图 2-123），降低 M_f 点，细化马氏体板条束和板条晶尺寸，并增加中碳钢马氏体中位错亚结构的相对比例。稀土元素明显地抑制了低碳马氏体在低温回火过程中的分解，阻碍板条晶内片状渗碳体的析出，并推迟其长大球化过程。稀土元素也明显地抑制了中碳马氏体中高温回火过程中粒状渗碳体的析出和球化过程。

4 种低、中碳 Si-Mn-V 钢淬火马氏体的形态如图 2-208 所示。20SiMn2V 钢呈现典型的板条马氏体形态，而 20SiMn2VRE 钢虽然其形态也是典型的板条马氏体，然而在相同放大倍数下，却可以看出稀土元素显著地细化了板条束尺寸。40SiMn2V 和 40SiMn2VRE 钢的淬火马氏体形态均由板条和片状马氏体所组成，其相应的亚结构则为位错和孪晶组态（图 2-209）。二者的差异表现在，一方面在马氏体形态上，稀土使板条马氏体比例增加，片状马氏体比例减小；在亚结构上，则表现为位错组态增加，孪晶组态减少。另一方面稀土钢马氏体中的板条晶尺寸也相应细化（图 2-209）。由此可见，稀土元素既细化了马氏体板条

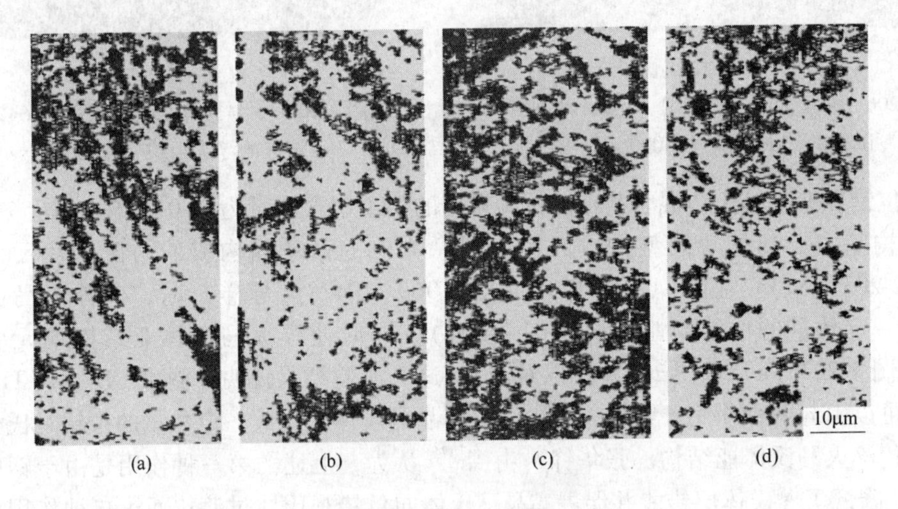

图 2-208　稀土对淬火马氏体形态的影响

（a）20SiMn2V；（b）20SiMn2VRE；（c）40SiMn2V；（d）40SiMn2VRE

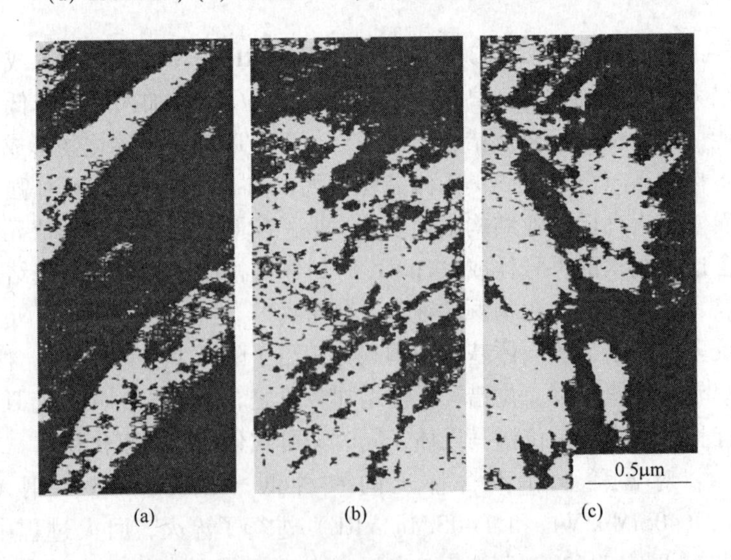

图 2-209　稀土对淬火马氏体 TEM 亚结构的影响

（a）位错马氏体（40SiMn2V）；（b）孪晶马氏体（40SiMn2V）；（c）位错马氏体（40SiMn2VRE）

束尺寸，也细化了板条晶尺寸，这与稀土元素细化奥氏体晶粒度是一致的。通常，奥氏体晶粒愈细，则板条束和板条晶尺寸将愈小。在中碳马氏体中，稀土元素增加了位错板条马氏体的相对比例，这与稀土元素降低奥氏体的层错能相关。低的奥氏体层错能有助于马氏体形态从片状向板条、亚结构从孪晶向位错组态过渡。

2.5　稀土、铌、钒和钛的复合微合金化作用

在本书的第1章从冶金物化的基础已介绍了稀土与钢中其他合金元素Al、Ca、Nb、V、Ti等的相互作用。在2.4.1稀土在钢中的固溶及规律一节中介绍了钢中Al、Ca、Nb、Ti等合金元素有利于提高钢中稀土固溶量的研究结果。在1.2.2稀土元素在铁基溶液中热力学性质一节中的表1-17铁液中稀土元素与其他元素相互作用系数及自相互作用系数（1600℃）中介绍了稀土与钢中常见的微合金元素铌、钒和钛活度相互作用系数：$e_{Nb}^{Ce}=-2.306$、$e_{V}^{Ce}=-0.114$、$e_{Ti}^{Ce}=-1.23$、$e_{Ce}^{Nb}=-3.481$、$e_{Ce}^{V}=-0.33$、$e_{Ce}^{Ti}=-3.62$。

上述RE与Nb、Ti、V活度相互作用系数均为负值，说明RE加入钢中，使钢中Nb、Ti、V的活度降低，增大Nb、Ti、V元素在钢中的溶解，同时Nb、Ti、V也有利于提高钢中稀土固溶量。本节主要从稀土对含铌、钒、钛的合金钢动、静态再结晶的影响；稀土及对Nb、V、Ti的碳、氮及碳氮化物沉淀相溶解析出规律的影响，揭示RE与Nb、V、Ti的复合微合金化作用。

2.5.1　稀土元素对含铌、钒、钛低合金钢动、静态再结晶的影响

文献［101，175］采用Gleeble-1500型热模拟试验机测定10MnVL钢试样的应力松弛曲线和真应力-真应变曲线，试验结果见图2-210。

图2-210是稀土对10MnVL钢在不同温度真应力-真应变曲线的影响。钢中加入稀土使曲线的峰顶应变值和峰谷应变值增大，达到同样的应变量，含稀土比未含稀土钢的流变应力大，即稀土钢变形抗力大，这与稀土在位错上的偏聚和钉扎作用有关。

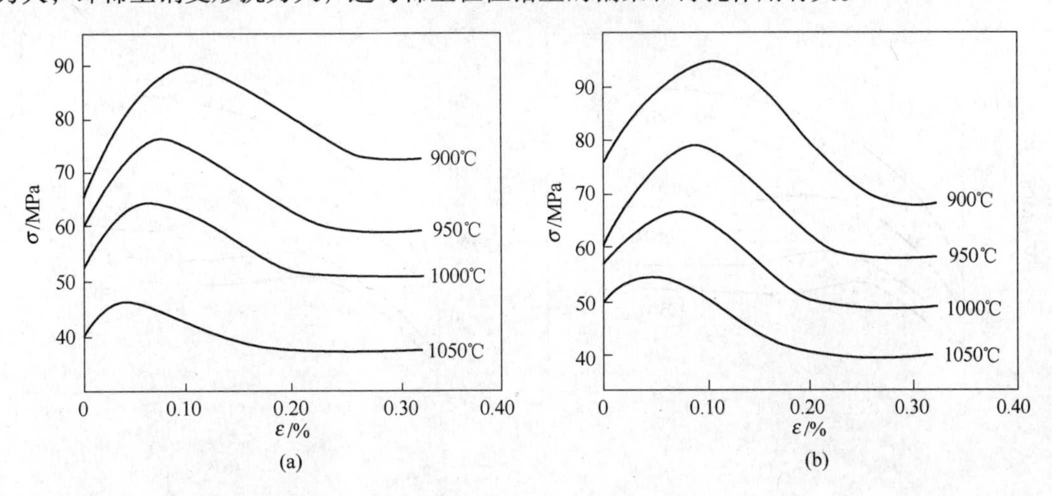

图2-210　稀土对10MnVL钢真应力-真应变曲线[101,175]

（a）$w(RE)=0$；（b）$w(RE)=0.081\%$

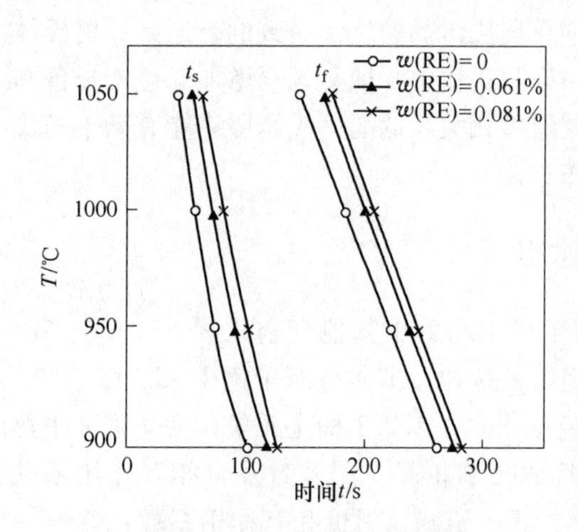

图 2-211　稀土对 10MnVL 钢动态再结晶 RTT 曲线的影响

再结晶是一个在形变态的组织中重新生核和长大的过程，热流变曲线的波峰和波谷分别代表动态再结晶的开始和结束。根据形变速率可以计算出各温度下动态再结晶开始（t_s）和结束时间（t_f），将其绘于温度和时间坐标图中，构成在一定应变速率下的再结晶-温度-时间（RTT）动力学曲线。由图 2-211 可见，稀土使 10MnVL 动态再结晶 RTT 曲线右移，即加入稀土推迟了动态再结晶的进行，稀土和钒复合作用有更强的抑制作用，随着稀土固溶量的增加，抑制再结晶的作用更加显著。一般溶质和溶剂尺寸差异越大，合金元素（溶质）对奥氏体再结晶的推迟效应越强。稀土和铁原子尺寸差别很大，固溶稀土又易在晶界上偏聚，稀土和晶界的相互作用及对晶界迁移的影响，势必影响再结晶过程中晶核的形成和生长速率，因此稀土对再结晶有强的固溶拖曳作用，提高再结晶温度，从而可细化形变再结晶晶粒尺寸，实验表明，稀土使微合金钢晶粒细化 1 ~ 2 级[100]。MeF 型高温金相分析（10℃/min）表明，稀土使 10MnVL 钢晶粒长大温度由 1000℃提高到 1100℃。稀土元素为表面活性物质，固溶稀土主要分布在晶界，降低界面张力和晶界能，使晶粒长大的驱动力减小，从而抑制了奥氏体晶粒长大，把奥氏体晶粒长大移到更高的温度。

稀土抑制再结晶进行和提高奥氏体晶粒长大温度都导致钢的晶粒细化。晶粒度测定结果表明，稀土使 10MnVL 钢奥氏体晶粒度提高 1 级，使铁素体晶粒度提高 2. 5 级，细化晶粒有利于提高钢的强韧性。

超低硫微合金钢的真应变-真应力曲线（图 2-212），表明加或不加稀土的钢，在 900℃都不发生动态再结晶，即在热形变过程中加工硬化占主导地位。而其他温度下均发生动态

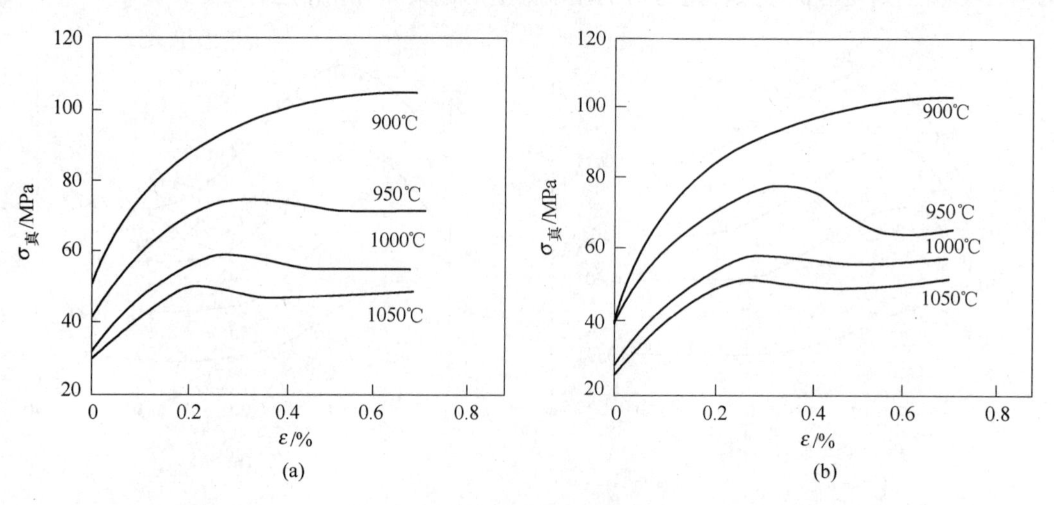

图 2-212　稀土对超低硫 NbTi 微合金管线钢真应变-真应力曲线的影响[100]

（a）$c_{RE}=0$；（b）$c_{RE}=0.014\%$

再结晶，即先发生加工硬化，当达到最大峰值后，应力开始下降并趋于稳定。稀土未改变热流变曲线的类型，但使曲线的峰顶应变值 δ_s 和峰谷应变值 δ_f 增大。达到同样的应变量，稀土处理比未处理钢的流变应力大，即稀土钢变形抗力大，并随着钢中稀土固溶量的增加而增大。这与稀土在位错上偏聚和钉扎作用有关。

热流变曲线的波峰和波谷（或稳定起始点）分别代表动态再结晶的开始（t_s）和结束点（t_f）。根据形变速率可计算出一定应变速率下的 RTT 动力学曲线（图 2-213）。由图 2-213 可见稀土使 RTT 曲线右移，并随着稀土量的增加作用更加显著，使动态再结晶的开始时间和时间间隔（t_f-t_s）都增大。如 1000℃下，固溶 7.6×10^{-5} RE 钢，t_s 由 140s 推迟到 170s，（t_f-t_s）由 90s 增大到 110s。表明稀土有阻碍再结晶进行和降低再结晶过程速率的作用。一般溶质和溶剂尺寸差异越大，合金元素（溶质）对奥氏体再结晶的推迟效应越强[176]。稀土和铁原子尺寸差异很大，稀土又易在晶界上偏聚，稀土和晶界的相互作用及影响晶界的迁移，势必影响再结晶过程中晶核的形成和生长速率，因此稀土对再结晶有强的固溶拖曳作用，从而可以细化形变再结晶晶粒尺寸，提高再结晶温度。实验表明，稀土使微合金钢晶粒细化 1~2 级。

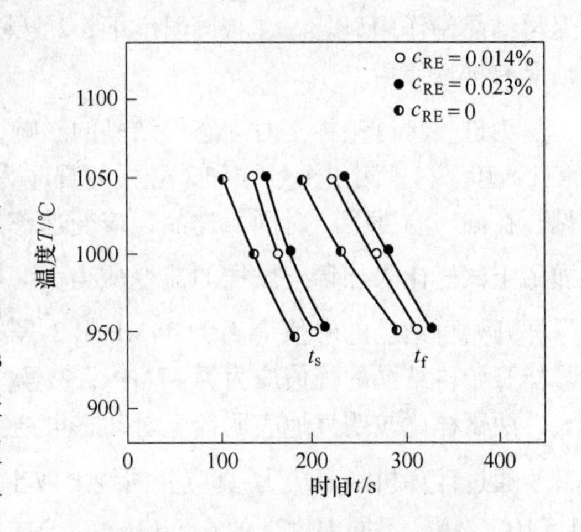

图 2-213　稀土对超低硫 NbTi 微合金管线钢 RTT 曲线的影响[100]

叶文等[177]研究了稀土对 14MnNb 钢的动态再结晶的影响。

从图 2-214 中看出，动态再结晶在应力峰值处开始，随着动态再结晶的发展，奥氏体

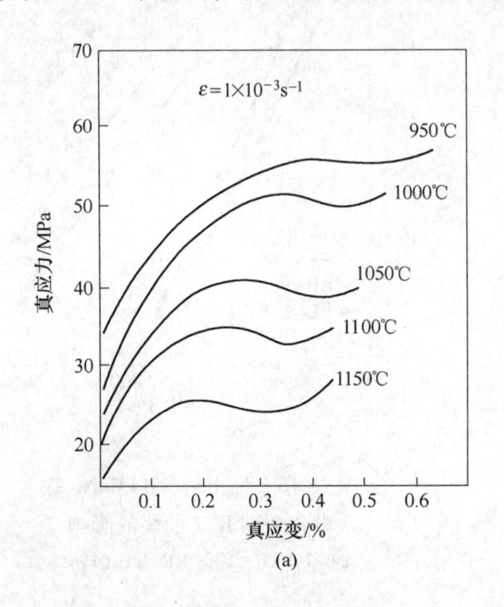

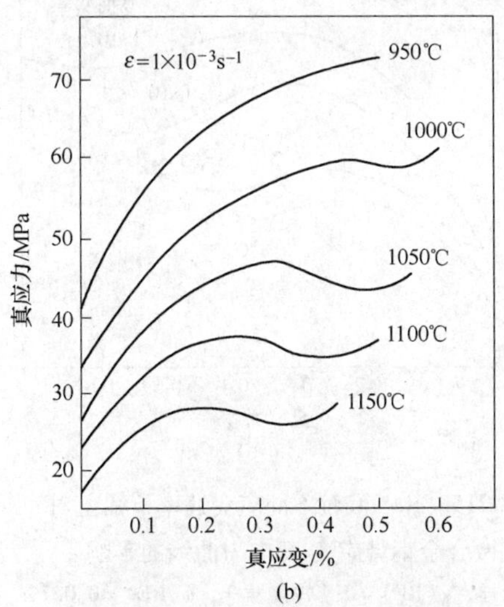

图 2-214　稀土对 14MnNb 微合金钢真应变-真应力曲线的影响

（a）1 号样，$w(RE)=0$；（b）2 号样，$w(RE)=0.027\%$

变形抗力继续下降，变形抗力达最低值时，动态再结晶完成。同一试样，在同样应变速率下，温度愈高，其流变应力愈低，由于温度愈高，位错移动阻力愈小，动态再结晶容易产生。钢中加入稀土后，在1050～1150℃高温区，应变应力随温度降低而变化缓慢，说明稀土推迟再结晶的作用较小。在1050℃以下，应变应力随温度的降低出现较大变化，稀土推迟再结晶的作用显著。在相同温度下，2号样比1号样的应变应力大，可见稀土对动态再结晶有推迟作用。

为进一步讨论稀土对动态再结晶的影响，在1100℃下分别以应变速率 $\dot{\varepsilon}$ 为 1×10^{-2}/s 和 1×10^{-3}/s，测出1号样和2号样的真应力-真应变曲线（见图2-215）。从图2-215中可见，在同一温度下，对同一样品，应变速率越大，其应变应力越大。在同一应变速率下，加稀土试样比未加稀土试样的流变应力大。在1100℃下，应变速率 $\dot{\varepsilon}$ 为 1×10^{-3}/s 时，1号样开始再结晶的峰值应力为34MPa；2号样为38MPa。应变速率 $\dot{\varepsilon}$ 为 1×10^{-2}/s 时，1号样开始再结晶的峰值应力为47MPa；2号样为52MPa。钢中加入稀土后使其变形抗力变大，两试样比较明显地表明稀土对动态再结晶的推迟作用。

通过计算机在真应力-真应变曲线上取出 ε_p（和 ε_f），分别计算出相同应变速率（$\dot{\varepsilon}=1\times10^{-3}$/s）、不同温度下的 t_s（和 t_f），绘成再结晶-温度-时间图（见图2-216）。由RTT图中看出，在各温度下，2号样均比1号样开始再结晶的时间晚，在1150～1050℃之间，两条曲线趋于平行，说明稀土推迟再结晶的作用较小；在1050～950℃区间，2号样向右有较大偏离，显著推迟了再结晶的开始时间。不难看出，稀土也推迟了再结晶的终止时间，并影响了再结晶的时间间隔，即影响了再结晶速率。钢中加入微量元素铌，对再结晶的推迟作用主要来自固溶溶质原子的拖曳作用，稀土在晶界的偏聚及其固溶阻滞，显著推迟钢的再结晶动力学过程。

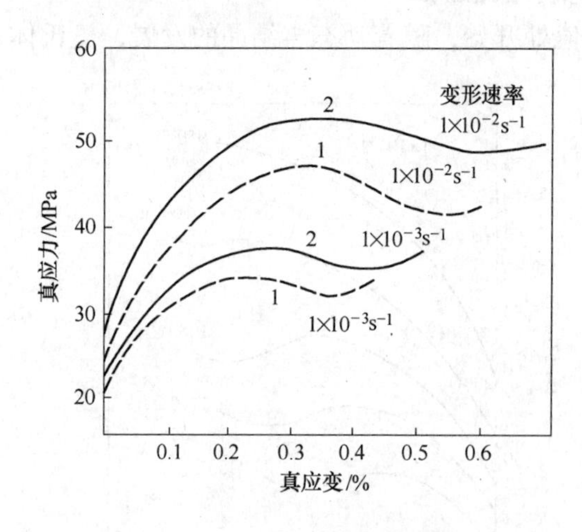

图2-215　1000℃时不同应变速率下稀土对含铌微合金钢真应变-真应力曲线的影响[177]

1—1号样，w(RE)＝0；2—2号样，w(RE)＝0.027%

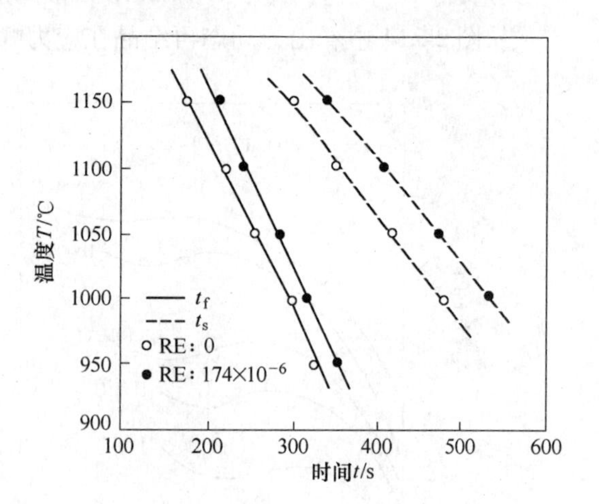

图2-216　稀土对含14MnNb铌微合金钢RTT曲线的影响

（0.027%RE，固溶RE为0.0174%）

根据温度、应变速率和最大峰应变应力，计算出1号样的动态再结晶激活能 Q＝375kJ/mol，2号样的 Q＝442kJ/mol。加稀土后使钢的再结晶激活能提高了67kJ/mol，由此进一步证明了稀土对动态再结晶的推迟作用。

陈林等[178]采用 Gleeble-1500D 热模拟实验机，对比研究了不同变形条件下 U71Mn，REⅡ重轨钢动态再结晶行为及 RE 对其的影响。

REⅡ和 U71Mn 重轨钢压缩实验的真应力-真应变（σ-ε）曲线分别如图 2-217 和图 2-218 所示。从图 2-217 和图 2-218 曲线可以看出，变形温度和变形速率对变形抗力以及热变形奥氏体的动态再结晶行为均有明显的影响。

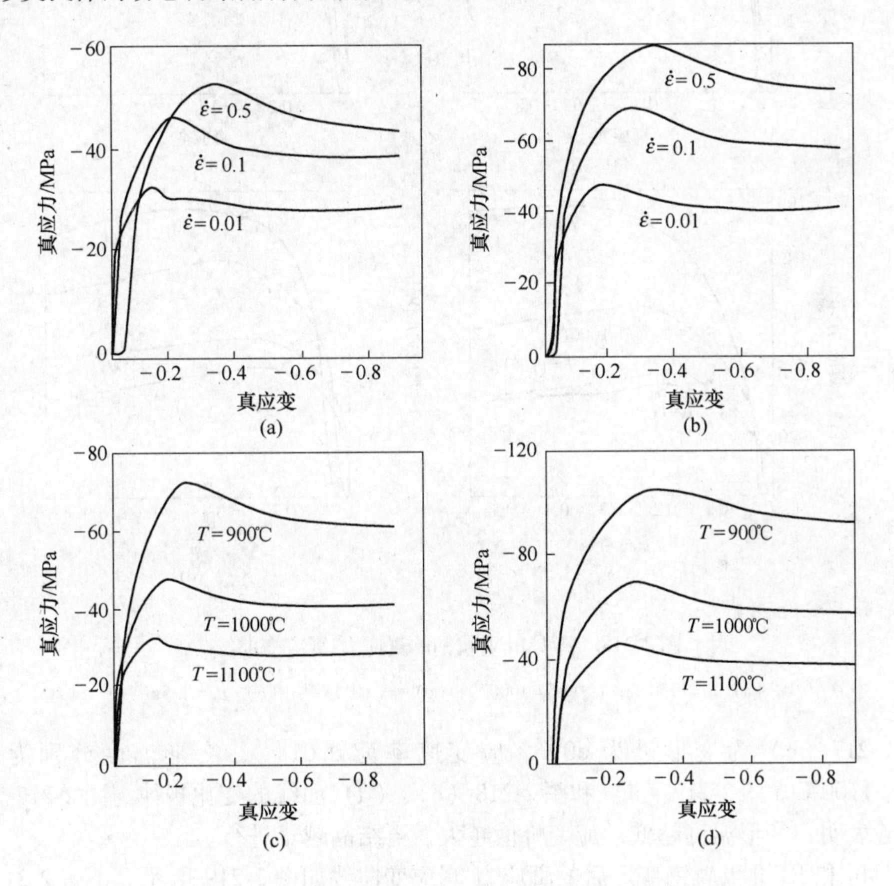

图 2-217 REⅡ(0.02%RE) 重轨钢的真应力-真应变曲线

(a) $T=1100℃$；(b) $T=1000℃$；(c) $\dot{\varepsilon}=0.01s^{-1}$；(d) $\dot{\varepsilon}=0.1s^{-1}$

如图 2-217（a）所示，变形温度为 1100℃，变形量为 60%，变形速率分别为 $0.01s^{-1}$、$0.1s^{-1}$、$0.5s^{-1}$。图 2-217（b）和图 2-218(a)、(b)曲线的变化规律与图 2-217 (a)相同。在相同的变形温度下，当应变量一定时，变形速率越高，所对应的应力值越大。同时，随着应变速率的增加，应力峰值向应变增大的方向移动。这说明随着应变速率的增大，奥氏体不易发生动态再结晶。这是因为虽然应变速率增大，动态再结晶的驱动力也增大，然而，加工硬化率也随着应变速率的增大而增大，因此，使得再结晶软化与加工硬化二者之间相互作用平衡时的峰值应力和峰值应变均增大。并且，由图 2-218 (a)、(b) U71Mn 在变形速率为 $0.01s^{-1}$ 变形温度为 1150℃、1100℃时的动态再结晶为间断式动态再结晶，真应力-真应变曲线呈现波浪式。

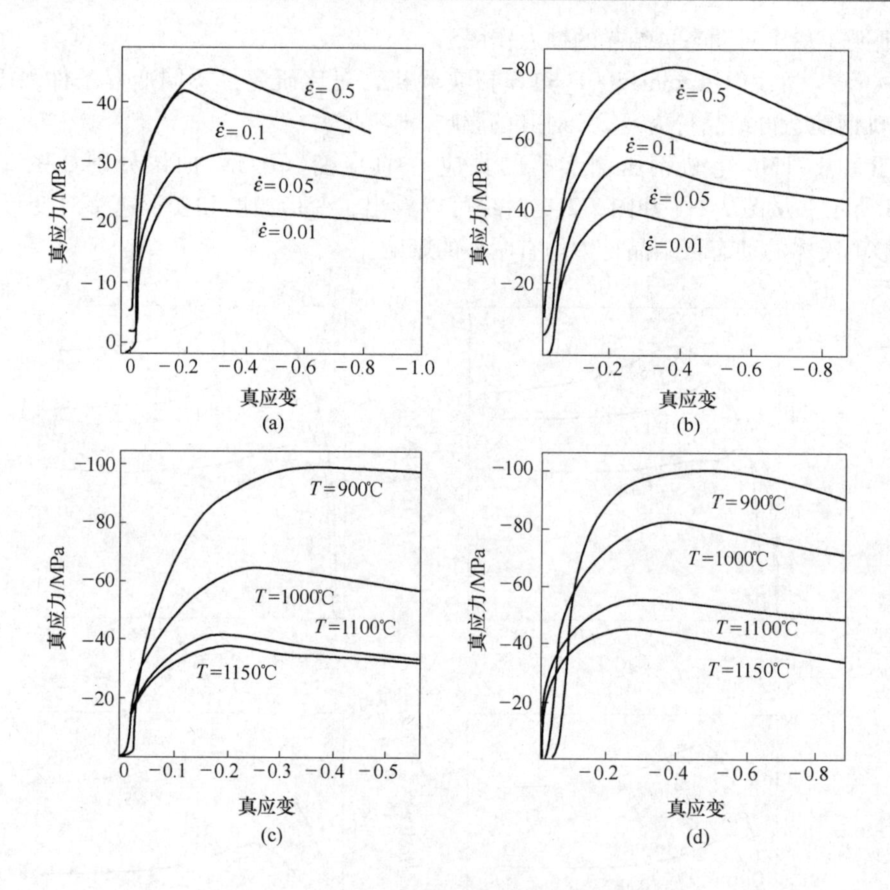

图 2-218　U71Mn 重轨钢的真应力-真应变曲线

(a) $T=1150℃$；(b) $T=1000℃$；(c) $\dot{\varepsilon}=0.1\text{s}^{-1}$；(d) $\dot{\varepsilon}=0.5\text{s}^{-1}$

图 2-217（c）为变形量为 60%，应变速率为 0.01s^{-1}，变形温度分别为 900℃、1000℃、1100℃。图 2-217（d）和图 2-218（c）、（d）曲线的变化规律与图 2-217（c）相同。实验表明：变形温度越低，应变峰值越大，再结晶越难进行。

U71Mn 和 REⅡ重轨钢变形后的真应力-真应变曲线如图 2-219 所示。由图 2-219（a）、（b）可看出，在相同变形量 60%、相同变形速率 0.01s^{-1}、相同变形温度 900℃ 时，U71Mn 的 $\sigma_p=-61.603\text{MPa}$，REⅡ的 $\sigma_p=-72.472\text{MPa}$，在 $\varepsilon=60\%$，$\dot{\varepsilon}=0.01\text{s}^{-1}$，$T=900℃$ 时 REⅡ钢比 U71Mn 的峰值应变大 0.00143，并且 REⅡ钢的动态再结晶开始时间要比 U71Mn 钢延迟 0.143s；当 $T=1100℃$ 时，U71Mn 的 $\sigma_p=-28.278\text{MPa}$，REⅡ的 $\sigma_p=-32.336\text{MPa}$，在 $\varepsilon=60\%$，$\dot{\varepsilon}=0.01\text{s}^{-1}$，$T=1100℃$ 时 REⅡ钢比 U71Mn 钢的峰值应变大 0.00021，并且 REⅡ钢的动态再结晶开始时间要比 U71Mn 钢延迟 0.021s。

由图 2-219（c）、（d）可看出，在相同变形量 60%、相同变形速率 0.1s^{-1}、相同变形温度 $T=1000℃$ 时，U71Mn 的 $\sigma_p=-64.652\text{MPa}$，REⅡ的 $\sigma_p=-69.196\text{MPa}$，在 $\varepsilon=60\%$，$\dot{\varepsilon}=0.1\text{s}^{-1}$，$T=1000℃$ 时 REⅡ钢比 U71Mn 钢的峰值应变大 0.00637，并且 REⅡ钢的动态再结晶开始时间要比 U71Mn 钢延迟 0.0637s；当 $T=1100℃$，U71Mn 的 $\sigma_p=-41.626\text{MPa}$，REⅡ的 $\sigma_p=-46.436\text{MPa}$，在 $\varepsilon=60\%$，$\dot{\varepsilon}=0.1\text{s}^{-1}$，$T=1100℃$ 时 REⅡ钢比 U71Mn 钢的峰值应

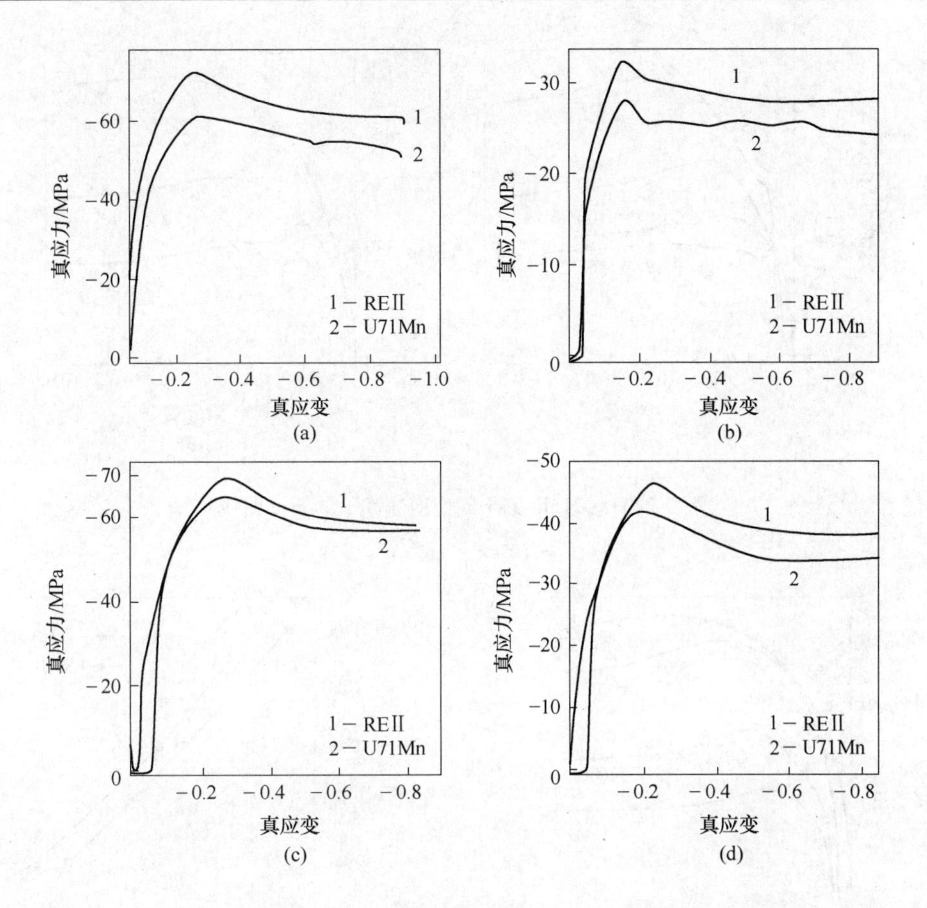

图 2-219 应变速率为 0.01s^{-1}和 0.1s^{-1}时 U71Mn、REⅡ重轨钢的流变行为（$\varepsilon=60\%$）

（a）$T=900℃$，$\dot{\varepsilon}=0.01s^{-1}$；（b）$T=1100℃$，$\dot{\varepsilon}=0.01s^{-1}$；

（c）$T=1000℃$，$\dot{\varepsilon}=0.1s^{-1}$；（d）$T=1100℃$，$\dot{\varepsilon}=0.1s^{-1}$

变大 0.03317，而 REⅡ钢的动态再结晶开始时间要比 U71Mn 钢延迟 0.3317s。

由此可知，在相同变形条件下，REⅡ的动态再结晶滞后于 U71Mn。从图 2-219 曲线的分析可知，由于微合金元素稀土和 V 的作用推迟了 REⅡ的动态再结晶，稀土的固溶强化及与碳原子的交互作用使钢的强度增大，峰值应力、应变也随之增大，可见稀土的加入推迟了 REⅡ重轨钢的动态再结晶，这与文献［100，101，175，177］得出的实验规律是一致的。据文献［179］所述，BNbRE 重轨钢热轧后在铁素体片内及铁素体与渗碳体界面处均有碳化物析出。REⅡ中含 0.05% V，由此可以推断，REⅡ重轨钢在低温区可能会有 V(C,N)颗粒析出。由于在高温区 V 的溶质拖拽作用及在低温区 V(C,N)的动态析出均会阻碍位错运动，推迟 REⅡ重轨钢的动态再结晶。所以，在相同变形条件下，REⅡ比 U71Mn 不易发生动态再结晶。

动态再结晶的开始（t_s）可用公式 $t_s=\varepsilon_p/\varepsilon$ 计算，式中 ε_p 为各个温度的峰应变。U71Mn 和 REⅡ在应变速率为 0.1s^{-1}时，各温度下的动态再结晶开始时间 t_s，可从图 2-219 ~ 图 2-221 曲线中得到的各个温度的峰应变（ε_p）求出。并以 t_s 为横坐标以温度为纵坐标绘制 U71Mn-REⅡ的 RTT 曲线，如图 2-222 所示。

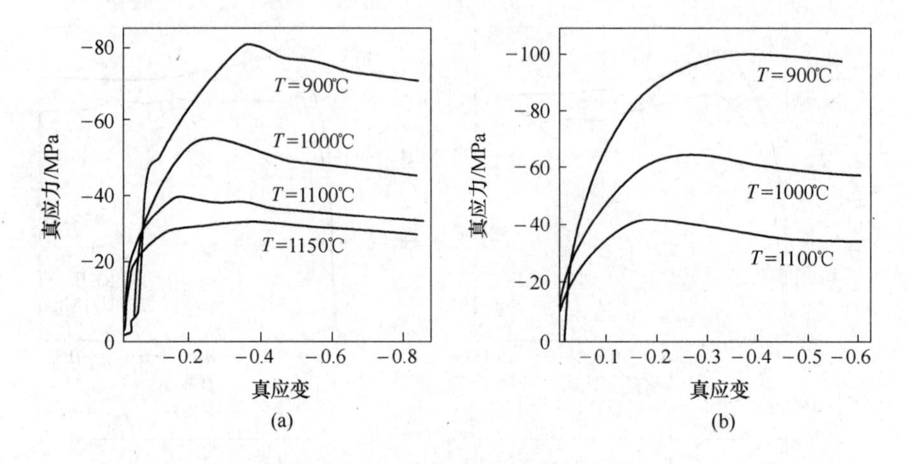

图 2-220　U71Mn 钢不同应变速率下的 σ-ε 曲线

（a）$\dot{\varepsilon}=0.05\mathrm{s}^{-1}$；（b）$\dot{\varepsilon}=0.1\mathrm{s}^{-1}$

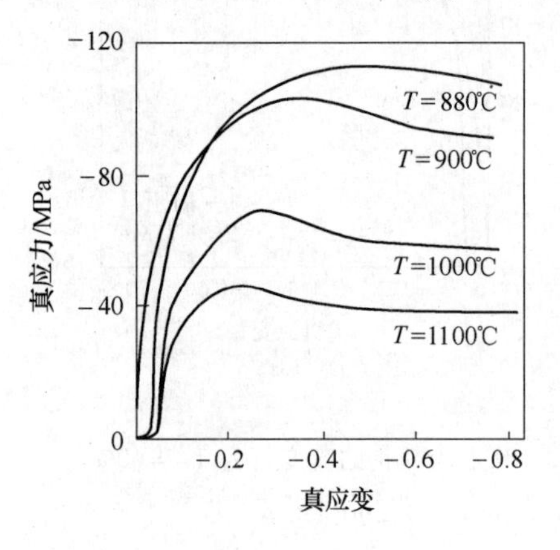

图 2-221　RE Ⅱ 钢在变速率 $\dot{\varepsilon}=0.1\mathrm{s}^{-1}$的 σ-ε 曲线

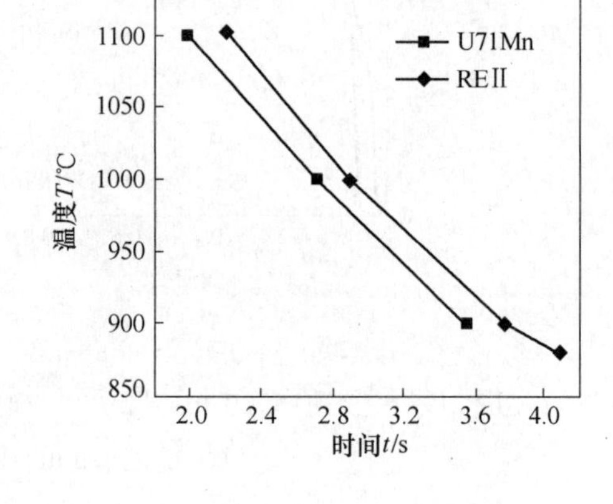

图 2-222　U71Mn 和 RE Ⅱ 钢在变速率 $\dot{\varepsilon}=0.1\mathrm{s}^{-1}$的 RTT 曲线

由图 2-222 可知，在所有温度下，RE Ⅱ 动态再结晶的开始时间都滞后于 U71Mn。在相当于轧制温度的较高温度区，两根曲线接近平行。表明它们的动态再结晶主要受固溶阻力的影响。含稀土及微合金 V 的 RE Ⅱ 重轨钢其动态 RTT 曲线在较低温度区产生了向右弯折的现象，弯折温度约在 900℃开始。由此可知，此时可能是产生的 V(C,N) 动态沉淀显著延迟了 RE Ⅱ 重轨钢奥氏体动态再结晶开始的时间。由于稀土降低了 Nb、Ti、V、C 和 N 的活度，增大这些元素在钢中的溶解，推迟沉淀相的析出，降低了析出温度。所以，RE Ⅱ 重轨钢其动态 RTT 曲线在 900℃产生了向右弯折的现象可能是由于 RE Ⅱ 中 RE 对沉淀相的作用所致。

在热变形过程中，当材料开始发生动态再结晶，发生动态再结晶的部分组织在随后的间隙时间里将发生亚动态回复、亚动态再结晶，没有发生动态再结晶部分组织在间隙时间里会发生静态回复、静态再结晶，将直接影响加工后工件的内部质量。研究材料热成形间隙时间里的静态再结晶规律是对材料热加工组织性能进行模拟、优化生产工艺的重要基础工作，对制定其热成形工艺是十分必要的。

包喜荣等[180]通过 Gleeble-1500D 热模拟实验机对 REⅡ稀土重轨钢进行应变速率为 $5s^{-1}$，变形量均为 25% 的双道次热压缩模拟试验，分别测定 820℃、850℃、880℃和 1000℃下的真应力-真应变曲线，并采用后插法计算奥氏体等温变形后道次间隙时间 1 ~ 1200s 内的软化率，研究了 REⅡ重轨钢静态再结晶的规律。结果显示：当变形温度大于 1000℃时，REⅡ稀土重轨钢完成静态再结晶弛豫时间小于 90s；当变形温度小于 820℃静态再结晶很难进行，即使弛豫时间延长至 1000s，再结晶百分数也只有 38.8%，当变形温度为 850℃和 880℃时，再结晶过程会出现析出现象，对抑制静态再结晶的进行有影响，导致软化率曲线上出现了平台。

由图 2-223 可见，REⅡ重轨钢在 1000℃时，静态再结晶百分数急剧上升，静态再结晶现象非常明显，且在 90s 内就完成了静态再结晶过程。当等温变形温度降至 880℃和 850℃时，曲线开始出现平台，平台结束后再结晶现象继续，且较以前有加速倾向，但完全再结晶所需弛豫时间分别增加至 700s 和 800s，同时，随等温变形温度的降低，再结晶弛豫时间增加。当等温变形温度继续降低到 820℃时，再结晶过程已变得非常困难，弛豫时间增加至 1000s，且已达不到完全的静态再结晶软化，再结晶百分数只有 38.8%。

变形温度在 850℃和 880℃时，软化曲率线上出现了平台，且随着变形温度的降低，出现平台的时间延长，平台处的软化率也在降低，再结晶受阻碍的过程变得越来越明显。原因是由于在该温度下，REⅡ重轨钢产生了 VC 的动态沉淀，其析出先于再结晶过程而发生，因此它们会在位错线上析出或钉扎在晶界，从而导致位错的迁移和亚晶界、晶界的迁移受阻，即阻止了再结晶行为的发生；同时稀土提高沉淀相的析出速率和数量，促进沉淀相的析出，稀土和碳、钒交互作用，促进 VC 的弥散析出，导致软化曲率线上出现了平台[104]。

由图 2-224 可见，等温变形温度的降低，延迟了开始发生静态再结晶的时间，完成再结晶的弛豫时间也延长，表明再结晶受阻碍的过程越来越明显。

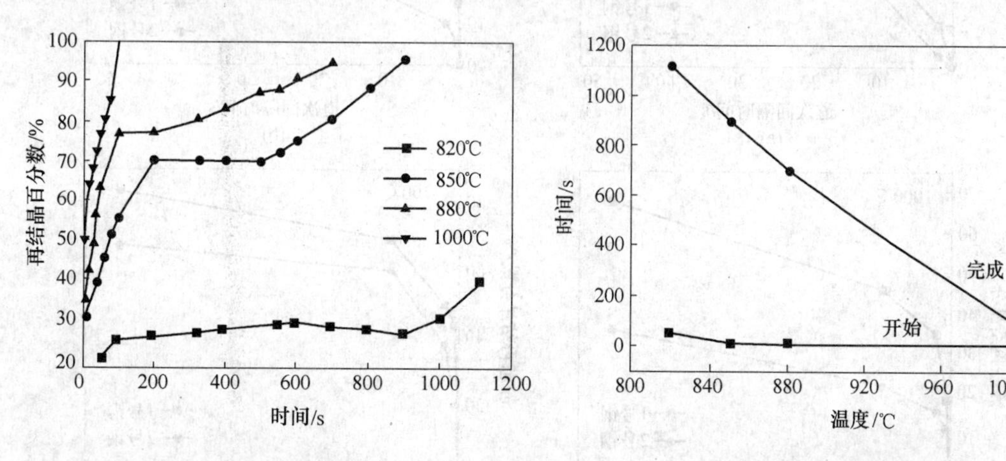

图 2-223　REⅡ重轨钢等温静态再结晶百分数-时间曲线

图 2-224　REⅡ重轨钢静态再结晶温度-时间曲线

当变形温度为 1000℃时，由于碳原子此时具有较强的扩散能力，静态再结晶现象非常明显，且在90s内就完成了再结晶过程；随着变形温度的降低，再结晶过程减慢；在温度小于850℃时，发生再结晶非常困难；当变形温度为850℃和880℃时，再结晶过程会出现析出现象，抑制静态再结晶进行，稀土又促进沉淀相的析出，导致软化率曲线上出现了平台。

李亚波等[181]在Gleeble-3800型热模拟试验机上采用双道次压缩法测量不同温度下、不同道次间隔时间试验钢的应力应变曲线，计算再结晶体积分数，评价铈对低铬铁素体不锈钢静态再结晶行为。

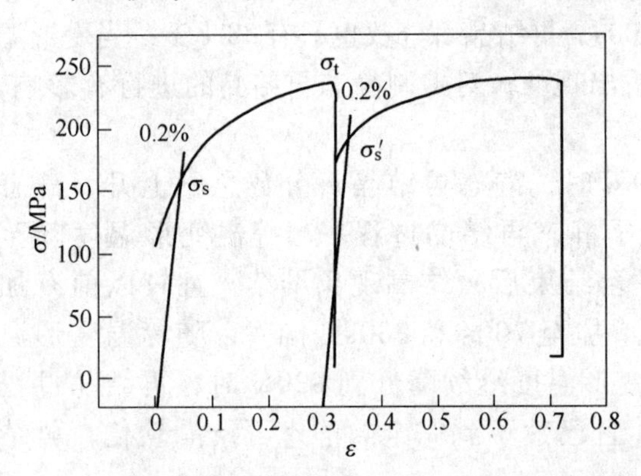

图2-225　典型的双道次应力-应变曲线

由双道次压缩实验下试样的应力-应变曲线可以计算静态再结晶分数，静态再结晶分数的计算方法有应力补偿法和平均流动应力法。试验采取应力补偿法，真应变值取0.2%，结果如图2-225所示。

根据在不同温度、不同时间间隔条件下双道次压缩法得到的应力-应变数据，计算出材料的软化率和再结晶分数，并将不含铈的1号钢与含铈的2号钢（w(RE)=0.028%）钢作对比，得到如图2-226所示的结果。由

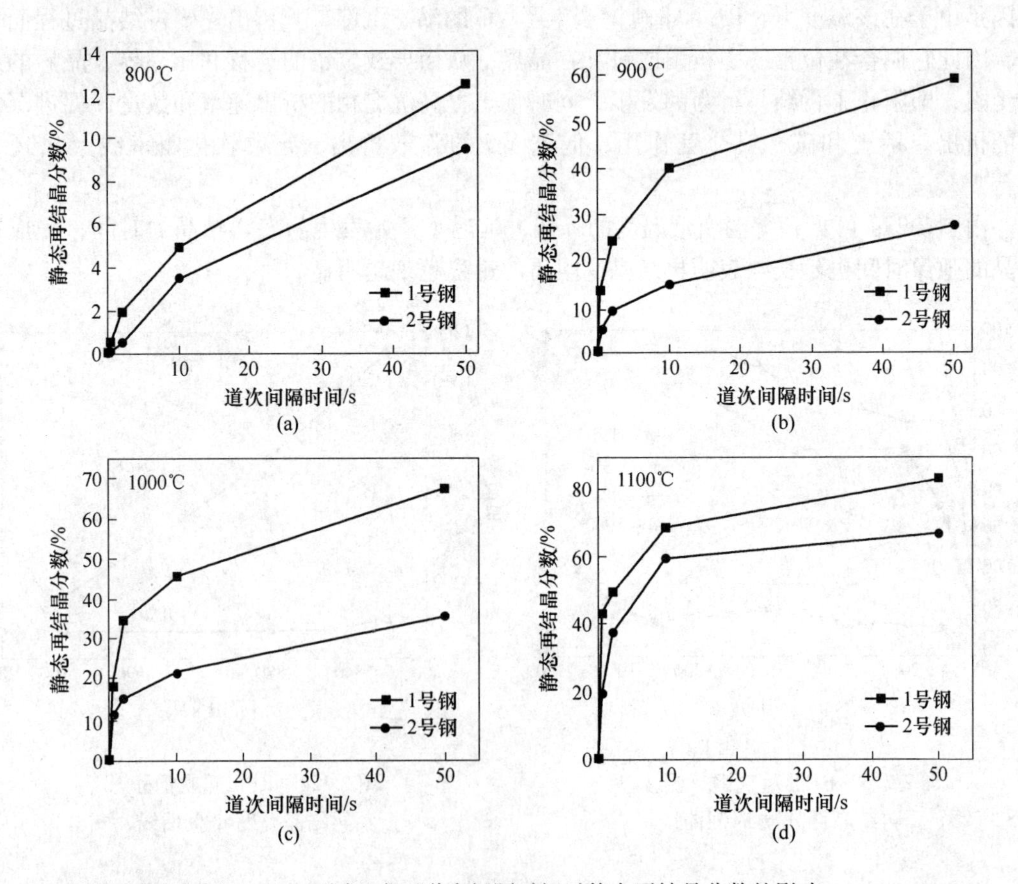

图2-226　不同温度下道次间隔时间对静态再结晶分数的影响

实验结果可以看到，在不同的温度下，随着道次间隔时间的延长，含稀土的 2 号钢的静态再结晶曲线在 1 号钢之下，这说明，铈的加入抑制了试验钢静态再结晶行为的进行。

由图 2-227 可计算得到，不含稀土 1 号钢的静态再结晶激活能约为 103kJ/mol，这比 IF 钢的静态再结晶激活能（115kJ/mol）[182]还低，说明低铬铁素体不锈钢很容易发生再结晶；含稀土的 2 号钢的静态再结晶激活能约为 114kJ/mol，铈的添加提高了试验钢的再结晶激活能，抑制了静态再结晶行为。

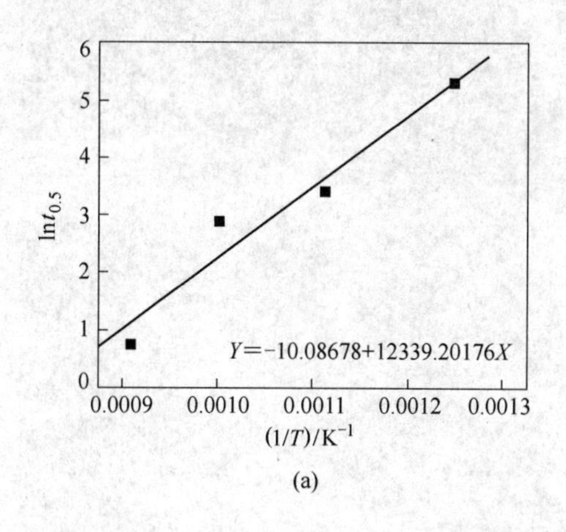

(a)

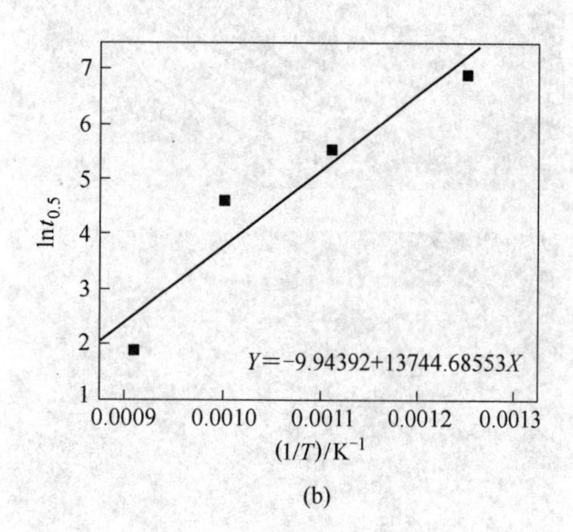

(b)

图 2-227 $\ln t_{0.5}$-$1/T$ 关系图

(a) 1 号钢，$w(\mathrm{Ce})=0$；(b) 2 号钢，$w(\mathrm{Ce})=0.028\%$

1 号钢、2 号钢锻后，分别在不同温度下退火后的组织如图 2-228 和图 2-229 所示。

1 号钢试样锻后是十分凌乱的组织，有亚晶组织出现；650℃退火 30min 后，试样已经出现了部分再结晶晶粒；700℃退火后，试样已经大部分是再结晶晶粒，还有部分晶粒处于形核状态，晶粒大小还不均匀；750℃时，试样已经全部是再结晶晶粒，晶粒形状已经变成规则的六边形，晶粒大小较均匀，部分晶粒有长大现象，说明静态再结晶已结束；800℃时，试样明显出现了晶粒长大，晶粒比 750℃时粗化。2 号钢试样锻后也是比较凌乱的组织，也有亚晶组织出现；650℃退火 30min 后，2 号钢试样还处于回复阶段，出现了亚晶的长大、合并现象；700℃退火后，出现了部分再结晶晶粒；750℃时，组织大部分为再结晶晶粒，仍有再结晶晶粒处于形核阶段；800℃时，晶粒趋向均匀，但晶粒形状没有变成规则的六边形，部分晶粒还在形核长大，再结晶还没有结束，晶粒组织比 750℃退火明显得到了细化。对两个钢号试样 800℃退火 30min 后的试样进行晶粒度评价，测得的 1 号钢的晶粒平均尺寸为 50μm，2 号钢晶粒平均尺寸为 35μm，组织比未加铈的 1 号钢细化了。

根据实验结果可以分析得到，添加铈元素后，试验钢的静态再结晶行为受到抑制，再结晶温度提高，晶粒得到细化。

一般来说，微合金元素对材料静态再结晶的抑制作用有两种机制[183]：一种是形成细小弥散的析出物，钉扎晶界，降低晶界的迁移速度，如添加 Ti、Nb 形成碳氮化物；另一种是大原子半径的元素固溶，在晶界偏聚，起到对晶界的拖曳作用。稀土碳化物生成自由

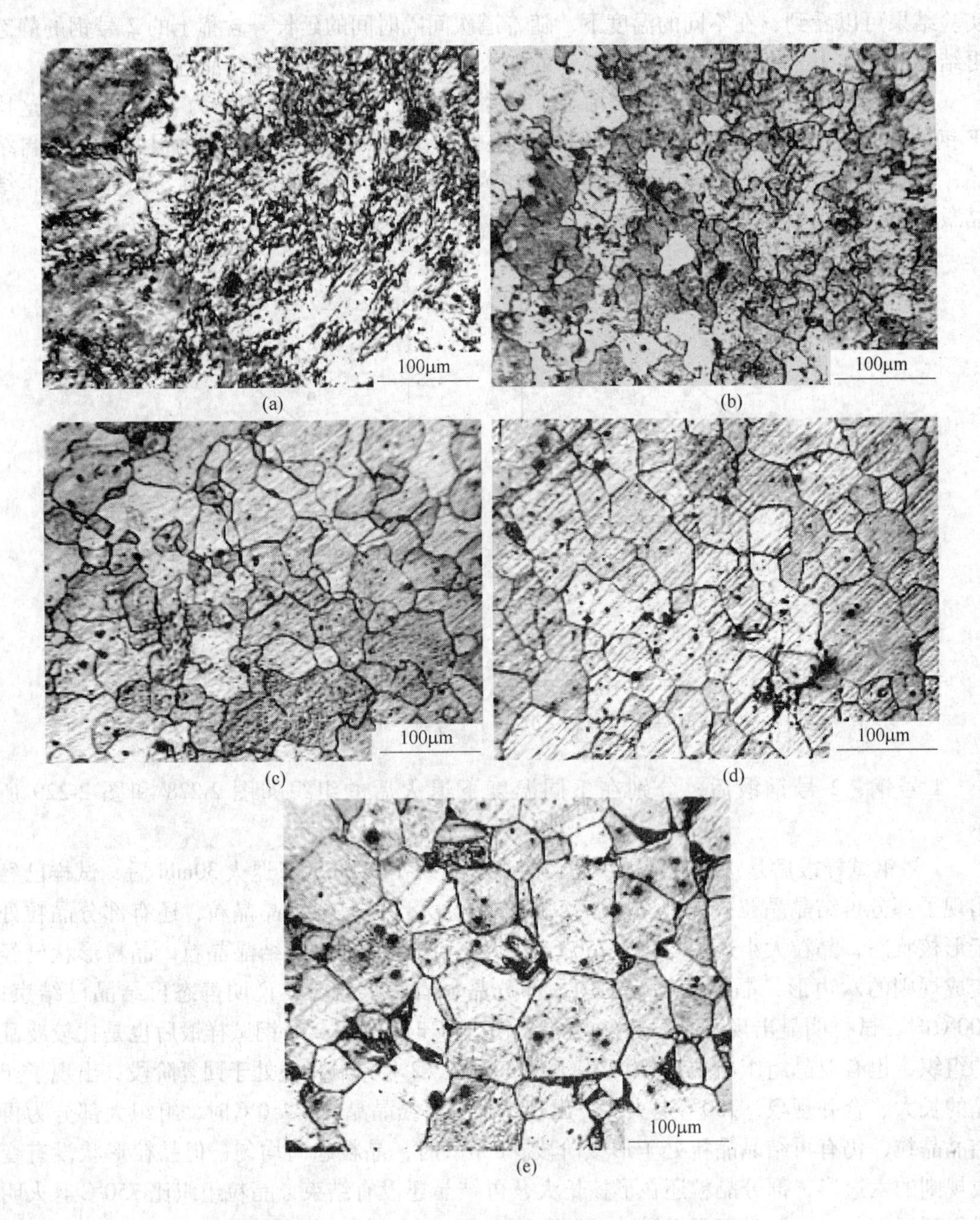

图 2-228　1 号钢（无 Ce）锻态下及不同温度下热处理组织

（a）锻态；（b）退火态，923K，30min；（c）退火态，973K，30min；（d）退火态，1023K，30min；（e）退火态，1073K，30min

能高于铬的碳化物[184]，00Cr12 不锈钢中铬含量高，所以在此体系中不能形成稀土碳化物；铈和氮的溶度积比较大，氮的含量较低，达不到析出稀土氮化物的浓度[185]。所以试验钢中稀土不一定能形成对晶界起钉扎作用的析出物，因此稀土对材料静态再结晶的抑制很可能是稀土原子对晶界拖曳作用的结果。

由于含铈 0.028% 炉号钢样比较纯净，氧（0.0052%）、硫（0.0024%）含量不高，

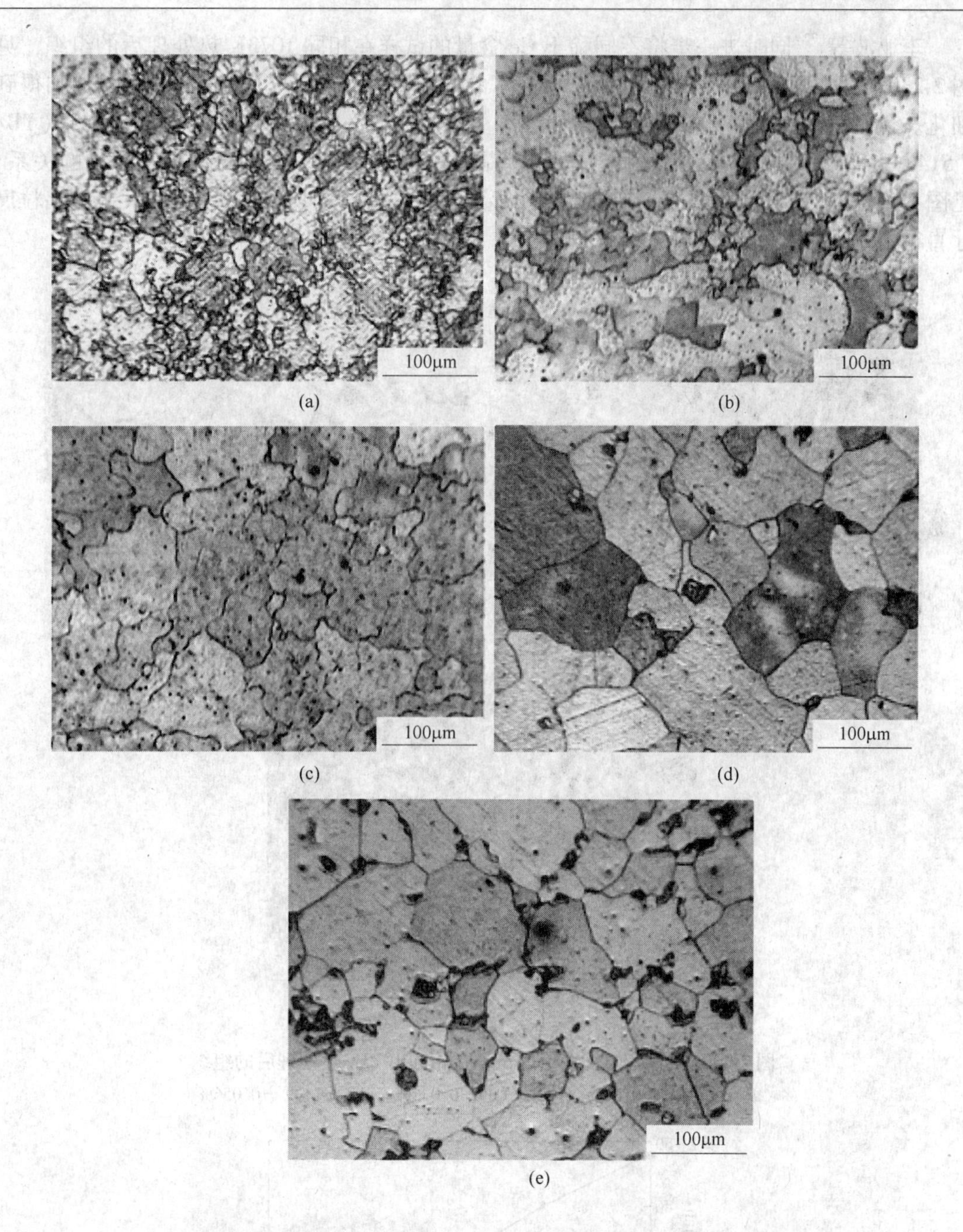

图 2-229　2 号钢（0.028% Ce）锻态下及不同温度下热处理组织
（a）锻态；（b）退火态，923K，30min；（c）退火态，973K，30min；
（d）退火态，1023K，30min；（e）退火态，1073K，30min

铈含量（0.028%）较高，能有部分铈固溶。铈元素的原子半径比铁大，容易在晶界附近偏聚，这一点已经得到大量实验的证实[104]。静态再结晶时，铈原子对晶界能起到拖曳作用，抑制再结晶的进行，提高再结晶温度，在同样的热处理制度下，铈处理钢能得到更细小的晶粒。这对于没有共析反应来进行晶粒细化的不锈钢来说，非常有意义。

李亚波等[72]同时进一步将不同稀土 Ce 含量的试样在相同 1073K 热处理后的组织，见图 2-230，并与图 2-228（e）、图 2-229（e）的结果比较，可见晶粒随 Ce 含量的增加得到细化。含 Ce 为 0.056% 的试样晶粒最为细小。按照标准《金属平均晶粒度测定法》（YB/T 5148—1993）中的截点法来测定热处理后晶粒的平均尺寸，与材料中 Ce 含量的关系，见图 2-231。随铈含量的增加，晶粒得到明显细化，铈含量增加到 0.056% 时，平均晶粒尺寸直径由 50μm 下降到 19μm。

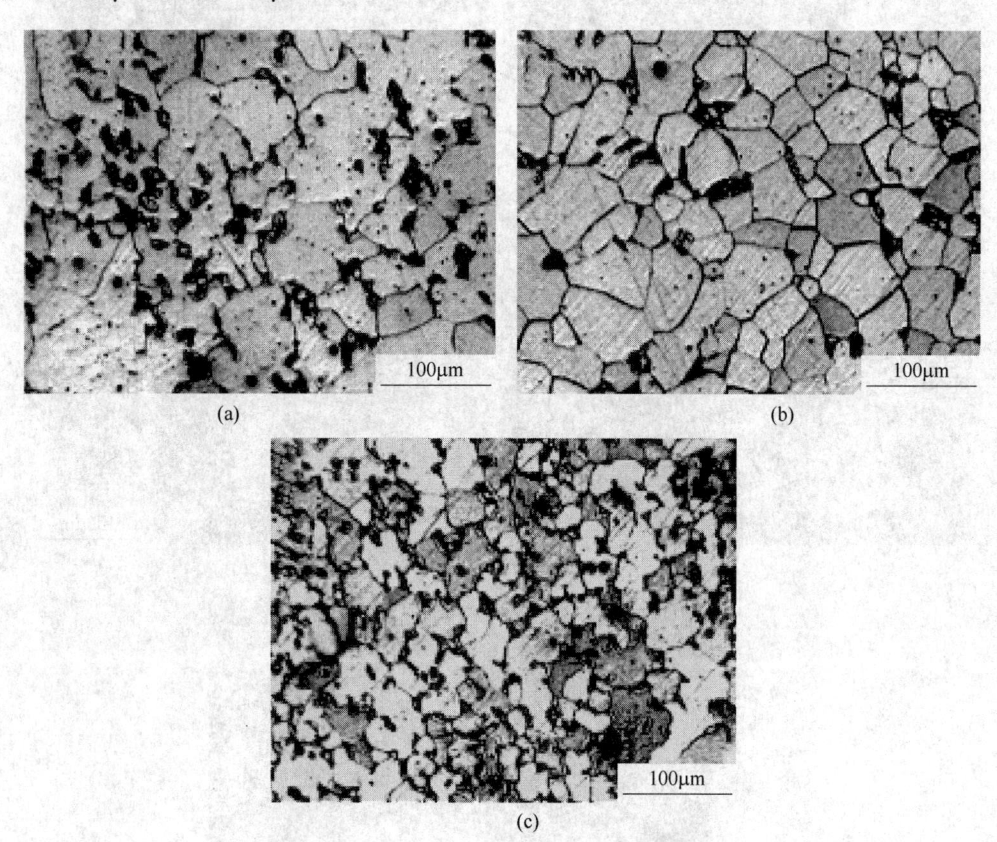

图 2-230　同稀土 Ce 含量的试样在相同 1073K 热处理后的组织

（a）w(Ce) = 0.018%；（b）w(Ce) = 0.036%；（c）w(Ce) = 0.056%

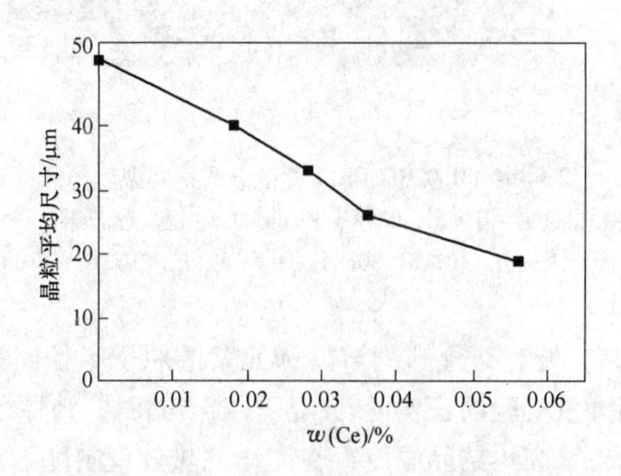

图 2-231　晶粒的平均尺寸与 Ce 含量的关系

2.5.2 稀土元素在奥氏体中对钒、铌和钛沉淀相溶解析出的影响

将锻态 14MnNb、10MnV 钢样品在奥氏体区不同温度下保温 45min，淬火分析钢中残余沉淀相量。图 2-232、图 2-233 表明，未加稀土的 14MnNb 和 10MnV 钢沉淀相完全溶解温度分别为 1250℃和 1000℃，钒的碳氮化物较容易溶解。含稀土 0.081% 后奥氏体中沉淀相完全溶解温度分别下降到 1140℃和 900℃，表明稀土均使奥氏体中沉淀相的完全溶解温度降低，沉淀相的稳定性降低，有促进沉淀相溶解的作用。

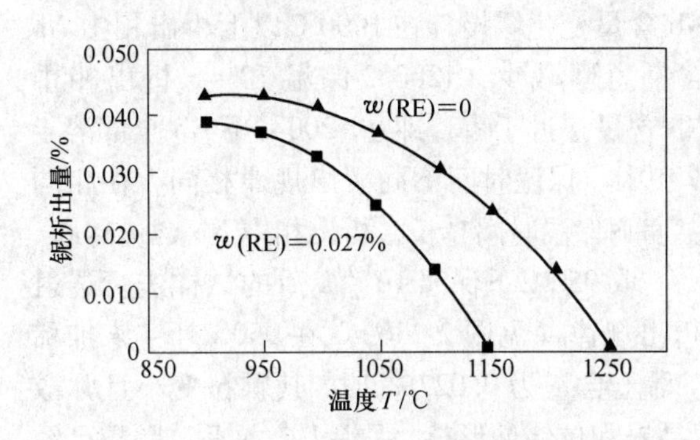

图 2-232 稀土对 14MnNb（0.044% Nb）钢中沉淀相溶解温度的影响[104,186]

图 2-233 稀土对 10MnV（0.065% V）钢中沉淀相溶解温度的影响[104,186]

叶文等[187,188]研究得到，在奥氏体相区，钢经过固溶处理后，在 950℃、1000℃下保温不同时间，其析出相随时间的变化规律见图 2-234。由图 2-234 可见，在 950℃奥氏体区，碳氮化铌的析出速度较慢，保温 5h 左右，碳氮化铌的析出尚未达到平衡，其碳氮化铌析出的动力学曲线只完成 S 形的前半部分。可看到碳氮化铌在奥氏体相区的析出速度远远比在铁素体相区的析出速度慢（见图 2-243 所示的 660℃铁素体区碳化铌的析出规律）。当添加稀土后，碳氮化铌析出的动力学曲线向下移动，即同一时刻使碳氮化铌的析出量减少。由此可见钢中添加稀土元素在奥氏体相区有抑制碳氮化铌析出的作用，其规律恰恰与在铁素

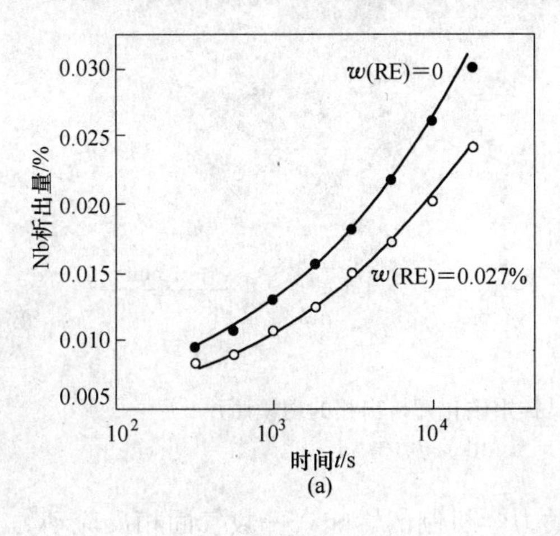

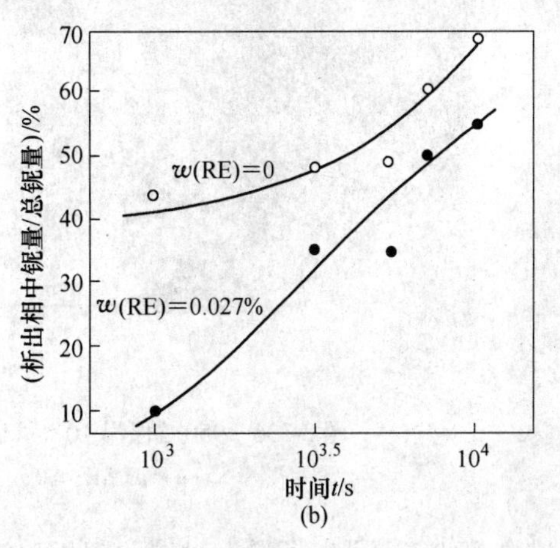

图 2-234 950℃、1000℃时碳化铌的析出动力学规律

（a）950℃；（b）1000℃

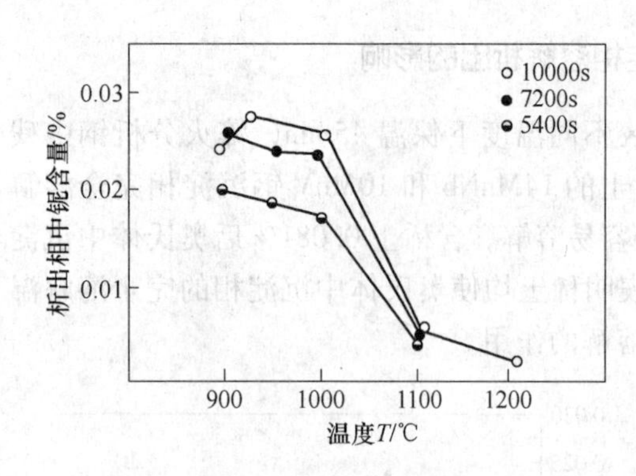

图 2-235 析出相中 Nb 的含量与奥氏体温度之间的关系（RE 0.035%，RE/S = 1.8）

体相区的规律相反。

在不同奥氏体温度和不同保温时间下，2号试样（0.035% RE，RE/S = 1.8）析出相中 Nb 的含量与奥氏体温度之间的关系见图 2-235。从图 2-235 可见，在 900～950℃析出相中 Nb 含量升高并达最高值，以后随温度升高而减少。在 900～1000℃之间，析出相中 Nb 含量变化缓慢，在 1000℃以上析出相中 Nb 含量急骤减少，1200℃保温 10^4s，析出相中 Nb 含量接近于零，即在 1200℃下 Nb 全部溶于 γ 相中。保温时间不同析出规律相同，在相同温度下保温时间越长，析出相中 Nb 含量越高。

取 950℃下保温 $10^{4.25}$s 后的试样进行透射电镜分析，以便进一步观察碳化铌析出相的析出规律（见图 2-236）。在 950℃下，未加稀土的试样中，析出颗粒较大，且分布不均匀。稀土含量为 0.027% 时，其颗粒变小且弥散分布。由于在 950℃下，碳化铌易在晶界、亚晶界和位错处形核，保温 $10^{4.25}$s 后，颗粒已经历了长大和粗化过程，因而颗粒粗大且分布不均匀。当钢中添加稀土元素，从图 2-234 的碳化铌的析出动力学规律可知，在 950℃、1000℃下稀土可抑制碳化铌的析出，在形核过程中尚未达到长大和粗化过程，因而析出颗粒变小，数量减少（见图 2-236）。由于稀土可净化晶界，因此可使碳化铌分布均匀。添加稀土元素具有使碳化铌析出相细化且弥散分布的作用。

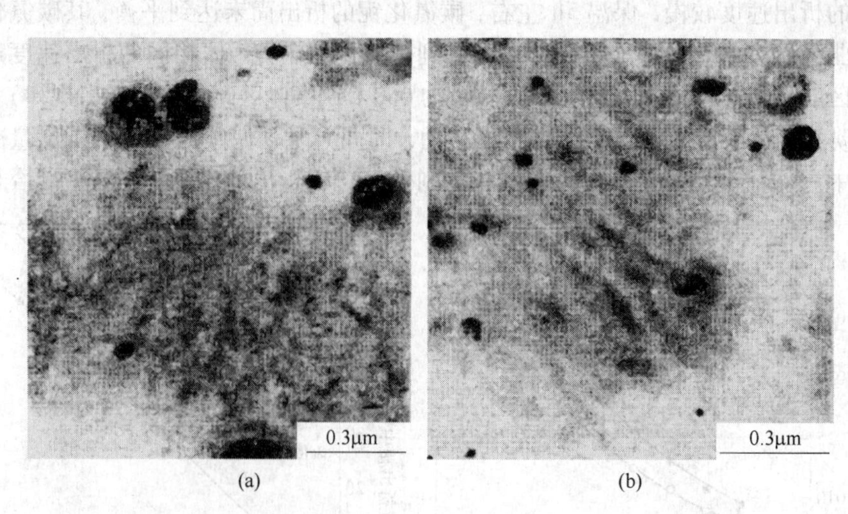

图 2-236 950℃保温 $10^{4.25}$s 试样中碳化铌析出相的透镜照片

（a）w(RE) = 0；（b）w(RE) = 0.027%

叶文等[187]还研究了稀土对碳化铌析出动力学机制的影响，一般气固相反应动力学积分式表示为：$g(\alpha) = kt$，式中，$g(\alpha)$ 为反应机理函数的积分表达式；α 为反应分数；k 为反应速率常数。

根据实验可测出 t 时刻，碳化铌析出分数 $\alpha = C_{Nb,t}/C_{Nb,平}$，式中，$C_{Nb,t}$ 为 t 时刻析出相中 Nb 量；$C_{Nb,平}$ 为给定温度下的平衡析出 Nb 量。根据图 2-234 可求出 950℃下的 $C_{Nb,t}$ 和 $C_{Nb,平}$，并对包括化学反应、扩散和形核长大等 37 种反应机理函数 $g(\alpha)$[189]，用计算机进行线性拟合，以相关系数最大的反应机理函数为碳化铌析出的动力学反应机理，其结果列入表 2-73 中。

表 2-73 稀土对 950℃奥氏体区内碳化铌沉淀析出动力学机制的影响

温度/℃	稀土含量/%	动力学方程	$k/10^{-5}s^{-1}$	相关系数
950	0.00	$\alpha + (1-\alpha)\ln(1-\alpha) = kt$	5.26	0.9987
	0.027	$\alpha + (1-\alpha)\ln(1-\alpha) = kt$	4.98	0.9954

一般认为碳化铌沉淀析出过程包括以下几个环节：Nb、C 元素在基体相中扩散；生成碳化铌的界面化学反应；碳化铌的形核和长大。从表 2-73 并结合后面表 2-78 看出，在 950℃奥氏体区内及在 660℃铁素体区内碳化铌析出的控速环节不同。

表 2-74 是无应变诱导时，稀土对奥氏体中沉淀相析出的影响。高温固溶处理后的 14MnNb、X60 和 10MnV 钢，在 900～1000℃下，保温时间分别为 10^4s 和 2.16×10^4s（10MnV）。在没有应变诱导时，10MnV 钢中 V(C、N) 在奥氏体中几乎不能析出。同应变诱导析出结果相同，稀土抑制了 14MnNb 和 X60 钢沉淀相的析出，并随温度升高，抑制作用加强。因此，稀土在奥氏体区，无论有没有应变诱导，都抑制沉淀相的析出。

表 2-74 稀土对奥氏体中沉淀相析出量的影响[104,186] （%）

温度/℃	14MnNb		X60		10MnV	
	w(RE)=0	w(RE)=0.027%	w(RE)=0	w(RE)=0.014%	w(RE)=0	w(RE)=0.081%
900	79	78	85	84	<1.5	<1.5
950	98	84	99	87	<1.5	
1000	94	76	96	78		

文献［104，186～188］通过应力松弛法研究了 10MnV、14MnNb 及超低硫（w(S)<0.003%）X60 钢微合金钢沉淀相析出动力学，图 2-237 为加和未加稀土微合金钢应力松弛曲线测试结果。从图 2-237 可见，各温度下曲线上均有平台出现，表明应力增量大于零，钢中有沉淀相产生，X 射线衍射和碳复型薄膜扫描透射电镜分析证实是钒、铌、钛（碳、氮）化物。曲线上第一个拐点，为沉淀相析出开始；第二拐点为析出结束。

通过测定应力松弛曲线（曲线上的两个拐点，分别代表沉淀相开始析出和析出的结束），根据曲线上开始析出时间（t_s）和析出结束时间（t_f），绘制成沉淀-温度-时间（PTT）曲线（图 2-238）。结果表明，在奥氏体中，稀土均有抑制沉淀相动态析出的作用。PTT 曲线为 C 形曲线，鼻尖温度为最快析出温度，对应沉淀析出的最短孕育期。稀土加入均未改变不同沉淀相的最快析出温度（900℃左右），但对最短孕育期和析出持续时间有不同的影响。在 900℃下，稀土使 14MnNb 钢中 Nb(C、N) 析出孕育期延长 30s，析出持续时

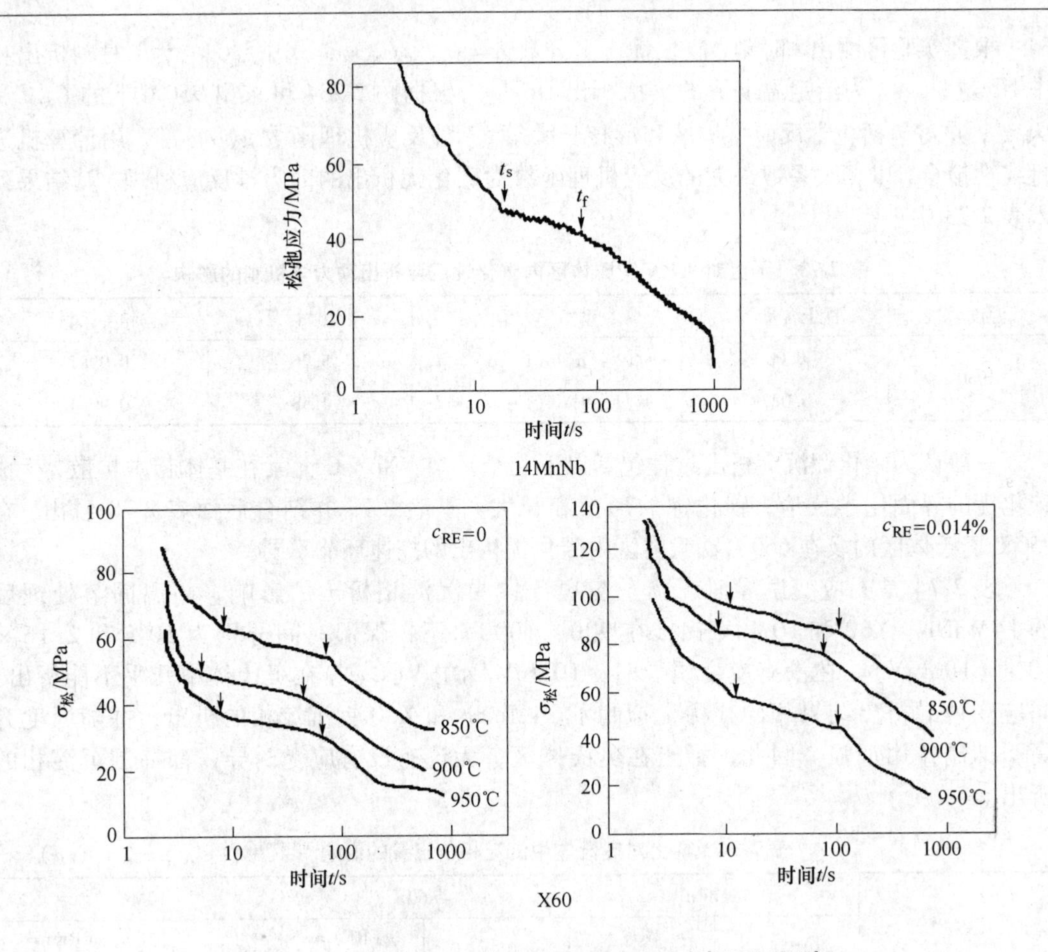

图 2-237　稀土对微合金钢应力松弛曲线的影响[100,175,188,189]

间延长 95s。稀土使 X60 钢中(Nb、Ti)(C、N)析出孕育期延长 6s，析出持续时间延长 30s。稀土使 10MnV 钢中 V(C、N)析出孕育期延长 5s，析出持续时间延长 11s。稀土使析出持续时间延长，沉淀相析出速率降低。稀土抑制 Nb(C、N)析出作用大于对 V(C、N)，铌钛复合处理，使稀土抑制沉淀相析出作用大大减弱。

根据 Ce 和 C、N、V 活度相互作用系数和温度的关系式[190]，计算出 950℃下活度相互作用系数 $e_C^{Ce} = -0.073$，$e_N^{Ce} = -2.424$ 和 $e_V^{Ce} = -0.919$ 及 $e_{Nb}^{Ce} = -2.31$，$e_{Ti}^{Ce} = -1.23$[185]，在奥氏体区及炼钢温度下 Ce 对 Nb、Ti、V、C、N 的活度相互作用系数均为负值，说明稀土加入，使 Nb、Ti、V、C、N 的活度降低，增大这些元素在钢中的溶解，所以不利于碳氮化钒、铌、钛的析出。

因此在奥氏体区稀土能抑制沉淀相析出和促进沉淀相的溶解。其中铈对铌的相互作用系数绝对值较钛和钒大，对应有更强的抑制沉淀相析出的作用，而稀土对钒的沉淀相析出抑制作用最弱，这被上述的实验结果证实。

2.5.3　稀土元素在铁素体区对钒、铌和钛沉淀相析出的影响

表 2-75 列出了 10MnV 钢在 700℃和 600℃保温不同时间碳氮化钒的析出量。

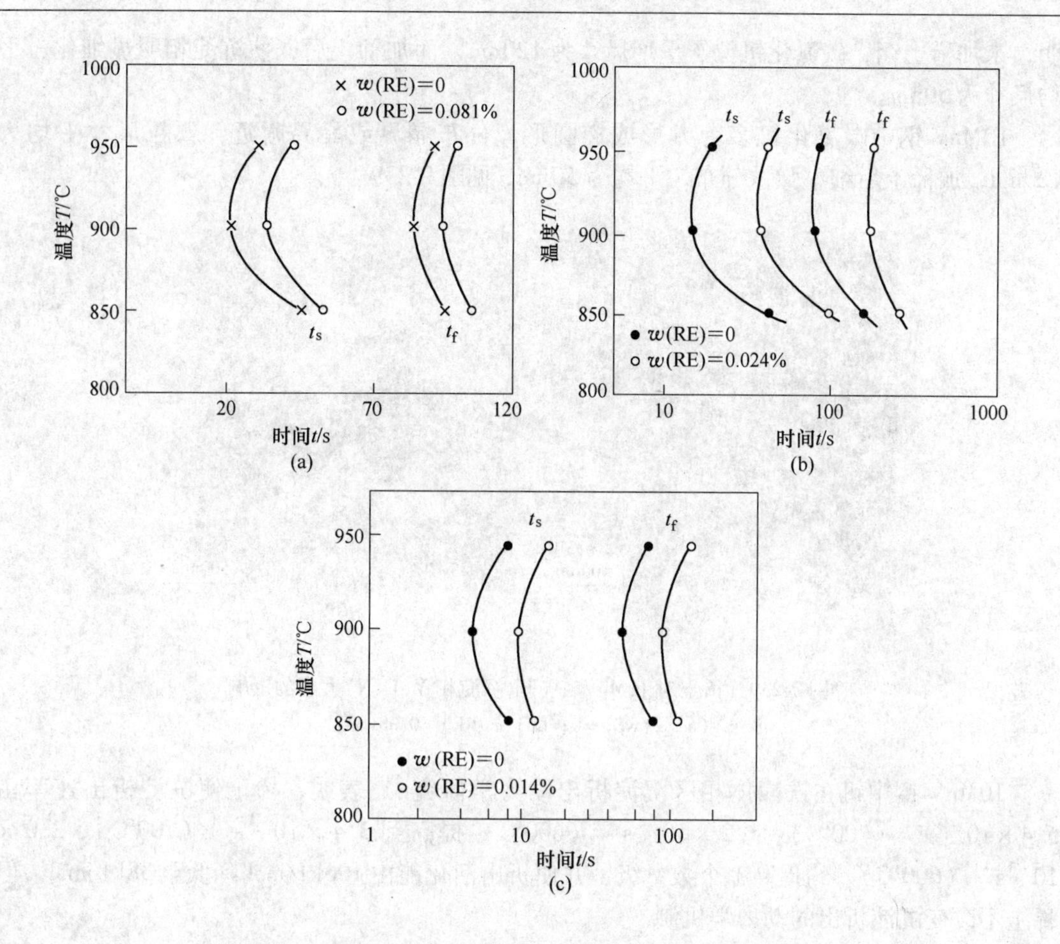

图 2-238 稀土对几种低合金钢 PTT 曲线的影响[100,104,176,194~197]

(a) 10MnV; (b) 14MnNb; (c) X60 (0.019% Ti, 0.044% Nb)

表 2-75 铁素体区稀土对 10MnV (0.065% V) 钢沉淀析出量的影响 (质量分数)[187] (%)

温度/℃	稀土含量/%	保温时间/s							
		120	300	1200	2400	4800	7200	14400	21600
700	0	0.008	0.013	0.016	0.024	0.025	0.027	0.030	0.031
	0.081	0.013	0.013	0.018	0.023	0.029	0.029	0.034	0.034
600	0	0.002	0.003	0.005	0.006	0.009	0.011	0.012	0.013
	0.081	0.002	0.004	0.005	0.007	0.013	0.014	0.019	0.021

表 2-75 结果表明，在铁素体相区和在奥氏体中稀土对沉淀相的影响规律不同，稀土促进铁素体中碳氮化钒的沉淀析出。

700℃处在 10MnVL 钢相转变区，稀土促进碳氮化钒相间沉淀析出，温度高析出速度快，等温 4h 沉淀析出达到平衡，稀土使钒的平衡析出量由 46% 提高到 52%。在 600℃铁素体区（包括相间沉淀），稀土促进碳氮化钒析出的作用更加显著，使碳氮化钒析出量由不加稀土的 20% 提高到 32%，沉淀析出速率常数由 $1.2\times10^{-4}\,s^{-1}$，提高到 $2.0\times10^{-3}\,s^{-1}$[191]。稀土不仅使碳氮化钒析出量增加，而且颗粒变细。萃取复形透射电镜分析表明，未加稀土钢，碳氮化钒粒子平均尺寸为120nm，而加稀土后，使沉淀相明显细化，平均尺寸为50nm。

10MnV钢中碳氮化钒多为方形或椭圆形，分布晶界或晶界附近，颗粒尺寸平均为120nm，加稀土后细小弥散分布，平均为50nm，见图2-239[191]。

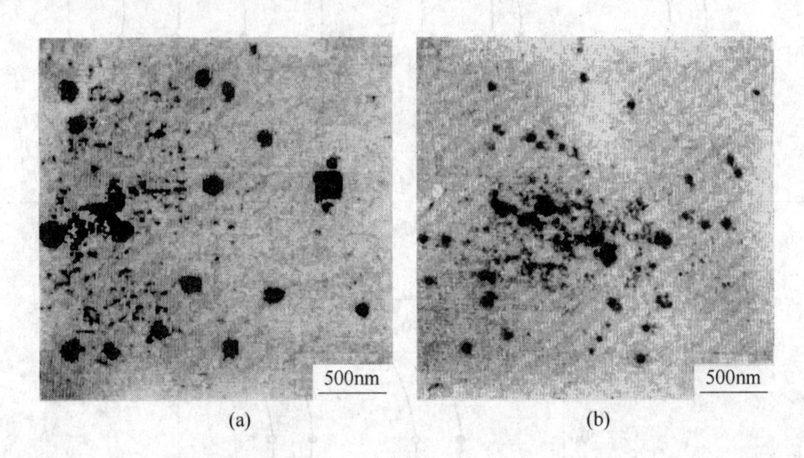

(a) (b)

图2-239 稀土对10MnV中析出沉淀相V(C、N)大小的影响

(a) w(RE) = 0；(b) w(RE) = 0.081%

10MnV钢中钒在铁素体相区沉淀析出动力学研究[191]表明，稀土使沉淀析出速率由$5.4\times10^{-4}s^{-1}$（700℃）、$1.2\times10^{-4}s^{-1}$（600℃）提高到$3.4\times10^{-3}s^{-1}$（700℃）、$2.0\times10^{-3}s^{-1}$（600℃），约提高1个数量级，并使析出活化能由106kJ/mol降低至38kJ/mol，但稀土不改变沉淀析出的动力学机制。

锻态样是经过高温变形到低温的冷却相转变过程。在研究稀土对超低硫X60锻态钢中沉淀相析出的影响表明，在锻造状态下，钢中铌绝大多数以沉淀相析出，并随着稀土含量的增加，沉淀相析出量增加，固溶铌量减少[100]。表2-76列出稀土对锻态微合金钢沉淀铌量的影响，稀土促进了沉淀相的析出，说明在铁素体区（包括相间沉淀）稀土促进沉淀相析出作用超过在奥氏体的抑制作用。但当钢中固溶稀土量较低时（$<1\times10^{-5}$），促进沉淀相析出的作用不明显。扫描透射电镜观察表明，沉淀相尺寸为10～100nm，形状大体是等轴的，类似方形和球形（图2-240）。能谱分析沉淀相中不含稀土，均含有Nb、Ti，但颗粒大的含Ti高，颗粒小的含Nb高（图2-241）。加入稀土后使沉淀相颗粒尺寸变小并球化，加稀土前沉淀相在80nm以上较多，而加稀土后，小于40nm较多。稀土使(Nb、Ti)(C、N)析出数量增加，颗粒变细，有利于发挥Nb、Ti在钢中细化晶粒和沉淀强化的作用。

表2-76 稀土对14MnNb及X60钢中铌析出量的影响 （%）

钢 种	14MnNb				X60				
RE	0	0.014	0.027	0.068	0	0.006	0.011	0.014	0.023
固溶RE	0	0.0125			0	0.0010	0.0035	0.0076	0.0132
沉淀Nb	0.018	0.021	0.023	0.028	0.039	0.038	0.040	0.041	0.042
析出量	41	48	52	64	89	88	91	93	96

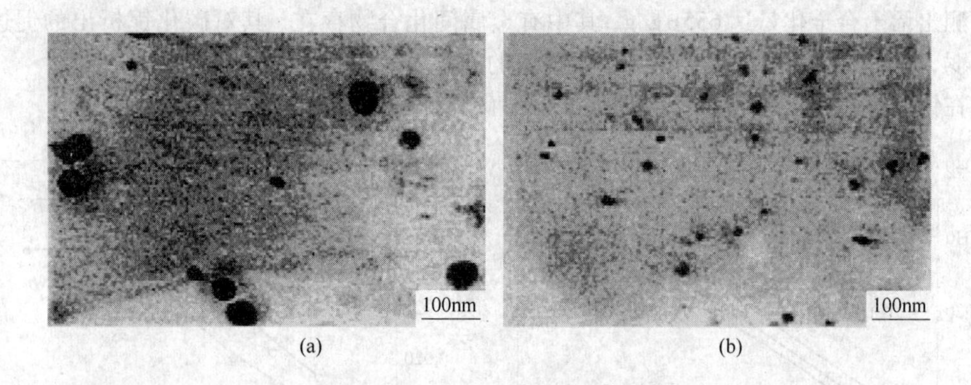

(a) (b)

图 2-240 稀土对锻态微合金钢中 Ti、Nb(C、N)沉淀相大小的影响
(a) w(RE)=0；(b) w(RE)=0.014%

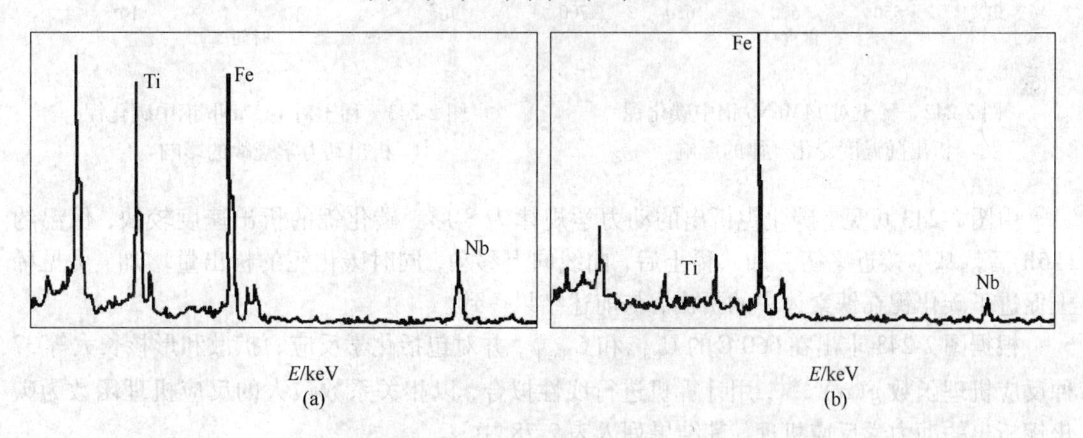

(a) (b)

图 2-241 铌钛钢中沉淀相能谱分析
(a) 60nm；(b) 40nm

表 2-77 结果表明，660℃稀土使 14MnNb 钢铌的平衡析出量由 70% 提高到 82%，同样铈在铌、钛微合金钢中也有显著促进(Nb、Ti)(C、N)析出的作用[138]。但过量稀土，促进沉淀相析出作用反而减弱。

表 2-77 铁素体区稀土对 14MnNb（0.044% Nb）钢中铌析出量的影响（660℃）（%）

保温时间/s	316	562	1000	1778	3162	5623	10000	17783
w(RE)=0	0.0159	0.0177	0.0200	0.0243	0.0287	0.0300	0.0309	0.0310
w(RE)=0.027%	0.0183	0.0209	0.0248	0.0300	0.0326	0.0346	0.0361	0.0359

叶文等[187]进一步分析研究稀土对 14MnNb 微合金钢中碳化铌析出规律的影响，经过固溶处理后，在 520℃、600℃和 680℃下分别保温 4h 的钢中，碳化铌的析出规律及稀土对其影响见图 2-242。

从图 2-242 可以看出，析出相中 Nb 含量随温度升高而增加。在 520℃时，碳化铌析出较少；在 680℃时，碳化铌析出量较多，已接近平衡。当钢中 RE 含量为 0.027% 时，碳化铌析出曲线上移，说明在同一温度下，稀土可促进碳化铌的析出。而 RE 含量为 0.12% 试样中碳化铌的析出曲线却在 RE 含量为 0.027% 与 0 之间。这是由于稀土含量为 0.12% 试样，测出稀土合金化量达655μg/g，其中有金属间化合物存在，其对碳化铌析出的促进作用减弱，说明钢中稀土含量存在一个最佳值的问题。

在铁素体相区，在660℃保温不同时间，碳化铌的析出规律见图2-243。

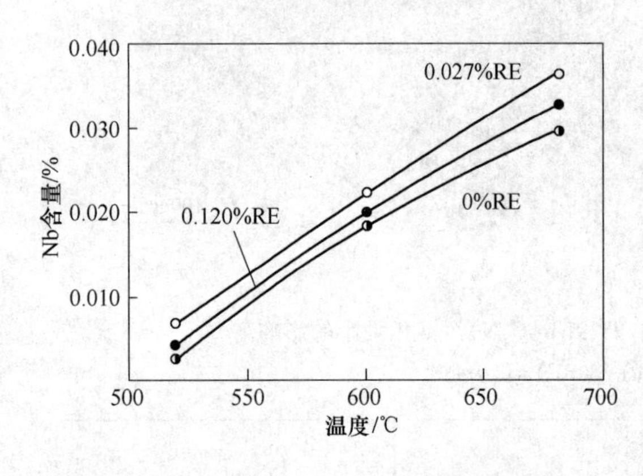

图2-242　稀土对14MnNb钢中碳化铌析出随温度变化规律的影响

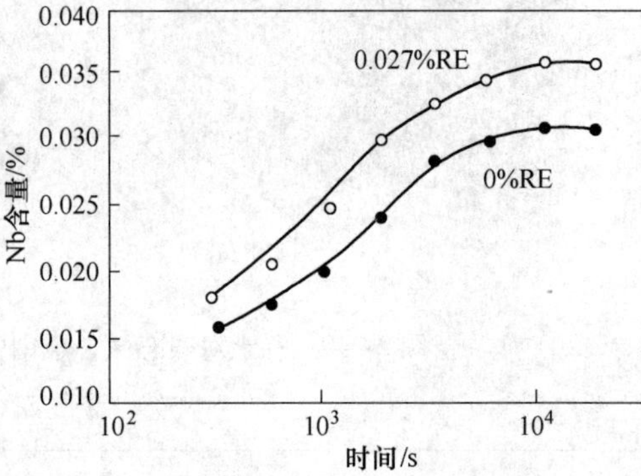

图2-243　稀土对14MnNb钢中碳化铌析出动力学规律的影响

由图2-243可见，碳化铌析出的动力学规律为S形。碳化铌的析出速度较快，保温约1.5h后就基本接近平衡。加入稀土后，曲线向上移动，同时碳化铌的析出量增加，可见稀土促进了碳化铌在铁素体中的析出，与前述结果一致。

根据图2-243求出在660℃的$C_{Nb,t}$和$C_{Nb,平}$，并对包括化学反应、扩散和形核长大等37种反应机理函数$g(\alpha)$[189]，用计算机进行线性拟合，以相关系数最大的反应机理函数为碳化铌析出的动力学反应机理，其结果列入表2-78中。

表2-78　稀土对14MnNb钢铁素体区内碳化铌沉淀析出动力学机制的影响

温度/℃	稀土含量/%	动力学方程	$k/10^{-5}s^{-1}$	相关系数
660	0.00	$[1-\ln(1-\alpha)]^3 = kt$	1161	0.9849
	0.027	$[1-\ln(1-\alpha)]^3 = kt$	1201	0.9893

一般认为碳化铌沉淀析出过程包括以下几个环节：Nb、C元素在基体相中扩散；生成碳化铌的界面化学反应；碳化铌的形核和长大。表2-78中660℃铁素体区内碳化铌沉淀析出动力学机制结果与表2-73中950℃奥氏体区碳化铌析出机制及控制环节是不同的。

此外，稀土加入后，碳化铌的平衡析出量高于未加稀土时的平衡析出量。因此，稀土的加入可以降低碳化铌在铁素体相区的平衡固溶度，取在660℃下保温$10^{4.25}$s的试样，其析出相的萃取复型透镜分析照片见图2-244。从图2-244中可以看到，这些析出相基本为球形或椭圆片，能谱分析可知这些析出颗粒均含Nb，见图2-245。且这些析出相为碳化铌，并基本弥散分布，是均匀形核沉淀的结果。在铁素体相区温度较低，Nb、C、N元素的扩散较慢，颗粒的长大和粗化不明显。但从图2-244析出相的萃取复型透镜分析可知，RE含量为0.027%时比未加稀土的试样析出颗粒多，但当稀土含量增至0.12%时，试样中析出颗粒反而比RE含量为0.027%试样少。实验结果进一步证实：(1) 稀土在铁素体相区对析出相的促进作用；(2) 若钢中稀土量过多，一部分稀土形成稀土金属间化合物，反而会

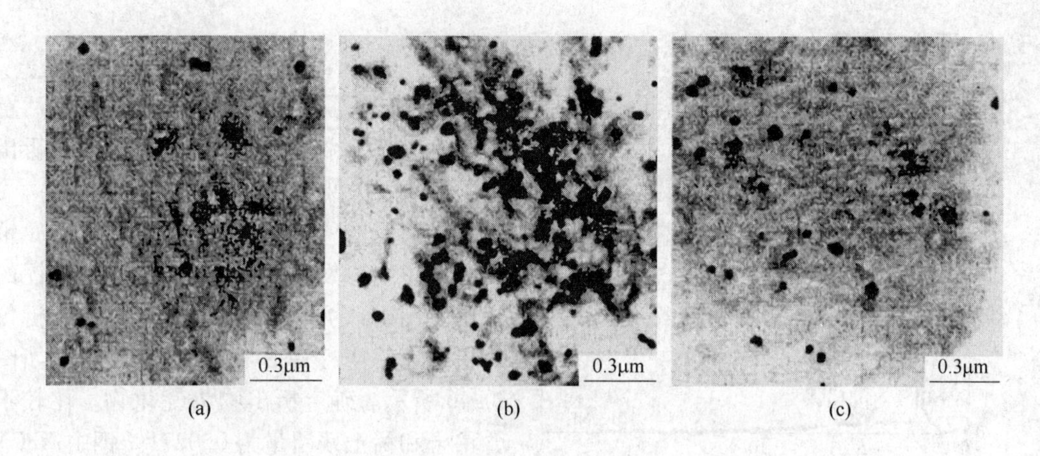

图 2-244 660℃保温 $10^{4.25}$s 试样中析出相的透镜照片
(a) w(RE)=0；(b) w(RE)=0.027%；(c) w(RE)=0.12%

减弱此促进作用。这是应该充分引起注意的问题。

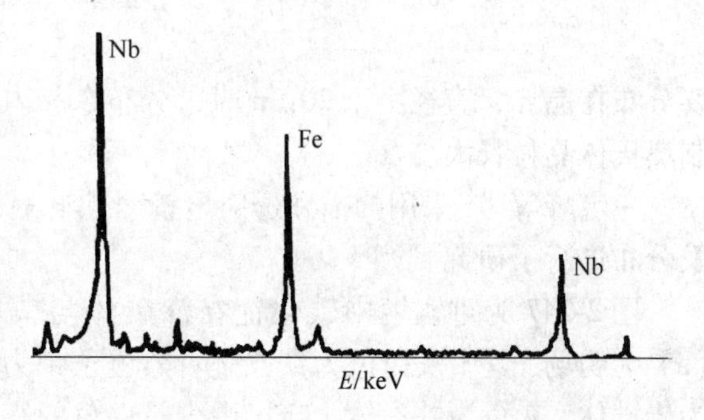

图 2-245 析出相的能谱光谱分析

稀土对沉淀相大小、形状和分布有明显的影响。透射电镜分析结果表明，在14MnNb 钢中碳氮化铌多为球形或椭圆形，颗粒尺寸在 50～100nm，加稀土后形状为球形，细小弥散分布，尺寸多小于20nm[192]。在含 Nb、Ti X60 管线钢中，(Nb、Ti)(C、N)多为近方形和球形，尺寸多在 80nm 以上，加稀土后沉淀相球化、细化并均匀分布，尺寸多在 40nm 以下[101]，见表 2-79 和图 2-240、图 2-244。因此，稀土对沉淀相的析出均有细化、球化、弥散分布的作用。由于稀土在奥氏体中抑制了沉淀相的析出，从而增大这些析出相在铁素体中的过饱和度，有利于析出细小弥散的沉淀相。稀土和 Nb、Ti、V、C、N 的交互作用抑制奥氏体中沉淀相的析出，促进这些 Nb、Ti、V 沉淀相在铁素体相区的大量细小和弥散的析出，有利于提高 Nb、Ti、V 沉淀强化的效果[193]。

表 2-79 稀土对低合金钢析出相粒子尺寸的影响

钢 种	没加 RE	微量 RE
10MnV	≈120nm	～50nm
14MnNb	50～100nm	≤20nm
X60(Nb,Ti)	≥80nm 以上	≤40nm

微合金钢中 V、Ti、Nb 的细化晶粒和沉淀强化作用是通过这些元素碳氮化物沉淀析出起作用的，稀土和 V、Ti、Nb、C、N 交互作用，促进这些 V、Ti、Nb 沉淀相在铁素体上弥散析出，显著细化铁素体晶粒，使钢的屈服强度提高 20%，钢的冲击韧性值提高 35%，有利于提高钢的强韧性。

2.5.4　重轨钢中稀土、铌复合微合金化作用

重轨钢中稀土、铌复合微合金化作用主要集中研究分析了不同工艺状态下（热轧后空冷、淬火态）稀土对重轨钢中碳化铌析出物的形态、大小及分布的影响。

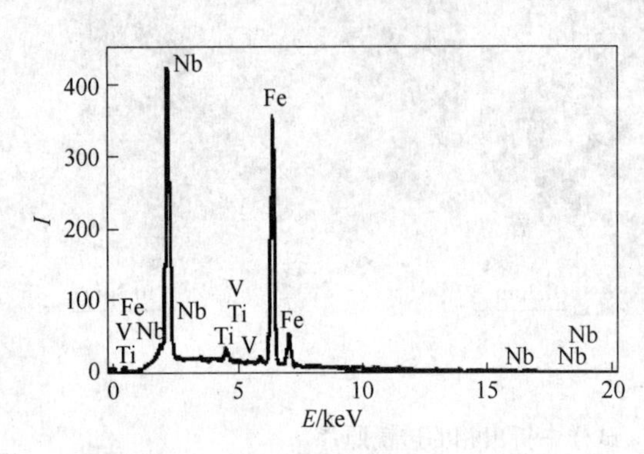

图 2-246　以 Nb 为主的碳化析出相的能谱分析结果

杨丽颖等[131]研究了稀土对 BNbRE 钢组织的影响，发现钢中稀土促进碳化铌的析出。用 JXA 8800R 电子探针微观分析仪分析热轧后空冷钢中的析出物，能谱如图 2-246 所示。确定析出物为铌化物。比较不含稀土和稀土残留量为 0.0271% 钢中 NbCN 的数量，看到稀土残留量多，析出的铌化物增多。因此，残留在钢中的稀土促进了第二相颗粒析出。经分析 NbCN 的大小和分布，看出当铌化物直径为 20～30μm 时，主要分布在晶界，直径小于 20μm 时，分布在晶内。铌化物偏聚在奥氏体晶界上，也可以抑制奥氏体晶粒长大。

王宝峰等[194]采用扫描和透射电镜对热轧后含稀土重轨钢中碳化铌析出物形状、大小及分布进行了研究。

图 2-247 为重轨钢中碳化铌在渗碳体与铁素体交界处分布的透射电子像。图 2-247（a）为明场，其中灰白色为铁素体，黑色条带为渗碳体；图 2-247（b）为暗场，其中白色为渗碳体，灰色为铁素体，暗场中少量白色的小亮点为碳化铌（见图中标注）。由图 2-247（a）、（b）明、暗场结果可知，在不含稀土的热轧后重轨钢中碳化铌分布在渗碳体和铁素体边缘。

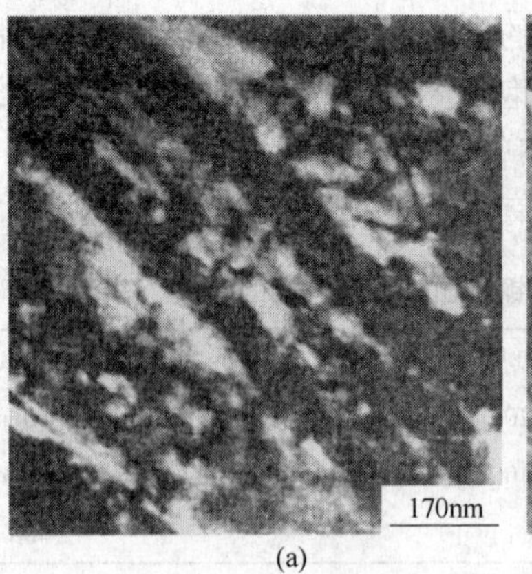

(a)

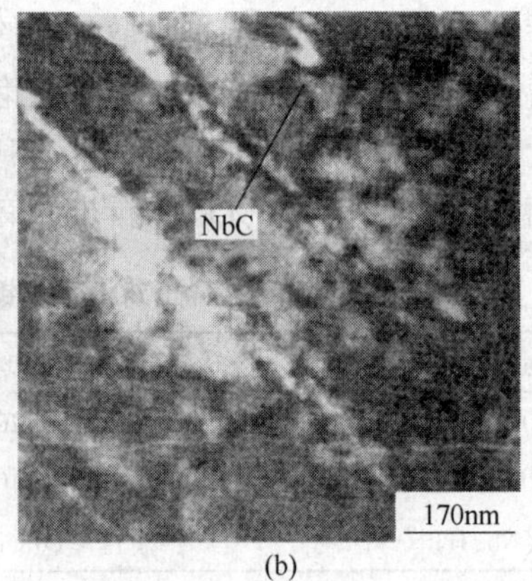

(b)

图 2-247　碳化铌在渗碳体与铁素体交界处分布（投射电镜明、暗场像，不含 RE）

图 2-248 为重轨钢中含稀土时碳化铌在铁素体中分布位置。图 2-248（a）、（b）为稀土含量 0.0021% 时碳化铌在铁素体中分布位置。图 2-247（a）为明场，白色为铁素体，黑

色条带为渗碳体；图2-248（b）为暗场，白色亮点为碳化铌分布在铁素体区，但靠近铁素体与渗碳体的交界处。图2-248（c）为稀土含量为0.0271%时的碳化铌的明场像，灰白色为铁素体，黑色条带为渗碳体，渗碳体中间的部分铁素体中存在的小黑点为碳化铌。由此可见重轨钢中加入稀土后，碳化铌在晶界聚集减少，趋于晶内均匀分布，这一结果说明稀土偏聚于晶界，也可和碳、氮等一些小原子溶质相互吸引，使碳在稀土周围偏聚，均有利于降低体系的能量，稀土周围形成碳化物形核长大区域，使碳向稀土原子周围扩散的机会增大，从而减少对晶界的依赖[145]。钢中没有稀土时，碳化铌析出在铁素体与渗碳体的交界处（见图2-247）；加入稀土后使重轨钢中碳化铌在珠光体中的析出位置发生改变，碳化铌在两渗碳体层之间的铁素体中部析出（见图2-248）。

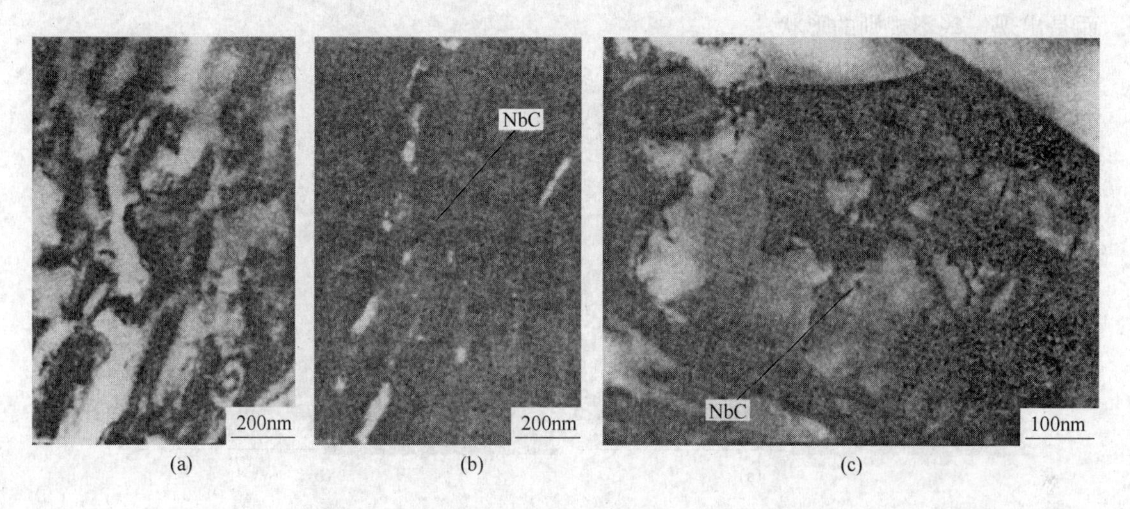

图2-248 碳化铌在铁素体中分布（明、暗场电镜像）
（a）$w(\mathrm{RE})=0.0021\%$；（b）$w(\mathrm{RE})=0.0021\%$；（c）$w(\mathrm{RE})=0.0271\%$

图2-249为淬火态中碳化铌大小背散射电子像。从图2-249（a）稀土量为0%的试验钢中看到，碳化铌有长条形和圆形两种：长条形碳化铌长为4.8~6.0μm，宽为0.4~

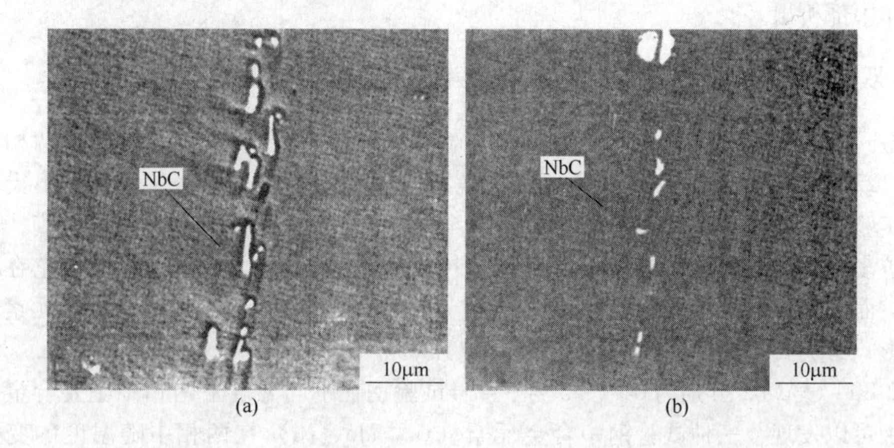

图2-249 稀土对重轨钢淬火态中碳化铌大小尺寸的影响
（a）$w(\mathrm{RE})=0$；（b）$w(\mathrm{RE})=0.0271\%$

0.9μm，圆形碳化铌直径0.6～0.8μm。从图2-249（b）为稀土残留量0.0271%的试验钢中测得，碳化铌的长为1.6～2.0μm，宽为0.5～0.6μm，此结果表明，稀土元素在重轨钢中的存在，明显地改变了碳化铌沿轧制方向的大小和均匀度。稀土在重轨钢中，使析出的碳化铌更加细小，铌化物析出更趋弥散化。

图2-250为淬火态稀土残留量为0.0271%的碳化铌形状的电子探针像，由图2-250（a）看到，碳化铌的周围没有稀土硫化物分布，碳化铌沿轧制方向呈带状组织析出，在这个组织中碳化铌颗粒的数量较多，有5列碳化铌组成这个带状组织其形状为规则的矩形或长条形，只有少数几个为球形。由图2-250（b）看到，无论是碳化铌还是稀土硫化物都沿轧制方向分布，在稀土硫化物附近，碳化铌的形状发生改变，不是规则的矩形或长条形，而是出现一些不规则的形状。

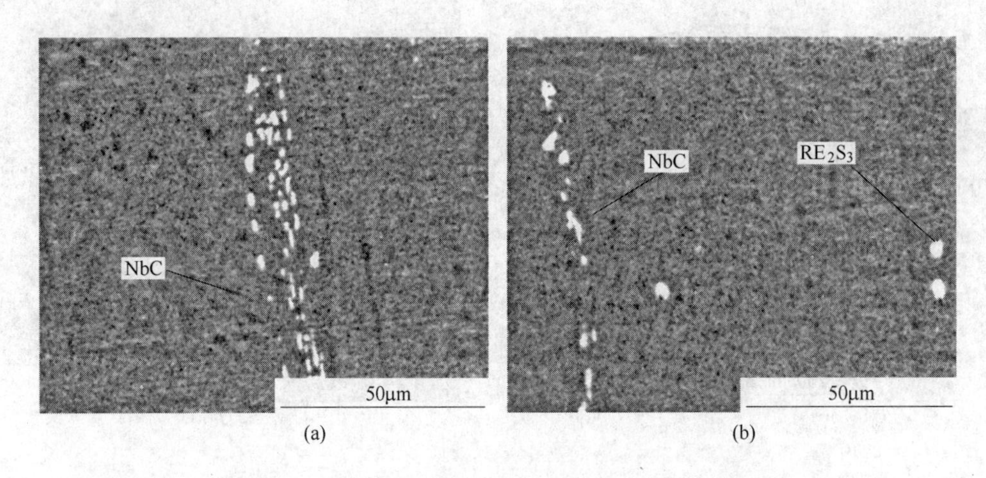

图2-250　稀土对重轨钢淬火态中碳化铌形态分布的影响（背散射电子像）

王宝峰等[194]所做工作表明稀土在重轨钢中，使析出的碳化铌更加细小；稀土硫化物附近铌化物析出更趋弥散化；重轨钢中没有稀土时，碳化铌析出在铁素体与渗碳体的交界处，稀土在重轨钢中，改变了碳化铌在珠光体中的析出位置，使碳化铌在两渗碳体层之间的铁素体中部析出。

2.5.5　双相不锈钢中稀土对Cr、Mo、Ni在铁素体和奥氏体两相中分配的影响

陈雷[195]研究了2205双相不锈钢中稀土对Cr、Mo、Ni在铁素体和奥氏体两相中分配的影响。2205双相不锈钢中Cr、Mo等在铁素体中富集，而Ni、C、N等则在奥氏体中富集。由实验结果可知，随着固溶温度的变化，两相平衡也将发生改变，温度越高，铁素体含量也越多，这样导致合金元素在两相分配中的变化。相的化学成分不仅影响它在高温下的强度，而且会影响堆垛层错能和软化行为，因此，随着温度变化稀土对合金元素在两相分配的影响必会到双相不锈钢的热变形行为。

表2-80～表2-82分别为0号、3号、4号试验钢在不同温度下两相中主要合金元素成分，从中可以发现，三种试验钢中合金元素（Cr、Mo、Ni）在两相中随温度的变化规律基本相似，其中Cr元素在铁素体（δ）中的浓度随温度的升高而降低，而在奥氏体（γ）中的浓度则随温度升高而升高；Mo元素在铁素体（δ）中的浓度随温度的升高而降低，而

在奥氏体（γ）中的浓度随温度升高而升高；Ni元素在铁素体（δ）中的浓度随温度的升高而升高，而在奥氏体（γ）中的浓度则随温度升高而降低。正是由于铁素体形成元素（Cr、Mo）随着温度升高而扩散到奥氏体中，奥氏体形成元素（Ni）扩散到铁素体中，从而使铁素体相的体积分数随温度升高而增加，而奥氏体的体积分数随温度升高而降低。

表2-80 0号（不含RE）**试验钢在不同温度下两相主要合金元素成分**（质量分数）（%）

元素 \ T/℃		800	900	1000	1100	1200
Cr	γ	21.92	22.13	22.51	22.83	22.89
	δ	25.44	25.18	24.65	24.41	24.27
	δ/γ相界面	26.87	25.88	24.25	24.04	23.76
Mo	γ	2.02	2.25	2.63	2.34	2.67
	δ	4.2	3.96	3.43	3.09	3.05
	δ/γ相界面	5.51	4.19	3.64	3.61	3.12
Ni	γ	6.17	6.03	5.78	5.57	5.53
	δ	4.18	4.33	4.54	4.55	4.62
	δ/γ相界面	4.31	4.77	5.08	5.28	5.73

表2-81 3号（RE含量0.019%）**试验钢在不同温度下两相主要合金元素成分**（质量分数）（%）

元素 \ T/℃		800	900	1000	1100	1200
Cr	γ	21.63	22.01	22.64	22.70	22.81
	δ	24.66	24.28	23.98	23.81	23.73
	δ/γ相界面	26.36	25.28	23.73	23.81	23.59
Mo	γ	2.07	2.41	2.52	2.33	2.57
	δ	3.94	3.86	3.49	3.23	3.14
	δ/γ相界面	4.42	3.77	3.55	3.59	3.23
Ni	γ	6.09	5.83	5.65	5.36	5.12
	δ	4.21	4.32	4.51	4.58	4.64
	δ/γ相界面	4.30	4.81	5.02	5.17	5.64

表2-82 4号（RE含量0.046%）**试验钢在不同温度下两相主要合金元素成分**（质量分数）（%）

元素 \ T/℃		800	900	1000	1100	1200
Cr	γ	21.13	21.63	22.29	22.70	22.85
	δ	24.85	24.72	23.81	23.95	23.68
	δ/γ相界面	25.96	25.67	23.94	23.84	23.65

续表 2-82

元素	T/℃	800	900	1000	1100	1200
Mo	γ	2.35	2.49	2.53	2.29	2.63
	δ	3.91	3.77	3.51	3.21	3.21
	δ/γ 相界面	4.31	3.73	3.47	3.55	3.22
Ni	γ	6.18	5.89	5.71	5.33	5.09
	δ	4.25	4.34	4.57	4.69	4.75
	δ/γ 相界面	4.36	4.85	5.05	5.11	5.66

在双相不锈钢中，各种合金元素在两相中的分配平衡可用元素分配系数 K_i 来表示

$$K_i = \frac{X_i^\delta}{X_i^\gamma}$$

式中，X_i^δ 和 X_i^γ 分别表示合金元素在铁素体（δ）和奥氏体（γ）中的平均浓度。将表 2-80 ~ 表 2-82 中的数据代入该式，便可得到三种试验钢不同温度下主要合金元素（Cr、Mo、Ni）的分配系数，其随温度的变化规律如图 2-251 所示，可见合金元素（Cr、Mo、Ni）的分配系数值随着温度的升高而逐渐接近 1，这表明合金元素在两相中的分配随着温度的升高越来越均匀，这与 Atamert 和 Cortie 所得出的结果一致[196~199]。稀土元素的添加对合金元素分配系数有影响，在 800 ~ 1200℃ 范围内，在添加稀土的 3 号试验，4 号试验钢中的 Cr、Ni 两种元素的分配系数均较未添加稀土的 0 号试验钢更接近 1，这表明稀土的添加使得 Cr、Ni 元素在两相中的分配更加均匀，其中，在较低温度范围（800 ~ 1000℃）3 号试验、4 号试验钢在相同温度下 Ni 元素的分配系数较 0 号试验钢略有提高，在高温下（1000 ~ 1200℃），二者 Ni 元素的分配系数较 0 号试验钢有较明显的提高，说明在高温状态下，稀

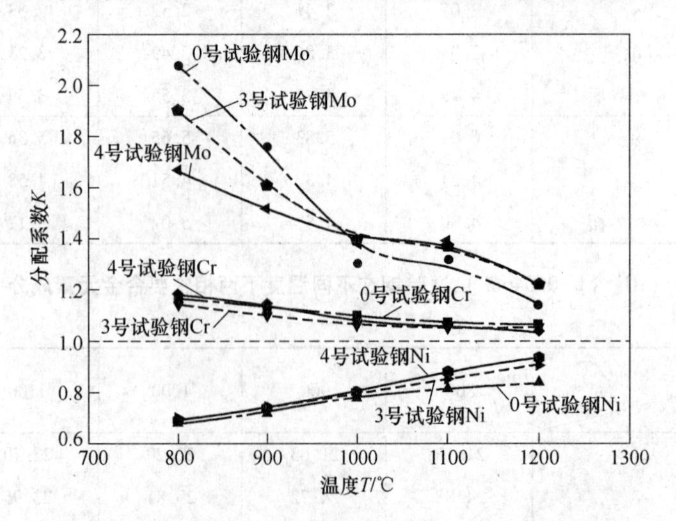

图 2-251　稀土对试验钢中合金元素在不同温度下的分配系数的影响

土促进了Ni元素在两相中的扩散，从而使得Ni的分配更均匀。对于Cr元素而言，在低温范围内（800～1000℃），相同温度下未添加稀土的0号试验钢的分配系数较添加稀土的3号试验、4号试验钢有较明显减低，而在高温范围（1000～1200℃）内变化不大，略微有些偏高，这说明低温状态下，稀土促进Cr元素的扩散较显著，使其分配更均匀。同时，稀土的添加使得Mo元素的分配系数为在较低温度下（800～900℃）更接近于1，特别是在800℃，分配系数明显减低，而在较高温度下（1000～1200℃）却远离1，这说明稀土元素使得Mo元素在低温下分配均匀，而在高温下却使得Mo元素在两相中分配不均。

图2-252为不同温度下主要合金元素（Cr、Mo、Ni）在相界附近的浓度，可见，在较低温度下（800～900℃），0号试验钢相界处的Cr、Mo元素浓度高于3号试验、4号试验钢，特别是Mo元素在800℃时明显在晶界富集。低温区（800～900℃）正是一些第二相粒子（如σ、χ相等）析出的敏感区域，Cr、Mo等元素在铁素体的富集能促进σ、χ相等金属间化合物的析出，特别是Mo元素，可使σ相TTT曲线上的析出范围以及析出温度上移。结合图2-252可知，稀土使得Cr、Mo元素在低温区两相中的分配更加均匀，即抑制了Cr、Mo元素在铁素体相中的偏析，减轻了相界处Cr、Mo元素的富集程度，如图2-252所示，这势必会对σ相的析出起到一定抑制作用，也解释了800℃时添加稀土的3号试验钢在相界上的σ相较未加稀土的0号钢有所减少，从而改善在该状态下的热加工性能的原因。

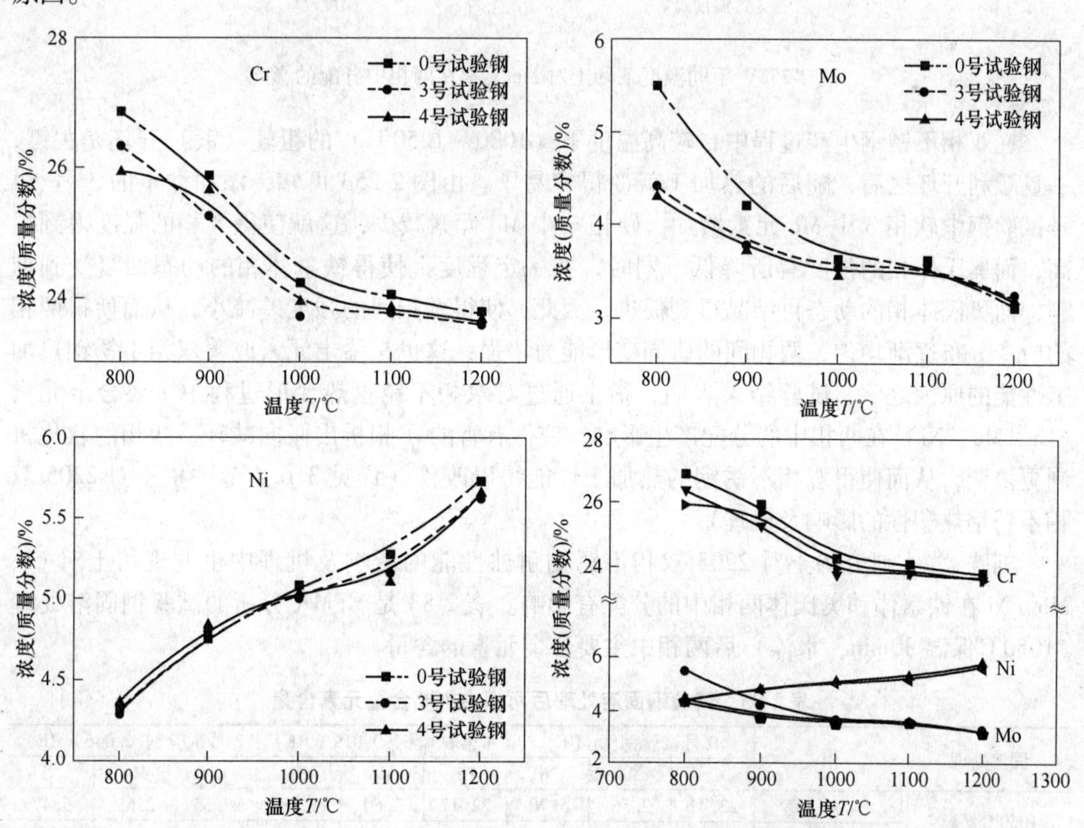

图2-252　稀土对试验钢不同温度下合金元素在相界附近的浓度的影响

图 2-253 为三种试验钢在不同变形温度下 Mo 元素在两相中的分配，可见在较低温度（800～900℃），稀土的添加抑制了 Mo 元素在铁素体相中的富集，因此稀土降低较低温度范围内 Mo 元素在 δ 相中的富集，一定程度上就可减轻 σ 相的析出倾向，而在较高温度下（1000～1200℃），稀土则使得铁素体相中的 Mo 浓度增加；相反，在奥氏体相中，稀土元素使得 Mo 元素在较低温度下升高而高温下则降低。

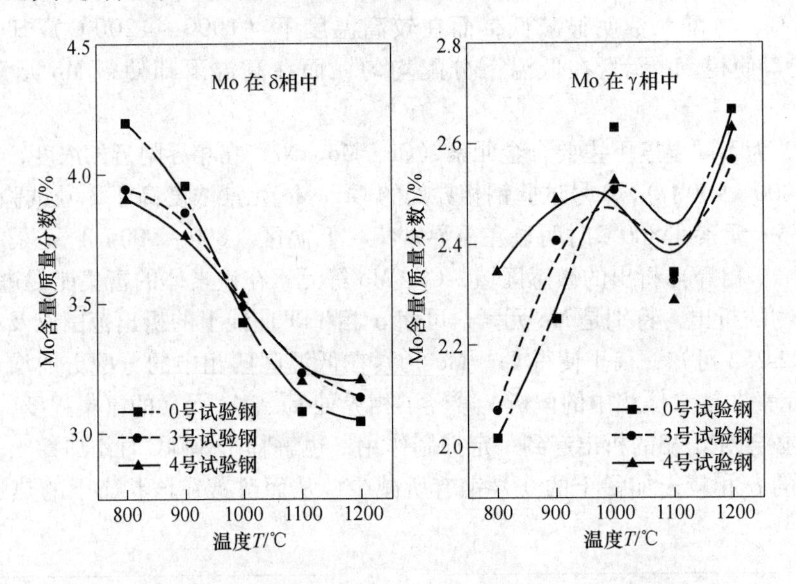

图 2-253　不同温度下稀土对 Mo 元素在两相中分配的影响

在双相不锈钢生产过程中，较高温度下（1000～1250℃）的粗轧（锻）开坯是关键，一旦顺利开坯之后，随后的热加工就变得容易了。由图 2-253 可知，添加稀土的 3 号、4 号试验钢中软相 δ 中 Mo 元素增加，硬相 γ 中 Mo 元素减少，这就使得 δ 相的强度得到提高，而奥氏体相的强度有所降低，同时，在一定程度上使得铁素体相的动态回复受到抑制，而奥氏体相的动态再结晶得到促进，因此，使得两相间的强度差减小，从而使得两相的应变分布逐渐均匀，两相间的协同变形能力增强，这也是稀土元素改善双相不锈钢热加工性能的原因之一。试验结果表明，稀土通过对双相不锈钢热变形过程中主要合金元素（Cr、Mo、Ni）在两相中的分配产生影响，使得有害的 σ 相析出倾向减轻，两相的软化机制更协调，从而使得双相不锈钢的热加工性能得以改善（详见 3.6.4 节中稀土对 2205 双相不锈钢热塑性的影响及机理）。

刘晓[200]在研究稀土对 2205 双相不锈钢耐蚀性能的影响及机理中也发现稀土对 Cr、Mo、Ni 在铁素体和奥氏体两相中的分配有影响。表 2-83 是 EPMA 分析的试验钢固溶处理（1050℃保温 30min，水淬）后两相中主要合金元素的含量。

表 2-83　试验钢固溶处理后两相中主要合金元素含量　（%）

固溶处理	相	0 号试验钢（无 RE）			1 号试验钢（0.019% RE）			3 号试验钢（0.046% RE）		
		Cr	Mo	Ni	Cr	Mo	Ni	Cr	Mo	Ni
1050℃保温 30min 水淬	γ	22.41	2.56	5.70	22.47	2.60	5.58	22.55	2.63	5.47
	δ	24.65	3.58	4.52	24.16	3.52	4.59	23.73	3.48	4.68
	δ/γ 相界	24.83	3.47	5.33	24.27	3.52	5.25	23.81	3.58	5.07

图 2-254 为试验钢固溶处理后合金元素在两相中的含量与稀土之间的关系。图 2-255 为试验钢合金元素在 δ/γ 相界的含量与稀土之间的关系。从表 2-83 及图 2-254、图 2-255 两图的对比中可以看出，未加稀土的 0 号试验钢中 Cr 和 Mo 元素在 δ 相和 δ/γ 相界中的含

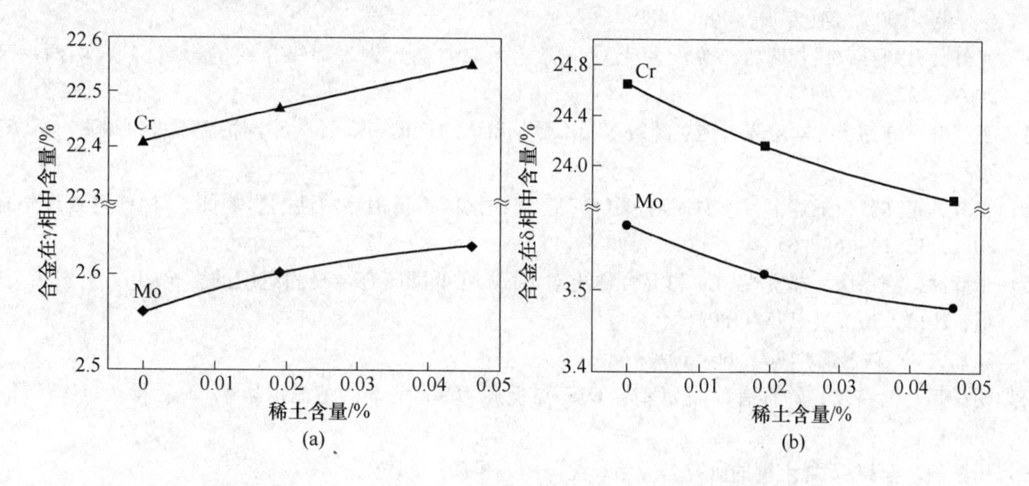

图 2-254　试验钢合金元素在两相中的浓度与稀土之间的关系
（a）γ 相中 Cr、Mo 元素含量变化；（b）δ 相中 Cr、Mo 元素含量变化

量要大于 γ 相中的。不难看出，正是由于奥氏体相中的含 Cr、Mo 量比铁素体和 δ/γ 相界中的低，所以奥氏体相中优先发生腐蚀。但是试验钢中加入稀土元素后，由图 2-254 中明显看到，Cr 和 Mo 的含量随钢中稀土含量的增加而呈现出相同的变化规律，Cr 和 Mo 元素在 δ 相中的含量随稀土含量的增加而减少，在 γ 相中的含量随稀土含量的增加而增加。Cr 和 Mo 元素是显著提高双相不锈钢耐蚀性能的合金元素。它们富集在靠近基体的钝化膜中，能降低钢的钝化电流，使双相不锈钢易钝化，保持钝化膜的稳定，并能提高钝化膜破坏后的修复能力，使钢的再钝化能力增强，提高钝化膜的稳定性。加入稀土元素的 1 号试验和 3 号试验钢中，奥氏体相中的 Cr 和 Mo 元素含量较 0 号试验钢要高，说明加稀土 1 号试验和 3 号试验钢中奥氏体相的耐腐蚀能力提高了，稀土元素间接地起到了提高试验钢耐均匀腐蚀的能力。从图 2-255 中也发现，Cr 元素在 δ/γ 相界中的含量随稀土含量的增加而减少，Mo 元素在 δ/γ 相界中的含量随稀土含量的增加而增加。这说明稀土元素的加入对试验钢两相及相界中元素的含量产生了一定的影响：稀土增加了 γ 相中 Cr 和 Mo 元素的含量，减少了 δ 相中 Cr 和 Mo 元素的含量，使 Cr 和 Mo 元素在两相中的分配更加均匀，提高了奥氏体相的耐腐蚀能力，这正是加入稀土后的试验钢腐蚀相对较轻的原因（详见 3.5.2.8 节中稀土对 2205 双相不锈钢耐蚀性能的影响及机理）。

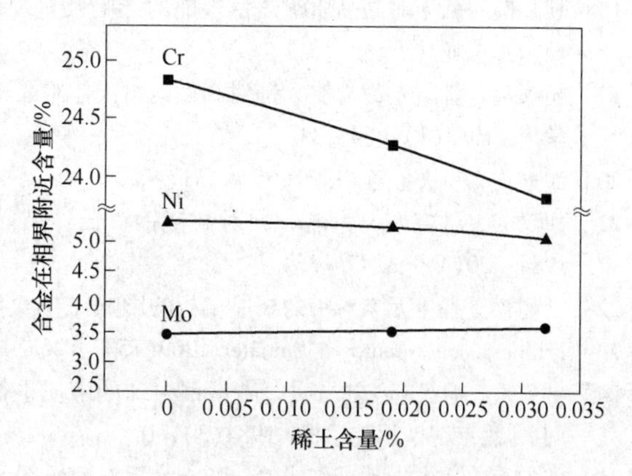

图 2-255　试验钢合金元素在 δ/γ 相界附近的含量与稀土之间的关系

参 考 文 献

[1] 王龙妹，戚国平，徐军，等．稀土对430铁素体不锈钢凝固组织和薄板成型性能的影响[J]. 中国稀土学报，2006，24(专辑)：486~489.

[2] 光红兵，刘雅政，菅瑞雄，等．稀土对高牌号无取向电工钢表面纵条纹的影响[J]. 山西冶金，2009，122(6)：4~6.

[3] 王晓峰，陈伟庆，郑宏光．铈对超级双相不锈钢凝固组织的影响[J]. 中国稀土学报，2008，26(6)：734~737.

[4] 张辉，崔文芳，王建军，等．Ce对00Cr17高纯铁素体不锈钢热塑性的影响[J]. 材料热处理学报，2011，32(1)：61~65.

[5] 于彦冲，陈伟庆，郑宏光．Ce和混合稀土对Fe-36Ni低膨胀合金凝固组织的影响[J]. 中国稀土学报，2012，30(2)：175~180.

[6] 涂嘉夫ら. 鉄と鋼，1980，66：618~637.

[7] 胡汉起，钟雪友，韩青有，等．Ce与CaSi对低硫16Mn钢一次结晶的影响[J]. 稀土，1985(2)：9~14.

[8] 杨家振．精铸45稀土钢的研究与应用．沈阳第一机床厂，1982.

[9] 余宗森．稀土在钢铁中的应用[M]. 北京：冶金工业出版社，1987：195~208.

[10] 冶金部稀土处理钢发展规划技术交流和推广会议资料汇编．武钢第二炼钢厂，1994.

[11] Turnbull D，Vonnegut R. Grain refining of superalloy and its alloys using inoculants[J]. Ind Eng Chem，1952，44：1274.

[12] 大桥彻郎朗ぅ. 鉄と鋼，1976(62)：614.

[13] B L Bramfit. The effect of carbide and nitride additions on the heterogeneous nucleation behavior of liquid iron[J]. Metallurgical Transactions，1970，7(1)614：1987.

[14] Hunt. J D. Steady state columnar and equiaxed growrh of dendrites and eutectic[J]. Material Science and Engineering . 1984，65(1)：75.

[15] B Yao，D J Li，A M Wang，B Z Ding，S L Li，Z Q Hu. Effect of high pressure on the preparation of Pd-Si-Cu bulk nanocrystalline material[J]. Mater. Res，1996(11)：912.

[16] 高瑞珍，陈慧青．稀土元素对钢的凝固特性及结晶组织的影响[J]. 稀土，1985(3)：27.

[17] 高瑞珍，胡汉起，钟雪友．稀土在钢的一次结晶中的作用[J]. 铸造，1985(1)：13~19.

[18] 杜晓健．稀土对高品质耐热钢性能的影响及机理研究[D]. 博士论文，北京钢铁研究总院，2010，导师：王龙妹．

[19] 胡汉起，钟雪友，力航．铈对高锰钢奥氏体胞晶稳定性及锰的枝晶偏析的影响[J]. 北京钢铁学院学报，1983(1)：64~83.

[20] 涂嘉夫ら. 鉄と鋼，1979(65)：A17~20.

[21] 胡汉起，钟雪友，力航．Ce对高锰钢奥氏体结晶形貌及Mn的枝晶偏析的影响[J]. 金属学报，1984，20(4)：A247~254.

[22] 刘树模．稀土元素对钢的枝晶偏析的影响[J]. 金属材料预加工，1979(5)：18~26.

[23] Fridberg. J. Jernrontovets Annaler. 1969(153)：263~276.

[24] 钟雪友，胡汉起，刘昌明．高锰钢中铈的溶质平衡分配系数K_0的测定及铈对锰、硅K_0值的影响[J]. 北京钢铁学院学报，1984(3)：16.

[25] 郭宏海，宋波，毛璟红，等．稀土元素对耐候钢元素偏析的影响[J]. 北京科技大学学报，2010，32(1)：44.

[26] 郭宏海，宋波，侯立松，等．RE对耐候钢溶质再分配的影响[J]. 中国稀土学报，2010，28

(3)：360.

[27] 兰杰，贺俊杰，等．RE 对铸造 13 钢凝固组织及冲击韧性的影响[J]．钢铁，2000，35(10)：48.

[28] 李彦均，姜启川，赵宇光，等．铈对 M2 高速钢凝固组织的作用[J]．中国稀土学报，1999，17(2)：149.

[29] Longmei Wang，Qin Lin. Jingwen Ji and Denian Lan. New study concerning development of application of rare earth metals in steels[J]. Journal of Alloys and Compounds，2006，408 ~ 412：384 ~ 386.

[30] 张锋，马长松，王波，等．采用稀土处理去除无取向硅钢中的夹杂物[C]，第八届中国钢铁年会论文集，2011.

[31] 郭锋．[博士学位论文]．北京：北京科技大学，2005.

[32] 林勤，郭锋，朱兴元．镧和铈在碳锰洁净钢中的合金化作用[J]．中国稀土学报，2006，24(增刊)：427.

[33] 高文海．镧对 5CrMnMo 热作模具钢力学性能的影响[J]．稀有金属，2007，31(4)：467.

[34] 罗迪，邢国华，邹惠良．微量硫对高速钢热塑性的影响[J]．金属学报，1983，19(4)：B151.

[35] 沙爱学，王福明，吴承建，等．稀土镧与残余元素的固定作用[J]．中国稀土学报，2000，24(4)：287.

[36] 于宁，孙振岩，戢景文，等．稀土（铌）对重轨钢铸、轧态组织与性能的影响[J]．中国稀土学报，2005，23(23)：621 ~ 626.

[37] 袁泽锡，李景慧，冯松筠，等．铈在钢中的晶界偏聚行为与高温回火脆性[J]．北京钢铁学院学报，1982(增刊2)：42.

[38] 吴承建，汤晓丽．铈、钼和磷在钢中的晶界偏聚行为与高温回火脆性[J]．钢铁，1991，26(12)：31.

[39] 陈列，佐辉，苗红生，等．3Cr2W8V 热作模具钢的稀土合金处理[J]．特殊钢，2005，26(5)：51.

[40] Wang Longmei，Lin Qin，Ji Jingwen and Lan Denian. PRogress in Study of APplication of rare earth metals in steels[J]. J. of The Chinese Rare Earth Society，2004，22 (Spec.)：257 ~ 260.

[41] 李文超，林勤，叶文；等．含砷低碳钢中稀土夹杂物形成的热力学计算[J]．稀土金属，1983，2(1)：53 ~ 59.

[42] 李代钟，王泽玉，王星世．钢中稀土夹杂物形成和变化的某些规律[J]．钢铁，1980，15(8)：34.

[43] 龙骥，朱定华，刘志毅．稀土铈对低硫低氧纯铁中锑的作用[J]．吉林大学学报，1982.

[44] 张东彬，吴承建，赵锡霖．铈对 Fe-Sb 合金之凝固境界偏聚的影响[J]．北京钢铁学院学报，1984.

[45] 兰高华．[学位论文]．北京钢铁学院，1985.

[46] 王福明，魏利娟，沙爱学，等．稀土铈与钢中残余元素的作用研究[J]．中国稀土学报，2002，20(专辑)：294.

[47] 严春莲，王福明，魏利娟，等．残余元素锡、锑对 34CrNi3Mo 钢冲击韧性的影响及稀土镧的改善作用 [J]．北京科技大学学报，2004，26(3)：277 ~ 281.

[48] 魏利娟，王福明，项长祥，等．镧对含锡、锑残余元素的 34CrNi3Mo 钢热塑性的改善作用[J]．中国稀土学报，2003，21(3)：311.

[49] 赵亚斌，王福明，李长荣，等．GCr15 钢中稀土与残余元素作用的热力学分析和实验研究[J]．中国稀土学报，2006，24(专辑)：62.

[50] 叶文，林勤，李文超．铈在低硫 16Mn 钢中的物理化学行为[J]．中国稀土学报，1985，3(1)：55 ~ 61.

[51] Vahed A.，Kay D A R.．Metall Trans.．7B(1976)375.

[52] 杨晓红，吴鹏飞，吴铖川，等．特殊钢中稀土变质夹杂物行为研究[J]．中国稀土学报，2010，28(5)：612.

[53] 林勤，叶文，杜垣胜，等．稀土在钢中的作用规律和最佳控制[J]．北京科技大学学报，1992，14(2)：225～231.
[54] 刘晓，杨吉春，高学中．稀土2Cr13不锈钢中夹杂物的热力学分析及试验研究[J]．钢铁，2010，45(8)：65.
[55] 陈冬火，林勤，郭锋，等．高镧稀土添加剂在16Mn钢中的应用[J]．中国稀土学报，2004，26(6)：601.
[56] 李文超，林勤，叶文，等．35CrNi3MoV钢中稀土夹杂物生成的热力学计算[J]．中国稀土学报，1984，2(2)：57.
[57] P E Waudby. Inter. Met. Rev.，1987，23(2)：74.
[58] 北京钢铁学院金属物理教研组，鞍山钢铁公司汽车钢板研究组．用稀土元素控制硫化物形态提高钢板横向塑性的研究[J]．金属学报，1974(1)：27.
[59] Wilson W G. E. F. P.，1973(31)：154～161.
[60] 林勤．北京科技大学，内部资料．
[61] 张路明，林勤，等．高强耐候钢中稀土含量对夹杂物和性能的影响规律[J]．稀土，2005，26(5).
[62] 岳丽杰．稀土在Cu-P系耐候钢中的作用机理[D]．博士论文，2005，指导老师：徐成海，王龙妹．
[63] 张峰，吕学钧，王波，等．稀土处理无取向硅钢中夹杂物的控制[J]．钢铁钒钛，2011，32(3)：46.
[64] 刘承军，姜茂发，李春龙，等．稀土对重轨钢冲击韧度的影响作用机制[J]．过程工程学报，2006，6(1)：135.
[65] 李峰，刘向东，任慧平，等．稀土镧对纯净钢中夹杂物及抗拉强度的影响[J]．机械工程材料，2008，32(12)：59.
[66] 郭锋，林勤，孙学义．稀土碳锰纯净钢中夹杂物形成与转化的热力学计算及观察分析[J]．中国稀土学报，2004，22(5)：614.
[67] 林勤，姚庭杰，刘爱生，等．稀土在石油套管钢中的应用研究[J]．中国稀土学报，1996，14(2)：160.
[68] Seiji Nabeshima，et al. Effect of Al and Re metal concentration on the composition of inclusions in Si-Mn killed steel[C]. Sino-Janp Symoposium on Science & Tech. of Iron & Steel. 2001，Xian：59～63.
[69] 李长荣，杨洪，文辉．稀土元素对硬线钢中夹杂物的变性处理[J]．材料热处理技术，2004，39(8)：12.
[70] 李文超，林勤，叶文，等．35CrNi3MoV钢中稀土夹杂物生成的热力学分析 [J]．北京钢铁学院学报，1984 (2).
[71] 肖寄光，程慧静，王福明．稀土对船板钢组织及低温韧性的影响[J]．稀土，2010，31(5)：52～58.
[72] 李亚波，王福明，李长荣．铈对低铬铁素体不锈钢晶粒和碳化物的影响[J]．中国稀土学报，2009，27(1)：123.
[73] 刘坤鹏，姜荣票，敦小龙．稀土-低熔点合金复合变质处理对超高碳钢微观组织及力学性能的影响[J]．稀有金属，2011，35(1)：47.
[74] 王仲珏．稀土变质处理改善高锰钢性能[J]．新技术新工艺，2001(1)：28～29.
[75] 梁建平，乔林锁，周旨峰．稀土复合变质对超高锰钢组织的影响[J]．稀有金属，2004，30(1)：15.
[76] 长谷川正义，等．鉄と鋼，1965，51(6)：1163.
[77] U S patent，No. 3655516.
[78] Бабаков А. А. и др.，Защита Металлов，1974，10(3)：282.
[79] 邱巨峰，程万荣．稀土对Cr18Ni18Si2钢冲击断口形态的影响[J]．金属学报，1979，15(4)：

557～560.
[80] Савицкдй Е М и др. Изв. АНСССР, Металлов, 1975(3): 122.
[81] 张杰，罗仙君. 2Cr3Mo2NiVSi 钢中稀土对碳化物的影响[J]. 机械工程材料，1995，19(5)：14.
[82] 刘宗昌，阎俊萍，杨植玑，等. 混合稀土对中碳锰钒钢连续冷却转变的影响[J]. 金属热处理学报，1987，8(2)：82～87.
[83] 刘宗昌，阎俊萍，韩端茹，等. RE 对中碳锰钒钢连续冷却转变的影响[J]. 包头钢铁学院学报，1986(2):51～57.
[84] 韩永令，杜奇圣. 稀土元素在低硫 18Cr2Ni4WA 钢中作用的研究[J]. 稀土，1984(2)：15.
[85] 林勤，付廷灵，余宗森，等. Study on the Interaction between Rare Earth and Carbon in High Carbon Steel[J]. J Rare Earths, 1995，13(3)：191.
[86] 潘承璜，赵良仲. 电子能谱基础[M]. 北京：科学出版社，1981：297.
[87] 付廷灵. 硕士论文，北京科技大学，1991，40.
[88] 王明家，陈雷，王子兮，等. 含稀土轧辊用高速钢淬回火过程微观组织转变[J]. 材料热处理学报，2012，33(3)：58.
[89] 杨庆祥，王爱荣，吴浩泉，等. 稀土对 60CrMnMo 热轧辊钢高温低周疲劳性能的影响[J]. 中国稀土学报，1995，13(2)：141.
[90] 梁工英，顾林喻. 稀土对白口铸铁中碳化物形貌及冲击疲劳的影响[J]. 中国稀土学报，1993，11(4)：341～344.
[91] 宋延沛，李秉哲，朱景芝，等. 稀土复合变质剂对高碳高速钢性能及组织的影响[J]. 钢铁研究学报，2001，13(6)：31.
[92] 符寒光，邢建东. 变质处理 M2 铸造高速钢的组织和性能[J]. 航空材料学报，2003，23(1)：7～10.
[93] 崔亦国，张子义. 变质处理 M2 铸造高速钢组织和性能研究[J]. 铸造技术，2004，25(11)：845～847.
[94] 林勤，宋波，郭兴敏，等. 钢中稀土微合金化作用与应用前景[J]. 稀土，2002，22(4)：31.
[95] Lin Qin, Ye Wen, Du Yuansheng, Yu Zongsen. behavior of rare earth in solid solution in steel [J]. J. Chin J. Met Tech., 1990 (6)：415～420.
[96] 林勤，叶文，李栓禄. 钢中稀土固溶规律及作用研究[J]. 中国稀土学报，1989，7(2)：55.
[97] 沈裕和，等. Journal de physique, 1985，46，399.
[98] 余宗森. 稀土在钢铁中的应用[M]. 北京：冶金工业出版社，1987：238～250.
[99] 戢景文，车韵怡，刘爱生，等. 钢铁中稀土合金化的内耗研究及其理论[J]. 中国稀土学报，1996，14(4)：350.
[100] 林勤，叶文，陈宁. 超低硫微合金钢中稀土元素的作用[J]. 中国稀土学报，1997，15(3)：223～228.
[101] 林勤，王怀斌，唐历. 稀土钒复合微合金化作用研究[J]. 中国稀土学报，2001，19(2)：146.
[102] 金泽洪. 合金钢的稀土金属微合金化研究[J]. 特殊钢，1997，18(4)：5.
[103] 周兰聚，唐立东，苗钊. 稀土微合金化及其对钒铌沉淀相析出规律的影响[J]. 钢铁研究，2001，121(4)：10.
[104] 林勤，陈邦文，唐历. 微合金钢中稀土对沉淀相和性能的影响[J]. 中国稀土学报，2002，20(3)：257.
[105] 余宗森. 稀土在钢铁中的应用[M]. 北京：冶金工业出版社，1987：263～267.
[106] 林勤，郭锋，张路明. 镧在碳锰纯净钢中合金化作用的研究[J]. 稀土，2005，26(5)：37～41.
[107] 贾常志. 中国稀土学会第一届稀土在钢中应用学术会议论文摘要，1982.

[108] 陈晓光，高瑞珍．中国稀土学会第一届稀土在钢中应用学术会议论文摘要，1982.
[109] 余宗森．稀土在钢铁中的应用[M]．北京：冶金工业出版社，1987：223～230.
[110] 徐祖耀．马氏体相变[M]．北京：科学出版社，1982.
[111] 徐祖耀．面心立方-体心立方（正方）马氏体相变热力学[J]．上海交通大学学报，1979（3）：49～63.
[112] 刘宗昌，李承基．固溶稀土对钢临界点的影响[J]．兵器材料科学与工程，1989，96(9)：56.
[113] 李文学，刘宗昌，李承基．铈对60Mn2钢过冷奥氏体连续冷却转变的影响[J]．包头钢铁学院学报，1990，9(2)：44.
[114] 刘宗昌，李文学，李承基．10SiMn钢的CCT曲线及铈的影响[J]．金属热处理学报，1990，11(1)：75.
[115] 刘宗昌．正火45MnVRE钢的组织[J]．兵器材料科学与工程，1988(11)：39.
[116] 刘宗昌，李文学，李承基．稀土对低碳硅锰钢组织转变的影响[J]．兵器材料科学与工程，1990，103(4)：23.
[117] 刘宗昌，李承基．稀土元素对正火钢马氏体点的影响[J]．物理测试，1990(6)：41.
[118] 张东彬，吴承建．Ce在α-Fe晶界的偏聚及其对磷的晶界平衡偏聚的影响[J]．金属学报，1988，24(2)：A100～104.
[119] 刘宗昌，李文学，李承基．全国第三届马氏体相变论文集，1990.
[120] 刘和，郑登慧，徐祖耀．稀土对20Mn钢连续冷却相变及显微组织的影响[J]．兵器材料科学与工程，1992，15(3)：7.
[121] 刘和，郑登慧，徐祖耀．稀土对20Mn钢等温相变及组织形态的影响[J]．中国稀土学报，1993，11(1)：41.
[122] 梁益龙，谭起兵．稀土对Mn-RE系贝氏体钢CCT曲线及组织的影响[J]．金属热处理，2009，34(8)：48.
[123] 梁益龙，谭起兵，李光新，等．不同稀土含量的GDL-1钢中贝氏体相变研究[J]．兵器材料科学与工程，2008，31(3)：31.
[124] 张振忠，黄一新，颜银标，等．稀土对16Mn钢等温相变及显微组织的影响[J]．稀土，2001，22(4)：56.
[125] 吕伟，郑登慧，徐祖耀．稀土对0.27C-1Cr钢TTT的影响[J]．金属学报，1993，29(7)：A307.
[126] 郭锋，林勤．稀土元素La对碳锰纯净钢组织和冷却转变的影响[J]．金属热处理，2006，31(2)：33.
[127] 吴承建，张保良．铈对锰钒钢过冷奥氏体转变的影响[J]．中国稀土学报，1992，10(1)：48.
[128] 朱兴元，石勤，林勤．铈在低硫铌钛钢中的微合金化作用[J]．中国稀土学报，2004，22(5)：665～669.
[129] 姚守志，周吉礼，高永生，等．稀土元素对60Si2Mn钢相变动力学的影响[J]．稀土，1985(1)：30.
[130] 郭艳，郭华，左军，等．攀钢09CuPRE热轧耐候板的工艺及性能[J]．钢铁钒钛，1998，19(1)：32.
[131] 杨丽颖，王宝峰，李春龙，等．稀土对BNbRE重轨钢组织及临界点的影响[J]．包头钢铁学院学报，2004，23(1)：45.
[132] 叶文，林勤，李文超．低硫16Mn钢中稀土固溶量的研究[J]．稀有金属，1986(6)：401.
[133] 李文超，林勤，叶文，等．稀土在35CrNi3MoV钢中的作用机理[J]．兵器材料科学与工程，1984(4)：1.
[134] 金泽洪，陈方明，刘崇明，等．稀土对20钢组织性能的影响[J]．特殊钢，1996，17(1)：19.

[135] 王笑天，姚引良，邵谭华．稀土元素对 Si-Mn-V 钢淬火、回火过程中组织结构转变的影响[J]．金属学报，1990，26(6)：A426.

[136] 王福明，黄正琨，郭笑傲，等．铈对重轨钢中珠光体相变及组织的影响[J]．中国稀土学报，1994，12(3)：239.

[137] 李春龙，王云盛，陈建军，等．稀土在 BNbRE 重轨钢中的作用机制[J]．钢铁研究总院学报，2005，17(3)：48.

[138] 朱兴元．低硫低合金钢中铈合金化作用规律的研究[D]．北京：北京科技大学博士论文，2000.

[139] 陈祥，李言祥．稀土、钒、钛变质处理对高硅铸钢晶粒细化的影响[J]．材料热处理学报，2006，27(3)：75.

[140] 吕伟，张雷，徐祖耀．稀土对 0.27C-1Cr 钢先共析铁素体及珠光体相变的影响[J]．钢铁，1993，28(9)：63.

[141] 刘勇华．稀土在微合金钢中的应用基础研究[D]．北京：北京科技大学硕士论文，1995.

[142] 李文学，刘宗昌．稀土对 10SiMn、42MnV、60Mn2 钢显微组织的影响[J]．包头钢铁学院学报，2002，21(2)：159.

[143] 刘亦农，高瑞珍．铈元素对亚共析钢固态转变点和转变产物的影响[J]．稀土，1987(4)：19.

[144] 戢景文．钢铁中稀土合金化的内耗研究[J]．物理，1993，(4)：208 ~ 211.

[145] 叶文，林勤，等．稀土对 14MnNb 钢的微合金化作用[J]．北京科技大学学报，1995，17(2)：159.

[146] 林勤，宋波，李全璐．钢中稀土固溶规律及作用研究[J]．中国稀土学报，1989；(2)：54 ~ 58.

[147] 吴承建，程述武，黄德清．稀土、磷等元素在淬火钢回火时的晶界偏聚[J]．北京钢铁学院学报，1980(1)：81 ~ 87.

[148] Wells C and Mehl R F. Metals Technology. 1940，1180.

[149] 杨植玑，刘沃垣．混合稀土在钢铁中的固溶量及析出相研究[J]．钢铁，1982(4)：36 ~ 40.

[150] 章复中，谷力军，翟柳兴，等．Ce 和 Nd 在 α-Fe 中的固溶度[J]．金属学报，1987，23(6)：A503 ~ 506.

[151] 余宗森．稀土在钢铁中的应用[M]．北京：冶金工业出版社，1987：121 ~ 151.

[152] 刘承军，姜茂发，李春龙，等．稀土对 BNbRE 重轨钢微观组织的影响[J]．稀土，2005，26(5)：72.

[153] 荆鑫，闫永旺．稀土元素 La、Ce 对重轨钢组织和性能的影响[J]．内蒙古石油化工，2011，9(7)：7.

[154] 李文学，刘宗昌．稀土对 10SiMnNb 钢显微组织的影响[J]．包头钢铁学院学报，1990，9(1)：74.

[155] 吕伟，孙立民，徐祖耀．稀土对低合金钢贝氏体相变动力学的影响[J]．钢铁，1994，29(11)：44 ~ 46.

[156] 梁益龙，雷敏，陈伦军，等．稀土对 GDL-1 型贝氏体钢的显微组织及力学性能的影响[J]．材料热处理学报，2006，27(6)：95.

[157] 武晓雷，陈光南，马朝利，等．钢中贝氏体形核初期微观形貌及精细结构的 TEM 观察[J]．金属学报，1997，33(7)：699.

[158] 梁益龙，谭起兵．稀土对 Mn-RE 系贝氏体钢 CCT 曲线及组织的影响[J]．金属热处理，2009，34(8)：48.

[159] 梁益龙，谭起兵，邹智勇．稀土对钎杆用 GDL-1 钢 CCT 图及组织的影响[J]．凿岩机械气动工具，2009(4)：16.

[160] 徐祖耀．贝氏体相变简介[J]．热处理，2006，(2).

[161] 余宗森．稀土在钢铁中的应用[M]．北京：冶金工业出版社，1987：20 ~ 33.

[162] 余宗森．稀土在钢铁中的应用[M]．北京：冶金工业出版社，1987：251 ~ 261.

[163] 余宗森．稀土在钢铁中的应用[M]．北京：冶金工业出版社，1987：275～281.
[164] 俞德钢，谈育煦．钢的组织强度学[M]．上海：上海科学技术出版社，1983.
[165] 吴承建，张保良．铈对锰钒钢过冷奥氏体转变的影响[J]．中国稀土学报，1992，10(1)：48.
[166] 王贵，周新初，李殿凯，等．稀土对35CrMo钢淬火组织结构的影响[J]．兵器材料科学与工程，2001，24(1)：19.
[167] 王福明，李景慧，韩其勇．铈对粒状贝氏体钢组织与性能的影响[J]．中国稀土学报，1994，12(4)：332.
[168] 中国机械工程学会热处理学会．第三届国际材料热处理大会论文集[C]．北京：机械工业出版社，1985：181.
[169] 俞德钢．贝氏体相变理论进展近况[J]．金属热处理学报，1996,(S1).
[170] G B Olsen and Morris Cohen. A General mechanism of martensitic nucleation：Part Ⅱ．FCC→BCC and other martensitic transformation[J]. Met.，Trans.，1976，7A，1905.
[171] 西安交通大学科学技术报告，1987，10.
[172] 刘文瑞．五二研究所实验报告．
[173] 余宗森．稀土在钢铁中的应用[M]．北京：冶金工业出版社，1987：2～15.
[174] 张华锋，由淼．稀土、钒、铌、钛对T11钢淬火亚结构的影响[J]．兵器材料科学与工程，1984(1)：25～28.
[175] 林勤，王怀斌，卢先利，等．Effects of RE and Vanadium on Microalloyed Steel[J]．稀土，2002，20(1)：146.
[176] Akben M G，Baeroix B，Jonas J. Effect of vanadium and molybdenum addition on high temperature recovery，recrystallization and precipitation behavior of niobium-based microallyed steels[J]. Acta Metall，1983，31(2)：161.
[177] 叶文，郭世宝，林勤，等．稀土对含铌钢再结晶动力学的影响[J]．中国稀土学报，1995，13(1)：45.
[178] 陈林，杨希，王文君，等．稀土微合金元素对U71Mn，RE重轨钢动态再结晶的影响[J]．中国稀土学报，2009，27(3)：430.
[179] 张银花．CrNb微合金轨钢的研究[D]．北京：铁道部科学研究院，2001.
[180] 包喜荣，陈林，李刚．稀土重轨钢的静态再结晶研究[J]．中国稀土学报，2011，29(4)：407.
[181] 李亚波，王福明，尚成嘉，等．铈对低铬铁素体不锈钢静态再结晶行为的影响[J]．材料热处理学报，2011，31(3)：64.
[182] 高燕，张建华，周满春，等．IF钢热变形铁素体的静态再结晶行为[J]．河北理工大学学报（自然科学版），2007，29(3)：45～48.
[183] 牧正志（Tadash Maki.）．细化钢铁材料晶粒的原理与方法[J]．热处理，2006，21(1)：1～9.
[184] David R Sigler. The oxidation behavior of Fe-20 Cr alloy foils in a synthetic exhaust-gas atmosphere[J]. Oxidation of Metals，1996，46：335～364.
[185] 杜挺，韩其勇，王常珍．稀土碱土等元素的物理化学及在材料中的应用[M]．北京：科学出版社，1995.
[186] 林勤，朱兴元，王怀斌，等．稀土在钢中的微合金化作用研究[J]．冶金研究，2002(4)：295～300.
[187] 叶文，刘勇华，林勤，等．稀土对微合金钢中碳化铌析出规律的影响[J]．中国稀土学报，1996，14(4)：325～329.
[188] 叶文，郭世宝，林勤，等．稀土对钢中碳化铌溶解和析出行为的影响[J]．中国稀土学报，1994，12(4)：340～343.

[189] 林勤，付廷灵，杜垣胜，等. Effects of Rare Earths on the Tempering Transformation Kinetics of High Carbon Steel[J]. journal of rare earths, 1994, 12(4): 275～277.

[190] 杜挺. 稀土元素在铁基溶液中的热力学[J]. 钢铁研究学报, 1994, 6(3).

[191] 王怀斌. 钒微合金钢中稀土作用的研究[D]. 北京科技大学, 1996.

[192] 郭世宝. 稀土铌微合金元素在低合金钢中的应用研究[D]. 北京科技大学, 1993.

[193] 雍岐龙. 微合金钢——物理和力学冶金[M]. 北京: 机械工业出版社, 1989.

[194] 王宝峰, 杨丽颖, 李春龙. 重轨钢中稀土与铌的交互作用规律的研究[J]. 包头钢铁学院学报, 2006, 25(2): 129.

[195] 陈雷. 含稀土奥氏体不锈钢及双相不锈钢的高温力学性能研究[D]. 钢铁研究总院，博士论文，2011，指导老师：王龙妹.

[196] S Atamert, J E King. Elemental partitioning and microstructural development in duplex stainless steel weld metal[J]. Acta Metallurgica Et Materialia, 1991, 39(3): 273～285.

[197] M B Cortie, E M L E M Jackson. Simulation of the precipitation of sigma phase in duplex stainless steels [J]. Metall. Mater. Trans., 1997; 28A: 2477～2484.

[198] T H Chen, J R Yang. Effects of solution treatment and continuous cooling on σ-phase precipitation in a 2205 duplex stainless steel[J]. Mater. Sci. Eng., 2001, 311A: 28～41.

[199] M Martins, L C Casteletti. Heat Treatment Temperature Influence on ASTM A890 GR 6A Super Duplex Stainless Steel Microstructure[J]. Materials Characterization, 2005, 55(3): 225～233.

[200] 刘晓. 稀土对2205双相不锈钢性能的影响及机理研究[D]. 钢铁研究总院，博士论文，2011，指导老师：王龙妹.

3 稀土对低合金钢、合金钢性能的影响

稀土能改善钢的组织和性能，从20世纪60年代以来，已被冶金工作者不断报道的大量研究数据所证实。大量钢种的研究成果证明了稀土可有效改善钢的组织和性能，微量稀土能有效地提高钢的冲击韧性、塑性、耐磨性、耐蚀性、抗疲劳性能、改善热加工和焊接性能、提高热强性、改善低温性能、提高抗氧化性等。

3.1 稀土对低合金钢、合金钢冲击韧性的影响

1968年美国Jones & Lawghin钢铁公司用稀土成功地解决了新研制VAN-80钢的质量问题[1]，采用添加稀土，通过稳定控制Mn/S比值，成功解决了VAN-80钢中MnS夹杂物的危害作用，且很快被广泛应用于低合金高强钢、要求成型性能好且冲击性能高的油气输送管道及汽车用钢。稀土提高钢的横向冲击韧性，从而改善了钢的各向异性，并且稀土对碳锰低合金钢、品种合金钢的低温冲击韧性改善很明显，各研究者们报道的结果都比较一致，不少研究者针对研究的具体钢种给出了有效改善冲击韧性的最佳稀土含量控制范围及最佳的RE/S比值的范围。许多研究者通过对冲击断口组织及形貌分析，探讨了稀土改善钢冲击韧性的机理。

3.1.1 稀土对碳素结构钢及碳锰低合金钢冲击韧性的影响

3.1.1.1 稀土对碳素结构钢（Q235）冲击韧性的影响

碳素结构钢（Q235）的产量约占我国钢产量的一半。王社斌等[2]研究了微量稀土元素对Q235B钢微观组织和冲击性能的影响。结果表明：在所研究条件下，随稀土量的增加，铁素体晶粒尺寸由24μm减小至12μm，珠光体组织被细化；MnS夹杂物由长条形变为小球形，氧化夹杂物由多棱角形变为椭球形，其尺度亦减小10倍；钢材力学性能直线增大。

图3-1是从试棒纵向取冲击试样，20℃下的冲击韧性值和断面收缩率随RE质量分数的变化关系。从中可知，冲击韧性和断面收缩率随稀土量的增加而上升，当稀土质量分数为0.0036%时，冲击韧性值达到172J/cm^2，比没加RE的试样提高45%。

由表3-1可知，随着RE质量分数的增加，钢中夹杂物平均面积由3.45μm^{2}减小至1.21μm^2；钢中大尺寸夹杂物基本消失；最大夹杂物面积由95.42μm^{2}减小至20.32μm^2；夹杂物占总面积比例由0.047%减小至0.029%，基体中夹杂物总量下降。这是因为钢中全氧质量分数由0.007%下降至0.001%，随着全氧质量分数的下降，钢中氧化物夹杂总量和大颗粒夹杂物数量逐渐减少，此结果表明Q235钢中加入稀土大幅度提高了钢的洁净度，有效变质夹杂物，是改善Q235钢性能，提高其韧性的重要原因之一。

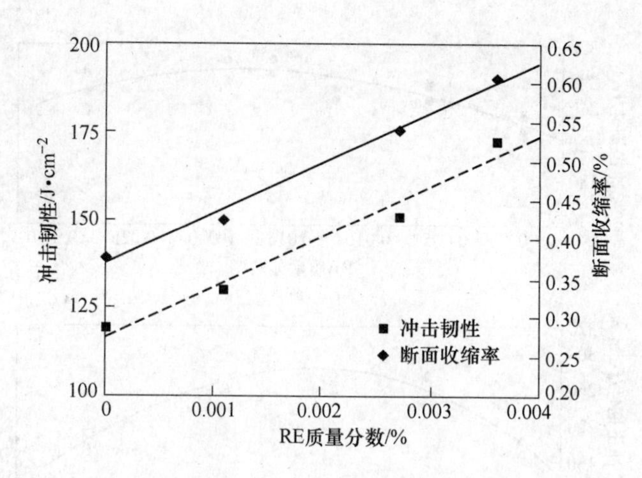

图 3-1 RE 对 Q235B 钢常温下冲击韧性值和断面收缩率的影响[2]

表 3-1 Q235B 试验钢试样中夹杂物面积统计结果[2]

试 样	平均面积/μm^2	最大面积/μm^2	夹杂物占总面积比例/%
1	3.45	95.42	0.047
2	2.27	36.93	0.036
3	1.85	37.21	0.032
4	1.21	20.32	0.029

3.1.1.2 稀土对 SS400 碳素结构钢冲击性能的影响

SS400 是一种被广泛应用的碳素结构钢，在实际生产中，存在着钢板性能合格率低的问题。张芳等[3,4]研究了镧对 SS400 钢常温及低温冲击韧性的影响。

常温 20℃、-20℃和-40℃下，试验钢中的镧均会使其冲击性能先上升，然后略有下降，说明适量的镧含量能够提高 SS400 钢常温及低温冲击韧性；同时也证明镧过量后，会降低 SS400 钢的冲击韧性。将镧含量控制在 0.016% 左右为宜，此时不同温度下冲击韧性的提高幅度分别为 32.63%、46.71%、55.99%，可以看出镧在 SS400 钢中提高其冲击韧性的效果很明显，特别是对低温冲击韧性提高幅度更大，如图 3-2 所示。

从图 3-3 可以看出，0.016% 的镧对 SS400 钢的铸态组织有明显的细化作用。稀土原子和铁元素的原子半径相差 40%，镧主要通过空位扩散机制偏聚于奥氏体晶界处，降低了晶界能，减小了晶界长大的驱动力，阻碍了奥氏体晶粒的长大，从而可以细化晶粒和组织。试验钢锻后珠光体形貌如图 3-4 所示。试样经过锻造以后，未加稀土珠光体形貌为短粗状不规则片层结构，0.016% 镧试样的珠光体片间距明显缩小，组织细化。0.028% 镧试样珠光体片层较为细小，但部分片层之间呈现多种位向关系，有序性被破坏（图 3-4）。

张芳等[3,4]研究表明钢中加入稀土后，由于晶粒细化晶界增多，加上钢液被净化，夹杂分布改善，使晶界夹杂物数量明显减少，少量细小的圆粒状夹杂弥散分布于奥氏体晶内，使夹杂对韧性危害降低到最低程度，从而提高了钢的冲击韧性，尤其是低温冲击韧性。

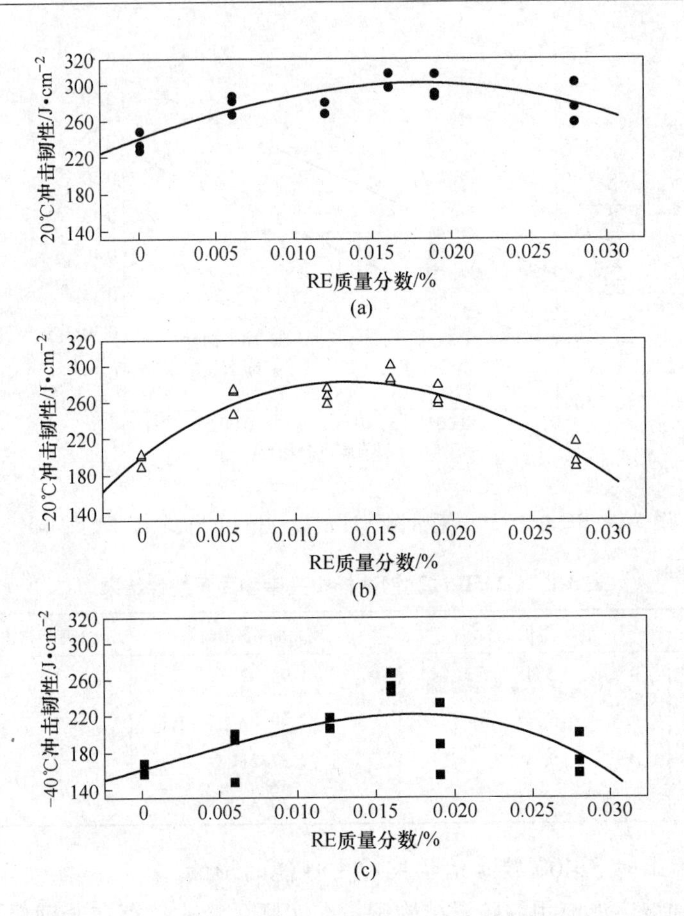

图 3-2　镧对 SS400 试验钢不同温度下冲击韧性的影响[3,4]

(a) 20℃；(b) −20℃；(c) −40℃

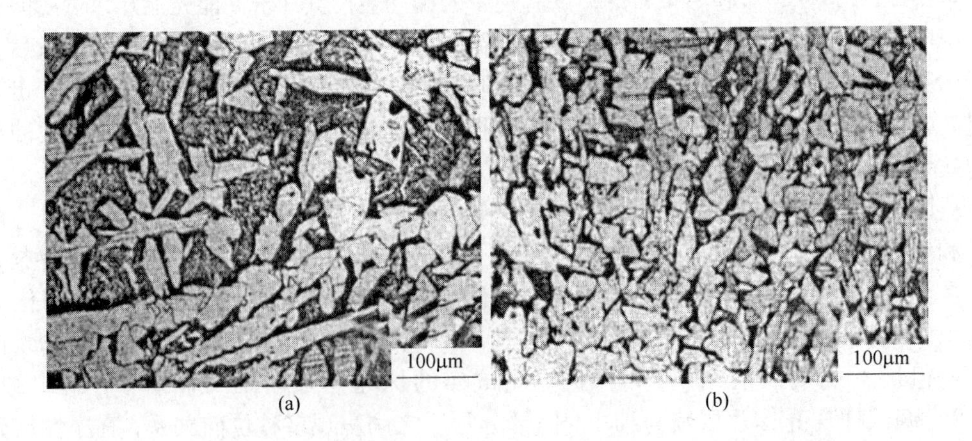

图 3-3　稀土镧对 SS400 试验钢铸态组织形貌的影响[3,4]

(a) w(La) = 0；(b) w(La) = 0.016%

3.1.1.3　稀土对 16Mn、14MnNbq 及 16Mnq 钢冲击韧性的影响

当用铝脱氧时，MnS 夹杂对钢的横向塑性和韧性的危害，特别是在连轧钢板中的危

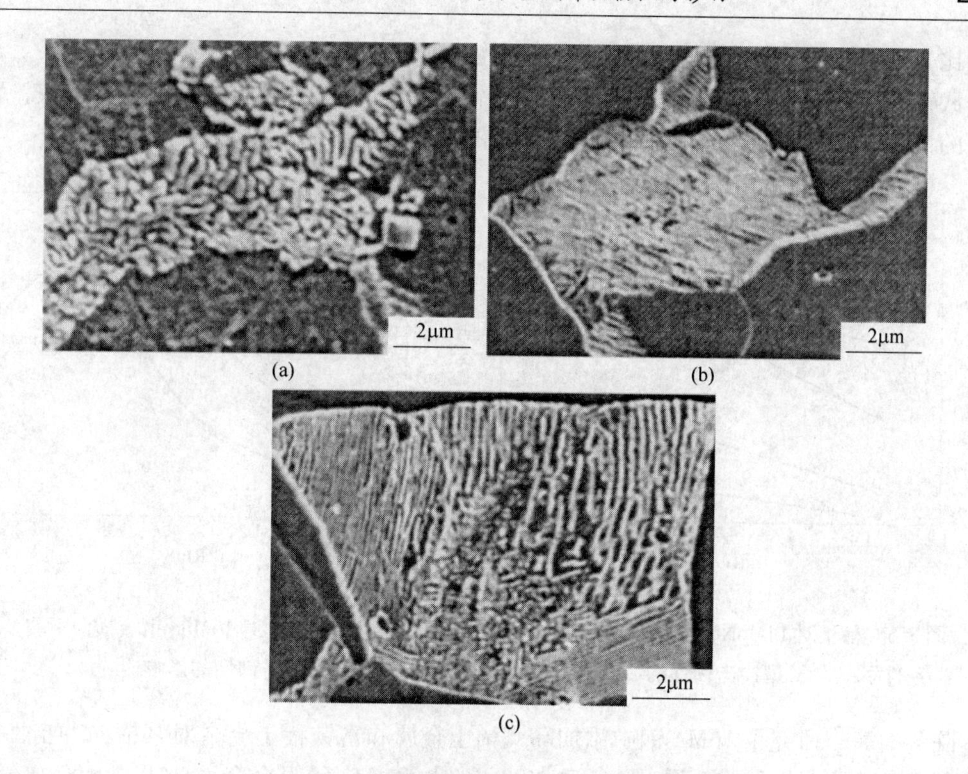

图 3-4　SS400 试验钢锻后珠光体片层形貌[3,4]

（a）未加稀土；（b）0.016% La；（c）0.028% La

害，十分突出。未加稀土前，钢中夹杂物主要是长条状的 MnS 和少量成串的 Al_2O_3 和铝酸盐；加入稀土后，随稀土加入量的增加，钢中夹杂物首先出现不变形或难变形的 RE_2O_2S 和 RE_2S_3，进而甚至出现 RES，而横向冲击韧性也逐渐增大，直到接近纵向冲击韧性的水平（图 3-5）。

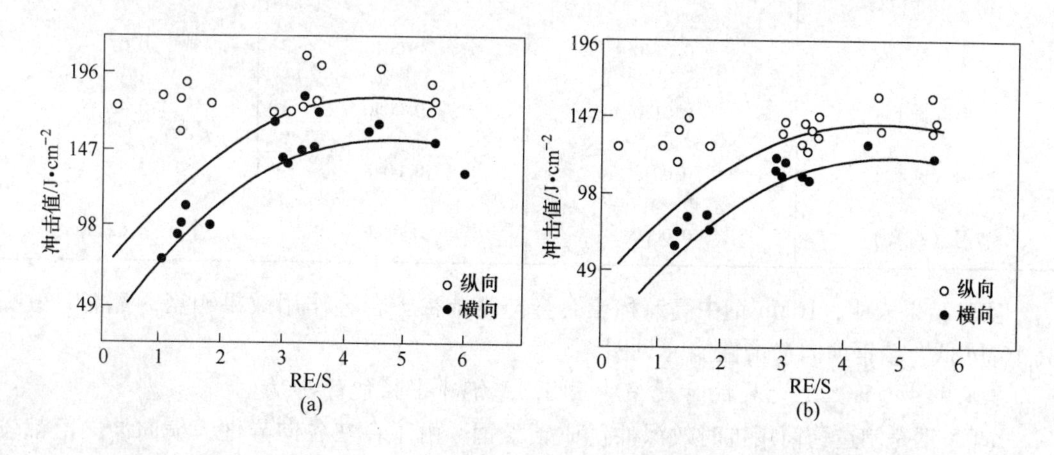

图 3-5　16Mn 连轧汽车钢板中 RE/S 对室温（a）和 -10℃（b）横向冲击韧性的影响[5]

（试样为全板厚，6mm 的 U 型缺口试样）

如图 3-5 所示，当钢中 RE/S 值达到约 3 时（相当于 RE_2S_3 分子式中稀土和硫含量的质量比)，16Mn 连铸汽车钢板的横向冲击韧性达到最佳值。

武钢 1994 年工业性试验也表明了稀土与钢中硫含量的比值是重要的工艺参数，碳锰钢系的 RE/S 比大于 1.7，才能明显提高钢板的性能，见图 3-6 和图 3-7[6]。

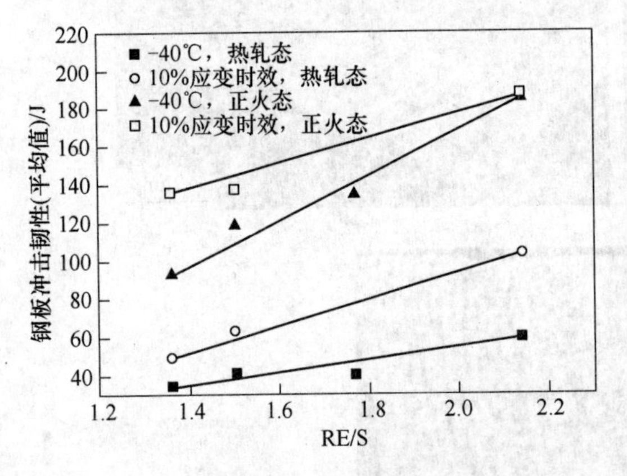

图 3-6　稀土对 14MnNbq 钢板不同工艺条件下纵向 V 型冲击韧性的影响[6]

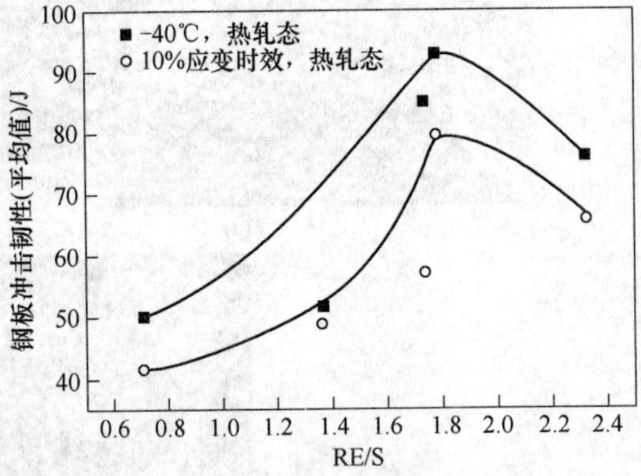

图 3-7　RE/S 对 16Mnq 钢板横向 U 型冲击韧性的影响[6]

陈冬火等[7]研究了 16Mn 钢中添加高镧稀土金属和富铈稀土合金对其横向冲击性能的影响，实验选用高镧稀土金属［w(La) >99.9%］和高镧稀土合金［w(La) >90.0%］两种稀土添加剂。实验钢的基本成分（质量分数）为：0.16% C、1.43% Mn、0.38% Si、0.021% P、0.0054% O、0.071% Al，其中 w(S)、w(La)、La/S 如表 3-2 所示。

表 3-2　16Mn 实验钢的 w(S)、w(La)、La/S[7]

炉　号	w(S)/%	w(La)/%	La/S（质量分数比）
1 号（空白）	0.0170	0	0
2 号（高 La）	0.0140	0.0010	0.07
3 号（纯 La）	0.0110	0.0050	0.45
4 号（纯 La）	0.0019	0.0048	2.52
5 号（高 La）	0.0060	0.0280	4.67

实验结果表明，16Mn 钢中高镧稀土合金与富铈稀土合金作用效果相当，都能有效提高 16Mn 低合金钢横向冲击性能（见图 3-8）。

3.1.1.4　稀土元素对抗时效深冲用 S20A 钢冲击性能的影响

S20A 钢是制造药筒用抗时效深冲优质碳素钢。由于存在各向异性，横向冲击值都较低。齐欣等[8]研究了稀土元素对抗时效深冲用 S20A 钢（制造弹壳药筒的良好材料）冲击性能的影响，见表 3-3。表中数据表明稀土使抗时效深冲用 S20A 钢横向冲击值显著提高，5 炉钢的平均横向冲击值提高达 75%之多。稀土对抗时效深冲用 S20A 钢（0 ~ -60℃）横向冲击值的影响见表 3-4。

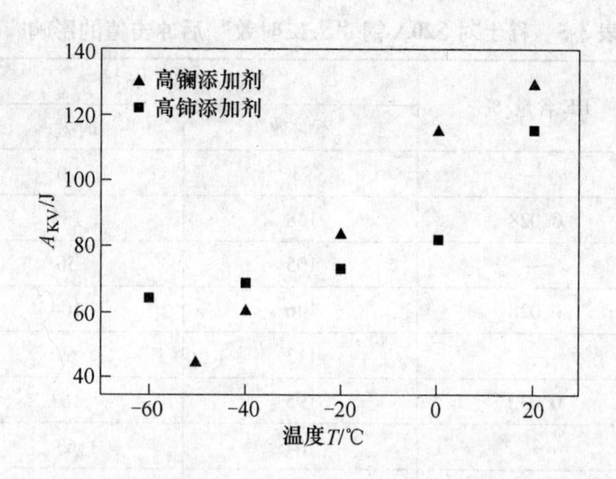

图 3-8　高镧稀土合金和富铈稀土合金添加剂对 16Mn 低合金钢横向冲击性能的影响[7]

表 3-3　稀土对抗时效深冲用 S20A 钢横向冲击值的影响[8]

炉　号	横向冲击值 A_K/J · cm^{-2}	
	没加稀土	加稀土
1	57	127
2	59	123
3	112	150
4	52	97
5	76	128

表 3-4　稀土对抗时效深冲用 S20A 钢低温横向冲击值的影响[8]

炉号	RE 含量/%	室温 A_K /J · cm^{-2}	0℃A_K /J · cm^{-2}	-20℃A_K /J · cm^{-2}	-40℃A_K /J · cm^{-2}	-60℃A_K /J · cm^{-2}
1	—	76	—	—	35	—
	0.028	133	133	93	76	62
2	—	59	57	48	32	25
	0.031	123	75	68	70	24
3	—	113	—	—	35	—
	0.026	157	143	96	71	71
4	—	50	38	32	24	12
	0.028	104	79	65	52	42
5	—	69	48	34	18	18
	0.32	128	110	90	74	63

从表 3-4 可看到，稀土使 -40℃低温横向冲击值提高一倍以上，并使低温脆性转变温度降低 20℃。为测定钢的抗时效性能，将试样进行“人工时效”后再测定冲击值，并用时效敏感系数 K 来衡量材料抗时效性能的优劣，稀土对 S20A 钢“人工时效”后冲击值的影响测定结果列于表 3-5。

表 3-5　稀土对 S20A 钢“人工时效”后冲击值的影响[8]

炉　号	RE 含量/%	横向 A_K/J · cm^{-2}		时效敏感系数 K/%②
		不时效	时效①	
1	—	93	70	25.1
	0.028	148	133	10
4	—	105	50	52.2
	0.028	146	104	28.2
5	—	113	69	39
	0.032	195	163	16.6
平均	—	104	63	39.5
	加稀土	164	133	18.2

① 人工时效试样经 10% 压变形再经 250℃ 保温 1h。

② K =（不时效 - 时效）/不时效 ×100%。

3.1.2　稀土对船板低合金钢冲击韧性的影响

肖寄光等[9~12]的研究数据表明稀土可以有效改善船板钢冲击韧性尤其是低温冲击韧性。

由表 3-6 可以看出，常温下不加稀土船板钢板的冲击功高于加稀土船板钢板，这被认为是由于稀土在钢中可以有微量的固溶，使得晶格发生畸变，增加了钢承受载荷时位错移动的阻力，导致在位错塞积区会引起应力集中，易形成微裂纹，从而对常温冲击韧性产生不利的影响；随着温度的降低，稀土对冲击功的改善效果影响逐步显现，加稀土钢的冲击功明显高于不加稀土的钢板，特别是在 -40℃、-60℃ 温度下，加入稀土后冲击功的改善更为明显，钢材有较好的低温冲击韧性，而不加稀土的钢板，冲击性能处于脆性区；在低温下，中稀土含量（0.013% RE）钢板的冲击功高于高稀土含量（0.022% RE）钢板，这说明钢中稀土的添加量不是越高越好。在给定的试验条件下，加入适量的稀土后（RE 含量 0.018% ～ 0.022%），低温情况下的冲击功高于未加稀土的钢样。

表 3-6　RE 对实验 B 级船板钢 V 型冲击功（平均值）的影响[10]

炉 次	RE 含量/%	20℃ 冲击功/J		0℃ 冲击功/J		-20℃ 冲击功/J		-40℃ 冲击功/J		-60℃ 冲击功/J	
		纵向	横向	纵向	横向	纵向	横向	纵向	横向	纵向	横向
1	0	235	224	173	153	122	78	20	13	7	5
2	0.013	215	178	165	134	127	108	72	40	36	29
3	0.022	180	153	143	126	115	97	43	18	25	10

闫松叶等[12]研究了稀土对 CCSB 船板钢冲击韧性的影响。结果表明加入 RE 的 CCSB 船板钢连铸坯硫印中夹杂物的形态、分布情况得到明显改善，见图 3-9。稀土元素的加入在连铸结晶器中采用双线喂丝法，稀土加入量为每吨钢 0.20 ~ 0.30kg。

对试验钢板分别作了 0℃、-20℃、-40℃ 夏比 V 型缺口冲击试验，结果见图 3-10 和图 3-11。

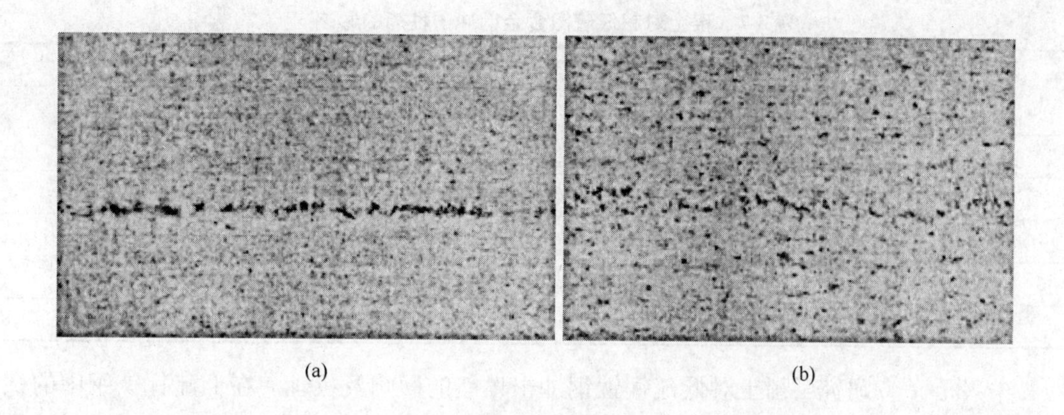

图 3-9 稀土对 CCSB 船板钢连铸坯进行硫印试验结果的影响[12]

（a）未加稀土；（b）加稀土

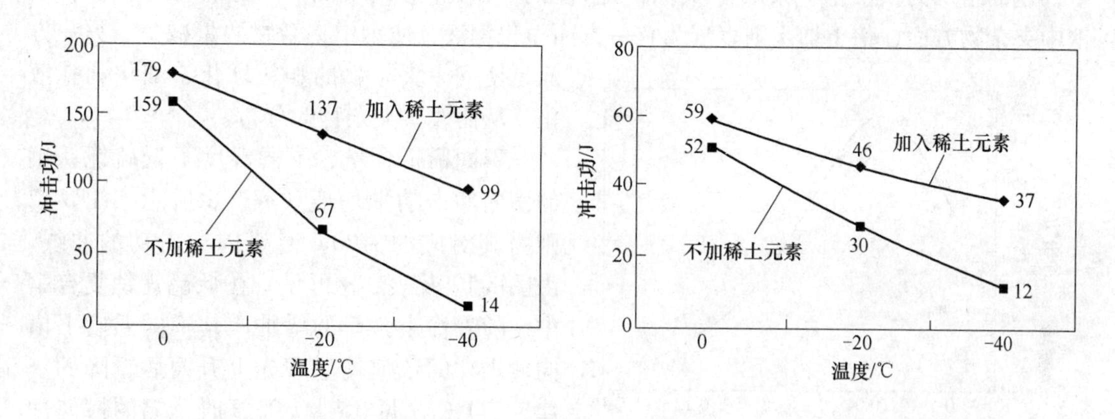

图 3-10 稀土对 CCSB 船板钢纵向冲击功的影响[12]

图 3-11 稀土对 CCSB 船板钢横向冲击功的影响[12]

加入稀土元素后，由于船板钢中的夹杂物形态发生了变化，生成球状夹杂物，除了屈服强度、抗拉强度和伸长率稍有提高，从图 3-10 和图 3-11 所示结果可以看到，在 0℃ 的冲击功有所提高，-20℃、-40℃则有较明显提高。

3.1.3 稀土对低铌、钒、钛低合金钢冲击韧性的影响

3.1.3.1 稀土对超低硫铌钛低合金钢冲击韧性的影响

林勤等[13]研究了稀土对超低硫［w(S) < 0.003%］铌钛微合金钢冲击韧性的影响。

表 3-7 列出的结果为稀土对超低硫铌钛微合金钢性能的影响，可见稀土使超低硫微合金钢 -20℃ 冲击韧性值 A_K 值提高 50%，使 -60℃ 的 A_K 值提高一倍，并降低低温脆性转变点。在 -20℃ 以上，稀土含量超过 0.014% 时，冲击值又降低，但高稀土含量有利于提高低温（-40℃以下）的冲击值。0.023% 稀土可使低硫铌钛微低合金钢的 -60℃ 的冲击值提高 104%。

表 3-7　稀土对超低硫微合金钢冲击性能的影响[13]

RE 含量/%	A_K/J				
	18℃	0℃	-20℃	-40℃	-60℃
0	67	61	43	37	22
0.006	72	54	41	33	18
0.011	86	75	56	40	25
0.014	79	69	65	44	30
0.023	76	63	57	50	45

朱兴元等[14]研究了稀土对低硫铌钛钢冲击性能的影响及机理。在低硫铌钛钢中的试验结果表明，稀土对钢的横向冲击功则表现为先上升而后下降，并且在 -20℃以上，适量的稀土加入可以明显改善其冲击功的各向异性；稀土的加入并不能改变钢的显微组织类型，钢的组织为铁素体 + 珠光体，但稀土会使钢中珠光体数量增加，铁素体数量减少；在钢中夹杂物方面，稀土加入则表现为它一方面净化钢液，使钢中夹杂物数量减少，另一方面是使钢中夹杂物的颗粒球化、细化和弥散化，从而改善夹杂物的分布。

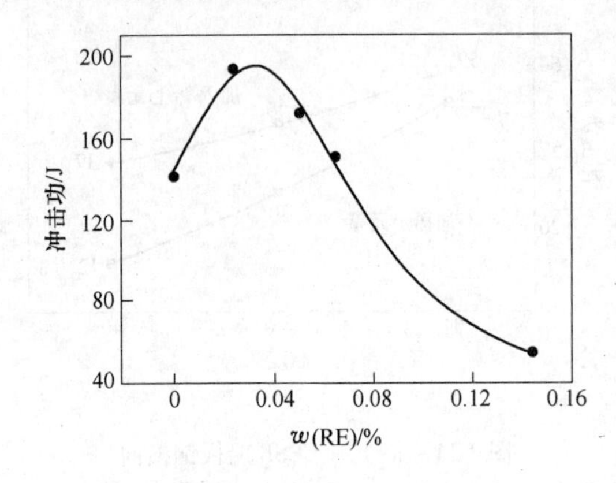

图 3-12　-20℃时稀土与低硫铌钛钢横向冲击功 A_K 的关系[14]

不同稀土含量、不同温度下低硫铌钛钢的横向冲击功平均值如表 3-8 所示，图 3-12 则为其对应的 -20℃时横向冲击功的曲线。由图 3-12 及表 3-8 可见，在低硫铌钛复合钢中，随着稀土含量的增加，其不同温度下横向冲击功的数值均呈现先上升而后下降的规律，当 RE 含量达到 0.03% 时，钢的横向冲击功达到最大值，而后逐渐下降。这是由于稀土元素的加入把塑性的呈条带状的 MnS 夹杂物变成了球形稀土硫氧化物，在轧制时不会沿轧制方向伸长，而球形夹杂大大减轻了夹杂物引起的应力集中且不易发生横向破断，从而使冲击功数值提高；随着稀土的过量加入则冲击功数值下降，这是由于过量的稀土加入后，铈与铁能形成金属间化合物，这种金属间化合物又硬又脆，体积很大，结构上也与基体金属不同，使钢的性能恶化。低硫铌钛钢冲击功的各向异性见表 3-9。由表可见，在 -20℃以上，适量的稀土加入可以明显改善其冲击功的各向异性，因为稀土在钢中形成球形的硫氧化物夹杂，降低了夹杂物对钢的异向性。但在稀土加入过量时则会使其冲击功的各向异性变差，在 -20℃以下则稀土的加入对钢的冲击功各向异性的改善并不明显。

表 3-8　低硫铌钛钢横向冲击性能[14]

序号	RE 含量 /%	温度 /℃	横向冲击功平均值 /J	温度 /℃	横向冲击功平均值 /J	温度 /℃	横向冲击功平均值 /J	温度 /℃	横向冲击功平均值 /J	温度 /℃	横向冲击功平均值 /J	温度 /℃	横向冲击功平均值 /J
1	0	20	135	0	143	-20	141	-40	153	-60	128	-78	109

续表 3-8

序号	RE含量/%	温度/℃	横向冲击功平均值/J	温度/℃	横向冲击功平均值/J	温度/℃	横向冲击功平均值/J	温度/℃	横向冲击功平均值/J	温度/℃	横向冲击功平均值/J	温度/℃	横向冲击功平均值/J
2	0.024	20	178	0	214	-20	193	-40	188	-60	172	-78	107
3	0.051	20	149	0	173	-20	171	-40	126	-60	108	-78	90
4	0.065	20	140	0	131	-20	151	-40	125	-60	95	-78	81
5	0.144	20	86	0	80	-20	54	-40	51	-60	11	-78	7

表 3-9 低硫铌钛钢的各向异性（横向/纵向）[14]

序 号	RE含量/%	屈服强度比	抗拉强度比	冲击功比					
				20℃	0℃	-20℃	-40℃	-60℃	-78℃
1	0	0.956	1	0.557	0.554	0.525	0.749	0.584	0.417
2	0.024	1.041	1.011	0.722	0.799	0.713	1.13	0.657	0.412
3	0.051	1.090	1.039	0.596	0.655	0.651	0.48	0.448	0.4
4	0.065	1.074	1.055	0.634	0.572	0.582	0.54	0.482	0.414
5	0.144	0.994	0.995	0.62	0.53	0.376	0.367	0.093	0.093

稀土加入使低硫铌钛钢中夹杂物的线性直径平均值和夹杂物面积平均值均下降，同样对夹杂物最大直径平均值、最小直径平均值也有相似的规律，稀土加入一方面净化钢液，使钢中夹杂物数量减少，另一方面是使钢中夹杂物的颗粒球化、细化和弥散化，从而改善夹杂物的分布，因此提高了钢的冲击韧性。

3.1.3.2 稀土对含铌微合金钢冲击韧性的影响

朱兴元等[15]研究了稀土对含铌微合金钢性能的影响，研究结果表明，稀土元素的加入使含铌钢的纵、横向冲击功先下降而后上升，存在一个适宜的稀土含量范围。

不同稀土含量、不同温度下试验钢的横向和纵向冲击功平均值见表 3-10 和表 3-11，图 3-13 为其对应 -40℃时稀土与横、纵向冲击功的关系曲线。由图 3-13 可见，在含铌钢中，随着稀土含量的增加，其不同温度下冲击功的数值均呈现先上升而后下降的规律，当 RE 含量达到 0.03% 左右时，钢的纵向冲击功达到最大值，而后逐渐下降，当 RE 含量达到 0.05% 左右时，横向冲击功数值最高，这是因为，稀土元素的加入把塑性的呈条带状的 MnS 夹杂物变成了球形或准球形的稀土硫化物或稀土硫氧化物，在轧制时不会沿轧制方向伸长，而球形夹杂大大减轻了夹杂物引起的应力集中且不易发生横向破断，从而使冲击功数值提高。随着稀土的过量加入则冲击功数值下降，这是由于过量的稀土加入后，铈与铁能形成金属间化合物，这种金属间化合物又硬又脆，体积很大，结构上也与基体金属不同，使钢的性能产生恶化。

表 3-10 稀土含铌微合金钢横向冲击性能[15]

序号	RE含量/%	温度/℃	横向冲击功平均值/J	温度/℃	横向冲击功平均值/J	温度/℃	横向冲击功平均值/J	温度/℃	横向冲击功平均值/J	温度/℃	横向冲击功平均值/J	温度/℃	横向冲击功平均值/J
1	0	20	92.67	0	88.67	-20	60.67	-40	46.29	-60	36.06	-78	4.94
2	0.0325	20	100.67	0	94.50	-20	75.00	-40	92.68	-60	37.20	-78	7.46
3	0.0495	20	143.67	0	116.67	-20	119.00	-40	99.21	-60	8.43	-78	1.60
4	0.0920	20	110.00	0	111.00	-20	84.00	-40	73.00	-60	65.84	-78	8.99
5	0.1540	20	90.33	0	71.00	-20	65.33	-40	27.00	-60	21.82	-78	3.57

表 3-11 稀土含铌微合金钢纵向冲击性能[15]

序号	RE含量/%	温度/℃	纵向冲击功平均值/J	温度/℃	纵向冲击功平均值/J	温度/℃	纵向冲击功平均值/J	温度/℃	纵向冲击功平均值/J	温度/℃	纵向冲击功平均值/J	温度/℃	纵向冲击功平均值/J
1	0	20	201.67	0	212.33	-20	190.67	-40	185.67	-60	53.33	-78	13.33
2	0.0325	20	243.33	0	234.33	-20	217.33	-40	210.00	-60	202.67	-78	109.67
3	0.0495	20	203.67	0	229.67	-20	198.67	-40	200.33	-60	173.67	-78	8.67
4	0.0920	20	110.00	0	180.33	-20	185.00	-40	154.00	-60	125.00	-78	84.67
5	0.1540	20	127.67	0	139.67	-20	124.33	-40	110.33	-60	94.00	-78	50.00

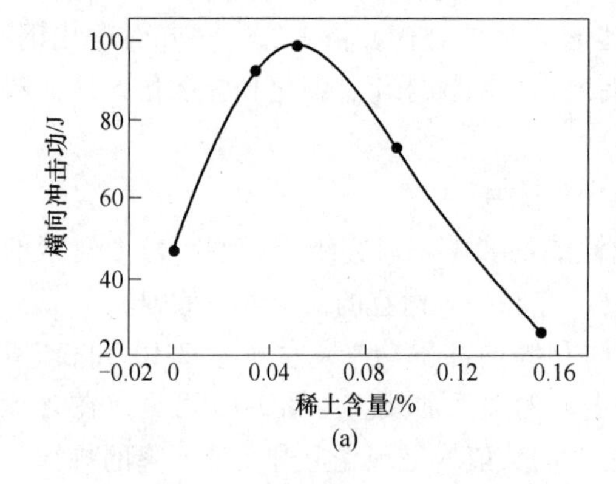

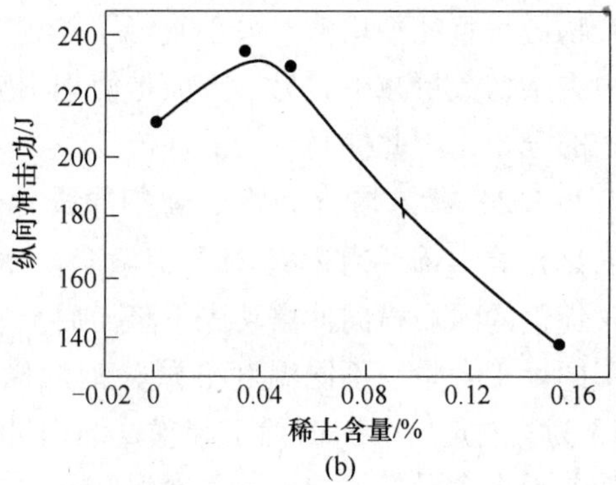

图 3-13 稀土对含铌微合金钢 -40℃冲击性能的影响[15]
（a）横向；（b）纵向

3.1.3.3 稀土对含钒微合金钢冲击韧性的影响

钒微合金化热轧钢板是攀钢的热轧产品，唐历等[16]研究了稀土对含钒微合金化热轧钢板冲击性能的影响。从表 3-12 中可见，稀土具有抑制钒微合金化热轧钢板时效的作用，稀土明显提高含钒微合金化热轧钢板 -20℃、-40℃的低温横向冲击功值。

表 3-12　稀土对含钒微合金化热轧钢板自然时效后的横向冲击功的影响[16]

RE 含量/%	时效前后	横向冲击功/J			
		20℃	0℃	-20℃	-40℃
0	前	133	124	92	63
	后	127	118	90	63
0.061	前	132	115	110	81
	后	131	117	111	85
0.081	前	125	109	114	80
	后	122	107	117	85

3.1.4　稀土对管线、石油套管低合金钢冲击韧性的影响

石油、天然气已成为影响世界经济发展的重要资源，输送油、气的管线及石油套管在各国都得到了巨大发展。许多冶金工作者利用稀土为研制开发高韧性管线钢做了许多研究工作，大量的研究数据表明稀土能改善管线、石油套管低合金钢冲击韧性，尤其是低温脆性[17~24,26,28]，并从稀土改善管线、石油套管低合金钢的组织、晶粒度、变质夹杂物、冲击断口机制等方面研究了稀土提高管线、石油套管低合金钢冲击韧性的机理。

3.1.4.1　稀土对低硫管线钢冲击韧性的影响

朱兴元等[17]研究了稀土对低硫［$w(S)<0.005\%$］管线钢冲击性能的影响。研究结果表明，稀土元素的加入可大大改善管线钢的冲击韧性。

图 3-14 ~ 图 3-19 及表 3-13 为稀土对低硫［$w(S)<0.005\%$］管线钢不同温度下冲击性能的影响及对各向异性的改善。

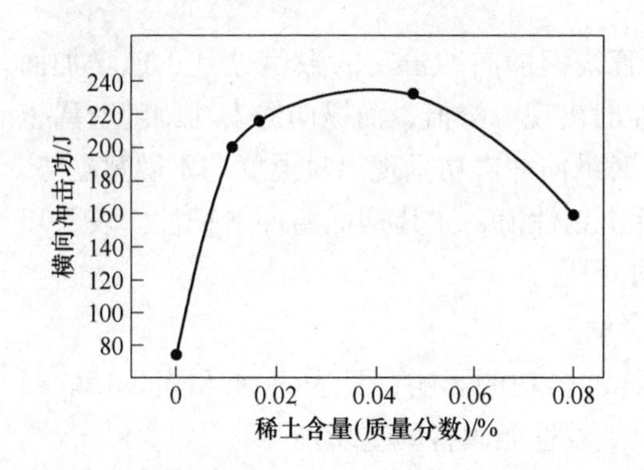

图 3-14　-40℃时稀土对横向冲击功 A_K 的关系

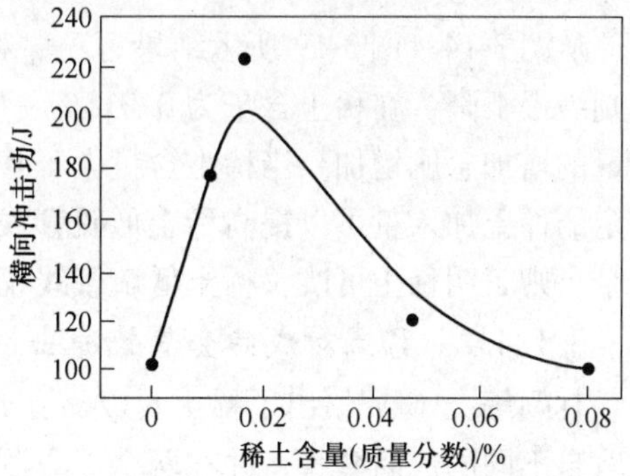

图 3-15　-60℃时稀土与横向冲击功 A_K 的关系

表 3-13　稀土低硫管线钢的各向异性（横向/纵向）[17]

序 号	RE 含量/%	屈服点比	抗拉强度比	20℃冲击功比	0℃冲击功比	-20℃冲击功比	-40℃冲击功比	-60℃冲击功比	-78℃冲击功比
1	0	1.0342	1.011	0.622	0.659	0.445	0.49	1.136	0.3
2	0.0106	1.0465	1.012	0.979	0.997	1.016	1.015	0.725	0.164
3	0.0160	1.0614	1.012	0.864	0.861	0.889	0.941	0.943	0.594
4	0.0475	1.0545	1.013	0.961	0.755	0.887	1.023	0.476	0.474
5	0.0810	0.9725	0.988	0.826	0.737	0.658	0.708	0.426	0.263

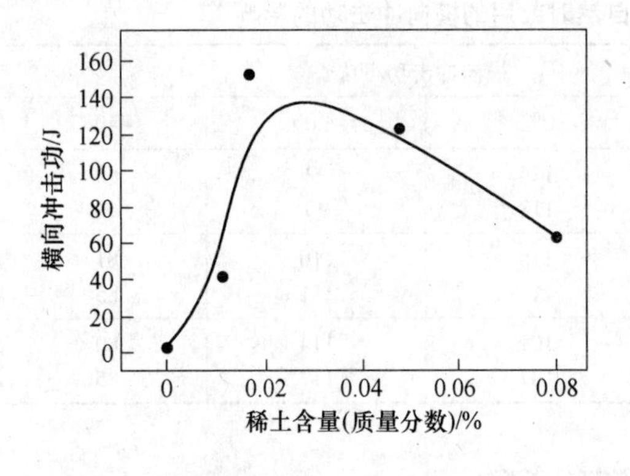

图 3-16 −78℃时稀土与横向冲击功 A_K 的关系

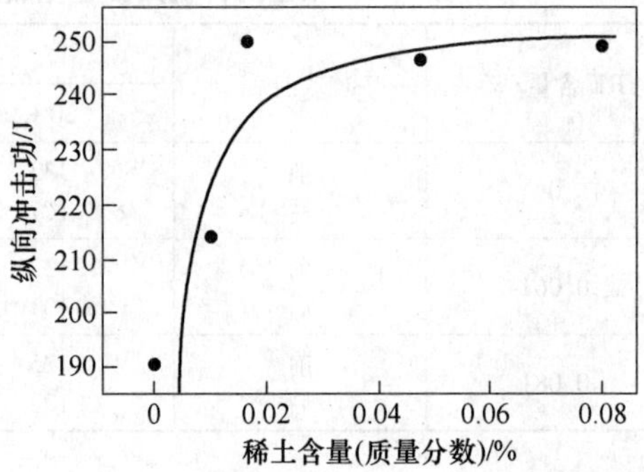

图 3-17 −40℃时稀土与纵向冲击功 A_K 的关系

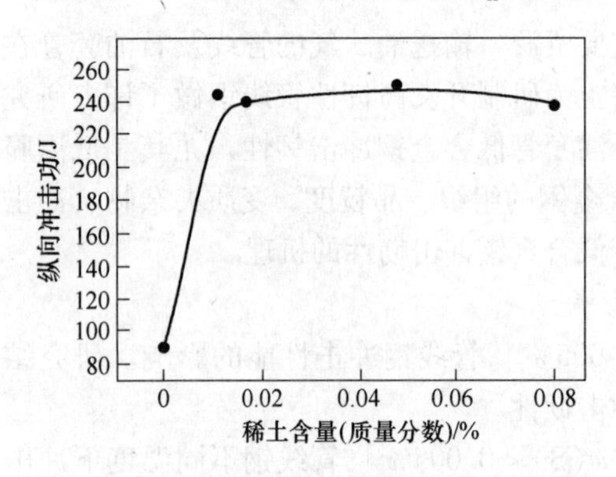

图 3-18 −60℃时稀土与纵向冲击功 A_K 的关系

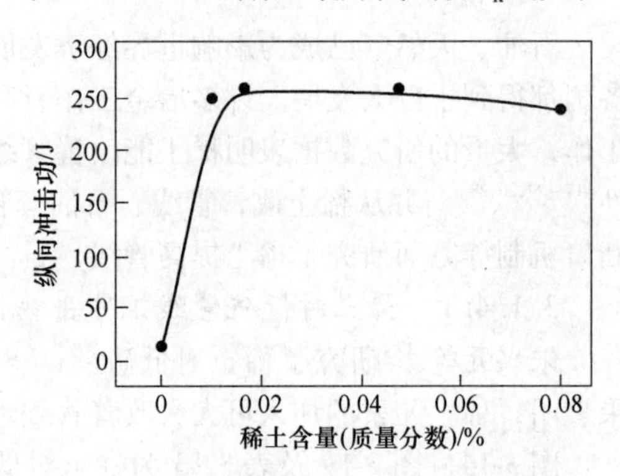

图 3-19 −78℃时稀土与纵向冲击功 A_K 的关系

从图 3-14 ~ 图 3-19 所示结果可见，稀土使管线钢横向冲击功的数值先是迅速增加而后则缓慢下降，在稀土含量为 0.015% ~0.035% 时出现一峰值；而纵向冲击功则随着稀土含量的增加急剧增加，当稀土含量大于 0.015% 时纵向冲击功呈现出对温度的不敏感趋势。一定的稀土加入量可以提高稀土低硫管线钢的冲击韧性值，尤其是低温冲击韧性。表 3-13 的结果则表明稀土可改善稀土低硫管线钢的各向异性。

3.1.4.2 稀土对成品套管钢冲击韧性的影响

林勤等[18]研究给出了稀土对成品套管钢试样冲击功的影响，见表 3-14 和表 3-15。样品取自不同的成品套管，并在两个地方测试，以观察性能改善的重现性。

表 3-14 稀土对成品套管钢试样纵、横向冲击功的影响[18]

温度/℃	加稀土（0.014%）			未加稀土		
	纵向冲击功/J	横向冲击功/J	横纵比	纵向冲击功/J	横向冲击功/J	横纵比
20	36	20	0.56	39	13	0.33
40	43	27	0.63	55	18	0.33
60	52	37	0.71	56	23	0.41
80	56	41	0.73	59	26	0.44

表 3-15 稀土对成品套管钢试样横向冲击功的影响[18]

样 号	RE 含量/%	RE/S	冲击功/J			
			0℃	20℃	40℃	60℃
0	0	0	10	13	18	23
1	0.014	2.3	16	20	27	37
16	0.016	2.8	37	42	48	56
10	0.018	3.3	30	35	42	44

稀土使平均横向冲击功显著提高，在60℃服役温度下，稀土处理比同炉不加稀土提高61%，接近日本钢管公司射孔不裂的40J国际先进水平。横纵冲击功比值由0.41增大至0.71，改善了材料的各向异性。第二批两炉重复试验钢测试结果表明，20℃下夏氏横向冲击功平均值可达34J，超过日本钢管公司同类产品27J的水平。表3-15表明，冲击功随稀土含量增加而增大，钢的成分经微调后，使20℃和60℃下的冲击功分别提高两倍和一倍以上。但过量稀土将使冲击功又降低。

刘靖、姜海龙等[19,20]在石油套管用钢25CrMoVB中加入镧+铈混合稀土，稀土的加入使组织中出现了韧性好的下贝氏体，使冲击性能有所改善，特别是在常温和-80℃效果明显。各试验钢的常温和低温平均冲击试验结果如图3-20和图3-21所示。

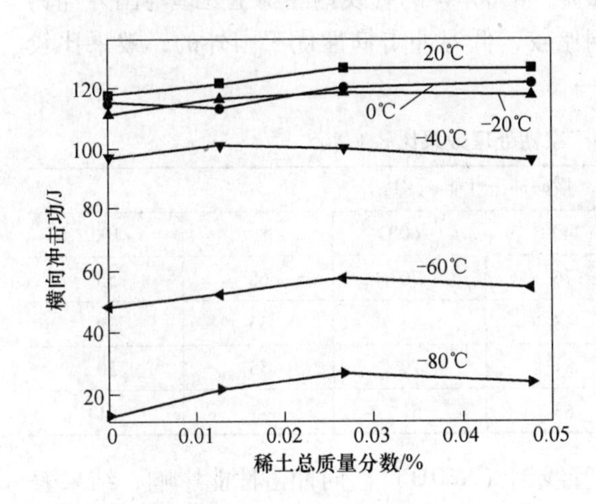

图3-20 稀土对石油套管用试验钢横向冲击性能的影响[19]

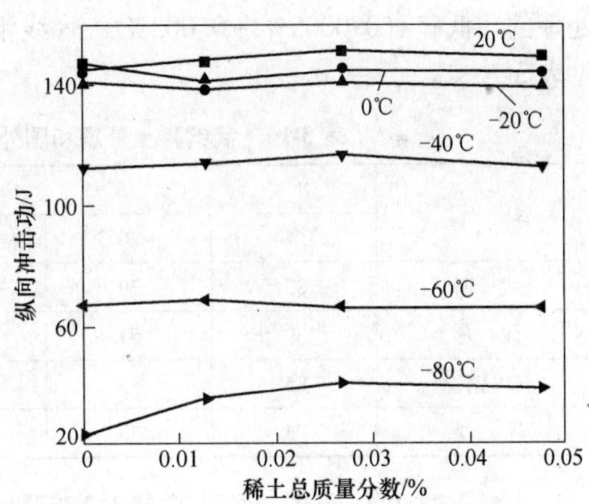

图3-21 稀土对石油套管用试验钢纵向冲击性能的影响[19]

由图3-20和图3-21所示结果可见，在石油套管用钢中稀土含量在约0.027%时，冲击性能表现最佳。

3.1.4.3 稀土对X65管线钢冲击韧性的影响

孙昊等[21]研究了稀土Ce对X65管线钢组织和性能的影响。将试样加热到920℃，保温20min，空冷到室温，按GB/T 229—1994标准制作试样进行冲击试验。

从图3-22所示的低温实验数据可见，经过重新冶炼的X65管线钢在锻态及热处理后，出现了低温脆性。而在同样情况下，经稀土处理后的管线钢韧性却十分良好。这表明稀土Ce能明显改善材料的低温性能。

为了消除硫化物的危害，采用20世纪70年代发展起来的许多行之有效的脱硫工艺可生产出硫含量低于0.01%的钢。但是在低硫钢中，特别是用喷吹Si-Ca处理的低硫钢中，硫化物形态控制不够彻底。例如，在喷吹Si-Ca后的低硫16Mn钢中，Ca/S = 0.81时，钢中仍有约占夹杂物总数10%的长条状MnS（相当于约0.001% S）。喷吹Si-Ca后再加入少量（0.03% ~0.1%）稀土，可以保证在钢板各部位完全消除MnS，从而进一步提高横向冲击韧性和降低韧-脆转变温度。例如，经喷吹Si-Ca后硫含量仅0.007%的16Mn钢，横向冲击平台能为83J/cm^2，横向试样脆性转变温度为-42℃；而经喷吹Si-Ca，又添加稀土（0.03% RE）的钢（硫含量0.0055%），平台能提高到102J/cm^2，脆性转炉温度降至-48℃。可见，在低硫洁净钢中添加稀土将能充分而合理地发挥稀土对硫化物形态控制的作用，开创新的局面。在低硫钢中添加稀土，稀土的作用能表现更突出，低的硫含量为稀土对夹杂的变质作用的发挥提供了更好的冶金物化条件。含硫0.005% ~0.008%的管线钢经稀土处理与国外经钙处理的超低硫（0.0005% ~0.003%）管线钢比较，低温冲击韧性优于国外的，效果比较见表3-16。

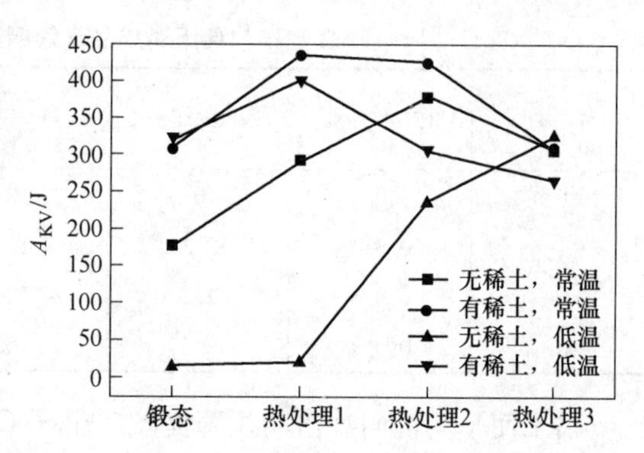

图3-22　稀土对不同状态下X65管线钢的常温和低温冲击功的影响[21]

表3-16　武钢稀土处理和国外厂家钙处理效果比较（X65）[22]

厂　家	横向冲击性能 A_K/J					
	0℃	-20℃	-40℃	-60℃	-80℃	-100℃
武　钢	83	79	76	70	68	55
住　友	59	54	48	44	35	19
日本钢管	85	83	81	79	55	50
蒂　森	74	70	63	54	47	51

从图3-23可以看到，稀土含量对高韧性管线钢（X60H）横向冲击性能影响，结果表明不同硫含量的高韧性管线钢对应一个最佳的稀土含量值范围。

3.1.4.4　稀土对X80管线钢冲击韧性的影响

我国X80级管线钢在宝钢、武钢、鞍钢、首钢等公司研制成功，低温冲击韧性是X80管线钢的主要力学性能之一。曹晓恩等[24]研究了稀土对X80管线钢低温冲击性能的影响，图3-24为Ce含量对X80钢-20℃冲击功的影响结果。稀土Ce的添加，可以细化晶粒，推动铁素体向针状发展，使晶界延长，有效阻止裂纹扩展，提高韧性[25]；同时抑制贝氏体组织的形成，并且使粒状贝氏体更加弥散分布。弥散分布的粒状贝氏体中的M-A岛，有利于改善冲击韧性，提高力学性能。

X80钢中Ce含量在0.0066% ~0.0093%时，随着Ce含量的增加，低温冲击韧性不断提高；在0.0093% ~0.0250%时，随着Ce含量增加，冲击功有下降趋势；稀土微合金化可以提高X80钢的低温冲击韧性，但是过量稀土对韧性提高反而不利。

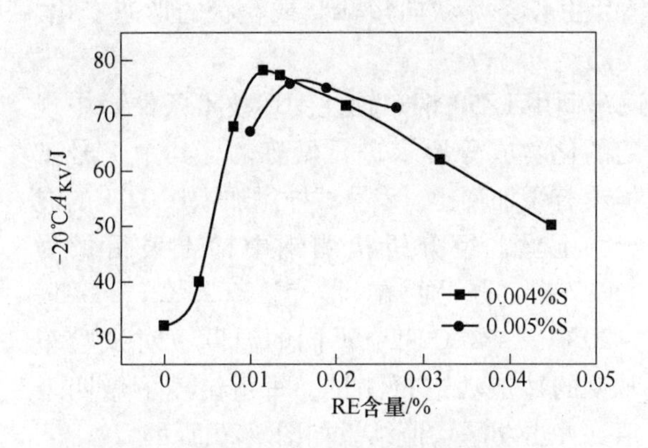

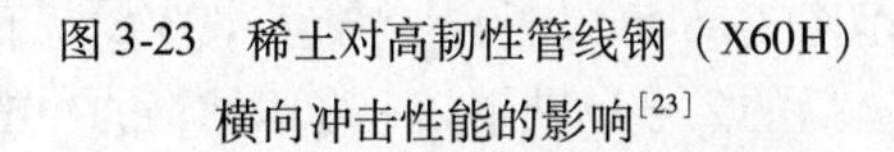
图 3-23　稀土对高韧性管线钢（X60H）横向冲击性能的影响[23]

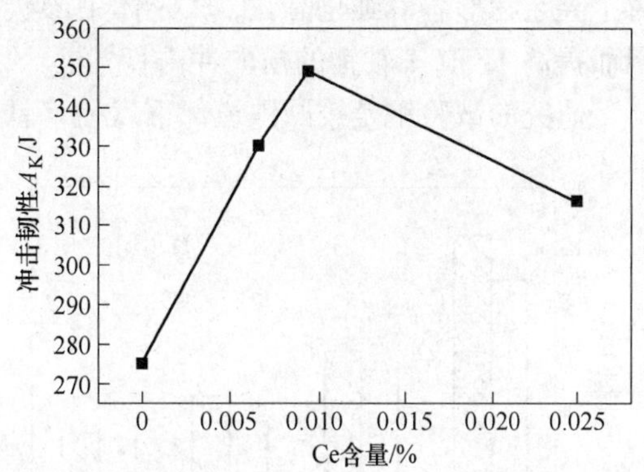

图 3-24　Ce 含量对 X80 钢 -20℃冲击功的影响[24]

3.1.4.5　稀土对高级管线钢冲击韧性的影响

采用 X100、X120 高级别管线钢制作高压、大流量的油、气输送管道是进一步节约建设费用和提高输送效率的有效手段。研制开发高强度、高韧性管线钢并提高其综合性能，成为 21 世纪石油、天然气输送管道用钢的发展方向，任中盛等[28]研究了微量 Ce 对高级别管线钢显微组织与力学性能的影响。结果表明，随着 Ce 含量的增加，针状铁素体（AF）、点状铁素体（GF）和马奥岛（M/A）数量增多，块状铁素体（QF）减少甚至消失掉。AF 间距由 6.1μm 减小至 1.6μm，AF 宽度由 0.8μm 减小至 0.15μm；钢材力学性能在明显提高的同时，亦呈现先增加后降低的趋势，在 Ce 质量分数为 0.0167% 的峰值上，钢材的冲击功达到 276J，见图 3-25。

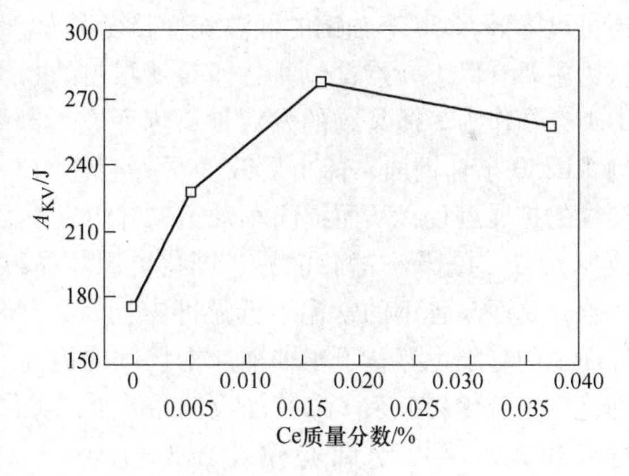

图 3-25　Ce 对高级别管线钢冲击性能的影响[28]

图 3-25 是高级别管线钢试样的冲击性能随 Ce 含量的变化关系，冲击功在 Ce 含量为 0.015% ~0.020% 时达到最高值 276J，并对应高级别管线钢试样铁素体间距及宽度最低。在没有经过 TMCP 轧制过程的条件下，其抗拉和屈服强度、屈强比、延伸率、室温冲击功等峰值指标都达到高变形 X120 管线钢[30]标准。这是因为 Ce 元素加入到 0.05C-0.3Si-2.0Mn 钢液中，改善凝固组织，实现钢材基体的晶粒细化，改变了夹杂物的性质、延缓了裂纹扩展过程，并由于稀土元素 Ce 元素在晶界上的析聚，减少 S、P 的晶界偏聚等诸原因，为提高管线钢冲击韧性做出了贡献[31]。

3.1.5　稀土对车轴及轴承钢冲击韧性的影响

程军等[32]在实验室中冶炼了添加混合稀土丝的 LZ50 车轴试验钢，对试验钢进行了冲击性能测试、显微组织、夹杂物形态和冲击断口形貌分析。结果表明，添加适量的稀土改善了夹杂物形态、细化晶粒，珠光体中渗碳体片由长条片状向短棒状或粒状的形态变化，因而提高 LZ50 车轴钢的横向冲击韧性。

研究的试验钢是按照铁道部下发的《铁道车辆用 LZ50 钢车轴及钢坯技术条件》中规定的化学成分要求进行熔炼的。其中 1 号试样没有添加稀土，2 号试样添加了 0.02% 的混合稀土丝，经分析检测钢中稀土残留量为 0.019%。分别在常温（23℃）、0℃、-20℃、-40℃ 四个不同的温度下对试验车轴钢的冲击功进行测试，每组温度下做四个值，冲击功平均值结果如图 3-26 所示。

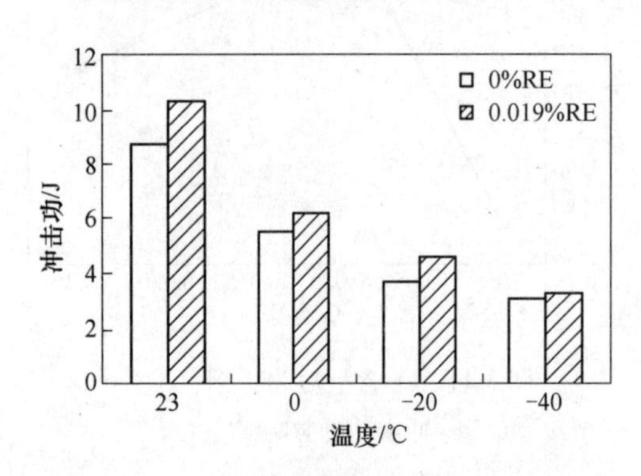

图 3-26 稀土对不同温度下 LZ50 车轴试验钢冲击功的影响[1]

由图 3-26 可以看出，常温（23℃）下加入稀土后的 2 号车轴钢较 1 号车轴钢的冲击功有较大的提高，冲击功由 8.77J 提高到 10.30J，在低温时，加入稀土也使车轴钢的冲击功有所提高，但在 -40℃ 时稀土的加入对冲击功的提高作用不明显。根据冲击功数据分析，结果表明，加入稀土后可以明显提高 LZ50 车轴钢的常温和低温冲击韧性，尤其在低温（-20℃）下提高效果最为明显；同时还可以降低 LZ50 车轴钢的低温脆性转变温度。稀土提高 LZ50 车轴钢冲击韧性的机理作者认为主要有以下几点：（1）由于金属材料的断裂过程是裂纹不断产生和扩展的过程，而钢中夹杂物作为显微裂纹的发源地，因而它对断裂过程密切相关的冲击韧性会带来显著影响。LZ50 车轴钢加入稀土后改变了夹杂物的性质、形态、大小、数量以及分布，延缓了裂纹的扩展过程，从而提高车轴钢的冲击韧性；（2）LZ50 车轴钢中加入稀土后，还可以减少 S、P 的偏聚，净化晶界、细化奥氏体晶粒、减少渗碳体片层厚度和片间距、球化碳化物，从而改善钢的常温、低温冲击韧性；此外，稀土在晶界上的析聚，在碳化物-基体界面上的富集也有益于车轴钢冲击韧性的提高。由于此次试验钢冶炼是以 Al 作为终脱氧剂，钢中硫化物夹杂多以共晶或偏晶的第二类形态分布在晶界上，这种夹杂物对钢的性能危害较大，但由于试验钢中 $w(S)=0.009\%$、$w(Mn)=0.64\%$，所以硫化物夹杂含量较少。

庞富祥等[33] 研究了 RE 元素对 LZ50 钢微观组织和冲击性能的影响。图 3-27 为 LZ50 钢冲击功随 RE 含量的变化关系。

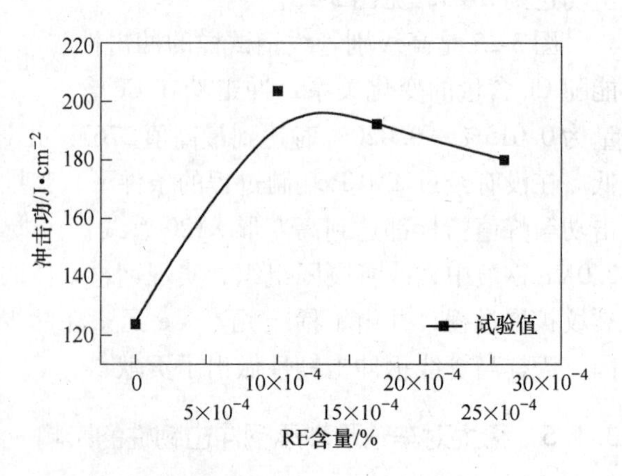

图 3-27 LZ50 试验钢冲击功随 RE 含量的变化关系[33]

由图 3-27 可见，随 RE 含量的增加，LZ50 钢材的冲击功呈现先增加再减小的趋势，当 RE 含量在约 0.0017% 时，冲击功达到最大值。在此实验条件下，与 $w(RE)=0$ 的 1 号试样相比，$w(RE)=0.0017\%$ 的 2 号试样冲击功提高了 0.65 倍。这一结果与试样中的夹杂物形态、晶粒尺寸和铁素体分布变化趋势相吻合。由此可见，合适的 RE 元素含量，适宜的晶粒度和球形氧化物、椭球形硫化物夹杂形态，提高了该类钢材的冲击韧性。

传统的用硅铝脱氧在轴承钢中形成 Al_2O_3 和 $CaO \cdot Al_2O_3$ 等类型的非金属夹杂物，这些夹杂物会降低轴承钢的力学性能和接触疲劳寿命，尤其是点状夹杂更为有害。在轴承钢中用部分稀土脱氧可以形成稀土夹杂物，根据稀土硫化物线膨胀系数的大小和特性，这种夹杂物比用硅铝脱氧形成的夹杂物危害要小，可能减少或消除 Al_2O_3 和 $CaO \cdot Al_2O_3$ 夹杂物对轴承钢的有害影响。通过以上分析可知，含 RE 的 LZ50 钢抗冲击性能优于不含稀土的 LZ50 钢。钢中 RE 含量决定晶粒尺寸、夹杂物形态和铁素体分布，直接影响到钢材的冲击性能。在 RE 含量约为 0.0017% 时，LZ50 钢的冲击功最高。

许传才等[35]研究了稀土对轴承钢的冲击韧性的影响，研究结果见表 3-17。稀土提高轴承钢的冲击韧性主要是由于稀土改变了钢中夹杂物的组成、形状、大小和分布。

表 3-17 稀土对轴承钢的冲击韧性的影响[35]

钢 种	冲击值 $A_K/kg \cdot cm^{-2}$	提高/%
Ⅰ GCr15（RE 含量为 0）	7.0	
Ⅲ GCr15（RE 含量为 0.019%～0.028%）	10.3	47.1
Ⅵ GCr15（RE 含量为 0.019%～0.039%）	8.7	24.2

3.1.6 稀土对重轨钢冲击韧性的影响

冲击韧性是铁路用钢轨的主要力学性能之一。刘承军等[36,37]在不同洁净度的重轨钢中加入稀土，试验研究了稀土对不同洁净度的重轨钢冲击韧性的影响。

取未加稀土的重轨钢试样在常温纵向冲击功（20℃）作为基准，则在不同温度条件下重轨钢的相对（W）横向冲击功和相对（H）纵向冲击功随稀土加入量的变化关系如图 3-28 所示。对于重轨钢而言，稀土处理可以提高横向冲击功和纵向冲击功，即改善钢的冲击韧性。与未加稀土的重轨钢试样相比较，经过稀土处理的重轨钢试样的横向冲击功和纵向冲击功均有不同程度的提高。稀土加入量小于 0.01%（质量分数）区间，冲击功提高的幅度最大；继续增大加入量，冲击韧性的改善效果并不明显。另外，随着温度的降低，重轨钢的横向冲击功和纵向冲击功均逐渐降低。但除 -40℃ 纵向试样以外，其他试样的冲击功均高于未经稀土处理的试样。

刘承军等[36,37]研究发现稀土主要通过变质夹杂物、细化奥氏体晶粒度、减小渗碳体片层厚度等作用来改善钢的冲击韧性。重轨钢的冲击韧性与钢中夹杂物直接相关。稀土处理不仅可以使高碳重轨钢中的夹杂物数量减少，更重要的是可以使钢中夹杂物的形态发生改变。二者均有利于改善钢的冲击韧性。同时，可以减小横向冲击功和纵向冲击功之间的差距，消除钢的各向异性，增强钢的各向同性，见图 3-29。图 3-28 和图 3-29 的结果表明，低洁净度重轨钢的稀土最佳加入量的质量分数为 0.02%，高洁净度重轨钢的稀土最佳加入量的质量分数为 0.01%，此时钢的冲击韧性得到显著改善。

孙振岩等[38]研究了不同稀土、硫含量对重轨钢冲击韧性的影响，研究发现相当稀土加入量为 0.02%、钢中稀土硫比 $w(RE)/w(S) = 1.57$ 时，钢的韧性最佳，在高硫重轨钢

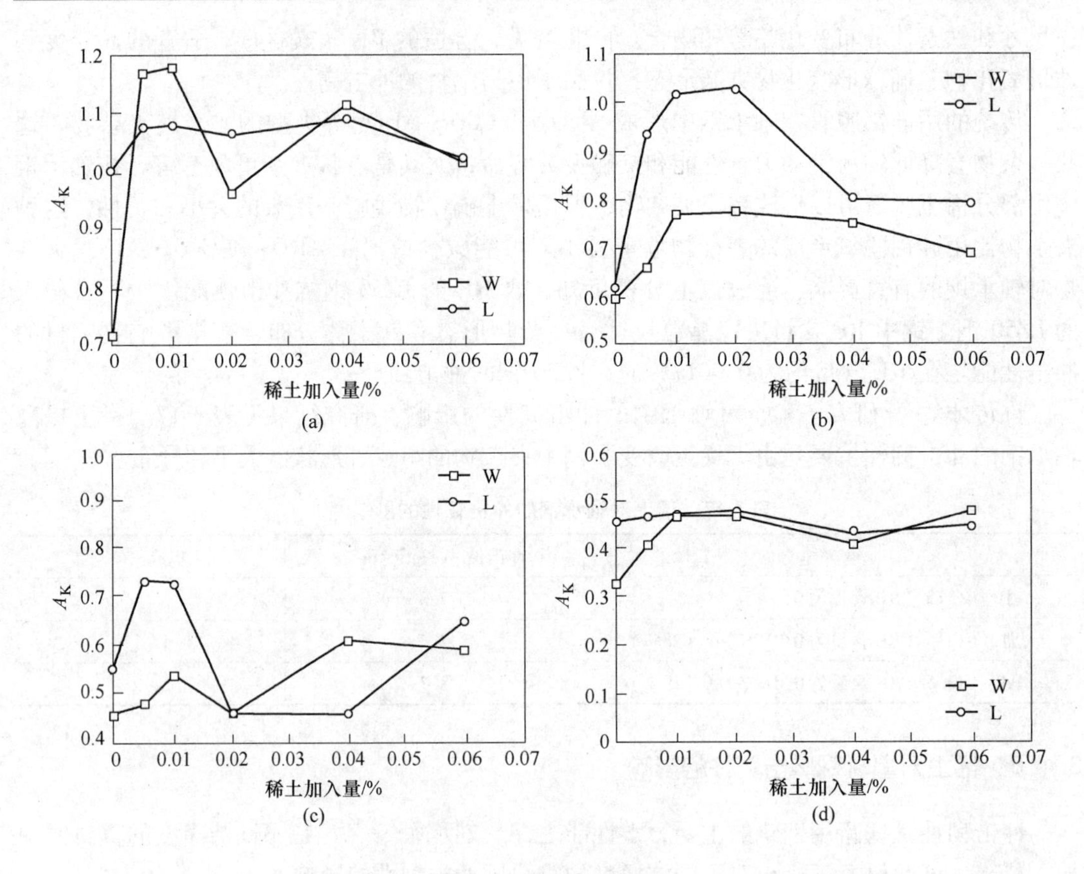

图 3-28　稀土对不同洁净度重轨钢的冲击功（A_K）的影响[36,37]
（a）20℃条件；（b）0℃条件；（c）-20℃条件；（d）-40℃条件

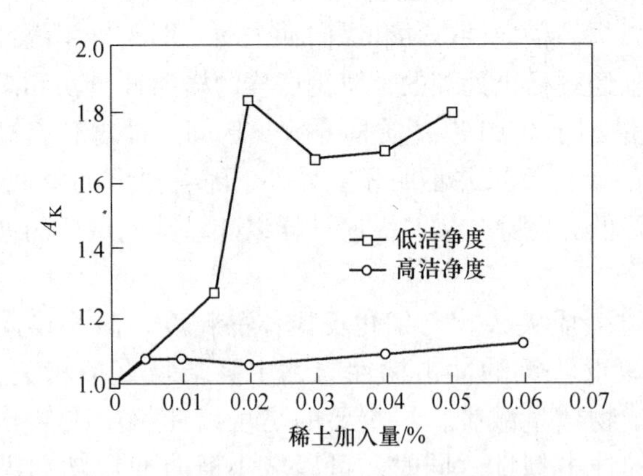

图 3-29　稀土对不同洁净度的试验重轨钢纵/横向相对冲击功的影响[36,37]

中，稀土的加入可使硫化物明显改性，但对钢的纵向力学性能影响不明显，当稀土加入量相同时，高硫重轨钢的力学性能明显低于低硫重轨钢，这表明硫含量是影响重轨钢性能的重要因素。图 3-30为不同温度下不同硫含量试验重轨钢的冲击功实验结果。

王权等[39]从分析少量稀土可以改变高碳重轨钢珠光体形貌、细化奥氏体晶粒和珠光体片层结构微观组织，且重轨钢中的稀土可降低钢中硫化物夹杂的级别等方面研究了稀土对重轨钢冲击性能的影响。

从表 3-18 测量结果看出，随着稀土加入量的增加，重轨钢中的硫化物夹杂的级别和形态均发生了变化，即硫化物夹杂的级别降低、分布分散，形态由细长条状向纺锤形、椭球形及球形转变。

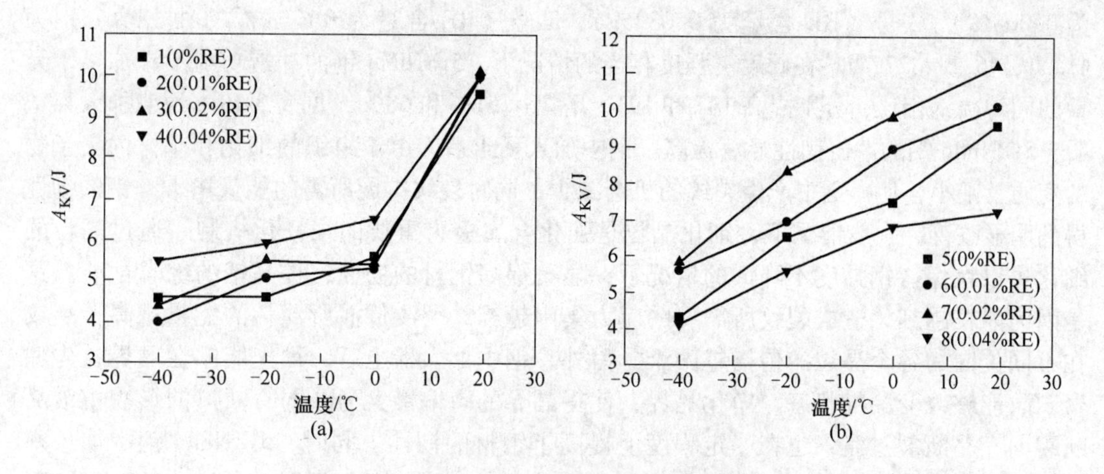

图 3-30　稀土对不同温度下重轨钢的冲击功的影响[38]

（a）高硫试验钢；（b）低硫试验钢

表 3-18　稀土对试验重轨钢的夹杂物级别的影响[39]

样　号	钢中 RE 加入量（质量分数）/%	夹杂物类型			
		A	B	C	D
0	0	2.5	1	1	0.5
1	0.015	1.5	2	0.5	0.5
2	0.020	1.5	1.5	1	0.5
3	0.025	1.5	1	1	0.5
4	0.030	1.5	1	1.5	0.5
5	0.035	1.5	1	1	0.5
6	0.040	1.5	1	0.5	1
7	0.045	2	1	1	0.5
8	0.050	1.5	1	1	0.5

研究发现高碳重轨钢的冲击韧性与钢中 MnS 夹杂物的存在状态和数量直接相关。如前所述，稀土处理不仅可以使高碳中的夹杂物数量减少、级别降低，更重要的可以使钢中夹杂物形态发生改变即断开硫化物夹杂并使其椭圆或球化。

3.1.7　稀土对模具钢冲击韧性的影响

3.1.7.1　稀土对 5CrNiMo 模具钢冲击韧性的影响

5CrNiMo 钢是目前国内外广泛使用的热作模具钢。赵晓栋等[41]研究了稀土对 5CrNiMo 模具钢冲击韧性的影响及机理。各项试验结果表明：加入微量的稀土元素后，5CrNiMo 钢中硫含量降至 0.009% 和 0.005% 的高纯度钢数量级。退火组织、淬火组织和淬火后回火组织均显著细化。在 JB30G 型冲击试验机上对回火状态试样做冲击试验，1 号（RE 含量为0.008%)、2号(RE含量为0.032%)、3号(RE含量为0)试样的冲击功分别为41.5J、46.1J、27.4J。在硬度、强度相当的情况下，5CrNiMo钢的冲击功与不添加稀土元素的同炉次钢相比，分别提高14J和19J，增幅达51%和68%，见表3-19。说明加入稀土后，5CrNiMo钢的冲击韧性显著提高。钢中加入稀土后，由于组织的细化和基体内夹杂物的变质及细小，使得钢中产生裂纹的机会减少，同时裂纹扩展所需的能量增大，钢的韧性得到明显改善。一般情况下，细化晶粒是强化金属极为重要的强韧化机制。通过晶粒的细化可以在保持钢强度不降低的情况下，显著提高钢材的韧性，提高钢的综合性能。这是因为晶粒越细，造成裂纹所需要的应力集中越难，裂纹传播所消耗的能量越高，裂纹在不同位向的各个晶粒的传播越困难。另外，钢中加入稀土后，稀土能够在晶界首先偏聚，故能够改变晶界状态，净化晶界，使得晶界的磷偏聚大为减弱，断口的形貌由沿晶断裂向穿晶断裂过渡，也在一定程度上提高了钢材的韧性。同时，5CrNiMo钢中加入稀土后，钢中原来分布着的尺寸较大、长条状的MnS、FeS等夹杂物变成尺寸较小、球形或椭圆形、弥散均匀分布的稀土硫氧化物。变质后的夹杂物，减小了夹杂物周围的应力集中，明显减轻条状夹杂物对基体的割裂作用，而且使得疲劳裂纹在钢中形成的机会减少，也进一步阻止了疲劳裂纹的扩展，因而，使钢的韧性和疲劳性能提高了。韧性的提高对以热疲劳失效为主的5CrNiMo钢提高寿命是有利的，同时在承受大载荷时，可以在保持相同的冲击韧性前提下，降低钢的回火温度，获得较高的强度，提高模腔的抗塑变能力。

表3-19　稀土对5CrNiMo钢冲击性能的影响[41]

试样号	RE含量/%	A_K/J	提高/%
1	0.008	41.5	51
2	0.032	46.1	68
3	0	27.4	—

3.1.7.2　稀土对5CrMnMo模具钢冲击韧性的影响

5CrMnMo钢是我国广泛使用的中碳低合金热作模具钢。郭洪飞、高文海等[42,43]研究了稀土对5CrMnMo模具钢冲击韧性的影响。

由表3-20可见，稀土La对5CrMnMo冲击性能的影响，加入RE的2号、3号、4号试样的冲击功分别为41.6J、47.3J和42.2J，比未加入RE的1号试样的冲击功分别提高了14.9%、30.7%、16.6%。这说明在适当的范围内加入稀土La后，5CrMnMo钢的冲击韧性可显著提高。

表3-20　稀土La对5CrMnMo冲击性能的影响[42,43]

试样号	1号	2号	3号	4号
RE加入量/%	0	0.10	0.25	0.40
RE残留量/%	0	0.013	0.033	0.052
冲击功/J	36.2	41.6	47.3	42.2
相对提高/%		14.9	30.7	16.6

陈方明等[44]研究了混合稀土金属 RE 对锻造模具钢 5CrMnMo 的冲击韧性及改善各向异性的影响，发现 RE 改变了硫化物夹杂的形状，细化钢的奥氏体晶粒，提高了钢的横向冲击性能和使用寿命，结果见表 3-21。通过对试验冲击试样断口用扫描电镜观察表明：未加稀土的试样断口是以解理断裂为主；加入稀土试样断口是以韧窝断裂为主。

表 3-21 混合稀土金属 RE 对 5CrMnMo 钢的各向异性及寿命的影响[44]

试样号	稀土加入量/%	纵向性能 A_K/J	横向性能 A_K/J	横纵比	模具寿命提高率/%
1	0	48.6	18.5	0.380	0
2	0.050	46.3	28.7	0.620	15.6
3	0.060	47.3	24.7	0.522	17.5
4	0.070	43.0	29.7	0.691	21.5

3.1.7.3 稀土对 5Cr2NiMoVSi 新型热作模具用钢冲击韧性的影响

5Cr2NiMoVSi 是一种广泛应用的新型热作模具用钢，陈向荣等[45]研究稀土对 5Cr2NiMoVSi 新型热作模具用钢冲击韧性的影响，见表 3-22。

表 3-22 稀土 La 对 5Cr2NiMoVSi 钢冲击功的影响

试 样 号	1	2	3	4	5	6
La 加入量/%	0	0.10	0.16	0.20	0.27	0.32
La 残留量/%	0	0.0138	0.0249	0.0292	0.0421	0.0469
冲击功/$J \cdot cm^{-2}$	39.2	42.3	45.1	48.6	46.2	41.0

3.1.7.4 稀土对 45Cr2NiMoVSi 新型热作模具用钢冲击韧性的影响

45Cr2NiMoVSi 钢是目前广泛使用的新型热锻模具钢[48]。李密文等[49]研究得到了稀土 Ce 对 45Cr2NiMoVSi 热锻模具钢冲击韧性的影响。热处理工艺采用 980℃ ×30min 淬火，淬火后 460℃ ×1.5h 回火和 440℃ ×1.5h 回火。

由图 3-31 可看出，当 4 号试样稀土 Ce 添加量为 0.22%（钢中 Ce 含量为 0.031%）时，冲击韧性达到最大，但当 6 号试样稀土 Ce 添加量为 0.32%（钢中 Ce 含量为 0.106%）时，即 6 号试样的冲击韧性有显著下降，比 1 号试样 Ce 添加量为 0 降低了 11.63%。可见，稀土 Ce 对 45Cr2NiMoVSi 钢冲击韧性的影响是很大的，并且也呈现出先上升后下降的规律。由此得出，在适当的范围内加入稀土 Ce 后，45Cr2NiMoVSi 钢的冲击韧性可显著提高。这是因为适量的稀土 Ce 能改善钢的晶界状态、强化晶界、阻碍晶间裂纹形成和扩展，最终使得钢材的韧性在一定程度上得到提高。稀土 Ce 加入钢中之后，相对晶界能降低。这是由于分布在晶界的稀土原子降低了晶界表面能，使新相沿晶界析出困难，晶界比较洁净，大部分杂质被结合成稳定化合物。

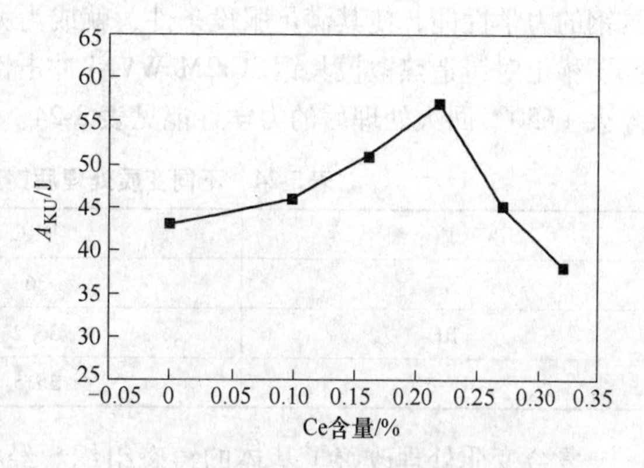

图 3-31 Ce 添加量对 45Cr2NiMoVSi 钢的冲击韧性的影响[49]

在钢中加入稀土 Ce 后，稀土 Ce 把钢中常规夹杂物变质为稀土 Ce 夹杂物，减少了磷等杂质元素在晶界上的偏聚或渗碳体在奥氏体晶界上的沉淀，因而减少了沿晶数量，阻碍晶间裂纹形成和扩展[46,53]，提高其韧性。在未加稀土 Ce 的 1 号试样中，由于晶界上网状共晶碳化物的存在，使晶粒间的联系被割断，晶粒间的结合强度大大降低。在受冲击的情况下，由于共晶碳化物与晶粒界面处严重的形变不适应，裂纹容易沿着共晶碳化物与晶粒界面萌生，裂纹从晶粒中传播，使晶粒发生解理断裂，当裂纹遇到晶界共晶碳化物网时，裂纹将绕过晶粒，沿着晶界传播，使裂纹的扩展速度加快，因此未加稀土 Ce 的 45Cr2NiMoVSi 钢韧性低。而加入稀土 Ce 的 4 号试样中的共晶碳化物由连续网状变为团球状、弥散的颗粒状，而且碳化物尺寸细小且分布均匀，同时稀土 Ce 在钢中有净化晶界的作用，使晶界上有害杂质元素 S、P 等含量降低，晶界脆化也大大减轻，裂纹不容易沿着晶界扩展。因此，加入稀土 Ce 的 45Cr2NiMoVSi 钢韧性明显提高。

郭洪飞等[50]研究了稀土 La 对 45Cr2NiMoVSi 钢冲击韧度的影响，采用 990℃ ×2h 淬火，淬火后 650℃ ×5h 回火和 600℃ ×4h 二次回火热处理工艺。在 JB2200 型冲击试验机上对二次回火状态试样做冲击试验。表 3-23 为稀土 La 对 45Cr2NiMoVSi 钢冲击韧性的影响，1 号、2 号、3 号、4 号试样的冲击功分别为 39. 2J、42. 6J、48. 4J、41. 3J，可见 2 号、3 号、4 号试样与 1 号试样的冲击功相比分别提高了 8. 7%、23. 5%、5. 4%。这说明在适当的范围内加入稀土 La 后，45Cr2NiMoVSi 钢的冲击韧度可显著提高。

表 3-23　稀土 La 对 45Cr2NiMoVSi 钢冲击韧性的影响[50]

试 样 号	1 号	2 号	3 号	4 号
La 加入量/%	0	0. 10	0. 20	0. 35
钢中 La 含量/%	0	0. 015	0. 030	0. 053
冲击功/J	39. 2	42. 6	48. 4	41. 3
提高程度/%		8. 7	23. 5	5. 4

3. 1. 7. 5　稀土对 3CrMoWVNi 新锻模具用钢冲击韧性的影响

一些新型热锻模具钢种（如 3CrMoWVNi）虽然具有良好的使用性能，但其锻造工艺性能差，废品率高达 60% 左右。为此，把锻造工艺改为铸造工艺，但如何提高铸造热锻模具钢的力学性能，使其满足服役条件，就成为关键。张昆鹏等[51]采用 RE 复合变质方法研究了稀土对铸造热锻模具钢 3Cr2MoWVNi 冲击性能的影响。变质处理前后试验钢经 1050℃ 淬火 +650℃ 回火处理后的力学性能见表 3-24。

表 3-24　不同变质处理后铸造热锻模具钢的性能[51]

变 质 剂	HRC	A_K/J · cm^{-2}
无	36	12. 5
RE	36. 2	22. 2
RE-Nb	35. 5	27. 0

复合变质处理改善了基体的铸态组织。经稀土复合变质处理，由于 RE 能净化钢液，减小枝晶间距，细化晶粒，减少中心偏析与枝晶偏析；同时减少柱状晶区，扩大等轴晶区；提高了铸件的致密性，减少基体的内部缺陷；大大改善了铸态组织。复合变质处理对

于精细组织也起到了改善作用。未经变质处理的试验钢，其组织为板条马氏体和片状马氏体的混合组织，马氏体晶粒粗大，并有较多的孪晶马氏体存在。变质处理后，奥氏体化时，由于稀土分子较大，富集于奥氏体晶界，降低了晶界能，阻滞了奥氏体晶粒的长大，从而细化了组织，改善了微区内合金元素的偏聚，使得成分更趋于均匀化；淬火/回火后，马氏体片层间距减小；稀土的存在也降低了奥氏体的层错能[52]，从而使得淬火时马氏体板条组织增多并细化，亚结构以位错为主；同时马氏体间出现残余奥氏体薄膜，使钢的韧性得以提高。复合处理时，稀土、铌双重作用的存在使得组织得到更大程度的改善，从而基体的性能得以更大程度的提高。经 RE-Nb 复合变质处理后，由于稀土元素与氧和硫的亲和力显著大于铝和锰，稀土元素容易与氧、硫发生共轭反应生成高熔点球状 RE_2O_2S、RE_2S_3 夹杂物。且趋于球化，分布均匀，从而减弱了对基体的割裂作用，降低了钢在受力条件下的应力集中，改善了沿晶界产生的脆性断裂，提高了基体的塑性，特别是韧性。

3.1.7.6 稀土对3Cr2W8V 热作模具用钢冲击韧性的影响

郭洪飞等[53]研究了稀土对3Cr2W8V 热作模具用钢冲击韧性的影响。

表 3-25 为在 JB2200 型冲击试验机上对回火状态试样做冲击试验的结果，可见 1 号、2 号、3 号、4 号试样的冲击功分别为 35.6J、42.7J、48.9J 和 41.2J，加稀土的 2 号、3 号、4 号试样与未加稀土的 1 号试样的冲击功相比分别提高了 19.94%、37.36%、15.73%。这说明在适当的范围内加入稀土后，3Cr2W8V 钢的冲击韧度可显著提高。一般情况下，塑性提高，韧性也相应提高。这是因为晶粒越细，造成裂纹所需要的应力集中越难，裂纹传播所消耗的能量越高，裂纹在不同位向的各个晶粒的传播越困难。并且钢中加入稀土后，稀土能够在晶界首先偏聚，改变晶界状态，净化晶界，使得晶界的磷偏聚大为减弱，断口的形貌由沿晶断裂向穿晶断裂过渡，也在一定程度上提高了钢材的韧性。

表 3-25 稀土对 3Cr2W8V 热作模具用钢冲击韧性的影响[53]

试 样 号	1 号	2 号	3 号	4 号
RE 加入量/%	0	0.08	0.20	0.35
钢中 RE 含量/%	0	0.012	0.030	0.053
冲击功/J	35.6	42.7	48.9	41.2
提高程度/%		19.94	37.36	15.73

3.1.7.7 稀土对新型中碳 CARMO 模具钢组织和性能的影响

新型中碳 CARMO 钢是一种铬钼钒合金钢，广泛用作冷作模具钢和塑料模具钢，具有高韧性和耐磨性，良好的抛光性及焊接性[54]，利用铸造方法制造模具的关键问题是如何改善凝固组织和提高模具的韧性及使用寿命。曹立明等[55]研究了稀土对新型中碳CARMO 模具钢组织和冲击韧度性能的影响。稀土变质剂其主要组成为富 La 轻稀土，加入量为 0.5%（质量分数）。

加入稀土的铸态试样硬度和冲击韧度比未变质铸态试样都有所增加，硬度增加尤其明显，见表 3-26。经热处理后，加入稀土后的试样硬度和冲击韧度都高于未变质的，虽然冲击韧度提高了不少，但比起供货态的还是小。分析变质前后的显微硬度，由于变质后基体组织中合金碳化物含量的增多，不同区域的显微硬度差值减小且整体增高，说明加入稀土有助于提高钢的硬度和冲击韧度，稀土及微量合金元素的优势互补及固溶强化和沉淀强化，抑制了局部弱化作用，冲击韧度提高178%。在保证高硬度的同时提高了冲击韧度，可接近锻态下冲击韧度的下限。

表 3-26 稀土对新型中碳 CARMO 模具钢组织硬度与冲击韧度的影响[55]

状 态	铸态试样		热处理试样		热处理组织硬度（HV）	
	硬度（HRC）	A_K/J · cm^{-2}	硬度（HRC）	A_K/J · cm^{-2}	粒状碳化物	基体
未变质	52.2	8.8	53	15	1181	1018
变 质	61	10	56.1	26.5	1223	1125
供货态	200HB	63.5	51.8	46	998	890

实验发现用少量纯铝终脱氧并加入稀土，一方面，形成高熔点的在晶内任意分布的球状夹杂物（RE_2O_2S），不仅使夹杂物的形貌球化、细化且使夹杂物弥散分布[56,57]；另一方面，稀土加入起到变质作用，变质后退火的组织为片状珠光体+片状铁素体及少量碳化物。使得裂纹扩展抗力增大，一定程度上改善了模具钢的韧性。

3.1.8 稀土对转子钢冲击韧性的影响

残余元素锡、锑、砷等在常规炼钢方法中很难去除，所以在废钢的循环利用过程中，这些元素在钢中含量不断增加。近年来钢中残余元素导致的连铸坯和钢质量问题日益引起国际钢铁界的高度重视。研究报道，在一定温度回火、回火后冷却或时效过程中磷、锡、锑和砷等有害元素易在奥氏体晶界处偏聚[58]，特别是其含量较高时，回火后急冷处理也很难充分抑制这种偏聚，使钢的冲击韧性大为降低，脆性断裂趋势增大34CrNi3Mo钢是普遍采用的大型汽轮机整锻低压转子钢。这种钢需要在约400℃的温度区间长期运行，不可避免地引起回火脆性，带来长期时效脆化的问题。早期研究提出，向钢中添加少量稀土元素可以改善由P及残余元素引起的Cr-Mo系合金钢回火脆性[59,60]，并且证明稀土金属镧确实能和钢中含量较低的锡作用生成化合物[61]，不过当时的研究有限，对钢中的氧、硫含量并没有严格的控制。为此，严春莲等[62]研究了不同含量的残余元素锡、锑及稀土镧对低氧、低硫的34CrNi3Mo钢冲击韧性的影响及机理。

图3-32是不加镧的试样B和试样C（La含量为0.046%）在不同回火时间下韧性断口比例与温度的关系。由图3-32可以看出，La不同程度降低了34CrNi3Mo钢的韧脆转变

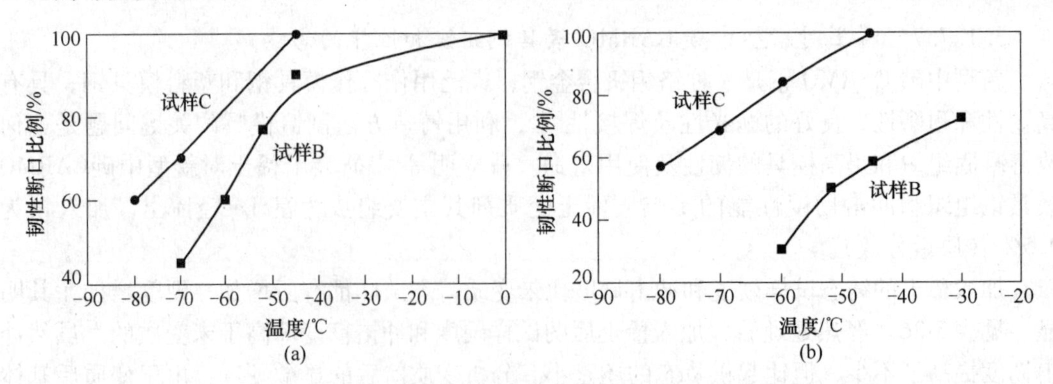

图3-32 不同回火时间下稀土镧对34CrNi3Mo钢韧性断口比例的影响[58]

(a) 100h回火；(b) 1000h回火

温度，在回火时间较长时，韧-脆转变温度降低了30℃以上。在镧含量相同的条件下，不同含量的残余元素在不同回火时间下韧性断口比例与温度的关系见图3-33所示。由图3-33可见，当镧含量相同时，残余元素含量低（Sn含量为0.029%、Sb含量为0.036%）的试样C的韧-脆转变温度比试样D残余元素含量高（Sn含量为0.050%、Sb含量为0.049%）降低了20℃。

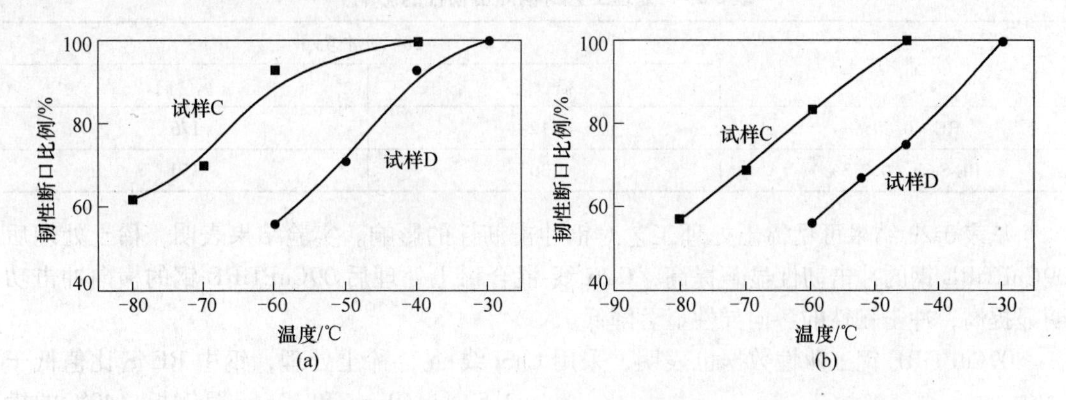

图3-33　稀土镧对不同锡、锑含量的34CrNi3Mo钢韧性断口比例的影响[58]

（a）500h回火；（b）1000h回火

3.1.9　稀土对耐候钢冲击韧性的影响

1994年武钢报道[63]在09CuPTiRE耐候钢中，加稀土提高其冲击值见表3-27。

表3-27　稀土对09CuPTiRE耐候钢冲击值的影响[63]

炉号	RE含量 /%	S含量 /%	板厚 /mm	取样部位	室温冲击值（U型） /J·cm^{-2}			−40℃冲击值（U型） /J·cm^{-2}		
					纵向	横向	纵/横	纵向	横向	纵/横
22280	0	0.031	12	头	148.0	58.8	2.48	144.1	48.1	3.13
				中	152.0	58.3	2.58	100.9	42.1	2.40
				尾	124.5	62.7	1.98	148.0	60.8	2.43
22280	0.03	0.031	12	头	168.6	101.9	1.65	118.6	79.4	1.49
				中	103.7	93.1	1.70	122.5	82.3	1.49
				尾	162.7	102.9	1.58	120.5	114.7	1.05

董辰等[64]研究发现加入微量稀土的13号耐候钢，其各项力学性能均优于未加稀土的9号普通耐候钢，尤其是冲击性能，几乎提高了一半以上，见表3-28。

表3-28　微量稀土对耐候钢冲击性能的影响[64]

钢　号	R_{eL}/MPa	R_m/MPa	纵向A_{KV}/J		
			20℃	0℃	−60℃
9号	476.7	598	83.9	66.7	16.3
13号	517	660	157.3	121.8	28.7

华蔚田等[65]研究了 RE 对 09CuPTiRE 钢横向冲击韧性的影响，见表 3-29。结果表明，当钢中 RE 含量为 0.005%、RE/S 为 1.0 时，钢中夹杂物为链状稀土氧硫化物和稀土氧化物，20℃钢板平均横向冲击功 112J；当钢中 RE 含量为 0.013%、RE/S 为 2.2 时，钢中夹杂物为球状钙硅酸盐和稀土氧硫化物复合夹杂，20℃钢板平均横向冲击功提高至 130J。

表 3-29 处理工艺对钢冲击韧性的影响[65]

处理工艺	20℃冲击功/J	
	横向	纵向
RE（0.005%）	112	176
RE-SiCa（0.013%）	130	150

从表 3-29 结果可见稀土处理工艺对钢冲击韧性的影响。实验结果表明，稀土处理后 09CuPTiRE 钢的冲击韧性显著提高，CaSi 线-混合稀土处理后 09CuPTiRE 钢的横向冲击功明显提高，冲击韧性的各向异性显著降低。

09CuPTiRE 钢工业性数据也表明，采用 CaSi 线-混合稀土处理，钢中 RE/S 比值低于 2.5 时，10mm 和 12mm 厚钢板 -40℃的横向冲击韧性随 RE/S 比值增加而显著提高。当钢中 RE/S 比值为 2.5 时，-40℃的横向冲击功达到峰值；当 RE/S 比值大于 2.5 后，钢的横向冲击韧性呈下降趋势（图 3-34）。

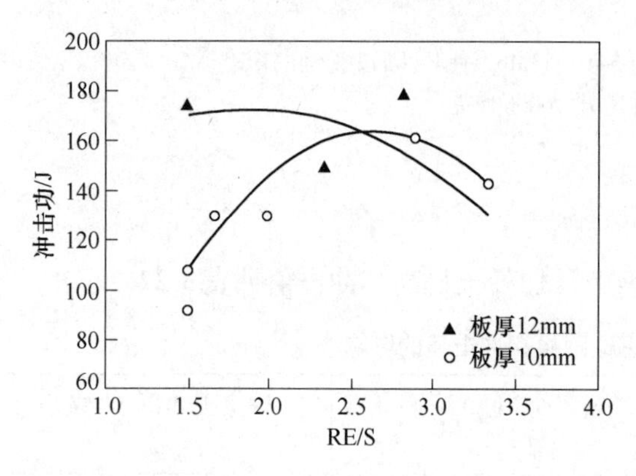

图 3-34 钢中 RE/S 比值对 09CuPTiRE 钢 10mm 和 12mm 厚钢板 -40℃横向冲击韧性的影响

张路明等[66]研究了 RE 对高强耐候钢冲击韧性的影响及机理，实验表明，钢中添加适量的稀土，可以完全使 MnS、Al_2O_3 等夹杂变质为稀土复合夹杂，从而提高钢的力学性能。在低氧硫高强度耐大气腐蚀钢中，稀土含量控制在 0.020% ~ 0.026% 范围，可获得最佳的低温冲击性能。

图 3-35 和图 3-36 结果表明，在稀土含量不太高的条件下，稀土夹杂物数量随钢中稀土量的增加而增大不是很显著，如稀土含量从 0.018% 到 0.021%，稀土夹杂总量仅增加 6%，以球状，近球状细小弥散分布的稀土硫氧化物夹杂为主。夹杂物评级最低，充分发挥稀土净化，变质夹杂作用，从而显著提高钢的冲击性能。继续增加钢中稀土含量，稀土夹杂物数量明显升高，钢中稀土量从 0.021% 增到 0.023%，稀土夹杂物数量增多 21%，导致冲击性能的下降。稀土量增加到 0.034%，稀土夹杂数量迅速增加，甚至出现聚集的和大串块状稀土氧化物夹杂，夹杂评级由小于 1 级升至 4 级，过量稀土不能净化钢质，反而污染钢液，使冲击性能恶化，稀土量 0.034% 钢横向 -40℃的 A_{KV} 大幅下降，个别样的 -40℃的 A_{KV} 仅有 7J。因此，控制钢中合适的稀土含量，才能发挥稀土净化，变质夹杂作用，从而达到提高钢冲击性能的目的。可见稀土含量控制范围在 0.020% ~ 0.026%，横向 -40℃的 A_{KV} 可大于 40J。

CuP 钢具有良好的耐大气腐蚀性能，并有较好的综合力学性能。Cu、P 是提高钢耐大

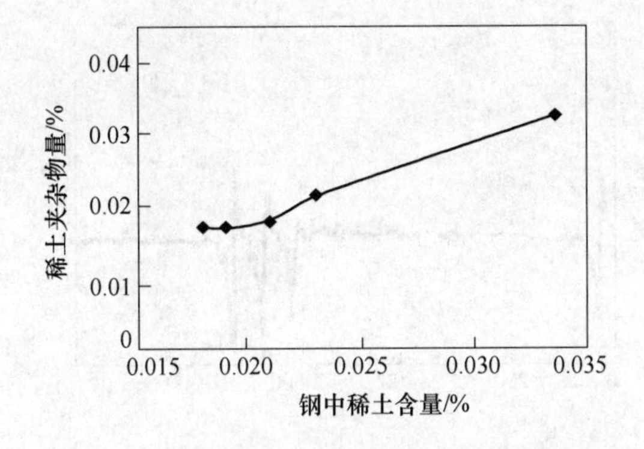

图3-35　稀土含量与稀土夹杂物数量关系

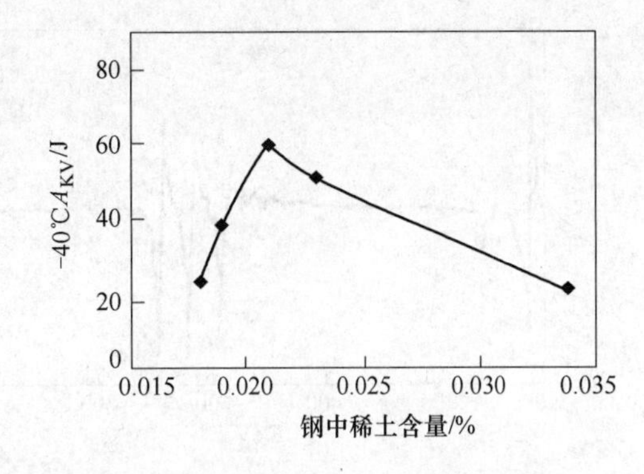

图3-36　钢中稀土含量与冲击功的关系

气腐蚀性能的主要元素，但P对钢材塑性、韧性有不利影响，在晶界偏聚时，会降低钢材的韧性。任海鹏等[67]研究了CuP耐大气腐蚀钢中P的偏聚行为，钢中添加稀土后断口形貌的变化及对钢韧性的影响。结果表明，钢中加入稀土，可净化晶界，断口形貌由沿晶断裂向穿晶断裂过渡，提高了韧性。CuP钢中确有P沿晶界偏聚。添加稀土后，晶界P偏聚减少，是钢韧性提高的重要原因，但P的偏聚尚未完全消失。

含RE（0.03%）和未加RE的08CuP钢低温系列冲击实验结果见表3-30，结果表明两种试验钢的冲击韧性都较好，低温冲击值仍较高。添加稀土的试验钢韧性有所提高，可以认为是由于钢中加入稀土元素，净化了晶界，使晶界处有害元素含量降低所致。含P钢产生沿晶断裂的分数是随晶界上含P量的增加而增加，晶界P偏聚削弱了晶界内聚力，使韧性下降。钢中加入稀土元素后，改变了晶界状态，使沿晶断裂分数减少，其断口形貌由沿晶断裂向穿晶断裂过渡，是改善热轧CuP钢韧性的有效方法。

表3-30　低温系列冲击实验结果[67]

钢　种	冲击值/J					
	室　温	0℃	-20℃	-40℃	-60℃	-80℃
08CuP	94	94	93	84	80	71
08CuPVRE	141	128	102	98	86	75

对两种试验钢进行Auger电子能谱分析，见图3-37。结果表明，热轧CuP钢中确有P沿晶界偏聚。但未添加稀土的试验钢P的晶界偏聚浓度并不高，区域也较少，分布不均匀。钢中加入稀土元素后，晶界P偏聚减少，且趋向均匀，但尚未观察到完全消失。实验结果表明稀土对08CuP钢作用主要是净化晶界，改变晶界状态，从而强化了晶界，阻碍晶间断裂，增加穿晶断裂分数，提高了钢的韧性。稀土本身并不沿晶界偏聚，也未发现有稀土化合物存在，主要存在夹杂物中或以原子状态固溶于晶界近旁。

刘宏亮等[68]研究了稀土对高强耐候钢B450NbRE冲击韧性的影响及机理。

由图3-38可知，随着稀土含量的增加，无论是室温冲击功（20℃）还是低温冲击功（-40℃），均呈现出先逐渐增大而后开始减小的规律。在此实验条件下，当稀土含量为0.0047%时，B450NbRE钢的冲击功达到最大值，分别为45.1J（20℃）和13.9J（-40℃）。稀土主要通过改变位错移动裂纹萌生所需的塑性功来影响B450NbRE钢的冲击韧性。

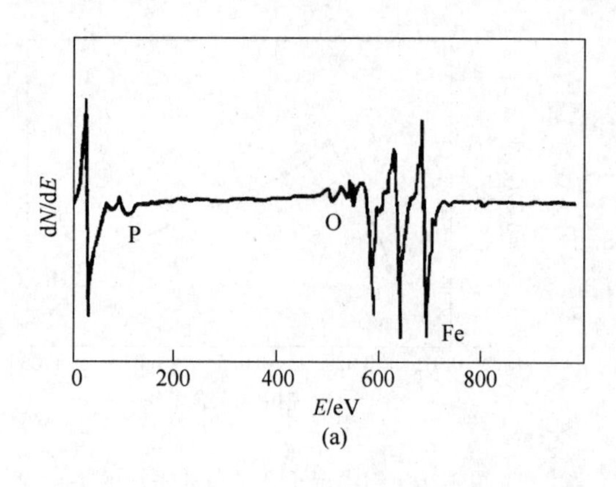

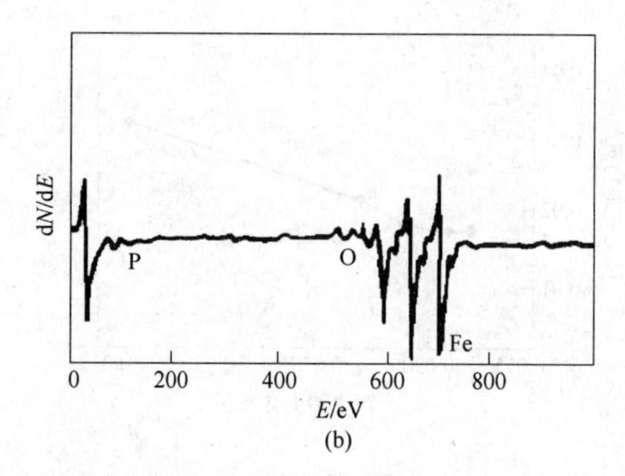

图 3-37　稀土对 08CuP 钢 P 晶界偏聚的影响[67]

（a）08CuP 钢 Auger 能谱图；（b）08CuPRE 钢 Auger 能谱图

图 3-39 为稀土对 B450NbRE 钢的金相显微镜组织的影响。实验结果显示，经过 950℃正火处理的试样冲击断口的韧性区比例显著增加，解理片也显著细小，冲击韧性增加了 1.94 倍。

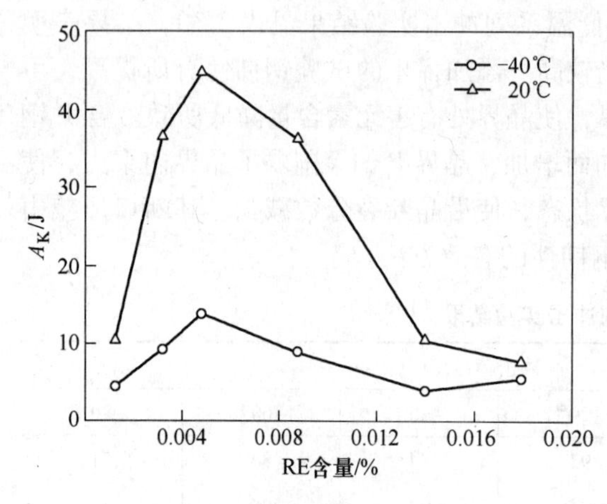

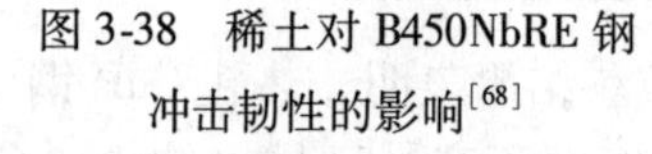

图 3-38　稀土对 B450NbRE 钢冲击韧性的影响[68]

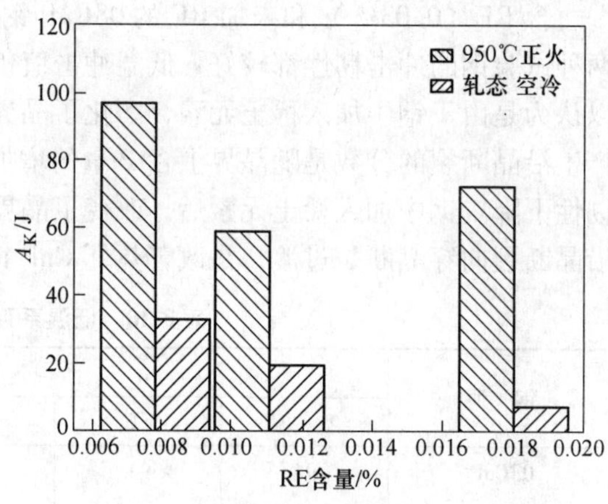

图 3-39　不同热处理制度条件下稀土含量对 B450NbRE 钢冲击韧性的影响[68]

3.1.10　稀土对几种铸钢冲击性能的影响

3.1.10.1　稀土对空冷贝氏体/马氏体复相铸钢冲击性能的影响

空冷贝氏体/马氏体复相铸钢是一种新材料，具有生产工艺简单、成本低、韧性高、耐磨性能优越、经济效益好等特点，在矿山、建材、电力、化工等领域得到初步应用，获得了较好的使用效果。为了扩大应用范围，张金山等[69]采用稀土复合变质剂对其施行变质处理，研究了稀土复合变质对贝氏体/马氏体复相铸钢组织和冲击性能的影响。实验结果表明，钢中加稀土，由于合金化变质作用使钢的微观组织形态发生变化，钢的晶粒细化，空淬组织中板条马氏体、贝氏体比例增加，残余奥氏体数量提高，夹杂物形态改善，从而提高了钢的韧性。

由表3-31数据说明，经稀土复合变质后，复相钢的硬度增加不大，而常温冲击韧性则随着变质剂加入量的提高而增加，当残余稀土含量为0.03%（质量分数）时，冲击韧性达到最大值。而后，随残余稀土量的增加，韧性又逐渐下降。由此说明，只要变质剂加入量合适，就能显著提高复相钢的冲击韧性。

表3-31 稀土对空冷贝氏体/马氏体复相钢冲击韧性的影响[69]

稀土残留量(质量分数)/%	0	0.01	0.02	0.03	0.04	0.05	0.06
冲击韧性/$J \cdot cm^{-2}$	28	32	35	40	36	28	22
HRC	54	54	54.5	55	56.5	57	57.5
冲击磨损量/$g \cdot h^{-1}$	0.0823			0.0686			

3.1.10.2 稀土硼复合变质对低合金马氏体硅锰铸钢韧性的影响

胡一丹等[70]研究稀土硼复合变质对低合金马氏体硅锰铸钢强韧性的影响。实际生产和装车试验证实，采用稀土-硼复合变质的SiMn钢代替传统高锰钢生产拖拉机履带板，不仅使用温度范围广，而且成本低、寿命高，具有明显的经济效益和社会效益。

由表3-32可见，高温奥氏体化的确能提高Si-Mn钢的韧性，奥氏体化温度从850℃增至1050℃，韧性提高一倍。稀土变质或稀土硼复合变质在各个奥氏体化温度下的韧性均有明显提高，其中尤以稀土硼复合变质处理效果最好。以1050℃为例，稀土变质韧性提高近25%，复合变质韧性提高130%。

表3-32 稀土对低合金马氏体硅锰铸钢韧性的影响[70]

奥氏体化温度/℃		850	900	950	1000	1050	1100
韧性/$kJ \cdot m^{-2}$	未变质	100	100	100	100	230	—
	稀土变质	150	230	230	230	230	—
	稀土硼复合变质	260	—	360	470	552	460

注：试样经上述奥氏体化温度淬火后200℃回火。

经1050℃水淬/200℃回火的试样，复合变质处理对低温冲击韧度十分有利，在各个试验温度下均比未变质的韧度提高一倍左右，在-60℃低温下的韧度保持在320kJ/m²，比未经变质的Si-Mn钢韧度提高140%。这就充分说明，经复合变质处理的Si-Mn钢，能适应北方冬季室外工况工作。

稀土变质或稀土硼复合变质提高韧度的作用显然与其在钢中存在的形式有关。由于稀土是表面活性元素，可降低钢液的表面张力，吸附在界面上阻碍晶体长大，因而能起到细化晶粒的变质作用；同时稀土富集于晶界降低了该处的界面能；此外，稀土减小了先共析-共析转变的温度间隔，即使晶界局部有先共析铁素体优先形核，也来不及沿晶界充分长大，形成仿晶型结构，这就导致了对针状和网状铁素体形成的抑制作用。文献［71］认为，稀土之所以提高钢的韧性是因为位错处溶质浓度下降，减弱了溶质原子对位错的钉扎作用，使塑性变形容易进行，松弛了应力集中的结果。稀土硼复合变质处理能在高温奥氏体化过程中获得细晶结构，减少元素偏析，高温奥氏体化又能促进微区成分趋于均匀，净化了晶界，因而保证了在淬火后获得细小的板条马氏体。

王晓颖等[72]研究了RE-B对Si-Mn铸钢强韧性的影响，表3-33为实验测得的稀土-硼对Si-Mn铸钢强韧性的影响，由表3-33可知，微量元素的加入，使马氏体Si-Mn铸钢各项力学性能指标均获得改善，其中尤以韧性提高最为显著。RE-B复合处理明显优于RE或B单一处理，从综合力学性能来看，稀土硼复合处理最好。

表3-33　稀土-硼对Si-Mn铸钢强韧性的影响[72]

添加剂	σ_b/MPa	σ_s/MPa	δ_5/%	A_K /J·cm^{-2}	E/GPa	KIC /MPa·m$^{\frac{1}{2}}$	σ^{-1}/MPa	HRC
无	1570	1290	3.6	29.0	196	96.6	252.1	49.3
稀土	1730	1430	5.2	36.5				48.7
硼				40.0				48.6
稀土-硼	1690	1390	5.2	69.0	225	117.5	288.1	48.9

以稀土-硼复合处理和未经处理的试验钢的性能相比较，韧性提高幅度最大，达133%。衡量裂纹扩展情况的断裂韧性提高20%。由此可见，微量元素的变质作用及微合金化作用不可低估。

由表3-34可知，加入微量元素RE-B后，在-60℃低温下的韧性仍保持40J/cm^2，在-80℃低温下的韧性仍大于20J/cm^2，比未经处理的马氏体Si-Mn钢常温韧性还高。铸钢是一种非均质钢，其塑性、韧性偏低，碳及其他合金元素偏析是其主要原因之一。稀土加入能减少碳及合金元素的偏析，促进成分均匀化，导致铸钢的韧性增加。稀土元素，尤其是Ce，能推迟包晶反应，而C、Si、Mn等合金元素在δ-Fe中的扩散速度为γ-Fe中50～100倍，包晶反应的推迟，加大了δ-Fe相区，有利于元素扩散。晶粒细化，缩小枝晶间距，缩短了原子扩散距离，也有助于成分均匀化。随后的高温奥氏体化热处理，其目的也是加速原子扩散，促进均匀化。稀土硼复合加入，基本上消除了Ⅰ类夹杂，夹杂物形态圆整、细小，呈弥散分布。对钢中夹杂物变质而言，稀土硼复合变质效果最好。经变质的夹杂物有两种，一种表面为稀土硫氧化合物，中心为MnS、FeS。另一种为含硼夹杂物，表面富集着硼的碳氮化合物。由于变质处理改善了夹杂的形态、大小、分布，促使韧性提高。

表3-34　稀土-硼对Si-Mn铸钢低温韧性试验结果[72]　　(J/cm^2)

添加剂	试验温度						
	20℃	0℃	-20℃	-40℃	-60℃	-80℃	-100℃
无	20	20	20	20	15		
稀土-硼	57	47	47	48	40	22.5	18.8

3.1.10.3　稀土硼对30CrMn2Si马氏体铸钢冲击性能的影响

中碳马氏体铸钢是新型耐磨材料，具有硬度高、耐磨性好、成本低等优点，是非强烈冲击条件下使用的理想耐磨材料。目前国内的耐磨件服役期仅为国外同类产品的20%～40%，浪费十分严重，有必要在非强烈冲击条件下，用中碳马氏体铸钢代替高锰钢作为耐磨材料。然而，中碳马氏体铸钢的缺点是韧性储备不足，为了扩大应用范围，挖掘材料潜力，宋延沛等[73]采用稀土-硼（w(RE)＝0.15%～0.25%，w(B)＝0.001%～0.005%）复合变质处理的方法，研究了稀土-硼对30CrMn2Si马氏体铸钢组织及其冲击性能的影响及机理。

变质处理对30CrMn2Si铸钢力学性能的影响试验钢（同炉钢水）经稀土-硼变质和未变质进行了对比试验，所有试样均经1050℃淬火、175℃回火。结果见图3-40及表3-35。

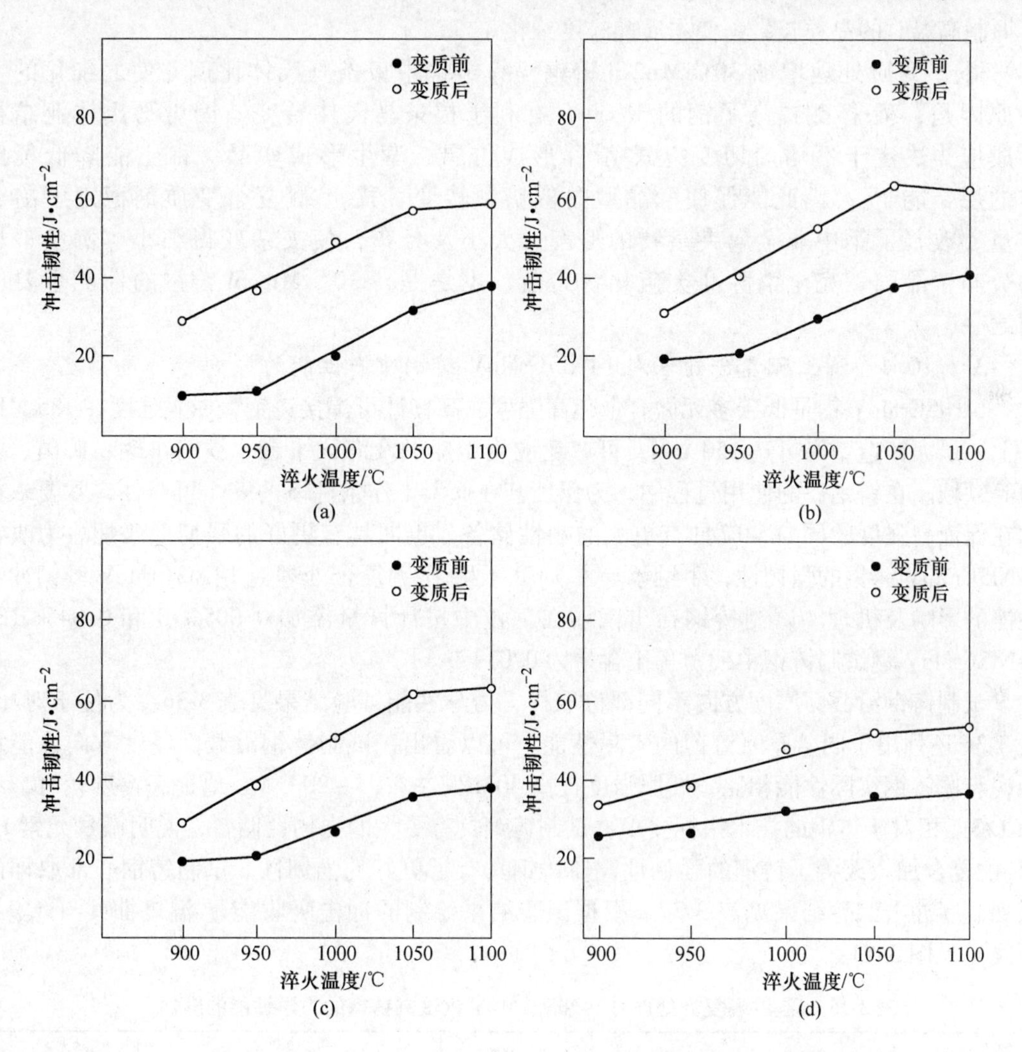

图3-40　稀土-硼变质处理及热处理工艺对30CrMn2Si铸钢冲击韧性的影响[73]

(a) 100℃回火；(b) 150℃回火；(c) 200℃回火；(d) 250℃回火

表3-35　变质前后30CrMn2Si铸钢的力学性能[73]

编　号	变质处理	HRC	A_K/J·cm^{-2}	σ_s/MPa	σ_b/MPa	δ_5/%
A	未变质	50.0	36.8	1184.7	1539.0	1.7
B	复合变质 RE-B	49.6	62.0	1398.0	1772.0	2.8

从表3-35结果可看到，稀土-硼变质处理显著提高30CrMn2Si铸钢强韧性，尤其是韧性，由36.8J/cm^{2}提高到62.0J/cm^2。

稀土-硼复合变质处理后，细化本质晶粒度的主要原因是，稀土、硼在晶界上富集和弥散质点的钉扎作用所致。因为稀土富集于奥氏体晶界，降低自由能，减小晶粒长大的驱动力，能强烈阻碍 γ-Fe 晶粒长大。硼与氧、氮作用形成分散的第二相微粒与晶界交互作用，可阻碍晶界移动。高温加热时，稀土形成稳定的氧化物质点也起钉扎晶界的作用，故可抑制高温时的晶粒长大，使本质晶粒度细化。

稀土-变质处理增加 30CrMn2Si 铸钢淬火组织中板条马氏体比例并使之细化的主要原因是，稀土-硼提高了钢的 M_s 点，有利于板条马氏体转变。因为马氏体亚结构形成应当决定于不均匀切变方式-滑移形成位错、孪生形成孪晶。稀土能降低奥氏体的层错能[71]，因此能促使孪晶型向位错型转变。稀土-硼复合变质剂稳定了冶金质量，改善了钢中非金属夹杂物的形态、大小及分布，使夹杂变得细小、圆整，均匀分布于晶内，完全消除Ⅱ类硫化物夹杂，也是提高 30CrMn2Si 铸钢的性能重要原因之一。

3.1.10.4 稀土硼复合处理对 14Ni5CrMoV 铸钢冲击性能的影响

14Ni5CrMoV 钢是低碳多元微合金化高强度、高韧性可焊接铸钢，屈服强度在 785 MPa 以上，最大铸造壁厚可达 150 mm，可广泛应用于船舶及海洋平台、铁路车辆、矿山、电力等领域。在铸钢件的使用过程中，为保证其在低温工作条件下的安全可靠性，常要求铸钢在保证高强度的同时，应具有更大的韧性储备，也即具有更好的强韧性匹配。为改善 14Ni5CrMoV 铸钢的强韧性，牛继承等[57]研究了稀土-硼复合处理对 14Ni5CrMoV 铸钢冲击性能的影响及机理。试制铸钢在出钢前在钢包中按计算量添加 0.005% B 和 0.04% RE，14Ni5CrMoV 钢试制铸钢中残留稀土含量为 0.014%。

试制铸钢沿截面厚度方向不同部位取样，力学性能试验结果见表 3-36。为便于对比，表 3-36 还列出了同壁厚原铸钢的实际性能。可以看出，试制铸钢沿截面厚度方向性能均匀，与原铸钢实际性能相比，屈服强度提高 40MPa 左右；$-20℃ A_{KV2}$ 值提高幅度较大，约为 1/3。相对于铸钢的技术指标要求，试制铸钢具有更大的强韧性储备，说明微量元素 B、RE 的复合加入改善了铸钢的强韧性，使铸钢具有了更好的强韧性。试制铸钢心部取样的系列温度冲击试验结果见表 3-37。根据试验结果绘制的冲击吸收能量-温度曲线（A_{KV2}-T 曲线）见图 3-41。

表 3-36 稀土-硼复合处理对 14Ni5CrMoV 钢试制铸钢的力学性能的影响[57]

项　目	取样部位	$R_{p0.2}$/MPa	R_m/MPa	A/%	Z/%	$-20℃ A_{KV2}$/J
试验铸钢性能	表面	865	935	17.5	64.5	108
	$T/4$	855	925	17.5	63.5	106
	心部	855	930	19.0	64.5	110
同壁厚原铸钢实际性能	表面	820	910	16.5	61.0	67
	$T/4$	815	910	17.0	58.0	65
	心部	795	905	19.0	63.0	76
技术指标		785 ~ 925	—	≥14	≥45	≥55

注：冲击吸收能量（A_{KV2}）为 3 个试样数据平均值。

表 3-37 稀土-硼复合处理的 14Ni5CrMoV 钢试制铸钢系列温度冲击试验结果[57]

试验温度/℃	21	0	-20	-40	-60	-80	-100	-120	-196
A_{KV2}/J	110	114	110	108	100	86	56	49	17

注：冲击吸收能量（A_{KV2}）为 3 个试样数据平均值。

由图 3-41 可知试制铸钢心部的上平台冲击吸收能量较高，达到 111J、-80℃时 A_{KV2}值（为 86J）仍达到原 14Ni5CrMoV 铸钢 -20℃的实际韧性水平。试制铸钢具有较低的特征转变温度，其中上平台冲击功转变温度 ETT_{100} 为 -50℃，上、下平台中间转变温度（ETT_{50}）为 -100℃，表现出了良好的低温韧性水平，有利于保证铸钢在低温条件下工作的安全可靠性。

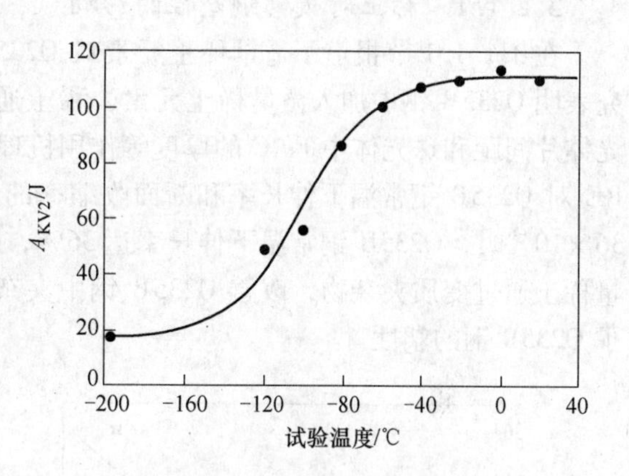

图 3-41 稀土-硼复合处理的 14Ni5CrMoV 试制铸钢的 A_{KV2}-T 曲线[57]

3.1.10.5 稀土对几种铸钢冲击性能的影响

表 3-38 是几种铸钢在相同试验条件下，稀土处理前后其冲击韧性的变化情况。可以看出，经稀土处理后的铸钢，冲击韧性大幅度提高，最高可提高到 3 倍左右，最少也提高到约 1.5 倍。研究还表明，稀土处理后的铸钢的性能，特别是低温冲击韧性，提高的幅度更大，且稀土可降低钢的韧脆转变温度，提高材料的断裂韧性。

表 3-38 稀土处理前后铸钢的冲击韧性变化[74,75]

钢 种	冲击韧性/J		提高/%
	未处理	处 理	
中碳耐磨铸钢	28.0	49.0	75
20MnVB	19.2	37.0	103
贝氏体铸钢	16.0	52.0	225
H13	23.2	54.4	134
ZGMn13	16.2	39.0	141
MnSiCrB 贝氏体铸钢	24.0	73.6	207
高 CrNi 铸钢	7.2	11.0	52.7
高碳铬铸钢	3.3	7.8	136
31Mn2Si	9.4	19.6	109
ZG35CrMo	22.7	31.9	40.5
ZG50SiMn	21.7	29.2	34.5
ZG25Mn	46.0	60.4	31.3

3.2 稀土对钢塑性的影响

在 3.1 节中给出的许许多多研究数据，冶金工作者的大量研究结果证明了钢中稀土可通过深度净化钢液，变质夹杂物，改善钢的组织等微合金作用，有效地提高钢的室温及低温冲击韧性。一般认为钢的韧性与塑性是正相关的，在这节将分别介绍稀土对碳素钢、低合金钢、铸钢、模具钢及合金钢塑性的影响及机理。

3.2.1 稀土对碳素钢、低合金钢及铸钢塑性的影响

本小节对稀土在碳素钢、低合金钢及铸钢塑性的影响一一作介绍。

3.2.1.1 稀土对碳素钢塑性的影响

在3.1.1.1节报道了适量稀土元素对Q235B钢常温冲击韧性的影响。王社斌等[2]研究表明Q235B钢中加入微量稀土元素，稀土通过变质夹杂物，细化铁素体晶粒和减小珠光体片间距和珠光体中Fe_3C的厚度等作用机理有效提高了Q235B强韧化性能。图3-42为RE对Q235B钢常温下伸长率和断面收缩率的影响。由图3-42可见，当稀土质量分数为36×10^{-6}时，Q235B钢常温下伸长率达36%，断面收缩率达61%。文献[2]研究表明适量稀土通过变质夹杂物，改善Q235B钢中夹杂物的形貌及组分，细化微观组织同时提高了Q235B钢的塑性。

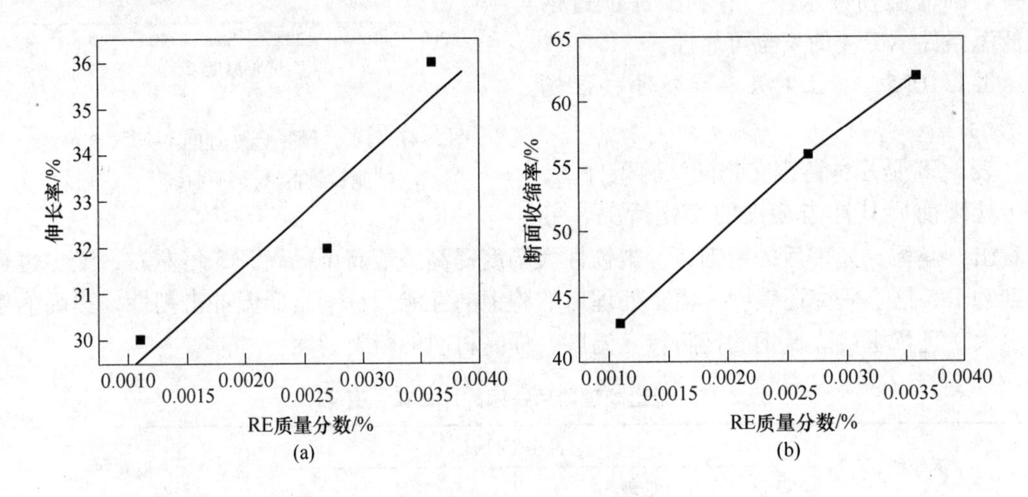

图3-42 RE对Q235B钢常温下伸长率和断面收缩率的影响[2]

图3-43和表3-39表示随镧含量增加，常温下SS400钢的断后伸长率以及断面收缩率变化趋势。由图3-43可以看出，试验钢的断面收缩率均呈现先上升后下降的趋势，断面

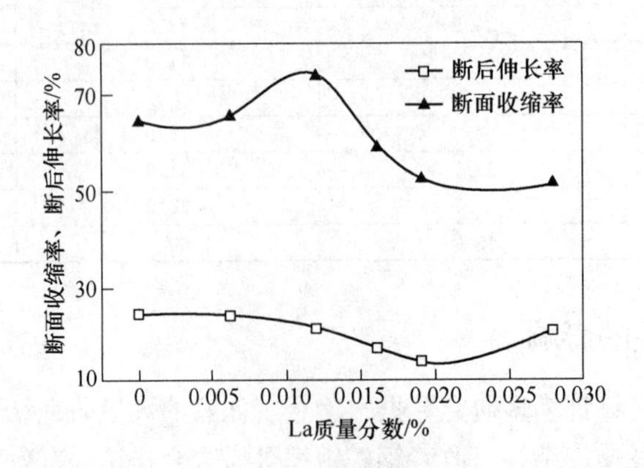

图3-43 镧对SS400钢塑性的影响[3,4]

收缩率在镧含量为0.012%时达到最大值。当镧过量时，反而会对塑性产生有害作用。张芳等[3,4]的研究表明镧对SS400钢塑性的提高，是镧在钢中净化钢液、变质夹杂、微合金化综合作用的结果。

表3-39　稀土SS400实验钢断面收缩率和伸长率[76]

试样号	稀土加入量/%	断面收缩率 ψ/%	伸长率 δ/%
1	0	45.87	32.68
2	0.05	53.23	43.36
3	0.09	50.35	39.68

3.2.1.2　稀土对低合金钢塑性的影响

由图3-44可见，随着含铌微合金钢中稀土含量的增加，钢的伸长率和断面收缩率提高，当RE含量达到0.06%左右时有一峰值出现，而后随着稀土含量的增加，钢的伸长率和断面收缩率下降。

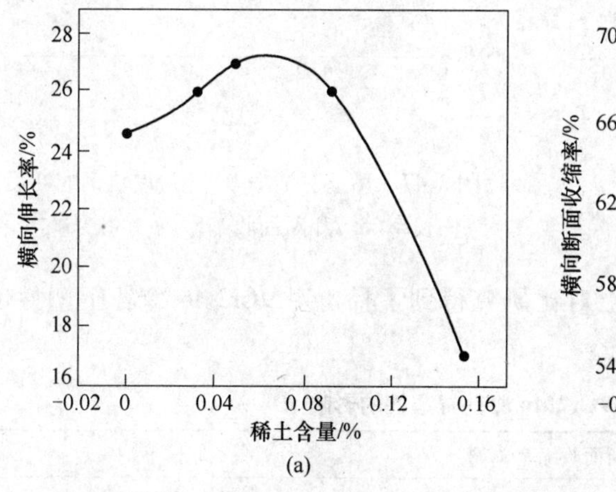

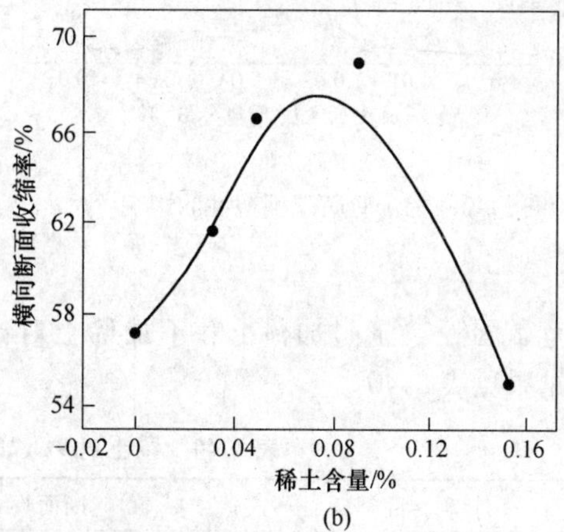

图3-44　稀土对含铌微合金钢横向伸长率和断面收缩率的影响[15]

由图3-45可见，在Ce含量为0.0167%时高级别管线钢伸长率达到最大值24%。任中盛等[28]研究表明加入微量稀土Ce后，改善了高级别管线钢凝固组织，实现钢材基体的晶粒细化，三条铁素体间距由6.1μm减小到1.6μm；铁素体宽度由0.8μm减小到0.15μm；改变了夹杂物的性质；并由于稀土元素Ce元素在晶界上的析聚，减少S、P的晶界偏聚等诸原因，提高了管线钢冲击韧性同时也改善了塑性。

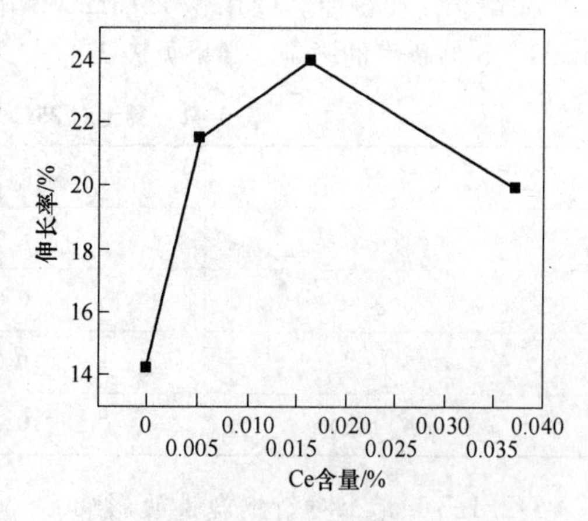

图3-45　微量Ce对高级别管线钢伸长率的影响[28]

由图3-46可见，在稀土加入量约为0.025%时高碳重轨钢伸长率和断面收缩率表现最好。王权等[39]研究发现高碳重轨钢的塑韧性与钢中 MnS 夹杂物的存在状态和数量有直接相关。钢中稀土不仅可以使高碳重轨钢中的夹杂物数量减少、级别降低，更重要的可以使钢中夹杂物形态发生改变即断开硫化物夹杂并使其椭圆或球化。

李春龙等[77]研究了稀土对洁净 BNbRE 重轨钢塑性的影响，结果表明在作者的实验条件下，洁净 BNbRE 重轨钢的稀土最佳加入量约为 0.01%，此时洁净 BNbRE 重轨钢的塑性得到显著改善，见图 3-47。

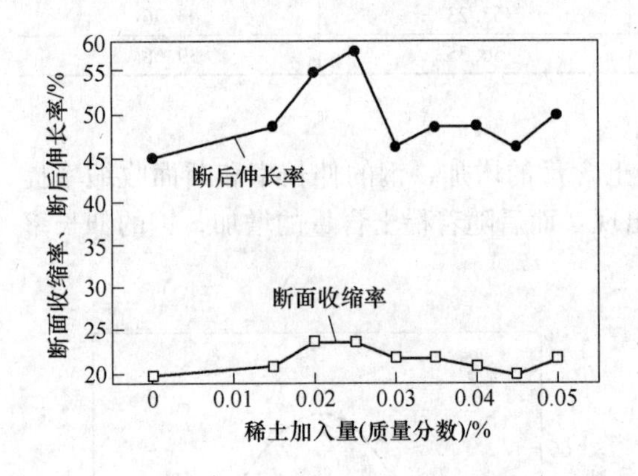

图 3-46　稀土对高碳钢塑性的影响[39]

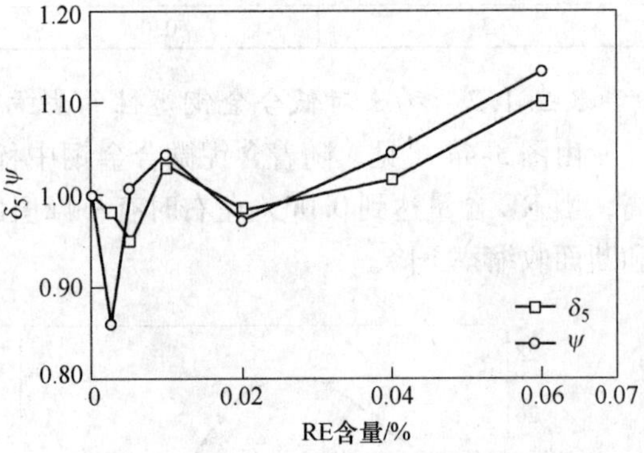

图 3-47　稀土对洁净 BNbRE 重轨钢的断后伸长率(δ_5)和断面收缩率(ψ)的影响[77]

范敬国等[78]通过加稀土和不加稀土对比研究得到了稀土对 9Cr2Mo 冷轧辊塑性的影响，结果见表 3-40。

表 3-40　稀土对 9Cr2Mo 冷轧辊塑性的影响[78]

项　目	断面收缩率 ψ/%	伸长率 δ/%
加稀土	31	13
未加稀土	20	11.4

刘靖等[19]在石油套管用钢 25CrMoVB 中加入镧 + 铈混合稀土，研究得到了稀土对 25CrMoVB 伸长率的影响，结果见表 3-41。

表 3-41　稀土对 25CrMoVB 伸长率的影响[19]

试 样 号	稀土含量/%	伸长率 δ/%
1	0	24.2
2	0.013	25.2
3	0.027	26.0
4	0.048	24.9

3.2.1.3　稀土对铸钢塑性的影响

宋延沛等[74]以中碳耐磨铸钢作为研究对象，通过加入微量稀土等元素来提高榨螺用钢的塑韧性，结果见表 3-42。

表 3-42 稀土等微量元素对中碳耐磨铸榨螺用钢伸长率的影响[74]

试样号	稀土等含量/%	伸长率 δ/%
A	0	1.7
B	1.0	2.8

牛继承等[57]研究了稀土-硼复合处理对14Ni5CrMoV铸钢塑性的影响，结果见表3-43。

表 3-43 稀土-硼复合处理对14Ni5CrMoV钢试制铸钢塑性的影响[57]

对比钢	取样部位	断面收缩率 ψ/%	伸长率 δ/%
稀土-硼复合处理	表 面	64.5	17.5
	T/4	63.5	17.5
	心 部	64.5	19.0
未处理	表 面	61.0	16.5
	T/4	58.0	17.0
	心 部	63.0	19.0

王晓颖等[72]研究了RE-B对Si-Mn铸钢强韧性的影响，结果见表3-44。

表 3-44 RE-B对Si-Mn铸钢伸长率的影响[72]

对比钢	伸长率 δ/%
未处理	3.6
稀土处理	5.2
稀土-硼处理	5.2

宋延沛等[73]采用稀土-硼复合变质处理的方法，研究得到了稀土-硼对30CrMn2Si马氏体铸钢伸长率的影响，结果见表3-45。

表 3-45 稀土-硼复合变质处理变对30CrMn2Si铸钢伸长率的影响[73]

对比钢	伸长率 δ/%
未变质处理	1.7
稀土-硼处理	2.8

3.2.2 稀土对模具钢塑性的影响

本小节将分别介绍稀土对P20、5CrNiMo、5Cr2NiMoVSi、45Cr2NiMoVSi、3Cr2W8V及新型铸造热锻模具钢（CHD）钢塑性的影响及机理。

3.2.2.1 稀土对P20模具钢塑性的影响

P20钢广泛地用于制造大中型的塑料模具。陈红桔等[79]研究了在P20钢中加入稀土元素，系统地测试了钢中不同稀土与硫含量比值（RE/S）对钢材等向性能的影响。

表3-46列出稀土与硫的比值对P20钢材纵向、横向塑性的影响。由表3-46可知，RE/S对塑性值（δ、ψ）影响较大。随着RE/S值增加，钢材的塑性有较大幅度提高。当0 < RE/S < 1时，随着RE/S值增加，钢材的塑性增加很快。当RE/S > 1时，横向塑性继

续增加，但比较缓慢；纵向塑性几乎不增加，当 RE/S = 3.9 时，纵向、横向塑性继续增加。

表 3-46 RE/S 值对 P20 试验用钢塑韧性的影响[79]

试样号	RE 含量/%	RE/S	方向	δ/%	ψ/%
1	0	0	横向	10.5	30
			纵向	13	55
2	0.008	0.4	横向	14	46
			纵向	17.5	59.5
3	0.011	1	横向	16	55.5
			纵向	18	59
4	0.031	3.9	横向	17	60.5
			纵向	19.5	64

由表 3-46 的数据可知，当 P20 试验用钢的稀土含量为 0.031%、RE/S = 3.9 时其横向伸长率 δ 比未加稀土的提高 61.9%，纵向伸长率 δ 比未加稀土的提高 46.1%；横向断面收缩率 ψ 比未加稀土的提高 101%，纵向断面收缩率 δ 比未加稀土的提高 16.3%。

3.2.2.2 稀土对 5CrNiMo 热作模具钢塑性的影响

5CrNiMo 钢是目前国内外广泛使用的热作模具钢。高文海等[80]将富 Ce 稀土［w(Ce)≥99%］外包以铝箔层的阻燃剂，提前放入砂型中的添加方法，研究得到了稀土 Ce 对 5CrNiMo 钢塑性的影响，结果如表 3-47 所示。

表 3-47 稀土 Ce 对 5CrNiMo 钢塑性的影响[80]

试样号	稀土 Ce 含量/%		伸长率 δ/%	断面收缩率 ψ/%
	添加量	残留量		
1	0	0	8.0	28.5
2	0.15	0.022	8.5	29.8
3	0.20	0.032	12.0	34.5
4	0.25	0.038	9.0	32.5
5	0.35	0.050	5.5	25.0

由表 3-47 可以看出，2 号试样的伸长率和断面收缩率比 1 号试样分别提高了 6.3% 和 4.6%，基本变化不大；3 号试样的伸长率和断面收缩率比 1 号试样分别提高了 50.0% 和 21.1%，是相当明显的；而 4 号试样的伸长率和断面收缩率比 1 号试样提高了 12.5% 和 14.0%，有一定的提高，其中 3 号试样的伸长率和断面收缩率最好，5 号试样的伸长率和断面收缩率比 1 号试样有明显降低，分别降低了 31.3% 和 12.28%。由此可见，添加微量稀土 Ce 可使 5CrNiMo 钢的伸长率和收缩率都有不同程度的提高，其中在稀土 Ce 添加量为 0.20%（质量分数）时达到最大，提高程度相当明显。这是因为稀土可改变晶界状态，使晶界附近位错的可动性增加，滑移由一个晶粒传至相邻晶粒比较容易，塑性松弛易于实现，从而增加了裂纹扩展阻力，使钢的塑性得到提高。

3.2.2.3 稀土对5CrMnMo热作模具钢塑性的影响

5CrMnMo钢是我国长期沿用的热锻模钢，是目前国内使用较好的典型热作模具钢。薛淑贞、揭晓华、郭洪飞及高文海等[42,43,81,82]研究得到了混合稀土RE、稀土Ce和稀土La对5CrNiMo钢塑性的影响，结果如表3-48、表3-49及图3-48所示。

表3-48 稀土Ce对5CrMnMo钢塑性的影响[81]

试样号	稀土Ce含量/%		伸长率δ/%	断面收缩率ψ/%
	添加量	残留量		
1	0	0	11.0	30.0
2	0.10	0.013	11.5	33.0
3	0.20	0.023	12.0	35.0
4	0.25	0.033	12.5	39.0
5	0.35	0.052	10.5	29.0

表3-49 稀土La对5CrMnMo钢塑性的影响[42,43]

试样号	稀土La含量/%		伸长率δ/%	断面收缩率ψ/%
	添加量	残留量		
1	0	0	6.4	31.2
2	0.10	0.013	8.0	35.6
3	0.25	0.023	8.6	39.1
4	0.40	0.052	8.2	36.9

由表3-48可以看出，4号、3号、2号试样的伸长率分别比1号试样提高了13.6%、9.1%、4.55%，而5号试样的伸长率比1号试样下降了4.55%。4号、3号、2号试样的断面收缩率分别比1号试样提高了30%、16.7%、10%，而5号试样的断面收缩率比1号试样下降了3.33%。由此可见，微量稀土Ce的加入使5CrMnMo钢的伸长率和断面收缩率都有不同程度的提高，其中在稀土Ce添加量为0.25%时达到顶峰，提高程度相当明显。证明利用加入微量稀土来提高5CrMnMo钢的塑性是非常有效的。文献[81]指出稀土不仅能净化钢液，而且能细化钢的凝固组织，改变夹杂物的性质、形态和分布，从而提高钢的各项性能。同时固溶在钢中的稀土往往通过扩散机制富集于晶界，减少了杂质元素在晶界的偏聚并影响杂质元素的溶解度和减少脱溶量，稀土降低碳、氮的活度，增加碳、氮的溶解度，降低其脱溶量，

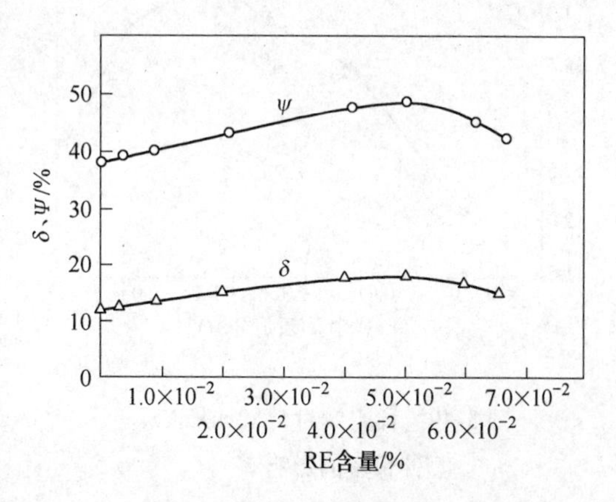

图3-48 稀土RE对5CrMnMo钢伸长率和收缩率的影响[82]

使它们不能脱溶进入内应力区或晶体缺陷中去，减小了钉扎位错的间隙原子数目，因而提高了钢的塑性和韧性。

从图 3-48 可见，当稀土含量达到 0.050% 时，断面收缩率、伸长率分别由未加稀土时的 37.1%、10.5% 提高到 48.7%、16%，稀土含量超过 0.050% 后塑性指标又开始下降。

由表 3-49 可以看到，2 号试样的伸长率和断面收缩率比 1 号试样提高了 25.0%（1.6 个百分点）和 14.1%（4.4 个百分点）；3 号试样的伸长率和断面收缩率比 1 号试样提高了 34.4%（2.2 个百分点）和 25.3%（7.9 个百分点），是相当明显的。而 4 号试样的伸长率和断面收缩率比 3 号试样降低了 4.9%（0.2 个百分点）和 6.0%（2.2 个百分点）。由此可见，微量稀土的加入使 5CrMnMo 钢的伸长率和断面收缩率都有不同程度的提高，其中在稀土 La 加入量为 0.25% 时达到最大，提高程度相当明显。这也证明了利用加入微量稀土 La 来提高 5CrMnMo 钢的塑性是非常有效的。

3.2.2.4　稀土对 5Cr2NiMoVSi 热作模具钢塑性的影响

5Cr2NiMoVSi 是一种广泛应用的新型热作模具用钢。陈向荣等[45]研究得到了不同含量 La 对 5Cr2NiMoVSi 热作模具钢的塑性指标伸长率的影响，见图 3-49。

3.2.2.5　稀土对 45Cr2NiMoVSi 热作模具钢塑性的影响

45Cr2NiMoVSi 钢是目前广泛使用的新型热锻模具钢。李密文及郭洪飞等[49,50]分别研究得到了稀土 Ce、稀土 La 对 45Cr2NiMoVSi 热锻模具钢塑性的影响，见图 3-50 及表 3-50。

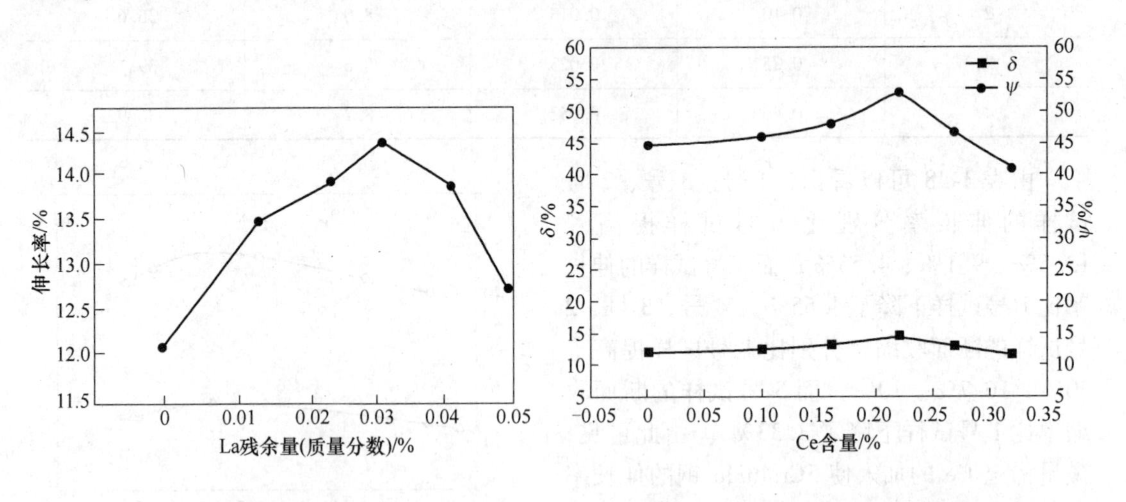

图 3-49　稀土镧对 5Cr2NiMoVSi 伸长率的影响[45]

图 3-50　稀土 Ce 对 45Cr2NiMoVSi 伸长率的影响[49]

由图 3-50 可见，在稀土 Ce 添加量为 0.2% 前，随稀土添加量的增加，45Cr2NiMoVSi 钢的伸长率断面收缩率不断增加，在稀土 Ce 添加量为 0.2% 时达到峰值，提高程度相当明显。表明通过加入微量稀土 Ce 来提高 45Cr2NiMoVSi 钢的塑性是非常有效的。然而当 Ce 添加量超过 0.2% 时 45Cr2NiMoVSi 钢的塑性反而变差，因此稀土添加量不宜过多。

表 3-50 稀土 La 对 45Cr2NiMoVSi 伸长率的影响[50]

试样号	稀土 La 含量/%		伸长率 δ/%	断面收缩率 ψ/%
	添加量	残留量		
1	0	0	12.2	40.2
2	0.10	0.015	13.4	43.5
3	0.20	0.030	14.2	48.2
4	0.35	0.053	12.5	41.3

由表 3-50 可看出，2 号试样的伸长率和断面收缩率比 1 号试样提高了 9.8%（1.2 个百分点）和 8.2%（3.3 个百分点）；3 号试样的伸长率和断面收缩率比 1 号试样提高了 16.4%（2.0 个百分点）和 19.9%（8.0 个百分点），是相当明显的。而 4 号试样的伸长率和断面收缩率比 3 号试样降低了 11.9%（1.7 个百分点）和 14.3%（6.9 个百分点）。由此可见，微量稀土 La 的加入使 45Cr2NiMoVSi 钢的伸长率和断面收缩率都有不同程度的提高，其中在稀土 La 加入量为 0.20% 时伸长率和断面收缩率达到最大，提高程度是最明显的。研究结果同样表明利用微量稀土 La 来提高 45Cr2NiMoVSi 钢的塑性是非常有效的。

3.2.2.6 稀土对 3Cr2W8V 热作模具钢塑性的影响

3Cr2W8V 钢是我国热作模具的传统用钢。郭洪飞[53]在 3Cr2W8V 热作模具钢中分别加入 3 种不同含量稀土 La 后，研究得到了稀土 La 对 3Cr2W8V 塑性的影响，结果见表 3-51。

表 3-51 稀土 La 对 3Cr2W8V 伸长率的影响[53]

试样号	稀土 La 含量/%		伸长率 δ/%	断面收缩率 ψ/%
	添加量	残留量		
1	0	0	8.4	40.7
2	0.08	0.012	8.6	38.0
3	0.20	0.030	12.2	52.4
4	0.35	0.053	11.4	52.4

由表 3-51 可以看到，2 号试样的伸长率比 1 号试样提高了 2.38%，但断面收缩率比 1 号试样下降了 6.63%。可见 2 号试样的变化不明显。3 号、4 号试样的伸长率比 1 号试样分别提高了 45.23%、35.71%，3 号、4 号试样断面收缩率比 1 号试样均提高了 28.75%。在稀土 La 加入量为 0.20% 时达到最大，提高程度相当明显。证明了加入微量稀土 La 来提高 3Cr2W8V 钢的塑性是非常有效的。

3.2.2.7 稀土对新型铸造热锻模具钢（CHD）钢塑性的影响

采用近终形铸造技术制造模具打破了传统的钢坯 + 锻造 + 加工的模具制造工艺，逐渐成为一种新的模具制造方法，在世界主要工业发达国家中得到应用。CHD 钢是吉林大学与一汽集团联合研制的一种新型铸造热锻模具钢，具有较高的强韧性，寿命比一汽集团公司的 4Cr2MoVNi 锻造模具提高 10% ~100%，可广泛地用于汽车、机械和农机等行业，具有广阔的应用前景。吉林大学关庆丰等[46]过添加稀土为主的合金元素对新型铸造热锻模具钢（CHD）进行复合变质，研究了稀土复合变质（稀土、钛、硅钙）对新型铸造热锻模具钢（CHD 钢）塑性的影响。表 3-52 为稀土复合变质对新型铸造热锻模具钢（CHD 钢）

塑韧性的影响，可见微量的稀土（0.012%～0.032%）可使新型铸造热锻模具钢（CHD钢）伸长率提高169%～271%，断面收缩率提高110%～163%，塑性大大改善。而后，随残余稀土量的增加，塑性又逐渐下降，因此可见，稀土添加量要适宜。

表 3-52　稀土复合变质对新型铸造热锻模具钢（CHD 钢）塑韧性的影响[46]

稀土残留量/%	0	0.012	0.020	0.032
伸长率/%	4.2	11.3	15.6	12.7
断面收缩率/%	13.9	29.2	36.6	32.5
K_{IC}/MPa · $m^{-0.5}$	42.6		68.6	
ΔK_{th}/MPa · $m^{-0.5}$	4.04		7.85	

3.2.3　稀土对合金钢塑性的影响

钢的塑韧性指标往往表现是一致的，为了较好地揭示稀土提高钢的塑韧性的作用机理，因此，在下面介绍和讨论稀土对合金钢塑性的影响及机理的研究结果时，稀土对有些合金钢塑韧性指标影响的数据就一同列出，以便于更清楚分析。

3.2.3.1　稀土对低铬铁素体不锈钢塑性的影响

孙胜英[83]等研究了稀土对低铬铁素体不锈钢塑韧性的影响。

表3-53为低铬铁素体不锈试验钢的化学成分（质量分数）及稀土对塑性影响的实验结果。从表3-53可见，稀土的加入使得铁素体不锈钢的冲击韧性大幅度提高，大约是原来的10倍，同时微量稀土使铁素体不锈钢的塑性提高56.4%。

表 3-53　低铬铁素体不锈钢试样的化学成分及稀土对其塑韧性的影响[83]

试样号	化学成分(质量分数)/%								δ/%	A_K/J · cm^{-2}
	C	Si	Mn	Cr	Ni	S	P	Re		
1	0.017	0.6	0.5	11.6	0.3	0.023	0.03		19.5	9.6
2	0.016	0.6	0.4	11.7	0.3	0.032	0.028	0.05	30.5	89.83

加稀土2号试样钢热处理后，组织由马氏体和铁素体共存组织变为单一的铁素体相组织，晶界的碳化物析出物变小、变少，从而促进其塑韧性的大幅度提高。可见添加稀土的铁素体不锈钢热轧态存在马氏体组织，经过退火后，马氏体消失，晶界碳化物分布弥散，从而使材料塑韧性得到大幅度提高。

3.2.3.2　稀土对4Cr13马氏体不锈钢塑性的影响

张慧敏等[84]研究了稀土元素La对4Cr13马氏体不锈钢塑性的影响，研究结果见图3-51。由图3-51可见，随着La含量的增加，4Cr13马氏体不锈钢断面收缩率和伸长率同时增大。

3.2.3.3　稀土对23CoNi钢塑性的影响

王俊丽等[85]研究了稀土对高纯超高强度23CoNi钢塑性的影响。

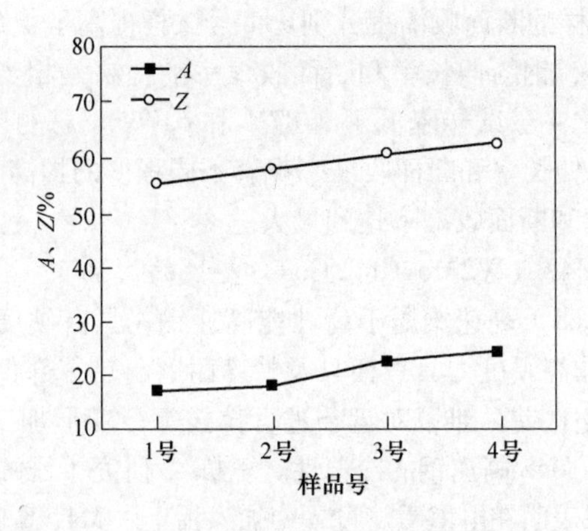

图 3-51 稀土 La 含量对 4Cr13 塑性的影响[84]

表 3-54 实验结果表明，加稀土高纯超高强度 23CoNi 试验的塑性伸长率指标 δ_5 为 15.0%，断面收缩率 ψ 为 66.8%，明显高于未加稀土钢的 δ_5（12.5%）、ψ（60.0%）。

表 3-54 稀土对高纯超高强度 23CoNi 塑性的影响[85]

试 样	伸长率指标 δ_5/%	断面收缩率 ψ/%
23CoNi（RE 含量为 0）	12.5	60.0
23CoNi（RE 含量为 0.002%）	15.0	66.8

3.2.3.4 稀土对合金结构钢材 18Cr2Ni4WA 塑性的影响

韩永令等[86]研究了稀土元素对低硫 18Cr2Ni4WA 钢塑性指标的影响采用电渣重熔稀土渣（30% CeO_2 +20% CaO +50% CaF_2）还原法加入稀土。18Cr2Ni4WA 钢的化学成分及稀土对其塑性指标的影响结果见表 3-55。从表 3-55 的结果可见稀土使 18Cr2Ni4WA 钢伸长率提高 8.3%，断面收缩率提高 14.4%。

表 3-55 18Cr2Ni4WA 钢的化学成分及稀土对其塑性指标的影响[86]

钢 种	化学成分（质量分数）/%									δ/%	ψ/%
	C	Si	Mn	S	P	Ni	Cr	W	RE		
18Cr2Ni4WA	0.20	0.22	0.40	0.005	0.013	4.16	1.45	0.99	—	13.2	55.5
18Cr2Ni4WARE	0.18	0.18	0.39	0.003	0.007	4.14	1.50	1.00	0.018	14.3	63.5

3.2.3.5 稀土对 1Cr18Mn8Ni5N 不锈钢塑性的影响

董方等[87,88]研究了稀土 Ce（质量分数大于 99.9%）对 1Cr18Mn8Ni5N 不锈钢塑性的影响。研究结果见表 3-56。

表 3-56 稀土 Ce 加入量对 1Cr18Mn8Ni5N 钢塑韧性的影响[87,88]

试 样 号	稀土加入量/%	伸长率 δ/%	断面收缩率 ψ/%
1	0	62.1	48.9
2	0.005	64.0	51.1
3	0.011	65.4	52.3
4	0.016	66.2	55.2
5	0.022	64.3	51.5

从表 3-56 可以看出，2、3、4 号试样的伸长率分别比 1 号试样提高了 3.06%、5.31%

和6.6%，2、3、4号试样的断面收缩率分别比1号试样提高了4.5%、6.95%和12.88%，随着稀土Ce含量的增加，钢的伸长率和断面收缩率的提高是相当明显的。而5号试样的伸长率和断面收缩率却比4号试样降低了2.87%和6.7%。总的来说，微量稀土Ce可使1Cr18Mn8Ni5N不锈钢的伸长率和断面收缩率都有不同程度的提高，其中稀土Ce的质量分数为0.016%时，伸长率和断面收缩率达到最大。

3.2.3.6 稀土对M42（W2Mo9Cr4VCo8）塑性的影响

M42（W2Mo9Cr4VCo8）高速钢属于高性能高速钢，具有硬度高、红硬性、耐磨性好等优点，被广泛用于制作高硬度刀具、模具及特殊耐磨耐热零部件。但由于其碳和合金元素含量高，故其盘条的塑性差，难以对盘条进行拉拔等冷变形加工，严重影响生产效率和产品质量，因此需要提高M42高速钢的冷塑性。王栋[90]研究了添加稀土元素对M42高速钢组织和性能的影响，结果表明在电渣重熔过程中加入稀土后M42高速钢电渣锭组织中莱氏体网断开，锻打方坯中的夹杂物颗粒细小，由棒条状变为球状；其盘条组织中的碳化物更细小、均匀，冷拉塑性提高，拉拔断丝率由原来的23.8m/次变为38.5m/次。稀土加入方法，电渣重熔前，将稀土包芯线（稀土含量30%，芯线壁厚0.5mm）捆绑在自耗电极棒上。

图3-52是未加稀土和添加0.2%稀土电渣锭的高倍金相组织。图3-52的结果表明，在高速钢中加入适量的稀土元素后，其电渣锭组织中莱氏体网格尺寸及共晶碳化物的厚度减小；部分碳化物形状由细杆状变为易破碎鱼骨状，莱氏体网也由闭合变为断开状。稀土能够改变共晶碳化物形貌、尺寸及数量的原因是在高速钢的凝固过程中，由于稀土在奥氏体中的溶解度很小，即使加入少量也将发生激烈偏析而富集在高熔点复合碳化物周围，这有利于阻止共晶碳化物沿晶界长大，使碳化物细化。另外，稀土在晶界处富集，降低了晶界能，使碳化物难以在晶界上形核从而阻止了碳化物沿晶界析出和长大，因此改善了碳化物的形态，使其变为不连续分布的碳化物。同时稀土Ce在钢液中具有减轻碳活度的作用，由于碳活度的降低将使得由于C、W、Mo等元素偏析达到共晶成分而发生的共晶反应要在较高的固相分数下才能发生，使高速钢中共晶碳化物的数量大大减少。

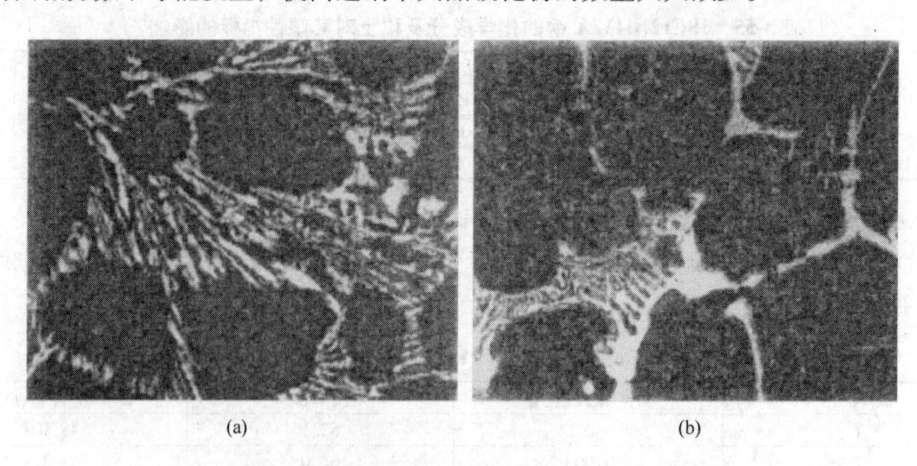

(a) (b)

图3-52 稀土对M42电渣锭高倍金相组织的影响（500×）[89]

（a）未加稀土；（b）添加0.2%稀土

稀土能够改变钢中夹杂物的形貌和大小是由于稀土与硫或氧有很强的亲和力，它与钢中的硫或氧形成高熔点复合夹杂物，这些夹杂物在液态下形成、长大，并可作为结晶核心，使钢液依附于夹杂物结晶，从而阻止了夹杂物的长大，使夹杂物细小、浑圆，均匀分布于晶内，消除了沿晶界聚集分布的硫化物夹杂对钢的危害。稀土对高碳高速钢力学性能的影响见表3-57，添加稀土后，盘条抗拉强度降低，断面收缩率升高。稀土提高M42钢塑性的原因是：碳化物形态及分布发生了变化。未加稀土的电渣锭组织中，碳化物在晶界呈网状分布，经锻打、轧制后盘条组织中的碳化物颗粒粗大，形状不规则；添加0.2%稀土的电渣锭组织中，碳化物主要以断续网状分布在晶内或晶界上，盘条组织中的碳化物颗粒细小，分布均匀，消除了粗大角状碳化物对钢的危害，使钢的塑性得以改善。另外稀土有脱硫、去气、净化钢液的作用，它与钢中的硫或氧形成高熔点球状或块状复合硫化物夹杂，消除了沿晶界聚集分布的硫化物夹杂对钢性能的危害。此外，稀土元素有净化晶界和强化晶界的作用，从而使试验钢的塑性得以提高。

表3-57 稀土对高碳M42高速钢盘条力学性能的影响[89]

添加稀土量/%	抗拉强度 A_m/MPa	断面收缩率 Z_m/%
0	855.0	18.8
0.2	804.6	27.5

对以上两种盘条在相同工艺条件下进行拉拔，统计其拉拔断丝率，结果表明未加稀土M42盘条的拉拔断丝率为23.8m/次；添加0.2%稀土后，拉拔断丝率为38.5m/次，降低了62%，其原因是添加0.2%稀土后M42盘条组织中的碳化物更细小且均匀，因此冷拉塑性提高。

3.2.3.7 稀土对M35高速钢塑性的影响

王栋[90]研究结果表明：在电渣重熔过程中加入稀土，稀土收得率高。稀土处理高速钢后，高速钢中［S］含量由原来的0.02%降至0.008%，[O]含量由0.0061%降至0.0041%；铸态组织中的莱氏体由闭合、连续网状变为不连续的半网状；锻打后的碳化物尺寸由10μm降到2μm左右，晶粒尺寸减小，大小均匀；盘条和钢丝中的碳化物颗粒更细小，分布更均匀。稀土处理M35钢盘条的抗拉强度由855MPa降到815MPa，断面收缩率由15%提高到20%（见表3-58）。稀土添加量为0.2%时，对高速钢组织和性能的改善效果最佳。

表3-58 稀土对M35高速钢盘条断面收缩率的影响[90]

稀土添加量/%	0	0.1	0.2	0.4
断面收缩率/%	15.4	20.6	18.8	16.3

3.2.3.8 稀土对Cr25Ni5Mo2Cu3REx双相钢塑性的影响

姜文勇等[91]研究了稀土对Cr25Ni5Mo2Cu3REx钢塑韧性的影响。实验结果见表3-59。

表3-59 稀土加入量对Cr25Ni5Mo2Cu3REx钢塑韧性的影响[91]

试样号	1号稀土硅铁合金加入量/%	伸长率 δ/%	断面收缩率 ψ/%	冲击功/J
1	0.05	18	42	25
2	0.10	19	47	36
3	0.15	18	45	35
4	0.20	15	37	33

从表3-59中可以看出，Cr25Ni5Mo2Cu3REx钢的伸长率在1号稀土硅铁合金（22.5% Ce，41.2% Si，4.3% Ca）加入量0.10%时达到19%，断面收缩率达到47%；在1号稀土

硅铁合金加入量为 0.20% 伸长率和收缩率有所下降。

稀土加入后在钢中有净化晶界、明显变质夹杂物及细化组织等作用，所以改善钢的韧塑性能。但是当 1 号稀土硅铁合金加入量为 0.20% 时，在作者给定的实验条件下，组织中易形成稀土金属间化合物影响双相不锈钢的力学性能和耐蚀性能。因此在生产中，应该避免稀土加入量过多，造成此类问题。

3.3　稀土对钢耐磨性能的影响

大量的实验结果表明适量的稀土能有效提高 9Cr2Mo 冷轧辊用钢、5CrMnMo 热作模具钢、45Cr2NiMoVSi 模具钢、低铬合金模具钢、20MnVB 钢、高碳高速钢、高锰耐、空冷贝氏体/马氏体钢磨铸钢及重轨钢耐磨性能，许多冶金及材料学者并对稀土提高钢种耐磨性能的作用机理做了不少研究，下面一一介绍。

3.3.1　稀土提高 9Cr2Mo 冷轧辊钢耐磨性能

冷轧辊的磨损对轧制效率和轧机产量具有极大的影响。周青春、范敬国等[31,78,92]通过添加适量稀土等微合金元素来改善冷轧辊的性能，研究稀土对其耐磨性能的影响及机理。研究结果表明，含有 0.1% 稀土元素的 9Cr2Mo 冷轧辊钢耐磨性明显高于不加稀土元素的。磨损试验结果如图 3-53 所示。

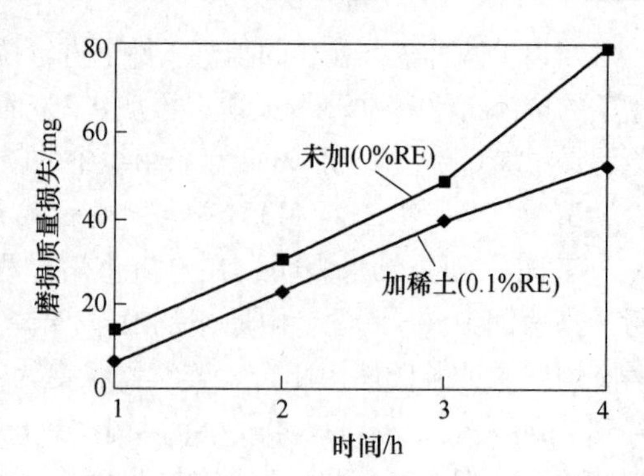

图 3-53　稀土对 9Cr2Mo 冷轧辊钢耐磨性能的影响[31,78,92]

图 3-53 表明含 0.1% 稀土元素后，9Cr2Mo 钢的耐磨性有显著提高，而且磨损速度也比不含稀土元素的小。随着磨损时间的延长，含 0.1% 稀土 9Cr2Mo 钢的磨损速率有所降低，趋于稳定，而未加稀土元素钢的磨损速率有加快的趋势。金属间滑动磨损过程的磨损机制比纯粹的磨粒磨损过程要复杂得多，可能包含着黏着磨损、磨粒磨损、疲劳剥落磨损、氧化磨损等各种磨损机制。稀土元素可以阻止 9Cr2Mo 钢磨损过程中的氧化从而也起到了提高耐磨性的作用（见图 3-54）。

3.3.2　稀土对 5CrMnMo 热作模具钢耐磨性能的影响

5CrMnMo 钢是目前国内使用较好的典型热作模具钢。

郝新等[93]研究了稀土对 5CrMnMo 热作模具钢耐磨性能的影响。实验所得的 Ce 对 5CrMnMo 热作模具钢组织及耐磨性能的影响结果，见表 3-60。

表 3-60　稀土对 5CrMnMo 试验钢耐磨性能的影响[93]

试 样 号	1	2	3	4	5
RE 加入量/%	0	0.10	0.20	0.25	0.35
钢中 RE 含量/%	0	0.016	0.031	0.038	0.053
ΔG/g	0.01086	0.01024	0.00693	0.00879	0.01371
η/g · h^{-1}	0.13032	0.12288	0.08316	0.10548	0.16452

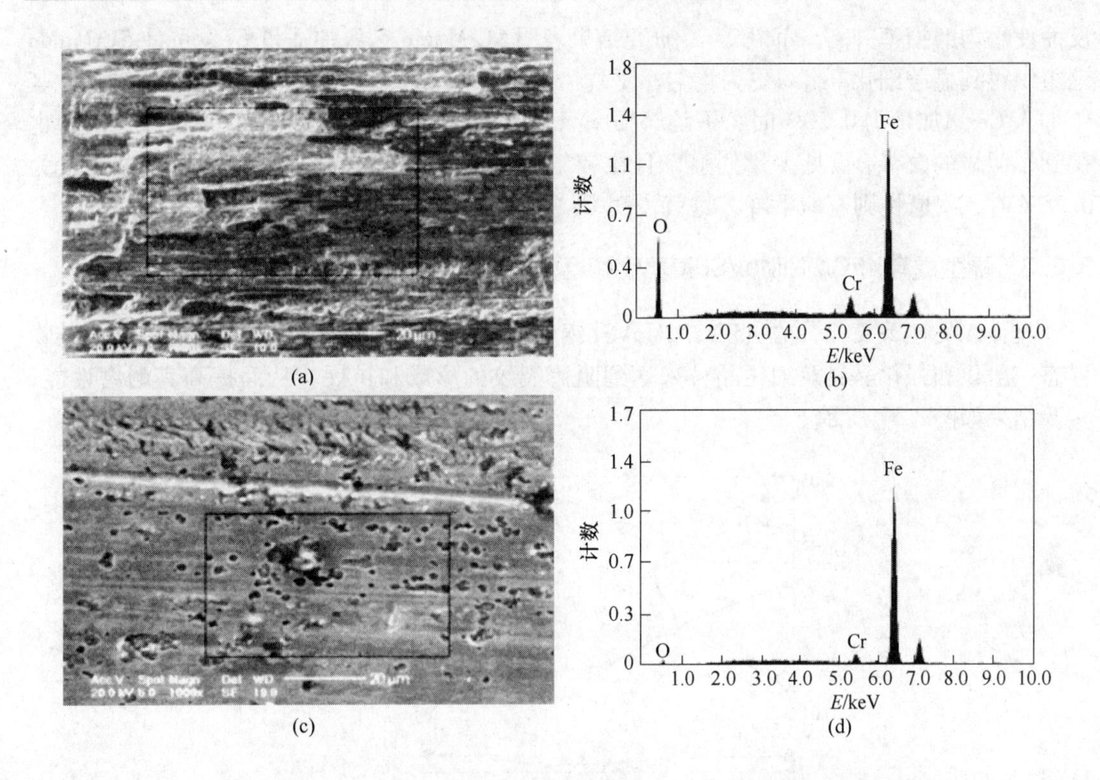

图 3-54 稀土对 9Cr2Mo 钢磨损表面形貌的影响和面扫描能谱图[78,92]
(a)，(b) 未加稀土；(c)，(d) 加 0.1% 稀土

从表 3-60 和图 3-55、图 3-56 可以看出，1～5 号试样平均磨损量整体变化幅度不大，其中 3 号试样平均磨损量最小，但各试样的平均磨损率却发生了显著的变化，当 Ce 添加量为 0.20% 时，3 号试样的平均磨损率只有 0.08316g/h，是不添加 Ce 的 1 号试样的 63.81%。同时，2 号试样和 4 号试样平均磨损率分别是 1 号试样的 94.29% 和 80.94%，都有一定程度的降低，而 5 号试样的平均磨损率是 1 号试样的 1.26 倍。可见，添加适量 Ce 可使 5CrMnMo 钢的平均磨损率都有不同程度的降低，但超过这一适量的范围，稀土添加量增加

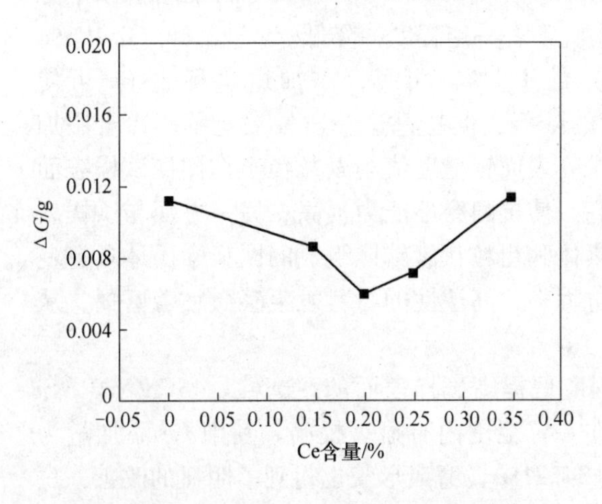

图 3-55 Ce 对试样平均磨损量的影响[93]

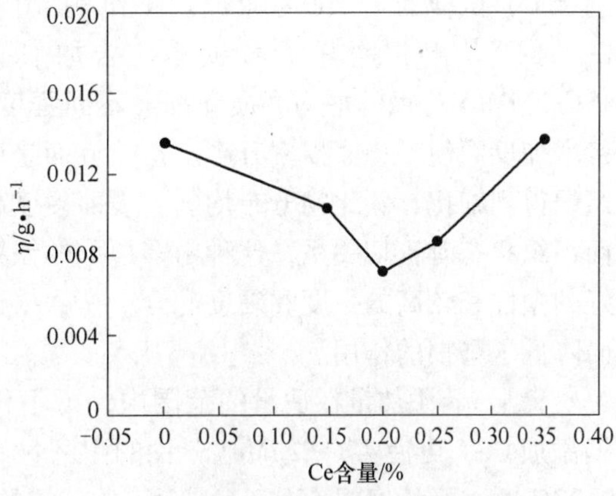

图 3-56 Ce 对试样平均磨损率的影响[93]

反而使平均磨损率升高。郝新等[93]研究结果表明5CrMnMo钢添加适量Ce，可使5CrMnMo钢组织得到显著细化，组织更为均匀，平均磨损率和摩擦系数下降，耐磨性显著提高。其中加入Ce添加量为0.20%时，平均磨损率只是不添加Ce的试样的63.81%；磨痕形貌也得到了明显的改善，只见少量划痕，且比较细而浅，没有任何剥落现象。但Ce添加量为0.35%时，耐磨性则有所下降，这就说明Ce添加量必须限制在一定的范围内。

3.3.3　稀土提高45Cr2NiMoVSi模具钢耐磨性能

吴强、吴桂秀等[94,95]在45Cr2NiMoVSi钢中加入稀土元素Ce来改变碳化物以及夹杂物形态，净化和强化晶界及细化晶粒来达到阻碍裂纹的形成和扩展，从而提高其耐磨性能。实验结果如图3-57所示。

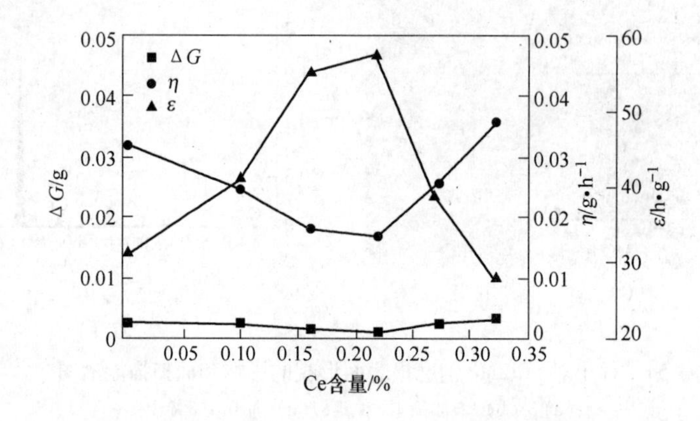

图3-57　Ce对45Cr2NiMoVSi试验钢平均磨损量、平均磨损率及平均抗耐磨性的影响[95]

Ce对试样平均磨损量和平均磨损率的影响材料的耐磨性是指在一定工作条件下材料抵抗磨损的能力。由图3-57可以看出，1～6号试样平均磨损量整体变化幅度不大，其中4号试样平均磨损量最小，但各试样的平均磨损率却发生了显著的变化。当稀土Ce添加量为0.22%时，试样的平均磨损率只有0.01092g/h，是不添加Ce的1号试样的34.21%。同时，2号（0.013% Ce）、3号（0.022% Ce）、5号（0.053% Ce）试样的平均磨损率分别是1号试样的77.44%、56.77%和79.70%，都有一定程度的降低。6号试样（0.106% Ce）的平均磨损率是1号试样（未加Ce）的111%。可见，添加适量稀土Ce可使45Cr2NiMoVSi钢的平均磨损率都有不同程度的降低，但超过这一适量的范围，稀土添加量增加反而使平均磨损率升高。这一方面是试样表面粗糙度值小以及稀土作用使试样表面组织得到细化，碳化物分布均匀，表面硬度高，使抗耐磨性能力提高；另一方面与试样表面组织状态有密切关系，这种由多边形的铁素体和粗粒状渗碳体组成的回火索氏体具有良好的塑性和较高的强度和硬度配合，在磨损过程中，高塑性的材料发生轻微粘着磨损，从而降低了磨损的作用。

稀土Ce添加量在适量的范围内，可不程度地提高试样表面的耐磨性。45Cr2NiMoVSi钢添加Ce，可使45Cr2NiMoVSi钢的耐磨性在一定范围内有显著提高。其中Ce添加量为0.22%时，平均磨损率是不添加Ce的试样的34.21%，磨痕形貌也得到了明显的改善，只有少量的划痕，也比较细而浅，没有任何剥落象。但Ce添加量为0.32%时，耐磨性则有所下降，这说明 Ce 的添加量必须限制在适量范围内。

3.3.4　稀土提高低铬合金模具钢耐磨性能

2Cr3Mo2NiVSi 是高强韧性热作模具钢，7Cr7Mo2V2Si 是高强韧性冷作模具钢。孟繁琴等[96]研究了稀土对低铬合金模具钢性能的影响，并与 2Cr3Mo2NiVSi 钢、7Cr7Mo2V2Si 钢作了对比研究。低铬合金模具钢加稀土与未加稀土时热处理后组织都为回火马氏体、少量回火索氏体加上含铬、锰等的合金碳化物和弥散分布的 MoC、VC 特殊碳化物。加稀土后，碳化物尺寸变小，提高放大倍数后，这种特征非常明显；稀土元素可溶入碳化物中，也可与氧、硫、磷、铝、硅作用形成氧化物等，使有害夹杂对脆性的影响降低。试验发现稀土含量在 0.09% ~0.12% 时，可使试验钢耐磨性能显著改善。

表 3-61 磨损实验结果表明稀土含量（在 0.09% ~0.12%）低铬合金模具钢耐磨性优于 2Cr3Mo2NiVSi 及 7Cr7Mo2V2Si 两种材料，这是因为合适的稀土含量（在 0.1% 左右时），其对碳化物尺寸改善及减低有害元素的影响、稀土与合金元素的相互作用以及稀土在晶界处分布等综合作用的效果。

表 3-61　加稀土的低铬合金模具钢与 2Cr3Mo2NiVSi、7Cr7Mo2V2Si 钢耐磨性对比（磨损时间 15min）

材料种类	实验钢（4 号试样）	2Cr3Mo2NiVSi	7Cr7Mo2V2Si
磨损量/g	0.0804	0.1136	0.0832

3.3.5　稀土对 20MnVB 钢耐磨性能的影响

20MnVB 钢在机械行业中，主要用于制造模数较大，负荷较大的中小型渗碳件。金泽洪等[97]研究了稀土对 20MnVB 钢耐磨性能的影响，研究结果见表 3-62。从表 3-62 可见，20MnVB 钢经稀土处理后，材料的磨损量，磨损率显著下降，耐磨性能比未经稀土处理的钢提高 8%，单齿静弯破断抗力提高约 10%，表面开裂抗力约提高 5.6%，缺口敏感抗力系数由未经 RE 处理的 1.368 提高到 1.421。充分说明 20MnVB 钢经稀土处理完全能满足耐磨性能及弯曲强度的要求。

表 3-62　稀土对 20MnvB 钢耐磨性能及单齿静弯强度的影响[97]

处理方案	RE 加入量/%	磨损量/mg	磨损率 /mg · h^{-1}	表面开裂载荷 /kN	破断平均载荷 /kN	开裂-破断增加载荷/kN
未经 RE 处理	—	9.437	2.022	28.75	39.41	10.66
经 RE 处理	0.03	8.707	1.866	30.36	43.19	12.83

3.3.6　稀土对高碳高速钢高温耐磨性能的影响

符寒光等[98]用 RE-Mg-Ti 对高碳高速钢进行复合变质处理，研究发现细化了基体组织，改善了共晶碳化物的形态和分布，使其高温耐磨性得到明显改善。用 RE-Mg-Ti 复合变质高碳高速钢制造的导辊，使用时不粘钢、不破碎、不剥落，寿命比高镍铬合金铸钢导辊提高 3 倍以上，接近硬质合金导辊。RE-Mg-Ti 变质处理对高碳高速钢高温耐磨性的影响见图 3-58。

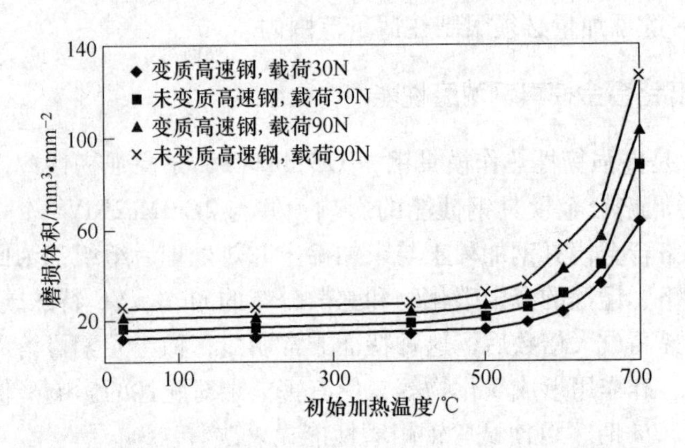

图 3-58　RE-Mg-Ti 变质处理对高碳高速钢高温耐磨性的影响[98]

从图 3-58 可见，高碳高速钢的磨损体积随初始加热温度的提高而增加。但初始加热温度在 600℃以下时，磨损体积增加较缓慢；超过 600℃后，磨损体积迅速增加。此外，载荷增大，磨损体积也增加。相同的温度和载荷下，变质高碳高速钢的磨损体积小于未变质的高碳高速钢。高温滑动磨损条件下，材料的磨损主要由微切削和疲劳控制。高碳高速钢中含有较多的钒、铬、钴、钨、钼等合金元素，红硬性高，在 600℃时硬度仍维持在 HRC 60 以上，但超过 600℃后硬度明显下降。因此 600℃以下高速钢磨损量较少，超过 600℃磨损量急剧增加。载荷增大导致微切削力增加，促使高速钢磨损体积增加。RE-Mg-Ti 变质处理提高高速钢耐磨性的主要原因是，变质处理细化了高速钢基体组织和共晶碳化物，提高了韧性，减缓了高温磨损时疲劳裂纹萌生和扩展的速率，从而提高了耐磨性。此外，当碳化物体积分数 f 一定时，碳化物粒径 d 及碳化物颗粒间的平均间距 λ 有如下关系[99]：$f/2 = C(d/\lambda)$，式中 C 是常数。当碳化物体积分数一定时，碳化物颗粒越细小，间距越小，分布也越均匀。这样一来，磨损过程中磨粒直接切削基体的几率减小，从而有效地保护了基体。另外，RE-Mg-Ti 复合变质剂的加入使得碳化物变成球状，削弱了磨损过程中的应力集中，减小了碳化物颗粒松动脱落的几率，提高了耐磨性。

3.3.7　稀土对高锰耐磨铸钢耐磨性能的影响

黄四亮[100] 等研究了稀土、钒、钛复合变质超高锰耐磨铸钢对其耐磨性的影响。耐磨性对比测试结果见图 3-59。

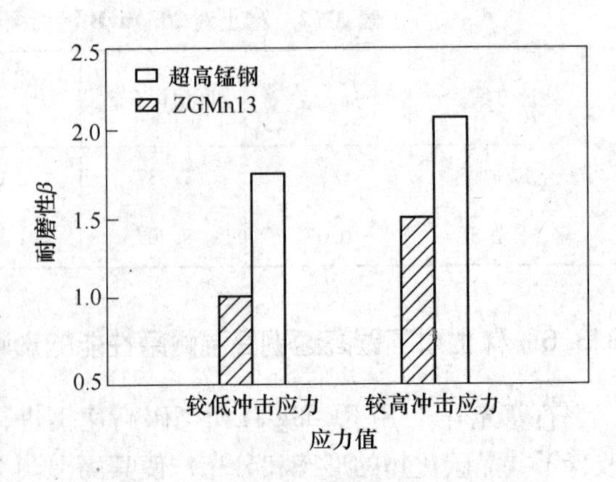

图 3-59　含稀土的超高锰铸钢和普通 ZGMn13 的耐磨性对比[100]

图 3-59 表明在低冲击功（2J）下，新型含稀土超高锰钢的耐磨性是普通 ZGMn13 的 1.7 倍；在较高冲击功（5J）下，新型含稀土超高锰钢的耐磨性是普通 ZGMn13 的 2.2/1.5 = 1.47 倍。即无论是低冲击压力，还是较高冲击压力，新型含稀土超高锰钢的耐磨性均较普通 ZGMn13 的有大幅度的提高，这是因为：一方面，由于稀土、Cr、V

和 Ti 的强化物弥散分布，加之时效处理后，碳化物的进一步析出，碳化物（包括碳氢和氮化物）阻碍了滑移线的扩展和位错，使得新型含稀土超高锰钢耐磨性大幅度提高；另一方面，由于 Mn 量的提高增加了奥氏体的稳定性，加入的合金固溶在奥氏体中，提高了奥氏体的饱和度，增加了晶格的扭曲能力，使得超高锰钢表现更强的加工硬化能力，故无论是低冲击压力，还是超高冲击压力，稀土、钒、钛复合变质新型超高锰钢的耐磨性均有大幅度的提高。

3.3.8 稀土对空冷贝氏体/马氏体钢耐磨性能的影响

空冷贝氏体/马氏体钢是一种新材料，具有生产工艺简单、成本低、韧性高、耐磨性能优越、经济效益好等特点。张金山等[101]采用稀土复合变质剂对空冷贝氏体/马氏体钢进行变质处理。经稀土复合变质处理后复相钢的冲击磨损试验结果见表 3-63。表 3-63 的结果说明，在硬度相近的情况下，由于存在组织结构和韧性的差异，使冲击磨损抗力截然不同，具有较高韧性的贝氏体/马氏体复相组织钢的耐磨性比同成分的变质前复相钢的耐磨性提高了 0.43 倍，说明其耐磨性能很好。

表 3-63 45 号钢、未稀土变质及稀土变质后的贝氏体/马氏体钢材料的耐磨性[100]

材 料	HRC	韧性/$J \cdot cm^{-2}$	磨损量/$g \cdot h^{-1}$	耐磨倍率
45 号钢	19		0.1787	1
未变质的贝氏体/马氏体钢	54	28	0.0823	2.17
变质后贝氏体/马氏体钢	55	40	0.0686	2.60

在冲击磨损条件下，金属材料的磨损方式主要由切削、犁沟、凿削和疲劳剥落机制构成，在冲击载荷的作用下，磨粒压入材料的表面，使材料发生塑性变形后形成冲击坑和周围凸缘，在随后的相对运动中，磨粒将发生转动和滑动。转动使材料发生塑性变形，滑动使材料发生犁沟和凿削，而反复变形产生裂纹使金属最终脱离母体形成剥落。由此可见，磨损面的形貌特征完全反映了金属的磨损方式和耐磨性程度的大小。从稀土变质前后钢冲击磨损表面的观察结果发现，变质前磨损表面疲劳剥落坑较大；而稀土变质后复相钢的冲击磨料磨损表面只有轻微的切削磨痕和很小的疲劳剥落坑，这表明稀土增强了空冷贝氏体/马氏体钢冲击磨损过程中的抗疲劳剥落能力。

3.3.9 稀土对 U76CrRE 重轨钢耐磨性能的影响

第一代 U76NbRE 钢轨的广泛应用，使用性能效果明显。包头钢铁（集团）公司为适应炼钢连铸工艺，根据国内外高强轨的经验，选择 Cr、V 合金作为强化元素，并加入 0.02% 的稀土元素，开发了新一代稀土钢轨——第二代稀土轨（U76CrRE），轧态抗拉强度达到了 1080MPa。张智[102]在钢轨开发过程中研究了加入铬和稀土对钢轨夹杂物、冲击韧性、耐磨性的影响。

表 3-64 为加稀土 0.02% 的 U76CrRE 钢轨与不加稀土的 U75V 钢轨试样进行耐磨性试验。通过实验数据可以看出，两组不加稀土的钢轨试样磨耗平均 0.2116g，加稀土的钢轨试样磨耗平均 0.1687g，可见前者比后者多 0.0429g，即加铬和稀土的钢轨耐磨性提高

20.3%。分析钢轨耐磨性提高的原因为：(1) 稀土细化晶粒、减小珠光体片间距，同时提高钢轨的塑变能力。(2) 钢中的 Cr 和 Fe 形成连续固溶体，与碳形成多种碳化物，提高了钢的强度和耐磨性。(3) 因为 RE 极易氧化，很容易在钢轨表面形成稀土氧化膜[114]，而稀土氧化膜本身就是理想的润滑膜，使润滑增加，磨损减少，从而提高钢轨的耐磨性。Cr 和 RE 的综合作用，使钢轨的耐磨性提高。

表 3-64　U76CrRE 试验钢耐磨试验数据[102]　　(g)

钢　种	试样编号	样别	1	2	3	4	5	6	平均
U75V	5-1	轮样	0.3992	0.3121	0.2595	0.3334	0.2138	0.4695	0.3313
		轨样	0.2079	0.2164	0.1523	0.2176	0.2165	0.2327	0.2069
U75V	5-2	轮样	0.4503	0.2960	0.2104	0.2395	0.3257	0.1845	0.2844
		轨样	0.2161	0.2578	0.1462	0.2862	0.2196	0.1715	0.2163
U76CrRE	1	轮样	0.3885	0.3967	0.4456	0.5266	0.2852	0.3759	0.4031
		轨样	0.1491	0.2487	0.1538	0.2238	0.1314	0.1544	0.1769
U76CrRE	2	轮样	0.3639	0.6025	0.3766	0.4632	0.3851	0.3319	0.4205
		轨样	0.1495	0.2154	0.1237	0.1381	0.1426	0.1493	0.1606

3.3.10　稀土对 BNbRE 重轨钢耐磨性能的影响

李春龙等[103]研究分析了稀土对包钢钢轨的耐磨性能的影响。从表 3-65 的数据可见，3 组加稀土钢轨的耐磨性能都有所提高，其中 BNbRE 最显著，提高了 18.93%，相对耐磨性能是 U74 的 2.21 倍，BVRE 的 1.24 倍。稀土能提高轨头表面硬度，是因为稀土原子置换渗碳体中部分铁原子形成铁稀土的合金渗碳体，固溶稀土使 Fe_3C 晶格畸变，导致显微硬度的增大。大量实验和理论研究表明，在金属材料中，塑性变形和加工硬化是共生的，而且在微量塑性变形的情况下，加工硬化程度与塑变量成正比。钢轨在服役过程中由于稀土能提高塑变能力，因此硬化能力和耐磨性能也相应提高。稀土使细长的硫化物变得短粗，使珠光体片间距减小，提高了耐磨性。硫化物含量对重轨磨损率有明显的线性关系，钢轨中加入稀土金属，一方面降低了硫化物含量同时变质了对耐磨性有害的 MnS，从而减小了磨损率。固溶稀土富集于晶界表面，形成稀土氧化膜，使表面摩擦减小，润滑增加，因而钢轨的磨损减小。马腾等[104]从 RE 原子对钢轨便面的润滑作用阐述了对钢轨耐磨性的影响。由于稀土元素的负电性较低，因此在滑动磨损时，它与润滑介质中的 O_2，H_2 有较大的亲和力，故可促进润滑油在钢轨表面的吸收，改善润滑条件，提高抗滑动磨损能力。在无润滑油时，由于稀土具有细化和球化作用，改善材料的塑性和横向强度，因此稀土氧化膜本身可充当润滑膜，减轻轮轨间的摩擦。

表 3-65　稀土对三组包钢钢轨磨损性能的影响[103]

指　标	BNbRE	BNb	BVRE	BV	U74RE	U74
磨损量/g	0.344	0.4096	0.437	0.4919	0.6829	0.7615

于宁、孙振岩、戢景文等[105]研究了稀土提高热轧珠光体钢轨耐磨性能影响，结果见表 3-66。

表 3-66 研究钢轨的磨耗实验结果[105]

路局（或工务段）	半径/m（或坡度/%）	运营时间/月	通过总重/百万吨	侧面磨耗/mm		磨耗率/%	钢 种
				最大	平均		
长沙	500	32	172	12.0	—	0.076	U74
长沙	(-5%)	32	172	11.5	—	0.069	U74RE
长沙	407	32	172	11.5	—	0.069	BNb
长沙	(-4.3%)	32	172	8.0	—	0.047	BNbRE
广州	—	32	172	11.9	0.37	0.07	U74
广州	—	32	172	10.5	0.33	0.06	U74RE
广州	—	32	172	7.9	0.25	0.05	BNb
沈阳	512	23	210	7.0	0.22	0.04	BNbRE
沈阳	—	—	—	12.96	—	0.062	U74
沈阳	—	—	—	8.78	—	0.042	BNbRE

M. Kesnil 和 P. Lukas[106]指出，疲劳变形在钢轨里产生位错密度疏、密（以致碳等元素的含量及沉淀粒子数量的少与多）相间的软区和硬区引起上线钢轨出现波磨相关。稀土钢轨（铁素体）里的疲劳变形位错的攀移，由于固溶碳原子（特别是位错区的碳原子 Cottrell 云）的强钉扎作用而受到有效抑制，以致消除或大大减弱了疲劳变形引起的强度波状分布，所以加稀土有效改善了上线轨波磨问题。

3.4 稀土对钢抗疲劳性能的影响

大量的实验结果表明适量的稀土能使结构钢的抗疲劳性能，用于制造重负荷关键零件如大功率发动机齿轮和曲轴等的 18Cr2Ni4WA 钢耐疲劳性能，热作、热锻模具钢及 60CrMnMo 热轧辊用钢的热疲劳性能，ZG60CrMnSiMo 磨球钢、低铬白口铸铁耐磨材料的抗冲击疲劳性能，重轨钢的接触疲劳性能，9Cr2Mo 冷轧辊钢的抗热冲击性能，低、中铬半钢及高碳高速钢热疲劳性能得到有效改善和提高。许多冶金及材料学者并对稀土在低合金钢、合金钢中提高抗疲劳性能的作用机理做了许多研究。

3.4.1 稀土对 40MnB、25MnTiB 钢抗疲劳性能的影响及机理

冯应钧等[107]用旋转弯曲疲劳试验机研究了不同稀土含量（见表 3-67 和表 3-68）对 40MnB、25MnTiB 疲劳性能的影响。

表 3-67 40MnB 试验钢中的稀土（质量分数）[107] （%）

钢锭号	D1	D2	D3	D4	D5	D6
稀土加入量	0	0.020	0.030	0.040	0.050	0.060
稀土含量	0	0.020①	0.024	0.035	0.041	0.050

① 此钢锭头部 RE 含量为 0.015%，尾部为 0.005%。

表 3-68　25MnTiB 试验钢中的稀土（质量分数）[107]　（%）

钢锭号	T1	T2	T3	T4①
稀土加入量	0	0.020	0.040	0.040
稀土含量	0	0.016	0.037	0.036

① 此钢锭系另一盘，浇铸时从中注管补加 0.01% Al。

40MnB 各试验钢疲劳极限计算结果见表 3-69。经 F-检验，D1 ~ D5 疲劳极限数据的标准差相同，可以相互比较。经 t-检验，D1 与 D2、D4 的疲劳极限之间无显著差别。D1 与 D3、D5 之间有显著差别。也即是含少量稀土（0.02%）的 D2 钢，RE/S = 1，与不含稀土的 D1 钢相比较，其疲劳极限改善不明显。含稀土较多 D5 钢的疲劳极限低于 D1、D2 钢。D6 钢的疲劳极限数据的标准差小于 D1、D2 钢，不便做 t-检验。但其疲劳极限降至 480MPa，远低于 D1、D2 钢，降低的幅度为 13%。

表 3-69　40MnB 各试验钢疲劳极限[107]

钢号	D1	D2	D3	D4	D5	D6
稀土含量/%	0	0.020	0.024	0.035	0.041	0.050
疲劳极限/MPa	546	548	524	530	492	480

各号试验钢在相同应力下断裂时的寿命不同，称为过载疲劳寿命。40MnB 钢在相同应力下断裂时的寿命见表 3-69。由表 3-69 可见，含少量稀土（0.02%）的 D2 钢，在 550MPa 和 570MPa 应力下，寿命均明显高于不含稀土的 D1 钢。D3、D4 钢的寿命也远低于 D2 钢。

25MnTiB 钢疲劳极限的计算结果列于表 3-70。经概率统计 F-检验和 t-检验，25MnTiB 含少量稀土（0.016%），RE/S = 1 的 T2 钢的疲劳极限高于不含稀土的 T1 和含稀土 0.037% 的 T3 钢。中注管补加 Al 的 T4 钢，性能最差。

表 3-70　25MnTiB 钢的疲劳极限[107]

钢号	T1	T2	T3	T4
稀土含量/%	0	0.016	0.037	0.037 + Al
疲劳极限/MPa	495①	624	589	552

① 数据偏低，经检查系此组试样加工精度较差之故。

相同应力下 25MnTiB 各号钢的疲劳寿命列于表 3-71。T2 钢的寿命，在 600MPa 和 620MPa 应力下，均高于不含稀土的 T1 钢及含稀土 0.037% 的 T3、T4 钢。疲劳极限和疲劳寿命随稀土含量的变化趋势与 40MnB 钢相同。

表 3-71　25MnTiB 钢的疲劳寿命[107]

应力/MPa	疲劳寿命/万次			
	T1	T2	T3	T4
600	52.3	200	151.9	42.6
620	16.5	77.1	25.1	28.9

文献［107］的 40MnB、25MnTiB 钢的研究结果表明，无论加稀土和未加稀土的钢，

疲劳裂纹的起源均与夹杂物有关。为了定量地确定钢中夹杂物与稀土含量的关系，用 Leitz T. A. S 图像分析仪定量金相分析了 40MnB 钢金相试样的夹杂物数量。结果见表 3-72。含稀土 0.02% 的钢，RE/S = 1，夹杂物所占的面积百分比最小，即数量最小。125mm 方坯和 ϕ25mm 圆钢取样所做的分析结果基本相同。随稀土含量增加，夹杂物所占面积增加。不含稀土的钢，夹杂物所占面积也高于含稀土 0.02% 的钢。定量金相分析和扫描电镜对疲劳断口的分析结果一致，都是含稀土 0.02% 的钢中夹杂物最少。不含稀土，和稀土含量太高时，夹杂物的数量均高。

表 3-72　40MnB 钢中夹杂物所占的面积百分比[107]　（%）

取样部位 \ 稀土含量	0	0.02	0.036	0.05
125mm 方坯	0.15	0.04	0.09	0.10
ϕ25mm 圆钢	0.13	0.09	0.18	0.14

不含稀土的 40MnB、25MnTiB 钢中有长度约 20μm 的细小条状夹杂物。含稀土 0.02% 的钢中，有灰色球状稀土夹杂物，但仍有条状 MnS 夹杂。稀土含量超过 0.035%，条状 MnS 夹杂消失，灰色球状稀土夹杂明显增加。这些夹杂物多为单个分布，也有少数成串分布。暗场下，多数不透明，有的略呈暗红色。稀土对 40MnB、25MnTiB 钢疲劳极限和过载疲劳寿命的影响，综合示于图 3-60 和图 3-61。

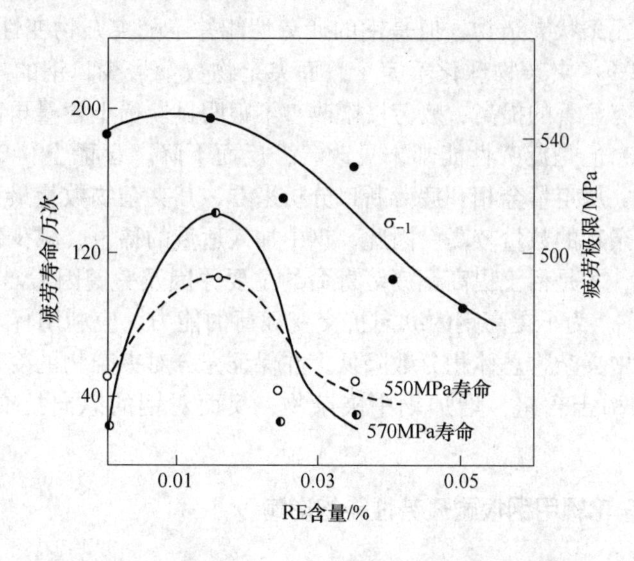

图 3-60　稀土对 40MnB 钢疲劳极限和过载疲劳寿命的影响[107]

从图 3-60 和图 3-61 可以看到，两种钢的疲劳极限和过载疲劳寿命随稀土含量增加，其变化趋势是相同的。含少量稀土（0.02%）、RE/S = 1 时，过载疲劳寿命较不含稀土的钢提高 1 ~ 4 倍，疲劳极限提高不明显。稀土含量再增加时，疲劳极限、疲劳寿命均降低，疲劳寿命降低的幅度比疲劳极限大得多。疲劳寿命成倍地变化，而疲劳极限仅有百分之几的变化。

40MnB、25MnTiB 钢与 60Si2Mn 钢加稀土的试验结果[108,109]相似。含稀土的 60Si2Mn

钢过载疲劳寿命提高30%～100%，而疲劳极限仅提高5%，疲劳寿命提高明显，疲劳极限提高不多。Kang[110]报道，稀土使车轴用碳钢横向过载疲劳寿命提高一倍多，而疲劳极限由296MPa提高至321MPa，也仅提高8%。而且这还是稀土改变夹杂物形态，提高横向塑性、韧性最显著的横向疲劳极限。

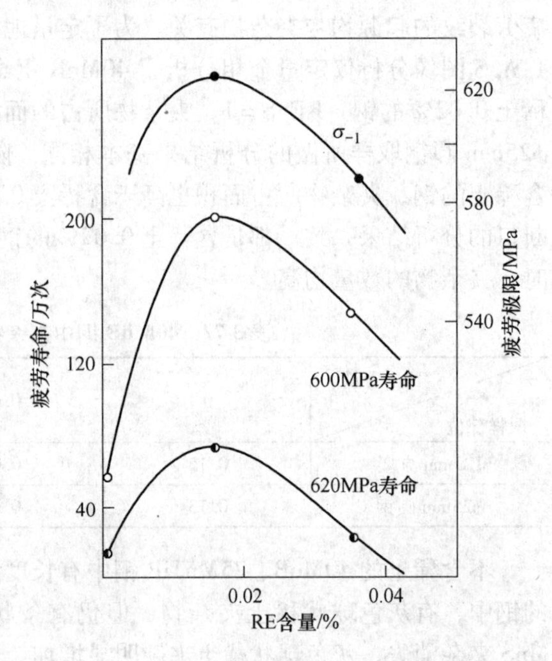

图3-61　稀土对25MnTiB钢疲劳极限和过载疲劳寿命的影响[107]

稀土对钢疲劳性能的作用，多认为是由于稀土对硬、尖杂物的变性作用，稀土可消除钢中MnS，变性尖角Al_2O_3等夹杂，生成球状稀土夹杂，细化夹杂，从而改善疲劳性能[108,110～112]但从40MnB、25MnSiB试验和60Si2Mn钢的试验结果来看并不是这样。40MnB、25MnSiB钢中有较多条状硫化物夹杂物。加入稀土含量约0.02%、RE/S=1时，生成一些球状稀土夹杂物，仍有部分条状夹杂物。稀土含量增到0.025%以上时，夹杂物球化完全，无条状夹杂物。但是钢的疲劳性能并不随夹杂物变性球化而逐渐提高。只是在含稀土0.02%，夹杂物球化不完全，而夹杂物数量最少，钢的净化程度相对最高时，过载疲劳寿命有显著的提高，疲劳极限改善不很明显。稀土含量再高，虽然稀土使夹杂物变性球化充分，但是疲劳性能却未见改善，反而下降。含稀土0.02%、RE/S=1的钢，疲劳性能最好。从定量金相和疲劳断口分析来看，其夹杂物数量最少。不含稀土或含稀土太多的钢，夹杂物的数量较高。因此，钢中加入适量的稀土，减少钢中夹杂物的总数量，使钢得到净化，才是稀土提高钢疲劳寿命的主要原因及关键因素。加稀土的60Si2Mn钢也有类似结果[113]。为了提高钢的纵向抗交变载荷的能力，应利用稀土对钢的净化及深度净化作用，使钢中夹杂物总体积分数降低，并保证充分对夹杂物的变性球化。在不是很洁净钢中，太多的稀土含量，增加钢中夹杂物，反而对钢的纵向抗交变载荷能力是不利的。

3.4.2　稀土对汽车轮辐用钢板耐疲劳性能的影响

马海涛等[114]对汽车轮辐用钢板通过加铌和稀土微合金化试验和生产实践，研究了铌、稀土元素对汽车车轮用钢组织和性能的影响。结果表明：铌微合金化可以细化晶粒；钢中加入稀土，可改变夹杂物形状和尺寸，铌、稀土可以提高汽车轮辐用钢板的综合性能，尤其是提高了钢板的耐疲劳性能。

表3-73是现厂车轮台架弯曲疲劳寿命的对比试验结果。可见加铌、稀土的2号试样（RE/S=2.0）的弯曲疲劳寿命比1号试样（RE/S=0）提高了23.1万次。这是因为采用稀土处理工艺后，钢中原来分布的大尺寸、长条状的MnS夹杂物变成小尺寸、球形或椭圆形、弥散均匀分布的稀土氧硫化物。变质后的夹杂物减小了夹杂物周围的应力集中，明显

减轻了条状夹杂物对基体的割裂作用，而且使疲劳裂纹在钢中形成的机会减少，也进一步阻止疲劳裂纹的扩展，提高了钢的韧性和疲劳性能。同时铝酸稀土即(RE)$Al_{11}O_{18}$、(RE)Al_2O_3 和稀土氧硫化物的线膨胀系数(10.4 ~ 12.7) $\times 10^{-6}$/℃和弹性模量与钢基体接近，具有较好的适配性，而且有良好的形态及分布，对改善钢的疲劳性能有利，提高了车轮台架弯曲疲劳寿命。不采用铌、稀土微合金化处理工艺时，车轮专用钢板在冲压成型和装车使用过程中出现裂纹废品量约占总量的1.02%；采用铌微合金化，再结合稀土处理后，合格率大于99.8%。经用户大量使用结果表明：厚规格轮辐钢板的力学性能、冷成型性能、焊接性能以及装配性能完全满足汽车车轮的工艺技术要求，使用效果良好。

表 3-73 车轮台架弯曲疲劳性能对比试验[114]

试样号	车轮编号	疲劳寿命/万次
1	1	38.5
	2	37.1
	3	41.4
2	4	60.2
	5	66.7
	6	70.6

3.4.3 稀土对5CrNiMo作为热作模具钢抗热疲劳性能的影响

赵晓栋等[41]研究了稀土对5CrNiMo钢热疲劳性能的影响。

经520℃ ×2s、水冷（室温）循环处理，用10倍放大镜检查试样表面裂纹情况。在试样表面达到相同龟裂程度时，比较不同试样所需的冷热循环周次。1号（0.008% RE）、2号（0.032% RE）、3号（0% RE）试样的冷热循环周次分别为678次、850次、502次，说明稀土元素的加入显著提高了5CrNiMo的热疲劳性能。1号试样所需的冷热循环周次比3号试样分别提高了35%和69%（见表3-74）。

表 3-74 稀土对 5CrNiMo 钢抗热疲劳性能的影响[41]

试样号	钢中稀土含量/%	试样表面达到相同龟裂程度时，历经的冷热循环周次/次	试样表面达到相同龟裂程度时，历经冷热循环周次的提高率/%
1	0.008	678	35
2	0.032	850	69
3	0	502	0

夹杂物对于钢的热疲劳性能有很大的危害，一方面它同基体的弹性模量不同，外加应力作用时相当于基体缺陷，在其周围形成应力集中；另一方面，夹杂物与基体有不同的热膨胀系数，MnS的线膨胀系数为 18.1×10^{-6}/℃，与基体（线膨胀系数为 12.55×10^{-6}/℃）相差悬殊，这种夹杂物在快速冷却时以很大的速度收缩，在周围形成空隙，形成热疲劳裂纹源，导致气体原子的聚集，加重氧化[115]。而稀土氧化物多为圆形或椭圆形，减小了应力集中，RE_2O_2S、RE_2S_3 等的线膨胀系数（10.4×10^{-6}/℃和 12.7×10^{-6}/℃[116]）且弹性模量与基体相近，有较好的适配性，而且具有良好的形态与分布，加之稀土细化了晶粒，

净化了晶界，因而热疲劳裂纹萌生较晚，扩展变慢，使钢的热疲劳性能显著提高[117]。

3.4.4　稀土对 CHD 热锻模具钢抗热疲劳性能的影响

关庆丰等[118]研究了稀土复合变质对新型铸造热锻模具钢（CHD）钢抗热疲劳性能的影响。

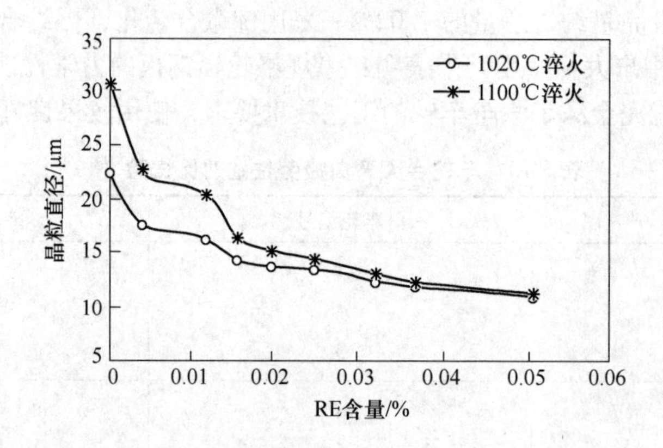

图 3-62　钢中稀土含量对新型铸造热锻模具钢（CHD 钢）晶粒直径的影响[118]

适量的稀土细化和净化了晶界（见图 3-62），因而热疲劳裂纹萌生较晚，扩展变慢。适量的稀土复合变质（钢中稀土含量为 0.02%）使新型铸造热锻模具钢（CHD 钢）疲劳裂纹扩展门槛值（ΔK_{th}）提高 94.3%（见图 3-63）。

研究表明，向钢中加入稀土已成为提高其热疲劳抗力的一种有效方法，但稀土过量时会导致破碎的链状稀土夹杂物，反而有损钢的热疲劳性能（如图 3-64 所示）。

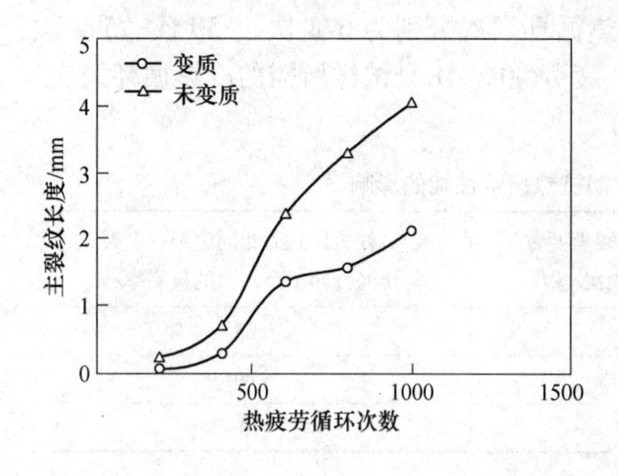

图 3-63　稀土复合变质对热疲劳裂纹扩展的影响

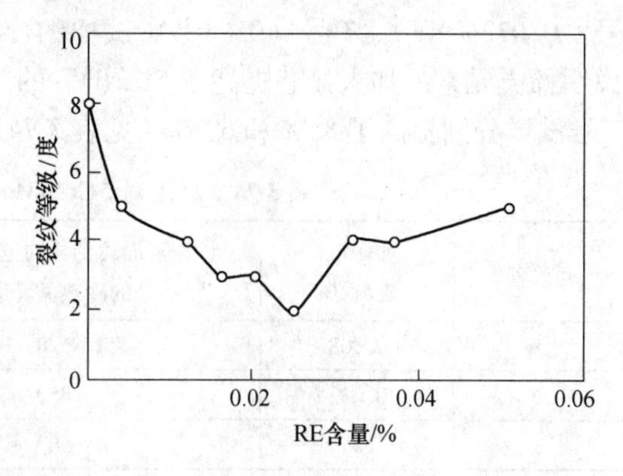

图 3-64　钢中稀土含量对热疲劳性能的影响

3.4.5　稀土对 18Cr2Ni4WA 钢耐疲劳性能的影响

18Cr2Ni4WA 钢具有良好的综合力学性能和工艺性能，用于制造重负荷关键零件如大功率发动机齿轮和曲轴等。稀土元素能控制硫化物夹杂形貌，深度净化钢液，改善钢的低温韧性，也能较有效地提高普通调质钢的疲劳性能[119,120]。韩永令等[86]通过添加稀土，深入研究了稀土对电渣重熔的低硫 18Cr2Ni4WA 钢力学性能和组织的影响。分别用经过 800℃烘烤的 30% Al_2O_3 +70% CaF_2 渣和 30% CeO_2 +20% CaO +50% CaF_2 渣进行电渣重熔，采用稀土渣还原加入稀土[86]试验结果列于表 3-75。

表 3-75 试验钢的疲劳强度极限值[86]

钢 种	载荷/N	σ_1/MPa	10n（旋转周次）	结 果
18Cr2Ni4WA	484.3	583	10^7	未断
18Cr2Ni4WARE	519.0	624	10^7	未断

韩永令等[86]研究发现加稀土的 18Cr2Ni4WARE 钢（RE 含量为 0.018%）比未加稀土的 18Cr2Ni4WA 钢塑性、韧性明显提高（ΔA_K +28%），这除了因 18Cr2Ni4WARE 钢中含碳略低、强度略低外，稀土细化马氏体板条尺寸和细化碳化物是主要的贡献。18Cr2Ni4WARE 钢疲劳强度极限（σ_1）提高了 40MPa，这与加稀土后 18Cr2Ni4WARE 钢减小本质晶粒度高温长大倾向，降低连续冷却条件下的 M_s 点，并减缓了贝氏体转变的组织使显微组织细化外，更主要的原因，是稀土进一步改善了夹杂物形貌，特别是消除了长条状 MnS 的结果。文献［86］指出，在低硫 18Cr2Ni4WA 洁净钢采用稀土渣还原添加稀土的简易有效方法，有广阔前景。

3.4.6 稀土对 ZG60CrMnSiMo 钢抗冲击疲劳性能的影响

林国荣等[121]研究了稀土对 ZG60CrMnSiMo 钢冲击疲劳抗力的影响。

1 号稀土硅铁合金加入量对 ZG60CrMnSiMo 试验钢冲击疲劳抗力的影响见图 3-65。钼含量较高的 2-2（Mo 含量为 0.04%）、2-3（Mo 含量为 0.04%）试样，添加 0.25%1 号稀土硅铁合金的 2-3 试样，跌落 3 万次的剥落失重量为 2.27g，未加 1 号稀土硅铁合金的 2-2 试样，其剥落失重量为 12.7g，差不多是前者的 6 倍。钼含量（Mo 含量为 0.23% ~ 0.26%）较低，分别加入 0.25%、0.40%、0.65%1 号稀土硅铁合金的 2-4、2-8、2-9 试样，跌落 3 万次的剥落失重量分别为 1.90g、2.15g 和 7.97g，2-4、2-8 试样的剥落失重量差不多，仅为 2-9 试样的约 1/4。

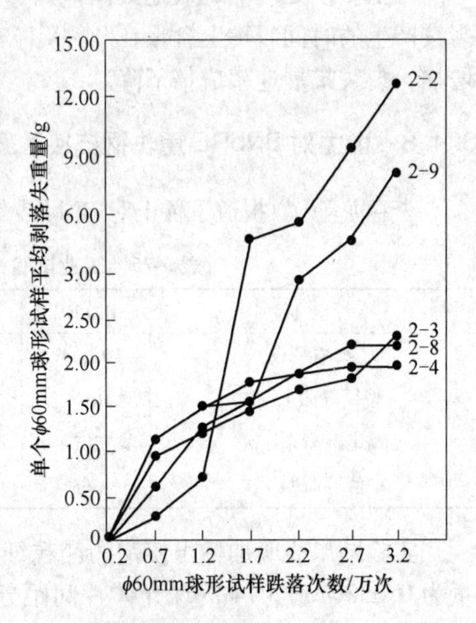

图 3-65 稀土加入量对 ZG60CrMnSiMo 钢试样冲击疲劳抗力的影响[121]

试验研究表明，添加适量稀土可使夹杂物数量减少、尺寸减小，从而减少其有害作用，使裂纹的萌生与扩展阻力增加，改善了冲击疲劳抗力。但当加入稀土过量，夹杂物会增多，反而导致性能恶化。

3.4.7 稀土对低铬白口铸铁抗冲击疲劳性能的影响

梁工英等[122]利用稀土元素对低铬白口铸铁进行变质处理，研究了稀土在低铬白口铸铁共晶生长时对其冲击疲劳性能影响。

图3-66为冲击疲劳抗力和裂纹扩展速率与各试样内稀土含量之间的关系。从图中可以看出，稀土元素的加入可以大幅度提高试样表面的冲击疲劳抗力。在稀土含量为0～0.14%范围内，经稀土变质处理试样的冲击疲劳抗力比未变质处理试样提高了4～6倍。从图3-66中还可以看到，随着试样中稀土含量的增加，裂纹扩展速率大幅度下降，其中变质处理试样的裂纹扩展速率仅为未变质处理试样的1/5～1/7。从以上两方面可见，稀土变质处理可提高低铬白口铸铁的抗冲击疲劳性能减小疲劳剥落倾向，提高耐磨性。

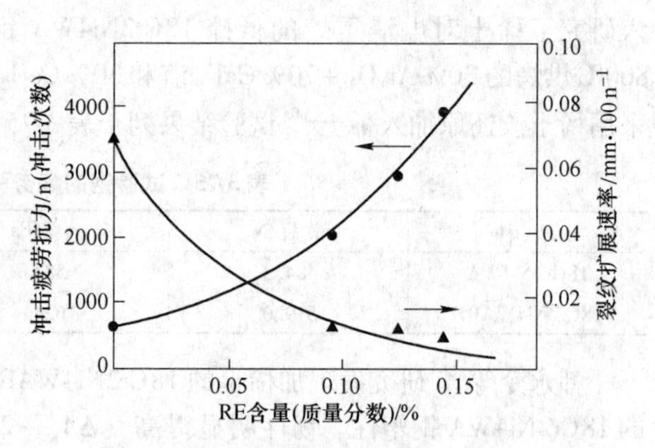

图3-66　低铬白口铸铁冲击疲劳抗力和裂纹扩展速率与稀土含量的关系[122]

稀土元素有较大的过冷倾向，很强的脱氧脱硫作用。所以，利用稀土变质处理，使碳化物的形态及分布得到改善，减少晶界及相界面处的夹杂物，提高晶界和相界面强度，加之稀土元素对晶粒的细化作用，可在很大程度上提高裂纹产生时的阻力，减缓裂纹扩展速率。由此可见，在低铬铸铁中加入稀土变质处理是提高抗表面剥落的有效途径。

稀土变质处理可有效地提高低铬白口铸铁的冲击疲劳抗力和降低裂纹扩展速率，推迟裂纹产生的时间。稀土含量在0～0.14%范围内，随稀土含量增加，冲击疲劳抗力大幅度增加，裂纹扩展速率成倍下降。

3.4.8　稀土对BNbRE重轨钢抗接触疲劳性能的影响

李春龙等[103]报道了稀土对BNbRE钢轨综合性能的影响接触疲劳试验结果，见表3-76。

表3-76　工业试验钢轨磨损和接触疲劳试验结果[103]

指　标	BNbRE	BNb	BVRE	BV	U74RE	U74
磨损量/g	0.344	0.4096	0.437	0.4919	0.6829	0.7615
特征寿命 V_s/次	647	410	629	561	305	296
额定寿命 L_{10}/次	282	196	265	204	148	144
中值寿命 L_{50}/次	565	364	546	476	271	263

实验结果表明加稀土使钢的晶粒细化。BNbRE（RE含量为0.032%），BVRE（RE含量为0.032%），U74的珠光体片间距分别是0.278μm、0.282μm、0.298μm，说明加稀土后珠光体片间距减小，而且BNbRE减少最明显。在钢轨的屈服强度、抗拉强度、伸长率、面缩率4个方面，BNbRE和BVRE均达到了设计要求。表3-76中3组所有加稀土的钢轨，轨头表面硬度都有所提高，常温和－40℃条件下的冲击功规律与其基本一致。表3-76中3组加稀土钢轨的耐磨性能都有所提高，其中BNbRE最显著，提高了18.93%，相对耐磨性能是U74的2.21倍，BVRE的1.24倍。同时可见采用两参数的威布尔分布函数进行数据处理的接触疲劳试验结果表明，BNbRE钢轨的中值寿命 L_{50} 比U74提高了1.15倍、特征寿

命 V_s 提高1.18倍、额定寿命 L_{10} 提高0.96倍。加稀土后，晶粒细化，片间距有所减小。未加稀土的钢中夹杂物是细长硫化物和链状 Al_2O_3 及其复合夹杂，加稀土后夹杂物变粗变短，有的是球形或纺锤形，有的是 Al_2O_3 与稀土氧化物形成的复合夹杂，这对钢轨在使用中减小应力集中，抑制裂纹的形成与发展是有利的。加稀土后，由于RE/Al氧化物取代了 Al_2O_3 和铝酸盐，而使夹杂物形状改变，变得粗短，因此提高了疲劳寿命[123]。

理论分析表明接触疲劳与钢轨屈服强度成9次方正比关系[124]，从表3-77中看到，BNbRE轨钢屈服强度比U74的高129MPa，因此BNbRE钢接触疲劳寿命大幅提高。

表3-77 BNbRE与U74钢屈服强度的对比[125]

钢 种	特 征 值	$\sigma_{0.2}$/MPa
BNbRE	最小值	510
	最大值	655
	平均值	595
U74	最小值	395
	最大值	555
	平均值	466

试验结果表明加稀土的BNbRE轨钢接触疲劳寿命比U74轨钢提高一倍以上，见表3-78。

表3-78 BNbRE钢轨接触疲劳试验[125]

钢 种	接触疲劳/千次			BNbRE/U74		
	V_s	L_{10}	L_{50}	V_s	L_{10}	L_{50}
BNbRE	647	282	565	2.2	2	2.2
U74	296	144	263			

重轨在线路使用中受着重复和交变应力的作用，其破坏应力远小于抗拉强度甚至小于屈服强度，因此测定并比较BNbRE的疲劳极限具有重要意义。

疲劳极限时试样在重复变化的应力作用下，在规定的周期基数内不发生断裂时所能承受的最大应力。试验所用的应力循环次数为200万次，应力对称系数（循环特性）$\gamma=-1$，振动频率为300次/分，振幅3~5mm，支点间距1000mm，试验机为德国ZDM-200PU试验机，试验钢轨成分同磨耗试验，试验结果如表3-79和图3-67所示。

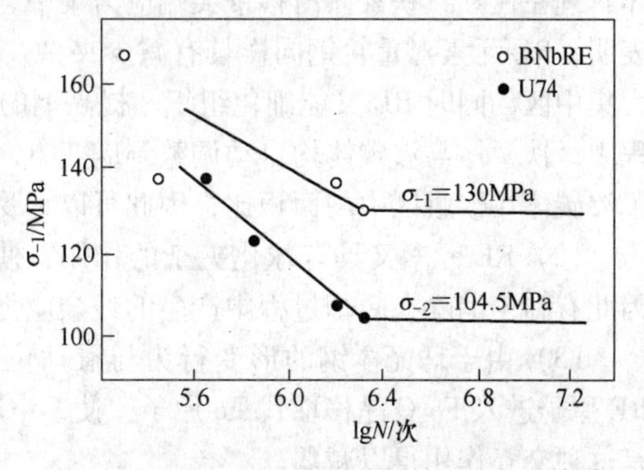

图3-67 BNbRE重轨钢实物疲劳试验结果[125]

表3-79 BNbRE实物疲劳试验结果[125]

钢 种	循环特性 γ	循环次数 N	极限负荷/kN	疲劳极限 σ_{-1}/MPa	BNbRE/U74
BNbRE	−1	2×10^6	180	130	1.24
U74	−1	2×10^6	145	104.5	

由表3-79可见，BNbRE疲劳极限比U74提高24%，极限负荷比U74高35kN。

稀土能有效净化钢质，改变夹杂物的形态，有效变质有害夹杂物，细化并减少夹杂物数量，因而减少了疲劳裂纹产生的可能性[103,122]。此外稀土富集于晶界，形成润滑膜也起一定的作用。三组试验轨钢的实验结果见表3-80，可见加RE后接触疲劳中值寿命L_{50}提高3%～55.2%。

表3-80 稀土对接触疲劳性能的影响[125]

钢 种	接触疲劳/千次			L_{50}相对比值	L_{50}提高/%
	V_s	L_{10}	L_{50}		
U74	296	144	263	1.00	3.0
U74RE	305	148	271	1.03	
BV	561	204	476	1.81	34.7
BVRE	629	265	546	2.08	
BNb	410	196	364	1.38	55.2
BNbRE	647	282	565	2.15	

马腾等[104]利用接触疲劳磨损试验机模拟轮/轨间的接触疲劳作用，观察疲劳表面的动态形貌和变形剖面的组织与显微硬度，得到了与现场监测一致的结果：稀土元素可延缓钢轨钢接触疲劳裂纹的萌生和扩展，推迟从裂纹萌生到出现剥离的周期，使裂纹贯穿角和裂纹稳定贯穿深度减小，稀土还可改善钢表面加工硬化的程度和深度。剥离深度、最大硬度所在深度与变形深度在同数量级（$10^1\mu m$），裂纹稳定贯穿深度、加工硬度层厚度与最大剪切应力深度在同数量级（$10^2\mu m$）。

马腾等[104]并深入讨论分析了RE改善钢轨接触疲劳性能的机制：

（1）珠光体钢的断裂属解理或准解理断裂，它起因于夹杂成核产生的应力集中，同时由于铁素体中局部滑移带的形成也能诱发裂纹萌生，且与发展中的裂纹网络连通，而渗碳体解理往往导致铁素体滑移带尖端应力集中，从而渗碳体使断裂、滑移受阻。已有的工作表明，RE元素对重轨钢同样具有减少夹杂，净化钢液的作用，这在实际上等于减少了应力集中区，同时RE又能细化组织，提高钢的屈服强度，增强抗变形能力，在接触形变过程中，铁素体与渗碳体均自动调整到应变方向，使得渗碳体片变细变弯而不断，于是增加了渗碳体在接触区中的面积比，因此可以承受更大的弯曲塑性变形，提高应变硬化能力。

（2）RE元素又具有球化夹杂的作用，使夹杂的线膨胀系数和弹性模量更接近基体，因此有利于消除在冷却过程中产生的残余应力，减少疲劳裂纹成核几率。

（3）由于珠光体钢的形变行为与滑动位错与α-Fe/Fe_3C界面的变互作用有关，一旦RE原子进入Fe_3C晶格取代Fe原子，使Fe_3C晶格发生畸变，将使界面强度得到加强，于是这种交互作用得以减弱。

（4）由于RE元素极易氧化，所以RE与O结合后在钢表面形成稀土氧化物膜，于是可减轻表面粗糙度，减少黏着系数，从而使摩擦系数减少，这就延缓了疲劳失效过程。

于宁等[105,126]从疲劳过程的物理机制、钢轨的组织与微结构深入分析了稀土对钢轨的接触疲劳性能的影响，从表3-81的接触疲劳实验结果可以看出，虽然BNb钢轨的抗拉强度比U74钢轨高了100MPa，使疲劳寿命（终止实验时间）提高50%，但两者从萌生线裂纹到开始剥离的时间却相同，只是稍微（≤12%）增加裂纹形成时间和略微改变裂纹走向；而加了稀土的 BNbRE 钢轨常温强度（σ_s、σ_b）虽未提高，但钢轨的各种疲劳参量值却大幅度（142%~200%）提高，以致 BNbRE 钢轨的接触寿命达到 U74 钢轨样品的2.13倍，稀土有提高热轧珠光体钢轨疲劳性的显著作用。

表 3-81 研究钢轨的接触疲劳实验结果[105]

钢　种	线裂纹萌生次数/万次	剥离时间/万次	从萌生到剥离时间/万次	裂纹走向/(°)	终止次数/万次
U74	13.4	14.4	1	46	15.9
BNb	15.0	16.0	1	40	24.0
BNbRE	22.0	24.0	2	27	34.0
BNb/U74	112%	111%	100%	—	150%
BNbRE/BNb	147%	150%	200%	—	142%
BNbRE/U74	164%	167%	200%	—	213%

在文献［104，126~130］分析的基础上，于宁、孙振岩、戢景文等[105,126]最后得出的结论为：

（1）RE 元素可延缓钢轨接触疲劳裂纹萌生和扩展，推迟剥离发生。

（2）RE 元素可明显减小接触疲劳裂纹贯穿角和贯穿深度。

（3）RE 元素可增加接触疲劳剖面硬度、缩小塑性变形区。

（4）在接触疲劳过程中，RE 钢轨表面剥离深度、最大硬度处深度和塑性变形层厚度在同一量级，裂纹稳定贯穿深度、硬化层厚度和最大剪切力深度在同一量级。

3.4.9 稀土对 60CrMnMo 热轧辊钢抗热疲劳性能的影响

60CrMnMo 钢是一种应用比较广泛的热轧辊用钢，主要用于生产直径小于 1150mm 的大型轧辊，装备大型开坯机和初轧机。杨庆祥等[132]通过分析热疲劳裂纹的生成和长大，研究了稀土元素对热疲劳裂纹的抑制作用及稀土对 60CrMnMo 钢的热疲劳性能的影响。三组热疲劳试验结果见图 3-68~图 3-71。

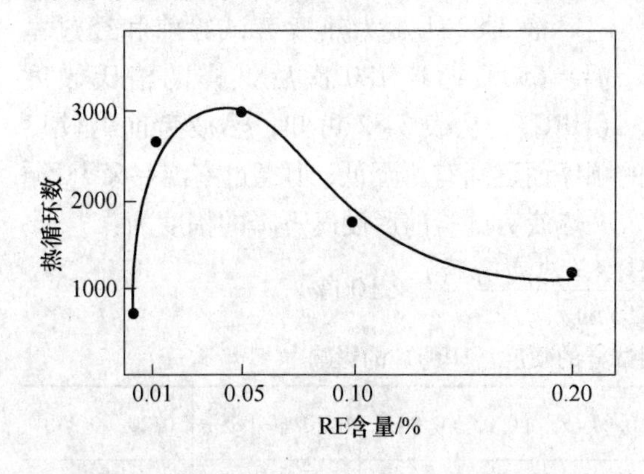

图 3-68 试样表面出现 1mm 长度主裂纹时稀土含量与热循环数的关系[132]

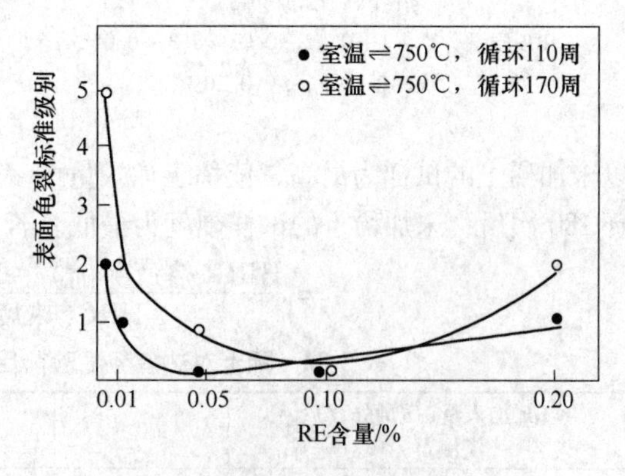

图 3-69 稀土对室温⇌750℃循环龟裂评级的影响[132]

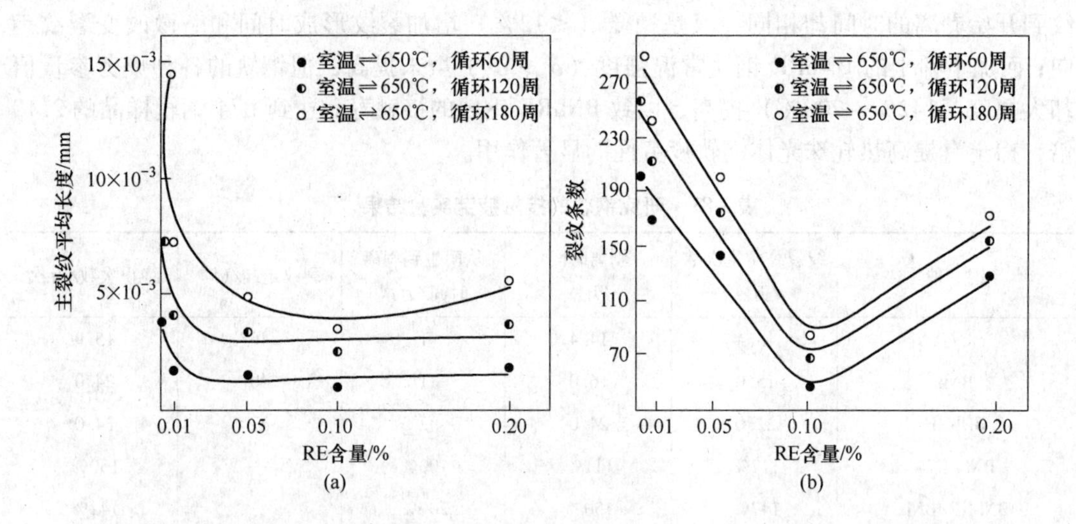

图 3-70　稀土对室温⇌650℃热循环过程中主裂纹长度（a）、裂纹条数（b）的影响[31]

从第一组试验结果可看出，当规定所观察的裂纹长度一定时，要达到相同的龟裂程度，加稀土比不加稀土试样的循环更多的次数；第二组试验表明：当循环次数一定时，加稀土比不加稀土表面龟裂程度轻许多；并且，在第三组有裂纹源（圆孔）的条件下，加稀土比不加稀土试样表面的主裂纹短，裂纹条数少。三组实验结果还表明：60CrMnMo 钢中加入稀土减轻试样表面龟裂程度，提高热疲劳寿命有一最佳范围；同时，考虑稀土加入钢液后有一定的烧损，在加入量偏低时，稀土在钢中含量不易分析和分析不准，因此，在作者给定的实验条件下，稀土的合适加入量为 0. 05% ~ 0. 10%。

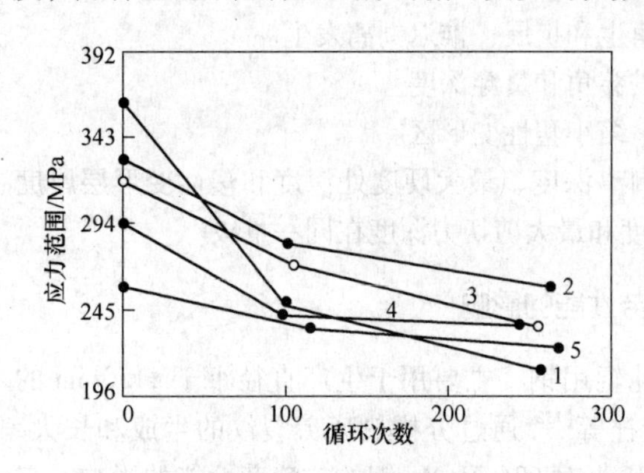

图 3-71　稀土对高温低周疲劳过程中的循环软化的影响[133]

RE 质量分数：1—0；2—0. 01%；3—0. 05%；4—0. 10%；5—0. 20%

表 3-82 所示为热疲劳试验前和经过室温⇌650℃循环 180 次后试样的洛氏硬度（HRC），从表 3-82 可知，热疲劳前的硬度以未加稀土的试样为最高，依稀土加入量增多的顺序而逐渐有所降低；但经过室温⇌650℃循环 180 次后，未加稀土的试样硬度为最低。若定义热疲劳试验前后硬度下降的幅度为：

$$J = \frac{\text{HRC(热疲劳前)} - \text{HRC(热疲劳后)}}{\text{HRC(热疲劳前)}} \times 100\%$$

表 3-82　稀土对热疲劳试验前后试样的硬度（HRC）的影响[133]

RE 加入量（质量分数）（实测量）/%	0	0. 01	0. 05（0. 043）	0. 10（0. 085）	0. 20（0. 17）
HRC（热疲劳前）	46. 5	46. 4	45. 3	44. 7	44. 6
HRC（热疲劳后）	40. 8	43. 7	43. 3	42. 5	42. 5
J/%	12. 3	5. 8	4. 4	4. 7	4. 7

则在试验范围内，稀土加入量越高，硬度降低的幅度越小，与前所述对高温低周疲劳的循环特性影响一致，即稀土元素延缓了 60CrMnMo 钢的热疲劳循环软化过程。稀土元素对 60CrMnMo 钢高温低周疲劳寿命的影响见图 3-72。从图 3-72 中可见，稀土的加入量在较大含量范围内能提高断裂循环数（n），即在 0.01%~0.02%（质量分数）范围内，n 可提高 18.5%~28.8%，且在 RE 加入量为 0.05%时存在最大值，虽然稀土加入量继续增加，断裂循环数有下降的趋势，但与未加稀土的比较仍有较大提高。

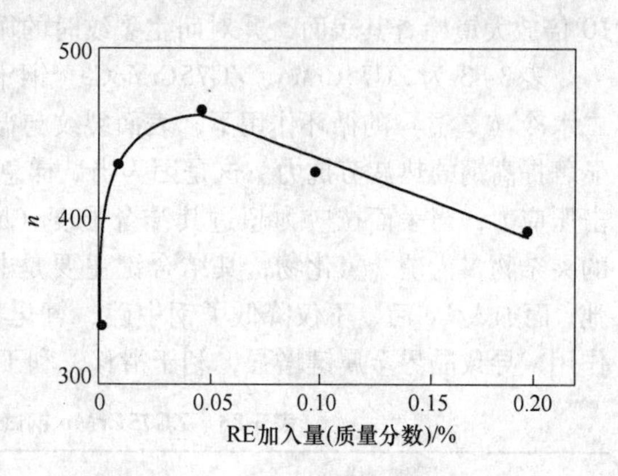

图 3-72 稀土加入量对断裂循环数（n）的影响[134]

对稀土提高 60CrMnMo 钢热疲劳性能的机理，杨庆祥等[132~134]通过研究分析指出：加入稀土元素，可以变质 60CrMnMo 钢中的夹杂物，钢中 Al_2O_3 转变成稀土铝酸盐，但硬度要比 Al_2O_3 的硬度低得多，而且，呈单个颗粒存在或与其他夹杂复合在一起，不容易形成有害的链状。长条状的 MnS 夹杂被球状的复合稀土夹杂物所代替。以热膨胀系数与基体匹配而论，稀土硫化物优于 MnS，它们的线膨胀系数与 60CrMnMo 钢基体的线膨胀系数相差不多。另外，稀土硫化物自身也有一定的塑性应变能力，在加热过程中能松弛一部分热应力，所以造成应力集中的程度比 MnS 夹杂要低得多。在热疲劳试样的表面，若循环相同的次数，则加稀土的主裂纹长度降低，裂纹条数减少。加入稀土元素，可以使 60CrMnMo 钢中夹杂物变小，加稀土的比未加稀土的钢中小于 5μm 的小颗粒夹杂物增加了 26.73%~28.62%。大颗粒夹杂物减少了 26.71%~28.59%，当稀土加入量在 0.05%~0.10%时，钢中的夹杂物数量最少[135]。热疲劳裂纹萌生于钢中夹杂物处；热疲劳裂纹的生长，不仅是裂纹自身发展的结果，更主要的是裂纹的相互连接。钢中加入稀土后，通过变质钢中夹杂物，使夹杂物尺寸减小，并使夹杂物数量减少，从而抑制了热疲劳裂纹的生成与长大。稀土元素还可以细化奥氏体晶粒，在试验范围内，随稀土加入量增多，晶粒细化越明显；并且稀土能显著抑制 60CrMnMo 钢奥氏体晶粒的长大倾向，使奥氏体晶界迁移激活能由 125.2kJ/mol 增加到 148.2~202.8kJ/mol[136]。通过对热疲劳试验前后碳化物粒子形态进行分析发现稀土元素能够细化 60CrMnMo 钢回火过程中碳化物颗粒，阻碍热循环过程中碳化物颗粒的聚集和长大。稀土元素通过细化 60CrMnMo 钢奥氏体晶粒，抑制碳化物的析出、聚集和长大[133]，对提高 60CrMnMo 钢的热疲劳性能做出积极贡献。在试样表面达到相同的龟裂程度时，加稀土的试样可循环更多的次数；当试样循环达到相同的循环次数时，加稀土的表面龟裂程度比不加稀土的试样明显减轻；并且在有缺口的条件下，加稀土后，试样表面裂纹变短了，数量减少了；在低周疲劳断口上，加稀土后，疲劳条带间距从 3.27μm 减少到 2.41~1.58μm[133]。

3.4.10 稀土对 ZG75CrMo 系热轧辊钢抗热疲劳性能的影响

杨紫霞[137]通过在钢包中添加国产 1 号稀土硅铁合金（经 800℃预热的 FeSiRE20 合金（24%Ce，37%~38%Si，3.35%Ca；加入总量为 0.31%））研究了稀土对 ZG75CrMo 系热轧辊用钢热疲劳性能的影响。

热疲劳性能检测采用对试样进行600℃、10min 二水冷（室温）循环处理的方法，以10倍放大镜检查其表面，并对萌生裂纹时的循环周次计量。

表3-83为ZG75CrMo、ZG75CrMoCe（钢中Ce含量为0.051%）试样在600℃、10min二水冷（室温）的循环作用下，表面裂纹与循环周次的关系。表3-83的结果说明，Ce可显著提高钢的热疲劳抗力。这是因为当试样急冷时，表面产生冲击拉应力，而心部产生冲击压应力，当表面拉应力超过其结合强度（断裂抗力时），则萌生裂纹。ZG75CrMo钢中的夹杂物多为硫、氧化物，其结合键主要是非金属键，不利于滑移，也不利于拉应力松弛；而加入Ce后，不仅降低了钢中硫、氧化物含量，而且因其在基体晶界的偏聚与脱硫作用，导致晶界金属键增强，利于滑移，利于拉应力松弛，延缓了裂纹的萌生与扩展。

表3-83　ZG75CrMo钢试样的热疲劳性能对比[137]

钢　样	表面裂纹萌生时的循环周次
ZG75CrMo	283
ZG75CrMo(Ce)	367

3.4.11　稀土对高Ni-Cr铸铁热轧辊抗热疲劳性能的影响

杨庆祥等[138]研究了稀土元素对热轧辊用材料高Ni-Cr铸铁的热疲劳性能的影响采用室温⇌720℃循环，周期为8s。试验分三步：首先，采用光学显微镜观察试样的表面，在热循环过程中表面出现裂纹时记录下热循环数（见图3-73）；然后热循环继续40次，观察比较加与不加稀土试样表面裂纹的扩展情况；最后继续热循环继续70次，观察比较加与不加稀土试样表面裂纹扩展。

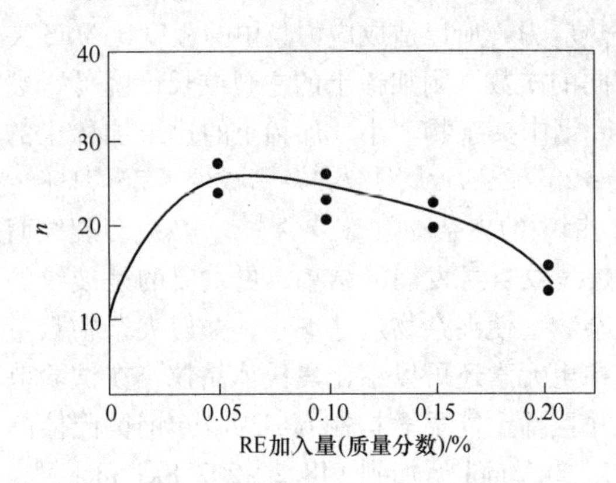

图3-73　稀土加入量对高Ni-Cr铸铁热轧辊热循环数的影响[138]
（室温⇌720℃循环）

从图3-73可见，加稀土加入量在0.05%～0.15%范围可使高Ni-Cr铸铁热轧辊热循环数提高42%～163%，在0.05%显示效果最佳。

从图3-74的结果可见，当稀土加入量（质量分数）在0.05%～0.15%，裂纹长度不小于30μm及试样表面总裂纹条数的合计长度都降低了。适宜的稀土加入量为0.05%～0.15%。热疲劳裂纹不仅会在石墨的尖锐端萌生，也会在沿着片状石墨和基体的界面发展。裂纹在片状石墨之间相互连接，最后发展成大裂纹。因此加入过量的稀土，增加石墨的尺寸裂纹反而尺寸增大。

试验结果表明[139]：高Ni-Cr铸铁的热疲劳寿命不仅与铸铁中碳化物的分布有关，而且与铸铁中石墨的形态有关。未加稀土的试样中，石墨片端部较为尖锐，而且长度方向尺寸较大；而加入稀土后石墨端部较为圆钝，有蠕虫和球化的趋势，并且随着稀土加入量的增加，这种趋势越为明显。不同稀土加入量的试样中，石墨的尺寸有着一定的变化规律。

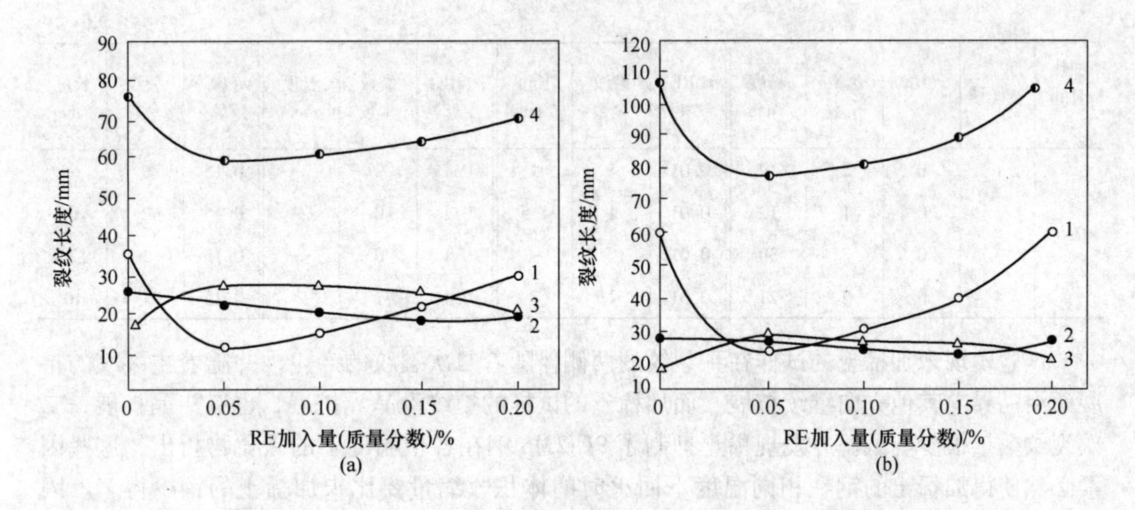

图 3-74　稀土对室温⇌720℃热循环过程中试样表面裂纹尺寸的影响[138]

(a) 40 次；(b) 70 次

1—裂纹长度≥30μm；2—裂纹长度 10～30μm；3—裂纹长度≤10μm；4—试样表面总裂纹条数的合计长度

随着稀土加入量的增加，尺寸较大的 5 级石墨则急剧减少，而尺寸较小的 6 级和 7 级石墨迅速增加，8 级石墨从无到有。当稀土加入量超过 0.15% 时，石墨的尺寸又开始增加，石墨在长度和宽度的尺寸进一步长大，甚至超过未加稀土试样中石墨的尺寸。

3.4.12　稀土对 9Cr2Mo 冷轧辊钢抗热冲击性能的影响

基于稀土元素能提高热轧辊钢的热疲劳性能、低周疲劳性能、塑韧性以及细化奥氏体晶粒和变质夹杂物[132～139]，郭铁波[140]研究了稀土元素对 9Cr2Mo 冷轧辊钢抗热冲击能力的影响，实验结果表明稀土元素抑制了 9Cr2Mo 冷轧辊钢热影响区回火时碳化物的析出，从而提高 9Cr2Mo 钢抗热冲击性能。

从表 3-84 可见，当加热时间为 0.5s 时，相应的加热温度为 750℃，未加稀土的试样出现裂纹，而加稀土后，除加入质量分数为 0.01% 的稀土试样出现一个微小裂纹外，其他试样均未出现裂纹。当加热时间为 0.8s，相应的加热温度为 850℃时，未加稀土的试样全部出现了裂纹，并且裂纹个数也较多，裂纹扩展的距离也较长，大都在 10mm 以上，而加稀土的试样只是部分出现了裂纹，出现裂纹的个数及裂纹扩展距离均低于未加稀土的试样，裂纹扩展大都在 10mm 以下，而其中尤以稀土加入质量分数为 0.1% 时的效果最好。可见，加入稀土元素提高了 9Cr2Mo 钢的抗热冲击能力。

表 3-84　9Cr2Mo 每个试样产生的裂纹个数及裂纹总长度[140]

加热时间/s	试样号	w(RE)/%	裂纹个数	长度/mm	w(RE)/%	裂纹个数	长度/mm	w(RE)/%	裂纹个数	长度/mm	w(RE)/%	裂纹个数	长度/mm
0.5	1	0	0	—	0.01	0	—	0.1	0	—	0.15	0	—
	2	0	1	0.5	0.01	0	—	0.1	0	—	0.15	0	—
	3	0	2	2	0.01	1	0.5	0.1	0	—	0.15	0	—

续表 3-84

加热时间/s	试样号	w(RE)/%	裂纹个数	长度/mm	w(RE)/%	裂纹个数	长度/mm	w(RE)/%	裂纹个数	长度/mm	w(RE)/%	裂纹个数	长度/mm
0.8	1	0	2	10	0.01	1	4	0.1	0	—	0.15	0	—
	2	0	1	12	0.01	1	1.5	0.1	0	—	0.15	2	6
	3	0	3	30	0.01	0	—	0.1	0	—	0.15	1	7
	4	0	2	21	0.01	1	7	0.1	1	2	0.15	1	10

试验发现未加稀土的试样在主裂纹的两侧伴随着二次裂纹的产生，并随着主裂纹的扩展而沿晶界向其他方向继续扩展；而加稀土的试样的裂纹沿晶界扩展，也有穿晶扩展、二次裂纹数量很少。试验并发现稀土抑制了 9Cr2Mo 钢在各个温度下的碳化物析出，这些因素必然使得加稀土的钢在相同温度下回火时的体积收缩量要比未加稀土的钢少得多。因此，热冲击时，在热影响区加稀土要比不加稀土时产生的拉应力低。因此，具有较低的开裂倾向，从而提高了 9Cr2Mo 钢的抗热冲击能力。

3.4.13 稀土对半钢抗冲击热疲劳性能的影响

于升学等[141]研究了稀土变质与热处理对半钢中碳化物形态及冲击疲劳性能的影响。冲击疲劳的测试结果见表 3-85。可以看出，试样经稀土变质与热处理，其冲击疲劳抗力（N）最高，裂纹总数（n）最少，裂纹扩展速率（v）最小，抗冲击疲劳性能最好。经测试稀土变质与热处理复合处理的试样与未变质铸态的试样相比，其冲击疲劳抗力提高 225%，裂纹扩展速率降低 67%。可见稀土变质处理后再经热处理能有效地提高半钢的抗冲击疲劳性能。

表 3-85 不同处理方式下半钢冲击疲劳测试结果[141]

试样号	RE 含量/%	裂纹总条数 n/根	不同尺寸的裂纹条数/根			冲击疲劳抗力 N/千次	裂纹扩展速率 v/mm·次$^{-1}$
			>100μm	50～100μm	<50μm		
1	0	14	3	5	6	1.40	10.54×10^{-2}
2	0	12	1	4	7	3.45	6.62×10^{-2}
3	0.041	12	1	4	7	3.48	6.64×10^{-2}
4	0.041	0	2	6	4.55	3.45	

注：裂纹条数在冲击次数为 2000 次，100 倍视场，测定 3 次取平均值。

从表 3-85 的试验结果可见，试样中稀土含量为 0.041% 时，半钢样品冲击疲劳抗力最佳。

3.4.14 稀土对低、中铬半钢抗冲击疲劳性能的影响

常立民等[142,143]研究了稀土元素对低、中铬半钢铸态及经热处理后其热疲劳性能的影响。

实验发现未加稀土变质处理的试样，碳化物呈连续的网状分布；单独经稀土变质或热处理的试样，其碳化物局部出现颈缩连接和断网现象，但仍然保持网状特征；稀土变质与

热处理共同作用，其碳化物网状特征消失，为独立的块状，同时在基体中有细小的粒状碳化物出现。

由表3-86及图3-75、图3-76的结果表明，稀土元素能改善共晶碳化物的形状，抑制低铬半钢热疲劳裂纹的萌生与扩展，提高其热疲劳性能，尤其稀土变质后再经热处理后效果更明显。当试样经0.20%（质量分数）稀土变质后经950℃，3h正火处理时，低铬半钢热疲劳性能最佳。

表3-86　4种低铬半钢试样热疲劳裂纹的最大长度和总裂纹长度[142]

RE含量/%	试样状态	最大裂纹长度 D/μm	总裂纹长度 $L_{总}$/μm	抗裂纹萌生循环次数 N/次
0	铸态	102	642	12
	铸态+热处理	85	527	15
0.22	变质铸态	72	511	15
	变质铸态+热处理	58	390	19

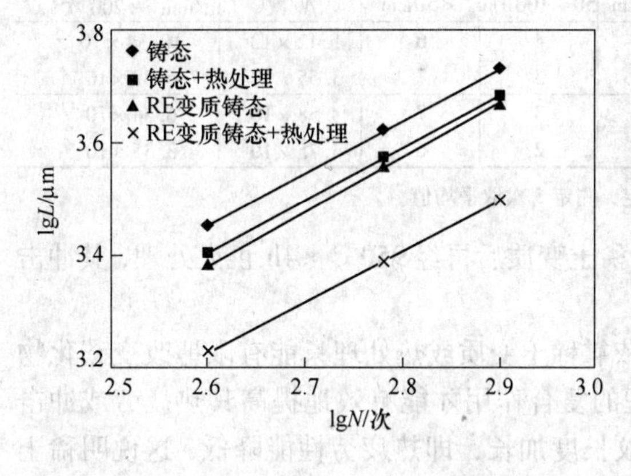

图3-75　低铬半钢热疲劳总裂纹长度与循环次数的关系[142]

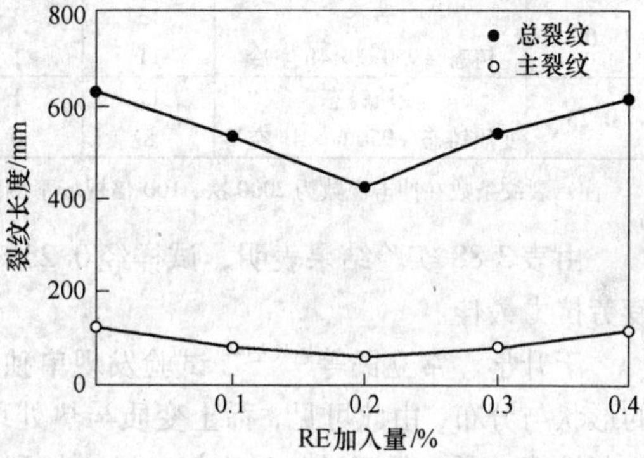

图3-76　低铬半钢热疲劳裂纹长度与RE加入量的关系[142]

由表3-87可见，中铬半钢试样经稀土变质与热处理，其冲击疲劳抗力（N）最高，裂纹总数（n）最少，裂纹扩展速率（v）最小，抗冲击疲劳性能最好。单纯靠稀土变质或热处理的试样次之，但二者数据相近，未变质的铸态最差。可见稀土变质处理后再经热处理能有效地提高中铬半钢的抗冲击疲劳性能。

表3-87　稀土对四种不同处理方式中铬半钢冲击疲劳测试结果[143]

RE含量/%	处理方法	裂纹总条数 n/根	不同尺寸的裂纹条数/根			冲击疲劳抗力 N/次	裂纹扩展速率 v/mm·次$^{-1}$
			>100μm	50~100μm	<50μm		
0	铸态	12	3	4	5	1420	0.1024
	铸态+950℃×4h空冷	10	1	3	6	3570	0.0620
0.21	变质铸态	10	1	3	6	3600	0.0634
	变质铸态+950℃×4h空冷	7	0	2	5	4770	0.0315

注：裂纹条数在冲击次数为2000次，100倍视场，测定3次取平均值。

3.4.15 稀土对高碳铬钢抗冲击疲劳性能的影响

于升学[144]研究了稀土元素对高碳铬钢冲击疲劳性能的影响。

实验发现不加稀土元素的铸态样其共晶碳化物几乎全部呈连续网状分布；经稀土变质或单独经热处理的试样，组织中共晶网状碳化物局部出现颈缩连接，部分呈断网现象，但仍保持网状的特征；加稀土元素后再经热处理，其组织中的网状共晶碳化物已基本转变成孤立的块状，且基体中有颗粒碳化物析出，可见稀土变质与热处理的复合作用可加速网状碳化物的溶断。

由测试结果表3-88数据可见，试样经稀土变质与热处理，其冲击疲劳抗力（N）最高，裂纹总数（n）最少，裂纹扩展速率（v）最小，抗冲击疲劳性能最好。单纯靠稀土变质或热处理的试样次之，但两者数据相近，未变质的铸态最差，可见稀土变质处理后再经热处理能有效地改善了高碳铬钢的抗冲击疲劳性能。

表3-88 不同处理状态下的高碳铬钢裂纹情况和冲击疲劳抗力[144]

RE含量/%	处理方法	裂纹总条数	不同尺寸的裂纹条数/根			冲击疲劳抗力 N/次	裂纹扩展速率 v/mm·(200次)$^{-1}$
			>100μm	50~100μm	<50μm		
0	铸态	13	3	4	6	1.42×10^3	10.34×10^{-2}
	铸态+950℃×4h空冷	11	1	3	7	3.55×10^3	6.32×10^{-2}
0.25	变质铸态	11	1	3	7	3.58×10^3	6.34×10^{-2}
	变质铸态+950℃×4h空冷	8	0	2	6	4.75×10^3	3.35×10^{-2}

注：裂纹条数在冲击次数为2000次，100倍视场下测定，测定3次取平均值。

由表3-88实验结果表明，试样经0.25%稀土变质后再经950℃×4h正火处理，其冲击疲劳抗力最佳。

于升学、常立民等[141~144]试验发现单独依靠稀土变质或热处理只能有限地改变碳化物的形状与分布，由此可见，稀土变质与热处理的复合作用才能有效地提高其热疲劳或冲击疲劳性能。稀土元素进一步增加，试样的裂纹长度加长，即热疲劳性能降低，这说明稀土变质处理时，应控制好合适的稀土量。

3.4.16 稀土复合变质对铸造高碳高速钢抗热疲劳性能的影响

符寒光等[98]用RE-Mg-Ti对高碳高速钢进行复合变质处理，结果表明复合变质细化了基体组织，改善了共晶碳化物的形态和分布，使其冲击韧性提高1倍以上，热疲劳抗力和高温耐磨性也明显改善。用RE-Mg-Ti复合变质高碳高速钢制造的导辊，使用时不粘钢、不破碎、不剥落，寿命比高镍铬合金铸钢导辊提高3倍以上，接近硬质合金导辊。

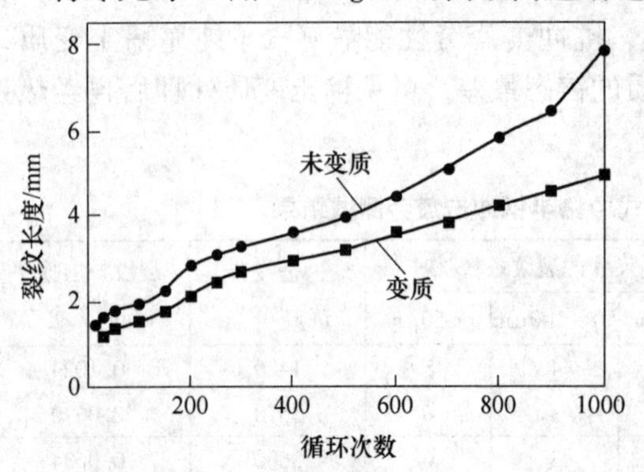

图3-77 RE复合变质处理对高碳高速钢热疲劳性能的影响[98]

变质处理对高碳高速钢热疲劳裂纹萌生和扩展的影响见图3-77。未变质高速钢热疲劳裂纹萌生所需要的循环次数少于20次，变质处理后该次数多于30次，且前者的热疲劳裂纹扩展速率大于后者，变质处理明显改善了高速钢的热疲劳抗力。这是因为碳化物是热疲劳裂纹扩展的主要通道。由于碳化物脆性大，在循环热应力作用下容易破碎，且一旦出现裂纹即迅速扩展，因此材料的热疲劳抗力主要取决于碳化物的形态。未变质高速钢中共晶碳化物呈层片状，热疲劳裂纹扩展速率大，热疲劳抗力低。变质处理后，碳化物变成球状，裂纹沿碳化物扩展时常常被基体阻隔，裂纹必须穿过基体才能从一个碳化物颗粒扩展到相邻的碳化物颗粒。而基体组织的强韧性远远大于碳化物，对裂纹扩展阻力大，因此变质处理高速钢具有较高的热疲劳抗力。

变质高碳高速钢导辊应用于高速线材轧机精轧机组时，轧材表面光洁，尺寸精度高，导辊使用过程中从未出现断裂、剥落和黏钢，寿命比高镍铬合金铸钢导辊长3倍以上，接近硬质合金导辊。

3.5 稀土对钢耐蚀性能的影响

稀土对钢耐蚀性能的影响包括稀土对耐候钢耐大气腐蚀性能的影响及稀土对不锈钢耐各种不同腐蚀介质腐蚀的影响。

3.5.1 稀土对耐候钢耐大气腐蚀性能的影响

林勤等[145,151]的研究发现稀土能促进耐候钢中Si、Cu和P在内锈层的富集，并有助于形成致密、连续、厚且粘附性好的含硅铜稀土尖晶石型的复合锈层，从而提高Cu-P-RE系耐候钢耐大气腐蚀性能。王龙妹等[146]在冶金物理化学平衡试验的基础上以09CuPTiRE耐候钢为对象研究稀土的作用，研究结果表明Ce降低了Cu在钢液中的活度，提高了Cu的利用率，同时降低了P在钢液中的溶解度，从而减弱了P的偏析。岳丽杰及许多研究者[145~147,149~151]在研究稀土提高耐候钢耐大气腐蚀机理中发现，由于稀土元素与钢中非金属元素的电负性差很大，钢中加入适量的稀土后，钢液中的O、S等非金属元素先与其结合形成稀土化合物，这些化合物硬度大，轧制过程中不出现大变形，在热轧板中仍呈小球形或纺锤形，减小了阴极的表面积；另外，稀土化合物导电性较差，不能较好发挥微电极的作用，因此稀土的加入可以削弱夹杂物的破坏效果，减缓基体阳极溶解。同时由于稀土净化了钢质，变质了MnS，有助于锈层与基体的钉扎作用。汪兵等[154]探讨了稀土在腐蚀介质中的缓蚀作用，尝试从另一角度揭示稀土提高钢铁材料的耐蚀性机理。

3.5.1.1 稀土对08CuPVRE耐候钢耐大气腐蚀性能的影响

我国研制的08CuPVRE耐候钢，在成都郊外经两年大气暴晒试验以及室内加速试验，表明其耐蚀性能明显优于碳钢，与日本耐候钢SPA-C的水平相当。于敬敦等[147]深入研究了08CuPVRE钢的耐蚀特性，揭示了稀土提高08CuPVREE钢的耐蚀机理。

08CuPVRE、SPA-C和Q235碳钢的化学成分及经成都郊区两年大气暴晒试验测得的腐蚀率见表3-89。并取大气暴晒后的带锈试片作为分析试样。

表3-89 08CuPVRE、SPA-C和Q235碳钢的化学成分及两年大气暴晒的腐蚀率[147]

钢 种	化学成分/%										腐蚀率/mm·a^{-1}
	C	Si	Mn	P	S	Ni	Cu	Cr	V	RE	
08CuPVRE	0.11	0.35	0.56	0.095	0.021		0.36		0.084	0.011	0.01365
SPA-C	0.09	0.35	0.44	0.094	0.008	0.22	0.28	0.38			0.01466
Q235	0.21	0.27	0.57	0.010	0.009						0.01858

于敬敦等[147]分析指出 Cu、P、RE 等合金元素对 08CuPvRE 钢耐大气腐蚀性能有以下三个方面积极作用：(1) 合金元素通过对锈层中物相结构、种类等的影响而起作用，在大气条件下随钢中 Cu 的含量增加，锈层中的 γ-FeOOH 细化；Cu 含量继续增加则出现 γ-FeOOH 向 Fe_3O_4 转变，且 Cu^{2+}、PO_4^{3-} 离子还能抑制 Fe_3O_4 结晶的生长。从 X 射线衍射图分析看出 08CuPVRE 和 SPA-C 钢的 Fe_3O_4 线型均比碳钢宽化，说明含 Cu、P 的耐候钢锈层的 Fe_3O_4 结晶生长受到抑制。(2) 稀土能改进钢的综合性能，加入适量稀土可起净化作用而使钢中硫、氧降到最低限度，且能改变钢中夹杂物存在的状态，使 MnS 夹杂物由长条状转变成纺锤状或颗粒状，减少有害的大夹杂数量，降低腐蚀源点。(3) 合金元素及其化合物阻塞裂纹和缺陷，通过探针的线扫描，多次发现在内锈层裂纹与缺陷部位有效合金元素富集较多。

08CuPVRE 和 SPA-C 两种耐候钢的锈层结构基本上属于同一级别。但 08CuPVRE 钢由于含有稀土元素，故其耐蚀程度略高于 SPA-C。三种钢的锈层阻抗顺序与两年大气暴晒的腐蚀速度顺序相一致，这说明锈层是影响耐候钢的腐蚀速度的主要因素之一。稀土元素可以有效改善耐候钢锈层的作用是明显的。

3.5.1.2　稀土对 09CuPTiRE 耐候钢耐大气腐蚀性能的影响

应用含稀土的 09CuPTi 制造货车车厢，使大修时间由 4 ~ 5 年延长至 8 ~ 10 年，取得巨大的经济效益和社会效益。Cu、P 有助于非晶 Fe_3O_4 相生成；稀土有净化钢质和变质硫化锰作用；形成致密与基体粘附性好的内锈层等，均有利于提高耐大气腐蚀性。林勤等[145]应用近代分析手段，研究了不同稀土量的 09CuPTi 耐候钢板在长时间大气腐蚀后，稀土对锈层组织结构的影响，探讨稀土提高 09CuPTi 耐候钢耐蚀性的机理。

北京地区 100mm × 150mm，厚 6mm 的 09CuPTi 钢板大气腐蚀试验结果见图 3-78。随着腐蚀时间的增加，由于形成锈层，使平均腐蚀速率下降。其次，随着稀土含量的增加，腐蚀速率明显降低，含少量稀土的 2 号样（RE 含量为 0.015%）腐蚀速率和未加稀土的 1 号样接近，而稀土含量高的 4 号样（RE 含量为 0.029%）比 1 号样腐蚀速率降低 56%（6 年）。稀土能显著提高耐候钢的耐大气腐蚀性能。图 3-79 表明，随着 09CuPTi 耐候钢中稀土/硫比值的增加，腐蚀速率不断降低。4 号样稀土脱硫率最高达 48%，腐蚀速率比未加稀土 1 号样降低 56%（6 年）。而 3 号（RE 含量为 0.024%）和 4 号样稀土含量相差不

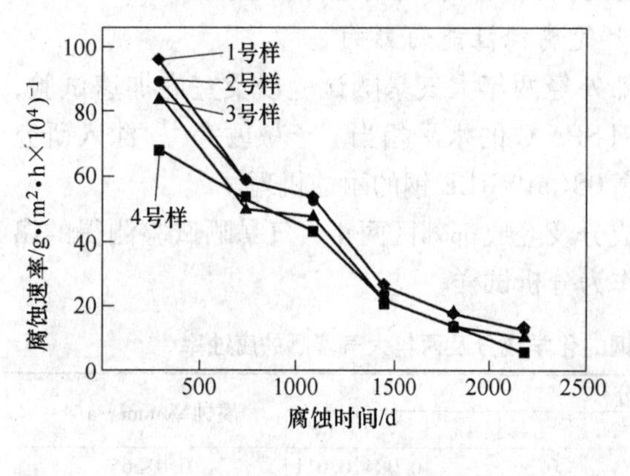

图 3-78　稀土对 09CuPTi 耐候钢腐蚀速率的影响[145]

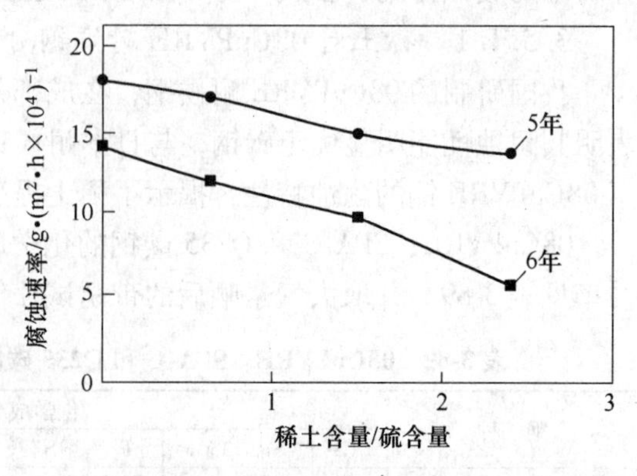

图 3-79　09CuPTi 耐候钢中稀土/硫比值对腐蚀速率的影响[145]

多，3 号样稀土/硫比值为 1.5，腐蚀速率也比未加稀土试样降低 29%（6 年）。

白玉光等[149]选取实验室加速腐蚀试验方法研究了 09CuPTiRE 耐候钢与 Q235、鞍钢耐候钢和日本耐候钢三种参比钢的耐候性能及腐蚀过程，同时探讨耐候钢的耐蚀机理。结果表明：09CuPTiRE 钢的耐候性能显著优于 Q235 钢；Q235 钢锈层为一层网状、疏松且有大量纵向交错裂纹和孔洞的锈层，而 09CuPTiRE 及另两种耐候钢的锈层分内外两层，外层与 Q235 钢锈层相似，09CuPTiRE 内层均匀、连续、致密；Q235 钢的腐蚀过程受活化控制，即受控于金属离子进入溶液的速度，而 09CuPTiRE 钢的腐蚀过程既受活化控制，由于保护锈层的存在还受氧的扩散控制。

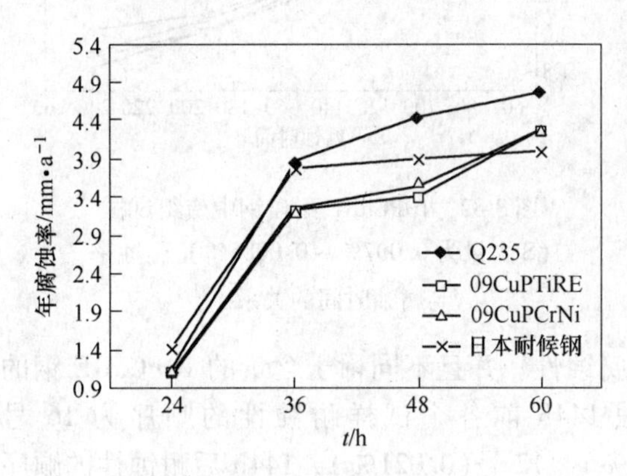

图 3-80 四种钢试样浸渍干湿循环试验年腐蚀率曲线[149]

试验钢 09CuPTiRE 及参比钢 Q235、日本耐候钢由本溪钢铁集团公司技术中心提供，参比钢 09CuPCrNi 由鞍山钢铁公司技术中心提供。

四种钢浸渍干湿循环试验不同时间年腐蚀率曲线如图 3-80 所示。

从图 3-80 可以看出，4 种钢年腐蚀率均随时间的增长而增加，在 36h 以前腐蚀速率随试验时间增长快速增加，超过 36h 后腐蚀速率减慢，年腐蚀率随时间变化趋缓。这表明无论是耐候钢还是 Q235 钢在未生锈之前都是不耐蚀的，说明耐候钢具有保护作用的锈层的生成需要较长的时间。

3.5.1.3 稀土对 10PCuRE 耐候钢耐大气腐蚀性能的影响

10PCuRE 是根据我国资源特色开发的稀土耐候钢，岳丽杰等[150]采用干湿周浸实验室加速腐蚀，点蚀电位测试、带锈试样阳极极化曲线和交流阻抗谱、表面锈层形貌观察和断面锈层分析等方法研究了稀土对 10PCuRE 系耐候钢耐蚀性能的影响。

在低硫组试样中选取有代表性的 2 号、4 号、6 号、7 号进行周期分别为 72h、168h、240h 的周浸试验，以得到不同时期的带锈样，并采用普碳钢 Q235 作为对比样。采用失重法测得其腐蚀率的结果见图 3-81。由图 3-81 结果中看出，在腐蚀 72h 之前耐候钢和普碳钢均达到最大腐蚀率，而后随着腐蚀时间的延长，各个试样的腐蚀率均有所降低。且各个周期的 10PCuRE 钢均比 Q235 钢耐蚀能力强，尤其到后期，试验稀土耐候钢的腐蚀率依然下降很快，而普碳钢的腐蚀率下降趋于缓慢，说明 10PCuRE 钢更容易生成稳定的锈层，而且锈层的保护作用更加明显。对比不同稀土含量试验耐候钢的腐蚀率得出，6 号（0.0089%）在各个腐蚀阶段的腐蚀率均较低，4 号（RE 含量为 0.016%）在腐蚀初期的腐蚀率低于 2 号（RE 含量为 0.012%），但随着腐蚀的进行，

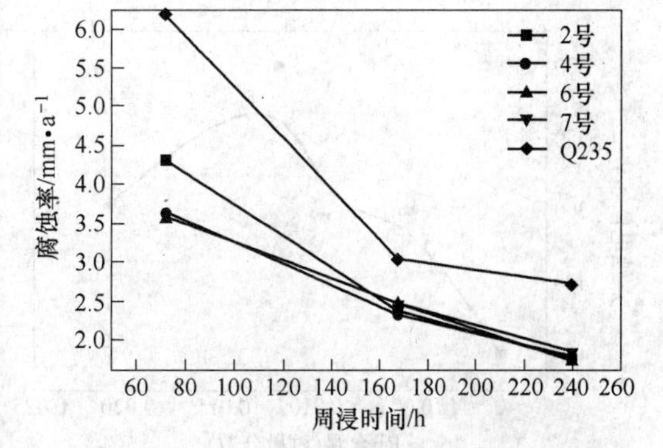

图 3-81 10PCuRE 耐候钢低硫组试样（S 含量为 0.004% ~0.0045%）及 Q235 腐蚀率与周浸时间的关系[150]

在后期反倒高于 2 号。稀土含量最低的 7 号（RE 含量为 0.0065%）在各个阶段的腐蚀率都处于较高的水平。耐候钢耐蚀锈层的生成是一个长期的过程，考察耐候钢的耐蚀能力除了要看稳定锈层的保护作用外，还要考察耐蚀锈层的生成速度，2 号的腐蚀率下降的最快，说明此钢样最先生成稳定的保护性锈层，锈层稳定化速度最快，从而耐蚀性最好。

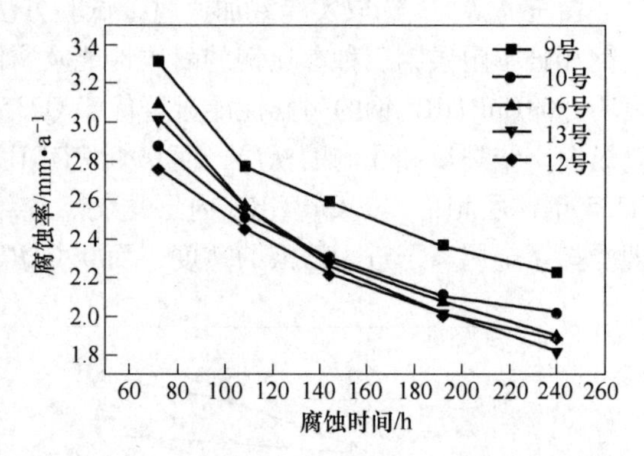

图 3-82　10PCuRE 耐候钢中硫组试样（S 含量为 0.007% ~0.0085%）腐蚀率与腐蚀时间的关系[150]

选取中硫组试样中的 9 号、10 号、12 号、13 号、16 号做周期分别为 72h、108h、144h、192h、240h 的周浸试验。对周浸后的试样去除腐蚀产物测得失重率的结果见图 3-82。从图 3-82 的年腐蚀率结果看出，稀土耐候钢的腐蚀率均小于未加稀土的耐候钢试样的腐蚀率，稀土提高了耐候钢的耐腐蚀性。并且不同稀土含量的 10PCuRE 钢的耐蚀性也不尽相同，细致分析发现，腐蚀 144h 前各个试样耐蚀性的顺序为 16 号(0.0095%) < 13 号(0.012%) < 10 号(0.005%) < 12 号(0.021%)，144h 后耐蚀性的顺序变为 10 号 < 16 号 < 12 号 < 13 号。耐候钢有良好的耐大气腐蚀性，主要的原因就是在耐候钢表面生成了一层致密稳定的锈层，阻碍腐蚀介质对基体的腐蚀。稳定锈层的生成是一个长期的过程，腐蚀初期和腐蚀后期的耐蚀性规律不尽相同，初期耐蚀性好的试样到了后期并不一定最耐蚀。例如 10 号，在腐蚀初期的腐蚀率低于 13 号，在继续腐蚀的过程中 13 号的腐蚀速率迅速下降，240h 以后成为腐蚀量最小即腐蚀率最低的试样，而 10 号的腐蚀率最高。充分说明在腐蚀过程中锈层是逐渐生成、且逐步趋于稳定致密化的。稀土含量（质量分数）为 0.012% 的 13 号初期的腐蚀率大，原因是稳定的锈层尚未生成，基体发生全面溶解导致大的腐蚀量。10 号由于基体没有发生全面腐蚀，表现出初期腐蚀量很小即计算的腐蚀率低，但是这样不利于稳定锈层的生成，所以后期腐蚀量继续增加，腐蚀率下降。

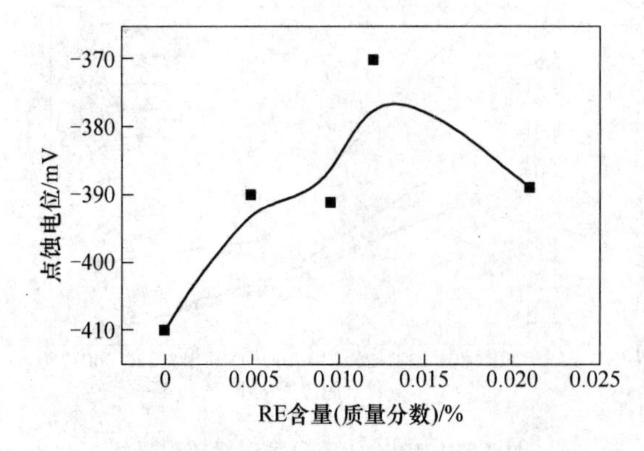

图 3-83　稀土对 10PCuRE 耐候钢点蚀电位的影响[150]（3% NaCl 溶液中）

图 3-83 示出了未加稀土的 9 号试样与具有不同稀土含量的试验稀土耐候钢试样的点蚀电位的差别。从结果看出，稀土显著提高了钢的点蚀电位，稀土含量为 0.012%（质量分数）的 13 号试样比不加稀土的 9 号试样的点蚀电位提高 40mV。稀土的加入抑制了点蚀的发生，提高了钢的耐点蚀能力。

实验发现稀土耐候钢，加入适当的稀土后夹杂可全部变性为分布均匀的小球状夹杂 RE_2O_2S，避免了未加稀土前的长条片状硫化物和链状三氧化二铝和变形硅酸盐的不利作用。耐候钢中加入适量稀土后，夹杂全部变性为细小弥散分布的 RE_2O_2S。稀土夹杂不易溶解，抑制了 S 对基体的腐蚀作用。同时稀土夹杂导电能力差，尽管其电极电位较正，却难以发挥其阴极作用，减弱了微区域电化学腐蚀，对基体的腐蚀促进作用差，提高了钢的抗点蚀能力。稀土夹杂与铁基体的热膨胀系数非常接近在钢的冷却加热和加工过程中，不易造成夹杂物与周围基体不连接，形成缝隙引起腐蚀。夹杂物的形态、尺寸、分布也对钢基体的耐蚀性起很大作用。细小球状的稀土夹杂与钢基体的相界面积远远小于长条片状硫化锰的，进入活化状态的铁基体也相应减少，活化面积减少，对阳极极化过电位降低的影响也远没有硫化锰夹杂的明显，因而减弱了微区腐蚀。稀土夹杂分散分布则相互之间没有联系，不会使基体腐蚀形成空间的连接。相反对于未变性的长条片状硫化锰夹杂，由于其薄片形状，在空间延伸较长，与基体的相界面积大，再加上相互间距很小，或是在空间上有联系，沿着露头硫化锰的溶解会迅速传递到另一片硫化锰。细小的分散分布的稀土氧硫化物夹杂减弱了微区域电化学腐蚀、抑制了点腐蚀的发生。

岳丽杰等[150]的研究分析指出，稀土对耐候钢耐腐蚀性的改善体现在两个方面上：一方面是对钢基体的改善作用；另一方面是对表面锈层的改善作用。基体表面生成保护性的锈层是耐候钢抵抗外界腐蚀的重要保证，故稀土对锈层的改善占主要方面。下面分别对其总结如下：

（1）稀土对基体的改善作用。在腐蚀过程中，钢中的夹杂物与钢基体会形成微电池，造成微区域电化学腐蚀。耐候钢加入稀土后，钢中的长条硫化锰基本消失，夹杂物全部变性为球状弥散分布的细小稀土氧硫化物。夹杂物性质形态发生改变，钢基体内微区域电化学腐蚀也随之发生变化，球状稀土氧硫化物的耐点蚀性好于长条硫化锰，从而钢中加入稀土后减弱了微区域电化学腐蚀，提高了钢基体的电极电位，有利于改善钢的耐腐蚀性。同时弥散分布的细小夹杂有利于促进钢表面发生全面均匀腐蚀，可以作为腐蚀反应的活化点，对后期生成连续均匀致密的锈层是有利的。另一方面，加入稀土使得钢组织细化也是钢耐蚀性提高的一个原因。因为均匀细小的组织使得表面生成的锈蚀相晶粒细小，因而减少了离子通道和阳极面积，可有效地阻止腐蚀介质与钢基体接触。生成的细小球状夹杂还可以增强锈层与基体之间的钉扎效应，使得锈层与基体结合牢固，加强对基体的保护作用。

（2）稀土对锈层的改善作用。在腐蚀初期，稀土对耐候钢的锈层改善作用不甚明显，原因是钢表面还没有生成完全的外锈层。在锈层逐渐生成转变的过程中，稀土起到了以下作用：

1）RE 促进了合金元素 Cu 在锈层中的富集，当钢表面覆盖上一层完全的锈层后，由于合金元素在钢基体和锈层中溶解度的不同，合金元素开始发挥作用。合金元素在锈层中逐渐富集，一方面在裂纹孔洞缺陷处析出，加速了缺陷的愈合，阻塞了腐蚀介质与基体之间的通道，使基体溶解速度降低，为稳定锈蚀相的生成提供了条件。另一方面锈层中的合金元素离子可以作为锈蚀相晶粒的结晶核心，使铁锈粒子细微生长，促进锈层的致密化。稀土促进了这些合金元素在锈层中的富集，因而有利于保护性内锈层的生成。从而达到了改善钢耐蚀性能的作用。

2）稀土显著地促进了不稳定的锈蚀相 γ-FeOOH 向稳定的产物 α-FeOOH 的转变，从而加速了钢表面生成致密稳定的耐蚀锈层。

3）由于稀土与硫有较强的亲和力，稀土抑制了腐蚀性元素硫在锈层的偏聚，从而改善了锈层生成的外界环境，有利于保护锈层的快速生成。

通过上述三方面作用，加入稀土后使得耐候钢腐蚀一段时间后在钢表面迅速生成一层致密连续粘附性好的稳定耐蚀锈层，有效提高了钢的耐腐蚀性。

3.5.1.4　稀土对高强耐候钢耐大气腐蚀性的影响

林勤等[151]研究了稀土对高强耐候钢耐大气腐蚀性的影响。

表3-90列出各试样不同周浸时间下的平均腐蚀速率。其中，钢中稀土固溶量最高的3号样腐蚀率最低，其次是1号样。在高强耐大气腐蚀钢中，不是稀土加的越多越好，只有固溶稀土含量高的钢样，有低的腐蚀速率，即耐蚀性好。这与锈层宏观观察结果一致。

表3-90　高强耐大气腐蚀钢不同周浸时间下各试样的腐蚀速率[151]

样　号	$RE_{固溶量}$/%	腐蚀率/g·$(m^2 \cdot h)^{-1}$			
		72h	168h	240h	480h
7号	0.0012	2.018	1.662	1.917	1.069
5号	0.0015	1.591	1.343	2.090	1.165
1号	0.0019	1.435	1.033	1.996	0.924
3号	0.0032	1.259	1.210	1.681	0.908

林勤等[151]的研究发现：稀土净化钢质，变质夹杂，减少点蚀和晶间腐蚀。钢中固溶稀土提高钢基体的极化电阻和自腐蚀电位，有利于提高钢基体的耐蚀性，见图3-84。钢中固溶稀土促进锈层不稳定的γ-FeOOH相向稳定的α-FeOOH相转变，改变锈层的组织结构，形成粘附性好、致密耐蚀性好的锈层，提高了高强耐候钢的耐蚀性。

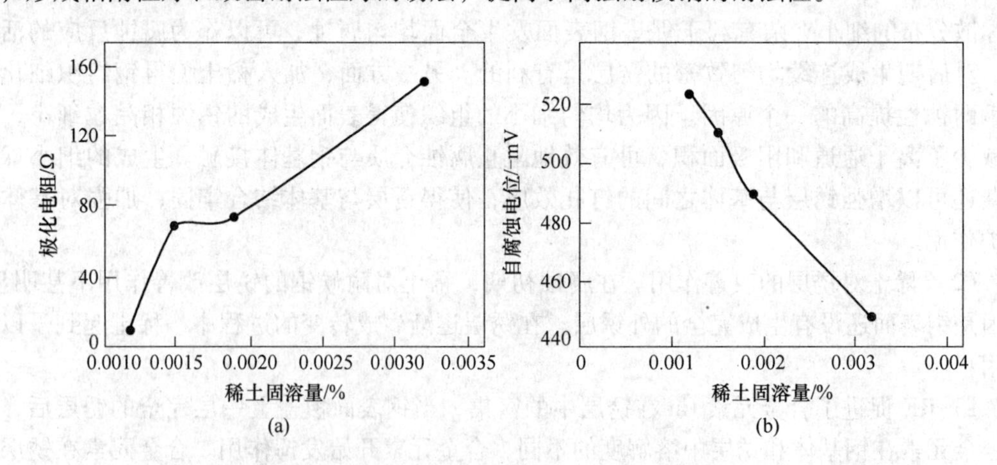

图3-84　稀土固溶量与基体极化电阻（a）和基体自腐蚀电位（b）的关系

3.5.1.5　稀土对碳锰洁净钢耐候性能的影响

钢的洁净化是当今钢铁工业发展的重要趋势，洁净钢中夹杂物的数量和尺寸都得到了有效的控制，杂质元素，特别是硫、氧、磷等对钢性能有严重影响的元素含量也降到了非常低的程度。在这种情况下，稀土能否继续改善钢的腐蚀性能，郭锋等[152]通过在碳锰洁净钢中加入镧和铈，用电化学方法测定了腐蚀电流和点蚀特征电位，研究了稀土对碳锰洁净钢耐腐蚀性能的影响。

由图3-85的结果看出，在实验所涉及的稀土含量范围内，无论镧还是铈，都有降低腐蚀电流的作用。也就是说钢中加入稀土后，其均匀腐蚀速度都有所降低。但是，就实验所得结果来看，镧和铈使腐蚀电流降低的程度和趋势是不同的。对铈而言，随着其在材料中含量的增加，腐蚀电流首先快速下降，当含量达到大约0.014%后腐蚀电流的变化趋于平缓，但基本上保持了缓慢下降的趋势；而镧只在较低含量时导致腐蚀电流降低明显，随后当含量增加时腐蚀电流开始上升，最小腐蚀电流出现在0.011%含量附近。

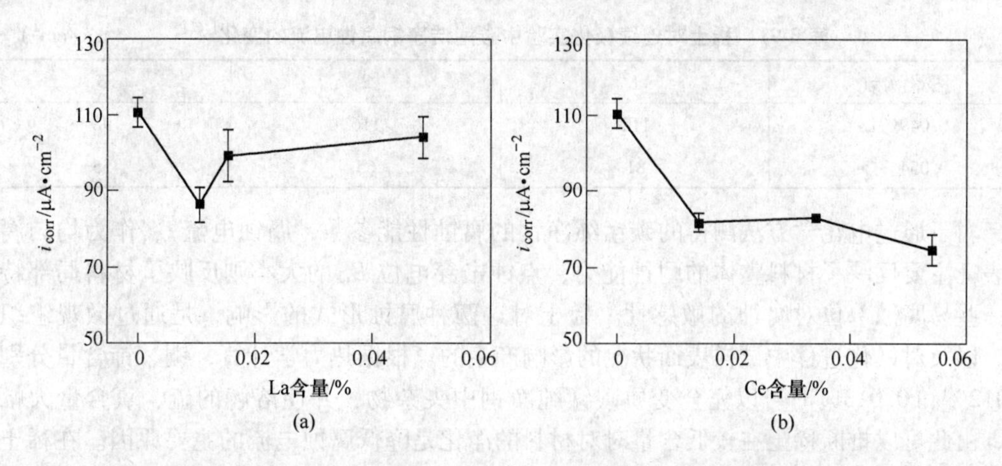

图3-85　稀土镧（a）和铈（b）含量对碳锰洁净钢腐蚀电流的影响[152]

点蚀击穿电位的测试是在试样经800号砂纸研磨，并对表面清洗后立刻进行的。击穿电位E_{b100}随稀土含量的变化见图3-86。E_{b100}数据为3次测定的平均值。根据图3-86所示的测定结果，镧和铈均在较低含量时使击穿电位向正电位方向移动，最大幅度的电位移动出现在镧含量0.011%，铈含量0.014%附近，而且铈的作用比镧要强。当含量超过该值后，稀土正移击穿电位的作用减弱，甚至于使击穿电位向相反方向变化。实验的结果表明，即使对于夹杂物数量和杂质元素含量都非常低的碳锰纯净钢，稀土对腐蚀性能的影响仍然存在。而且，从均匀腐蚀和点蚀这两种最常见的腐蚀性能的变化来看，稀土存在一个适宜的

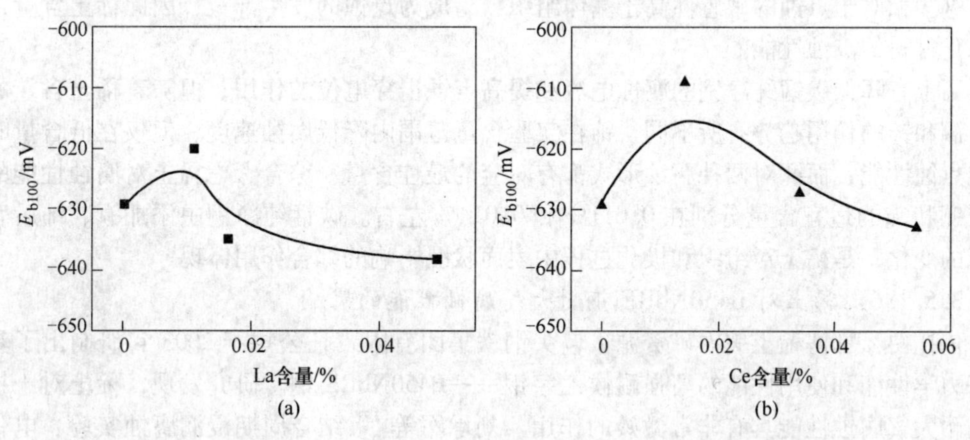

图3-86　稀土镧（a）和铈（b）对碳锰洁净钢点蚀击穿电位的影响[152]

含量范围，在本实验中，镧、铈的含量分别在 0.011% 和在 0.014% 左右时有较好的综合腐蚀性能。

碳锰洁净钢加入稀土后腐蚀性能的变化，除了稀土影响微观组织这个基本原因外，稀土对极化过程中试样表面状况的影响同样是一个重要的因素。

在极化曲线的弱极化区取值计算 3 次极化对应的腐蚀电流，结果见表 3-91。添加铈的试样在连续 3 次极化中不但腐蚀电流的变化明显，而且随极化次数的增加腐蚀电流逐步减小，这表明铈在极化过程中通过某种机制提高了试样的抗腐蚀能力，而添加镧的试样在连续 3 次极化中腐蚀电流的变化不大，而且数值变化不规律。

表 3-91 稀土对连续极化实验中碳锰洁净钢腐蚀电流的变化[152] （$\mu A/cm^2$）

极化次数	1	2	3
0.049% La	112	116	98
0.054% Ce	81	65	55

对于通过电化学方法测得的碳锰纯净钢的腐蚀性能参数，腐蚀电流 i_{corr} 作为均匀腐蚀的表征主要反映了材料整体的耐蚀能力，点蚀击穿电位 E_b 的大小则反映了材料局部特别是一些易腐蚀部位对腐蚀的敏感性。稀土对这两种腐蚀形式的影响，是通过微观组织变化，以及对极化过程中试样表面状况的影响产生的。根据热力学计算，镧、铈含量分别为 0.012% 和 0.013% 时可以完全变质碳锰纯净钢中夹杂物，并使溶解的硫、氧含量大幅降低，由此可以推断稀土在较低含量时对材料的净化是降低腐蚀电流的主要原因。在稀土含量较高时，它将出现晶界偏聚、铁镧共晶相或铁铈金属间化合物等存在形式，这些对碳锰纯净钢的腐蚀性能不利的因素和稀土在极化过程中对表面状况的影响综合作用，导致镧、铈含量增加时，腐蚀电流的变化趋势不同。对于局部腐蚀性能的改善，减少或弱化点蚀敏感部位是一条重要的途径，稀土能将容易腐蚀的硫化物夹杂物转化为耐蚀性能相对好一些的稀土硫氧化物，降低了点蚀部位的敏感程度；稀土在晶界偏聚所产生的阻止磷和其他低熔点元素在晶界富集的作用，净化了晶界，减少了点蚀发生的可能。但是稀土对点蚀所起的作用同样存在含量限度，由于稀土在钢中的固溶量非常小，在低硫 16Mn 钢中认为不超过 0.011%，过量的镧会形成铁镧共晶相，而铈达到一定的含量可以生成铁-铈金属间化合物，这些相对于点蚀的敏感性高于基体组织，易成为点蚀的发生部位，因此稀土含量过高将恶化材料的点蚀性能。

稀土有降低碳锰纯净钢的腐蚀电流和提高点蚀击穿电位的作用，但随着稀土含量的变化，镧和铈的作用趋势有所不同。铈在实验含量范围内降低腐蚀速度，但仅在低含量时改善抗点蚀性能，而镧对两种腐蚀形式都有对应的最佳含量。综合考虑稀土对腐蚀性能的影响，镧和铈的适宜含量分别在 0.011% 和 0.014% 左右。碳锰纯净钢中添加镧、铈后腐蚀性能的变化，是稀土对组织和极化过程中表面状况影响的综合作用体现。

3.5.1.6 稀土对 B450NbRE 钢耐大气腐蚀性能的影响

依托白云鄂博稀土铌铁矿资源，包头钢铁集团有限责任公司于 2003 年研制出了具有良好力学性能和使用性能的高强耐候乙字钢——B450NbRE 钢。研究发现，稀土对于提高钢的耐大气腐蚀性能具有非常微妙的作用。刘承军等[153]结合周期浸润腐蚀实验、电化学实验和 X 衍射分析，研究了稀土对于 B450NbRE 钢耐大气腐蚀性能的影响。

从图3-87可以看出，随着稀土含量的增加，B450NbRE钢的极化曲线出现向左上方移动的变化规律，自腐蚀电流有所减小，自腐蚀电压有所增大，这表明稀土具有改善B450NbRE钢耐大气腐蚀性能的作用；当稀土含量达到0.0075%时，随着稀土含量的继续增加，B450NbRE钢的极化曲线出现向右下方移动的变化规律，自腐蚀电流有所增大，自腐蚀电压有所减小，这表明过量的稀土对于B450NbRE钢的耐大气腐蚀性能有不利的影响作用。

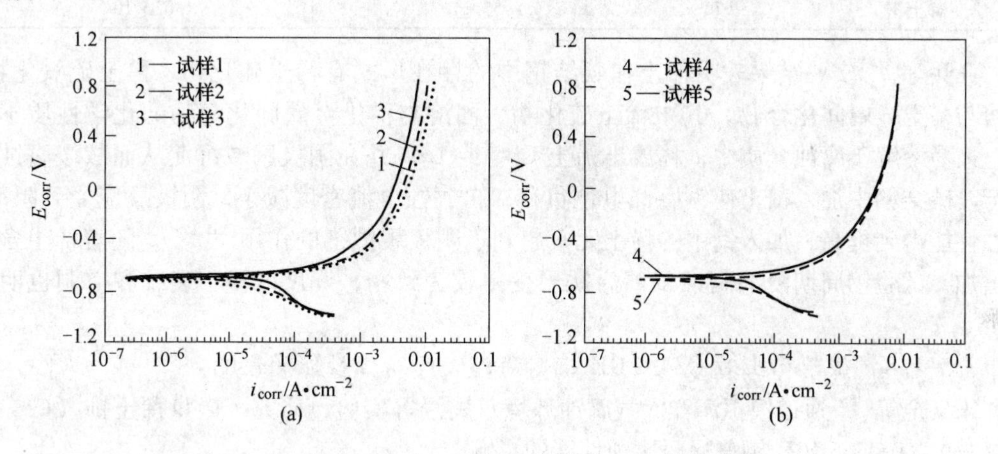

图3-87　不同稀土含量条件下B450NbRE钢的极化曲线[153]
（a）稀土含量<0.0075%；（b）稀土含量>0.0075%

研究结果表明：（1）微量的稀土具有改善B450NbRE钢耐大气腐蚀性能的作用。当稀土含量为0.0048%~0.0075%时，B450NbRE钢的耐大气腐蚀性能较为良好。（2）随着稀土含量的增加，极化曲线呈现出先向作上方移动而后又向右下方移动的变化规律，同时交流阻抗图谱中高频容抗弧呈现出先逐渐增大而后开始减小的变化规律。

3.5.1.7　稀土（Ce/La）对碳素钢耐海洋性大气腐蚀的影响

汪兵等[154]使用极化曲线、交流阻抗测试、锈层微观分析等方法研究了Ce/La混合稀土对碳素结构钢耐海洋性大气腐蚀性能的影响。结果表明：在中性氯化钠溶液中，钢中加入稀土后自腐蚀电位负移，阴极反应受到阻碍；随着稀土含量的增加，试验钢的锈层变得较为致密，厚度减薄，裂纹和空洞也明显减少，锈层中的电荷传递电阻呈上升趋势，而锈层电阻成下降趋势，提出了稀土对碳结钢的缓蚀机理。

2号稀土钢中稀土的存在形式及稀土在各相中的含量（质量分数）分别为：稀土硫化物0.027%；稀土氧化物小于0.0005%；稀土硫氧化物0.031%；固溶稀土与稀土金属间化合物0.062%。图3-88为2号稀土钢及碳结钢在0.1mol/L NaCl溶液中的极化曲线。表3-92为极化曲线拟合后的电化学参数。与碳结钢相

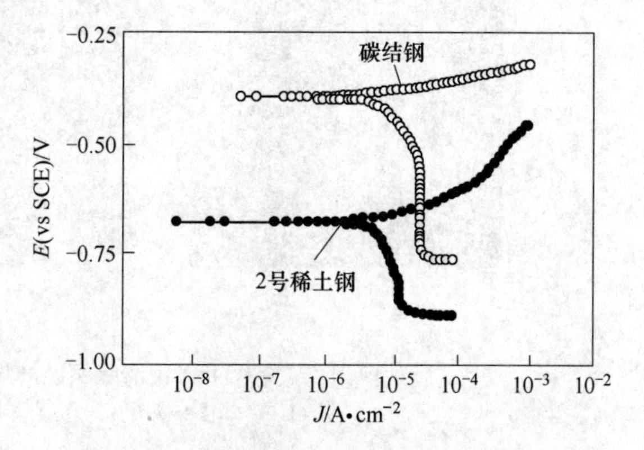

图3-88　2号稀土钢及碳结构在0.1mol/L NaCl溶液中的极化曲线

比，稀土钢的腐蚀电位负移，自腐蚀电流密度减小，在相同的过电位情况下，稀土钢的电流密度比碳结钢的要小，说明稀土钢的阴极反应受到了阻碍。

表 3-92 试验钢在 0.1 mol/L NaCl 溶液中极化曲线的电化学参数

试验钢	$E_{腐蚀}$/mV	J_{corr}/A · cm^{-2}	J(−100mV 处)/A · cm^{-2}
碳结钢	−394	9.88×10^{-6}	1.82×10^{-5}
2 号稀土钢	−676	8.53×10^{-6}	1.02×10^{-5}

汪兵等[154]实验结果表明稀土在碳结钢中的存在形式有稀土硫化物，稀土硫氧化物、固溶与稀土金属间化合物，其中稀土硫化物、固溶与稀土金属间化合物的化学性质不稳定，极易溶解于腐蚀介质中，释放出稀土 Ce^{3+} 或 La^{3+} 并在阴极区域沉淀从而减缓腐蚀的进行。碳结钢中加入稀土使钢腐蚀电位负移，自腐蚀电流密度减小，阴极反应受到阻碍，耐蚀性能得到提高，加入钢中的稀土元素起到了阴极缓蚀剂的作用[155,156]。随着稀土含量的增加，试验钢周期浸润腐蚀试验后锈层变得较为致密，厚度减薄，裂纹和空洞也明显减少。

3.5.1.8 微量稀土对 Q345BRE 钢耐海洋大气腐蚀性能的影响

宋义全等[158]通过模拟海洋大气腐蚀环境及周浸等实验，研究了微量稀土铈（Ce）和镧（La）对 Q345BRE 钢普通耐腐蚀性能的影响。

图 3-89 为实验钢清除腐蚀产物后表面微观腐蚀形貌图。从图中可以看出，1 号钢和 2 号钢部分区域存在点蚀现象。其中 1 号钢的表面的点蚀坑比 2 号钢的表面的点蚀坑深，数目也多。从微观形貌可以得知，1 号钢比 2 号钢的点蚀现象严重，说明添加微量混合稀土 Ce、La 后，提高了 Q345B 钢在海洋大气下的抗点蚀的能力。失重挂片除锈后称重，利用失重法计算的实验钢的腐蚀速率如图 3-90 所示。1 号钢与 2 号钢的腐蚀速率规律相似，均随着腐蚀时间的延长而减小；在实验周期的各个阶段，2 号钢比 1 号钢的腐蚀速率低。

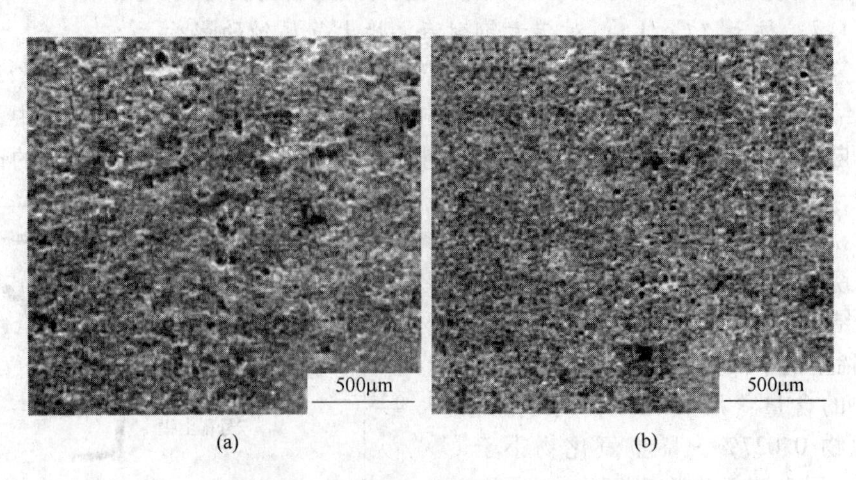

图 3-89 实验 Q345B 钢清除腐蚀产物后表面微观腐蚀形貌图[158]
(a) 1 号（RE 含量为0）；(b) 2 号（RE 含量为 0.009%）

低合金的点蚀诱发源主要是钢中的夹杂物，尤其是硫化物夹杂。钢中夹杂物稳定性依次为：$MnS < (RE)_xS_y < (RE)_2O_2S < (RE)_xO_y$。进一步研究表明，钢中夹杂物诱发点蚀是

在一定电位下进行的。不同类型、形态的夹杂物诱发点蚀的电位是不一样的，长条状夹杂物的诱发点蚀能力要大于短条状、球状夹杂物；且夹杂物的数量越多，诱发点蚀的可能性就越大。改变钢中硫化物的形态和分布，则能影响低合金钢的抗点蚀能力。混合稀土 Ce、La 添加到 Q345B 钢后，夹杂物的性质和形态均发生了变化。试验钢中的夹杂物由长条状的硫化锰变为球状或块状的稀土夹杂物。这就减少了硫化物点蚀源的存在，减小了含稀土试验钢的点蚀倾向。研究表明硫化锰夹杂物的导电性良好，而稀土夹杂物导电能力差；硫化锰夹杂物和稀土夹杂物电极电位比铁基体高，在试样的微区腐蚀过程中起着阴极的作用。在点蚀孕育期，少量的铁溶解到电解液中形成 Fe^{2+}。Fe^{2+} 发生水解酸化，使硫化锰夹杂物发生溶解，溶解出的 S^{2-} 和 HS^- 是点蚀的催化剂。S^{2-} 和 HS^- 在硫化锰周边钝化膜破坏与修复的竞争过程中加剧了钝化膜的破坏，从而使新裸露出的钢基体腐蚀加速；并且 S^{2-} 和 HS^- 可使 Fe 活化，降低其极化的过电位。因此，硫化锰夹杂物既是发生点蚀的根源，也加速了其周围的钢基体的腐蚀。同样稀土硫化物可以也被水分解，释放出 H_2S。Fe^{2+} 的水解酸化使稀土夹杂物发生溶解。由于三价稀土氧化物都呈碱性，铈族元素的氧化物碱性特别强，稀土硫氧化合物溶解后使得微区溶液的 pH 值升高。电解液的 pH 值升高使得 Fe 腐蚀电位升高。同时水解出的 Ce^{3+}、La^{3+} 与阴极的 OH^- 结合，在阴极极化区域沉淀，起到沉淀膜型缓蚀剂的作用。因此，稀土夹杂物周边钢基体的腐蚀速度较硫化锰夹杂物周边钢基体腐蚀速度慢。

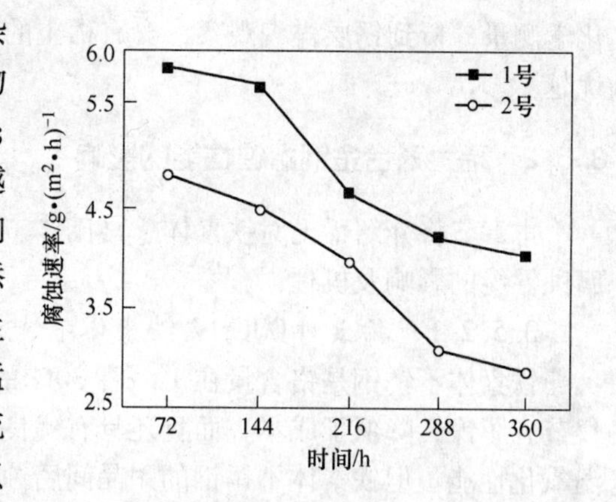

图 3-90 稀土对 Q345BRE 实验钢腐蚀速率的影响[158]

选择浸泡腐蚀 288h 实验钢锈层的极化曲线进行对比分析，如图 3-91 所示，随着稀土含量的增加，实验钢的腐蚀电位逐渐正移。实验钢的极化曲线的轮廓相似，说明两种钢在腐蚀过程中，腐蚀控制类型和控制步骤相同，但控制的程度不同；根据腐蚀极化的模型图可以判断出实验钢在模拟海水浸泡腐蚀 480h 的控制类型为阴极控制。对极化曲线进行线性拟合，得出 2 号钢的 Tafel 斜率大于 1 号钢，验证了 2 号钢在该段时间下的腐蚀性能比 1 号钢优良。

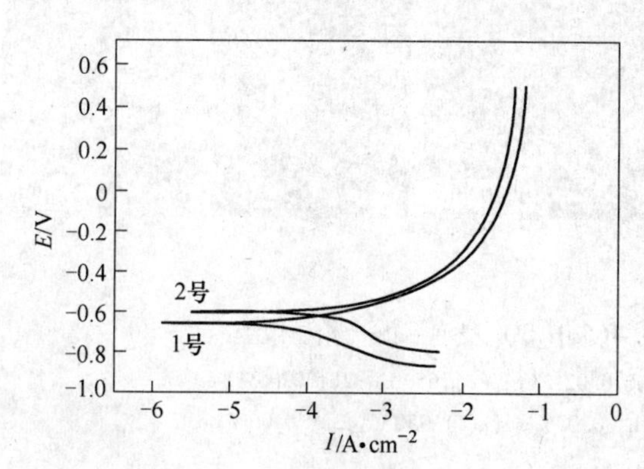

图 3-91 稀土对浸泡腐蚀 288h 后 Q345BRE 实验钢锈层极化曲线的影响[158]

通过在模拟海洋大气加速腐蚀环境下试验研究结果表明 Q345B 钢的表面被锈层覆盖，但锈层存在着严重脱落现象，部分区域裸露出基体，而加稀土的 Q345BRE 钢锈层完全覆盖，锈层脱落相对较少。Q345B 钢和 Q345BRE 钢表面均发生了点蚀，但比较而言，Q345B 钢的点蚀坑的密度大于 Q345BRE 钢，且 Q345B 钢的点蚀的孔径和深度均大于 Q345BRE 钢。从失重测量、电化学测量分析到锈层样貌观察，含有稀土的 Q345BRE 的腐蚀速率比 Q345B 钢小，耐蚀性优越。

3.5.2　稀土对合金钢耐蚀性能的影响

本章节将介绍稀土对铁素体、马氏体、铬锰氮、双相不锈钢在各种不同腐蚀介质中耐腐蚀性能的影响及机理[159~175]。

3.5.2.1　稀土对00Cr12铁素体不锈钢耐蚀性能的影响

铁素体不锈钢是铬含量在12%～30%的铁基合金。与铬-镍奥氏体不锈钢相比，它不仅节省了镍，降低了成本，而且还具有优良的耐氯化物应力腐蚀、耐海水局部腐蚀和抗高温氧化性能。但铁素体不锈钢的耐晶间腐蚀性能较差，且腐蚀敏感性与铬－镍奥氏体不锈钢也有很大不同，董方等[159]研究了稀土对铁素体不锈钢晶间腐蚀的影响。

图3-92为两种热处理制度下不同铈含量试样在 Cu-$CuSO_4$-16% H_2SO_4 浸泡后的金相显微组照片。从图3-92中可以看出950℃保温2h空冷处理的未添加铈的试样在晶界处有连续的沟状组织，这说明该试样发生了严重的晶间腐蚀；而经650℃保温2h空冷处理的未添加铈试样在晶界处有腐蚀沟，发生轻微晶间腐蚀。对比650℃保温2h试样金相图可以发现：晶间腐蚀随铈含量增加而减轻，但铈含量超过0.06%时试样腐蚀情况又开始恶化。1000℃保温2h试样规律与650℃保温2h试样一致。

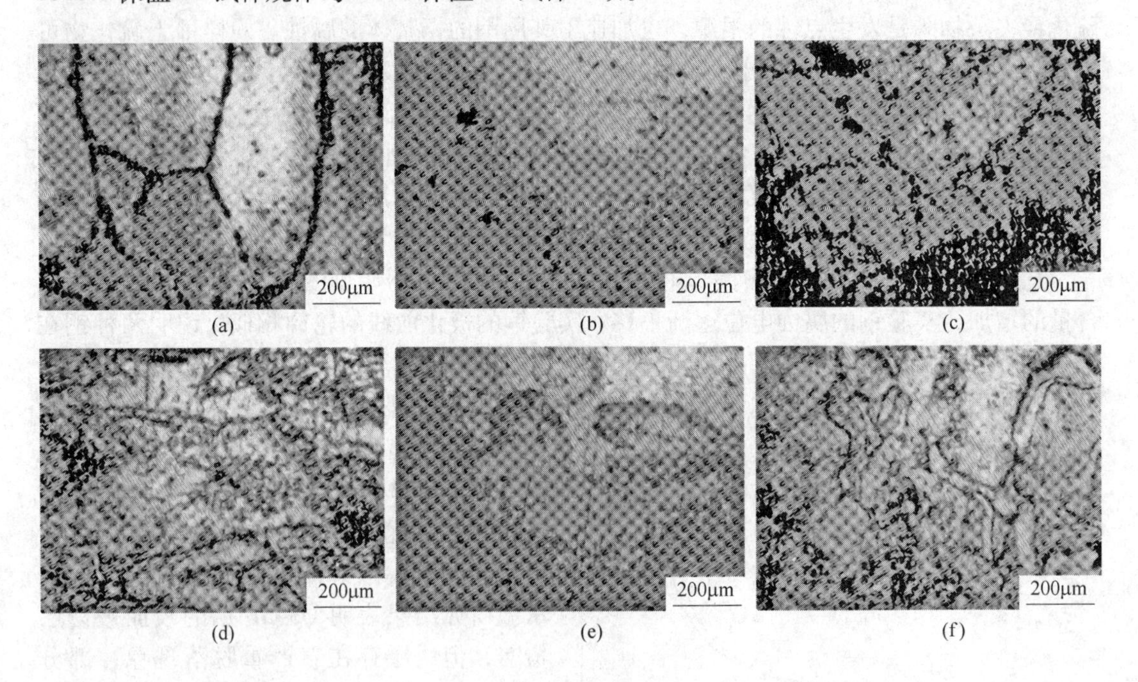

图3-92　不同铈含量试样在 Cu-$CuSO_4$-16% H_2SO_4 浸泡后的金相显微组照片

(a) 650℃，2h，0% Ce；(b) 650℃，2h，0.02% Ce；(c) 650℃，2h，0.06% Ce；
(d) 950℃，2h，0% Ce；(e) 950℃，2h，0.02% Ce；(f) 950℃，2h，0.06% Ce

图3-93为电化学阻抗测试试样后的金相组织。从中可以看出：经650℃保温2h处理试样均未发生晶间腐蚀，表明650℃试样未发生敏化。经950℃保温2h处理未添加稀土 Ce

试样晶界处出现腐蚀沟，Ce 添加量 0.01% 的试样晶界无腐蚀沟，Ce 添加量为 0.04% 试样晶界处有轻微腐蚀沟，但没有一个晶粒被腐蚀沟完全包围，Ce 添加量 0.06% 试样晶界腐蚀比 0.04% 的略微严重些。这说明添加铈 0.01% 时 00Cr12 抗晶间腐蚀能力最佳。

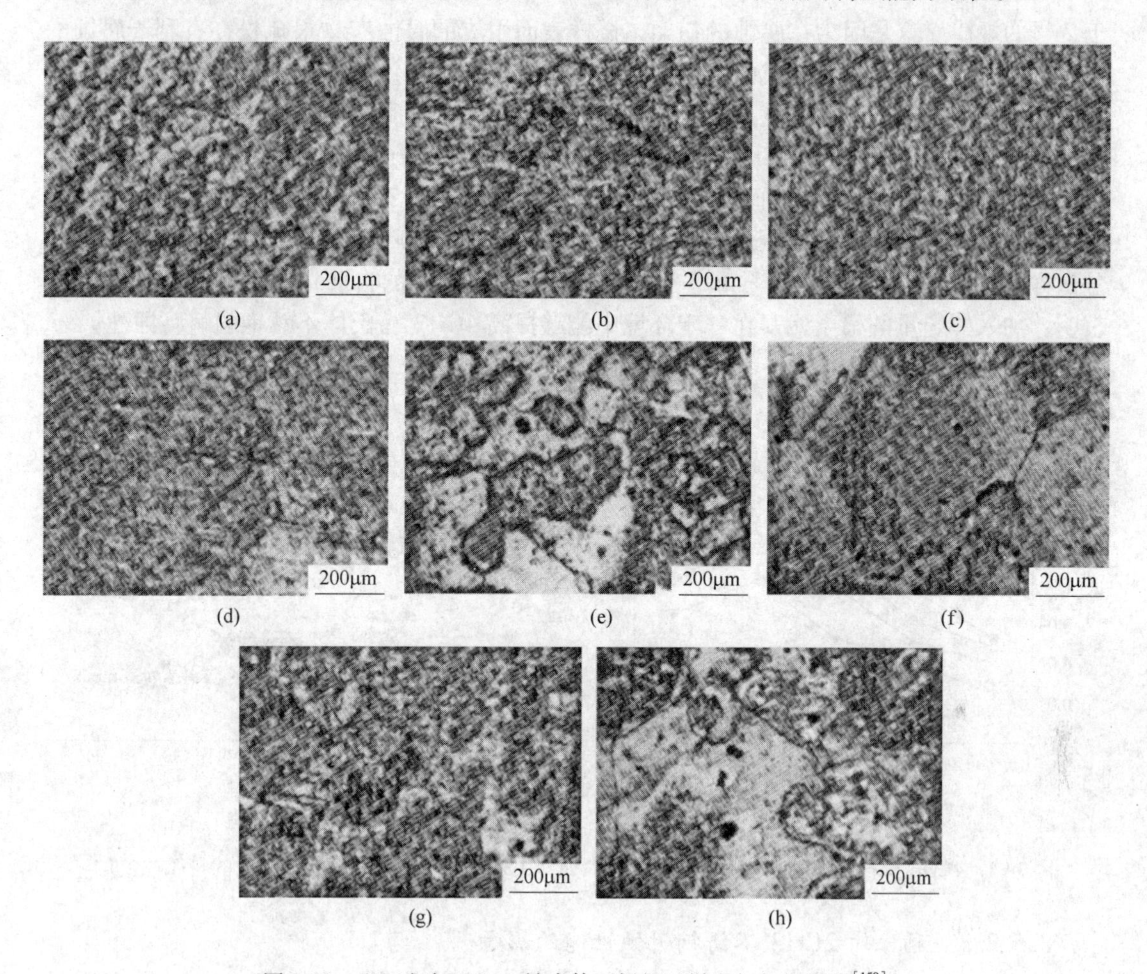

(a)　(b)　(c)　(d)　(e)　(f)　(g)　(h)

图 3-93　EIS 试验 00Cr12 铁素体不锈钢试样金相组织照片[159]

(a) 650℃，2h，0% Ce；(b) 650℃，2h，0.01% Ce；(c) 650℃，2h，0.04% Ce；(d) 650℃，2h，0.06% Ce；(e) 950℃，2h，0% Ce；(f) 950℃，2h，0.01% Ce；(g) 950℃，2h，0.04% Ce；(h) 950℃，2h，0.06% Ce

由试样晶间腐蚀的形貌（图 3-92、图 3-93）可知，不锈钢与腐蚀介质接触面可分为钝化界面和发生晶间腐蚀后露出的活化界面，并且晶界处会有腐蚀产物吸附[160]。

实验结果发现：00Cr12 铁素体不锈钢 950℃ 保温 2h 空冷试样发生敏化，650℃ 保温 2h 空冷试样没有发生敏化。在其他条件相同时，铈元素添加量越高晶间腐蚀倾向越低；晶间腐蚀也随 Ce 添加量增加先降低后加剧。

3.5.2.2　稀土 La 对 4Cr13 马氏体不锈钢耐蚀性能的影响

张慧敏等[84]研究了稀土元素 La 对热处理状态下的 4Cr13 不锈钢的耐腐蚀性的影响。

由图 3-94 所示的 4Cr13 试样的腐蚀率随时间的变化可以看出，4Cr13 试样在热处理后，1 号未加 La 试样的腐蚀率随时间的延长逐渐增大，这是因为，在浸泡初期，试样表面不稳定，有利于腐蚀的发生，所以腐蚀率很快增大；随着时间的延长，腐蚀率增大的幅度缩小。2号（La加入量0.05%，钢中La含量0.014%）试样的腐蚀率随时间的延长先增大，但是当达到第16天时，试样的腐蚀率随时间的延长又降低；3号（La加入量0.10%，钢中La含量0.016%）和4号（La加入量0.20%，钢中La含量0.023%）试样也有类似于2号的规律。这是因为在腐蚀的初期，试样表面生成的腐蚀产物很疏松，有利于腐蚀的发生；随着时间的推移，生成的腐蚀产物对试样起了保护作用，减缓了腐蚀的发生，降低了腐蚀率，但试样的腐蚀程度加剧，并且2号~4号试样的腐蚀率均比1号小。因此可以判断，稀土元素La可加快4Cr13不锈钢的钝化，减轻腐蚀的程度。在40天内连续监测的4Cr13试样的自腐蚀电位随时间的变化如图3-95所示。由图3-95可以看出，各个试样在浸泡初期自腐蚀电位均在大范围内波动，随着时间的延长逐渐趋于平稳，并且可以看出，4号试样的自腐蚀电位最高，2号和3号试样次之，1号试样的自腐蚀电位最低。研究结果表明：加入一定量的稀土元素在一定环境中能够提高4Cr13马氏体不锈钢的耐腐蚀性。

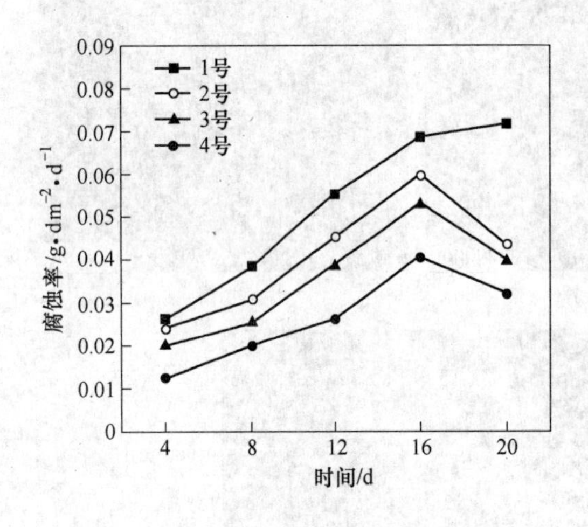

图3-94 4Cr13试样的腐蚀率变化[84]

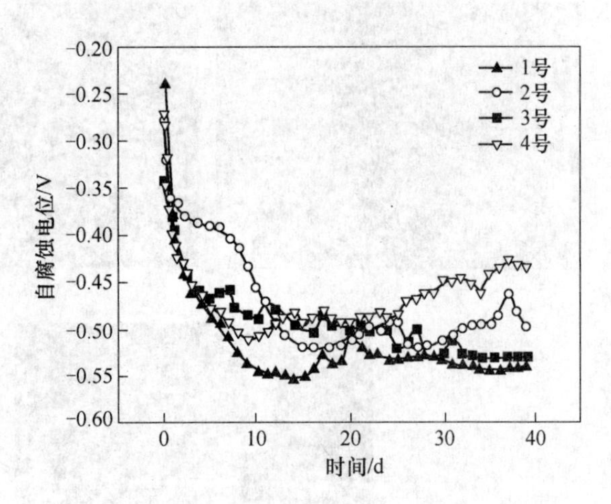

图3-95 4Cr13试样在40天内的自腐蚀电位[84]

3.5.2.3 稀土对2Cr13不锈钢耐蚀性能的影响

高学中等[161]研究了稀土对2Cr13不锈钢耐蚀性能的影响及机理。各试样在质量浓度为3.5%的NaCl溶液中连续浸泡60天后的自腐蚀电位和极化曲线分别见表3-93和图3-96。从表3-93和图3-96的电化学实验结果可以看出，随着稀土加入量的增加，钢样的自腐蚀电位逐渐升高，自腐蚀电流逐渐降低，说明稀土使2Cr13不锈钢的耐腐蚀性逐步提高。

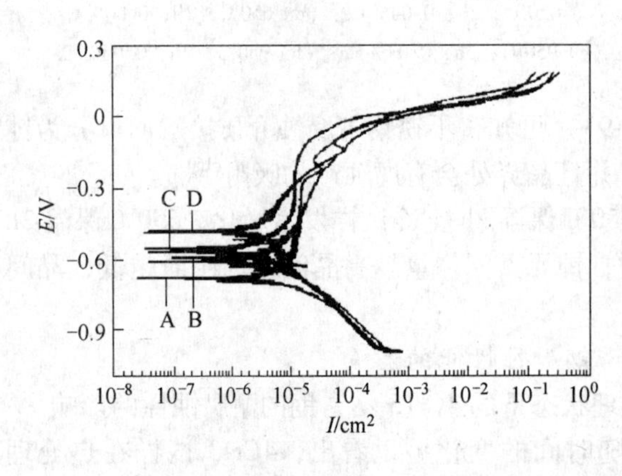

图3-96 稀土对2Cr13不锈试验钢样极化曲线的影响[161]

实验结果表明2Cr13不锈钢的耐腐蚀性能随稀土元素Ce加入量的增加而提高。2Cr13不锈钢加入稀土后，因为减少了夹杂物数量，从而减少了腐蚀源。钢中的FeS夹杂物电位为负，极易受到腐蚀，

2Cr13 不锈钢中加入稀土元素后，腐蚀率比较大的 FeS 夹杂被稀土置换为腐蚀率小的稀土硫化物或稀土硫氧化物夹杂，同时也降低了钢基内部的微区域电化学腐蚀，从而提高了不锈钢的耐腐蚀性能。

表 3-93　稀土对 2Cr13 不锈试验钢样的自腐蚀电位的影响[161]

样 品 号	Ce 的质量分数/%	自腐蚀电位/mV
A	0	-677.13
B	0.06	-579.04
C	0.08	-569.52
D	0.1	-471.61

3.5.2.4　稀土对 430 铁素体不锈钢耐蚀性能的影响

430 铁素体不锈钢成本低廉，抗氧化性好，同时具有比奥氏体不锈钢更好的耐氯化物和苛性碱等应力腐蚀性能，应用广泛。徐飙等[162]研究了稀土对 430 铁素体不锈钢耐蚀性能的影响及机理。

图 3-97 为所测 Nyquist 曲线图。2 号、3 号、7 号样品在较大频率范围内呈现扩散过程 Warburg 阻抗特征，4 号、5 号、6 号为单容抗弧特征，单容抗弧半径呈现 4 号>5 号>6 号的规律。试验的腐蚀过程可以用简单的 Randles 电路 R（Q（RW））来描述。

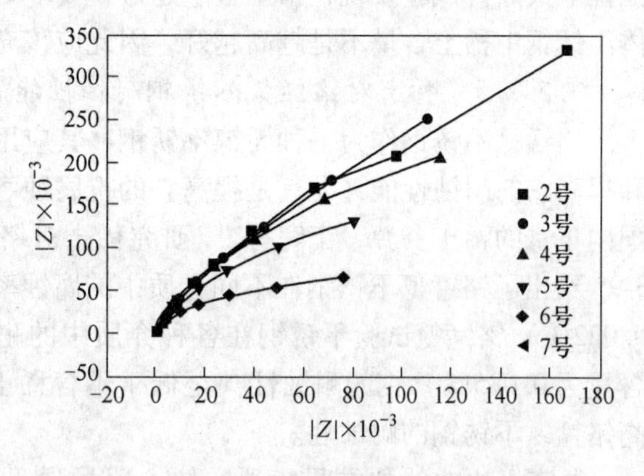

图 3-97　稀土对 430 铁素体不锈钢热轧试样在 3.5% 中性 NaCl 溶液中 EIS 图的影响[162]

表 3-94 给出用拟合程序对数据进行处理得到的有关腐蚀反应动力学的参数[160]。分析表 3-94 所列试验结果可以看出：430 铁素体不锈钢中加入稀土后，其 R_t 值均得到提高，2 号试样远高于其他样品，R_t 的大小顺序：2 号>3 号>4 号>7 号>5 号>6 号，其中 7 号与 5 号接近；R_t 值的变化规律从趋势上看，随稀土含量增加呈下降趋势。试验钢加入稀土后 Z_w 值全部大幅度下降，其中 2 号、3 号、7 号的 Z_w 值依次下降，4 号、5 号的 Z_w 值相近但几乎比 2 号、3 号、7 号增大了 3～4 倍。随着稀土含量的增加，弥散系数 nQ 逐步加大，只是在 3 号和 4 号之间由于两者数据相近出现了极微小的偏差。电化学阻抗谱（EIS 图）中的容抗弧是由钝化膜局部破损区域对交流正弦波的扰动形成的，而 Warburg 阻抗是由蚀孔内的扩散传质过程受阻而形成的。在试验钢表面覆盖有钝化膜的情况下，钝化膜对基体的保护能力是决定试验钢耐蚀性的主要因素。4 号、5 号、6 号样品中尽管蚀孔内元素扩散阻力很大，但它们各自钝化膜对电化学腐蚀电流的阻碍作用较弱，如此的电化学特征决定了它们的腐蚀形式以均匀腐蚀为主，6 号因其钝化膜对基体的保护能力最差，耐蚀性为所有样品中最劣。2 号、3 号、7 号样品的腐蚀过程受钝化膜性质和蚀孔内扩散传质共同影响，2 号由于钝化膜优异的保护能力弥补了点蚀倾向，3 号的电化学数据稍逊于 2 号，而 7 号蚀孔内对扩散传质的阻挡能力最低，但钝化膜对腐蚀电流的阻碍能力稍强于 5 号，将在强烈的点蚀和均匀腐蚀共同作用下发生腐蚀。

表 3-94　430 试验铁素体不锈钢 EIS 拟合结果[162]

样品号	RE 质量分数/%	$R_S/\Omega \cdot cm^2$	$Y_0 \times 10^5$	n	$R_t \times 10^{-5}/\Omega \cdot cm^2$	$Z_w \times 10^6/\Omega \cdot cm^2$
6	0	11.29	8.698	0.8702	1.596	2.523×10^{10}
2	0.037	11.21	2.613	0.8663	12.55	8.195
3	0.043	17.36	3.572	0.8772	10.91	7.232
4	0.067	15.93	4.021	0.8724	7.895	25.46
5	0.134	16.76	5.886	0.8877	3.990	21.3
7	0.137	22.04	2.264	0.9115	4.143	5.274

430 铁素体不锈钢中加入稀土后，钝化膜反应电阻 $R_t \times 10^{-5}/\Omega \cdot cm^2$ 大幅度提高由 1.596（RE 含量为 0）提高到 12.55（RE 含量为 0.037%），含稀土 0.037% 的 2 号试样耐蚀性能最好。试验发现，稀土含量超过 0.067%，钝化膜反应电阻 R_t 反而下降，430 铁素体不锈钢中稀土含量不是越高越好，因此应该充分注意此问题。

3.5.2.5　稀土对铬锰氮不锈钢耐蚀性能的影响

铬锰氮不锈钢作为一种无镍不锈钢，其应用研究早就引起了人们的注意。但如何改善和提高它的耐蚀性能，尤其是提高它的抗腐蚀磨损性能仍是研究的重要课题之一。立足于国内丰富的稀土资源，丁晖等[163]研究稀土对铬锰氮不锈钢的腐蚀磨损等性能的影响。表 3-95 给出了铬锰氮不锈钢在不同介质中的腐蚀率。可见，添加适量稀土的 A_1（RE 含量为 0.022%）铬锰氮试验不锈钢在各种介质中的耐蚀性均最优，而添加过量稀土的 A_4（RE 含量为 0.085%）钢的耐蚀性甚至低于不含稀土的 A_0 钢。可见，只有适量稀土有利于提高铬锰氮不锈钢的耐蚀性。

静态极化曲线的结果表明，加入适量稀土后合金的腐蚀电位由不含稀土的 A_0 钢的 -320mV 提高到 A_1 钢的 -290mV，表征钝态下腐蚀速度大小的维钝电流则相应地由 A_0 钢的 1.6mA 降低到 A_1 钢的 1.2mA（见表 3-95）。可见，加入适量稀土后，在静态下铬锰氮不锈钢的耐蚀性提高了。动态极化曲线上结果表明，随载荷增加试样腐蚀电位均不同程度地负移，这表明磨损使材料表面活性增加。在同一载荷（0.2kg）作用下，A_0 钢的维钝电流由 1.6mA 增至 3.6mA，增幅 ΔI_{pl} 达 2.0mA，而 A_1 钢则由 1.2mA 增至 2.8mA，增幅 ΔI_{pl} 为 1.6mA，前者的增幅大于后者。在 0.5kg 载荷下也呈现出类似的规律（见表 3-96）。这表明不加稀土时，磨损促进腐蚀较为强烈，而加入适量稀土后，磨损对腐蚀的促进相对缓和。

表 3-95　铬锰氮不锈钢在几种介质中的腐蚀速度[163]　(g/(m² · h))

介　质	A_0（RE 含量为 0）	A_1（RE 含量为 0.022%）	A_2（RE 含量为 0.042%）	A_3（RE 含量为 0.069%）	A_4（RE 含量为 0.085%）
5% H_2SO_4	0.004	0.002	0.003	0.005	0.006
40% H_3PO_4 + 800μg/g Cl^-	0.004	0.001	0.002	0.003	0.005
10% 草酸	0.006	0.004	0.005	0.006	0.007
20% 醋酸	0.004	0.002	0.003	0.003	0.005

表 3-96　铬锰氮不锈钢的腐蚀电位和维钝电流[163]

试　样	腐蚀电位/mV			维钝电流/mA				
	静态	动态		静态	动态			
	E_r	E_r (0.2kg)	E_r (0.5kg)	I_{p0}	I_{p1} (0.2kg)	$\Delta I_{p1} = I_{p1} - I_{p0}$	I_{p2} (0.5kg)	$I_{p2} = I_{p2} - I_{p0}$
A_0	-320	-370	-400	1.6	3.6	2.0	5.2	3.6
A_1	-290	-330	-360	1.2	2.8	1.6	4.4	3.2

图 3-98 是合金在 5% H_2SO_4 中的腐蚀磨损速度与稀土含量的关系。以含 0.022% RE 的 A_1 合金的腐蚀磨损速度最低，即耐腐蚀磨损性能最佳。稀土含量超过 0.070% 后（如 A_4 钢），其腐蚀磨损速度甚至高于不加稀土的 A_0 合金。可见，对于铬锰氮不锈钢的耐腐蚀磨损性能而言，稀土含量的最佳范围为 0.02% ~0.06%，这一结论与耐蚀性能试验结果恰巧吻合。

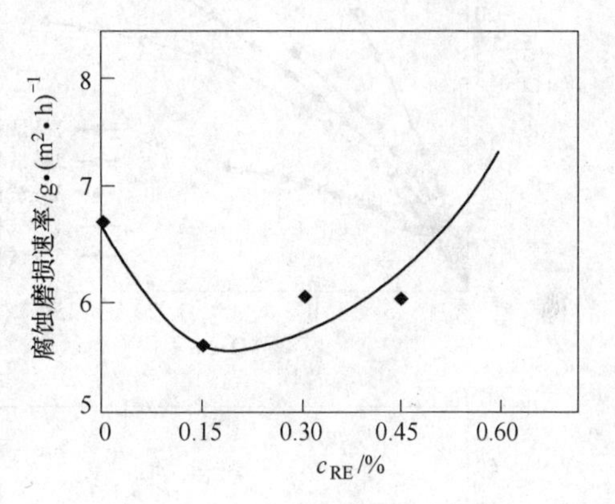

图 3-98　不同稀土含量对铬锰氮不锈钢试样腐蚀磨损性能的影响

表 3-97 给出了 A_0 和 A_1 合金在 5% H_2SO_4 中腐蚀磨损性能的详细测试结果，从中可明显看出，添加适量稀土的铬锰氮不锈钢（A_1）的纯腐蚀速度 v_{C0}、纯磨损速度 v_{W0}、腐蚀速度 v_C、磨损速度 v_W 以及腐蚀与磨损的交互作用 Δv_{CW} 均下降，进而获得了较低的腐蚀磨损速度 v。

表 3-97　铬锰氮不锈钢试样在 5%H_2SO_4 中腐蚀磨损测试结果　(g/(m^2·h))

试样	v	v_{C0}	v_{W0}	v_C	v_W	Δv_{CW}	Δv_C	Δv_W	$\frac{\Delta v_{CW}}{v}$/%	$\frac{\Delta v_C}{v}$/%	$\frac{\Delta v_W}{v}$/%
A_0	6.870	0.004	5.324	0.4186	6.4514	1.542	0.4146	1.1274	22.4	6.0	16.4
A_1	5.774	0.002	5.037	0.2861	5.4879	0.735	0.2841	0.4509	12.7	4.9	7.8

适量稀土的加入，可净化钢液，细化晶粒，因而提高了钢的抗磨性，纯磨损速度从 A_0 钢的 5.324g/(m^2·h)降至 A_1 钢的 5.037g/(m^2·h)。抗磨性的提高，势必降低腐蚀磨损过程中磨损对腐蚀的促进作用，使 $\Delta v_C/v$ 从 A_0 钢的6.0%降为 A_1 钢的4.9%。此外稀土的加入也显著提高了铬锰氮不锈钢的耐蚀性能。耐蚀性好，在腐蚀磨损过程中腐蚀对磨损的促进作用就小，例如 Δv_W 和 $\Delta v_W/v$ 分别从 A_0 钢的 1.1274g/(m^2·h)和 16.4%降为 A_1 钢的 0.4509g/(m^2·h)和 7.8%。因此，腐蚀促进磨损和磨损促进腐蚀的共同贡献，即腐蚀与磨损的交互作用 Δv_{CW} 就大大降低了，交互作用所占比值 $\Delta v_{CW}/v$ 从 A_0 钢的 22.4%降为 A_1 钢的 12.7%，其最终表现为铬锰氮不锈钢的抗腐蚀磨损性能提高了。丁晖等[163]研究结果表明：加入 0.02% ~0.06%的稀土可使铬锰氮不锈钢的腐蚀电位正移，维钝电流降低，热力学稳定性增加，耐蚀性能提高，抗晶间腐蚀和抗点蚀能力增强。稀土能使铬锰氮不锈钢的抗磨性得到一定程度改善，加之耐蚀性的显著提高，使其在腐蚀磨损过程中腐蚀与磨损的交互作用减轻，从而获得了良好的抗腐蚀磨损性能。

3.5.2.6　稀土对1Cr18Mn8Ni5N不锈钢耐蚀性能的影响

董方等[88]通过测试电化学阻抗和极化曲线，研究了不同稀土含量的1Cr18Mn8Ni5N不锈钢的电化学行为及分析了稀土对1Cr18Mn8Ni5N不锈钢耐点蚀性能的影响规律。

图3-99为不同稀土Ce含量的1Cr18Mn8Ni5N不锈钢在3.5% NaCl溶液中阻抗图谱。

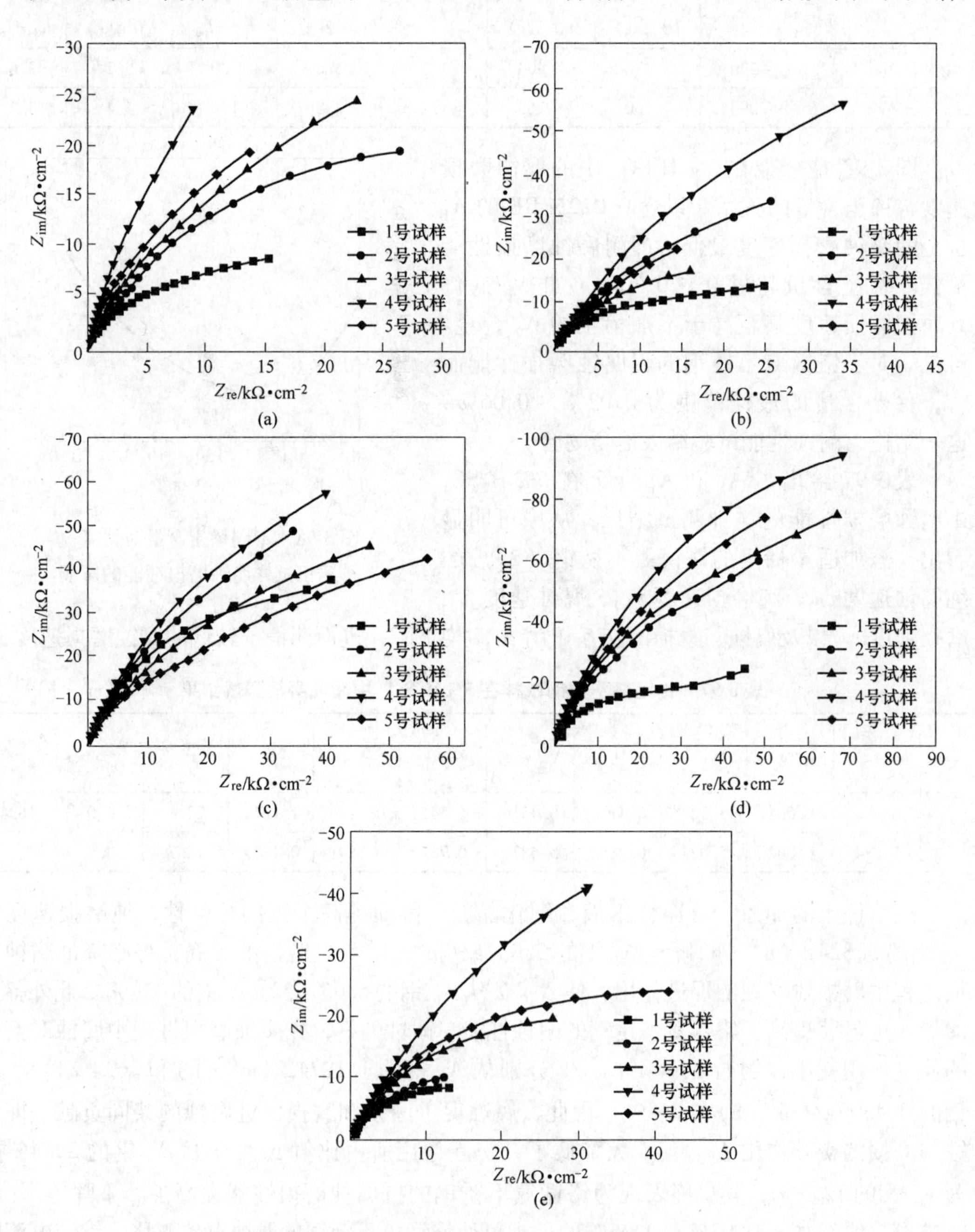

图3-99　1Cr18Mn8Ni5N不锈钢在3.5% NaCl溶液中浸渍不同时间的Nyquist图[88]

（1号RE含量为0；2号RE含量为0.005%；3号RE含量为0.011%；4号RE含量为0.016%；5号RE含量为0.022%）

（a）1天；（b）5天；（c）15天；（d）30天；（e）45天

从图3-99上可以看出，浸泡第1天时（图3-99(a)），加入稀土的2号、3号、4号试样的容抗弧半径均比未加入稀土的1号试样更大，并且随着钢中稀土含量的增加，容抗弧半径逐渐增大。加入更多稀土的5号比4号容抗弧略小，说明稀土加入量过大，反而不利于不锈钢的耐点蚀性能的提高，这是由于钢中加入稀土过多，生成了耐腐蚀性能差的稀土第二相，导致其耐点蚀性能有一定的下降。随着浸泡时间的延长，从第5天~30天（图3-99(b)~(d)），各试样的容抗弧半径逐渐变大，钝化膜不断增厚，逐渐变得更加稳定，这必然使电化学反应速率降低，离子迁移的难度增大，极化电阻 R_p 值增大，从而阻碍了溶液中的 Cl^- 对试样的侵蚀，这表明稀土Ce的加入起到了很好的耐蚀作用。到了45天（图3-99(e)），各试样的容抗弧半径骤然下降，尤其是1号试样、2号试样下降极为明显，极化电阻变小，腐蚀加剧，说明已经形成的稳定钝化膜由于 Cl^- 不断富集于金属的局部表面所邻接的溶液层中，一方面增强阴离子在金属表面上的吸附，使钝化膜的离子电阻降低，保护性能变坏，另一方面由于 Cl^- 与金属离子形成络合物而加速钝化膜的溶解，在含 Cl^- 的介质中，Cl^- 是引起钝化膜破坏的主要因素，它会改变钝化膜的组成和结构性能。同时，3号、4号、5号试样的容抗弧半径下降不明显，这是由于稀土Ce的加入减缓钝化膜的溶解速度，从而使阳极电流密度下降，使其保持钝性状态，说明稀土Ce的加入减缓1Cr18Mn8Ni5N不锈钢的进一步腐蚀，提高了钢的耐点蚀性能。除1号试样外，其他各试样的容抗弧均为单容抗弧，而1号试样在第1天为单容抗弧，在5天、15天、30天、45天均为有两个时间常数的双容抗弧，说明在第一天未发生点蚀，而在5天后发生了明显的点蚀。这是由于在浸泡初期，电化学阻抗谱为单容抗弧，而当第二个容抗弧出现时，真正的蚀孔就会形成，极化电阻大幅度下降，电极表面发生严重的点蚀。1号试样由于基体含有大量的Cr，在第1天可自发形成钝化膜，阻碍了点蚀的发生，而到了第5天，钝化膜受到 Cl^- 的破坏，形成了蚀孔，极化电阻下降，从而引起点蚀的发生。到了第15天，1号试样容抗弧有所增大，这是由于随着钢基表面腐蚀产物的增多，较多的腐蚀产物在钢基表面上不断沉积，生成的锈层进一步增厚，相对提高了耐蚀性。到了第30天，1号试样容抗弧又大幅下降，这是由于当与贴近钢基的锈层的结合力逐渐降低到了一定程度时，锈层的最外层会脱离内锈层，使得锈层厚度减小，保护性下降，耐蚀性下降。相对于1号试样，其他试样由于加入了稀土Ce，使极化电阻增大，腐蚀电流密度减少，形成了致密的钝化膜，从而阻碍了点蚀的发生。

图3-100为1Cr18Mn8Ni5N不锈钢在3.5% NaCl溶液中的极化曲线，可以看出添加稀土的1Cr18Mn8Ni5N不锈钢在此溶液中具有良好的钝化行为，1号、2号、3号试样在第一天均未形成钝化区间，说明并未生成钝化膜，相比之下，添加更多量稀土的4号、5号试样形成了完整的钝化区间，已生成良好的钝化膜。各试样在第5天形成钝化区间，并且钝化区间范围逐渐变大，表明钝化膜的稳定性越来越好。电流密度越大，腐蚀越严重，越容易发生点蚀。在相同电位下，1号试样的电流密度比4号、5号试样大得多，可见4号、5号试样的耐点蚀性能远远好于1号试样，1号试样的钝化区范围最小，耐蚀性最差。2号、3号试样的阳极钝化区分别为 -0.8 ~ -0.1V 和 -0.8 ~ 0.1V，由于3号试样的钝化区范围大于2号试样，因而发生点蚀相对困难，耐腐蚀性更好。在相同电位下，5号试样的电流密度比4号试样大，其耐蚀性不如4号试样。从热力学稳定性的角度来看，电位越正的金属越稳定，耐蚀性越好；电位越负的金属越不稳定，越易发生腐蚀。除1号试样，其他试样在第15天与第30天均出现明显腐蚀正移，这是由于稀土的活性强，电化学电极电位

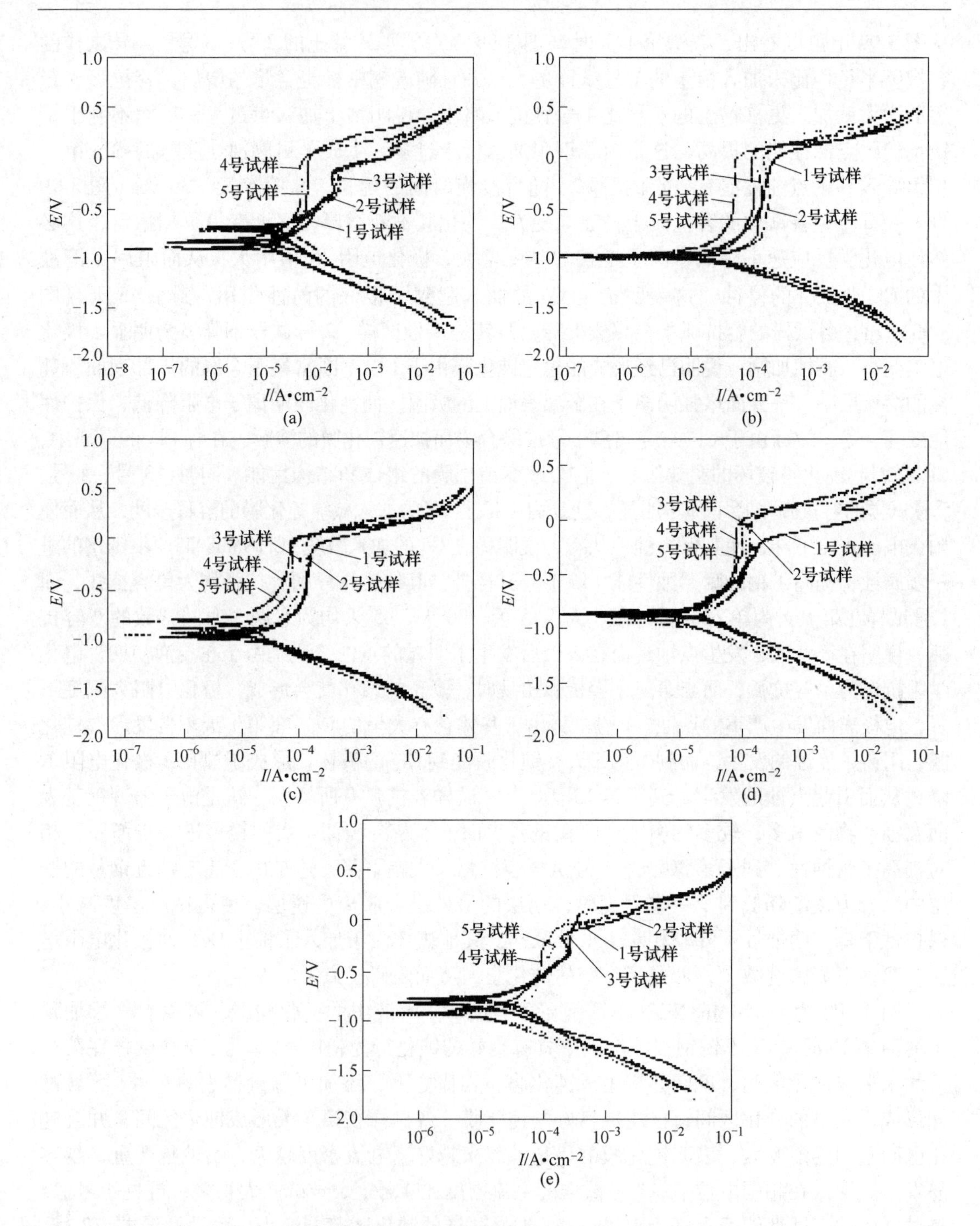

图 3-100　1Cr18Mn8Ni5N 不锈钢在 3.5% NaCl 溶液中浸渍不同时间的极化曲线[88]

(a) 1 天；(b) 5 天；(c) 15 天；(d) 30 天；(e) 45 天

高，在腐蚀过程中使钢的阳极出现强烈极化，极化电阻增大，阳极极化电位值正移，降低了腐蚀速度，从而提高了钢的耐腐蚀性能，这时因为不锈钢表面的钝化膜随着时间的延长变得更加稳定，到第 30 天时，钢的耐蚀性最好。随着具有耐蚀性的钝化膜形成，稀土 Ce

使钢的阳极极化电位值向正方向移动，腐蚀电流密度减少，使得2号、3号、4号、5号的钝化区间均大于1号，耐蚀性能越来越好，从而阻碍了溶液中的 Cl^- 对试样表面的侵蚀。一定电位下，当表面的孔蚀活性点耗竭后，在该电位下就不再出现电流波动。孔内溶解电流密度受到孔内外的浓度影响，如果孔内产物浓度降低，小孔发生再钝化，否则小孔继续发展，进入生长期。到了第45天，各试样均出现明显的过钝化现象，已经钝化了的金属又发生腐蚀溶解的现象被称为过钝化。此时蚀孔生长成为腐蚀孔，发生强烈的点蚀现象，Cl^- 穿透力强，容易透过钝化膜内极小的孔隙，导致钝化膜厚度减小，并使钝化膜的结构发生变化。另外，Cl^- 和氧铬酸离子竞争金属表面上的吸附点，甚至可取代已吸附的钝化离子，使其电极表面的这些区域成为活性点，改变了钝化膜的溶解机制，并导致钝化膜减薄，使得不锈钢表面膜的保护性能下降。稀土元素Ce可与钢表面层中的杂质元素反应，起到净化表面的作用，使其表面活性点减少或消失，从而提高其耐蚀性。稀土氧化物是阴极夹杂物，将促使金属阳极钝化，使得阳极钝化膜抗腐蚀介质的穿透力增强，腐蚀过程受阻。随着钢中稀土含量的增加，阳极极化电位值正移，极化曲线的钝化区间不断增大，腐蚀电流密度减少，从而降低腐蚀速度，提高了1Cr18Mn8Ni5N不锈钢的耐蚀性。但是当稀土添加量超量时，将出现富稀土的第二相，不利于钢耐腐蚀性能的提高。

钢中稀土Ce在适当范围内能有效地提高1Cr18Mn8Ni5N不锈钢的耐腐蚀性，并且随着钢中稀土含量的增加，其改善效果越好。稀土元素主要通过使阳极极化电位值正移，极化电阻增大，腐蚀电流密度减少，从而降低了腐蚀速度，提高1Cr18Mn8Ni5N不锈钢的耐蚀性。钢中稀土Ce含量为0.016%时，1Cr18Mn8Ni5N不锈钢耐点蚀性能达到最佳值。

3.5.2.7　稀土对SG52双相不锈钢耐蚀性能的影响

SG52是孙文山等[164~166]在Cr-Ni-Mo型铁素体-奥氏体双相不锈钢基本成分中加入适量稀土铈开发的新型双相不锈钢。

图3-101的结果表明，随着稀土Ce含量的增加，铸态双相不锈钢腐蚀电位与腐蚀速率均下降，耐蚀性能提高。Ce的固溶微合金化作用不仅延缓了以 $M_{23}C_6$ 型为主的碳化物在 α 相析出，而且对 α 相的腐蚀过程与电化学特性产生明显的影响。金属薄膜试样在高氯酸-乙酸电解液中减薄时，未加Ce的钢 α 相优先被腐蚀，致使 α 与 γ 相高低不平，难于在同一平面成像，故相界模糊（图3-102(a)）；而加0.065% Ce的钢，α 相虽然也优先被腐

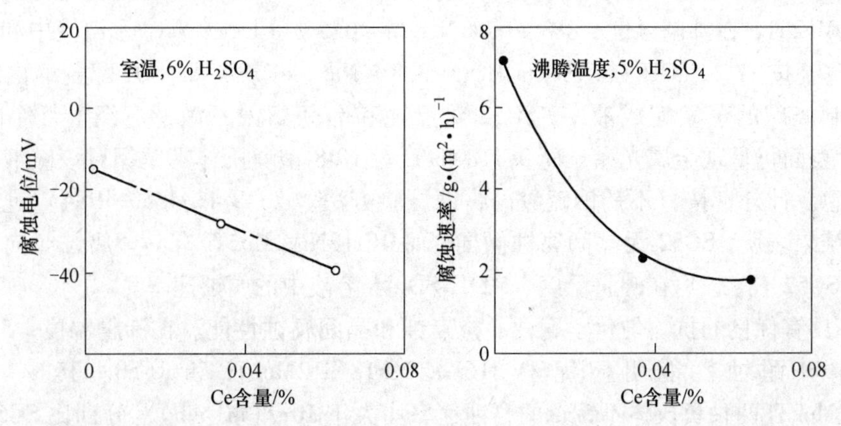

图3-101　Ce含量对SG52铸态双相不锈钢腐蚀电位与腐蚀速率的影响[164]

蚀，但腐蚀过程明显受阻，α 与 γ 相仍基本在同一平面上，成像后相界基本清楚（图 3-102（b）），可见 α 相的耐蚀性能显著提高。因此，含稀土的 SG52 比商业 2207 型双相不锈钢有更好的耐蚀性能。

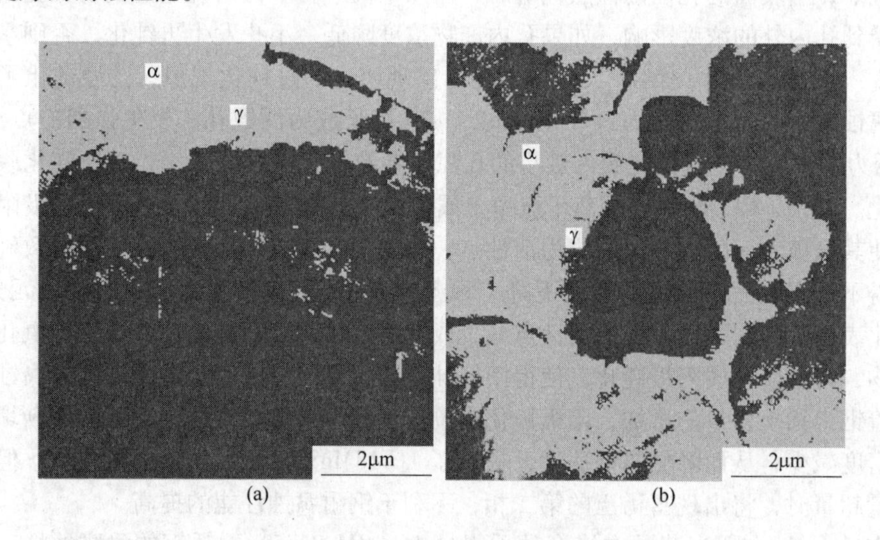

图 3-102 SG52 铸态双相不锈钢的显微组织[164]

（a）Ce 含量为 0；（b）Ce 含量为 0.065%

含稀土的新型双相不锈钢 SG52 具有铁素体-奥氏体双相组织，可作为多种介质中的耐蚀材料。其耐蚀性能明显优于 316L、0Cr18Ni12Mo2Ti，也优于 2207 型双相不锈钢。孙文山等[165]研究报道按《不锈钢 5% H_2SO_4 腐蚀试验方法》（GB 4334. 6—1984）进行的均匀化学腐蚀试验表明，在沸腾温度、5% H_2SO_4 水溶液中 316L、0Cr18Ni12Mo2Ti 和 2207 型双相不锈钢 U50 的腐蚀速率分别比 SG52 高 8 倍、5 倍和 3 倍以上，详见表 3-98。在室温、6% H_2SO_4 水溶液中，SG52 和 0Cr18Ni12Mo2Ti 的钝化电位 E_p 分别为 -30mV 和 -415mV（vs SCE），维钝电流密度 I_p 分别为 0.0008mA/cm² 与 0.01mA/cm²，腐蚀电位 E_c 分别为 -40mV 和 -415mV（vs SCE）。SG52 的 I_p 明显低于 0Cr18Ni12Mo2Ti，而 E_p 和 E_c 明显高于 0Cr18Ni12Mo2Ti，由此可见含稀土的新型 SG52 双相不锈钢的耐蚀性能明显优于 0Cr18Ni12Mo2Ti。在沸腾温度、8% ~65% NH_4Cl +0.5% ~1.5% NaCl 水溶液中和沸腾温度（约 150℃）、按 47% NaOH +0.9% Na_2CO_3 +3.8% NaCl +2.3% Na_2SO_3 配制的内蒙古天然碱苛化法制烧碱的蒸发完成液中，SG52 对点蚀和晶间腐蚀不敏感。经上百小时煮沸后 SG52 试片表面仍呈现金属光泽，而 0Cr18Ni9Ti 等 18-8 型奥氏体不锈钢对该碱液中氯离子的点蚀敏感。此外，按《不锈钢硫酸铜腐蚀试验方法》（GB 4334. 5—1984）进行的晶间腐蚀试验结果表明，SG52 无晶间腐蚀倾向，而 0Cr18Ni12Mo2Ti 有晶间腐蚀倾向。表 3-99 为试验钢 SG52（铸态）在沸腾温度、5% H_2SO_4 水溶液中的腐蚀速率。

SG52 具有优良的抗均匀化学腐蚀、抗点蚀和晶间腐蚀性能。在沸腾温度、5% H_2SO_4 水溶液中其耐蚀性能明显优于 316L，0Cr18Ni12Mo2Ti 和 U-50。其中，316L 与 0Cr18Ni12Mo2Ti 两种奥氏体不锈钢的腐蚀速率均大于 10g/(m² · h)，分别比 SG52 高 3 倍和 2 倍以上。在室温、6% H_2SO_4、水溶液中 SG52 的钝化电位 E_p 和维钝电流 I_p 均明显低于0Cr18Ni12Mo2Ti，其钝化区电位范围明显宽于0Cr18Ni12Mo2Ti，并向负的方向发展；而腐蚀电位 E_c 明显高于0Cr18Ni12Mo2Ti和316L。在室温、苯酚污水中0Cr18Ni12Mo2Ti与316L的腐蚀速率分别比SG52新材料高103倍和20倍以上。在硫酸铜—铜屑沸腾溶液中SG52对晶间腐蚀不敏感，而0Cr18Ni12Mo2Ti对晶间腐蚀敏感。在沸腾的8%～65% $NH_4Cl+NaCl$ 水溶液中SG52对氯离子的点蚀不敏感，而1Cr18Ni9Ti等18-8型奥氏体不锈钢对氯离子的点蚀敏感，含稀土的新型双相不锈钢SG52适用介质，详见4.4.1节稀土双相不锈钢中表4-84。

表3-98　试验钢SG52（铸态）在沸腾温度、5% H_2SO_4 水溶液中的腐蚀速率[164]

钢　号	腐蚀速率	
	$C/g(m^2\cdot h)^{-1}$	$r/mm\cdot a^{-1}$
SG52	2.0208	2.27
316L	19.394	21.75
0Cr18Ni12Mo2Ti	11.097	12.45
2207型双相不锈钢U50	7.518	8.48

3.5.2.8　稀土对2205双相不锈钢耐蚀性能的影响

双相不锈钢被认为是具有成本效益型的一种金属材料，它填补了普通奥氏体（如316）和高合金奥氏体不锈钢之间的空白，应用在石油、化工、能源环保以及核工业等领域。稀土能提高双相不锈钢的耐腐蚀性能，刘晓等[167]较系统研究了稀土对2205双相不锈钢耐蚀性能的影响及机理。以下将从稀土对2205双相不锈钢耐点蚀性能的影响及机理；稀土对2205双相不锈钢均匀腐蚀性能的影响及机理方面分别一一介绍。

A　稀土对2205双相不锈钢耐点蚀性能的影响

点腐蚀是双相不锈钢最有害的腐蚀形态之一，点腐蚀往往又是应力腐蚀裂纹和腐蚀疲劳裂纹的起始部位，这种破坏主要发生在含有氯化物的中性或酸性溶液中。点腐蚀是化工生产和海洋环境中经常遇到的问题。

点蚀电位试验时，选取的65℃、55℃和30℃分别对应试样在临界点蚀温度之上的温度、在临界点蚀温度之下的温度和试样在发生稳态点蚀后再降到再钝化温度以下的温度。由固溶处理后0号、1号（RE含量为0.019%）和3号（RE含量为0.046%）的热轧钢板试样在1.0mol/L NaCl溶液中分别测得的65℃、55℃和30℃阳极极化曲线测试结果中发现0号，1号、3号钢65℃、55℃和30℃时的点蚀电位分别为67mV、268mV、1020mV和83mV、325mV、1087mV，相同温度下明显高于0号钢的点蚀电位，见图3-103。

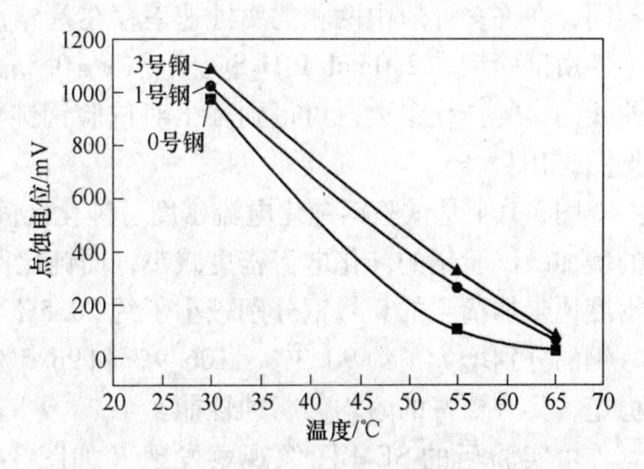

图3-103　RE对2205双相不锈钢点蚀电位随温度的变化的影响

图3-103是试验钢的点蚀电位随温度的变化趋势，从中可以看到，试验钢的点蚀电位随温度升高具有相同的变化规律，

即都随温度的升高而降低，但加入稀土元素的1号和3号试验钢各个温度下的点蚀电位要比未加稀土的0号钢的高，尤其是3号钢，明显高于0号钢的。这说明加入稀土元素后，稀土提高了2205双相不锈钢的耐点蚀性能。点蚀电位越低，说明材料的点腐蚀倾向越大。3号钢含稀土为0.046%，其点蚀电位最高，说明抗点蚀能力最强。

由试验钢在55℃时的亚稳态点蚀形貌观察发现：0号钢的亚稳态点蚀形貌，图中有两个亚稳态小孔，从直径上看，两小孔大约5μm左右；3号钢的亚稳态点蚀形貌，其尺寸明显小于0号钢的，大约为2μm，且孔的深度也较浅。65℃时的稳态点蚀形貌也有同样的规律，即加稀土的试样点蚀坑尺寸和深度要明显小于未加稀土0号试样的。

0号试验钢在65℃时形成的稳态点蚀坑经电子探针（EPMA）及EDS分析后发现，有未脱落的O、Ca、Si等元素，且S的含量也很高，可断定此点蚀坑为复合硫化物夹杂脱落后形成的，但夹杂未完全脱落，尚可观察到原夹杂的形状和轮廓。在能谱图中发现这种夹杂主要为包含钙、锰和铁的复合硫化物夹杂，这类夹杂是以硫化物为外壳包围着的氧化物，或是在氧化物中分布有极微小的硫化物质点的复合硫化物。双相不锈钢在NaCl溶液中浸泡时，此夹杂对点蚀非常敏感，在溶液中浸泡很短时间就会在夹杂和基体之间产生微小的孔洞，1h后有的夹杂只是浮嵌在钢中，有的已部分脱落并开始形成点蚀坑，浸泡更长时间后，点蚀从小孔处向基体蔓延，形成较大的点蚀坑，其点蚀坑要比原夹杂大数十倍，甚至上百倍，于是在钢的表面留下大小不等、肉眼可见的点蚀坑。由于试验钢中冶炼时都采用铝脱氧工艺，化学成分相近。所不同的是，1号钢中加入了稀土元素，其S、Al含量要明显低于0号钢的，因此0号钢中凝固过程中以Al_2O_3为核心，形成的复合硫化物夹杂要明显多于1号钢，且颗粒大，数量多，使钢的耐点蚀性能降低。而加入稀土的1号钢，硫化物夹杂大部分已被变质为稀土硫化物或稀土硫氧化物夹杂，且颗粒细小，弥散分布在基体上，因此其抗点蚀性能要明显高于0号钢的。钢中非金属夹杂物是点蚀的诱发源，尤其是硫化物引起的点蚀更为严重。另外，不同类型的夹杂物对点蚀的诱发敏感性也不尽相同，球状的硫化物夹杂诱发的点蚀敏感性要远远小于长条薄片状的硫化物夹杂，能减小点蚀的扩展，减轻对基体的腐蚀。

B　稀土对2205双相不锈钢均匀腐蚀性能的影响

双相不锈钢的均匀腐蚀机理源于两相的选择性腐蚀。由于两相化学成分和晶体结构的不同，在许多介质中两相的腐蚀速率存在差异，即发生优选腐蚀。

由试验钢在2.0mol/L $H_2SO_4 + x$（$x = 0.5, 1.0, 2.0$）mol/L HCl溶液中的动电位极化曲线测得的钝化参数，可得到稀土对试验钢钝化电流密度、钝化区间与稀土含量的影响，见图3-104。

图3-104是试验钢钝化电流密度、钝化区间与稀土含量的关系，很明显，随稀土含量的增加，试验钢的钝化电流密度减小，而钝化区的范围增大，加稀土的3号钢的钝化电流密度比未加稀土的0号钢分别减小了约70.5%、93.5%和36.9%，3号钢的钝化区间比0号钢的分别增大了约90.3%、106.9%和96.5%，表明加入稀土后试验钢生成的钝化膜较稳定，具有更好的耐均匀腐蚀性能。

由实验后的SEM图像观察发现（如图3-105所示），试验钢最先腐蚀的都是奥氏体相，可见在2mol/L H_2SO_4 + 0.5mol/L HCl中，加稀土后试验钢两相的腐蚀差异性减小（如图3-105(b)所示），稀土能提高试验钢的耐均匀腐蚀能力。

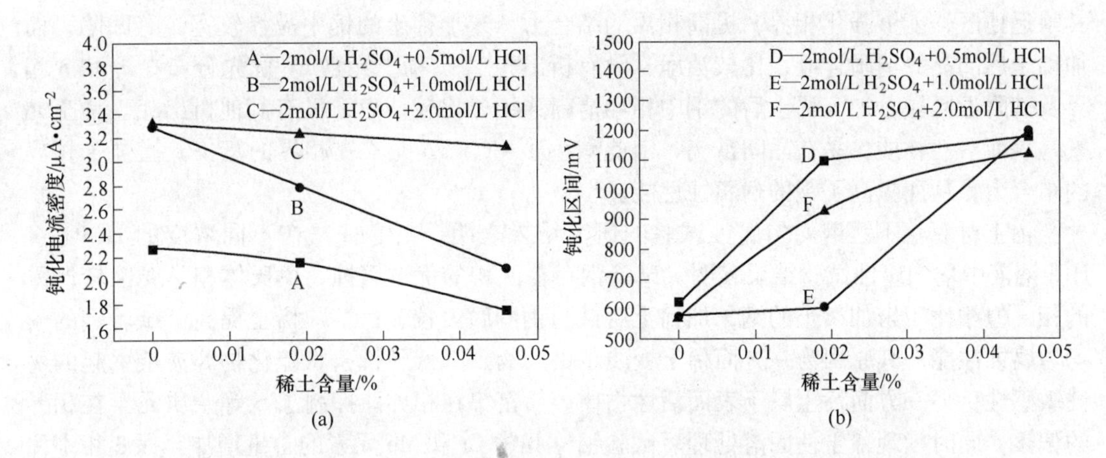

图 3-104 稀土对试验钢钝化电流密度、钝化区间的影响

（a）钝化电流密度与稀土含量的关系；（b）钝化区间与稀土含量的关系

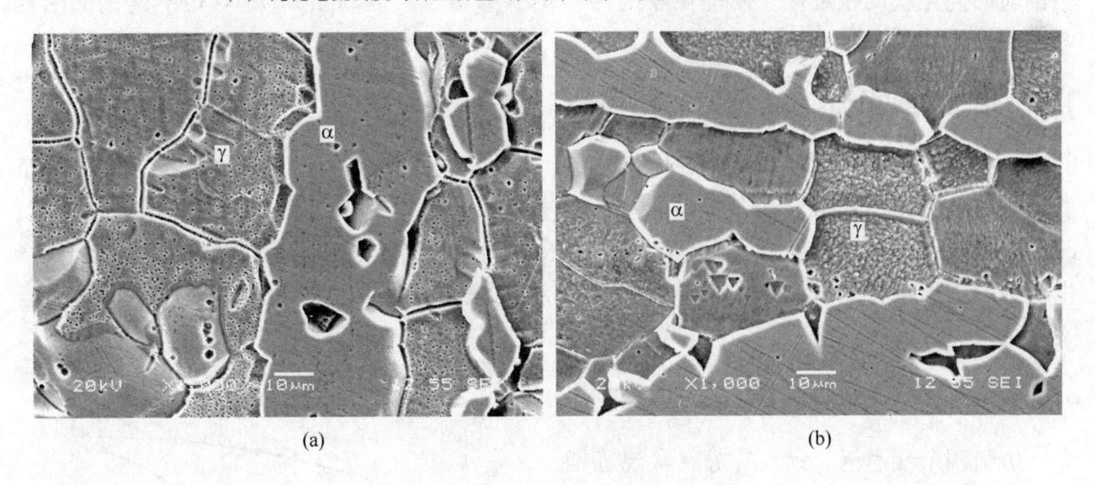

图 3-105 验钢极化曲线后的 SEM 照片

（a）0 号钢（2mol/L H_2SO_4 + 0.5mol/L HCl）；（b）1 号钢（2mol/L H_2SO_4 + 0.5mol/L HCl）

双相不锈钢由于两相中所含合金元素的不同是造成奥氏体相优先腐蚀的原因，在试验中，稀土的加入能减小奥氏体相的腐蚀程度，因此有必要从稀土对试验钢中两相合金元素的分布情况来探讨稀土提高试验钢耐均匀腐蚀性能的机理（详见 2.5.5 节双相不锈钢中稀土对 Cr、Mo、Ni 在铁素体和奥氏体两相中分配的影响）。

适量稀土元素能够降低钢中 S 等杂质元素的含量，钢中 S 元素偏高会严重降低钢的耐腐蚀性能，耿鸿明等人[168]研究发现，4Cr13 不锈钢中 S 含量过高会降低钢在 10% 盐酸中的耐均匀腐蚀性能，国外也有研究报道[169~170]，钢中非金属夹杂物、尤其是长条带状硫化物能引起严重的局部腐蚀，本试验中，0 号钢 S 元素的含量为 0.005%，而加入稀土后的 1 号钢中 S 含量为 0.002%，这说明稀土元素能有效降低钢中 S 的含量；另外，0 号钢中的硫化物夹杂物形状多为条带状，且分布不均匀，颗粒直径也较大，而加稀土的 1 号钢中硫化物都被变质为稀土夹杂物，形状多为椭圆或圆形，且分布比较均匀，弥散分布在钢中，因此能显著降低长条状硫化物等夹杂所引起的腐蚀敏感性。同时，稀土元素富集在相界及其附近地区，能够强化相界，提高相界的结合力。未加稀土的钢中晶界较宽，有凹陷，而加稀土后的晶界清晰连续，比较洁净，没有析出相[71]。稀土元素 Ce 优先分布在 γ 和 δ 相界及其附近区域，加入稀土后的钢中相界清晰连续，比较洁净，没有其他析出相。稀土元素是表面活性物质，易在晶间富集，因此减少了 Cr、Mo 元素在相界的富集，增强了相界的结合力，从而提高了钢的耐腐蚀性能。

稀土对双相不锈钢均匀腐蚀试验的研究结果表明[167]：（1）在不同浓度的 H_2SO_4 + HCl 溶液中均匀腐蚀试验结果表明，试验钢存在两相的优选腐蚀，奥氏体相是腐蚀较严重的相，但相比于未加稀土的钢，加稀土后试验钢的腐蚀较轻；（2）稀土提高了试验钢的耐均匀腐蚀性能，其原因为一方面稀土变质了夹杂物、降低了长条状硫化物等夹杂引起的腐蚀敏感性，另一方面稀土属于表面活性物质，易富集在相界，抑制了 S 等杂质元素在相界的偏聚，同时发现稀土使固溶处理后试验钢 γ 相中 Cr 和 Mo 元素的含量增加，而 δ 相中稀土使 Cr 和 Mo 元素的含量分别降低稀土使 Cr 和 Mo 元素在两相中的分配更均匀，提高了试验钢表面钝化膜的稳定性，使钝化膜的再钝化能力增强，提高了 2205 双相不锈钢的耐均匀腐蚀性能。

3.6 稀土对低合金、合金钢热塑性的影响

低合金、合金钢钢热塑性的好坏，对其生产工艺、产品质量以及成材率都有直接的重要影响。尤其是高合金钢含合金组元多，高温变形抗力大，热塑性差，难于热机械加工，改善高合金钢的热加工性能一直是冶金科研人员研究的课题之一。多年来，实验室和现场生产中用添加稀土元素的方法改善低合金、高合金钢热塑性取的研究取得不少进展和有意义的结果。

3.6.1 稀土对 G15 轴承钢热塑性的影响

由于残余元素锡、锑、砷等在常规炼钢方法中很难去除，在废钢的循环利用过程中，这些元素在钢中含量不断累积增加。同时由于这些残余元素分布不均匀，多在晶界与表面富集。近年来钢中残余元素导致的连铸坯和钢质量问题引起了国际钢铁界的高度重视。研究发现晶界偏聚 0.05% Sn 会导致连铸坯热塑性明显恶化，微量残余元素对钢材的热加工和使用性能带来极大的危害[176,177]。赵亚斌、王福明等[178]实验研究了稀土镧对含锡、锑 GCr15 钢（O < 0.0015%、S 0.0043% ~0.0085%）热塑性的影响。

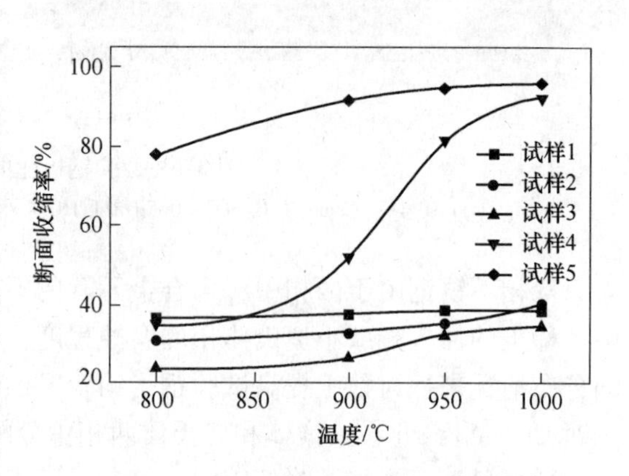

图 3-106 稀土对 GCr15 试验钢断面收缩率-温度的关系
（试样 1：w(Sn) = 0.0082%，w(Sb) = 0.0029%，w(La) = 0；试样 2：w(Sn) = 0.028%，w(Sb) = 0.0073%，w(La) = 0；试样 3：w(Sn) = 0.061%，w(Sb) = 0.010%，w(La) = 0；试样 4：w(Sn) = 0.062%，w(Sb) = 0.010%，w(La) = 0.025%；试样 5：w(Sn) = 0.061%，w(Sb) = 0.011%，w(La) = 0.056%）

图 3-106 给出了实验钢断面收缩率-温度的关系曲线。从图 3-106 可以看出，钢的断面收缩率随着锡、锑含量的增加而减小；

而稀土镧对钢的断面收缩率有极大的改善作用，并且稀土加入量越大，断面收缩率也越高，高温塑性越好。

残余元素对高温塑性影响机制[178]：(1) 锡、锑原子溶解在铁的点阵中要产生一定的点阵畸变，它的应变能为 ES，当残余元素原子到达晶界时，ES 将降低，这是锡、锑向晶界偏聚的驱动力。(2) 偏聚到晶界的锡原子将削弱铁原子间结合力。从沙爱学[179]等的研究中可知，锡、锑与铁原子之间的键合力很弱，锡、锑原子会取代铁原子在晶界偏聚，必然会降低晶界原有铁原子间结合力。(3) 晶界上原有的 Fe-Fe 键被部分较弱的 Sn-Fe，Sb-Fe 键取代后，晶界区强度降低，在外力作用下，弱键的部位成为最薄弱的环节，晶界微孔也容易在这里形核长大并最终成为沿晶裂纹。由实验的结果可知，锡含量从 0.0082% 增至 0.061%，锑含量从 0.0029% 增至 0.01%，钢在 900℃ 断面收缩率下降了 11.5%，正是上述过程的体现。

稀土镧改善含残余元素 GCr15 轴承钢热塑性的机理[178]：(1) 稀土对钢中残余元素的固定作用，轴承钢中较低含量的氧、硫为镧与有害元素反应创造了条件，对试样 5 在 900℃下的断口检测中发现了镧与锑形成的化合物，如图 3-107 所示，析出相趋于球形，尺寸在 1 ~2μm 左右；并伴有氧峰和硫峰出现。稀土镧有效地固定了钢中的残余元素，生成了熔点较高的化合物，弥散分布在基体中，降低了锑在晶界偏聚浓度，因而改善了轴承钢在 900℃ 的热塑性。但在实验钢中未发现含锡的化合物，可能是由于韧窝太深，低于 EDS 检测极限；或钢中硫含量较高，稀土难以与锡结合。(2) 固溶稀土的晶界强化作用，钢中稀土的另一种存在状态是原子固溶状态。固溶度很小的稀土元素将优先偏聚在晶界处，使系统能量降低，达到亚稳状态，因此有利于提高晶界的稳定性。稀土镧在铁基中的平均浓度越大，镧原子在铁的晶界面积上偏聚量也越大，从而可以降低低熔点有色金属元素 Sn 和 Sb 在晶界的含量，因而改善钢的晶界状态，增强晶界的结合强度，使裂纹很难沿晶界生成和扩展。这从试样 4、试样 5 的断口形貌图可以清楚看出镧对改善晶界强度的作用。由于稀土镧在晶界偏聚，极大强化了原子间结合力，在发生形变的过程中，裂纹即使在晶界上萌生，也很快被迁移了的晶界阻隔或吞噬，成为穿晶孔洞，试样因而表现塑性断裂。

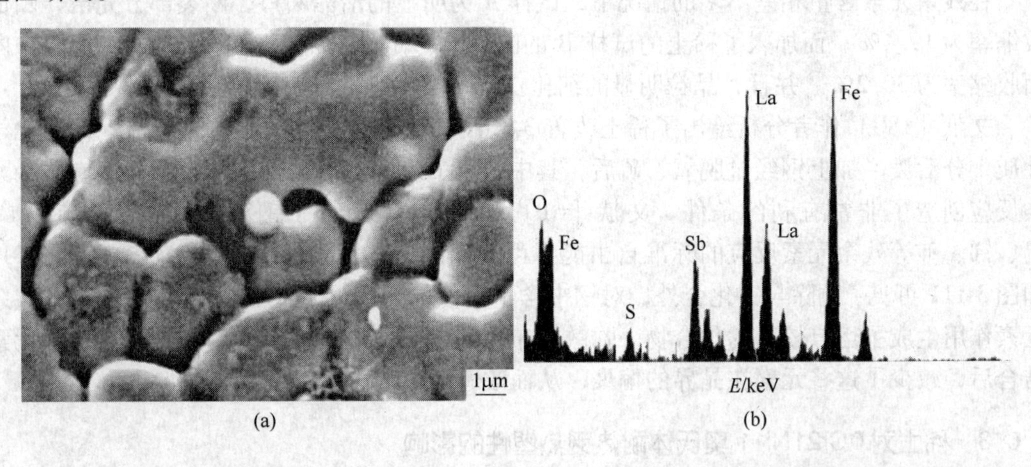

图 3-107　GCr15 试验钢试样 5 韧性断口上 La-Sb 析出相形貌 (a) 及能谱 (b)

3.6.2　稀土对34CrNi3Mo钢热塑性的影响

魏利娟、王福明等[180]实验研究了稀土镧对低氧、低硫（0.001% O、0.0004% ~ 0.0006% S）的含锡、锑34CrNi3Mo钢热塑性的影响。

在0.0065% Sn-0.0083% Sb的34CrNi3Mo试验钢中加入稀土镧后，其热塑性及强度的变化见图3-108。由图3-108可以看出，由于钢中锡、锑含量很低（[Sn]为0.0065%，[Sb]为0.0083%），加入0.019%镧后对热塑性改善不明显。塑性最低点向高温区移动。由图3-109可以看出：在0.029% Sn-0.036% Sb-34CrNi3Mo钢中加入0.046% La可以使钢的热塑性在整个温度区间提高13%以上，在温度较低时，可以提高20%以上，在700℃时，甚至提高了30%。

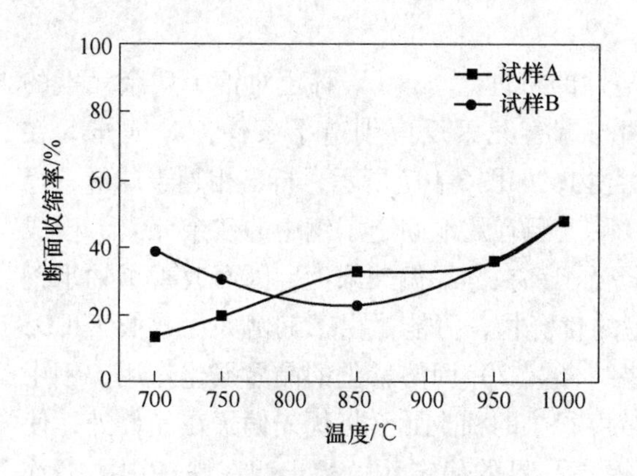

图3-108　稀土镧对低Sb-34CrNi3Mo试验钢高温断面收缩率的影响

（试样A：$w(\mathrm{Sn})=0.0065\%$，$w(\mathrm{Sb})=0.0083\%$，$w(\mathrm{La})=0$；试样B：$w(\mathrm{Sn})=0.0061\%$，$w(\mathrm{Sb})=0.0077\%$，$w(\mathrm{La})=0.019\%$）

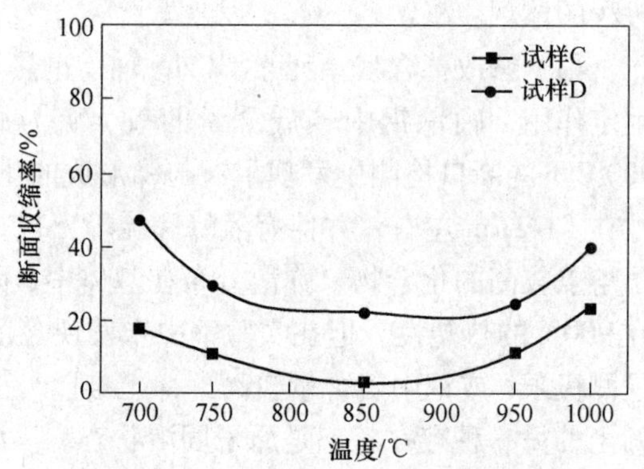

图3-109　稀土镧对高Sb34CrNi3Mo试验钢高温断面收缩率的影响

（试样C：$w(\mathrm{Sn})=0.031\%$，$w(\mathrm{Sb})=0.028\%$，$w(\mathrm{La})=0$；试样D：$w(\mathrm{Sn})=0.029\%$，$w(\mathrm{Sb})=0.036\%$，$w(\mathrm{La})=0.019\%$）

在残余元素含量相差不多的情况下，试样A为明显的沿晶断口，断裂部分光滑，断面收缩率为19.4%。而加入了稀土的试样B的断口有一定的韧窝，颈缩较试样A明显，断面收缩率为30.2%。并且，晶粒明显的细化。

文献[180]作者分析给出了稀土改善34CrNi3Mo钢热塑性机制：由于稀土镧的化学性质十分活泼，加上钢经过脱氧、硫后，其中的氧、硫含量都比较低，为镧与钢中残余元素反应创造了非常有利的条件。文献[61]和[181]计算了钢液中镧和氧、硫、磷、锡、锑、砷等残余元素反应的标准自由能，可知镧同这些元素的稳定性比较。由图3-110和图3-111可见，镧除与锑化合外，对钢中含量极低的O、As也起到固定作用。镧和残余元素作用生成了熔点较高的化合物，弥散分布在基体中，Sn、Sb等低熔点元素与稀土元素结合后，减少了这些元素在晶界的偏聚，从而改善了34CrNi3Mo钢的热塑性。

3.6.3　稀土对0Cr21Ni11奥氏体耐热钢热塑性的影响

陈雷[182]等通过高温拉伸试验，研究了稀土对0Cr21Ni11奥氏体耐热钢高温塑性的

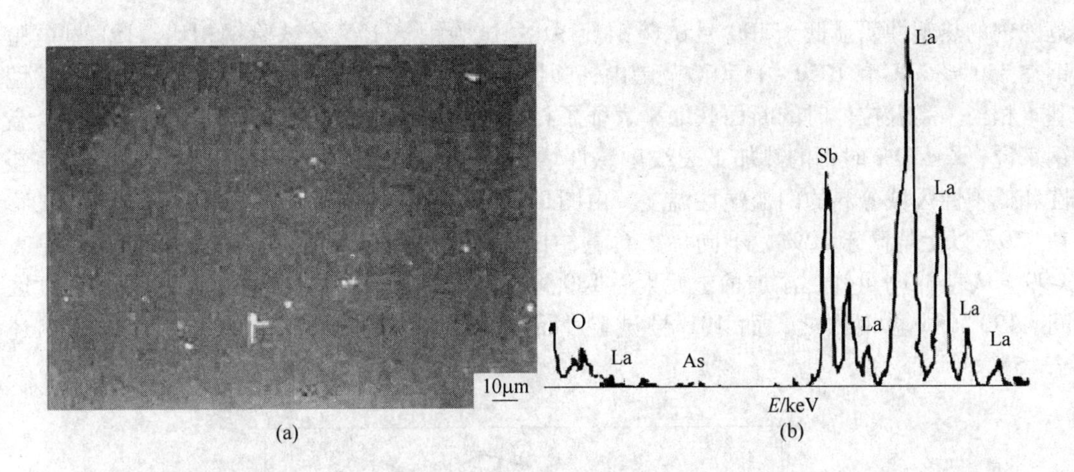

图 3-110 试样 B（0.0061Sn-0.0077% Sb-0.019% La）上 La-Sb-O 相照片（a）和能谱曲线（b）

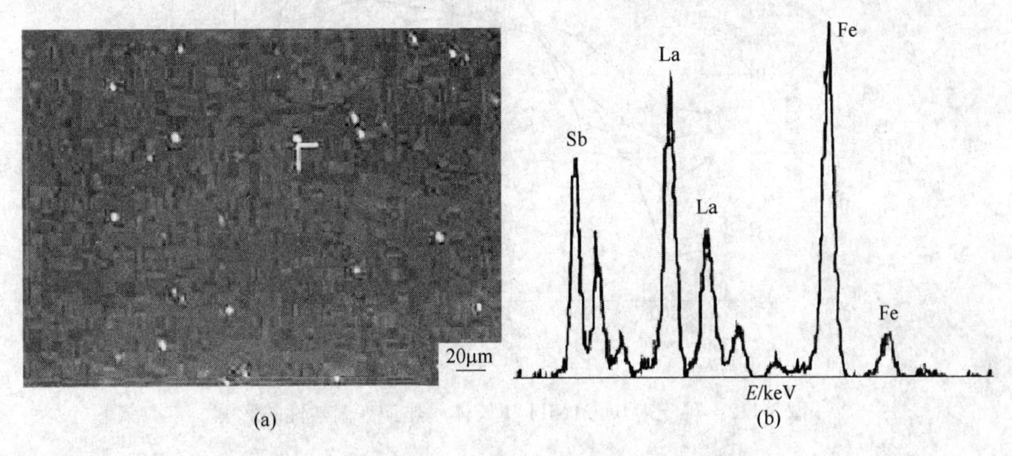

图 3-111 试样 D（0.029% Sn-0.036% Sb-0.046% La）上的 La-Sb 相照片（a）和能谱曲线（b）

影响。

由图 3-112 中可知，在 750 ~ 850℃范围内，177 号，190 号，191 号试验钢在 800℃时，断面收缩率明显降低，存在塑性低凹区，其中以 191 号钢最低，仅 41%；而 189 号的塑性低凹区则消失，且在 800℃时断面收缩率最高达约 65%。随着拉伸温度的逐渐升高，试验钢的塑性也逐渐增加，其中，177 号，191 号试验钢在 1150℃达到峰值，分别为 81.9% 和 82.7%，相差不大；189 号试验钢在 1050℃时就已经达到峰值 91%；190 号试验钢在 1200℃时达到峰值 90.3%。当各试验钢的拉伸温度超过其峰值温度时，塑性均随温度的增加而逐渐降低。189 号试验钢与 177 号试验钢相比，在整个拉伸温度范围内，塑性均较高，而且消除了 800℃塑性低凹区。190 号试验钢与 177 号试验钢相比，在整个拉伸温度范围内则大致可分为三个阶段：阶段Ⅰ：750 ~ 850℃，190 号试验钢较 177 号试验钢的断缩率明显高出 5% ~ 7%，阶段Ⅱ：850 ~ 1050℃，二者的塑性相当，190 号试验钢较 177 号试验钢塑性增加幅度有所减低，其中 900℃下 177 号试验钢增加了近 12%，而 190 号试验钢则只增加了约 5%；阶段Ⅲ：1050 ~ 1200℃，190 号试验钢塑性显著提高，断缩率由 1050℃时的 80% 增加到 1200℃时的峰值，177 号试验钢的热塑性则增加缓慢，且在该温度范围内的热塑性明显低于 190 号试验钢。191 号试验钢与 177 号试验钢相比，191 号试验钢在 750 ~ 850℃和 1050 ~ 1150℃范围内，塑性低于 177 号试验钢，在其他温度二者的塑性基本相当。高温拉伸时的断面收缩率表征了材料在热加工时的塑性变形能力，对于高合金钢来说，$Z<70\%$ 时钢的热加工裂纹敏感性增强，所以可将 $Z=70\%$ 时的温度定义为高塑性和低塑性区域分界的门槛塑性温度。由图 3-112 可知，0Cr21Ni11 奥氏体耐热试验钢的 Z 在 950℃以上均高于 70%，不同稀土含量的试验钢断面收缩率达到 70% 的近似温度见表 3-99。从表 3-99 可知，添加稀土元素后 189 号试验钢具有最宽的良好热加工性能的温度区间，190 号试验钢次之，而 191 号试验钢最差，比未添加的稀土的 177 号试验钢还窄 15℃。

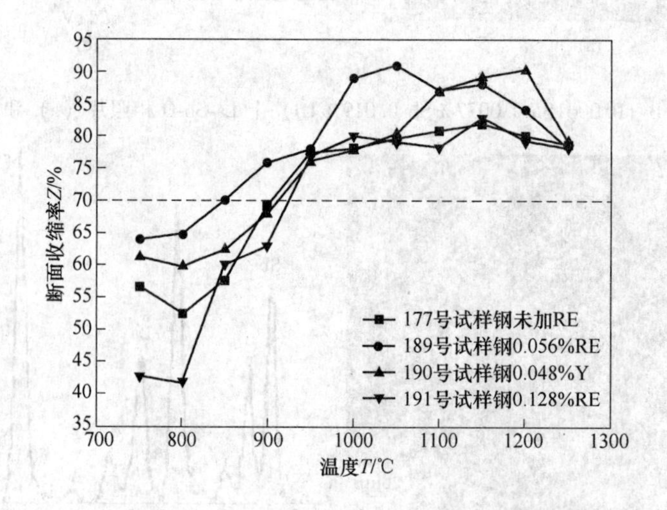

图 3-112 稀土对 0Cr21Ni11 奥氏体耐热钢高温塑性的影响

表 3-99 0Cr21Ni11 奥氏体耐热钢断缩率 $Z=70\%$ 时的温度

试验钢号	177	189	190	191
T/℃	913	843	902	928

由图 3-112 和表 3-99 的整个温度区间内高温塑性数据的比较可知，通过添加适量的稀土元素能在保证强度的同时显著改善 0Cr21Ni11 奥氏体耐热钢的高温塑性，稀土含量在 0.056%（189 号试验钢）左右时高温塑性表现最佳，其最佳热加工温度区间为 843 ~ 1200℃。

晶界在合金的高温变形过程中起着非常重要的作用，在高温变形时，由于晶界强度往往比晶粒弱，因此，相邻两晶粒还会沿着晶界发生滑动。由于晶界阻碍滑移，因此晶界处往往会产生应力集中，同时，由于杂质和脆性影响，第二相往往优先分布于晶界，使晶界变脆。此外，由于晶界处缺陷多，原子处于能量较高的状态，晶界往往是高温变形过程中最薄弱的地方，裂纹多在晶界处产生。稀土元素的添加强化了晶界，减少甚至消除了晶界裂纹，而未添加稀土的试验钢断口表现出了沿晶断裂的特征。沿晶断裂的发生大多与杂质元素的晶界偏聚而弱化晶界有关，特别是 S 元素的晶界偏聚会显著增加沿晶断裂的趋势，进而恶化高温塑性；Johnson 等人[183]发现，在仅仅存有 0.006% 的 S 元素的高合金钢或高温合金中，在晶界上偏聚的 S 的浓度就达到了 12%（原子分数），从而严重恶化合金的塑韧性，由此可见，即使在S元素含量很低的情况下，S仍能偏聚在晶界，弱化晶界。

从图3-113可见，加稀土的190号试验钢（Y含量为0.048%）和189号试验钢（RE含量为0.056%）试样在800℃时晶界处的硫偏析得到抑制。稀土加入钢中通过改变夹杂物的性质、形态和分布也是稀土改善钢的热加工性能及高温塑性的重要因素之一。准确控制好RE/S，可使得稀土与钢中的氧、硫作用后生成球状的稀土硫化物或硫氧化物完全取代硫化锰，从而消除钢经热加工后的各向异性。稀土还可消除带棱角的高熔点、高硬度的脆性氧化铝夹杂，从而避免在其尖角处出现应力集中，出现空洞形成裂纹源。

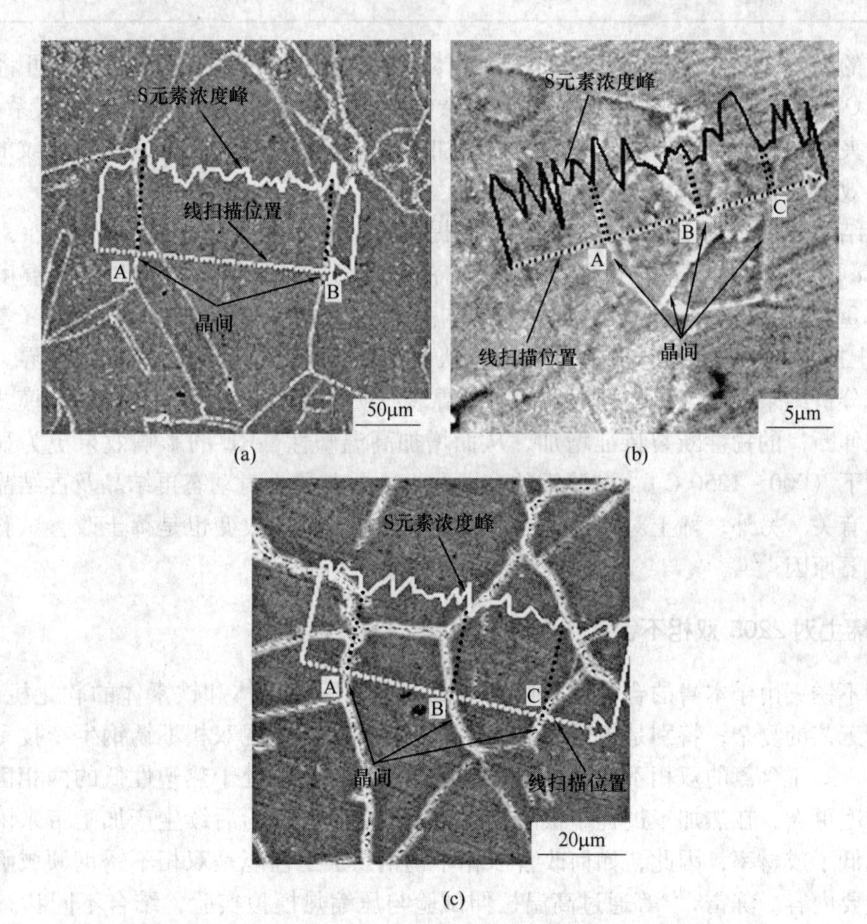

图3-113　800℃时晶界处的硫偏析

(a) 177号试验钢(w(RE)=0)；(b)190号试验钢(w(Y)=0.048%)；(c)189号试验钢(w(RE)=0.056%)

采用图像分析软件，对三种试验钢中的夹杂物分布情况及大小进行统计，结果见表3-100。向0Cr21Ni11N奥氏体不锈钢中添加适量的稀土后，单位面积的夹杂物个数从75.4降到了21~25，夹杂物面积百分数从0.056%降到了0.018%~0.022%，同时化学成分的分析表明，添加稀土后，钢液得到深度净化，全氧含量从约0.008%降到了0.0022%~0.0024%，硫含量从约0.005%降到了约0.002%，夹杂物平均尺寸从约12μm降到1~3μm，细化了夹杂物，以上结果充分说明了添加适量稀土后，夹杂物的弥散度大大提高了。夹杂物弥散度的显著提高，势必会带来材料性能的改善，实验结果表明其导致改善试验钢的高温塑性很突出。

表 3-100　0Cr21Ni11 奥氏体耐热试验钢夹杂物统计结果

试验钢号	RE 含量/%	夹杂物/个数 · mm^2	夹杂物面积百分数/%	平均尺寸/μm
177	—	75.4	0.056	12
189	0.056	20.5	0.018	1
190	0.048	24.8	0.022	3

实验的结果发现，向 0Cr21Ni11N 奥氏体不锈钢中添加适量的稀土后，可将夹杂物 MnS、Al_2O_3 变质成稀土硫氧化物。稀土夹杂物的线膨胀系数与基体的线膨胀系数接近，因此稀土夹杂物和含稀土的复合夹杂物在热加工时，能随着基体变形，产生裂纹的几率变小，可有效地提高钢的高温塑性。

实验结果表明添加适量的稀土能明显提高 0Cr21Ni11 耐热钢的高温塑性，其中含 0.056% Ce 的试验钢表现最佳，消除了 800℃的塑性低凹区，扩宽安全热加工温度范围近 75℃，在 843 ~ 1250℃范围内其断面收缩率均高于 70%。在 750 ~ 850℃范围内（塑性低凹区），稀土抑制了杂质元素 S 的晶界偏聚，从而增加了晶界结合力，强化了晶界。显微组织及断口分析结果表明，稀土的添加使得晶界裂纹明显减少，改变了钢的断裂模式，使得钢高温拉伸断口的韧性断裂特征增加，从而增加高温塑性，RE 的影响效果更为显著；在较高温度下（900 ~ 1250℃），试验钢的高温塑性主要与稀土对动态再结晶及再结晶晶粒长大的影响有关。另外，稀土对夹杂物的性质、形态及分布的改变也是稀土改善试验钢高温塑性的重要原因[182]。

3.6.4　稀土对 2205 双相不锈钢热塑性的影响

双相不锈钢由于本身的合金化程度高且高温状态下奥氏体和铁素体的软化机制不同，使其生产工艺的复杂，特别是板带产品的生产、加工更是体现双相不锈钢生产技术水平的标志之一。对于含氮的双相不锈钢，其热加工温度范围往往处于热塑性低的两相区，热加工生产难度更大，在热加工过程中极易出现边裂缺陷，不仅给后续生产加工带来困难，而且大大降低了成材率，因此，如何改善双相不锈钢热加工性能是双相不锈钢领域亟须加以研究的重要内容。陈雷[182]等通过高温拉伸试验与压缩热模拟实验，结合不同状态下（铸态与锻态）组织性能的分析，对比研究含与不含稀土的最具代表性的 2205 双相不锈钢热加工性能的影响。

图 3-114 为不同稀土含量的 2205 双相不锈钢的高温塑性曲线。可以发现，拉伸温度在 650 ~ 900℃范围内，三种试验钢均存在一个塑性低凹区，其中 0 号和 2 号试验钢的断面收缩率先随温度的升高而降低，在 800℃时达到最低值，分别为 47% 和 44%，而后断面收缩率随温度的升高而增加，且二者断缩率相差不大；3 号试验钢在该温度范围内断面收缩率变化规律与其他二者相似，在 750℃达到最低值，但明显高于 0 号和 2 号试验钢，断面收缩率为 66%，而且塑性低凹区明显变浅。随着温度的升高，在 950 ~ 1100℃范围内，三种试验钢的高温塑性均随温度的升高而增大，在 1100℃达到峰值，在该温度范围内，试验钢的断面收缩率相差不大，至少 2 号试验钢略显偏低。随着温度的进一步升高，在 1150 ~

1250℃范围内，含稀土的2号和3号试验钢塑性较不含稀土的0号试验钢明显提高，其中，在1150℃时，试验钢高温塑性均出现下降，0号试验钢断面收缩率则大幅降低，1200℃时，塑性增加，而1250℃时再次降低。

同样将$Z=70\%$时的温度定义为高塑性和低塑性区域分界的门槛塑性温度。由图3-114可知，在800℃（塑性低谷）~1250℃范围内，含稀土的2号和3号试验钢的Z在高于70%的温度区间明显较不含稀土的0号试验钢宽，试验钢断面收缩率达到70%的近似温度区间可详见表3-101。

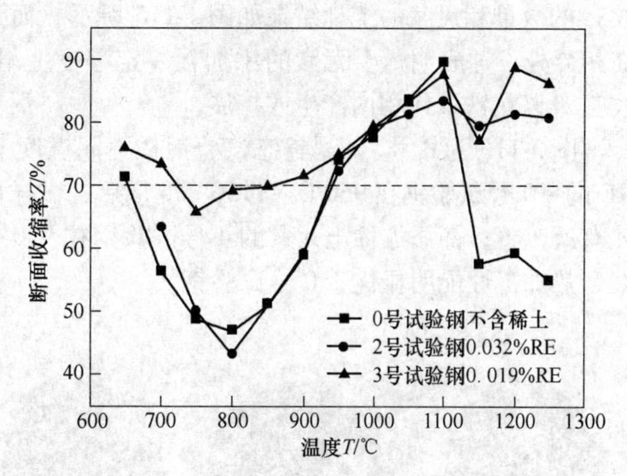

图3-114　稀土对2205双相不锈钢的高温塑性的影响

表3-101　双相不锈钢断面收缩率$Z\geqslant70\%$时的温度区间

试验钢号	0	2	3
T/℃	940~1130	940~1250	850~1250

从表3-101可知，含稀土0.019%稀土元素的3号试验钢具有最宽的良好热加工性能的温度区间，2号试验钢次之，而0号试验钢最差。由此可见，稀土元素的添加扩大了2205双相不锈钢的热加工安全区间。另外，需指出由于实验工艺条件所限，2号试验钢中稀土由于冶炼时，加稀土控制不佳，造成钢中稀土分布不均匀（RE 0.01%~0.04%），且氧含量略偏高，从而使得稀土作用受影响，而3号试验钢中稀土分布均匀则明显改善了2205双相不锈钢的高温塑性，这表明，即使少量的稀土元素添加到钢中如果分布均匀就能使得热加工性能得到改善。

当试样被拉断后，在相同变形温度下，3号试验钢组织中由于拉伸产生的微孔（裂纹）的数量和平均尺寸比在0号试验钢的少且小，对每个温度，10个视场下的微孔（裂

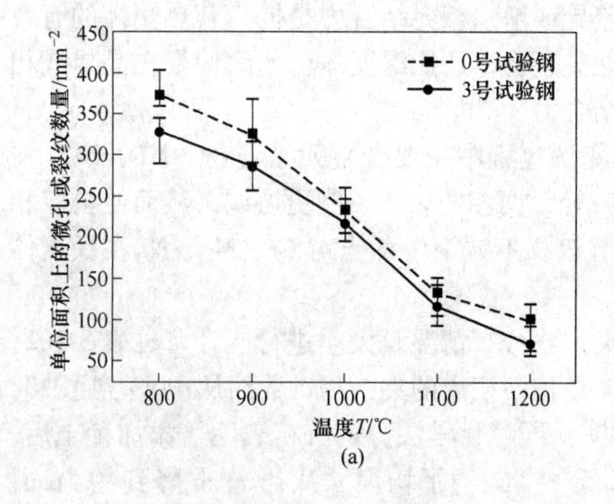

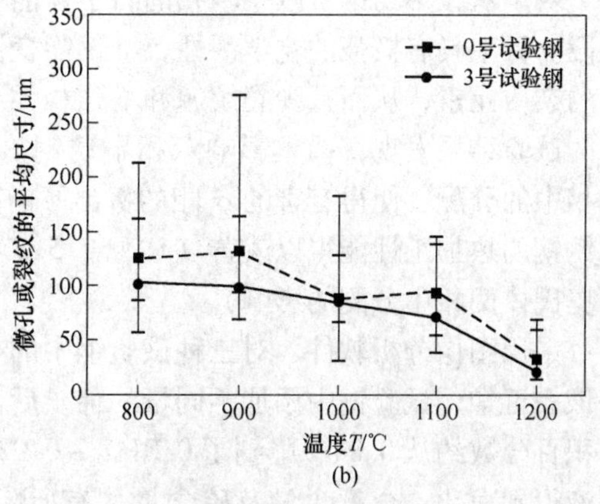

图3-115　稀土对不同温度下试样拉伸后微孔或裂纹的数量和尺寸的影响

（a）单位面积上的微孔或裂纹；（b）微孔或裂纹的平均尺寸

纹）的数量和尺寸的统计结果如图 3-115 所示，而且微孔在铁素体相内相对减少，多分布在相界处，这表明稀土元素的添加在一定程度上增加了铁素体相的强度，使得微孔（裂纹）难以在铁素体相内产生或扩展。

图 3-116 为 0 号、4 号铸态试验钢在不同温度下的热压缩后典型宏观形貌，可见未加 RE 的 +0 号试验钢在 950℃ ~1150℃ 变形后，试样均有热裂现象，较高温度（1250℃）下才有所改善；而添加稀土元素的 4 号试验钢在 950℃ ~1250℃ 变形后没有发现热裂纹的存在，热加工性能明显优于 0 号试验钢。

图 3-116　试验钢在不同温度下热压缩后的宏观形貌
(a) 950℃；(b) 1000℃；(c) 1050℃；(d) 1150℃；(e) 1250℃

对于双相不锈钢，减小两相的力学性能差异或增强相界结合力是提高其热塑性的有效手段。稀土具有极强的化学活性，不仅能变性夹杂物，还能深度净化消除偏聚在晶界或相界的杂质元素，从而减少裂纹源和增强相界结合力。

试验结果发现，稀土影响双相不锈钢热变形过程中主要合金元素（Cr、Mo、Ni）在双相中的分配，使得有害的 σ 相的析出倾向减轻，两相的软化机制更协调，从而使得双相不锈钢的热加工性能得以改善（详见 2.5.5 节双相不锈钢中稀土对 Cr、Mo、Ni 在铁素体和奥氏体两相中分配的影响）。

采用图像分析软件，对三种试验钢中的夹杂物分布情况及大小进行统计，见表 3-102。由该表可知，试验钢中添加不同量的稀土后，单位面积内的夹杂物个数约从 44 降到了 20，面积百分数约从 0.04% 降到了 0.01% ~0.02%，同时化学成分的分析表明，添加稀土后，钢液得到净化，全氧含量及硫含量均有所降低，夹杂物平均尺寸从约 7μm 降到约 3μm，夹杂物细化，大部分呈点状或球状。以上结果说明添加适量稀土后，夹杂物的弥散度大大提高了。夹杂物弥散度的显著提高，不仅可使试验钢中由夹杂物引起应力集中的倾向减弱，减少裂纹源，而且可使有害的σ相的形核位置减少，从而强化相界，减少应力集中，改善热加工性能。

表 3-102　RE 对试验钢中夹杂物数量及尺寸的影响

试验钢号	w(RE)/%	夹杂物个数/个·mm^{-2}	夹杂物面积百分数/%	夹杂物平均尺寸/μm
0	—	43.7	0.043	7
3	0.019	37.1	0.026	3
4	0.046	19.6	0.011	5

利用电子探针对含与不含稀土的铸态试验钢（0 号和 4 号）的 S 和 P 元素的线扫描见图 3-117 所示，可以看出，两种试验钢中 P 元素在相界处与两相内的浓度峰变化不大，表明在双相不锈钢中 P 的相界偏聚并不十分明显。而两种试验钢相界处（或靠近相界处）的 S 的浓度峰有较明显的差别。不含稀土的 0 号钢的相界处（或靠近相界处）浓度峰较两相内的高（图 3-117a 中 A、B、C 点），这表明 S 元素偏聚到了相界处（或靠近相界处）；而添加稀土的 4 号试验钢的相界处（或靠近相界处）的 S 浓度峰则为并不十分明显（如图 3-117b 中 D 点），而 S 浓度峰相对较高的点分布在两相内（图 3-117b 中 A、B、C 点）。由此可见，稀土元素的添加在一定程度上抑制了 S 元素在相界（或靠近相界处）的偏聚，这势必会带来相界结合力的增加，改善由于杂质元素偏聚而诱发的相界弱化，从而改善双相不锈钢的热加工性能。

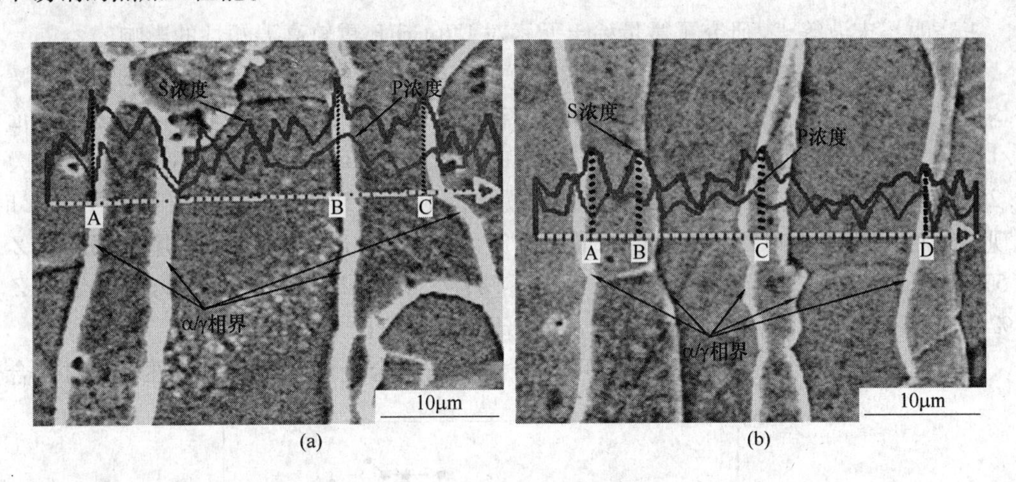

图 3-117　利用电子探针对铸态试验钢的线扫描结果

(a) 0 号试验钢，w(RE) = 0；(b) 4 号试验钢，w(RE) = 0.046%

通过含与不含稀土的 2205 双相不锈钢在不同状态下（铸态、锻态）的高温拉伸和高温压缩试验结果及稀土提高双相不锈钢高温塑性的机理分析，研究得到[182]：

（1）添加适量的稀土可改善锻态 2205 双相不锈钢的高温塑性。塑性改善主要表现为：使得在 700～900℃范围内的塑性低凹区明显变浅，使 1150～1250℃范围内塑性的大幅下降得到抑制。

（2）添加适量的稀土使得锻态 2205 双相不锈钢在各个拉伸温度下变形前两相的分布和形态更加有序，而且使得由于拉伸产生的微孔（裂纹）的数量减少，尺寸变小。稀土使得试验钢 800℃时 σ 相数量减少，断口表面韧窝变得大且深，少见解理平台，由于稀土在一定程度上抑制了 σ 相的析出，从而使塑性低凹区明显变浅。

(3) 铸态 2205 双相不锈钢经热压缩后所得流变曲线上表现出了“稳态平台”；在相同的变形条件下，稀土的添加使得流变曲线上的“稳态区”更加明显。

(4) 铸态 2205 双相不锈钢的热裂纹与奥氏体的不均匀分布以及脆性夹杂有关，稀土明显改善了铸态 2205 双相不锈钢的热加工性能，基本消除了开裂现象。

(5) 稀土可影响 2205 双相不锈钢在热变形过程中主要合金元素（Cr、Mo、Ni）的再分配。其中，稀土使得 Cr、Mo 元素在低温区两相中的分配更加均匀，即抑制了 Cr、Mo 元素在铁素体相中的偏析，减轻了相界处 Cr、Mo 元素的富集程度，从而对 σ 相的析出起到一定抑制作用；稀土促进了 Ni 元素的扩散，特别使在较高温度范围内（1000～1200℃）Ni 元素在两相中的分配更加均匀；稀土降低较低温度范围内（800～900℃）Mo 元素在 δ 相中的富集，有利于减轻 σ 相的析出倾向，而增加较高温度下（1000～1200℃）Mo 元素在 δ 相中的富集，从而减小了两相间力学性能的差异。

(6) 稀土变质改性了夹杂物，对夹杂物的性质、形态及分布产生影响，减少了裂纹源以及由于夹杂物形状所带来的危害，而且在一定程度上抑制了杂质元素 S 在相界的偏聚，增强了相界结合力。

3.6.5　稀土对 U76CrRE 重轨钢热塑性的影响

王晓丽、宋波等[194]研究了微量稀土元素对 U76CrRE 重轨高温塑性的影响。

由图 3-118 的研究结果可见：(1) 高温塑性区（950～1250℃，U76CrRE 与 U75V 试样均具有良好的塑性，U76CrRE 的断面收缩率 Z 平均值为 83.34%，U75V 的 Z 平均值为 65.17%，U76CrRE 的平均 Z 值比 U75V 高 18.17%。U76CrRE 在 1150℃的 Z 为最大值 85.26%，在 1250℃是 U76CrRE 高温塑性的拐点，Z 值为 58%，当温度升高到 1275℃时，出现零塑性。U75V 在 975℃的 Z 值为最大值 77.48%，在 1225℃是高温塑性的拐点，Z 值为 57.48%。当温度升高到 1275℃时，出现零塑性。U76CrRE 1250℃时的断面收缩率 Z 为 58%，而 U75V 为 12%，在 1250℃时，U76CrRE 的 Z 值比 U75V 高 46%。

王晓丽、宋波等[194]的实验结果表明稀土可提高微合金重轨钢高温塑性。它对微合金

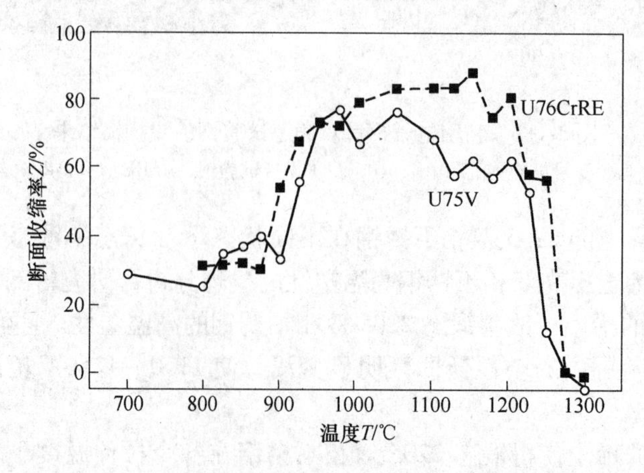

图 3-118　RE 对 U76CrRE、U75V 重轨钢高温塑性的影响

重轨钢高温塑性的影响主要表现在高温塑胜区。因此稀土微合金重轨钢铸坯矫直温度应该避开低温裂纹敏感区，即铸坯温度大于875℃，最好在900℃以上矫直。

3.6.6　稀土对9Cr18和0Cr12Ni25Mo3Cu3Si2Nb钢热加工性能的影响

李良一等[195]研究了稀土对9Cr18和0Cr12Ni25Mo3Cu3Si2Nb钢热加工性能的影响。

图3-119和图3-120的试验结果表明，加入稀土0.08%～0.15%后，两种钢的热塑性都得到改善，0Cr12Ni25Mo3Cu3Si2Nb合金钢中加入0.08%稀土时（图3-119(a)）在1100～1200℃的试验温度范围内热扭转圈数从12、13提高到16～20圈，提高约30%、50%，加入0.15%稀土时（图3-119(b)）从12.3～13.5提高到14～15圈，提高约15%。高碳铬不锈钢9Cr18的试验结果见图3-120。在试验温度范围内，钢中加入0.08%稀土的热扭转圈数提高20%～40%(图3-120(a))，加入0.15%稀土的热扭转圈数提高40%～70%(图3-120(b))。

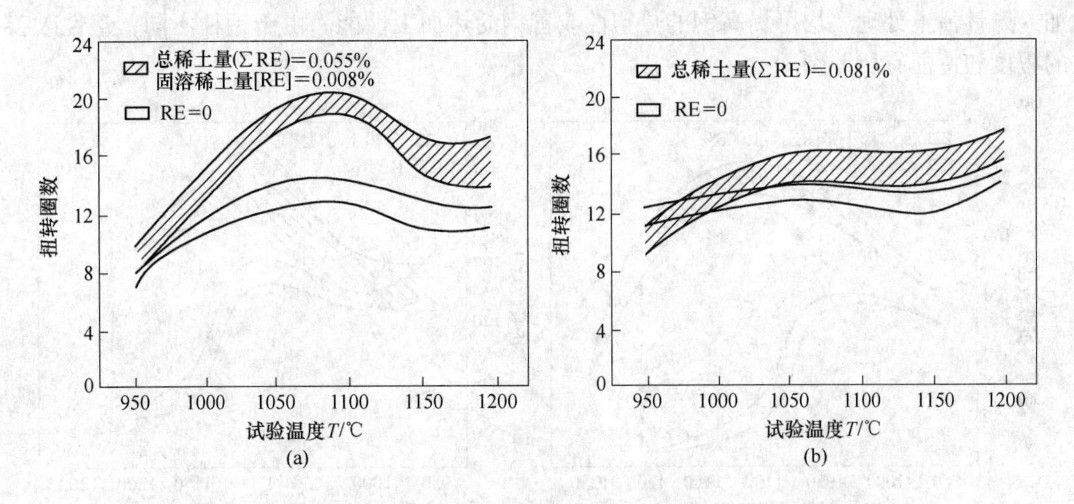

图3-119　稀土对0Cr12Ni25Mo3Cu3Si2Nb合金钢高温扭转塑性的影响

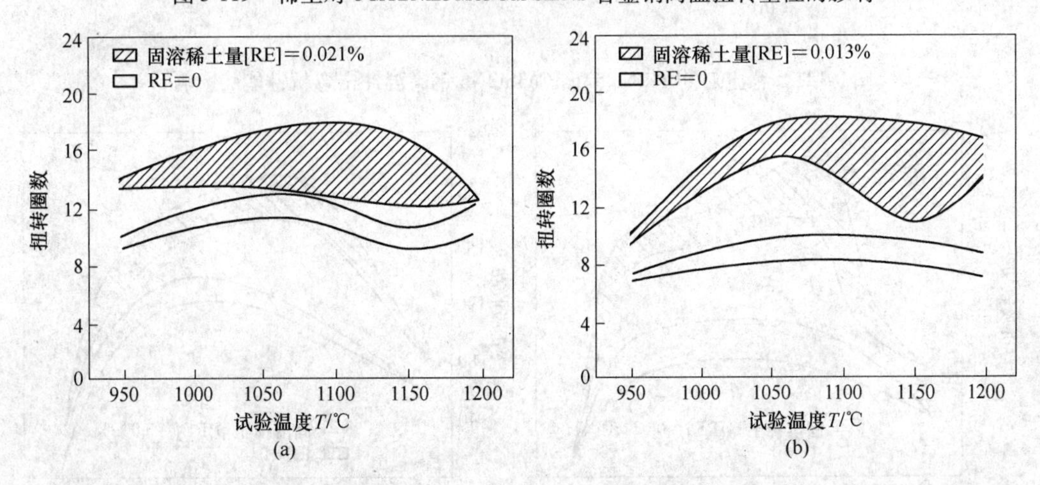

图3-120　稀土对9Cr18合金钢高温扭转塑性的影响

两种钢的冲击弯折试验结果示于图3-121和图3-122。从图可以看到钢中加入稀土（阴影线部分）较之未加稀土的弯折功高得多，0Cr12Ni25Mo3Cu3Si2Nb合金钢，在温度高于1050℃时弯折功很快降到10～40J，加入稀土的0Cr12Ni25Mo3Cu3Si2Nb合金钢在试验温度达1200℃时，吸收功仍保持较高的数值，如图3-121所示。由此可见稀土的作用主要是改善高温区（1050～1200℃）的塑性。与此相对应的试样在弯折时的塑性破断情况（以未折断面积*F*%为塑性指标）示于图3-123，也表明0Cr12Ni25Mo3Cu3Si2Nb合金钢加入稀土后，高温区的塑性明显提高。此点对现场生产颇为重要，提高高温区的塑性，意味着可以扩大热加工温度范围，或增加初轧道次的压下量。加入稀土的高碳铬不锈钢（9Cr18）在950～1200℃的温度范围内，塑性得到明显提高，吸收功提高40%、140%（图3-122）。高碳铬不锈钢弯折后试样未撕裂面积*F*%，高温冲击弯折性能也显著增加（见图3-124有阴影线者）。综合热扭转与高温冲击弯折两种塑性试验的结果，可以看到：钢中加入稀土后热塑性提高，其中0Cr12Ni25Mo3Cu3Si2Nb合金钢中加入稀土主要提高高温区的塑性，高碳铬钢950℃、1200℃的塑性都得到改善。0Cr12Ni25Mo3Cu3Si2Nb合金钢和高碳铬钢中加入微量稀土处理，均可提高钢的热塑性改善钢的热加工性能。由于钢种不同，塑性改善的程度和特征有所差别。

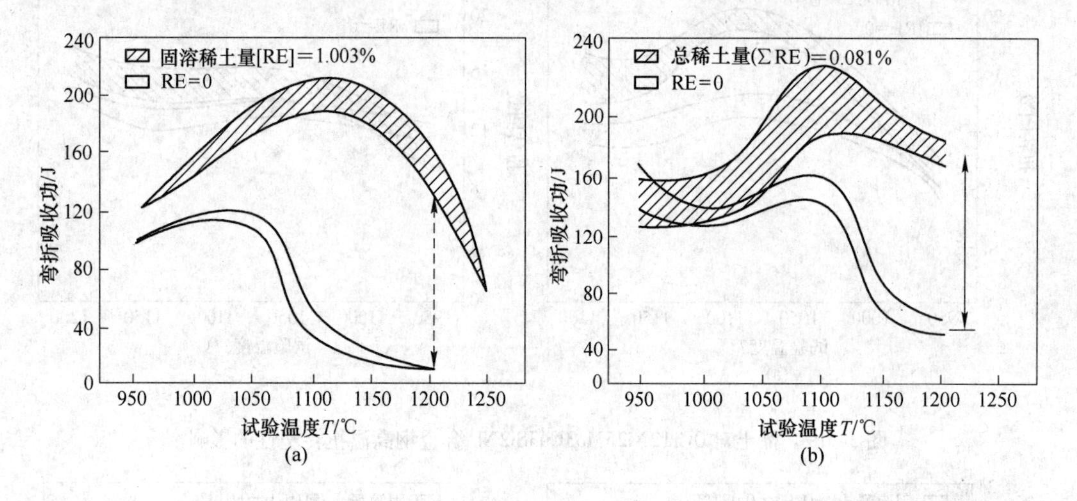

图3-121 稀土对0Cr12Ni25Mo3Cu3Si2Nb钢高温冲击弯折性能的影响

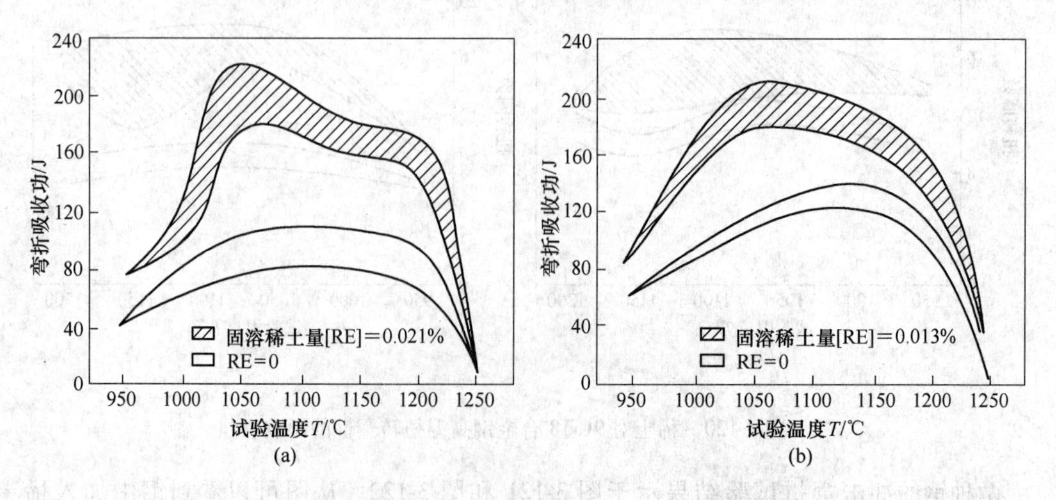

图3-122 稀土对9Cr18不锈钢高温冲击弯折性能的影响

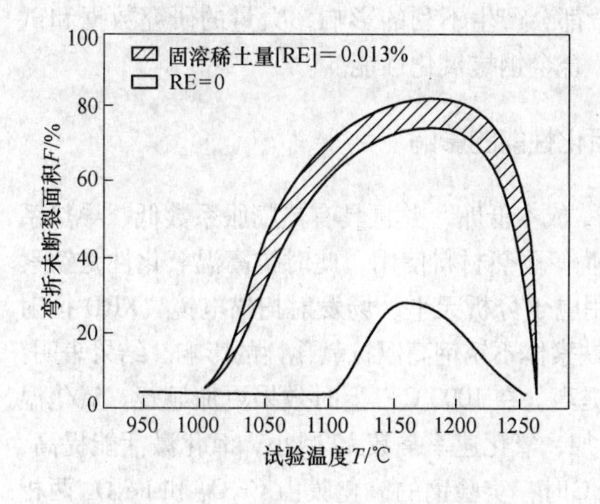

图 3-123 稀土对 0Cr12Ni25Mo3Cu3Si2Nb 钢高温弯折塑性的影响

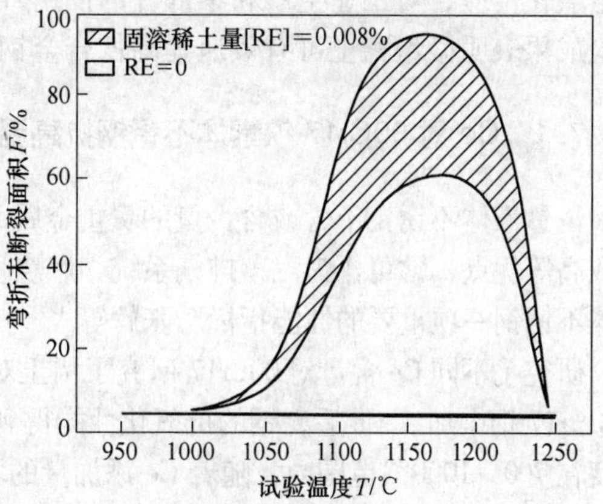

图 3-124 稀土对 9Cr18 钢高温弯折塑性的影响

图 3-125 结果表明：0Cr12Ni25Mo3Cu3Si2Nb 合金钢中稀土金属固溶含量很低时（0.003%[RE]）没有改善钢的热塑性，钢中稀土元素固溶含量大于 0.004% 钢的塑性得到改善，直到 0.008% 左右达到最高值，含量继续增高，改善作用减弱。因此在 0Cr12Ni25Mo3Cu3Si2Nb 合金钢中稀土元素固溶含量大致为 0.004% ~0.04%。加入过多的稀土非但不经济，反而会降低效果，并增加非金属夹杂物。在高碳铬钢中稀土元素固溶含量对热塑性的影响，也有结果，最佳含量大致也为 0.004% ~0.04%[RE]。

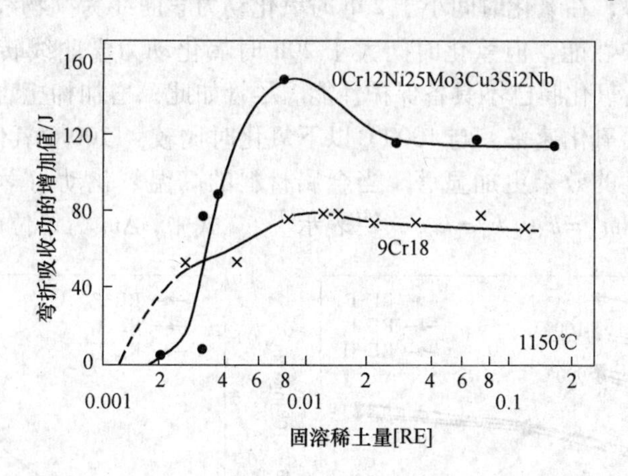

图 3-125 钢中稀土固溶含量［RE］对钢热塑性的影响

3.7 稀土对低合金钢、合金钢抗氧化性能的影响

低合金、合金耐热钢广泛应用于汽车、冶金、矿山、电力、水泥机械等工业部门，如汽车排气系统、燃烧喷嘴等耐热材料，使用火力发电厂的锅炉喷燃器、球团矿烧结机中的箅条和熟料窑冷却机的扬料板以及水泥工业的热工设备耐热件等。这些耐热钢零部件在特殊工况下（高温、磨料磨损等）与氧化性气体（O_2、H_2O、CO_2、SO_2 等）接触时，会发

生氧化反应，对工业生产和零部件的使用寿命都会产生不利的影响，大量的研究数据和试验成果表明微量稀土可有效地提高低合金钢、合金钢抗氧化性能。

3.7.1 Ce 对 00Cr17 铁素体不锈钢抗高温氧化性能的影响

铁素体不锈钢不含或含少量的贵重金属 Ni，成本低廉，并且具有热膨胀系数低、导热系数高等优点，常可作为汽车排气系统、燃烧喷嘴等耐热材料使用，此时抗高温氧化性是铁素体不锈钢一项重要的性能指标。张辉等[196] 利用电子分析天平、场发射扫描电镜、XRD 衍射仪研究了不同 Ce 含量对 00Cr17 研究了稀土对铁素体不锈钢高温抗氧化性的影响。结果表明：00Cr17 钢中加入 Ce 后，钢的抗氧化性能得到提高，在 1000℃以上时效果更加显著。氧化温度在 700 ~ 1000℃范围内，随着 Ce 添加量的增加，氧化速率常数 k_p 减小，氧化激活能提高，氧化膜由 Cr_2O_3 单相组成，而氧化温度在 1100℃时，实验钢的氧化膜由 Cr_2O_3 和 Fe_2O_3 两相组成，Ce 减缓了 Fe_2O_3 相的形成速率。Ce 改善 00Cr17 铁素体不锈钢抗氧性的主要原因是降低了氧化物的生长速率，提高了氧化膜的致密性，增强了氧化膜与基体的黏附性。

实验钢在 700 ~ 1100℃下的恒温氧化动力学曲线如图 3-126 所示，可见在 700 ~ 1000℃温度区间，试验钢均按近似于抛物线形氧化规律变化，说明氧化反应均受扩散所控制，氧化膜均具有良好的保护性能。其中，添加稀土钢的氧化增重比不加稀土钢均有减少，说明 Ce 的添加能够改善实验钢的高温抗氧化性能。当氧化温度提高到 1100℃时，未添加 Ce 的 RE-F 钢氧化动力学曲线由抛物线形转变为近似直线形，氧化速率受界面反应所控制，氧化膜已不具备保护性能。添加微量 Ce 的 RE-L 钢和 RE-H 钢的氧化动力学曲线则随氧化时间呈现不同变化趋势，在氧化时间小于 20h 时氧化动力学曲线为抛物线形，所形成的氧化膜仍具有较好的保护性能，但氧化时间大于 20h 时氧化动力学曲线转为直线形，说明在 1100℃氧化 20h 以后氧化膜已不具备保护性能。尽管如此，增加稀土含量仍然能够显著降低铁素体不锈钢高温氧化速率。与 1000℃以下氧化时比较，1100℃氧化时 Ce 的添加改善实验钢高温抗氧化性的效果更加显著。当金属材料的高温氧化动力学符合抛物线形规律时，其动力学可用 $\Delta m^n = k_p t$，$k_p = k_0 e^{-Q/RT}$ 表示[197]。式中，Δm 为单位面积氧化增重，mg/

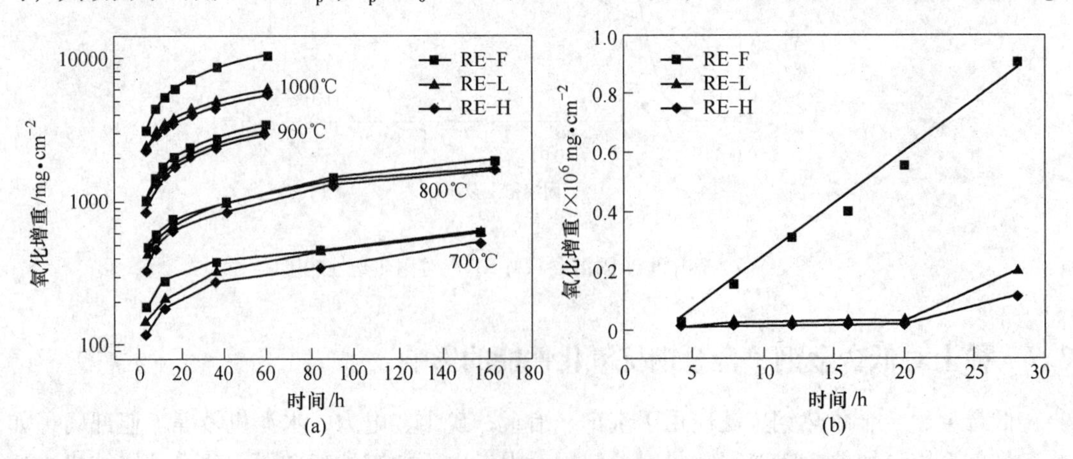

图 3-126 不同温度下 00Cr17 铁素体不锈钢的氧化动力学曲线
（RE-F 的 RE 含量为 0；RE-L 的 RE 含量为 0.02%；RE-H 的 RE 含量为 0.08%）
(a) 700 ~ 1000℃；(b) 1100℃

cm^2；n 为指数；t 为氧化时间，h；k_p 为氧化速率常数；k_0 为常数；Q 为氧化激活能，kJ/mol；T 为氧化温度，K；R 为气体常数。利用该式对氧化动力学符合抛物线规律的700～1000℃温度区间的实验结果进行回归分析，可求出不同温度下的 n、k_p 及 Q，结果如表3-103所示。在相同温度下氧化速率常数 k_p 随Ce含量的增加而减小，而氧化激活能 Q 则随Ce含量的增加而有所增大，说明含Ce钢的高温抗氧化性高于不含稀土钢。

表3-103　00Cr17铁素体不锈钢在700～1000℃下的 k_p、n 与氧化激活能 Q

温度/℃	氧化速率常数 k_p /$mg^{-2}\cdot cm^{-4}\cdot s^{-1}$			氧化指数 n			氧化反应活化能 Q/$kJ\cdot mol^{-1}$		
	RE-F	RE-L	RE-H	RE-F	RE-L	RE-H	RE-F	RE-L	RE-H
700	2.3×10^{-5}	2.2×10^{-5}	1.6×10^{-5}	2.66	2.52	2.62	189	200	212
800	2.2×10^{-4}	1.8×10^{-4}	1.6×10^{-4}	2.69	2.64	2.33			
900	1.9×10^{-3}	1.6×10^{-3}	1.4×10^{-3}	2.27	2.36	2.13			
1000	1.7×10^{-2}	0.5×10^{-2}	0.4×10^{-2}	2.25	2.41	2.51			

由不同氧化温度下实验钢的表面氧化膜的XRD和EDS分析的结果可以发现在900和1000℃下，实验钢氧化膜均由 Cr_2O_3 单相组成，Ce的加入并不改变氧化膜的相组成，但Ce的加入明显改变了氧化膜最强峰与基体最强峰的比值。在900℃时，RE-F、RE-L、RE-H钢氧化膜最强峰与基体最强峰的峰值比分别为0.55、0.38、0.36，而在1000℃时，峰值比分别为14.74、0.45、0.74。这从另一个侧面反映出在更高的氧化温度下，稀土Ce的加入使试验钢表面被氧化的厚度减小，其抗氧化性增强。在1100℃下，氧化膜中除了 Cr_2O_3 外，还出现了 Fe_2O_3 相。对氧化层表面所做的EDS分析结果显示：在低于1000℃时，表面Cr含量远高于Fe含量，但在1100℃时，RE-F钢表面Fe含量明显高于RE-L、RE-H钢，而RE-F钢表面Cr含量明显低于RE-L、RE-H钢，因此可以认为：在1100℃下RE-F钢表面氧化膜中 Fe_2O_3 的含量高于RE-L、RE-H钢，即Ce的加入抑制了基体Fe的氧化，增强了00Cr17钢的高温抗氧化性。

实验结果表明，微量Ce可以显著降低00Cr17铁素体不锈钢的氧化速度，改善其抗氧化性。不锈钢的抗氧化性一方面依赖于表面氧化膜的完整性，另一方面直接取决于氧化膜的黏附性，而氧化膜的黏附性由氧化膜的内应力和氧化膜/合金界面结合强度决定。在氧化初期，稀土Ce能促进铬的优先氧化，使铁素体不锈钢表面很快形成致密完整均匀的 Cr_2O_3 膜。这可能是由于稀土Ce与氧有良好的亲和力，在铁素体不锈钢表面快速形成的稀土氧化物质点可作为 Cr_2O_3 膜的形核核心，促进保护性氧化膜的形成[198]；此外，稀土Ce的原子半径较大，固溶到金属中后使基体点阵扩张，提高了铬在基体中的扩散速度，这为较快地形成保护性氧化膜提供条件。氧化膜中孔隙的减少可以减少氧化膜内贯穿式微观通道，细小的氧化物颗粒使氧化膜能够容纳更高的应力而不易发生断裂或与金属基体剥离，因此稀土Ce在促进保护性氧化膜快速形成的同时，还改善氧化膜自身性能，从而提高了00Cr17铁素体不锈钢的抗氧性。在高温和长时间氧化条件下，保护性氧化膜的稳定性和黏附性更为重要。在1100℃氧化16h后，RE-F钢的氧化膜掺杂大量的 Fe_2O_3，致使氧化层疏松多孔，不具有保护性；而RE-L、RE-H钢的氧化层仍以致密的 Cr_2O_3 为主，具有较好的保护性，因此稀土Ce的加入能够增强保护性氧化膜的稳定性。图3-127是实验钢在1100℃，氧化4h后的氧化膜横断面形貌。由图可见，RE-L、RE-H钢的氧化膜厚度及内氧化的宽度明显小于 RE-F 钢，表明 Ce 能有效地降低 Cr_2O_3 膜的生长速率，同时减缓内氧化的发生。这是因为铁素体不锈钢在氧化时，Cr_2O_3 膜的生长依靠铬离子向外扩散和氧离子向内扩散共同完成。在添加 Ce 的氧化膜内，稀土氧化物与空位相结合，形成复杂、不易运动的空位复合体，同时消除了氧化膜内的位错源，提高了铬离子的扩散激活能，铬离子的短路扩散被 Ce 所抑制，使 Cr_2O_3 膜的生长依靠以氧阴离子扩散为主[199]。同时，Ce 还抑制了氧阴离子在基体的内扩散，即抑制了内氧化的发生。另外，在氧化膜与基体的界面处可以观察到有很多细小的“钉子”插入氧化膜中，添加稀土钢的“钉子”数量较未加稀土钢的多，这些“钉子”可增加氧化膜与金属的实际接触面积，起到“钉扎”氧化膜的作用，从而提高氧化膜的黏附性和抗剥离能力。

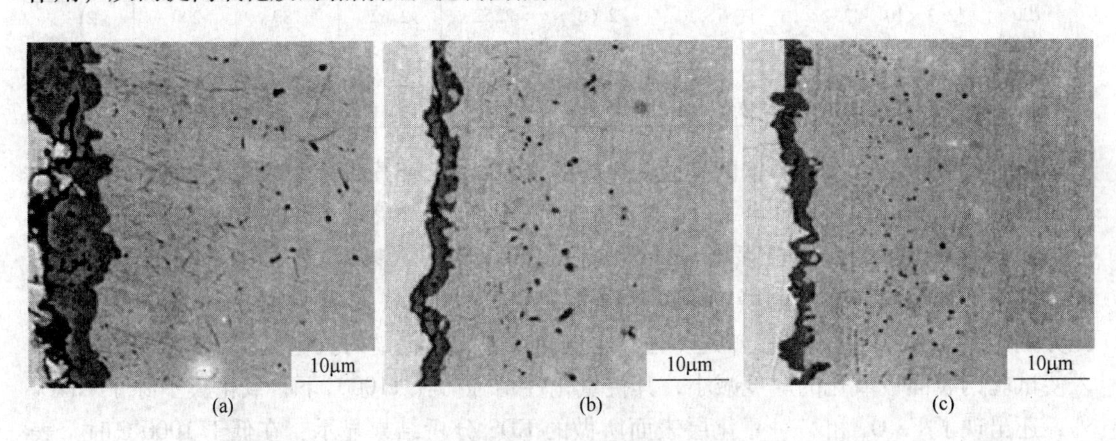

图 3-127 00Cr17 铁素体不锈钢氧化膜横断面的形貌照片
(a) RE-F，1100℃/4h；(b) RE-L，1100℃/4h；(c) RE-H，1100℃/4h

3.7.2 稀土对 35CrNi3MoV 钢抗高温氧化性能的影响

李文超等[200]在大连钢厂、五二研究所等研究工作的基础上，进一步研究了稀土对电渣重熔 35CrNi3MoV 钢抗高温氧化的作用及机理。反应分数可写为 $1-(1-R)^2=kt$，式中 k 为速度常数，R-t 关系见图 3-128。图 3-128 为 35CrNi3MoV 钢片状试样在 700℃ 循环空气中等温氧化动力学曲线。在差减法分析的基础上，用离子探针避开夹杂物进行了稀土定性分析，得到稀土相对铁基的含量，即稀土的相对合金化量。

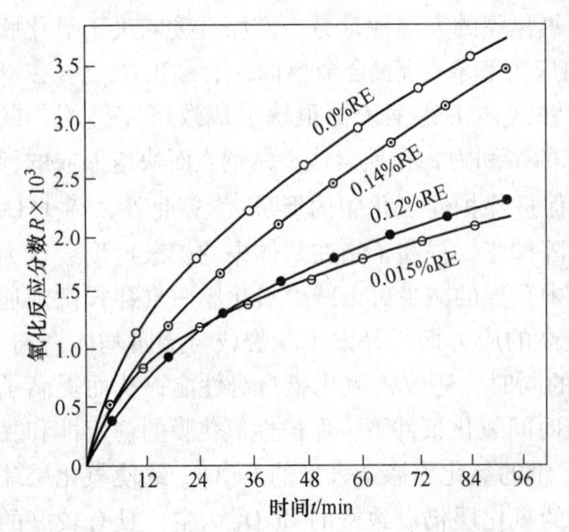

图 3-128 稀土对 35CrNi3MoV 钢在 700℃ 循环空气中等温氧化动力学曲线的影响

用三维动力学公式 $A=k_p t$ 处理了 600～800℃ 立方体试样的氧化动力学实验数据，A 对 t 作图均呈直线。用最小二乘法计算了各温度下的抛物线速度常数，其中 700℃ 时各试样的抛物线速度常数列入表 3-104。由表 3-104 可以看出，在适量的稀土含量（0.015% ~0.12%）范围内钢的氧化速度具有最低值。

表 3-104　700℃时各试样的抛物线速度常数

试　样	0.0% RE	0.015% RE	0.12% RE	0.14% RE
k_p	0.018	0.0061	0.0069	0.016

X 射线衍射结果表明，35CrNi3MoV 钢氧化膜的主相为 Fe_2O_3、Fe_3O_4、$(Fe、Cr)_2O_3$、Al_2O_3 等，而加入稀土后出现次相 CeO_2、Ce_2O_3 和 $CeAlO_3$ 等。添加稀土的合金，氧化膜结构明显得到改善，氧化膜变得致密、完整，黏附性好。

稀土抑制了晶界腐蚀试样高温氧化后，沿横断面制成金相试样，在扫描电镜下观察发现，在适量稀土含量（约 0.015% RE，[RE]/[S] = 1）的条件下晶界腐蚀明显减弱。晶界是晶体面缺陷的一部分，在未加稀土的合金中［O］、［S］等杂质在晶界偏聚，高温下与基体发生化学反应，使晶界优先氧化；另外在氧化气氛下，氧沿晶界扩散远大于其在晶内扩散，结果造成晶界腐蚀。稀土加入后，净化了晶界，减少了晶界上的杂质，使晶界腐蚀减缓。但加入过量稀土，由于在晶界上出现了 C、Cr 的富集生成 Cr_xC_y，反而加速了晶界腐蚀。

研究表明稀土在 35CrNi3MoV 合金钢中的含量在 0.015% 左右，当[RE]/[S] = 1 时，循环空气中等温氧化速度最低。

3.7.3　稀土对 3Cr24Ni7N 耐热钢抗高温氧化性能的影响

林勤等[201]实验研究了耐热钢 3Cr24Ni7N 高温氧化中稀土的作用。实验结果表明，稀土抑制硫、促进铬和硅向表面的扩散，改善了氧化膜的组织结构，减少晶间腐蚀，增大金属氧化活化能，提高了耐热钢的抗高温氧化性能。实验结果表明，耐热钢氧化初期（氧化时间小于 14min）$(1+KR)^{1/3}-1$ 和 t 有很好的线性关系（见图 3-129）。

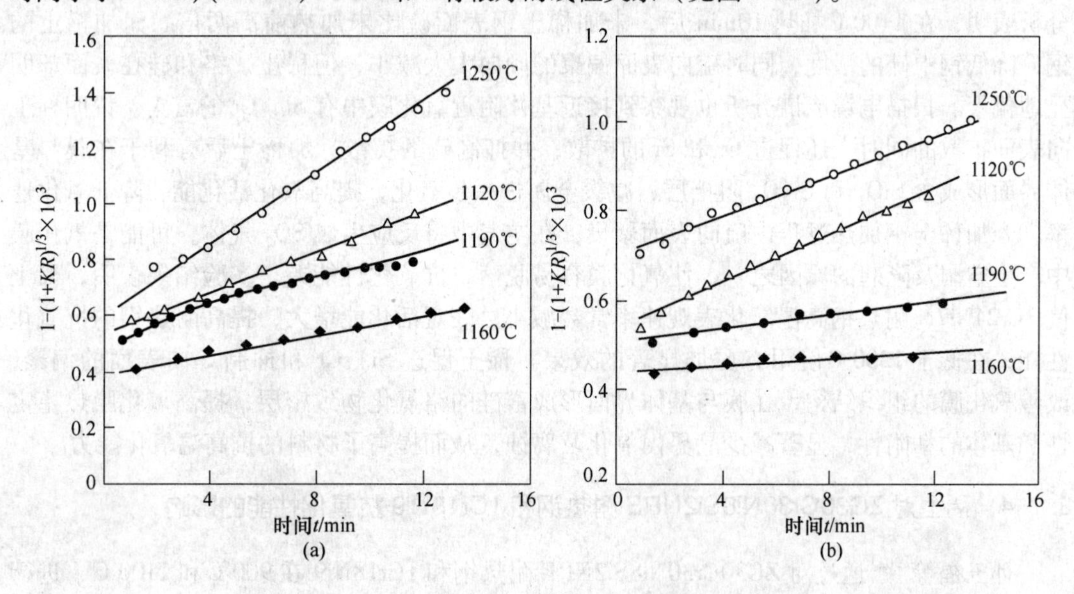

图 3-129　稀土对耐热钢氧化初期的动力学规律的影响

（a）$c_{RE}=0$；（b）$c_{RE}=0.142\%$

图 3-129 的实验结果表明耐热钢氧化初期氧化动力学规律遵循 $(1+KR)^{1/3}-1=k_{c}t$，氧化过程受化学反应控制，表 3-105 列出 3Cr24Ni7N 和 3Cr24Ni7NRE 钢不同温度下的表观速率常数 k_{c} 及相关系数 r。

表 3-105 稀土对耐热钢氧化初期的表观速率常数 k_{c} 的影响

温度/℃	3Cr24Ni7N		3Cr24Ni7NRE	
	k_{c}	r	k_{c}	r
1160	1.84×10^{-5}	0.99	4.92×10^{-6}	0.99
1190	2.42×10^{-5}	0.99	9.25×10^{-6}	0.99
1220	3.85×10^{-5}	0.99	2.62×10^{-5}	0.99
1250	6.69×10^{-5}	0.99	4.33×10^{-5}	0.99

随着温度升高，表观速度常数增大，氧化速度加快，耐热钢中加入稀土，在 1160 ~ 1250℃范围内，均使 k_{c} 值减小，表明稀土有抑制氧化初期耐热钢氧化速度的作用，而在 1200℃以下效果更加显著。应用 Arrnenius 公式，可以求出表观活化能 E_{c} 和指前因子 A，不加和加稀土的氧化初期表观活化能分别为 265kJ/mol 和 352kJ/mol。得到氧化初期表观速率常数的经验表达式：

3Cr24Ni7N $\qquad k_{c}=6.45\times10^{4}\exp(-31920/T)$

3Cr24Ni7NRE $\qquad k_{c}=2.75\times10^{11}\exp(-42290/T)$

加稀土的耐热钢氧化膜明显分为三层：外层为富铁的铁铬相；内层为富铬的铁铬相；与基体接触处是致密不含铁的铬氧化物层（扫描电镜下呈亮白色带）。将内外层氧化膜去除后的 X 射线衍射分析表明亮白色带为 Cr_2O_3。不加稀土钢，氧化膜只有两层，与基体接触处没有完整致密的不含铁的铬氧化物层，因此抗氧化性能差。高真空下耐热钢表面 AES 分析表明，在 1100℃加热 10min 后，未加稀土钢表面硫比未加热前高两倍。而加稀土的钢，降低钢中硫的活度，同时硫向表面偏聚的倾向大大减小，但稀土、铬和硅在表面却明显地偏聚。扫描电镜能谱分析也观察到接近基体附近氧化膜中有 Si、Cr 的富集。说明稀土向表面扩散的同时，还促进 Cr 和 Si 的扩散，并抑制硫的扩散。加稀土后有利于在膜与基体界面形成含 SiO_2 和 Cr_2O_3 阻挡层，减缓金属进一步氧化，提高氧化活化能，降低氧化速率。未加稀土钢加热过程中硫向表面聚集，在空气中将反应生成 SO_2 气体，可能是氧化膜中产生空洞及隆起的原因之一，使氧化膜容易脱落，抗氧化性能差。实验结果表明，稀土使 3Cr24Ni7N 耐热钢高温氧化表观速率常数减小，表观活化能增大，提高耐热钢的抗氧化性能，在低于 1200℃使用有更加显著的效果。稀土促进 Si、Cr 和抑制 S 向表面的偏聚，改善氧化膜的组织结构，在膜与基体界面形成富硅的铬氧化物致密层，提高氧化膜热稳定性和基体的粘附性，显著减少晶界内氧化及腐蚀，从而提高了材料的抗高温氧化能力。

3.7.4 稀土对 ZG30Cr30Ni8Si2NRE 耐热钢和 1Cr18Ni9 抗氧化性能的影响

孙玉福等[202]通过对 ZG30Cr30Ni8Si2NRE 耐热钢和 1Cr18Ni9 在 900℃和 1100℃下进行抗氧化性试验研究，结果表明：抗氧化试验后 ZG30Cr30Ni8Si2NRE 组织中碳化物颗粒变小，铁素体数量增多；ZG30Cr30Ni8Si2NRE 在 900℃下完全抗氧化，在 1100℃下抗氧化，表面形成了保护性氧化膜，其抗氧化性能明显优于1Cr18Ni9的抗氧化性能，见表3-106。

表3-106 ZG30Cr30Ni8Si2NRE抗氧化性试验结果

材料	原始质量	氧化后质量	平均氧化速度/g·$(m^2·h)^{-1}$	
			900℃	1100℃
ZG30Cr30Ni8Si2NRE	72.0717	72.0962	0.0293	0.1248
1Cr18Ni9	69.4985	72.1801	3.3508	9.2083

可看出，对同一种材料，温度越低，氧化速度越小，抗氧化性越好；反之，抗氧化性越差。1Cr18Ni9的氧化速度远远大于ZG30Cr30Ni8Si2NRE的氧化速度。参照GB/T 13303—1991钢的抗氧化性级别评定标准可知，ZG30Cr30Ni8Si2NRE在900℃下是完全抗氧化的，在1100℃下是抗氧化的，而1Cr18Ni9在900℃和1100℃下都是弱抗氧化的，可见ZG30Cr30Ni8Si2NRE的抗氧化性显著优于1Cr18Ni9的抗氧化性。根据试样的氧化增重绘制出二者的恒温氧化动力学曲线，如图3-130所示。可见，氧化时间和氧化温度对钢的氧化增重影响很大，且1Cr18Ni9的氧化增重远远大于ZG30Cr30Ni8Si2NRE的氧化增重。

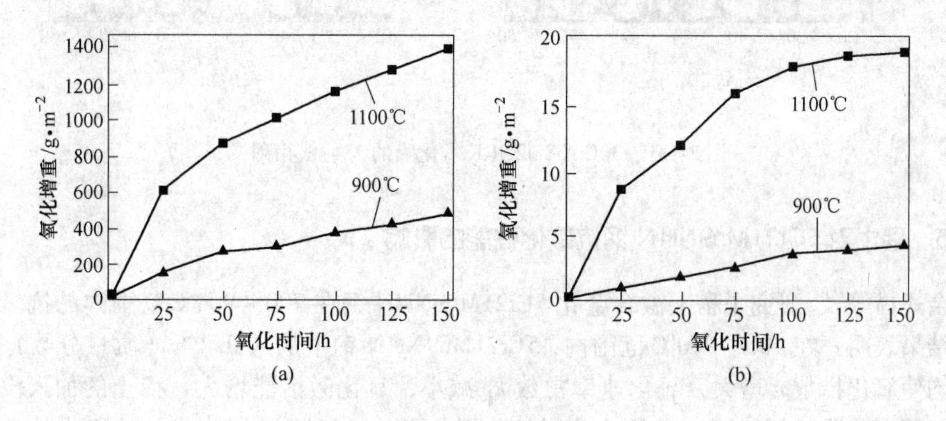

图3-130 氧化动力曲线
(a) 1Cr18Ni9；(b) ZG30Cr30Ni8Si2NRE

由图3-130（a）可知，1Cr18Ni9在900℃和1100℃下的氧化动力学趋势为：氧化初期试样增重较大，之后有所减小，但一直处于上升趋势。由图3-130（b）可知，ZG30Cr30Ni8Si2NRE在900℃和1100℃下的氧化动力学趋势为：氧化初期试样增重较大，之后氧化逐渐减小并趋于稳定，符合抛物线规律。这说明在试验条件下1Cr18Ni9表面没有形成氧化物保护膜，一直被氧化，观察试验试样发现其中部凸起并开裂，从而加剧了氧化进程。ZG30Cr30Ni8Si2NRE在氧化初期，其表面上的晶界缺陷是氧化膜晶粒形成的地方，氧化速度较快，氧化后期钢中的合金元素已经在其表面形成一层氧化物保护膜。试验后观察表明：试样无变形，表面是连续致密均匀的黑色氧化膜，氧化膜无开裂，阻止空气中的氧原子和其他腐蚀性气体进入钢的内部，提高了材料在高温工况下的使用寿命。

对ZG30Cr30Ni8Si2NRE氧化膜进行X射线衍射分析，其结果如图3-131所示，可见，在900℃下氧化后，氧化膜主要有Cr_2O_3、尖晶石结构（$FeCr_2O_4$、$NiCr_2O_4$）及少量的Fe_2O_3和Fe_3O_4；在1100℃下氧化后，氧化膜主要有Cr_2O_3、尖晶石结构（$FeCr_2O_4$、

$NiCr_2O_4$）和 Fe_3O_4，且1100℃下与900℃下相比，Fe_3O_4 和尖晶石结构数量增多，Cr_2O_3 数量减少，SiO_2 数量少，在X射线衍射图中不能表现出来。Fe_3O_4 比 Fe_2O_3 更能使钢具有好的抗氧化性能，根据合金化原理[203]，如果加入的合金元素能生成尖晶石型或复杂的尖晶石结构，会降低铁离子的扩散速度，提高抗氧化性。因此1100℃时的氧化膜比900℃时的氧化膜具有更好的保护性；但温度高时，离子扩散速度快，加速了氧化膜的生长速度，会降低钢的抗氧化性能。综合分析结果，ZG30Cr30Ni8Si2NRE在900℃下比1100℃下具有更好的抗氧性能。

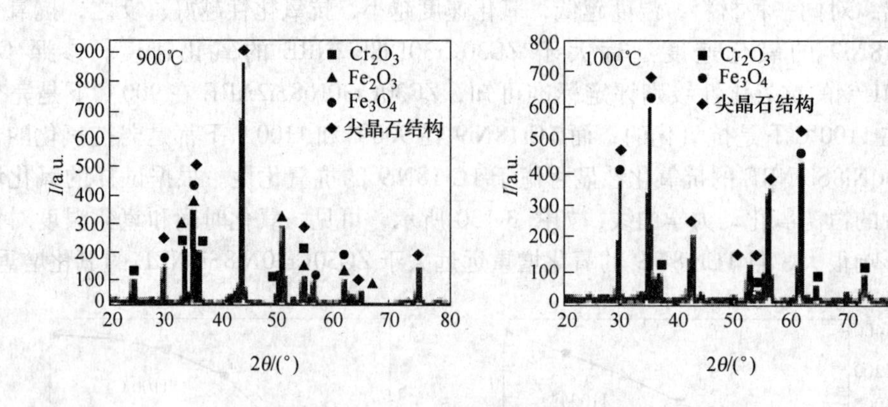

图3-131　30CrNi8Si2NRE氧化膜的X射线衍射图

3.7.5　稀土对5Cr21Mn9Ni4N钢抗氧化性能的影响

余式昌等[204]研究了稀土微合金化5Cr21Mn9Ni4N钢在700～900℃范围内的抗氧化性能。结果表明：在700～900℃范围内，5Cr21Mn9Ni4N钢中加入0.2%（质量分数）稀土后，均使氧化指数 n 增大，氧化速率常数 k_p 减小，氧化激活能增大，稀土的加入没有改变耐热钢氧化膜的相组成，而是改善了氧化膜的结构，提高了氧化膜的热稳定性和黏附性，从而提高了耐热钢的高温抗氧化性能。随着氧化温度的升高，耐热钢氧化膜组成从锰的氧化物为主向铁的氧化物占较大比重转变，致密度和抗剥落性下降，氧化膜中铁的氧化物大量出现和氧化膜疏松是抗氧化性能降低的主要原因。

图3-132是稀土含量分别为0～0.4%的试验钢800℃的恒温氧化动力学曲线，由图可见，随着稀土添加量从0增加0.2%，试验钢144h的氧化增重从2.81mg/cm² 降低至1.98mg/cm²，最大降幅达到29.5%，但稀土量的继续增加，抗氧化性能反而降低，由此可见800℃时添加0.2%稀土的2号试验钢抗氧化性能最好。针对2号试验钢进行了重点研究，0号试验钢（RE含量为0）、2号试验钢（RE含量为0.2%）在700℃和900℃下的恒温氧化动力学曲线如图3-132（b）、（c）所示，可以看出700℃下2号试验钢的抗氧化性能也明显优于0号试验钢，144h的氧化增重同比减少21.6%，而900℃时2号试验钢抗氧化性能比0号试验钢只是略有改善。从图3-132可见，随着氧化温度从700提高900℃，稀土对抗氧化性能的作用先提高后减弱。当金属材料的高温氧化动力学符合抛物线形规律时，其动力学可用 $\Delta m^n = k_p t$，$k_p = k_0 e^{-Q/RT}$ 表示，用该式对图3-132中氧化动力学700～900℃温度区间的实验结果进行回归分析，可求出不同温度下的 n、k_p 及 Q，结果如表3-107所示。

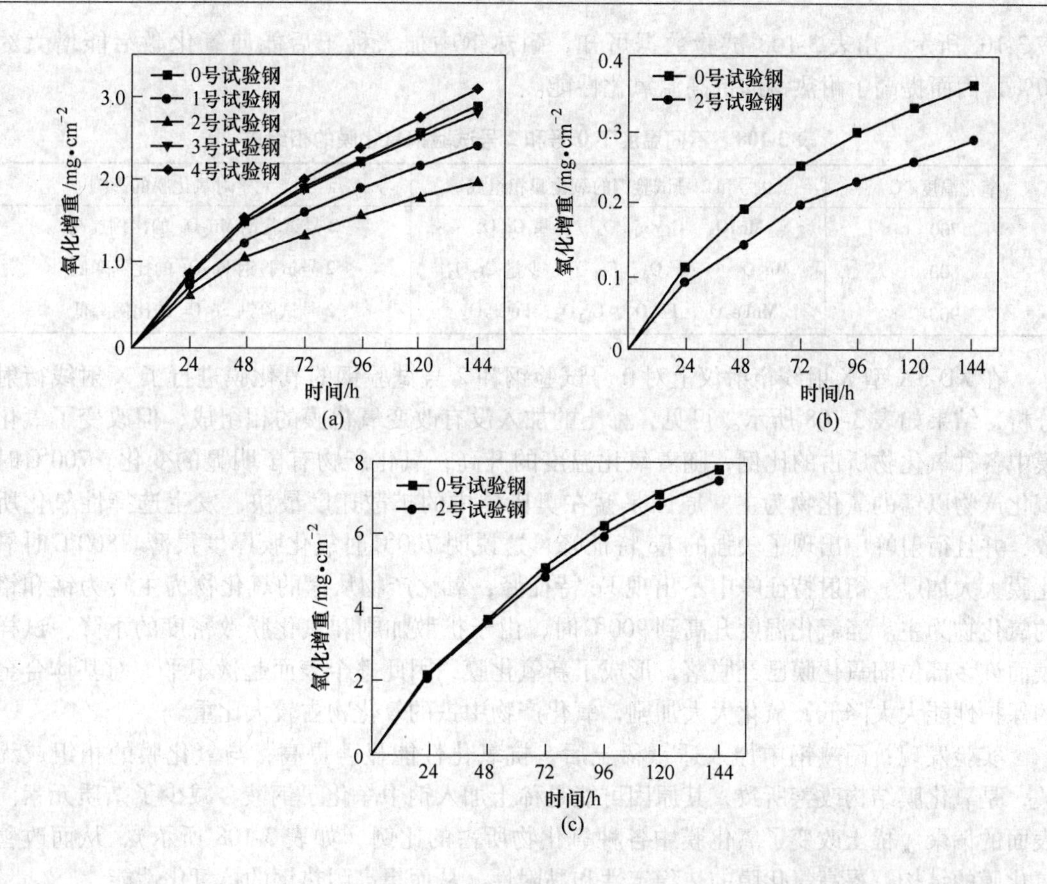

图 3-132 不同稀土含量试验钢 700～900℃氧化动力学曲线

（a）800℃；（b）700℃；（c）900℃

表 3-107 稀土对 0 号试验钢和 2 号试验钢不同温度下的 n、k_p 与氧化激活能 Q 的影响

试验钢编号	氧化温度/℃	n_1	k_{p1}/10^{-3}	相关系数	回归分析范围/h	Q_1/kJ·mol^{-1}	n_2	k_{p2}/10^{-3}	相关系数	回归分析范围/h	Q_2/kJ·mol^{-1}
0	700	1.35	2.22	0.99892	0～72	186.1	1.87	1.02	0.99941	72～144	245.1
	800	1.35	34.6	0.99636	0～72		1.70	40.5	0.99986	72～144	
	900	1.28	114.6	0.99999	0～72		1.57	182.1	0.99686	72～144	
2	700	1.40	1.39	0.99922	0～72	205.3	1.93	0.658	0.99986	72～144	270.3
	800	1.40	22.0	0.99731	0～72		1.77	23.8	0.99983	72～144	
	900	1.30	108.5	0.99998	0～72		1.60	180.9	0.99733	72～144	

从表 3-107 中可以看出，两种钢整个氧化过程中随着氧化温度的升高，氧化指数 n 减小，氧化速率常数 k_p 增大，进入氧化稳定期后，氧化动力学曲线从抛物线规律向线性规律偏离，氧化温度越高偏离越严重，氧化速度加快。对比两种钢的实验数据可知，耐热钢中加入稀土，在 700～900℃范围内，均使氧化指数 n 增大，氧化速率常数 k_p 减小，表明整个氧化过程中稀土都有抑制耐热钢氧化速度的作用，而在 800℃以下效果更加显著。根据 Arrnenius 方程式，用 $\ln k_p$ 对 $1/T$ 作图，回归分析得到两种钢的氧化激活能结果如

表 3-108 所示。由表 3-108 试验数据可知，耐热钢中加入稀土后能使氧化激活能增大约 10%，因而提高了耐热钢的抗高温氧化性能。

表 3-108　不同温度下 0 号和 2 号试验钢氧化膜的相组成

氧化温度/℃	0 号和 2 号试验钢的氧化膜相组成	稀土元素对氧化膜的影响
700	Mn_2O_3，$CrMn_{1.5}O_4$，少量 Cr_2O_3	2 号试验钢 Mn_2O_3 的比例提高
800	Mn_2O_3，$FeCr_2O_4$，Fe_2O_3，少量 Cr_2O_3	2 号试验钢 Fe_2O_3 的比例降低
900	$MnFe_2O_4$，Fe_2O_3，Cr_2O_3，$FeCr_2O_4$	2 号试验钢 Fe_2O_3 的比例降低

在 XD-3A 型 X 射线衍射仪上对 0 号试验钢和 2 号试验钢的氧化膜进行了 X 射线衍射分析，结果如表 3-108 所示。可见，稀土的加入没有改变氧化膜的相组成，但改变了氧化膜中各种氧化物所占的比例，随着氧化温度的升高，氧化产物有了明显的变化。700℃时氧化产物以锰的氧化物为主，原因是锰在奥氏体中的扩散速度最快，发生选择性氧化所致，并且衍射峰中出现了较强的 Fe 特征峰，这说明 700℃时氧化膜厚度很薄。800℃时氧化膜大大加厚，衍射特征峰中不出现 Fe 特征峰，氧化产物从锰的氧化物为主转为锰和铬的氧化物为主。当氧化温度升高到 900℃时，由于扩散加剧和氧化膜致密度的下降，试样表面许多部位旧氧化膜已经脱落，形成了新氧化膜，因此整个表面起伏不平，对基体合金的保护性能大大降低，氧化大大加剧，氧化产物中铁的氧化物占较大比重。

实验发现；耐热钢中加入适量稀土后，抗氧化性能显著提高，与氧化膜的相组成无关，是氧化膜结构改善所致，其原因可能是稀土加入钢中净化了钢液，减少了杂质元素向表面的偏聚。稀土改变了氧化膜中各种氧化物所占的比例（如表 3-108 所示），从而改善氧化膜的结构，提高氧化膜的热稳定性和黏附性，从而提高耐热钢的抗氧化性能。

3.7.6　La 对洁净钢抗高温氧化性能的影响

蒋学智等[205]研究了 La 对洁净钢抗高温氧化性能的影响，由图 3-133 可知，随着稀土 La 含量的增大，氧化增重越小。

图 3-134 和图 3-135 分别是洁净钢在 850℃、950℃恒温的氧化动力学曲线，由图 3-134 和图 3-135 可以看出，在 850℃、950℃恒温下，氧化初期试样增重较大，随后氧化增重逐渐减小，并趋于稳定，洁净钢在 850℃、950℃的高温氧化符合抛物线规律。在加热 6h 前，$w(\mathrm{La})=0.013\%$ 的试样氧化增重比 $w(\mathrm{La})=0.008\%$ 的试样氧化增重大，但均比 $w(\mathrm{La})=0\%$ 的试样氧化增重小；加热 6h 后，曲线趋于规律，随着稀土含量的增加，氧化增重越小，高温抗氧化性能越好。

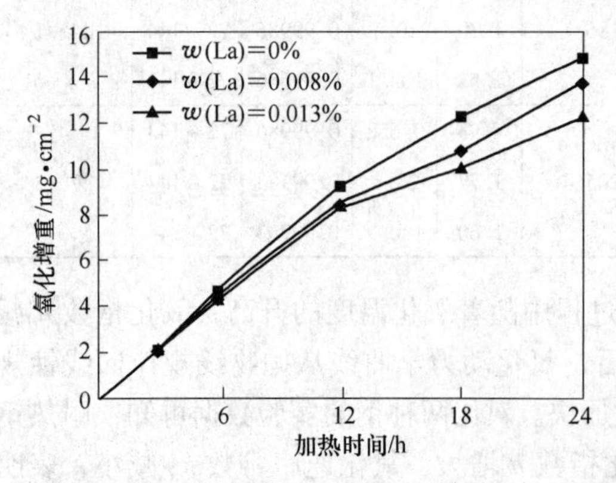

图 3-133　稀土对洁净钢 750℃恒温氧化动力学曲线的影响

由图 3-133 和图 3-135 可以看出，3 组曲线是典型的氧化动力学曲线，氧化时间和氧化温度对洁净钢的氧化增重影响很大；由 3 组试样的氧化动力学曲线的比较可知，随着加热温度的升高，洁净钢的氧化增重加大。

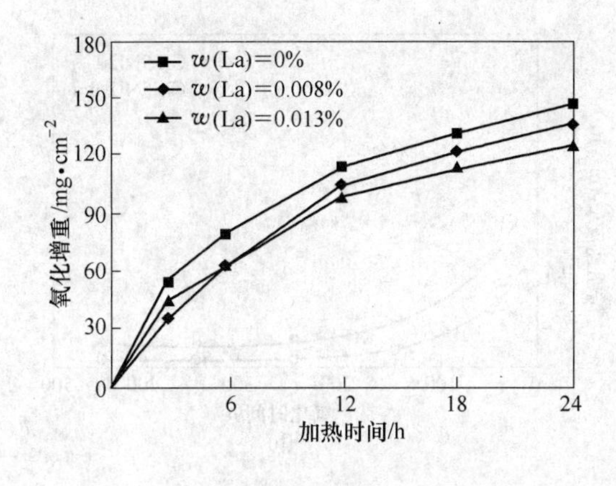

图 3-134 850℃恒温氧化动力学曲线

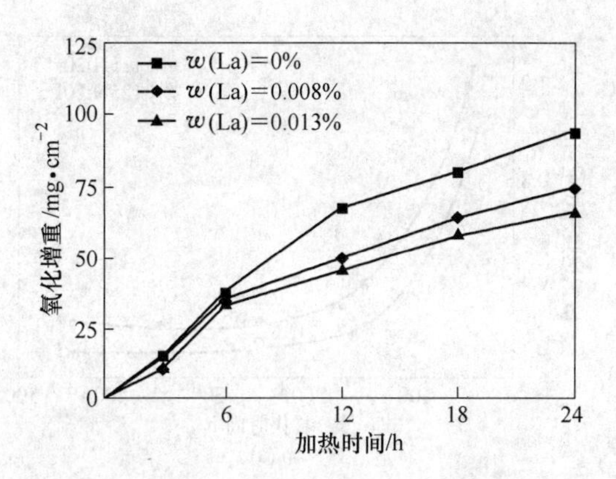

图 3-135 950℃恒温氧化动力学曲线

钢中加入稀土后，由于稀土在晶界的偏聚，加速氧沿晶界向内传输，阻碍了金属原子的向外扩散，从而使氧化膜的生长机制由氧向内和金属离子沿晶界向外扩散共存机制转变为以氧向内扩散为主的机制，新的氧化物在氧化膜/金属界面生成，使氧化膜横向生长受抑制，纵向生长得到促进，形成氧化物“钉”楔入金属基体，提高了氧化膜的粘附性，减少膜的开裂剥落，这说明稀土的加入降低了氧化膜的生长能力，从而提高了钢的高温抗氧化能力。洁净钢中尽管杂质元素含量低，但钢中加入稀土 La 后，还是起到了净化钢液，变质夹杂的作用；稀土氧化物在氧化初期为氧化物形核提供了非均匀形核的场所，从而细化了氧化膜的晶粒，减少了氧化中的内应力，改善了氧化膜的塑韧性。洁净钢中加入原子半径较大的稀土元素 La，促进了致密、稳定的氧化物保护膜的形成，细化了氧化皮晶粒，抑制和延缓了氧化皮与基体界面间空洞的形成，扩大了氧化膜与基体的接触面积，从而增强了氧化膜与基体间的结合力，改善了钢的抗氧化性能。

3.7.7 稀土对铬钢、铬镍钢及铬镍氮等耐热钢抗高温氧化性能的影响

胥继华等[206]研究了稀土对铬钢、铬镍钢及铬镍氮钢等不同类型耐热钢的高温抗氧化性能的影响以及它的作用机理。

用等温氧化及循环氧化方法研究了稀土对耐热钢抗氧化行为的影响。试验是在箱式炉内干燥的空气中进行的。实验结果表明：在 Cr25Ni20 钢中加入镧，改善了 1100～1200℃抗氧化性（图 3-136）；在 Cr25Ni35WNb 钢中加入镧后，在 1100℃的氧化增重速度减少到原来的 1/4（图 3-137）；Cr24Ni7N 钢中加入稀土（La 或 Ce），其抗氧化性能明显改善，没加稀土时抗氧化性低于 Cr25Ni20 钢，加稀土后性能优于 Cr25Ni20 钢（图 3-138）。

Cr24Ni7N（RE）钢每次循环后的氧化增重速度及由于氧化皮脱落试样重量的变化如图 3-139 所示，观察表明，加稀土后氧化皮与基体结合牢固，氧化皮自然脱落的数量很少。

对 Cr24Ni7N 钢分别进行了 1200℃、1100℃，24h 一周期的循环氧化试验。说明稀土不仅对提高钢的恒温抗氧化性有良好作用，对改善钢的抗循环氧化效果更为突出。

钢中加入稀土后，改善耐热钢的高温抗氧化性能机理[206]：（1）稀土抑制了氧化物晶粒的长大，细化了氧化物的晶粒，改善了氧化皮的塑性，使氧化皮不易开裂和脱落。

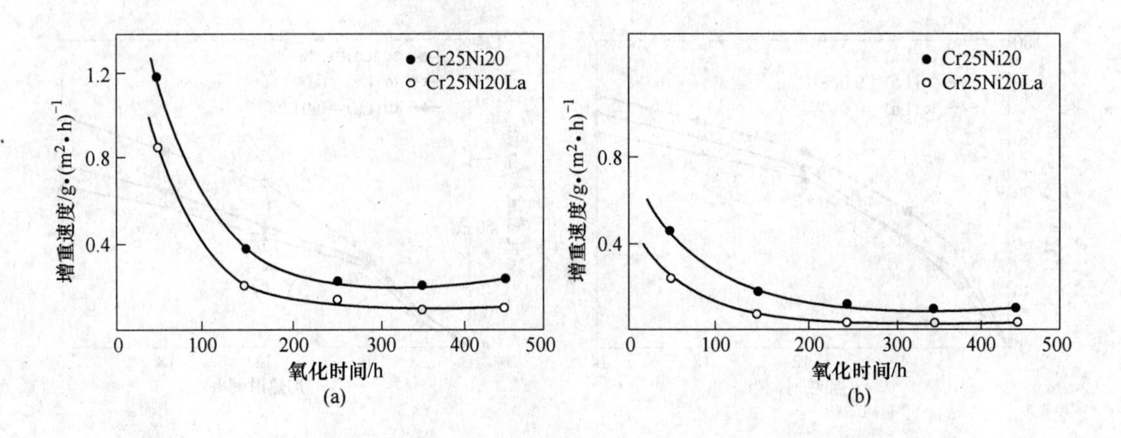

图 3-136　稀土对 Cr25Ni20（RE）钢氧化增重速度的影响

（a）1200℃；（b）1100℃

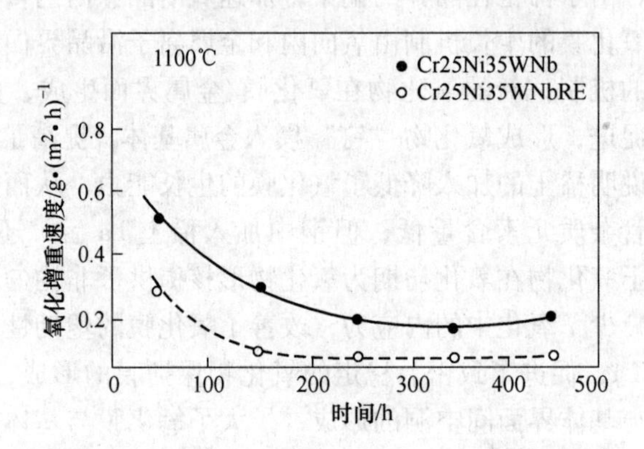

图 3-137　RE 对 Cr25Ni35WNb 钢氧化增重速度的影响

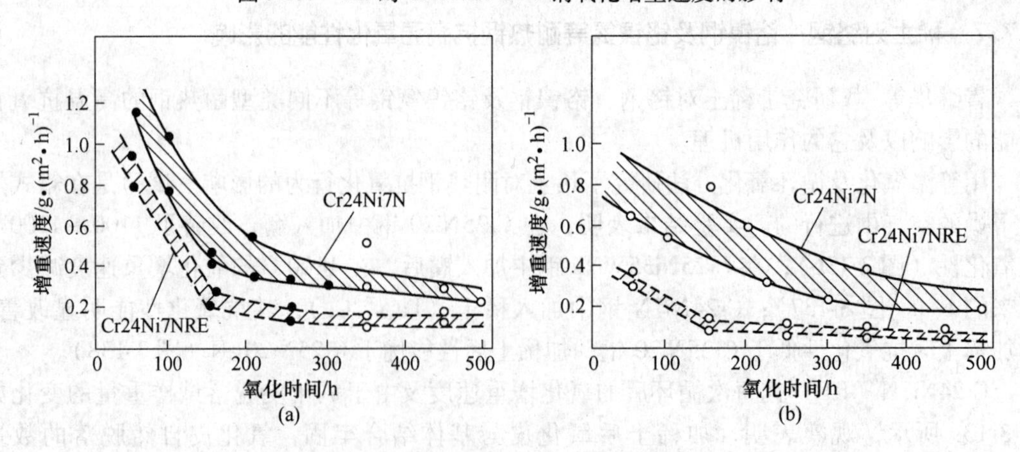

图 3-138　RE 对 Cr24Ni7N 钢氧化增重速度的影响

（a）1200℃；（b）1100℃

（2）钢中加入稀土后，铬的扩散速度加快，使表面能较快的生成 Cr_2O_3 保护膜，阻止了富 Ni、Fe 或 Mn 尖晶石型氧化物的形成。（3）稀土以离子或以氧化物的形式固溶于主体氧化

物 Cr_2O_3 中，使氧化皮 Cr_2O_3 中游离的氧压显著减少，增强了铬的结合能，使 Cr_2O_3 更加稳定。(4) 在氧化过程中由于扩散金属离子向表面氧化皮迁移，在氧化皮与基体界面之间形成空穴，它的聚集和长大形成空洞，使氧化皮易于脱落。原子半径较大的稀土元素可能强烈地吸收空穴，抑制和延缓了空洞的形成，使氧化皮不易脱落。

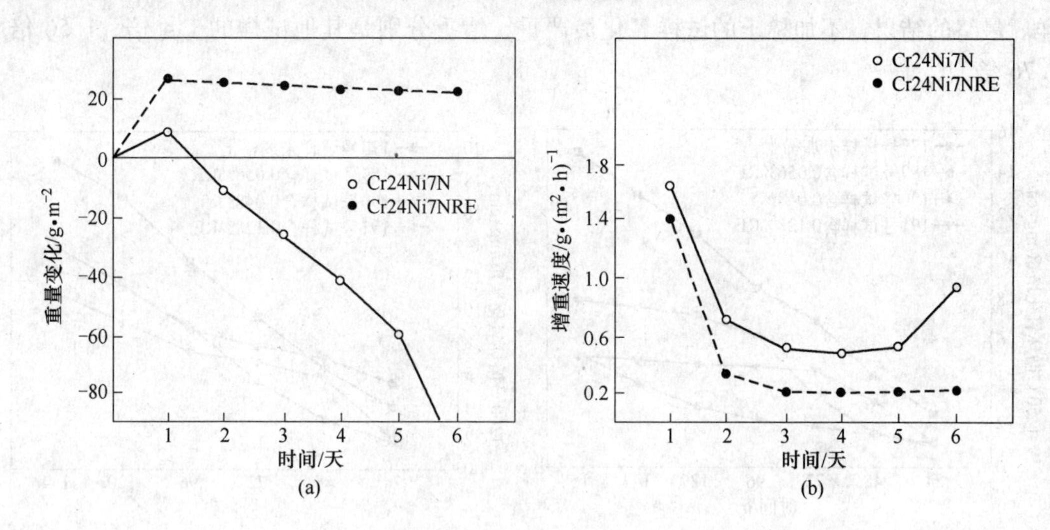

图 3-139　Cr24Ni7N（RE）钢 1200℃，24h、一周期、六周期的循环氧化试验结果

3.7.8　稀土对 0Cr22Ni11 耐热钢抗高温氧化性能的影响

杜晓建[208]采用电阻炉循环氧化试验、热重分析仪连续升温氧化、恒温氧化及循环氧化等试验研究了稀土对耐热钢抗高温氧化性能的影响。

电阻炉内的循环氧化试验参照《钢的抗氧化性能测定方法》（GB/T 13303—1991），图 3-140 为 1100℃循环氧化试验时 7 次循环氧化后增重的试验结果。可以看出，不加稀土的试样增重最多，其他 3 个试样的增重基本相同，可见此温度下，加稀土的 3 个试样的抗氧化能力相当。在 120h 以前不加稀土的 177 号试样氧化增重较少，是因为在前几次的试验中，坩埚没有加盖，氧化层剥落后引起的误差所致。温度为 1100℃，经过 7×24h 循环 168h 后，不加稀土 177 号试样的增重分别是加稀土试样 189 号、190 号、191 号试样的 1.43 倍、1.49 倍、1.66 倍。

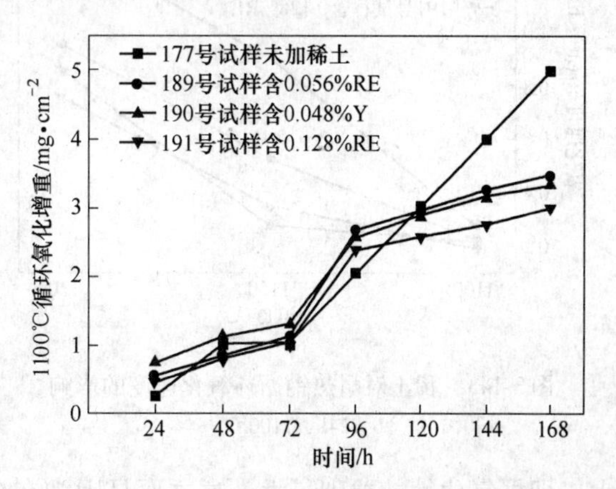

图 3-140　稀土对耐热钢循环氧化增重的影响
（7×24h，1100℃）

图 3-141 是 1150℃循环氧化试验对应的结果。由图 3-141 可知，含 0.048% Y 与含 0.128% RE 的试样抗氧化性能好，而前 6 个循环含 0.048% Y 试样的结果更好，最后的氧化程度略高于含 0.128% RE 试样，含

0.056% RE 的略差，不加稀土的试样增重最多，分别是其他 3 个试样的 1.88 倍、2.78 倍、2.83 倍。

图 3-142 是 1200℃循环氧化试验对应的结果。由图 3-142 可知，含 0.048% Y 的试样前 3 个循环试验结果最好，在后面的氧化循环试验中，氧化程度最轻是含 0.128% RE 的试样。最终的结果，不加稀土的试样氧化最严重，增重分别是其他试样的 1.4 倍、1.56 倍、1.76 倍。

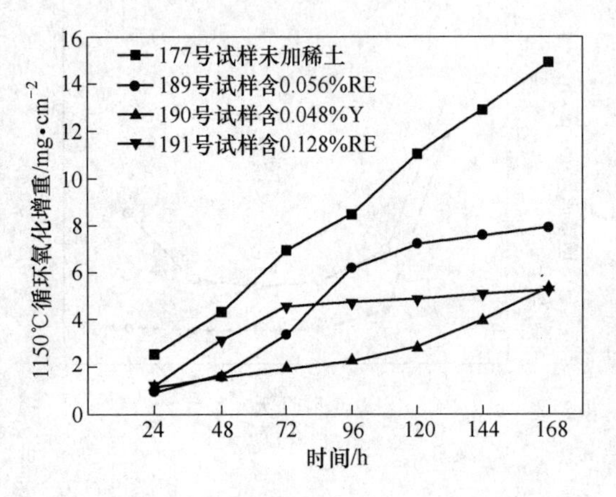

图 3-141　稀土对耐热钢循环氧化增重的影响
（7×24h，1150℃）

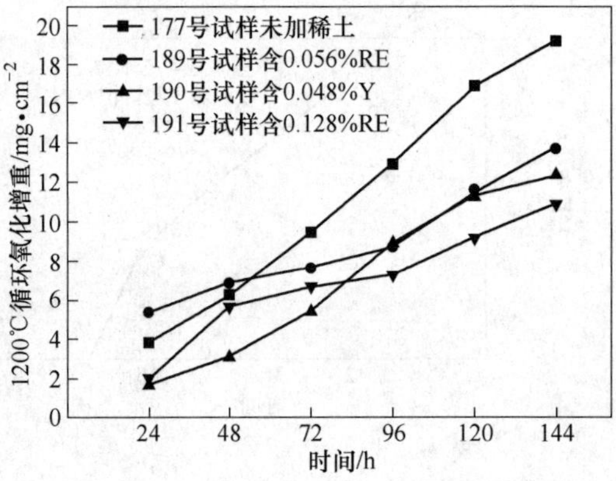

图 3-142　稀土对耐热钢循环氧化增重的影响
（6×24h，1200℃）

由图 3-143 可知，在 1100℃时，不加稀土的 177 号试验钢的氧化速度分别是含稀土 189 号、190 号、191 号试验钢的 1.22、1.26、1.44 倍；在 1150℃时，177 号试验钢的氧化速度分别是 189 号、190 号、191 号试验钢的 1.71、3.25、2.55 倍；在 1200℃时，177 号试验钢的氧化速度分别是 189 号、190 号、191 号试验钢的 1.4、1.56、1.76 倍，而且在 1200℃时，不加稀土的 177 号试验钢的氧化速度为 1.33g/(m^2·h)，依据 GB/T 13303—1991 抗氧化性的级别评定，不含稀土 177 号试验钢的抗氧化性能已经属于次抗氧化性，而含稀土 189 号、190 号、191 号试验钢仍具有抗氧化性。其中，在 1150℃下差别最大，即抗氧化性能差别最大，这主要是因为在 1150℃附近是不加稀土试验钢的临界温度。在 1100℃时，都有抗氧化性，所以差别不大；而 1200℃时，抗氧化性都较弱，致使其试验结果差异减小；但在 1150℃时，177 号不加稀土试样的抗氧化性已经减弱，但加稀土 189 号、190 号、191 号试样仍具有抗氧化性，所以不加稀土 177 号试样的增重与加稀土试样增重的差异是三个温度下差异最显著的。

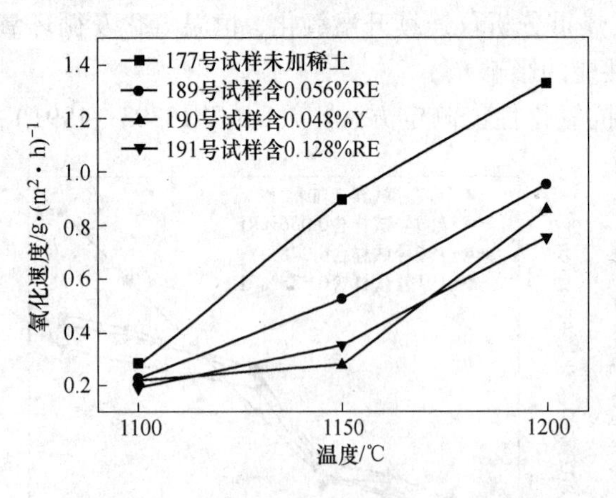

图 3-143　稀土对耐热钢循环氧化速度的影响
（6×24h，1100℃）

含稀土试验耐热钢与其他耐热钢种的氧化速率对比见图3-144。由图3-144可知，与化学成分相近的钢种相比，含稀土试验钢有较好的抗氧化性能。

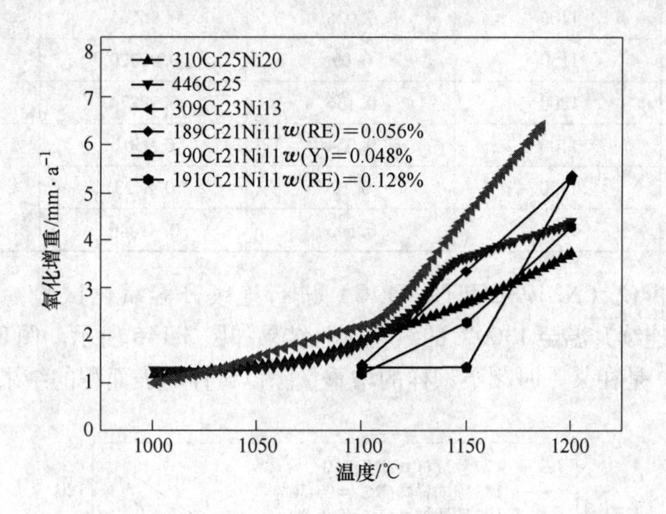

图3-144 含稀土的试验耐热钢与其他耐热钢氧化速率的比较
（5×24h，空气中循环氧化）

在循环氧化试验过程中，不加稀土的试样氧化最为严重，而加入稀土之后，氧化程度得到了明显改善。图3-145是1150℃循环氧化试验时，其中不加稀土试样和含0.128%RE试样的试验结果，由图可知，不加稀土的试样氧化增重沿直线上升，加稀土后，氧化曲线呈抛物线形式。

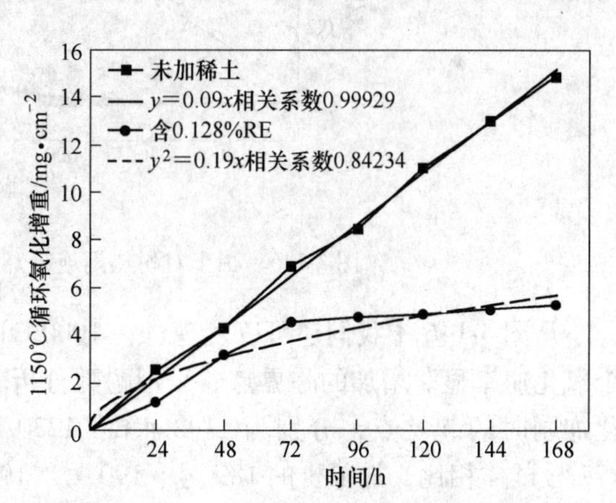

图3-145 稀土对耐热钢1150℃循环氧化规律的影响

根据金属原子与其氧化物分子体积之比的PBR值，可以判断金属氧化膜的致密性。当PBR<1时，氧化物不能完全覆盖金属表面，氧化膜的生产速度呈直线速度定律；当PBR≥1时，氧化膜既可致密地覆盖金属表面，又不致因内应力过大而开裂，能很好地保护金属不被严重氧化，此时氧化膜生长速度为抛物线定律。对于合金，虽然不能直接用PBR值来判定，但是可以根据它的氧化膜的生长速度曲线，来判断它的氧化膜的致密性。由图3-145可知，在加入稀土后，改变了金属的氧化增重曲线形式，即通过提高了其氧化膜的致密程度和热力学稳定性从而改善了其金属氧化膜动力学生长速度。

由图3-145曲线拟合结果，根据阿伦尼乌斯（Arrhenius）公式$K=K_0e^{-Q/RT}$，可计算出不加稀土试样和含0.128%RE试样的氧化激活能分别为279.723kJ/mol和388.349kJ/mol，见表3-109。

表 3-109 稀土对耐热钢各温度下的氧化常数和氧化激活能的影响

RE 含量/%	温度/℃	氧化常数	相关系数	氧化激活能/kJ · mol^{-1}
0	1100	0.026	0.96763	279.723
	1150	0.09	0.99929	
	1200	0.136	0.99874	
0.128	1100	0.054	0.9502	388.349
	1150	0.19	0.8423	
	1200	0.543	0.81446	

采用热重分析仪（NETZSCHSTA 449C）进行连续升温氧化试验，试样在空气中以 10℃/min 的速度连续升温至 1300℃的氧化试验结果如图 3-146 所示。图 3-146 中的氧化增重为瞬时的增重，是在某一时刻下试样的增重量除以试样的表面积的结果。

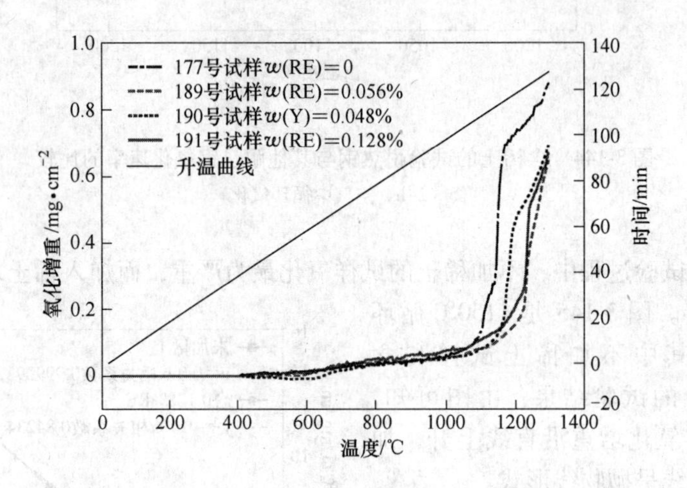

图 3-146 稀土对耐热钢连续升温过程中的氧化曲线的影响

从图 3-146 中我们还可以发现，在 1000℃以上，四个试样的氧化速率曲线都出现了一个氧化速率显著增加的临界点。采用耐驰分析软件，根据切线外推法，计算了四个试样氧化加剧时的起始点，分别为 1143.4℃、1230.9℃、1178.4℃、1226.2℃。与不加稀土的 177 号试样相比，加稀土的 189 号、190 号、191 号试样抗氧化临界点分别提高了 87.5℃、35℃、82.8℃。

氧化速率的临界点表示在这个温度以上试样完全没有抗氧化性了。临界点出现表示试样进入了失稳氧化阶段，在氧化初期阶段形成的保护性氧化膜失去了防止试样继续氧化的能力。原因主要是氧化膜的性质，当氧化物具有低熔点时，随着温度升高，氧化物熔化成了液态氧化物，失去了保护性，使氧化更加严重；当氧化物具有高蒸气压时，随着温度升高，氧化物开始挥发，直至金属表面重新裸露在空气中；当氧化膜中产生的内应力超过了氧化膜自身的强度或氧化膜与基体金属的结合强度，氧化膜开裂，局部剥落，到大面积脱落。

由于四个试样的化学成分接近，在金属表层形成的氧化膜中各氧化物的比例不同，但是氧化物相同，它们具有相同的熔点和蒸气压，所以试样的氧化临界点的提高不是因为低熔点和高蒸气压，而是因为氧化膜的内应力超过了氧化膜自身的强度或氧化膜与基体金属的结合强度。稀土可以提高氧化膜与基体金属的结合强度，提高了抗氧化临界点，从而可以提高耐热钢的抗高温氧化性。

采用平滑后的数据，计算所得各温度下恒温氧化增重曲线见图 3-147。

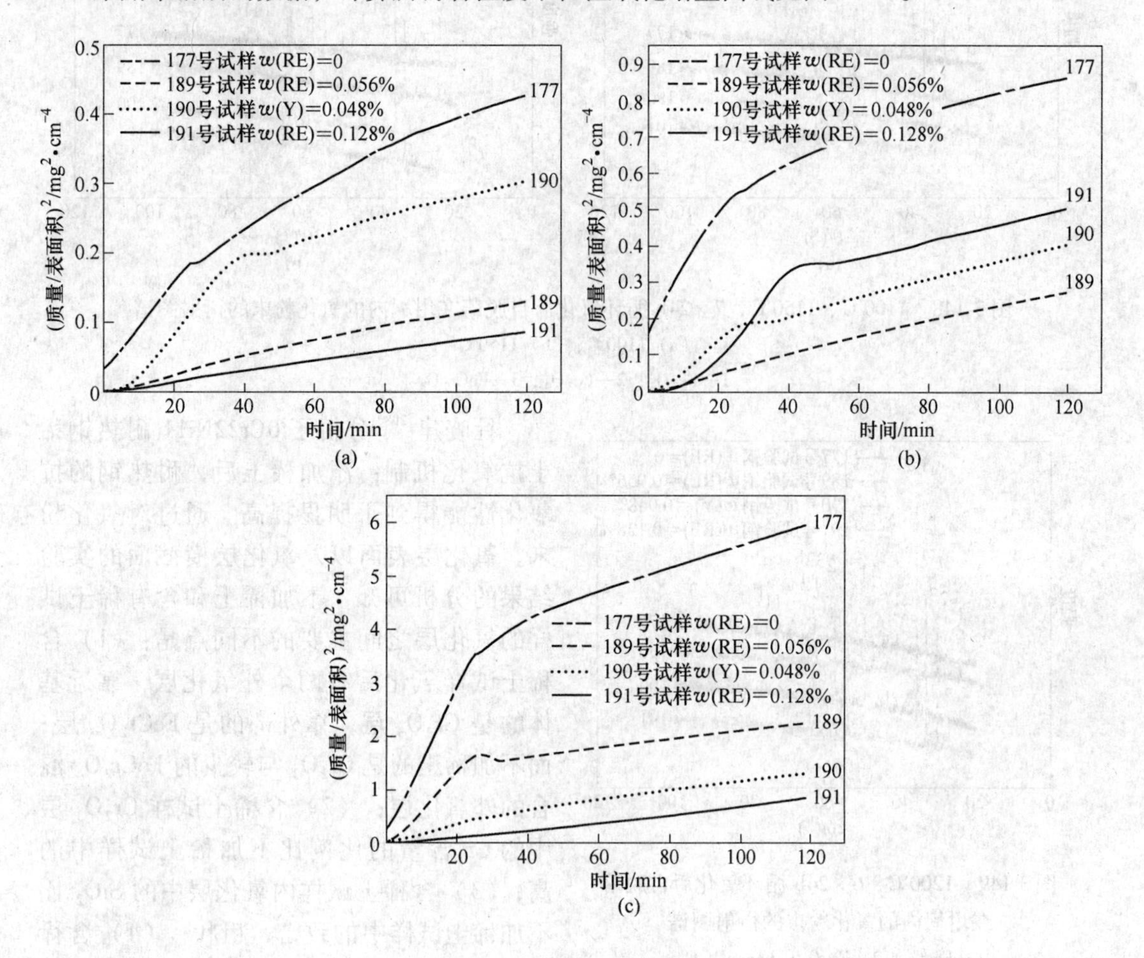

图 3-147　稀土对试验耐热钢恒温氧化增重曲线的影响（平滑后）

（a）1100℃；（b）1150℃；（c）1200℃

由图 3-147 结果可见，在循环氧化试验过程中，189 号试验钢（含稀土 0.056%）显示了较好的抗氧化性能。

杜晓建[208]通过对氧化粉末的 XRD、氧化表面及氧化层横截面 SEM 及 EDS 分析、对稀土提高耐热钢的抗氧化性的机理进行了研究。

不同稀土含量的试样在氧化过程中自脱落在坩埚内的氧化粉末 X 衍射分析结果如图 3-148 和图 3-149 所示，分别为 1100℃、1150℃、1200℃的分析结果。

从图 3-148 和图 3-149 中可以看到，粉末的物相主要是 Fe_2O_3，Fe_3O_4；氧化粉末是在循环氧化中由于温度变化等原因引起了氧化膜的破裂而脱落形成的，脱落的氧化粉末是氧化层的外层，含有少量的 $FeCr_2O_4$。随着温度升高，氧化 Fe_2O_3 比例增加，$FeCr_2O_4$ 增多。虽然粉末物相差异不大，然而不加稀土的试验钢上自脱落的粉末量比加稀土的试验钢上的大很多。

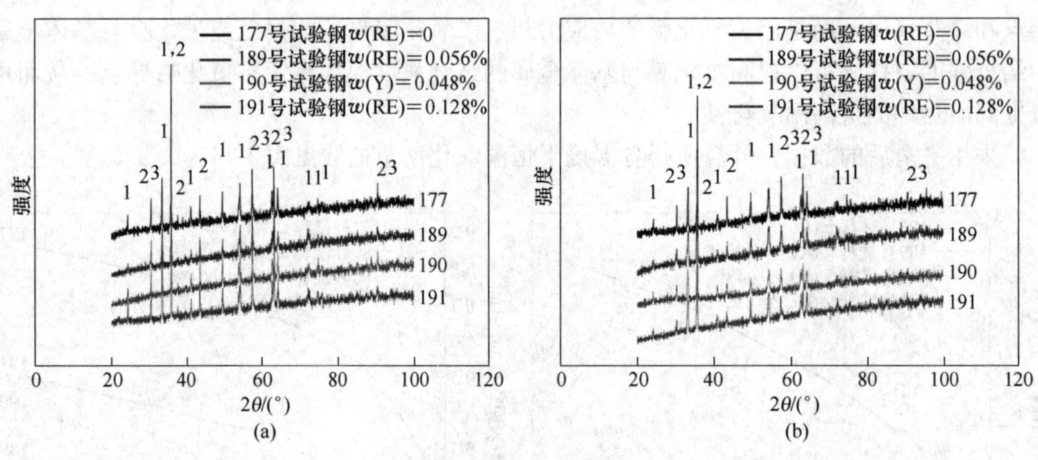

图 3-148　1100℃、1150℃，7×24h 循环氧化后自脱落在坩埚内的氧化粉末的衍射图谱

（a）1100℃；（b）1150℃

1—Fe_2O_3；2—Fe_3O_4；3—$FeCr_2O_4$

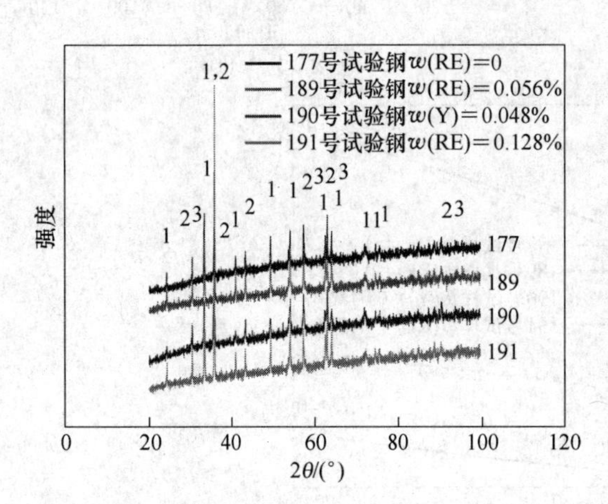

图 3-149　1200℃，6×24h 循环氧化后自脱落在坩埚内的氧化粉末的衍射图谱

1—Fe_2O_3；2—Fe_3O_4；3—$FeCr_2O_4$

杜晓建[208]分析了 0Cr22Ni11 耐热钢稀土抗氧化机制：添加稀土后，耐热钢的抗氧化性能得到了明显提高。通过对氧化粉末、氧化层表面以及氧化层横截面的实验结果的分析可知，不加稀土和含有稀土试样的氧化层之间主要的不同点是：（1）含稀土试样氧化后有两个外氧化层，靠近基体的是 Cr_2O_3 层，靠外部的是 $FeCr_2O_4$ 层；而不加稀土的是 Cr_2O_3 与较少的 $FeCr_2O_4$ 混合的外氧化层；（2）含稀土试样 Cr_2O_3 层中的 Cr 含量的比例比不加稀土试样中的高；（3）含稀土试样内氧化层中的 SiO_2 比不加稀土试样中的致密，粗壮；（4）含稀土试样 SiO_2 层中的 O 含量的比例比不加稀土试样中的低；（5）含 Y 试样内氧化层中有 Y_2O_3，Y_2O_3 层比 SiO_2 层更靠近基体内部，成为了第一道保护结构层。

根据以上分析结果，结合前人的研究工作，可归纳稀土在耐热钢中抗氧化机制模型。模型有五项内容，主要在三个方面，一是氧化层的形成，二是氧化层的生长，三是氧化层与基体的黏附性，影响机制如下：

（1）晶粒细化，添加稀土后，晶粒得到了细化，晶粒细化的原因之一是形成了弥散的稀土氧化物，从而细化基体表面层，可形成连续的 Cr_2O_3 层。

（2）促进铬元素的扩散，加稀土的试样的氧化粉末和表面氧化层中的 Cr 含量较高。由于稀土对晶粒的细化作用，使晶界增多，而元素在晶界的扩散比在晶格的扩散快，所以稀土促进了 Cr 的扩散，缩短了形成保护性氧化膜 Cr_2O_3 的时间。从而，在氧化初期，在金属表面较快的生成比较致密完整的 Cr_2O_3 氧化膜。形成了致密完整的 Cr_2O_3 氧化膜之后，可以在外氧化层上形成 $FeCr_2O_4$ 尖晶石氧化膜，加强了氧化层对基体的保护。而不加稀土的 177 号试样上 Cr_2O_3 氧化膜不够致密完整，容易脱落，致使最终结果看到的是 Cr_2O_3 与较少的 $FeCr_2O_4$ 混合的氧化层。

（3）强化内氧化层，从内氧化层的区别可以看到，内氧化层得到了加强，当耐热钢中添加稀土时，能在耐热钢内形成弥散致密的内氧化层，可以促进铬离子的后期向外扩散和阻止氧离子的向内扩散，从而降低氧化速度。在 190 号试样内氧化层中还发现了 Y_2O_3，Y_2O_3 内氧化层比 SiO_2 内氧化层更靠近基体内部，成为了第一道保护结构层。

（4）钉扎作用，稀土在耐热钢中发生内氧化时，可以形成楔形钉扎物，这种楔形钉扎物在氧化层与基体之间起到了较好的连接作用，可以增大氧化层与基体合金的实际接触面积和延长裂纹在晶界的扩展距离，增强氧化层与基体之间的黏附性，从而提高氧化层抗剥落性能。由于试验钢中都含有 Si 元素，Si 元素在高温氧化过程中也能形成内氧化层，起到钉扎作用，但添加稀土后，加强了这一作用。

（5）改善硫元素在晶界的偏聚，不含稀土的 177 号试样上晶界 S 含量高，而且在晶界出现了 MnS 夹杂。由于硫等杂质元素在晶界偏聚，弱化了界面，使氧化膜与基体的结合力降低，添加稀土后，由于稀土元素的活性高，可以与 S 等杂质反应，减少了硫在界面的偏聚，从而提高了基体与氧化层的黏附性。

由此可见影响机制中（1）、（2）为稀土对氧化层形成的影响，（3）为稀土对氧化层生长的影响，（4）、（5）为稀土对氧化层与基体之间黏附性的影响[208]。

3.8 稀土对低合金、合金钢高温持久性能的影响

对高温条件下工作的金属材料产品来说，材料在服役条件下所具有的热强性十分重要，其中最重要的性能要求就是高温强度，特别是持久性能。大量的研究结果表明稀土可提高各种类型耐热钢的高温持久性能，添加适量稀土可替代部分镍，因此可节约宝贵的镍资源材料。

3.8.1 稀土对 Cr25Ni8SiNRE 含氮节镍型耐热钢高温持久性能的影响

随着我国镁、钙、钛工业的迅速发展，作为生产这些金属必需的还原罐用量越来越大。还原罐通常采用 H_0（1Cr25Ni20）耐热钢离心铸造而成，或用耐热不锈钢钢板焊接而成。H_0 钢含 Ni 高达 20%，镍价格昂贵，因此研制开发节镍型耐热钢势在必行。郑国辉、蒋汉祥等[226,227]研制开发了含氮稀土 H_1 耐热钢（3Cr25Ni8REN）具有镍低、性能优良的特点。H_1 钢的高温抗氧化性能、高温持久强度和抗热疲劳性能均优于 H_0 钢，可以长期在 1200℃左右高温下工作，使用寿命为 H_0 钢还原罐的 1.5 倍左右。H_1 钢的生产成本仅为 H_0 钢的 2/3 左右，其经济效益十分显著。超低硫耐热钢 H_1（3Cr25Ni8REN）高温持久强度测试结果见表 3-110。

表 3-110 超低硫耐热钢 H_1（3Cr25Ni8REN）高温持久强度

试样	载荷					
	60kg		50kg		35kg	
	σ/MPa	h/%	σ/MPa	h/%	σ/MPa	h/%
H_1	37.5	16.20/119.73	32.5	160.58/297.10	32.5	211.0/196.04
H_{0-1}	37.2	13.53/100.00	31.3	54.04/100.00	31.5	107.63/100.00

注：σ 为试样单位截面积上承受的载荷；h 为断裂时间/相对比值。H_{0-1} 为 1Cr25Ni20，H_1 为新开发的 3Cr25Ni8REN。

H_{0-1}（1Cr25Ni20）和 H_1（Cr25Ni8REN）耐热钢抗裂纹、变形及热疲劳测试结果如表3-111 和表3-112 所示。

表3-111 耐热钢试样出现裂纹及开始变形情况 （次）

试样	裂纹	变形	穿通裂纹
H_1	54	141	180 次尚未穿通
H_{0-1}	51	51	93

表3-112 耐热钢热疲劳测试结果

试样	单次平均变形值/mm	变形相对比值/%	单次平均减重量/g	减重相对比值/%
H_1	0.00336/0.00391	10.20/10.24	0.00055	64.71
H_{0-1}	0.03293/0.03781	100.00/100.00	0.00085	100.00

试验研制的 H_1 耐热钢的二项高温性能指标均优于 H_{0-1} 钢：H_1 钢的高温持久强度为 H_0 钢的119.73%（载荷60kg 时或297.10% 载荷50kg 时），抗热疲劳性能指标变形相对比值仅为 H_{0-1} 钢的10.24% 左右。然而 H_1 钢镍含量仅为 H_0 钢的40%，节省价格昂贵的金属镍，有利于降低生产成本。H_1 钢还原罐的高温使用寿命为 H_0 钢罐的1.5 倍左右，有利于降低生产金属镁，钙和钛工厂的生产成本。生产 H_1 钢还原罐的成品率比 H_0 钢还原罐高15% ~20%，生产成本则为 H_0 还原罐的60% ~65%，因此经济效益十分显著。

3.8.2 稀土对节镍少铬 ZG3Cr18Mn9Ni4Si2N 耐热钢高温持久性能的影响

汤国华[228]在 ZG3Cr18Mn9Ni4Si2N 节镍少铬的耐热钢水中加入一定量的稀土合金，实验结果发现其高温持久强度：在900℃经1000h 服役的断裂应力，不加稀土为16.7 ~19.6MPa，加稀土为34.3 ~41.2MPa；高温蠕变极限：在900℃经1000h 服役，蠕变量为0.1% 的最大允许应力，不加稀土为6.9 ~8.8MPa，加稀土为9.8 ~13.7MPa。提高幅度平均1.5 倍，高温持久强度性能指标接近或相当于1Cr25Ni20Si2 高镍铬耐热钢的水平（表3-113）。

表3-113 三种耐热钢三项高温性能指标比较表

钢种	持久强度		蠕变极限	
	规范	$\sigma_{0.2}$/MPa	规范	$(\sigma_{1/10^4})$/MPa
2Cr20Mn9Ni3Si2N	900℃，1000h	16.7 ~19.6	900℃，0.1%/10000h	6.9 ~8.8
ZG3Cr18Mn9Ni4Si2NRE		34.3 ~41.2		9.8 ~13.7
1Cr25Ni20Si2		39.2 ~40.8		12.7 ~14.7

汤国华[228]分别对稀土提高耐热钢高温持久强度及高温蠕变极限的机理进行研究并分析如下：（1）加入钢水中的稀土能进一步净化钢液，去气、去硫、去夹杂物、去低熔点的有害砷、铅、铋、锑、锡等微量杂质；（2）使低熔点的 FeS 和其他金属、非金属都化合成高熔点的稀土化合物，大部分排至渣中，剩余部分成为结晶核心，减少柱状晶，增加等轴晶，明显地细化一次晶粒，减轻层状撕裂性；（3）微量残余稀土能稳定地富集在奥氏体的晶界上，它能改善晶界的状态；减轻锰和硅在晶界上的偏聚；减轻脆性相σ；阻止高温服役条件下的晶粒长大而变脆和抗氢断裂。稀土提高耐热钢高温蠕变极限的机理为：微量残余

稀土能减少高温服役条件下的碳向晶界上偏析，从而提高蠕变抗力；钢中添加稀土可形成呈弥散的点、球状稀土氧化物及稀土硫化物等；夹杂物的总数量明显减少。这对提高蠕变抗力极其有利；稀土能提高钢的抗渗碳、渗氮能力；且稀土能提高耐热钢高温持久强度的机理，同样可用于解释稀土提高其高温蠕变极限的机理。

3.8.3　稀土对Cr-Si、Cr-Ni及Cr-Ni-N型等耐热钢高温持久性能的影响

胥继华等[206]研究了稀土对Cr-Si钢、Cr-Ni钢及Cr-Ni-N型等耐热钢高温持久性能的影响。Cr18Si2与4Cr18Ni8N试验耐热钢锻造试样经780℃加热1h空冷处理，进行了650℃的持久强度试验，结果表明加入稀土后，Cr18Si2与4Cr18Ni8N钢的持久强度明显提高，稀土明显地提高了其持久断裂时间（表3-114）。图3-150和图3-151分别表示稀土对Cr24Ni7N钢及Cr25Ni20钢（HK40）铸造材1000℃持久强度的影响，结果表明铸钢中加入稀土后使同一应力下的断裂时间几乎延长3～5倍。

表3-114　稀土对Cr18Si2与4Cr18Ni8N试验耐热钢持久断裂时间的影响

钢　种	温度/℃	RE	断裂时间/h					
			147MPa	88.2MPa	58.8MPa	49.0MPa	39.2MPa	29.4MPa
Cr18Si2	650	无			1.50	2.50	7.75	35.67
		有			1.75	6.00	37.33	92.25
Cr18Ni8N	700	无	49.2	632	2363			
		有	76.5	898	5742			

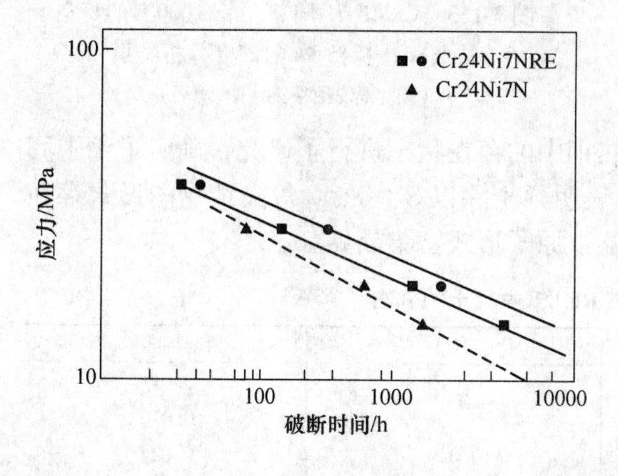

图3-150　稀土对Cr24Ni7N耐热钢铸造材1000℃持久强度的影响

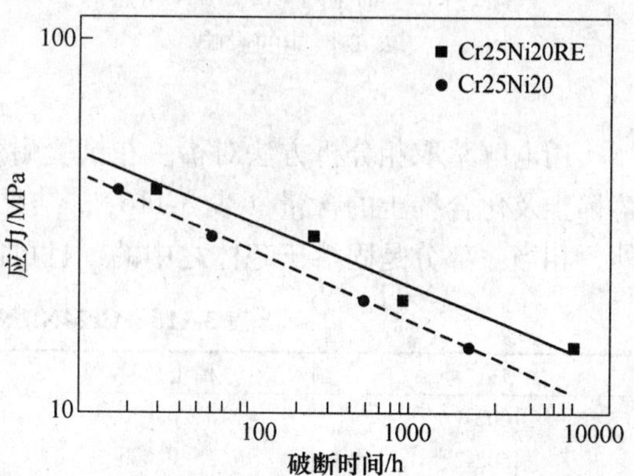

图3-151　稀土对Cr25Ni20耐热钢（HK40）铸造材1000℃持久强度的影响

钢的持久强度主要取决于钢的组织特点及洁净度，但抗氧化较好的钢由于表面烧蚀少也有好的作用。为了排除氧化对持久寿命的影响，对Cr24Ni7NRE钢铸材在真空下进行1000℃的持久试验，结果同样也表明了稀土可有效改善持久强度的效果（表3-115）。图3-152为Cr24Ni7NRE钢870℃蠕变（断裂）试验结果，钢中加入稀土后，其蠕变速度由$1.14\times10^{-3}\%/h$降到$3.6\times10^{-4}\%/h$，大幅度地延长了断裂时间。

表 3-115　稀土对真空下 Cr24Ni7N(RE) 试验耐热钢持久断裂时间的影响

钢　种	温度/℃	RE	断裂时间/h	
			39.2MPa	29.4MPa
Cr24Ni7N	1000	无	4.32	29.86
Cr24Ni7N	1000	Ce	21.42	62.25
Cr24Ni7N	1000	La	17.20	63.25

高温持久断裂一般是沿晶断裂，所以对耐热钢而言，影响热强性的关键是晶界强度。对 Cr24Ni7NLa 钢 1000℃的真空持久断口用离子探针方法进行了断口表面（即晶界面）稀土的深度分布分析（图 3-153），随着溅射时间的增长，远离断口表面稀土含量明显降低，说明稀土明显富集晶界。

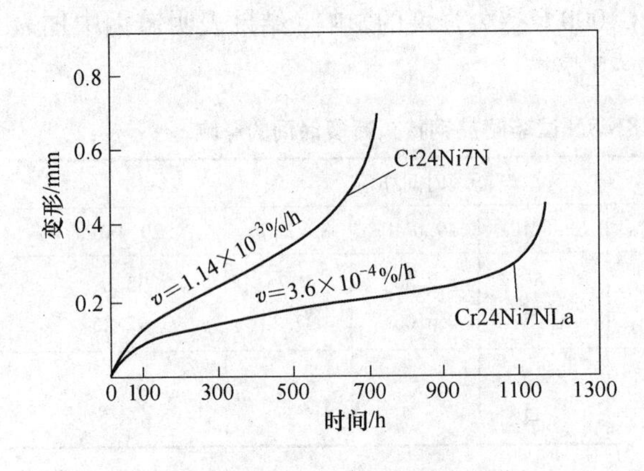

图 3-152　稀土对 Cr24Ni7N 耐热钢蠕变性能的影响

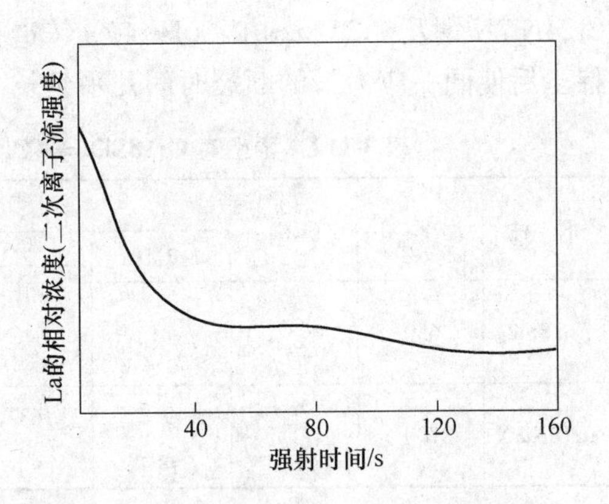

图 3-153　Cr24Ni7NLa 耐热钢 1000℃的真空持久断口探针 La 的深度分析结果（横坐标表示离断口的距离）

用电解萃取相分析方法对稀土在试验耐热钢中的存在状态进行了研究，确定了钢中固溶稀土及化合稀土的含量（表 3-116），结果表明稀土除以 S、O、C 等夹杂物的形式存在外，相当一部分是固溶于基体之中的，且可能以原子形式富集晶界。

表 3-116　Cr24Ni7N(RE) 钢中稀土的分布

炉　号	稀土总量/%	化合稀土/%	固溶稀土/%
1602-1①	0.025	0.015	0.011
1602-2②	0.023		0.010
1604-1	0.034	0.010	0.024
1604-2	0.036		0.027
56-1③	0.042	0.025	0.017
B-1④	0.064	0.023	0.041
B-2	0.043		0.021
C-1	0.041	0.022	0.019
C-2	0.053		0.015

① 用比色法；

② 用等离子光谱法；

③ 为铸态，其余为锻态；

④ 56 加入 La，其余加 Ce。

稀土元素 La、Ce、Y 等原子半径远比 Fe 的大，它们溶解在基体中，产生了较大的点阵畸变能，根据溶质原子平衡偏聚的理论，将会使它们偏聚在晶界上，从而影响晶界的状态和性质。从表 3-116 试验结果得到证实。由于稀土富集晶界，强化了晶界，并减少了晶界上的杂质元素，消除了其有害作用，从而提高了晶界的结合力，改善了钢的热强性。

胥继华、路岩[229]在高频炉或中频炉中冶炼了含稀土铬镍耐热试验钢。钢中加入稀土元素 La 或 Ce 的含量控制在 0.01% ~0.10% 范围内。每一种钢基本采用同一炉钢水，一半不加稀土，另一半加稀土，保证其基本成分的一致性，以对比稀土的影响效果。持久与蠕变试验分别是在 B∏-2 及 RD-23 试验机上进行的。一般试样锻成 ϕ20mm 的棒材进行热处理，然后加工成 M12mm ×66mm 的持久试样。铸造试样用梅花锭截取，在试验温度下进行 24h 时效后，加工成所要求的试样。

表 3-117 的结果表明稀土明显地改善了 Cr21Ni32AlTi 钢（Incoloy800）的持久强度特别是应力较低时效果更为显著如 800℃、49.0MPa 应力下，加稀土后断裂时间是不加稀土钢的 7.3 倍。表 3-118 的结果同样表明稀土有效地改善了（Cr23Ni13N）钢的持久强度，900℃、29.4MPa 应力下，加稀土后断裂时间是不加稀土钢的 3.16 倍。

表 3-117 稀土对铬镍奥氏体钢 800℃、900℃持久强度的影响（试样经 1150℃固溶处理（水淬））

钢 号	试验温度/℃	断裂时间/h	
		78.4MPa	49.0MPa
Cr21Ni32AlTi	800	14	143
Cr21Ni32AlTiRE		18	1044

钢 号	试验温度/℃	断裂时间/h		
		34.3MPa	24.5MPa	14.7MPa
Cr21Ni32AlTi	900	47	222	1506
Cr21Ni32AlTiRE		43	168	6726

表 3-118 稀土对 Cr23Ni13N 奥氏体钢 900℃持久强度的影响（1150℃固溶处理）

钢 号	试验温度/℃	断裂时间/h			
		78.4MPa	49.0MPa	39.2MPa	29.4MPa
Cr23Ni13N	900	71	304	455	1774
Cr23Ni13NRE		92	512	940	5613

3.8.4 稀土对 0Cr21Ni11N 奥氏体不锈钢高温持久性能的影响

陈雷[182]研究了稀土对 0Cr21Ni11N 奥氏体不锈钢高温持久性能的影响。含与不含稀土试验钢在相同状态下的高温持久性能的对比，见图 3-154。

从图 3-154 可以看出，含 0.056% RE（富 Ce 混合稀土）的试验耐热钢高温持久性能表现最佳，含 0.048% Y 的次之，最差的是不含稀土的，这表明适量稀土元素的添加明显延长了试验耐热钢的持久寿命，且 Ce 元素较 Y 元素效果更好。在相同温度，不同应力的条件下，应力越小，稀土延长持久寿命的效果越显著，其中，800℃、100MPa 下，含 0.056% RE 耐热钢的持久寿命是不含 RE 耐热钢的近 5 倍，含 0.048% Y 耐热钢是不含稀

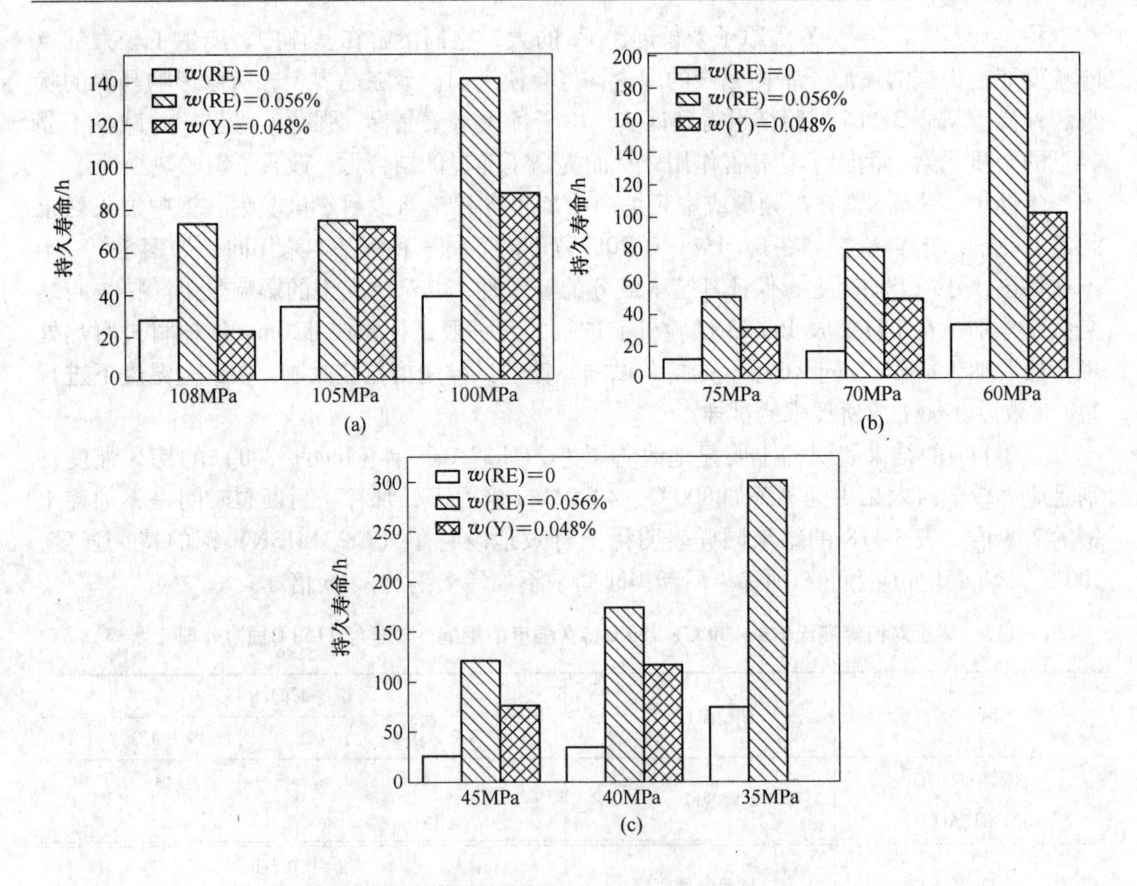

图 3-154　稀土对试验耐热钢的高温持久性能对比
(a) 800℃；(b) 871℃；(c) 927℃

土钢的近 3 倍；871℃、60MPa 下，含 0.056% RE 耐热钢是不含 RE 耐热钢的近 6 倍，含 0.048% Y 耐热钢是不含稀土耐热钢的近 3 倍；927℃、35MPa 下，含 0.056% RE 耐热钢是不含稀土耐热钢的近 4 倍。适量稀土元素的添加使得试验耐热钢显著延长了其持久寿命 3 ~6 倍。

试验发现稀土元素的添加提高了试验耐热钢的蠕变激活能，从而使得材料发生蠕变需要越过的能量势垒增加，需要更长时间来蓄积能量，即蠕变速率降低，从而表现为持久寿命的显著延长。图 3-155 为试验耐热钢在相同的试验条件下断裂后的宏观形貌。

从图 3-155 可以看出，试验钢表面均有分布较均匀的“橘皮”和数量不一的表面裂纹。不含稀土的 177 号（RE 含量为 0）试验钢断后表面裂纹较细密且数量明显多于 189 号（RE 含量为 0.0565%）、190 号（Y 含量为 0.048%）试验钢。含稀土的试验钢仅在断口附近存有少量的短粗、边缘较圆滑的近似洞形裂纹，较低温度下该种表面裂纹特征更突出（图 3-155(a)），这一现象表明适量稀土元素的添加可延缓裂纹的产生和扩展，进而带来持久断裂的延迟。含 Ce 的 189 号试验钢与含 Y 的 190 号试验钢二者之间差别不大，断后持久试样均表现出一定的颈缩，裂纹形状也十分相似（图 3-155(b)、(c)）。

由于稀土的添加使得部分裂纹由楔形过渡到空洞型，而空洞的产生、扩展和连接往往比楔形的形核及扩展都进行得缓慢，从而使得材料的持久寿命延长。

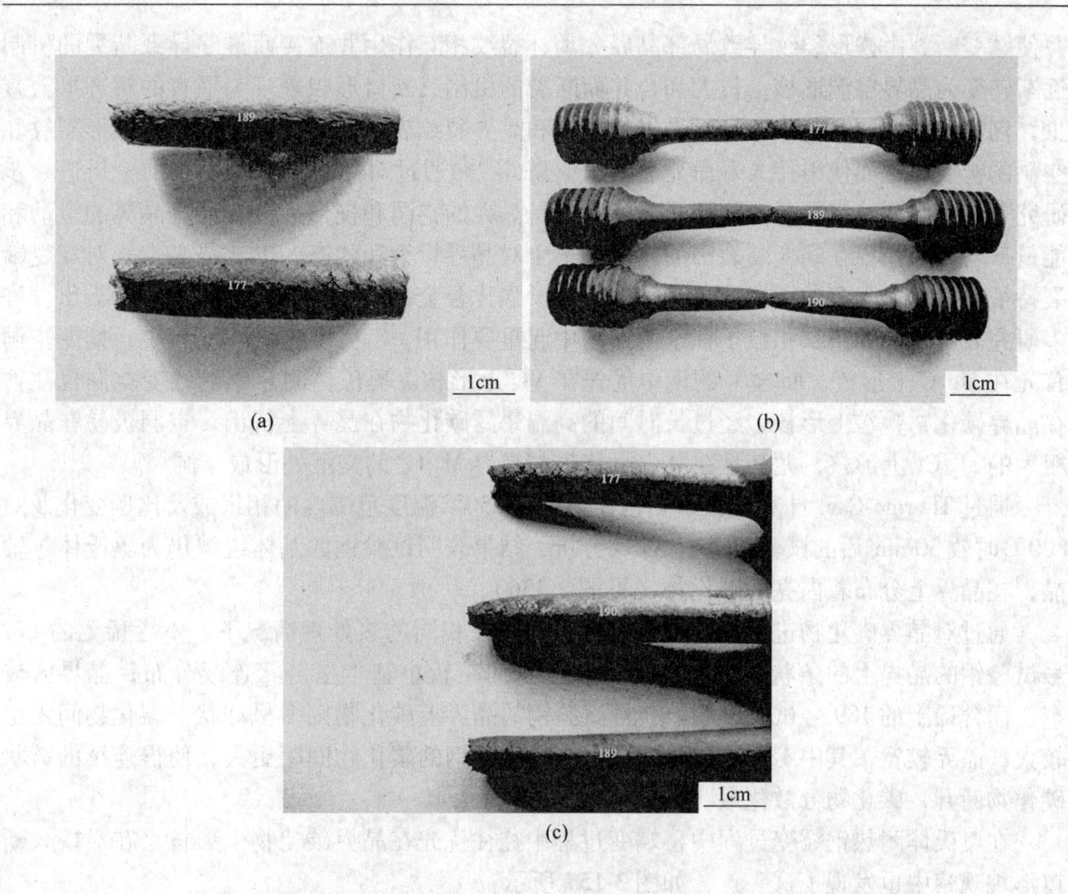

(a) (b) (c)

图 3-155 稀土对试验耐热钢在相同的试验条件下断裂后的宏观形貌的影响
(a) 800℃, 108MPa; (b) 871℃, 70MPa; (c) 927℃, 40MPa

由试验耐热钢断口表面典型晶界处的楔形裂纹和空洞高倍形貌观察发现，800℃时，不含稀土的177号试验钢沿晶蠕变断裂机制主要是由楔形裂纹导致的局部分离，裂纹前沿没有观察到空洞，而含稀土的189号试验钢沿晶断裂晶界处前方仍保有细小的蠕变空洞。裂纹或者沿晶断口表面晶界前沿有无蠕变空洞是判明蠕变损伤还是其他损伤的重要依据[232]。因此，可以判断含稀土的189号试验钢蠕变过程中的沿晶裂纹大多是通过空洞的合并和连接形成的。该结果也进一步说明了稀土的添加可使得试验钢由楔形裂纹损伤过渡到蠕变空洞损伤。此结果表明了稀土的添加抑制了空洞的长大速度。

进一步显微观察发现，60MPa应力下，三种试验钢断裂表面既有少量裂纹也有解理平台和沿晶空洞或韧窝，解理面的分布不含稀土的177号试验钢最多，含稀土Y的190号试验钢次之，含稀土RE的189号试验钢最少，而沿晶空洞的数量则189号试验钢最多，177号试验钢最少，这表明适量稀土元素的添加使得试验钢断口表面的解理特征愈来愈不明显，而且进一步说明了稀土能改变试验钢蠕变断裂机制。在70MPa应力下，三种试验钢断口表面也有解理平台但并不十分明显，而楔形裂纹特征则比较明显，同样晶界上也有少量的空洞存在，其中含稀土RE的189号试验钢的裂纹最小且浅。添加适量稀土使得耐热钢试样楔形裂纹在晶界面上的扩展阻碍，扩展速率受到限制。

由显微组织及断口形貌的分析结果可以发现，适量稀土的添加可使楔形裂纹比例减少并使蠕变断裂由楔形裂纹导致局部晶界分离，裂纹相互作用并连接而最终导致断裂的机制逐渐转变为晶界空洞形核，长大和合并而断裂的机制，断口形貌表现为平直的解理平台减少，韧窝增加。同时由于稀土对晶界的滑动和晶界裂纹表面能的影响，阻碍了楔形裂纹和空洞的扩展，进而使得持久寿命显著延长。陈雷[182]通过对晶界第二相分析的分析进一步研究了稀土对耐热钢持久性能的影响，无论是晶界的空洞和楔形裂纹，还是晶界的滑动和能量，均涉及晶界在蠕变断裂中的作用，稀土对晶界行为和状态的影响势必带来对蠕变断裂特征的改变。大多数工程合金是第二相粒子强化合金，故在晶界有第二相粒子析出。许多研究表明，晶界第二相粒子在空洞形核中起重要作用[233~235]。在Cr-Mo钢中，蠕变空洞首先在Mo_2C上形核，而含V的钢中优先在VC上形核。奥氏体耐热钢的蠕变空洞也往往在晶界碳化物颗粒上形核，经过长时间的高温暴露碳化物在晶界上析出，空洞极易在晶界粗大的$M_{23}C_6$上形核，尤其是在晶内滑移带与晶界$M_{23}C_6$的交汇处形成空洞[232]。

通过Thermo-Cacl计算试验耐热钢在500~1250℃温度范围内的相组成及比例变化及对800℃时效30min后的试验钢进行XRD分析，结果表明试验钢的基体组织仍为奥氏体等轴晶，在晶界上分布着白亮的碳化物（见图3-156）。

通过对晶界碳化物进行更细微的观察可知，在相同的热处理情况下，不含稀土的177号试验钢的晶界上的条状碳化物较多，碳化物间距较小基本呈链状连续分布，晶界区较窄，而含稀土的189号试验钢和190号试验钢的晶界上碳化物则多呈球状，碳化物间距也较大，晶界较宽，其中189号试验钢比190号试验钢的碳化物间距更大，使得连续的链状碳化物断开，碳化物分散化最明显。

在奥氏体耐热钢蠕变过程中，蠕变过程中往往优先在晶界碳化物上形核，在对持久断口形貌观察中也发现了这一点，如图3-157所示。

当晶界碳化物的呈球状断续分布时，减轻了晶界附近刃位错的滑移在晶界的塞积，一定程度上减轻了由于碳化物阻碍晶界滑动而在碳化物与晶界交汇处的应力集中，从而使晶界滑动得到充分的协调，晶界应力得到一定松弛，晶界上不易产生空洞，即减小由于晶界滑动未得到充分的协调而形成沿晶空洞或裂纹的几率；除了对空洞产生影响外，碳化物的球化使得高硬度碳化物的尖角减少，从而进一步减轻了应力集中，因此可减缓楔形裂纹的产生和扩展，延长第三阶段的蠕变时间，进而延长持久断裂寿命，这些正是适量稀土添加使得碳化物逐渐球化后所得的效果[232]。

除了碳化物外，在不含稀土的177号试验钢条状硫化锰夹杂物与晶界相交处也观察到了蠕变空洞，如图3-158所示。这势必造成材料高温变形时晶界的进一步弱化，随着变形的逐渐增加，裂纹将在该空洞处形核，并沿着脆弱的晶界扩展。同时，添加适量的稀土后基本消除了条状MnS，从而减轻了晶界的进一步弱化，而且充分变质了带尖角的脆性夹杂，进一步减轻了应力集中，同时，由于稀土提高了夹杂物的弥散度，使其分布变得比较均匀，形状比较圆整，也从一定程度上减少了空洞形核位置，并可能使得其与基体的结合力增强。稀土对夹杂物的变质，改变夹杂物的形貌和分布，也是其改善试验钢持久性能的重要原因之一。

稀土对晶界状态的改善除了对第二相的分布及形态等影响之外，其对杂质元素晶界偏聚的影响也会改变晶界能、晶界结合力和晶界扩散系数等晶界诸性质。含稀土试验钢中的杂质元素（S、P）等的晶界偏聚受到抑制，晶界结合力得到强化，这势必会减轻合金蠕

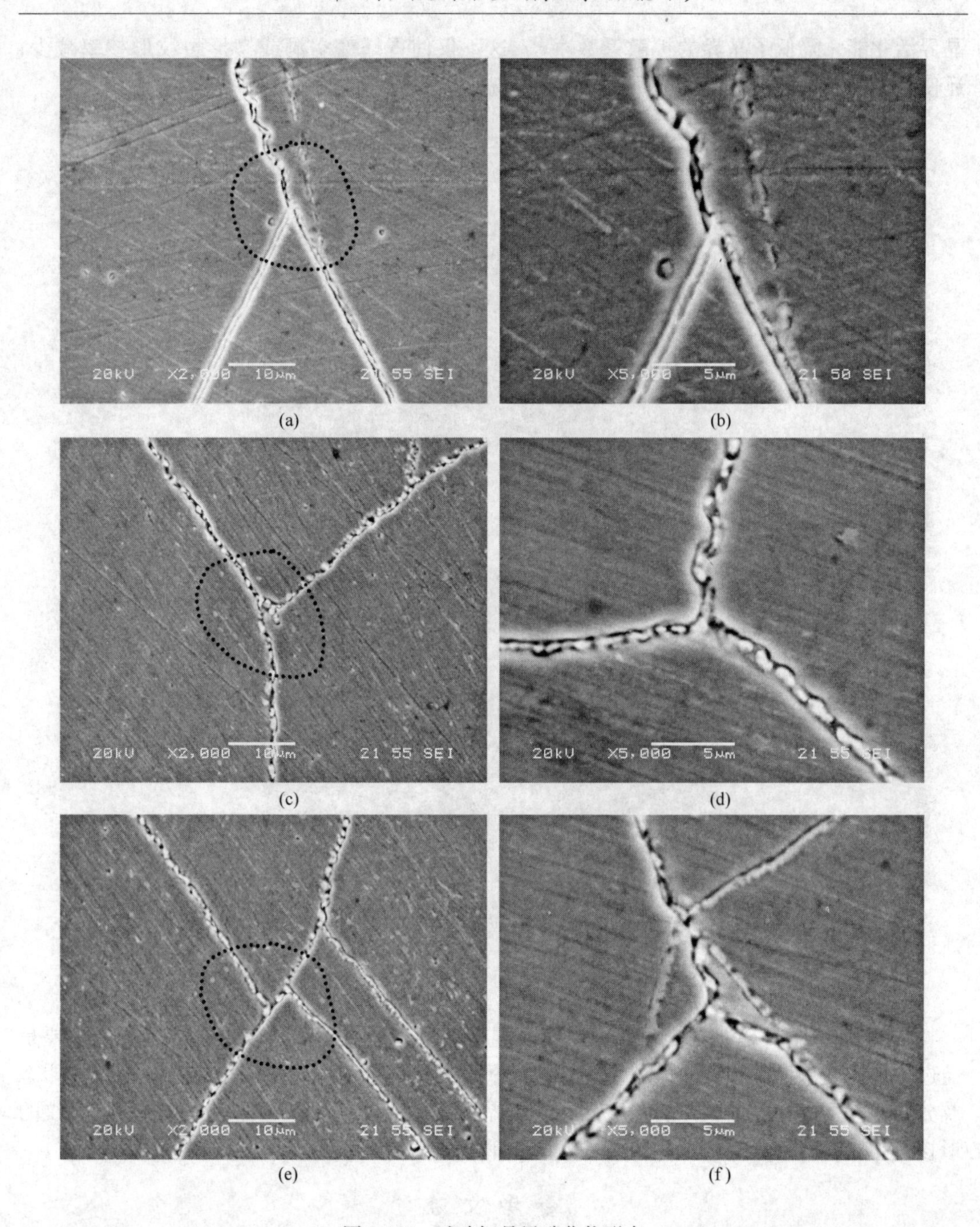

图 3-156　试验钢晶界碳化物形态

(a) w(RE) = 0，177 号试验钢；(b) 图 3-156a 的局部放大；(c) w(RE) = 0.056%，189 号试验钢；(d) 图 3-156c 的局部放大；(e) w(Y) = 0.048%，190 号试验钢；(f) 图 3-156e 的局部放大

变过程中的晶界脆化，改善蠕变延性，带来持久寿命的显著延长。试验结果发现稀土元素偏聚在钢的晶界上，这会使其趋于占据晶界中的空位和畸变区，通过降低基体原子的晶界扩散速率，提高蠕变激活能。研究报道，在 700～900℃下，Ni 中加入 0.04% 的 Ce 增大了

晶界活化能，降低了晶界的扩散系数[236]，这不仅使得蠕变空洞或楔形裂纹形核率减少，还使它们的长大速率减慢，从而显著地延长蠕变断裂寿命。

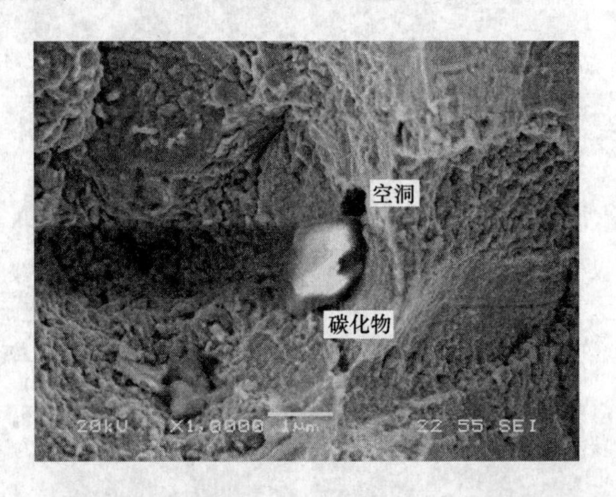

图 3-157　耐热钢持久试样断口晶界碳化物处空洞

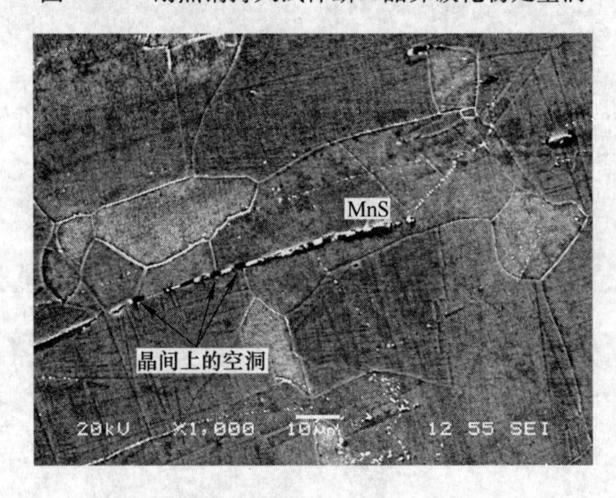

图 3-158　不含稀土的 177 号试验钢中晶界 MnS 处的空洞

文献［182］作者把稀土提高耐热钢高温持久型钢的机理归纳如下：稀土元素主要是通过增加蠕变激活能和激活体积；改变蠕变断裂的损伤机制；改变碳化物及夹杂物的形态及分布；深度净化晶界，抑制杂质元素的晶界偏聚等机制有效抑制蠕变空洞或楔形裂纹的形核及扩展，改善晶界状态，从而提高试验钢的高温持久断裂寿命。

参 考 文 献

［1］Luyckx L. The Rare Earth Metal In Steel, Industrial Application of Rare Earth Elements, ACS Symposium Series 164, Karl. A. Gsehneidner Jr. Editor, American Chemical Society. 1981, 43～78.

［2］王社斌，李佳军，尹树春，等．微量稀土元素对 Q235B 钢组织和性能的影响［J］．材料科学与工艺，2011，19(5)：79～89.

［3］张芳，杨吉春，刘亚辉．镧对 SS400 钢组织及力学性能的影响［J］．中国稀土学报，2008，26(6)：738～743.

［4］张芳，杨吉春，刘亚辉．镧提高 SS400 钢力学性能作用机理研究［J］．稀土，2009，30(5)：44～48.

[5] Lu W K, A Mclean. Ironmaking and Steelmaking, 1974(1):4208.
[6] 贺桂英，董汉雄，祝庆和，等．冶金部稀土处理钢发展规划技术交流和推广会议资料汇编，1994.
[7] 陈冬火，林勤，郭锋，等．高镧稀土添加剂在16Mn钢中的应用[J]．北京科技大学学报，2004，26(6)：600~603.
[8] 齐欣．稀土元素对S20A钢性能的影响[J]．黑龙江冶金，2005(4)：13~16.
[9] 郭锋，林勤，孙学义．稀土对碳锰纯净钢纵向冲击性能的影响[J]．兵器材料科学与工程，2004，28(3)：5~9.
[10] 肖寄光，程慧静，王福明．稀土对船板钢组织及低温韧性的影响[J]．稀土，2010，31(5)：52~58.
[11] 白桦，王福明，肖继光．稀土对B级船板钢冲击韧性的影响[J]．山东冶金，2007，29(1)：33~35.
[12] 闰松叶，闰宗根，王振华．CCSB船板钢中添加稀土元素提高力学性能的试验[J]．河北冶金，2007(6)：6~8，60.
[13] 林勤，叶文，陈宁，等．超低硫微合金钢中稀土元素的作用[J]．中国稀土学报，1997，15(3)：228~232.
[14] 朱兴元，曾静，刘继雄，等．稀土在低硫铌钛钢中的作用[J]．中国稀土学报，2002，20(2)：182~185.
[15] 朱兴元，陈邦文，姜凤琴，等．稀土在含铌钢中的作用规律[J]．钢铁研究，2000(2)：56~59.
[16] 唐历，王义成，赵安银，林勤．稀土在钒微合金化热轧钢板中的作用[J]．钢铁钒钛，2000，21(3)：39~42.
[17] 朱兴元，陈邦文，曾静，等．稀土在低硫钢中的作用规律[J]．炼钢，1999，15(6)：27~30.
[18] 林勤，姚庭杰，刘爱生，等．稀土在石油套管钢中应用研究[J]．中国稀土学报，1996，14(2)：160~165.
[19] 刘靖，姚晓乐，贺景春．稀土对25CrMoVB钢组织性能的影响[J]．物理测试，2011，29(6)：1~4.
[20] 姜海龙，姚小乐，贺景春．稀土对中碳铬钼钢组织及低温韧性的影响[J]．包钢科技，2012，38(2)：32~33.
[21] 孙昊，计云萍，陈林．稀土Ce对X65管线钢组织和性能的影响[J]．过程工程学报，2010，10(2)：241.
[22] 刘勇华，林勤，叶文，等．Behavior of Rare Earths in Ultra-Low_Sulfur Microallyed Steel[J]. Rare Earths, 1999(3)：207.
[23] 陈琳．稀土在高韧性热轧管线钢中的作用[C]．冶金部稀土处理钢发展规划技术交流和推广会议资料汇编，1994.
[24] 曹晓恩．稀土Ce对X80管线钢组织和性能的影响[D]．硕士论文，内蒙古科技大学，指导教师：杨吉春，2013.
[25] 哈宽富．金属力学性质的微观理论[M]．北京：机械工业出版社，1989：278.
[26] 杨吉春，曹晓恩，杨昌桥．稀土Ce对X80钢低温冲击韧性的影响[J]．稀土，2013，34(2)：1~5.
[27] 周兰聚．稀土在钢中的应用和应注意的问题[J]．山东冶金，1999(21)：39~41.
[28] 任中盛，王昕，贺磊，等．微量Ce对高级别管线钢显微组织与力学性能的影响[J]．太原理工大学学报，2013，34(3)：302~307.
[29] 赵春．X100管线弯管的组织-性能研究[D]．西安：西安石油大学学位论文，2008.
[30] 刘守显．高强度管线钢X100的基础技术研究[D]．昆明：昆明理工大学，2007：17~18.

[31] 周青春，潘应君，吴新杰．混合稀土金属对9Cr2Mo钢组织和性能的影响[J]．稀土，2007，28(6)：66.

[32] 程军，张国祥，刘喆，等．稀土对LZ50车轴钢组织和性能影响的研究[J]．稀土，2010，31(5)：59～62.

[33] 庞富祥，尹树春，李佳军，等．LZ50钢液中微量稀土脱氧及夹杂物生成机理研究[J]．太原理工大学学报，2011，42(6)：646～649.

[34] 刘瑞堂，刘文博，刘锦云．工程材料力学性能[M]．哈尔滨：哈尔滨工业大学出版社，2001：48～49.

[35] 许传才，张隆水．稀土对轴承钢组织和性能的影响[J]．西安冶金建筑学院学报，1987，50(2)：71～78.

[36] 刘承军，姜茂发，李春龙，等．稀土对不同洁净度高碳钢力学性能的影响[J]．东北大学学报，2005，26(11)：1078～1081.

[37] 刘承军，姜茂发，李春龙，等．稀土对BNbRE重轨钢冲击韧性的影响作用[C]．中国钢铁年会论文集，2005：117～120.

[38] 孙振岩，王荣，李凯．不同稀土、硫含量重轨钢的组织与性能[J]．东北大学学报（自然科学版），2002，23(4)：363～366.

[39] 王权，陈德富，金自立．稀土元素对高碳钢组织及力学性能的影响[J]．金属热处理，2012，37(11)：37～41.

[40] 包钢国家“十五”科技攻关“铁路用高强耐磨稀土重轨钢研究”验收工作报告.

[41] 赵晓栋，姜江，胡国栋，等．稀土微合金化对5CrNiMo钢组织和性能的影响[J]．山东冶金，2004，26(3)：40～43.

[42] 郭洪飞，郝新．稀土La对5CrMnMo热作模具钢组织和性能的影响[J]．铸造技术，2007，28(3)：295～298.

[43] 高文海，郭洪飞，郝新，等．镧对5CrMnMo热作模具钢力学性能的影响[J]．稀有金属，2007，31(4)：467～471.

[44] 陈方明，金泽洪，郑志强，等．稀土元素对锻造模具钢5CrMnMo组织和性能的影响[J]．特殊钢，2000，21(6)：11～13.

[45] 陈向荣，廖江临，宋建勤．稀土对5Cr2NiMoVSi热作模具钢性能的影响[J]．稀土，2013，34(3)：59～63.

[46] 关庆丰，方建儒，姜启川，等．稀土复合变质对新型铸造热锻模具钢组织与性能的影响[J]．中国稀土学报，2002，20(3)：248～249.

[47] 田占军，严术生．稀土元素对耐磨铸铁力学性能的影响[J]．物理测试，2005，23(4)：22～23.

[48] 黄小云．几种国产新型热作模具钢的力学性能与应用[J]．机械工程材料，1997，21(5)：49～51.

[49] 李密文，郝新．稀土铈对45Cr2NiMoVSi热锻模具钢力学性能的影响[J]．锻造技术，2009，34(1)：100～103.

[50] 郭洪飞，郝新，何智慧，等．稀土La对45Cr2NiMoVSi热作模具钢力学性能的影响[J]．锻造技术，2007，28(8)：1079～1083.

[51] 张昆鹏，宋延沛，谢敬佩，等．复合变质处理对铸造热锻模具钢力学性能的影响[J]．热加工工艺，2003(5)：22～23.

[52] 王贵，周新初，李殿凯，等．稀土对35CrMo钢淬火组织结构的影响[J]．兵器材料科学与工程，2001(1)：19.

[53] 郭洪飞，郝新．稀土La对3Cr2W8V热作模具钢组织和性能的影响[J]．铸造技术，2006，27(12)：1338～1341.

[54] 许修路．材料CALMAX在模具中的应用[J]．模具制造，2010(1)：61～62.

[55] 曹立明，赵平，李强国，王迹．稀土对新型中碳 CARMO 模具钢组织和性能的影响[J]．铸造技术，2012，33(8)：924～926.

[56] 王龙妹，徐飙，岳丽杰，等．稀土对夹杂物的变质和钢性能影响[C]．第十四届全国钢质量与非金属夹杂物控制学术会议．桂林：中国金属学会炼钢分会：2010：104～108.

[57] 牛继承，王任甫，邓晚平．稀土-硼复合处理对 14Ni5CrMoV 铸钢强韧性的影响[J]．铸造技术，2010，31(2)：169～171.

[58] Gropp J C, Matway R J. Residual elements in stainless steels. Eleetric Furnace Conference Proceedings [C]. Dallas，1996：497.

[59] Seah M P, Spencer P J, Hondros E D. Additive remedy for temper brittleness[J]. Met Sei，1979(5)：307.

[60] Gareia C I, Ratz G A, Burke M G, et al. Reducing temper embrittlement by lanthanide additions[J]. J Met，1985(9)：22.

[61] 沙爱学，王福明，吴承建，等．稀土镧对钢中残余元素的固定作用[J]．稀有金属，2000，24(4)：287.

[62] 严春莲，王福明，魏利娟，等．残余元素锡、锑对 34CrNi3Mo 钢冲击韧性的影响及稀土镧的改善作用[J]．北京科技大学学报，2004，26(23)：277.

[63] 陈邦文，刘力．稀土在铜磷钢中的作用[C]．冶金部稀土处理钢发展规划技术交流和推广会议资料汇编，1994.

[64] 董辰．铌、磷、稀土对耐候钢力学性能影响研究[D]．内蒙古科技大学，硕士论文，2013，指导教师：赵增武．

[65] 华蔚田，正宏，江来珠．喂 CaSi 加 RE 处理对耐候钢 09 CuPTiRE 夹杂物和冲击韧性的影响[J]．特殊钢，2008，29(2)：50～52.

[66] 张路明，林勤，李军，等．高强耐候钢中稀土含量对夹杂物和性能的影响规律[J]．稀土，2005，26(5)：65～68.

[67] 任海鹏，张万显，间振紊．稀土对 CuP 耐大气腐蚀钢韧性的影响[J]．东北工学院学报，1991，12(2)：170～172.

[68] 刘宏亮．稀土对 B450NbRE 钢组织和冲击韧性的影响[D]．东北大学硕士论文，2008，指导教师：刘承军．

[69] 张金山，徐林．稀土复合变质贝氏体/马氏体钢的研究[J]．中国稀土学报，1998，16(3)：247～251.

[70] 胡一丹，王一军，郑文，等．稀土硼复合变质对马氏体硅锰铸钢强韧性的影响[J]．热加工工艺，2007，36(13)：27～29.

[71] 余宗森．稀土在钢铁中的应用[M]．北京：冶金工业出版社，1987.

[72] 王晓颖，陈全德，吴逸贵，等．RE-B 对 Si-Mn 铸钢强韧性的影响[J]．洛阳工学院学报，1997，18(1)：1～6.

[73] 宋延沛，陈金德，罗全顺，等．稀土-硼对 30CrMn2Si 马氏体铸钢性能和组织的影响[J]．钢铁，1993，28(6)：46～51.

[74] 宋延沛，谢敬佩，罗全顺，等．微量元素在耐磨铸钢榨螺中的作用[J]．钢铁研究学报，2000，12(2)：62～67.

[75] 赵路遇．微量稀土在铸钢中的作用[J]．材料开发与应用，2003，18(6)：43.

[76] 聂亚丽．Ce-La 对 SS400 钢洁净度和组织及性能影响的研究[D]．内蒙古科技大学，2009 年硕士论文，指导教师：杨吉春．

[77] 李春龙，王云盛，陈建军，等．稀土在洁净 BNbRE 重轨钢中的作用机制[J]．中国稀土学报，2004，22(5)：670～675.

[78] 范敬国，唐望生，周青春，等．稀土元素对9Cr2Mo冷轧辊钢组织和性能的影响[J]．金属热处理，2008，33(2)：12～15.
[79] 陈红桔，刘清友．稀土元素对P20钢性能的影响[J]．钢铁研究学报，1995，7(5)：50.
[80] 高文海，郭洪飞，郝新，等．铈对5CrNiMo模具钢力学性能的影响[J]．炼钢，2009，25(1)：60～62.
[81] 薛淑贞，郝新，穆静思．稀土Ce对5CrMnMo钢组织与力学性能的影响[J]．职大学报，2010(2)：89～90.
[82] 揭晓华，李志章，姚天贵，等．稀土对5CrMnMo钢的组织及抗热疲劳性能的影响[J]．浙江大学学报，1989，23(4)：579～580.
[83] 孙胜英，袁书强，周根树，等．稀土对低铬铁素体不锈钢组织与力学性能的影响[J]．材料热处理学报，2007，28：22.
[84] 张慧敏，崔朝宇，赵莉萍，等．镧对4Cr13钢组织及耐蚀性的影响[J]．中国稀土学报，2011，29(1)：100～104.
[85] 王俊丽，李志，金建军，等．稀土对高纯超高强度23CoNi钢组织与性能影响的初步探索[J]．航空材料学报，2006，26(3)：22.
[86] 韩永令，杜奇圣．稀土元素在低硫18CrZNiWA钢中作用的研究[J]．稀土，1984，9(2)：15～17.
[87] 董方，蔡国君，储少军．稀土铈对1Cr18Mn8Ni5N不锈钢力学性能的影响[J]．钢铁，2010，45(11)：82～85.
[88] 董方，蔡国君，储少军．铈的添加对1Cr18Mn8Ni5N不锈钢腐蚀电化学行为的影响[J]．研究腐蚀科学与防护技术，2011，23(2)：147～150.
[89] 董方，田辉，蒋建清．添加稀土元素对M42高速钢盘条拉拔断丝率的研究[J]．河北冶金，2005，150(6)：24.
[90] 王栋．稀土对M35高速钢组织和 性能的影响[D]．中南大学硕士论文，2005，指导教师：余琨，方峰．
[91] 姜文勇，冯义成，王丽萍，等．稀土对Cr25Ni5Mo2Cu3RE*x*双相钢组织和性能的影响[J]．稀土，2013，34(2)：56～59.
[92] 周青春，潘应君，吴新杰，等．稀土元素对9Cr2Mo冷轧辊钢耐磨性的影响[J]．热加工工艺，2007，36(4)：32．
[93] 郝新，郭洪飞，何智慧，等．铈对5CrMnMo热作模具钢组织及耐磨性的影响[J]．中国稀土学报，2008，26(3)：367.
[94] 吴强，李密文，袁伟．铈对45Cr2NiMoVSi热作模具钢组织与耐磨性的影响[J]．模具工业，2009，35(9)：66.
[95] 吴桂秀，郝新，高峰，等．铈对45Cr2NiMoVSi热作模具钢组织和耐磨性的影响[J]．材料热处理技术，2009，38(16)：28～31.
[96] 孟繁琴，朱旭霞，芦亚萍，等．稀土对低铬合金模具钢性能的影响[J]．稀土，2009，30(5)：57.
[97] 金泽洪，陈方明，刘崇明，等．稀土对20MnVB钢组织性能的影响[J]．特殊钢，1996，17(1)：19.
[98] 符寒光，刘金海，邢建东．RE-Mg-Ti复合变质高碳高速钢轧辊的组织和性能[J]．钢铁研究学报，2005，15(3)：39.
[99] Zum-Gahr K H. How Microstructure Affects Abrasive Wear Re-sistance[J]. Metal Progress，1979，116(4)：46～52.
[100] 黄四亮．稀土、钒、钛复合变质超高锰耐磨铸钢试验研究[J]．矿山机械，2001(2)：51.
[101] 张金山，徐林．稀土复合变质贝氏体/马氏体钢的研究[J]．中国稀土学报，1998，16(3)：247.

[102] 张智，任新建，魏仁群，等. U76CrRE 稀土钢轨性能研究[J]. 稀土，2009，30(1)：62.

[103] 李春龙，智建国，姜茂发，等. 稀土对 BNbRE 钢轨综合性能的影响[J]. 中国稀土学报，2003，21(4)：468.

[104] 马腾，等. 钢铁研究总院，稀土在钢轨中的作用，BNbRE 钢轨鉴定材料，1997：109.

[105] 于宁，孙振岩，戢景文，等. 稀土提高热轧珠光体钢轨使用性能的机理(上)[J]. 稀土，2011，32(5)：50.

[106] Mirko Kesnil，Petr Lukas. Fatigue of Metallic Materals[M]. Acsdemia Prague，1992.

[107] 冯应钧，高肇贤，回林祥. 稀土元素对结构钢疲劳性能的作用[J]. 钢铁，1984，19(1)：44.

[108] 包头冶金研究所. 全国稀土应用推广会议资料汇编. 1975.

[109] 北京钢铁研究总院，首都钢铁公司. 氧气转炉稀土 60Si2Mn 钢试验总结，1980.

[110] Kang S K，Gow K V. Met. Trans.，1981，12A：907.

[111] Wilson W G. Proceedings of the Tenth Rare Earth Research Conference，1973：34 ~ 42.

[112]《金属机械性能》编写组. 金属机械性能[M]. 北京：机械工业出版社，1978.

[113] 首都钢铁公司，包头冶金研究所. 全国稀土应用推广会议资料汇编. 1975.

[114] 马海涛，吴迪，吴钢. 铌和稀土对厚规格轮辐钢板组织和性能的影响[J]. 钢铁研究学报，2009，21(3)：23.

[115] 许振明，姜启川，关庆丰，等. 铈、铝变质奥-贝钢中共晶体异质核心研究[J]. 中国稀土学报，1997，15(4)：335.

[116] Roland K. The influence of non-metal inclusions on the properties of steels[J]. Journals of Metals，1969(10)：48.

[117] 宋延沛. 稀土复合变质剂对高碳高速钢性能及组织的影响[J]. 钢铁研究学报，2001(12)：3.

[118] 关庆丰，方建儒，姜启川，等. 稀土复合变质对新型铸造热锻模具钢组织与性能的影响[J]. 中国稀土学报，2002，20(3)：248.

[119] 五二研究所. 金属材料与热加工工艺. 1979(5)：13 ~ 18.

[120] 冯应钧，高肇贤，回林祥，等. 稀土对钢疲劳性能的影响[J]. 稀土，1982 (3)：39.

[121] 林国荣，陈东，顾泉佩，等. 稀土对 ZG60CrMnSiMo 钢冲击疲劳抗力的影响[J]. 稀土，1999，20(6)：32.

[122] 梁工英，顾林喻. 稀土对白口铸铁中碳化物形貌及冲击疲劳的影响[J]. 中国稀土学报，1993，11(4)：341.

[123] 林勤，叶文，杜垣胜，等. 稀土在钢中的作用规律和最佳控制[J]. 北京科技大学学报，1992，14(2)：225.

[124] 王栋材. 金属抗拉新参数的本质分析[J]. 包钢科技，1991(1)：44.

[125] 方华龙，等，包头钢铁公司，BNbRE 钢轨研制总结，BNbRE 钢轨鉴定材料，1997：15 ~ 62.

[126] 于宁，孙振岩，戢景文，等. 稀土提高热轧珠光体钢轨使用性能的机理(下)[J]. 稀土，2011，32(6)：41.

[127] Cottrell A H，晶体中的位错和范性流变[M]. 葛庭遂译，北京：科学出版社，1960.

[128] 冯端，王业宁，丘第荣. 金属物理(下册)[M]. 北京：科学出版社，1975.

[129] Knott J F. Fundamentals of Fracture Mechanics. [M]. London：Butterworth & Co (Pubulishers) Ltd. 1973.

[130] Smith，E，Proc. Conf. Physical Basis of Yield and Fracture[C]. Oxford：Inst Phys Phys Soc，1966.

[131] Orowan E. Fracture and strength of solids[R]. Reports on the Progress in Physics，1948 ~ 1949. 185.

[132] 杨庆祥，吴浩泉，丁柏群，等. 稀土元素对热轧辊用钢 60CrMnMo 热疲劳性能的影响[J]. 钢铁，1994，29(5)：51.

[133] 杨庆祥，王爱荣，吴浩泉，等. 稀土元素对 60CrMnMo 热轧辊用钢高温低周疲劳循环特性的影响

[J]. 中国稀土学报, 1995, 13(2): 141.
[134] 杨庆祥, 吴浩泉, 郭景海, 等. 稀土对60CrMnMo热轧辊用钢高温低周疲劳循环特性的影响[J]. 中国稀土学报, 1994, 12(1): 43.
[135] 杨庆祥, 吴浩泉, 郭景海. 稀土对60CrMnMo热轧辊钢夹杂物形态的影响[J]. 中国稀土学报, 1992, 10(2): 151.
[136] 丁柏群, 吴浩泉, 郭景海, 等. 稀土元素对60CrMnMo钢奥氏体晶粒长大倾向的影响[J]. 东北重型机械学院学报, 1989, 13(3): 68.
[137] 杨紫霞. 铈对ZG75CrMo钢中非金属夹杂物及钢性能的影响[J]. 稀有金属与硬质合金, 1996, (125):14.
[138] Yang Qingxiang, Wang Airong, Ren Xuejun, et al. Effect of Rare Earth Elements on Thermal Fatigue of High Ni-Cr Alloy Cast Iron[J]. Journal of Rare Earths, 1996, 14(4): 286.
[139] 杨庆祥, 廖波, 姚枚. 稀土对高Ni-Cr铸铁石墨的变质作用[J]. 稀土, 1998, 19(2): 11.
[140] 郭铁波. 稀土对9Cr2Mo钢抗热冲击能力的影响[J]. 哈尔滨理工大学学报, 2000, 5(1): 108.
[141] 于升学, 邵力, 蔡大勇, 等. 稀土元素对半钢冲击疲劳性能的影响[J]. 中国稀土学报, 2002, 20(4): 339.
[142] 常立民, 刘建华, 于升学, 等. 稀土元素对低铬半钢热疲劳性能的影响[J]. 中国稀土学报, 2002, 20(1): 86.
[143] 常立民, 刘建华, 于升学, 等. 稀土及热处理对中铬半钢的冲击疲劳性能的影响[J]. 金属热处理, 2002, 27(1): 25.
[144] 于升学. 稀土元素对高碳铬钢冲击疲劳性能的影响[J]. 上海金属, 2002, 24(4): 18.
[145] 林勤, 陈帮文, 郭锋, 等. 稀土改善09CuPTiRE耐候钢耐蚀性的作用机理[J]. 稀土, 2003, 24(5): 27.
[146] 王龙妹, 杜挺, 王跃奎. 稀土在Cu-P系耐候钢中的热力学及机理研究[J]. 中国稀土学报, 2000(18): 86~89.
[147] 于敬敦, 吴幼林, 崔秀岭, 等. 08CuPVRE钢耐大气腐蚀的机理[J]. 中国腐蚀与防护学报, 1994, 4(1): 82.
[148] Mouler J F, Stiekle W F, Sobol P E. Handbook of X-ray Photoeleetron SpeCtroseopy[M]. Eden Pralrie: Physieal Eleerronzes, Inc, Press, 1995.
[149] 白玉光, 田妮, 刘春明, 等. 09CuPTiRE钢耐候性能及腐蚀过程研究[J]. 材料与冶金学报, 2003, 2(1): 61.
[150] 岳丽杰. 博士论文. 东北大学, 北京: 钢铁研究总院, 指导老师: 徐成海, 王龙妹.
[151] 林勤, 李军, 张路明. 高强度耐大气腐蚀钢中稀土提高耐蚀机理研究[J]. 稀土, 2008, 29(1): 63.
[152] 郭锋. 稀土对碳锰纯净钢耐腐蚀性能的影响[J]. 中国稀土学报, 2004, 22(3): 365.
[153] 刘承军, 刘宏亮, 毛天成, 等. 稀土对B450NbRE钢耐大气腐蚀性能的影响[J]. 稀土, 2008, 29(1): 81~84.
[154] 汪兵, 刘清友, 刘小明, 等. 稀土(Ce/La)对碳素钢耐海洋性大气腐蚀影响的电化学研究[J]. 材料保护, 2009, 42(1): 56~58.
[155] Hinton B RW, Arnott D R, Ryan N E. The inhibition of aluminum alloy corrosion by cerium cations[J]. MetForum, 1984, 7(4): 211~217.
[156] Hinton B RW. Cerium conversion coating for the corrosion protection of aluminum[J]. Mater Forum, 1986, 9(3): 162~173.
[157] 褚幼义, 赵琳. 钢中稀土夹杂物鉴定[M]. 北京: 冶金工业出版社, 1985: 18~21.

[158] 宋义全，陈维，李涛．铈和镧对 Q345B 钢在海洋大气中腐蚀行为的影响[J]．中国稀土学报，2011，29(5)：615～621.

[159] 董方，赵晓辉，杨雷，等．铈对 00Cr12 晶间腐蚀敏感性影响研究[J]．中国稀土学报，2013，31(2)：228～231.

[160] 范光伟，张寿禄，秦丽雁．304 不锈钢晶间腐蚀发展过程的阻抗谱分析[J]．试验研究，2007，3：12～15.

[161] 高学中，杨吉春，刘晓．稀土对 2Cr13 不锈钢夹杂物形态和耐腐蚀性能的影响[J]．科技情报开发与经济，2007，17(18)：150～153.

[162] 徐飙，杜晓健，王龙妹，等．含稀土 430 不锈钢耐蚀性与织构取向特性的关系[J]．东北大学学报(自然科学版)，2009，139(7)：993～997.

[163] 丁晖，袁广银，余刚，等．稀土对铬锰氮不锈钢在稀硫酸介质中腐蚀磨损性能的影响[J]．中国稀土学报，1997，15(2)：146～150.

[164] 孙文山，丁桂荣，罗铭蔚，等．Ce 在双相不锈钢中的作用[J]．金属学报，1996，32(3)：245～248.

[165] 孙文山，丁桂荣，冯建中，等．新型稀土双相不锈钢 SG52 在化学工业中的应用[J]．硫酸工业，1998(23)：33～35.

[166] 孙文山，丁桂荣，宋爱英，等．新型稀土双相不锈钢——SG52[J]．兵器材料科学与工程，2004，27(5)：44～46.

[167] 刘晓．稀土对 2205 双相不锈钢性能的影响及机理研究[D]．钢铁研究总院，博士论文，2011，指导老师：王龙妹．

[168] 耿鸿明，吴晓春，汪宏斌．铜、硫元素对 4Cr13 不锈钢切削性能及耐腐蚀性能的影响[J]．钢铁研究学报，2008，20(8)：42～45.

[169] Bkaer M A, Castle J E. The initiation of pitting corrosion at MnS inclusions[J]. Corrosion Science, 1993, 34(4): 667～682.

[170] Suter T, Böhni H. Microelectrodes for studies of localized corrosion processes[J]. Electrochimica Acta, 1998, 43(19～20): 2843～2849.

[171] 马艳红，黄元伟．添加钇提高不锈钢耐蚀性能的 AES 研究[J]．中国稀土学报，2000，18(3)：249～252.

[172] 王锐，吕祖舜，许越，等．表面扩渗稀土（La、Ce）对 1Cr18Ni9 钢晶间腐蚀性能的影响[J]．材料科学与工艺，1998，6(4)：85～88.

[173] 王锐，许越，吕祖舜，等．扩渗稀土对 1Cr18Ni9 钢耐腐蚀性能的影响[J]．稀土，2001，22(4)：75～77.

[174] 上官倩芡，程先华．稀土对 38CrMoAl 钢软氮化层抗冲蚀磨损性能的影响[J]．中国稀土学报，2004，22(1)：138～141.

[175] 许越，韦永德，宋璞．稀土对 20 钢和 45 钢表面的耐腐蚀性能的影响[J]．中国稀土学报，1993，11(1)：52～55.

[176] Matsuoka Hideki, Osawa Koichi, Ono Moriaki. Influence of Cuand Sn on hot ductility of steel with various C content[J]. ISIJ International, 1997, 37(3): 255.

[177] Imai Norio, Komatsubara Nozomi, Kunishige Kazutoshi. Effect of Cu, Sn and Ni on hot workability of hot-rolled mild steel[J]. ISIJ International, 1997, 37(3): 217.

[178] 赵亚斌，王福明，李长荣，等．镧在含残余锡、锑 GCr15 钢中的作用[J]．中国稀土学报，2007，25(2)：230.

[179] 沙爱学．稀土与钢中残余元素作用[D]．博士论文，北京：北京科技大学，1999.

[180] 魏利娟，王福明，项长祥，等．镧对含锡、锑残余元素的34CrNi3Mo钢热塑性的改善作用[J]．中国稀土学报，2003，21(3)：312.

[181] 沙爱学，王福明，吴承建，等．镧与钢中磷的相互作用[J]．中国稀土学报，2000，18(1)：52.

[182] 陈雷．含稀土奥氏体不锈钢及双相不锈钢的高温力学性能研究[D]．钢铁研究总院，博士论文，2011，指导导师：王龙妹.

[183] Johnson W C, Doherty J E, Kear B H, et al. Confirmation of sulfur embrittlement in nickel alloys[J]. Scripta Metall., 1974, 8: 971 ~ 974.

[184] McLean D. Grain boundary in metals. 1st ed. London: Oxford University; 1957.

[185] Zhou Y J, Zhang G Y. Study on electronic theory of the interaction between rare earth elements and impurities at grain boundaries in Ni – base superalloy[J]. Rare Metal Materials and Engineering, 2007, 36(12): 2160 ~ 2167.

[186] 李亚波，王福明，朱宝晶．稀土元素在铁素体不锈钢中的作用和应用前景[J]．特殊钢，2008，29(3)：39 ~ 41.

[187] L L Joncour, et al. Large Deformation and Mechanical Effects of Damage in Aged Duplex Stainless Steel[J]. Materials Science Forum, 2010, 652: 155 ~ 160.

[188] S S M Tavares, et al. Magnetic detection of sigma phase in duplex stainless steel UNS S31803[J]. Journal of Magnetism and Magnetic Materials, 2010, 322(17): 29 ~ 33.

[189] Joanna Michalska, Maria Sozańska. Qualitative and quantitative analysis of σ and χ phases in 2205 duplex stainless steel[J]. Materials Characterization, 2006, 56(4 ~ 5): 355 ~ 362.

[190] S Atamert, J E King. Elemental partitioning and microstructural development in duplex stainless steel weld metal[J]. Acta Metallurgica et Materialia, 1991, 39(3): 273 ~ 285.

[191] M B Cortie, E M L E M. Jackson. Simulation of the precipitation of sigma phase in duplex stainless steels [J]. Metall. Mater. Trans., 1997, 28 A: 2477 ~ 2484.

[192] T H Chen, J R Yang. Effects of solution treatment and continuous cooling on σ-phase precipitation in a 2205 duplex stainless steel[J]. Mater. Sci. Eng., 2001, 311A: 28 ~ 41.

[193] M Martins, L C Casteletti. Heat Treatment Temperature Influence on ASTM A890 GR 6A Super Duplex Stainless Steel Microstructure[J]. Materials Characterization, 2005, 55(3): 225 ~ 233.

[194] 王晓丽，宋波，智建国，等．稀土对V微合金重轨钢高温塑性的影响[J]．特殊钢，2012，33(5)：45 ~ 48.

[195] 李良一，高振环．稀土对高合金钢热加工性能的影响[J]．稀土，1982(1)：8 ~ 12.

[196] 张辉，崔文芳，王建军，等．铈对00Cr17铁素体不锈钢高温抗氧化性的影响[J]．中国稀土学报，2010，28(3)：366 ~ 371.

[197] 李美栓．金属的高温腐蚀[M]．北京：冶金工业出版社，2001：39.

[198] Pint B A. Experimental observations in support of the dynamics egregation theory to explain the reactive-element effect[J]. Oxi-dation of Metals, 1996, 45(1/2): 1.

[199] Hou PY, Stringer J. The effect of reactive element additions onthe selective oxidation, growth and adhesion of chromia scales[J]. Materials Science & Engineering, 1995, 202(1/2): 1.

[200] 李文超，林勤．稀土在35CrNi3MoV钢中的作用机理[J]．兵器材料与力学，1984(4)：1 ~ 8.

[201] 林勤，陈宁，金锡范．金属氧化动力学规律和耐热钢中稀土作用的研究[J]．中国稀土学报，1996，14(3)：239 ~ 244.

[202] 孙玉福，邓想，石广新．ZG30Cr30Ni8Si2NRE耐热钢的抗氧化性研究[J]．热加工工艺，2005(3)：19 ~ 21.

[203] 邢建东，汪文虎，高义民，等．用于高温含硫气氛下的抗磨材料研究[J]．西安交通大学学报，

1995(4): 58.

[204] 余式昌，吴申庆，宫友军，等. 稀土微合金化5Cr21Mn9Ni4N钢高温氧化行为[J]. 中国稀土学报，2006，44(3): 333～337.

[205] 蒋学智，王宝峰，李春龙，等. La对纯净钢抗高温氧化性能的影响[J]. 包头钢铁学院学报，2006，25(1): 40～42.

[206] 胥继华，韩桂春，鲁国荣，等. 稀土对耐热钢高温性能的影响[J]. 特殊钢，1993，14(4): 11～17.

[207] 张匀，赴洪恩，黄荣芳，等. 混合稀土对Fe-Cr-Ni系耐热合金抗氧化性能的影响[J]. 中国腐蚀与防护学报1986，6(2): 133～116.

[208] 杜晓建. 稀土对高品质耐热钢性能的影响及机理研究[D]. 钢铁研究总院2011，博士论文，指导教师：王龙妹.

[209] 曲英. 炼钢学原理[M]. 北京：冶金工业出版社，1980.

[210] Birks N, Meier G H, Pettit F S. Introduction to the high-temperature oxidation of metals[M]. Cambridge: Cambridge University Press, 2006.

[211] 李铁藩. 金属高温氧化和热腐蚀[M]. 北京：化学工业出版社，2003.

[212] 俞方华，韩荣典. 活性元素Y和Ce对Fe-25Cr-40Ni合金高温氧化的影响[J]. 金属学报，1992，28(4): 145～153.

[213] 永井宏. 希土類元素の利用耐熱合金への微量添加[J]. 鉄と鋼，1984，70(11): 1523～1529.

[214] 李碚. 稀土金属在耐热钢和耐热合金中的应用[J]. 稀土，1985(5): 45～52.

[215] 沈保罗. 稀土在改善钢的抗氧化，硫化，高温腐蚀以及抗渗碳性能的应用[J]. 四川冶金，1995，17(2): 45～49.

[216] 斎藤安俊. 耐熱合金の高温酸化における希土類元素の役割（高温の酸化と腐食）（< 特集 > 耐熱鋼 耐熱合金）[J]. 鉄と鋼，1979，65(7): 747～771.

[217] 李美栓，张亚明. 活性元素对合金高温氧化的作用机制[J]. 腐蚀科学与防护技术，2001，13(6): 333～337.

[218] Pint B A. Progress in understanding the reactive element effect since the Whittle and Stringer literature review[A]. Proceedings of the John Stringer Symposium on High Temperature Corrosion[C], 2001.

[219] 李碚，王嘉敏，胥继华. 稀土元素对耐热金属材料高温腐蚀行为的改善作用[A]. 稀土在钢铁中的应用[C]. 北京：冶金工业出版社，1987.

[220] 韩桂春，靳达申，孙才荣，等. RE对3Cr24Ni7N合金高温抗氧化性能的影响[J]. 钢铁，1984(12): 19～24.

[221] Lustman B. The intermittent oxidation of some nickel-chromium base alloys[J]. Trans AIME, 1950, 188: 995～996.

[222] Tien J K, Pettit F S. Mechanism of oxide adherence on Fe-25Cr-4Al (Y or Sc) alloys[J]. Metallurgical and Materials Transactions B, 1972, 3(6): 1587～1599.

[223] Mikkelsen L. High Temperature Oxidation of Iron-Chromium Alloys[D]. Doctoral Dissertation, University of Southern Denmark, 2003.

[224] 深瀬幸重，西間勤，遅沢浩一郎，等. 80Ni-20Cr合金の高温酸化挙動におよぼす希土類元素添加の影響について[J]. 日本金属学会誌，1968，32(1): 33～38.

[225] 李铁藩. 金属晶界在高温氧化中的作用[J]. 中国腐蚀与防护学报，2002，22(3): 180～183.

[226] 郑国辉. 稀土含氮节镍型耐热钢的研究[J]. 四川有色金属，1993(3): 33～36.

[227] 蒋汉祥，孙善长，杨德鑫. 含氮稀土耐热钢H_1的研制[J]. 重庆大学学报（自然科学版）2002，25(3): 94～96.

[228] 汤国华. 稀土在含氮奥氏体耐热钢中的作用机理和冶炼工艺[J]. 铸造技术, 1996(1): 7 ~ 91.

[229] 胥继华, 路岩. 稀土元素对耐热钢热强性能影响的研究[J]. 金属热处理, 1999(8): 1 ~ 9.

[230] Manabu T, Hisao E, Kei S. Stress and Temperature Dependence of Time to Rupture of Heat Resisting Steels[J]. ISIJ International, 1999, 39(4): 380 ~ 387.

[231] 孙茂才. 金属力学性能[M]. 哈尔滨: 工业大学出版社, 2003.

[232] 张俊善. 材料的高温变形与断裂[M]. 北京: 科学出版社, 2007.

[233] George E P, Kennedy R L, Pope D P. Review of trace element effects on high-temperature fracture of Fe and Ni-Base alloys[J]. Phys. Stat. Sol., 1998, 167 A: 313-333.

[234] Yousefiani A, Mohamed F A, Earthman J C. Creep rupture mechanism in annealed and overheated 7075Al under multiaxial stress states[J]. Metall. Mater. Trans., 2000, 31A(11): 2807 ~ 2821.

[235] Lee Y S, Yu J. Effect of matrix hardness on the creep properties of 12CrMoVNb steel[J]. Metall. Mater. Trans., 1999, 30(9): 2331 ~ 2339.

[236] Tomas G B, Gibbons T B. Creep and fracture of cast Ni-Cr-base alloy containing trace elements[J]. Mater. Sci. Eng., 1984, 67(1): 13 ~ 23.

4 稀土低合金钢、稀土合金钢的种类及性能

余景生等在1993年出版了《稀土处理钢手册》一书[1]，书中对当时开发生产的稀土处理钢种作了很全面的介绍，内容包括钢种、牌号、技术标准、性能（力学性能、焊接性能、物理化学和耐蚀性能及其他各种性能等）。

随着钢的洁净度越来越高，稀土在钢中合金化、微合金化和复合微合金化的作用也越来越凸显，在20世纪90年代的基础上，尤其是21世纪以来相继开发出了具有我国自主知识产权创新的一批高品质的稀土低合金钢、稀土合金钢、稀土耐候钢、稀土重轨钢、抗耐磨稀土钢、稀土不锈钢、稀土耐热钢等，本章节将集中介绍这些新开发研制及生产应用的稀土低合金钢、稀土合金钢。

4.1 稀土耐候钢及高强稀土耐候钢

4.1.1 铁道车辆用高强度稀土耐大气腐蚀钢[2]

铁道车辆用高强度稀土耐大气腐蚀钢，长期以来，国内铁道车辆用耐大气腐蚀钢一直以屈服强度为295MPa的09CuPTiRE和屈服强度为345MPa的09CuPCrNi为主，货车中梁采用屈服强度为295MPa的09V（310乙字钢），承载能力较小。而美国等一些国家已可提供强度水平高达550MPa的铁道车辆用耐大气腐蚀钢。随着国民经济的快速增长，铁路运输的提速重载显得更为迫切，攀钢是国内最大的铁路用钢生产基地，自2002年7月份国家十五科技攻关“稀土钢新工艺新品种关键技术及产业化研究”立项以后，攀钢着重自己的资源优势，以“V-Ti-N微合金化”，加入微量稀土元素，生产了高强度稀土耐大气腐蚀钢，生产最大厚度为12.0mm的高强度耐大气腐蚀钢，成功开发出综合性能指标优良的400MPa、450MPa和500MPa级新一代铁道车辆用高强度稀土耐大气腐蚀热轧钢板，产品通过了铁道部认证（3家之一）。经株洲和眉山车辆厂的装车使用结果表明，完全满足新型铁道车辆的加工工艺要求。经过多年的研究和工业生产，攀钢铁道车辆用高强度稀土耐大气腐蚀钢已具备了批量、稳定生产的能力。

钢种钢号：PQ400NQR1、PQ450NQR1、PQ500NQR1，PQ400NQR2、PQ450NQR2、PQ500NQR2。

技术标准：参照或执行GB/T 4171—84（高耐候性结构钢）、《铁道部运输局文件—运装货车［2000］137号和［2002］387号》。

化学成分见表4-1。

表4-1 化学成分 （%）

牌号	C	Si	Mn	P	S	Cu	Cr	Ni	RE
PQ400NQR1	≤0.12	0.15～0.75	≤1.10	≤0.025	≤0.008	0.20～0.50	0.30～1.25	0.12～0.65	0.02～0.03

续表 4-1

牌号	C	Si	Mn	P	S	Cu	Cr	Ni	RE
PQ450NQR1	≤0.12	0.15~0.75	≤1.30	≤0.025	≤0.008	0.20~0.50	0.30~1.25	0.12~0.65	0.02~0.03
PQ500NQR1	≤0.12	0.15~0.75	≤1.30	≤0.025	≤0.008	0.20~0.50	0.30~1.25	0.12~0.65	0.02~0.03
PQ400NQR2	≤0.12	0.15~0.75	≤1.10	0.06~0.12	≤0.010	0.20~0.50	0.30~1.25	0.12~0.65	0.025~0.038
PQ450NQR2	≤0.12	0.15~0.75	≤1.30	0.06~0.12	≤0.010	0.20~0.50	0.30~1.25	0.12~0.65	0.025~0.038
PQ500NQR2	≤0.12	0.15~0.75	≤1.30	0.06~0.12	≤0.010	0.20~0.50	0.30~1.25	0.12~0.65	0.025~0.038

应用概况：PQ400NQR1、PQ450NQR1、PQ500NQR1 和 PQ400NQR2、PQ450NQR2、PQ500NQR2 主要用于生产铁道车辆用高强耐大气腐蚀热轧钢板和钢带。

生产工艺：脱 S 铁水→120t LD 转炉（炉内加 Cu、Ni 合金）→测温→挡渣出钢→铝锰铁脱氧、加入其余合金、调渣→炉后底吹氩、测温、定氧→LF 站底吹氩、调温→RH 真空处理、成分微调→1350mm 板坯连铸（结晶器喂稀土丝）→连铸坯摊检→1450mm 热连轧→步进式加热炉→高压水除鳞→粗轧（宽度自动控制）→热卷箱（恒温）→高压水除鳞→6 机架精轧（厚度自动控制，厚度范围 2.0~12.0mm）→层流冷却（卷取温度自动控制）→卷取→精整分卷（切板）。

钢板、钢带的力学及工艺性能见表 4-2。

表 4-2 钢板、钢带的力学性能和工艺性能（横向值）

<table>
<tr><th rowspan="2">牌 号</th><th rowspan="2">厚度/mm</th><th colspan="4">力 学 性 能</th><th>工艺性能</th></tr>
<tr><th>R_{eL}/MPa</th><th>R_m/MPa</th><th>A/%</th><th>−40℃A_{KV}/J</th><th>180°冷弯</th></tr>
<tr><td rowspan="2">PQ400NQR2</td><td>≤6</td><td rowspan="2">≥400</td><td rowspan="2">≥500</td><td>≥24</td><td rowspan="6">≥30</td><td>$D=a$</td></tr>
<tr><td>>6~12</td><td>≥22</td><td>$D=2a$</td></tr>
<tr><td rowspan="2">PQ450NQR2</td><td>≤6</td><td rowspan="2">≥450</td><td rowspan="2">≥550</td><td>≥22</td><td>$D=a$</td></tr>
<tr><td>>6~12</td><td>≥20</td><td>$D=2a$</td></tr>
<tr><td rowspan="2">PQ500NQR2</td><td>≤6</td><td rowspan="2">≥500</td><td rowspan="2">≥600</td><td rowspan="2">≥18</td><td>$D=a$</td></tr>
<tr><td>>6~12</td><td>$D=2a$</td></tr>
<tr><td rowspan="2">PQ400NQR1</td><td>≤6</td><td rowspan="2">≥400</td><td rowspan="2">≥500</td><td>≥24</td><td rowspan="6">≥60</td><td>$D=a$</td></tr>
<tr><td>>6~12</td><td>≥22</td><td>$D=2a$</td></tr>
<tr><td rowspan="2">PQ450NQR1</td><td>≤6</td><td rowspan="2">≥450</td><td rowspan="2">≥550</td><td>≥22</td><td>$D=a$</td></tr>
<tr><td>>6~12</td><td>≥20</td><td>$D=2a$</td></tr>
<tr><td rowspan="2">PQ500NQR1</td><td>≤6</td><td rowspan="2">≥500</td><td rowspan="2">≥600</td><td rowspan="2">≥18</td><td>$D=a$</td></tr>
<tr><td>>6~12</td><td>$D=2a$</td></tr>
</table>

注：厚度小于 12mm 时可采用 5mm×10mm×55mm 或 7.5mm×10mm×55mm 小尺寸试样做冲击试样，试验结果不小于规定值的 50% 或 75%，当钢材厚度小于 6mm 时不做冲击试验。

钢板、钢带的腐蚀性能见表 4-3。

表 4-3 钢板、钢带的腐蚀性能（72h 周期浸润试验）

牌 号	相对腐蚀率/%	牌 号	相对腐蚀率/%
PQ400NQR2	≤55	PQ400NQR1	≤55
PQ450NQR2		PQ450NQR1	
PQ500NQR2		PQ500NQR1	
Q235A	100	Q345B	100

钢板、钢带的晶粒度及非金属夹杂物参见表 4-4。

表 4-4 非金属夹杂物及晶粒度（沿轧向）

晶粒度/级	非金属夹杂物/级	
	氧化物夹杂	硫化物夹杂
≥7	≤2.0	≤2.5

使用情况：按铁道车辆用 Cu-P-Cr-Ni 系高强度耐大气腐蚀热轧钢板焊接评价试验的试板尺寸要求，带试板（牌号 PQ400NQR2，炉号 P03106540，卷号 30913003030，厚度 10mm）在株洲车辆厂进行焊接评价试验。

实芯焊丝（牌号为 H08MnSiCuCrNiⅡ），采用 Ar80% + $CO_2$20% 的混合气体保护焊，对 PQ400NQR2 进行了斜 Y 坡口裂纹试验（小铁研试验）和焊接接头性能试验。

试验结果表明：攀钢生产的 PQ400NQR2 高强度耐大气腐蚀热轧钢板的焊接性优良，采用常规的焊接方法，在常温下焊接不会产生裂纹，焊接接头性能满足新型车辆造车要求。

2003 年株洲车辆厂使用了攀钢近 3000t 高强度耐大气腐蚀钢板（包括 Cu-P-Cr-Ni 系和 Cu-Cr-Ni 系），均用于制造出口巴西车，使用情况良好。同年 PQ450NQR2 热轧钢板（厚度规格为 4.0mm、5.0mm 和 7.0mm）在眉山车辆厂首次组装的 3 辆 Cxy 型运煤专用敞车的样车进行了使用。使用结果表明，PQ450NQR2 热轧钢板冲压成形性好，焊接性优良，满足新车型的制造工艺。

4.1.2 铁道车辆用耐大气腐蚀 08CuPVRE 槽钢[3]

08CuPVRE 槽钢是铁道车辆用耐大气腐蚀用钢。磷、铜是提高钢耐大气腐蚀的重要元素，稀土（RE）具有改善钢的疲劳强度、细化晶粒等许多作用，在钢中一个重要的作用是加入 RE 后能使磷在钢中均匀分布，使含磷的耐大气腐蚀作用得到充分发挥。2000 年起铁道部采用《新的铁道车辆用耐大气腐蚀钢供货技术条件》，08CuPVRE 钢硫的质量分数由原来的≤0.04%降至≤0.02%；强度比以前提高 50MPa，稀土成分由原先规定加入量 0.2%改为熔炼分析成分为 0.01% ~0.04%。杭钢采用 80t 直流电弧炉精炼可精确控制磷、铜、钒的含量，较易将硫控制在≤0.02%（质量分数），再经 LF 精炼炉精炼后（直流电弧炉和 LF 精炼炉均由法国 CLECIM 公司引进）；进入四机四流 *R*9m 弧形小方坯连铸机（奥钢联（VAI）引进）。电炉钢氮的含量较高可和钢中钒起到沉淀强化作用，可明显提高钢的强度。

钢种钢号：08CuPVRE。

技术标准：按2000年起铁道部采用新的《新的铁道车辆用耐大气腐蚀钢供货技术条件》（即新5铁标6）执行。

化学成分见表4-5。

表4-5　08CuPVRE钢化学成分

炉号	质量分数/%								
	C	Mn	Si	S	P	Cu	V	Al_s	RE
铁道部供货条件	≤0.12	0.20～0.50	0.20～0.40	≤0.020	0.07～0.12	0.25～0.50	0.02～0.08	—	0.010～0.040
105614	0.10	0.46	0.24	0.01	0.093	0.28	0.062	0.01	0.018
105632	0.11	0.45	0.25	0.006	0.103	0.28	0.067	0.006	0.020
105630	0.10	0.48	0.24	0.02	0.111	0.29	0.064	0.02	0.011
105615	0.11	0.47	0.23	0.011	0.097	0.27	0.066	0.011	0.014
105631	0.12	0.49	0.26	0.01	0.094	0.27	0.065	0.01	0.021
105530	0.12	0.43	0.20	0.009	0.097	0.33	0.064	0.009	0.019
105453	0.10	0.43	0.27	0.008	0.073	0.28	0.060	0.008	0.026

应用概况：08CuPVRE槽钢是铁道车辆用耐大气腐蚀用钢。

生产工艺：电炉—LF精炼炉—方坯连铸—650三辊式轧机工艺。

初炼炉（电炉）防止过氧化，控制下渣量；LF炉强化白渣精炼，充分脱硫、氧，终点加大硅钙线喂量。经LF炉精炼和喂硅钙线后，再喂入稀土合金丝，可获得66.9%～87.6%的稀土元素回收率。

强化精炼，加强脱氧、脱硫是提高稀土回收率，改善钢水流动性的有效措施。

防止二次氧化，加大喂硅钙线量，使钢水中[Ca]保持一定量（质量分数达到0.0015%以上），是改善钢水流动性的有效方法。

按钢种成分设计要求喂入稀土合金丝（ϕ16mm，30FeSiRE丝）。连铸中包钢水目标过热度为30℃，采用强冷浇注。浇成150mm×150mm小方坯后，送650轧机轧成12号槽钢。

成品材性能见表4-6。

表4-6　08CuPVRE成品材性能

炉　号	σ_s/N·mm^{-2}	σ_b/N·mm^{-2}	δ/%	冷弯
铁道部供货条件	≥345	≥480	≥24	180°，$D=a$
105614	410	510	30	合格
105632	415	535	29	合格
105630	390	530	31	合格
105615	400	520	29	合格
105631	400	535	33	合格
105530	405	510	30	合格
105453	400	500	31	合格

4.1.3 耐候钢09CuPTiRE、09CuPTiRE-A[4~6]

武钢、攀钢是我国最早及较早开发铁路用耐腐蚀钢的单位，武钢、攀钢长期以来一直致力于开发铁路车辆用钢。特别是武钢1700mm热连轧机建成以后，武钢首选铁路车辆用耐大气腐蚀钢作为新开发的低合金产品之一。至目前为止，武钢已供铁路货车用09CuPTiRE钢226.7万吨，制造铁路货车约17万辆。早在“七五”期间，武钢就制造铁路车辆将需要采用高强度耐候钢，分别开发了屈服强度为345MPa和390MPa级的高耐候钢，并以“耐大气腐蚀钢系列化研究”项目列入国家重点科技攻关项目（编号75-28-01-02），1990年前分别转产鉴定，无论是强度还是耐候性能均达到国际水平。自20世纪80年代以来，武钢根据我国铁路发展需求，重点开发了铁路用耐候钢。

武钢生产的09CuPTiRE-A钢是用于制造铁路货车车辆的耐大气腐蚀钢（也称耐候钢），研制于1980年，1985年由原冶金部组织鉴定转产，并制定了产品国家标准。随着铁路运输的快速发展，为适应新的铁路运输条件，铁道部运输局于2000年4月在原国家标准GB/T 1547—1984的基础上提出了新的铁道车辆用耐大气腐蚀钢供货技术条件（即新5铁标6），已从2000年7月1日起实施，生产难度大大增加，突出反映在对钢中稀土元素含量、钢中夹杂物级别、冲击性能及屈强比的要求。针对用户新的需求，武钢利用自身优越的技术和生产条件，通过试验，找到了进一步提高稀土耐候钢内在质量的技术措施，并取得了明显效果，及时满足了用户的需求，适应了市场的变化。

攀钢也早在1995年成功地开发研制出了09CuPTiRE热轧耐候板，用于铁道车辆各部件的制造。该产品自鉴定转产以来，为攀钢创造了较大的经济效益。根据国家铁路运输的提速重载要求。

钢种钢号：09CuPTiRE、09CuPTiRE-A。

09CuPTiRE-A钢新旧标准对比及质量现状：09CuPTiRE-A钢新旧标准对比，该钢种新旧标准的主要区别见表4-7。

表4-7 09CuPTiRE-A钢新旧标准的主要区别

标准	$w(RE)/\%$	$w(S)/\%$	夹杂物级别		晶粒度级别	冲击性能		屈强比（σ_s/σ_b）
			硫化物	氧化物		冲击条件	冲击值/J	
原标准	加入量≥300g/t	≤0.030	—	—	—	-40℃，U型	$d \geq 6$mm：≥29	—
新铁标2000	0.010~0.040	≤0.020	≤2.5	≤2.0	≥7	-40℃，V型	$d \geq 10$mm：≥21	≤0.75（冲压件）

09CuPTiRE-A钢质量现状：从表4-7中看出，新标准的要求大大提高，突出表现在以下三个方面：

（1）化学成分：主要是指RE由加入量改为含量。问题主要反映在RE含量波动较大，分布不均匀。经过改进稀土丝加入工艺后，RE含量合格率大幅度提高。

（2）内在质量：主要是指增加了对钢中夹杂物级别的要求。

（3）力学性能：主要是指提高了钢材的冲击性能要求，由U型冲击改为V型冲击；增加了屈强比指标。调查研究结果表明，武钢生产的09CuPTiRE-A钢质量优良，性能稳定，完全能满足铁路车辆制造要求，而且，通过改进稀土加入工艺以及热轧生产工艺，冲击性能合格率已由98.92%提高至100%。

技术标准：按照在原国家标准GB/T 1547—1984的基础上提出的《新的铁道车辆用耐大气腐蚀钢供货技术条件》(即新5铁标6) 执行 (2000年7月1日已开始实施)。

化学成分见表4-8。

表4-8　09CuPRE化学成分　(%)

C	Si	Mn	P	S	Cu	RE
≤0.12	0.2~0.4	0.2~0.5	0.07~0.12	≤0.02	0.25~0.50	0.01~0.04

应用概况：武钢生产的09CuPTiRE-A钢是用于制造铁路货车车辆的耐大气腐蚀钢(也称耐候钢)，研制于1980年，1985年由原冶金部组织鉴定转产，并制定了产品国家标准。研制的钢种以09CuPTiRE为代表，用于制造货车；该产品因为具有优良的耐大气腐蚀性，使车辆大修周期由过去的6年提高到12年，成为铁道部制造铁路车辆的指定钢种，"九五"期间累积生产量达56.7万吨。武钢在国内主要的铁路大桥上的挂片试验同样证实Cu-P-RE系钢与Cu-P-Cr-Ni钢具有相同的耐大气腐蚀性能。在列车车顶进行挂片，其试验结果也显示出了Cu-P-RE系耐大气腐蚀钢具有良好的耐大气腐蚀性能。

攀钢生产的09CuPTiRE钢热轧板具有良好和稳定的力学性能，板材各向同性优良，特别是冷弯成型性能可达到冷弯试样宽度 $b=10a$，弯曲直径 $d=0$ 冷弯时试样外侧完好。

攀钢生产的09CuPRE热轧板卷具有良好的耐大气腐蚀性能，使用时间越长，暴露条件越恶劣，耐候板的耐蚀性较Q235钢越明显提高。

生产工艺：

(1) 武钢生产工艺：

连铸：冶炼—脱氧及合金化—钢水处理—连铸 (结晶器喂稀土丝)—1700mm热轧。

(2) 攀钢生产工艺：

1) 模铸：冶炼—脱氧及合金化 (炉后加稀土合金)—钢水处理—浇注—脱模—初轧开坯—1450°C热轧。

2) 连铸：冶炼—脱氧及合金化—钢水处理—连铸 (结晶器喂稀土丝)—1450mm热轧。

武钢、攀钢已开发的铁道车辆用钢品种和性能：武钢生产铁道车辆用09CuPTiRE钢品种和性能见表4-9，攀钢生产09CuPRE热轧板力学性能见表4-10。

表4-9　武钢生产铁道车辆用09CuPTiRE钢品种和力学性能[5]

钢号	厚度范围/mm	σ_s/MPa	σ_b/MPa	δ_5/%	冲击功 (0℃) /J	冷弯完好	产品形状
09CuPTiRE	≤3.0~12.0	≥295	≥400	≥24	≥28	$d=a$ ($h\leqslant6$mm) $d=1.5a$ ($h>6$mm)	热轧板 槽钢角钢

表4-10　攀钢生产09CuPRE热轧板力学性能

σ_s/MPa	σ_b/MPa	δ_5/%	$\alpha=180°$，$d=2a$
≥294 (30kg)	≥392 (40kg)	≥25	完好

注：α 为冷弯弯曲角度；d 为冷弯弯曲直径。

武钢、攀钢生产的09CuPTiRE钢无论在强度、韧性、成型性均优良（见表4-11和表4-12）。

表4-11　武钢生产含RE与不含RE的09CuPTi、NFS345钢韧性对比

钢　种	RE/S	常温 a_K/J·cm^{-2}			−40℃时 a_K/J·cm^{-2}		
		纵向	横向	纵/横	纵向	横向	纵/横
09CuPTiRE	1.0	163.7	96.1	1.70	122.5	82.3	1.49
	0	151.9	58.8	2.58	100.0	47.0	2.15
NFS345	1.8	176.0	130.6	1.35	149.2	106.6	1.40
	0	168.1	84.7	1.98	113.5	55.2	2.06

注：NFS345是武钢开发的不含Cr、Ni的屈服强度为345MPa的耐候钢。

表4-12　攀钢的09CuPTiRE耐候钢热轧板与日本SFA热轧板的 σ_s/σ_b 的比较

钢　种	不同厚度热轧板的 σ_s/σ_b				
	5mm	6mm	7mm	8mm	平均
09CuPRE	0.70~0.75	0.70~0.78	0.68~0.77	0.69~0.74	0.72
日本SPA	0.78	0.74	0.75	0.81	0.77

从表4-11可得出两点：其一，加入RE后，钢材方向性能差异明显降低；其二，加入RE后，提高横向冲击可达一倍。以横向性能交货，加RE是必不可少的措施。

力学性能主要是指提高了钢材的冲击性能要求，由U型冲击改为V型冲击，增加了屈强比指标。调查研究结果表明，武钢生产的09CuPTiRE-A钢质量优良，性能稳定，完全能满足铁路车辆制造要求，而且，通过改进稀土加入工艺以及热轧生产工艺，冲击性能合格率已由98.92%提高至100%。−40℃的V型冲击值100%合格。在其他生产条件不变的情况下，适当减少RE加入量，可提高钢中RE分布的均匀性，改善稀土夹杂物的偏析程度，RE含量合格率由99.63%提高至100%，钢中RE含量由0.026%降低到0.008%，降低了69.23%。

在保证钢的洁净度，满足RE元素含量的条件下，适当减少RE加入量，可以有效地降低夹杂物级别，减小夹杂物尺寸，改善夹杂物分布形态，A类夹杂物最大级别由细系3.0级降为2.0级，B、D类夹杂物最大级别由细系3.5级降为2.5级，夹杂物级别Z2.0级的合格率达到了86%，其中B类夹杂物的级别为2.5级的比例由55%降为6.25%，D类夹杂物级别为2.5级的比例由40.5%提高为83.33%。

攀钢生产09CuPTiRE耐候钢的热轧板卷力学性能攀钢09CuPRE热轧耐候板具有良好的冷弯性能，可达到试样宽度 $b=10a$ 时，弯心直径 $d=0$，试样外侧完好，优于国内同类产品。

攀钢生产的09CuPTiRE耐候钢热轧板的 σ_s/σ_b 的比值，均比日本SFA热轧板小，表明攀钢09CuPTiRE耐候钢热轧钢板具有良好的成型性（表4-12）。

武钢、攀钢09CuPTiRE耐候钢热轧钢板耐腐蚀性能可达到Cu-P-Cr-Ni钢的水平（见表4-13~表4-17）。

表 4-13　武钢生产的 09CuPTiRE 钢与其他耐候钢加速腐蚀试验结果

钢　号	成 分 系	90 天相对耐蚀率/%	
		盐雾试验法	恒温恒湿试验法
09CuPTiRE	Cu-P-RE	194	130
Corten	Cu-P-Cr-Ni	122	118
Q235	C-Mn	100	100

表 4-14　攀钢生产的 09CuPTiRE 钢与 Corten、Q235 钢暴露 6 年试样腐蚀坑测量结果对比

试验钢种	京 广 线		沪 乌 线	
	最大坑深/mm	最大坑直径/mm	最大坑深/mm	最大坑直径/mm
09CuPRE	0.22	1.3	0.24	1.6
Corten	0.20	1.0	0.21	1.3
Q235	0.33	2.0	0.39	2.5

表 4-15　武钢生产的 09CuPTiRE 钢与 Cu-P-Cr-Ni 钢室外挂片试验结果对比

钢　系	年腐蚀率/μm							
	武汉	广州	北京	天津	青岛	琼海	西宁	平均
Cu-P-RE	14	20	11	22	22	16	15	17
Cu-P-Cr-Ni	15	21	10	23	21	15	15	17

表 4-16　攀钢生产的 09CuPTiRE 钢与 Corten、Q235 等钢京广、沪乌线挂片腐蚀失重数据

试验钢种	编号	京 广 线		沪 乌 线	
		腐蚀速率/$\mu m \cdot a^{-1}$	相对耐蚀性/%	腐蚀速率/$\mu m \cdot a^{-1}$	相对耐蚀性/%
09CuPRE	P1	5.45	168.8	9.73	181.8
Corten	P2	5.24	175.6	7.32	241.2
Q235	P3	9.06	101.5	17.98	98.4
无铜 Q235	P4	9.2	100	17.69	100

注：沪乌线为上海—乌鲁木齐。

表 4-17　攀钢生产的 09CuPTiRE 钢锈体内裂纹和孔洞含量　　（%）

09CuPRE	Corten	Q235
2.8～4	2.9～3.7	14.9～28.1

使用情况：武钢开发了 RE 处理的耐大气腐蚀钢的一整套工艺，车辆用钢的成材率、冷弯性能、横向冲击韧性及耐蚀性能得到极大提高。Cu-P 耐大气腐蚀钢所取得成功的关键工艺技术是钢中加稀土。武钢经过 20 多年的努力，已有丰富经验及一套完整的加稀土工艺，并进行了相关的机理研究。由于车辆用钢应用稀土，使得武钢的稀土钢一度占到全国稀土钢产量的 80%。经过几十次在各种不同的环境下测试，09CuPTiRE 钢的耐蚀性能可达到 SPA-H 钢的水平。在集装箱用钢的开发中，由于武钢用稀土处理，其冲压性能明显优于不加 RE 的钢种。

攀钢生产的 09CuPTiRE 耐候钢制造铁道车辆，交车的使用寿命从 22 年延长到 30 年，厂修期由 5 年延长到 10 年，段修期由 1 年延长到 2 年，耐候钢车体的修补工作量可减少

60%左右。

4.1.4 10PCuRE 耐大气腐蚀钢[7]

原上海第一钢铁（集团）有限公司利用我国富有资源磷、铜和稀土，早在1967年研制成功了强韧综合性能和焊接性能较好的10PCuRE耐大气腐蚀钢，在以后的30多年的挂片试验和工业时间考验中表明，其耐蚀性明显优于碳钢，使用寿命提高了3～4倍，可与世界同牌号的Corten相媲美。1985年成功开发了10PCuRE无缝钢管，1996年以“转炉冶炼—板坯连铸—板带轧制”为工艺路线的10PCuRE热轧中厚板和带钢，强度级别分别为Q360B（10PCuRE-A）和Q320B（10PCuRE-B），满足了建筑行业愈来愈广泛地重型、轻型钢结构使用耐候钢的需求。

钢种钢号：10PCuRE-A、10PCuRE-B。

化学成分见表4-18。

表4-18 标准化学成分 （%）

钢 号	C	Mn	Si	S	P	Cu	V	RE①
10PCuRE-A	≤0.12	0.50/0.90	0.20/0.60	≤0.035	0.07/0.120	0.25/0.50	≤0.03	≤0.05
10PCuRE-B	≤0.12	0.25/0.65	0.20/0.40	≤0.035	0.07/0.120	0.25/0.50	—	≤0.05

① 吨钢稀土加入量。

生产工艺：转炉冶炼—钢包精炼—中间包—结晶器（喂RE丝）—连铸—热轧。

组织及性能：10PCuRE-A金相组织及非金属夹杂物评级见表4-19，10PCuRE为细晶粒。

表4-19 10PCuRE钢金相组织

钢 号	晶粒度（级）	显微组织	带状	硫化物夹杂A	氧化物夹杂B	硅酸盐夹杂C
10PCuRE-A	8.0～8.5	F+P	1.5	0.5	1.5～2.0	0.5
10PCuRE-B	9.5～10.0	F+P	2.0	1.0	1.0	1.5

10PCuRE钢标准力学性能见表4-20，实物力学性能见表4-21。

表4-20 10PCuRE钢标准力学性能

钢 号	σ_s/MPa	σ_b/MPa	δ_5/%	冷弯 $\alpha=180°$	常温冲击功/J
10PCuRE-A	≥360	≥480	≥22	$d=2a$	≥34
10PCuRE-B	≥320	≥440	≥22	$d=2a$	≥34

表4-21 10PCuRE钢实物力学性能

钢 号	σ_s/MPa	σ_b/MPa	δ_5/%	冷弯 $\alpha=180°$ $d=2a$	常温冲击功/J
10PCuRE-A	385～455	480～555	26～37	合格	64～84
10PCuRE-B	325～425	410～470	33～41	合格	—

高温力学性能：10PCuRE钢供货状态，7mm钢板，按《金属材料高温拉伸试验》GB/T 4338—1995，矩形比例试样。按《金属材料高温拉伸试验》（GB/T 4338—1995）在AMSLER液压式万能材料试验机上的测试结果见表4-22。

表 4-22 10PCuRE 钢高温力学性能

试验温度/℃	$\sigma_{0.2}$/MPa	σ_s/MPa	δ_5/%
200	339	461	24.0
	354	472	23.4
	346	464	24.2
400	296	508	23.4
	283	501	24.0
	305	517	22.2
600	190	220	23.0
	170	239	24.1
	202	245	23.2

焊接性能：按国际焊接协会确认的碳当量公式计算得到 10PCuRE 钢碳当量结果见表 4-23，可见 10PCuRE 钢的碳当量低于 20 号钢，可焊性优于 16Mn 和 20 号钢。

表 4-23 10PCuRE 钢碳当量最大值

钢 号	10PCuRE-A	10PCuRE-B	16Mn	20 号钢
$C_{eq_{max}}$	0.309	0.261	0.467	0.348

为保证焊缝与母材具有同样良好的耐蚀性，专门配套了手工焊条，埋弧焊丝等焊接材料，已保证其焊接接头的使用性能。

耐候性能：见表 4-24。

表 4-24 海南岛陵水挂片试验结果

钢 号	腐蚀前重/g	腐蚀后重/g	五年失重/g	相对失重率/%
10PCuRE	434 ~ 443	300 ~ 361	82 ~ 134	18.51 ~ 30.87
08 镇静钢	357 ~ 367	101	256 ~ 266	71.70 ~ 72.48

在位于上钢一厂大生产酸洗槽约 100m 处，1967 年挂片到 1992 年累计 25 年，10PCuRE 钢试片平整、边角完好，而一般碳钢铁架虽经多次油漆，仍锈蚀严重，铁架开始散落。

位于厦门三楼屋顶，距海边 50m 处，挂片试验结果见图 4-1。

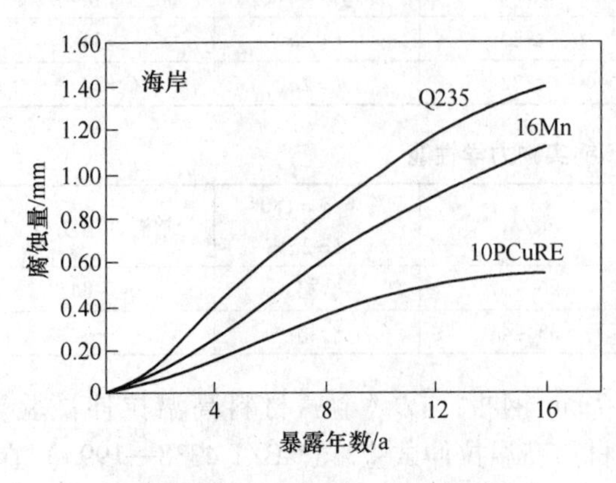

图 4-1 厦门三楼屋顶挂片试验结果

使用情况：1968 年采用 10PCuRE 钢 2.5 ~ 3.0mm 的型钢，应用于上海杨树浦电厂高架厂房结构，使用 25 年后，初次油漆保护良好，而碳结构板油漆保护层不断剥落，形成鲜明对比。1969 年 10PCuRE 钢冷弯型钢用于螺纹钢车间厂房，使用 24 年后，1993 年该车间迁至嘉定作为厂房钢结构继续使用。搬迁中对钢结构性能进行检测，结果符合设计要求，没有变形和严重锈蚀，结构的刚性和耐蚀性均完好。20 世纪 90 年代初在设计院和专家多次认证后一致推荐采用

10PCuRE 钢取代 16Mn，用于要求 30 年不维修的东方明珠电视塔球体网架结构用钢，1994 年胜利竣工。上海延安路高架东段、内环线和浦东国际机场等护栏均采用 10PCuRE 钢，一次底漆保护大 8 个月未见黄斑泛出。1996 年上海 8 万人体育长屋架结构，采用 10PCuRE 钢 2.75mm 钢带，加工成 Z 字形和内卷边槽钢，在内弧几乎没有 r 的折弯加工工艺条件下，加工性能和使用性能效果都良好。1997 年用 10PCuRE 钢制作成冷弯型钢（厚度为 4mm 的矩形管）被应用于公安局浦东车辆考验场。1998 年经上海市建委科学技术委员会和浙江设计院等有关专家认证，一致通过将具有较好耐大气腐蚀性能且可焊性能良好的 10PCuRE 8mm、10mm 钢板及无缝钢管，应用于上海国际会议中心两个球体网架的主体钢结构上，目前为止使用性能表现很好。

4.1.5　B450NbRE 高强耐候 310 乙字钢[8]

为适应我国铁路提速重载要求，铁路工厂正在研制开发载重量达到 76t 和 80t（加自重达 100t）的新型货车，这是铁道部全面提高中国铁路运速的重大举措，C76 和 C80 车体中梁仍然采用 310 乙字钢断面，但是对材料的性能要求相比 09V 有了很大的提高，屈服、抗拉强度分别不小于 450MPa、550MPa，延伸率不小于 21%，冲击功（-40℃）不小于 23.2J。同时要求具有耐大气腐蚀能力，以及有良好的焊接性能。目前我国的铁路货车载重量约 60t，采用 09V310 乙字钢的性能为屈服强度 310～370MPa，抗拉强度 420～490MPa，新制车辆要求的强度比原来的性能高出 100MPa 以上，同时对韧性尤其是低温冲击性能的要求同原钢种一致。国内尚无成熟钢种及工艺可采用。铁路车辆厂曾采用 450MPa 级的钢板焊接中梁，由于钢板采用控制冷却的方法进行生产，其成品组织以回火索氏体为主，因此其强韧性可以达到要求，但是钢板焊后无法进行热处理，故其焊接性能明显恶化，强度降低，韧性下降给车厢的使用带来隐患。因此，北京二七车辆厂向包头钢铁公司提出试制 450MPa 级热轧 310 乙字钢的建议，包头钢铁公司根据二七车辆厂提出的性能指标，决定按铁道部要求，同二七车辆厂合作，共同试制高强 310 乙字钢。包钢通过小试验进行成分筛选，半工业试验进行工艺调整，最后可以利用包头钢铁公司现有工艺条件生产出满足要求的热轧高强 B450NbRE 耐候 310 乙字钢。目前，齐齐哈尔车辆厂、株洲车辆厂均要采用 B450NbRE 高强耐候 310 乙字钢生产新车型。

钢种钢号：B450NbRE 高强耐候 310 乙字钢。

化学成分要求：新车型需要一定的耐腐蚀性及焊接性能，要求加入一定的 Ni、Cu，碳当量 $C_{eq}\leqslant 0.36\%$。碳当量计算公式[9]：

$$C_{eq}(\%) = C + A(C)[Mn/16 + (Nb + V)/5 + Cu/15 + Ni/20 + Si/24 + 5B]$$

其中 C 为 0.08，A(C)=0.584；C 为 0.12，A(C)=0.754；C 为 0.16，A(C)=0.916。

采用 Nb、V 微合金化，加 Ni、Cu 提高耐蚀性，RE 处理以改善冲击性能，研制出 CrNiCuNbVRE 系列 B450NbRE 高强耐候 310 乙字钢。

应用概况：为适应我国铁路提速重载要求，铁路工厂正在研制开发载重量达到 76t 和 80t（加自重达 100t）的新型货车，这是铁道部全面提高中国铁路运速的重大举措，C76 和 C80 车体中梁仍然采用 310 乙字钢断面，但要求高强度（450MPa 级）即 B450NbRE 高强耐候 310 乙字钢。

生产工艺：合格铁水—80t 转炉冶炼—LF 炉精炼—B96 模铸—初轧开坯—剪切—清理—轨梁加热—轧制—检测—成品入库。

由于 B450NbRE 较 09V 强度高出 100MPa 以上，因此高温形变抗力也相应增加，在轧制中尺寸控制相对较难，必须经常对轧机进行调整。通过初期试制中尺寸方面的废品多，经第二次轧制，找出一定的规律，表 4-25 是 B450NbRE310 乙字钢轧制成品的尺寸，入库的高强乙字钢产品尺寸均控制较好。

表 4-25　B450NbRE310 乙字钢成品尺寸　（mm）

项　目	长　腿		短　腿		腰　厚
	长度	厚度	长度	厚度	
标准要求	184.5 ~ 187.5	11 ~ 14	122 ~ 129	17 ~ 20	11 ~ 14
最大值	187.2	13.72	128.2	19.85	13.0
最小值	184.9	11.95	123.9	18.26	11.45
平均值	185.8	12.84	124.6	18.97	11.84

小炉试验结果与大生产检验存有一定差异，实际生产的 310 乙字钢强度稍微好些而韧性明显不足，通过对 310 乙字钢的金相组织，铸坯结构，夹杂物分析，认为主要原因是铸坯的纯净度不高，气体含量控制不够等因素所致。在大批量生产中增加了控制杂质元素、气体含量的措施，为了提高韧性，将碳含量尽量控制在中下限，适当增加了 RE 加入量等措施。批量生产结果表明，无论是力学性能还是冲击性能，均达到了二七车辆厂的技术要求，尤其低温冲击功有了较大的提高，通过 Nb、V 微合金化，它们在钢中固溶强化和析出强化保证了钢的强度指标，采用低的碳当量，加入 RE 改善夹杂物的形态，钢中的夹杂已经全部球化。这对于提高冲击性能有明显的改善。钢的晶粒度在 8.5 ~ 10 级之间，组织为铁素体加珠光体（见图 4-2），夹杂物级别不大于 1.5 级，第二轮生产的 310 乙字钢具有组织细化，夹杂物少等优点，从而保证了 450MPa 级高强 310 乙字钢的强韧性。

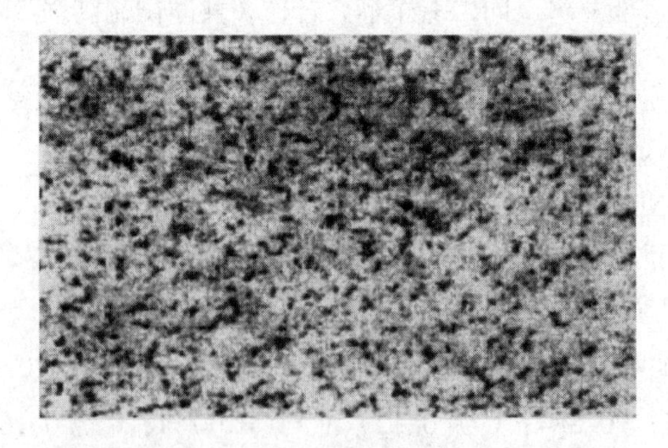

图 4-2　高强 310 乙字钢组织及晶粒度（100 ×）

众所周知，提高钢材强韧性的最有效方法是采用热处理，使之达到细化组织的目的。通过得到均匀细小的回火索氏体组织，可以将碳及其他合金元素大大降低，而仍保持较高的强度；同时由于损害韧性的元素减少，使钢的冲击性能大为提高。板材的生产正因为有终轧后的控制冷却，所以很容易达到较高的强韧性指标，而型钢轧制由于其形状的特殊，无法进行轧后冷却控制只能热轧后空冷，所以只有靠合金化的方法提高强韧性。由于乙字钢焊接后的冷却工艺与型轧后冷却工艺相近，所以，热轧型钢焊接性能要优于板材的焊接性能。

高强度310乙字钢性能要求如表4-26所示。

表4-26 450MPa级310乙字钢性能要求

屈服强度 R_{eL}/MPa	抗拉强度 R_m/MPa	延伸率 A/%	180°冷弯试验	-40℃冲击功 A_{KV}/J
≥450	≥550	≥21	$d=2a$	≥23.2

生产使用情况：包头钢铁公司用现有工艺条件生产出满足要求的热轧高强310乙字钢，见表4-27。目前，齐齐哈尔车辆厂、株洲车辆厂均要采用此项产品生产新车型。450MPa级高强度耐大气腐蚀铁路车辆用钢的开发，为铁路运输多装快跑提供了技术保障。目前包钢开发的BNbRE耐候钢已经纳入了铁道部标准，进行正式生产。

表4-27 工业试验钢的力学性能和工业性能

炉　号	R_{eL}/MPa	R_m/MPa	A/%	-40℃冲击功/J		冷弯 $d=2a$
				A_{KV}	A_{KU}	
203968	460	590	29.5	83，42，62	88，66，122	合格
304273	450	630	21	26，30，30	101，63，103	合格
504642	475	645	26.5	30，20，35	80，92，78	合格
要求	≥450	≥550	≥21	≥23.2		合格

4.2 稀土耐磨钢

4.2.1 铬镍氮稀土抗磨耐热钢[10]

中国水泥产量的大幅度提高加快了水泥生产工业装备现代化的进程，同时也对水泥热工设备抗磨耐热件的性能提出了更高的要求。国外目前主要采用高铬镍耐热钢，如SCH-21、HH、HI及Cr25Ni20等。用这些耐热钢制造水泥热工设备抗磨耐热件，一则由于其含碳量较低，使其耐磨性偏低；二则由于含镍量高，使其成本较高，影响了这些钢种的大量应用。为了保证水泥热工设备的安全运行和进一步提高其抗磨耐热件的寿命，研究开发了适应水泥热工设备抗磨耐热件工况条件的稀土抗磨耐热钢及其零部件。

钢种钢号：铬镍氮稀土抗磨耐热钢Cr26Ni8NRE。

技术标准条件：水泥热工设备抗磨耐热件主要有筒式冷却机的扬料斗、箅式冷却机的箅板、回转窑窑头和窑尾护铁、煤粉燃烧器喷口等。其工况条件如下：工作温度为900～1200℃；工作环境为高温氧化性气氛和含硫气氛；承受高温熟料的冲击和磨料磨损。主要失效形式有：零件产生热塑变形，裂纹及开裂；零件表面严重磨损；零件高温氧化和腐蚀脱皮。材料应具备如下性能：在高温下具有良好的抗氧化性能和抗腐蚀性能，1200℃氧化速度应低于1.0g/(m^2·h)；有足够的高温强度和高温蠕变极限，在正常服役条件下不发生塑性变形和裂纹；有较高的抗磨损能力；高温下组织状态稳定，不发生相变，性能稳定。

化学成分见表4-28。

表4-28　铬镍氮稀土抗磨耐热钢的化学成分　（%）

C	Cr	Ni	Si	Mn	N	RE	Ti	P	S
0.4~0.8	26.0~30.0	8.0~10.0	0.6~1.2	0.8~1.6	0.2~0.3	0.05~0.15	0.1~0.3	≤0.05	≤0.04

应用概况：稀土抗磨耐热钢应用于水泥热工设备抗磨耐热件工况条件下的零部件。

生产工艺：

（1）熔炼工艺：在碱性感应电炉中熔炼，合金元素收得率高而稳定，利用1Cr18Ni9Ti边角料和耐热钢回收料。由于该钢中含氮，所以不论是炉料还是脱氧剂，均不得含铝，因为铝和氮易形成氮化铝脆性相，显著降低钢的韧性，因此该钢的脱氧采用稀土硅铁和硅钙合金。

（2）铸造工艺：对浇注系统有特殊要求，应尽量避免搅动和飞溅，浇注系统采用开放式（要注意防氧化，建议今后采用封闭式），其浇注系统的截面积应比普通碳钢大10%~15%。

性能及组织：

（1）金相组织：依据零件对性能的要求和综合分析各种耐热钢的性能特点，选用奥氏体抗磨耐热钢，其金相组织应为：奥氏体+碳化物。

（2）力学性能：铬镍氮稀土抗磨耐热钢抗氧化性能好，在1200℃，平均氧化速度小于0.3g/(m^2·h)，属抗氧化材料；室温抗拉强度640~760MPa，冲击韧性15~20J/cm^2，洛氏硬度HRC23~28，见表4-29；材料熔铸及焊接工艺性能好，适合制造各种水泥热工设备抗磨耐热件。水泥热工设备抗磨耐热件使用寿命比常用的Cr25Ni20耐热件提高20%~40%。

表4-29　铬镍氮稀土抗磨耐热钢力学性能

钢　　种	抗拉强度 σ_b/MPa	冲击韧性 A_{CK}/J·cm^{-2}	洛氏硬度（HRC）
节镍型铬镍氮稀土抗磨耐热钢	640~760	15~20	23~28

（3）高温抗氧化性能（参照YB 48—1964）：在1200℃，节镍型铬镍氮稀土抗磨耐热钢平均氧化速度不大于0.3g/(m^2·h)。

（4）焊接性能：铬镍氮稀土抗磨耐热钢，其焊接性能优良，焊前不需预热，焊后不需保温，可用A402焊条焊接，不产生焊接裂纹。

使用情况：铬镍氮稀土抗磨耐热钢试制在郑州奥通热力工程公司和河南省新密市耐热钢厂进行。先后试制了箅式冷却机上的长缝箅板、充气箅板，煤粉燃烧器喷嘴等零件，铸型采用水玻璃砂，CO_2硬化及醇基锆石英粉涂料。试制铸件表面品质好，尺寸准确，内部致密，无铸造缺陷。铬镍氮稀土抗磨耐热钢试制件分别在河南省水泥厂、江西赣英水泥厂、贵州遵义水泥厂、湖南雪峰水泥集团公司、陕西省蒲白水泥厂等20余家厂家应用。应用表明：铬镍氮稀土抗磨耐热件抗氧化性能好，耐磨损，寿命长，箅冷机箅板寿命比Cr25Ni20箅板提高20%。煤粉燃烧器喷嘴寿命比Cr25Ni20喷嘴提高30%~40%。保证了水泥热工设备的安全运行，提高了生产效率，获得了良好的应用效果。

4.2.2 38SiMn2BRE 铸钢球磨机衬板[11]

38SiMn2BRE 铸钢衬板具有耐磨性能优良、强度高、合金含量少、成本低等特点，可替代高锰钢作为耐磨衬板材质，解决了高锰钢衬板因屈服强度较低、抵抗变形能力差易使衬板变形等问题，现场实验结果表明，所研制的 38SiMn2BRE 铸钢衬板的耐磨性是高锰钢衬板的 1.5 倍。适合我国中、小型球磨机市场的需要。

钢种钢号：铸钢球磨机衬板 38SiMn2BRE。

化学成分见表 4-30。

表 4-30 38SiMn2BRE 铸钢的化学成分 （%）

C	Si	Mn	B	S	P	RE	Ca
0.135 ~ 0.142	0.6 ~ 0.9	1.5 ~ 2.5	0.001 ~ 0.003	≤0.04	≤0.04	0.02 ~ 0.04	适量

生产工艺：熔炼—炉内插铝脱氧—钢包中加入稀土、硼盐和 Si-Ca 的混合物。

组织性能：38SiMn2BRE 铸钢具有良好的淬透性，室温组织为回火马氏体 MC + 残余奥氏体 AR。38SiMn2BRE 铸钢的淬火组织以马氏体为主，马氏体组织强度高、硬度高，这是 38SiMn2BRE 铸钢具有高强度、高硬度的主要原因。含碳量适中，淬火组织以短杆状马氏体为主，兼有少量的板条马氏体和残余奥氏体，因此韧性较好，另外在钢中加入 RE 和 Ca，进行复合变质处理以改善夹杂物的形态及分布，RE-Ca 复合变质处理后钢中的夹杂物夹杂呈细小球状且均匀分布。38SiMn2BRE 铸钢经 850℃ 淬火，200℃、250℃ 回火后获得了良好的力学性能：$\sigma_b > 1700\text{MPa}$，$A_{KV} > 60\text{J/cm}^2$，HRC≥54，并具有良好的淬透性和耐磨性，见表 4-31。

表 4-31 38SiMn2BRE 铸钢与 ZGMn13 钢的耐磨性能比较

钢 种	组织状态	硬 度	磨耗/$mg \cdot h^{-1}$
ZGMn13	A	HB200	160
38SiMn2BRE	MC + AR	HRC54	100

使用情况：衬板装机实验在包钢公益明铁矿的 1.5m × 3.0m 湿式溢流型球磨机中进行。公益明铁矿的矿石组成为 Fe_2O_3 16%，Fe_3O_4 33%，SiO_2 45%，矿石硬度 F12 ~ 21。磨球为低铬合金球墨铸铁磨球，磨球的平均硬度为 HRC45，实验衬板被安排在筒体中间位置，这里冲击力大，磨损较快，实验从 1997 年 11 月 10 日开始，1998 年 2 月 25 日结束，期间球磨机共运行 2292h，处理矿石总量 22950t，实验结果见表 4-32。

表 4-32 38SiMn2BRE 铸钢衬板装机实验结果

类 别	装机前平均质量/kg	卸机后平均质量/kg	平均失重/kg	相对耐磨性
实验衬板	69.5	53.38	16.12	1.5
ZGMn13 衬板	70	45.50	24.5	1

4.2.3 ZG45Cr3MnSiMoVTiRE 合金耐磨钢[12]

在国内建材行业球磨机衬板中仍多使用高锰钢。但是高锰钢在研磨工况条件下无法发挥其加工硬化的耐磨特性，因而使用寿命很低，在水泥球磨机中使用寿命不足一年，而且由于高锰钢的屈服强度低，在使用过程中衬板极易产生变形，拆卸极为困难，甚至拉断螺栓造成事故。结合生产设备及工艺状况，采用含稀土多元合金元素复合变质处理以及高温淬火、低温回火的热处理等工艺研制了具有良好综合力学性能和耐磨性的ZG45Cr3MnSiMoVTiRE 合金耐磨钢，已在几家水泥企业推广使用，均收到良好的社会和经济效益。

钢号钢种：ZG45Cr3MnSiMoVTiRE 合金耐磨钢。

化学成分见表4-33。

表 4-33　ZG45Cr3MnSiMoVTiRE 合金耐磨钢化学成分　（%）

C	Cr	Mo	Si	Mn	P、S	T	Ti	RE
0.4～0.6	2～4	0.3～0.5	0.5～0.9	0.8～1.2	<0.04	0.2～0.3	0.15～0.2	0.15～0.2

生产工艺：

（1）熔炼：感应炉熔炼，插铝终脱氧后加入钒铁，钒铁熔化后立即出钢。包内加钛铁和稀土硅铁进行冲熔。要求经复合变质处理的钢液在10～15min 内浇注完毕。复合变质剂各组元的加入量（占钢水重量）分别为：钒铁（51% V）为0.67%，钛铁（28% Ti）为0.75%，稀土硅铁（41% Si，32% RE）为0.65%，要求在包内冲熔的钛及稀土硅铁的粒度为10～15mm，并经烘干后置于包底。浇注温度1520～1560℃。

（2）铸造工艺：木模缩尺取2%，水玻璃硅砂表面干型，要求中、低温浇注，浇注温度1520～1560℃。浇注过程是先小流，中间快，后慢浇并点浇冒口2次。

（3）热处理工艺：根据材质韧度与硬度的最佳配合，选择淬火工艺为(650～680)℃×1.5h+(940～960)℃×3h，空淬。

根据淬火后钢的韧性已经达到衬板的使用要求，通过回火处理既消除了淬火应力又不使硬度有较多下降，将回火工艺确定为(230±20)℃×4h。

性能见表4-34。

表 4-34　不同淬火温度下 ZG45Cr3MnSiMoVTiRE 合金耐磨钢的硬度与冲击韧度

T/℃	920	940	960	1000	1020
硬度（HRC）	48.0	51.0	53.6	47.0	47.3
a_K/J·cm^{-2}	27.0	26.8	25.1	27.3	27.5

衬板经热处理后硬度可达 HRC50 左右，冲击韧度 $a_K>20\text{J/cm}^2$，完全可以满足大中型水泥球磨机的使用要求。

使用情况：按上述铸造及热处理工艺生产 ZG45Cr3MnSiMoVTiRE 耐磨钢衬板，其断面的硬度分布见图4-3，衬板本体力学性能见表4-35。

表 4-35　ZG45Cr3MnSiMoVTiRE 耐磨钢衬板本体的力学性能

状　态	硬度(HRC)	a_K/J·cm^{-2}	组　织
铸　态	43	18.7	珠光体+马氏体+奥氏体
淬火态	53	26.3	马氏体+贝氏体+残留奥氏体
淬火+回火	51	28	回火马氏体+贝氏体+碳化物+残留奥氏体

在陕西省药王山水泥有限责任公司 ϕ2.2m×7.5m 水泥球磨机装机使用一年后，因研磨体级配要调整，打开球磨机后，对衬板磨损情况进行检查，结果发现衬板铸造面的一些痕迹还没有完全磨掉，用时代 TH130 型里氏硬度计测其表面硬度，硬度达 HRC57~58，比出厂时控制的硬度值 HRC50 还高，说明该材质具有比较明显的加工硬化性能，现在这套衬板已经服役 2 年多，仍在安全使用。据使用厂家估计使用寿命能达到 3 年以上。

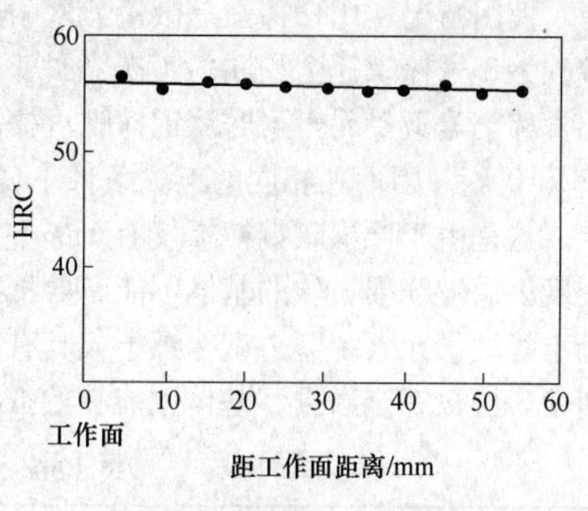

图 4-3　衬板断面硬度分布

在宇通水泥有限责任公司生产 ϕ3.5m×12m 水泥球磨机中使用也已 2 年多，未发现变形、断裂，且耐磨性高，使用厂家满意。中碳多元稀土合金耐磨钢衬板在水泥球磨机中的使用寿命相当于高锰钢衬板的 3 倍以上。

4.2.4　耐磨铸钢榨螺[13]

榨螺是油料浸出机械中的关键功能部件和主要易磨损部件，它对沿螺纹间隙运动的物料（如大豆、花生、棉籽和玉米等农产品）施以高压而使其中的油、水等成分被榨出。同时被榨物料反作用于榨螺表层，巨大的压力和摩擦力导致榨螺磨损失效。多年来大型榨螺多采用优质低碳钢轧材以确保榨螺具有高韧性，防止断裂失效。轧材经切削加工出外螺纹与内孔、键槽后采用表面渗碳淬火、低温回火工艺处理，因而存在切削加工量大、耐磨性不好等问题，开发研制了含稀土等微量元素新型中碳耐磨铸钢，提高钢的力学性能，实现了提高材料利用率，延长榨螺使用寿命的目的。

钢种钢号：耐磨铸钢榨螺。

化学成分见表 4-36。

表 4-36　耐磨铸钢榨螺化学成分　（%）

C	Si、Mn、Cr	S	P	微量元素①
0.35~0.45	<2.0	<0.03	<0.03	1.0~1.5

① 微量元素包括 1 号稀土硅铁合金、铝、硼铁。

应用概况：耐磨铸钢榨螺主要应用于油料浸出机械中的关键功能部件和主要易磨损部件。

组织和性能：含稀土等微量元素对试验钢硬度影响不大，但能使钢的无缺口冲击韧性提高 192%，抗拉强度提高 16%，伸长率提高 65%，见表 4-37。可见，在不改变硬度的情况下加入含稀土等微量元素能显著提高耐磨铸钢的强韧性。主要原因是稀土等微量元素细化了晶粒，增加了板条马氏体所占比例和残余奥氏体量，改善了夹杂物形态、大小及分布。

表 4-37　含稀土等微量元素耐磨铸钢性能

含稀土等微量元素/%	抗拉强度/MPa	伸长率/%	冲击韧性/J·cm^{-2}	硬度（HRC）
0	1590	1.7	50.2	51.6
1.0	1850	2.8	146.8	51.2

使用情况：用含稀土等微量元素耐磨铸钢生产的200型大型榨油机3号榨螺，在与原渗碳钢3号榨螺完全相同的工况条件下，进行实际装机对比试验，结果见表4-38。可知，用含稀土等微量元素耐磨铸钢榨螺可榨制大豆114×10^4kg，而原渗碳钢榨螺只能榨制大豆37×10^4kg。因而在相同的工况条件下试验钢榨螺的使用寿命比原渗碳钢榨螺提高2倍以上。这是由于原渗碳钢榨螺仅有1mm左右的高硬度表面渗碳层，基体硬度很低。一旦高硬度表层被磨损，软的基体不能有效抵抗来自物料的磨损，从而迅速失效。相比之下，含稀土等微量元素耐磨铸钢榨螺不仅具有高硬度表层，而且具有较高硬度的强韧基体，因此即使表层被完全磨损，基体也能有效抵抗物料的磨损，从而延长了寿命。

表4-38　耐磨铸钢装机试验结果

榨　螺	热处理工艺	原重量/kg	加工大豆/kg	提高率/%
试验钢	渗碳5h、淬火/回火	3.80	114×10^4	208
原渗碳钢	渗碳10h、淬火/回火	4.10	37×10^4	—

4.2.5　稀土硼复合变质拖拉机履带板用钢及稀土变质硅锰钢[14、15]

自1883年英国Hadfield发明高锰钢（ZGMn13）以来，其一直作为抗磨材料在工业上广泛应用。ZGMn13高的抗磨性必须在高应力工况条件下产生充分的加工硬化才能发挥出来。拖拉机履带板多是在低应力磨料磨损工况条件下工作，故ZGMn13不是制作拖拉机履带板的理想材料。通过采用稀土硼复合变质研制出了拖拉机履带板用钢-硅锰钢，它属于低合金马氏体钢范畴。与ZGMn13相比，硅锰钢耐磨性好，成本低。经大量装机及失效分析证实，马氏体履带板用钢，冲击韧度$A_{CK}\geqslant196\text{kJ/m}^2$，就不会发生断裂失效。由于一般履带板生产在流水线上进行，为使产品质量稳定可靠，必须增加韧性储备。经多年试验研究，采用稀土-硼复合变质处理再配以高温奥氏体化，可成倍增加硅锰钢的冲击韧度。目前，用稀土硼复合变质处理的硅锰钢已全面投产。

在受强烈冲击的凿削磨损工况下，使用ZGMn13高锰钢材料已一百多年，虽然具有许多优越性，但也存在材料使用前易产生热裂，使用过程中会出现脆断、崩裂及使用寿命短等缺点。用适量的稀土对ZGMn13高锰钢进行变质处理，可以明显减少热裂倾向，全面改善材料综合性能，提高零件使用寿命。

钢种钢号：稀土硼复合变质拖拉机履带板用硅锰钢（属于低合金马氏体钢范畴）ZGMn13RE-稀土变质硅锰钢。

化学成分：Si-Mn钢，含碳量范围0.26%～0.36%，见表4-39。

表4-39　稀土变质硅锰钢化学成分　（%）

C	Si	Mn	P	S	O	N	RE
1.18～1.23	0.50～0.52	12.05～12.50	0.07～0.08	0.015～0.018	0.038～0.040	0.027～0.031	0.028～0.031

应用概况：稀土硼复合变质拖拉机履带板-硅锰钢，稀土高锰钢齿板。

组织及使用性能：从表4-40的58炉次统计性能数据可看出，该钢种强度高、冲击韧度有足够的储备，经全国各地大量装机试验证明，完全可以替代高锰钢用于拖拉机履带板生产。经大量调查研究及失效分析得知，用高强度马氏体钢作为拖拉机履带板用材，其冲击韧度 $A_{CK} \geqslant 196kJ/m^2$ 就能保证安全可靠地运行。从生产性试验的 58 炉数据得知其余 57 炉均超过 $196kJ/m^2$，其中大于 $245kJ/m^2$ 占 80% 以上，大于 $294kJ/m^2$ 在 70% 以上，显示了较大的稳定性。

表 4-40 稀土硼复合变质拖拉机履带板用钢-硅锰钢性能

σ_b/MPa		σ_s/MPa		δ_5/%		$a_K/\times 10^4 J \cdot m^{-2}$		硬度（HRC）	
平均值	均方根差	平均值	均方根差	平均值	均方根差	平均值	均方根差	平均值	均方根差
1700	50.5	1404	58.8	4.6	1.5	333	7.8	50.2	1.0

稀土硼复合变质处理能大幅度提高马氏体 Si-Mn 钢的强韧性，且硬度保持不变，可代替高锰钢生产拖拉机履带板及其他抗磨件。稀土硼复合变质处理的马氏体 Si-Mn 钢，在 -60℃ 低温下，韧性仍保证在 $30J/cm^2$ 以上，能满足我国北方冬季的严寒条件下室外作业的要求。

表 4-41 数据给出铸态加稀土高锰钢与普通高锰钢的力学性能对比，由此可见稀土变质后其强度、延伸率均有明显增加，尤其冲击韧性得到显著提高。

表 4-41 ZGMn13RE-稀土变质硅锰钢与 ZGMn13 的力学性能对比（铸态）

组别	钢种	σ_w/MPa	δ/%	$a_K/J \cdot cm^{-2}$	HB
1	ZGMn13RE	401	17	58	210
	ZGMn13	488	34	147	221
2	ZGMn13RE	389	13	67	233
	ZGMn13	480	31	142	231

表 4-42 的数据表明通过热处理，稀土高锰钢的变质效应使其力学性能继续提高。

表 4-42 ZGMn13RE-稀土变质硅锰钢与 ZGMn13 的力学性能对比（水韧处理后）

组别	钢种	σ_w/MPa	δ/%	$a_K/J \cdot cm^{-2}$	HB
1	ZGMn13RE	640	41	202	224
	ZGMn13	755	52	260	212
2	ZGMn13RE	655	46	210	244
	ZGMn13	750	54	275	230

应用情况：已生产出稀土硼复合变质拖拉机 Si-Mn 钢履带 120 万块，若按年产 1.5 万吨履带板铸件的生产能力计，年处理稀土钢近 3 万吨。以稀土硼复合变质 Si-Mn 钢代替高锰钢生产履带板，可节约大量优质锰铁，采用酸性炉冶炼，每吨钢水可减少电耗 150kW · h。经成本核算，每块履带板可降低成本 2 元多，如果铸钢分厂年产履带板 150 万块以上，那么年直接经济效益可达 300 万元以上。经装机试验表明，马氏体 Si-Mn 钢履带板使用寿命高于高锰钢履带板 20%，可取得更为巨大的社会效益。

表4-43给出稀土高锰钢与普通高锰钢齿板在使用实地进行装机试验的情况，其结果表明在零件正常失效情况下，稀土高锰钢齿板仍比未加稀土高锰钢齿板的使用寿命还长1倍以上。

表4-43　稀土高锰钢与普通高锰钢齿板装机试验结果

试验地点	钢　种	零件平均失重/g	使用寿命/h	相对寿命比β
A	ZGMn13RE	327	1386	1
	ZGMn13	278	2864	2.066
B	ZGMn13RE	384	1290	1
	ZGMn13	330	2900	2.248

4.2.6　高温耐磨高铬稀土钢[16]

唐山发电总厂从国外引进的两台850t/h燃煤锅炉（250万千瓦发电机组）其煤粉喷燃器头部装有火嘴，在1100～1300℃的高温状态下运行，并受煤粉的高速冲刷。喷燃器火嘴的质量优劣关系着燃煤锅炉的正常运行和煤耗。为了使引进设备备件立足于国内，受唐山发电总厂委托，包头电力维修厂研制了高铬稀土钢喷燃器火嘴，经在唐山发电总厂422天的装炉运行考核，表明喷燃器火嘴的结构性能和使用寿命已达到使用要求，其主要性能超过国外喷燃器火嘴的水平。

钢种钢号：高温耐磨高铬稀土钢（喷燃器火嘴）。

技术标准：要保证耐1100～1300℃高温，耐磨性能好；铸造缺陷在不影响使用的情况下允许补焊。

化学成分见表4-44。

表4-44　高温耐磨高铬稀土钢的化学成分　　（%）

C	Si	Mn	Cr	Ni	Mo	V	S	P	RE
1.00～1.40	0.85～1.05	1.20～2.0	24.0～28.0	1.50～2.60	0.40～0.60	0.15～0.35	≤0.015	≤0.020	0.002～0.20

生产工艺：在无铁芯，非真空中频感应炉中熔炼，选用优质原材料，以保证得到符合要求的钢水成分。熔炼时，渣量4%，以保护钢水。钢水精炼期脱氧：扩散脱氧用0.1%矽钙粉；沉淀脱氧用0.1%矽钙块和0.075%铝，为终脱氧。钢中气体含量保持非常低。铁合金（锰铁、硅铁、钒铁）、1号稀土合金，渣料和脱氧剂均经过充分烘烤后装炉熔炼。出钢温度控制在1530～1550℃，保证浇注温度在1430～1450℃。

铸造工艺：用金属芯盒制造泥芯，尺寸精确，操作方便，功效提高。采用的芯砂配比为石英砂∶黏土砂∶桐油∶糖稀为100∶3∶3∶4。泥芯经过电炉烘烤，烘烤温度为180℃±10℃，保温3h。烘烤后的泥芯用三氧化二铝90%，膨润土5%，钛白粉3%，糖浆2%，水分适量的涂料涂匀，工件表面光洁，清砂方便，质量大为改善。使用冷铁后，喷燃器火嘴消除了裂纹，减少了缩松，超过了进口件的质量。

高温力学性能见表4-45和表4-46。

表 4-45 高温耐磨高铬稀土钢高温力学性能（平均值）

材 料	进口件	高温耐磨稀土钢件
σ_b/N · mm^{-2}	143.2	236.3
ψ/%	35.2	26.5
δ/%	16.6	19.6

表 4-46 高温耐磨高铬稀土钢高温硬度值

材 料	进口件	高温耐磨稀土钢件
试验温度/℃	750	800
硬度（HB）	77.9	124.0

使用寿命及应用：为了考核产品高温冲刷磨损情况，高温耐磨稀土钢火嘴经 10128h 使用后，测定其磨损量。高温耐磨稀土钢火嘴平均磨损 1.1kg，进口件平均磨损 1.4kg。高温耐磨稀土钢火嘴的高温耐磨性能很好，它的使用寿命可达 22296h，而进口件的使用寿命是 17520h。即高温耐磨稀土钢火嘴的耐磨性比进口件提高 27.3%。有较好的焊接性能。对两种喷燃器火嘴装炉运行后进行检查，高温耐磨稀土钢喷燃器火嘴装炉运行后未出现变形，而进口件有变形。

经过两年研制和九年的推广使用，证明国产喷燃器火嘴的综合性能已满足使用要求，高温耐磨性能优于进口件。经过对比分析和考核表明国产喷燃器火嘴性能优于进口喷燃器火嘴性能，从而使进口喷燃器火嘴国产化。国产喷燃器火嘴的研制成功，为我国高温耐磨材料系列增加了新的品种，使备件立足于国内，结束了备件依赖进口的局面。

4.3 稀土耐热钢

4.3.1 含稀土氮铬镍型耐热钢 253MA[17]

耐热不锈钢在锅炉和压力容器中有着广泛的应用，锅炉和压力容器的用户为了延长设备的使用寿命，制造厂为了降低原材料成本，简化工艺，总是要求钢铁研究和生产单位不断地开发出性能价格比更好的新钢种用来替代传统的钢种。例如，在锅炉上的应用，近年来为了实现清洁煤燃烧技术，流化床（CFB）锅炉、特别是内循环流化床（IR-CFB）锅炉的发展很快，其炉膛出口处的分离元件如 U 形槽钢板原设计就往往选用美国钢铁学会标准 AISI 310 和 310S 型奥氏体不锈钢，在垃圾锅炉上，也需要耐腐蚀性高的材料。在压力容器的应用上，当介质具有强烈的腐蚀性时，也需要选用像 800 和 601 等价格昂贵的镍基合金。

253MA、153MA 和 353MA 奥氏体耐热不锈钢，是分别在 310 和 310S 型（21Cr-11Ni），304 型（18Cr-9Ni）和 353 型（25Cr-35Ni）传统铬-镍奥氏体不锈钢的基础上，通过添加铈（Cerium）、镧（Lanthanum）、钕（Neodymium）、镨（Praseodymium）等稀土元素（RE），并加入氮（Nitrogen）元素微合金化，在 20 世纪 80 年代中、后期发展而成的耐热不锈钢。在世界上较早完成开发并可以批量生产该钢种的钢厂有瑞典的阿维斯塔谢菲尔德 Avesta Sheffield AB 公司和山特维克 Sandvik 公司，还有美国宾州 Robesonia 的 RA 公司等。20 世纪 90 年代后我国太钢及宝钢通过与北京钢铁研究总院的多年联合研制，已成功生产了253MA奥氏体耐热不锈钢。

253MA、153MA和353MA，它和美国AISI309S型（23Cr-13Ni）或310S型（25Cr-20Ni）奥氏体耐热不锈钢，及与800（21Cr-32Ni，ASTMN08800）或601（23Cr-60Ni，ASTMN06601）型镍基合金相比，具有综合性能良好的明显优势的原因是：首先，253MA钢的化学成分中只含有21%的Cr，11%的Ni；由于加入很少量的但是加以严格控制的稀土元素，而使得它与具有更高合金含量的不锈钢有同样良好的抗氧化性能和良好的高温蠕变强度；另一方面，通过加入氮元素微合金化更利于改善高温蠕变性能，并使该材料成为全奥氏体组织。所以，尽管253MA钢的化学成分中只含有相对较少量的Cr和Ni，但却可以在很多高温使用场合下替代含有更高合金的钢种以及价格昂贵的镍基合金。在冶金上，为了使得该材料具有更好的抗氧化性需要控制并保持较少的钼和锰的含量。

钢种钢号：253MA、153MA和353MA奥氏体耐热不锈钢（对应的美国ASME/ASTM标准为：S30815，S30415，S35315；对应德国DIN标准为：1.4893，1.4891）。

技术标准：这三种材料从1995年起已经按美国UNS合金编号253MA（S30815），153MA（S30415）和33MA（S35315）相继被纳入ASME或ASTM材料标准中，在材料选用上已作为成熟钢种、规范许用材料看待。253MA钢是Avesta Sheffield AB公司的钢种注册商标名称。253MA材料先被列入英国SS标准和德国DIN标准，钢种编号分别为SS 2368和DIN 1.4893；从1995年版起，该材料已经纳入ASTM及ASME标准中，按美国UNS统一合金编号方法编号为UNS S30815，材料的公称成分为“21Cr-11Ni-N ”。根据ASME标准的规定253MA钢可以使用到900℃的承压场合及工作温度高达1150℃的非承压高温零部件。供货厂家推荐使用温度为830～1100℃。253MA、153MA和353MA三种材料的制品形式及其标准见表4-47。

表4-47 2001～2007年版ASME材料标准中的253MA、153MA和353MA材料

序 号	标准编号	制品形式	253MA（S30815），153MA（S30415）和353MA（S35315）
1	SA-182	锻件	2001年版中，只有S30815，级别号被命名为“F45”。要求作固溶处理加淬火，焊接修理需经买方同意
2	SA-213	无缝管子	只有S30815
3	SA-240	板	在2001年版中，S30815、S30415和S35315均为规范材料
4	SA-249	焊接管子	在2001年版中，S30815和S30415为规范材料
5	SA-312	无缝公称管	在2001年版中，S30815、S30415和S35315均为规范材料
6	SA-358	高温用电熔化焊公称管	在2001年版中有用S30815和S35315钢板焊接构成相同UNS合金编号的公称管产品
7	SA-409	腐蚀和高温用大直径公称管	只有S30815
8	SA-479	钢棒	只有S30815

化学成分见表4-48。

表4-48　253MA、153MA和353MA奥氏体耐热不锈钢的化学成分　（%）

Avesta Sheffield	ASME/ASTM	C	Si	Cr	Ni	N	其他元素	DIN
153MA	S30415	0.05	1.3	18.5	9.5	0.15	Ce	1.4891
253MA	S30815	0.09	1.7	21	11	0.17	Ce	1.4893
353MA	S35315	0.05	1.5	25	35	0.16	Ce	—

应用概况：253MA钢，153MA和353MA钢都是综合性能良好的新材料，完全可以在很多高温及耐腐蚀使用场合下，替代含有更高合金的钢种以及价格昂贵的镍基合金，253MA的主要用途包括燃烧器、热交换器、淬火夹具、导板和燃烧嘴等。可用作钟式炉或马弗炉构件，辐射管、垫圈板、装料篮和托盘、渗碳箱、转炉进口和出口构件、废气系统用的同流换热器和风机、燃油（气）炉中的燃烧嘴和燃烧室、汽车高温抽风箱等等。下面主要介绍253MA组织和性能。

组织和性能：253MA钢是全奥氏体钢，通过添加氮元素得到稳定的奥氏体组织。但是，当铬和硅元素的含量相对较高时会成为奥氏体-铁素体双相钢。由于253MA钢是一种有着较高碳含量的奥氏体钢，所以253MA钢的金相组织中含有碳化物。253MA钢具有很高的抵抗σ相沉淀的稳定性。

力学性能：在力学性能上，253MA钢在所有温度下的屈服强度和抗拉强度值都相当高。253MA钢的蠕变温度为550℃，在该温度以上的温度范围，设计计算要取决于材料的蠕变温度。253MA钢的力学性能列于表4-49和表4-50，表中所列出的力学性能是在厚度小于等于30mm的钢板上横向取样所得数据。表4-49中除了Avesta 253MA钢的一行数据是引自Avesta Sheffield AB公司资料外，S30415，S30815和S35315钢的数据是引自2001年版ASME SA-240压力容器用钢板标准。表4-50中253MA钢的短时高温强度（最小值）数据是引自Avesta Sheffield AB公司资料。对于ASME规范产品用S30815钢在不同温度下的抗拉强度S_u和屈服强度S_y的数据可从2001年版第Ⅱ卷D篇第462页的表U和第576页的表Y-1查得。表4-51中所列出的253MA钢的高温抗蠕变强度及持久强度（平均值）引自Avesta Sheffield AB公司资料。

表4-49　253MA、153MA和353MA钢的力学性能

材　料	抗拉强度/MPa	屈服强度/MPa	伸长率/%	硬度(HB)	弯曲试验	冲击强度/J·cm^{-2}
S30415-153MA	600	290	40	217	不要求	
S30815-253MA	600	310	40	217	—	
Avesta 253MA	650	310	40	210	—	120
S35315-353MA	650	270	40	217	不要求	

表 4-50　253MA 钢的短时高温强度（最小值）

温度/℃	50	100	200	300	400
屈服强度/MPa	280	230	185	170	160
抗拉强度/MPa	630	585	545	535	530
温度/℃	500	600	700	800	900
屈服强度/MPa	150	140	130	—	—
抗拉强度/MPa	495	445	360	(260)	(150)

表 4-51　253MA 钢的高温抗蠕变强度及持久强度（平均值）

温度/℃	600	700	800	900	1000	1100
蠕变强度/MPa						
R_a 1/10000	126	45	19	10	(5)	(2.5)
R_a 1/100000	80	26	11	6	(3)	(1.2)
持久强度/MPa						
R_{km} 10000	157	63	27	13	(7)	(4)
R_{km} 100000	88	35	15	8	(4)	(2.3)

许用应力：表 4-52 所示的最大许用应力值来自于 2001 年版 ASME 出版的《规范案例集》，1998 年 3 月 5 日批准的案例 2033-2 “第Ⅰ卷规范构造用 21Cr-11Ni-N（UNS S30815）合金” 中。

表 4-52　ASME 规范案例 2033-2 中规定的第Ⅰ卷规范构造用最大许用应力值

金属温度不超过/°F	应力值/ksi	金属温度不超过/°F	应力值/ksi
1000	14.9	1350	2.4
1050	11.6	1400	1.9
1100	9.0	1450	1.6
1150	6.9	1500	1.3
1200	5.2	1550	1.0
1250	4.0	1600	0.86
1300	3.1	1650	0.71

注：1ksi = 1 千磅力/平方英寸。

高温性能：253MA 钢在空气介质中具有很高的氧化皮生成温度，该温度为 1150℃。253MA 有着良好的高温抗氧化性能，即使是在大幅度快速变化的温度条件下，253MA 钢表面的氧化皮和基体仍结合得很牢固，不易出现氧化皮剥落现象。253MA 钢在高温和快速循环温度变动条件下具有很好的抵抗热变形能力，同时具有良好的抗氧化性和抗热变形综合能力。253MA 钢的抗热变形能力源于它非常好的高温蠕变强度和韧性。253MA 钢在不要求高温蠕变强度较低的温度条件下，也具有良好的力学性能。

湿态条件下抗腐蚀性：253MA 钢并不是液体介质条件下使用的钢种，由于它的碳含量较高，所以抗晶界腐蚀能力较低。对 253MA 钢通常不做晶界腐蚀试验。

其他抗高温腐蚀性能-硫侵蚀：253MA 钢在含硫烟气中仍保持良好的抗氧化性能。炉内烟气含硫会使镍基合金和镍合金耐热钢发生硫侵蚀。镍含量越高受硫侵蚀的风险越高。253MA 的镍含量相对比较低，在氧化条件下形成的氧化膜层较薄富有弹性并且结合牢固，因此可以阻止硫的侵蚀；253MA 的氧化膜层不容易发生裂纹因而烟气不会穿透而侵蚀基体材料。253MA 的晶间氧化和硫化侵蚀深度仅为 309S 和 310S 奥氏体钢的二分之一。

其他抗高温腐蚀性能-高温渗碳和渗氮：高温渗碳会降低材料的抗氧化性及抗硫侵蚀性，并且导致脆性。业已证实，尽管 253MA 的镍含量相对比较低，在表面形成的较薄富有弹性并且结合牢固的氧化膜层可以阻止高温渗碳。高温渗氮和高温渗碳的危害相似，同样的原因 253MA 钢在氧化环境条件下具有良好的抗渗氮能力。

物理性能：253MA 钢的各项物理性能如表 4-53 所示，表 4-53 中数据引自 Avesta Sheffield AB 公司资料。

表 4-53　253MA 钢的各项物理性能

温度/℃	20	600	800	1000
密度/g · cm^{-3}	7.8	—	—	—
弹性模量/kN · mm^{-2}	200	155	135	120
线膨胀系数/×10^{-6}℃$^{-1}$	17(20~100)	18.5	19	19.5
导热系数/W · (m^2 · ℃)$^{-1}$	15	22.5	25.5	29
比热容/J · (kg · ℃)$^{-1}$	500	600	630	660
比电阻抗/nΩ · m	850	1370	1430	1450

工艺技术参数：253MA 钢尽管强度高，但容易成型，并具有良好的可焊接性。生产经验表明只要制造设备适合于加工和压制成型，该钢的加工制造不会有困难。

成型：253MA 钢的热成型应在 1150~900℃范围内进行。因为材料在运行中是处于高温条件下，因此，一般不必要进行固溶退火热处理。

253MA 钢可以冷成形。当钢中的含氮量较高时强度增加，须加大成形力。

机加工：253MA 钢不容易机加工，它的硬度较高并有应变硬化倾向，所以机加工时应加注意。

焊接：253MA 钢具有良好的可焊接性，可以用下列方法焊接：药皮焊条手工电弧焊；纯 Ar 气保护 TIG 或 MIG 焊（以纯净的氩气作保护气体）或埋弧焊。

253MA 钢的焊接推荐使用 Avesta Sheffield AB 公司的 253MA 的焊条或焊丝，也可以以 Avesta 309 作为代用焊接材料，但是性能会稍降低。这两种焊缝金属的成分见表 4-54。大多数的耐热奥氏体钢对焊接热裂纹较为敏感，然而 253MA 由于其化学成分关系，其焊缝金属及热影响区域对焊接热裂纹并不敏感。253MA 钢填充金属比母材的镍含量较低，因此焊缝金属组成将形成 3% ~10% 之间的铁素体组织，能阻止热裂纹的形成。

表 4-54　253MA 钢填充金属的成分　(%)

成分材料		C	Si	Mn	Cr	Ni	N	稀土金属
Avesta 253MA	药皮焊条	0.06	1.5	0.8	22	10.5	0.18	RE
	焊　丝	0.08	1.6	0.5	21	10	0.17	RE
Avesta 309	药皮焊条	0.05	0.8	1.0	24	13.5	—	—

焊接接头：焊接时根部打底焊道可以采用 GTAW（TIG）或 SMAW（药皮焊条），如果采用 GTAW（TIG）焊接，则在定位焊时就必须使用保护气体衬垫（backing gas）。由于 253MA 钢的母材热膨胀系数高，热导率低，所以建议采用较小的焊接热输入。

焊接坡口及清理：焊接坡口及邻近表面应进行清理，表面如果有沾污，油或油污将导致焊缝缺陷。另外，毛刺必须清除掉，以免造成未熔合。

热处理：对于 253MA 钢推荐：固溶退火温度为 1050 ~ 1100℃，随之快冷。最新 2001 年版的第Ⅱ卷 A 篇中 SA-213 标准和 2001 年版《规范案例集》中 1998 年 3 月 5 日批准的案例 2033-2 中规定：S30815 钢的热处理应最低加热到 1050℃或在 1050 ~ 1100℃温度进行固溶热处理，随后进行水淬或以其他方式快速冷却。

使用情况：253MA、153MA 和 353MA 奥氏体耐热不锈钢是综合性能良好的新材料，国内的锅炉及压力容器制造厂在很多高温及耐腐蚀使用场合下采用其替代含有更高合金的钢种以及价格昂贵的镍基合金，非常适合作为压力容器，流化床（CFB）锅炉及垃圾锅炉的新型高温材料使用。

4.3.2　602 合金-Cr25Ni20RE 耐热钢[18]

煤的有效利用是节省能源的重要措施之一。35t/h 循环流化床电站锅炉热转换效率高，环境污染少，采用分离器可提高分离性能。在旋风分离器的中心筒高温氧化磨蚀严重，而锅炉用钢约有 50 多个钢种。但没有适宜的抗高温氧化磨蚀钢。由于材料用量大，价格不能过高，目前这种材料尚属空白。研制的 602RE 合金，并用它作了旋风分离器中心筒，经 12 台电站锅炉的长期应用，证明该合金是一种新型抗 1000℃高温氧化磨蚀材料。

钢种钢号：602 合金-Cr25Ni20RE 耐热钢。

化学成分见表 4-55。

表 4-55　602RE 合金成分　(%)

C	Cr	Ni	Si	Mn	RE	Fe
0.15	25	20	2	≤2.0	0.12	余

应用概况：锅炉用钢，用作旋风分离器中心筒，抗 1000℃高温氧化磨蚀。

生产工艺：602RE 合金熔炼工艺简单，采用真空感应或常压感应熔炼，精炼温度 1520 ~ 1540℃，浇注温度 1480 ~ 1490℃。常压熔炼时，稀土元素在出钢前 2min 插入式加入，感应搅拌后浇注成锭。适量稀土元素改善了 602RE 合金抗裂性能，使合金具有良好的可塑性和强度。合金开轧温度为 1150 ~ 1200℃，终轧温度视实况而定。

合金性能：602RE 合金具有优异的抗高温氧化腐蚀和磨蚀性能，有较高的强度、塑性、韧性和适宜的物理性能。合金焊接和成型性良好，价格低廉。焊接后有较高的高温热塑性及抗裂性，见表 4-56 ~ 表 4-61。

表 4-56 602RE 合金拉伸性能

温度/℃	20	400	475	600	700	800	900	950	1000	1050	1200
σ_b/MPa	691	562	558	178	336	210	129	99	77	62	61
$\sigma_{0.2}$/MPa	374	225	221	208	180	141	75				
δ/%	35	37	36	41	58	65	106	29	30	30	31
ψ/%	60	61	61	62	65	73	94	88	89	91	93

表 4-57 602RE 合金高温持久性能

热处理条件	900℃，30MPa		980℃，28MPa	
	断裂时间/h	δ/%	断裂时间/h	δ/%
1040℃ ×1h +1000℃ ×1500h	70	56	28.9	66
1100℃ ×1h	35.5	44.1	28.9	67
1100℃ ×2h	48	70.2	29	84
1100℃ ×1h +1000℃ ×1500h	36	77	38.4	83
1180℃ ×1h +1000℃ ×1500h	94.5	未断	67.3	27

表 4-58 602RE 合金高温抗氧化和抗腐蚀性能

合 金	1100℃氧化 100h		900℃腐蚀失重/mg（NaCl：Na_2SO_4 = 1：9）	
	增重/mg · cm^{-2}	氧化速率/mg ·（cm^2 · h）$^{-1}$	30min	70min
602RE	2.8967	0.030	120	220
Cr35Ni20	3.6710	0.038	190	300
1Cr18Ni9Ti	1050℃氧化 100h			
	5.3997	0.059		

表 4-59 602RE 合金线膨胀

温度/℃	20 ~ 100	20 ~ 200	20 ~ 300	20 ~ 400	20 ~ 500	20 ~ 600	20 ~ 700	20 ~ 800	20 ~ 900
$\alpha \times 10^6$/℃	13.75	14.72	15.36	15.80	16.04	16.38	16.76	17.09	19.39

表 4-60　602RE 合金导热系数

温度/℃	200	300	400	500	600	700	800	900	1000
λ/W·(cm·℃)$^{-1}$	0.1712	0.1800	0.1888	0.1976	0.2064	0.2198	0.2286	0.2374	0.2462

表 4-61　602RE 合金弹性模量

温度/℃	20	200	300	400	500	600	700	800	900
E/GPa	194.2	184.4	177.5	170.6	161.8	154.9	148.1	140.2	132.4

使用情况：在1000℃含尘气氛中长期工作性能稳定，是一种优良的炉用结构材料。602RE 合金长期（1000℃左右使用 1500h 和 9500h 后）使用后的力学性能（见表 4-62）。

表 4-62　602RE 合金长期使用后的力学性能

温度/℃	工作 1500h				工作 9500h			
	σ_b/MPa	$\sigma_{0.2}$/MPa	δ/%	ψ/%	σ_b/MPa	$\sigma_{0.2}$/MPa	δ/%	ψ/%
20	670	339	37	45	685	335	31	36
900	126	76	64	71	120		60	52
950	96		22	74	94		24	74
1000	74		24	79	71		29	80
1050	61		26	80	51		29	81
1200	25		28	80	24		27	80

4.3.3　1Cr25Ni20Si2RE[19]

1Cr25Ni20Si2RE 钢管属于奥氏体型耐热不锈钢，具有较优异的抗氧化、抗渗碳性能，也有较好的抗一般腐蚀性能，最高使用温度可达 1200℃，连续使用最高温度 1150℃。广泛用于制造加热炉的各种耐热构件，如合成氮设备高温炉管、高温加热炉管、连续炉的炉辊等。

钢种钢号：奥氏体型耐热不锈钢 1Cr25Ni20Si2RE。

技术标准及条件：1Cr25Ni20Si2RE 耐热钢管技术条件。

成品规格：32.5mm × 3.5mm × 6500mm，成品尺寸公差、表面：应符合 GB 2270—1980 要求；交货状态：固溶处理，成品管的力学性能作参考。

化学成分：符合 GB 1221—1975 的同时应加入适量稀土元素，见表 4-63。

表 4-63　1Cr25Ni20Si2RE 钢化学成分　　（%）

	C	Mn	Si	Cr	Ni	S	P	RE
协议规定	≤0.30	≤1.50	1.50 2.50	24.0 27.0	18.0 21.0	≤0.030	≤0.035	允许适量加入
实际冶炼	0.11	0.24	1.73	24.96	18.86	0.005	0.018	0.030
美国 AISI ASTM314	<0.25	<2.0	1.5~3.0	23.0~26.0	19.0~22.0			

应用概况：用于生产邦迪管的高温炉管导管。

生产工艺：

（1）工艺流程：管坯 ϕ85mm→下料→定心 25mm×25mm→剥皮至 ϕ75mm→加热→穿孔→淬水→酸洗→检查→切头尾→酸洗→冷轧→脱脂→固溶→矫直→酸洗→冷轧→脱脂→打头→固溶→矫直→酸洗→润滑→烘烤→冷拔→脱脂→固溶→矫直→切头尾酸洗→检查→取样→检验→切定尺→验收→过磅→包装→入库。

（2）加热工艺：为保证管坯加热和穿孔毛管的质量。根据线膨胀、导热系数的变化规律及其热扭转试验数据，确定低温（≤900℃）慢速，高温快速的加热方法，见图4-4。

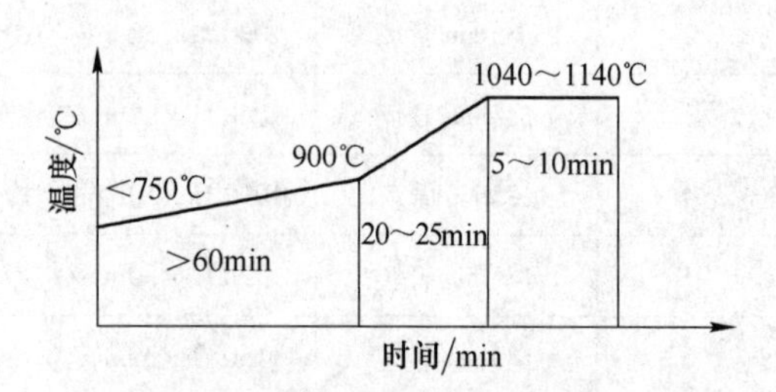

图4-4 1Cr25Ni20Si2RE 钢(管坯)加热工艺制度

（3）穿孔工艺：穿孔使用 Mo 基顶头、预热 600～800℃，均匀涂上玻璃粉润滑。正常穿孔过程中两顶头交替使用，发现顶头上有小麻坑或粘金属时及时清理或更换。穿孔过程中加热温度取下限，以免出现裂纹。同时轧辊转速取低速，以使变形深透，防止分层穿孔完的毛管迅速淬水，毛管温度不小于1000℃，工艺参数见表4-64。

表4-64 1Cr25Ni20Si2RE 钢穿孔工艺参数

毛管规格 $D\times S$ /mm×mm	穿孔温度 /℃	辊距 /mm	导距 /mm	顶伸 /mm	顶头直径 /mm	延伸系数 μ	轧辊转速 /r·min^{-1}
77×(7～7.5)	1040～1140	63	77	45～60	58	2.7	65～70

（4）冷加工工艺（工艺参数见表4-65 和表4-66）：1Cr25Ni20Si2RE 耐热不锈钢经固溶处理。

表4-65 1Cr25Ni20Si2RE 钢冷轧-冷拔联合工艺

道 次	规格 $D\times S$ /mm×mm	断面积 /mm^2	冷加工机型	延伸系数 μ	断面收缩率 ε/%
0	77×7.5	521.25			
1	57×5	260	LG-80	2.01	50.25
2	40×3.5	127.75	LG-55	2.04	50.98
3	36	113.75	LB-20	1.12	10.71
	32.5×3.5	101.6	LB-20	1.12	10.71

表4-66 1Cr25Ni20Si2RE 钢冷轧工艺参数

轧 机	孔型系	工作机架摆动次数/次·min^{-1}		送进量/mm·次$^{-1}$
		开轧	正常	
LG-80	80-57	25	48	10
LG-55	57-40	25	50	12

固溶处理制度：加热温度 1100 ~ 1150℃，保温 10 ~ 15min，出炉后快速淬水冷却。

性能见表 4-67。

表 4-67 1Cr25Ni20Si2RE 固溶处理的力学性能

序号	试料	制度	σ_b/MPa	δ/%	ψ/%	硬度（压痕直径 mm）
1	ϕ85mm 管坯	1000℃ ×30min/空冷	683	52	65.9	4.6
2	ϕ85mm 管坯	1030℃ ×30min/空冷	676	52	66	4.65
3	ϕ85mm 管坯	1060℃ ×30min/空冷	671	54.4	67.4	4.8
4	ϕ85mm 管坯	1090℃ ×30min/空冷	875	58	67.7	4.75
5	ϕ85mm 管坯	1120℃ ×30min/空冷	660	61.3	68.9	4.9
6	ϕ85mm 管坯	1150℃ ×30min/空冷	650	67.2	72	5.0
7	32.5 ×3.5 加 RE	1150℃ ×30min/空冷	665	42		
8			680	43		
9	32.5 ×3.5 无 RE	1150℃ ×30min/空冷	835	34		
10			680	45		
11	协议规定		≥580	≥35	50	

表 4-67 的数据证明固溶处理制度满足继续冷加工变形及用户对钢管的性能要求。

酸洗工艺：酸洗溶液为 HF + HNO_3；成分：HF 4% ~ 6%，HNO_3 8% ~ 12%，余为 H_2O；温度：酸洗 50 ~ 60℃，去油 60 ~ 70℃；时间：20 ~ 40min。

使用情况：此产品冶金部于 1991 年 10 月组织鉴定获得通过。鉴定认为 Cr25Ni20Si2RE 耐热不锈管的生产，取代原从国外进口的高 Ni-Cr 耐热管材，填补了国内空白。经华燕邦迪制管有限公司批量使用证明，产品质量达到国外同类产品的实物水平。平均使用寿命基本达到进口导管水平完全可以取代进口。为消化引进国外技术，实现原材料备件国产化作出了贡献。华燕邦迪制管有限公司每年约需 10t 钎焊炉导管，用 1Cr25Ni20Si2RE 钢管取代进口管，每年可节约资金 47.5 万元，节约了大量外汇。同时该产品在石油、化工等领域还有广阔的应用前景，具有很大潜在的经济效益和社会效益。

4.3.4 含稀土、氮、铌高铬镍耐热铸钢（锅炉燃烧器喷嘴）[20]

锅炉燃烧器喷嘴（下称喷嘴）应用于火力发电厂，把煤粉输送进锅炉内，它与锅炉连接的一端，温度高达 800 ~ 1200℃，同时还受到高速运行煤粉（常含有高硬度煤矸石）的冲刷磨损。因此，要求喷嘴具有好的抗变形、抗高温氧化和耐磨性。目前，喷嘴材料广泛使用 1Cr18Ni9Ti 不锈钢和耐热铸钢，如 ZG30Cr22Ni4Mn7Si2RE、ZGCr28、ZGCr24Ni20、ZGCr20Ni4MnV、ZGCr25Ni20Si2 和 ZGCr26Ni4Mn3N 等材质。这些材质普遍存在抗高温氧化能力差，易变形和耐磨性不够等问题，严重影响火电厂的正常生产。开发研制的 ZG30Cr24Ni11Mn7Si2NbNRE 耐热钢，通过多元（N、Nb、RE）合金化，改善钢的组织，提高了抗高温氧化性和耐磨性。用该材料制造的喷嘴，与国内许多电厂使用的喷嘴材料相比，寿命是后者的3.5倍以上。

钢种钢号：含稀土、氮、铌高铬镍耐热铸钢ZG30Cr24Ni11Mn7Si2NbNRE。

化学成分见表4-68。

表4-68 含稀土、Nb耐热钢锅炉燃烧器喷嘴的化学成分 (%)

N	RE	Nb	C	Cr	Ni	Mo	Si	Mn	P、S	Fe
0.14	0.08	0.15	0.20~0.40	23.0~30.0	11.0~16.0	0.30~1.00	1.00~3.30	≤2.00	各≤0.04	余

生产工艺：感应炉熔炼，稀土硅铁以包内冲入方式加入。采用砂型铸造。

性能见表4-69~表4-71。

表4-69 含稀土、Nb耐热钢锅炉燃烧器喷嘴常温力学性能

σ_b/MPa	硬度（HB）	a_K/J·cm^{-2}
485	252	6.25

1000℃含稀土、Nb耐热钢锅炉燃烧器喷嘴高温维氏硬度HV38（真空度不低于5×10^{-3}Pa，经1100℃水淬+1000℃时效）。

表4-70 含稀土、Nb耐热钢合金高温持久性能

试验温度/℃	试验应力/MPa	持续时间	伸长率/%	断面收缩率/%
1000	40	1h54min	29.6	75.72
1000	30	10h50min	25.92	49.49
1000	25	73h05min	16.00	40.80
1000	28	16h50min	14.24	21.92
1000	21	195h02min	10.96	14.97

表4-71 含稀土、Nb耐热钢与不同材料的高温持久强度和1000℃、500h氧化增重

材料	σ^{1000}/MPa	氧化增重/g·cm^{-2}
40Cr25Ni20	10.5	46
45Cr20Mn5Ni5WMoN	7.5	930
30Cr24Ni7SiNRE	6.6	75.4
30Cr22Mn4Ni4Si2N	8.6	114.3
30Cr30Ni11N	8.1	65.8
35Cr18Ni25Si2	8.8	63
3-3号合金	16.8	49.4

注：3-3号合金为含稀土、Nb耐热钢。

含适量氮、铌和稀土的高铬镍耐热铸钢经淬火时效热处理后，具有良好的常温力学性能、高温硬度、高温持久强度和抗氧化性能（见图4-5），与40Cr25Ni20相当，适用于800～1200℃高温工况。

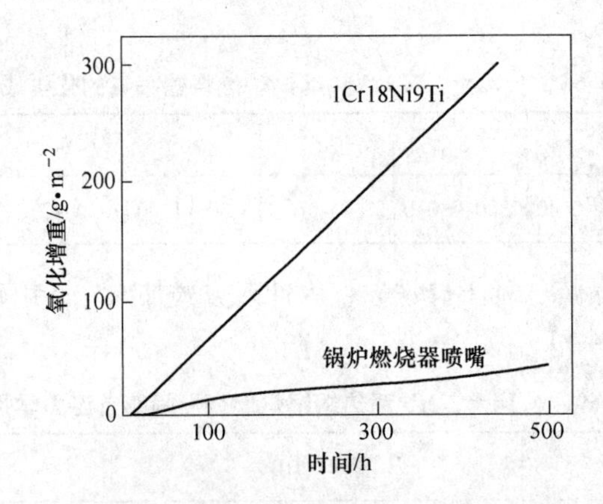

图4-5　含稀土、Nb耐热钢锅炉燃烧器喷嘴与1Cr18Ni9Ti氧化增重对比（1000℃）

使用情况：含适量氮、铌和稀土的高铬镍耐热铸钢制造的火电厂锅炉燃烧器喷嘴氧化变形少，耐冲刷磨损，使用寿命提高3.5倍。

4.3.5　节镍型含氮稀土耐热钢[21]

随着我国镁、钙、钛工业的迅速发展，作为生产这些金属必须的还原罐用量越来越大。还原罐通常采用 H_0（1Cr25Ni20）耐热钢离心铸造而成，或用耐热不锈钢钢板焊接而成。H_0 钢含 Ni 高达20%，镍价格昂贵，因此研制开发节镍型耐热多则势在必行。研制开发的含氮稀土 H_1（3Cr25Ni8REN）耐热钢具有镍低、性能优良的特点。实际工业使用寿命也比 H_0（1Cr25Ni20）钢长。

钢种钢号：节镍型含氮稀土耐热钢3Cr25Ni8REN。

生产工艺：熔炼工艺为：废钢熔化，加石灰、萤石粉造渣，加硅铁、锰铁、铬铁、含氮铬铁和镍块合金化，加铝粒脱氧，加稀土硅铁合金化除去钢液中气体和杂质，化验成分合格后出钢铸锭或离心浇注成耐热钢管。

高温持久强度见表4-72。

表4-72　高温持久强度（950℃）

钢　种	载　荷					
	60kg		50kg		35kg	
	σ/kg·mm^{-2}	h/%	σ/kg·mm^{-2}	h/%	σ/kg·mm^{-2}	h/%
3Cr25Ni8REN	3.75	16.20/119.73	3.25	160.58/297.10	3.25	211.0/196.04
1Cr25Ni20	3.72	13.53/100.00	3.13	54.04/100.00	3.15	107.63/100.00

注：σ 为试样单位截面积上承受的载荷；h/% 为断裂时间/相对比值。

热疲劳性能见表4-73和表4-74。

表 4-73 出现裂纹及开始变形情况的影响

钢 种	裂纹/次	抗变形能力（耐急热急冷）/次数	穿通裂纹/次
3Cr25Ni8REN	54	141	180 次尚未穿通
1Cr25Ni20	51	51	93

表 4-74 热疲劳性能

钢 种	单次平均变形值/mm	变形相对比值/%	单次平均减重量/g	减重相对比值/%
3Cr25Ni8REN	0.00336/0.00391	10.20/10.24	0.00055	64.71
1Cr25Ni20	0.03293/0.03781	100.00/100.00	0.00085	100.00

表4-73 和表 4-74 数据来自于将偏心圆环试样放在瓷坩埚内，置于马弗炉中，在1150℃下恒温 12min，取出立即投入水中（室温）冷却，取出圆环抹干称重，然后再置于马弗炉中恒温 12min，再取出立即水冷，取出圆环抹干称量，如此反复进行，观察试样开始变形的时间。并计算其单次平均变形值（一次热疲劳试验试样外径和内径的平均变形值）、变形相对比值（以 H_0（1Cr25Ni20）钢试样外径和内径的单次平均变形值为 100%计）、单次平均减重量（为试样单次热疲劳试验时单位重量试样的减重量）、减重相对比值（以 H_0（1Cr25Ni20）钢试样的单次平均减重为 100% 计）。

高温抗氧化性能（950～1150℃）见表 4-75。

表 4-75 高温抗氧化性能

钢 种	950℃①，500h		1150℃②，100h		950～1150℃③，200h	
	氧化速度 /$g\cdot(m^2\cdot h)^{-1}$	氧化速度比值/%	氧化速度 /$g\cdot(m^2\cdot h)^{-1}$	氧化速度比值/%	氧化速度 /$g\cdot(m^2\cdot h)^{-1}$	氧化速度比值/%
3Cr25Ni8REN	0.0256	75	0.0333	83	0.0299②	81②
1Cr25Ni20	0.0342	100	0.0399	100	0.0367	100

① 950℃恒温 50h，干燥冷却后称重，循环操作 10 次；
② 1150℃，100h 平均数值；
③ 950～1150℃，200h 平均数值。

使用寿命及经济效益：3Cr25Ni8REN 耐热钢的三项性能指标均优于 1Cr25Ni20 钢。其中 3Cr25Ni8REN 钢的高温氧化速度为 1Cr25Ni20 钢的 75%～83%。高温持久强度为1Cr25Ni20 钢的 119.73%（载荷 60kg 时）或 297.10%（载荷 50kg 时）。抗热疲劳性能指标变形相对比值仅为 1Cr25Ni20 钢的 10.24% 左右。3Cr25Ni8REN 钢还原罐的高温使用寿命为 1Cr25Ni20 钢罐的 1.5 倍左右，有利于降低生产金属镁、钙和钛工厂的生产成本。同时 3Cr25Ni8REN 钢镍含量仅为 1Cr25Ni20 钢的 40%，节省了价格昂贵的金属镍，有利于降低生产成本。

生产 3Cr25Ni8REN 钢还原罐的成品率比 1Cr25Ni20 钢还原罐高 15%～20%，生产成本则为 1Cr25Ni20 还原罐的 60%～65%，因此经济效益十分显著。

4.3.6　节镍型耐热钢 ZG35Cr24Ni7SiNRE[22]

目前广泛应用于冶金、电力、矿山、建材等行业的耐热耐磨材料是 40Cr25Ni20，该钢在 900～1050℃之间表现出良好的耐热性和抗氧化性，但是成本较高。节镍型耐热钢 ZG35Cr24Ni7SiNRE 材料性能好，可以替代 40Cr25Ni20，同时节镍降低成本。

钢种钢号：节镍型耐热钢 ZG35Cr24Ni7SiNRE。

化学成分见表 4-76。

表 4-76　ZG35Cr24Ni7SiNRE 钢的化学成分（质量分数）　　（%）

钢　号	C	Si	Mn	Cr	Ni	备　注
40Cr25Ni20	0.35～0.45	1.4～1.7	<1.5	24～26	19～21	
G-1	0.30～0.40	1.3～1.5	<1.2	24～26	7～9	适量 W、Mo
G-2	0.30～0.40	1.3～1.5	<1.2	24～26	7～9	适量 N
G-3	0.30～0.40	1.3～1.5	<1.2	24～26	7～9	适量 N、RE
G-4	0.30～0.40	1.3～1.5	<1.2	24～26	7～9	适量 N、W、Mo、RE

注：G-1、G-2、G-3、G-4 为添加不同适量 W、Mo、N 元素的 ZG35Cr24Ni7SiNRE。

应用概况：替代 40Cr25Ni20，广泛应用于冶金、电力、矿山、建材等行业的耐热耐磨材料。

组织性能见表 4-77 和表 4-78。

表 4-77　ZG35Cr24Ni7SiNRE 钢力学性能与 40Cr25Ni20 的对比

钢　号	室温性能				高温性能		
	σ_b/MPa	$\sigma_{0.2}$/MPa	δ_5/%	ψ/%	σ_b/MPa	$\sigma_{0.2}$/MPa	δ_5/%
40Cr25Ni20	415	250	12	11	150	127	36
G-1	625	385	22	19.5	155	121	36
G-2	645	395	14	26	245	190	22
G-3	630	515	12.5	7	250	200	22
G-4	615	370	22	30	250	204	24

表 4-78　ZG35Cr24Ni7SiNRE 钢抗氧化性与 40Cr25Ni20 的对比（1000℃，200h）

钢　号	40Cr25Ni20	G-1	G-2	G-3	G-4
失重/g·$(m^2 \cdot h)^{-1}$	1.226	1.930	0.912	0.724	0.688

焊接性能：碳量控制在 0.3%～0.4%之间，并辅以合理的含氮量，力学性能和焊接性能均能兼顾到，采用奥氏体不锈钢焊条所得焊缝质量良好，未发现裂纹。

使用情况：节镍型耐热钢 ZG35Cr24Ni7SiNRE 有良好的焊接性能及力学性能，便于耐热钢配件的生产制造。替代 40Cr25Ni20，广泛应用于冶金、电力、矿山、建材等行业的耐热耐磨材料。

4.3.7 稀土铬锰氮耐热铸钢[23]

钢种钢号：ZG3Cr21Mn8Ni4Si2NRE。

化学成分见表4-79。

表4-79 化学成分 （%）

C	Cr	Mn	Ni	Si	P	S	N	RE①
0.26~0.36	20.0~22.0	8.50~9.50	3.50~4.50	1.60~2.60	≤0.05	≤0.05	0.22~0.32	0.1

① RE加入量。

生产工艺：中频感应炉等冶炼炉熔炼。

常温及高温力学性能见表4-80。

表4-80 常温及高温力学性能

钢 种	常温性能			900℃瞬时性能	1000℃，500h 抗氧化性 /g·(m²·h)⁻¹
	σ_b/MPa	δ_5/%	a_K/×10^5J·m^{-2}	σ_b/MPa	
ZG3Cr18Ni25Si2	637.0	25			≤0.20
ZG3Cr19Mn12Si2N	588.0	8	3	98.0	≤0.50
ZG3Cr18Mn12Ni3Si3N	686.0			127.4	≤0.15（900℃）
ZG3Cr21Mn8Ni4Si2NRE	781.1	49.7	18.7	203.8	≤0.091

高温抗氧化性能：ZG3Cr21Mn8Ni4Si2NRE高温抗氧化性能：1000℃，500h，平均氧化速度为0.091g/(m^2·h)，见表4-80。

使用寿命及应用：ZG3Cr21Mn8Ni4Si2NRE钢具有良好的综合力学性能和良好的高温抗氧化性。稀土铬锰氮耐热铸钢于1987年8月通过省级技术鉴定，已广泛应用于冶金机械、电力等工业，适用于1000℃下各种箱式电炉炉底板、气体渗碳炉炉罐、料盘等，钢鼓厂焙烧炉的炉条，以及许多非标准加热炉的其他耐热构件。

喷燃器火嘴是火力投电厂锅炉的关键零件，其寿命直接影响着电厂锅炉的费用和企业的经济效益。20世纪80年代以前该零件主要用高Cr-Ni的奥氏体钢Cr20Ni14Si2和1Cr18Ni9Ti的钢板焊接而成，使用寿命仅为4个月，采用ZG3Cr21Mn8Ni4Si2NRE钢后，其寿命提高了3~5倍，从而减少了停炉检修、更换喷火嘴的时间，具有较好的经济效益。靖江特种钢机械厂从1987年起已正式投入批量生产，已为全国多家电厂、冶金厂等生产各种耐热钢铸件1000多吨。GPE型电站锅炉喷燃器火嘴于1989年12月通过能源部部级技术鉴定，并已投入批量生产。

4.3.8 稀土含氮奥氏体耐热钢ZG3Cr20Mn10Si2NRE[24]

我国是氧化铝生产大国，每年用于氧化铝行业中熟料窑冷却机的扬料板达几千吨。现在国内大的铝厂绝大部分采用含镍扬料板，其生产成本不但因使用贵重金属镍而显著增加，而且扬料板在冷却机中使用时间较短，需要经常修理更换，严重影响氧化铝熟料窑的正常运行。研制开发 ZG3Cr20Mn10Si2NRE 具有抗磨性好、韧性高、抗氧化性能好的无镍扬料板，现场运转表明，效果良好，经济效益显著。

钢种钢号：稀土含氮奥氏体耐热钢 ZG3Cr20Mn10Si2NRE。

化学成分：0.22% ~0.32% C；1.5% ~2.4% Si；13% ~15% Mn；17.5% ~20% Cr；0.22% ~0.30% N；<0.03% S；<0.06% P；0.022% ~0.05% RE。

生产工艺：

（1）熔炼设备：GWJ 0.5t-250kW 中频感应电炉。熔炼要点：炉料烘烤，低温出钢浇注，稀土采用包内冲入法，加强脱氧，用含钡 90% 的硅铝钡合金作为复合脱氧剂。

（2）铸造工艺：炉衬以高铝为主，根据中州铝厂的特点加入一定的氢氧化铝，增加耐火度，炉衬成分及性能见表 4-81 和表 4-82。

表 4-81　ZG3Cr20Mn10Si2NRE 炉衬成分　（%）

Al_2O_3	Fe_2O_3	Ca	Na	Si	$Al(OH)_3$
78.5	<2.5	少量	少量	少量	>3

表 4-82　ZG3Cr20Mn10Si2NRE 炉衬性能

项　目	耐火度/℃	密度/g · cm^{-3}	粉状物/%	粒状物/%
标　准	1790	2.3	60 ~70	30 ~40

该钢的收缩量大，含氮量高，易产生气孔，因此，铸造浇注工艺采用顺序凝固原则，设置冒口补缩，由于用石英砂造型时易产生黏砂，因此采用锆英粉涂料。均匀施涂后，点燃载体，数分钟内完成施涂及干燥过程。

热处理工艺见图 4-6。

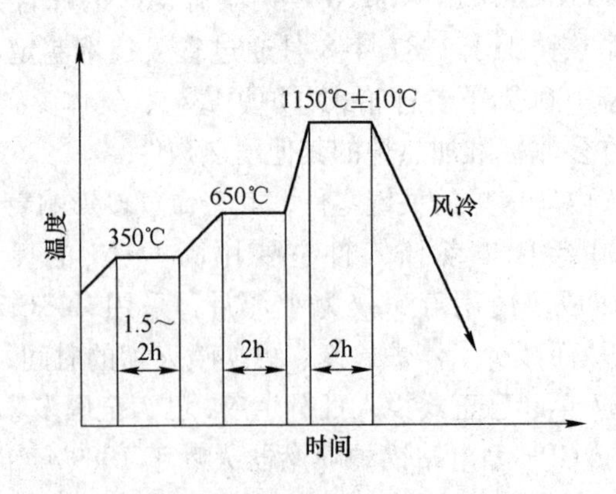

图 4-6　ZG3Cr20Mn10Si2NRE 的热处理工艺制度

组织及性能：固溶处理后 ZG3Cr20Mn10Si2NRE 中碳化物高温溶解，获得奥氏 + 共晶相组织。

常温力学性能：屈服强度 $\sigma_s = 507$MPa，伸长率 $\delta = 7\%$，硬度 HB260。

高温性能：

高温抗氧化性能：900℃下500h增量速度＜20.2g/(m^2·h)；

高温持久强度：900℃下服役1000h断裂应力为35.8~39.6MPa；

高温蠕变极限：900℃下服役1000h蠕变量为0.1%时最大许用应力为8.8~9.8MPa。

可在1000℃的高温下长期使用。

使用情况：中州铝厂氧化铝分厂3号熟料窑冷却机2000年4月5日安装ZG3Cr20Mn10Si2NRE扬料板180块，至2000年9月30日，已安全运行4000h以上，最高可达6500h左右。减少停窑检修次数两个周期，以每次检修更换100块物料板计可节约物料板200块，按每块质量65kg，每吨价格22000元计，可节省材料费28万元；此外，每块扬料板更换费用为150元，故又可节约3万元。两项合计，3号熟料窑扬料板节约检修费31万元，经济效益特别明显。用Cr-Mn-N-RE耐热钢制作冷却机的扬料板，高温性能好，使用寿命长。

4.4　稀土耐腐蚀钢

石油、化工、原子能、天然气和煤气等工业的迅速发展造成了材料使用条件的多样化和腐蚀环境的苛刻化，各种环境介质中的均匀腐蚀、孔蚀、缝隙腐蚀、晶间腐蚀、应力腐蚀和氢脆事故不断发生，给国民经济带来巨大损失。以美国1975年统计数字为例，仅腐蚀一项直接造成的经济损失达700亿美元，比地震、风灾、水灾和火灾直接造成的经济损失的总和大5.6倍。稀土在有效地提高耐蚀钢抗各种腐蚀介质的腐蚀性能有独到一面，已研制开发的含稀土耐蚀钢得到很好的应用，并取得很好的经济效益和社会效益。

4.4.1　稀土双相不锈钢[25~28]

新型耐蚀材料铁素体-奥氏体双相不锈钢也以其独特的优点得到了迅速发展和广泛应用。特别是在近海油田气井的开发中铁素体-奥氏体双相不锈钢是含有CO_2、CH_4、Cl^-等成分并带有少量H_2S工况条件下常用的结构材料，它比高镍奥氏体不锈钢和镍基合金经济。为满足化学工业的发展，对不锈耐蚀钢的需求与日俱增，为了进一步改善双相不锈钢的性能，国内外陆续开始研究新型含稀土双相不锈钢。国内兵器部五二所自主研制成功了新型稀土双相不锈钢SG52。

钢种钢号：新型稀土双相不锈钢SG52。

化学成分见表4-83。

表4-83　SG52钢的化学成分　(%)

C	Si	Mn	S	P	Ni	Cr	Mo	Cu	N	Ce
≤0.08	1.00~1.50	1.20~1.70	≤0.025	≤0.030	5.50~8.50	21.0~24.0	2.00~3.00	0.30~2.00	0.18~0.30	0.01~0.10

应用概况：新型稀土双相不锈钢SG52冶铸、锻造、焊接和机加工等工艺性能良好，适于制造各种铸件、锻件和焊接构件，也可穿轧成各种管材、棒材、板材与丝材。稀土铈大大改善了其热加工性能，使SG52在1050℃时的高温延塑性比不加稀土时提高40%~56%。已应用在化学工业硫酸净化系统及在含酚污水处理工程设备的耐蚀材料及零部件

中，其主要产品有硫酸生产设备的内喷文氏管喷嘴、蜗壳、外壳和进酸管，稀硫酸泵的轴套、背帽；苯酚污水处理装置的离心泵主轴、背帽和搅拌桨；毛纺厂碳化机耐酸轧辊；高温高压尿素生产设备的阀芯与阀杆等等。同时双相不锈钢在军工生产部门、建筑、家用餐具与电器、汽车和机车制造等行业中也有广泛的用途。例如，利用其耐蚀、耐热与抗氧特性来制造火药生产设备、核原料生产设备、建筑用装潢板、汽车排气装置与下车身结构件、高速电气机车车辆的骨架、横梁、侧面板和地板。

生产工艺：以氮代镍，适当添加 Si、Mn、Cu 等辅助元素，形成多元耐蚀合金。感应炉熔炼，出钢时随钢液往包内加入不同量金属 Ce，而钢包中的稀土加入采用投入法、压入法、喷粉和喂丝法均可，但不同加入方法的稀土回收率不同。其钢中的稀土加入量是根据出钢前钢水的温度、钢中的氧、硫含量和炉渣黏度等工艺因素考虑热力学-动力学因素严格计算而得，不允许只凭经验按某一定量加入。浇铸温度 1540～1550℃。

当采用电渣精炼除气时，则采用 CeO_2-CaF_2-Al_2O_3-CaO 四元新渣系保护重熔，并在大气下重熔过程中适量、均匀、连续地向渣池加入 CaSi 或 RE-Mg-Si-Ca 粉剂，用以控制炉渣的氧化还原电势，使稀土等有益微量元素均匀、稳定地保留在电渣钢中。

组织和性能：SG52 新材料中的铁素体 α 和奥氏体 γ，钢中二相比例最佳控制范围：α 约占 40%～50%。

耐蚀性能：SG52 耐蚀性能明显优于 316L、0Cr18Ni12Mo2Ti，也优于 2207 型双相不锈钢。按《不锈钢 5% H_2SO_4 腐蚀试验方法》（GB 4334.6—1984）均匀化学腐蚀试验结果见表 4-84。

表 4-84　SG52 钢（铸态）在沸腾温度下，5% H_2SO_4 水溶液中的腐蚀速率

钢　号	腐蚀速率	
	C/g·(m^2·h)$^{-1}$	r/mm·a^{-1}
SG52	2.0208	2.27
316L	19.394	21.75
0Cr18Ni12Mo2Ti	11.097	12.45
2207 型双相不锈钢 U50	7.518	8.48

按《不锈钢硫酸铜腐蚀试验方法》（GB 4334.5—1984）进行的晶间腐蚀试验结果表明，SG52 无晶间腐蚀倾向，而 0Cr18Ni12Mo2Ti 有晶间腐蚀倾向。

在室温、6% H_2SO_4 水溶液中，SG52 和 0Cr18Ni12Mo2Ti 的钝化电位 E_p 分别为 -30mV 和 -415mV（vs SCE），维钝电流密度 I_p 分别为 0.0008mA/cm^2 与 0.01mA/cm^2，腐蚀电位 E_c 分别为 -40mV 和 -415mV（vs SCE）。SG52 的 I_p 明显低于 0Cr18Ni12Mo2Ti，而 E_p 和 E_c 明显高于 0Cr18Ni12Mo2Ti，故 SG52 的耐蚀性能明显优于 0Cr18Ni12Mo2Ti。在沸腾温度、8%～65% NH_4Cl + 0.5%～1.5% NaCl 水溶液中和沸腾温度（约 150℃）、按 47% NaOH + 0.9% Na_2CO_3 + 3.8% NaCl + 2.3% Na_2SO_3 配制的内蒙古天然碱苛化法制烧碱的蒸发完成液中，SG52 对点蚀和晶间腐蚀不敏感。经上百小时煮沸后 SG52 试片表面仍呈现金属光泽，而 0Cr18Ni9Ti 等 18-8 型奥氏体不锈钢对该碱液中氯离子的点蚀敏感。表 4-85 为 SG52 钢抗各种腐蚀介质的性能。

表 4-85 SG52 钢抗各种腐蚀介质的腐蚀性能

介 质	质量分数/%	温度/℃	耐蚀性能
硫 酸	90	50	1
硫 酸	20	70	2
硫 酸	10	90	2
硫 酸	10	70	1
硫 酸	0~20	室温~50	0
硫 酸	0~40	室温	0
硫 酸	50~70	室温	1
硫 酸	60~100	室温	0
硝 酸	65	沸腾	2
硝 酸	≤65	室温	0
硝 酸	≤65	室温	0
浓硝酸、发烟硝酸	65~68	≤80	1
磷 酸	0~60	沸腾	0
磷 酸	70	100	0
磷 酸	80~100	90	0
盐 酸	4	10	2
盐 酸	≤2	室温	0
盐 酸	≤1	40	0
甲 酸	0~80	沸腾(蒸气)	0
苯甲酸	生产浓度	240~260	0
醋 酸	0~50	室温~80	0
乳 酸	0~80	沸腾	0
氯化胺及其饱和溶液	0~50	室温~115	0
海 水	1~3	室温~120	0
氯化钠水溶液 pH=4	12	≤200	0
8%~65% NH_4Cl+0.5%~1.5% NH_4Cl 水溶液		沸腾温度	0
47% NaOH+0.9% Na_2CO_3+3.8% NaCl+2.3% Na_2SO_4 烧碱蒸发完成液		沸腾温度	0
工业苯酚污水(含有 H_2SO_4、$NaSO_3$、煤油等多种介质)		室温	0
尿素合成塔、冷凝器工况(尿素、氨、二氧化碳、氨基甲酸铵、水混合液 170~190℃,26.5MPa)			0
硝酸钙、硝酸铵、氮磷钾复合肥料生产工况			0
卤素、维尼龙和聚乙烯生产工况			0
TD1 冷凝器、再沸器、光化反应塔工况((~70%)$CoCl_2$+(~30%)HCl+(~180℃)蒸气,1.5~1.6MPa)			0

注:0—完全耐蚀;1—接近完全耐蚀;2—不很耐蚀。

力学性能：新型稀土双相不锈钢 SG52 具有优良的力学性能（见表 4-86）。SG52 的屈服强度大约是 316L 的 2 倍，比 0Cr18Ni12Mo2Ti 约提高 200MPa，并有良好的延性、塑性和常低温冲击韧性。SG52 钢高温性能好，500℃时的高温断裂强度高达 600MPa 左右。

表 4-86 新型稀土双相不锈钢 SG52 的横向力学性能

热处理状态	拉伸性能					冲击功				硬度（HRC）
	$\sigma_{0.2}$/MPa	σ_s/MPa	σ_b/MPa	δ_5/%	ψ/%	室温 A_{KU}/J	-40℃ A_{KU}/J	室温 A_{KV}/J	-40℃ A_{KVU}/J	
铸钢	450	505	650	15	19	30	20	25	20	18
固溶处理	630	650	735	38	64	127	105	117	98	21
锻钢	455	585	722	39	45	143	138	135	110	18
固溶处理	870	920	1020	44	66	181	217	160	150	22

工艺性能：新型稀土双相不锈钢 SG52 的工艺性能良好。

冶铸性能：SG52 冶铸工艺便于掌握，冶炼成分容易控制。正常浇铸温度 1540 ~ 1550℃下，SG52 钢液流动性好，易于铸造成型。

热加工性能：SG52 热加工性能好，在通常锻造温度下具有良好的延塑性，可锻制成各种阶梯形轴类与板坯，并可穿轧成各种规格的管材与板材。

焊接性能[28]见表 4-87 ~ 表 4-90。

表 4-87 SG52 氩弧焊工艺与焊缝质量

项 目	焊接参数	焊接质量
焊 丝	试样 1：H00Cr25Ni22Mn4Mo2N 试样 2：H0Cr25Ni20（GB 4233—1984）	外观检查：好 着色渗透探伤：所检测试样都合格 X 射线检测：所检测焊接试样的质量都为Ⅰ级
直 径	试样 1：1.6min 试样 2：2.0min	
保护气体	Ar 8 ~ 10L/min	
电流/极性	直流/反接	
焊接电流	55 ~ 75A	
弧电压	12 ~ 16V	
焊接速度	100 ~ 200mm/min	
热输出	≤0.72kJ/mm	
预热温度	室 温	
后热处理	不需要后处理	

表 4-88　焊条电弧对接焊工艺、接头情况及焊缝质量

试样号	1	2	3	4
基材料	SG52-Mo2Ti	SG52-SG52	SG52-316L	SG52-Q235
电极材料	E316L	A00Cr25Ni22Mn4Mo2N	E316L	E308L
电极直径/mm	底部 ϕ3.2 上部 ϕ4.0	ϕ3.2	底部 ϕ3.2 上部 ϕ4.0	ϕ3.2
电流/极性	直流/反接	直流/反接	直流/反接	直流/反接
焊接电流/A	160~200	90~120	160~200	90~120
弧电压/V	22~32	22~32	22~32	22~32
焊接速度/mm · min^{-1}	120~160	130~160	120~160	120~160
热输出/kJ · mm^{-1}	≤3.2	≤1.77	≤3.2	≤1.92
预热温度	室温	室温	室温	室温
后热处理	不需要后处理	不需要后处理	不需要后处理	不需要后处理
X 射线检测	一个 2mm 长的夹杂物 Ⅴ等级	Ⅳ等级	一个 1mm 长的气孔 Ⅳ等级	气孔密度 1.5 Ⅳ等级
焊接细节图	90°　4　2　3　1　15			

表 4-89　SG52 焊接接头的拉伸与冲击性能

试样号	基材料	力学性能					冲击功（-40℃）A_{KV}/J	
		$\sigma_{0.2}$/MPa	σ_b/MPa	δ_5/%	ψ/%	破裂位置	焊缝金属	热影响区
1	SG52-Mo2Ti	—	640	24	58	基础材料 Mo2Ti	74	—
		435	650	28	60		83	
		435	640	22	55		50	
		560	765	14	28		58	64
2	SG52-SG52	560	815	16	44	焊缝金属	60	58
		485	750	25	38		64	55
		470	640	12	35		54	
3	SG52-316L	500	670	14	44	基础材料 316L	56	—
		495	665	21	47		63	
		285	465	21	63		80	
4	SG52-Q235	285	465	21	65	基础材料 Q235	88	—
		285	470	18	65		74	

表 4-90 各试样从 SG52 母材到焊缝中心不同部位的硬度值

试样号	基材料	试样的宏观结构和硬度	硬度测量点
1	SG52-Mo2Ti		
2	SG52-SG52		
3	SG52-316L		
4	SG52-Q235		测试点之间的距离为 3mm

硬度值 测试点 试样号	1	2	3	4	5	6	7	8	9
1	93	93	93	93	93	94	83	83	83
2	100	98	92	95	100	99	95	91	92
3	90	84	82	84	88	79	83	84	71
4	71	78	82	89	98	90	84	86	93

SG52 焊接性能优良，采用普通铬镍不锈钢的焊接工艺和设备均可满足要求，在无本钢种焊条的情况下可根据工件的要求选择耐蚀性能和力学性能符合要求的奥氏体焊丝 H00Cr25Ni22Mn4Mo2N 和 H0Cr25Ni20、焊条 E308L、E316L 和钨极氩弧焊、焊条电弧焊工艺等，且在常温下焊前无须预热，焊后也不用消除应力回火。例如，用奥 312、奥 022 等焊条或焊丝进行 SG52 与 SG52 的对接焊及 SG52 与 Q235-A 低碳钢、316L 或 0Cr18Ni12Mo2Ti 不锈钢的对接焊，其焊缝质量均可达到一级 X 光片的水平。SG52 母材和焊缝金属强度高、塑韧性好，其焊接接头的屈服强度 $\sigma_{r0.2}$ 平均比其他异金属焊接接头高 100MPa 左右，且 -40℃ 时 $A_{KV} \geqslant 55J$，大大超过美国双相不锈钢焊接工艺质量标准 WPQ95.048、-20℃时 $A_{KV} \geqslant 40J$ 的要求。SG52 母材和焊缝金属耐蚀性能好，其在 W410 工况条件下的腐蚀速率 $C \leqslant 0.0859g/(m^2 \cdot h)$，相当于年腐蚀速率 $r \leqslant 0.0965mm$。适用于制造 TDI 生产设备冷凝器、再沸器和光化反应塔等设备。

母材和焊接接头的耐蚀性能：在 TDI 生产设备冷凝器、再沸器和光化反应塔中，冷凝器 W410 冷凝管内的工况条件最为恶劣，其温度为 90℃、压力 1.5~1.6MPa、介质为 30% HCl、70% COC_{12}（光气）、0.3% H_2O，尤其是该设备管板下方腐蚀最为严重，故试验将母材 SG52 和 SG52 与 SG52 氩弧对接焊 2mm 厚挂片 11、12 置于 W410 管板下方。工业性挂片腐蚀试验结果表明，基体金属 SG52 挂片经 156 天腐蚀试验后表面仍发白，无点蚀痕迹。挂片几乎没有失重，腐蚀速率 $C \leqslant 0.0859g/(m^2 \cdot h)$，相当于年腐蚀速率 $r \leqslant 0.0965mm$；SG52 与 SG52 对接焊挂片经 90 天腐蚀试验后结果与 SG52 基体金属挂片相仿，这表明 SG52 及其焊接接头有优良的耐蚀性能。而在同样条件下奥氏体不锈钢 00Cr18Ni12Mo2Ti

和 X10CrNiMoTi1810（1.4571）2mm 厚钢管使用一个月后内表面腐蚀严重，修修补补至多使用一年。根据试验结果，用户认为 SG52 及其焊接接头优于上述两种钢号，与德国双相不锈钢 X2CrNiMoN225（1.4462）相当。新型稀土双相不锈钢 SG52 含有适量的 Ce，它通过形成铈的硫氧化物和固溶微合金化而提高钢的抗点蚀、缝隙腐蚀性能、力学性能和焊接性能。计算表明 SG52 的抗点蚀指数 PREN≥34；而双相不锈钢 X2CrNiMoN225 的抗点蚀指数 PREN≥32，它用于制造 W410 设备的使用寿命为三年。因此，SG52 的耐蚀性能应优于 X2CrNiMoN225，预计其用于制造 W410 设备使用寿命在三年以上。

应用成果：

（1）在硫酸工业中的应用。包头市第一化工厂硫酸净化系统中内喷文氏管的工作环境相当恶劣。气相为 340～400℃的含 SO_2 气体，SO_2 浓度为 8%～10%；液相为循环稀硫酸，硫酸浓度 3%～5%，温度约 30℃，液压约 0.3MPa。1994 年 5 月 1 日该硫酸分厂开工前，采用内蒙古金属材料研究所用 SG52 研制的 3 套内喷文氏管喷嘴、蜗壳、外壳和进酸管，使用了 1 年零 8 个月，使用情况良好。此外，采用 SG52 制造的稀酸循环泵轴套、背母在温度约为 30℃、浓度 3%～5% 硫酸水溶液中运行 18 个月后，与介质接触面仍光亮完好，无明显腐蚀痕迹。SG52 显示了优良的耐蚀性能。

（2）在含酚污水处理工程中的应用。包头市第一化工厂苯酚生产车间在室温、含酚酸性污水中吊挂 1927h 后，316L 和 0Cr18Ni12Mo2Ti 挂片的腐蚀速率分别比 SG52 挂片高 20 倍和 103 倍以上，SG52 的腐蚀速率不超过 0.002364g/(m^2·h)。由此可见，SG52 可作为此种介质中的耐蚀材料。零部件在常温、含酚污水中实际使用结果表明：采用 SG52 制造的搅拌桨、锁母运行 107 天后金属光泽依存，而用 1Cr18Ni9Ti 制造的搅拌桨运行 40 天后全部蚀透，不能再使用；采用 SG52 制造的离心萃取机主轴运行 317 天后仍完好无损。

（3）在化肥生产中的应用。在高温高压尿素的生产设备中，SG52 被用于取代 316L、0Cr18Ni12Mo3Ti、00Cr17Ni14Mo3 和 0Cr17Mn13Mo2N 制造高温高压尿素阀门的阀芯。其工况、介质：温度约 190℃，压力 20MPa、$NH_3 : CO_2 : H_2O = 4 : 1 : 0.7$。特别应当指出的是 SG52 阀芯在 170～190℃、26.5MPa 的尿素、氨、二氧化碳、氨基甲酸铵和水的溶液中使用三年多完好无损，而尿素级奥氏体不锈钢 316L 阀芯在同样工况条件下仅用半年左右便失效。目前，包头阀门总厂采用 SG52 制造的阀芯主要有 K7-12.5mm、K7-25mm、K7-50mm、K8-76mm、K8-150mm。上述阀芯在镇海石化厂、宁夏化肥厂和乌鲁木齐化肥厂已使用 2 年多，均能满足生产使用要求。

应用前景：新型稀土双相不锈钢 SG52 在甘肃银光化学工业公司 TDI 生产设备的挂片试验中进一步展示了优良的耐蚀性能。工业性挂片试验结果表明，SG52 挂片在冷却器和主反应塔吊挂 156 天后表面仍发白，无点蚀痕迹，失重很少，其腐蚀速率仅为 0.0859g/(m^2·h)；而在同样工况条件下（温度约 90℃、压力 1.5～1.6MPa，介质～30% HCl、～70% $COCl_2$、0.3% H_2O），德国奥氏体不锈钢 1.4571（0Cr18Ni10Mo2Ti）和国产奥氏体不锈钢 0Cr18Ni12Mo2Ti 均匀化学腐蚀与点蚀严重，原 2mm 厚管材被腐蚀到不足 1mm，好些点蚀坑竟达 1mm 多深，管材已不能使用。用户鉴定认为，SG52 在该工况条件下的耐蚀性能明显优于 1.4571 和 0Cr18Ni12Mo2Ti，而与德国的双相不锈钢 1.4462（00Cr22MnNi5Mo3Ti）基本相当。新型稀土双相不锈钢 SG52 以氮代镍，经济效益明显。炼钢用铁合金原材料成本核算表明，以镍每吨 6.5 万元计，其每吨铸件生产成本可比 0Cr18Ni12Mo2Ti 节省 2700 元左右。此外，由于其耐蚀性能优于 316 型奥氏体不锈钢 0Cr18Ni12Mo2Ti、316L 等，故以其取代 316 型奥氏体不锈钢将导致耐蚀性能和使用寿命的提高、将给工业生产带来更大的经济效益。SG52 在室温、工业苯酚污水中具有优良的使用性能。目前，SG52 在苯酚生产与苯酚污水处理装置的离心泵主轴、搅拌桨、锁母与叶轮、稀酸泵的轴套、尿素与石化生产设备中的高压阀芯等产品上已有少量应用，并初见成效。预计 SG52 将逐步取代 316 型奥氏体不锈钢广泛地用于上述各工业领域，具有广阔的应用前景。

4.4.2　耐 H_2S 腐蚀的稀土合金钢 07Cr2AlMoRE/09Cr2AlMoRE [29~32]

我国的新疆塔里木油田、中原油田，以及四川油气田、长庆油气田甘宁中部油气田的原油和天然气中硫化氢含量均较高。硫化氢对油田设备的腐蚀主要集中在原油的集输装置中。因此，集输站的三相分离器、气液分离器、原油加热器，以及部分集输管线均存在较严重的硫化氢腐蚀现象。国内 1999 年的石油加工量已接近 2 亿吨，其中 5000 多万吨为进口中东含硫原油。同时，国内中东部油田基本已进入后期开采阶段，其腐蚀性也逐年加剧。在石油化工的加氢制氢装置中，氢腐蚀是一个普遍存在的问题。普通碳钢在高温（>232℃）、高压的富氢环境中往往会发生脱碳、氢鼓包和氢致裂纹，在氢腐蚀的环境中往往还会伴有硫化氢的应力腐蚀和均匀腐蚀，为了解决 H_2S 应力腐蚀问题，1999 年湖北长江石化设备制造厂及武汉市润之达石油设备有限公司以 Cr-Al-Mo 合金为基础，用稀土（RE）代替钒（V），同时降低 C、S、P 的含量，设计出焊接性能和耐腐蚀性能更为良好的含稀土合金钢 07Cr2AlMoRE/09Cr2AlMoRE。目前，稀土合金钢（09Cr2AlMoRE）已批量生产，用稀土合金钢生产的产品已得到大量推广应用，09Cr2AlMoRE 钢的各种性能指标均超过 12Cr2AlMoV。中温耐硫化氢腐蚀专用钢 07Cr2AlMoRE 可替代 15CrMoRE，其综合性能优于 15CrMoRE。

钢种钢号：耐硫化氢腐蚀的新型稀土合金钢 07/09Cr2AlMoRE。

技术标准：抗硫化氢应力腐蚀 09Cr2AlMoRE 基体及焊缝的恒负荷拉伸应力腐蚀试验临界拉伸断裂应力 σ_{th} 分别为 $0.75\sigma_s$ 和 $0.70\sigma_s$，远高于美国腐蚀工程师协会 NACE MRO175—97 中规定的 $\sigma_{th} \geqslant 0.45\sigma_s$ 的要求，适合在 H_2S 腐蚀环境中应用。

中温耐硫化氢腐蚀专用钢 07Cr2AlMoRE 具有非常优越的抗氢致裂纹（HIC）腐蚀性能，是一种很好的耐氢腐蚀用钢。07/09Cr2AlMoRE 材料已获国家发明专利（专利号 01114359.2），其管材、锻件和板材均已通过全国压力容器标准化技术委员会的技术鉴定，符合压力容器的制造和使用规范。

化学成分见表 4-91。

表 4-91　09Cr2AlMoRE 及 07Cr2AlMoRE 的化学成分　（%）

钢　号	C	Si	Mn	Cr	Al	Mo	RE(加入量)	S	P
09Cr2AlMoRE	≤0.10	0.20~0.50	0.30~0.90	2.00~2.30	0.30~0.70	0.30~0.50	见企标	≤0.015	≤0.020
锻　件	0.06~0.10	0.20~0.50	0.50~0.80	2.00~2.30	0.30~0.70	0.30~0.50	见企标	≤0.015	≤0.020
管　件	0.06~0.10	0.20~0.50	0.30~0.60	2.00~2.30	0.30~0.70	0.30~0.50	见企标	≤0.015	≤0.020
07Cr2AlMoRE	0.05			2.15	0.38	0.39	见企标	0.003	0.015

应用概况：用09Cr2AlMoRE稀土合金钢生产的换热器、空冷器已得到大量推广应用。且稀土合金钢（09Cr2AlMoRE）无缝管和锻件已于2001年5月9日通过了全国压力容器标准化技术委员会的评审鉴定。09Cr2AlMoRE钢已完全取代12Cr2AlMoV钢，广泛应用于炼油行业的常减压、催化等装置中的冷换设备及空冷器的管束材料中。07Cr2AlMoRE钢板作为换热器的壳体和空冷器的管箱材料，已经大量应用于炼油装置中的硫化氢、高温硫以及加氢装置的氢腐蚀环境中。

07/09Cr2AlMoRE稀土合金钢适用的环境：（1）含硫污水。炼油中含硫污水的腐蚀主要为$HCN-H_2S-NH_3-H_2O$的介质条件，07/09Cr2AlMoRE换热器在国内炼油企业的应用均非常成功，目前已大量应用于炼油装置中的污水系统。油田集输站污水的腐蚀则主要为$H_2S-CO_2-H_2O$的介质条件，与炼油装置中的设备相比，温度较低，腐蚀也相对较轻。加之CO_2为弱酸，其腐蚀速度比HCN的腐蚀速度要低得多。因此，该材料在油气田中的使用效果会更好。（2）含氯离子的硫化氢环境。常压塔顶的腐蚀条件为$HCl-H_2S-H_2O$，温度130℃。安庆炼油厂1台09Cr2AlMoRE冷凝器管束已平稳使用3年，仍在安全使用中，而原10号钢管束使用时间不到1年；胜利炼油厂2台09Cr2AlMoRE冷凝器管束已平稳使用3年，仍在安全使用中，原10号钢管束使用时间仅0.5年左右。09Cr2AlMoRE钢冷凝器和换热器管束目前已逐步应用于大连、广州、长岭、荆门、南京金陵、镇海、石家庄、北京燕山、任丘、呼和浩特、玉门及锦州等石化公司的常减压、催化和重整装置中。在炼油装置的应用中，共有600多台07/09Cr2AlMoRE钢换热器投入使用并取得良好效果。此外，采用该材料的设备现已在油田进入工业应用，所制造的产品为高压油气分离器和加热炉。

组织及性能见表4-92。

表4-92　09Cr2AlMoRE与12Cr2AlMoV管子管板角焊缝*H*值和金相组织

钢　号	焊条（ϕ4mm）	预热/℃	消氢处理	焊后热处理	角焊缝*H*值/mm	宏观	微　观
09Cr2AlMoRE	R317	250	250℃×0.5h	740℃×1h	3.2 3.2	无缺陷	铁素体+珠光体
12Cr2AlMoV	R317	250	250℃×0.5h	740℃×1h	4.04 4.08	无缺陷	铁素体+珠光体+贝氏体

07Cr2AlMoRE钢的组织形态与12Cr2Mo1R的高温抗氢钢相同，为铁素体+少量珠光体。

力学性能见表4-93～表4-99。

表4-93　09Cr2AlMoRE的力学性能

09Cr2AlMoRE	σ_s/MPa	σ_b/MPa	δ_5/%
锻　件	≥300	450～600	≥21
管　材	≥250	400～550	≥25
板　材	≥300	490～620	≥21

表 4-94　09Cr2AlMoRE 与 12Cr2AlMoV 力学性能比较

钢　种	σ_s /MPa	σ_b /MPa	δ_5 /%	HB	弯曲角	冲击值 A_{KV}/J	
						20℃	-20℃
09Cr2AlMoRE	365	510	33	165	180°	180	124
12Cr2AlMoV	435	580	28	188	180°	127	87

表 4-95　07Cr2AlMoRE 与 15CrMoR 力学性能比较

钢　种	R_{eL}/MPa	R_m/MPa	A/%	冲击试验
				A_{KV}(20℃)/J
07Cr2AlMoRE	345	495	37	298, 296, 297(297)
15CrMoR	350	500	28	205, 185, 169(186)

表 4-96　09Cr2AlMoRE 钢的高温性能

温度/℃	20	100	150	200	250	300	350	400	450
σ_s/MPa	350、355	345、350	335、325	315、325	295、305	300、310	275、285	255、250	215、225
σ_b/MPa	500、495	470、490	465、475	470、475	480、480	505、510	525、515	510、505	480、480
δ_5/%	33、32	30、30	28、27	24、24	22、22	22、22	22、24	26、26	27、26

表 4-97　07Cr2AlMoRE 与 15CrMoR 高温应变时效敏感性能比较

应变量/%	A_{KV}(20℃)/J						应变时效敏感性系数 C	
	07Cr2AlMoRE			15CrMoR			07Cr2AlMoRE	15CrMoR
0	244	231	243 (239)	195	185	169 (183)	—	—
5.0	208	225	209 (214)	162	155	139 (152)	10.5%	16.9%

表 4-98　09Cr2AlMoRE 与 12Cr2AlMoV 热处理后的拉伸和冲击韧性试验结果

钢　种	热处理温度/℃	σ_s/MPa	σ_b/MPa	δ_5/%	冲击功 A_{KV}/J	
					20℃	-20℃
09Cr2AlMoRE	740	365	505	33	187	134
	700	360	505	33	193	138
	650	360	505	33	184	149
12Cr2AlMoV	740	360	510	30	126	88
	700	385	525	31	134	91
	650	390	540	29	150	113

表 4-99　落锤试验测定无塑性转变温度 NDTT（740℃SR 处理后）

钢　种	试验温度/℃			NDTT/℃
	-10	-15	-20	
09Cr2AlMoRE	未断、未断	未断、未断	断	-20
12Cr2AlMoV	未断、未断	未断、未断	断	-20

应变时效敏感性试验按照《钢的应变时效敏感性试验方法》（GB 4160—1984）进行，先将12mm厚的板状试样分别进行残余应变量为5.0%的伸长变形，然后进行250℃×1h的人工时效处理，最后进行冲击试验。从试验结果表4-97可知，07Cr2AlMoRE的应变时效敏感性比15CrMoR要低。

焊接性能：低温（－20℃）状态下，其冲击韧性（A_{KV}）比12Cr2AlMoV提高40%以上。冲击功性能的提高有利于弯管、贴胀、焊接、热处理等，使加工时不致出现裂纹（见表4-100）。

表4-100　斜Y型坡口焊接裂纹试验结果（平均值）

钢　种	预热温度/℃	表面裂纹率/%	断面裂纹率/%	消氢处理
09Cr2AlMoRE	100	0	0.7～1.0	250℃×0.5h
	150	0	0.8～1.2	
	200	0	0	
	250	0	0	
12Cr2AlMoV	100	0	0.66～1.0	250℃×0.5h
	150	0	0.76～1.2	
	200	0	0.46～0.92	
	250	0	0	

焊接接头力学性能见表4-101。

表4-101　焊接接头拉伸和冲击试验结果（平均值）

钢　种	焊条（ϕ4mm）	预热/℃	线能量/kJ	σ_b/MPa	冲击韧性 A_{KV}/J		冷弯 α	焊后热处理	消氢处理
					焊缝	热影响区			
09Cr2AlMoRE	R317	250	12	480～500	88	133	180°		250℃×0.5h
			17	475～490	95	134	180°	740℃×1h	
			25	470～480	91	127	180°	焊态	
			17	510～530	70	114	180°		
12Cr2AlMoV	R317	250	12	540～530	102	93	180°		250℃×0.5h
			17	520～515	83	97	180°	740℃×1h	
			25	515～510	95	126	180°	焊态	
			17	525～530	69	92	180°		

09Cr2AlMoRE和12Cr2AlMoV各选项三组管子对接，焊接接头经力学性能测试，其面弯、背弯全部合格，性能良好。

07Cr2AlMoRE钢板材配套焊条的焊芯为使用该钢的钢坯拔制，外敷药皮为低氢型碱性药皮，专用焊条的代号为 RZD357。15CrMoR 钢的配套焊条为 R307。表 4-102 数据表明 07Cr2AlMoRE 焊缝的冲击韧性值明显高于 15CrMoR，冲击值比 15CrMoR 的冲击值还高 1 倍左右，体现出非常优越的焊接性能。

表 4-102　07Cr2AlMoRE 与 15CrMoR 手工焊焊接接头的力学性能比较

钢　种	消除应力回火/℃	R_{eL}/MPa（室温）	R_m/MPa（室温）	焊缝金属的常温 A_{KV}/J
07Cr2AlMoRE	690	361	516	168，124，166（152）
15CrMoR	650	373	473	73，90，73（79）

埋弧自动焊的焊丝为用 07Cr2AlMoRE 钢的钢坯拔制，即焊丝为 H07Cr2AlMoRE，焊剂为专用配套研制开发的，其熔敷金属的化学成分与母材所规定的化学成分基本一致。15CrMoR 钢选配的焊丝为 H13CrMoA，焊剂为 HJ250G。表 4-103 数据表明 07Cr2AlMoRE 钢焊缝的力学性能优于 15CrMoR，焊缝的常温冲击值比 15CrMoR 要高一倍以上。

表 4-103　07Cr2AlMoRE 与 15CrMoR 埋弧自动焊焊接接头的力学性能比较

钢　种	消除应力回火/℃	R_{eL}/MPa（室温）	R_m/MPa（室温）	焊缝金属的常温 A_{KV}/J
07Cr2AlMoRE	690	405	545	179，153，171（168）
15CrMoR	650	356	513	54，73，68（65）

焊接热影响区最高硬度试验按《焊接热影响区最高硬度试验方法》(GB 4675.5—1984) 进行。焊接预热温度为 100℃。焊后未经热处理，由试验结果可见：07Cr2AlMoRE 钢预热温度为 100℃，焊接热影响区最高硬度仅 HV250，而 15CrMoR 钢预热 100℃ 焊接时的最高硬度为 HV294。07Cr2AlMoRE 焊接热影响区的最高硬度明显低于 15CrMoR，说明 07Cr2AlMoRE 钢的焊接性能较好，淬硬性倾向不明显，见表 4-104。

表 4-104　07Cr2AlMoRE 与 15CrMoR 焊接热影响区最高硬度值比较

钢　种	各测点的硬度值（HV）														
	7′	6′	5′	4′	3′	2′	1′	0	1	2	3	4	5	6	7
07Cr2AlMoRE	184	187	200	199	222	226	245	250	242	237	231	222	217	205	201
15CrMoR	264	279	270	272	281	274	283	289	287	287	292	268	274	294	279

07/09Cr2AlMoRE 钢具有管材、锻件和板材的完整配套，焊接材料也是同步开发，具有最佳的焊接性能匹配。在单台设备上使用，由于材质配套，根本不存在异种钢电位差的电偶腐蚀问题。

表 4-105 的数据是 07Cr2AlMoRE 与 15CrMoR 分别经 400℃ 和 650℃，1h 的高温热处理后，测定材料表面氧化层的厚度，07Cr2AlMoRE 钢在高温热处理后的氧化层很薄，说明其抗高温氧化性能优于 15CrMoR。

表 4-105　07Cr2AlMoRE 与 15CrMoR 抗氧化性能比较

钢　种	400℃，1h 热处理的氧化层厚度/mm	650℃，1h 热处理后的氧化层厚度/mm
07Cr2AlMoRE	0.03	0.14
15CrMoR	0.07	0.22

耐 H_2S 应力腐蚀及耐均匀腐蚀性能见表 4-106 和表 4-107。

表 4-106　09Cr2AlMoRE 稀土合金钢与其他合金钢均匀腐蚀速率对比

(mg/(cm²·h))

介质浓度、温度、浸泡时间	09Cr2AlMoRE	12Cr2AlMoV	08Cr2AlMo
3% HCl、80℃、24h	5.17	7.68	12.7
50% H_2SO_4、70℃、6h	17.0	25.0	37.0

表 4-107　H_2S 介质模拟工况的腐蚀试验对比（浸泡时间 144h）

催化系统塔顶油气 H_2S：979μg/g 温度：100℃	09Cr2AlMoRE	12Cr2AlMoV	08Cr2AlMo	10 号钢
腐蚀速率/mg·(cm²·h)$^{-1}$	1.58×10^{-2}	2.28×10^{-2}	2.42×10^{-2}	9.28×10^{-2}

稀土合金钢 09Cr2AlMoRE 的抗均匀腐蚀能力，在不同的介质环境中明显优于不含稀土的 12Cr2AlMoV 和 08Cr2AlMo 钢，与 10 号钢相比，耐 H_2S 均匀腐蚀性能提高了 5.87 倍。试验方法采用《金属材料试验室均匀腐蚀全浸试验方法》（GB 10124—1984）。

按 NACE TM 0284—2003 标准中的 A 溶液，对 07Cr2AlMoRE 钢的焊接试板进行了阶梯型破裂（氢诱发裂纹）敏感性（HIC）试验，试验时间为 96h，试验表明在试件的母材及焊缝区域均未发现任何表面裂纹、垂直裂纹和断面裂纹，裂纹率为 0%；在所有试件的表面均未发现任何氢鼓包等宏观缺陷。通过阶梯型破裂敏感性（HIC）试验，说明 07Cr2AlMoRE 钢抗氢致裂纹的性能良好。

使用及应用前景：目前稀土合金钢 09Cr2AlMoRE、07Cr2AlMoRE 已批量生产，用稀土合金钢生产的产品已得到大量推广应用，09Cr2AlMoRE、07Cr2AlMoRE 钢的各种性能指标均超过 12Cr2AlMoV、15CrMoR。

自 1997 年开始生产抗 H_2S 腐蚀的 12Cr2AlMoV 换热器专用管材以及 1999 年试制 09Cr2AlMoRE 钢管材和锻件后，由湖北长江石化设备制造厂承担设备制造，并完成了焊接试制等多项工作，均达到并高于容规的用材要求。共生产出抗 H_2S 腐蚀用专用换热器 1000 多吨，锻件 100 多吨，其中 09Cr2AlMoRE 钢 300 多吨。

2000 年湖北长江石化设备制造厂与武钢合作，试制出 09Cr2AlMoRE 钢板材。稀土钢板材的开发将扩大石化企业的选材应用范围，也将更广泛地为国内加工高硫原油提供配套用材。2001 年 5 月 9 日通过了全国压力容器标准化技术委员会的评审认定。09Cr2AlMoRE 无缝钢和锻件试制成功后，由湖北长江石化设备制造厂承担设备制造，并完成了焊接试制等多项工作。目前 09Cr2AlMoRE 钢已完全取代 12Cr2AlMoV 钢，广泛应用于炼油行业的常减压、催化等装置中的冷换设备及空冷器的管束，主要使用单位为独山子石化总厂、乌鲁木齐石化总厂、兰州炼化总厂、玉门炼油厂、胜利炼油厂、长岭炼化总厂、安庆石化总厂等，其使用性能良好，得到用户好评。

2003 年湖北长江石化设备有限公司的“稀土合金钢 09Cr2AlMoRE 钢材”获湖北省首届中小企业创新奖，湖北长江石化设备有限公司经过六年研制稀土合金钢 09Cr2AlMoRE 钢材，解决了国际石化行业一般使用的奥氏体不锈钢所不能克服的高温硫腐蚀、湿硫化氢应力腐蚀问题，该钢材是国内一般钢材防腐能力的5~6倍，且造价只及国外类似钢材的1/2。解决了石化行业国际难题，具有独立的知识产权，已获得国家发明专利。

由武汉市润之达石化设备有限公司联合其他企业共同开发的耐腐蚀用钢07Cr2AlMoRE钢板已经通过了全国压力容器标准化技术委员会的技术评审。07Cr2AlMoRE钢不仅具有良好的耐硫化氢应力腐蚀性能和耐硫化氢均匀腐蚀性能，而且具有非常优越的抗氢致裂纹（HIC）腐蚀性能，是一种很好的耐氢腐蚀用钢，作为换热器的壳体和空冷器的管箱材料，已经大量应用于炼油装置中的硫化氢、高温硫，以及加氢装置的氢腐蚀环境中。在油气开采领域，也有6台高压三相分离器投入应用，且使用效果良好。

4.5　稀土重轨钢

4.5.1　高强耐磨稀土重轨钢U76NbRE[33,34]

中国铁路的高速发展，对钢轨提出了新的更高要求。钢轨的高强度、高耐磨，易焊、抗冲击等优良的使用性能已成为重要的考核目标。包头钢铁（集团）公司为适应这一需要，根据自己的设备特点和资源优势，于20世纪90年代成功了开发新一代高强度耐磨“U76NbRE（BNbRE）”钢轨钢。客运专线用铌稀土高速轨的开发成功，不仅促进了高速铁路用轨的国产化，同时使国产高级别钢轨增强了国际竞争力。

钢种钢号：U76NbRE（BNbRE），BNbRE的B代表包钢，即包钢开发的含NbRE重轨钢。

技术标准：参照或执行《时速200公里客运专线60kg/m钢轨暂行技术条件》。

化学成分见表4-108。

表4-108　U76NbRE钢化学成分　（%）

C	Si	Mn	P	S	Nb①	RE①
0.70~0.82	0.60~0.90	1.00~1.30	≤0.03	≤0.03	0.02~0.05	0.02~0.05

① Nb、RE的加入量。

应用概况：用于高速重载铁路运输的钢轨。

生产工艺：铁水预处理—顶底复吹氧气转炉冶炼—挡渣出钢—无铝终脱氧—LF钢包炉精炼—VD深真空脱气—VD后弱搅拌—自动开浇—保护浇注—结晶器液位自动控制—电磁搅拌—气雾冷却—火焰切割—自动打号。

力学性能：U76NbRE重轨钢抗拉强度$\sigma_b \geqslant 980$MPa，伸长率$\delta \geqslant 10\%$。

磨损和接触疲劳性能见表4-109。

表4-109　U76NbRE钢轨的磨损和接触疲劳性能与其他钢轨的比较

指　标	U76NbRE	BNb	BVRE	BV	U74RE	U74
磨损量/g	0.3440	0.4096	0.4370	0.4919	0.6829	0.7615
特征寿命V_s/次	647	410	629	561	305	296
额定寿命L_{10}/次	282	196	265	204	148	144
中值寿命L_{50}/次	565	364	546	476	271	263

内部质量及非金属夹杂物见表4-110。

表 4-110 内部质量及非金属夹杂物

项目	钢轨		时速 350km 钢轨条件
	U76NbRE	法国	
T[O]/×10⁻⁶	≤18.0	15.3～19.0	≤20
[H]/×10⁻⁶	≤1.20	0.67～2.10	≤1.5
非金属夹杂物	A：1.5～2.0 级 B：0.5～1.0 级 C：0.0～1.0 级 D：0.5～1.0 级	A：2.0～2.5 级 B：0.5～1.0 级 C：1.0～1.5 级 D：0.5～1.0 级	A 类≤2.0 级 B、C、D 类≤1.0 级

断裂韧性见表 4-111。

表 4-111 U76NbRE 钢轨的断裂韧性与其他的比较（K_{IC}） （$MPa/m^{0.5}$）

规格	常温		-20℃	
	范围	平均值	范围	平均值
U76NbRE 轨，60kg/m（连铸）	40.6～41.5	41.7	39.7～44.0	42.02
U71Mn，54kg/m	38.5～45.7	41.37	32.0～35.5	34.84
攀钢 60PD3，60kg/m	32.0～42.0	35.80	28.0～35.0	30.50

BNbRE 轨的性能指标达到设定的开发目标：$\sigma_b \geqslant 980MPa$，$\delta = 10\%$。BNbRE 轨耐磨性能接触疲劳性能和实物疲劳性能均比 U74 明显提高，使用寿命比 U74 提高 50% 以上。BNbRE 轨可焊性良好，可满足无缝线路要求。钢轨钢表面生成氧化膜，提高耐磨性，同时改善钢轨表面与内部损伤。

使用性能：

（1）使用硬化性。图 4-7 表明 U76NbRE（BNbRE）钢使用后的踏面硬度却处处都比同样使用过的无 RE 的 BNb 钢轨的高，表明添加了稀土的钢轨较之未加稀土的钢轨，有更强的使用硬化性。

（2）耐磨性。图 4-8 及表 4-112 的数据表明 U76NbRE(BNbRE)钢轨比其他钢轨更耐磨。

表 4-112 研究钢轨的磨耗实验结果

路局（或工务段）	半径/m（坡度/%）	运营时间/月	通过总重/百万吨	侧面磨耗			钢种
				最大/mm	平均/mm·月⁻¹	每百万吨磨耗率/mm	
长沙	500	32	172	12.0		0.076	U74
长沙	(-5)	32	172	11.5		0.069	U74RE
长沙	407	32	172	11.5		0.069	BNb
长沙	(-4.3)	32	172	8.0		0.047	BNbRE
广州		32	172	11.9	0.37	0.07	U74
广州		32	172	10.5	0.33	0.06	U74RE
广州		32	172	7.9	0.25	0.05	BNb
沈阳	512	23	210	7.0	0.22	0.04	BNbRE
沈阳				12.96		0.062	U74
				8.78		0.042	BNbRE

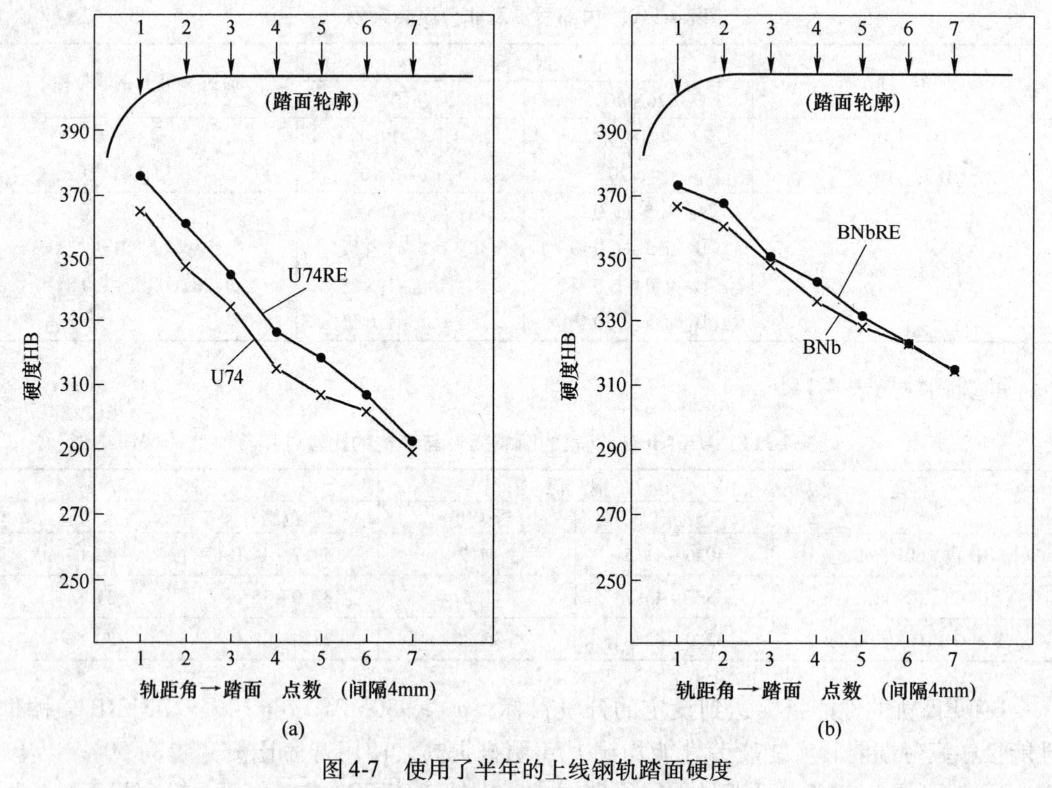

图 4-7　使用了半年的上线钢轨踏面硬度

(a) U74 (RE) 钢；(b) BNb (RE) 钢

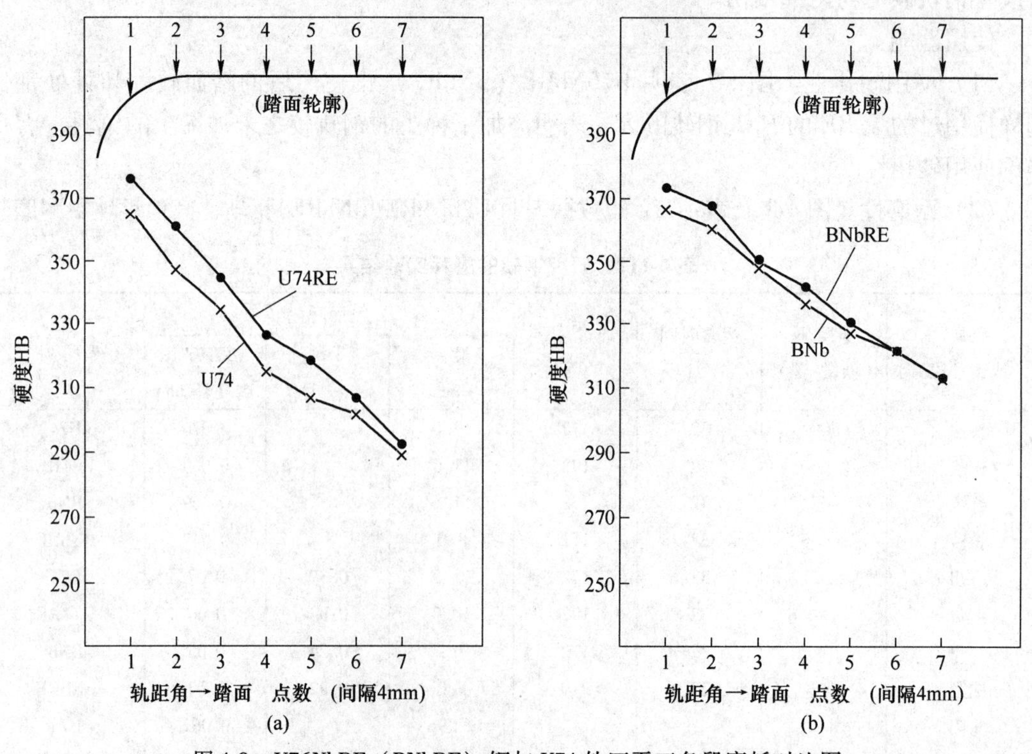

图 4-8　U76NbRE (BNbRE) 钢与 U74 轨四平工务段磨耗对比图

（3）接触疲劳性能。表 4-113 数据表明加了稀土的 U76NbRE（BNbRE）钢轨常温强度（σ_s，σ_b）虽未提高，但钢轨的各种疲劳参量值却有了大幅度（142%～200%）提高，以致 U76NbRE（BNbRE）钢轨的接触寿命达到 U74 钢轨样品的 2.13 倍。

表 4-113　U76NbRE（BNbRE）钢轨与其他钢轨的接触疲劳实验结果比较

钢　种	线裂纹萌生时间 /$r\times10^5$	剥离时间 /$r\times10^5$	从萌生到剥离时间 /$r\times10^5$	裂纹走向/(°)	终止时间 /$r\times10^5$
U74	1.34	1.44	0.1	46	1.59
BNb	1.50	1.60	0.1	40	2.40
BNbRE	2.20	2.40	0.2	27	3.40
BNb/U74	112%	111%	100%		150%
BNbRE/BNb	147%	150%	200%		142%
BNbRE/U74	164%	167%	200%		213%

（4）上线钢轨的损伤。表 4-114 和表 4-115 给出的普通钢轨重伤类型统计资料，很容易看出：加稀土 U76NbRE（BNbRE）钢轨有效抑制了上线钢轨突出的栓孔开裂和核伤等断裂问题的发生。

表 4-114　广局钢轨重伤发生率与各工务段实验轨对比

普　通　钢　轨				U76NbRE（BNbRE）钢轨			
广州铁路（集团公司）年平均水平				广局	长沙	四平	北京
1991	1992	1993	1994				
0.28	0.31	0.30	0.29	0.163	0	0	0

表 4-115　1995 年 1～6 月全路断轨损伤分类

损伤分类 / 线路类别	焊缝断口	螺孔裂	核伤	疲劳断裂	擦伤	顶裂	底裂	腹裂	总计	其他①
普通有缝	0	36	33	5	6	6	2	2	90	甲
无缝线路	84	0	23	4	1	2	3	2	119	乙

①甲－乙＝62 根。

1999 年 11 月在兰新线 K191～K211 五个 300m 曲线段铺设的 60kg/m U76NbRE（BNbRE）轨经 2 年多的使用磨耗为 2.5～3mm/年，普通材质钢轨磨耗为 8～9mm/年。2001 年 6 月铺设 60kg/m U76NbRE（BNbRE）轨使用 1 年多，磨耗为 1～1.5mm。在 K295 区间使用 1 年半，钢轨磨耗为小于 0.67mm/年。

在济南局京沪下行 K375～K378 600m 曲线段铺设了 2.239 公里 60kg/m U76NbRE（BNbRE）轨，经过 3 年的使用，磨耗为 3.5mm/年，由于该路段车速快、运量大，普通材质钢轨磨耗为 8～9mm/年，使用寿命提高 3 倍。

在沈山线 K316＋059～K318＋784.35 上行和 K355＋346～K340＋156 下行两个区间铺

设时速200km客运专线60kg/m U76NbRE（BNbRE）轨，运行两年多，未见磨损，钢轨使用较好。通过钢轨使用证明包钢连铸U76NbRE（BNbRE）轨具有良好的耐磨性能。

4.5.2　新型稀土钢轨（U76CrRE）[35]

铁路是国民经济发展的大动脉，随着经济的高速发展，铁路运输日趋繁忙。我国铁路目前的状况是营运里程少，曲线段较多，其中不乏半径为300～400m的曲线。由于列车轴重、行车速度及密度大幅度提高，钢轨的伤损加剧，缩短了使用寿命并危及行车安全。特别是曲线段钢轨伤损越来越严重，主要表现在剥离掉块，外股的侧面磨损、内股的压溃等。有研究表明，这种伤损产生的原因主要是由于钢轨强度不足引起的。目前，国内高强钢轨钢种只有U75V，轧态抗拉强度≥980MPa，热处理后≥1230MPa，满足不了一些半径小的弯道和重载线路的需要。为此，攀钢、鞍钢、包钢都在研发钢轨新产品。鞍钢和包钢分别研制成功了贝氏体轨，强度到达了1250MPa，但贝氏体轨生产难度大，成本太高。攀钢研制成功了PG4热处理轨，强度达到了1300MPa，但没有在线热处理设施的厂家不能批量生产。因此，研制一种性能介于普通轨（U75V）和贝氏体轨之间，价格合适的轧态抗拉强度大于1080MPa的新型钢轨显得尤为重要。包钢针对铁路用轨的这种需要，开发了轧态强度为1080MPa的新一代高强度钢轨。在钢种成分方面添加了具有包钢自身资源特点的稀土（RE）元素，有别于包钢第一代U76NbRE稀土轨，新钢种钢轨称为包钢第二代稀土钢轨（U76CrRE）。

钢种钢号：U76CrRE——包钢第二代稀土钢轨。

技术标准：包钢《U76CrRE热轧钢轨暂行技术条件》，《43kg/m～75kg/m热轧钢轨订货技术条件》（TB/T 2344—2003），250km/h为《250km/h客运专线60kg/m钢轨暂行技术条件》。

U76CrRE钢的化学成分见表4-116。

表4-116　U76CrRE钢的化学成分　　(%)

C	Si	Mn	Cr	V	RE加入量
0.70～0.81	0.50～0.80	0.90～1.30	0.20～0.60	0.035～0.100	0.02

应用概况：用于曲线段多的铁路运输高强钢轨。

生产工艺：铁水预处理—顶底复吹转炉冶炼—LF钢包精炼—VD真空脱气—方坯连铸—步进炉加热—万能轧制—步进式预弯冷床—矫直—探伤—加工—检查入库。合金元素Cr在转炉出钢后钢包中加入，稀土按照加入量采用喂丝的方式在VD处理前加入。以液相线温度推算从转炉、精炼、连铸的钢水温度控制范围。控制连铸过矫直点温度大于900℃。钢轨开轧温度在1080～1140℃之间，终轧在850～950℃。

组织和性能：U76CrRE轨金相组织检验均为珠光体。

U76CrRE轨钢结晶器取钢水样和从成品轨取样检分析气体含量见表4-117。结果说明，钢中氢含量（钢水和成品轨）均符合TB/T 2344和《250km/h客运专线60kg/m钢轨暂行技术条件》的要求。液态钢中氢含量分布结果表明氢的控制稳定。钢中氧含量平均0.00147%，最大0.00237%，达到TB/T 2344要求的小于0.003%。并且达到了《250km/h客运专线60kg/m钢轨暂行技术条件》的要求。

表 4-117 U76CrRE 钢中气体含量 （×10⁻⁴%）

项 目	H（液态）	H（固态）	O
最小值	0.81	0.52	7.3
最大值	2.50	1.10	23.7
平均值	1.43	0.88	14.73
QB	≤2.5	≤1.5	≤30
TB/T 2344	≤2.5	≤1.5	≤30
250km/h	≤2.5	≤2.0	≤20

根据 GB 10561 标准评定非金属夹杂物级别，U76CrRE 轨钢夹杂物级别结果见表 4-118。

表 4-118 U76CrRE 轨钢金相夹杂物评级

试样炉号	夹杂物类型与级别			
	A 类	B 类	C 类	D 类
06103639	1.5	1.5	0.5	0.5
07700614	1.5	0.5	0.5	0.5
07700623	2.0	1.5	0.5	1.0
07700731	2.0	1.0	0.5	0.5
QB	≤2.5	≤2.0	≤2.0	≤2.0
TB/T 2344	≤2.5	≤2.0	≤2.0	≤2.0
250km/h	≤2.5	≤1.5	≤1.5	≤1.5

U76CrRE 钢冶炼、连铸后，按照包钢钢轨生产技术规范，每炉取一块钢坯检验硫印，检验结果见表 4-119。

表 4-119 U76CrRE 钢坯硫印评级

项 目	0 级		1 级		2 级		3 级	
	数量/块	比率/%	数量/块	比率/%	数量/块	比率/%	数量/块	比率/%
中心偏析	147	100	0	0	0	0	0	0
中心裂纹	51	34.7	96	65.3	1	0.7	0	0
中间裂纹	122	83.0	24	16.3	1	0.7	0	0
皮下裂纹	147	100	0	0	0	0	0	0
角部裂纹	147	100	0	0	0	0	0	0
夹杂物	0	0	145	98.6	2	1.4	0	0

按照钢轨生产规范，表 4-119 中 U76CrRE 铸坯缺陷，如果硫印评级 2 级和 2 级以下正常。实际检验结果说明：没有出现 3 级缺陷，2 级很少，0～1 级占 98.6%，钢坯质量良好。U76CrRE 钢适应连铸生产，工艺控制稳定，铸坯质量优良。

U76CrRE 轨钢脱碳层检验结果全部满足 TB/T 2344 和《250km/h 客运专线 60kg/m 钢轨暂行技术条件》不大于 0.5mm 的要求，平均 0.32mm。U76CrRE 轨钢成品轨按标准取样进行晶粒度检验，结果轨头晶粒度为 7.5 级。

钢轨尺寸及平直度：钢轨断面尺寸执行 TB/T 2344 标准，正常轧制时，每轧制 7～10 支取样一次，测量头宽、底宽、腰厚和轨高。247 支钢轨热轧几何尺寸测量结果见表 4-120。

表 4-120　U76CrRE 钢轨几何尺寸　（mm）

项　目	头　宽	底　宽	轨　高	腰　厚
最大值	73.3	150.6	176.3	17.3
最小值	72.7	149.1	175.5	16.2
平均值	72.93	149.73	176.03	16.51
QB	73 ±0.5	$150 \pm^{1.0}_{1.5}$	176 ±0.6	$16.5 \pm^{1.0}_{1.5}$
TB/T 2344	73 ±0.5	$150 \pm^{1.0}_{1.5}$	176 ±0.6	$16.5 \pm^{1.0}_{1.5}$
250km/h	73 ±0.5	150 ±1.0	176 ±0.6	$16.5 \pm^{1.0}_{0.5}$

拉伸性能及硬度：U76CrRE 钢轨的拉伸性能和硬度统计见表 4-121。

表 4-121　工业化规模生产 U76CrRE 钢轨拉伸与硬度的统计分析

项　目	R_m/MPa	A/%	硬度（HB）
平　均	1107.09	10.70	326.18
标准误差	1.698	0.091	0.815
中　值	1110	11	325.1
模　式	1110	11	325.9
最小值	1080	9	304.8
最大值	1170	13.5	361.8
计　数	147	147	147

U76CrRE 钢抗拉强度均大于 1080MPa，范围是 1080～1170MPa，基本中间值非常准确是 1110MPa，虽然平均值与中间值标准误差只有 1.7MPa 左右，但分布范围分散，在 1080～1170MPa 的范围。延伸率目标大于等于 9%，实际全部大于 9%，平均 10.7%，在 9%～13.5% 范围分布。钢轨踏面硬度全部大于 300HB，最小 305HB，最大 365HB，主要在 315～335HB 范围。

残余应力：从 U76CrRE 钢成品钢轨中各取三支试样，进行轨底中心残余应力检验，结果见表 4-122。由表 4-122 的结果可见，轨底中心线最小残余拉应力 91MPa，最大 240MPa，满足 TB/T 2344 和《250km/h 客运专线 60kg/m 钢轨暂行技术条件》标准要求。

表 4-122　U76CrRE 钢轨残余应力

熔炼号	钢　种	轨　型	轨底中心残余应力/MPa
06103639	U76CrRE	60	+180、+91、+120
07700614	U76CrRE	60	+220、+190、+210
07700623	U76CrRE	60	+240、+140、+210
07700731	U76CrRE	60	+210、+180、+160
QB			≤250
TB/T 2344			≤250
250km/h			≤250

注：+表示拉应力。

冲击韧性：在 U76CrRE 成品轨和同期生产的 U75V 成品轨取样，在常温和 -40℃条件下，进行轨头、轨腰和轨底冲击功测定，分析冲击韧性。轨头和轨底取纵向，轨腰取横向，开 U 型缺口，每组三个样。检验的平均结果见表 4-123，对比见图 4-9。

表 4-123　U76CrRE 与 U75V 冲击韧性比较

钢　种	轨　头		轨　腰		轨　底	
	常温	-40℃	常温	-40℃	常温	-40℃
U76CrRE	9.10	7.83	6.80	3.90	10.67	6.06
U75V	8.13	5.53	4.47	2.47	9.77	6.03

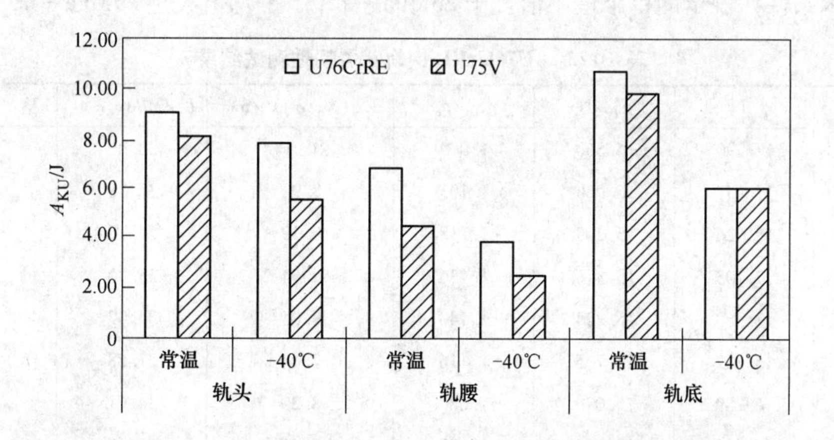

图 4-9　U76CrRE 与 U75V 冲击韧性比较图

表 4-123 和图 4-9 的结果说明，在同样实验条件下，U76CrRE 的冲击韧性都优于 U75V，在低温下轨头和轨腰更加显著。低温冲击性能的改善，使 U76CrRE 比 U75V 更能适应不同的地理条件，满足不同地区气候环境条件下铁路对钢轨的要求。

磨耗：在 U76CrRE 成品轨和同期生产的 U75V 成品轨取样，各两组，进行磨耗试验，结果见表 4-124。

表 4-124　U76CrRE 与 U75V 磨耗试验数据比较　（g）

熔炼号	钢种	样别	1	2	3	4	5	6	轨样平均（总）
06703996	U75V	轮样	0.3992	0.3121	0.2595	0.3334	0.2138	0.4695	0.2116
		轨样	0.2079	0.2164	0.1523	0.2176	0.2165	0.2327	
06704000	U75V	轮样	0.4503	0.2960	0.2104	0.2395	0.3257	0.1845	
		轨样	0.2162	0.2578	0.1462	0.2862	0.2196	0.1715	
06103639-1	U76CrRE	轮样	0.3885	0.3967	0.4456	0.5266	0.2852	0.3759	0.1687
		轨样	0.1491	0.2487	0.1538	0.2238	0.1314	0.1544	
06103639-2	U76CrRE	轮样	0.3639	0.6025	0.3766	0.4632	0.3851	0.3319	
		轨样	0.1495	0.2154	0.1237	0.1381	0.1426	0.1493	

表 4-124 结果表明，U76CrRE 轨磨耗平均 0.1687g，比 U75V 轨的磨耗 0.2116g 少 0.0429g，耐磨性提高 20.3%。

断裂韧性：按照标准要求从四炉 U76CrRE 成品轨取样，测试钢轨断裂韧性。试验采用三点弯曲试样，试样厚度 $B = 25$mm，宽度 $W = 40$mm，试验温度 −20℃，试验结果见表 4-125。对表中的 K_q 值，根据 K_{IC} 判据判断是否为有效 K_{IC}：

（1）判据 $B \geqslant 2.5(K_q/\sigma_y)^2$，20 个试样均满足。

（2）关于 p_{max}/p_q，20 个试样中有 12 个试样 $p_{max}/p_q < 1.10$，所以 $K_q = K_{IC}$。而另外 8 个试样在与 95% 的割线相交以前未发生 pop-in，$p_{max}/p_q > 1.10$，所以 K_{IC} 无效。但满足判据 $B \geqslant 2.5(K_q/\sigma_y)^2$，所以 K_Q 有效。由试验结果可知，断裂韧性 K_{IC} 单个最小值为 30.5 MPa · m$^{1/2}$，平均值为 34.28MPa · m$^{1/2}$，满足 TB/T 2344 和《250km/h 客运专线 60kg/m 钢轨暂行技术条件》规定的单个最小值大于 26MPa · m$^{1/2}$、平均值大于 29MPa · m$^{1/2}$ 的要求。

表 4-125　U76CrRE 钢轨断裂韧性测试结果

试样编号	p_{max}/kN	p_q/kN	p_{max}/p_q	$2.5(K_q/\sigma_y)^2$/mm	K_q/MPa · m$^{1/2}$	K_{IC}/MPa · m$^{1/2}$
07700614-1	17.990	16.660	1.079	10.04	38.06	38.06
07700614-2	17.737	16.068	1.103	8.92	35.88	—
07700614-3	18.526	15.209	1.218	8.38	34.77	—
07700614-4	17.403	15.316	1.136	8.64	35.30	—
07700614-5	17.360	15.224	1.140	8.05	34.07	—
07700748-1	15.332	13.735	1.116	7.04	31.88	—
07700748-2	16.289	15.074	1.080	8.30	34.61	34.61
07700748-3	16.962	14.915	1.137	7.85	33.65	—
07700748-4	17.365	15.081	1.151	7.61	33.14	—
07700748-5	17.348	16.619	1.043	10.26	38.47	38.47
07700731-1	16.707	15.300	1.091	8.23	34.46	34.46
07700731-2	16.039	14.755	1.087	7.65	33.22	33.22
07700731－3	16.059	13.668	1.170	6.79	28.45	—
07700731-4	16.062	14.657	1.090	8.19	34.39	34.39

续表 4-125

试样编号	p_{max}/kN	p_q/kN	p_{max}/p_q	$2.5(K_q/\sigma_y)^2$/mm	K_q/MPa · $m^{1/2}$	K_{IC}/MPa · $m^{1/2}$
07700731-5	16.090	14.875	1.090	8.10	34.20	34.20
06103639-1	14.1407	13.7761	1.026		30.5	30.5
06103639-2	14.9149	13.8046	1.080		32.5	32.5
06103639-3	15.1240	13.7569	1.099		30.6	30.6
06103639-4	16.0636	14.9315	1.076		31.8	31.8
06103639-5	14.7940	13.7785	1.073		32.4	32.4

裂纹扩展速率：虽然铁标 TB/T 2344 没有对裂纹扩展速率提出要求，但为了检验 U76CrRE 轨的裂纹敏感性，按照《250km/h 客运专线 60kg/m 钢轨暂行技术条件》的要求从四炉 U76CrRE 成品轨取样测试了裂纹扩展速率，结果见表 4-126。测试结果满足当$\Delta K=10\text{MPa}\cdot\text{m}^{1/2}$和$\Delta K=13.5\text{MPa}\cdot\text{m}^{1/2}$时，$da/dN$（m/Gc）分别小于等于 17 和 55 的要求。

表 4-126 U76CrRE 钢轨裂纹扩展速率 da/dN （m/Gc）

熔炼号	编 号	$\Delta K=10\text{MPa}\cdot\text{m}^{1/2}$	$\Delta K=13.5\text{MPa}\cdot\text{m}^{1/2}$
0613639	1	9.4	19.8
	2	11.7	26.7
	3	9.1	24.1
0770641	1	9.6	19.2
	2	10.1	25.9
	3	6.4	21.6
0770748	1	15.8	28.9
	2	9.7	33.6
	3	8.4	22.1
0770731	1	13.4	23.1
	2	10.7	24.6
	3	10.1	24.8
250km/h		≤17	≤55

轴向疲劳：轴向疲劳试验按标准要求，从三炉 U76CrRE 成品轨中每炉取 3 个试样进行检验。当总应变幅为 1350με，最大载荷 11kN，应力幅 285MPa 时，9 个试样疲劳寿命均达到了 TB/T 2344 和《250km/h 客运专线 60kg/m 钢轨暂行技术条件》要求的 5×10^6 次不断。

耐腐蚀性能：耐腐蚀性能试验在铁科院进行。试样取自 U76CrER 和 U75V 60kg/m 成品钢轨。试样规格为 60mm×60mm×4mm，环境温度 17～21℃，试验条件为中性盐雾（NSS），240h。试验结果如表 4-127 所示。

表 4-127　U76CrRE 与 U75V 耐腐蚀性能比较

编　号	样品名称	腐蚀失重量 /g · m^{-2}	腐蚀失重速率 /g · (m^2 · h)$^{-1}$	相对比值
1	U76CrRE	318	1.32	100
2	U75V	361	1.51	114

表 4-127 试验结果表明，U76CrRE 钢的耐腐蚀性能比 U75V 提高了 14%，比 U75V 有了改善和提高。

焊接：U76CrRE 钢轨闪光焊接试验在呼和浩特铁路局焊轨段进行。焊接接头各项性能检验结果均满足 TB/T 1632.2—2005 标准要求，详见《包钢 60kg/m 第二代稀土钢轨焊接试验报告》。铝热焊接 U76CrRE 钢轨铝热焊接及型式检验委托铁科院进行。焊接接头各项性能检验结果均满足 TB/T 1632.3—2005 标准要求，详见铁科院金化所《60kg/m U76CrRE 钢轨性能综合评定》。

落锤及探伤：按照铁标 TB/T 2344 要求，147 炉钢轨按炼钢连铸的浇次进行了落锤检验，结果全部合格，挠度值范围 32 ~ 37mm。所有钢轨进行超声波探伤，探伤挑出率在 0.38% 以下。

生产成材率：U76CrRE 钢轨工业生产成材率 99.21%，一级品合格率 92.9%，与正常生产的其他钢轨质量指标相差无几。钢轨平直度、对称性以及表面质量均满足 TB/T 2344 标准要求。

使用情况：包钢生产的 U76CrRE 钢轨主要出口到巴西 ALL 公司，其中 GB 60kg/m 轨 4.25 万吨，115RE 轨 0.5 万吨，其次是美国 115RE 轨 0.5 万吨，墨西哥 115RE 轨约 0.45 万吨。出口巴西的 U76CrRE 钢轨铺设在港口 Paranagua 到 Curitiba 的线路上，该路段总长 120km，地处山区，坡度大、曲线段多、曲线半径小（最小曲线半径 100m），从海拔 4m 爬升到海拔 1120m，线路状况不好，颠簸严重。列车最高速度 45km/h，一般在 25km/h。虽然速度不高，但轴重较大，钢轨磨损严重，普通钢轨一般使用 2 ~ 3 年即下线。包钢 U76CrRE 钢轨使用一年多来，磨损正常，用户反映良好。

4.6　稀土低合金钢

4.6.1　稀土微合金化风电塔架用宽厚钢板[35]

风力发电的运行环境比较恶劣，尤其是北方风场，地处高原严寒地带，气温较低，风机在运行过程中，塔筒承受的载荷较大，这就对钢板在恶劣环境下的强度，低温冲击韧性，焊接稳定性、耐蚀性等方面提出了较高的要求。

根据风电塔架用宽厚板的技术要求，进行了风力发电用钢生产现状及发展趋势调研、风力发电用钢部分生产企业产品标准收集及识别，风力发电用钢产品实物信息采集，风力发电用钢产品实物检验分析、风力发电用钢质量控制，在此基础上 2012 年包钢成功开发生产了风力发电用稀土钢板。

钢种钢号：稀土微合金化风电塔架用宽厚钢板。

生产工艺：包钢自主研发的风电塔用稀土钢宽厚板产品，钢种采用低合金高强度钢板 Q345（C、D、E）。生产工艺采用铁水脱硫→210t 转炉→LF 精炼→RH 真空处理→宽厚板铸机→加热炉→热轧。RH 精炼炉加入稀土合金或 LF 精炼喂稀土包芯线生产工艺顺行，操作方法简便。

组织和力学性能：在洁净化的钢液中通过添加微量的 RE 元素，钢板珠光体组织细化、珠光体片间距和珠光体中 Fe_3C 的厚度减小，实现了稀土微合金化风电塔架用宽厚钢板组织细晶化和钢材强韧性能的提高，见图 4-10 和图 4-11。

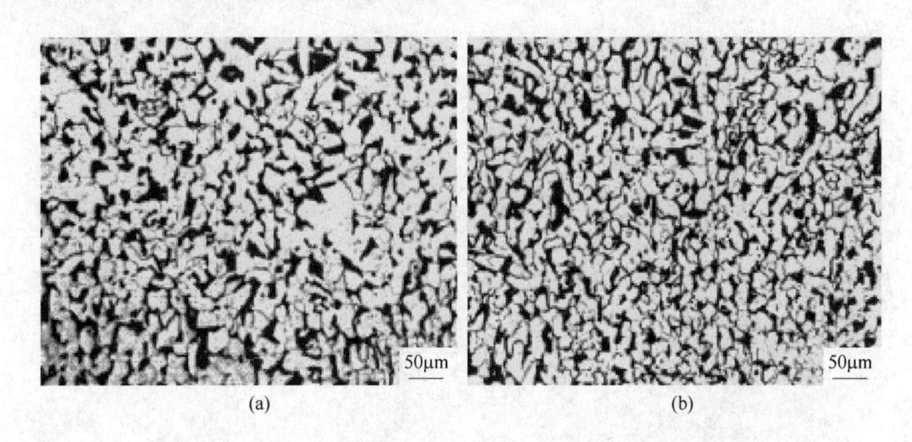

(a)　(b)

图 4-10　稀土细化风电塔架用低合金高强度钢板 Q345 组织
（a）未添加稀土；（b）添加稀土

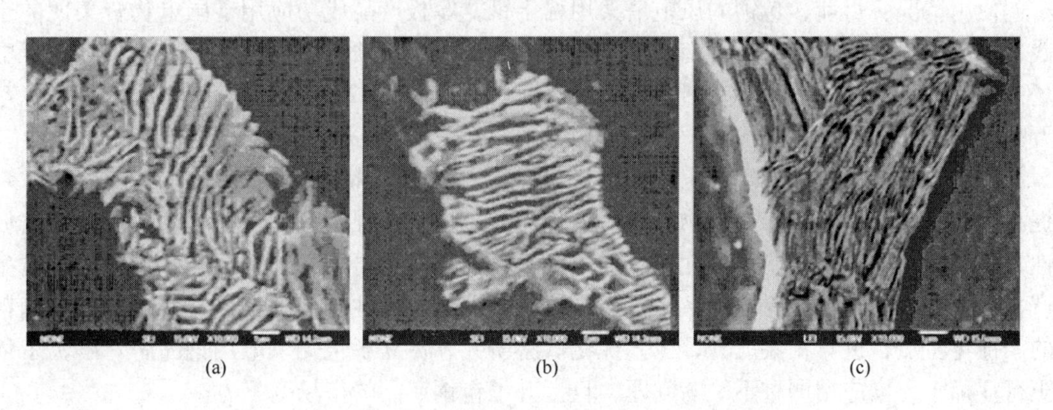
(a)　(b)　(c)

图 4-11　稀土减少风电塔架用低合金高强度钢珠光体的片间距
（a）w(RE) = 0；（b）w(RE) = 0.0011%；（c）w(RE) = 0.0036%

合适的稀土可提高低合金高强度钢洁净度，可使原长条状、大体积的 MnS 夹杂物变成直径 0.2 ~ 2μm 的球状夹杂物，含 RE 的球状（点状）MnS 夹杂物均匀、弥散分布于基体，统计分析数据见表 4-128。

表 4-128　稀土提高低合金高强度钢洁净度（试样中夹杂物面积统计）

试　样	w(RE)/ $\times 10^{-4}$%	平均面积/μm^2	最大面积/μm^2	夹杂物面积占比/%
1	0	3.45	95.42	0.047
2	11	2.27	36.93	0.036
3	26	1.85	37.21	0.032
4	36	1.21	20.332	0.029

图 4-12 的结果说明随着 RE 含量的增加，钢材的力学性能均呈线性增加。当稀土质量分数为 0.0036% 时，冲击韧性值和断面收缩率分别达到 $172J/cm^2$ 和 61%；分别比 RE 质量分数为 0 时提高 45%、56%。微量稀土元素能够有效提高钢材的常温，特别是低温冲击韧性和塑性值。

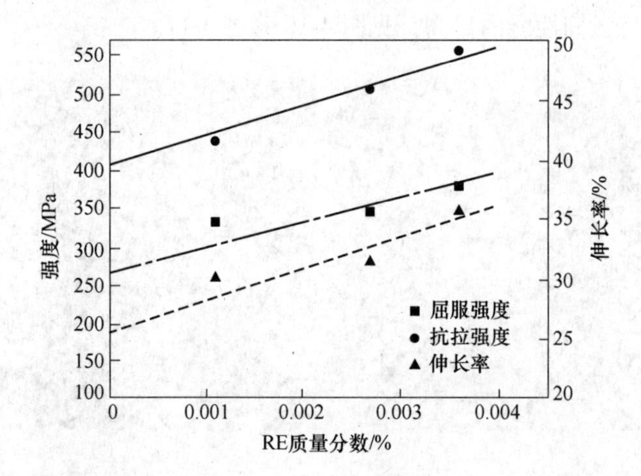

图 4-12　RE 提高风电塔架用低合金高强度钢屈服强度、抗拉强度和伸长率

使用情况：目前，包钢的风电塔架用稀土钢宽厚板产品成功应用于国电物资集团的宁武、沁源太岳、武川红山、济南长清、玛依塔期等风电场项目；中国水电内蒙洪格尔风电场一期、二期项目；中广核牟平一期、二期风电场项目。2011 年至 2012 年合计产钢 71 万吨。

包钢生产的风电塔架用稀土钢宽厚板产品，通过加入微量稀土（La、Ce、混合 RE），提高了钢水洁净度，改善夹杂物形态，细化晶粒，提高了强度和韧性、塑性、低温冲击韧性、耐腐蚀性能，改善了焊接性能，形成了包钢独特的风电用稀土钢合金化设计体系、生产技术体系、工艺控制标准体系。进一步体现产品低温韧性优良的特色，并根据风电用钢的个性化特点，进行相关成分、工艺优化试验研究，树立了包钢风电用钢品牌。解决了稀土行业稀土元素应用严重不平衡问题，且提升了包钢产品的市场竞争力。

4.6.2　低合金高强韧稀土铸钢[36]

随着我国机械、汽车、军事工业的发展，对铸钢材料要求不断提高，不仅要满足高强韧，如 $\sigma_s \geqslant 655MPa$，$a_K \geqslant 49J/cm^2$；$\sigma_s \geqslant 860MPa$，$a_K \geqslant 44J/cm^2$，同时还要具有良好的铸造性、可焊性、加工性和经济性等综合性能。我国一般工程结构碳钢和低合金钢（含稀土钢）由于成分设计及冶金工艺的局限，其屈服强度均未超过 637MPa，且综合性能较差。为了满足产品的特殊需要，提高综合性能，内蒙古北方重工业集团有限公司研制开发了低合金高强韧稀土铸钢。从成分优化设计、炉外喂稀土硅钙线、钢包底吹氩等精炼方面进行工艺控制，有效提高钢的纯净度，冶金效果良好，力学性能达到了 115-95、135-125 牌号高强韧的要求，其铸造性、可焊性、低温韧性等综合性能良好，适应性强，有广泛的应用前景。

钢种钢号：低合金高强韧稀土铸钢。

技术标准：研制的低合金高强韧稀土铸钢符合美国国家标准 ANSI/ASTM A148-83 高强度铸钢结构件标准规范。

化学成分：高强度稀土铸钢中硫和磷的含量见表4-129。为达到上述目标，采取优化成分设计和熔炼工艺。考虑研制对象为结构复杂的厚壁铸件，为保证其铸造工艺性能、焊接性能、产品的技术性能以及中低碳的要求。考虑100mm左右厚壁铸件的充分淬透性，设计成分时，其淬透性指数 $D_{ia} \geqslant 90mm$。加入适量的Mn、Ni、Cr、Mo作为强化元素。淬透性指数的经验计算公式为：D_{ia}（英寸、直径）$= 0.34 \times C(1+0.64Si)(1+4.1Mn)(1+2.83P)(1-0.62S)(1+0.27Cu)(1+0.52Ni)(1+2.33Cr)(1+3.14Mo)$。

考虑铸件的可焊性，化学分析的碳当量应不超过0.90%，其公式[37]为：

$$C_{eq}(\%) = C + Si/24 + Mn/6 + Ni/40 + Cr/5 + Mo/4 + V/14$$

S、P含量控制到小于0.025%，合金元素含量视要求的性能指标，在既定范围内调整。其代表成分（质量分数）如下：0.25% C、0.37% Si、0.85% Mn、0.75% Ni、0.70% Cr、0.40% Mo，稀土加入量0.05%～0.1%。

表4-129 高强度稀土铸钢中磷、硫、氧及稀土含量（质量分数） （%）

牌 号	S	P	[O]	RE
115-95、135-125	0.007～0.020	0.013～0.024	0.0047～0.0088	0.010～0.015

生产工艺：为了净化晶界，细化晶粒，改善流动性、铸态组织和焊接性，加入稀土复合处理剂（含有RE-Mg-Si-Ca等活性元素）作为韧化元素技术，这些元素在钢中的主要作用是分割与细化碳化物，最终达到改善钢的显微组织，改变钢中夹杂物形态，提高铸钢力学性能综合指标的目的[38]。

精炼工艺：在5t碱性三相感应电弧炉内进行熔炼，炉外喂稀土硅钙线和钢包底吹氩促进钢液搅拌、夹杂物上浮的综合处理，使钢液净化，夹杂物形态球化，提高钢的流动性、抗热裂性和塑韧性[39]。

金相组织：研制的低合金高强韧稀土铸钢的金相组织表明，喂入稀土和钙使钢中夹杂物主要变成球状的稀土和钙与硫或氧的复合夹杂物，氧化物为1～2级，硫化物为0.5级，改变了夹杂物的分布。不加稀土的钢的硫化物有一部分是沿晶分布，加稀土后消除了沿晶分布现象。加稀土的约为8级晶粒度，不加稀土的约为6级晶粒度。组织均为回火索氏体。

力学性能：同炉钢铸件在840～920℃淬火水冷（保温8h）；520～600℃回火，保温5h，在不同回火热处理工艺条件下，可获得四个等级要求的性能。室温下试样的力学性能见表4-130。同炉钢铸件在不同热处理工艺条件下，可获得四个等级要求的性能。说明钢的潜力很大，在较高强度等级下使用，其经济性愈显合理。

表4-130 低合金高强韧稀土铸钢室温下试样的力学性能

牌 号	σ_b/MPa	σ_s/MPa	δ/%	ψ/%	α_K/J·cm^{-2}	HB
研制的115-95钢	820～1014	692.3～902.2	11.5～20	27.5～52	90.2～167.1	255～363
115-95	≥795	≥655	≥14	≥30	—	—
研制的135-125钢	1034.6～1245.4	1106～1171.8	9～14	29～48	66.2～126.5	255～388
135-125	≥930	≥860	≥9	≥22	—	—

铸造性能：低合金高强韧稀土铸钢与 ZG35 的铸造性能比较如表 4-131 所示。

表 4-131 低合金高强韧稀土铸钢与 ZG35 的性能比较

牌号	流动性/mm	自由线收缩率/%	体收缩率/%	热裂力/kg	热裂出现温度/℃	应力/kg · mm^{-2}
ZG35	627	2.28	9.73	26.6	1437	46.10
115-95	485	2.18	6.50	28.7	1423	6.70
135-125	495	2.86	9.68	27.1	1410	48.51

可焊性：钢的可焊性与焊接裂纹敏感指数 P_{cm} 有关，其公式为[40]：$P_{cm}(\%) = C + Si/30 + (Mn + Cu + Cr)/20 + Ni/60 + Mo/15 + V/10 + 5B$。研制钢的 P_{cm} 值在0.35% ~0.45%，经试验和生产考核，用奥氏体不锈钢焊条，可进行冷焊，采用低合金高强度焊条焊接，其预热温度 $T_0 \geqslant 180$℃，只要焊接工艺合适也可进行冷补焊。

低温韧性：以 a_K 值降低 50% 作为测量脆性转变温度的依据，钢的低温脆性转变点在 -80℃以下，低温韧性结果如表 4-132 所示。

表 4-132 低合金高强韧稀土铸钢低温韧性

试验温度/℃	a_K/J · cm^{-2}	试验温度/℃	a_K/J · cm^{-2}
20	130.0	-60	67.6
-20	99.0	-80	65.0
-40	89.0	-100	42.0

应用前景：生产的多元素低合金高强韧稀土铸钢成分设计及经济性合理，具有高强韧结构铸钢的良好综合工艺性能。采用小容量电炉的炉外喂稀土硅钙线、钢包吹氩等精炼技术，是提高钢质的有效途径，方法简单易行，冶金效果良好，具有广泛的应用前景。

4.6.3 重载汽车车轮钢[41]

当前载重汽车向着大吨位发展，相应地车轮需承受更高的强度、疲劳应力、冲击载荷以及蠕变，车轮恶劣的使用条件要求钢板具备高强度、良好的塑韧性、高的耐疲劳性能和抗蠕变性能。达到车辆在增加载荷的同时实现自身减重、降低油耗、提高安全性的目的。BG420CL 作为重载汽车车轮轮辐用钢是一种要求有较好的冷加工成型性，焊接性和耐疲劳性等的优质低合金高强度热轧厚钢板，对钢中夹杂物要求比较严格。为进一步提高 BG420CL 车轮钢的综合性能，本溪钢铁（集团）公司研究开发了加稀土的 BG420CL 车轮钢。

钢种钢号：BG420CL 车轮钢（RE）。

化学成分：BG420CL 钢的化学成分（质量分数）为：0.09% C，0.12% Si，1.00% Mn，$w(P) \leqslant 0.010\%$，$w(S) \leqslant 0.010\%$，0.008% Nb，0.03% Al_s。

生产工艺：铁水预处理→炼钢（50t BOF 转炉）→精炼（LF 处理），采用直弧型连铸机浇铸，浇铸时采用结晶器喂稀土丝（RE 含量≥99%，Ce 含量≥48%）工艺，稀土丝插入位置：在结晶器宽面四分之一，窄面二分之一交汇处。板坯热送至热连轧厂，采用相同轧制制度生产，在 1700mm 机组（3 机架粗轧机组，7 机架精轧机组）轧成 13.5mm 厚热轧卷板。

组织和力学性能：BG420CL钢的金相组织为铁素体加少量的珠光体，晶粒度为10～11级，带状组织评级为0～1.0级。非金属夹杂物评级为：A类0.5～1.0级、B类0～0.5级、C类0级、D类0～0.5级（见图4-13）。

当钢中没有稀土，RE/S=0时夹杂物成链状分布，研究发现最大尺寸为72μm，主要组分为硫化锰夹杂；当钢中加入稀土，RE/S=2.0时，夹杂物尺寸多数在5μm左右，且呈均匀弥散分布，其组织为球状或近球状稀土氧硫化物RE_2O_2S等。稀土可以有效地脱氧、脱硫、改变夹杂物的形状和尺寸，起到变性处理效果。稀土元素的加入把塑性的呈条带状的MnS夹杂物变成了高硬度难变形的球形稀土硫氧化物，在轧制时不会沿轧制方向伸长，而球形夹杂大大减轻了夹杂物引起的应力集中且不易发生横向破断，从而使冲击功数值显著提高，改善了钢板的综合性能。加稀土的BG420CL车轮钢试样的屈服强度的平均值为355MPa，提高6%；抗拉强度的平均值为465MPa，提高3.2%；延伸率的平均值为28%，冲击功平均值为140J，提高55%，见表4-133。

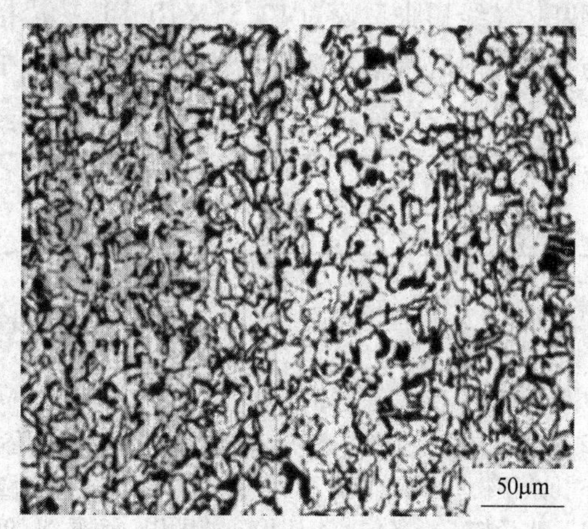

图4-13　BG420CL钢的金相组织

表4-133　BG420CL车轮钢中夹杂物及其力学性能对比结果

车轮钢	夹杂物总数量 /N·mm^{-2}	1～5μm球化的夹杂物数量 /N·mm^{-2}	夹杂物总球化率 /%	屈服强度（平均值）/MPa	抗拉强度（平均值）/MPa	延伸率（平均值）/%	冲击功（平均值）/J
BG420CL（RE=0）	96	20	55	335	465	28	90
BG420CL（RE/S=2.0）	80	40	93	355	455	28	140

车轮台架弯曲疲劳寿命：夹杂物对疲劳寿命有很大的危害，一方面它同基体的弹性模量不同，外加应力作用在其周围易形成大的应力集中，萌发出疲劳裂纹；另一方面，夹杂物与基体有不同的热膨胀系数，MnS的线膨胀系数与基体线膨胀系数相差悬殊，这种夹杂物在快速冷却时以很大的速度收缩，在周围形成空隙，形成疲劳裂纹源。而且，硫化锰夹杂沿锻轧方向的不利形状和较大的体积对疲劳抗力也极为有害。氧化铝系夹杂质地硬脆，有尖利棱角，热加工时容易碎成串链；线膨胀系数远小于基体，嵌镶应力很大，在循环热应力作用下容易成为裂纹源。

表4-134是在某厂进行车轮台架弯曲疲劳寿命的对比试验结果。分析表4-134可见，RE/S=2.0时车轮台架弯曲疲劳寿命比RE/S=0时提高了23.1万次。这是由于采用稀土处理工艺后，钢中原来分布着的尺寸较大、长条状的MnS等夹杂物变成尺寸较小、球形或椭圆形、弥散均匀分布的稀土硫氧化物。变质后的夹杂物，减小了夹杂物周围的应力集中，明显减轻条状夹杂物对基体的割裂作用，而且使得疲劳裂纹在钢中形成的机会减少，

也进一步阻止了疲劳裂纹的扩展，提高了钢的韧性和疲劳性能。同时，铝酸稀土即(RE)$Al_{11}O_{18}$，(RE)Al_2O_3 和稀土氧硫化物的线膨胀系数(10.4～12.7)$\times10^{-6}℃^{-1}$和弹性模量与钢基体（线膨胀系数为 12.55$\times10^{-6}℃^{-1}$）接近，有较好的适配性，而且具有良好的形态与分布，对改善钢的疲劳性能是有益处的，提高了车轮台架弯曲疲劳寿命。

表 4-134 BG420CL 车轮钢（RE）车轮台架弯曲疲劳性能对比试验 （万次）

车轮钢	弯曲疲劳	车轮钢	弯曲疲劳
BG420CL（RE=0）	37.1	BG420CL（RE/S=2.0）	60.2

参 考 文 献

[1] 余景生，余宗森，章复中．稀土钢处理手册[M]．北京：冶金工业出版社，1993.
[2] 攀钢国家“十五”科技攻关“铁路用高强度稀土耐候钢开发研究”验收工作报告．
[3] 余国松．08CuPVRE 耐大气腐蚀用钢的生产实践[J]．炼钢，2002，18（4）：3～5.
[4] 张学辉，徐光华，李国彬，刘昆华．耐候钢 09CuPTiRE-A 质量的研究及改善量的研究及改善[J]．炼钢，2002，18(5)：19～23.
[5] 陈吉清，陈邦文，胡敏，等．武钢铁路车辆用耐候钢的开发[J]．钢铁研究，2003，134(5)：48～51.
[6] 郭艳，郭华，左军，等．攀钢 09CuPRE 热轧耐候板的工艺及性能[J]．钢铁钒钛，1998，19(1)：32～37.
[7] 宝钢集团上海第一钢铁有限公司科技市场部．高耐候结构钢产品介绍，2000.
[8] 陈建军，姜茂发，李凯．B450NbRE 高强耐候 310 乙字钢研制[J]．稀土，2006，27(6)：73～74.
[9] 张进德．我国铁路货车技术发展趋势[J]．铁道车辆，2003，41(4)：1～6.
[10] 孙玉福，高英民，赵靖宇，铬镍氮稀土抗磨耐热钢的试验研究[J]．铸造技术，2003，24(52)：428～430.
[11] 董方，阎俊萍，郭长庆，38SiMn2BRE 铸钢球磨机衬板的研制[J]．铸造技术，2002(3)：3～5.
[12] 曹瑜强，雷百战，邓宏运，等．中碳多元稀土合金耐磨钢衬板的研制[J]．热加工工艺-材料，2003(5)：48～49.
[13] 宋延沛，谢敬佩，罗全顺，等．微量元素在耐磨铸钢榨螺中的作用[J]．钢铁研究学报，2000，12(3)：63～67.
[14] 胡一丹，王一军，郑文，等．稀土硼复合变质对马氏体硅锰铸钢强韧性的影响[J]．铸造·锻压，2007，36(13)：27～29.
[15] 王仲珏，稀土变质处理改善高锰钢性能[J]．新技术新工艺·热加工技术，2001(4)：28～29.
[16] 寇生瑞，高铬稀土钢喷燃器火嘴的研制[J]．钢铁研究学报，1991，3(1)：53.
[17] 韩肇俊．3 种新型奥氏体耐热不锈钢 253MA、153MA 和 353MA 评述介绍[J]．沈阳工程学院学报(自然科学版)，2009，5(2)：169～174.
[18] 赵洪恩，张匀．602RE 合金的研究及应用[J]．机械工程材料，1993，17(1)：5～8.
[19] 唐正义．1Cr25Ni20Si2 耐热不锈钢管的试制[J]．冶钢科技，1994(1)：29～32.
[20] 赵四勇，周克崧，叶英宁，等．锅炉燃烧器喷嘴用含 N、Nb、RE 耐热钢的研究[J]．机械工程材料，1999，23(4)：42～45.
[21] 蒋汉祥，孙善长，杨德鑫．含氮稀土耐热钢 H1 的研制[J]．重庆大学学报，2002，254(3)：94～114.
[22] 马敏团，王志选，焦晓慧．一种节镍型耐热钢的研制[J]．热加工工艺，2003(2)：44～45.

[23] 刘忠元，史正兴．稀土铬锰氮耐热铸钢的研究[J]．机械工程材料，1992，76(1)：41～46.

[24] 赵金山，姚志国，侯菊侠，等．稀土含氮奥氏体耐热钢在冷却机扬料板上的应用[J]．铸造技术，2001(5)：11～12.

[25] 孙文山，丁桂荣，马建中，等．新型稀土双相不锈钢SG52在化学工业中的应用[J]．硫酸工业，1998(2)：33～35.

[26] 孙文山．新型双相不锈钢及其在工业上的应用[J]．兵器材料科学与工程，1994，17(6)：51～55.

[27] 孙文山，丁桂荣，宋爱英，等．新型稀土双相不锈钢—SG52[J]．兵器材料科学与工程，2004，27(5)：44～46.

[28] 孙文山，冯建中，丁桂荣．新型稀土双相不锈钢的焊接[J]．焊接学报，1999(12)：79～85.

[29] 束润涛，朱启鹏，等．耐H_2S腐蚀的稀土合金钢（09Cr2AlMoRE）[J]．石油化工腐蚀与防护，2001，18(4)：21～25.

[30] 束润涛，朱启鹏，等．耐H_2S腐蚀的09Cr2AlMoRE钢研制总结[J]．全面腐蚀控制，2001，15(5)：36～42.

[31] 束润涛．07Cr2AlMoRE与15CrMoR的性能比较[J]．化工技术装备，2008，29(4)：59～61.

[32] 束润涛．耐湿硫化氢腐蚀的新材料07/09Cr2AlMoRE[J]．石油机械，2003，31(4)：1～3.

[33] 包钢国家"十五"科技攻关"铁路用高强耐磨稀土重轨钢研究"验收工作报告．

[34] 于宁，孙振岩，战景文，等．稀土提高热轧珠光体钢轨使用性能的机理（上）[J]．稀土，2011，32(5)：49～55.

[35] 包钢集团公司，科技部"863"计划课题-2010AA03A407．镧、铈稀土元素在钢中的应用研究报告，2013.

[36] 王晓燕，高军，苏有，等．低合金高强韧稀土铸钢的研究[J]．铸造，2012，16(8)：862～864.

[37] 刘汉宜．焊接碳当量计算及公式应用[J]．承钢技术，2007(1)：34～38.

[38] 周惦武，彭平，徐少华．稀土元素在钢中的应用与研究[J]．铸造设备研究，2004(3)：35～38.

[39] 张仲秋，纪忠民，李中朝，等．纯净铸钢及其精炼[J]．铸造，1998(1)：49～52.

[40] 顾钰熹，王宗杰．34CrNi3Mo低合金高强度调质钢焊接冷裂纹敏感性的研究[J]．辽宁机械，1983(6)：1～9.

[41] 马海涛，吴迪，张永富．稀土添加工艺及其在重载汽车车轮钢中的作用[J]．中国稀土学报，2008(2)：200～204.

5 稀土低合金、合金钢中稀土加入工艺技术

稀土元素熔点低、化学活性强，极易被氧化，所以稀土进入钢液前会与空气中氧和熔渣作用，在钢液中与氧、硫等作用。进入钢液中的稀土在与熔渣、耐火材料或空气接触时都会发生再氧化反应。若不充分注意这些问题，这就会造成钢中稀土的作用不稳定和稀土收得率低等问题。因此研究和正确掌握钢中稀土的加入方法是具有重要意义的研究课题，也是正确利用好钢中稀土的关键。除钙、镁以外，没有任何合金元素或微量元素像稀土元素这样对其加入方法提出那么高的要求。

在钢中稀土加入技术发展的过程中，曾出现下列问题：（1）RE_2O_3、RE_2O_2S 密度与钢液相近或稍高，易在钢锭底部形成锥偏析（早期在模铸，尤其是大型模铸吊挂稀土）；（2）出现二次氧化问题，发生 $RE_2O_2S + [O] = RE_2O_3 + [S]$ 反应（当炼钢及后续工序中钢液出现增氧），硫被还原到钢水中去；（3）水口堵塞；（4）稀土收得率不稳定；（5）稀土氧化物破坏普通保护渣的冶金物化性能等。随着冶金工作者对稀土元素物理化学性质及其在钢中作用的认识不断深入以及现代炼钢技术和实验技术的发展，这些问题的本质已基本认识清楚，同时与现代炼钢连铸工艺相匹配的钢中稀土加入方法及新技术不断出现。

冶金科研人员已普遍认识到，在钢中加稀土前及加稀土时必须提供最佳冶金热力学条件：（1）钢液应保证尽可能低的氧含量、硫含量；（2）稀土加入过程要提供适当搅拌，即加入方法要保证稀土均匀分布；（3）由于稀土具有极强的化学活性，必须采用保护浇注，严防钢液再次被空气中的氧或其他污染源等污染；（4）纯稀土金属丝或高纯混合稀土金属丝必须外加保护，以尽可能减少稀土丝的烧损和氧化；（5）必须根据每一钢种的洁净度及性能要求制定合适的稀土加入量。

5.1 稀土低合金、合金钢的稀土加入方法

稀土在钢中有效作用的发挥与稀土在钢中的加入方法密切相关。稀土加入方法是稀土在钢中应用的关键技术之一，正确的稀土加入工艺对稀土在钢中有效发挥作用有决定性的影响，加入工艺的研究、提高和创新一直是稀土在钢中应用所关注的重要课题。传统的稀土加入方法主要有稀土硅铁合金钢包投入法、钢包压入法、钢包喷吹稀土硅铁粉法、钢包喂合金包芯线法、模铸中注管加入法、模内吊挂稀土金属棒法等。稀土是化学性质极活泼的元素，与氧的亲和力强，采用传统的钢中加稀土工艺，如炉内投入法、包内投入法、出钢流加入法、包内喷吹法都避免不了稀土与空气、钢渣、耐火材料等接触，烧损大，钢中稀土的含量波动很大，稀土的收得率较低或很低。一些研究表明高熔点稀土夹杂物与硅铝质水口砖反应，是导致水口结瘤、水口堵塞的重要原因，此问题曾经严重阻碍了稀土钢的发展。随后发展采用钢包稀土合金芯线技术，用喂线机把稀土芯线输入钢水中则一定程度上避免了稀土金属与空气和熔渣接触，提高了稀土合金收得率。在钢液洁净度不断提高的

条件下，后期发展的结晶器喂稀土丝及中间包喂稀土丝工艺，稳定的稀土收得率得到了大幅度提高。

5.1.1 钢中稀土加入方法的种类及发展历程

自20世纪60年代以来国内稀土在钢中的加入方法及工艺技术随着炼钢及连铸技术不断进步，经历了下列发展的过程[1~16]：钢包投入法→钢包压入法→包内喷吹稀土粉→包内喂丝法→模内吊挂法→中注管喷入法→中注管喂丝法→中间包喂稀土丝工艺→连铸结晶器喂稀土丝工艺。稀土加入钢中的主要方法如图5-1所示。

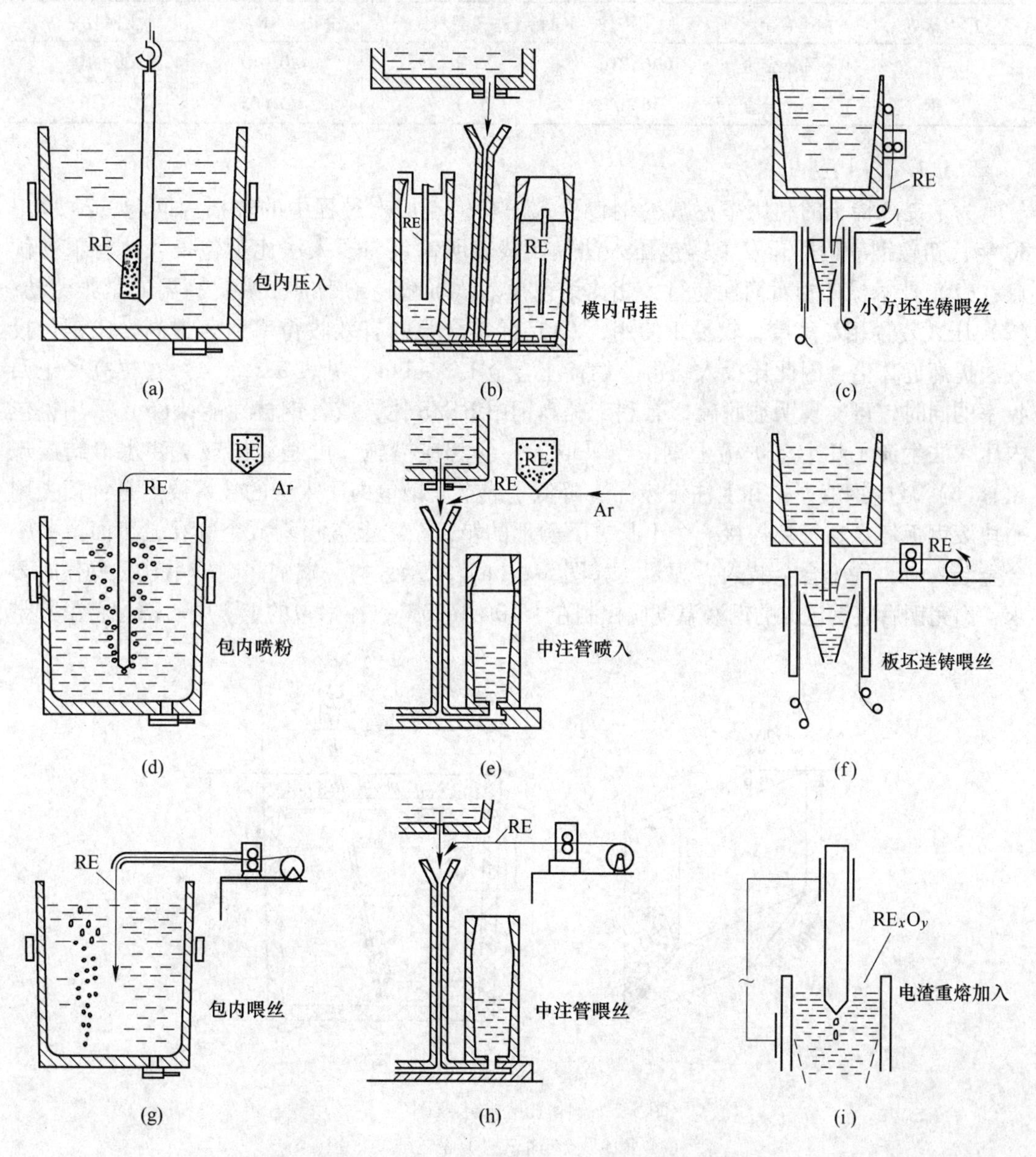

图5-1 稀土加入钢中的主要方法示意图[1]

(a)~(c)钢包内加入；(d)~(f)钢锭模和中注管加入；(g)~(i)结晶器内加入

5.1.1.1　钢包投入法

20世纪60年代，国内绝大多数钢厂沿用在出钢过程中向钢包投入块状稀土硅铁合金或混合稀土金属的方式。表5-1为济钢和武钢生产中使用钢包投入法的情况。该工艺的特点为：(1) 大部分稀土被空气、熔渣及钢中的氧氧化并排出，只有很少部分留在钢中，且多形成大型氧化物夹杂，稀土回收率不到10%；(2) 由于稀土的加入方法不够科学，造成稀土作用不稳定，钢材性能忽好忽坏，给用户带来困惑；(3) 易产生水口结瘤，造成生产不顺和损失；(4) 稀土收得率低，成本高。因此该方法很快被淘汰。

表5-1　济钢和武钢钢包投入法的稀土回收率[2]

厂　家	稀土合金	使用钢种	稀土加入量/$kg \cdot t^{-1}$	钢中[RE]/%	稀土回收率/%
济　钢	1号稀土合金	09CuPTi	5	≤0.010	0~10
武　钢	1号稀土合金	16Mn	3	≤0.005	≤10

5.1.1.2　钢包压入法

为了提高稀土的利用率，减少钢包投入法在稀土加入过程中的烧损等问题，20世纪80年代初鞍钢等钢厂开发了钢包压入法，实践表明钢包内压入法比钢包投入法有下列优点：(1) 技术操作相对简便易行，相比钢包投入法可减轻出钢时工人冒高温的紧张劳动；(2) 压入装置相对简单，较易于使用；(3) 稀土合金的有效收得率显著提高，比钢包投入法提高近2倍，因此比投入法可节约稀土合金1/3~1/4，见表5-2；(4) 在提高稀土回收率的同时，可实现明显脱硫，有利于提高钢中RE/S比，改善钢材性能；(5) 采用钢包内压入法生产了几十多炉稀土钢，当采取了一些相应措施，可避免出现浇注水口结瘤现象；(6) 减少钢液损失和上注锭废品，降低了成本。钢包内压入法的技术要点是：预先用一块废钢板坯，在一端焊接一个上长方下斜形的箱，箱之上盖板割数个气孔，正面留一个合金装入口，稀土合金装入后焊封，如图5-2 (a) 所示；另一端割一圆形吊孔。操作时要求：出完钢后盛钢包内的钢液温度应控制在1610~1620℃；在钢包的上方中心部位将吊起带

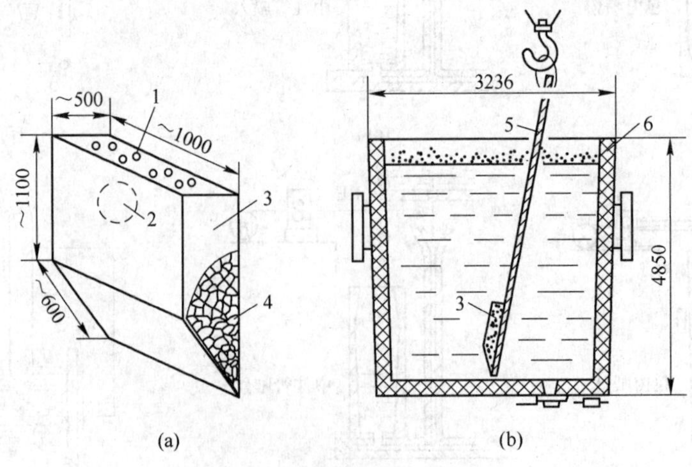

图5-2　钢包压入法示意图[3~7]

(a) 稀土合金小箱；(b) 钢包压入法

1—稀土合金箱的出气孔；2—合金装入孔；3—合金箱体；

4—稀土合金；5—低碳钢板坯；6—钢包

稀土合金小箱的钢板坯下降，使稀土合金箱立即压入大包内钢液底部，静置 3 ~ 4min 后，来回搅拌几次，以促进熔化和均匀分布，随后吊起和取出已放空的稀土合金小箱的钢板坯，如图 5-2（b）所示；钢液温度控制在 1580 ~ 1590℃时浇注。用该钢包压入法处理的铸坯稀土分布基本均匀，非金属夹杂物形态得到较好控制，虽稀土回收率、脱硫率比钢包投入法明显提高，但波动仍较大，因此仍需要提高。钢包压入法试验结果见表 5-2 ~ 表 5-4。可见钢包压入法脱硫率较高，稀土回收率也较钢包投入法有所提高。钢板性能结果表明了用压入法加入稀土，成倍地提高了连轧钢板的横向/纵向冲击值比值，且各部位钢材的冲击值波动范围也较窄，见表 5-5。1979 ~ 1981 年包中压入稀土硅铁合金块大生产应用成功并被纳入正式操作。

表 5-2 钢包压入法稀土回收率和脱硫率[2]

熔炼方法	钢包容量/t	RE/S	稀土回收率/%	脱硫率/%
转　炉	20	—	10 ~ 25	—
转　炉	200	1.5 ~ 8	15 ~ 34	35 ~ 75
电　炉	6 ~ 8	1 ~ 2	30 ~ 50	20 ~ 60

表 5-3 20t 钢包投入与压入法稀土回收率和脱硫率的比较[3~7]

炉号	出钢[S] /%	稀土加入量 /%	（甲罐）投入法加稀土					（乙罐）压入法加稀土				
			钢中			脱硫率 /%	RE 回收率 /%	钢中			脱硫率 /%	RE 回收率 /%
			[S] /%	[RE] /%	[RE]/[S]			[S] /%	[RE] /%	[RE]/[S]		
P1	0.018	0.099	0.018	0.006	0.33	0	6.1	0.016	0.022	1.38	11.1	22.2
P2	0.023	0.096	0.021	—	—	8.7	—	0.017	0.022	1.29	26.1	22.9
P3	—	0.114	0.015	0.010	0.67	—	8.7	0.013	0.025	1.67	—	22.1
P4	0.018	0.145	0.011	0.017	1.55	38.9	11.7	0.009	0.037	4.11	50.0	25.5
					平均	15.9	8.8				29.1	23.2

表 5-4 200t 钢包压入法稀土试验结果[3~7]

炉号	出钢[S] /%	稀土加入量 /%	钢中			脱硫率 /%	稀土回收率 /%	出钢温度 /℃	包内钢液温度		钢板	
			[S] /%	[RE] /%	[RE]/[S]				加 RE 前	加 RE 后	厚度/mm	冷弯 180° $d=a$
C1	0.018	0.196	0.010	0.029	2.9	44.4	14.8	1630	1610	1595	3.5	好
C2	0.023	0.176	0.007	0.041	5.8	69.6	23.3	1650	1590	1565	70	$d=3a$,好
C3	0.020	0.177	0.005	0.058	11.6	75.0	32.8	1650	1630	1590	70	好
C4	0.016	0.185	0.009	0.022	2.4	43.8	11.9	1680	1615	1575	3.5	好
C5	0.017	0.175	0.009	0.060	6.7	47.1	34.3	1650	1595	1570	1.5	好
C6	0.011	0.181	0.007	0.055	7.8	36.4	30.6	1670	1620	1590	2.5	好
C7	0.018	0.164	0.008	0.018	2.2	55.6	11.0	1670	1615	1585	2.5	好
C8	0.016	0.161	0.009	0.029	3.2	36.8	18.0	1650	1600	1575	6.0	好
					平均	51.1	22.1					

表 5-5　稀土加入方法对钢板横向、纵向冲击值①的影响[3~7]

RE 加入方法	RE 加入量 /%	钢板厚度 /mm	钢锭部位	室温 a_K/kg·m·cm^{-2}		室温	−40℃ a_K/kg·m·cm^{-2}		−40℃
				横向	纵向	$a_{K横}/a_{K纵}$	横向	纵向	$a_{K横}/a_{K纵}$
投入法	0.15	6	上	$\frac{5.4\sim6.2}{5.8}$	$\frac{16.5\sim21.2}{18.3}$	31.7	$\frac{4.6\sim5.1}{4.9}$	$\frac{12.7\sim13.4}{13.1}$	37.4
			中	$\frac{6.3\sim7.1}{6.7}$	$\frac{17.3\sim19.0}{18.2}$	36.8	$\frac{4.9\sim5.6}{5.2}$	$\frac{11.5\sim12.4}{11.8}$	44.1
			下	$\frac{6.6\sim6.9}{6.8}$	$\frac{15.1\sim18.0}{16.6}$	41.0	$\frac{4.4\sim4.8}{4.6}$	$\frac{12.3\sim12.7}{12.5}$	36.8
压入法	0.16	6	上	$\frac{16.9\sim17.4}{17.2}$	$\frac{17.5\sim18.4}{17.7}$	97.2	$\frac{12.6\sim13.0}{12.8}$	$\frac{12.9\sim13.8}{13.4}$	92.8
			中	$\frac{16.6\sim17.3}{17.0}$	$\frac{17.5\sim18.7}{18.0}$	94.4	$\frac{11.4\sim12.9}{12.0}$	$\frac{12.9\sim14.8}{13.8}$	87.0
			下	$\frac{12.8\sim13.4}{13.0}$	$\frac{13.8\sim14.9}{14.3}$	90.9	$\frac{9.4\sim11.5}{10.1}$	$\frac{10.7\sim12.0}{11.4}$	86.6

① a_K 值栏中的分子为试验值波动范围，分母为试验平均值。

5.1.1.3　包内喷吹稀土合金粉法

自1978年国内的炼钢厂曾广泛开展喷射冶金技术，建立了相应的喷射冶金装置，在进行喷吹含钙粉剂脱硫和控制夹杂物研究的同时，开展了喷吹稀土硅铁粉的试验。上钢三厂等三家钢厂包内喷吹稀土硅铁粉法试验和生产情况如表5-6所示。该法较大包压入法的稀土回收率又有了提高。1982~1984年喷吹稀土硅铁粉大生产应用成功并被纳入正式操作。1986年鞍钢选用包内合成渣喷吹稀土硅铁合金粉工艺，经150t转炉—200t钢包44炉，300t平炉—100t钢包5炉，共8000多吨钢试验。稀土加入量0.053%（质量分数）左右，脱硫率平均为68.8%，最高达78.9%，钢中S平均为0.007%（质量分数）；稀土回收率平均为30%，最高达40.9%；RE/S≥2.0，较彻底控制了钢中硫化物夹杂形态。该工艺与鞍钢的包内压入法及投入工艺相比脱硫率分别提高30%或一倍多，稀土回收率分别提高35%或三倍多，吨钢节省稀土硅铁合金4.5~6.0kg。该工艺与喷吹硅钙工艺相比，脱氧，脱硫效果更好。MnS型夹杂物从不能彻底消失达到彻底消失。包内喷吹稀土粉法工艺改善钢材低温韧性和缩小各向异性效果更好，经济效益显著。

表 5-6　包内喷吹稀土硅铁粉法稀土回收率和脱硫率[2]

厂　家	冶炼方法	钢　种	加入量	平均稀土回收率/%	脱硫率/%
上钢三厂	30t 转炉	低碳钢	1.2~1.7kg/t	47.6	20
齐　钢	30t 电炉	86CrMoV	0.091%	71	70
鞍　钢	200t 转炉	16MnRE	0.05%	30	68

5.1.1.4　钢锭模内吊挂法

模内吊挂法即在钢锭模内悬挂稀土金属或稀土合金棒，随浇入钢锭模中钢水液面上升，稀土金属或稀土合金棒在保护渣下不断地熔入钢液中。该法适用于下注法浇铸大型镇静钢钢锭。模内吊挂稀土的方法在我国得到广泛应用，在模中用铝自耗吊架竖直悬挂混合稀土金属（参见图5-3），在强还原性的石墨渣层下，稀土不断被吸收。也有用渣保护法及

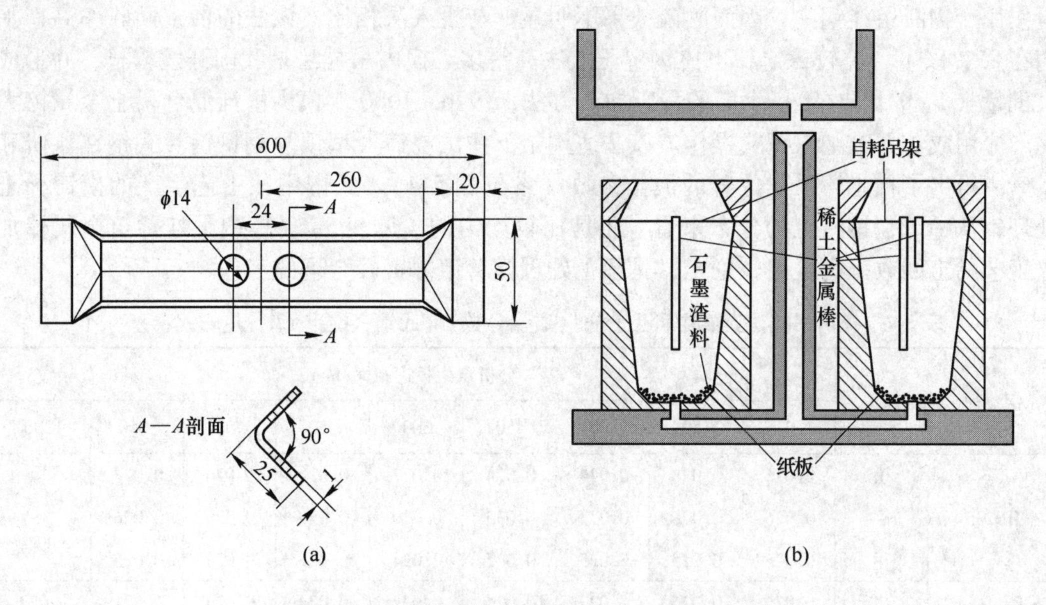

图 5-3 模内铝制自耗吊架吊挂稀土金属棒法示意图[8]
(a) 铝制自耗吊架示意图；(b) 稀土金属棒吊挂示意图

通氩保护法等措施防止稀土烧损的。或者将混合稀土装入薄壁钢管中，吊在钢锭模内，然后以下注法进行浇注皆可获得稳定的稀土收得率。钢锭模内吊挂稀土棒的装置一般非常简单，通常将轻便的架子放在钢锭模帽口上，架子有一或两个孔，每个孔插一根稀土棒，稀土棒上端钻小孔，插上销子即可使稀土棒悬挂在架子上（图 5-3 和图 5-4）。模内吊挂稀土棒的操作要点如下：根据不同的钢种要求加入不同的稀土量。稀土加入量根据稀土棒的直径、长度和钢锭大小通过计算便可控制。以武钢、本钢曾用的稀土棒为例，稀土棒的直径为 ϕ14 ~ 18mm，长 1.2 ~ 1.4m，混合稀土金属纯度 RE≥98%，钢锭重量为 13.2t 和 12.4t 两种，采用下注法浇铸，稀土加入量约为 300g/t 左右。稀土棒吊挂前，钢锭模和底板都需经过仔细检查并吹扫干净，在模内还应投入适量的保护渣且铺匀。然后把吊挂稀土棒的架放置在帽口上。钢水在钢锭模内上升过程中，稀土在保护渣的保护下平稳地溶入钢液。稀土棒的吊挂高度是此工艺的重要参数。吊挂高度不适当，钢锭底部容易出现沉积锥，从而影响稀土在钢锭中分布的均匀性。该法加稀土，钢中 RE 与 S 的作用比钢包压入法要充分，

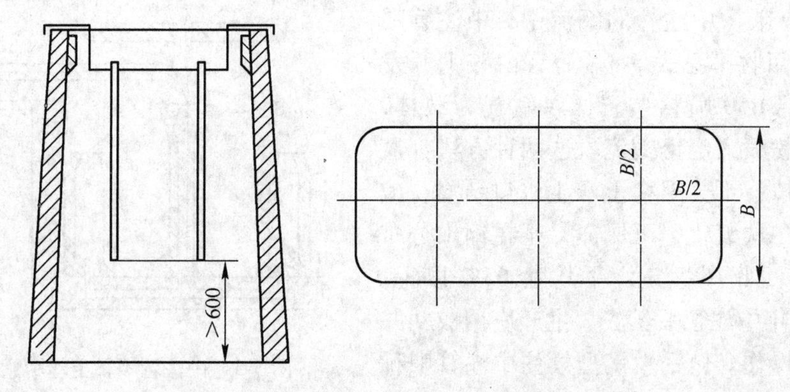

图 5-4 模内吊挂稀土金属棒最佳位置示意图[2]

但作用产物滞留在钢中，因而脱硫效果不明显。与投入法相比，该法的稀土回收率高，平均在85%以上，并较稳定，也比钢包压入法高得多。模内吊挂法是我国开发较早，并形成大批量（>30万吨/年）生产的稀土加入方法，1976~1980年模内吊挂混合稀土金属棒大生产应用成功并被纳入正式操作。该法适用于下注法浇铸大型镇静钢钢锭。武钢在科研和生产中得出了稀土棒吊挂位置的最佳参数（参见图5-4）。武钢用该工艺生产的模铸稀土处理钢从稀土在钢材上的分布来看，还是比较均匀的，见表5-7。模内吊挂稀土金属棒加入工艺稀土回收率高且比较稳定，是稀土处理模铸镇静钢较合理的工艺。

表5-7　模内吊挂法钢卷中稀土分布（质量分数）（武钢，锭重12t，热轧钢卷）[2]　（%）

钢　种	部位	分析点距板边距离/mm								
		0	150	300	450	600	750	900	1050	1200
JIN235	头	0.026	0.028	0.024	0.024	0.027	0.029	0.026	0.028	
	中	0.026	0.028	0.033	0.035	0.030	0.029	0.026	0.026	
	尾	0.026	0.025	0.025	0.025	0.024	0.025	0.026	0.025	
JN345	头	0.026	0.025	0.023	0.024	0.022	0.024	0.020	0.021	0.022
	中	0.023	0.023	0.020	0.022	0.022	0.020	0.021	0.021	0.020
	尾	0.021	0.021	0.020	0.020	0.021	0.019	0.021	0.019	0.019

钢锭模内吊挂法加稀土较好地避免了稀土的二次氧化，稀土回收率高，并避免了水口结瘤和堵塞问题，但是当钢液中[O]、[S]含量高时，夹杂不易上浮，且在表皮激冷层稀土含量较少，在中间可与偏析的氧、硫起反应，形成钢锭底部沉积锥。这是较大型钢锭模吊挂法加稀土在技术上需要引起注意和提高的地方。

5.1.1.5　中注管喂丝法

该法用于下注法浇铸的镇静钢，是将稀土丝连续喂入中注管钢流中，其装置和操作原理与连铸喂稀土丝法大致相同（见图5-5）。1979年，上海第三钢铁厂与上海跃龙化工厂合作，在研制成稀土混合金属丝的同时，利用自动焊机改制成轻便的无级调速喂丝机，从1979至1983年，对平炉和电炉钢做了近20炉实验，稀土加入量0.04%~0.08%（质量分数），稀土回收率高达80%以上。已应用生产的有中注管喂稀土金属丝法和中注管喷入稀土硅铁粉法。前者是用喂丝机将稀土金属丝（ϕ3~5mm）喂入中注管的钢流中，中注管喂丝法的稀土回收率见表5-8。后者由鞍钢开发成功，使用CR50喷粉装置，以氩气为载体，将稀土硅铁粉喷入浇钢钢流。这两种方法都避开了浇注水口，不会因稀土产生水口结瘤，减轻了钢液的二次氧化，可保证稀土在钢中分布均匀，稀土回收率稳定，平均达65%以上。1982~1983年中注管喂丝法大生产应用成功并被纳入正式操作。包钢大锭型模注中注管喂稀土丝工艺项目1990年通过冶金部鉴定。

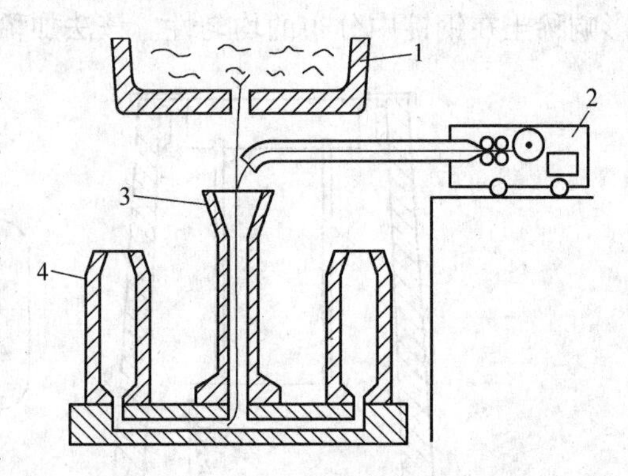

图5-5　中注管喂稀土丝示意图[9]

1—钢包；2—喂丝机；3—中铸管；4—钢锭模

表 5-8 中注管喂丝法的稀土回收率[2]

厂 家	钢 种	稀土加入量	稀土回收率/%
武 钢	09CuPTiRE、ZL55RE	210 ~ 270kg/t	62 ~ 78
上钢三厂	16MnREL 55SiMnRE	0.04% ~ 0.08%	>70 >85

中注管喂稀土丝法，可以根据钢种的要求、钢中的含硫量和浇注速度调整喂丝速度，便于控制稀土的加入量。此方法还由于在开浇不久钢液中就有了稀土，钢锭的激冷层因而也可以获得一定的稀土含量，使稀土在钢中更能均匀地分布。但此法要注意保证喂丝机的灵活运行，稀土丝直径粗细均匀，以确保稀土的加入量精确。如果稀土丝有部分与中注管、汤道耐火材料相作用，稀土的回收就必然受到影响。若钢液经过吹氩搅拌或真空处理后采用此方法并在保护渣保护下进行的，且所用的保护渣一定要有吸附稀土夹杂物的作用，稀土的回收效果就好得多。

5.1.1.6 中间包喂稀土丝工艺

稀土金属丝按照一定速度喂入中间包，稀土丝穿过覆盖渣进入中间包与钢液中的氧、硫发生反应，生成稀土氧化物、稀土硫氧化物以及稀土硫化物，从而达到控制夹杂物形态和性质的作用。固溶在钢液中的残余稀土还可以起到微合金化的作用，提高钢的性能。与结晶器喂丝工艺相比较，从中间包喂入的稀土与钢液中的氧、硫结合生成的稀土夹杂有更长的时间上浮。南京钢厂进行的中间包喂丝工艺试验发现[10]，板坯横断面上硫化物更易上浮，基本消除了连铸板坯内弧侧四分之一范围的大尺寸夹杂物。中间包喂稀土丝工艺及装置如图 5-6 所示。中间包喂稀土工艺作为稀土在钢中加入方法的一种，其优点是稀土有充分的时间与钢液反应，以达到变质夹杂物和微合金化作用，稀土在铸坯断面分布均匀，夹杂物有充分时间上浮等。缺点是中间包喂稀土工艺存在高熔点的稀土夹杂物容易聚集水口处并导致水口黏结，因此中间包喂稀土工艺正在不断发展和完善。

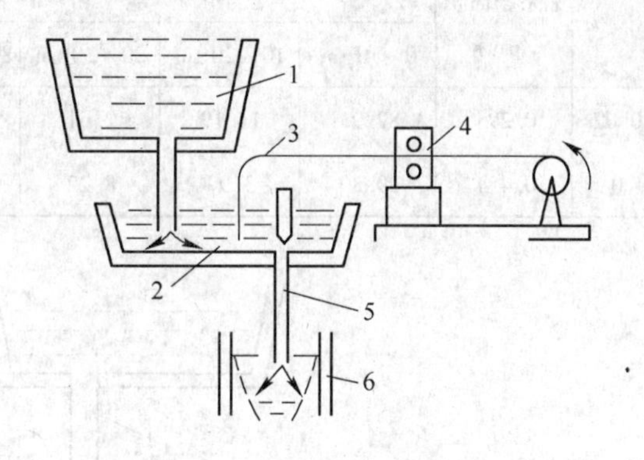

图 5-6 中间包喂丝工艺示意图
1—大包；2—中间包；3—稀土丝；4—喂丝机；5—浸入式水口；6—结晶器

5.1.1.7 连铸结晶器喂稀土丝法

1981 ~ 1984 年连铸结晶器喂稀土丝法大生产应用并被纳入正式操作。连铸结晶器喂稀土丝法主要用于板坯连铸，根据不同钢种要求，用喂丝机将一定直径（ϕ2 ~ 5mm）的稀土金属丝以一定的速度穿过保护渣层，喂入结晶器钢液中。喂丝效果见表 5-9 和表 5-10。由于连铸钢产量在总的钢产量中所占的比重逐年增加，在连铸生产中扩大稀土的应用是一个必然的趋势，因而必须发展相应的稀土加入方法。1979 年国内已经成功研制了直径 ϕ2 ~ 5mm，含稀土（$\sum$RE ~ 96%）的混合稀土金属丝。20 世纪 80 年代初武汉钢铁公司和包头冶金研究所合作，试制成无级调速，配有瞬时速度和喂丝长度显示的匀速、连续喂丝机。具体操作是在浇注时，可按铸坯拉速和钢种确定喂丝速度，匀速、定量地加入设定的稀土量。裸露的混合稀土丝（后发展为外包极薄铁皮的混合稀土丝）经过导管在浸入式水口附近的一侧从正面穿过结晶器钢液面上的保护渣进入钢液。连铸结晶器喂稀土丝工艺及装置如图5-7所示。连续向结晶器直接喂稀土丝的生产实践和研究表明，稀土回收率在70%～90%，能准确而稳定的控制加入量；研究还表明，加入稀土有效地改善了钢中硫化物的形态、大小和分布；铸坯的结晶组织和硫偏析都有所改善，板坯的冲击韧性随RE/S比值的增加而提高。

表5-9　济钢、武钢连铸结晶器喂稀土丝试验和生产数据[2]

厂　家	坯断面	稀土丝直径/mm	钢　种	稀土加入量/$g\cdot t^{-1}$	RE/S	稀土回收率/%
济　钢	180×700	3，4	09CuPTiRE 16MnREL	300～800	1.5～3.5	60～84
武　钢	210×1300	3.5，4	09CuPTiRE 09MnREL W×60，65	200～300	1～1.25	70～90

表5-10　武钢连铸结晶器喂稀土丝09CuPTiRE钢的夹杂细化、球化结果[2]

RE/%	夹杂物面积/μm^2	尺寸分布/%						平均弦长/μm	形状因子
		0～10μm	10～20μm	20～30μm	80～100μm	100～200μm	200～400μm		
0.02	0.298	82.93	14.19	2.61	0.22	0	0	7.372	4.987
0	0.454	29.89	3.97	8.22	4.52	2.27	1.14	17.663	17.024

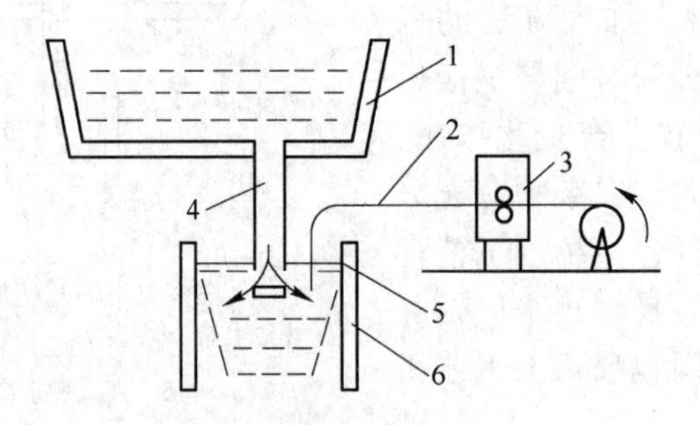

图5-7　连铸结晶器喂稀土丝工艺示意图

1—中间包；2—稀土丝；3—喂丝机；4—浸入式水口；5—保护渣；6—结晶器

5.1.1.8　电渣重熔工艺稀土加入方法[15]

电渣重熔工艺是国内外生产优质钢材的重要手段之一，较早生产加稀土元素的电渣钢时，一般是首先将稀土金属加入电极棒中或将稀土金属涂在电极棒上，因此稀土元素的烧损很大，回收率很低，使电渣钢中稀土元素含量甚微，发挥不出稀土元素对钢材性能的良好作用。国外曾在电渣重熔过程中向结晶器内投放稀土金属，由于稀土金属在渣面上烧损，因而产生渣子飞溅和稀土元素在钢中分布不均。我国关于稀土电渣重熔的研究工作开展较早，稀土电渣重熔就是以 30% CeO_2 + 20% CaO + 50% CaF_2 三元稀土渣系（以下简称稀土渣）代替原来使用的 30% Al_2O_3 + 70% CaF_2 二元氧化铝渣系（以下简称氧化铝渣）的重熔过程。五二研究所和东北工学院共同进行的电渣重熔工艺稀土加入方法的试验，在工作中得到包钢冶金研究所和上海计量局的大力支持，试验采用稀土氧化物做渣料，在重熔过程中用硅钙粉作还原剂，可使稀土元素均匀地还原进入钢中，这是生产加稀土的电渣重熔钢的好方法。通过控制加入还原剂的数量，可较准确地控制钢中的实际稀土元素含量范围。还原进入钢中的稀土元素起到变质和净化作用，可使钢的常、低温冲击韧性提高 9.8 ~ 19.6J/cm^2，取得较好结果。此方法在五二研究所等得到很好的应用和发展。

5.1.1.9　精炼过程中添加稀土

为了使钢中稀土加入方法能保证工艺顺行，能满足各种工艺生产线（例如一机多流的连铸方式等），进入 21 世纪以来还是有不少冶金企业及研究者在努力探寻更合理的稀土加入方式，以匹配各种工艺生产线。精炼过程中添加稀土就是其中之一。

在 RH 精炼处理过程中，以添加混合稀土合金的方式，对实验炉次钢水进行稀土处理。稀土添加剂是以 Ce、La 为主的混合稀土硅合金（表 5-11）[16~18]。

表 5-11　稀土硅合金的技术要求

粒度/mm	密度/g · cm^{-3}	w(RE)/%	w(Si)/%	w(Mn)/%	w(Al)/%
3 ~ 20	4.4	50 ~ 56	35 ~ 39	0 ~ 0.2	2 ~ 7

针对目前不少钢厂采用一机多流的连铸方式，包钢开展了不经 VD 工艺的钢种采用在精炼中后期和精炼后喂稀土丝，经 VD 工艺的钢种采用在 VD 前后喂稀土丝的试验研究。钢包喂稀土丝是用喂丝机将 ϕ13mm 的稀土包芯线（用铁皮将硅钙粉和稀土丝包覆）喂入钢包内[19]，试验发现，在精炼中期或精炼后 VD 前，稀土收得率只在 10% ~ 25%，不堵水口；精炼后或精炼后 VD 后，稀土收得率在 35% ~ 50%，堵水口。

5.1.1.10　不同稀土加入方法特点的比较

以上常见的稀土加入方法从大包投入、压入、包内喷粉，到中注管喷粉、喂丝，再到模内吊挂和结晶器喂丝，稀土的加入时间越来越晚。模内吊挂和结晶器喂丝使稀土完全避免了与浇注水口和其他耐火材料的接触，减少了稀土再氧化的机会，稀土的利用效率大大提高。稀土回收率能稳定在 60% ~ 90% 内。特别是随连铸比的不断增加、喂丝机的逐步完善、高质量的稀土金属丝的批量生产，连铸结晶器喂稀土金属丝法将成为最重要的稀土加入方法。1994 年全国采用该工艺生产的稀土钢达 25 万吨，接近稀土钢总产量的 50%。济钢自 1987 年以来，开展过几次板坯连铸结晶器喂稀土金属丝的试验研究，只是由于钢中含氧水平高，处理效果不显著，但其工艺已基本掌握。随着冶炼、连铸工艺及装备水平的大幅提高，尤其是钢包喂硅钙线技术的使用，已可能把钢中含氧量降至较低水平。济钢在 20RE 钢和 16MnRE 汽车大梁钢用大包投入法和喂丝法的稀土加入工艺，研究了其对冲击韧性的影响，见表 5-12。表 5-12 的数据表明稀土加入采用喂丝法明显优于投入法。

表 5-12　济钢两种稀土加入工艺对钢冲击韧性的影响

钢　种	加入方法	V 型冲击(平均值)/J			试样尺寸/mm × mm × mm
		常温	0℃	-20℃	
20RE	喂丝	96.17	45.9	29.4	10 × 10 × 55
	投入	86.50	33.0	17.4	10 × 10 × 55
16MnRE	喂丝	36.58	35.83	27.33	5 × 10 × 55
	投入	24.89	26.56	25.22	5 × 10 × 55

钢中稀土加入方法若按加入时间可分为：前期加入、中期加入和后期加入。前期加入指炉内和出钢过程中加入，包括炉内加入、冲入、包中压入等加入工艺；中期加入包括钢包喂线、精炼过程中的加入；后期加入指浇注过程中的加入，包括模内吊挂、结晶器喂丝、锭模内延迟加入等加入工艺。

经过试验比较，前期加入工艺，稀土主要起脱氧、脱硫作用，稀土利用率低，在钢中的分布不均匀而且稳定性差，生成的稀土产物容易聚集长大，比较注重脱氧、脱硫的效果。由于稀土加入钢中的时间较早，易在钢中形成大颗粒的 RES、$(RE、Mn)_xS_y$、RE_2O_2S、RE_xO_y 及 $REAlO_3$ 等夹杂，由于稀土夹杂的密度较大（$6g/cm^3$ 左右），其钢水在凝固过程中，容易造成稀土在钢中分布的差异。说明前期加入工艺，稀土没有充分有效发挥作用，同时稀土的损耗高，利用率低，限制了该工艺的应用。

中期加入工艺，钢中稀土的分布状况较好，试验钢采用该工艺处理后，钢的组织、性能得到明显改善，稀土在钢中具有较好的脱氧、脱硫及净化钢液的作用。该工艺处理的试验钢由于具备较好的动力学条件气体搅拌等，加速了稀土夹杂的去除及稀土在钢中的均匀分布，达到了稳定和提高钢材质量目的；钢中生成的稀土夹杂颗粒较细、分布较均匀。良好的动力学条件促使聚集长大的生成产物上浮去除，在工艺上没有追求稀土的高回收率，因为稀土回收率高并不能表明处理效果好，这是由于钢中稀土大部分是以稀土夹杂的形式存在，回收率高实际表明的是钢中稀土夹杂含量高；工艺上所追求的是有效利用率高、固溶稀土的微合金化效果及良好的工艺处理效果；因此该工艺在特殊钢中尤其是洁净度高的高质量品种钢中有一定应用可行性。

后期加入工艺，稀土在钢中有效利用率高，除发挥稀土变质夹杂的作用，并容易根据钢种的要求实现和控制好钢中固溶稀土量，有利于发挥其微合金化作用。稀土回收率高，但生成的产物基本不能去除，而且稀土在钢中的分布易不均匀，造成稀土在钢中分布差异的首要原因是稀土加入时间过迟，稀土金属没有时间充分的扩散。连铸生产中，目前最常用最成熟的是结晶器喂稀土金属丝法，使稀土减少了再氧化的机会，杜绝了与耐火材料的接触，稀土的利用率大为提高，回收率稳定在 80% ~90%，1998 年全国采用该方法生产的稀土钢，占稀土处理钢总量的 53%。在钢液具有良好的洁净度前提下，结晶器喂稀土丝工艺，喂入钢液的稀土会改善钢中夹杂物的性质、形状、分布，即使作为夹杂物留在固体钢中，它的危害性也比 MnS、FeS、FeO、Al_2O_3 或低熔点的金属夹杂要小得多。如何正确掌握好连铸结晶器喂稀土丝前钢液的洁净度，稀土丝适宜直径和喂丝速度，稀土含量在铸坯截面或纵向长度上的分布均匀等等，是连铸采用结晶器稀土丝喂入法重要及关键技术参数。武钢是国内稀土在钢中应用开展较早及应用比较好的冶金企业，有很丰富实践经验，表 5-13 和表 5-14 是武钢在长期研究和应用实践中积累的数据。

表 5-13 不同稀土加入方法的稀土回收率[20]

加入方法	加入时间	加入地点	所用稀土合金	使用典型钢种	稀土加入量 $/g \cdot t^{-1}$	RE/S	稀土回收率/%
投入法	出钢过程中加入大包	270t 大罐	1号硅铁合金	16Mnq	3000	RE ≤0.005	0~10
吊挂法	大型钢锭模由帽口吊挂到模内	Z13.4t 扁模 Z12.2t 扁模	ϕ12~18mm 稀土棒	09CuPTiRE 16Mnq	200~300 400	1~1.5 1.74	74~80
喂丝法	大型板坯连铸机结晶器内加入	R10.3m 弧形板坯连铸机的结晶器内	ϕ3.5~4.0mm 稀土丝	09CuPTiRE 09MnREL X60、X65	200~300	1~1.5	70~90
	大型钢锭模下注中注管中喂入	Z13.4t 扁模 Z12.2t 扁模 四锭/盘的中注管内	ϕ3.5~4.0mm 稀土丝	B_3 09CuPTiRE ZL55RE	210 270	1.37~ 1.58	62~78

表 5-14 不同稀土加入方法的评价[20]

稀土加入方法	主要优点	主要问题	使用情况
连铸结晶器喂稀土丝	(1) 稀土回收率高，稀土分布基本均匀； (2) 加入量精度高，根据钢中含硫量加入稀土，控制 RE/S 较好； (3) 钢水有氩封和长水口保护浇注	(1) 要求稀土丝接头光滑，防止断丝； (2) 稀土丝熔点低，经过结晶器保护渣，有部分稀土被熔损氧化	(1) 工业上大量使用，1984 年通过部级鉴定； (2) 全连铸鉴定成果之一； (3) 武钢一米七轧机系统新技术开发与创新鉴定成果之一
钢锭模内吊挂稀土棒	(1) 稀土回收率高，稀土分布基本均匀； (2) 具有简单的吊挂架，准确的吊挂高度，合适的稀土棒，理想的保护渣等完整工艺	(1) 劳动强度高； (2) 稀土夹杂物不易上浮和排除； (3) 上注锭无法加稀土棒	大量使用，1989 年 5 月通过部级鉴定
中注管喂稀土丝	(1) 稀土回收率高，稀土分布均匀； (2) 可准确地控制稀土加入量； (3) 根据钢中硫含量选择稀土丝规格、喂丝速度和喂入时间，能较好地控制 RE/S	(1) 钢水无保护措施； (2) 稀土丝与大气、耐火材料接触有部分稀土被氧化	试生产阶段

实践中连铸采用结晶器稀土丝喂入法常用的确定稀土加入量的公式[26,39]。

根据连铸坯拉速、稀土丝的喂丝速度及相关条件，可以得到稀土喂入量与喂速和拉速的关系式：

$$Q = (\phi^2 \times \pi \times v_{丝} \times \rho_{丝})/(4 \times a \times b \times v_{坯} \times \rho_{坯})$$

式中　Q——稀土喂入量，kg/t；

a，b——连铸坯横截面尺寸，m；

$\rho_{丝}$，$\rho_{坯}$——稀土丝及连铸坯密度，分别为6700kg/m^3、7800kg/m^3；

$v_{丝}$，$v_{坯}$——稀土丝喂丝速度及连铸坯拉速，m/min；

ϕ——喂入稀土丝直径，m。

5.1.2　低合金、合金稀土钢中稀土加入方法应用研究

为了获得钢中加稀土的高效收得率，并且能充分有效地发挥稀土在钢中的作用，长期以来，冶金科研人员对钢中稀土加入工艺进行了广泛试验和研究，有钢包喷粉、钢包喂稀土合金线、中间包喂稀土丝及结晶器喂稀土丝等[21~28,33~43]。下面分别介绍国内一些钢厂在钢包、中间包和结晶器喂稀土工艺试验和研究。

5.1.2.1　钢包 Ca-RE 复合喷吹处理 S20ARE 钢工艺研究[22]

齐齐哈尔钢厂20世纪90年代初对钢包Ca-RE复合喷吹工艺进行了研究。研究结果表明：该工艺具有脱氧、脱硫、改善钢的纯洁度、改善稀土在钢中的分布等特点，因而，显著提高了S20ARE钢的横向常温和低温冲击韧性，满足了产品取消成品淬火工艺的要求；还重点讨论了大包水口结瘤问题，并提出解决水口结瘤的技术措施。试验钢在90t碱性平炉中冶炼，借助于SL钢包喷粉设备，用Ar气作为载气，将符合喷吹工艺性能要求的粉料(见表5-15~表5-17)，按拟定的冶炼和喷吹工艺要点进行试验。试验钢模铸成3.14t锭型的方锭，经轧机开坯后轧制成棒材交货。

表5-15　Ca-RE复合喷吹粉料的要求[22]

项　目	RE/%	Si/%	CaO/%	水分/%	烧碱/%	粒度/mm
稀土硅铁粉	≥28	≤40	—	—	—	≤1.5
CaO粉	—	—	≥90	≤0.5	≤3	≤1

表5-16　Ca-RE复合喷吹粉料的物性[22]

项　目	密度/g·cm^{-3}	熔点/℃	流动速度/g·s^{-1}
稀土硅铁粉	4.5~5.0	1080~1250	15.43
CaO粉	0.9	2600	8.33

表5-17　试验用Ca-RE复合喷吹粉料的化学成分（质量分数）[22]　　(%)

项　目	RE	Si	CaO	SiO_2	水分	烧碱
稀土硅铁粉	27~32	37~40	—	—	—	—
CaO粉	—	—	93.36	0.49	0.64	1.77

注：稀土硅铁粉为包头钢铁稀土公司一厂生产，CaO粉为黑龙江省小岭铁合金厂生产。

喷吹粉料为稀土硅铁粉和CaO粉两种，并将两种粉料分层装入同一个储料罐内。粉料的装入量应适量，如CaO粉料货源不足时，可用CaC_2粉料来代替，其加入量与CaO粉料加入量相同，但应根据CaC_2粉料的实际用量和化学成分考虑增碳量。冶炼喷吹要点：

（1）熔化期大量放渣去磷，化清碳≥0.85%。脱氧前[S]≤0.030%，[P]≤0.010%，钢水温度≥1670℃。（2）炉前用 FeMn 合金预脱氧，并用焦炭粒和铝粉进行扩散脱氧，钢包终脱氧加铝量为每吨钢 2.2～2.4kg。（3）出钢时随钢流加入造渣材料，即小块石灰 750kg＋萤石粉 150kg＋氧化铝粉 100kg。出完钢立即挡渣，确保进入包中氧化渣≤1t，并向渣面加入铝粉 75kg。（4）使用高铝或高铝镁砖衬钢包，最好使用白云石砖衬钢包，钢包烘烤温度≥800℃，钢包内径为 50～55mm。（5）采用一次下枪喷吹工艺，喷吹时间应控制在 8～12min，吹 Ar 气净化时间应控制在 2～4min。（6）喷吹气动参数控制见表 5-18。

表 5-18　Ca-RE 复合喷吹工艺的气动参数[22]

项　目	罐　顶	流态化	喷　射
压力/MPa	～0.6	～0.65	～0.55
流量/L·min^{-1}	150～200	150～200	700～900

由表 5-19 可见，采用钢包 Ca-RE 复合喷吹工艺要比模中吊挂法的稀土回收率降低 67.18%，脱硫率提高 6.26 倍。这主要与钢包 Ca-RE 复合喷吹工艺，扩大了粉剂同钢液、炉渣的反应界面以及钢包喷吹动力学条件促使夹杂物上浮有关。当然，脱硫效果还与钢液温度等因素有关。由表 5-20 可见，该工艺处理 S20ARE 钢中氮含量，喷吹后比喷吹前平均增加 0.00175%，氢含量无明显变化，氧含量明显降低，平均脱氧率为 46.8%。但应说明，钢包喷吹后增加氮含量并不影响钢的时效性能。

表 5-19　不同工艺稀土回收率和脱硫率[22]

工　艺	炉数	稀　土		稀土回收率/%	钢中 S 含量/%		脱 S 率/%
		加入量/%	残余量/%		初始	成品	
模中吊挂法[1]	6	0.04	0.023～0.032	70.50	$\frac{0.018}{0.013\sim0.021}$	$\frac{0.016}{0.013\sim0.020}$	10.3
钢包喷吹法	1	0.04	0.012	30.00	0.024	0.017	29.2
钢包复合喷吹	10	0.02～0.04	0.005～0.010	23.14	$\frac{0.023}{0.018\sim0.032}$	$\frac{0.0058}{0.004\sim0.008}$	74.8

表 5-20　钢包喷吹工艺钢中气体含量测定结果[22]　（$\times10^{-4}$%）

工　艺	炉数	[N]			[H]			[O]		
		喷前	喷后	Δ[N]	喷前	喷后	Δ[H]	喷前	喷后	脱氧率/%
钢包 Ca-RE 复合喷吹	13	26.00	43.50	+17.50	4.46	4.83	+0.37	139.50	74.20	46.81
钢包 CaO 粉单喷吹	12	30.65	47.80	+17.15	4.69	3.99	−0.70	98.55	51.25	47.99

实验表明通过钢包 Ca-RE 复合喷吹处理 S20ARE 钢可实现强化脱氧脱硫、改善钢的纯洁度、改善稀土在钢中的分布等冶金效果，从而提高钢材横向常温和低温冲击韧性，以满足用户提出的取消成品淬火工艺要求，钢包 Ca-RE 复合喷吹处理的 S20ARE 钢材力学性能检验结果如表 5-21 所示。

表 5-21　不同工艺与 Ca-RE 复合喷吹钢材力学性能试验结果对比[22]

工艺 \ 性能 \ 方向	纵向			横向			
	σ_b/MPa	δ/%	a_K/J · cm^{-2}	σ_b/MPa	δ/%	a_K/J · cm^{-2}	a_K/J · cm^{-2}（-40℃）
齐试 161—84（性能不小于）	440	28	196	440	26	59	29
QC02—86（性能不小于）	365	30	196	365	27	69	—
钢包 Ca-RE 喷吹①	513.5 / 467 ~ 568	33 / 30 ~ 37	280 / 224 ~ 326	517 / 490 ~ 562	33 / 30 ~ 39	192.8 / 146 ~ 262	93.1 / 48 ~ 135
模中吊挂稀土棒	471.4	36.1	256.8	476.3	32.2	130.3	63.4
未加稀土	468.4	35.2	262.6	466.5	31.1	72.5	28.4
钢包喷吹 CaO	—	—	—	488	32	187.1	103.8
S20Ni	—	—	—	484.8	—	138.1	73.7

注：QC 02—1986 年技术条件，1987 年 8 月 30 日冶金部情报标准研究总所认定为国际先进水平标准。

①分子为平均值，分母为范围。

由表 5-21 可见，采用 Ca-RE 复合喷吹工艺处理 S20ARE 钢，其钢材横向常温和低温冲击韧性平均值，比模中吊挂法分别提高 47.96% 和 46.85%，比未加稀土常规工艺分别提高 166% 和 228%。由此可见，该工艺处理 S20ARE 钢的综合力学性能达到具有国际先进水平的同类深冲钢 QC02—86 技术条件要求。产品底部力学性能采用该工艺处理 S20ARE 钢，全部发往用户进行取消成品淬火工艺试验，某厂的试验结果示于表 5-22。由表 5-22 可见，采用该工艺处理 S20ARE 钢未经成品淬火的产品底部 -40℃时效冲击值，比相同工艺加工的未加稀土 S20A 钢产品提高 1.1 倍，比相同工艺加工的模中吊挂法的 S20ARE 钢产品 -40℃时效冲击值亦明显提高。可认为，采用钢包 Ca-RE 复合喷吹处理 S20ARE 钢的综合力学性能，满足了取消成品淬火工艺要求。

表 5-22　产品底部冲击值试验结果[22]

工艺	钢种	产品工艺	底部 a_K/J · cm^{-2}		30% 压变形①
			常温	-40℃①	-40℃ a_K/J · cm^{-2}
钢包 Ca-RE 喷吹	S20ARE	未淬火	171.5	76.4 / 54.8 ~ 94.1	35.8 / 28.4 ~ 43.1
模中吊挂稀土	S20ARE	淬火	87.2	58.3	—
		未淬火	61.0	15.2	—
未加稀土	S20A	未淬火	91.7	35.9 / 17.6 ~ 42.1	—

注：30% 压变形试验结果为钢材模拟试验数据。用户要求未淬火产品底部 -40℃时效 $a_K \geqslant 20$J/cm^2。

①分子为平均值，分母为范围。

为研究该工艺对钢纯洁度的影响，在试验钢材 A 段（钢锭头部）和 H 段（钢锭尾部）取样，用电解分离方法分析氧化物夹杂总量，并与同钢种模中吊挂稀土棒、未加稀土常规工艺相对比，分析结果如表 5-23 所示。由表 5-23 结果明显看出，该工艺处理 S20ARE 钢的氧化物夹杂总量比模中吊挂法平均降低 47.0%，比常规工艺（未加稀土）平均降低 58.9%。该工艺改善钢的纯洁度，最重要的原因是钢包喷粉的良好动力学条件促使夹杂物上浮和去除。

表 5-23 各工艺处理 S20A 钢后电解夹杂物分析结果比较[22]

工 艺	炉 号	氧化物夹杂总量/%		平均值/%
		A 段	H 段	
钢包 Ca-RE 复合喷吹	13115	0.00174	0.00110	0.00143
模中吊挂稀土	10272	0.00266	0.00279	0.00270
未加稀土	10272	0.00392		0.00348
	33607	0.00304		

表 5-24 中给出了稀土在钢中分布的试验结果。该试验结果是在钢材 A 段、H 段低倍试片上中心位置取样分析[RE]$_{总}$含量得出的。由表 5-24 结果可见，采用钢包 Ca-RE 复合喷吹处理 S20ARE 钢，稀土在钢材的头部（A 段）和尾部（H 段）分布均匀，明显改善稀土在钢中的分布，进而明显改善钢材低倍质量。改善稀土在钢中的分布原因，与钢包喷吹工艺的优异动力学条件和熔体强烈搅拌作用使钢的化学成分均匀化有关。

表 5-24 稀土在钢中的分布[22]

工 艺	炉 号	稀土加入量/%	[RE] 含量/%		H 比 A 段 [RE] 增量/%
			A 段	H 段	
模中吊挂稀土	18387	0.040	0.028	0.035	0.007
	18568	0.040	0.031	0.040	0.009
	19399	0.040	0.026	0.035	0.009
钢包 Ca-RE 复合喷吹	13115	0.024	0.0120	0.0115	0.0005

注：锭型均为 3.14t。

实验发现当喷吹后钢液温度≥1580℃时，未见良锭量减少，说明浇注正常。造成喷吹后钢液温度偏低的主要原因是两次下枪喷吹占用时间较长和高铝或铝镁砖衬钢包散热较快以及钢包烘烤温度较低等。齐齐哈尔钢厂实践表明为消除水口结瘤，应采取以下措施：（1）控制适当的稀土加入量；（2）采取一次下枪喷吹工艺；（3）提高钢包烘烤温度等。

齐齐哈尔钢厂采用钢包 Ca-RE 复合喷吹处理 S20ARE 钢每吨成本为 754.61 元，比未加稀土 S20A 钢每吨提高了 25.72 元，比同钢种模中吊挂稀土棒工艺每吨降低 2.85 元；用户使用该工艺处理 S20ARE 钢材，可简化生产工艺省掉成品淬火工序，据某厂提供的效益证明每年可降低生产成本约 66.3 万元。

5.1.2.2 钢包喂稀土合金线工艺[23]

1993 年黑龙江省冶金研究所对 ZG30CrMnMoRE 钢采用钢包中喂稀土合金芯线的工艺研究，研究发现采用喂稀土合金线工艺，用喂线机把稀土芯线输入钢水中，可避免了稀土合金与空气和熔渣接触，操作方便，无喷溅和环境污染，该项技术工艺简单，能显著提高稀土的回收率，与炉内加入法相比，稀土元素的平均回收率从 10.31%，提高到了 68%。每吨节约稀土合金 5.56kg，每吨成本下降 35.65 元。试验在哈尔滨第一机器厂进行，电弧炉公称容量 3t，出钢 4.5t，钢包容量 5t，浇成铸件。试验用黑龙江省冶金研究所生产的 WXJ-2 型喂线机，该机具有如下功能：（1）根据合金加入量提前预置喂线长度，达到预置长度自动停车。（2）根据喂入情况可随时调整喂线速度。（3）已喂长度自动累计和显示。（4）断线自动停车。喂线机主要参数如表5-25所示。

表 5-25　喂线机的主要参数[23]

喂线机型号	外形尺寸（长×宽×高）/mm×mm×mm	喂线速度 /m·min⁻¹	电机功率 /kW	可喂直径 /mm	重量/t	喂线机形式
WXJ-2	1860×860×1540	0~100	7.5	7~15	1.7	双侧单控

试验用xt21稀土合金，经破碎后用黑龙江省冶金研究所BXJ-2型包芯机制成稀土合金芯线。稀土合金的物化指标和芯线参数见表5-26。

表 5-26　xt12稀土合金物化指标和稀土合金芯线参数[23]

稀土合金成分/%					稀土合金芯线参数					
RE	Si	Ca	Mn	Ti	粒度 /mm	粉重 /g·m⁻¹	铁皮重 /g·m⁻¹	粉铁比	铁皮厚度 /mm	芯线规格 /mm
20.45	36.91	<8	<8	<6	≤3	309.6	124.2	2.49	0.3	12×7

采取炉内加稀土合金（该厂原工艺）与钢包喂稀土合金芯线的两种工艺对比试验，两种工艺流程如下：（1）炉内加稀土合金工艺，氧化→扒渣→还原脱氧→合金化→加稀土合金→出钢→浇注。（2）钢包喂线法加稀土工艺，氧化→扒渣→还原脱氧→合金化→出钢→喂线→浇注。试验用WXJ-2型喂线机单侧喂线，芯线通过3.5m长导管垂直喂入钢包，导管出口距钢包液面400~600mm，喂线部位可灵活调节，试验用5t钢包，无搅拌，芯线在钢包中心穿过渣层均匀地进入钢水为宜。喂线深度和芯线的熔化时间是确定喂线速度的主要依据，当钢水温度在1610~1650℃时，12mm芯线的熔化时间约为1~1.5s，试验用5t钢包，液面距包底1150mm，根据喂线深度和芯线熔化时间，喂线速度应在30~60m/min之间，开始选择30m/min，逐步加速，当速度达到65m/min时，芯线已插入包底。再加速，芯线便返出液面。试验证明4.5t钢水，出钢温度为1600~1620℃时，喂线速度50m/min最佳。原炉内稀土加入工艺出钢前按7kg/t加稀土合金，测定的平均稀土回收率为10.31%，钢中稀土残留量为0.016%~0.023%。芯线法的稀土回收率按70%计算，要达到炉中加稀土合金的残留量，吨钢喂稀土合金需要1kg以上。试验方案按1kg/t、2kg/t、3kg/t、4kg/t喂稀土合金，根据出钢前对硅的分析结果，对喂线量略做调整，试验炉次的喂丝时间、速度和喂线量见表5-27。

表 5-27　试验炉次的喂线时间、速度和喂线量[23]

炉　号	钢水量/t	喂线速度 /m·min⁻¹	喂线时间/s	喂线量 /kg·t⁻¹	喂线长度/m	出钢温度 /℃
601-8	4.0	30	36	1.07	13.8	1610
601-14	4.2	40	80	3.69	50	
601-16	4.2	60	72	4.79	65	1620
601-24	4.5	50	42	2.75	40	1600
601-43	4.6	50	32	1.65	30	1610
601-47	4.0	50	28	2.32	30	

稀土合金用钢包喂线法加入与炉内加入两种工艺，试验炉次的化学成分、稀土残留量、稀土回收率和脱硫效果列于表5-28，力学性能列于表5-29。

表5-28 试验炉次的化学成分、稀土回收率和脱硫率[23]

炉 次	化学成分/%								稀土回收率/%	出钢前硫含量/%	脱硫率/%
	C	Mn	Si	Cr	Mo	P	S	RE			
喂线6炉	0.23~0.29	1.0~1.3	0.25~0.50	1.01~1.14	0.06~0.80	<0.024	<0.02	0.016~0.057	68.00	0.018~0.022	24.15
炉内加入3炉	0.24~0.30	1.03~1.38	0.26~0.56	0.89~1.10	0.59~0.67	<0.018	<0.018	0.016~0.013	10.31	0.016~0.022	24.40

表5-29 两种稀土加入工艺试验钢的力学性能[23]

性 能	σ_b/N·mm^{-2}	δ/%	ψ/%	a_K/J·cm^{-2}	断口检验
喂线加入	1064~1076 / 1070	10~15 / 13.7	35.5~48.0 / 41.5	85~102 / 93.7	合格
炉内加入	1058~1117 / 1084	12~14 / 13.0	41.0~46.5 / 43.8	100.9~106.3 / 103.6	合格

注：分子为范围，分母为平均值。

由表5-28可见，炉内加稀土合金稀土平均回收率仅为10.31%。而包内喂稀土合金芯线的稀土平均回收率高达68%。由于稀土合金密度小，加入炉中后漂浮在钢水面上与炉渣和空气接触，稀土烧损很大，因此回收率低。而采用喂线机包内喂线，合金芯线均匀平稳地穿过渣层，将稀土合金加入到钢水中。因此，采用喂线机包内喂合金芯线能显著提高稀土合金的回收率。采用合金芯线加稀土的炉次平均脱硫率为24.15%，炉内加稀土合金平均脱硫率24.4%，两种工艺的脱硫效果相当（表5-28）。由于标准规定ZG30CrMnMoRE钢只检验断口，不检验力学性能，因此选择部分炉次做性能检验，作为试验的参考依据。表5-29为两种稀土合金加入工艺的试验钢力学性能检验结果。表5-29数据表明两种稀土合金加入方法，钢的力学性能相差不大。进一步分析可见，按该钢种的化学成分规格，投入法加稀土量为钢水重量的0.10%~0.15%，相当于加入xt21稀土硅铁7kg/t钢，炉内投入法钢中稀土残留量为0.016%~0.023%。喂线机包内喂合金芯线法稀土残留量取0.016%~0.025%，喂线法稀土回收率按68%计算，喂线量3.5~5.8m/t，平均4.65m/t，折算稀土合金为1.44kg。钢中同样的稀土残留量，喂线机包内喂合金芯线加稀土比炉内投入法加稀土吨钢节约稀土合金5.56kg，稀土合金按当时价格每吨7500元，5.56kg稀土合金折合金额，即吨钢节约人民币41.7元。喂线机包内喂合金芯线加稀土工艺不但稳定了稀土钢的质量，而且经济上获得一定收益。

5.1.2.3 16MnREL钢钢包喂稀土合金线工艺研究[24]

1996年济钢25t转炉钢包喂稀土合金线的工艺试验结果表明，钢包采用喂线工艺加入稀土合金比简单钢包投入法明显提高了稀土的回收率，平均稀土的回收率能达到36.0%，而且稳定性好；比钢包投入法提高7倍以上。济钢在生产16MnREL钢时，采用钢包喂稀土合金线的工艺，喂线处理16MnREL钢液13炉，铸坯332.2t，取得了良好的冶金效果。16MnREL用25t氧气顶吹转炉冶炼，采用恒压变枪位和单渣法操作，出钢温度（1700±

100)℃，出钢量 32 ~ 38t；挡渣出钢，渣厚不大于 70mm，加炭化稻壳保温；40t 钢包内径 1.8m，深度 2.6m；精炼平台钢包中喂稀土线、吹氢，在精炼平台喂稀土线前、后快速直接定氧、取样（喂稀土丝后的试样在连铸钢包中取得）；处理后的钢水用 R6.5/12 弧型大板坯连铸机浇铸成断面 180mm × 1050mm 的铸坯，中间包钢水温度 1530 ~ 1550℃，铸坯拉速为 0.6 ~ 0.7m/min，结晶器内采用保护渣及 Al_2O_3-C 质水口保护浇铸。喂线设备主要参数见表 5-30。自产稀土合金芯线参数见表 5-31。

表 5-30　钢包喂稀土合金线机主要参数[24]

型　号	外形尺寸 /mm × mm × mm	喂线速度 /m · min⁻¹	电机功率 /kW	喂线尺寸 /mm	额定电流 /A	喂线方式	显示功能
WXM16-4	1150 × 830 × 1550	20 ~ 300	5.5 × 2	ϕ6 ~ 16	0 ~ 60	单线	喂线长度 喂线重量 喂线速度

表 5-31　稀土合金物理化学指标和自产稀土合金芯线技术参数[24]

稀土合金成分/%							稀土芯线参数				
RE_2O_3	Si	Ca	Mg	Al	C	S	规格/mm	平均粉重① /g · m⁻¹	铁皮重 /g · m⁻¹	粉铁比①	铁皮厚 /mm
28.83	40.5	1.54	1.13	0.26	0.102	0.0018	ϕ12	$\frac{382.3}{353 \sim 430}$	156.2	$\frac{2.45}{2.26 \sim 2.75}$	0.4

①分子为平均值，分母为范围。

试验采取钢包加部分稀土合金后再喂稀土芯线工艺（9 炉）和钢包只喂稀土合金芯线工艺（3 炉）的两种工艺方案。第 1 方案：转炉→钢包合金化时加部分稀土合金→精炼平台喂稀土芯线→吹氩→连铸。第 2 方案：转炉→钢包合金化→精炼平台喂稀土芯线→吹氩→连铸。

稀土合金芯线通过长导管垂直喂入钢包，导管出口距钢液面 500 ~ 800mm，喂入处一般在氩枪旁，偏离钢包中心线约 100 ~ 200mm，芯线要确保垂直穿过渣层均匀进入钢水。喂线试验和生产实践证明，喂线深度和速度对喂线效果影响甚大，按 25t 转炉和 40t 钢包的深度和出钢量，喂稀土芯线的喂入深度大于 600mm，使芯线在此深度以下部位熔化。喂速的确定以提高喂线效果为依据，喂线操作以钢液面反应平稳、不裸露钢水为原则。喂入量依据喂线处理的钢种来确定。吹氩搅拌强度和喂速做到相互配合，防止综合搅拌过强或过弱，在一定的喂速和喂入量下，控制好吹氩压力，以确保综合搅拌不致使钢水裸露。喂线初期先以较小的压力（0.1 ~ 0.15MPa）吹氩，待喂线结束后，吹氩压力调至 0.2 ~ 0.25MPa 补吹 1min 左右，以便均匀钢水成分、温度，满足连铸要求。钢包喂线工艺参数见表 5-32。

表 5-32　钢包喂线工艺参数[24]

方　案	钢水量/t	喂速/m · s⁻¹	稀土合金喂入量 /kg · t⁻¹	喂线温度/℃		吹氩时间/s
				喂前	喂后	
1	31 ~ 36	3.4 ~ 4.7	2.64 ~ 3.90	1630 ~ 1669	1610 ~ 1658	120 ~ 150
2	33 ~ 35	2.6 ~ 4.1	3.02 ~ 3.54	1628 ~ 1644	1610 ~ 1634	115 ~ 175

表5-33表明钢包喂线法的稀土回收率比钢包投入法的5%左右提高7倍以上。第1方案稀土回收率略高于第2方案。稀土合金中的硅，喂线时几乎全部进入钢液。试验喂入1kg/t稀土合金芯线时，增硅0.038%左右，因此，炉后钢包合金化时，对硅铁的配比应考虑稀土合金芯线对增硅的影响，试验钢中硅含量全部符合16MnREL的成分要求。稀土合金回收率与钢水脱氧度有关。当两炉的喂前氧含量分别为0.0059%和0.0088%时，其稀土回收率分别为44.3%和40.5%。由此可见，要提高合金回收率，控制钢中氧含量至关重要。

表5-33 钢包喂线试验钢中稀土、硅的回收率[24]

方案	稀土合金中稀土加入量/kg·t⁻¹	稀土合金中硅加入量/kg·t⁻¹	喂线前后差/%		RE/S	回收率 η/%①	
			ΔRE	ΔSi		RE	Si
1	0.63~0.93	1.07~1.58	0.021~0.039	0.10~0.14	1.0~2.2	37.1 / 22.6~49.2	91.7 / 82.3~96.3
2	0.73~0.85	1.22~1.43	0.022~0.030	0.12~0.14	0.9~1.3	33.4 / 29.3~35.6	97.2 / 95.2~98.4

①分子为平均值，分母为范围，两种方案的综合回收率 η_{RE} 为36.0%，η_{Si} 为93.4%。

合适的喂线速度，可使稀土线在钢液深部熔化而得到较高的稀土合金回收率。试验喂线速度与稀土回收率的关系见图5-8。图5-8表明，在一定喂速范围内，稀土合金回收率随喂速增大而提高。但喂速再增大时，合金回收率又急剧下降。济钢低合金16MnREL钢钢包喂稀土合金线的工艺研究表明：钢包喂稀土线能明显提高稀土合金的回收率，稀土回收率平均可达36.0%，是钢包投入法的7倍以上。稀土合金中硅的回收率能稳定在93.4%。图5-9为试验钢中[O]、[S]随RE/S值的变化。图5-9表明稀土有强的净化作用。但到一定稀土含量，钢中氧随稀土量的增大而增大，钢中硫含量随稀土量的增大而降低的趋势也会缓慢。对于16MnREL稀土处理钢，相应的钢中氧较低点的最佳RE/S值为1.6左右。钢包喂稀土线，能使钢液脱氧、脱硫。脱氧率为16.9%~61.4%，脱硫率为4.5%~26.3%。能对钢中夹杂物起球化变质作用，并能降低夹杂物级别和数量，对钢水起净化作用。喂稀土线处理钢液时间短，钢水温降小，对连铸无影响。济钢研究表明钢包喂稀土线，对于40t钢包，在喂线温度为1620~1670℃时，喂线速度宜控制在3.4~4.5m/s范围内为最佳，此时稀土回收率可稳定在30%以上，而且冶金效果较好。钢包喂稀土线处理钢液，能改善钢的冷弯性能。试验16MnREL汽车大梁钢板的宽冷弯合格率为86.7%。

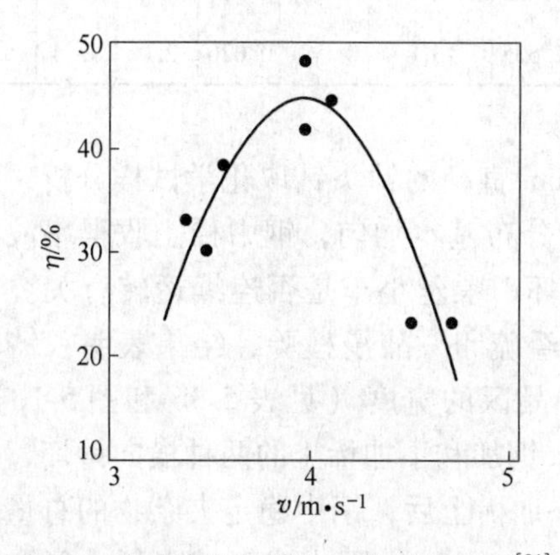

图5-8 喂线速度与稀土回收率的关系[24]

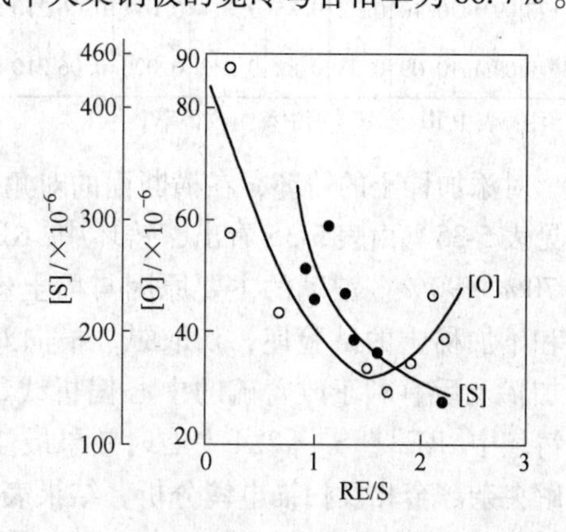

图5-9 试验钢中[O]、[S]随RE/S值的变化[24]

5.1.2.4 连铸结晶器喂稀土丝方法的研究[25]

1980～1984年武钢在第二炼钢厂大型板坯弧形连铸机上成功进行了结晶器喂稀土丝工艺实践，采用伸入式水口，保护渣浇铸，避免了钢包或中间包水口结瘤的缺点。试验在第二炼钢厂50t纯氧顶吹转炉和弧形板坯连铸机上进行，钢种选用16Mn和09Mn。工艺流程为转炉→吹氩→连铸。采用一台无级调速小车，在长水口附近的一端从正面穿过保护渣层向结晶器内匀速地喂入混合稀土金属丝（稀土含量RE>95%，丝直径3.6～4.0mm，密度为6.7g/mm^3，熔点920℃）。结晶器喂稀土丝添加方式，（参见本章5.1.1节的图5-7）。根据钢中[RE]/[S]含量（一般按[RE]/[S]=2.5），以稀土回收率80%，计算出每吨钢稀土用量（G，g/t）。喂丝速度是按每吨钢稀土用量（G）、铸坯断面尺寸即铸坯单重（M，t/m）、拉坯速度（$v_{拉}$，m/min）及稀土丝单重（g，g/m）计算，计算公式如下：$v_{喂}=v_{拉}MG/g$。试验钢的成分及喂稀土丝工艺参数详见表5-34。

表5-34 试验钢的成分及喂稀土丝工艺参数[25]

炉号	钢种	化学成分						工艺参数								
		C	Si	Mn	P	S	Cu	断面尺寸/mm×mm	拉速/m·min^{-1}	单重/t·m^{-1}	喂丝速度/m·min^{-1}	w(RE)/%	w(S)/%	[RE]/[S]	RE效率/%	中包温度/℃
105074	16Mn	0.16	0.38	1.37	0.013	0.020	0.02	210×1300	1.0	2.535	18.0	0.044	0.018	2.4	80.0	1547
321004	16Mn	0.13	0.35	1.33	0.030	0.016	0.07	210×1300	1.0	2.535	0.0	0.0134	0.015	0.8	73.9	1524
321005	16Mn	0.14	0.36	1.39	0.017	0.016	0.07	210×1300	0.9	2.535	10.0	0.0294	0.015	1.9	87.8	未测
321040	16Mn	0.14	0.39	1.21	0.024	0.015	0.12	210×1300	1.0	2.535	11.0	0.0317	0.016	2.0	91.6	1536
221280	16Mn	0.14	0.41	1.34	0.024	0.015	0.10	210×1300	1.0	2.535	12.5	0.033	0.015	2.3	87.3	1536
321041	16Mn	0.15	0.41	1.38	0.020	0.015	0.10	210×1300	1.0	2.535	13.0	0.0275	0.015	1.8	70.7	1528
313520	09Mn2	0.10	0.40	1.52	0.022	0.020	0.17	210×1300	0.9	2.535	16.0	0.050	0.020	2.5	93.1	1516
313521	09Mn2	0.11	0.41	1.62	0.030	0.016	0.13	210×1300	0.9	2.535	13.0	0.045	0.016	2.8	95.7	1523
125140	09Mn	0.10	0.34	1.00	0.032	0.010	0.08	210×1300	0.8	2.535	7.0	0.023	0.010	2.3	87.9	1529
125141	09Mn	0.10	0.37	0.99	0.010	0.010	0.08	210×1300	0.8	2.535	8.0	0.025	0.010	2.5	82.7	1538
125173	09Mn	0.10	0.32	0.85	0.014	0.014	0.06	210×1300	0.7	2.535	7.4	0.0265	0.014	1.9	83.9	1535
324619	09Mn	0.09	0.33	0.82	0.013	0.020	0.06	210×1300	0.7	2.535	13.0	0.040	0.020	2.0	82.4	1534

注：表中RE效率=钢中稀土收得率。

对添加稀土的铸坯，在横断面的对角线上用10mm直径的钻头钻取化学试样分析，结果见表5-35。由表5-35看出，铸坯中[RE]、[S]的分布基本均匀；钢中稀土收得率波动在70%～90%。波动的主要原因与稀土丝接头的好坏，喂丝小车是否连续运转有关。对加和不加稀土的试验坯，切取纵、横向对比试样，经硫印、酸浸检验，结果表明：铸坯添加稀土后有利于改善硫的中心偏析线，增加等轴晶区的宽度（见表5-36和图5-10）。当铸坯中[RE]/[S]=2.4左右时效果最佳。对16Mn钢加和不加稀土的两种横向铸坯，作电解夹杂、金相及扫描电镜分析，结果表明：铸坯添加稀土后，钢中稳定夹杂物的总量及分量（如Al_2O_3、SiO_2、MnO等）均有明显减少（见图5-11），而生成高熔点稀土复合夹杂物，有利于改善夹杂物与基体的接触界面，对钢材的性能有利。由金相、扫描分析结果表明：加稀土铸坯，钢中夹杂物绝大部分由粒状的稀土氧硫化物及硫化物组成，在基体中随机分布。它替代了无稀土铸坯中沿晶界分布的Ⅱ-MnS 夹杂。对于夹杂物的分布，由铸坯边部向心部逐渐增多而聚集成群，只是不加稀土的铸坯在心部的凝固前沿，硫化物及其他夹杂的偏聚较加稀土的严重，中心、疏松洞也大得多。可见稀土的加入有利于中心偏析线及内裂的改善，同时也提高了铸坯心部的致密度。武钢在大型弧型板坯连铸机，运用一台喂丝小车向结晶器内喂稀土金属丝的稀土加入方法，实践表明此加入方法有效地改善了铸坯质量。武钢 1980 年与包头稀土研究院合作研究连铸结晶器内喂稀土丝工艺及喂稀土装备，1984 年通过了部级鉴定，1985 年用此喂丝法，生产了车辆用耐大气腐蚀钢、油气管线用钢、海洋平台用钢、低焊接裂纹敏感性用钢、汽车用钢等。由于这一科研成果迅速地转化为生产力，加之武钢二炼钢厂的炉后精炼技术的发展，有力地推动了武钢稀土处理钢的开发和稀土在钢中的应用。

表 5-35 16Mn 铸坯中[RE]和[S]的分布（质量分数）[25]

炉号	元素	铸坯试样编号															平均值	稀土收得率/%	$w(RE)_{max}$ / $w(RE)_{min}$
		1	2	3	4	5	6	7	8	9	10	11	12	13	14	15			
105074	RE	0.046	0.045	0.042	0.043	0.038	0.041	0.049	0.039	0.044	0.042	0.044	0.050	0.049	0.044		0.044	80.9	1.3
	S	0.018	0.018	0.017	0.018	0.018	0.018	0.018	0.017	0.018	0.018	0.018	0.018	0.018	0.018		0.018		
321004	RE	0.015	0.016	0.015	0.015	0.013	0.013	0.013	0.016	0.016	0.017	0.016	0.016	0.015	0.015	0.017	0.015	73.9	1.3
	S	0.015	0.015	0.015	0.016	0.016	0.016	0.017	0.016	0.016	0.017	0.016	0.016	0.019	0.015	0.017	0.018		
321005	RE	0.034	0.035	0.027	0.031	0.031	0.030	0.030	0.030	0.030	0.031	0.030	0.033	0.022	0.031	0.022	0.029	87.6	1.59
	S	0.014	0.015	0.014	0.016	0.016	0.015	0.016	0.014	0.016	0.015	0.015	0.015	0.015	0.015	0.014	0.015		
321040	RE	0.034	0.033	0.034	0.035	0.032	0.033	0.033	0.031	0.033	0.034	0.030	0.028	0.025	0.028	0.035	0.032	91.6	1.25
	S	0.016	0.015	0.016	0.015	0.016	0.017	0.018	0.014	0.015	0.015	0.016	0.016	0.015	0.016	0.015	0.016		
321280	RE	0.028	0.031	0.032	0.031	0.033	0.028	0.028	0.029	0.034	0.029	0.037	0.030	0.044	0.047	0.029	0.033	87.3	1.88
	S	0.014	0.015	0.015	0.014	0.015	0.014	0.013	0.015	0.014	0.014	0.017	0.014	0.015	0.015	0.015	0.014		
321041	RE	0.019	0.019	0.026	0.039	0.031	0.034	0.032	0.031	0.030	0.032	0.025	0.032	0.018	0.018	0.024	0.027	70.7	2.17
	S	0.015	0.015	0.016	0.016	0.015	0.016	0.016	0.016	0.015	0.015	0.015	0.015	0.015	0.015	0.015	0.015		

表 5-36 钢坯等轴晶和内裂纹比较[25]

炉号	钢种	铸坯断面尺寸/mm × mm	RE/S	等轴晶		内裂纹条数	
				宽度/mm	百分率/%	一般	三角区
304525	08Al	210 × 1300	0	10	4.8		
			2.3	30	14.3		
304570	08Al	210 × 1300	0	30	14.3	4	7
			1.9	50	23.8	4	
311083	08Al	210 × 1050	0	0	0	16	23
			1.6	30	14.3		5

续表 5-36

炉号	钢种	铸坯断面尺寸 /mm × mm	RE/S	等轴晶		内裂纹条数	
				宽度/mm	百分率/%	一般	三角区
311084	08Al	210 × 1050	0	0	0	33	20
			2.2	35	16.7		9
105074	16Mn	210 × 1300	0	35	16.7		3
			2.4	35	26.2		
221280	16Mn	210 × 1300	0	20	9.5		
			2.3	40	19.0		

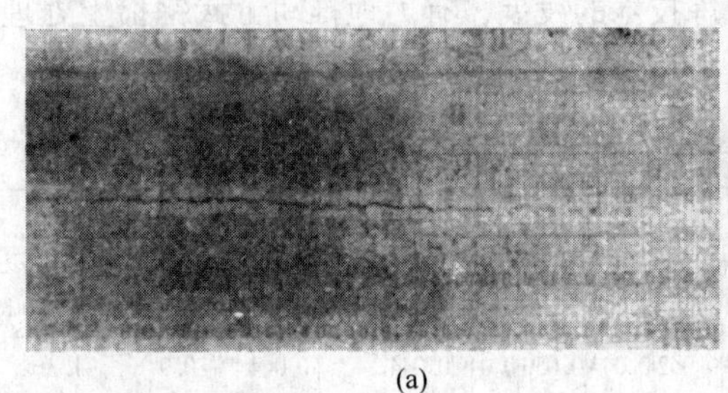

(a)

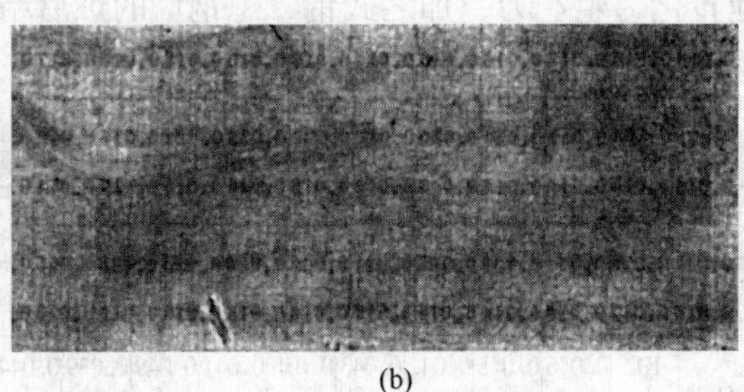

(b)

图 5-10　16Mn 铸坯硫印比较[25]

(a) [RE]/[S] = 0; (b) [RE]/[S] = 2.4

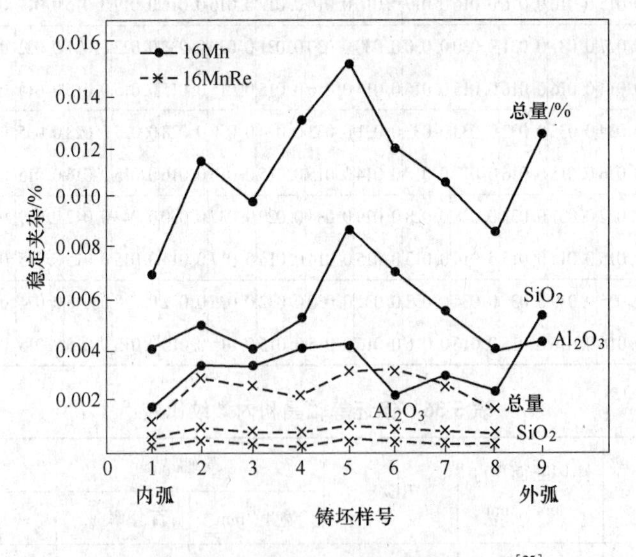

图 5-11　铸坯电解夹杂（稳定夹杂）结果[25]

武钢通过多年工作实践，现已具备了技术水平比较先进、工艺可靠、生产正常的连铸结晶器喂稀土丝、模内吊挂稀土丝等稀土加入的生产手段和一套较为成熟的生产工艺技术，从而使武钢的稀土钢的品种由 1981 年的 5 个发展到 1985 年的 17 个，1989 年又增加到 31 个，稀土钢的产量由 1981 年的 7 千吨，增长到 1985 年的 3.26 万吨，1989 年又发展到 19 万吨。稀土在钢中的应用取得了高速度的发展。

5.1.2.5 09CuPTiRE 和 JCL355 等低合金稀土钢结晶器喂稀土金属丝工艺[11]

2004 年济南钢铁集团总公司（济钢）采用 SLW2-4（A）多齿辊无级调速结晶器稀土喂丝机，喂丝机采用交流变频驱动，可全自动电脑键盘设定喂丝参数，接入拉速信号后能实现喂丝速度和拉坯速度自动匹配；可以选用单流或者双流喂丝方式，喂稀土丝时不打滑、不卡丝、不断丝，操作简单可靠，安装、拆卸、移动快速方便；直接插稀土丝于结晶器钢水中。通过严格控制原始钢水的脱氧程度，合理选择喂丝工艺参数，提高了钢中稀土成分的合格率，稀土回收率达 80% 以上，稀土在钢中的分布基本均匀。在 09CuPTiRE 和 JCL355 等部分钢种的生产应用表明，稀土使钢中夹杂物总量评级平均只有 5 级，比正常生产钢降低 2.2 个级别以上。济钢开发应用的结晶器喂稀土丝工艺避开钢包和中间包的浇注水口，将稀土丝通过专用喂入设备直接插入结晶器钢水中，实现了连铸加稀土工艺的创新。实验分析表明，该工艺可较准确地控制钢中的稀土含量，铸坯横向断面和长度纵向稀土的分布基本均匀，可保证炼钢连铸生产节奏。研究发现原始钢液的脱氧程度对结晶器喂丝工艺效果影响很大，尽可能深度强化脱氧，即在结晶器喂稀土丝前将钢水中的自由氧降至较低的水平，是连铸结晶器稀土加入工艺成败的关键。试验表明，中间包钢水活度氧含量控制在 0.004% 以下，结晶器喂稀土丝使稀土的回收率可以达到 80% 以上。济钢第一炼钢厂 25t 转炉冶炼，主要脱氧工艺以铁道车辆耐大气腐蚀钢 09CuPTiRE 和汽车车轮用钢 JCL355 为例说明：（1）09CuPTiRE 终脱氧使用 SiAlBa30kg/炉，SiBaCa 合金块 30kg/炉，净化剂 30kg/炉，吹氩站钢包喂 SiBaCa 包芯线 50m/炉；（2）JCL355 终脱氧使用 SiAlBa30kg/炉，吹氩站钢包喂 SiBaCa 包芯线 50m/炉；在此基础上结晶器喂稀土丝。其他执行相应钢种现行操作规程。采用 SLW2-4（A）多齿辊无级调速结晶器稀土喂丝机。采用混合稀土金属丝 RECe-45，直径 2.5mm，执行标准为《混合稀土金属丝、棒》(YB/T 010—1992)；RECe-45 的化学成分（GB/T 4153—1993）如表 5-37 所示。

表 5-37 稀土金属丝 RECe-45 化学成分（质量分数）[11] （%）

RE	Ce/RE	杂质含量			
		Fe	Si	S	P
≥98	≥45	≤1.0	≤0.15	≤0.02	≤0.01

实验表明结晶器喂稀土丝工艺，连铸结晶器保护渣应该充分注意：改变保护渣成分，使之尽量少与稀土丝进行反应，能快速、大量地溶解 RE_xO_y，并且形成均匀的玻璃相。采取的措施有：保护渣减少 Na_2O、SiO_2，增加 Al_2O_3 以减少 RE_xO_y 的产生；增加 B_2O_3 组元作助溶剂，并且提高溶解 RE_xO_y 的能力。一般应选择碱度较高、黏度较低的保护渣，济钢试验工艺推荐使用高铝钢专用保护渣。

试验证明，较低熔点的金属丝要通过结晶器面的保护渣层进入钢中，必须采用较大的喂丝速度，但是喂丝速度过快，可能会因稀土扩散不充分而造成成分偏析，因此稳定、合适的喂丝速度是该工艺的关键。喂丝速度由钢种对 RE 要求量、稀土丝单重、铸坯拉速、铸坯断面决定。例如板坯铸坯单重（M）为 1.47t/m，拉速（$v_{拉}$）0.8 ~ 1.1m/min；直径 2.5mm 稀土丝单重（g）为 33.38g/m；喂入量（G）按 300 ~ 400g/t。稀土丝喂入速度（$v_{喂}$，m/min）按下式计算：$v_{喂} = v_{拉} MG/g$。由此可见喂丝速度 $v_{喂}$ 只与铸机的拉速 $v_{拉}$ 相关。

稀土的回收率与铸坯拉速（对应喂丝速度）、吨钢加入量、稀土丝直径、钢水氧化性等因素有关。由稀土丝喂入速度公式可知，结晶器喂稀土丝工艺不影响炼钢生产的正常节奏。传统加稀土工艺容易造成的水口结瘤堵塞，结晶器喂稀土丝工艺使稀土完全避开了浇注水口；结晶器喂稀土丝工艺操作简单，占地少，不占用处理时间，不必设专人操作，保证了炼钢生产的正常节奏。该工艺的投用使含稀土钢的拉坯速度从平均0.65m/min提高到1.0m/min，彻底解决了含稀土钢的浇注难题，生产效率大幅提高。济钢结晶器喂稀土丝工艺运行以来，所生产的稀土钢成分按炉次合格率达到100%（0.010%~0.040%，质量分数）。困扰济钢多年的稀土成分命中率低的难题得到彻底解决。两炉铸坯均取全断面样，按图5-12所示的取样点钻取样分析RE的化学成分，考察稀土在断面上的分布状态，结果见表5-38和表5-39（其中8号为水口位置，稀土丝从7号和8号位置之间进入钢水）。

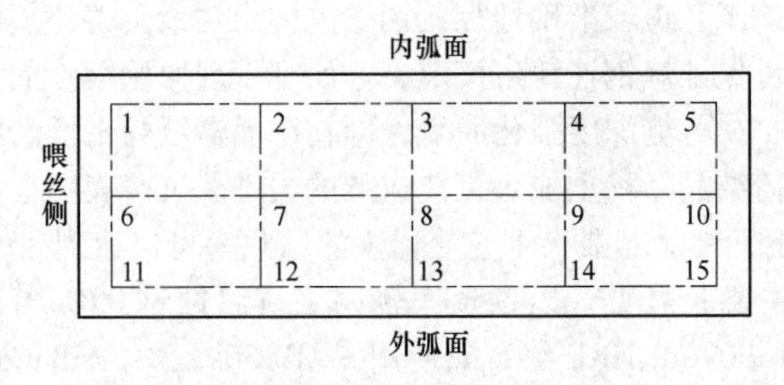

图5-12　铸坯断面取样点分布示意图[11]

表5-38　铸坯全断面各取样点RE化学成分分析结果（质量分数）[11]　（%）

炉号	点号	RE	点号	RE	点号	RE	点号	RE	点号	RE
3-16065	1	0.034	2	0.034	3	0.032	4	0.028	5	0.030
	6	0.032	7	0.032	8	0.035	9	0.030	10	0.027
	11	0.032	12	0.030	13	0.031	14	0.028	15	0.026
3-16066	1	0.039	2	0.036	3	0.038	4	0.036	5	0.030
	6	0.037	7	0.033	8	0.032	9	0.032	10	0.029
	11	0.035	12	0.036	13	0.039	14	0.032	15	0.026

表5-39　稀土在断面上的分布状态[11]　（%）

炉　号	$w(\mathrm{RE})_{平均}$	$w(\mathrm{RE})_{max}$	$w(\mathrm{RE})_{min}$	极差	标准离差σ	回收率
3-16065	0.031	0.034	0.026	0.008	0.0026	83.78
3-16066	0.034	0.039	0.026	0.013	0.0038	80.95

由表5-38和表5-39可以看出，喂丝侧稀土含量比另一侧略高，两炉钢全断面各取样点标准离差σ分别为0.0026%和0.0038%，稀土在断面上分布基本均匀。钢水注流冲击引起的强制对流和较大的温度梯度造成的自然对流，在结晶器看似平静的液面下，进行着复杂的质量交换过程，稀土混匀的动力学条件是具备的。结晶器喂稀土丝工艺减少了稀土二次氧化的机会，避免了与浇注水口和其他耐火材料的接触，稀土的利用效率大为提高。两炉钢稀土平均值（质量分数）分别为0.031%和0.034%，对应稀土回收率都在80%以上，这是其他稀土加入工艺不可能达到的。双流喂丝工艺与单流喂丝工艺相比，铸坯断面

稀土的成分更加均匀。对于稀土的成分有较高要求的钢种，或者在更大断面的结晶器中喂稀土丝，可以通过双流喂丝工艺解决。为考察铸坯纵向稀土分布的均匀性，对4号板坯、09CuPTiRE、单流喂丝方式所生产的炉号3-16065的16支钢坯，在轧制后的钢板上取样分析钢中稀土含量，结果见表5-40。

表5-40 铸坯纵向稀土元素的分布情况[11] （$\times10^{-4}\%$）

钢板编号	1	2	3	4	5	6	7	8	9	10	11	12	13	14	15	16
RE	32	29	28	30	31	30	32	34	33	29	27	26	29	30	29	32

喂丝机采用交流变频驱动，可全自动电脑键盘设定喂丝参数，接入拉速信号可以实现喂丝速度和拉坯速度的自动匹配，因此稀土在铸坯纵向上的分布基本均匀（见表5-40）。为考察铸坯的内部质量，铸坯取炉号3-13065的1块全断面低倍样，5%稀硫酸溶液浸蚀做铸坯硫印，低倍检验中心偏析B1.0，针状气孔、三角区裂纹及中间裂纹均未发现，铸坯内部质量正常。考察了12批，三倍尺轧制8mm、10mm两种规格，钢板表面质量良好。总体运行阶段所轧各品种的钢板表面质量正常。钢板逐批取金相样，对结晶器喂稀土丝钢(试验钢)和按GB 4171正常生产钢（钢包投入稀土合金法）作金相检验，结果见表5-41。

表5-41 试验钢和正常生产钢的金相检验结果及其对比[11]

钢种	试样号	规格	金相组织	晶粒度	金属夹杂物				
					A	B	C	D	总量
试验钢	20552	8	F+P	8.5	1.0	2.0	0	2.0	5.0
	20553	8	F+P	8.5	2.0	2.0	0	0.5	4.5
	20554	8	F+P	8.5	2.0	3.0	0	2.0	7.0
	20555	8	F+P	8.5	1.5	2.5	0	1.0	5.0
	20556	10	F+P	8.0	0.5	2.0	0	1.0	3.5
	20557	10	F+P	8.0	1.0	1.5	0	2.0	4.5
	20558	10	F+P	9.0	1.0	2.5	0	0.5	4.0
	20559	10	F+P	8.5	1.0	2.5	0	0.5	4.0
	20560	10	F+P	9.0	2.0	2.0	0	2.0	6.0
	20561	10	F+P	9.0	1.0	2.0	0	0.5	3.5
	20562	10	F+P	9.0	0.5	2.5	4.0	0.5	7.5
	20563	10	F+P	8.5	1.5	2.0	0	2.0	5.5
	平均			8.58	1.25	2.21	0.33	1.21	5.0
按GB4171正常生产钢	10	8	F+P	9.0	3.0	0	>5.0	0	>8.0
	11	8	F+P	8.0	3.0	0	>5.0	0	>8.0
	12	8	F+P	8.5	3.5	0	>5.0	0	>8.5
	13	10	F+P	7.5	2.0	0	4.5	0	6.5
	14	10	F+P	7.5	2.5	0	3.5	0	6.0
	15	10	F+P	7.5	2.0	0	4.0	0	6.0
	平均			8.0	2.67	0	>4.5	0	>7.2

从表 5-41 可以看出，前者比后者钢的晶粒细化比较明显，结晶器喂稀土丝钢的晶粒度评级高出 0.58 个级别；钢的纯净度明显提高，夹杂物评级总量平均只有 5 级，比正常生产钢降低 2.2 个级别以上，沿轧制方向变形延伸的长条状硫化物（A）夹杂降低 1.42 个级别，硅酸盐夹杂从 4.5 级以上降低到接近于 0，特别是大颗粒夹杂物数量减少，20μm 以下小颗粒夹杂物明显增多，夹杂物球化效果明显。结晶器喂稀土丝工艺保证了钢中的稀土含量，由于稀土净化钢液、变质夹杂的作用使最终钢板的性能指标特别是冲击韧性大幅改善。试验钢种 09CuPTiRE 的 -40℃ 横向冲击值合格率由不足原来的 30% 提高到了 100%。济钢 09CuPTiRE 和 JCL355 等稀土钢结晶器喂稀土金属丝工艺的研究结果表明，济钢开发的结晶器喂稀土丝工艺使用专用喂入设备直接插丝于结晶器钢水中，使稀土避开大包和中包的浇注水口。通过严格控制原始钢水的脱氧程度，合理选择喂丝工艺参数，稀土成分合格率和稀土元素回收率大幅度提高，解决了钢中稀土加入难题。铸坯中稀土元素的分布基本均匀，不影响连铸生产节奏，铸坯和钢材质量有所改善，具有明显的经济效益和社会效益[11]。

5.1.2.6 板坯连铸结晶器喂稀土丝工艺研究及应用[26,39]

2001 年南京钢铁集团有限公司（南钢）利用结晶器喂丝工艺成功开发出 A36 高强度船板钢，并已形成 2000t/月的批量生产能力，且通过 CCS、LR、ABS、NV、BV、GL、NK 等七国船级社工厂认可。钢水在 20t 氧气顶吹转炉冶炼完毕，经 30t LF 底吹氩、喂 Ca-Ba-Si 线处理和调整温度后吊运至连铸钢包台，钢包开浇后钢水经中间包由整体浸入式铝锆碳质长水口注入结晶器，在 R5.7/7.2/11.0/21.0M 超低头板坯连铸机上拉成断面为 180mm ×1200mm 的板坯。试验采用湖南株洲亿达科技有限公司研制的双侧喂丝机，实行单侧喂丝，喂入的稀土丝直径为 3.2mm，RE 含量为 98% 的 1 号混合稀土丝，稀土丝密度为 6.7kg/cm^3，熔点为 920℃。喂丝工艺装置及稀土丝喂入点如图 5-13 所示。

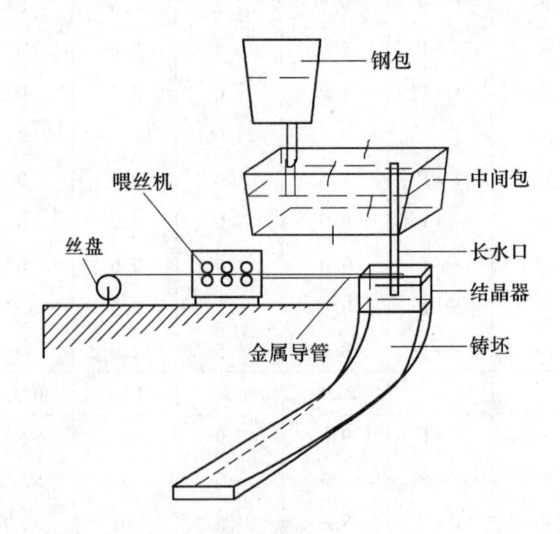

图 5-13 板坯连铸结晶器喂丝工艺装置及生产流程图[26]

稀土喂入量与喂速、拉速之间的关系，可根据本章 5.1.1 节连铸采用结晶器稀土丝喂入法常用的确定稀土加入量的关系式，当结晶器喂丝速度为 12m/min，连铸拉速为 1.1m/min 时，铸坯中稀土喂入量即为 0.359kg/t。试验钢种及工艺参数试验选定化学成分及冶炼工艺控制与 A36 相近的 16MnR 钢作为试验钢种，连铸拉速为 1.1m/min 左右，按 RE/S 为 1.7~2.0 进行喂丝处理，结晶器喂稀土丝速度控制在 12m/min，在同一炉号及不同炉号的钢中进行结晶器喂稀土丝与不喂稀土丝的对比试验，以观察稀土对钢中夹杂物形态的改变作用和对钢板冲击性能的影响。工艺参数见表 5-42 所示。

表 5-42　结晶器喂稀土丝试验工艺参数[26]

炉号	喂丝时间 /min	钢包温度 /℃	中包温度 /℃	拉坯速度 /m·min⁻¹	喂丝速度 /m·min⁻¹	钢水成分(质量分数)/%					
						C	Mn	P	S	Si	Nb
10-3-509	8	1572	1547 1540 1539	1.10	12	0.15	1.39	0.025	0.020	0.33	0.019

连铸坯横截面上各点的稀土含量如图 5-14 所示，矩形框中的数据为图中两线交点处 10mm 范围内的稀土含量（质量分数,%）。由图 5-14 知，结晶器喂稀土丝的横断面上稀土分布特征。从上述分析数据取其平均值，得稀土平均含量为 0.0186%（质量分数），由此得出结晶器喂稀土丝的稀土回收率为 53.45%。

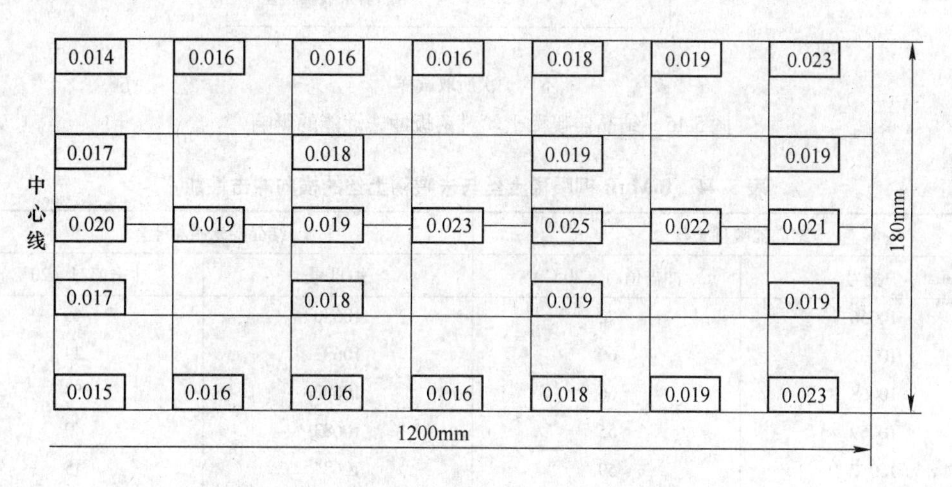

图 5-14　结晶器喂稀土丝的连铸坯横断面上的稀土分布（喂速 12m/min）[26]

在连铸坯横断面宽面三分之一，距内弧侧边界 20mm 处切取厚为 40mm，截面为 10mm × 20mm 的试样，并按锻造比为 4 进行锻造试验，在 Olympus-Ⅱ 型金相显微镜上观察锻造后试样中的夹杂物形态，并通过视场（每个试样分别取 5 个视场）测量试样中颗粒状与条片状硫化物的平均个数及大小。检验结果表明，在未喂稀土丝的试样中，呈浅灰色的硫化物已发生明显塑性变形，均沿变形方向伸长，因而可以得出这类硫化物主要为塑性硫化物。在结晶器喂稀土的试样中，呈浅灰色的硫化物也发生明显的塑性变形，变成条片状，而呈黑色的球状和颗粒状的硫化物未发生变形，为稀土硫化物。表 5-43 为连铸坯锻造后的试样中不同形态及尺寸夹杂物的统计数据。从中可以看出：未喂稀土的试样中，以条状夹杂物为多；而结晶器喂稀土的试样中，主要为颗粒状夹杂物（59.9%），硫化物球化效果比较明显。

表 5-43　铸坯锻造后夹杂物形态及尺寸[26]

处理方式	颗粒状硫化物			条状硫化物			颗粒夹杂物所占比例/%
	平均数量/个	最大直径/mm	最小直径/mm	平均数量/个	最大直径/mm	最小直径/mm	
未喂稀土	2.4	0.0077	0.0032	32.6	0.0341	0.0064	6.8
结晶器喂稀土	32	0.0071	0.0013	21.4	0.0271	0.0061	59.9

图 5-15 及表 5-44 为 16MnR 钢喂稀土丝与未喂稀土丝的钢板的常温（20℃）横向冲击值冲击性能的对比，从图 5-15 及表 5-44 可以看出，采用结晶器喂稀土丝工艺后，钢板的冲击性能明显提高，与未喂稀土丝的钢板相比，平均提高约 19.6J，且波动较小。

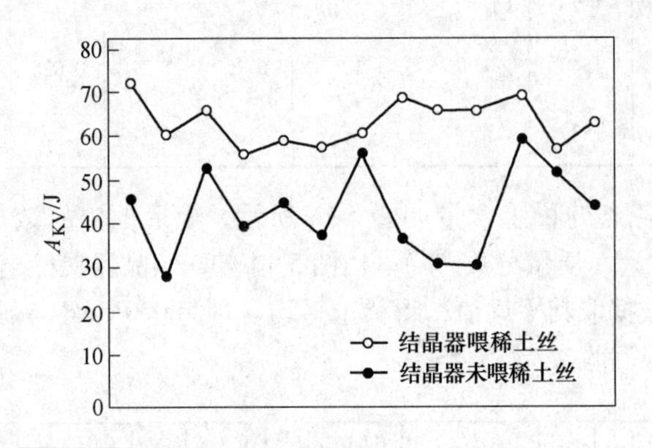

图 5-15　结晶器喂稀土丝对钢板冲击性能的影响[26]

表 5-44　16MnR 钢喂稀土丝与未喂稀土丝的横向冲击性能[26,39]

结晶器喂稀土丝		结晶器未喂稀土丝	
炉批号	冲击值/J（20℃）	炉批号	冲击值/J（20℃）
10066	72	10680	46
10067	60	10681	29
10068	66	10682	53
10069	55	10683	40
10057	59	10684	45
10058	57	10883	38
10059	60	10885	55
10060	68	10887	38
10061	65	10889	32
10062	65	10990	31
10063	69	10994	51
10065	56	10995	58
平均值	62.67	平均值	43

根据国标 GB712—2000 及国际船级社协会 AICS 统一规范，将船体用结构钢分为一般强度钢和高强度钢两大类。A36 高强度船体用结构钢板即属于高强度船体用结构钢的一种，对产品理化性能要求极为严格，其中（夏比 V 型缺口）0℃ 冲击性能要求，纵向不小于 34J，

横向不小于24J。按规范要求，A36钢基本化学成分的五大元素必须满足：$w(C) \leqslant 0.18\%$，$w(Si) \leqslant 0.50\%$，$w(Mn) = 0.90\% \sim 1.60\%$，$w(P、S) \leqslant 0.035\%$。同时可用Nb、V、Ti、Al进行单独加入或复合使用进行微合金化。考虑到A36船板强度与塑性的配比，韧性的储备及可焊性、耐腐性、交货状态等需求，除采用“低C、高Mn”原则和铌微合金化技术外，根据前面的试验结果，严格控制钢中[S]含量，并按RE/S = 1.7 ~ 2.0进行结晶器喂稀土丝处理，主要目的是对钢中夹杂物进行变性处理，改变夹杂形态和分布，减少夹杂物的危害，提高钢的低温冲击韧性。钢水内控成分及温度要求（见表5-45）。

表5-45 钢水成分和温度控制[26]

$w(C)/\%$	$w(Mn)/\%$	$w(P)/\%$	$w(S)/\%$	$w(Si)/\%$	钢包温度/℃	中间包温度/℃
0.08 ~ 0.15	1.10 ~ 1.50	≤0.030	≤0.022	0.15 ~ 0.50	1570 ~ 1590	1520 ~ 1550

连铸拉速1.0 ~ 1.20m/min，结晶器喂稀土丝速度12 ~ 13m/min，RE/S控制在1.7 ~ 2.0。由表5-46可见，通过结晶器喂稀土丝，钢板晶粒都在7.5级以上，高的达到10级，且钢中夹杂物（细系）评级较低，有利于提高钢材的力学性能。

表5-46 晶粒度及夹杂物评级状况[26]

炉号	规格/mm	晶粒度/级		夹杂物级别(细系)/级			
		F	A	硫化物	硅酸盐类	Al_2O_3类	球状氧化物
111248	12	10	9.0	0.5	1.5	—	0.5
				—	—	1.5	—
				0.5	2.0	2.0	—
111249	12	10	10	—	0.5	—	1.0
				0.5	—	1.0	—
				1.0	—	1.0	—
111250	25	8.0	9.0	0.5	1.5	—	1.0
				—	1.5	—	—
				1.5	1.0	—	—
111251	25	7.5	9.5	0.5	2.0	—	0.5
				—	—	0.5	0.5
				0.5	1.5	1.5	0.5
111252	25	7.5	9.0	—	—	—	0.5
				0.5	0.5	1.0	0.5
				0.5	1.5	1.0	—

南钢生产A36钢全部采用结晶器喂稀土丝工艺处理，从随机统计的60炉A36高强度船用结构钢板的力学性能及冲击性能来看，钢板性能完全满足技术要求。其结果见表5-47。图5-16为A36高强度船板钢冲击值直方图，从图中可以看出，钢板的冲击值分布状态很好，0℃纵向平均冲击值达57J，相对于技术标准而言，富余量大，完全能满足用户的需要。

表 5-47　结晶器喂稀土丝后 A36 钢板性能[26]

项　目	σ_s/N · mm^{-2}	σ_b/N · mm^{-2}	δ_5/%	冷弯	纵向冲击值（0℃）/J
性　能	390 ~ 450	490 ~ 610	23 ~ 30	合格	45 ~ 89

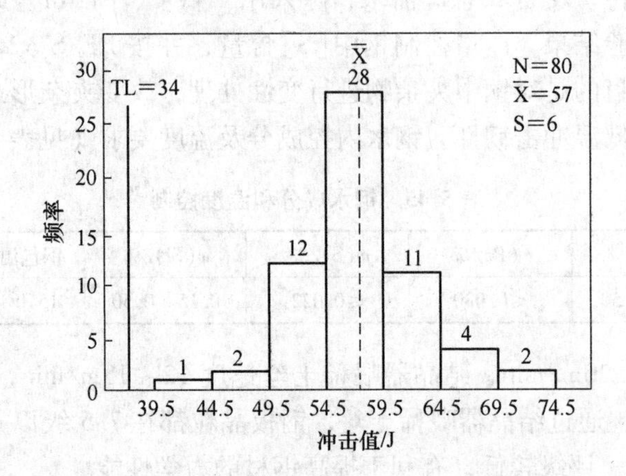

图 5-16　结晶器喂稀土丝后 16mm 以上 A36 高强度船板冲击值直方图[26]

南京钢厂结晶器喂稀土丝工艺技术研究应用结果表明：喂稀土丝后可改善钢中非金属夹杂物，特别是硫化物形态和分布，喂稀土丝后钢板的常温冲击性能平均提高约 20J，是开发新钢种的有效手段。根据稀土丝直径、铸坯拉速，可用喂丝速度来调整稀土加入量。钢坯中稀土分布相对比较均匀，回收率约为 55%。当 RE/S 比达 1.7 ~ 2.0 时，钢中夹杂物球化效果比较明显，颗粒状夹杂物数量约占 60%。南钢采用结晶器喂丝工艺成功开发生产出 A36 高强度船板钢，各项力学性能全部合格，而且有富余，其中 0℃纵向冲击值高出标准约 67%[26]。

5.1.2.7　异型坯结晶器喂稀土丝试验研究[27]

09CuPTiRE 成本较低且焊接性较好。冶炼此钢种的一个难点就是结晶器喂稀土丝，而马钢 H 型钢的坯料为异型坯，国内没有异型坯结晶器喂稀土丝的经验可借鉴。2004 年马钢三钢厂进行了异型坯结晶器喂稀土丝试验，研究了稀土在异型坯的分布、稀土对铸坯质量的影响、稀土对 H 型钢力学性能的影响。试验钢种为 SS400，在对其冶炼工艺不作任何调整的情况下进行试验，异型坯规格为 500mm × 300mm × 120mm。试验所用稀土丝采用武钢铁路工程器材厂生产的钢禾牌混合稀土金属丝，线径 3.0mm，w(RE) = 99.79%，w(Ce) = 54%。稀土丝从丝盘引出，通过喂丝齿轮及导管，从异型坯结晶器中心处垂直穿过保护渣层进入钢液内，靠钢液在结晶器内的对流运动，使稀土分布均匀。喂线操作以钢液面反应平稳，不裸露钢水为原则。稀土丝插入位置如图 5-17 所示。氧含量分析试样取样部位分别为两侧翼缘和腹板，氧含量分析结果为 108×10^{-6}、138×10^{-6}、140×10^{-6}。低倍检验结果为：中心偏析 1.0 级、三角区裂纹 1.0 级、针孔状气泡 1.5 级。硫印结果显示等轴晶区增加，减轻了中心偏析和铸坯缺陷。在两流喂稀土丝，一流拉坯速度 0.85m/min，另一流拉坯速度为 0.92m/min，喂丝速度 9m/min，稀土丝米重 52.62g/m，异型坯米重 703kg/m。稀土回收率 = 实测稀土含量均值 × 拉坯速度 × 异型坯密度 × 1000/（喂丝速度 × 稀土丝密度）。经计算，一流回收率为 87.1%，另一流回收率为 81.9%。1 号、2 号试样分别为两流尾坯，在整个断面上取9个点，如图5-18所示，分析各点的化学成分，试样稀土含量结果见表5-48和表5-49。

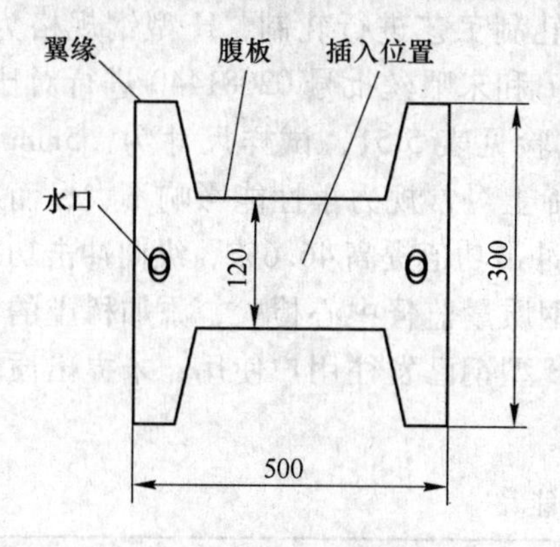

图5-17　稀土丝插入位置[27]

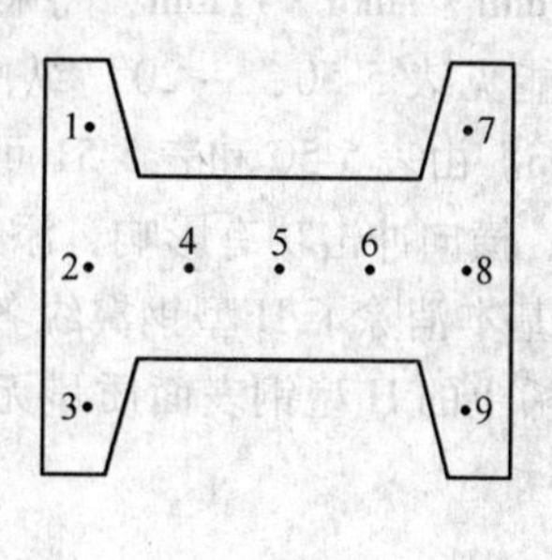

图5-18　化学成分取点位置[27]

表5-48　1号试样化学成分[27]

位　置	化学成分(质量分数)/%			
	C	Mn	S	Re
1	0.17	0.43	0.016	0.058
2	0.18	0.44	0.016	0.060
3	0.17	0.43	0.015	0.067
4	0.18	0.44	0.016	0.070
5	0.16	0.43	0.016	0.085
6	0.15	0.43	0.015	0.070
7	0.17	0.43	0.015	0.044
8	0.17	0.43	0.016	0.056
9	0.17	0.44	0.015	0.048
均值	0.17	0.43	0.016	0.060

表5-49　2号试样化学成分[27]

位　置	化学成分(质量分数)/%			
	C	Mn	S	Re
1	0.18	0.44	0.016	0.052
2	0.18	0.44	0.017	0.052
3	0.17	0.43	0.016	0.055
4	0.16	0.43	0.016	0.089
5	0.16	0.43	0.016	0.084
6	0.16	0.43	0.015	0.089
7	0.16	0.43	0.016	0.071
8	0.17	0.43	0.016	0.049
9	0.16	0.44	0.016	0.079
均值	0.17	0.43	0.016	0.069

试样中大部分区域稀土氧硫化物颗粒细小分布较弥散，但在翼缘与腹板交汇区域（图5-18 中点 2、点 8 附近）有稀土夹杂物偏聚现象。

将合格异型坯 61t 送到马钢 H 型钢厂按 SS400 轧制工艺进行轧制，H 型钢规格为：396mm × 199mm × 7mm × 11mm，将喂丝批号 02081441 和未喂丝批号 02081440 进行对比，常规力学性能见表 5-50，－20℃纵向、横向冲击试验见表 5-51，试样尺寸为：5mm × 10mm × 55mm。由表 5-50 和表 5-51 可以看出，添加稀土对常规力学性能影响不大，而对－20℃纵向、横向冲击功有影响，添加稀土可使横向冲击功值提高 46.6%，纵向冲击功提高 10.3%，基本消除了 H 型钢翼缘各向异性。经马钢质量监督中心检验，添加稀土的 H 型钢与未加稀土的 H 型钢表面质量无差异，且该号 H 型钢已发往用户使用，未提出质量异议。

表 5-50　常规力学性能[27]

批　号	σ_s/MPa	σ_b/MPa	δ_5/%	20℃金属夏比 V 型缺口冲击吸收功 A_{KV}/J			冷弯
1440	310	435	36	64	64	63	完好
1441	320	440	37	68	60	70	完好

表 5-51　－20℃横向、纵向金属夏比 V 型缺口冲击吸收功[27]

批　号	－20℃金属夏比 V 型缺口横向冲击吸收功 A_{KV}/J			－20℃金属夏比 V 型缺口纵向冲击吸收功 A_{KV}/J		
1440	26	23	24	33	33	32
1441	32	41	34	35	36	36

注：表 5-50 和表 5-51 中批号 1440 为未喂稀土丝，1441 为喂稀土丝。

5.1.2.8　连铸板坯中间包喂稀土丝工艺试验研究[28]

结晶器喂稀土丝工艺是伴随着连铸钢坯工艺发展起来的先进变质技术，国内外许多连铸钢厂采用了这种稀土加入方法。该工艺属后期稀土加入工艺，具有稀土回收率较高，有效改善硫化物形态、大小和分布，在一定程度上改善了铸坯结晶组织、硫偏析和提高板坯的冲击韧性的优点。但是如果结晶器内钢液洁净度不能达到要求，这时加入稀土，稀土在结晶器中没有时间充分扩散，也没有能使夹杂上浮的动力学条件，所以稀土反应产物绝大部分都残留在钢中而不能去除。若结晶器喂稀土丝入口、深度、速度等工艺参数不科学，对稀土含量在坯断面上的均匀分布及稀土元素有效作用发挥均有一定影响。基于结晶器喂稀土丝存在上述问题，2000～2001 年南京钢厂进行了连铸板坯中间包喂稀土丝工艺试验，钢水在 30t LF 钢包中经底吹氩精炼、调温和成分微调后，转入中间包，由整体式铝锆碳质浸入式水口浇入结晶器，浇注温度为 1525～1530℃。试验用钢的化学成分为（质量分数）：C 0.16%；Si 0.36%；Mn 1.4%；P 0.027%；S 0.024%。在 R5.7/7.2/11.0/21.0m 超低头板坯连铸机上连铸 180mm × 1200mm 中板坯，拉速为 1.2m/min。在中间包下水口塞棒附近喂入直径 ϕ3.2mm，RE 含量为 98% 的 1 号混合稀土丝，喂速 24m/min。用火焰割制取厚为 10cm 的连铸坯，刨磨去热影响区后即作为研究用试样。根据连铸坯拉速、稀土丝的喂速及相关条件，可得到稀土喂入量与喂速、拉速之间的关系式（详细参见本章 5.1.1 节实践中连铸采用结晶器稀土丝喂入法常用的确定稀土加入量的公式）可求得喂入连铸坯中的稀土量为 0.063%。图 5-19 为制取化学成分、硫印、金相及冲击试样的示意图。用化学分析法测定连铸坯横截面上稀土的分布中间包喂稀土的连铸坯横断面上各点稀土含量如图 5-20 所示。矩形框中的数据为图中两线交点处 ϕ10mm 范围内的平均稀土含量（质量分数,%）。由图 5-20 可知，无论在连铸坯宽面方向，还是窄面方向，连铸坯横断面上各区域的稀土含量基本相近。原因在于：一方面中间包喂入的稀土在钢水中溶解扩散时间较长，与硫、氧及夹杂物相互作用较充分；另一方面经下水口进入结晶器中的注流，对已在中间包中熔化的含稀土钢水的搅拌作用更强烈，因而扩散充分，分布均匀。

120cm
(连铸坯宽面)
1
2
3
4
5
6
7
8
9
10
11
金相试样取样区
冲击试样取样区
40cm
18cm
(连铸坯窄面)
稀土含量分析取样点

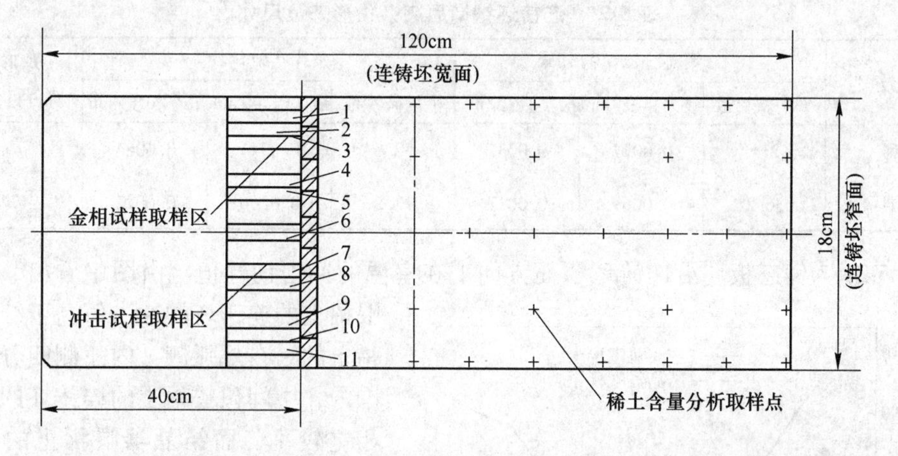

图 5-19 中间包喂稀土连铸坯横断面上化学成分、金相及冲击试样取样示意图

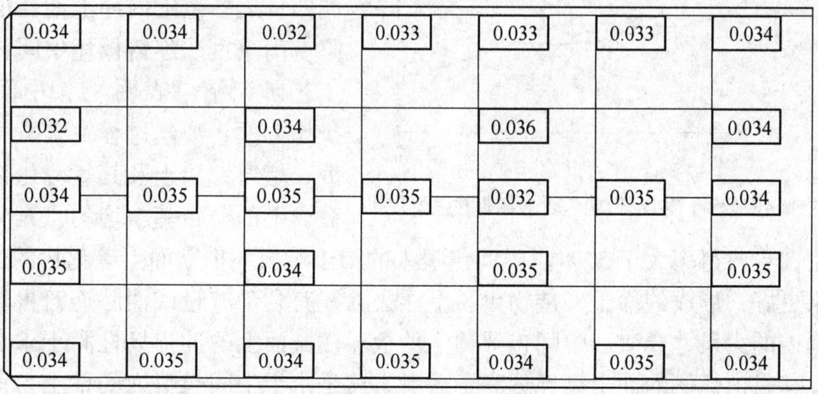

0.034
0.034
0.032
0.033
0.033
0.033
0.034
0.032
0.034
0.036
0.034
0.034
0.035
0.035
0.035
0.032
0.035
0.034
0.035
0.034
0.035
0.035
0.034
0.035
0.034
0.035
0.034
0.035
0.034

图 5-20 中间包喂稀土连铸坯横断面上稀土分布[28]

将图 5-20 中的所有数据取平均值，即得中间包喂稀土的收得率，结果见表 5-52。表 5-52 的结果表明：中间包喂稀土的收得率超过 50%，与结晶器中的 70% 以上收得率相比显得较低，其原因并不在于中间包喂入的稀土发生了氧化烧损，因为从中间包喂入的稀土很快进入结晶器中，再加上中间包、结晶器上的覆盖渣和水口的保护，使中间包喂入的稀土无法与大气中的氧直接接触而发生氧化；而可能在于中间包喂入的稀土与钢水中的硫、氧及夹杂物充分作用，形成的含稀土夹杂物上浮去除而使稀土收得率降低。

表 5-52　中间包喂稀土的稀土收得率[28]

稀土喂入位置及喂速	稀土喂入量（质量分数）/%	化验含量平均值（质量分数）/%	收得率/%	稀硫比 RE/S
中间包，24m/min	0.063	0.0341	54.1	1.48

表 5-53 为连铸坯锻造后的试样中不同形态及尺寸的夹杂物统计数据。从中可看出：未喂稀土的试样中，条状夹杂物为主，并以较大尺寸的枝晶共晶状存在；中间包喂稀土的试样中，近四分之三的硫化物已球化，其硫化物尺寸，尤其是条片状硫化物尺寸明显减小。

表 5-53　连铸坯锻造后夹杂物形态及尺寸[28]

喂稀土方式	颗粒状硫化物			条片状硫化物			球形颗粒所占百分比/%
	平均颗粒数	最大直径/mm	最小直径/mm	平均条片数	最大长度/mm	最小长度/mm	
未喂稀土	2.4	0.0077	0.0032	32.6	0.0341	0.0064	6.8
中间包喂稀土	36.2	0.0069	0.0017	12.2	0.0206	0.0072	74.8

图 5-21 为铸态板坯沿连铸坯窄面方向上在室温的冲击韧性值。由图中看出，中间包喂稀土的连铸坯的冲击值高于结晶器喂稀土的；在外弧侧、内弧侧四分之一范围内，中间包喂稀土的连铸坯的冲击值相差较小，而结晶器喂稀土的相差很大，即中间包喂稀土克服了连铸坯内弧侧四分之一范围内冲击韧性值降低的缺陷。南京钢厂连铸板坯中间包喂稀土丝工艺研究结果表明[28]：中间包喂稀土操作方便，喂丝过程中未发现中注管结渣、堵塞；稀土及其氧硫化物在板坯横截面上的分布基本均匀，充分发挥了稀土有益作用，且收得率大于50%。中间包喂入的稀土对板坯横断面上硫化物的变质作用更均匀、效果更好，形成的稀土夹杂物更易上浮去除，有利于减轻或消除连铸板坯内弧侧四分之一范围内的大尺寸卷渣。中间包喂稀土的板坯横截面上的冲击韧性高于未喂稀土的冲击韧性，尤其是内弧侧的冲击韧性远高于后者，这是由于中间包喂入的稀土与钢水作用时间长，稀土在连铸坯中分布均匀，减轻或消除连铸板坯内弧侧四分之一范围内的大尺寸卷渣的影响。

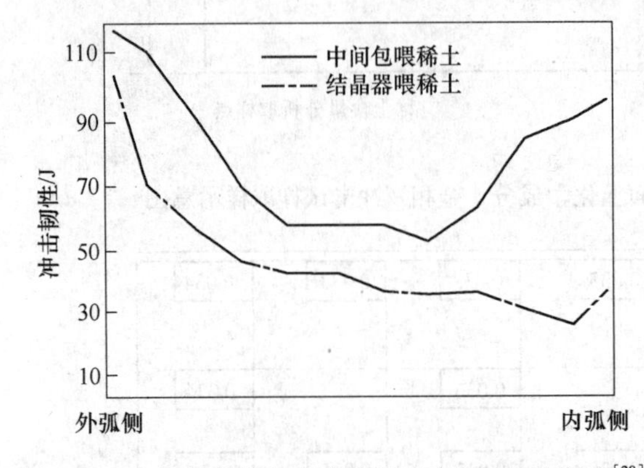

图 5-21　中间包喂稀土对连铸板坯冲击韧性的影响[28]

中间包喂稀土工艺操作不当，容易发生高熔点的稀土夹杂物聚集水口处并导致水口黏结。姜茂发等[29]研究了现场稀土钢中间包覆盖剂和实验室自配稀土钢中间包覆盖剂岩相结构，分析探讨了稀土氧化物在覆盖剂中的赋存状态。实验用渣采用某厂现场中间包稀土钢覆盖剂和实验室自配稀土钢覆盖剂两种，其化学成分如表 5-54 所示。在实验室 $MoSi_2$ 高温炉内熔化覆盖剂，实验温度为1500℃。为避免混合稀土氧化物给实验分析带来困难，故采用分析纯 La_2O_3 代替混合稀土氧化物，稀土氧化物的添加量分别为 0%、10% 和 20%。

实验步骤如下：将分析纯 La_2O_3 与覆盖剂充分混匀，经过高温处理后置入电熔氧化镁坩埚内，在氩气保护下升温至1500℃，恒温30min，然后随炉冷却。将冷却后的试样剖开，做成光薄片，进行岩相分析，同时辅助X射线衍射和扫描电镜进行物相鉴别。

表5-54 实验用渣的化学组成（质量分数）[29] （%）

实验用渣	CaO/SiO_2	Al_2O_3	MgO	Na_2O	CaF_2	La_2O_3
某现场渣	1.25	10.11	1.98	—	6.0	0
	1.25	9.19	1.81	—	5.45	10
	1.25	8.43	1.65	—	5.0	20
自配渣	0.80	5.00	8.00	3.00	5.00	0
	0.80	4.55	7.27	2.73	4.55	10
	0.80	4.17	6.67	2.50	4.16	20

图5-22（a）为现场覆盖剂岩相照片。主要矿物为均质黄长石，黄长石为钙铝黄长石与镁黄长石构成的连续类质同象系列，晶体呈四方板状及短柱状，单偏光下为无色透明，正交光下为一级灰色。其中不透明矿物主要为含铁的硅酸盐。图5-22（b）为添加10% La_2O_3 的覆盖剂岩相照片。经X射线衍射分析表明，主要矿物为各类黄长石和 $CaO\cdot 2La_2O_3\cdot 3SiO_2$ 晶体。岩相照片显示，矿物中 $CaO\cdot 2La_2O_3\cdot 3SiO_2$ 晶体呈长柱状，单偏光下无色透明，正交光下为一级白至黄干涉色；黄长石为钙铝黄长石同镁黄长石构成的连续

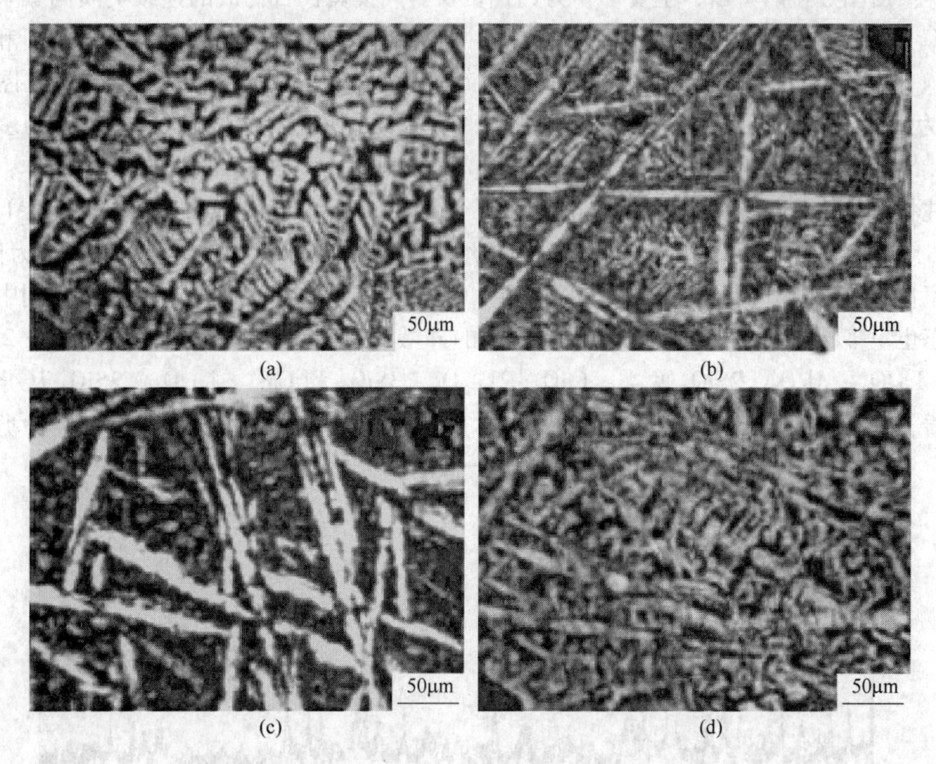

图5-22 现场覆盖剂岩相照片[29]

（a）不含 La_2O_3 覆盖剂，单偏光；（b）含10% La_2O_3 覆盖剂，单偏光；
（c）含20% La_2O_3 覆盖剂，正交光；（d）含20% La_2O_3 覆盖剂，单偏光

类质同象系列，单偏光下呈白色短柱状。黑色不透明矿物为含铁的硅酸盐。图 5-22（c）、（d）为添加 20% La_2O_3 的覆盖剂岩相照片。主要矿物为 $CaO \cdot 2La_2O_3 \cdot 3SiO_2$，$CaO \cdot La_2O_3 \cdot 2SiO_2$ 和黄长石。$CaO \cdot 2La_2O_3 \cdot 3SiO_2$ 晶体发育良好，数量较图 5-22（b）增多，黄长石数量相对减少。从 X 射线衍射图还可以知道，稀土氧化物含量增加至 20% 后，冷却后的覆盖剂中有未溶解的固态质点 La_2O_3 出现，这反映了 La_2O_3 在此组分覆盖剂中溶解量不会超过 20%，如图 5-23 所示。岩相照片中之所以没出现未溶解的 La_2O_3，其原因可能是含量较低，或者赋存于某些矿物中而难以辨别。由以上现场渣岩相照片分析可知，稀土氧化物 La_2O_3 在覆盖剂中的赋存状态主要是 $CaO \cdot 2La_2O_3 \cdot 3SiO_2$，由于此渣碱度相对较低，为稀土氧化物形成硅酸盐矿物提供了条件。从分子组成上看，相当于两个 La_2O_3 分子取代了两个 CaO 分子，形成的晶体种类在分子构成上类似于硅灰石。从固溶体生成条件分析[30~32]，晶体结构决定溶质离子能否代替溶剂离子，如溶质离子与被代替的溶剂离子半径大小相差 15% 以下，则有利于代替固溶体的生成。已知 La^{3+} 半径 0.1061nm，Ca^{2+} 半径 0.099nm，因此极易发生离子代替。图 5-24（a）为实验室自配渣岩相照片。镜下观察主要矿物为钙铝黄长石同镁黄长石构成的连续类质同象系列，晶体呈四方板状及短柱状，单偏镜下为无色透明，正交镜下为一级灰色干涉色。钙镁橄榄石，单偏镜下为无色透明短柱状及板状晶体，正交镜下干涉色为一级白色。另外存在少量霞石，其形状不规则，单偏光镜下为无色透明，干涉色为灰色。图 5-24（b）、（c）为添加 10% 稀土氧化物的覆盖剂岩相图片。由图片可以看出，主要矿物为钙铝黄长石同镁黄长石构成的连续类质同象系列以及 $CaO \cdot 2La_2O_3 \cdot 3SiO_2$ 晶体。图 5-24（b）中白色柱状晶体为黄长石（钙铝黄长石和镁黄长石）；图 5-24（c）中长柱状晶体经扫描电镜能谱确认是 $CaO \cdot 2La_2O_3 \cdot 3SiO_2$。图 5-24（d）为添加 20% 稀土氧化物覆盖剂岩相照片。镜下观察知道，主要矿物为 $CaO \cdot 2La_2O_3 \cdot 3SiO_2$，柱状晶体，正交镜下为白色，平行消光，负延长；$CaO \cdot La_2O_3 \cdot 2SiO_2$ 晶体，形状为短柱状，单偏光下为无色透明，正交镜下干涉色为一级灰色；$MgO \cdot La_2O_3 \cdot Al_2O_3 \cdot 2SiO_2$，晶体为等轴晶系，单偏光下无色透明，等粒状晶体，正交镜下全消光，为黑色。实验室自配渣岩相分析可知，在实验条件下，随稀土氧化物含量增加，其在覆盖剂中的赋存状态也呈多样化的趋势。稀土氧化物形成的硅酸盐种类又增加了 $CaO \cdot La_2O_3 \cdot 2SiO_2$、$MgO \cdot La_2O_3 \cdot Al_2O_3 \cdot 2SiO_2$ 两类，$CaO \cdot 2La_2O_3 \cdot 3SiO_2$ 和 $CaO \cdot La_2O_3 \cdot 2SiO_2$ 从分子结构上看，其形成的原因也可以看作是 Ca^{2+} 被 La^{3+} 取代后形成的硅酸盐，分子结构类似于

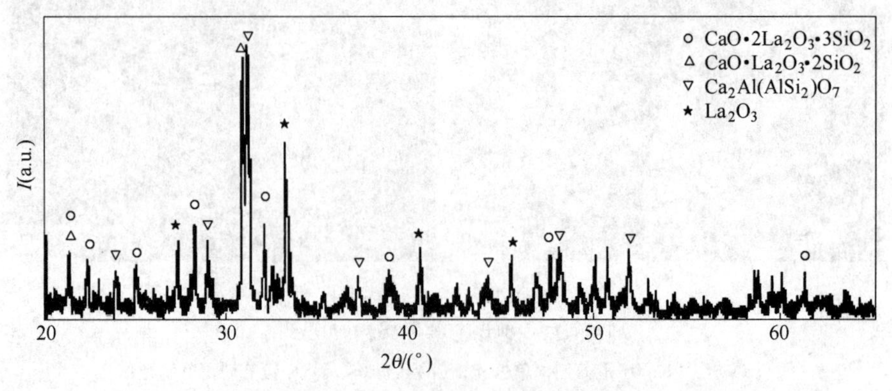

图 5-23　现场覆盖剂添加 20% La_2O_3 后 X 射线衍射结果[29]

硅灰石 $CaO \cdot SiO_2$。可以判断，随炉渣碱度的进一步降低，过剩的二氧化硅可能为稀土氧化物的形成提供了更为有利的条件，使得稀土硅酸盐种类增多。从 X 射线衍射图谱还可以知道，实验室自配渣溶解稀土氧化物的数量也有一定限制，当稀土氧化物含量增加至 20%，冷却后的试样中有少量未溶解的固态 La_2O_3 出现。对比两种渣岩相照片可知，稀土氧化物在覆盖剂中的赋存方式主要以稀土硅酸盐为主，自配渣形成的稀土矿物种类更多。由于覆盖剂中溶剂的数量相对较少，且稀土氧化物属于强碱性氧化物，在这种条件下，形成其他低熔点物质的几率很低，因此与二氧化硅结合形成硅酸盐的可能相当大。当稀土氧化物含量达到一定数值，因覆盖剂中溶解稀土氧化物含量有限，导致有未溶解的稀土氧化物固态质点出现。另外 La^{3+} 半径与 Ca^{2+} 接近，La_2O_3 可以部分取代 CaO，形成分子结构类似硅灰石的稀土硅酸盐，且稀土硅酸盐的种类随碱度降低有增加的趋势。姜茂发等[29]试验结果表明：中间包覆盖剂，其岩相主要以各类黄长石为主，另外随 MgO 含量的增加，有少量钙镁橄榄石出现。稀土氧化物在覆盖剂中主要以稀土硅酸盐形式存在。当稀土氧化物含量增加到一定数量，X 射线衍射分析表明，覆盖剂中无一例外地出现固态未溶稀土氧化物，即覆盖剂溶解稀土氧化物能力有一定限制。稀土氧化物（La_2O_3）在覆盖剂中可以部分代替 CaO，形成稀土硅酸盐，其种类随覆盖剂碱度降低有增加的趋势。

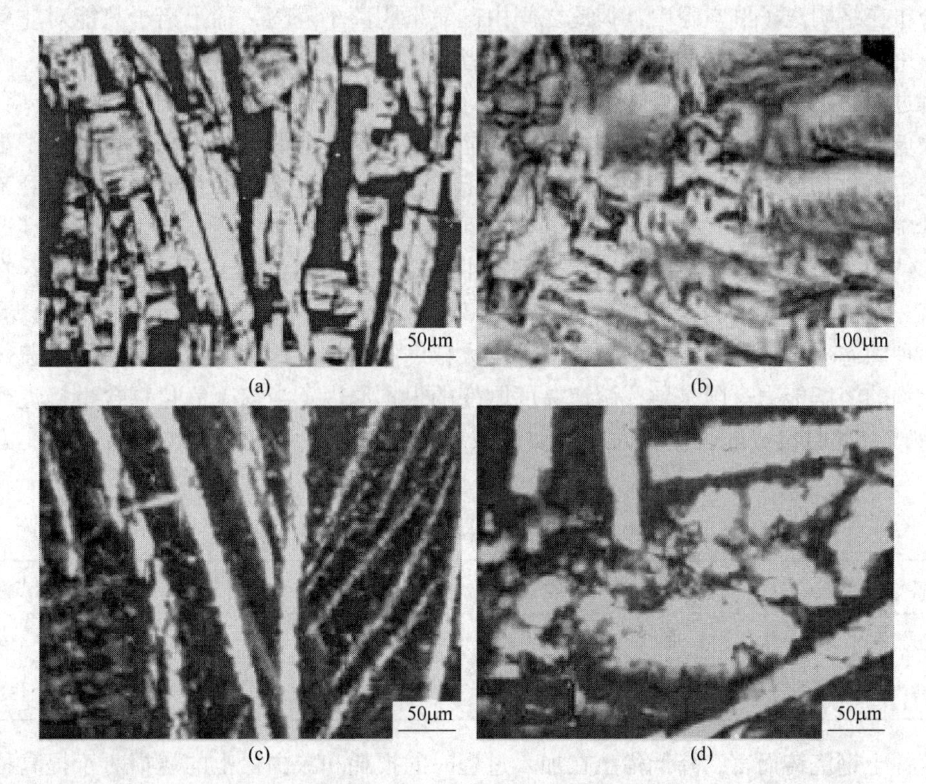

图 5-24 实验室自配覆盖剂岩相照片[29]

（a）不含 La_2O_3 覆盖剂，单偏光；（b），（c）含 10% La_2O_3 覆盖剂，正交光；

（d）含 20% La_2O_3 覆盖剂，正交光

王德永等[33]研究了稀土氧化物对中间包覆盖剂黏性特征的影响，试验表明，当稀土氧化物含量不大于 10% 时，有降低覆盖剂高温黏度的功能，当稀土氧化物含量接近 20%

时，则增大覆盖剂黏度。实验采用旋转黏度计测定中间包覆盖剂的黏度。测量原理是，当钼测头作同心匀速旋转时，充满于两圆柱体之间的液体由于内摩擦力（黏滞力）作用而出现相对运动，通过测量扭矩传感器的微小变化而得到熔渣黏度的数值。实验用渣采用现场渣和合成渣两种，化学成分见表5-55所示。渣料在使用前先进行脱碳处理，用纯化学试剂配制的合成渣，其中的BaO和Na_2O用$BaCO_3$和Na_2CO_3代替，将渣料在800℃马弗炉内烘烤2h，去除内部的结晶水和挥发物，以保持渣料的化学稳定性。稀土氧化物采用稀土金属丝（稀土总含量RE>90%）在空气中燃烧后的产物，稀土氧化物添加量分别按照5%、10%、15%和20%递增。具体实验步骤为：取渣料140g放入石墨坩埚，按照程序升温至1500℃恒温30min，旋转钼测头，进行降温测熔渣黏度，连续测黏度或定点测黏度。现场渣和合成渣黏度随温度的变化如图5-25和图5-26所示，两种渣的初渣都表现为酸性渣的特点，高温黏度变化缓慢。当稀土氧化物含量较低时5%左右，稀土氧化物有降低硅酸盐熔体黏度的作用；随着稀土氧化物含量的增加，渣黏度曲线逐渐变陡，黏度变化剧烈，有突变点，渣系有向碱性渣转变的趋势。从图5-25还可以看出，随稀土氧化物在覆盖剂中含量的增加，覆盖剂的析晶温度明显提高，即凝固时间提前，特别是稀土氧化物含量大于10%以后更为明显。理论研究表明[32]稀土离子不能进入硅酸盐结构网络，而是孤立、随机地分布在络阴离子群空隙中，彼此之间由硅氧络阴离子隔离，稀土离子只能对非氧桥有积聚作用，而对整个结构群没有大的改变或者破坏作用，这点类似物理溶解作用，因此这种溶解过程必然受到溶解度的影响。同时有研究报道[34]稀土氧化物加入微晶玻璃系统，会增大玻璃黏度，提高玻璃的熔制温度和析晶温度，这与此研究结果相吻合。为了更确切揭示稀土氧化物导致黏度突变的机理，还进行了含稀土氧化物熔渣急冷实验，并用X射线衍射其中的晶体种类。根据X射线分析结果可知，由于急冷的试样基本上保留了高温炉渣的内部结构，可见在高温情况下，在覆盖剂中不仅有尚未溶解的La_2O_3固态质点存在，且峰值有一定的强度，而且有高熔点的$CaO \cdot 2La_2O_3 \cdot 3SiO_2$和$CaO \cdot La_2O_3 \cdot 2SiO_2$晶体析出，两种固态质点的存在导致了覆盖剂黏度大幅度的增加。这从侧面也反映了覆盖剂对稀土氧化物的溶解能力有限是导致熔渣黏度剧变的根本原因。当稀土氧化物含量接近或者大于20%时，此时覆盖剂黏度变大，流动性减弱，易结壳、结块，吸收夹杂物的能力大大降低。

表5-55　现场和实验用渣料的化学组成及半球点温度[33]

渣　料	Al_2O_3/%	MgO/%	BaO/%	CaF_2/%	Na_2O/%	CaO/SiO_2	半球点温度/℃
现场渣	10.1	1.98	—	8.63	4.52	1.25	1360
合成渣	5	8	6	5	3	0.8	1320

就稀土钢浇铸而言，降低稀土在加入过程时的损耗和减少稀土的烧损对于提高稀土收得率和保持覆盖剂正常使用是十分重要的。王德永等[33]实验结果表明：（1）稀土氧化物对覆盖剂黏度具有很大的影响，当稀土氧化物含量不大于5%时，具有降低熔渣高温黏度的作用；当稀土氧化物含量接近或者大于20%时，覆盖剂高温黏度急剧增大；稀土氧化物无一例外地使覆盖剂凝固温度升高。（2）降低稀土元素在加入过程中的氧化、烧损，通过改变覆盖剂组元来提高其溶解吸收稀土氧化物的能力，是防止覆盖剂高温黏结和提高使用

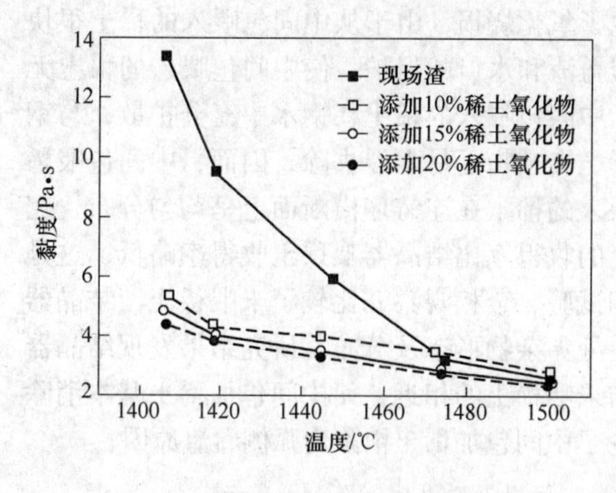

图 5-25 现场渣黏度随温度变化曲线

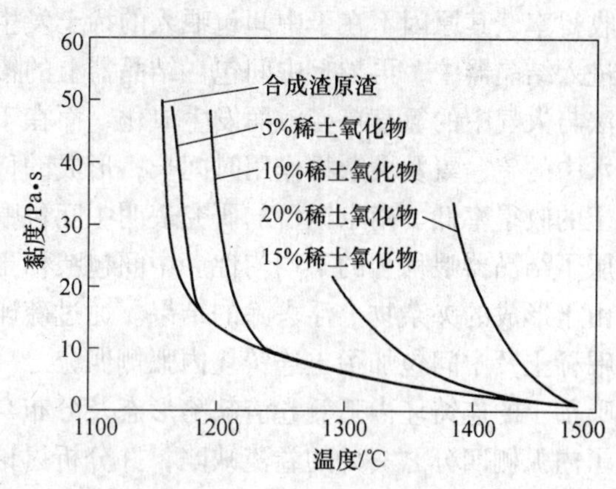

图 5-26 试验合成渣黏度随温度变化曲线

功能的主要途径。以上研究表明，为了避免和防止稀土氧化物对中间包覆盖剂使用性能产生不利影响应该充分注意：改变渣系组成，提高稀土氧化物在覆盖剂中的溶解度；减少和控制稀土氧化物的产生和聚集等。

5.1.2.9 连铸结晶器、中间包喂稀土丝工艺对比研究[10,35]

南京钢铁集团公司对板坯连铸结晶器喂稀土丝、中间包喂稀土丝工艺进行了对比研究，通过在不同位置，中间包或结晶器加入稀土，研究其对稀土在钢中的分布及其对钢性能的影响，钢水经 20t 氧气顶吹转炉冶炼、在 LF 钢包中底吹氩精炼、调温和成分微调后，转入中间包，由浸入式水口浇入结晶器。试验用钢成分为（质量分数）：0.16% C；0.36% Si；1.4% Mn；0.027% P；0.024% S。在板坯连铸机上连铸 180mm × 1200mm 中板坯，拉速为 1.2m/min。喂入的稀土为直径 ϕ3.2mm，RE 含量 98% 的 1 号混合稀土丝。结晶器中喂稀土的速度为 12m/min；中间包喂稀土位置为下水口塞棒附近，喂速为 18m/min。用火焰切割连铸坯，除去热影响区后即作为研究用试样。用化学分析法测定连铸坯横截面上稀土的分布，在每个连铸坯横截面的二分之一范围内，用 ϕ10mm 钻头按图 5-27 进行取样，然后分析各点的成分。在 Olympus-Ⅱ型金相显微镜上观察，连铸坯经锻造比为 4 的锻造后金相试样中的夹杂物形貌，并测量试样中颗粒状与条片状硫化物的平均个数及其大小。

图 5-27 给出了分析得到的连铸坯横断面上各点的稀土含量，矩形框中的数据为图中两线交点处 ϕ10mm 范围内的稀土含量（质量分数,%）。中间包喂稀土的连铸坯横断面上，分布在各区域中的稀土含量最大相对差异为 11%，在连铸坯的宽面及窄面方向上，连铸坯各部位的稀土含量基本相近。而结晶器喂稀土连铸坯横断面上各区域的稀土含量最大相对差值超过 35%，靠近连铸坯宽面方向的两边，稀土含量较高，中间部位稀土含量较低；在靠近连铸坯窄面方向的两边，稀土含量较低，中间部位稀土含量较高。由图 5-27 可看出，中间包喂稀土的连铸坯中稀土分布比结晶器喂稀土的更均匀。这主要由下列原因所造成：(1) 中间包喂入的稀土在钢水中溶解扩散时间以及与硫、氧及夹杂物相互作用时间更长；(2) 经下水口进入结晶器中的注流，对已在中间包中熔化的含稀土钢水的搅拌作用更强烈。将图 5-27 中的数据取平均值，可求得喂入稀土的收得率。结晶器及中间包喂稀土的收得率见表 5-56。表 5-56 中数据表明：结晶器喂稀土的稀土收得率高于中间包喂稀土的

收得率，其原因不在于中间包喂入的稀土发生了氧化烧损，由于从中间包喂入的稀土很快进入结晶器中，再加上中间包、结晶器上的覆盖渣和水口的保护，使中间包喂入的稀土无法与大气中的氧直接接触而发生氧化，而在于中间包喂入的稀土在钢水中充分扩散，与钢水中的硫、氧及夹杂物作用时间长，形成的稀土夹杂物更易上浮去除，因而，中间包喂稀土的收得率低。南京钢厂的研究表明中间包喂入的稀土在连铸坯横断面上呈均匀分布，克服了结晶器喂稀土的不均匀性。中间包喂稀土的收得率比结晶器喂稀土收得率略低，这是由于形成的夹杂物上浮去除的结果。通过硫印试验、金相观察，比较了未喂稀土、结晶器喂稀土及中间包加稀土连铸坯内弧侧四分之一处夹杂物形态及分布，研究结果发现结晶器喂稀土的连铸坯内弧侧卷渣缺陷形态及分布与未喂稀土的相近，而中间包加稀土基本消除了内弧侧四分之一处的卷渣缺陷，并分析讨论了中间包加稀土消除内弧侧卷渣原因。

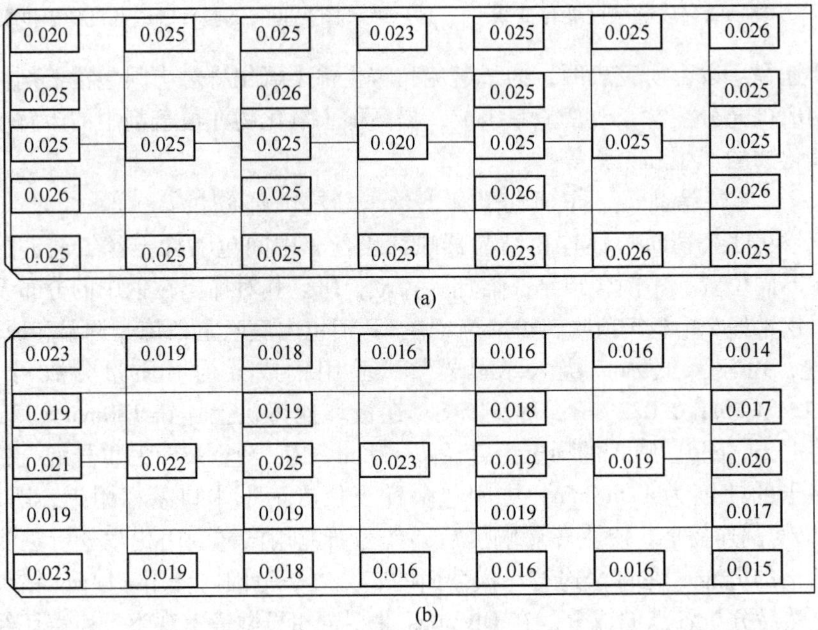

0.020　0.025　0.025　0.023　0.025　0.025　0.026
0.025　　0.026　　0.025　　0.025
0.025　0.025　0.025　0.020　0.025　0.025　0.025
0.026　　0.025　　0.026　　0.026
0.025　0.025　0.025　0.023　0.023　0.026　0.025

(a)

0.023　0.019　0.018　0.016　0.016　0.016　0.014
0.019　　0.019　　0.018　　0.017
0.021　0.022　0.025　0.023　0.019　0.019　0.020
0.019　　0.019　　0.019　　0.017
0.023　0.019　0.018　0.016　0.016　0.016　0.015

(b)

图 5-27　不同喂入位置连铸板坯横断面上稀土分布比较[10,35]

（a）中间包喂稀土，喂速 18m/min；（b）结晶器喂稀土，喂速 12m/min

表 5-56　不同喂入位置的稀土收得率[10,35]

稀土喂入位置及喂速	稀土喂入量（质量分数）/%	化验含量平均值（质量分数）/%	收得率/%	稀硫比 RE/S
结晶器，12m/min	0.032	0.0186	58.1	0.78
中间包，18m/min	0.047	0.0249	52.6	1.04

图 5-28 为未喂稀土、结晶器喂稀土和中间包喂稀土连铸坯横截面上的硫印照片。从图中可看出：未喂稀土、结晶器喂稀土连铸坯中，在靠近内弧侧四分之一范围内，存在许多尺寸较大、数量较多的夹杂物，但在中间包喂稀土的连铸坯中，在内弧侧四分之一范围内，夹杂物质点基本消失。由此可以看出，中间包喂入稀土基本消除了连铸坯内弧侧四分之一范围内的大尺寸夹杂物。分别观察了未喂稀土、结晶器喂稀土及中间包喂稀土连铸坯

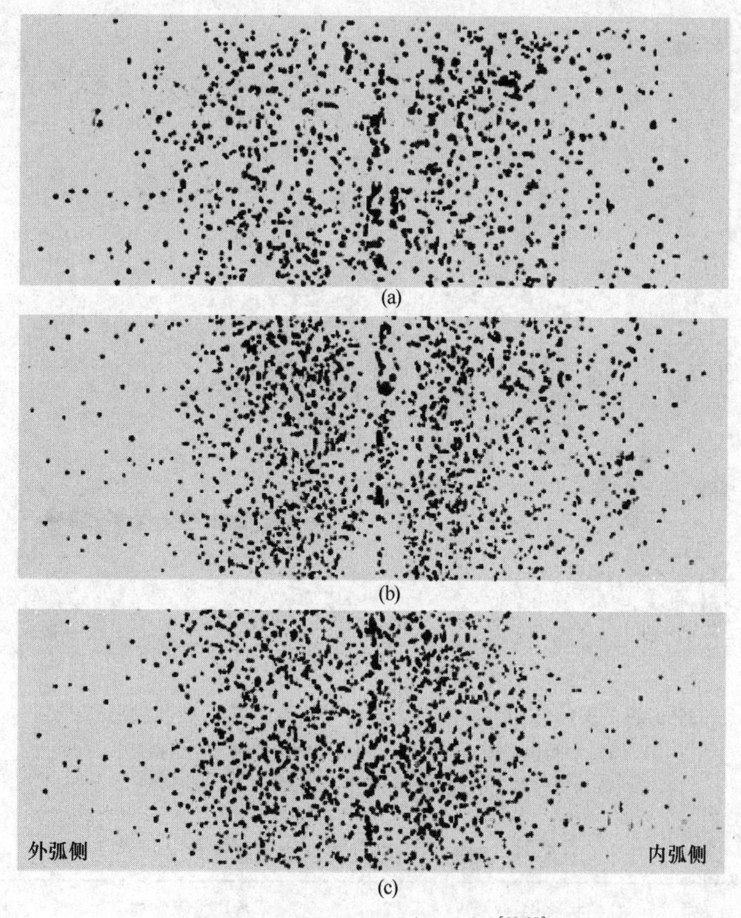

图 5-28 连铸坯横断面上硫印[10,35]

（a）未喂稀土；（b）结晶器喂稀土；（c）中间包喂稀土

内弧侧四分之一处铸态及锻造后试样中的夹杂物形态及分布。对这些夹杂物形态观察表明：中间包喂稀土连铸坯铸态试样中，有少量球形夹杂物，见图 5-29（a），并且这些夹杂物在锻造后未发生变形，基本上仍保持球状，见图 5-29（b）。未喂稀土、结晶器喂稀土连铸坯铸态试样中均存在大量的球形夹杂物，见图 5-29（c），有的尺寸超过 0.1mm，锻造后，这些夹杂物均发生了大量变形，见图 5-29（d），其长度超过 1mm，这些夹杂物明显为卷渣。由此可知，中间包喂稀土的连铸坯内弧侧四分之一处的夹杂物主要是稀土夹杂物，而非卷渣缺陷。

表 5-57 为连铸坯锻造后的试样中不同形态及尺寸的夹杂物统计数据。从表中可看出：连铸坯中，中间包喂稀土的硫化物多数已被球化，也有相当部分上浮去除，所以，总数较少；而结晶器喂稀土的硫化物总数多，一方面稀土的球化及细化作用使硫化物分散，另一方面，大多数稀土硫化物来不及上浮去除。由连铸坯在常温（20℃）冲击试验得到的连铸板坯冲击韧性（见图 5-21）。中间包喂稀土的连铸坯冲击韧性，心部值低，边界高；结晶器喂稀土及未喂稀土的连铸坯的冲击韧性，心部及内弧侧的值低，外弧侧高；中间包喂稀土的连铸坯冲击韧性明显高于结晶器喂稀土，尤其是内弧侧的冲击值，这主要是中间包喂入的稀土与钢液作用时间长、溶解扩散均匀、形成的夹杂物易上浮去除的结果。

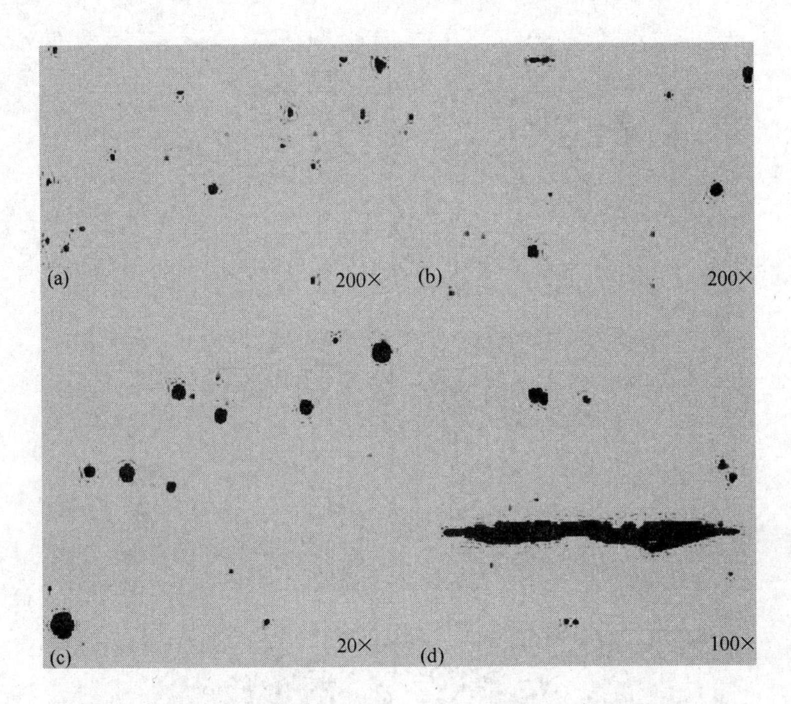

图 5-29　连铸坯内弧侧四分之一处铸态及锻造后夹杂物形态[10]
（a）中间包喂稀土、铸态；（b）中间包喂稀土、锻造后；
（c）未喂稀土及结晶器喂稀土、铸态；（d）未喂稀土

表 5-57　连铸坯锻造后夹杂物形态及尺寸[10,35]

喂稀土方式	颗粒状硫化物			条片状硫化物			球形颗粒所占百分比/%
	平均颗粒数	最大直径/mm	最小直径/mm	平均条片数	最大长度/mm	最小长度/mm	
结晶器喂稀土	32	0.0078	0.0013	35.6	0.0271	0.0061	47.3
中间包喂稀土	36.2	0.0069	0.0017	12.2	0.0206	0.0072	74.8

稀土加入到钢液中后，将降低钢液的黏度，从而有利于钢中夹杂物的上浮，中间包喂入钢中的稀土与钢液作用更充分，对黏度的降低程度将大于结晶器喂稀土，形成的细小夹杂物也易于聚集长大，尽管形成的稀土夹杂物密度与钢液的密度差有所减小，但其综合作用的结果，中间包喂稀土的连铸坯中的夹杂物比结晶器喂稀土更易上浮去除，所以，中间包喂稀土的连铸坯中的夹杂物少于结晶器喂稀土的，因此，其冲击韧性高于结晶器喂稀土的。另外，结晶器喂入的稀土受钢液的搅拌作用小于中间包喂稀土，而中间包喂入的稀土形成的夹杂物相互碰撞的剧烈程度远大于结晶器喂稀土，从而更易于聚集长大，所以，中间包喂稀土的钢液中，夹杂物进入较浅的液相隙深度时，已聚集长大上浮，这样，在内弧侧基本上没有大的夹杂物。通过对比研究得到如下结论：在所研究的钢液洁净度条件下，与结晶器喂稀土相比，中间包喂稀土的连铸坯中，稀土分布更均匀，消除了内弧侧的卷渣缺陷。中间包喂入的稀土与钢液中的硫、氧等夹杂物作用更充分，在较浅的液相隙中就已形成大尺寸夹杂物而上浮去除[10,35]。

5.1.2.10 多流大方坯连铸生产线钢包、中间包和结晶器喂稀土丝工艺对比研究[19]

包头钢铁集团公司对多流大方坯连铸机生产稀土钢的稀土加入工艺：钢包、中间包、结晶器喂稀土丝进行了对比试验研究，讨论分析了适合包钢多流大方坯连铸稀土加入工艺的特点。

钢包喂稀土丝是用喂丝机将 ϕ13mn 的稀土包芯线（用铁皮将硅钙粉和稀土丝包覆）喂入钢包内。不经 VD 工艺的钢种采用在精炼中后期和精炼后喂稀土丝；经 VD 工艺的钢种采用在 VD 前后喂稀土丝。试验钢种为 20 号钢，U71Mn、BNbRE。稀土喂入量为 0.020% ~0.03%（质量分数），试验结果见表 5-58。由表 5-58 可知，在精炼后（不经 VD）和 VD 后喂稀土丝，钢中稀土残留量和稀土回收率都高，但在浇注过程中出现钢包水口结瘤，无法进行生产。而在精炼中期和 VD 前喂稀土丝，钢包和中间包水口都不结瘤，可使连铸工艺顺行，但稀土残留量和稀土回收率低。检验结果表明：RE 分布均匀，未发现有大块稀土夹杂，有少量硫化物夹杂变性。对产品的性能进行检验，未发现对其性能有不利的影啊。因此，钢包喂稀土丝的生产工艺方案为：不经 VD 的钢种在精炼中后期喂稀土丝，经 VD 工艺的钢种在精炼后 VD 前喂稀土丝。

表 5-58 钢包喂稀土丝的试验结果[19]

试验方案	喂入地点	喂入量/%	残留量/%	回收率/%	堵塞水口
1	精炼中期	0.02 ~0.03	0.002 ~0.006	10 ~25	不堵水口
2	精炼后	0.02 ~0.03	0.006 ~0.010	35 ~45	堵水口
3	精炼后 VD 前	0.02 ~0.03	0.002 ~0.006	10 ~25	不堵水口
4	精炼后 VD 后	0.02 ~0.03	0.007 ~0.015	38 ~50	堵水口

中间包喂稀土丝是用喂丝机将稀土丝喂入中间包的 T 形口内。稀土丝规格为 ϕ2.0 ~2.5mm，RE 含量不小于 99%。喂入量为 0.008% ~0.022%（质量分数），喂入速度为 7.5 ~20m/min。试验钢种为 U71Mn 和 20 号钢，铸坯尺寸为 280mm ×380mm，进行了 13 炉试验，其中铝碳质浸入式水口试验 5 炉，防堵型浸入式水口试验 8 炉。使用铝碳质的浸入式水口喂稀土丝水口结瘤影响较明显。而使用防堵浸入式水口，水口结瘤现象有所改善，但当稀土加入量超过 0.015%（质量分数）时有水口结瘤现象。分析钢中稀土残留量为 0.008% ~0.012%（质量分数），稀土回收率为 50% ~70%，分别在三个炉次的钢坯横截面的对角线上取 9 点分析 RE 含量，检验结果表明，RE 在钢中分布均匀，见图 5-30。金相检验表明，夹杂物变质较明显。

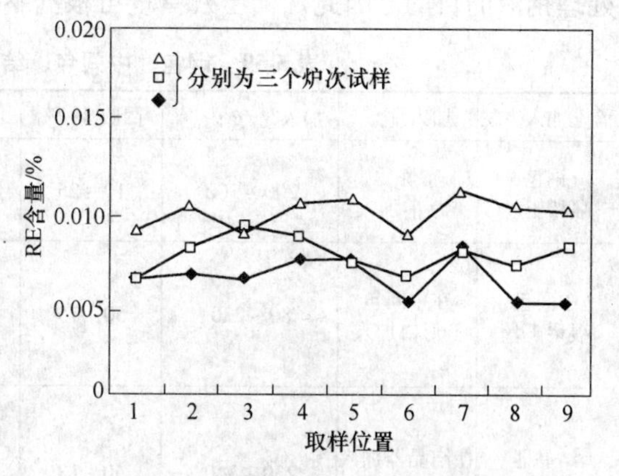

图 5-30 中间包喂稀土丝 U71Mn 方坯（280mm ×380mm）RE 分布[19]

结晶器喂稀土丝是通过喂丝机将稀土丝加入结晶器对角线 1/4 处。稀土丝规格为 ϕ2mm，RE 含量不小于 99%，试验钢种为 20 号钢，试验炉数 12 炉（均为单流），铸坯断面尺寸为 280mm ×380mm，过热度为 22 ~30℃，平均为 26.6℃，拉速为 0.55 ~0.75m/min。稀土加入量为 0.023% ~0.034%

(质量分数)，喂丝速度为5.1～8.1m/min。RE残留量为0.012%～0.020%（质量分数），平均为0.0166%，RE回收率为50%～83%，RE分布情况见图5-31（为五个炉次钢坯的数据），由图5-31可知，结晶器喂稀土丝的RE分布均匀性比中间包喂稀土丝差，低倍检验出现低倍夹杂缺陷不合格，最高可达3级（见图5-32），金相检验为稀土硫化物。从图5-32可知，在试验钢液的洁净度和工艺条件下，发现结晶器喂稀土丝稀土残留量多时，即加入过量稀土时，容易造成夹杂物级别增高。

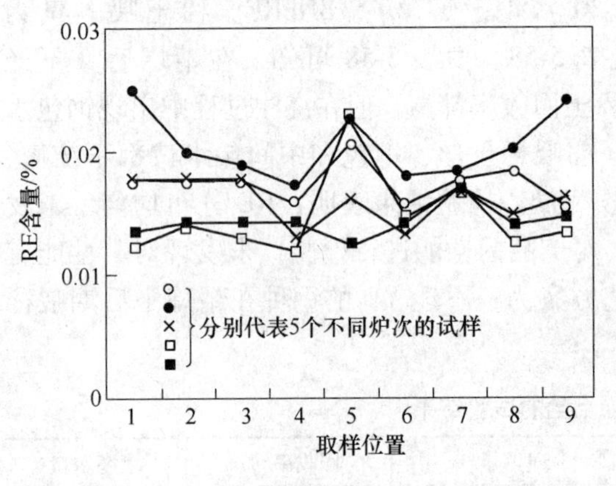

图5-31　结晶器喂稀土丝20号钢方坯（280mm×380mm）RE分布[19]

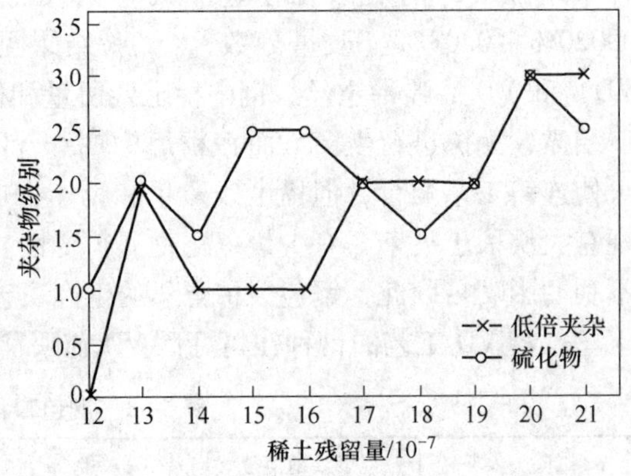

图5-32　结晶器喂稀土丝稀土残留量对夹杂物级别的影响[19]

表5-59为钢包、中间包、结晶器喂稀土丝方法的比较。包钢多流大方坯连铸机生产线上钢包、中间包、结晶器喂丝三种稀土加入工艺，由于稀土加入的时机不同，稀土的回收率也不同。而稀土的回收率高，意味着稀土在钢中残留的多，稀土残留量对稀土处理钢的性能起着决定性的作用。目前包钢大方坯连铸生产工艺，钢水经过铁水预处理、精炼和真空处理，钢中的氧和硫含量达到了非常低的水平（$w(O) \leqslant 0.0015\%$，$w(S) < 0.010\%$），处理钢液用的稀土量可相对减少。另外，采用合适的稀土加入方法可提稀土回收率，也能降低稀土用量，在钢液低氧、低硫的条件下，应将钢中的稀土残留量控制在一定的范围内。否则，稀土残留量多，就可能污染钢质，反之，稀土残留量少，达不到稀土处理钢液的目的。因此，稀土残留量可根据不同的钢种和性能及使用要求来确定。

表5-59　钢包、中间包、结晶器喂稀土丝方法的比较[19]

稀土加入方法	加入地点	加入量/g·t^{-1}	回收率/%	主要优点	主要问题
钢包喂稀土丝	精炼后VD前加入	200～300	10～25	(1)操作方便简单； (2)净化钢液； (3)工艺顺行	(1)RE回收率低； (2)夹杂物变质不完全
中间包喂稀土丝	在中间包T形口加入	80～220	50～75	(1)操作方便； (2)RE分布均匀、收得率较高； (3)夹杂物变质完全	(1)水口结瘤，工艺相对不顺； (2)RE加入量偏低
结晶器喂稀土丝	在结晶器加入（单流）	230～340	50～83	(1)工艺顺行； (2)　RE收得率高、分布较均匀； (3)夹杂物变质完全	(1)操作复杂、不方便； (2)RE加入量多有污染钢质的倾向； (3)稀土丝接头易断、易结渣圈

稀土处理钢液的目的不同，RE 的加入量也不同，选择的加入工艺也应不同。对于深脱氧和深脱硫的钢种（出口钢轨和高速轨）来讲，可采用钢包喂稀土丝。在 VD 处理过程中，由于充分搅拌钢液和处理时间长（约 20min），可使大部分脱氧、脱硫产物上浮排除，可达到深脱氧和深脱硫的目的，使钢中的氧含量和硫化物夹杂满足标准的要求。对于需要夹杂物变性和微合金化作用的钢种（如 09CuPTiRE、65RE 等钢种），可选择中间包或结晶器喂稀土丝，采用中间包喂稀土丝或结晶器喂稀土丝，由于 RE 回收率高，可保证钢中有一定的 RE 量，可使夹杂物完全变性和发挥 RE 在钢中微合金化作用。

实验发现加稀土前钢液氧含量对 RE 的回收率影响很大，图 5-33 为钢液氧含量对结晶器喂稀土丝稀土回收率的影响，由图 5-33 可知，氧含量低稀土回收率就高，反之，氧含量高，稀土回收率就低。

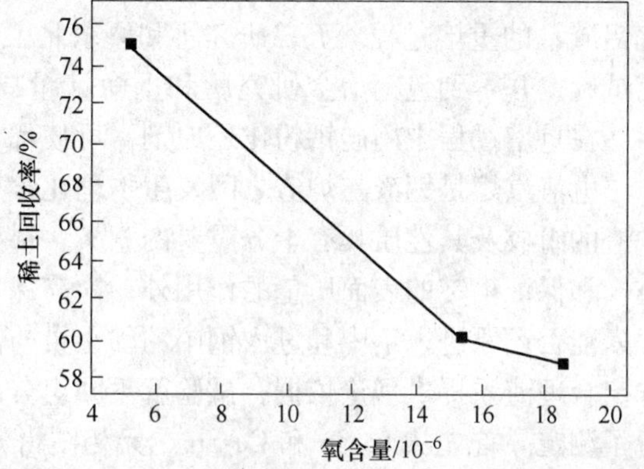

图 5-33　钢中氧含量对稀土回收率的影响[19]

结晶器喂稀土丝的最大优点是避开钢液流经水口的过程，解决了水口结瘤问题。在钢包和中间包喂稀土丝都出现了水口结瘤问题，为了解决水口结瘤的问题，包钢在试验中采用无铝脱氧工艺，深脱氧深脱硫，防止钢液二次氧化和改变浸入式水口材质等措施，使中间包水口结瘤问题有所改善，但没有完全解决，有待于进一步研究。

钢包喂稀土丝是在精炼后喂稀土丝，然后进行 VD（真空）处理，由于处理时间长（约 20min），钢液搅拌充分，稀土与钢中的氧和硫反应后产物大部分上浮，起到了净化钢液作用。该工艺优点：操作简单方便，一次可处理大量的钢水，不用增加设备和人员。缺点：稀土烧损大，稀土的回收率低，稀土在钢中的微合金化作用差。中间包喂稀土丝是在连铸生产较后期加入，由于钢水从中间包 T 型口流到结晶器有一定时间，稀土在钢液中有较充分的时间进行扩散，使稀土在钢中分布均匀。另外，也为稀土夹杂物上浮创造了条件，起到了净化钢液作用。该工艺优点：操作简单方便，稀土的回收率较高，净化了钢液，有效地改善了硫化物夹杂的形态、大小和分布，增加设备和人员较少。缺点：有水口结瘤和稀土加入量偏少的问题。结晶器喂稀土丝在连铸生产后期加入有许多优点：稀土回收率高，不堵水口，可改善硫化物夹杂形态、大小和分布，在一定程度上可改善铸坯结晶组织。但稀土在结晶器中与钢中氧和硫的反应产物难以上浮，绝大部分反应生成物残留在钢中，而且钢坯横断面上 RE 分布相对也不均匀。稀土丝熔点低，通过保护渣层时部分稀土与渣中氧化物形成稀土氧化物，使保护渣变黏，改变了保护渣物化特性，影响了钢的质量。另外包钢连铸机为一机四流，需要装多台喂丝机，喂丝机放置受到现场的限制，也影响工人操作。设计一（喂丝）机（通过多导管）对多流或一流配一机，可由专门单位进行设计试验；此外喂丝机在操作稳定可靠性、灵活性与铸机拉坯速度的相互配合及联锁控制上，也需进一步完善。通过包钢实践可见，多流大方坯连铸生产线结晶器喂稀土丝前应该采取深度脱氧脱硫，根据钢种性能要求控制合适的稀土加入量，同时研制匹配新型的结晶器保护渣及配套的喂丝机装备，才能较好地适应连铸一机四流结晶器喂稀土丝的工艺。钢包或中间包中使用的稀土包芯线，稀土的品种以及其他粉剂的相互配合使用问题也可不断改进。

5.1.2.11　合金钢电渣重熔工艺稀土加入方法研究[15]

电渣重熔工艺是国内外生产优质钢材的重要手段之一，较早生产加稀土元素的电渣重熔钢时，一般是首先将稀土金属加入电极棒中或将稀土金属涂在电极棒上，因此稀土元素的烧损很大，回收率很低，使电渣钢中稀土元素含量甚微，发挥不出稀土元素对钢材性能的良好作用。国外也曾在电渣重熔过程中向结晶器内投放稀土金属，由于稀土金属在渣面上烧损，因而导致产生渣子飞溅和稀土元素在钢中分布不均。我国关于稀土电渣重熔的研究工作开展较早，稀土电渣重熔通常以 30% CeO_2 + 20% CaO + 50% CaF_2 三元稀土渣系（以下简称稀土渣）代替原来使用的 30% Al_2O_3 + 70% CaF_2 二元氧化铝渣系（以下简称氧化铝渣）的重熔过程。五二研究所和原东北工学院共同进行的电渣重熔稀土加入方法的工艺试验，并得到包钢冶金研究所和上海计量局的大力支持，试验时采用稀土氧化物做渣料，在重熔过程中用硅钙粉作还原剂，可使稀土元素均匀地还原进入钢中。

电渣重熔是钢液与炉渣之间发生物理化学反应的过程。所以研究电渣重熔过程中液态炉渣的组成及其性质具有十分重要的意义。稀土渣系除应具有一般渣系的净化钢液、隔绝空气和保证钢锭的表面质量的作用外，尚需保证按需要的稀土元素含量还原到钢中。稀土元素能否还原进入钢中和进入钢中的稀土量与渣中稀土氧化物的活度有直接关系。为了给选定合理渣系提供理论依据，试验就不同组分的二元和三元稀土渣中稀土氧化物的活度进行了测定。首先从 La-Sn 和 Ce-Sn 二元相图得知，稀土元素和金属锡生成化合物，因而使稀土元素在锡中的溶解度大于在铁中的溶解度，而锡本身又不易氧化，虽然熔点低，但沸点高，所以选用锡作稀土元素的熔剂，用于测定稀土渣中稀土氧化物的活度是合适的。测得的结果列于表 5-60。

表 5-60　不同配比渣在 1595℃时稀土氧化物的活度[15]

序号	稀土渣成分	锡中稀土元素质量分数/%	锡中稀土元素原子摩尔分数/%	稀土氧化物活度
1	CeO_2 饱和态	0.27	0.0029	1
2	20% CeO_2 + 80% CaF_2	0.045	0.00038	0.017
3	30% CeO_2 + 70% CaF_2	0.11	0.000897	0.090
4	20% CeO_2 + 60% CaF_2 + 20% CaO	0.152	0.00128	0.118
5	30% CeO_2 + 50% CaF_2 + 20% CaO	0.161	0.00136	0.133
6	40% CeO_2 + 40% CaF_2 + 20% CaO	0.174	0.00147	0.410
7	50% CeO_2 + 30% CaF_2 + 20% CaO	0.270	0.0023	0.600

从表 5-60 可以看出，随着渣中稀土氧化物含量的增加，稀土氧化物的活度亦增加。特别是渣中加入一定量的氧化钙碱性渣，使稀土氧化物的活度增加更为显著。由此可以得出，渣中加入一定量的氧化钙对提高稀土元素的还原能力是有好处的。因此，为便于稀土氧化物的还原，应选定三元的稀土渣系。但渣中稀土氧化物的活度并不能作为选择渣子成分的唯一条件。为了满足电渣重熔工艺的要求，还必须考虑渣子的熔点、密度、电导和表

面张力等参数。为了进一步选定渣子成分，采用直接目测法测定了稀土渣子的熔点，用最大气泡压力法测定了稀土渣子的表面张力和密度，用交流电桥法测定了稀土渣子的电导；又用回转黏度计和内柱体扭摆法黏度计测定了稀土渣子的黏度，测得的结果列于表5-61。

表5-61　渣子的物理化学性质[15]

序号	渣子成分	熔点/℃	电导率(1650℃) /$\Omega\cdot cm^{-1}$	密度(1500℃) /$g\cdot cm^{-3}$	表面张力(1500℃) /$\times10^{-5}N\cdot cm^{-1}$	黏度(1500℃) /Pa·s
1	30% CeO_2 +70% CaF_2	1424	2.15	3.16	222	—
2	35% CeO_2 +65% CaF_2	1424	—	—	—	—
3	40% CeO_2 +60% CaF_2	1529	—	—	—	—
4	45% CeO_2 +55% CaF_2	>1600	—	—	—	—
5	30% CeO_2 +50% CaF_2 +20% CaO	1430	3.46	2.87	308	10.01
6	30% Al_2O_3 +70% CaF_2	1433	1.76	2.62	305	8.6

从表5-61可以看出，当渣中稀土氧化物含量由30%增到35%时，渣子熔点未有变化，而当稀土氧化物含量达到40%时，熔点提高约100℃，当稀土氧化物含量提高到45%时，熔点大于1600℃。由此可以得出渣中稀土氧化物含量不应超过35%。因此可知选择渣子成分，从渣中稀土氧化物的活度来考虑应当是稀土氧化物含量高些为好。但随着稀土氧化物成分的提高，渣子熔点增加很快。此外，从生产成本角度，稀土氧化物用量应尽量节约。同时由于炉渣可返回使用，并考虑到炉渣在较长时间的重熔过程中不要因一部分稀土氧化物被还原而使渣中稀土氧化物成分变化太大，所以在选用渣子成分时，渣中的CeO_2的含量也不应过低，即应保持一定的数量。另外，氧化铝渣被国内外公认为是重熔低合金钢的一个好渣系，所以选择稀土渣成分时渣子的物理化学性质应与氧化铝渣相近。实验表明30% CeO_2 +20% CaO +50% CaF_2三元稀土渣是较为理想的。多年的实践也完全证明了这一点。

采用稀土电渣重熔的目的之一，就是在电渣重熔过程中使渣中的一小部分稀土元素还原进入钢中，达到改善钢性能的目的。为此就需要控制钢中稀土元素的最佳含量范围，确保钢的性能稳定性。稀土渣本身虽有一定活度，但在重熔过程中若仅靠高温自身分解，钢中的稀土元素含量甚微。所以在重熔过程中有必要向渣面上投撒一定数量的还原剂，强制稀土氧化物还原。为了从理论上说明这个问题，通过对不加还原剂与以硅钙粉、铝粉和电石作还原剂进行的试验和热力学估算。计算结果与试验结果基本相符，试验结果和计算结果都说明了硅钙粉的还原能力比铝和电石要强。在对大型锻件用38CrNi3MoV钢以电石为还原剂的重熔试验中发现，被重熔的钢有增碳现象。以铝粉作还原剂可使稀土氧化物被还原进入钢中，但在38CrNi3MoV钢大型锻件的电炉生产中，发现锻后有AlN相析出，出现小棱面断口，使钢的韧性下降。为了杜绝这类问题出现的可能性，所以用铝粉作还原剂重熔低合金钢并不理想。大量试验结果表明，以硅钙粉做还原剂是比较理想的。因为硅钙粉氧化产物为SiO和CaO。如前所述，CaO对稀土氧化物还原是有好处的。为了考查SiO_2对稀土渣返回使用是否有很大影响，曾向稀土渣中加入不同量的SiO_2，测定SiO_2对渣子活度的影响。试验结果列于表5-62。随着稀土渣在电渣重熔过程中还原剂的不断加入，渣中氧化产物SiO_2的量就会不断增加。从表

5-62可以看出，渣中的 SiO_2 量对稀土氧化物的活度影响不大。所以说以硅钙粉作还原剂是比较理想的。稀土渣反复使用3～4次对钢的质量不会有什么大的影响。众所周知，为保证钢的某些特殊性能，如韧性，需要控制钢中的最佳稀土含量范围。含量过低时起不到稀土元素的应有效果，过高时，会使钢中夹杂物数量增多而使钢的性能变坏。为此，能够准确地控制钢中的最佳稀土元素含量范围是采用稀土电渣重熔工艺的关键。38CrNi3MoV、38CrNi4MoV和38CrMn2Mo钢采用稀土渣和氧化铝渣重熔钢的冲击韧性试验结果表明，对这类大型锻钢来说，需要将钢中的稀土元素含量控制在0.01%～0.025%（质量分数）范围。试验发现，当渣量为7～10kg时，每小时约重熔100kg钢时需加还原剂硅钙粉约200g。在实验室试验时采用每3min向渣面直接投撒10g硅钙粉的方法。为了检查稀土元素在钢锭的各部位分布是否均匀，曾对钢锭上、中、下部分别取样分析。结果表明成分基本均匀，完全符合技术要求。为了减轻体力劳动和保证稀土元素更均匀的进入钢中，可在工业生产中采用机械自动连续加入还原剂装置。

表5-62　渣中不同含量的 SiO_2 对熔渣活度的影响[15]

序　号	渣 子 成 分	渣中 SiO_2 质量分数/%	锡中稀土元素质量分数/%	锡中稀土元素原子摩尔分数/%	稀土氧化物活度
1	30% CeO_2 +50% CaF_2 +20% CaO	0.2001	0.127	0.00107	0.0827
2	30% CeO_2 +50% CaF_2 +20% CaO	0.4006	0.119	0.0101	0.0734
3	30% CeO_2 +50% CaF_2 +20% CaO	0.5995	0.126	0.00107	0.0827
4	30% CeO_2 +50% CaF_2 +20% CaO	0.8012	0.073	0.000618	0.0275
5	30% CeO_2 +50% CaF_2 +20% CaO	1.0006	0.210	0.00178	0.225
6	30% CeO_2 +50% CaF_2 +20% CaO	1.1991	0.118	0.000999	0.0718

为了考核稀土渣系的作用效果，试验中选用稀土渣与氧化铝渣对38CrNi3MoV、38CrNi4MoV和38CrMn2Mo三种大型铸锻用钢做了系统的对比实验。实验在变压器容量为170kV·A的单向交流电渣炉中进行。电极棒是在中频感应炉中冶炼的铸造电极棒。重熔前电极棒用砂轮打磨，清除氧化铁皮。每炉钢使用10～12kg稀土渣料，在900℃烘烤4h以上，排除水分。特别要选用新鲜块状石灰，防止钢中产生白点。烘烤好的渣料先在石墨坩埚中熔化，化渣加料的顺序是先加 CaF_2，10min后加CaO和 CeO_2，精炼30min，随后将液态渣倒入铜结晶器内进行重熔。操作供电制度见表5-63。

表5-63　操作供电制度[15]

电极棒尺寸 /mm×mm	结晶器直径 /mm	化渣期			重熔期			
		电流/A	电压/V	渣量/kg	电流/A	电压/V	冷却水温度/℃	总重熔时间/h
$\phi85\times170$	185	900～1300	48～55	10～12	3200～4000	32～44	40～55	1.0～1.5

38CrNi3MoV、38CrNi4MoV和38CrMn2Mo三种钢重熔锭成分分析结果表明，稀土渣系可以保证重熔钢种成分的要求，当渣量一定时，随还原剂的加入量增加，钢中稀土含量亦增加。钢锭上、中、下部成分基本均匀，同时发现稀土铝渣有更好的脱硫效果。其结果见表5-64。

表 5-64 还原剂加入量与钢中稀土元素进入量之间的关系[15]

序号	钢 种	渣系	渣量/kg	还原剂加入方法	还原剂总量/g	稀土进入量/%	钢中硫含量/%
1	38CrNi3MoV	氧化铝渣	7~9	不加	—	—	0.0048~0.012
2	38CrNi3MoV	稀土渣	7~9	3min 加 20g	400	0.02~0.04	0.001~0.002
3	38CrNi3MoV	稀土渣	7~9	3min 加 10g	200	0.01~0.019	0.002~0.005
4	38CrNi3MoV	稀土渣	7~9	不加	—	微量	0.0049
5	38CrNi4MoV	氧化铝渣	7~9	不加	—	—	0.0048~0.007
6	38CrNi4MoV	稀土渣	7~9	3min 加 10g	200	0.017~0.019	0.003
7	38CrNi4MoV	稀土渣	7~9	1.5min 加 10g	400	0.0284	0.003
8	38CrMn2Mo	氧化铝渣	7~9	不加	—	—	0.0043~0.007
9	38CrNi2MoV	稀土渣	7~9	3min 加 10g	200	0.014~0.021	0.002~0.005
10	38CrNi2MoV	稀土渣	7~9	1.5min 加 10g	400	0.045	0.004

从表 5-64 可以看出，钢中实际稀土含量范围与热力学初步计算结果基本一致，说明理论分析对完善稀土渣系起到了良好的指导作用。同时也证明了定时投撒还原剂可保证稀土元素在钢中分布基本均匀，能满足产品要求。为提高钢中的稀土元素含量将每次加入还原剂的数量增多或者每次还原剂加入量不变而减少加入还原剂的间隔时间，均能收到同样效果。采用氧化铝渣重熔的钢和采用稀土渣重熔的钢的力学性能试验结果列于表 5-65。

表 5-65 不同渣系电渣重熔钢的性能对比[15]

钢种（状态）	渣 系	力学性能				夏氏冲击值/J	
		σ_b/MPa	σ_p/MPa	δ/%	ψ/%	常温	-40℃
38CrNi3MoV	稀土渣	1257	1011	15.2	48.3	59.8	
（铸态）	氧化铝渣	1237	1036	12.8	48.0	39.2	
38CrNi4MoV	稀土渣	1440	1210	15.0	60.6	53.9	49
（锻态）	氧化铝渣	1410	1160	16.7	57.2	42.1	38.2
38CrMn2Mo	稀土渣	1107	914	17.3	53.6	75.5	49
（锻态）	氧化铝渣	1100	946	16.8	57.8	55.9	38.2

由表 5-65 结果可知，稀土电渣钢比氧化铝电渣钢的常、低温夏比冲击值提高 9.8 ~ 19.6MPa。由此可见，采用稀土渣系在电渣重熔过程中使渣中稀土元素还原进入钢中。对净化钢液，提高钢的韧性有良好的作用。这是生产加稀土的电渣重熔钢的好方法。通过控制加入还原剂的数量，可较准确地控制钢中的实际稀土含量范围，提高钢质。此方法在五二研究所及特殊钢厂得到很好的应用和进一步发展。

5.2 稀土钢连铸保护渣

连铸生产及连铸比逐年增长，2013 年上半年，重点钢铁企业连铸比达 99.64%。伴随着连铸比逐年提高，连铸生产稀土钢不断增加，因而必须发展相应的稀土加入方法。连铸过程中向结晶器喂入内装有稀土金属的金属丝（下称稀土丝）是一种较主要的连铸生产稀土钢的稀土加入方法。用喂丝机将稀土金属丝通过导管以一定的速度穿过保护渣层进入钢液，实践证明，稀土烧损很小，加入量能准确、稳定地控制，稀土的回收率高。但是，连铸结晶器喂丝过程中由于稀土元素的极强化学活性，若钢液中氧位高，就极易形成高熔点稀土氧化夹杂物或含稀土的复合夹杂物，使结晶器保护渣的性能发生变化，结晶度升高，黏度随之上升，渣耗下降，渣圈增厚，熔渣不能通过弯月面均匀地流入铸坯和结晶器间隙，使结晶器壁与坯壳间液态渣膜变薄，局部甚至无渣膜，恶化润滑和传热条件，造成铸坯表面裂纹增多，或夹杂物卷入弯月面初生坯壳，导致铸坯表面和皮下出现夹杂，严重时会引起黏结漏钢。因此在严格控制钢水洁净度的同时，必须研究清楚稀土丝与保护渣发生的化学反应及其对保护渣物化特性的影响，以研究开发匹配的低合金、合金稀土钢连铸保护渣，保证连铸低合金、合金稀土钢结晶器喂稀土丝工艺顺行。

连铸生产稀土低合金、合金钢时，向结晶器喂稀土丝，在稀土丝通过保护渣时，会产生稀土氧化物以及一些其他的稀土复合夹杂物，当然采用外包薄铁皮的稀土丝可较好地避免此反应；同时随连浇炉次的增加，钢液中也必然有部分稀土氧化物及一些其他的稀土复合夹杂物上浮到渣中。因此，保护渣对 RE_xO_y 的溶解能力就直接影响到保护渣的使用性能，也就影响到铸坯的表面质量，保护渣溶解 RE_xO_y 一般有三种情况：（1）不能很好地与稀土氧化物发生反应，由于稀土氧化物比重较大，致使稀土氧化物下沉不易上浮去除干净，有可能污染钢水，也可能对保护渣的使用效果发生很大的不良影响；（2）保护渣能较好地与稀土氧化物反应，但不能溶解过多的 $NaCeSiO_4$，$NaCeSiO_4$ 结晶上浮，在保护渣表面结壳，影响保护渣正常使用；（3）能很快与稀土氧化物化学反应，且能溶解大量的 $NaCeSiO_4$，使含有 $NaCeSiO_4$ 的渣在使用时完全为玻璃态。

图 5-34 为结晶器内保护渣分布示意图。大量的实践数据表明，稀土丝通过保护渣进入钢液生成 RE_xO_y 的多少，直接与结晶器钢液的洁净程度有关。然而，通常保护渣吸收稀土氧化物为6% ~15%左右，但是有的保护渣中 RE_xO_y 含量高达20%，有的保护渣熔渣中 RE_xO_y 没有溶解，呈明显的点状分布。普遍的问题是保护渣对 RE_xO_y 的溶解能力不强，熔渣为严重的非玻璃相，易形成渣条，未完全溶解的稀土化合物在结晶器壁或水口沉积，这些都直接影响到保护渣的使用性能，影响到浇铸质量。因此必须首先研究清楚这些稀土氧化物对保护渣物化特性的影响。

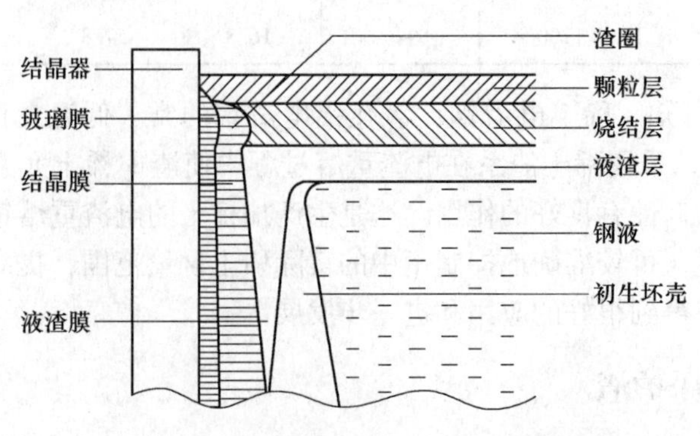

图 5-34　结晶器内保护渣分布示意图

5.2.1 改善稀土钢连铸保护渣性能的有效措施

连铸生产必须根据钢种、技术特点和工艺条件，分类建立与之相适应的结晶器保护渣，“万能保护渣”是不存在的。针对低合金、合金稀土钢连铸的特点，稀土钢连铸结晶器保护渣必须具有以下特性:[44]

(1) 低的氧化性。

(2) 较好的溶解、吸收稀土夹杂物的能力，降低渣的黏度和熔渣-夹杂物间界面张力。

(3) 较低的凝固温度和结晶化率，能改善保护渣的润滑和传热性能，合适的熔化速度能控制熔渣层厚度，熔渣层过厚会延长熔渣与稀土丝的反应时间。

(4) 提高碱度能增强保护渣溶解、吸收夹杂物的能力和速度，由于稀土元素能与熔渣中的 SiO_2 反应，使熔渣碱度波动大，需控制好保护渣合适的碱度。

(5) 改善制渣工艺及合理调整造渣原材料的矿相组成，避免形成渣圈。

(6) 选择合适的渣型、碳质材料和含量，添加少量的膨胀剂，使保护渣具有良好的铺展性和绝热保温性能，避免渣面泛红造成大量稀土丝氧化进入熔渣。

试验研究和生产实践表明[44]，改善稀土钢连铸保护渣性能最有效的手段是在保护渣成分中减少 Na_2O 和 CaF_2 的加入量，改加 B_2O_3、BaO、Li_2O 助熔，可以使熔渣的玻璃性能得到改善。这是因为:

(1) 渣中表面活性物质如 Na_2O、CaF_2 等易在熔渣表面吸附，减小铸坯与熔渣的界面张力，使黏附功增大，致使渣圈容易长大。

(2) B_2O_3 属酸性氧化物，在熔渣中以网络形式存在，能改善熔渣玻璃性，使物质结构松散，降低熔渣黏度。实验证实[45] B_2O_3 含量为2%时，熔渣主相为玻璃相，具有良好的抗析晶作用，可抑制高熔点结晶物生成，提高夹杂物在渣中的饱和浓度，即提高保护渣在吸收夹杂物后性能的稳定性，并降低保护渣分熔倾向。

(3) BaO、MgO 分别代替 CaO，可不降低碱度，既不降低保护渣吸收夹杂物的能力，也不增大保护渣的结晶化倾向，又能增强保护渣的适应性。而且 BaO、MgO 能增大保护渣表面张力，降低熔渣与夹杂物界面张力，有利于熔渣对夹杂物的润湿。

(4) Li_2O 是强助熔剂，添加少量 Li_2O 能大幅度降低其熔点与黏度。

大量的研究表明，稀土与保护渣中的 SiO_2，Na_2O 等反应生成高价稀土氧化物如 CeO_2，其中稀土与 Na_2O 反应的自由能最小，而不与 CaO、MgO、CaF_2 反应。SiO_2、Na_2O 易与 RE_xO_y 形成 $NaCeSiO_4$ 类晶体，如果其析晶温度高，就会影响到保护渣的玻璃相；B_2O_3 能大大提高保护渣溶解吸收的能力，在1400℃下10min可以溶解20%以上而熔渣后仍保持玻璃相。而不含 B_2O_3 的保护渣溶解 RE_xO_y 的量不超过10%。随着 CaF_2、Na_2O、B_2O_3、NaF 等熔剂在渣中含量的增加，稀土氧化物在其中的熔解速度提高，尤以 CaF_2 和 B_2O_3 为甚。这是因为这些熔剂的加入都能在一定程度上降低熔渣的黏度，从而改善熔渣吸收和溶解稀土氧化物的动力学条件。F 既能促进 CaO 的熔解，又能代替 O^{2-}，促使硅氧离子解体，分裂形成较小的复合阴离子，从而使熔渣黏度降低；Na_2O 作为典型碱性氧化物，既能够降低熔点，又能够降低复合阴离子的“网络”程度，从而降低熔渣黏度。

B_2O_3 的影响也是从两方面作用的。虽然它和 SiO_2 一样是“网络”形成体，但它的作用较 SiO_2 弱，它的增加就相对降低了 SiO_2 的作用，使得熔渣“网络”程度减弱，黏度有所降低；另一方面，由于 B_2O_3 有很低的熔化温度，当它加入渣中时能显著降低熔渣的熔化温度，使得熔渣在实验条件下的过热度提高，增加熔渣的流动性，改善了熔渣溶解稀土氧化物的动力学条件，进而加速稀土氧化物向渣中的溶解。

5.2.2　稀土钢连铸保护渣研制及应用

国内一些大钢铁企业在积极实施低合金、合金稀土钢连铸结晶器喂稀土丝工艺的过程中非常重视稀土钢连铸保护渣研制及应用[44,46~50]。

5.2.2.1　攀枝花钢铁公司 09CuPRE 稀土钢连铸保护渣研制及应用[46]

攀钢 09CuPRE 稀土钢连铸工艺参数如下，机型：全弧形，2 机 2 流；常浇断面：1050mm×200mm；拉速：0.7～0.90m/min；中包温度：1540～1565℃；喂丝速度：8～12m/min，攀钢在使用普通低合金钢连铸保护渣浇注 09CuPRE 系列稀土钢（主要包括 09CuPRE、09CuPTiRE、09CuPCrNiRE 等）时，曾存在如下问题：（1）结晶器渣面有结团、崩爆现象，结晶器壁易生成较硬和较粗大的渣条，断口基本上看不到玻璃体，粗大渣条的形成阻碍了液渣的流入。另外，浸入式水口侧孔外周容易出现结瘤，结瘤物的主要成分为稀土氧化物和少量的 Al_2O_3，并夹带钢珠，结瘤物影响结晶器流场，使坯壳厚薄不均，铸坯表面缺陷增多，严重时导致漏钢。（2）铸坯表面纵裂纹发生率高，铸坯表面无清理率一般在 80% 以下。（3）漏钢率明显偏高。2000～2002 年期间，连铸每年漏钢 3～5 次，平均漏钢率为 1.16%，同期攀钢其他钢种连铸平均漏钢率为 0.12%。

攀钢对上述暴露问题的原因进行了分析：由于 RE_xO_y 熔点高，因保护渣对其溶解能力较差，则熔渣中会有 RE_xO_y 或其与保护渣组元形成的复合氧化物等高熔点相存在。这些高熔点相上浮，使液渣表面结团，或在结晶器壁上形成渣条，阻碍液渣的均匀流入，此外部分未上浮的高熔点相在进入渣膜后，极易析出晶体，这样渣膜的润滑和均匀传热作用受到破坏，诱发裂纹产生，严重时引起漏钢事故。同时由于稀土元素较活泼，极易发生氧化反应。攀钢现用稀土丝 Ce 含量较高，约 50%。故以 Ce 为代表，通过分析稀土与保护渣可能发生的反应（见表 5-66），可知 Ce 最易与 Na_2O 发生反应，其次可能与 SiO_2 反应。此外，由 RE_xO_y 的特性可知，CeO_2 不稳定，在高温下 CeO_2 将被还原生成稳定的 Ce_2O_3[47~51]。

表 5-66　Ce 在熔渣中可能的化学反应及标准自由能[46]

序　号	化学方程式	$\Delta G^{\ominus}(1673K)/kJ\cdot mol^{-1}$
1	$Ce+2Na_2O = CeO_2+4Na\ (g)$	-524
2	$Ce+SiO_2 = CeO_2+Si$	-129
3	$Ce+Al_2O_3 = CeAlO_3+Al$	+0.6
4	$Ce+2CaO = CeO_2+2Ca$	+183

理论分析认为，不论反应物或产物都是以简单氧化物形态考虑，实际在熔渣中还可能发生复杂氧化物的生成反应，即稳定的 Ce_2O_3 与 Na_2O，SiO_2 等反应生成难以电离的稀土硅酸盐。对于稀土低合金钢，根据稀土的收得率 85%～93% 及吨钢稀土加入量，可计算出进入保护渣中的 RE_xO_y 量在 5%～10%。表 5-67 为普通保护渣渣条中的 RE_xO_y 含量及性能分析。从表 5-67 可以看出，浇铸 09CuPCrNi-A 和 09CuPTiRE-A 钢时，进入渣中的 RE_xO_y 量达 10% 左右，同时渣条的性能变化幅度较大。表明浇铸 09CuPRE 系列钢时结晶

器钢液中 RE_xO_y 大量上浮，引起普通保护渣性能恶化，铸坯表面纵裂纹等缺陷增多。此外，上浮的部分 RE_xO_y 黏附在浸入式水口侧孔外周，形成结瘤。同时由于攀钢 09CuPRE 系列钢中含有较高的 Cu、P，并含有 Ti 或 Cr、Ni 等裂纹敏感元素，尤其是由 Ti 元素生成的 TiN、TiC 在晶界析出，也易诱发铸坯表面纵裂纹产生。

表 5-67　保护渣吸收 RE_xO_y 后的物性及碱度变化[46]

钢　种	渣　名	RE_xO_y 变化值/%	熔点变化值/℃	黏度变化值/Pa·s	R 变化值
09CuPCrNi-A	PGCC-3	8.60	+25	+0.10	-0.09
09CuPTiRE-A	PGCC-3	10.07	+32	+0.08	-0.11

注：$R = CaO/SiO_2$

在对攀钢使用普通连铸保护渣浇注 09CuPRE 系列钢时存在的问题及原因分析的基础上，攀钢的研究结果[46]指出新稀土钢连铸保护渣应满足以下要求：（1）较强的吸收 RE_xO_y 的能力。要求保护渣在吸收 10% 左右的 RE_xO_y 后，性能仍保持相对稳定；（2）在结晶器-铸坯之间传热均匀，减少铸坯表面热应力集中，降低表面纵裂纹的发生率；（3）渣膜具有良好的润滑性，降低浇铸 09CuPRE 系列钢时的漏钢率。并根据以上要求，提出了设计保护渣配方时应特别注意的几个问题：（1）减少保护渣中 Na_2O 等组分的含量，以特殊熔剂代替，降低保护渣氧化性，尽可能避免保护渣组成与稀土元素发生反应；（2）提高保护渣自身熔化均匀性和稳定性，增强其吸收 RE_xO_y 的能力，主要考察保护渣基料、熔剂及渣型对保护渣熔化均匀性的影响；（3）适宜的凝固温度（T_s）和析晶温度（T_c），改善保护渣的润滑特性和传热性能；（4）适宜的熔化速度，控制熔渣层厚度。熔渣层过厚，熔渣与稀土元素的反应时间相对延长；熔渣层过薄，流入结晶器-铸坯间的液渣量不足，易引发铸坯表面缺陷和导致漏钢事故。

依据以上稀土钢保护渣配方的设计原则，考虑到 09CuPRE 系列钢用保护渣应具备尽可能多地吸收 RE_xO_y 的能力，保护渣配方原材料尽量选择多组分熔剂原料，控制单一熔剂原料的用量。控制保护渣中 Fe_2O_3 的含量，以降低氧化性，同时尽可能避免使用或少用易与稀土元素发生反应的组分。由于要避免或少使用易与稀土元素发生反应的组分，为此选择了 A、B、C 和 D 四种熔剂（见表 5-68 及图 5-35）。图 5-35 考察了配加不同熔剂的预熔型保护渣吸收 RE_xO_y 后性能的稳定性。由图 5-35 可知，配加单一熔剂 A 的保护渣在吸收 RE_xO_y 量达 10% 左右时，熔点及黏度即发生变化，尤其是黏度的变化较大。而 A + B + C 和 A + B + D 的熔剂配加模式在吸收 15% 以上的 RE_xO_y 时，保护渣熔点、黏度才出现较大变化。因此，从熔剂对保护渣凝固温度及吸收 RE_xO_y 后物性稳定性两方面综合考虑，保护渣可选取 A + B + D 的熔剂配加模式。该 A + B + D 的熔剂配加模式保护渣主要理化指标设计，见表 5-68。

表 5-68　A + B + D 的熔剂配加模式保护渣化学成分与物理性能[46]

成分/%							熔点/℃	1300℃黏度/Pa·s	1250℃熔化速度/s	T_s/℃	T_c/℃	渣型
CaO	Al_2O_3	SiO_2	F	R_2O	Fe_2O_3	$C_{固}$						
28 ~ 36	≤5	27 ~ 35	≤8	4 ~ 8	≤1	2 ~ 6	1120 ± 40	0.20 ± 0.10	60 ± 20	≤1000	≤1050	预熔型

注：$R_2O = K_2O + Na_2O$，下同。

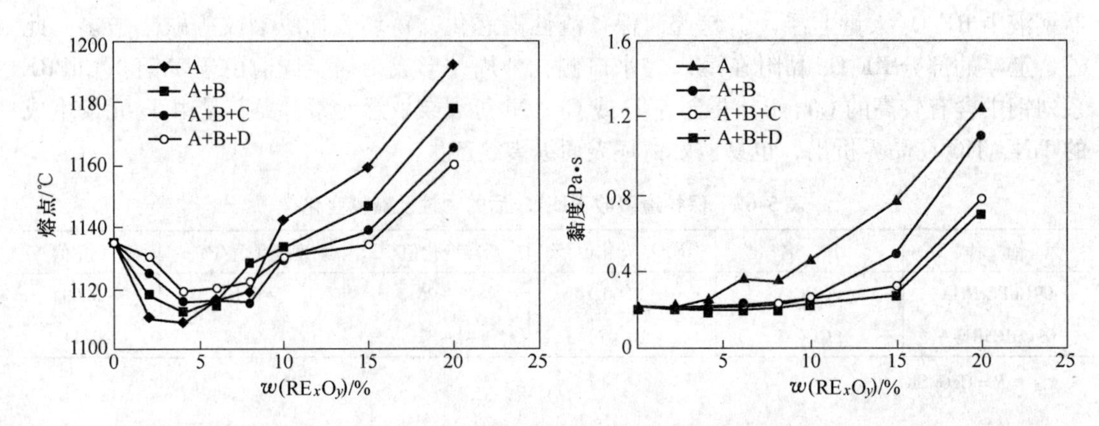

图 5-35　不同熔剂对保护渣吸收 RE_xO_y 能力的影响[46]

按 A + B + D 熔剂配加模式保护渣（编号 09Cu-1）在工业试验 150 炉过程中，整个试验期间未发生漏钢和冒坯壳等事故。按 A + B + D 熔剂配加模式保护渣（编号 09Cu-1，下同）及对比普通钢保护渣（编号 LC-1）的典型理化指标，见表 5-69。

表 5-69　试验渣及对比渣化学成分与物理性能[46]

渣名	成分/%							熔点/℃	1300℃黏度/Pa·s	1250℃熔化速度/s	渣型
	CaO	Al_2O_3	SiO_2	F	R_2O	Fe_2O_3	$C_{固}$				
09Cu-1	32.72	4.14	31.29	5.80	6.71	0.41	4.60	1118	0.21	62	预熔型
LC-1	35.14	1.73	33.52	3.70	7.87	1.78	4.53	1079	0.18	50	预熔型

按 A + B + D 熔剂配加模式保护渣的 09Cu-1 渣在结晶器内具有良好的铺展性和流动性，渣面活跃，喂稀土丝处消除了一般保护渣易出现的崩爆现象，无结团、结块等熔化不良现象，结晶器内基本不产生渣条。对比的普通钢保护渣 LC-1 的流动性及渣面活跃性较差，有时出现结团现象，并伴随少量渣条产生。09Cu-1 渣的液渣层厚度为 11 ~ 15mm，渣耗为 0.45 ~ 0.48kg/m²；LC-1 渣的液渣层厚度为 12 ~ 17mm，渣耗为 0.45 ~ 0.49kg/m²。铸坯表面质量检查结果见表 5-70。09Cu-1 渣所浇铸坯表面光洁，振痕清晰、均匀，出现的缺陷（如裂纹、渣沟）都较为轻微。09CuPTiRE-A 钢，铸坯表面无清理率达 95.65%，09CuPTiRE-B 钢铸坯表面无清理率达到 100%，优于对比渣，见表 5-70。

表 5-70　铸坯表面质量[46]

钢　种	渣　号	摊检块数/块	缺陷铸坯/块		清理块数/块	无缺陷率/%	无清理率/%
			裂纹	渣沟			
09CuPTiRE-A	09Cu-1	46	3	0	2	93.48	95.65
	LC-1	45	15	3	15	60.00	66.67
09CuPTiRE-B	09Cu-1	15	0	0	0	100.00	100.0
	LC-1	15	4	0	4	73.33	73.33

图 5-36 和表 5-71 为熔渣中不同 RE_xO_y 含量下的岩相分析结果，图 5-36（a）~（d）为实验室内 09Cu-1 渣喂稀土丝熔渣样；图 5-36（e）、（f）分别为现场试验所取 09Cu-1、LC-1 两

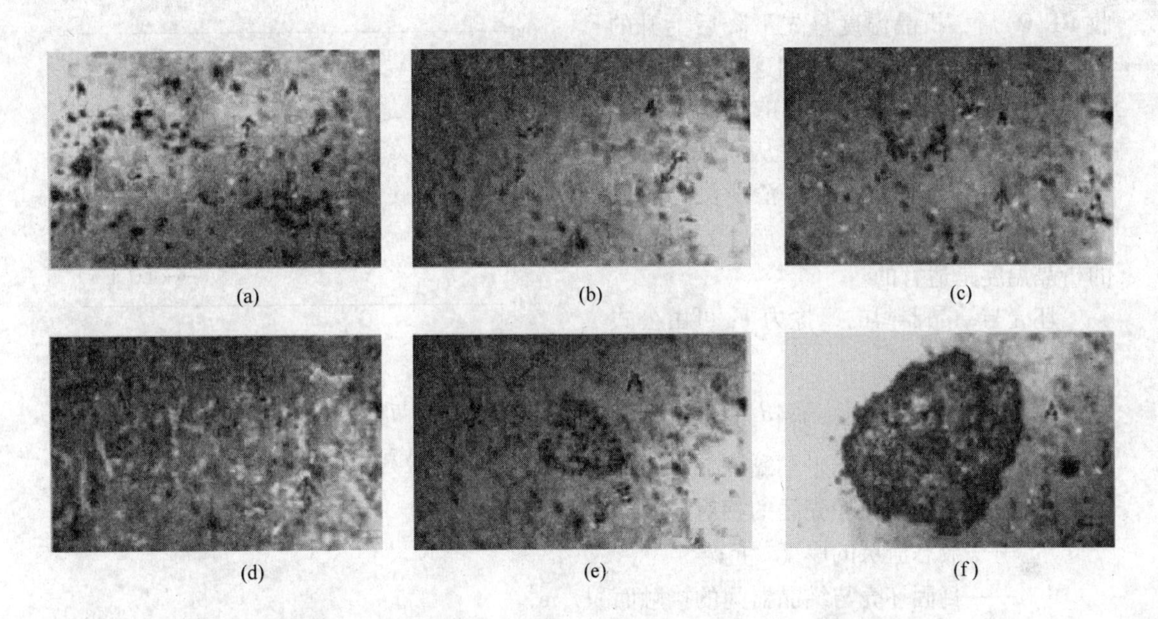

图 5-36 09Cu-1 渣喂稀土丝熔渣样岩相分析（反光，200×）[46]
(a) 09Cu-1 (RE_xO_y = 0)；(b) 09Cu-1 (RE_xO_y = 3.72%)；(c) 09Cu-1 (RE_xO_y = 7.74%)；
(d) 09Cu-1 (RE_xO_y = 13.84%)；(e) 09Cu-1 (RE_xO_y = 8.83%)；(f) LC-1 (RE_xO_y = 8.11%)

种渣的渣膜样。从实验室试验结果来看，09Cu-1 渣随着 RE_xO_y 含量的增加，岩相的变化较小。与原渣的熔渣相比，当 RE_xO_y 含量达到 13.84% 时，仍未发现有高熔点相析出。而从现场所取渣膜样图 5-36（e）、（f）来看，在 RE_xO_y 含量相近的情况下，09Cu-1 渣渣膜内 RE_xO_y 等高熔点相比例明显少于对比的 LC-1 渣，由此也说明 09Cu-1 渣对 RE_xO_y 的吸收溶解能力强于对比渣。

表 5-71 不同 RE_xO_y 含量下熔渣岩相分析结果[46]

保护渣	图 号	RE_xO_y 含量/%	岩相组成
09Cu-1	图 5-36（a）	0.00	硅钙石、斜长石、枪晶石
09Cu-1	图 5-36（b）	3.72	硅钙石、斜长石、枪晶石、金属铁
09Cu-1	图 5-36（c）	7.74	硅钙石、斜长石、枪晶石、金属铁
09Cu-1	图 5-36（d）	13.84	枪晶石、斜长石、稀土、金属铁
09Cu-1	图 5-36（e）	8.83	硅钙石、斜长石、枪晶石、金属铁、稀土残留物
LC-1	图 5-36（f）	8.11	硅钙石、斜长石、硅酸二钙、金属铁、稀土残留物

攀钢原 09CuPRE 系列稀土钢漏钢频率高，主要原因之一是保护渣吸收 RE_xO_y 夹杂物后润滑性能下降，凝固坯壳与结晶器间的摩擦阻力增大，当摩擦阻力超过坯壳强度时，就可能漏钢。同时这类钢中含有易导致铸坯产生表面裂纹的 Cu、P、Ti 或 Cr、Ni 等元素，因此要求保护渣能适当控制结晶器传热。对 09Cu-1 渣及对比的 LC-1 渣的渣膜进行了析晶分析，结果见图 5-37。09Cu-1 原渣的析晶温度较低，在吸收 RE_xO_y 后，析晶温度上升，由此保持了较高的析晶温度有利于结晶器-铸坯间的润滑。LC-1 原渣的析晶温度较高，吸

收 RE_xO_y 后，析晶温度呈先下降后上升的趋势。对于09CuPRE系列钢这类对裂纹等缺陷敏感的钢种来说，较高的析晶温度能抑制结晶器-铸坯间的传热，从而减少铸坯表面缺陷的发生率。09Cu-1渣所浇铸坯表面质量优良，并且未发生漏钢，表明选择的析晶温度是适宜的。

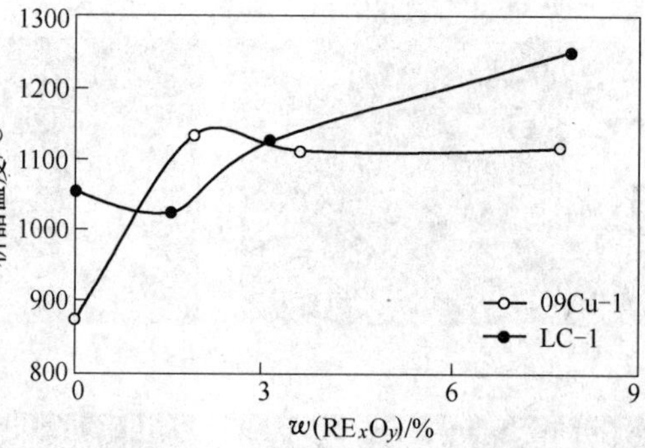

图5-37　两种保护渣吸收 RE_xO_y 后析晶温度的变化对比[46]

坯壳与结晶器间的摩擦力 F_t 可由公式计算[47]：

$$F_t = A\eta |v_m - v_c| d_1$$

式中　η——液态渣层的平均黏度，Pa · s；

$v_m - v_c$——结晶器与坯壳间的相对速度，m/s；

d_1——液态渣层的厚度，m；

A——凝固坯壳与结晶器间的接触面积，m^2。

由上述公式可知，渣膜中的液态渣层越厚，摩擦力越小，润滑性能越好。研究测得09Cu-1渣的渣膜厚约20mm，液态渣层的比例约为50%，LC-1渣的渣膜厚约2.3mm，液态渣层比例仅10%左右。因此，09Cu-1渣的润滑性优于对比渣。攀钢通过降低保护渣氧化性、选择保护渣合适组元及添加特殊熔剂等技术措施，设计出了合适的保护渣配方，工业试验表明，攀钢研制的低凝固温度、低析晶温度预熔型09Cu-1保护渣在浇注09CuPRE系列稀土处理钢时，具有良好的结晶器内熔化状况、较强的吸收和溶解 RE_xO_y 夹杂物的能力及良好的润滑性能，使用三年来未发生漏钢事故，铸坯表面无清理率达95.65%以上，能够满足攀钢09CuPRE系列稀土钢连铸工艺要求。

5.2.2.2　武汉钢铁公司09CuPTiRE稀土钢连铸保护渣研制及应用[44,48,49]

武钢每年都生产几十万吨稀土钢（以耐候钢09CuPTiRE为代表）。但是，开始连铸生产稀土钢时也存在连铸保护渣不匹配的问题。在浇铸过程中，保护渣渣条多，2～3炉就要换渣；铸坯易出现表面纵裂纹，甚至出现漏钢事故。当时重钢、鞍钢等一些钢厂也存在同样的问题。武钢在实验室做了近十年的研究工作，针对武钢连铸稀土钢生产，在长期研究和不断实践的基础上，设计研制了武钢连铸稀土钢保护渣，解决了连铸稀土钢浇铸困难的问题[44,48,49]。武钢在开展国内外多种保护渣浇铸稀土钢的试验中发现有的保护渣熔渣中 RE_xO_y 含量很高，达到20%；有的保护渣熔渣中 RE_xO_y 没有溶解，呈明显的点状分布。普遍的问题是保护渣对 RE_xO_y 溶解能力不强，熔渣为严重的非玻璃相，易形成渣条，未完全溶解的稀土化合物在结晶器壁或水口沉积，并曾在一渣条中检验出40%的 RE_xO_y 含量。这些都直接影响到保护渣的使用性能，影响到浇铸质量。武钢在试验中将稀土丝插入保护渣中，升温至1400℃，冷却后用X射线衍射仪分析反应产物中的结晶相，基本确定了保护渣与稀土金属的反应过程（稀土金属以占稀土总量50%的Ce为代表）。稀土与保护渣中 SiO_2、Na_2O 等反应生成高价稀土氧化物如 CeO_2。其中稀土与 Na_2O 反应的自由能最小，而不与CaO、MgO、Al_2O_3、CaF_2 反应。高价稀土氧化物还原成+3价氧化物如 Ce_2O_3。+3价氧化物与保护渣成分形成复合氧化物，或以离子形式存在。稀土金属中Pr的变化过程与 Ce 基本相同，La 没有从 +4 价向 +3 价的变化过程。前期研究了保护渣成分和稀土成分对保护渣形成均匀玻璃相的影响，其中 Na_2O、SiO_2 易与 RE_xO_y 形成 $NaCeSiO_4$ 类晶体，如果其析晶温度高，则会影响保护渣的玻璃相；B_2O_3 能大幅度提高保护渣溶解吸收 RE_xO_y 的能力，在 1400℃下 10min 可溶解 20% 以上，而熔渣还是玻璃相。而不含 B_2O_3 的保护渣溶解 RE_xO_y 的量不超过 10%。根据以上研究结果，武钢连铸结晶器稀土钢保护渣研制从以下几个方面入手：

（1）改变保护渣成分，使之尽量少地与稀土丝进行反应。

（2）改变保护渣成分，使之能快速、大量地溶解 RE_xO_y，并且形成均匀的玻璃相。

采取的措施是：

（1）保护渣组元中减少 Na_2O、SiO_2，增加 Al_2O_3 以减少 RE_xO_y 的产生。

（2）增加 B_2O_3 组元作助熔剂，并且提高溶解 RE_xO_y 的能力。

（3）适量增加组元 MgO、K_2O，改善保护渣熔融特性，兼作助熔剂。

武钢新研制稀土钢专用保护渣成分及性能：28% ~33% SiO_2；30% ~35% CaO + MgO；3% ~ 10% Al_2O_3；2.0% ~ 8.0% B_2O_3；2.0% ~ 6.0% Na_2O + K_2O；6.0% ~ 10.0% F；3.0% ~6.0% C；熔点 1100 ~1160℃；黏度 0.13 ~0.25Pa · s；熔速 22 ~30s。

将保护渣在 1350℃熔化后，加入 5% 的稀土丝燃烧的产物，5min 后将熔渣倒在铁板上冷却，观察断面，如图 5-38 所示。从图 5-38 可见，韩国渣中 RE_xO_y 已分散，但断面不透明；武钢普通渣中 RE_xO_y 大部分未分散；武钢稀土渣（DY）未见 RE_xO_y，断面均匀，基本为玻璃相，说明其溶解 RE_xO_y 能力强。

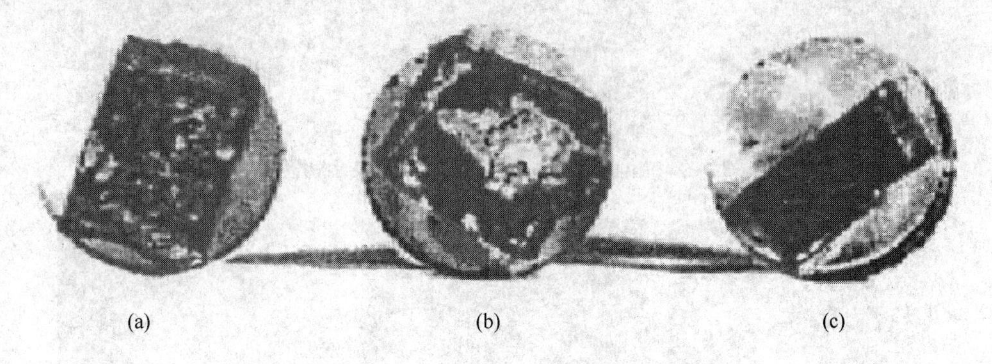

图 5-38 实验室观察不同熔渣断面结果[44,48,49]

（a）韩国渣；（b）武钢普通渣；（c）武钢稀土渣

用武钢自研制的稀土钢保护渣（DY），在武钢二炼钢厂共进行三轮试验，钢种都是 09CuPTiRE，断面 210mm ×1050mm，拉速 0.9 ~1.2m/min。第一轮试验 500kg，保护渣使用情况良好。第二轮试验某一个浇次共 6 炉，前三炉用河南某厂的稀土保护渣（代号 XX），后三炉使用武钢稀土渣（代号 DY），进行对比，测熔渣厚度、取渣样。结果如下：河南某厂的稀土保护渣（XX）熔渣厚 9 ~10mm，熔渣基本为非玻璃相；武钢稀土渣（DY）熔渣厚 10 ~12mm，熔渣全部为玻璃相。留几块冷坯观察表面质量，都没有发现表面裂纹。熔渣样断面见图 5-39，其中日本渣样是在武钢第三炼钢厂所取。武钢稀土保护渣（DY）第三轮试验情况与前两轮相同。熔渣样分析结果见表 5-72。从表 5-72 可见，武钢自制（DY）熔渣中 RE_xO_y 平均 3.4%，远低于河南某厂的（XX）保护渣。达到了预定的

图 5-39　工业试验不同保护渣结晶器熔渣断面[44,48,49]
（a）日本渣；（b）河南稀土渣；（c）武钢稀土渣

减少渣中 RE_xO_y 量的目的；另外，（XX）渣使用后熔点变化太大，可能影响其使用性能和使用效果，而（DY）渣使用前后熔点变化不大。

将图 5-38 和图 5-39 中试样制成岩相薄片，观察岩相组织，测量矿相组成。实验室与工业试验结晶器熔渣样岩相分析及矿相组成，见图 5-40（正交光图片白色为晶态，透光图片白色为玻璃相）及表 5-72。

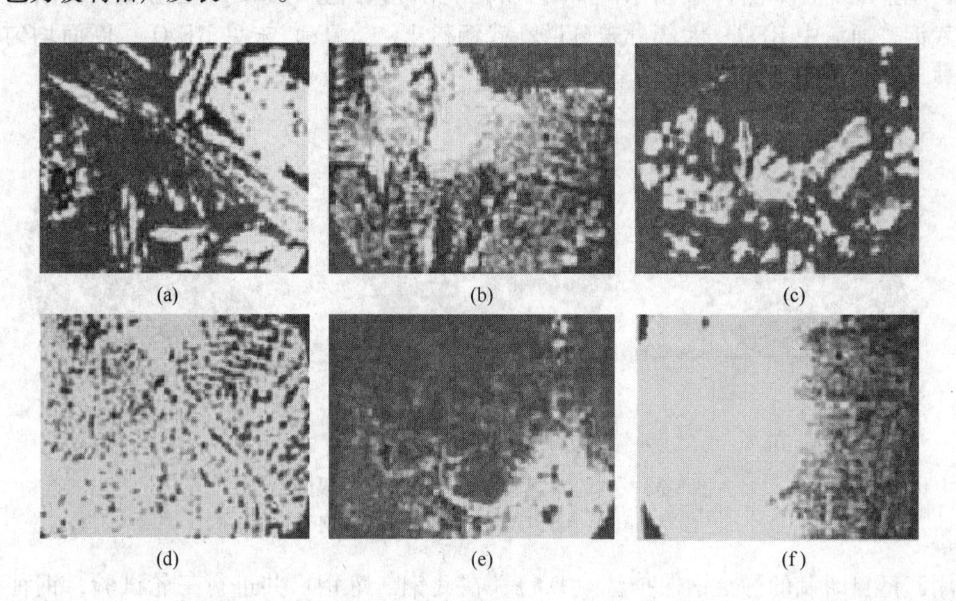

图 5-40　实验室与工业试验结晶器熔渣样岩相组织[44,48,49]
（a）武钢普通渣（正交光，100×）；（b）韩国渣（正交光，100×）；（c）武钢（DY）稀土渣（正交光，100×）；（d）河南（XX）稀土渣（透光，250×）；（e）日本渣（透光，25×）；（f）武钢（DY）稀土渣（透光，25×）

表 5-72　工业试验不同保护渣渣样成分及熔点[44,48,49]

样　号	XX 原渣	DY 原渣	XX	DY1	DY21	DY22	DY3
连浇炉次			3	4	5	5	6
RE_xO_y/%			6. 30	3. 24	3. 60	3. 28	3. 37

续表 5-72

样 号	XX 原渣	DY 原渣	XX	DY1	DY21	DY22	DY3
熔点/℃	1130	1145	1209		1112		
熔渣冷却方式			钢板上急冷	钢板上急冷	钢板上急冷	样勺内缓冷	水淬

试样中结晶相基本为黄长石、硅灰石和其他未明矿物，未明矿物估计为稀土化合物。从图 5-40 和表 5-73 可以清楚地看到，DY 渣溶解吸收 RE_xO_y 的能力大大优于其他国内外保护渣，达到了设计要求。结晶器内保护渣试样 X 射线衍射相分析结果见图 5-41。

表 5-73 实验室与工业试验结晶器熔渣样各试样矿物组成[44,48,49]

样 号	结晶相/%	玻璃相/%	备 注
A	40	10	大部分 RE_xO_y 未分散，占试样“面积”50%
B	90	5	部分 RE_xO_y 未分散，占试样“面积”5%
C	25	70	部分 RE_xO_y 未分散，占试样“面积”5%
D	97	3	晶面均匀分布细小粒状物，疑为未溶 RE_xO_y
E	85	15	试样边缘全为玻璃相，图像为过渡区
F	0.2	99.8	

注：C 样为武钢（DY）稀土渣，D 样为表 5-72 中 XX，F 样为 DY22。

从图 5-41 可见，武钢自制稀土保护渣 DY 渣样除 DY1 略有晶体峰以外，全部是玻璃相，而 XX 渣样有明显的晶体峰。此结果与岩相分析结果一致。根据三轮试验情况，共试验 DY 保护渣 3.5t，武钢二炼钢厂生产试验表明武钢自制稀土钢专用保护渣 DY 效果较好，已投入大规模工业试验。

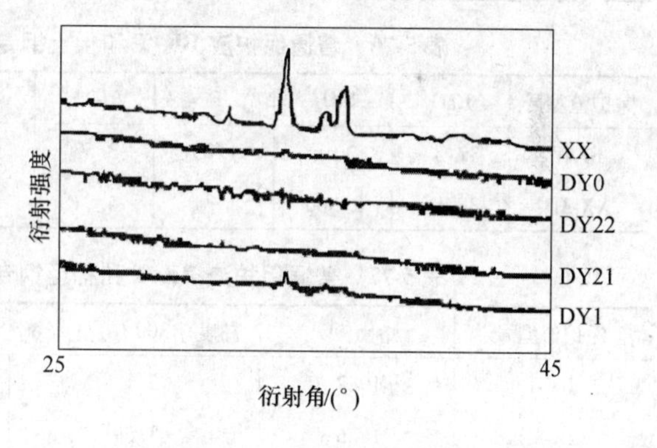

图 5-41 X 射线衍射图[44,48,49]

武钢在多年的实践中总结出改善连铸结晶器喂稀土丝操作工艺的措施[44]：

（1）严细操作。必须加强连铸操作技术管理，减少钢中 Al_2O_3 等脱氧产物含量；避免液面翻动和泛红，从而减少稀土氧化物进入保护渣。

（2）换渣。在一个浇次中，若保护渣结坨严重、熔渣黏度偏大，可将保护渣撇去后，推入新保护渣重新造渣。

（3）交替变换结晶器的喂丝部位。交替变换结晶器喂稀土丝部位，使稀土元素在钢水中的分布更均匀，降低稀土氧化物对喂丝区域熔渣性能的恶化程度，使稀土氧化物在保护渣中分布均匀。

（4）选择合适的喂丝速度及低反应性的外包稀土丝材料为使稀土丝顺利通过渣层并在钢液面下熔化，不同尺寸的铸坯，稀土加入量不同，因此要求有相应的喂丝速度和不同直径的稀土丝；另外，各稀土元素的燃点不同，对熔渣性能的影响也不同。

5.2.2.3　南京钢铁公司 16MnqRE、A36RE 稀土钢连铸保护渣研制及应用[51]

2001 年南京钢厂针对生产 16MnqRE、A36RE 等稀土低合金钢使用普通保护渣存在的问题，通过分析稀土钢生产对专用保护渣性能的要求，自主开发研制的新型稀土钢专用保护渣，通过对比试验，实践表明自主开发研制的新型稀土钢专用保护渣满足了板坯铸机生产稀土钢的要求[51]。

表 5-74 和表 5-75 给出了南钢生产 16MnqRE、A36RE 等稀土低合金钢连铸工艺参数及结晶器喂稀土丝的理化指标。针对连铸稀土钢保护渣特性要求，新开发研制了稀土钢专用保护渣（产品型号：XX-3D），见表 5-76 和表 5-77，在生产 16MnqRE，A36RE 等稀土钢时对河南西峡保材厂生产的普通保护渣（产品型号：BK-T）与新开发研制的稀土钢专用保护渣（产品型号：XX-3D）进行了对比试验。两种不同保护渣的理化指标与对比试验情况见表 5-76 ~ 表 5-78。

表 5-74　南钢生产 16MnqRE、A36RE 等稀土低合金钢连铸工艺参数[51]

项　目	断面/mm × mm	中包温度/℃	拉坯速度/$m \cdot min^{-1}$	稀土加入量/$g \cdot t^{-1}$	喂丝速度/$m \cdot min^{-1}$
指　标	180 × 1000	1520 ~ 1540	0.8 ~ 1.2	370	9.0 ~ 13

表 5-75　南钢生产稀土钢结晶器喂稀土丝的理化指标　（%）

项　目	稀土总量	Ce	Fe	Si	S	P	丝径/mm
指　标	≥99	≥48	≤0.5	≤0.07	≤0.02	≤0.01	3.2

表 5-76　普通保护渣 BK-T 和稀土钢专用保护渣 XX-3D 化学成分对比[51]　（%）

保护渣型号	CaO	SiO_2	R	Al_2O_3	C	F	Na_2O	Li_2O	Fe_2O_3
BK-T	31.57	30.6	1.03	3.53	4.40	6.8	8.20		2.70
XX-3D	38.66	29.60	1.31	4.91	3.80	8.29	7.64	1.9	

表 5-77　普通保护渣 BK-T 和稀土钢专用保护渣 XX-3D 物理指标对比[51]

保护渣型号	熔点/℃	黏度(1300℃)/$Pa \cdot s$	密度/$g \cdot cm^{-3}$	含水量/%	状　态
BK-T	1082	2.13	0.54	0.30	空心颗粒
XX-3D	1066	1.59	0.70	0.30	空心颗粒

表 5-78　普通保护渣 BK-T 和稀土钢专用保护渣 XX-3D 试验情况对比[51]

保护渣型号	平均熔渣层厚度/mm	渣圈	渣块	铺展性	铸 坯 质 量
BK-T	6.2	发达	较多	较差	振痕较深，轧制后钢材有星状裂纹
XX-3D	9.5	很少	无	较好	振痕较浅，轧制后钢材无星状裂纹

新型稀土钢专用保护渣 XX-3D 设计思路：依据 SiO_2-CaO-Al_2O_3 三元相图，选择碱度 $R(CaO\%/SiO_2\%) = 1.28 \pm 0.05$，其中：$CaO\% = 36.5 \pm 3.0$，$SiO_2\% = 28.5 \pm 3.0$，$Al_2O_3\% \leqslant 6.0$。C 是控制保护渣熔化速度的主要成分，为控制好稀土专用保护渣的熔化速度，改善熔化特性，并得到良好铺展性能，图 5-42 为 C 含量(炭质材料用电极石墨)与保护渣熔化时间的关系。另据经验公式：保护渣游离 $C\% = 1 + 0.5/S$，其中：S(结晶器断面尺寸) $= 0.18 \times 1.0 = 0.18m^2$，则：$C\% = 1 + 0.5/0.18 = 3.78$，依据以上分析：C 含量确定为 3% ~5%。

由于保护渣碱度设计较高（$R = CaO\%/SiO_2\% = 1.28$），使得渣中发生如下反应：$x[RE] + y(O) = RE_xO_y$，致使渣中 RE_xO_y 含量增加，保护渣结晶温度急剧上升，容易导致黏结漏钢。为此，需采用 Li_2O、Na_2O 等（简称 R_2O）低熔点组分来降低保护渣的析晶温度。据经验数据统计：R_2O 的含量每增加 1%，保护渣的熔点降低约为 16℃。渣中 R_2O 含量对熔点和黏度的影响见图 5-43 和图 5-44。由图 5-43 和图 5-44 确定 R_2O 为 12% 左右。结合保护渣的成本（Li_2O 的成本昂贵）问题，确定：$Li_2O\% = 2 \pm 0.5 Na_2O\% = 10 \pm 2.0$。

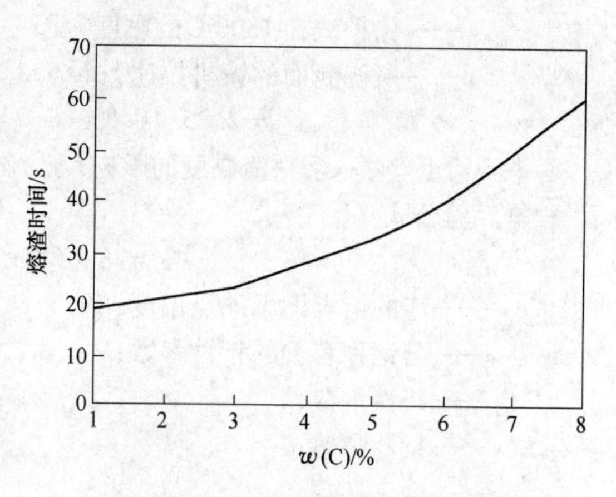

图 5-42　电极石墨碳含量与熔渣时间的关系[51]

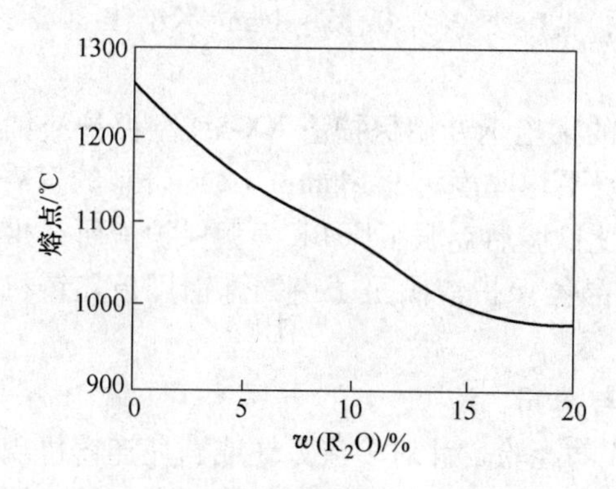

图 5-43　R_2O 含量与熔点的关系曲线[51]

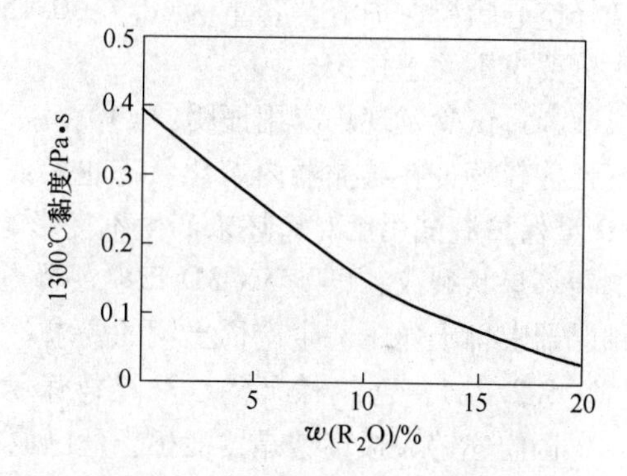

图 5-44　R_2O 含量与黏度的关系曲线[51]

在结晶器保护渣中 F 是降低保护渣黏度的关键成分，但是对渣的熔点影响不大，如图 5-45 和图 5-46 所示，通过对国内外各种保护渣的研究分析，F 含量一般控制在 10% 左右。

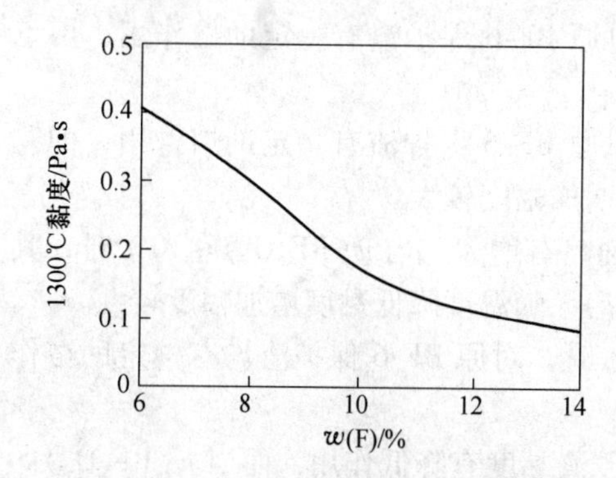

图 5-45　F 含量与黏度的关系曲线[51]

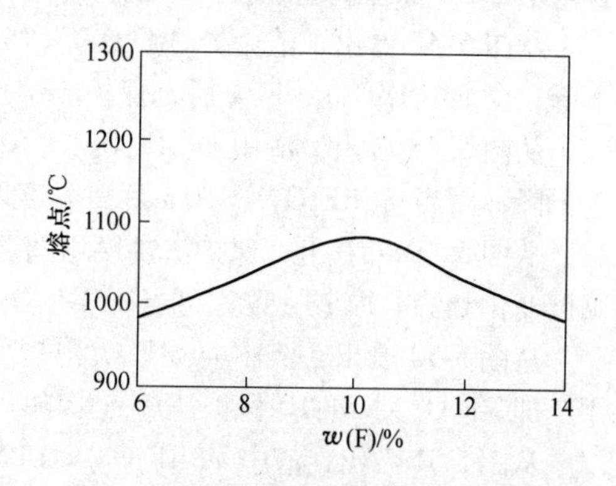

图 5-46　F 含量与熔点的关系曲线[51]

根据经验公式：

$$\eta_{1300℃} \cdot v = 0.225 \text{Pa} \cdot \text{s}$$

式中 $\eta_{1300℃}$——保护渣在1300℃的黏度，Pa · s；

v——所浇断面的铸机拉速，m/min。

则 $$\eta_{1300℃} = 2.25/(0.8 \sim 1.2) = 0.19 \sim 0.25\text{Pa} \cdot \text{s}$$

考虑到稀土丝喂入后对渣黏度的影响，选择保护渣的黏度 $\eta_{1300℃} = (0.16 \pm 0.03)\text{Pa} \cdot \text{s}$。

根据经验公式

$$\tau_P = K_1(C_1 + C_2) + C_3$$

式中 τ_P——渣的熔点即半球点温度；

K_1——与钢种有关的特性参数；

C_1——特性常数；

C_2——特性参数；

C_3——修正参数。

可计算出：$\tau_P = 1000 \sim 1090℃$。

为提高保护渣的绝热保温性能、流动性和在结晶器内铺展性以及净化工作环境，渣型选择空心颗粒保护渣，容重为$(0.7 \pm 0.15)\text{kg/m}^3$，粒度要求为0.15～1mm不小于80%，水分要求不大于0.5%。

通过试验及现场应用证明：（1）南钢新研制的稀土钢专用保护渣XX-3D型保护渣铺展性能较好，在结晶器内熔化状态也较好，熔渣层平均厚度为9.5mm；（2）研制的XX-3D型保护渣试用后对铸坯未产生不良影响，且对比试验后克服了原BK-T型保护渣所产生的铸坯星状裂纹；（3）XX-3D型空心颗粒连铸结晶器保护渣满足了南钢炼钢厂板坯铸机结晶器喂稀土丝工艺生产稀土钢的要求。

5.2.2.4 包钢稀土钢方坯连铸保护渣研究与应用[52]

国内连铸大板坯结晶器喂稀土丝已取得许多成功经验。针对多流方坯或圆坯连铸机现场操作不便，结晶器喂稀土丝的方法受到一定程度的限制，包钢试验开展了大方坯结晶器喂稀土丝研究工作。针对方坯连铸低碳钢、高碳钢，对其所用两种保护渣即低碳钢用BF-6、高碳钢用BF-10保护渣配加不同比例的RE_xO_y，检测其熔点和黏度，分析研究RE_xO_y含量对BF-6保护渣物理性能影响。

从图5-47看出，渣中$w(RE_xO_y) < 14\%$时，对原BF-6保护渣有一定助熔作用，熔点下降；当$w(RE_xO_y) > 14\%$后，保护渣熔点上升。

从图5-48看出，渣中$w(RE_xO_y) \leqslant 10\%$时，对原BF-6保护渣有一定助熔作用，即黏度下降，而当$w(RE_xO_y) > 10\%$后，黏度增加，且增加幅度较大。

从图5-49可看出，保护渣黏度均随温度降低而略有增大，当$w(RE_xO_y) \leqslant 10\%$时，其黏度变化趋势与原渣一致，可当$w(RE_xO_y) > 10\%$后，随温度降低黏度增加幅度较大。

从图5-50看出，渣中$w(RE_xO_y)$只要小于22%时，对原BF-6保护渣均有一定助熔作用。即RE_xO_y对BF-10保护渣熔点影响不大。

从图5-51看出，渣中$w(RE_xO_y) \leqslant 14\%$时，对原渣黏度有降低作用，而当$w(RE_xO_y) >$ 1.4%后，黏度增加。

从图5-52可看出，保护渣黏度均随温度降低而略有增大，当$w(RE_xO_y) \leqslant 14\%$时，其黏度变化趋势与原渣一致，当$w(RE_xO_y) > 14\%$后，随温度降低黏度增加幅度较大。与BF-6保护渣相比，该渣对RE_xO_y的溶解度较大，即与RE_xO_y的“相溶性”较强。

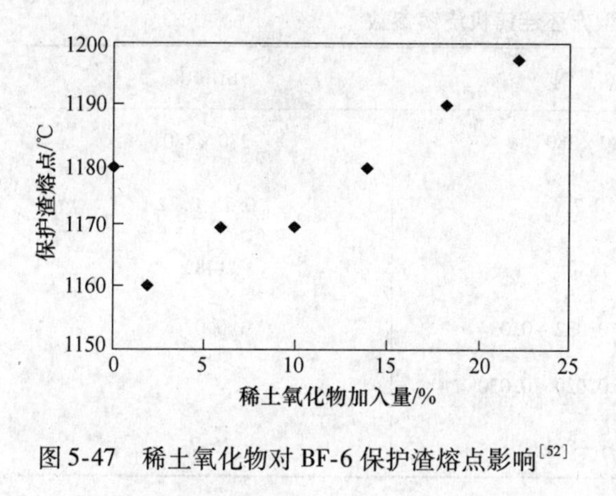

图 5-47 稀土氧化物对 BF-6 保护渣熔点影响[52]

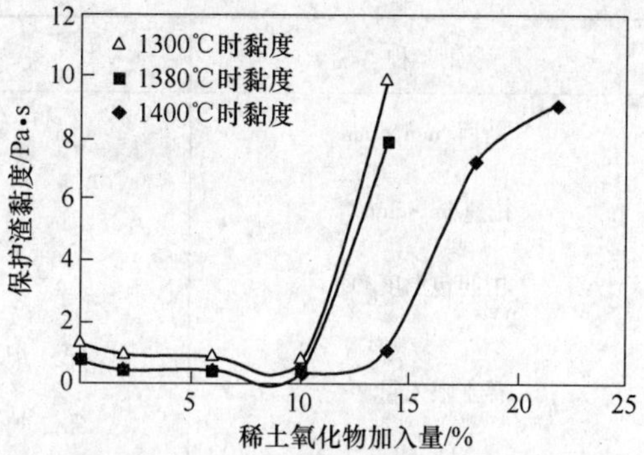

图 5-48 稀土氧化物对 BF-6 保护渣黏度影响[52]

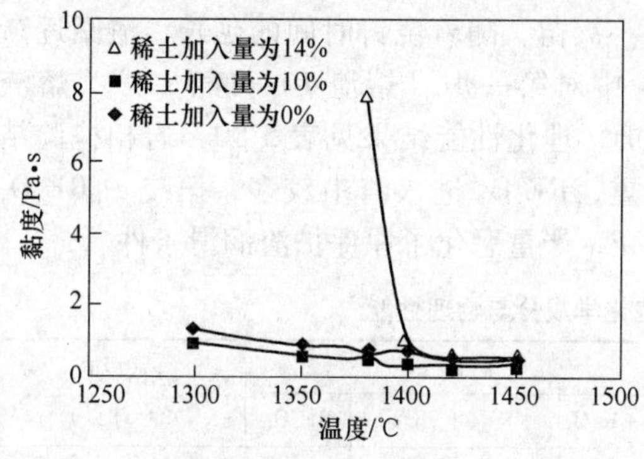

图 5-49 不同 RE_xO_y 含量的 BF-6 保护渣温度与黏度的关系[52]

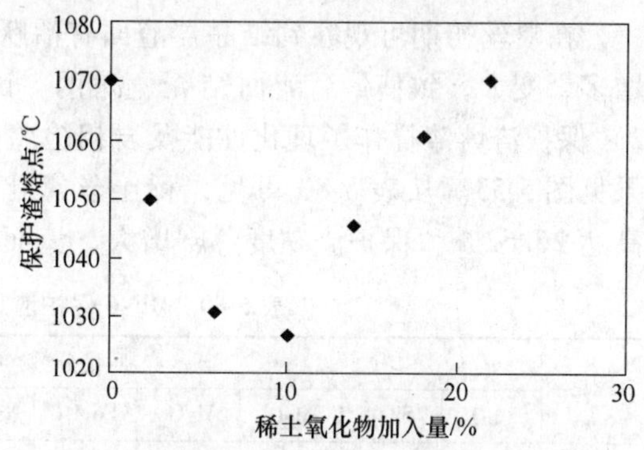

图 5-50 稀土氧化物对 BF-10 保护渣熔点影响[52]

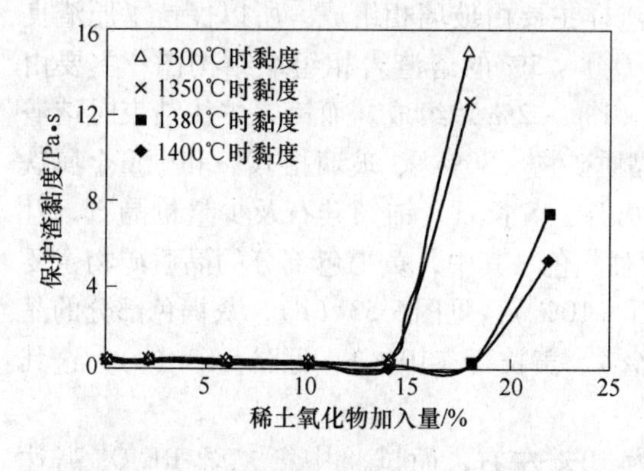

图 5-51 稀土氧化物对 BF-10 保护渣黏度影响[52]

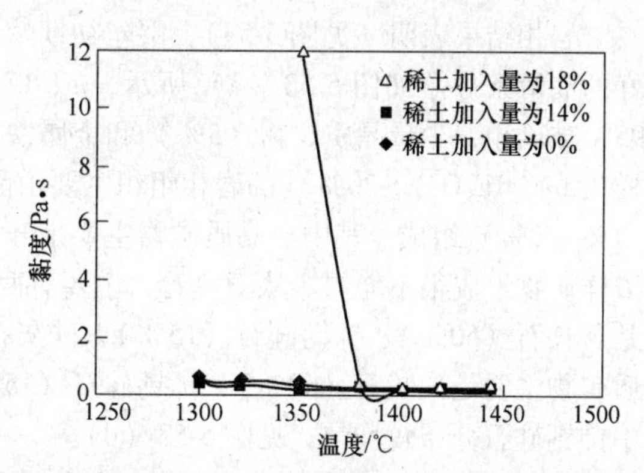

图 5-52 不同 RE_xO_y 含量的 BF-10 保护渣温度与黏度的关系[52]

工业试验在包钢 4 机 4 流全弧型方坯连铸机上进行。浇铸钢种有低碳钢 20 号、高碳钢 BNbRE，钢水由 80t 转炉冶炼，经 LF 钢包炉精炼后再经 VD 真空脱气（低碳钢不经过 VD），运至方坯连铸机浇铸。浇铸参数见表 5-79。试验材料选用国内某稀土合金厂生产的直径 2mm，$w(RE)>99\%$ 的稀土金属丝。

表 5-79　4 机 4 流全弧型方坯连铸机浇铸参数[52]

钢　种	20 号钢	BNbRE
断面/mm × mm	280 × 380	280 × 380
拉速/m · min⁻¹	0.7	0.7 ~ 0.72
中间包温度/℃	1540	1482
稀土喂入量/%	第一炉：0.032 ~ 0.034 第二炉：0.020 ~ 0.030	0.03
喂丝速度/m · min⁻¹	5.1 ~ 8.1	5.7

在喂丝初期可观察到结晶器渣面有活跃的小火苗，随着浇铸时间的延长，渣圈逐渐增多，变大，致使最后渣面结壳、漏钢。试验中对第一炉（熔渣 1）和第二炉（熔渣 2）保护渣熔渣样作了理化性能及岩相检验分析，理化性能结果见表 5-80，岩相检验结果见图 5-53。从表 5-80 可见，稀土丝氧化严重，RE_xO_y 进入渣中较多，第二炉 RE_xO_y 高达 26.62%，保护渣黏度急剧增大，渣面结壳，严重恶化了原保护渣润滑条件。

表 5-80　BF-6 保护渣熔渣化学成分与物理性能[52]

样号	质量分数/%									熔点/℃（半球点）
	CaO	SiO_2	MgO	Al_2O_3	Fe_2O_3	$Na_2O + K_2O$	F	$C_固$	RE_xO_y	
熔渣 1	29.4	30.1	1.3	13.1	0.3	1.4	2.8	1.3	17.9	1292
熔渣 2	27.5	26.5	1.3	11.7	0.2	1.2	2.4	1.0	26.6	1299

岩相结果表明（见图 5-53），喂丝初期熔渣样主要由玻璃相组成，所以保持了原渣良好的润滑条件。如图 5-53（a）所示，$w(RE_xO_y) < 5\%$ 的熔渣岩相组织结构图，主要由 95% 玻璃相，少量晶质矿物（3%）和金属铁（1% ~2%）组成。而第二炉快结束时熔渣样 2（$w(RE_xO_y) > 20\%$）的岩相组织主要由晶质矿物（80%）、玻璃相 10% 和少量金属铁（1% ~2%）组成。其中，晶质矿物主要是硅灰石、黄长石、铈钙硅石及少量枪晶石，且渣样矿物组成很不均匀。从颜色看，主要有两种颜色，其中，黄褐色部分的晶质矿物主要是黄长石（60%）、铈钙硅石（15%）、硅灰石（10%），见图 5-53（b），灰褐色部分的晶质矿物主要是硅灰石（60%），铈钙硅石（15%）、黄长石（10%），见图 5-53（c），这其中铈钙硅石分布较均匀，见图 5-53（d）。

试验发现保护渣中溶解 RE_xO_y 适宜量为 10% 左右，而试验中第二炉 RE_xO_y 高达 26.26%，黏度急剧升高，阻碍了液渣均匀地形成渣膜，从而影响了保护渣的润滑和坯壳向结晶器均匀传热，使坯壳产生热应力，导致铸坯表面裂纹，严重时发生拉漏事故。所以 BF-6 保护渣不适合连铸方坯低碳钢的结晶器喂稀土丝工艺。

在连铸方坯高碳钢结晶器喂稀土丝工业试验中，当稀土丝喂入结晶器后，渣面出现活跃的小火苗，与 BF-6 保护渣相比，第一炉渣圈较少，从第二炉开始，随着浇铸时间延长，渣圈逐渐增多，但没有低碳钢试验时多。试验中取第一炉（熔渣 1）、第二炉（熔渣 2）保护渣熔渣样作理化性能检验及岩相检验，结果见表 5-81。

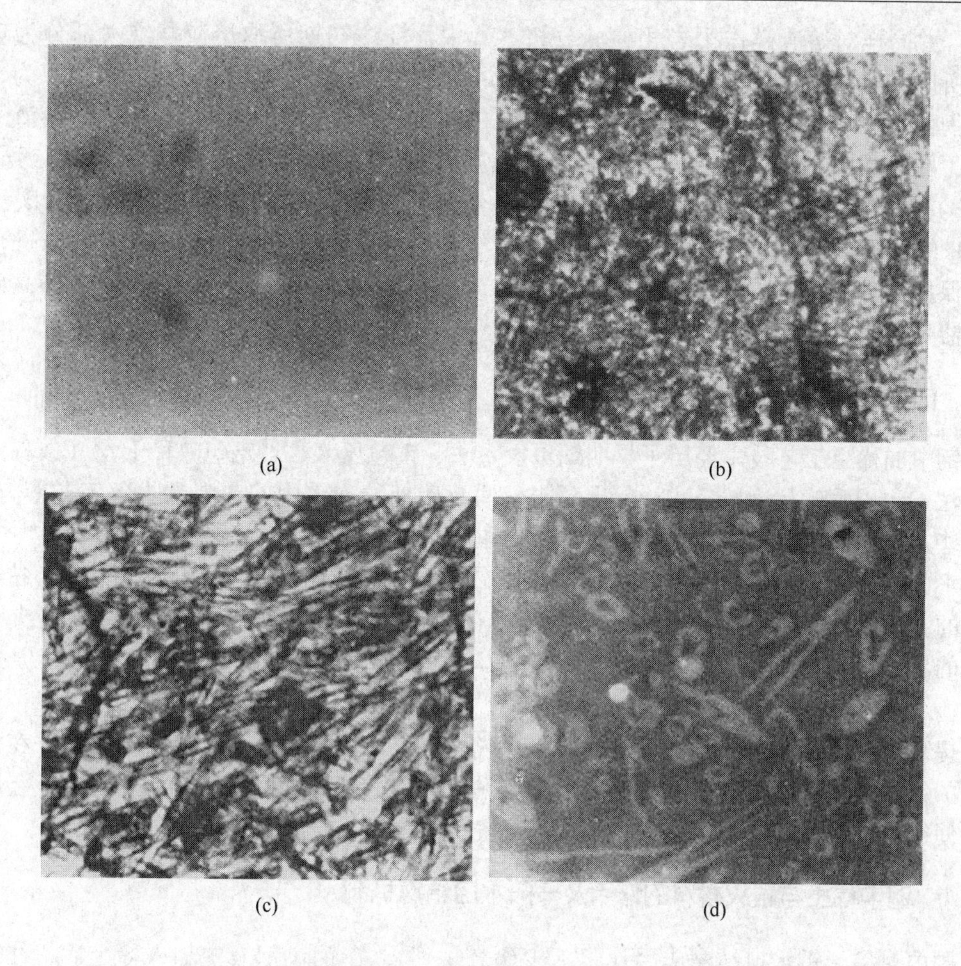

图 5-53 试验熔渣试样的岩相分析结果[52]

(a) BF-6 保护渣熔渣 1 显微照相（反射光，160×），玻璃—灰色背景，
晶质矿物—白色不规则或"X"型，金属铁—白色小圆点，均匀分布在玻璃中；
(b) BF-6 保护渣熔渣 2 黄褐色部分显微照相（单偏光，100×），黄长石—杂斑状，
硅灰石—长柱状，铈钙硅石—粒状（六边形）；
(c) BF-6 保护渣熔渣 2 灰褐色部分显微照相（单偏光，100×），硅灰石—长柱状，
黄长石—背景，铈钙硅石—粒状（六边形）；
(d) BF-6 保护渣熔渣 2 铈钙硅石显微照相（反偏光，160×），铈钙硅石—粒状（六边形）柱状，
铁—白色亮点，黄长石—灰色背景，硅灰石—灰色背景

表 5-81 BF-10 保护渣熔渣化学成分与物理性能[52]

样 号	质量分数/%									黏度/Pa·s（1300℃时）
	CaO	SiO_2	MgO	Al_2O_3	Fe_2O_3	Na_2O+K_2O	F	$C_固$	RE_xO_y	
熔渣 1	24.3	34.2	4.1	4.7	<0.5	6.7	4.9	0.2	12.8	0.45
熔渣 2	23.0	33.0	4.0	4.8	<0.5	6.6	4.7	0.3	16.6	—

从表 5-81 看出，稀土丝氧化较少，进入渣中没有低碳钢试验时多，结晶器内渣圈也

较少。并同样对熔渣样作了岩相检验分析。其中，浇注初期所取熔渣样绝大部分为玻璃相，所以保持了良好的润滑条件。但第二炉快结束时，渣圈变大，其岩相分析结果为，晶质矿物：85%，玻璃相：10%及少量金属铁（1%～2%）组成。与BF-6保护渣熔渣不同的是，晶质矿物的组成发生了变化，该晶质矿物主要由枪晶石（65%），铈钙硅石（10%）、硅灰石＋黄长石（10%）及少量金属铁（1%～2%）组成。但由于该渣对RE_xO_y的溶解度较大，如果控制喂丝速度得当，即渣中RE_xO_y不大于16%，同时操作人员加保护渣时注意勤加、少加并及时挑渣圈，则现用BF-10保护渣可用于连铸方坯高碳钢结晶器喂稀土丝工艺试验。

5.3　稀土与耐火材料的作用

钢中加稀土工艺技术经历了早期钢包投入法、钢包压入法、钢包喂稀土丝（或稀土合金）法、包内喷吹稀土粉、中注管喂稀土丝法及后期的连铸中间包喂稀土丝工艺等方法，在这些方法中都涉及钢中稀土与耐火材料的作用。

水口结瘤物质主要是钢中稀土脱氧、脱硫产物和稀土铝酸盐。稀土夹杂聚集、黏附是结瘤的主要原因。钢液中稀土与水口耐火材料作用所生成的铝酸稀土与钢液中稀土夹杂物之间的界面能较低，有利于稀土夹杂物在其上黏附和烧结，起着衬底的作用，促进了结瘤。

提高钢液的洁净度，改变水口材质和终脱氧剂，均对防止结瘤有较大的影响。在洁净度高的钢液中采用连铸结晶器喂稀土金属丝法，模铸镇静钢可采用模内吊挂稀土金属棒法，使钢液中的稀土避开了浇注水口，可彻底解决水口结瘤的困扰。

5.3.1　钢中稀土与耐火材料的作用及一般水口结瘤机制

国内对稀土钢水口结瘤成因作了不少研究[53～69]，在钢包钢液中加入稀土后，往往在水口或汤道处产生结瘤，引起水口堵塞。北京钢铁学院物化教研室同位素研究组曾用放射性同位素铈及自射线照相的方法研究了铈与耐火材料的作用[53]，其研究的结果主要结论如下：(1) 在炼钢温度下稀土元素与黏土砖、高铝砖、镁砖、铝镁砖、硅砖、刚玉、电熔氧化镁、氧化锆等多种氧化物耐火材料均有程度不同的作用。稀土元素与耐火材料作用的产物会增加钢中的非金属夹杂物含量。(2) 不同材质的耐火材料与稀土元素作用具有不同的矛盾运动：稀土与黏土砖作用产物不进入砖内而易剥落、上浮；与镁砖、高铝砖、铝镁砖等作用的产物可扩散入砖内，与刚玉、电熔氧化镁、氧化锆等反应产物易附着在坩埚壁上，稀土元素与耐火材料作用的机理不仅决定于耐火材料的化学性质，而且也取决于其物理性质。(3) 自射线照相结果说明：稀土元素与耐火材料作用的产物会剥落而进入钢液形成稀土夹杂物；稀土脱氧、脱硫等形成的稀土夹杂物及稀土与耐火材料作用产物在其上浮过程中，有相当一部分并未浮至液面，而是黏附于坩埚壁上。

为了进一步搞清稀土与耐火材料的作用，稀土钢水口结瘤的机制，余宗森等[54]较系统地分析了两类样品，一类是浸入含稀土钢液的各类耐火材料；另一类是从生产中取得的结瘤样品。前一类样品包括黏土砖、镁砖、硅砖、高铝砖、刚玉、石英、莫来石。在高频炉内冶炼16Mn钢，插入耐火材料样品前先用0.2%（质量分数）铝脱氧，再加入0.5%的混合稀土金属，然后将样品浸入，停留3min。钢液温度控制在1640～1700℃范围内。

第二类在生产中取得的结瘤水口主要包括：（1）电炉60Si2Mn钢的高铝质水口结瘤样品，稀土加入量为0.15%（质量分数）；（2）电炉16Mn钢高铝质水口结瘤样品，稀土加入量为0.27%（质量分数），此外还有试验用熔融石英水口和镁质水口；（3）顶吹转炉D21硅钢不加稀土的结瘤水口；（4）55SiMnVB、50B、45号钢加稀土的结瘤水口。将耐火材料样品和结瘤样品进行了金相、电子探针、X射线衍射分析。对样品与钢液接触部分的耐火材料进行了岩相分析。实验结果表明，不同耐火材料浸入加稀土的钢液后反应有很大的差别。宏观检验耐火材料反应表面，结果见表5-82。

表5-82　不同耐火材料反应后的宏观表面特征

材　料	反 应 表 面 特 征
石英管	严重减薄，壁厚由2mm减至0.5～1.5mm，表面上基本无黏附物，但管本身较实验前略呈暗黄
硅　砖	截面略有减小，表面包有一层发亮的釉状物
氧化铝	浸入钢液的表面变为暗黄褐色
镁　砖	外形及颜色均不变，与钢液接触的局部地方黏有少量铁与氧化铁的颗粒
黏土砖	截面减小，表面黏有一层较厚的黄绿色釉状物
莫来石管	严重变形，说明在钢液中发生软化，表面黏有一层较厚的黄绿色釉状物

加稀土钢产生水口结瘤要有两个条件，一个是作为结瘤主要组成物的钢中高熔点夹杂物RE_2O_2S、$REAlO_3$等，另一个是易于黏附夹杂物的水口。纯石英水口与稀土的反应产物熔点低，易被钢液冲刷走，不但不结瘤，反而被扩大。刚玉水口与稀土的反应产物熔点高，缺乏黏滞性，也不易黏附夹杂。镁质水口与稀土反应较弱。硅铝质水口易于结瘤，原因是钢中稀土及稀土夹杂物与耐火材料中的氧化铝及二氧化硅反应，在浇注温度下生成一黏滞层，易于黏附夹杂物，至于水口中心部分瘤的形成则主要靠夹杂物本身的聚集和烧结。

赵所琛等[60]应用化学分析、X射线荧光分析、X射线结构分析、定量金相图像分析仪、电子探针、离子探针、扫描电镜等测试方法，对大量的高铝水口结瘤实物进行了分析。跟踪了现场生产的200多炉试验数据，研究了稀土合金种类和加入量（0.15%～0.27%（质量分数））、不同耐火材质水口及脱氧制度对水口结瘤的影响。

赵所琛等[60,62]通过研究对用高铝水口浇注含稀土钢的结瘤机理给出如下的结论：钢水流经水口时，在紧贴水口表面处，钢水流速趋近于零（表面黏滞层）。因此钢液与水口壁有充分的反应时间。钢液中的稀土元素与水口作用生成稀土化合物，形成结瘤的衬底。钢液中所携带的高熔点稀土夹杂物在边界层中流速很小，极易黏附、烧结在稀土化合物的衬底上。相继而来的稀土夹杂物，继续黏附和烧结在已黏附的水口内壁夹杂物上。这些夹杂继续呈树枝状、网络状生长。将流经的钢流分割，大大增加了它与钢流接触的表面，因而能大量地黏附钢中的夹杂。水口沿径向和纵向均有较大的温度梯度，被分割为细流的钢液，由于温度的散失，有的被夹杂黏结住冷凝；有的挂在水口外，形成凝钢的挂瘤，就更加强了散热。因而更加速了结瘤，以致最终将水口堵死。

5.3.2　中间包喂稀土丝工艺水口结瘤产生机理

连铸中间包喂稀土丝工艺在稀土分布均匀方面有一定优势，受到冶金科技人员的重视。但是，水口结瘤又成为困扰中间包喂稀土工艺发展的限制性环节。关于中间包喂稀土丝工艺水口结瘤问题，姚永宽等[64]通过在南京钢厂现场进行中间包喂稀土实验，对水口结瘤样进行物相分析，探讨了稀土钢中间包水口结瘤的产生机理。先后对两炉钢水进行中间包喂稀土实验，相应的转炉冶炼工艺如表5-83所示。冶炼后期采用Fe-Mn-Si、Fe-Mn、Fe-Si、Fe-Al进行脱氧和合金化；精炼时采用吹氩搅拌，同时喂Ca-Ba-Si线进行夹杂物变性处理。中间包水口材质为铝碳质，铝碳质水口的理化指标如表5-84所示。

表5-83　转炉冶炼工艺

炉　号	废钢/t	铁水/t	供氧时间	出钢温度/℃	钢水成分/%				
					C	Mn	P	S	Si
1	5.2	30.6	14′44″	1744	0.16	1.36	0.028	0.029	0.38
2	4.5	31.2	13′00″	1720	0.11	1.24	0.022	0.020	0.33

表5-84　铝碳质水口的理化指标

C含量	Al_2O_3 含量	SiO_2 含量	ZrO_2 含量	抗折强度/MPa	显气孔率/%	体积密度/$g \cdot cm^{-3}$
15~25	55~65	≤5	3~6	≥6	12~19	2.5~2.8

在中间包喂稀土过程中，发现有钢水黏死现象。第1炉实验，喂10min时发现水口黏死现象，随即停止喂丝，约2min后浇注恢复正常。在第2炉实验，喂12min时发现水口黏死现象，继续喂丝直至钢水黏死停机，获取水口结瘤样，然后对所获得的水口结瘤样进行能谱分析及X射线衍射分析。截取一段结瘤水口试样，经研磨抛光后观察发现，在靠近水口内边界处，试样呈暗灰色，由内向外则颜色逐渐变亮，从宏观上看存在明显的分层现象。对试样进行能谱分析，结果如图5-54和图5-55所示。由能谱分析可知，在0~8mm的范围内，其他元素的含量明显偏高，而铁元素的含量则相对较低，且波动较大。而在>8mm的范围内，铁元素的含量较高且稳定，其他元素的含量降低，但仍高于正常钢水中合金元素的含量。这与结瘤水口试样颜色的宏观变化一致。因而，可以8mm位置为分界点，分两部分对结瘤水口试样进行分析讨论。

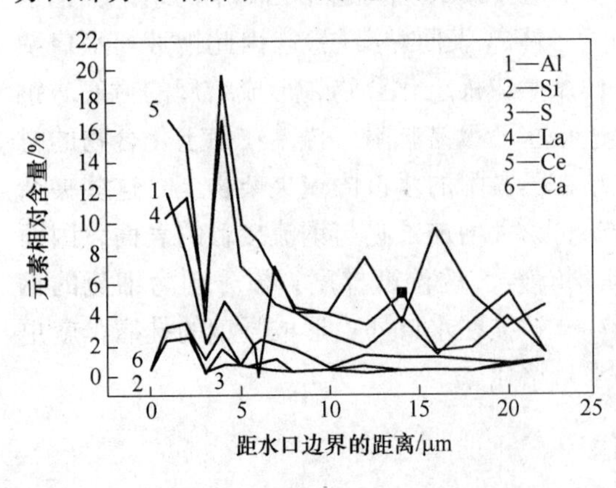

图5-54　元素的相对含量随距离的变化

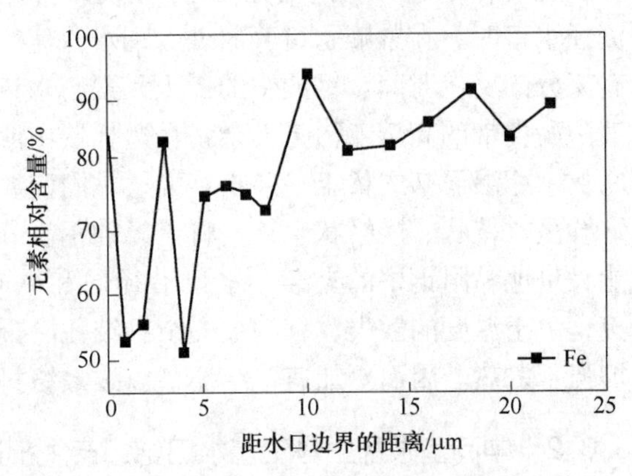

图5-55　铁元素的相对含量随距离的变化

（1）外部（0～8mm）：水口耐火材料与钢液的作用区，由图5-54可见，在该区域内，稀土La、Ce与Al元素在0～8mm内变化趋势极为类似，且含量较高。可以推断该层内含铝夹杂物应主要为稀土与铝的复合物，即$REAlO_3$或$REAl_{11}O_{18}$，由于Al与RE的原子数之比在1～2.3之间变化，故应为$REAlO_3$，并含少量的$REAl_{11}O_{18}$。越往水口中心，稀土铝酸盐逐渐减少。稀土铝酸盐的来源主要有两个：一是钢中夹杂物，是由稀土元素与钢中脱氧产物Al_2O_3相互作用而产生，二是钢中稀土元素与耐火材料中Al_2O_3相互作用而形成。以Ce为例，化学反应式如下：

$$2[Ce] + 2(Al_2O_3) = 2(CeAlO_3) + 2[Al] \tag{5-1}$$

$$\Delta G_1^{\ominus} = -133620 + 9.748T \quad (J/mol)$$

也有人提出认为[54]二者之间的反应式为：

$$2[Ce] + (Al_2O_3) = (Ce_2O_3) + 2[Al] \tag{5-2}$$

$$\Delta G_2^{\ominus} = -213120 - 11.72T \quad (J/mol)$$

$$(Ce_2O_3) + (Al_2O_3) = Ce_2O_3 \cdot Al_2O_3 \tag{5-3}$$

$$\Delta G_3^{\ominus} = -79500 - 20.92T \quad (J/mol)$$

在浇注温度条件下（以1800K为例），

$$\Delta G_{5-1}^{\ominus} = -116.07kJ/mol$$

$$\Delta G_{5-2}^{\ominus} = -234.22kJ/mol$$

$$\Delta G_{5-3}^{\ominus} = -117.2kJ/mol$$

表明以上各反应在中间包内很容易进行。由此可以推断，在水口结瘤样中，表层主要为稀土与耐火材料作用形成的稀土铝酸盐与钢液相互渗透的产物，形成水口结瘤的基底，钢中的稀土铝化合物及其他夹杂物在此基础上继续沉积附着。

（2）内部（>8mm）：凝钢区由图5-54和图5-55可知，在该区域内，Fe元素相对含量很高且非常稳定，其他元素的含量则较低，表明该层内夹杂物的含量较少。而在其内部聚集的稀土夹杂物的组成和形态与钢中的夹杂物基本一致，这与余宗森等人[54]的研究结果一致。通过X射线衍射分析，确定了水口结瘤试样中各种化合物的组成，分析结果如图5-56和图5-57所示。在外部区域存在较多的稀土铝复合物和稀土氧化物。而在内部区域则未能衍射出这类化合物，表明内层主要为凝钢。

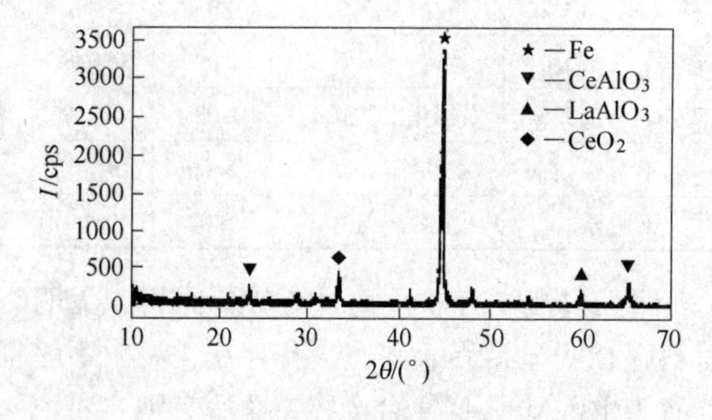

图5-56 外层水口结瘤样X射线衍射分析

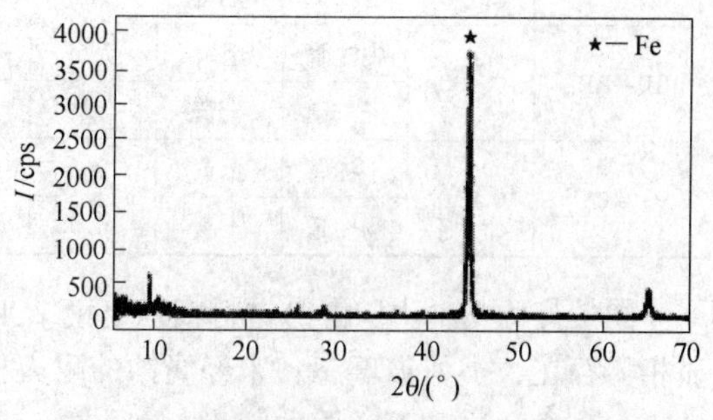

图5-57 内层水口结瘤样的X射线衍射分析

由以上的结果分析可知，当钢液流经中间包水口时，水口壁面处的钢液流速趋近于零，因而钢液与水口耐火材料之间有充分的反应时间。钢液中的稀土元素及稀土氧化物与水口耐火材料发生反应，生成复合稀土铝酸盐，导致水口表面粗糙度增加，起衬底作用。由于同类稀土铝酸盐粒子之间的界面能较小，故可以满足$\sigma_{夹1-夹2} < \sigma_{夹1-金} + \sigma_{夹2-金}$。再加上钢液中所携带的高熔点稀土夹杂物在边界层中流速很小，因而极易黏附、烧结在稀土化合物的衬底上。随后钢中稀土夹杂物继续黏附和烧结在水口内壁夹杂物，水口结瘤现场产生。水口结瘤造成钢流逐渐变细，浇注温度不断下降，最终导致钢液在水口处凝结堵死。

5.3.3 中注管加入稀土与耐火材料的作用

杜桓胜等[65]对现场28炉稀土钢的中注管加入稀土方法进行了研究。8t电炉10号低碳钢8炉，锭模每盘10支，每支重540kg，注流稳定后到钢液至帽口前，从中注管加入1号块状稀土合金，加入量1.0～2.0kg/t。出钢温度1650～1670℃。500t平炉ZL55、09CuPTi和A3钢20炉，钢锭每盘4支，每支13.2t。浇注开始2min后从中注管喂入混合稀土丝200～300g/t，加入时间5～10min，出钢温度1625～1640℃，注温1540～1555℃，注速为本体9～12min，帽部3～5min。要求钢液至帽口前加完。试验用1号稀土合金含稀土30%～33%、含硅40%。混合稀土丝以Ce、La为主，其次为Nd、Pr，稀土总含量ΣER>96%。取样分析稀土含量，10号钢为0.022%和0.050%，ZL55为0.018%，09CuPTi为0.020%。中注管、汤道耐火材料为黏土质其主要成分为：SiO_2 53.3%，Al_2O_3 45.3%。试验分别取中注管和汤道部位耐火材料进行分析研究。

对试验用中注管、汤道耐火材料的宏观观察结果和稀土含量分析见表5-85。加稀土后耐火材料腐蚀层的颜色和厚度均发生明显变化。稀土含量分析表明，同一样品对应的耐火材料腐蚀层与铸态钢样边部的稀土含量相比，炉号81+RE高2至3倍；炉号93+RE则高10倍左右。在中注管部位二者的比值高于汤道部位，炉号93+RE尤为明显。可见稀土在中注管和汤道耐火材料边部富集相当明显，说明稀土对耐火材料有腐蚀作用，尤其对中注管部位的耐火材料。

表5-85 耐火材料宏观观察及稀土含量分析

炉号	加RE量/%	部位	不变带		过渡层		腐蚀层		稀土含量/%	
			颜色	厚度/mm	颜色	厚度/mm	颜色	厚度/mm	腐蚀层	铸钢边部
81+K	0	中注管	土黄	9.9	灰	19.4	黄绿	0.6	0	0
		汤道	土黄	11.3	灰	13.2	黄绿	0.4	0	0
81+RE	0.030	中注管	土黄	7.6	青灰	22.0	黄褐	0.2	0.090	0.038
		汤道	土黄	11.3	青灰	13.6	黄绿褐	0.1	0.087	0.040
93+RE	0.050	中注管	土黄	29.6	不明显		黄褐	0.4	5.60	0.15
		汤道	土黄	24.7	不明显		黑绿	0.3	1.02	0.11

图炉号为93+RE耐火材料扫描电镜结果表明无过渡层存在。腐蚀层较为致密，无明显相界存在，类似玻璃态；未经腐蚀的耐火材料存在明显相界，并有气孔存在，说明不够致密。从腐蚀层和不变层的元素分布来看，前者为RE-Al-Si-O复合产物，而后者则主要由Al-Si-O组成，与莫来石所含成分相似。耐火材料及腐蚀层X光分析结果表明，空白样品

中主要存在相为莫来石（$Al_6Si_2O_{13}$），其次还有 $Al_2O_3 \cdot SiO_2$；加稀土的样品 SiO_2 消失，Al_2O_3 随稀土量增加而减弱直至消失。上述结果与热力学分析吻合。产物中还出现 $REAlO_3$、RE_2SiO_5 和 $RESi_2O_7$ 等，说明钢中稀土确实与 SiO_2、Al_2O_3 等发生了反应。对平炉冶炼加入混合稀土丝的 ZL55 和 09CuPTi 试验后的中注管，汤道耐火材料和对应的铸态钢样进行分析表明，腐蚀层很薄，类似未加稀土的耐火材料腐蚀层，厚度及颜色没有明显差别。为进一步分析稀土与耐火材料作用情况，对耐火材料腐蚀层（接触钢液）极薄的部分进行 X 光分析结果表明，空白样品中除主线条为莫来石外，还有 Al_2O_3、SiO_2 等次线条；加稀土样品衍射线条则发生了变化，除莫来石与主线条对应较好外，Al_2O_3、SiO_2 及稀土铝酸盐、硅酸盐等化合物与其他所测线条均不能很好对应，说明稀土与耐火材料仍发生了作用，但不如稀土加入量高时明显。以上分析说明中注管加入稀土，稀土对中注管和汤道黏土质耐火材料有一定的腐蚀作用，腐蚀产物除常见的莫来石外，还有 $REAlO_3$、RE_2SiO_5、RE-Al-Si-O 等复合氧化物相。随稀土加入量增加，耐火材料腐蚀层中 SiO_2、Al_2O_3 逐渐减少、稀土铝酸盐和稀土硅酸盐依次出现，腐蚀层逐渐增厚，腐蚀作用加剧。中注管加入稀土，当混合稀土加入量不大于 300g/t，或 1 号硅稀土合金加入量不大于 2.0g/t，在大量工业试验（近 30 炉）的浇注过程中均未出现汤道结瘤堵塞现象。中注管加入稀土，稀土对中注管上部耐火材料腐蚀作用强烈。

5.3.4 防止水口结瘤的措施

（1）提高钢水的洁净度，改变终脱氧剂。根据国内外许多厂家的研究和生产实践的结果表明，若要解决水口结瘤的问题，必须严格控制钢水中的氧含量，使其降到最低限度。一般当[S]小于 0.025% 时，应把[O]降到 0.0025% 以下，这样可以减少稀土与炉渣和终脱氧产物的作用，防止水口结瘤[63]。

在钢水洁净度不是很高的冶金条件下，水口结瘤物质主要是钢中稀土脱氧、脱硫产物和稀土的铝酸盐。稀土夹杂聚集、黏附是结瘤的主要原因。在当今冶炼及精炼水平不断完善的条件下，最大限度地严格控制钢水中的全氧含量、溶解氧含量及硫含量，使其降到最低限度。这样可以减少稀土夹杂物总量，减少稀土与终脱氧产物的作用，防止水口结瘤。

同时也可从改变夹杂物类型出发，文献［60］作者试验了硅钙代铝、硅锰代铝；改变硅钙与铝、稀土与铝的加入顺序对结瘤的影响。其试验结果表明，硅钙完全代铝，终脱氧不加铝确有防止结瘤明显效果。这说明改变终脱氧剂的种类和加入的条件，以改变生成夹杂物的类型、夹杂物的物理化学特性（如熔点、界面能等）是防止结瘤的有效途径。

（2）改变水口耐火材料的材质。改变水口耐火材料材质对结瘤的影响是显著的。研究表明[60,62]：熔融石英水口完全不结瘤，但易受钢水冲刷，水口直径扩大严重，熔融石英水口有明显防止结瘤的显著效果，水口内孔反应产物像搪瓷一样光滑，X 光分析为非晶体，离子探针质谱分析为含 Fe、La、Ce、Ca、Al 复合化合物。不同材质的水口按结瘤倾向逐渐严重的顺序排列如下：石墨黏土 < 黏土 < 黏土高铝 < 镁质 < 二级高铝。镁质减轻结瘤，但导热快，挂瘤严重。黏土质、石墨黏土质，有减轻结瘤的效果，但不能根本防止结瘤。不论水口材质氧化物的化学稳定性程度如何，都会与钢液中的稀土发生反应。结瘤的程度不但取决于水口材质的化学稳定性，而且更取决于反应产物的物理性质和界面性质。二级高铝质耐火材料的滑动水口，用于浇铸一般钢 4 次后，内表面生成一层以铝铁尖晶石为主

的变质层，显著降低了熔点，从而既避免了浇铸钢液与水口原耐火材料接触的反应，又使夹杂物粒子难以黏附烧结[55]。熔融石英水口和高铝黏土质复合水口对防止含稀土钢水口的结瘤具有较好的效果[60]。

（3）防止钢液在水口处的二次氧化。在所有水口钢瘤的解剖分析中都发现，钢瘤最外层是粗大夹杂层，它的生成与二次氧化有关，它起着夹杂物聚集长大的树干作用，加速了结瘤过程。曾试用经沥青油煮过的水口砖，汤道砖浇注稀土钢以及采用氩气保护浇注，以减轻钢液的二次氧化，结瘤情况似有一定的减轻。

（4）改变钢中稀土加入方法。大量研究发现不同的稀土加入方法有不同的效果。

1）包内投入法：钢包内投入稀土过程中，大部分稀土被空气、熔渣及钢中氧氧化并排出，只有很少部分留在钢中，且多形成大型氧化物夹杂。在加入量为3~5kg/t钢时，回收率在1.5%~20.4%之间，平均不到10%，钢中稀土含量不到0.005%（质量分数）。稀土的作用极不稳定，不但造成钢材性能忽好忽坏，给用户带来很大困难，而且极易产生水口结瘤，造成生产不顺利和损失。虽然采取了如钢包在出钢前烘烤；座砖塞头砖附近用焦炭；提高钢水温度，比不加稀土的钢提高20~30℃；延长镇静时间；稀土加入量尽量保持在下限以减少稀土夹杂量；采用不易与稀土反应的水口砖和不易与稀土夹杂物黏附的耐火砖，或非氧化物耐火材料；采用两个以上滑动水口；及时铲除水口砖下端所有的挂瘤；严格控制稀土合金粒度等措施，但结瘤率仍高于60%。因此，此方法是属淘汰的落后方法。

2）钢包压入法：此方法初期由鞍钢开发并使用的，脱硫率有所提高，达到35%~75%，稀土回收率仍较差，一般为11.0%~34.3%，平均22.1%以下，结瘤率30.5%。文献［65］指出浇铸钢液温度的过热度不小于70℃是必要的条件，同时采用已使用5次以上的滑动水口上水口，包内压入法加入稀土合金的工艺，是减轻浇铸水口结瘤堵塞的简单、经济而又有效的措施。

3）包内喷吹稀土粉法：上钢三厂、济钢、鞍钢等厂家早期采用包内喷吹稀土粉法的结果是：该法较之钢包压入法的稀土回收率又有提高，为15%~38%，平均为26.5%，当喷入量在0.175%~0.180%（质量分数）之间时，回收率在22%~34%之间，随着钢中硫含量的降低，钢中RE含量增加，当钢中S含量为0.005%~0.010%（质量分数）时，钢中RE含量可达0.029%~0.058%（质量分数）。当喷入量为1.2~1.7kg/t钢时，脱硫率可达到60%以上，即稀土喷入量为0.026%~0.08%（质量分数）时，脱硫率平均可达70%，硫含量可降到0.005%（质量分数）以下。钢中RE含量大都在0.01%~0.02%（质量分数）之间，喷入量进一步增加时，钢中RE含量无明显增加。包内喷吹稀土粉法，控制好可降低浇铸水口结瘤堵塞。

4）模铸中注管加入法：用于下注法浇注的镇静钢，较成功地应用于生产的有中注管喂稀土金属丝法和中注管喷吹稀土硅铁粉法，前者是用喂丝机将稀土金属丝（ϕ3~5mm）喂入中注管上的钢流中，喂入量为210~270kg/t，稀土回收率达到62%~78%。后者是鞍钢开发成功的，以氩气为载体，将稀土硅铁粉喷入浇钢钢流中，稀土回收率平均达65%以上。但钢水无保护措施。中注管加入稀土，稀土对中注管和汤道黏土质耐火材料有一定的腐蚀作用，且对中注管上部耐火材料作用强烈。

5）模内吊挂稀土金属棒法：这是我国开发较早，并形成大批量（大于30万吨/年）的稀土加入方法。该法适用于下注法浇铸大型镇静钢钢锭。模内吊挂稀土的方法在我国得到广泛应用。模内吊挂稀土棒法，由于钢水在保护渣的保护下进行浇注，稀土不与空气中的氧接触，同时稀土棒吊挂在钢锭模的中间，可以避免与耐火材料接触，稀土回收率较高（75%～81%），而且比较稳定是稀土处理模铸镇静钢的较先进工艺。不存在水口结瘤的问题。存在的问题是：劳动强度高，稀土夹杂物不易上浮和排除，上注锭无法加稀土棒。在工艺操作上有很大的改进余地。

6）连铸结晶器喂稀土丝：由武钢和包头稀土院开发的连铸结晶器喂稀土丝方法，已成为一种较为成熟的现代连铸工艺钢中加稀土技术，它的主要喂丝装置是立式无级调速，配有瞬时速度和喂丝长度显示的匀速、连续喂丝机。具体操作是在浇注时，可按铸坯拉速和钢种确定喂丝速度，匀速、定量地加入设定的稀土量。裸露的混合稀土丝（后发展为外包极薄铁皮的混合稀土丝）经过导管在浸入式水口附近的一端从正面穿过结晶器上面的保护渣进入钢液。结晶器喂丝法使稀土完全避免了与浇注水口和其他耐火材料的接触，减少了稀土再氧化的机会，使稀土的利用率大大提高。特别是随连铸比的不断增加，喂丝机的逐步完善，高质量稀土丝的批量生产，连铸结晶器喂稀土丝法已成为最主要的稀土加入方法之一。

参 考 文 献

[1] 陈希颖．中国稀土在钢中的应用[J]．中国稀土学报，1991，9(4)：345～359.

[2] 周兰聚．我国钢中稀土加入工艺的进展[J]．山东冶金，1996，18(2)：11～14.

[3] 韩云龙．一种新的钢中稀土加入方法——包内压入法[J]．鞍钢技术，1981，(12)：54～55.

[4] 鞍钢稀土攻关组，沈阳金属研究所，包头冶金研究所．钢中稀土加入方法—包内压入法[J]．稀土，1983，(2)：65～69.

[5] 鞍钢稀土攻关组，沈阳金属研究所．钢中稀土加入方法—包内压入法的研究[J]．稀土，1980，(3)：43～48.

[6] 韩云龙，陈奎凡，滕忠外，等．用包内压入法向钢中加入稀土[J]．钢铁，1982：1～7.

[7] 韩云龙．钢包喷吹稀土粉粒工艺通过鉴定[J]．稀土，1986(7)：74～77.

[8] 方仲华，陈希颖．钢锭模内吊挂稀土棒的加入方法[J]．钢铁，1984，19(2)：12～19.

[9] 郭英．中铸管喂稀土丝工艺研究[J]．钢铁研究，1991，59(2)：13～17.

[10] 颜银标，张雪松，陈光，等．中间包喂稀土消除连铸坯内弧侧卷渣缺陷原因研究[J]．稀土，2001(224)：68～71.

[11] 周兰聚，国秀元，董胜峰，何向平．钢中稀土加入工艺技术研究与应用[J]．山东冶金，2004，26(1)：40～43.

[12] 周宏，崔巍，孙培祯．稀土在钢中的作用及加入方法[J]．钢铁研究，1994，78(3)：47～51.

[13] 刘著．薄板坯连铸稀土钢保护渣及喂丝工艺模拟研究[D]．重庆：重庆大学，2006，指导老师：唐萍．

[14] 胡道峰，程宝玉，马军．结晶器喂稀土丝工艺及其在钢中的应用[J]．炼钢，2001，17(5)：17～20.

[15] 韩永令．电渣重熔过程中稀土加入方法的研究[J]．金属材料与热加工工艺，1979，(5)：13～18.

[16] 张峰，吕学钧，王波，等．稀土处理无取向硅钢中夹杂物的控制[J]．钢铁钒钛，2011，32(3)：46～50.

[17] 张峰，马长松，王波，等．采用稀土处理去除无取向硅钢中夹杂物[C]．第八届中国钢铁年会论文集，2011，32(3)：46～50.

[18] Zhang Feng, Ma Changsong, Wang Bo, et al. Control of nonmetallic inclusions of non-oriented silicon steel sheets by the rare earth treatment[J]. Baosteel Technical Research, 2011, 5(2): 41 ~45.
[19] 任新建，陈建军，王云盛. 连铸稀土加入工艺试验[J]. 稀土，2003，24(5)：22 ~25.
[20] 滕翔. 武钢稀土处理钢的稀土加入方法[J]. 武钢技术，1992(3)：13 ~19.
[21] 李杰，乐可襄，周兰聚. 09CuPTiRE 钢板坯连铸时结晶器喂稀土丝的应用[J]. 特殊钢，2003(246)：55 ~56.
[22] 洪秀芝. 钢包 Ca-RE 复合喷吹处理 S20ARE 钢工艺研究[J]. 稀土，1991，12(5)：29 ~34.
[23] 王金忠，张发，李宝清，等. 钢包喂稀土芯线工艺[J]. 钢铁，1993(11)：24 ~27.
[24] 夏茂森，蒋善玉. 钢包喂稀土合金线工艺的研究[J]. 钢铁，1996，31(8)：19 ~22.
[25] 艾映彬，卓玉琰. 连铸结晶器喂稀土丝方法的研究[J]. 钢铁研究，1986，11(4)：1 ~6.
[26] 胡道峰. 结晶器喂稀土丝工艺及其在 A36 钢中的应用[J]. 炼钢，2001，17(5)：17 ~21.
[27] 谢世红，戚寅寅. 异型坯结晶器喂稀土丝试验研究[J]. 钢铁，2004，136(1)：9 ~11.
[28] 张雪松，颜银标，陈光，等. 连铸板坯中间包喂稀土丝工艺试验研究[J]. 稀土，2001，22(4)：64 ~67.
[29] 姜茂发，姚永宽，刘承军，等. 稀土处理钢用中间包覆盖剂岩相分析[J]. 中国稀土学报，2003，21(5)：572 ~575.
[30] Grieveson P. Physical properties of casting powders[J]. Part 2M ineralogical Constitution of Slags Formed by Powders. Ironmak-ing and Steelmaking, 1988, 15(4): 181.
[31] 郁国城. 碱性耐火材料基础[M]. 北京：冶金工业出版社，1985：74.
[32] 邱关明，等. 稀土光学玻璃[M]. 北京：兵器工业出版社，1989.
[33] 王德永，刘承军，王新丽，等. 稀土氧化物对中间包覆盖剂粘性特征的影响[J]. 特殊钢，2003，24(3)：29 ~30.
[34] 邓在德，刘丽辉，英延照，等. La_2O_3 对锂铝硅系微晶玻璃的影响[J]. 玻璃与搪瓷，1998(4)：4 ~5.
[35] 姚永宽，颜银标，陈伟，等. 不同喂入位置条件下稀土在连铸板坯中分布及其对性能影响[J]. 稀土，2001，22(4)：60 ~63.
[36] 马福昌. 结晶器内喂稀土丝的方法及作用[J]. 连铸，1999(5)：17 ~18.
[37] 张浴凡. 板坯连铸结晶器喂稀土丝试验[J]. 柳钢科技，1996(1)：27 ~30.
[38] 靳书林，袁丽丹. 稀土在连铸结晶器内的加入方法及作用规律[J]. 钢铁，1992，27(3)：14 ~17.
[39] 胡道峰，程宝玉，马军. 结晶器喂稀土丝工艺试验研究[J]. 包头钢铁学院学报，2001，20(4)：380 ~383.
[40] 汪洪峰，简明，邹俊苏. 结晶器喂稀土丝工艺的应用[J]. 稀土，2003，24(5)：61 ~63.
[41] 范植金，罗国华，朱玉秀，等. 连铸结晶器喂稀土处理的碳锰钢夹杂物研究[J]. 中国稀土学报，2003，27(6)：834 ~837.
[42] 汪国才，孙又权，石知机. 生产耐蚀 B 级船体钢结晶器喂稀土线的应用[J]. 安徽冶金，2007(3)：48 ~49.
[43] 王世俊，乐可襄，王海川，等. 喂稀土丝处理 16Mn 钢的试验研究[J]. 炼钢，2000，1(1)：27 ~29.
[44] 吴杰，刘振清. 连铸稀土钢用结晶器保护渣[J]. 连铸，2002(2)：39 ~40.
[45] 郭亭虎，等. 不锈钢连铸保护渣中 B_2O_3 作用机理的探讨[J]. 钢铁. 1988，23(11)：20 ~24.
[46] 陈天明. 09CuPRE 系列钢用连铸保护渣的研制[J]. 钢铁钒钛，2004，25(2)：35 ~39.
[47] 曾建华，陈天明，赵启成，等. 低合金钢连铸保护渣的研制与应用[J]. 钢铁钒钛，2000，21(4)：9 ~14.

[48] 万恩同．稀土处理钢连铸结晶器保护渣的研制[J]．钢铁研究，1993，74(5)：8~11.
[49] 万恩同．稀土处理钢保护渣的研究与应用[J]．稀土，2001，22(4)：72~79.
[50] 向嵩，王雨，谢兵．稀土氧化物对连铸保护渣性能的影响[J]．钢铁钒钛，2003，24(2)：11~13.
[51] 姚永宽．马军．连铸稀土钢结晶器保护渣的研制[J]．江苏冶金，2001，29(5)：15~17.
[52] 李仙华，李春龙，王云盛．稀土对方坯连铸保护渣理化性能影响的研究[J]．炼钢，2003，19(4)：38~42.
[53] 北京钢铁学院物化教研室同位素研究组．用示踪原子研究稀土在铁液中的去向及其与耐火材料的作用[J]．金属学报，1977，13(3)：202~210.
[54] 余宗森，赵万智，谢逸凡，等．钢中稀土与耐火材料的作用和稀土钢的水口结瘤[J]．钢铁，1984，19(3)：18~25.
[55] 滕忠升，王殿成，夏元英，等．解决低合金稀土钢水口结瘤的有效措施[J]．鞍钢技术，1985(9)：29~34.
[56] 上钢三厂，沈阳金属所，包头冶金所，等．稀土钢冶铸工艺和结瘤机理研究[J]．稀土与铌，1978(1)：1~33.
[57] 余宗森，赵万智，谢逸凡，等．加稀土钢水口结瘤原因分析[J]．北京钢铁学院学报，1981，(3).
[58] 钟德惠，韩云龙．16MnRE 钢水口结瘤机理的研究[J]．鞍钢科技，1983(12)：18~24.
[59] 钟德惠，韩云龙，陈继志，等．两个典型结瘤水口中稀土夹杂物的聚集[J]．钢铁，1985，20(3)：1~7.
[60] 赵所琛，沈福元，韩其勇，等．含稀土钢水口结瘤机理的探讨[J]．钢铁，1982，17(5)：24~31.
[61] 韩其勇，稀土元素在冶金熔体中的物理化学特性[J]．北京钢铁学院学报，1980(2)：62.
[62] 赵所琛，沈福元，谢中应，等．稀土钢水口结瘤的预防[J]．机械工程材料，1985(1)：52~54.
[63] 刘越表，葛建国，刘宏玲，等．稀土钢水口堵塞的成因分析[J]．包钢科技，2000，26(2)：50~53.
[64] 姚永宽，朱明伟，王德永，等．中间包喂稀土水口结瘤机理的研究[J]．稀土，2004，25(5)：17~19.
[65] 杜桓胜，林勤，叶文，等．中注管加入稀土与耐火材料的作用[J]．钢铁，1994，29(6)：75~78.
[66] Singh S N. Met. Trane.，1974(5)：2165.
[67] 陈全德，曹雪仁．稀土钢水口结瘤的研究[J]．洛阳工学院学报，1982(2)：38~45.
[68] 陈继志，闻英显，严铄，等．16MnRE 钢水口结瘤问题的研究[J]．钢铁，1982，17(5)：14~23.
[69] 李承秀，赵所琛，吴宗源，等．稀土钢浇注结瘤的试验研究[J]．机械工程材料，1983(3)：17~22.

索　引

R

S

T

Y

Z